Oldenbourg

D.Kh

Systemtheorie 1

Allgemeine Grundlagen, Signale und lineare Systeme im Zeit- und Frequenzbereich

von
Prof. Dr.-Ing. Dr. h. c. Rolf Unbehauen

8., korrigierte Auflage

mit 260 Bildern und 148 Abbildungen

Oldenbourg Verlag München Wien

Dr.-Ing. Dr. h.c. Rolf Unbehauen
o. Professor, Lehrstuhl für Allgemeine und Theoretische Elektrotechnik der
Universität Erlangen-Nürnberg

Bisher erschien das Werk in einem Band.
Der vorliegende Band 1 wird durch den bereits erschienenen Band 2 ergänzt:
Systemtheorie 2, 7. überarbeitete und erweiterte Auflage 1998, ISBN 3-486-24023-4

Die Deutsche Bibliothek - CIP-Einheitsaufnahme

Unbehauen, Rolf:
Systemtheorie / von Rolf Unbehauen. – München ; Wien : Oldenbourg

1. Allgemeine Grundlagen, Signale und lineare Systeme im Zeit- und
Frequenzbereich : mit 148 Aufgaben. – 8., korr. Aufl.. - 2002
ISBN 3-486-25999-7

Rosenheimer Straße 145, D-81671 München
Telefon: (089) 45051-0
www.oldenbourg-verlag.de

Lektorat: Sabine Ohlms
Herstellung: Rainer Hartl
Umschlagkonzeption: Kraxenberger Kommunikationshaus, München
Gedruckt auf säure- und chlorfreiem Papier
Gesamtherstellung: Druckhaus „Thomas Müntzer“ GmbH, Bad Langensalza

INHALT

VORWORT

In den drei Jahrzehnten seit dem Erscheinen der ersten Auflage dieses Buches hat sich die Theorie der Signale und Systeme in unterschiedliche Richtungen, meist mit beachtlichem Tempo, entwickelt. Wesentlich beeinflußt wurde dieser Vorgang durch den technologischen Wandel dieser Zeit und grundlegende Änderungen in der Denkweise des Ingenieurs. Die vorliegende Neuauflage soll gegenüber den früheren Auflagen diesem dynamischen Entwicklungsprozeß und der steigenden Bedeutung der Systemtheorie für den Anwender vor allem im Bereich der Technik sowie den damit verbundenen erhöhten Anforderungen in der Ingenieurausbildung noch stärker Rechnung tragen. Rein äußerlich zeigt sich dies an der Aufteilung des Buches in zwei Bände. Die Notwendigkeit hierzu ergab sich, da alle Kapitel des Buches nicht nur überarbeitet, sondern entweder wesentlich erweitert oder neu verfaßt wurden und damit der Gesamtumfang des Textes in beträchtlichem Maße anstieg.

Die Systemtheorie stellt inzwischen ein in den Ingenieurwissenschaften fest etabliertes Grundlagenfach dar. Die vorhandenen Verfahren werden in der Informationstechnik ebenso wie in der Meßtechnik, der Regelungstechnik, der Robotik, aber auch in anderen Bereichen angewendet. Die Methodik beruht in der Regel darauf, mathematische Modelle bereitzustellen, um bei verschiedenartigen Anwendungen Einsichten in technische Zusammenhänge zu gewinnen und quantitative Ergebnisse zu erzielen. Dabei stellen die genannten Modelle mathematische Bilder für das Zusammenspiel der physikalischen Erscheinungen dar, die den technischen Vorgängen zugrunde liegen. Ein großer Teil der heutigen Verfahren zur analogen und digitalen Signalverarbeitung beruht auf systemtheoretischen Konzepten. Da zur inneren Logik einer Theorie die deduktive Vorgehensweise gehört, verlangt eine sinnvolle Anwendung systemtheoretischer Methoden eine Gewöhnung an das entsprechende abstrakte Denken. Dies heißt aber nicht, daß auf physikalische Interpretationen verzichtet werden kann. Hervorgehoben sei hier auch die didaktische und lernökonomische Bedeutung der Systemtheorie, die darin zu sehen ist, daß man leichter lehrt und lernt, wenn eine Vielzahl von Einzelerscheinungen in der Informations-, Meß- und Automatisierungstechnik als Konsequenz weniger systemtheoretischer Grundkonzepte erklärt und durchschaut werden kann; man sollte nach wie vor anstreben, den Studenten nicht in jedem Fach mit einer "spezifischen" Theorie und einer speziellen Nomenklatur zu belasten.

Das Buch wendet sich an Studenten und Ingenieure in der Praxis, die sich systemtheoretische Methoden zur Lösung technischer Probleme erarbeiten wollen. Es ist zum Selbststudium und als Arbeitstext neben Vorlesungen gedacht. Der vorliegende erste Band des Buches umfaßt sechs Kapitel, deren Schwerpunkte allgemeine Grundlagen der Systemtheorie bilden.

Im ersten Kapitel werden die Grundbegriffe der Theorie der Signale und Systeme eingeführt. Der Begriff der Linearität eines Systems nimmt hier eine zentrale Stellung ein, und es wird das Zusammenspiel der Eingangsgrößen und der Ausgangsgrößen bei linearen Systemen ohne Beachtung des inneren Systemzustandes untersucht. Dabei wird sowohl der klassische Fall der kontinuierlichen (analogen) Signale und Systeme als auch der diskontinuierliche (zeitdiskrete) Fall behandelt. Die entwickelten Methoden eignen sich dazu, das Zeitverhalten von Übertragungseinrichtungen in bequemer Weise zu beurteilen. Ein spezieller Abschnitt dieses Kapitels führt den Begriff des stochastischen Prozesses ein, und es wird untersucht, in welcher Weise derartige Prozesse durch lineare Systeme verändert werden. Im zweiten Kapitel werden die Verfahren des Zustandsraums behandelt. Diese Verfahren gehören schon lange Zeit zum festen Bestand der Systemtheorie. Breiten Raum finden die Aufstellung der Zustandsgleichungen, die Lösung dieser Gleichungen, die Klärung der Begriffe Steuerbarkeit, Beobachtbarkeit, Stabilität und die Entwicklung von Kriterien zur Überprüfung dieser Eigenschaften. Auch Methoden der Zustandsgrößenrückkopplung, des Entwurfs von Zustandsbeobachtern und Verfahren der optimalen Regelung werden behandelt. Letztere werden wesentlich ausführlicher als bisher dargestellt. Darüber hinaus wurden in die beiden ersten Kapitel mehrere neue Beispiele, namentlich aus dem Bereich der Mechanik aufgenommen.

Im Gegensatz zu den beiden ersten Kapiteln, in denen ausschließlich Verfahren des Zeitbereichs studiert werden, sind in den nachfolgenden vier Kapiteln vor allem Methoden des Frequenzbereichs Gegenstand der Betrachtungen. In diesem Sinne ist das Buch methodisch gegliedert, so daß die betreffenden Teile trotz ihres engen Zusammenhangs auch unabhängig voneinander gelesen werden können. Die Signal- und Systembeschreibung mit Hilfe der Fourier-Transformation wird für den kontinuierlichen Fall im dritten Kapitel und für den diskontinuierlichen Fall im vierten Kapitel ausführlich behandelt. Diese Beschreibungsart ist in vielen Anwendungsfällen der Vorstellungswelt des Ingenieurs besonders angepaßt. Hierbei werden gelegentlich auch nichtkausale Systeme betrachtet, da in gewissen Fällen der Verzicht auf die Kausalität die Untersuchungen bemerkenswert vereinfacht, andererseits aber die dadurch bedingten Fehler bei qualitativen Überlegungen oft keine wesentliche Rolle spielen. Im Rahmen der Spektralbeschreibung wird im diskontinuierlichen Fall unter anderem auch auf die diskrete Fourier-Transformation (DFT) und das Prinzip der schnellen Fourier-Transformation (FFT) eingegangen. Erwähnt seien auch die Darstellung von Verfahren zur digitalen Signalverarbeitung, die Beschreibung stochastischer Prozesse im Frequenzbereich mit Hilfe der spektralen Leistungsdichte und, im Rahmen von Anwendungen, Methoden zur Signalerkennung im Rauschen. Neben einer Ergänzung des Abtasttheorems im dritten Kapitel findet der Leser nunmehr in diesem und dem vierten Kapitel relativ breite Diskussionen über die kontinuierliche und diskontinuierliche Kurzzeit-Fourier-Transformation und Querverbindungen zu den Wavelets, mit denen sich in der letzten Zeit die Forschung intensiv beschäftigt hat und die wichtige Anwendungen in der Praxis gefunden haben.

Die Nützlichkeit der Funktionentheorie zur Behandlung systemtheoretischer Probleme wird im fünften Kapitel für den kontinuierlichen Fall und im sechsten Kapitel für den diskontinuierlichen Fall gezeigt. Im ersten Fall spielt die Laplace-Transformation, im zweiten Fall die Z-Transformation die grundlegende Rolle. Die im zweiten Kapitel geführte Diskussion über die Zustandsbeschreibung wird hier durch Betrachtungen in der komplexen Ebene wesentlich erweitert, wodurch es gelingt, insbesondere das Realisierungsproblem auf neuartige Weise zu lösen. Im Rahmen der Beschreibung einiger graphischer Stabilitätsverfahren findet man das Nyquistsche Kriterium, die Methode der Wurzelortskurven, das Popov-Kriterium und ein Kreiskriterium. Die Frage der Verknüpfung einerseits zwischen Realteil und Imaginärteil einer Übertragungsfunktion, andererseits zwischen Betrag und Phase wird für den kontinuierlichen und den diskontinuierlichen Fall ausführlich behandelt; auf diskontinuierliche Systeme mit streng linearer Phase wird besonders eingegangen. Erwähnt sei noch eine Einführung in die Theorie der kontinuierlichen und diskontinuierlichen Wienerschen Optimalfilter sowie im Zusammenhang hiermit eine Behandlung der Theorie der kontinuierlichen und nunmehr auch der diskontinuierlichen Kalman-Bucy-Filter. Im fünften Kapitel findet jetzt der Leser einen Abschnitt, in dem für lineare, zeitinvariante Systeme, zugleich als Vorbereitung für die im zweiten Band des Buches behandelten nichtlinearen Systeme, die Konzepte der äußeren und inneren Dynamik sowie der Nulldynamik vorgestellt werden. In das sechste Kapitel wurde ein Abschnitt über Multiratensysteme aufgenommen, der als Einführung in diese Thematik und in Anwendungen derartiger Systeme, insbesondere zum Entwurf von Filterbänken gedacht ist. Fortgeschrittenere Themen wie mehrdimensionale Signale und Systeme, adaptive Systeme und nichtlineare Systeme werden im zweiten Band des Buches behandelt.

An zahlreichen Stellen des Buches wird versucht, die gewonnenen Ergebnisse durch Beispiele zu erläutern und zu erproben. Die verwendeten Symbole wurden in Anlehnung an die im deutschen Schrifttum üblichen Bezeichnungen gewählt. So werden Vektoren und Matrizen durch halbfette Zeichen, transponierte Matrizen durch ein hochgestelltes "T", konjugiert-komplexe Zahlen durch einen Stern und die komplexe Frequenzvariable durch p bzw. z gekennzeichnet. Die wichtigsten Formelzeichen und Abkürzungen sind am Ende des Buches in einer Tabelle zusammengestellt. In Anlehnung an die in der Mathematik schon seit langem üblichen Bezeichnungen für die bei Funktionszuordnungen auftretenden Variablen kennzeichnet $\boldsymbol{x}$ den Vektor der Eingangssignale (Ursachen), $\boldsymbol{y}$ den Vektor der Ausgangssignale (Wirkungen) und $\boldsymbol{z}$ den Zustandsvektor. Am Ende des Buches sind in Tabellenform für Anwendungen wichtige Korrespondenzen der Fourier-, Laplace- und Z-Transformation zusammengestellt. Auf die Vielzahl der Übungsaufgaben, die kapitelweise geordnet sind und zusammen mit dem Literaturverzeichnis den Abschluß des Buches bilden, sei besonders hingewiesen. Diese inzwischen 148 Aufgaben sollen zusätzlichen Anreiz zur Beschäftigung mit dem Gegenstand des Buches bieten und sind darüber hinaus dazu gedacht, den Leser zur ständigen aktiven Mitarbeit anzuregen. Zugehörige Musterlösungen sind im zweiten Band zu finden.

Vom Leser wird erwartet, daß er mit den Elementen der Matrizenalgebra und der Analysis reeller Funktionen einschließlich der Theorie gewöhnlicher linearer Differentialgleichungen vertraut ist und über einige Grundkenntnisse der Funktionentheorie verfügt. Der Umfang dieser Kenntnisse entspricht etwa dem Stoff, wie er Ingenieuren in den mathematischen Grundvorlesungen an deutschen wissenschaftlichen Hochschulen geboten wird. Im zweiten Band findet der Leser in Form von Anhängen eine kurze Einführung in die Elemente der Distributionentheorie, die sich für die moderne Systemtheorie als nützlich erwiesen hat, weiterhin einige Grundbegriffe aus der elementaren Wahrscheinlichkeitsrechnung sowie verschiedene wichtige Grundtatsachen aus der linearen Algebra und der Funktionentheorie.

In seiner vorliegenden Gestalt hätte das Buch ohne die tatkräftige Unterstützung zahlreicher Mitarbeiterinnen und Mitarbeiter nicht vollendet werden können. Besonderer Dank gilt Herrn Dr.-Ing. U. FORSTER und Herrn Dipl.-Phys. K. REIF, die den gesamten Text einer kritischen Prüfung unterzogen und an vielen Stellen Korrekturen, Verbesserungen und Erweiterungen einbrachten. Wertvolle Beiträge stammen von Herrn Dipl.-Ing. B. ANHÄUPL und Herrn Dipl.-Ing. S. GÜNTHER. Die äußere Gestaltung mittels eines Textverarbeitungssystems und eines Grafiksystems besorgte Frau H. SCHADEL mit Unterstützung von Frau R. SCHWARZ. Bei der Erstellung komplizierter Diagramme halfen Herr Dipl.-Ing. H. WEGLEHNER und Herr Dipl.-Ing. G. TRIFTSHÄUSER. Frau B. SCHOLZ besorgte das Stichwortverzeichnis. Allen genannten Damen und Herren und auch den nicht genannten Helfern sei an dieser Stelle für das unermüdliche Engagement herzlicher Dank ausgesprochen. Dank gebührt auch den auswärtigen Kollegen, die durch kritische Hinweise wichtige Anregungen gegeben haben. Von diesen Kollegen sei Herr Prof. Dr.-Ing. W. ZSCHUNKE (T. H. Darmstadt) besonders genannt. Dem Lektor vom R. Oldenbourg Verlag, Herrn Dipl.-Ing.

E. KRAMMER, wird für die ausgezeichnete Zusammenarbeit und die verlegerische Betreuung des Vorhabens gedankt.

Hinweise sowie konstruktive Kritik und Vorschläge werden vom Verfasser auch in Zukunft dankbar entgegengenommen.

Erlangen, Oktober 1996 *R. Unbehauen*

ANMERKUNG ZUR 8. AUFLAGE

Die vorliegende Neuauflage des Buches unterscheidet sich von der vorausgegangenen (siebten) Auflage nur durch Korrektur weniger Stellen. Bei dieser Richtigstellung hat mich Herr Dipl.-Ing. H. Mayer unterstützt, wofür ich mich an dieser Stelle herzlich bedanke.

Erlangen, April 2002 *R. Unbehauen*

I Eingang-Ausgang-Beschreibung von linearen Systemen

1 Grundlegende Begriffe

Die wichtigsten Grundbegriffe der Systemtheorie sind das Konzept des Signals und das des Systems.

Unter einem *Signal* versteht man, grob gesagt, die Repräsentation einer Information. Beispiele für Informationen sind die zwischen zwei Punkten auftretende elektrische Spannung, die Stärke des in einem Leiter fließenden elektrischen Stromes, die Schallwelle aus einem Lautsprecher, die zweidimensionale Helligkeitsverteilung auf einem elektronischen Bildschirm oder die zeitliche Entwicklung des Kurses einer Aktie. Eine bestimmte Information kann durch verschiedene Signale repräsentiert werden. Die Frage nach der Wahl eines geeigneten Signals zur Darstellung einer vorliegenden Information, etwa im Hinblick auf Wirtschaftlichkeit und Zuverlässigkeit für eine beabsichtigte Übertragung, ist Gegenstand der Informationstheorie. Die Systemtheorie beschäftigt sich mit den verschiedenen Möglichkeiten der Beschreibung, der Kennzeichnung, der Umwandlung und Verarbeitung von Signalen.

Unter einem *System* versteht man in der Praxis ein Gebilde, das in der Lage ist, Signale umzuwandeln. Typische Beispiele sind ein elektronischer Verstärker, eine Alarmanlage oder eine Einrichtung zur automatischen Auswertung eines Elektrokardiogramms. Aufgabe der Systemtheorie ist es, für in der Realität existierende Systeme *Modelle* bereitzustellen. Diese Modelle werden nun selbst ebenfalls Systeme genannt. Es ergeben sich dann beispielsweise die folgenden Fragestellungen: Wie reagiert ein System auf eine bestimmte Klasse von Signalen (Systemcharakterisierung), welche Eigenschaften hat ein System (Systemanalyse), welches System (Modell) eignet sich zur Repräsentation eines praktischen Systems (Systemidentifikation), wie lassen sich unerwünschte Eigenschaften eines Systems beseitigen (z. B. Systemstabilisierung), welche Maßnahmen sind zu treffen, um aus einem fehlerbehafteten Signal verwertbare Aussagen über das wahre Signal zu gewinnen (Signalerkennung, Signalschätzung, Signalrestaurierung) ?

1.1 SIGNALE

Man unterscheidet zunächst zwischen kontinuierlichen und diskontinuierlichen Signalen.

Kontinuierliche Signale werden gewöhnlich durch stückweise stetige Funktionen $f(t)$ beschrieben, durch die jedem $t \in \mathbb{R} = (-\infty, \infty)$ eindeutig ein (skalarer) Wert zugewiesen wird, möglicherweise abgesehen von einzelnen Sprungstellen. Dabei spricht man von einer Sprungstelle $t = t_0$, wenn $f(t_0-)$ und $f(t_0+)$ voneinander verschieden sind; man versteht unter $f(t_0-)$ und $f(t_0+)$ den links- bzw. rechtsseitigen Grenzwert von $f(t)$ an der Stelle $t = t_0$, d. h. mit $\varepsilon > 0$

$$f(t_0-) = \lim_{\varepsilon \to 0} f(t_0 - \varepsilon), \quad f(t_0+) = \lim_{\varepsilon \to 0} f(t_0 + \varepsilon) .$$

Ein kontinuierliches Signal ist also in der Regel für alle Punkte des reellen Kontinuums $\mathbb{R}$ erklärt. Wenn als Definitionsbereich nur ein Teil von $\mathbb{R}$, beispielsweise ein Intervall (t_1, t_2) mit $-\infty \neq t_1 < t_2 \neq \infty$ verwendet wird, soll diese Einschränkung explizit genannt werden. Meistens ist die unabhängige Variable t als Zeit (in Sekunden oder als normierter, d. h. dimensionsloser Zeitparameter) zu verstehen. Dies ist jedoch nicht zwingend. So können Signale auch als Funktionen in Abhängigkeit einer Variablen auftreten, welche die Bedeutung einer Längenkoordinate hat. Darüber hinaus kann es notwendig werden, bestimmte Signale, z. B. Bilder, durch Funktionen von mehreren unabhängigen Variablen zu beschreiben. Derartige mehrdimensionale Signale bleiben jedoch zunächst außer Betracht. Als Funktionswerte $f(t)$ werden beliebige reelle Zahlen, gelegentlich aber auch komplexe Zahlen zugelassen. Sofern nicht durch Normierung erzielte dimensionslose Größen vorliegen, sind diese Zahlenwerte mit der jeweils zugehörigen Dimension behaftet.

Beispiel 1.1: Bild 1.1 zeigt den Verlauf der Signale

$$f_1(t) = \begin{cases} 0 & \text{für} \quad t < 0 \quad \text{und} \quad t > \pi/3 \,, \\ \sin^2 3t & \text{für} \quad 0 \leqq t \leqq \pi/3 \end{cases}$$

und

$$f_2(t) = \begin{cases} 0 & \text{für} \quad t < -1 \,, \\ -2 & \text{für} \quad -1 < t < 2 \,, \\ 1 & \text{für} \quad 2 < t < 3 \,, \\ t-2 & \text{für} \quad 3 \leqq t < \infty \,, \end{cases}$$

durch welche die zeitliche Abhängigkeit von irgendwelchen physikalischen Größen (wie die Wegkoordinate einer geradlinig bewegten Masse, die Winkelgeschwindigkeit eines rotierenden Punktes, die Spannung an einem Widerstand oder die elektrische Ladung einer Kondensatorplatte) repräsentiert sein könnte. Das erste Signal wird durch die überall stetige Funktion $f_1(t)$ beschrieben, das zweite durch die mit Ausnahme der Stellen $t = -1$ und $t = 2$ stetige Funktion $f_2(t)$. Inwieweit, allgemein gesagt, ein Signal durch eine unstetige Funktion (oder durch eine nicht überall differenzierbare Funktion) physikalisch sachgerecht dargestellt wird, muß von Fall zu Fall entschieden werden. So könnte die Funktion $f_2(t)$ in der Umgebung der in Sekunden gemessenen Unstetigkeitszeitpunkte $t = -1\text{s}$ und $t = 2\text{s}$ den Verlauf der in Metern gemessenen Wegkoordinate einer geradlinig bewegten Masse nur recht grob beschreiben, da für den Übergang der Masse von der Position 0 m zur Position −2 m bzw. von −2 m zu 1 m von 0s verschiedene Zeitspannen erforderlich sind. Haben jedoch bei einer physikalischen Untersuchung der betrachteten Bewegung diese Übergangseffekte nur untergeordnete

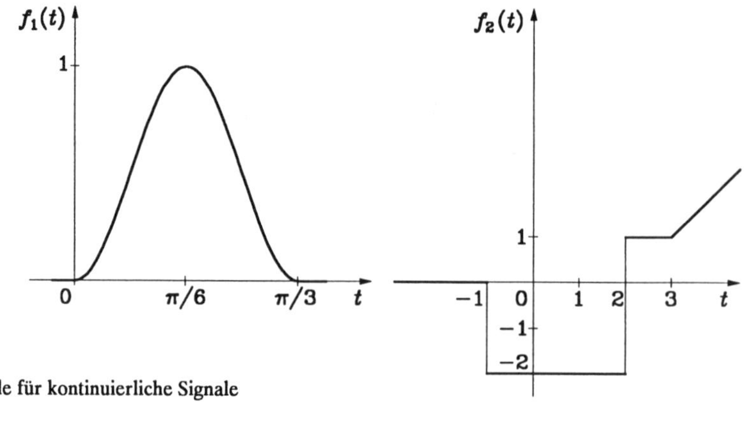

Bild 1.1: Zwei Beispiele für kontinuierliche Signale

Bedeutung, so kann das fragliche Signal durchaus mit Hilfe der Funktion $f_2(t)$ zugunsten einer besonders einfachen Beschreibung hinreichend genau repräsentiert werden.

Diskontinuierliche Signale werden durch Funktionen $f[n]$ beschrieben, durch die jedem ganzzahligen $n \in \mathbb{Z} = \{0, \pm 1, \pm 2, \dots\}$ eindeutig ein (skalarer) Wert zugeordnet wird. Derartige Funktionen sind also nur für diskrete (Zeit-) Punkte n definiert. Sie können beispielsweise dazu dienen, den Verlauf der in bestimmten zeitlichen Abständen (von etwa jeweils 30s) gemessenen Temperatur eines Reaktors, den jährlichen Ertrag der Getreideernte eines Landes über einen längeren Zeitraum oder den Verlauf der von einem Digitalrechner in bestimmten Zeitpunkten gelieferten Zahlenwerte darzustellen. Bei diskontinuierlichen Signalen hat es keinen Sinn, nach Funktionswerten an Stellen zwischen den diskreten ganzzahligen Punkten, etwa für $n = 3/2$ zu fragen. Meistens ist die unabhängige Variable n als (normierte) diskrete Zeit zu verstehen. Dies ist jedoch nicht zwingend, da diskontinuierliche Signale auch als Funktionen in Abhängigkeit einer diskreten Variablen vorkommen, welche etwa die Bedeutung einer Längenkoordinate hat. Zudem kann es notwendig sein, Signale durch Funktionen in Abhängigkeit von mehreren diskreten Variablen zu beschreiben. Derartige mehrdimensionale Signale bleiben vorläufig außer Betracht. Es sei ausdrücklich hervorgehoben, daß die Werte $f[n]$ eines diskontinuierlichen Signals nicht Meß- bzw. Beobachtungswerte zu äquidistanten Zeit- (bzw. anderen Koordinaten-) Punkten zu bedeuten brauchen, obwohl $f[n]$ stets in Abhängigkeit der Variablen n betrachtet wird, welche nur Werte auf dem durch $\mathbb{Z}$ gegebenen Gitter gleichabständiger Punkte annehmen darf. Insofern darf n auch als variabler Index und $f[n]$ als Zahlenfolge f_n $(n = 0, \pm 1, \pm 2, \dots)$ aufgefaßt werden. Als Funktionswerte $f[n]$ werden beliebige reelle Zahlen, gelegentlich auch komplexe Zahlen zugelassen. Es wird davon abgesehen, daß bei der praktischen Realisierung von diskontinuierlichen Systemen durch digitale Prozessoren auch die Funktionswerte der auftretenden Signale nur (endlich vieler) diskreter Werte fähig sind. Die Gesamtheit dieser Werte ist durch die Quantisierung des zulässigen Zahlenbereichs gegeben. Diskontinuierliche Signale wurden ursprünglich vorzugsweise in der Statistik und numerischen Analysis verwendet. Inzwischen haben sie im Bereich der digitalen Signalverarbeitung, aber auch bei der Behandlung von Schalter-Kondensator-Filtern [Un6] fundamentale Bedeutung erlangt.

Beispiel 1.2: Bild 1.2 zeigt den Verlauf der beiden diskontinuierlichen Signale

$$f_1[n] = \begin{cases} 0 & \text{für} \quad n < -1 , \\ 3^{-n} + 2n & \text{für} \quad n \geqq -1 \end{cases}$$

und

$$f_2[n] = \begin{cases} 1 & \text{für} \quad n \leqq -2 , \\ -1 & \text{für} \quad n = -1, 0 , \\ 1 & \text{für} \quad n = 1, 2, 3 , \\ -1 & \text{für} \quad n \geqq 4 . \end{cases}$$

Im Zusammenhang mit der diskontinuierlichen, insbesondere der digitalen Verarbeitung kontinuierlicher Signale zeigen sich viele Analogien zwischen kontinuierlichen und diskontinuierlichen Signalen. Darüber hinaus ist es auch ein wesentliches Anliegen dieses Buches, die teilweise außerordentlich starke Ähnlichkeit vieler systemtheoretischer Konzepte für beide Signalarten herauszustellen.

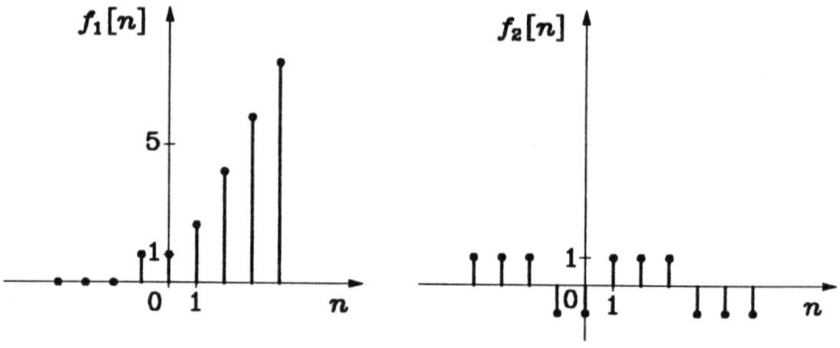

Bild 1.2: Zwei Beispiele für diskontinuierliche Signale

Man kann Signale miteinander zu neuen Signalen verknüpfen. Dies geschieht nach den bekannten Regeln für die Verknüpfung von Funktionen. So ist die Bedeutung der Summe zweier kontinuierlicher Signale $f_1(t)+f_2(t)$, ebenso die Bedeutung des Produkts zweier diskontinuierlicher Signale $f_1[n]f_2[n]$, die Bedeutung des Produkts $6f[n]$ der diskontinuierlichen konstanten Funktion 6 mit $f[n]$ etc. offensichtlich und braucht daher im einzelnen nicht erklärt zu werden. Ebensowenig ist es erforderlich, den (als existent vorausgesetzten) Differentialquotienten und das Integral eines Signals $f(t)$, d. h. die kontinuierlichen Signale

$$g(t) = \frac{\mathrm{d}f(t)}{\mathrm{d}t} \quad \text{und} \quad h(t) = \int_{t_0}^{t} f(\tau)\,\mathrm{d}\tau$$

im einzelnen zu erklären. Bei einem diskontinuierlichen Signal $f[n]$ spielen die Vorwärtsdifferenz und Rückwärtsdifferenz, d. h. die diskontinuierlichen Signale

$$g_1[n] = f[n+1] - f[n] \quad \text{und} \quad g_2[n] = f[n] - f[n-1]$$

eine mit dem Differentialquotienten eines kontinuierlichen Signals vergleichbare Rolle.

Auch durch Substitution der unabhängigen Variablen t oder n lassen sich aus einem vorliegenden Signal $f(t)$ bzw. $f[n]$ neue Signale bilden. Beispielsweise erhält man aus $f(t)$ das "transponierte" Signal $f(-t)$, indem man t durch $-t$ ersetzt. Dies bedeutet, daß sich der Verlauf von $f(-t)$ aus dem von $f(t)$ durch Spiegelung an der Ordinatenachse ergibt. Aus dem Signal $f[n]$ erhält man mit einem konstanten $n_0 \in \mathbb{Z}$ das um n_0 "verzögerte" Signal $f[n-n_0]$ etc.

Bisher wurde davon ausgegangen, daß sowohl durch ein kontinuierliches als auch durch ein diskontinuierliches Signal (fast) jedem zulässigen Wert der unabhängigen Variablen ein bestimmter (reeller oder komplexer) Funktionswert in eindeutiger Weise zugewiesen ist. Solche Signale heißen *deterministisch*. Im Gegensatz zu dieser Art von Signalen verwendet man in gewissen Anwendungsfällen Signale, deren Werte Zufallsgrößen sind und die daher mit Mitteln der Wahrscheinlichkeitsrechnung dargestellt werden. Auf die Handhabung dieser Art von Signalen, die *stochastisch* genannt werden, wird erst im Abschnitt 4 eingegangen.

1.2 SYSTEME

Der wichtigste Aspekt des im folgenden einzuführenden Systems ist seine Fähigkeit, vorhandene Signale in bestimmter Weise in andere Signale umzuwandeln. Je nachdem, ob diese Signale kontinuierlich oder diskontinuierlich sind, unterscheidet man zwischen kontinuierlich und diskontinuierlich arbeitenden Systemen. Im weiteren wird kurz von *kontinuierlichen* und *diskontinuierlichen Systemen* die Rede sein. Anstelle von kontinuierlichen Systemen spricht man oft auch von Analogsystemen, anstelle von diskontinuierlichen Systemen auch von Digitalsystemen (insbesondere bei Diskretisierung der Signalwerte). Hybride Systeme, die eine Umsetzung von kontinuierlichen (diskontinuierlichen) Signalen in diskontinuierliche (kontinuierliche) Signale bewirken, Beipiele sind Analog-Digital- und Digital-Analog-Umsetzer, werden hier weniger betrachtet.

Da die zu entwickelnde Theorie möglichst allgemein anwendbar sein soll, spielt die physikalische Bedeutung der im System vorkommenden Signale eine untergeordnete Rolle. Von diesen Zeitfunktionen sind zwei Gruppen besonders ausgezeichnet. Die eine umfaßt die *Eingangssignale*, die im Fall eines kontinuierlichen Systems mit $x_1(t), x_2(t), \ldots, x_m(t)$ bezeichnet werden und die Systemerregung bedeuten. Die zweite Gruppe stellt die *Ausgangssignale* dar, die im Fall eines kontinuierlichen Systems mit $y_1(t), y_2(t), \ldots, y_r(t)$ bezeichnet werden und die Systemreaktion bedeuten. Bild 1.3a zeigt eine schematische Darstellung des (kontinuierlichen) Systems. Es empfiehlt sich, die Eingangs- und Ausgangsgrößen zu Vektoren zusammenzufassen (Bild 1.3b):

$$\boldsymbol{x}(t) = \begin{bmatrix} x_1(t) \\ x_2(t) \\ \vdots \\ x_m(t) \end{bmatrix}, \quad \boldsymbol{y}(t) = \begin{bmatrix} y_1(t) \\ y_2(t) \\ \vdots \\ y_r(t) \end{bmatrix}. \tag{1.1}$$

In sehr vielen Anwendungsfällen liegt nur *ein* Eingangssignal und nur *ein* Ausgangssignal $(m = r = 1)$ vor.

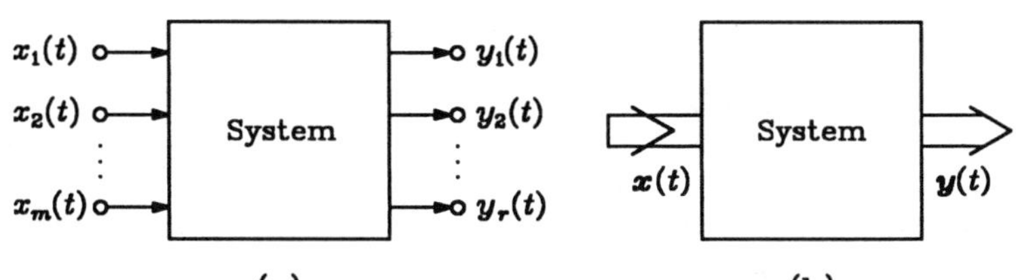

Bild 1.3: Schematische Darstellung des (kontinuierlichen) Systems

Im Fall eines diskontinuierlichen Systems werden die Eingangssignale $x_1[n], x_2[n], \ldots, x_m[n]$ und Ausgangssignale $y_1[n], y_2[n], \ldots, y_r[n]$ zu Vektoren $\boldsymbol{x}[n]$ und $\boldsymbol{y}[n]$ zusammengefaßt. Die schematische Darstellung erfolgt gemäß Bild 1.3 mit entsprechenden Signalbezeichnungen.

Beispiel 1.3: Für ein (kontinuierliches) System seien das im Bild 1.4a dargestellte, aus einem Sender mit der Sendespannung $x(t)$, einer Übertragungsstrecke und einem Empfänger mit der Verbraucherspannung $y(t)$ bestehende Nachrichtenübertragungssystem sowie der im Bild 1.4b vereinfacht dargestellte Regelkreis mit der Führungsgröße $x_1(t)$, der Störgröße $x_2(t)$ und der Regelgröße $y_1(t)$ genannt. Ein Digitalrechner, der Zeichen- bzw. Zahlenfolgen einliest, verarbeitet und entsprechende Folgen ausgibt, kann als Beispiel für ein diskontinuierliches System betrachtet werden.

Die zwischen Eingangs- und Ausgangsgrößen eines Systems bestehende Verknüpfung soll zunächst allgemein in Form einer Operatorbeziehung [Fe1] ausgedrückt werden. Sie lautet im Fall des kontinuierlichen Systems

$$\boldsymbol{y}(t) = T(\boldsymbol{x}(t)) \ . \tag{1.2a}$$

Es wird im folgenden angenommen, daß alle Eingangsgrößen $\boldsymbol{x}(t)$ aus einer geeigneten Funktionenmenge stammen, für die der Operator definiert ist. Diese Funktionen seien als zulässig bezeichnet.

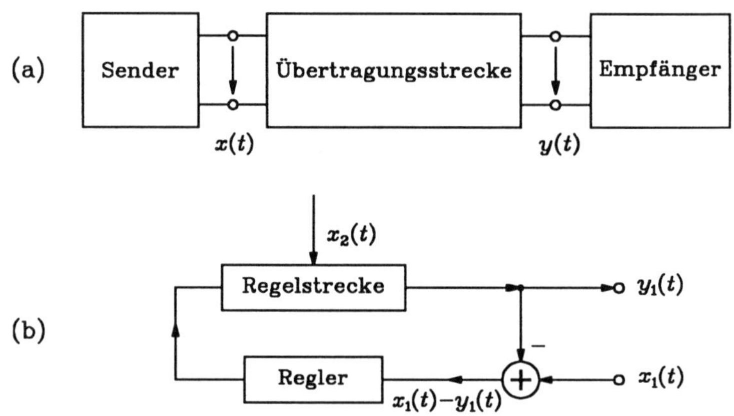

Bild 1.4: Nachrichtenübertragungssystem (a) und Regelkreis (b) als Beispiele für Systeme

Im Fall eines diskontinuierlichen Systems wird die Operatorbeziehung zur Beschreibung des Zusammenhangs zwischen Eingangs- und Ausgangsgrößen in der Form

$$\boldsymbol{y}[n] = T[\boldsymbol{x}[n]] \tag{1.2b}$$

ausgedrückt. Die Gln. (1.2a,b) besagen, daß dem vektoriellen Eingangssignal $\boldsymbol{x}$ der Ausgangsvektor $\boldsymbol{y}$ zugeordnet ist. Sie brauchen nicht eine explizite Rechenvorschrift darzustellen. Es ist jedoch notwendig, die Klasse der zulässigen Eingangsvektoren genau abzugrenzen. Sofern die Erregung in den Gln. (1.2a,b) bereits von $t = -\infty$ bzw. $n = -\infty$ an auf das betreffende System wirkt, sollen die Speicher des Systems zu diesem Zeitpunkt leer sein. Das System soll sich also zu diesem Zeitpunkt "in Ruhe befinden". Unter Speichern versteht man hierbei diejenigen Bestandteile des Systems, die jenen Teilen der betreffenden physikalischen Anordnung entsprechen, welche Energie oder Information speichern. Beispiele sind Spulen und Kondensatoren oder mechanische Federn für kontinuierliche Systeme und Verzögerungsglieder für diskontinuierliche Systeme. Wird jedoch, was sich bei vielen Anwendungen ergibt, das System von einem endlichen Zeitpunkt t_0 bzw. n_0 an durch $\boldsymbol{x}$ erregt, so muß zur eindeutigen Beschreibung des Systems nach den Gln. (1.2a,b) der Zustand der Speicher zum Zeitpunkt t_0 bzw. n_0 spezifiziert werden. Wenn nichts anderes gesagt wird, soll sich auch in diesem Fall das System zum Zeitpunkt $t_0\,(n_0)$ in Ruhe befinden. In den Gln. (1.2a,b) sind $\boldsymbol{x}$, $\boldsymbol{y}$ durch x, y zu ersetzen, wenn nur *ein* Eingangssignal und nur *ein* Ausgangssignal vorliegen.

Die vorausgegangene Systemdefinition ist noch zu allgemein, um eine für praktische Anwendungen brauchbare Theorie aufzubauen. Deshalb sollen nun einige grundlegende Systemeigenschaften eingeführt werden, die für die weiteren Betrachtungen eine entscheidende Rolle spielen. Die wichtigste dieser Eigenschaften ist die *Linearität*, die im folgenden meist vorausgesetzt wird. Hierbei handelt es sich, beiläufig bemerkt, um eine jener Idealisierungen, die bei realen Gebilden in Strenge nicht vorliegen, die aber bei zahlreichen Anwendungen näherungsweise bestehen und dann den wesentlichen Sachverhalt beschreiben. Ohne Einführung dieser Idealisierungen würden in solchen Fällen die Untersuchungen in unnötiger Weise kompliziert.

1.3 DIE SYSTEMEIGENSCHAFTEN

Grundsätzlich wird im folgenden davon ausgegangen, daß alle vorkommenden Eingangssignale zulässig sind, und es wird angenommen, daß die Erregung in irgendeinem Zeitpunkt (z. B. $-\infty$) einsetzt und bis zu einem willkürlichen späteren Beobachtungszeitpunkt anhält.

Es wird dem Leser empfohlen, zur Veranschaulichung der folgenden Definitionen den Fall zu betrachten, daß nur *ein* Eingangssignal und nur *ein* Ausgangssignal vorhanden sind ($m = r = 1$).

(a) Linearität

Man betrachtet zunächst ein kontinuierliches System und zwei willkürliche Eingangssignale $\boldsymbol{x}^{(1)}(t)$, $\boldsymbol{x}^{(2)}(t)$. Die nach Gl. (1.2a) zugeordneten Ausgangssignale seien mit $\boldsymbol{y}^{(1)}(t)$, $\boldsymbol{y}^{(2)}(t)$ bezeichnet. Es gelte also

$$\boldsymbol{y}^{(\nu)}(t) = T(\boldsymbol{x}^{(\nu)}(t)) \qquad (\nu = 1,2)\ . \tag{1.3a}$$

Dem betreffenden System wird nun genau dann die Eigenschaft der *Linearität* zugeschrieben, wenn jeder Linearkombination der $\boldsymbol{x}^{(\nu)}(t)$ $(\nu = 1,2)$ die entsprechende Linearkombination der $\boldsymbol{y}^{(\nu)}(t)$ $(\nu = 1,2)$ als System-Reaktion entspricht. Es muß also für beliebige Konstanten k_1 und k_2 stets die Beziehung

$$T(k_1\boldsymbol{x}^{(1)}(t) + k_2\boldsymbol{x}^{(2)}(t)) = k_1\boldsymbol{y}^{(1)}(t) + k_2\boldsymbol{y}^{(2)}(t) \tag{1.3b}$$

erfüllt sein. Betrachtet man N Funktionen $\boldsymbol{x}^{(\nu)}(t)$ $(\nu = 1,2,\ldots,N)$, so folgt durch wiederholte Anwendung der Gln. (1.3a,b) stets

$$T\left[\sum_{\nu=1}^{N} k_\nu \boldsymbol{x}^{(\nu)}(t)\right] = \sum_{\nu=1}^{N} k_\nu T(\boldsymbol{x}^{(\nu)}(t)). \tag{1.4}$$

Aus der Definition der Linearität nach den Gln. (1.3a,b) folgt unmittelbar

$$T(k\,\boldsymbol{x}(t)) = k\,T(\boldsymbol{x}(t))\ ,$$

d. h., die Multiplikation der Eingangsgröße $\boldsymbol{x}(t)$ mit einer Konstante k bewirkt, daß auch die zu $\boldsymbol{x}(t)$ gehörende Ausgangsgröße $\boldsymbol{y}(t)$ mit k multipliziert wird. Diese spezielle Eigenschaft heißt *Homogenität*. Die im Sonderfall $k_1 = k_2 = 1$ durch Gl. (1.3b) ausgedrückte Eigenschaft wird *Additivität* genannt. Homogenität und Additivität zusammen sind zur Linearität äquivalent.

Natürlich soll die Nullfunktion $\boldsymbol{x}(t) \equiv \mathbf{0}$ stets als Eingangsgröße zulässig sein. Hierauf reagiert ein lineares System, wie man den Gln. (1.3a,b) unmittelbar entnimmt, mit $\boldsymbol{y}(t) \equiv \mathbf{0}$. Es gilt also

$$T(\mathbf{0}) = \mathbf{0}\ . \tag{1.5}$$

Zur Erweiterung der Aussage von Gl. (1.4) wird im folgenden stets an den Operator $T(\boldsymbol{x})$ eine Art *Stetigkeitsforderung* bezüglich der Erregung $\mathbf{0}$ gestellt. Dazu betrachtet man eine Folge von Eingangsvektoren $\{\boldsymbol{x}(t)\}$. Die Konvergenz dieser Folge gegen die Nullfunktion, d. h.

$$\{\boldsymbol{x}(t)\} \longrightarrow \mathbf{0} \tag{1.6a}$$

soll nun stets die Konvergenz der Folge der entsprechenden Ausgangsvektoren gegen die Nullfunktion, also

$$\{T(\boldsymbol{x}(t))\} \longrightarrow \mathbf{0} \tag{1.6b}$$

implizieren.

Unter der Voraussetzung (1.6a,b) läßt sich jetzt in Gl. (1.4) der Grenzübergang $N \to \infty$ ausführen. Auf diese Weise ergibt sich die erweiterte Linearitätseigenschaft

$$T\left[\sum_{\nu=1}^{\infty} k_\nu \boldsymbol{x}^{(\nu)}(t)\right] = \sum_{\nu=1}^{\infty} k_\nu T(\boldsymbol{x}^{(\nu)}(t))\ . \tag{1.7}$$

Zum Nachweis der Gültigkeit von Gl. (1.7) stellt man die linke Seite dieser Gleichung zunächst in der Form

$$T\left[\sum_{\nu=1}^{N} k_\nu \boldsymbol{x}^{(\nu)}(t) + \boldsymbol{R}_N(t)\right]$$

bei beliebigem, ganzzahligem N dar, wobei das Restglied die Eigenschaft $\lim_{N\to\infty} \boldsymbol{R}_N(t) = \mathbf{0}$ für alle t aufweist. Nun läßt sich die Gl. (1.4) anwenden, und man erhält

$$T\left[\sum_{\nu=1}^{N} k_\nu \boldsymbol{x}^{(\nu)}(t) + \boldsymbol{R}_N(t)\right] = \sum_{\nu=1}^{N} k_\nu T(\boldsymbol{x}^{(\nu)}(t)) + T(\boldsymbol{R}_N(t))\ .$$

Diese Beziehung liefert für $N \to \infty$ wegen der Gln. (1.6a,b) die rechte Seite von Gl. (1.7).

Weiterhin kann unter der Voraussetzung (1.6a,b) aus Gl. (1.4) die erweiterte Linearitätseigenschaft

$$T\left[\int_a^b k(\tau)\boldsymbol{x}(t,\tau)\,\mathrm{d}\tau\right] = \int_a^b k(\tau)T(\boldsymbol{x}(t,\tau))\,\mathrm{d}\tau \tag{1.8}$$

gefolgert werden, sofern das auf der linken Seite von Gl. (1.8) stehende, von t abhängige Integral sich darstellen läßt als eine endliche Summe mit einem in dem Beobachtungsintervall $t_0 \leqq t \leqq t_1$ dem Betrage nach unter jede Grenze drückbaren Restglied. Dazu wird das Integral auf der linken Seite von Gl. (1.8) durch

$$\sum_{\nu=1}^{N} k(\tau_\nu)\boldsymbol{x}(t,\tau_\nu)\Delta\tau_\nu + \boldsymbol{R}_N(t)$$

ersetzt. Eine derartige Darstellung ist sicher dann möglich, wenn $\boldsymbol{x}(t,\tau)$ und $k(\tau)$ in der Variablen τ stückweise stetige Funktionen sind, das betreffende Integral also im Riemannschen Sinne aufgefaßt werden kann. Diese Darstellung ist bei der Zugrundelegung des Stieltjesschen Integralbegriffes [Fe1] auch dann möglich, wenn nur eine der Funktionen $k(\tau)$ und $\boldsymbol{x}(t,\tau)$ stetig ist und $\mathrm{d}\boldsymbol{X} = \boldsymbol{x}(t,\tau)\,\mathrm{d}\tau$ bzw. $\mathrm{d}K = k(\tau)\,\mathrm{d}\tau$ das "verallgemeinerte Differential" einer stückweise stetigen Funktion darstellt. Im übrigen verfährt man zum Beweis von Gl. (1.8) wie bei Gl. (1.7).

Beispiel 1.4: Als einfaches Beispiel eines linearen Systems sei die Verzögerungsleitung mit der Operatorgleichung

$$y(t) = T(x(t)) = x(t - t_v)$$

erwähnt. Man kann sich direkt davon überzeugen, daß in diesem Fall die Definition nach den Gln. (1.3a,b) erfüllt wird.

Für das im Bild 1.5 dargestellte, aus idealisierten Elementen aufgebaute elektrische Netzwerk gilt offensichtlich

$$i(t) = G\,u(t) + GE\ . \tag{1.9}$$

Betrachtet man die Spannung $u(t)$ als Eingangssignal und den Strom $i(t)$ als Ausgangssignal, so stellt das vorliegende Netzwerk im Sinne der Gln. (1.3a,b) offensichtlich *kein* lineares System dar. Wird allerdings die Stromdifferenz $y(t) = i(t) - GE$ zum Ausgangssignal erklärt, dann ist das System gemäß Gl. (1.9) linear. Betrachtet man als Ursache die Differenz $\Delta u = u_1 - u_2$ zweier Spannungen, die unabhängig voneinander das Netzwerk im Bild 1.5 erregen, und als Reaktion die Differenz $\Delta i = i_1 - i_2$ der beiden entsprechenden Ströme, so erhält man die Beziehung $\Delta i = G\,\Delta u$, die nun im Sinne der Gln. (1.3a,b) ein lineares System repräsentiert. Daher werden Systeme der Art des betrachteten Netzwerks auch inkremental linear genannt.

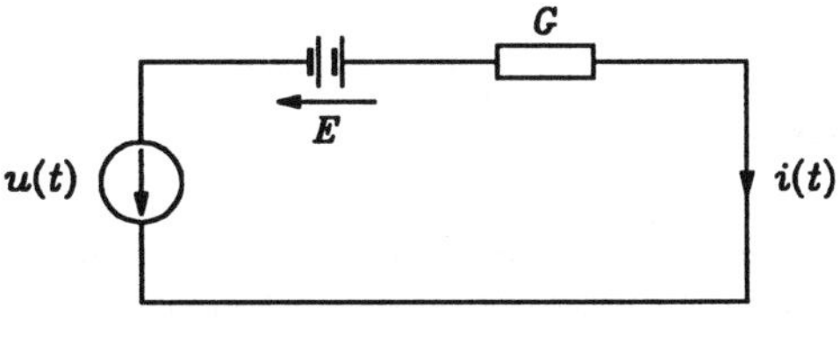

Bild 1.5: Einfaches elektrisches Netzwerk mit der Gleichspannungsquelle E und dem ohmschen Leitwert G

Alle vorausgegangenen Betrachtungen können sinngemäß für diskontinuierliche Systeme wiederholt werden, so daß sich auch für diese der Begriff der Linearität in der Form

$$T[k_1\boldsymbol{x}^{(1)}[n] + k_2\boldsymbol{x}^{(2)}[n]] = k_1 T[\boldsymbol{x}^{(1)}[n]] + k_2 T[\boldsymbol{x}^{(2)}[n]] \tag{1.10a}$$

bzw. unter Einbeziehung der Stetigkeitsforderungen als

$$T\left[\sum_{\nu=1}^{\infty} k_\nu \boldsymbol{x}^{(\nu)}[n]\right] = \sum_{\nu=1}^{\infty} k_\nu T[\boldsymbol{x}^{(\nu)}[n]] \tag{1.10b}$$

einführen läßt. Hierbei bedeutet die Stetigkeit, daß der Operator T die den Gln. (1.6a,b) entsprechende Eigenschaft aufweist.

(b) Zeitinvarianz

Zunächst wird ein kontinuierliches System betrachtet. Einer willkürlichen Erregung $\boldsymbol{x}(t)$ sei nach Gl. (1.2a) die System-Reaktion $\boldsymbol{y}(t)$ zugeordnet. Das betreffende System heißt genau dann *zeitinvariant*, wenn für beliebiges reelles t_ν stets

$$T(\boldsymbol{x}(t-t_\nu)) = \boldsymbol{y}(t-t_\nu) \tag{1.11a}$$

gilt. Bei einem zeitinvarianten System ist also die Form des Ausgangssignals unabhängig davon, wann das Eingangssignal einsetzt (Bild 1.6). Die bei der Definition der Linearität genannte Verzögerungsleitung ist ein Beispiel für ein zeitinvariantes System. Ist ein System nicht zeitinvariant, so spricht man von einem *zeitvarianten* System.

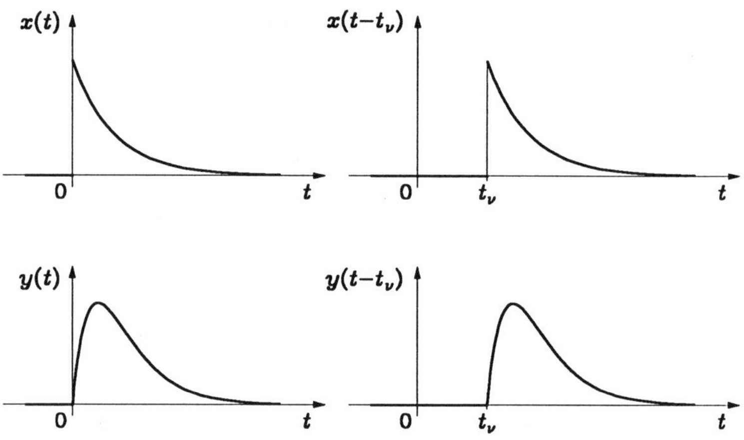

Bild 1.6: Zur Definition der Zeitinvarianz

Für ein diskontinuierliches System wird die Zeitinvarianz entsprechend durch die Beziehung

$$T[\boldsymbol{x}[n-n_\nu]] = \boldsymbol{y}[n-n_\nu] \tag{1.11b}$$

definiert.

Beispiel 1.5: Der Leser möge sich klarmachen, daß das durch die Beziehung $y(t) = \cos\{x(t)\}$ gegebene System zeitinvariant, dagegen das durch $y[n] = n\,x[n]$ definierte System zeitvariant ist.

(c) Kausalität

Ein kontinuierliches System heißt genau dann *kausal*, wenn der Verlauf des Ausgangssignals $\boldsymbol{y}(t)$ bis zu jedem beliebigen Zeitpunkt t_1 stets nur vom Verlauf des entsprechenden Eingangssignals $\boldsymbol{x}(t)$ bis zu diesem Zeitpunkt t_1 abhängt, d. h., wenn für zwei beliebige Eingangssignale $\boldsymbol{x}^{(\nu)}(t)$ $(\nu = 1,2)$ mit der Eigenschaft

$$\boldsymbol{x}^{(1)}(t) \equiv \boldsymbol{x}^{(2)}(t) \quad \text{für} \quad t \leqq t_1 \tag{1.12a}$$

bei willkürlichem t_1 die entsprechenden Ausgangssignale die Eigenschaft

$$T(\boldsymbol{x}^{(1)}(t)) \equiv T(\boldsymbol{x}^{(2)}(t)) \quad \text{für} \quad t \leqq t_1 \tag{1.12b}$$

aufweisen.

Die Definitionsgleichungen (1.12a,b) haben angesichts der Gl. (1.5) zur Folge, daß ein *lineares, kausales* System auf jedes Eingangssignal $\boldsymbol{x}(t)$ mit der Eigenschaft

$$\boldsymbol{x}(t) \equiv \mathbf{0} \quad \text{für} \quad t < t_1 \tag{1.13a}$$

mit einem Ausgangssignal $\boldsymbol{y}(t)$ reagiert, das die Eigenschaft

$$\boldsymbol{y}(t) \equiv \mathbf{0} \quad \text{für} \quad t < t_1 \tag{1.13b}$$

aufweist.

Die Kausalität eines diskontinuierlichen Systems ist ganz entsprechend zum kontinuierlichen System zu verstehen.

Beispiel 1.6: Man kann sich leicht davon überzeugen, daß das durch die Gleichung

$$y[n] = x[n] + x[n+1]$$

beschriebene lineare diskontinuierliche System mit einem Eingang und einem Ausgang nicht kausal ist. Auch ein System, das die Mittelwertbildung

$$y[n] = \frac{1}{2m+1} \sum_{\nu=-m}^{m} x[n-\nu]$$

leistet, ist für $m > 0$ nicht kausal.

Es gibt Problemstellungen, insbesondere im Bereich der digitalen Signalverarbeitung, für welche die Eigenschaft der Kausalität der auftretenden Systeme belanglos ist. Auf der anderen Seite nimmt man bei der Modellbildung von Systemen gelegentlich in Kauf, daß Kausalität nicht besteht, sofern dadurch die Betrachtungen erheblich vereinfacht werden und die entstehenden Ungenauigkeiten tolerierbar bleiben.

(d) Gedächtnislose und dynamische Systeme

Hängt der Wert des Ausgangssignals $\boldsymbol{y}$ zu jedem Zeitpunkt nur vom Wert des Eingangssignals $\boldsymbol{x}$ zum selben Zeitpunkt ab, also nicht von vergangenen oder gar künftigen Werten von $\boldsymbol{x}$, so heißt das betreffende System *gedächtnislos*. Andernfalls spricht man von einem *dynamischen* System. Dieses hat, wie man zu sagen pflegt, das endliche Gedächtnis $\tau(\neq \infty)$ bzw. $\nu(\neq \infty)$ oder ein unendliches Gedächtnis, je nachdem die Ausgangsgröße $\boldsymbol{y}$ zum beliebigen Zeitpunkt $t = t_1$ bzw. $n = n_1$ immer nur von den Werten der Eingangsgröße im Intervall von $t_1 - \tau$ bis t_1 bzw. von $n_1 - \nu$ bis n_1 abhängt oder von den Werten von $-\infty$ bis t_1 (n_1).

Beispiel 1.7: Das im Bild 1.5 dargestellte elektrische Netzwerk mit $u(t)$, $i(t)$ als Eingangs- bzw. Ausgangsgröße liefert ein Beispiel für ein gedächtnisloses System, wie man aus Gl. (1.9) für die Verknüpfung zwischen Eingangs- und Ausgangsgröße erkennt. Das durch die Gleichung $y(t) = x^2(t)$ beschriebene System ist nichtlinear und gedächtnislos; das durch $y(t) = t\,x(t)$ gekennzeichnete System ist linear, zeitvariant und gedächtnislos; das durch die Beziehung $y(t) = 2x(t) + 3x(t-1)$ charakterisierte System ist linear, zeitinvariant und dynamisch mit dem endlichen Gedächtnis $\tau = 1$. Schließlich ist

$$y[n] = \sum_{\mu=-\infty}^{n} x[\mu]$$

ein dynamisches System mit unendlichem Gedächtnis. Alle gedächtnislosen Systeme sind kausal.

(e) Stabilität

Ein kontinuierliches System soll genau dann *stabil* genannt werden, wenn jedes beschränkte zulässige Eingangssignal $\boldsymbol{x}(t)$ ein ebenfalls beschränktes Ausgangssignal $\boldsymbol{y}(t)$ zur Folge hat, d. h., wenn aus der Bedingung

$$|x_\mu(t)| \leqq M_0 < \infty \qquad (\mu = 1, 2, \ldots, m) \tag{1.14a}$$

für die Komponenten des Erregungsvektors $\boldsymbol{x}(t)$ die Einschränkung

$$|y_\nu(t)| \leqq N_0 < \infty \qquad (\nu = 1, 2, \ldots, r) \tag{1.14b}$$

für die Komponenten des Reaktionsvektors $\boldsymbol{y}(t)$ für *alle* t-Werte folgt.

Ergänzung: Wie man zeigen kann [De4], ist bei einem linearen System die durch die Bedingungen (1.14a,b) ausgedrückte Eigenschaft gleichbedeutend mit der Existenz einer vom Eingangssignal unabhängigen endlichen Zahl L derart, daß aus

$$|x_\mu(t)| \leqq M_0$$

für $\mu = 1, \ldots, m$ und alle t stets

$$|y_\nu(t)| \leqq L\, M_0$$

für $\nu = 1, \ldots, r$ und alle t folgt.

Die Stabilität eines diskontinuierlichen Systems wird ganz entsprechend wie die des kontinuierlichen Systems definiert.

Beispiel 1.8: Der Leser möge sich davon überzeugen, daß die wiederholt genannte Verzögerungsleitung ein stabiles, das durch die Beziehung

$$y(t) = \int_{-\infty}^{t} x(\tau)\, d\tau$$

definierte Integrierglied ein instabiles System darstellt. Ebenso ist das durch die Beziehung

$$y[n] = \sum_{\nu=-\infty}^{n} x[\nu]$$

gegebene System instabil.

(f) Reellwertigkeit

Ein System heißt *reell*, wenn jedem reellen Eingangssignal ein reelles Ausgangssignal zugeordnet ist.

(g) Invertibilität

Ein System heißt *invertierbar*, wenn von jedem beobachteten Ausgangssignal eindeutig auf das entsprechende Eingangssignal geschlossen werden kann. Es muß also zu einem invertierbaren System T ein zweites System S existieren, so daß aus jedem Ausgangssignal $y = T(x)$ des ersten Systems sein Eingangssignal x als Reaktion von S entsteht, wenn man S mit y

erregt. Es gilt dann $x = S(T(x))$ für alle zulässigen x.

Beispiel 1.9: Der durch die Beziehung

$$y(t) = \int_{-\infty}^{t} x(\tau)\,d\tau$$

gegebene Integrator ist ein invertierbares System, da aus jedem Ausgangssignal $y(t)$ das zugehörige Eingangssignal über die Systemoperation

$$x(t) = \frac{dy(t)}{dt}$$

geliefert wird. Dagegen ist das durch die Gleichung

$$y[n] = x^2[n]$$

gegebene nichtlineare System nicht invertierbar.

1.4 STANDARDSIGNALE

In der Systemtheorie spielen einige spezielle Signale eine fundamentale Rolle, da sie gewissermaßen als Grundbausteine zu verschiedenen Darstellungen allgemeiner Signale verwendet werden können. Diese Darstellungen werden sich bei der Beschreibung des Zusammenhangs zwischen Eingangs- und Ausgangssignalen von linearen Systemen als besonders vorteilhaft erweisen.

1.4.1 Kontinuierliche Standardsignale

(a) Die kontinuierliche harmonische Exponentielle
Hierunter versteht man die im Intervall $-\infty < t < \infty$ definierte Funktion

$$e^{j\omega t} = \cos\omega t + j\sin\omega t \qquad (\omega = \text{const} \neq 0) \,, \tag{1.15}$$

wobei $j = \sqrt{-1}$ die imaginäre Einheit bedeutet. Diese Funktion ist für die Signal- und Systemdarstellung im Frequenzbereich von entscheidender Bedeutung. Bekanntlich lassen sich periodische Funktionen unter wenig einschränkenden Bedingungen durch ihre Fourier-Reihe, d. h. durch Überlagerung von Funktionen der Art $c_\nu\, e^{j\nu\omega t}$ mit $\nu = 0, \pm 1, \pm 2, \ldots$ ausdrücken. In welcher Weise auch nichtperiodische Funktionen mit Hilfe der harmonischen Exponentiellen darstellbar sind, wird später noch ausführlich gezeigt.

Der konstante Parameter ω heißt Kreisfrequenz der harmonischen Exponentiellen, die eine periodische Funktion von t mit der Grundperiode $T = 2\pi/\omega$ darstellt. Durch Kombination der harmonischen Exponentiellen $e^{j\omega t}$ und $e^{-j\omega t}$ lassen sich die trigonometrischen Funktionen $\cos\omega t$ und $\sin\omega t$ einfach ausdrücken, nämlich als

$$\cos\omega t = \frac{1}{2}[e^{j\omega t} + e^{-j\omega t}] \,, \qquad \sin\omega t = \frac{1}{2j}[e^{j\omega t} - e^{-j\omega t}] \,.$$

Die kontinuierliche harmonische Exponentielle kann als Sonderfall der allgemeinen Exponentiellen

$$f_p(t) = e^{pt}$$

betrachtet werden, wobei p eine beliebige komplexe Konstante bedeutet. Durch eine Linearkombination von e^{pt} und $e^{p^* t}$ der Art $A\,e^{pt} + A^*\,e^{p^* t}$ (A komplexe Konstante) lassen sich auch gedämpfte oder angefachte reelle harmonische Signale erzeugen. Wir werden jedoch die Untersuchung zunächst allein mit der harmonischen Exponentiellen durchführen. Hierbei wird durch $*$ die konjugiert komplexe Zahl bezeichnet.

(b) Die kontinuierliche Sprungfunktion

Hierunter wird die Funktion

$$s(t) = \begin{cases} 0 & \text{für} \quad t < 0, \\ 1 & \text{für} \quad t > 0 \end{cases}$$

verstanden (Bild 1.7). Man beachte, daß es sich bei der Sprungfunktion um eine an der Stelle $t = 0$ unstetige Funktion handelt.

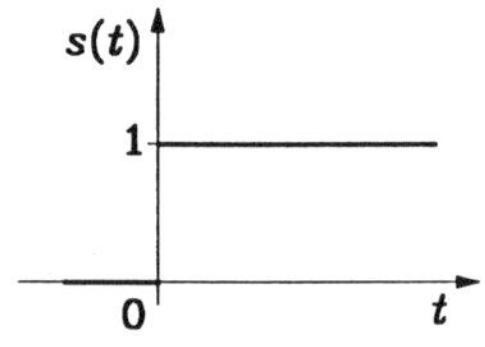

Bild 1.7: Die kontinuierliche Sprungfunktion

Mit Hilfe dieser Funktion kann jede in $-\infty < t < \infty$ stetige und stückweise differenzierbare Funktion $f(t)$, deren Grenzwert $\lim_{t \to -\infty} f(t) = f(-\infty)$ existiert, dargestellt werden: Ausgehend von der Beziehung

$$f(t) = f(-\infty) + \int_{-\infty}^{t} f'(\tau)\,d\tau$$

mit $f'(t) := df(t)/dt$ erhält man unter Verwendung der Sprungfunktion $s(t)$ die Darstellung

$$f(t) = f(-\infty) + \int_{-\infty}^{\infty} f'(\tau)s(t-\tau)\,d\tau \;. \tag{1.16}$$

Die Anwendung der Gl. (1.16) auf Funktionen $f(t)$, die Unstetigkeiten in Form von Sprüngen aufweisen, ist erlaubt, wenn $f(t)$ als verallgemeinerte Funktion im Sinne der Distributionentheorie aufgefaßt wird.

Die Darstellung für $f(t)$ gemäß Gl. (1.16) kann nach Bild 1.8 gedeutet werden. Aus Bild 1.8 ist nämlich unmittelbar die approximative Form

$$f(t) \approx f(-\infty) + \sum_{\nu=-\infty}^{\infty} s(t-\tau_{\nu+1})[f(\tau_{\nu+1}) - f(\tau_\nu)] \tag{1.17}$$

mit $\tau_{\nu+1} = \tau_\nu + \Delta\tau$ zu erkennen. Erweitert man die unter dem Summenzeichen stehende eckige Klammer mit $\Delta\tau$, so geht Gl. (1.17) für $\Delta\tau \to 0$ in Gl. (1.16) über.

(c) Die kontinuierliche Impulsfunktion

Die Impulsfunktion $\delta(t)$, auch Delta-Funktion genannt, ist im Sinne der klassischen Analysis keine Funktion. Sie ist eine sogenannte verallgemeinerte Funktion oder *Distribution*, die in

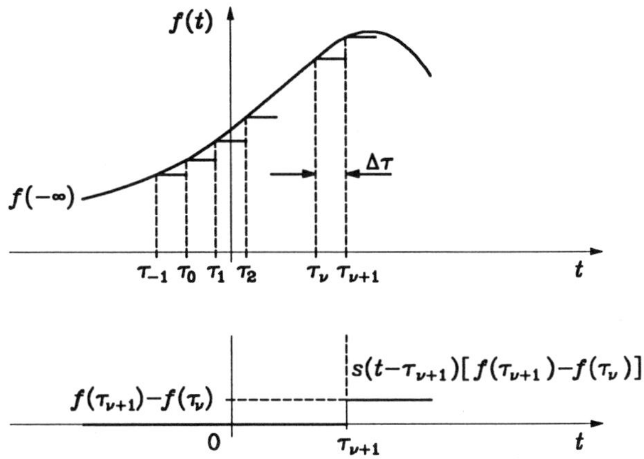

Bild 1.8: Approximative Darstellung einer Funktion durch Sprungfunktionen

einer von der Definition *gewöhnlicher* Funktionen abweichenden Weise eingeführt zu werden pflegt. Hierbei verlangt man, daß für jede in $-\infty < t < \infty$ stetige Funktion $f(t)$ die Beziehung

$$\int_{-\infty}^{\infty} f(\tau)\delta(t-\tau)\,\mathrm{d}\tau = f(t) \tag{1.18}$$

erfüllt sein soll. Streng genommen hat das in Gl. (1.18) vorkommende Integral allerdings nicht die Bedeutung eines Integrals im Sinne der klassischen Analysis, sondern ist nur im Rahmen der Distributionentheorie sinnvoll erklärt (man vergleiche den Anhang A).

Man kann sich die Delta-Funktion näherungsweise als Rechteckfunktion

$$r_\varepsilon(t) = \begin{cases} \dfrac{1}{\varepsilon} & \text{für} \quad 0 < t < \varepsilon\,, \\ 0 & \text{für} \quad t < 0\,,\ t > \varepsilon \end{cases} \tag{1.19}$$

bei kleinem, positivem ε veranschaulichen (Bild 1.9). Im Sinne der Distributionentheorie gilt

$$\lim_{\varepsilon \to 0} r_\varepsilon(t) = \delta(t)\ . \tag{1.20}$$

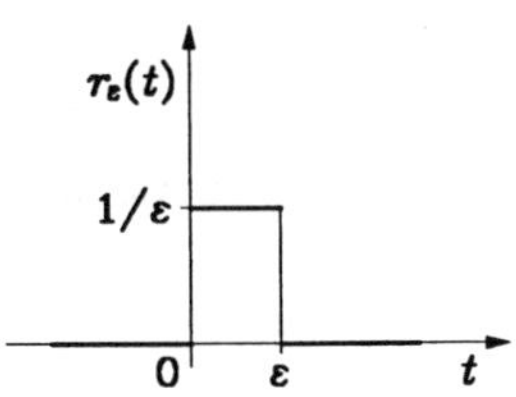

Bild 1.9: Approximative Darstellung der δ-Funktion

Eine beliebige in $-\infty < t < \infty$ stetige Funktion $f(t)$ läßt sich nun näherungsweise mit Hilfe der Rechteckfunktion $r_\varepsilon(t)$ nach Gl. (1.19) in der Form

$$f(t) \approx \sum_{\nu=-\infty}^{\infty} f(\tau_\nu) r_{\Delta\tau}(t-\tau_\nu)\,\Delta\tau \tag{1.21}$$

darstellen (Bild 1.10). Für $\Delta\tau \to 0$ geht bei Beachtung von Gl. (1.20) die Gl. (1.21) in die Beziehung (1.18) über, welche die sogenannte Ausblendeigenschaft der Delta-Funktion ausdrückt. Die Bezeichnung "Ausblendeigenschaft" weist auf die aus Gl. (1.21) und Bild 1.10 ersichtliche Entstehung des Funktionswerts $f(t)$ durch "Ausblendung" mit Hilfe einer "schmalen" Rechteckfunktion $r_\varepsilon(t)$ hin. Bei den weiteren Untersuchungen wird die Delta-Funktion durch eine nadelförmige Funktion nach Bild 1.11 graphisch dargestellt. Ist die δ-Funktion mit einem Faktor A versehen, so heißt A Impulsstärke. Diese wird bei einer Darstellung gemäß Bild 1.11 an der Spitze des Impulses angegeben.

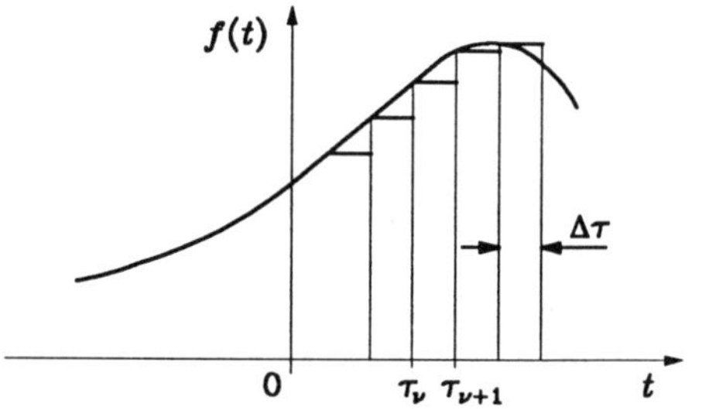

Bild 1.10: Approximative Darstellung einer Funktion durch Rechteck-Impulse

Die Delta-Funktion ist mit der Sprungfunktion im Sinne der Distributionentheorie über die Relation

$$s(t) = \int_{-\infty}^{t} \delta(\tau)\,\mathrm{d}\tau \tag{1.22a}$$

bzw.

$$\delta(t) = \frac{\mathrm{d}s(t)}{\mathrm{d}t} \tag{1.22b}$$

verknüpft. Man kann sich die Aussage der Gln. (1.22a,b) dadurch veranschaulichen, daß man die Rechteckfunktion nach Gl. (1.19), welche die Funktion $\delta(t)$ approximiert, integriert, also nach Bild 1.12 die Funktion

$$s_\varepsilon(t) = \int_{-\infty}^{t} r_\varepsilon(\tau)\,\mathrm{d}\tau \tag{1.23a}$$

bildet. Hieraus folgt

$$r_\varepsilon(t) = \frac{\mathrm{d}s_\varepsilon(t)}{\mathrm{d}t} \; . \tag{1.23b}$$

Für $\varepsilon \to 0$ strebt, wie man sieht, $s_\varepsilon(t)$ gegen $s(t)$ und nach Gl. (1.20) $r_\varepsilon(t)$ gegen $\delta(t)$. Dabei gehen die Gln. (1.23a,b) in die Gln. (1.22a,b) über. Man vergleiche hierzu auch den Anhang A.

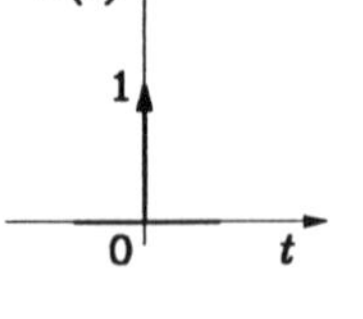

Bild 1.11: Graphische Darstellung der kontinuierlichen δ-Funktion

Durch Variablensubstitution $\sigma = t - \tau$ kann man feststellen, daß anstelle von Gl. (1.22a) auch

$$s(t) = \int_0^\infty \delta(t-\sigma)\,\mathrm{d}\sigma \tag{1.24}$$

geschrieben werden darf.

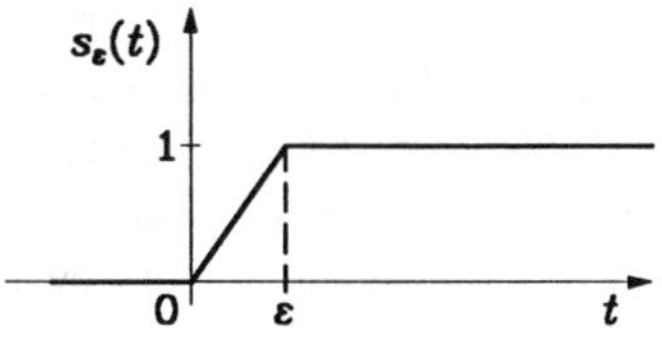

Bild 1.12: Integrierte Rechteckfunktion

Im Rahmen der Distributionentheorie lassen sich auch Differentialquotienten der Delta-Funktion bilden, insbesondere die erste Ableitung $\delta'(t)$. Zum Studium der Distributionentheorie seien die Bücher [Be2, Fe1, Li1, Sc2] empfohlen. Ein kurzer Einblick wird im Anhang A gegeben.

1.4.2 Diskontinuierliche Standardsignale

(a) Die diskontinuierliche harmonische Exponentielle

Unter dieser Funktion versteht man das für $n = 0, \pm 1, \pm 2, \ldots$ definierte Signal

$$\mathrm{e}^{\mathrm{j}\omega n} = \cos \omega n + \mathrm{j} \sin \omega n \qquad (\omega = \text{const} \neq 0) \; . \tag{1.25}$$

Es ist das direkte Gegenstück zur Funktion nach Gl. (1.15). Man beachte aber, daß es sich hier nur dann um eine periodische Funktion von n handelt, wenn eine natürliche Zahl N und eine ganze Zahl k existieren, so daß die Bedingung

$$\omega N = 2\pi k \tag{1.26}$$

erfüllt ist. Das heißt: Nur wenn für den Parameter ω zwei Zahlen $N \in \mathbb{N}$ und $k \in \mathbb{Z}$ gefunden werden können, welche die Gl. (1.26) befriedigen, ist $\mathrm{e}^{\mathrm{j}\omega n}$ eine periodische Funktion. Man kann in einem solchen Fall ohne Einschränkung der Allgemeinheit annehmen, daß N kleinstmöglich ist. Dann ist $N = 2\pi k / \omega$ die Grundperiode, da

$$\mathrm{e}^{\mathrm{j}\omega(n+N)} = \mathrm{e}^{\mathrm{j}(\omega n + 2\pi k)} = \mathrm{e}^{\mathrm{j}\omega n}$$

mit kleinstmöglichem N gilt. Durch Kombination der harmonischen Exponentiellen $\mathrm{e}^{\mathrm{j}\omega n}$ und $\mathrm{e}^{-\mathrm{j}\omega n}$ lassen sich die Funktionen $\cos \omega n$ und $\sin \omega n$ darstellen. Die diskontinuierliche harmonische Exponentielle kann als Sonderfall der Potenzfunktion

$$f_z[n] = z^n$$

betrachtet werden, wobei hier z eine beliebige komplexe Konstante bedeutet. Speziell für $z = \mathrm{e}^{\mathrm{j}\omega}$ erhält man $\mathrm{e}^{\mathrm{j}\omega n}$. Wir werden jedoch die Untersuchungen zunächst nur mit der harmonischen Exponentiellen durchführen.

Es sei noch auf einen fundamentalen Unterschied zwischen der kontinuierlichen und der diskontinuierlichen harmonischen Exponentiellen hingewiesen. Während man für zwei beliebige reelle, jedoch voneinander verschiedene Werte ω stets zwei unterschiedliche Signale $\mathrm{e}^{\mathrm{j}\omega t}$ erhält, trifft dies für die diskontinuierliche harmonische Exponentielle allgemein nicht zu. Nur wenn für zwei Werte ω_1 und ω_2 die Einschränkung $\omega_1 \bmod 2\pi \neq \omega_2 \bmod 2\pi$ gilt, liegen unterschiedliche Signale $e^{j\omega_1 n}$ und $e^{j\omega_2 n}$ vor. Dabei versteht man unter $\omega \bmod 2\pi$ diejenige Zahl im Intervall $[0, 2\pi)$, die sich von ω nur um ein ganzzahliges Vielfaches von 2π unterscheidet. Die Menge aller Funktionen $\{e^{j\omega n} \mid 0 \leqq \omega < 2\pi\}$ repräsentiert also die Gesamtheit aller diskontinuierlichen harmonischen Exponentiellen. Weiterhin ist noch folgender Unterschied interessant: Während man zu jeder (stets periodischen) harmonischen Exponentiellen $e^{j\omega t}$ $(\omega \neq 0)$ unendlich viele "Oberschwingungen" $e^{jl\omega t}$ mit ganzzahligem l angeben kann, gibt es zu einer periodischen harmonischen Exponentiellen $e^{j\omega n}$ $(\omega = 2\pi k/N)$ nur N verschiedene "Oberschwingungen" $e^{jl\omega n}$ mit $l = 0, 1, 2, \ldots, N-1$; denn es gilt

$$e^{j(l \pm N)\omega n} = e^{jl\omega n} e^{\pm jN\omega n} = e^{jl\omega n} .$$

(b) Die diskontinuierliche Sprungfunktion

Hierbei handelt es sich um die Folge

$$s[n] = \begin{cases} 0 & \text{für} \quad n < 0, \\ 1 & \text{für} \quad n \geqq 0 \end{cases} \tag{1.27}$$

(Bild 1.13). Sie ist das direkte Gegenstück zur kontinuierlichen Sprungfunktion und wird auch Einheitssprungfunktion genannt. Man beachte die Vereinbarung $s[n] = 1$ für $n = 0$ (Bild 1.13).

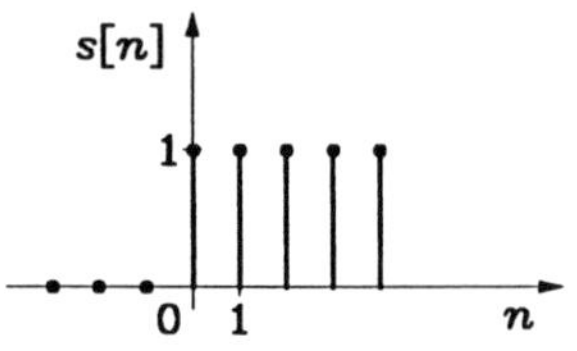

Bild 1.13: Die diskontinuierliche Sprungfunktion

Entsprechend Gl. (1.16) läßt sich dann jede diskontinuierliche Funktion in der Form

$$f[n] = f[-\infty] + \sum_{\nu=-\infty}^{\infty} \{f[\nu] - f[\nu - 1]\} s[n - \nu] \tag{1.28}$$

ausdrücken. Hierbei wird die Existenz des Grenzwerts $f[-\infty]$ vorausgesetzt.

(c) Die diskontinuierliche Impulsfunktion

Die diskontinuierliche Impulsfunktion (auch Einheitsimpuls genannt) ist durch die Beziehung

$$\delta[n] = \begin{cases} 1 & \text{für} \quad n = 0, \\ 0 & \text{für} \quad n \neq 0 \end{cases} \tag{1.29}$$

definiert (Bild 1.14). Sie erlaubt entsprechend Gl. (1.18), jede diskontinuierliche Funktion in der Form

$$f[n] = \sum_{\nu=-\infty}^{\infty} f[\nu] \delta[n - \nu] \tag{1.30}$$

darzustellen.

Der Zusammenhang zwischen dem Einheitsimpuls und dem Einheitssprung läßt sich ausdrücken in der Form

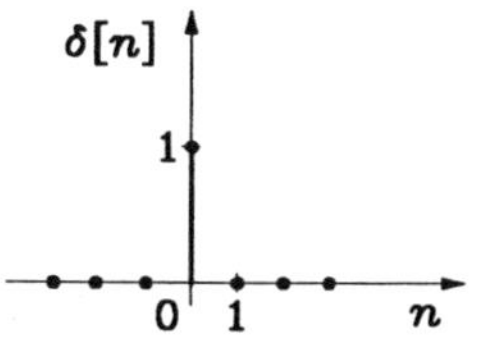

Bild 1.14: Graphische Darstellung der diskontinuierlichen Impulsfunktion

$$s[n] = \sum_{\nu=-\infty}^{n} \delta[\nu] \tag{1.31a}$$

bzw. durch

$$\delta[n] = s[n] - s[n-1] \ . \tag{1.31b}$$

Durch die Variablensubstitution $k = n - \nu$ kann die Gl. (1.31a) durch

$$s[n] = \sum_{k=0}^{\infty} \delta[n-k] \tag{1.32}$$

ersetzt werden.

2 Charakterisierung kontinuierlicher Systeme durch Sprung- und Impulsantwort

Im Abschnitt 1.4 konnte gezeigt werden, wie sich Signale durch Superposition von Sprungfunktionen oder durch Überlagerung von Impulsfunktionen darstellen lassen. Betrachtet man nun ein *lineares* System und stellt man die Eingangssignale durch eine der genannten Superpositionen dar, dann können wegen der (erweiterten) Linearität des Systems die entsprechenden Ausgangssignale direkt angegeben werden. Allerdings muß hierfür die Systemreaktion auf die zeitlich verschobene Sprung- bzw. Impulsfunktion bekannt sein. Diese Signale sollen dabei stets als System-Eingangsgrößen zugelassen sein.

Auf diese Weise wird im folgenden die Verknüpfung zwischen Eingangs- und Ausgangsgröße zunächst für den Fall hergeleitet, daß das betreffende System kontinuierlich ist und nur einen Eingang und nur einen Ausgang aufweist. Die Erweiterung dieser Betrachtungen auf Systeme mit mehreren Eingängen und Ausgängen erfolgt im Abschnitt 2.8. Die entsprechende Charakterisierung für diskontinuierliche lineare Systeme wird im Abschnitt 3 behandelt.

Die Beschreibung der verschiedenen Möglichkeiten zur Verknüpfung der Eingangssignale mit den Ausgangssignalen eines Systems ist als eine der Hauptaufgaben der Systemtheorie zu betrachten.

2.1 DIE SPRUNGANTWORT

Unter der *Sprungantwort* $a(t,\tau)$ eines linearen kontinuierlichen Systems ($m = r = 1$) wird die Reaktion des Systems auf das Eingangssignal $s(t-\tau)$ verstanden:

$$a(t,\tau) := T(s(t-\tau)) \ . \tag{1.33}$$

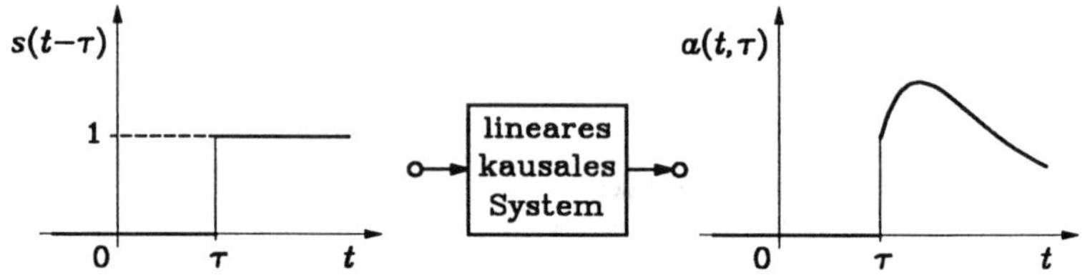

Bild 1.15: Sprungreaktion eines linearen und kausalen kontinuierlichen Systems

Die Größe τ bedeutet, wie auch aus Bild 1.15 zu erkennen ist, jenen Zeitpunkt, zu dem der Sprung der Eingangsgröße einsetzt. Ist das System *kausal*, so weist die Sprungantwort nach den Gln. (1.13a,b) die Eigenschaft

$$a(t,\tau) \equiv 0 \quad \text{für} \quad t < \tau \tag{1.34}$$

auf, d. h. die Sprungantwort verschwindet in allen Zeitpunkten, die vor dem Einsetzen des Sprunges liegen. Im Falle, daß das betreffende System *zeitinvariant* ist, gilt nach Gl. (1.11a)

$$a(t,\tau) = a(t-\tau) \tag{1.35}$$

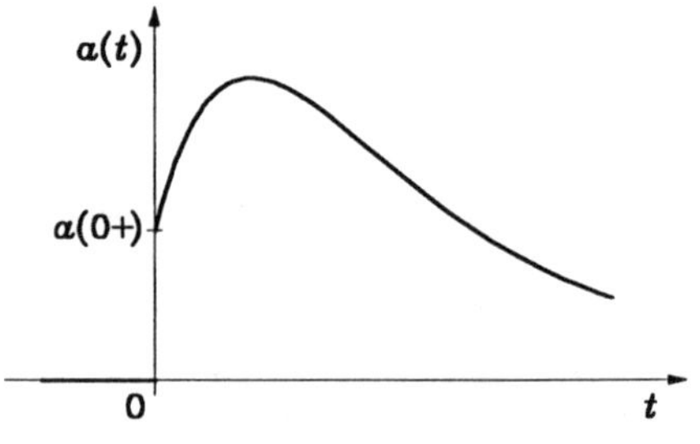

Bild 1.16: Sprungantwort $a(t)$ eines linearen, zeitinvarianten, kausalen kontinuierlichen Systems

für alle t und τ. Dann ist also die Sprungantwort nur von der Zeitspanne zwischen dem Einsetzen des Sprunges und dem Beobachtungszeitpunkt abhängig. Es genügt daher zur Kennzeichnung der Sprungantwort eines zeitinvarianten Systems, die Reaktion auf eine einzige Sprungerregung, etwa auf $s(t)$, zu bestimmen (Bild 1.16). Bei einem *zeitvarianten* System hingegen ist die Sprungstelle τ neben dem Beobachtungszeitpunkt t eine wesentliche Variable, weshalb man sich die Funktion $a(t,\tau)$ in diesem Falle geometrisch als eine Fläche

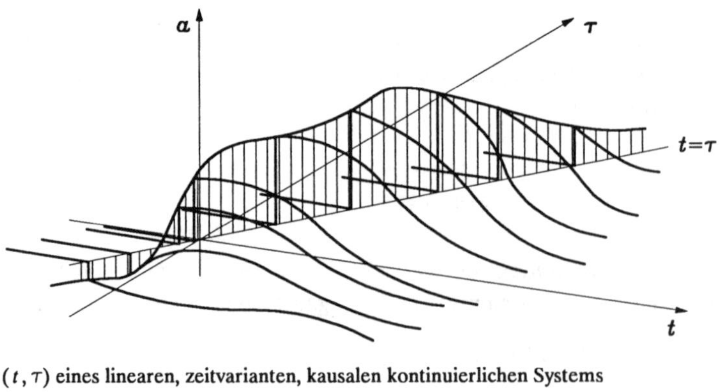

Bild 1.17: Sprungantwort $a(t,\tau)$ eines linearen, zeitvarianten, kausalen kontinuierlichen Systems

über der (t, τ)-Ebene vorzustellen hat (Bild 1.17).

Es werden im weiteren gewöhnlich nur solche kontinuierlichen Systeme betrachtet, die eine *stetige* Sprungantwort mit höchstens *einer* Sprungstelle im "Einschaltzeitpunkt" $t = \tau$ haben. Mit $a(0+)$ wird der Wert der Sprungantwort $a(t)$ eines zeitinvarianten, linearen Systems unmittelbar nach dem Einsetzen des Sprunges $s(t)$ am Systemeingang bezeichnet (Bild 1.16).

Beispiel 1.10: Für das im Bild 1.18 dargestellte lineare, zeitinvariante elektrische Zweitor mit dem Ohmwiderstand R und der Kapazität C soll die Sprungantwort ermittelt werden. Wählt man als Spannungserregung $x(t) = s(t)$, so ist direkt zu erkennen, daß die Spannungsreaktion $y(t) = a(t)$ unmittelbar nach dem Einsetzen des Sprunges auf den Wert $a(0+) = 1$ springt und für $t \to \infty$ gegen Null strebt. Da das Netzwerk nur *einen* Energiespeicher enthält, nämlich die Kapazität C, sinkt $a(t)$ *exponentiell* auf Null ab, und zwar mit der Zeitkonstante $T = RC$. Somit ist

$$a(t) = s(t)\mathrm{e}^{-t/T} . \tag{1.36}$$

Dieses Ergebnis kann natürlich auch aus der Differentialgleichung für $y(t)$ unter Beachtung der Anfangsbedingung ermittelt werden. Würde wenigstens eines der Netzwerkelemente R und C in Abhängigkeit von t variieren, so hätte man ein Beispiel für ein lineares, zeitvariantes System.

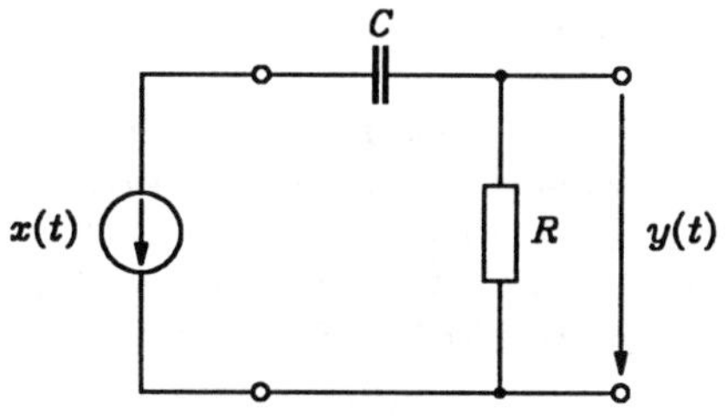

Bild 1.18: Einfaches elektrisches Zweitor (RC-Glied). Die Größe $x(t)$ beschreibt eine Spannungsquelle

2.2 DIE IMPULSANTWORT

Unter der *Impulsantwort* $h(t, \tau)$ eines linearen kontinuierlichen Systems ($m = r = 1$) wird die Antwort des Systems auf das Eingangssignal $\delta(t - \tau)$ verstanden:

$$h(t, \tau) := T(\delta(t - \tau)) . \tag{1.37}$$

Hier bedeutet die Größe τ jenen Zeitpunkt, zu welchem der Stoß des Eingangssignals stattfindet. Da das Eingangssignal $\delta(t - \tau)$ nach Abschnitt 1.4.1(c) näherungsweise mit der verschobenen Rechteckfunktion $r_\varepsilon(t - \tau)$ übereinstimmt, kann man sich die Impulsantwort approximativ als Systemreaktion auf $r_\varepsilon(t - \tau)$ mit kleinem ε vorstellen.

Ist das betreffende System *kausal*, so gilt nach den Gln. (1.13a,b)

$$h(t, \tau) \equiv 0 \quad \text{für} \quad t < \tau . \tag{1.38}$$

Die Impulsantwort eines linearen, kausalen Systems ist also zu allen Zeitpunkten gleich Null, die vor dem Zeitpunkt des Stoßes liegen. Falls das System *zeitinvariant* ist, gilt

$$h(t, \tau) = h(t - \tau) \tag{1.39}$$

für alle t und τ. Die Impulsantwort eines linearen, zeitinvarianten Systems hängt also nur von der Zeitspanne ab, die zwischen dem Zeitpunkt des δ-Stoßes und dem Beobachtungszeitpunkt liegt. In diesem Fall genügt es, zur Ermittlung der Impulsantwort die Reaktion nur auf eine einzige Stoßerregung, etwa auf $\delta(t)$, zu bestimmen (Bild 1.19).

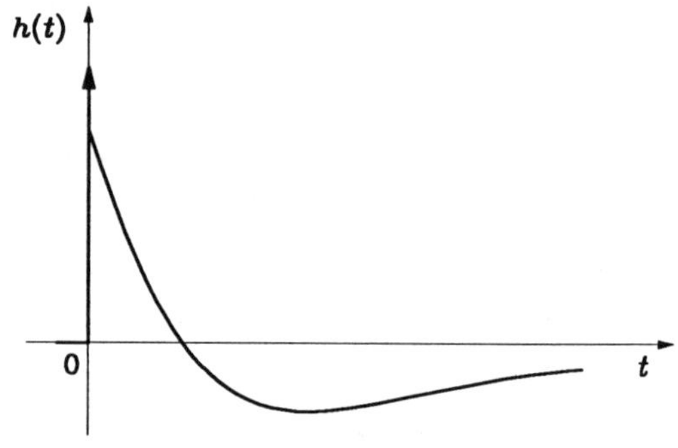

Bild 1.19: Impulsantwort $h(t)$ eines linearen, zeitinvarianten und kausalen kontinuierlichen Systems

Im weiteren werden nur kontinuierliche Systeme mit *stückweise stetiger* Impulsantwort betrachtet, bei der gewöhnlich nur im "Einschaltzeitpunkt" $t = \tau$ ein δ-Anteil zugelassen ist, wie dies im Bild 1.19 für ein zeitinvariantes System angedeutet ist.

Beispiel 1.11: Im Bild 1.20 ist ein Wagen der Masse m dargestellt, der sich reibungsfrei auf einer horizontalen Schiene bewegt. Er ist mit zwei Raketenantrieben ausgestattet, so daß er sich in beiden Richtungen frei bewegen kann. Der Ort des Wagens wird nach Bild 1.20 mit der nach rechts gezählten Koordinate $d(t)$ bezeichnet. Mit $F(t)$ ist die Kraft gemeint, die der Wagen durch den Rückstoßantrieb erfährt. Die Newtonsche Bewegungsgleichung für dieses System lautet

$$F(t) = m\,\frac{\mathrm{d}^2 d}{\mathrm{d}t^2}\,.$$

Mit $x(t) := F(t)/m$ und $y(t) = d(t)$ erhält man die Eingang-Ausgang-Beschreibung des Systems

$$\frac{\mathrm{d}^2 y}{\mathrm{d}t^2} = x(t)\,. \tag{1.40}$$

Zur Ermittlung der Impulsantwort $h(t)$ wird als Eingangssignal $x(t) = \delta(t - \tau)$ mit festem Parameter τ gewählt, wobei vorausgesetzt wird, daß sich der Wagen vor Einsetzen der Erregung $x(t)$ in Ruhe befindet, also

$$\lim_{t \to -\infty} y(t) = 0 \quad \text{und} \quad \lim_{t \to -\infty} \frac{\mathrm{d}y(t)}{\mathrm{d}t} = 0 \tag{1.41a,b}$$

gilt. Aufgrund von Gl. (1.40) erhält man mit $x(t) = \delta(t - \tau)$ für die Impulsantwort die Differentialgleichung

$$\frac{\mathrm{d}^2 h(t,\tau)}{\mathrm{d}t^2} = \delta(t - \tau)\,, \tag{1.42}$$

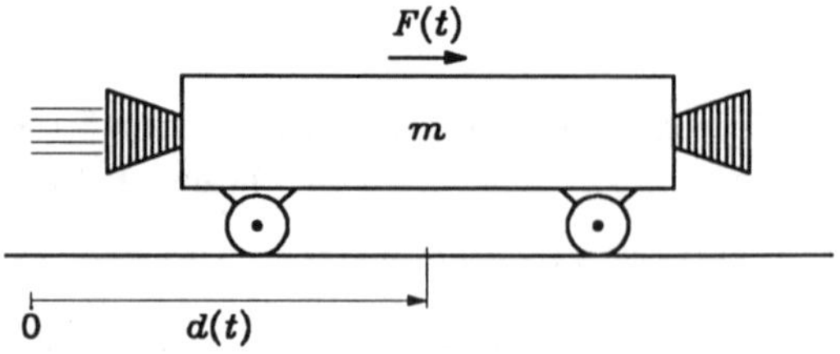

Bild 1.20: Wagen mit Raketenantrieb, $d(t)$ bezeichnet den momentanen Ort und m die Masse des Wagens, $F(t)$ ist die nach rechts gezählte Kraft, die der Wagen durch den Rückstoß des Antriebs erfährt

aus der man durch Integration bei Beachtung von Gl. (1.41b) zunächst

$$\frac{\mathrm{d}h(t,\tau)}{\mathrm{d}t} = \int_{-\infty}^{t} \delta(\sigma-\tau)\,\mathrm{d}\sigma$$

und nach nochmaliger Integration bei Beachtung von Gl. (1.41a)

$$h(t,\tau) = \int_{\xi=-\infty}^{t} \int_{\sigma=-\infty}^{\xi} \delta(\sigma-\tau)\,\mathrm{d}\sigma\,\mathrm{d}\xi$$

erhält. Durch Ausführung der inneren Integration ergibt sich für die Impulsantwort

$$h(t,\tau) = \int_{-\infty}^{t} s(\xi-\tau)\,\mathrm{d}\xi = (t-\tau)s(t-\tau)$$

oder angesichts der Zeitinvarianz

$$h(t) = t\,s(t). \tag{1.43}$$

2.3 ZUSAMMENHANG ZWISCHEN SPRUNGANTWORT UND IMPULSANTWORT

Die δ-Funktion läßt sich gemäß Gl. (1.22b) in der Form

$$\delta(t-\tau) = \frac{s(t-\tau)-s(t-\tau-\Delta\tau)}{\Delta\tau} + R(\Delta\tau;\, t-\tau) \tag{1.44a}$$

mit

$$\lim_{\Delta\tau\to 0} R(\Delta\tau;\, t-\tau) = 0 \tag{1.44b}$$

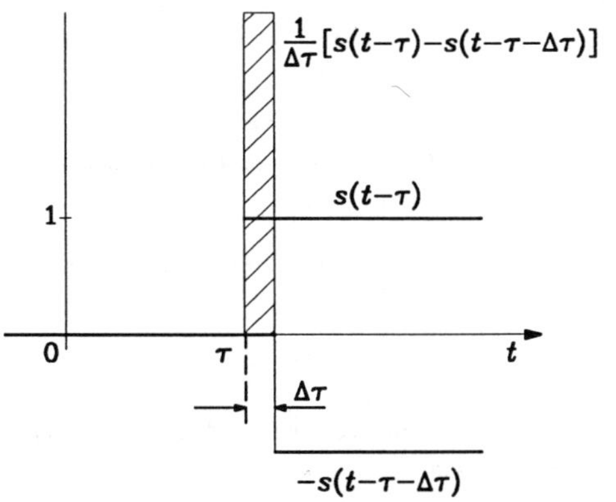

Bild 1.21: Zur Darstellung der Funktion $\delta(t-\tau)$ nach Gl. (1.44a)

darstellen (Bild 1.21). Nun wird die Funktion $\delta(t-\tau)$ in der Form nach Gl. (1.44a) als Eingangssignal eines linearen kontinuierlichen Systems betrachtet und dem entsprechenden T-Operator unterworfen. Unter Beachtung der Gln. (1.33) und (1.37) sowie der Linearitätseigenschaft erhält man auf diese Weise aus Gl. (1.44a) die Beziehung

$$h(t,\tau) = \frac{1}{\Delta\tau}[a(t,\tau)-a(t,\tau+\Delta\tau)] + T(R(\Delta\tau;\, t-\tau)) \;,$$

aus der für $\Delta\tau \to 0$ wegen der Gültigkeit der Gln. (1.6a,b) und (1.44b) bei Voraussetzung der partiellen Differenzierbarkeit von $a(t,\tau)$ nach der Variablen τ die folgende Relation zwischen der Sprungantwort und der Impulsantwort folgt:

$$h(t,\tau) = -\frac{\partial a(t,\tau)}{\partial \tau} . \tag{1.45}$$

Durch Integration ergibt sich aus dieser Gleichung zunächst die Beziehung

$$\int_{\tau}^{\infty} h(t,\sigma)\,\mathrm{d}\sigma = a(t,\tau) - a(t,\infty) .$$

Da $a(t,\infty)$ die Systemreaktion auf die Sprungfunktion mit Sprungstelle ∞, also auf die identisch verschwindende Erregung ist, muß nach Gl. (1.5) $a(t,\infty) \equiv 0$ gelten, und man erhält deshalb

$$a(t,\tau) = \int_{\tau}^{\infty} h(t,\sigma)\,\mathrm{d}\sigma . \tag{1.46}$$

Die Gln. (1.45) und (1.46), welche Verknüpfungen zwischen Sprung- und Impulsantwort darstellen, lassen sich im Falle der Zeitinvarianz des betreffenden Systems vereinfachen. Man erhält dann, wie aus den Gln. (1.45) und (1.46) unmittelbar folgt, die Beziehungen

$$h(t) = \frac{\mathrm{d}a(t)}{\mathrm{d}t} , \tag{1.47}$$

$$a(t) = \int_{-\infty}^{t} h(\sigma)\,\mathrm{d}\sigma . \tag{1.48}$$

Die abgeleiteten Relationen zwischen Sprung- und Impulsantwort sind z. B. insofern bedeutsam, als es oft einfach ist, die Sprungantwort eines Systems anzugeben. Man erhält dann nach Gl. (1.45) bzw. Gl. (1.47) unmittelbar auch die Impulsantwort.

Beispiel 1.12: Betrachtet man das elektrische System nach Bild 1.18, dann gewinnt man die Impulsantwort des Systems nach Gl. (1.47) mit Gl. (1.36) in der Form

$$h(t) = \frac{\mathrm{d}s(t)}{\mathrm{d}t}\,\mathrm{e}^{-t/T} + s(t)\cdot(-1/T)\,\mathrm{e}^{-t/T}$$

oder

$$h(t) = \delta(t) - s(t)\cdot\frac{1}{T}\cdot\mathrm{e}^{-t/T} . \tag{1.49}$$

Hierbei wurde berücksichtigt, daß $\delta(t)\,\mathrm{e}^{-t/T} = \delta(t)$ gilt. Eine direkte Bestimmung von $h(t)$ wäre nicht so einfach gewesen.

2.4 DIE SPRUNGANTWORT ALS SYSTEMCHARAKTERISTIK

Mit Hilfe der im Abschnitt 2.1 eingeführten Sprungantwort ist es nun möglich, die Ausgangsgröße $y(t)$ eines linearen kontinuierlichen Systems als Reaktion auf ein Eingangssignal $x(t)$ anzugeben, sofern $x(t)$ eine in $-\infty < t < \infty$ stetige und stückweise differenzierbare Funktion mit einem für $t \to -\infty$ existierenden Grenzwert $x(-\infty)$ ist. Unter dieser Voraussetzung besteht die Gl. (1.16) für $f(t) \equiv x(t)$. Unterwirft man diese Darstellung für die Eingangsgröße der betreffenden T-Operation, so entsteht bei Beachtung der Gln. (1.8) und (1.33) die Aussage

$$y(t) = x(-\infty)a(t,-\infty) + \int_{-\infty}^{\infty} x'(\tau)a(t,\tau)\,\mathrm{d}\tau \;, \tag{1.50}$$

durch die das Ausgangssignal in Form eines Superpositionsintegrals mittels des Eingangssignals und der Sprungantwort ausgedrückt wird. Hierbei wurde berücksichtigt, daß

$$T(x(-\infty)) = x(-\infty)T(1) = x(-\infty)T(s(t+\infty)) = x(-\infty)a(t,-\infty)$$

ist. Entsprechend der approximativen Deutung von Gl. (1.16) durch Gl. (1.17) läßt sich die Aussage von Gl. (1.50) durch Anwendung der T-Operation auf Gl. (1.17) für $f(t) \equiv x(t)$ veranschaulichen, so daß man sich $y(t)$ approximativ durch Superposition der Reaktionen auf Sprungerregungen verschiedener Sprungstellen und Sprunghöhen vorstellen kann. Ist das betreffende System kausal, so genügt es wegen der Gültigkeit von Gl. (1.34), im Integral der Gl. (1.50) nur bis t zu integrieren.

Liegt nun ein zeitinvariantes, lineares System vor, so läßt sich Gl. (1.50) wegen der Gültigkeit von Gl. (1.35) in der Form

$$y(t) = x(-\infty)a(\infty) + \int_{-\infty}^{\infty} x'(\tau)a(t-\tau)\,\mathrm{d}\tau \tag{1.51}$$

darstellen ($-\infty < t < \infty$). Ist das zeitinvariante System kausal, dann darf natürlich in Gl. (1.51) die obere Integrationsgrenze ∞ durch t ersetzt werden.

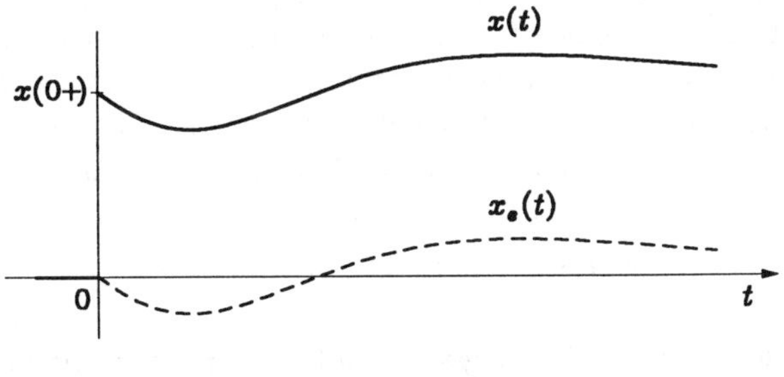

Bild 1.22: Zur Darstellung der Funktion $x(t)$ nach Gl. (1.53a)

Es sei jetzt noch der im Hinblick auf praktische Anwendungen besonders interessante Fall betrachtet, daß die Erregung erst im Nullpunkt einsetzt, d. h., daß das Eingangssignal die Eigenschaft

$$x(t) \equiv 0 \quad \text{für} \quad t < 0 \tag{1.52}$$

aufweist. Ein Sprung von $x(t)$ im Nullpunkt sei zugelassen im Einklang mit einer Bemerkung zu Gl. (1.16). Das Eingangssignal $x(t)$ läßt sich dann nach Bild 1.22 in der Form

$$x(t) = x_e(t) + x(0+)s(t) \tag{1.53a}$$

darstellen. Hierbei ist $x_e(t)$ auf der gesamten t-Achse stetig und stückweise differenzierbar, so daß

$$x'(t) = x_e'(t) + x(0+)\,\delta(t) \tag{1.53b}$$

gebildet werden kann. Setzt man Gl. (1.53b) unter Berücksichtigung der Gl. (1.52) in Gl. (1.51) ein, so erhält man wegen $x(-\infty) = 0$ zunächst

$$y(t) = \int_{0-}^{\infty} [x_e'(\tau) + x(0+)\,\delta(\tau)]\,a(t-\tau)\,d\tau$$

und bei Beachtung der Ausblendeigenschaft der δ-Funktion gemäß Gl. (1.18) schließlich die Beziehung

$$y(t) = x(0+)\,a(t) + \int_{0}^{\infty} x_e'(\tau)\,a(t-\tau)\,d\tau \;. \tag{1.54}$$

In dieser Darstellung darf die obere Integrationsgrenze ∞ durch t ersetzt werden, falls das betreffende lineare System kausal ist.

Die vorausgegangenen Betrachtungen sollten die Möglichkeit zeigen, bei alleiniger Kenntnis der Sprungantwort eines linearen kontinuierlichen Systems den Zusammenhang zwischen Eingangs- und Ausgangsgröße anzugeben und damit das System hinsichtlich seiner Übertragungseigenschaften vollständig zu kennzeichnen. In diesem Sinne ist es üblich, die Sprungantwort eine *Systemcharakteristik* zu nennen.

2.5 DIE IMPULSANTWORT ALS SYSTEMCHARAKTERISTIK

Es soll nun gezeigt werden, wie mit Hilfe der im Abschnitt 2.2 eingeführten Impulsantwort das Eingangssignal mit dem Ausgangssignal eines linearen kontinuierlichen Systems ähnlich verknüpft werden kann, wie dies im vorausgegangenen Abschnitt bei Verwendung der Sprungantwort gelungen ist. Die Eingangsgröße $x(t)$ wird als für alle t-Werte stetige Funktion vorausgesetzt (durch Erweiterung der Untersuchungen kann gezeigt werden, daß $x(t)$ auch Sprungstellen aufweisen darf). Dann läßt sich $x(t)$ nach Gl. (1.18) für $f(t) \equiv x(t)$ darstellen. Unterwirft man diese Darstellung für das Eingangssignal $x(t)$ der betreffenden T-Operation, so erhält man bei Berücksichtigung der Gln. (1.8) und (1.37) die Relation

$$y(t) = \int_{-\infty}^{\infty} x(\tau)\,h(t,\tau)\,d\tau \;, \tag{1.55}$$

durch die das Ausgangssignal in Form eines Superpositionsintegrals mittels des Eingangssignals und der Impulsantwort ausgedrückt wird. Entsprechend der näherungsweisen Interpretation der Gl. (1.18) durch die Gl. (1.21) läßt sich Gl. (1.55) approximativ durch Anwendung der T-Operation auf Gl. (1.21) für $f(t) \equiv x(t)$ deuten, d. h. durch Superposition von Systemreaktionen auf gewisse Rechteckimpulse verschiedener Stärken und Stoßstellen. Im Falle eines *kausalen*, linearen Systems darf in Gl. (1.55) wegen der Gültigkeit von Gl. (1.38) die obere Integrationsgrenze ∞ durch $t+$ ersetzt werden. Das $+$-Zeichen bei dieser modifizierten Integrationsgrenze ist erforderlich, um bei der Integration nach τ den möglicherweise in $h(t,\tau)$ enthaltenen Impulsanteil für $\tau = t$ zu erfassen. Im Falle eines *zeitinvarianten*, linearen Systems ist die Gl. (1.39) gültig, und die Darstellung nach Gl. (1.55) läßt sich folgendermaßen vereinfachen:

$$y(t) = \int_{-\infty}^{\infty} x(\tau)\,h(t-\tau)\,d\tau \;. \tag{1.56}$$

Ist das betrachtete System auch *kausal*, dann darf die obere Integrationsgrenze ∞ durch $t+$ ersetzt werden. Es soll nun die Impulsantwort $h(t)$ des zeitinvarianten, linearen Systems in der Form

$$h(t) = a(0+)\,\delta(t) + h_e(t) \tag{1.57}$$

dargestellt werden, wobei $h_e(t)$ den impulsfreien Bestandteil der Impulsantwort $h(t)$ bedeutet; die Impulsstärke darf angesichts des im Abschnitt 2.3 diskutierten Zusammenhangs zwischen Sprung- und Impulsantwort sofort als $a(0+)$ geschrieben werden.[1] Man beachte insbesondere Gl. (1.47). Substituiert man jetzt $h(t)$ nach Gl. (1.57) in die Gl. (1.56), so entsteht zunächst die Beziehung

$$y(t) = \int_{-\infty}^{\infty} [x(\tau)a(0+)\,\delta(t-\tau) + x(\tau)h_e(t-\tau)]\,\mathrm{d}\tau \ ,$$

und hieraus folgt bei Beachtung der Ausblendeigenschaft der δ-Funktion nach Gl. (1.18)

$$y(t) = a(0+)x(t) + \int_{-\infty}^{\infty} x(\tau)h_e(t-\tau)\,\mathrm{d}\tau \ . \tag{1.58}$$

Im Kausalitätsfall darf die obere Integrationsgrenze durch t ersetzt werden. Das $+$-Zeichen bei t ist jetzt nicht mehr erforderlich, da $h_e(t)$ keinen Impulsanteil enthält.

Betrachtet man schließlich noch den Fall, daß die Erregung erst im Zeit-Nullpunkt einsetzt [$x(t) \equiv 0$ für $t < 0$], und setzt man Kausalität des Systems voraus, so lautet Gl. (1.58) einfach

$$y(t) = a(0+)x(t) + \int_{0}^{t} x(\tau)h_e(t-\tau)\,\mathrm{d}\tau \ . \tag{1.59}$$

Die Integrationsvariable τ in den Gln. (1.56), (1.58) und (1.59) läßt sich durch eine neue Veränderliche ϑ gemäß

$$\vartheta := t - \tau \tag{1.60}$$

ersetzen. Dadurch entsteht beispielsweise aus Gl. (1.56) die Beziehung

$$y(t) = \int_{-\infty}^{\infty} x(t-\vartheta)h(\vartheta)\,\mathrm{d}\vartheta \ . \tag{1.61}$$

Hier darf im Fall der Kausalität die untere Integrationsgrenze $-\infty$ durch $0-$ ersetzt werden, wobei das $-$-Zeichen erforderlich ist, um einen möglicherweise in $h(t)$ enthaltenen Impulsanteil bei der Integration zu erfassen. In entsprechender Weise lassen sich die Gln. (1.58) und (1.59) unter Verwendung der Integrationsvariablen ϑ darstellen. Auch in den Gln. (1.51) und (1.54), die im Falle eines linearen, zeitinvarianten Systems Verknüpfungen zwischen Eingangs- und Ausgangsgrößen über die Sprungantwort liefern, kann die Integrationsvariable τ durch die Veränderliche ϑ nach Gl. (1.60) ersetzt werden.

---

[1] Bei einem zeitvarianten, linearen, kausalen System läßt sich die Sprungantwort (Bild 1.17) in der Form

$$a(t,\tau) = a(\tau+,\tau)s(t-\tau) + a_e(t,\tau)$$

darstellen, wobei $a_e(t,\tau)$ auch für $t=\tau$ stetig ist. Nach Gl. (1.45) folgt hieraus die Darstellung für die Impulsantwort:

$$h(t,\tau) = A(\tau)\,\delta(t-\tau) + h_f(t,\tau) \ .$$

Hierbei ist $h_f(t,\tau)$ der impulsfreie Teil der Impulsantwort.

Integrale der Form, wie sie in Gln. (1.51) und (1.56) auftreten, sind sogenannte *Faltungsintegrale*. So kann man z. B. sagen, daß gemäß Gl. (1.56) das Ausgangssignal $y(t)$ durch Faltung der Funktionen $x(t)$ und $h(t)$ entsteht. Man pflegt dies in der Form

$$y(t) = x(t) * h(t) \tag{1.62}$$

auszudrücken. Mit Gl. (1.61) folgt $x(t) * h(t) = h(t) * x(t)$ (Kommutativität der Faltung).

Die Faltung besitzt neben der Kommutativitätseigenschaft die Eigenschaften der Assoziativität und Distributivität. Hierunter versteht man die leicht nachprüfbaren Beziehungen

$$x(t) * [h_1(t) * h_2(t)] = [x(t) * h_1(t)] * h_2(t) \tag{1.63}$$

bzw.

$$x(t) * [h_1(t) + h_2(t)] = [x(t) * h_1(t)] + [x(t) * h_2(t)] \; . \tag{1.64}$$

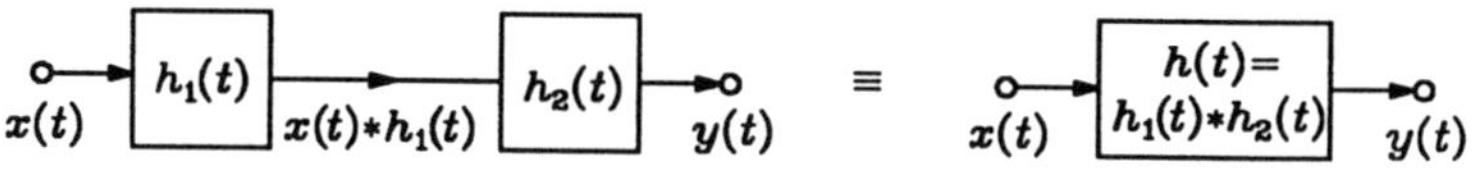

Bild 1.23: Kettenverbindung zweier linearer, zeitinvarianter Systeme; es gelten die äquivalenten Beziehungen $y(t) = [x(t) * h_1(t)] * h_2(t)$ bzw. $y(t) = x(t) * [h_1(t) * h_2(t)]$

Sie lassen sich systemtheoretisch einfach interpretieren. Betrachtet man nämlich gemäß Bild 1.23 die Ketten- (oder Kaskaden-)verbindung von zwei linearen, zeitinvarianten kontinuierlichen Systemen mit den Impulsantworten $h_1(t)$ bzw. $h_2(t)$, so kann die Gesamtanordnung als ein lineares, zeitinvariantes kontinuierliches System mit der Impulsantwort $h(t) = h_1(t) * h_2(t)$ aufgefaßt werden. Dies geht aus Gl. (1.63) unmittelbar hervor. Wegen der Eigenschaft der Kommutativität der Faltung darf die Reihenfolge der Kettenverbindung auch vertauscht werden, ohne daß sich die Impulsantwort des Gesamtsystems ändert. Betrachtet man gemäß Bild 1.24 die Parallelverbindung von zwei linearen, zeitinvarianten kontinuierlichen Systemen mit den Impulsantworten $h_1(t)$ bzw. $h_2(t)$, so läßt sich die Gesamtanordnung als ein lineares, zeitinvariantes kontinuierliches System mit der Impulsantwort $h(t) = h_1(t) + h_2(t)$ auffassen.

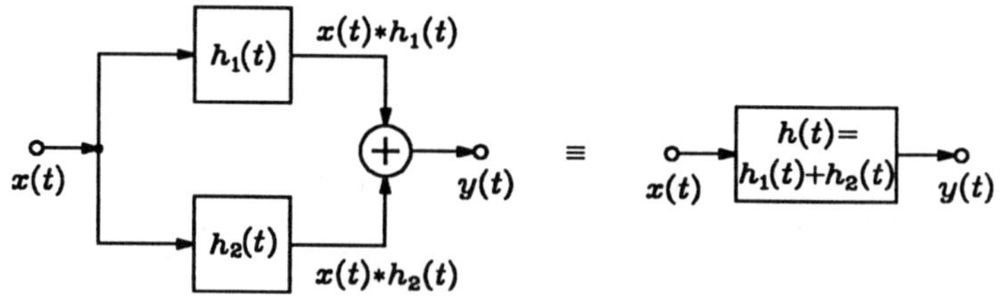

Bild 1.24: Parallelverbindung zweier linearer, zeitinvarianter Systeme; es gilt hierbei $y(t) = [x(t) * h_1(t)] + [x(t) * h_2(t)]$ bzw. $y(t) = x(t) * [h_1(t) + h_2(t)]$

Mit der Ketten- und Parallelverbindung von zwei Systemen nach Bild 1.23 bzw. 1.24 sind zugleich die beiden wichtigsten Grundverknüpfungen von Systemen eingeführt, die später noch durch die Multiplikationsverbindung (bei welcher der Addierer in Bild 1.24 durch einen Multiplizierer ersetzt wird) und die Rückkopplungsschaltung ergänzt werden. Im allgemeinen brauchen die beteiligten Systeme hierbei nicht linear zu sein.

Es wurde im vorstehenden gezeigt, wie im Falle eines linearen kontinuierlichen Systems allein mit Hilfe der Impulsantwort das Eingangssignal mit dem Ausgangssignal in eindeutiger Weise verknüpft werden kann. In diesem Sinne reicht also die Impulsantwort zur Kennzeichnung des Systems aus, weshalb auch diese Funktion eine *Systemcharakteristik* genannt wird.

2.6 EIN STABILITÄTSKRITERIUM

Im Abschnitt 1.3 wurde mit Hilfe der Gln. (1.14a,b) die Stabilität eines Systems definiert. In diesem Sinne läßt sich für ein nach Gl. (1.55) darstellbares lineares kontinuierliches System mit *einem* Eingang und *einem* Ausgang ein Stabilitätskriterium folgendermaßen aussprechen:

Satz I.1: Ein lineares kontinuierliches System ist genau dann stabil, wenn die Impulsantwort $h(t,\tau)$ die Bedingung

$$\int_{-\infty}^{\infty} |h(t,\tau)|\,\mathrm{d}\tau \leqq K < \infty \tag{1.65}$$

für alle t-Werte erfüllt.

Die Forderung (1.65) ist nur dann sinnvoll, wenn die Impulsantwort keinen δ-Anteil enthält. Ein δ-Anteil, wie er nach Abschnitt 2.5 [insbesondere Fußnote 1, S. 27] in $h(t,\tau)$ zulässig ist, hat jedoch keinen Einfluß auf die Stabilität bzw. Instabilität des betreffenden Systems, wie man unmittelbar sieht, sofern die Impulsstärke $A(\tau)$ für alle τ-Werte dem Betrage nach beschränkt ist.

Beweis: Zum Beweis von Satz I.1 wird zunächst nachgewiesen, daß das betreffende System auf jedes dem Betrage nach beschränkte Eingangssignal $x(t)$ mit einem ebenfalls dem Betrage nach beschränkten Ausgangssignal $y(t)$ antwortet, falls die Bedingung (1.65) erfüllt ist. Es folgt aus Gl. (1.55) die Ungleichung

$$|y(t)| = \left|\int_{-\infty}^{\infty} x(\tau)h(t,\tau)\,\mathrm{d}\tau\right| \leqq \int_{-\infty}^{\infty} |x(\tau)|\cdot|h(t,\tau)|\,\mathrm{d}\tau$$

und hieraus wegen $|x(\tau)| \leqq M_0$ die Abschätzung

$$|y(t)| \leqq M_0 \int_{-\infty}^{\infty} |h(t,\tau)|\,\mathrm{d}\tau \,.$$

Ist also gemäß Gl. (1.65) das Integral

$$I(t) = \int_{-\infty}^{\infty} |h(t,\tau)|\,\mathrm{d}\tau \tag{1.66}$$

für alle t-Werte gleichmäßig beschränkt, dann gilt die Ungleichung

$$|y(t)| \leqq M_0\, I(t) \leqq M_0 K \;,$$

d. h. das Ausgangssignal ist dem Betrage nach beschränkt.

Gemäß der Ergänzung zur Definition der Stabilität im Abschnitt 1.3 muß nun noch gezeigt werden, daß es zu mindestens einem Eingangssignal mit der Eigenschaft $|x(t)| \leqq M_0$ keine endliche Zahl L gibt, so daß $|y(t)| \leqq L\, M_0$ gilt für alle t, wenn das Integral $I(t)$ in Gl. (1.66) nicht gleichmäßig beschränkt ist, wenn also zu jeder noch so großen Zahl Z ein t_0 existiert, so daß $I(t_0) > Z$ gilt. Wählt man hierzu als Eingangssignal

$$x(t) = \begin{cases} 1 & > 0 \\ 0\,, \quad \text{falls} \quad h(t_0, t) & = 0 \quad \text{gilt}\,, \\ -1 & < 0 \end{cases}$$

dann folgt aus Gl. (1.55)

$$y(t_0) = \int_{-\infty}^{\infty} |h(t_0, \tau)|\, \mathrm{d}\tau > Z \;.$$

Da $|x(t)| \leqq 1$ gilt und Z beliebig groß gewählt werden kann, ist damit gezeigt, daß die oben genannte Zahl L nicht existiert, der Beweis ist also vollständig geführt.

Im Falle eines zeitinvarianten, linearen Systems ist der Integralausdruck $I(t)$ nach Gl. (1.66) von der Zeit t unabhängig, da mit Gl. (1.39) und der Substitution gemäß Gl. (1.60)

$$I = \int_{-\infty}^{\infty} |h(\vartheta)|\, \mathrm{d}\vartheta \tag{1.67}$$

wird. Ein zeitinvariantes, lineares kontinuierliches System ist deshalb genau dann stabil, wenn I nach Gl. (1.67) endlich, die Impulsantwort also absolut integrierbar ist.

2.7 BEISPIELE

Die folgenden Beispiele sind dazu gedacht, die in den vorausgegangenen Abschnitten eingeführten Begriffe zu erläutern und die gewonnenen Ergebnisse zu erproben.

Beispiel 1.13: Die Kapazität C des im Bild 1.18 dargestellten elektrischen Systems sei vor dem Zeitpunkt $t = 0$ auf die Spannung u_0 aufgeladen worden und werde bis $t = 0$ auf diesem Wert gehalten. Der Eingang des Systems werde zur Zeit $t = 0$ an die Spannung

$$x(t) = A\, \delta(t - t_0)\,, \quad t > 0$$

geschaltet, wobei A eine reelle Konstante und $t_0 > 0$ ist.

a) Wie lautet das Eingangssignal $x(t)$ für $-\infty < t < \infty$?
b) Man ermittle den zeitlichen Verlauf der Ausgangsgröße $y(t)$.

Lösung

a) Die Eingangsgröße hat offensichtlich den im Bild 1.25 angegebenen Verlauf. Demzufolge läßt sich $x(t)$ in der Form

$$x(t) = u_0 - u_0\, s(t) + A\, \delta(t - t_0) \tag{1.68}$$

für $-\infty < t < \infty$ darstellen.

b) Die Ausgangsgröße $y(t)$ erhält man am einfachsten, indem man Gl. (1.68) der T-Operation unterwirft und dabei angesichts der Linearität die Darstellung der Sprungantwort nach Gl. (1.36) sowie die Form der Impulsantwort nach Gl. (1.49) berücksichtigt. Dann erhält man wegen $T(1) = 0$ für das Ausgangssignal

$$y(t) = u_0 T(1) - u_0\, a(t) + Ah(t-t_0) = -u_0\, s(t)\mathrm{e}^{-t/T} + A\,\delta(t-t_0) - s(t-t_0)\frac{A}{T}\mathrm{e}^{-(t-t_0)/T}.$$

Dieses Ergebnis läßt sich auch mit Hilfe der Gl. (1.51) oder mit Hilfe der Gl. (1.58) ermitteln. Dem Leser sei die Bestimmung von $y(t)$ auf diesem Wege als Übung empfohlen.

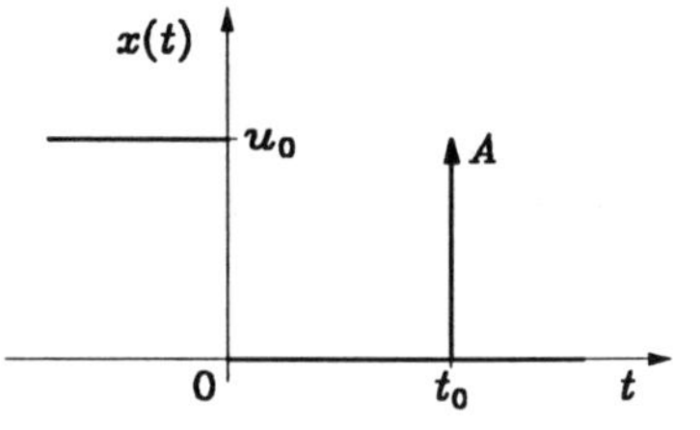

Bild 1.25: Verlauf der Eingangsgröße $x(t)$ für das Beispiel 1.13

Beispiel 1.14: Ein lineares, zeitinvariantes kontinuierliches System besitze die Impulsantwort $h(t)$ nach Bild 1.26.

a) Man bestimme die Sprungantwort $a(t)$ des Systems.
b) Man bestimme die Systemreaktion auf das Eingangssignal $x(t) = s(t) - s(t-t_0)$ für $t_0 = 0{,}5$; $t_0 = 1$ und $t_0 = 5$.
c) Unter Verwendung von $h(t)$ sollen die Systemreaktionen auf die Eingangssignale $x_1(t) = s(t)\mathrm{e}^{-t}$ und $x_2(t) = s(t)t$ ermittelt werden.
d) Wie ändert sich die Systemantwort auf das Eingangssignal $x_2(t)$, wenn die Charakteristik $h(t)$ nach Bild 1.27 zur Impulsantwort $h_0(t)$ modifiziert wird?

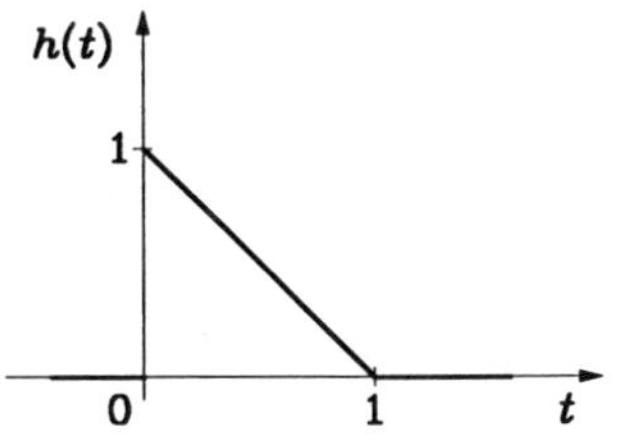

Bild 1.26: Beispiel der Impulsantwort eines linearen, zeitinvarianten Systems

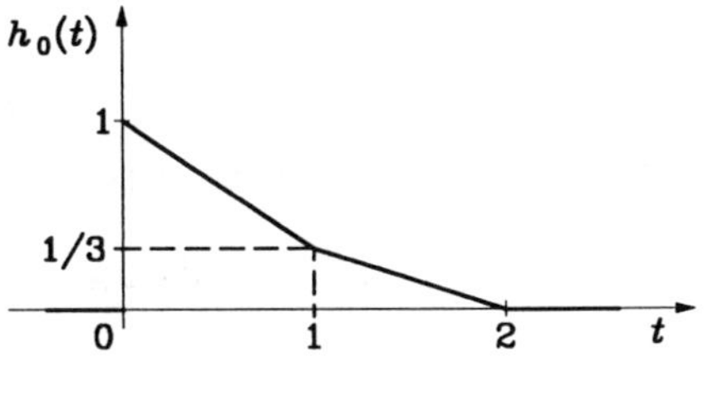

Bild 1.27: Modifikation der Impulsantwort von Bild 1.26

Lösung

a) Aus Bild 1.26 läßt sich direkt die Darstellung

$$h(t) = (1-t)[s(t) - s(t-1)] \tag{1.69}$$

ablesen. Daraus folgt nach Gl. (1.48) für die Sprungantwort

$$a(t) = \int_{-\infty}^{t}(1-\sigma)[s(\sigma)-s(\sigma-1)]\,d\sigma = s(t)\int_{0}^{t}(1-\sigma)\,d\sigma - s(t-1)\int_{1}^{t}(1-\sigma)\,d\sigma$$

oder

$$a(t) = [s(t)-s(t-1)]\left[t-\frac{1}{2}t^2\right]+\frac{1}{2}s(t-1)\ . \tag{1.70}$$

b) Den in der Aufgabenstellung genannten Rechteckimpulsen entspricht die Systemreaktion

$$T(s(t)-s(t-t_0)) = a(t)-a(t-t_0)\ ,$$

wobei das Ergebnis nach Gl. (1.70) zu berücksichtigen ist. Diese Systemreaktion ist für die verschiedenen Werte t_0 im Bild 1.28 dargestellt.

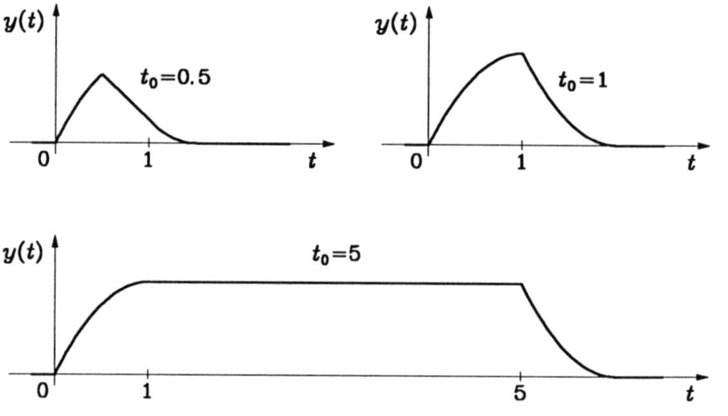

Bild 1.28: Systemantworten auf Rechteckimpulse verschiedener Dauer t_0

c) Mit Hilfe von Gl. (1.61) erhält man für die Systemantwort auf das Eingangssignal $x_1(t)$ die Darstellung

$$y_1(t) = \int_{-\infty}^{\infty} s(t-\sigma)\,e^{-(t-\sigma)}(1-\sigma)[s(\sigma)-s(\sigma-1)]\,d\sigma$$

$$= e^{-t}\left[s(t)\int_{0}^{t}e^{\sigma}(1-\sigma)\,d\sigma - s(t-1)\int_{1}^{t}e^{\sigma}(1-\sigma)\,d\sigma\right]$$

oder nach einigen Zwischenrechnungen

$$y_1(t) = s(t)[2-2e^{-t}-t]-s(t-1)[2-e^{1-t}-t]\ .$$

In ähnlicher Weise gewinnt man die Systemantwort auf das Eingangssignal $x_2(t)$. Zunächst erhält man

$$y_2(t) = \int_{-\infty}^{\infty} s(t-\sigma)(t-\sigma)(1-\sigma)[s(\sigma)-s(\sigma-1)]\,d\sigma$$

$$= s(t)\int_{0}^{t}(t-\sigma)(1-\sigma)\,d\sigma - s(t-1)\int_{1}^{t}(t-\sigma)(1-\sigma)\,d\sigma$$

und hieraus schließlich

$$y_2(t) = s(t)\left[\frac{t^2}{2}-\frac{t^3}{6}\right]-s(t-1)\left[\frac{1}{6}-\frac{t}{2}+\frac{t^2}{2}-\frac{t^3}{6}\right]\ . \tag{1.71}$$

d) Die modifizierte Impulsantwort $h_0(t)$ hat die Darstellung

$$h_0(t) = \left[1 - \frac{2}{3}t\right][s(t) - s(t-1)] + \left[\frac{2}{3} - \frac{1}{3}t\right][s(t-1) - s(t-2)] .$$

Nun wird mit $x(t) = x_2(t)$ die Gl. (1.61) angewendet, und man erhält

$$y_2(t) = s(t)\left[\frac{t^2}{2} - \frac{t^3}{9}\right] + s(t-1)\left[-\frac{1}{18} + \frac{t}{6} - \frac{t^2}{6} + \frac{t^3}{18}\right]$$
$$+ s(t-2)\left[-\frac{4}{9} + \frac{2}{3}t - \frac{1}{3}t^2 + \frac{1}{18}t^3\right] . \quad (1.72)$$

Die Ergebnisse von Gl. (1.71) und Gl. (1.72) sind im Bild 1.29 dargestellt.

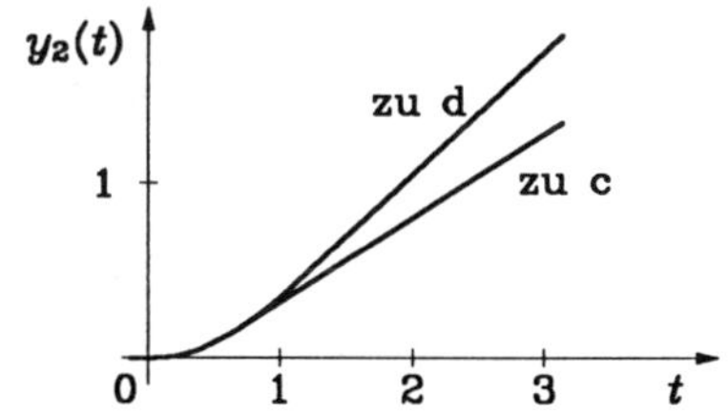

Bild 1.29: Systemantworten auf das Signal $s(t)t$ für das Beispiel 1.14

Beispiel 1.15: Mit Hilfe einer Meßeinrichtung (z. B. Verstärker und Oszilloskop) soll die Anstiegsflanke einer Zeitfunktion (z. B. einer Spannung) experimentell untersucht werden. Da die Meßeinrichtung kein ideales Übertragungssystem ist, weist der beobachtete Funktionsverlauf eine Verformung gegenüber dem ursprünglichen Verlauf auf. Es soll untersucht werden, welche Verformung der Spannung durch die Meßeinrichtung entsteht. Hierzu wird die Meßeinrichtung als ein lineares, zeitinvariantes kontinuierliches System aufgefaßt. Der Einfachheit wegen werden sowohl die Form der zu messenden Zeitfunktion $x(t)$ als auch die der Sprungantwort $a(t)$ des Systems nach Bild 1.30 idealisiert.

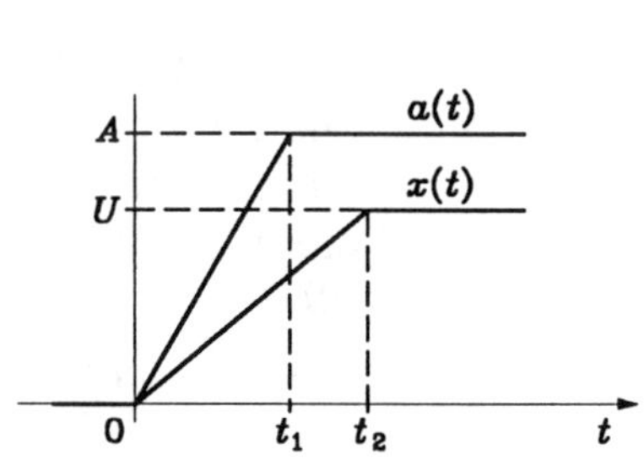

Bild 1.30: Zeitfunktion $x(t)$ und Sprungantwort $a(t)$ für das Beispiel 1.15

a) Wie lautet der Zusammenhang zwischen der beobachteten Spannung $y(t)$ und den Funktionen $x(t)$ und $h(t) = \mathrm{d}a(t)/\mathrm{d}t$? Im Integranden des auftretenden Faltungsintegrals soll die Zeit t nur bei der Funktion x vorkommen.

b) Man stelle den Integranden des bei der Bestimmung von $y(t)$ gewonnenen Integrals in Abhängigkeit von der Integrationsveränderlichen bei festem Wert t durch Schaubilder dar und zeige, daß im Hinblick auf die Auswertung des genannten Integrals zwischen vier wesentlichen t-Bereichen, also zwischen vier wesentlich verschiedenen Schaubildern, zu unterscheiden ist.

c) Entsprechend den vier t-Bereichen ist das Integral zur Bestimmung der Spannung $y(t)$ auszuwerten und in einem Schaubild darzustellen.

Lösung

a) Nach Gl. (1.61) gilt

$$y(t) = \int_0^t h(\tau)x(t-\tau)\,\mathrm{d}\tau .$$

Dabei ist

$$h(\tau) = \begin{cases} A/t_1 & \text{für} \quad 0 \leqq \tau \leqq t_1 \\ 0 & \text{für} \quad \text{die übrigen } \tau \ . \end{cases}$$

b) Man kann $y(t)$ für einen bestimmten t-Wert erzeugen, indem man von $x(t-\tau)$ jenen Teil ausblendet, der im Intervall $0 \leqq \tau \leqq t_1$ liegt, sodann den Flächeninhalt zwischen diesem ausgeblendeten Kurvenstück und der τ-Achse ermittelt und schließlich noch die Fläche mit dem Faktor A/t_1 multipliziert. Hierbei gibt es wegen des rampenförmigen Verlaufs von $x(t-\tau)$ vier wesentlich verschiedene Flächen, und zwar ein Dreieck, ein Trapez, ein Fünfeck oder ein Rechteck, je nachdem, ob der betreffende t-Wert im Intervall $(0, t_1]$, $(t_1, t_2]$, $(t_2, t_1 + t_2)$ bzw. $[t_1 + t_2, \infty)$ liegt (Bild 1.31). Bewegt sich die Kurve $x(t-\tau)$ bei festgehaltenem τ-Koordinatensystem mit wachsendem t von links nach rechts, so kann man sich das Ausgangssignal $y(t)$ bis auf den Maßstabsfaktor A/t_1 als Fläche unter dem durch die Impulsantwort $h(\tau)$ ausgeschnittenen Teil von $x(t-\tau)$ vorstellen. Diese Fläche ist im Bild 1.31 schraffiert dargestellt.

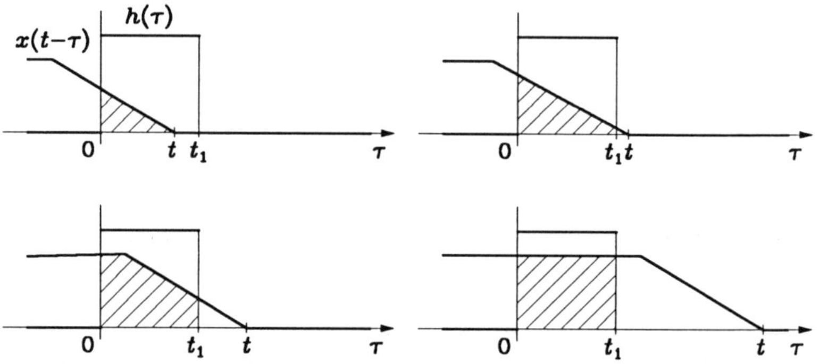

Bild 1.31: Entstehung der Funktion $y(t)$ als Faltung der Impulsantwort $h(t)$ und der Funktion $x(t)$

c) Mit Hilfe der Darstellung im Bild 1.31 wird das Integral für $y(t)$ ausgewertet:

$$y(t) = \begin{cases} (AU/2t_1t_2)t^2 & \text{für} \quad 0 \leqq t \leqq t_1 \ , \\ (AU/2t_1t_2)(2t_1t - t_1^2) & \text{für} \quad t_1 < t \leqq t_2 \ , \\ (AU/2t_1t_2)[-t^2 + 2(t_1+t_2)t - (t_1^2 + t_2^2)] & \text{für} \quad t_2 < t < t_1 + t_2 \ , \\ AU & \text{für} \quad t_1 + t_2 \leqq t < \infty \ . \end{cases}$$

Für negative t-Werte ist natürlich $y(t) \equiv 0$. Bild 1.32 zeigt den Verlauf von $y(t)$.

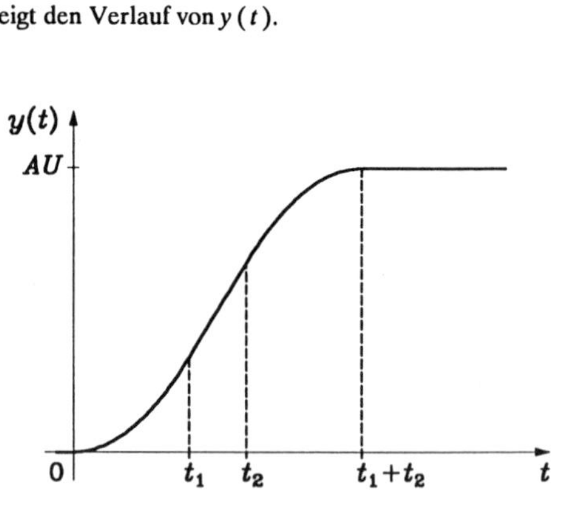

Bild 1.32: Verlauf der Ausgangsfunktion $y(t)$

Beispiel 1.16: Im folgenden sollen einige idealisierte lineare, zeitinvariante, kontinuierliche Systeme untersucht werden, die spezielle Operationen eines Signals $x(t)$ zu "messen" erlauben, nämlich das proportionale, das differenzierte bzw. das integrierte Signal. Das Eingangssignal $x(t)$ wirke stets erst vom Zeitpunkt $t = 0$ an.

a) Proportionalsystem: Ist die Impulsantwort $h(t)$ des Systems relativ zum Eingangssignal $x(t)$ von kurzer Dauer und ist der Flächeninhalt zwischen der Kurve $h(t)$ und der t-Achse $A_0 \neq 0$, so kann man die Impulsantwort (mit einem geeigneten $t_0 > 0$) in der Form

$$h_P(t) = A_0\,\delta(t - t_0)$$

idealisieren. Man gebe die entsprechende Verknüpfung zwischen Eingangssignal $x(t)$ und Ausgangssignal $y(t)$ an. Der Abweichung eines realen Systems vom idealen System mit der Impulsantwort $h_P(t)$ läßt sich näherungsweise durch die modifizierte Impulsantwort

$$\widetilde{h}_P(t) = A_0\,\delta(t - t_0) + A_2\,\delta''(t - t_0)$$

Rechnung tragen, wobei δ'' den Differentialquotienten 2. Ordnung von δ bezeichnet (der Unterschied beider Impulsantworten kann mit den Methoden von Kapitel III unter Verwendung des Konzepts des Frequenzganges anschaulich interpretiert werden). Wie lautet jetzt die Verknüpfung zwischen $x(t)$ und $y(t)$?

b) Differentiator: Ist die Dauer der Impulsantwort $h(t)$ eines Systems relativ zum differenzierten Eingangssignal $x'(t)$ kurz und ist der Flächeninhalt zwischen der Kurve $h(t)$ und der t-Achse gleich Null, so kann man die Impulsantwort (mit $t_0 > 0$) in der Form

$$h_D(t) = B_1\,\delta'(t - t_0)$$

idealisieren, wobei δ' den Differentialquotienten 1. Ordnung von δ bezeichnet. Man gebe die entsprechende Verknüpfung zwischen Eingangssignal $x(t)$ und Ausgangssignal $y(t)$ an. Der Abweichung eines realen Systems vom idealen System mit der Impulsantwort $h_D(t)$ läßt sich näherungsweise durch die modifizierte Impulsantwort

$$\widetilde{h}_D(t) = B_1\,\delta'(t - t_0) + B_3\,\delta'''(t - t_0)$$

Rechnung tragen, wobei δ''' den Differentialquotienten 3. Ordnung von δ bezeichnet. Wie lautet nun die Verknüpfung zwischen Eingangs- und Ausgangssignal?

c) Integrator: Das Signal $x(t)$ wirke während des Intervalls $0 \leqq t \leqq T$ auf das System mit der Impulsantwort $h(t)$ und verschwinde identisch für $t > T$. Die Impulsantwort $h(t)$ schwanke so langsam, daß sie in jedem Intervall der Dauer T näherungsweise als konstant betrachtet werden darf, also im Intervall $(t - T, t)$ durch die Konstante C_T idealisiert werden kann. Man gebe den Zusammenhang zwischen Eingangs- und Ausgangssignal unter Verwendung der idealisierten Impulsantwort $h_I(t)$ an.

Lösung

a) Man erhält nach Gl. (1.56) mit der Impulsantwort $h_P(t)$

$$y(t) = A_0 \int_0^\infty x(\tau)\,\delta(t - t_0 - \tau)\,\mathrm{d}\tau = A_0\,x(t - t_0)\ ,$$

mit der Impulsantwort $\widetilde{h}_P(t)$ bei zusätzlicher Beachtung von Gl. (A-9)

$$y(t) = A_0 \int_0^\infty x(\tau)\,\delta(t - t_0 - \tau)\,\mathrm{d}\tau + A_2 \int_0^\infty x(\tau)\,\delta''(t - t_0 - \tau)\,\mathrm{d}\tau = A_0 x(t - t_0) + A_2 x''(t - t_0)\ .$$

Das System wirkt demnach abgesehen von der Zeitverzögerung um t_0 als Proportionalglied, wenn $|A_2 x''(t - t_0)| \ll |A_0 x(t - t_0)|$ gilt.

b) Man erhält nach Gl. (1.56) mit der Impulsantwort $h_D(t)$ bei Beachtung der Gl. (A-9)

$$y(t) = B_1 \int_0^\infty x(\tau)\,\delta'(t - t_0 - \tau)\,\mathrm{d}\tau = B_1 x'(t - t_0)\ ,$$

mit der Impulsantwort $\widetilde{h}_D(t)$

$$y(t) = B_1 x'(t - t_0) + B_3 \int_0^\infty x(\tau)\,\delta'''(t - t_0 - \tau)\,\mathrm{d}\tau = B_1 x'(t - t_0) + B_3 x'''(t - t_0)\ .$$

Das System wirkt demnach abgesehen von der Zeitverzögerung um t_0 als Differentiator, sofern $|B_3 x'''(t-t_0)| \ll |B_1 x'(t-t_0)|$ gilt.

c) Im Intervall $0 \leqq t \leqq T$ kann man

$$h_l(t) = C_T s(t) \quad (C_T \neq 0)$$

schreiben und erhält dann nach Gl. (1.56)

$$y(t) = C_T \int_0^\infty x(\tau) s(t-\tau) \, d\tau \ ,$$

also

$$y(t) = C_T \int_0^t x(\tau) \, d\tau \quad (0 \leqq t \leqq T) \ .$$

Für $t > T$ ergibt sich

$$y(t) = \int_0^T x(\tau) h_l(t-\tau) \, d\tau = C_T \int_0^T x(\tau) \, d\tau \quad (t > T) \ ,$$

wobei $x(t) \equiv 0$ für $t > T$ und die Tatsache berücksichtigt wurde, daß die Impulsantwort $h_l(t-\tau)$ den Wert C_T annimmt.

2.8 ERWEITERUNG

Die in früheren Abschnitten durchgeführten Untersuchungen über den Zusammenhang zwischen Eingangssignal und Ausgangssignal sollen jetzt auf den Fall erweitert werden, daß das betreffende lineare System mehrere Eingänge und mehrere Ausgänge hat. Trifft man für die m Eingangssignale $x_\mu(t)$ $(\mu = 1, 2, \ldots, m)$ dieselben Voraussetzungen wie für die Eingangsgröße $x(t)$ bei der Darstellung der Ausgangsfunktion $y(t)$ aufgrund der Impulsantwort nach Gl. (1.55), so läßt sich im kontinuierlichen Fall die Reaktion am ρ-ten Ausgang $(\rho = 1, 2, \ldots, r)$ als Antwort allein auf die Erregung $x_\mu(t)$ $(\mu = 1, 2, \ldots, m)$ am μ-ten Eingang in der Form

$$y_{\rho\mu}(t) = \int_{-\infty}^{\infty} h_{\rho\mu}(t, \tau) x_\mu(\tau) \, d\tau \quad (\mu = 1, 2, \ldots, m \ ; \ \rho = 1, 2, \ldots, r)$$

darstellen. Die gesamte Reaktion am ρ-ten Ausgang als Antwort auf *sämtliche* Eingangsgrößen $x_\mu(t)$ $(\mu = 1, 2, \ldots, m)$ lautet dann angesichts der Linearität des Systems

$$y_\rho(t) = \sum_{\mu=1}^{m} \int_{-\infty}^{\infty} h_{\rho\mu}(t, \tau) x_\mu(\tau) \, d\tau \quad (\rho = 1, 2, \ldots, r) \ . \tag{1.73a}$$

Es empfiehlt sich nun, die $h_{\rho\mu}(t, \tau)$ zur *Matrix der Impulsantworten* zusammenzufassen:

$$\boldsymbol{H}(t, \tau) = \begin{bmatrix} h_{11}(t,\tau) & h_{12}(t,\tau) & \cdots & h_{1m}(t,\tau) \\ h_{21}(t,\tau) & & & \\ \vdots & & & \\ h_{r1}(t,\tau) & \cdots & & h_{rm}(t,\tau) \end{bmatrix} .$$

Dann lassen sich die Vektoren der Eingangs- und Ausgangsgrößen in der folgenden Weise miteinander verknüpfen, wie aus Gl. (1.73a) zu ersehen ist:

$$y(t) = \int_{-\infty}^{\infty} H(t,\tau)x(\tau)\,d\tau \;. \tag{1.73b}$$

3 Charakterisierung diskontinuierlicher Systeme durch Sprung- und Impulsantwort

Im folgenden wird entsprechend der im Abschnitt 2 behandelten Verknüpfung zwischen Eingangs- und Ausgangsgröße bei linearen kontinuierlichen Systemen die Charakterisierung linearer diskontinuierlicher Systeme besprochen.

3.1 DIE SPRUNGANTWORT

Unter der Sprungantwort $a[n,\nu]$ eines linearen diskontinuierlichen Systems ($m = r = 1$) versteht man die Systemantwort auf die Erregung mit der Sprungfunktion $s[n-\nu]$, d. h.

$$a[n,\nu] := T[s[n-\nu]] \;. \tag{1.74}$$

Der Parameter $\nu \in \mathbb{Z}$ bedeutet den diskreten Zeitpunkt, zu dem der Sprung der Eingangsgröße einsetzt. Bei einem kausalen System gilt

$$a[n,\nu] \equiv 0 \quad \text{für} \quad n < \nu \;, \tag{1.75}$$

d. h. die Sprungantwort verschwindet für alle diskreten Zeitpunkte, die vor dem Einsetzen des Sprunges der Erregung liegen. Falls das betreffende System zeitinvariant ist, gilt

$$a[n,\nu] = a[n-\nu] \tag{1.76}$$

für alle n und ν. Die Sprungantwort ist also in diesem Fall vollständig durch $a[n]$ bestimmt. Bei einem zeitvarianten System sind n und ν wesentliche Variable der Sprungantwort.

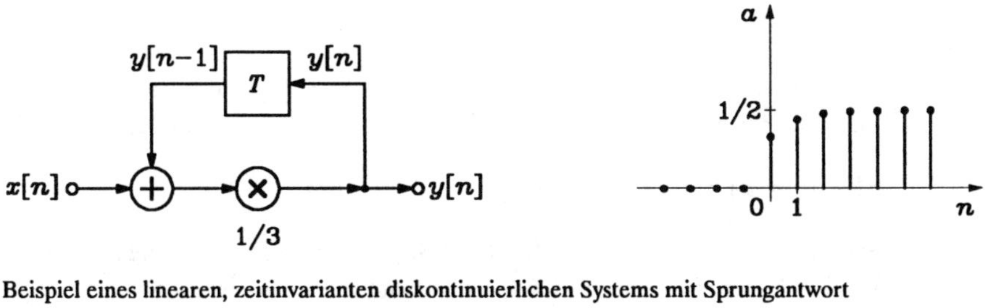

Bild 1.33: Beispiel eines linearen, zeitinvarianten diskontinuierlichen Systems mit Sprungantwort

Beispiel 1.17: Für das im Bild 1.33 dargestellte lineare, zeitinvariante diskontinuierliche Netzwerk aus einem Addierer, einem Konstantmultiplizierer und einem Einheitsverzögerer soll die Sprungantwort ermittelt werden. Man entnimmt dem System unmittelbar die Differenzengleichung

$$y[n] = \frac{1}{3}\{x[n] + y[n-1]\} \;. \tag{1.77}$$

Wählt man jetzt $x[n] = s[n]$ und $y[-1] = 0$ (Ruhezustand des Systems), so erhält man sofort als Systemantwort $y[0] = 1/3$, $y[1] = 1/3 + 1/3^2$, $y[2] = 1/3 + 1/3^2 + 1/3^3, \ldots$, d. h. für $y[n] = a[n]$

$$a[n] = s[n] \sum_{\nu=1}^{n+1} \frac{1}{3^\nu} = \frac{1}{2}\left[1 - \frac{1}{3^{n+1}}\right] s[n] \ . \tag{1.78}$$

Der Verlauf dieser Sprungantwort ist ebenfalls im Bild 1.33 dargestellt. Es gilt $a[\infty] = 1/2$.

3.2 IMPULSANTWORT

Unter der Impulsantwort $h[n, \nu]$ eines linearen diskontinuierlichen Systems ($m = r = 1$) wird die Systemantwort auf das Eingangssignal $\delta[n - \nu]$ verstanden, d. h.

$$h[n, \nu] := T[\delta[n - \nu]] \ . \tag{1.79}$$

Hierbei bedeutet der Parameter ν jenen diskreten Zeitpunkt, zu welchem der Stoß des Eingangssignals in Form einer Impulsfunktion erfolgt. Falls das betreffende System kausal ist, gilt

$$h[n, \nu] \equiv 0 \quad \text{für} \quad n < \nu \ , \tag{1.80}$$

d. h. die Impulsantwort verschwindet für alle diskreten Zeitpunkte, die vor dem Stoßzeitpunkt liegen. Im Fall der Zeitinvarianz des betreffenden Systems gilt

$$h[n, \nu] = h[n - \nu] \tag{1.81}$$

für alle n und ν. Die Impulsantwort ist also in diesem Fall nur eine Funktion der Zeitspanne $n - \nu$ und deshalb bereits vollständig durch $h[n]$ bestimmt. Bei einem zeitvarianten System dagegen sind n und ν wesentliche Variable der Impulsantwort.

Beispiel 1.18: Das durch die Gleichung $y[n] = 3x[n] + 2x[n-1]$ beschriebene lineare, zeitinvariante System hat offensichtlich die Impulsantwort $h[n] = 3\delta[n] + 2\delta[n-1]$, während das kausale System mit der Eingang-Ausgang-Beziehung $y[n] + 3y[n-1] = x[n]$ die Impulsantwort $h[n] = (-3)^n s[n]$ besitzt, was sich durch rekursive Lösung dieser Gleichung für $x[n] = \delta[n]$ herleiten läßt oder leicht durch Einsetzen verifiziert werden kann.

Wendet man auf die Gl. (1.31b) mit $n - \nu$ statt n die T-Operation an und berücksichtigt man die Linearität sowie die Gln. (1.74) und (1.79), so erhält man den Zusammenhang

$$h[n, \nu] = a[n, \nu] - a[n, \nu + 1] \tag{1.82}$$

zwischen Sprung- und Impulsantwort. In Gl. (1.32) wird nun die Variable n durch $n - \nu$ und anschließend $\nu + k$ durch μ ersetzt. Dadurch gelangt man zur Beziehung

$$s[n - \nu] = \sum_{\mu=\nu}^{\infty} \delta[n - \mu] \ ,$$

auf welche die T-Operation angewendet wird. Auf diese Weise erhält man den weiteren Zusammenhang zwischen Sprung- und Impulsantwort

$$a[n,\nu] = \sum_{\mu=\nu}^{\infty} h[n,\mu] \ , \tag{1.83}$$

der auch direkt aus Gl. (1.82) erhalten werden kann.

Im Fall der Zeitinvarianz vereinfachen sich die Gln. (1.82) und (1.83) zu

$$h[n] = a[n] - a[n-1] \tag{1.84}$$

bzw.

$$a[n] = \sum_{\mu=0}^{\infty} h[n-\mu] \ . \tag{1.85a}$$

Die Gl. (1.85a) kann auch direkt durch Anwendung der T-Operation auf Gl. (1.32) gewonnen werden. Verwendet man statt dieser die Gl. (1.31a), so erhält man die Beziehung

$$a[n] = \sum_{\nu=-\infty}^{n} h[\nu] \ . \tag{1.85b}$$

Beispiel 1.19: Betrachtet man das im Bild 1.33 dargestellte System mit der Sprungantwort nach Gl. (1.78), so erhält man nach Gl. (1.84) die zugehörige Impulsantwort

$$h[n] = \frac{1}{3}\delta[n] + s[n-1]\left\{\sum_{\nu=1}^{n+1}\frac{1}{3^{\nu}} - \sum_{\nu=1}^{n}\frac{1}{3^{\nu}}\right\} = \frac{1}{3^{n+1}}s[n] \ . \tag{1.86}$$

Ihren Verlauf zeigt Bild 1.34.

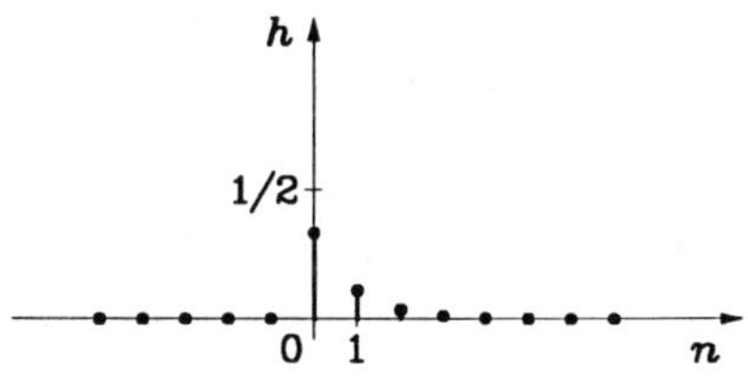

Bild 1.34: Impulsantwort des Systems nach Bild 1.33

3.3 SPRUNG- UND IMPULSANTWORT ALS SYSTEMCHARAKTERISTIKEN

Die in den vorausgegangenen Abschnitten eingeführten speziellen Systemantworten erlauben es nun, die Ausgangsgröße $y[n]$ eines linearen diskontinuierlichen Systems ($m = r = 1$) als Antwort auf ein beliebiges spezifiziertes Eingangssignal $x[n]$ anzugeben. Dabei wird angenommen, daß der Grenzwert $x[-\infty]$ existiert.

Zunächst wird das Signal $x[n]$ gemäß Gl. (1.28) geschrieben (man braucht nur formal f durch x zu ersetzen), und dann wird diese Darstellung der betreffenden T-Operation unterworfen. Auf diese Weise erhält man unter Beachtung der Gln. (1.10b) und (1.74) die Aussage

$$y[n] = x[-\infty]a[n,-\infty] + \sum_{\nu=-\infty}^{\infty}\{x[\nu] - x[\nu-1]\}\, a[n,\nu] \ , \tag{1.87}$$

durch welche das Ausgangssignal in Form einer Superpositionssumme mit Hilfe des Eingangssignals und der Sprungantwort des Systems ausgedrückt wird. Hierbei wurde berücksichtigt, daß

$$T[x[-\infty]] = x[-\infty]T[1] = x[-\infty]T[s[n+\infty]] = x[-\infty]a[n,-\infty]$$

gilt. Die rechte Seite der Gl. (1.87) stellt eine Überlagerung von Sprungreaktionen des Systems mit unterschiedlichen Sprungstellen der Sprungerregungen und verschiedenen Sprunghöhen dar. Im Fall der Kausalität des Systems darf die obere Summationsgrenze ∞ durch n ersetzt werden.

Im wichtigen Fall eines zeitinvarianten, linearen Systems kann die Gl. (1.87) angesichts der Gl. (1.76) in der Form

$$y[n] = x[-\infty]a[\infty] + \sum_{\nu=-\infty}^{\infty} \{x[\nu] - x[\nu-1]\}a[n-\nu] \tag{1.88}$$

geschrieben werden ($-\infty < n < \infty$). Ist das zeitinvariante System kausal, so darf in Gl. (1.88) die obere Summationsgrenze ∞ durch n ersetzt werden. Die Gl. (1.88) läßt sich weiter vereinfachen, wenn die Erregung $x[n]$ erst im Zeitnullpunkt einsetzt, also für $n < 0$ verschwindet:

$$y[n] = x[0]a[n] + \sum_{\nu=1}^{\infty} \{x[\nu] - x[\nu-1]\}a[n-\nu] \; . \tag{1.89}$$

Verwendet man anstelle der Gl. (1.28) die Gl. (1.30) zur Darstellung des Eingangssignals $x[n]$ und unterwirft diese der entsprechenden T-Operation, so erhält man mit den Gln. (1.10b) und (1.79) die Beziehung

$$y[n] = \sum_{\nu=-\infty}^{\infty} x[\nu]h[n,\nu] \; , \tag{1.90}$$

durch welche das Ausgangssignal in Form einer Superpositionssumme mit Hilfe des Eingangssignals und der Impulsantwort des Systems ausgedrückt wird. Die rechte Seite der Gl. (1.90) stellt eine Überlagerung von Impulsreaktionen des betreffenden Systems mit unterschiedlichen Stoßstellen der Impulserregungen und verschiedenen Impulsstärken dar. Im Fall der Kausalität des Systems darf die obere Summationsgrenze ∞ durch n ersetzt werden.

Im wichtigen Fall eines zeitinvarianten, linearen Systems kann die Gl. (1.90) angesichts der Gl. (1.81) in der Form

$$y[n] = \sum_{\nu=-\infty}^{\infty} x[\nu]h[n-\nu] \tag{1.91a}$$

geschrieben werden ($-\infty < n < \infty$). Ist das zeitinvariante System kausal, so darf in Gl. (1.91a) die obere Summationsgrenze ∞ durch n ersetzt werden. Die Gl. (1.91a) läßt sich weiter vereinfachen, wenn $x[n]$ für $n < 0$ verschwindet:

$$y[n] = \sum_{\nu=0}^{\infty} x[\nu]h[n-\nu] \; . \tag{1.92}$$

Weiterhin kann in der Gl. (1.91a) die Summationsvariable ν aufgrund der Substitution

$$\nu = n - \mu \tag{1.93}$$

durch die Variable μ in der Form

$$y[n] = \sum_{\mu=-\infty}^{\infty} x[n-\mu]h[\mu] \tag{1.91b}$$

ersetzt werden. Hier darf im Kausalitätsfall die untere Summationsgrenze $-\infty$ durch 0 ersetzt werden. Auch die Darstellung der Gl. (1.88) läßt sich mittels der Variablensubstitution nach Gl. (1.93) modifizieren.

Summen der Art, wie sie in den Gln. (1.91a,b) auftreten, heißen *Faltungssummen*. Man pflegt sie auch kurz in der Form

$$y[n] = x[n] * h[n] \quad \text{bzw.} \quad y[n] = h[n] * x[n]$$

zu schreiben. Wie man sieht, weist die Faltungssumme die Eigenschaft der Kommutativität auf. Neben dieser Eigenschaft besteht auch die der Assoziativität und die der Distributivität. Es gilt also, wie man sich leicht überlegen kann, allgemein

$$x[n] * h[n] = h[n] * x[n] \ , \tag{1.94}$$

$$x[n] * \{h_1[n] * h_2[n]\} = \{x[n] * h_1[n]\} * h_2[n] \ , \tag{1.95}$$

$$x[n] * \{h_1[n] + h_2[n]\} = \{x[n] * h_1[n]\} + \{x[n] * h_2[n]\} \ . \tag{1.96}$$

Diese Eigenschaften der (diskontinuierlichen) Faltung lassen sich systemtheoretisch wie die entsprechenden Eigenschaften von linearen, zeitinvarianten kontinuierlichen Systemen interpretieren. Es bestehen insbesondere die Äquivalenzen gemäß den Bildern 1.23 und 1.24 auch für lineare, zeitinvariante diskontinuierliche Systeme (wobei nur (t) überall durch $[n]$ zu ersetzen ist).

Die vorausgegangenen Betrachtungen haben gezeigt, daß bei alleiniger Kenntnis der Sprungantwort oder der Impulsantwort eines linearen diskontinuierlichen Systems der Zusammenhang zwischen Eingangs- und Ausgangsgrößen vollständig und eindeutig spezifiziert ist. Da somit sowohl die Sprungantwort als auch die Impulsantwort das Übertragungsverhalten des betreffenden Systems kennzeichnet, nennt man jede dieser speziellen Systemantworten eine *Systemcharakteristik*.

Beispiel 1.20: Man beachte, daß bei der Herleitung der gewonnenen Eingang-Ausgang-Beziehungen die Voraussetzung der Linearität des Systems entscheidend war. Für nichtlineare Systeme können diese Beziehungen schon deshalb nicht allgemein gelten, da zu einer bestimmten Impulsantwort in der Regel mehrere nichtlineare Systeme angegeben werden können, ein nichtlineares System also durch seine Impulsantwort im allgemeinen nicht charakterisiert werden kann. Wenn man das durch die Beziehung $y[n] = -x[n] - x[n-1]$ beschriebene lineare, zeitinvariante System als Beispiel betrachtet, so liegt offensichtlich die Impulsantwort $h[n] = -\delta[n] - \delta[n-1]$ vor, die für $n = 0$ und $n = 1$ den Wert -1 und für alle übrigen n den Wert 0 hat. Es ist nun möglich, beliebig viele nichtlineare, zeitinvariante Systeme anzugeben, welche die vorliegende Impulsantwort besitzen. Zum Beispiel weisen die nichtlinearen, zeitinvarianten Systeme mit den Eingang-Ausgang-Beziehungen $y[n] = \{-x[n] - x[n-1]\}^3$ und $y[n] = \min\{-x[n], -x[n-1]\}$ die genannte Impulsantwort auf.

Anmerkung: Häufig liegt die Eingang-Ausgang-Beziehung eines linearen, zeitinvarianten, kausalen diskontinuierlichen Systems nicht explizit in Form einer Superpositionssumme vor, sondern implizit in Form einer Differenzengleichung. Wenn in dieser Differenzengleichung der augenblickliche Wert $y[n]$ des Ausgangssignals nur durch endlich viele Werte $x[n]$, $x[n-1], \ldots, x[n-q]$ des Eingangssignals und nicht durch frühere Werte des Ausgangssignals ausgedrückt wird, spricht man von einem *nichtrekursiven* System. Wenn jedoch $y[n]$ auch frühere Werte $y[n-1]$, $y[n-2], \ldots$ des Ausgangssignals erfordert, wird von einem *rekursiven* System gesprochen. Die Impulsantwort $h[n]$ eines nichtrekursiven kausalen Systems hat nur endlich viele von Null verschiedene Werte, während die Impulsantwort $h[n]$

eines rekursiven Systems stets unendlich viele von Null verschiedene Werte aufweist. Dieser Unterschied in den Impulsantworten zwischen nichtrekursiven und rekursiven Systemen ist eine Erklärung dafür, daß häufig auch von FIR- (finite impulse response) bzw. IIR- (infinite impulse response) Systemen gesprochen wird.

Beispiel 1.21: Das durch die Gleichung $y[n] = 3x[n] + 2x[n-1]$ gegebene System ist ein nichtrekursives System, während $y[n] + 3y[n-1] = x[n]$ ein rekursives System repräsentiert. Die Impulsantworten beider Systeme wurden bereits im Beispiel 1.18 angegeben.

3.4 EIN STABILITÄTSKRITERIUM UND ERWEITERUNG

Nach Abschnitt 1.3 ist ein lineares diskontinuierliches System mit einem Eingang und einem Ausgang genau dann stabil, wenn jedes Eingangssignal $x[n]$ mit der Eigenschaft $|x[n]| < M_0 < \infty$ ein Ausgangssignal $y[n]$ mit $|y[n]| < N_0 < \infty$ (M_0, N_0 Konstanten) zur Folge hat. Dabei kann die Konstante N_0 stets als LM_0 gewählt werden, wobei L eine vom Eingangssignal unabhängige Zahl ist. Es läßt sich folgendes Stabilitätskriterium aussprechen:

Satz I.2: Ein lineares diskontinuierliches System ist genau dann stabil, wenn die Impulsantwort $h[n, \nu]$ die Bedingung

$$\sum_{\nu=-\infty}^{\infty} |h[n, \nu]| \leqq K < \infty \tag{1.97}$$

für alle Werte $n \in \mathbb{Z}$ erfüllt.

Der Beweis von Satz I.2 erfolgt in völliger Analogie zum Beweis von Satz I.1 und soll daher dem Leser als Übung überlassen werden.

Im Fall eines zeitinvarianten, linearen Systems ist die Summe in Ungleichung (1.97) von n unabhängig. Wendet man Gl. (1.81) und die Substitution nach Gl. (1.93) an, so läßt sich die Stabilitätsforderung gemäß Ungleichung (1.97) in der Form

$$\sum_{\mu=-\infty}^{\infty} |h[\mu]| \leqq K < \infty \tag{1.98}$$

ausdrücken. Ein zeitinvariantes, lineares diskontinuierliches System ist also genau dann stabil, wenn seine Impulsantwort absolut summierbar ist.

Alle bisher für den Fall des linearen diskontinuierlichen Systems durchgeführten Untersuchungen lassen sich, erneut in Analogie zum Fall des linearen kontinuierlichen Systems (Abschnitt 2.8), auf Systeme mit mehreren Eingängen und mehreren Ausgängen erweitern. Man kann insbesondere die Matrix der Impulsantworten $\boldsymbol{H}[n, \nu]$ einführen, und dann läßt sich der Vektor $\boldsymbol{x}[n]$ der Eingangssignale mit dem Vektor $\boldsymbol{y}[n]$ der Ausgangssignale durch die Superpositionssumme

$$\boldsymbol{y}[n] = \sum_{\nu=-\infty}^{\infty} \boldsymbol{H}[n, \nu]\boldsymbol{x}[\nu] \tag{1.99}$$

verknüpfen.

3.5 BEISPIELE

Beispiel 1.22 Ein lineares, kausales diskontinuierliches System werde durch die Differenzengleichung

$$y[n] - \frac{1}{3} y[n-1] = x[n] \tag{1.100}$$

beschrieben.

a) Man bestimme die Impulsantwort $h[n]$ des Systems.
b) Man bestimme die Systemreaktion $y[n]$ auf das Eingangssignal $x[n] = s[n] - s[n-4]$ für die diskreten Zeitpunkte $n = 2$ und $n = 5$ durch Faltung.
c) Man zeige, daß das System auf die Erregung $x[n] = 2^n$ mit dem Signal $y[n] = H \cdot 2^n$ (H = const) antwortet. Welchen Wert hat H ?

Lösung

a) Für $x[n] = \delta[n]$ erhält man durch rekursive Lösung der Differenzengleichung (1.100) bei Beachtung von $h[n] = 0$ für $n < 0$ die Impulsantwort

$$h[n] = \left(\frac{1}{3}\right)^n s[n] \ . \tag{1.101}$$

b) Das Ausgangssignal läßt sich durch Faltung der Form

$$y[n] = x[n] * h[n]$$

ausdrücken. Für $n = 2$ folgt hieraus mit Gl. (1.101)

$$y[2] = x[2]h[0] + x[1]h[1] + x[0]h[2] = 1 + \frac{1}{3} + \frac{1}{9} \ ,$$

und für $n = 5$ ergibt sich

$$y[5] = x[3]h[2] + x[2]h[3] + x[1]h[4] + x[0]h[5] = \left(\frac{1}{3}\right)^2 + \left(\frac{1}{3}\right)^3 + \left(\frac{1}{3}\right)^4 + \left(\frac{1}{3}\right)^5 \ .$$

c) Für das Eingangssignal $x[n] = 2^n$ erhält man durch Faltung mit der Impulsantwort $h[n]$ nach Gl. (1.101) die zugehörige Ausgangsgröße

$$y[n] = \sum_{\nu=-\infty}^{n} 2^\nu \left(\frac{1}{3}\right)^{n-\nu} = \sum_{\mu=0}^{\infty} 2^{n-\mu} \left(\frac{1}{3}\right)^\mu = 2^n \sum_{\mu=0}^{\infty} \left(\frac{1}{6}\right)^\mu = \frac{6}{5} \cdot 2^n \ .$$

Es gilt also $H = 6/5$.

Aus dieser Diskussion ist unmittelbar zu erkennen, daß jedes lineare, zeitinvariante diskontinuierliche System auf die Erregung $x[n] = z^n$ (z = const, $n = \ldots, -1, 0, 1, 2, \ldots$) mit dem Signal $y[n] = H z^n$ (H = const, jedoch abhängig von z) antwortet, die Existenz der Antwort vorausgesetzt.

Beispiel 1.23: Ein System bestehe nach Bild 1.35a aus der Kettenverbindung von zwei linearen, zeitinvarianten diskontinuierlichen Systemen mit gleicher Impulsantwort

$$h_0[n] = \delta[n] + \delta[n-1] \ . \tag{1.102}$$

Dieses System soll durch die Kettenverbindung mit einem weiteren linearen, zeitinvarianten, kausalen diskontinuierlichen System mit der Impulsantwort $h_2[n]$ zu einem Gesamtsystem mit symmetrischer Impulsantwort $h[n]$ erweitert werden. Der gewünschte Verlauf von $h[n]$ ist im Bild 1.35b dargestellt.

a) Man berechne die Impulsantwort $h_2[n]$.
b) Man ermittle die Antwort des Gesamtsystems auf die Erregung $x[n] = \delta[n] - \delta[n-2]$.

(a)

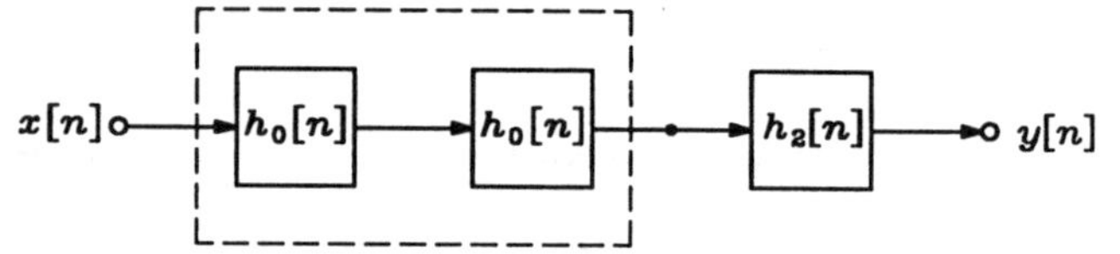

(b)

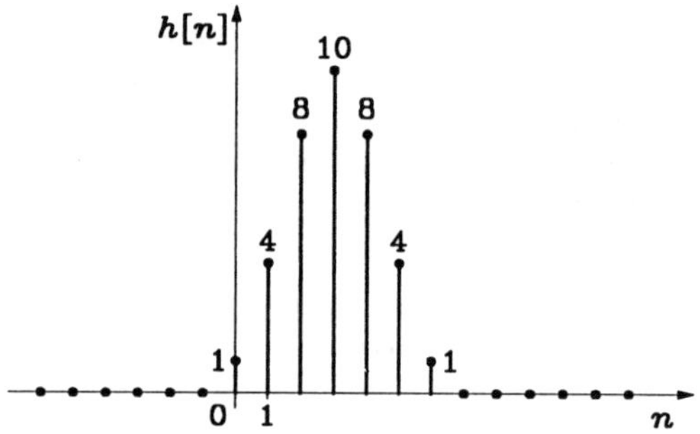

Bild 1.35: (a) Erweiterung des gestrichelt umrahmten Systems zu einem Gesamtsystem. (b) Gewünschte Impulsantwort des Gesamtsystems

Lösung

a) Das System aus den zwei Subsystemen mit gleichen Impulsantworten hat die Impulsantwort

$$h_1[n] = h_0[n] * h_0[n] = \sum_{\nu=0}^{n} h_0[\nu] h_0[n-\nu] = \sum_{\nu=0}^{1} \{\delta[\nu] + \delta[\nu-1]\}\{\delta[n-\nu] + \delta[n-1-\nu]\}$$

$$= \delta[n] + 2\,\delta[n-1] + \delta[n-2] \; . \tag{1.103}$$

Damit kann die Impulsantwort des Gesamtsystems durch

$$h[n] = h_1[n] * h_2[n] = \sum_{\nu=0}^{n} h_1[\nu] h_2[n-\nu] \tag{1.104}$$

ausgedrückt werden. Die Impulsantwort $h_2[n]$ wird nun gemäß Gl. (1.30) in der Form

$$h_2[n] = h_2[0]\,\delta[n] + h_2[1]\,\delta[n-1] + h_2[2]\,\delta[n-2] + \cdots \tag{1.105}$$

geschrieben. Führt man die Gln. (1.103) und (1.105) in Gl. (1.104) ein, so erhält man

$$h[n] = h_2[0]\,\delta[n] + \{2h_2[0] + h_2[1]\}\,\delta[n-1] + \{h_2[0] + 2h_2[1] + h_2[2]\}\,\delta[n-2] +$$

$$+ \{h_2[1] + 2h_2[2] + h_2[3]\}\,\delta[n-3] + \{h_2[2] + 2h_2[3] + h_2[4]\}\,\delta[n-4] +$$

$$+ \{h_2[3] + 2h_2[4] + h_2[5]\}\,\delta[n-5] + \cdots \tag{1.106}$$

Auf der anderen Seite folgt aus Bild 1.35b

$$h[n] = \delta[n] + 4\,\delta[n-1] + 8\,\delta[n-2] + 10\,\delta[n-3] + 8\,\delta[n-4] + 4\,\delta[n-5] + \delta[n-6] \; . \tag{1.107}$$

Der Vergleich der Gln. (1.106) und (1.107) liefert sukzessive

$$h_2[0] = 1, \quad h_2[1] = 2, \quad h_2[2] = 3, \quad h_2[3] = 2, \quad h_2[4] = 1, \quad h_2[5] = 0, \quad h_2[6] = 0, \ldots,$$

d. h.

$$h_2[n] = \delta[n] + 2\,\delta[n-1] + 3\,\delta[n-2] + 2\,\delta[n-3] + \delta[n-4] \; .$$

b) Die Antwort des Gesamtsystems auf die Erregung $\delta[n] - \delta[n-2]$ erhält man mit Gl. (1.107) zu

$$y[n] = h[n] - h[n-2] = \delta[n] + 4\,\delta[n-1] + 7\,\delta[n-2] + 6\,\delta[n-3]$$
$$- 6\,\delta[n-5] - 7\,\delta[n-6] - 4\,\delta[n-7] - \delta[n-8] \ .$$

Bemerkung: Alle hier vorkommenden Systeme sind nichtrekursiv.

4 Stochastische Signale und lineare Systeme

Bisher wurden die System-Eingangsgrößen und damit auch die entsprechenden Ausgangsgrößen durch *deterministische* Signale beschrieben, d. h. durch Funktionen, bei denen jedem Zeitpunkt aus dem Definitionsbereich des Signals in eindeutiger Weise ein Zahlenwert zugewiesen ist. In vielen Fällen ist aber eine Signaldarstellung in dieser Weise nicht möglich. Es empfiehlt sich dann, *stochastische* Signale zur Beschreibung der Eingangs- und Ausgangsgrößen zu verwenden. Hierunter versteht man Funktionen mit der folgenden Besonderheit: Jedem Zeitpunkt, in dem das Signal erklärt ist, ist zunächst eine Menge von möglichen Werten zugeordnet, aus der weitgehend zufällig ein bestimmter aktueller Wert ausgewählt wird. Hinter der Zufälligkeit dieser Auswahl steckt gewöhnlich eine Gesetzmäßigkeit, die wegen ihrer Komplexität zweckmäßig mit Methoden der Wahrscheinlichkeitsrechnung beschrieben wird. So können Rauschvorgänge und andere zufallsabhängige Störungen, aber häufig auch Nachrichten, die zu übertragen oder zu verarbeiten sind, nicht als deterministische Signale betrachtet werden, wenn a priori deren exakter Verlauf unbekannt ist. Man betrachtet sie dann vielmehr als stochastische Signale (stochastische Prozesse), die mittels wahrscheinlichkeitstheoretischer Charakteristiken beschrieben werden. Hierauf soll im folgenden eingegangen werden. Die verwendeten Begriffe und Tatsachen aus der Wahrscheinlichkeitsrechnung sind im Anhang B zusammengestellt.

4.1 BESCHREIBUNG STOCHASTISCHER PROZESSE

Es wird der Verlauf einer kontinuierlichen Zeitfunktion betrachtet, die unter bestimmten Randbedingungen durch Messung ermittelt wurde. Als Beispiel sei der zeitliche Verlauf der Ausgangsspannung eines am Eingang kurzgeschlossenen, sich in Betrieb befindlichen Spannungsverstärkers genannt. Die Messung der Zeitfunktion soll nun unter denselben Bedingungen ständig wiederholt werden. Im Fall des genannten Beispiels soll an aufeinanderfolgenden Tagen am selben Spannungsverstärker unter denselben Betriebsbedingungen und äußeren Bedingungen jeweils die Ausgangsspannung gemessen werden; jede der täglichen Messungen liefert eine gleichartige Zeitfunktion $x(t,e)$. Mit dem Parameter $e = e_1, e_2, \ldots$ sollen die verschiedenen Meßfunktionen unterschieden werden, während t den Zeitparameter bedeutet (Bild 1.36). Die Gesamtheit (das *Ensemble*) der Zeitfunktionen $x(t,e) = x_\mu(t)$ bildet einen *stochastischen Prozeß*. Für jeden festen Zeitpunkt $t = t_0$ ist dann $x(t_0,e)$ in bezug auf $e \in I$, wobei der Definitionsbereich I im allgemeinen auch ein Kontinuum (z.B. $\mathbb{R}$) sein kann, eine Zufallsvariable, und für jede feste Messung $e = e_\mu$ ist $x(t,e_\mu)$ eine bestimmte Zeitfunktion, die auch *Realisierung* des stochastischen Prozesses genannt wird. Im weiteren soll ein kontinuierlicher stochastischer Prozeß durch Fettdruck gekennzeichnet, also beispielsweise in der Form $\boldsymbol{x}(t)$ geschrieben werden.

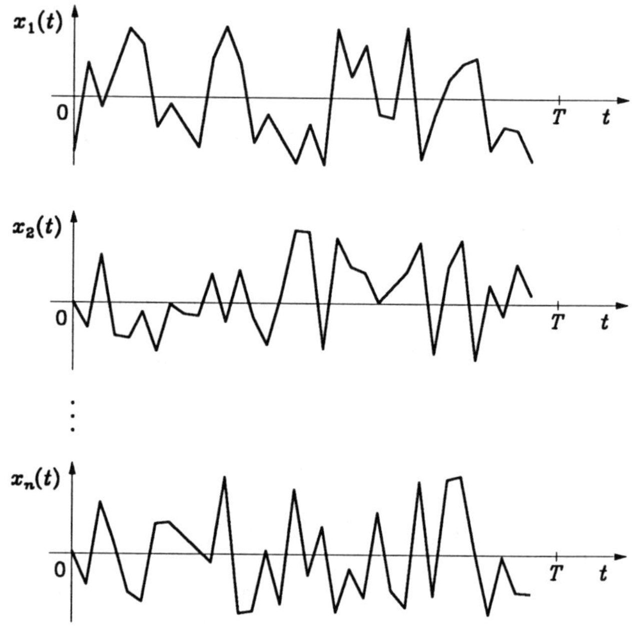

Bild 1.36: Spannungsverläufe, wie sie unter gleichen Bedingungen am Ausgang eines Verstärkers gemessen werden. Ihre Gesamtheit stellt ein Beispiel für einen stochastischen Prozeß dar

Beispiel 1.24: Als weiteres Beispiel eines stochastischen Prozesses sei die von einem Sinusgenerator mit fest eingestellter Amplitude und Frequenz erzeugte Spannung $\boldsymbol{x}(t) = a \sin(\omega t + \varphi)$ genannt, wobei die Phase φ eine Zufallsvariable darstellt, die nach vorgegebenen Wahrscheinlichkeitsgesetzen Werte aus dem Intervall $[0, 2\pi)$ annehmen kann.

Zur Beschreibung eines reellen stochastischen Prozesses $\boldsymbol{x}(t)$ kann die Verteilungsfunktion

$$F(x;t) := P(\boldsymbol{x}(t) \leqq x) \tag{1.108a}$$

oder, ihre Existenz vorausgesetzt, die Dichtefunktion

$$f(x;t) := \frac{\partial F(x;t)}{\partial x} \tag{1.108b}$$

benützt werden. Beide Funktionen sind von der Zeit t abhängig. Für festgehaltenes t ist $f(x;t)\Delta x$ bei hinreichend kleinem $\Delta x > 0$ näherungsweise die Wahrscheinlichkeit dafür, daß der Wert der Zufallsvariablen $\boldsymbol{x}(t)$ zwischen x und $x + \Delta x$ liegt. Zur Charakterisierung eines stochastischen Prozesses $\boldsymbol{x}(t)$ werden neben der Verteilungs- bzw. Dichtefunktion nach Gln. (1.108a,b) noch die Verteilungs- bzw. Dichtefunktionen höherer Ordnung

$$F(x_1, \ldots, x_m; t_1, \ldots, t_m) := P(\boldsymbol{x}(t_1) \leqq x_1, \ldots, \boldsymbol{x}(t_m) \leqq x_m) \tag{1.109a}$$

und

$$f(x_1, \ldots, x_m; t_1, \ldots, t_m) := \frac{\partial^m F(x_1, \ldots, x_m; t_1, \ldots, t_m)}{\partial x_1 \cdots \partial x_m} \tag{1.109b}$$

für jede Ordnung m und alle $t_1, \ldots, t_m$ herangezogen. Damit lassen sich fast alle Prozesse stochastisch vollständig beschreiben.

Man begnügt sich jedoch bei der Kennzeichnung eines stochastischen Prozesses vielfach mit gewissen Erwartungswerten, wie dem stochastischen *Mittelwert*

$$m_x(t) := E[\boldsymbol{x}(t)] = \int_{-\infty}^{\infty} x f(x;t)\,\mathrm{d}x \tag{1.110}$$

und der sogenannten *Autokovarianzfunktion*

$$c_{xx}(t_1,t_2) := E[(\boldsymbol{x}(t_1) - m_x(t_1))(\boldsymbol{x}(t_2) - m_x(t_2))] =$$

$$= \int_{-\infty}^{\infty}\int_{-\infty}^{\infty} [x_1 - m_x(t_1)][x_2 - m_x(t_2)]\, f(x_1,x_2;t_1,t_2)\,\mathrm{d}x_1\,\mathrm{d}x_2 \ . \tag{1.111}$$

Hieraus folgt auch die *Streuung* $\sigma_x(t)$ des Prozesses über die Beziehung

$$\sigma_x^2(t) = c_{xx}(t,t) \ . \tag{1.112}$$

In diesem Zusammenhang sei auch die im folgenden häufig herangezogene *Autokorrelationsfunktion*

$$r_{xx}(t_1,t_2) := E[\boldsymbol{x}(t_1)\boldsymbol{x}(t_2)] \tag{1.113}$$

genannt. Aus den Gln. (1.111) und (1.113) folgt bei Beachtung der Gl. (1.110) die Beziehung

$$c_{xx}(t_1,t_2) = r_{xx}(t_1,t_2) - m_x(t_1)m_x(t_2) \ . \tag{1.114}$$

Man beachte, daß die Bildung obiger Erwartungswerte jeweils einer Mittelung über das gesamte Ensemble zu einem bzw. zwei festen Zeitpunkten entspricht, weswegen diese Erwartungswerte auch Ensemblemittelwerte genannt werden.

Zur Kennzeichnung der gegenseitigen Abhängigkeit zweier stochastischer Prozesse $\boldsymbol{x}(t)$ und $\boldsymbol{y}(t)$ werden die sogenannte *Kreuzkovarianzfunktion*

$$c_{xy}(t_1,t_2) := E[(\boldsymbol{x}(t_1) - m_x(t_1))(\boldsymbol{y}(t_2) - m_y(t_2))] \tag{1.115}$$

und die *Kreuzkorrelationsfunktion*

$$r_{xy}(t_1,t_2) := E[\boldsymbol{x}(t_1)\boldsymbol{y}(t_2)] \tag{1.116}$$

verwendet. Aus den Gln. (1.115) und (1.116) folgt

$$c_{xy}(t_1,t_2) = r_{xy}(t_1,t_2) - m_x(t_1)m_y(t_2) \ . \tag{1.117}$$

Man kann die Definitionsgleichungen (1.111), (1.113), (1.115) und (1.116) auf komplexe, stochastische Prozesse erweitern, indem man alle Größen mit dem alleinigen Argument t_2 durch ihre konjugiert komplexen Werte ersetzt. Dies impliziert, daß auch in den Gln. (1.114) und (1.117) die Größen mit alleinigem Argument t_2 konjugiert komplex zu nehmen sind.

Sind die betrachteten Signale nicht über der kontinuierlichen Zeitachse, sondern nur zu diskreten Zeitpunkten definiert, dann spricht man von stochastischen Prozessen in diskreter Zeit oder von diskontinuierlichen stochastischen Prozessen. In diesem Fall braucht lediglich in den oben angegebenen Beziehungen der Zeitparameter t durch die diskrete Zeit n ersetzt zu werden. Hierauf wird im Abschnitt 4.5 eingegangen.

4.2 STATIONÄRE STOCHASTISCHE PROZESSE, ERGODENHYPOTHESE

Stochastische Prozesse in der im letzten Abschnitt beschriebenen allgemeinen Form sind für praktische Anwendungen weniger geeignet. Daher werden für das weitere zwei Einschränkungen getroffen, die den realen Gegebenheiten häufig entsprechen und zu erheblichen mathematischen Vereinfachungen führen. Es handelt sich hierbei um die Stationarität und Ergodizität.

Ein stochastischer Prozeß wird (im strengen Sinn) *stationär* genannt, wenn sich alle stochastischen Eigenschaften durch eine beliebige zeitliche Verschiebung des Prozesses nicht ändern. Der Prozeß $\boldsymbol{x}(t)$ und der Prozeß $\boldsymbol{y}(t) = \boldsymbol{x}(t+\tau)$ können dann für beliebiges τ durch dieselben Verteilungs- bzw. Dichtefunktionen jeglicher Ordnung beschrieben werden. Es muß insbesondere

$$f(x;t) = f(x;t+\tau)$$

gelten, d. h. die Wahrscheinlichkeitsdichte f darf nicht von der Zeit abhängen. Daher schreibt man kurz

$$f(x;t) = f(x) \; .$$

Entsprechend muß

$$f(x_1, x_2;\, t_1, t_2) = f(x_1, x_2;\, \tau)$$

mit $\tau = t_2 - t_1$ gelten. Aus diesen Vereinfachungen folgt direkt

$$m_x(t) = E[\boldsymbol{x}(t)] =: m_x = \text{const} \; , \tag{1.118}$$

$$r_{xx}(t_1, t_2) = E[\boldsymbol{x}(t_1)\boldsymbol{x}(t_2)] =: r_{xx}(\tau) \tag{1.119}$$

und gemäß Gl. (1.114)

$$c_{xx}(t_1, t_2) =: c_{xx}(\tau) = r_{xx}(\tau) - m_x^2 \tag{1.120}$$

mit $\tau = t_2 - t_1$. Der Mittelwert eines stationären Prozesses ist also zeitunabhängig; die Autokorrelationsfunktion ist nur von der Zeitdifferenz $\tau = t_2 - t_1$ abhängig. Wegen der besonderen Bedeutung von Mittelwert und Autokorrelationsfunktion nennt man einen Prozeß auch *im weiteren Sinne stationär*, wenn nur die Eigenschaften gemäß den Gln. (1.118) und (1.119) gegeben sind. Die Gl. (1.112) liefert hierbei wegen Gl. (1.120) für die konstante Streuung σ_x die Beziehung

$$\sigma_x^2 = r_{xx}(0) - m_x^2 \; . \tag{1.121}$$

Anmerkung: Die Größe σ_x^2, die den Erwartungswert des Prozesses $(\boldsymbol{x}(t) - m_x)^2$ darstellt, heißt *Varianz* von $\boldsymbol{x}(t)$. Wie die Gl. (1.121) zeigt, läßt sich die Varianz σ_x^2 mit Hilfe des stochastischen Mittelwerts m_x und des Wertes $r_{xx}(0)$ der Autokorrelationsfunktion von $\boldsymbol{x}(t)$

direkt erhalten. Der Wert $r_{xx}(0)$ steht, wie im Kapitel III gezeigt wird, in einfacher Korrespondenz zur spektralen Leistungsdichte des Prozesses $\boldsymbol{x}(t)$. Diese Tatsache läßt sich gelegentlich dazu verwenden, die Varianz zu berechnen.

Normalerweise ist ein stochastischer Prozeß nicht von Anfang an stationär. Vielmehr kann stationäres Verhalten erst erwartet werden, wenn transiente Vorgänge abgeklungen sind. Diese Erscheinung ist vergleichbar mit der Entstehung stationärer Vorgänge in linearen, zeitinvarianten und stabilen Netzwerken aufgrund zeitlich konstanter oder periodischer Erregung. Bei dem im Abschnitt 4.1 genannten Beispiel eines am Eingang kurzgeschlossenen Verstärkers wird die Ausgangsspannung durch thermische Bewegung von Ladungsträgern hervorgerufen. Man darf erwarten, daß nach dem Abklingen thermischer Übergangsvorgänge die Wahrscheinlichkeitsverteilungen der Ausgangsspannung nicht mehr von der Zeit abhängen.

Zwei Prozesse $\boldsymbol{x}(t)$ und $\boldsymbol{y}(t)$ nennt man gemeinsam stationär im weiteren Sinne, wenn jeder der Prozesse stationär ist und ihre Kreuzkorrelationsfunktion $r_{xy}(t_1, t_2)$ nur von der Differenz $\tau = t_2 - t_1$ abhängt. Man schreibt dann

$$r_{xy}(t_1, t_2) =: r_{xy}(\tau) = E[\boldsymbol{x}(t)\boldsymbol{y}(t+\tau)] \; . \tag{1.122}$$

Nach Gl. (1.117) ergibt sich dann

$$c_{xy}(t_1, t_2) =: c_{xy}(\tau) = r_{xy}(\tau) - m_x m_y \; . \tag{1.123}$$

Die *Ergodenhypothese* ist im Zusammenhang mit der Frage zu sehen, ob bei einem stationären Prozeß eine stochastische Auswertung zu einem bzw. mehreren bestimmten Zeitpunkten über das gesamte Ensemble nicht ersetzt werden kann durch eine entsprechende Auswertung einer einzelnen beliebigen Musterfunktion aus dem Ensemble. Es geht insbesondere um die Frage, ob der Erwartungswert irgendeiner aus dem Prozeß abgeleiteten Zufallsvariablen – z. B. der Zufallsvariablen $\boldsymbol{x}(t_1)$ oder $\boldsymbol{x}(t_1)\boldsymbol{x}(t_1+\tau)$ – sich bei einer beliebig ausgewählten Ensemblefunktion $x_i(t)$ nicht auch als zeitlicher Mittelwert einstellt, wenn man nur lange genug mittelt. So ist dem Ensemblemittelwert $E[\boldsymbol{x}(t_1)]$ der zeitliche Mittelwert

$$m_i := \lim_{T\to\infty} \frac{1}{2T} \int_{-T}^{T} x_i(t)\,\mathrm{d}t =: \overline{x_i(t)} \tag{1.124}$$

und dem Ensemblemittelwert $E[\boldsymbol{x}(t_1)\boldsymbol{x}(t_1+\tau)]$ der zeitliche Mittelwert

$$r_i(\tau) := \lim_{T\to\infty} \frac{1}{2T} \int_{-T}^{T} x_i(t) x_i(t+\tau)\,\mathrm{d}t =: \overline{x_i(t) x_i(t+\tau)} \tag{1.125}$$

zugewiesen. Im allgemeinen ist die Existenz dieser Mittelwerte für alle Ensemblefunktionen nicht gesichert. Ebensowenig kann bei Voraussetzung der Existenz dieser Mittelwerte deren Unabhängigkeit vom gewählten Ensemblemitglied (von i) sichergestellt werden. Über die Existenz, die Unabhängigkeit vom gewählten Ensemblemitglied und die Übereinstimmung der zeitlichen Mittelwerte mit den entsprechenden Erwartungswerten gibt es eine Reihe von mathematischen Aussagen, sogenannte Ergodentheoreme, auf die hier nicht näher eingegangen wird. Aufgrund dieser Theoreme wird ein stationärer stochastischer Prozeß $\boldsymbol{x}(t)$ (im strengen Sinne) *ergodisch* genannt, wenn mit der Wahrscheinlichkeit Eins alle (über dem Ensemble gebildeten) Erwartungswerte mit den entsprechenden zeitlichen Mittelwerten der einzelnen Musterfunktionen übereinstimmen. Gilt diese Übereinstimmung nur für den Mittelwert $m_x = E[\boldsymbol{x}(t)]$ und die Autokorrelationsfunktion $r_{xx}(\tau) = E[\boldsymbol{x}(t)\boldsymbol{x}(t+\tau)]$, dann heißt $\boldsymbol{x}(t)$ *im weiteren Sinne ergodisch*. Beispielsweise ist der bereits genannte Prozeß $\boldsymbol{x}(t) = a\sin(\omega_0 t + \varphi)$ im weiteren Sinne ergodisch, sofern φ gleichverteilt ist im Intervall von 0 bis 2π. Natürlich muß ein ergodischer Prozeß auch stationär sein, umgekehrt ist aber nicht jeder stationäre Prozeß ergodisch, auch wenn dies häufig angenommen werden darf.

Bei fast allen Anwendungen sind zur Ermittlung stochastischer Eigenschaften eines Prozesses nur einzelne Musterfunktionen verfügbar. Aufgrund der Ergodenhypothese können dann durch zeitliche Mittelwertbildung die erforderlichen stochastischen Eigenschaften des Prozesses experimentell ermittelt werden. Andererseits kann bei vielen praktisch bedeutsamen Prozessen, z. B. bei vielen Arten des Rauschens, mit einfachen heuristischen Überlegungen auf die Übereinstimmung von Zeit- und Ensemblemittelwerten geschlossen werden. Im folgenden sollen jedenfalls alle Prozesse als ergodisch und damit stationär angenommen werden, sofern nicht ausdrücklich etwas anderes gesagt wird.

4.3 KORRELATIONSFUNKTIONEN

Die eingeführten Mittelwerte spielen bei der Charakterisierung stochastischer Prozesse namentlich deshalb eine fundamentale Rolle, weil die Wahrscheinlichkeitsdichtefunktionen experimentell und theoretisch kaum zu bestimmen sind. Beschränkt man sich auf ergodische Prozesse, dann können diese Mittelwerte als zeitliche Mittelwerte gebildet werden. Im folgenden wird der wichtigste dieser Mittelwerte, die Korrelationsfunktion, näher betrachtet.

4.3.1 Korrelationsfaktor

Als ein Maß für den Verwandtschaftsgrad (Korrelation) zweier Meßreihen, die vom gleichen Parameter abhängen, wird bei statistischen Auswertungen der sogenannte *Korrelationsfaktor* benützt, der eng verwandt ist mit der Kovarianz, wie sie im Rahmen der Wahrscheinlichkeitsrechnung für zwei Zufallsvariablen eingeführt wird (Anhang B). Ist beispielsweise ξ die Niederschlagsmenge von Dezember bis Februar und η der Ernteertrag im darauffolgenden

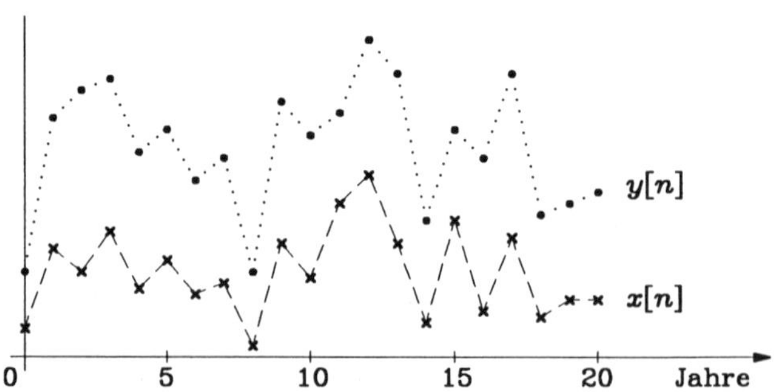

Bild 1.37: Darstellung der jährlichen Niederschlagsmenge $x[n]$, die jeweils in der Zeit von Dezember bis Februar gemessen wurde, und des Ernteertrags $y[n]$ im darauffolgenden Sommer

Sommer, so kann über eine Reihe von Jahren hinweg etwa die im Bild 1.37 dargestellte Meßreihe aufgestellt werden, wobei in $x[n]$ die jährlichen Werte von ξ und in $y[n]$ die jährlichen Werte vom η zusammengefaßt sind. Nach Elimination von n kann derselbe Sachverhalt in anderer Gestalt nach Bild 1.38 beschrieben werden, wo die geometrische Verteilung der Meßpunkte die stochastische Verwandtschaft der Zufallsvariablen ξ und η anschaulich charakterisiert.

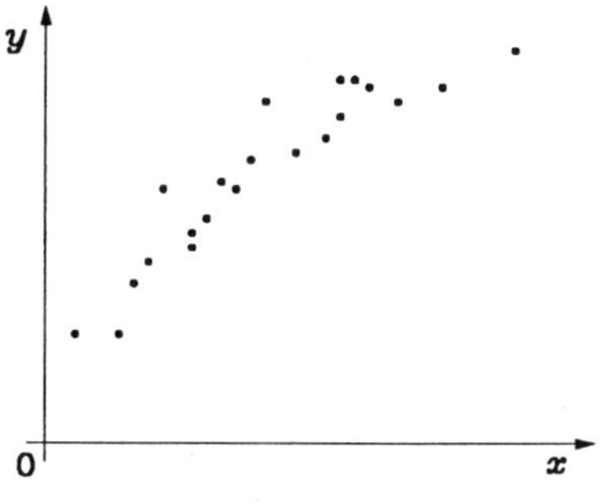

Bild 1.38: Darstellung der Meßreihen aus Bild 1.36 nach Elimination der Zeit n zur Veranschaulichung der stochastischen Verwandtschaft

Aufgrund der Ergodenhypothese können die Mittelwerte $E(\xi)$ und $E(\eta)$ näherungsweise durch die Werte

$$\overline{x} = \frac{1}{N}\sum_{n=1}^{N} x[n], \quad \overline{y} = \frac{1}{N}\sum_{n=1}^{N} y[n]$$

ersetzt werden, wobei über alle N Meßwerte summiert wird. Ganz entsprechend ergibt sich für die Kovarianz von ξ und η mit $v[n] = x[n] - \overline{x}$ und $w[n] = y[n] - \overline{y}$ näherungsweise

$$c_N = \frac{1}{N}\sum_{n=1}^{N} v[n]w[n] . \tag{1.126}$$

Man nennt die beiden Meßreihen *kovariant*, wenn im Mittel $v[n]w[n] > 0$ und damit $c_N > 0$ gilt; sie heißen *kontravariant*, wenn im Mittel $v[n]w[n] < 0$, also $c_N < 0$ ist. Zeigen die Meßreihen keine Verwandtschaft, dann wird mit wachsendem N der Wert c_N gegen 0 gehen, ξ und η sind dann unkorreliert (Anhang B). Bei dem obigen Beispiel wird man erwarten, daß die beiden Meßreihen kovariant sind (Bild 1.38). Zur besseren Beurteilung des Verwandtschaftsgrades wird meist eine Normierung der Form

$$r_N = \frac{c_N}{\sqrt{\overline{v^2}\;\overline{w^2}}} \tag{1.127}$$

mit

$$\overline{v^2} := \frac{1}{N}\sum v^2[n] \quad \text{und} \quad \overline{w^2} := \frac{1}{N}\sum w^2[n]$$

eingeführt, so daß $|r_N| \leqq 1$ wird. Der Quotient r_N heißt dann *Korrelationsfaktor*.

4.3.2 Kreuzkorrelationsfunktion und Autokorrelationsfunktion

Entsprechend dem Vorgehen bei zwei Meßreihen im letzten Abschnitt kann aufgrund der Ergodenhypothese auch der stochastische Zusammenhang zweier ergodischer stochastischer Prozesse $\boldsymbol{x}(t)$ und $\boldsymbol{y}(t)$ (genau genommen muß die Verknüpfung $\boldsymbol{x}(t)\boldsymbol{y}(t)$ ergodisch sein) über eine zeitliche Mittelung durch die *Kreuzkorrelierte*

$$r_{xy}(\tau) = \lim_{T\to\infty} \frac{1}{2T} \int_{-T}^{T} x(t)y(t+\tau)\,dt \tag{1.128}$$

ausgedrückt werden, wobei $x(t)$ und $y(t)$ beliebige Funktionen aus dem jeweiligen Ensemble sind. Wie bei den beiden Meßreihen im Abschnitt 4.3.1 kann $r_{xy}(\tau)$ als einfaches Maß für die stochastische Verwandtschaft der Zufallsvariablen $\boldsymbol{x}(t_0)$ und $\boldsymbol{y}(t_0+\tau)$ (für beliebiges, festes t_0) und damit auch der beiden Prozesse $\boldsymbol{x}(t)$ und $\boldsymbol{y}(t)$ angesehen werden. Wählt man speziell $\boldsymbol{y}(t) = \boldsymbol{x}(t)$, dann erhält man die *Autokorrelierte*

$$r_{xx}(\tau) = \lim_{T\to\infty} \frac{1}{2T} \int_{-T}^{T} x(t)x(t+\tau)\,dt \tag{1.129}$$

des Prozesses $\boldsymbol{x}(t)$, welche die gegenseitige stochastische Abhängigkeit der Zufallsvariablen $\boldsymbol{x}(t_0)$ und $\boldsymbol{x}(t_0+\tau)$ und damit die "innere Verwandtschaft" des Prozesses $\boldsymbol{x}(t)$ charakterisiert. Für $\tau \to 0$ muß sich hierbei ein Höchstmaß an stochastischer Verwandtschaft einstellen, da sich dann die Werte der Zufallsvariablen $\boldsymbol{x}(t_0)$ und $\boldsymbol{x}(t_0+\tau)$ beliebig wenig voneinander unterscheiden. Tatsächlich gilt allgemein

$$r_{xx}(0) \geqq |r_{xx}(\tau)| \tag{1.130}$$

für alle τ, was sich leicht nachweisen läßt, indem man beachtet, daß

$$\lim_{T\to\infty} \frac{1}{2T} \int_{-T}^{T} [x(t) \pm x(t+\tau)]^2\,dt = 2[r_{xx}(0) \pm r_{xx}(\tau)] \geqq 0$$

gelten muß. Für die Existenz der Autokorrelationsfunktion für beliebige τ muß also nur gefordert werden, daß der quadratische Mittelwert der Ensemblefunktion

$$r_{xx}(0) = \lim_{T\to\infty} \frac{1}{2T} \int_{-T}^{T} x^2(t)\,dt < \infty \tag{1.131}$$

einen endlichen Wert annimmt.

Für $\tau \to \infty$ nimmt gewöhnlich die stochastische Abhängigkeit von $\boldsymbol{x}(t_0)$ und $\boldsymbol{x}(t_0+\tau)$ ab, so daß diese Zufallsvariablen in der Grenze unkorreliert sind (Anhang B). Somit gilt, wenn man den Erwartungswert durch Zeitmittelwertbildung ausdrückt,

$$\lim_{\tau\to\infty} r_{xx}(\tau) = \lim_{T\to\infty} \frac{1}{2T} \int_{-T}^{T} x(t)\,dt \cdot \lim_{T\to\infty} \frac{1}{2T} \int_{-T}^{T} x(t+\tau)\,dt = m_x^2 \ ,$$

und daraus folgt für derartige mittelwertfreie Prozesse ($m_x = 0$) die Eigenschaft

$$\lim_{\tau\to\infty} r(\tau) = 0 \ . \tag{1.132}$$

4.3.3 Weitere Eigenschaften der Korrelationsfunktionen

Im folgenden werden einige wichtige Eigenschaften von Korrelationsfunktionen angegeben und, soweit erforderlich, über die Darstellung als Erwartungswert bewiesen. Dem Leser sei als Übung empfohlen, die entsprechenden Nachweise über die Darstellung als Zeitmittelwert zu führen.

(a) Die Autokorrelationsfunktion ist eine gerade Funktion, es gilt also

$$r_{xx}(\tau) = r_{xx}(-\tau) \ . \tag{1.133}$$

Zum Nachweis dieser Aussage sei daran erinnert, daß für beliebiges t_0 stets $r_{xx}(\tau) = E[\boldsymbol{x}(t_0)\boldsymbol{x}(t_0+\tau)]$ und somit

$$r_{xx}(-\tau) = E[\boldsymbol{x}(t_0)\boldsymbol{x}(t_0-\tau)] = E[\boldsymbol{x}(t_1)\boldsymbol{x}(t_1+\tau)] = r_{xx}(\tau)$$

gilt mit $t_1 = t_0 - \tau$.

(b) Nach Abschnitt 4.3.2 ist

$$r_{xx}(0) = E[\boldsymbol{x}^2(t_0)] \geqq |r_{xx}(\tau)| \ , \tag{1.134}$$

der Betrag der Autokorrelationsfunktion ist damit niemals größer als die "mittlere Signalleistung" (wirkt das Signal $x(t)$ als Spannung an einem 1Ω-Widerstand, dann ist $x^2(t)$ die in diesem Widerstand verbrauchte Leistung und

$$E[\boldsymbol{x}^2(t_0)] = \lim_{T\to\infty} \frac{1}{2T} \int_{-T}^{T} x^2(t)\,\mathrm{d}t$$

die mittlere Leistung).

(c) Für mittelwertfreie, "rein stochastische" Signale gilt nach Abschnitt 4.3.2

$$\lim_{\tau\to\infty} r_{xx}(\tau) = 0 \ . \tag{1.135}$$

Diese Eigenschaft basiert auf der Voraussetzung, daß bei einem rein stochastischen Signal die Zufallsvariablen $\boldsymbol{x}(t_0)$ und $\boldsymbol{x}(t_0+\tau)$ für $\tau\to\infty$ stochastisch unabhängig sind. Dies darf erwartet werden, wenn $\boldsymbol{x}(t)$ keine konstanten oder periodischen Anteile aufweist.

(d) Ist $\boldsymbol{v}(t) = \boldsymbol{x}(t) + c$ mit einem mittelwertfreien, rein stochastischen Prozeß $\boldsymbol{x}(t)$ und einer beliebigen Konstante c, dann wird

$$r_{vv}(\tau) = r_{xx}(\tau) + c^2 \ , \tag{1.136}$$

wie sich leicht zeigen läßt.

(e) Ist $\boldsymbol{v}(t) = \boldsymbol{x}(t) + a\cos(\omega_0 t + \varphi) = \boldsymbol{x}(t) + \boldsymbol{p}(t)$ mit einem stochastischen Prozeß $\boldsymbol{x}(t)$ und dem periodischen Anteil $\boldsymbol{p}(t) = a\cos(\omega_0 t + \varphi)$, bei dem φ eine im Intervall $[0, 2\pi)$ gleichverteilte Zufallsvariable und a eine Konstante darstellt, dann wird unter der sinnvollen Annahme der stochastischen Unabhängigkeit von $\boldsymbol{x}(t)$ und $\boldsymbol{p}(t)$

$$r_{vv}(\tau) = r_{xx}(\tau) + r_{pp}(\tau) = r_{xx}(\tau) + \frac{a^2}{2}\cos\omega_0\tau \ . \tag{1.137}$$

Zum Nachweis dieser Beziehung schreibt man

$$\begin{aligned} r_{vv}(\tau) &= E[(\boldsymbol{x}(t_0) + \boldsymbol{p}(t_0))(\boldsymbol{x}(t_0+\tau) + \boldsymbol{p}(t_0+\tau))] \\ &= E[\boldsymbol{x}(t_0)\boldsymbol{x}(t_0+\tau)] + E[\boldsymbol{x}(t_0)\boldsymbol{p}(t_0+\tau)] + E[\boldsymbol{p}(t_0)\boldsymbol{x}(t_0+\tau)] \\ &\quad + E[\boldsymbol{p}(t_0)\boldsymbol{p}(t_0+\tau)] \ , \end{aligned}$$

und wegen der stochastischen Unabhängigkeit von $\boldsymbol{x}(t)$ und $\boldsymbol{p}(t)$ wird

$$E[\boldsymbol{x}(t_0)\boldsymbol{p}(t_0+\tau)] = E[\boldsymbol{p}(t_0)\boldsymbol{x}(t_0+\tau)] = E[\boldsymbol{p}(t_0)]E[\boldsymbol{x}(t_0)] = 0 \ ,$$

da $E[\boldsymbol{p}(t_0)] = 0$ ist. Damit resultiert die Gl. (1.137), wenn man noch berücksichtigt, daß (mit $t_0 = 0$)

$$r_{pp}(\tau) = E[a\cos\varphi \cdot a\cos(\omega_0\tau+\varphi)] = E\left[\frac{a^2}{2}(\cos\omega_0\tau + \cos(\omega_0\tau+2\varphi))\right] = \frac{a^2}{2}\cos\omega_0\tau$$

gilt.

Bemerkenswert hierbei ist, daß im Ergebnis die Phasenverschiebung des periodischen Anteils nicht mehr enthalten ist. Dies liegt daran, daß eine zeitliche Verschiebung die Autokorrelationsfunktion eines stationären Prozesses nicht beeinflußt.

(f) Die Kreuzkorrelierte ist im allgemeinen keine gerade Funktion, sondern sie erfüllt die Bedingung

$$r_{xy}(-\tau) = r_{yx}(\tau) \ , \tag{1.138}$$

was sich unmittelbar aus der Definitionsgleichung $r_{xy}(-\tau) = E[\boldsymbol{x}(t_0)\boldsymbol{y}(t_0-\tau)]$ ergibt, wenn man $t_0 - \tau$ durch t_1 ersetzt.

(g) Die Kreuzkorrelierte hat im Gegensatz zur Autokorrelierten nicht notwendig ihr Maximum bei $\tau = 0$; als Abschätzung für ihren Betrag sind oft die Beziehungen

$$|r_{xy}(\tau)| \leqq \sqrt{r_{xx}(0)\cdot r_{yy}(0)} \leqq \frac{1}{2}[r_{xx}(0) + r_{yy}(0)] \tag{1.139}$$

nützlich, die ausgehend von der für alle k geltenden Bedingung

$$E[(\boldsymbol{x}(t) + k\,\boldsymbol{y}(t+\tau))^2] = r_{xx}(0) + 2k\,r_{xy}(\tau) + k^2 r_{yy}(0) \geqq 0$$

leicht mit $k = -r_{xy}(\tau)/r_{yy}(0)$ bzw. $k = \pm 1$ abgeleitet werden können.

(h) Wie bei der Autokorrelierten gilt

$$\lim_{\tau\to\pm\infty} r_{xy}(\tau) = 0 \ , \tag{1.140}$$

sofern mindestens einer der beiden Prozesse mittelwertfrei ist und erwartet werden darf, daß $\boldsymbol{x}(t)$ mit $\boldsymbol{y}(t+\tau)$ für $\tau \to \pm\infty$ nicht korreliert ist.

4.3.4 Experimentelle Bestimmung der Korrelationsfunktion

In vielen Fällen stehen nur einzelne Musterfunktionen eines stochastischen Prozesses zur Verfügung, und die stochastischen Eigenschaften des Prozesses werden aufgrund der Ergodenhypothese mit geeigneten Geräten durch zeitliche Mittelwertbildung gewonnen. Zur Messung der Korrelationsfunktion werden sogenannte analoge *Korrelatoren* eingesetzt, die auf der Darstellung

$$r(\tau) = r(-\tau) = \lim_{T\to\infty} \frac{1}{2T} \int_{-T}^{T} x(t)x(t-\tau)\,\mathrm{d}t \tag{1.141}$$

der Autokorrelierten beruhen und nach dem Schema von Bild 1.39 aufgebaut sind. Der Mittelwertbildner ist hierbei im wesentlichen ein Integrierer mit der Impulsantwort nach Bild 1.40a, der über eine hinreichend lange Zeit T sein Eingangssignal $u(t) = x(t)x(t-\tau)$ in-

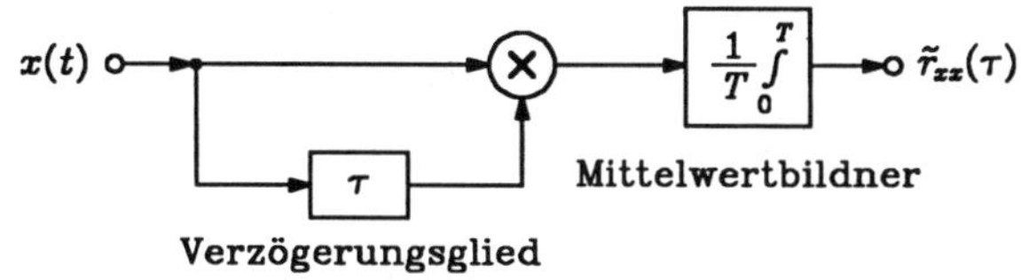

Bild 1.39: Schema eines Korrelators

tegriert und somit das Ausgangssignal

$$\tilde{r}_{xx}(\tau) = \int_{-\infty}^{\infty} u(\sigma)h(t-\sigma)\,\mathrm{d}\sigma = \frac{1}{T}\int_{t-T}^{t} x(\sigma)x(\sigma-\tau)\,\mathrm{d}\sigma \tag{1.142}$$

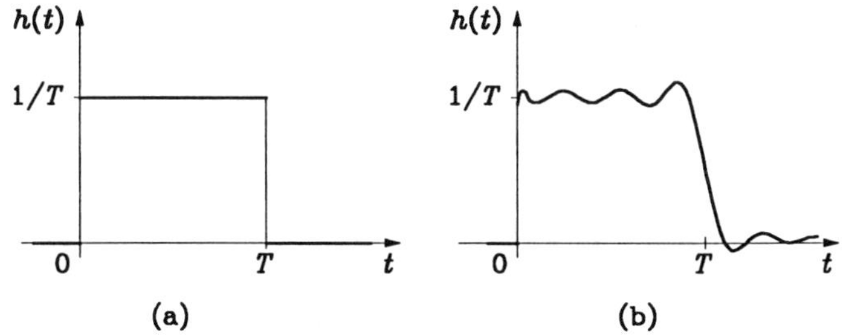

Bild 1.40: Ideale (a) und approximative (b) Impulsantwort des Mittelwertbildners von Bild 1.39

produziert. Für hinreichend großes T kann dann $\tilde{r}_{xx}(\tau)$ als Näherung für $r_{xx}(\tau)$ angesehen werden. Der Mittelwertbildner läßt sich hierbei durch ein aus konzentrierten Elementen aufgebautes Zweitor realisieren, dessen Impulsantwort den Verlauf nach Bild 1.40b aufweist. Häufig werden Korrelatoren in digitaler Technik durch elektronische Bausteine realisiert.

4.4 STOCHASTISCHE PROZESSE UND LINEARE SYSTEME

4.4.1 Einige grundlegende Eigenschaften

Wirkt nach Bild 1.41 am Eingang eines linearen, zeitinvarianten, stabilen und kausalen kontinuierlichen Systems mit der Impulsantwort $h(t)$ ein stationärer stochastischer Prozeß $\boldsymbol{x}(t)$, dann ist für jede Musterfunktion $x(t)$ des Prozesses das Ausgangssignal $y(t)$ gegeben durch die Beziehung

$$y(t) = \int_{0}^{\infty} h(\sigma)x(t-\sigma)\,\mathrm{d}\sigma \ , \tag{1.143}$$

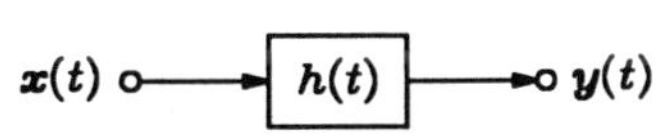

Bild 1.41: Lineares, zeitinvariantes, stabiles und kausales System, das am Eingang durch den stationären stochastischen Prozeß $\boldsymbol{x}(t)$ erregt wird und am Ausgang den ebenfalls stationären Prozeß $\boldsymbol{y}(t)$ liefert

und das Ensemble aller Ausgangssignale stellt einen stochastischen Prozeß $\boldsymbol{y}(t)$ dar, der ebenfalls stationär ist, sofern der Prozeß am Eingang schon hinreichend lange (von $t = -\infty$ an) auf das System einwirkt. Für den stochastischen Mittelwert des Ausgangsprozesses gilt dann

$$m_y = E[\boldsymbol{y}(t)] = \int_0^\infty h(\sigma) E[\boldsymbol{x}(t-\sigma)]\,\mathrm{d}\sigma = \int_0^\infty h(\sigma)\,\mathrm{d}\sigma \cdot m_x \tag{1.144}$$

und für die Kreuzkorrelierte zwischen Eingangsprozeß und Ausgangsprozeß

$$\begin{aligned} r_{xy}(\tau) &= E[\boldsymbol{x}(t)\boldsymbol{y}(t+\tau)] = \int_0^\infty h(\sigma) E[\boldsymbol{x}(t)\boldsymbol{x}(t+\tau-\sigma)]\,\mathrm{d}\sigma \\ &= \int_0^\infty h(\sigma) r_{xx}(\tau-\sigma)\,\mathrm{d}\sigma . \end{aligned} \tag{1.145}$$

Auf die Analogie zwischen der Gl. (1.143) und der Gl. (1.145) wird besonders hingewiesen. Für die Autokorrelationsfunktion des Ausgangsprozesses erhält man ganz entsprechend

$$\begin{aligned} r_{yy}(\tau) &= E[\boldsymbol{y}(t)\boldsymbol{y}(t+\tau)] = E\left[\int_0^\infty h(\alpha)\boldsymbol{x}(t-\alpha)\boldsymbol{y}(t+\tau)\,\mathrm{d}\alpha\right] \\ &= \int_0^\infty h(\alpha) r_{xy}(\tau+\alpha)\,\mathrm{d}\alpha \end{aligned} \tag{1.146}$$

oder mit Gl. (1.145)

$$r_{yy}(\tau) = \int_0^\infty \int_0^\infty h(\alpha) h(\sigma) r_{xx}(\tau + \alpha - \sigma)\,\mathrm{d}\sigma\,\mathrm{d}\alpha . \tag{1.147}$$

Es sei dem Leser als Übung empfohlen, die gewonnenen Beziehungen für die Kreuz- und Autokorrelierte über die Darstellung der Korrelationsfunktionen als Zeitmittelwerte abzuleiten.

Man beachte, daß aufgrund der Gln. (1.144), (1.145) und (1.147) gezeigt wurde, daß der Mittelwert von $\boldsymbol{y}(t)$ konstant ist und die Autokorrelierte des Ausgangsprozesses sowie die Kreuzkorrelierte zwischen Eingangs- und Ausgangsprozeß des betrachteten Systems nur von τ abhängen. Deshalb ist der Ausgangsprozeß mit dem Eingangsprozeß gemeinsam stationär.

4.4.2 Übergangsvorgänge

Bei den bisherigen Untersuchungen wurde vorausgesetzt, daß die Erregung $\boldsymbol{x}(t)$ stationär ist und von $t = -\infty$ an auf das System einwirkt. Dann ist auch das Ausgangssignal $\boldsymbol{y}(t)$ stationär (genauer: $\boldsymbol{y}(t)$ ist stationär im strengen Sinn, wenn $\boldsymbol{x}(t)$ stationär im strengen Sinn ist, und $\boldsymbol{y}(t)$ ist stationär im weiteren Sinn, wenn $\boldsymbol{x}(t)$ stationär im weiteren Sinn ist). Dies gilt nicht mehr, wenn das Eingangssignal erst vom Zeitnullpunkt (oder von irgendeinem endlichen Zeitpunkt) an auf das System einwirkt, wie es im Bild 1.42 angedeutet ist.

Setzt man voraus, daß alle Energiespeicher des linearen, zeitinvarianten und stabilen Systems im Bild 1.42 zum Zeitpunkt $t = 0$ leer sind, dann gilt für jede Musterfunktion $y(t)$ des Ausgangssignals $\boldsymbol{y}(t)$

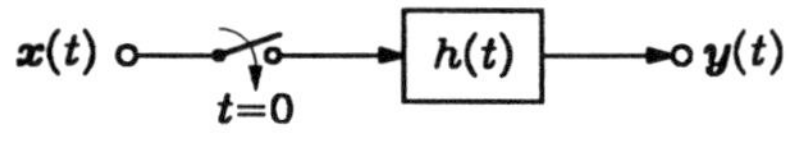

Bild 1.42: Das System von Bild 1.41 wird erst vom Zeitpunkt $t = 0$ an durch den Prozeß $\mathbf{x}(t)$ erregt. Der Prozeß $\mathbf{y}(t)$ am Ausgang ist asymptotisch stationär

$$y(t) = \int_0^t h(\sigma)x(t-\sigma)\,\mathrm{d}\sigma \ . \tag{1.148}$$

In diesem Fall erhält man für den stochastischen Mittelwert des Ausgangsprozesses

$$E[\mathbf{y}(t)] = \int_0^t h(\sigma)E[\mathbf{x}(t-\sigma)]\,\mathrm{d}\sigma = \int_0^t h(\sigma)\,\mathrm{d}\sigma \cdot m_x \ ,$$

im allgemeinen ist dieser Mittelwert eine Funktion der Zeit, der Prozeß $\mathbf{y}(t)$ ist also nicht stationär. Damit ist nicht zu erwarten, daß z. B. der zeitliche Mittelwert von $y(t)$ oder $y^2(t)$ für $t > 0$ mit dem Ensemblemittelwert $m_y(t_1) = E[\mathbf{y}(t_1)]$ bzw. $r_{yy}(t_1, t_1) = E[\mathbf{y}^2(t_1)]$ für beliebiges $t_1 > 0$ übereinstimmt, es gilt aber stets

$$\lim_{t_1 \to \infty} E[\mathbf{y}(t_1)] = \lim_{t_1 \to \infty} \int_0^{t_1} h(\sigma)\,\mathrm{d}\sigma \cdot m_x = \overline{y(t)} \tag{1.149}$$

mit

$$\overline{y(t)} = \lim_{T \to \infty} \frac{1}{T} \int_0^T y(t)\,\mathrm{d}t = \int_0^\infty h(\sigma) \lim_{T \to \infty} \frac{1}{T} \int_0^T s(t-\sigma)x(t-\sigma)\,\mathrm{d}t\,\mathrm{d}\sigma = \int_0^\infty h(\sigma)\,\mathrm{d}\sigma \cdot m_x \ ,$$

wobei die Vertauschung der Integrale wegen der vorausgesetzten Stabilität des Systems erlaubt ist und die Ergodizität von $\mathbf{x}(t)$ verwendet wurde. Ganz entsprechend läßt sich zeigen, daß

$$\lim_{t_1 \to \infty} E[\mathbf{y}^2(t_1)] = \overline{y^2(t)} \tag{1.150}$$

gilt. Das Ausgangssignal eines linearen, zeitinvarianten und stabilen Systems ist damit asymptotisch stationär, wenn das System am Eingang durch ein für $t < 0$ verschwindendes und für $t > 0$ stationäres Signal erregt wird.

Beispiel 1.25: Legt man an ein RC-Glied mit der Impulsantwort

$$h(t) = s(t)\,\mathrm{e}^{-at} \ , \qquad a > 0 \ ,$$

das sich zunächst im Ruhezustand befindet, im Zeitpunkt $t = 0$ sogenanntes weißes Rauschen mit der Autokorrelationsfunktion $r_{xx}(\tau) = K\,\delta(\tau)$ an, dann ist der im Zeitpunkt $t_1 > 0$ im Mittel zu erwartende Wert der Signalleistung des Ausgangssignals gegeben durch

$$E[\mathbf{y}^2(t_1)] = \int_0^{t_1}\int_0^{t_1} h(\sigma)h(\tau)r_{xx}(\sigma-\tau)\,\mathrm{d}\sigma\,\mathrm{d}\tau = \int_0^{t_1}\int_0^{t_1} \mathrm{e}^{-a(\sigma+\tau)}K\,\delta(\sigma-\tau)\,\mathrm{d}\sigma\,\mathrm{d}\tau$$

$$= K\int_0^{t_1} \mathrm{e}^{-2a\tau}\,\mathrm{d}\tau = \frac{K}{2a}(1-\mathrm{e}^{-2at_1}) \ .$$

Für $t_1 \to \infty$ stimmt dieser Wert überein mit dem Quadrat des Effektivwerts $\overline{y^2(t)}$.

Man kann hier noch den Grenzfall $a \to 0$ untersuchen, wobei sich $h(t) = s(t)$ und damit das Integral

$$\boldsymbol{y}(t_1) = \int_0^{t_1} \boldsymbol{x}(\sigma)\,\mathrm{d}\sigma \qquad (t_1 > 0)$$

(Wiener-Lévy-Prozeß) ergibt. Dieses darf somit als Ausgangsprozeß eines linearen, zeitinvarianten (instabilen) Systems mit der Impulsantwort $h(t) = s(t)$ bei Erregung mit weißem Rauschen betrachtet werden. Führt man im obigen Ergebnis den genannten Grenzübergang durch, so erhält man

$$E[\boldsymbol{y}^2(t_1)] = \lim_{a \to 0} \frac{K}{2a}(1 - \mathrm{e}^{-2at_1}) = K\,t_1 \ .$$

Es ergibt sich also durch Integration von mittelwertfreiem weißen Rauschen ein instationärer mittelwertfreier stochastischer Prozeß $\boldsymbol{y}(t)$ mit der mittleren Signalleistung $K\,t$.

Aufgrund der Gl. (1.148) erhält man für die Autokorrelierte des Ausgangsprozesses für $t_1 > 0$ und $t_2 > 0$

$$r_{yy}(t_1, t_2) = E[\boldsymbol{y}(t_1)\boldsymbol{y}(t_2)] = \int_{\sigma=0}^{t_1}\int_{\alpha=0}^{t_2} h(\sigma)h(\alpha)E[\boldsymbol{x}(t_1 - \sigma)\boldsymbol{x}(t_2 - \alpha)]\,\mathrm{d}\sigma\,\mathrm{d}\alpha$$

$$= \int_{\sigma=0}^{t_1}\int_{\alpha=0}^{t_2} h(\alpha)h(\sigma)r_{xx}(t_1 - t_2 + \alpha - \sigma)\,\mathrm{d}\sigma\,\mathrm{d}\alpha \ . \qquad (1.151)$$

Entsprechend ergibt sich für die Kreuzkorrelierte zwischen Eingangs- und Ausgangsprozeß für $t_1 > 0$ und $t_2 > 0$

$$r_{xy}(t_1, t_2) = E[\boldsymbol{x}(t_1)\boldsymbol{y}(t_2)] = \int_0^{t_2} h(\sigma)E[\boldsymbol{x}(t_1)\boldsymbol{x}(t_2 - \sigma)]\,\mathrm{d}\sigma$$

$$= \int_0^{t_2} h(\sigma)r_{xx}(t_2 - t_1 - \sigma)\,\mathrm{d}\sigma \ . \qquad (1.152)$$

Die Gln. (1.151) und (1.152) lehren, daß die beiden Korrelierten asymptotisch, d. h. für $t_1 \to \infty$ und $t_2 \to \infty$ mit $t_2 - t_1 = \tau$ (const), nur von τ abhängen, Eingangs- und Ausgangsprozeß also gemeinsam asymptotisch stationär sind.

Beispiel 1.26: Gegeben sei für $t \geqq 0$ die Langevinsche Differentialgleichung[1])

$$\frac{\mathrm{d}\boldsymbol{y}}{\mathrm{d}t}(t) + a\,\boldsymbol{y}(t) = \boldsymbol{x}(t) \quad \text{mit} \quad \boldsymbol{y}(0) = 0 \ .$$

Dabei sei $\boldsymbol{x}(t)$ ein stationärer Prozeß mit $r_{xx}(\tau) = \delta(\tau)$ (weißes Rauschen), $\boldsymbol{y}(t)$ kann als Ausgangsprozeß eines linearen, zeitinvarianten Systems mit der Impulsantwort

$$h(t) = s(t)\,\mathrm{e}^{-at}$$

betrachtet werden, welches zum Zeitpunkt $t = 0$ vom Ruhezustand aus mit dem Rauschprozeß $\boldsymbol{x}(t)$ erregt wird.

Nach Gl. (1.151) erhält man für $t_1 > 0$ und $t_2 > 0$

---

1) Obwohl die Realisierungen eines stochastischen Prozesses im allgemeinen keine differenzierbaren Funktionen sind, können derartige Differentialgleichungen streng mathematisch behandelt werden (vgl. hierzu Lehrbücher über stochastische Differentialgleichungen, z.B. [Ar1]).

$$r_{yy}(t_1,t_2) = \int_{\sigma=0}^{t_1}\int_{\alpha=0}^{t_2} \mathrm{e}^{-a(\alpha+\sigma)}\,\delta(t_1-t_2+\alpha-\sigma)\,\mathrm{d}\sigma\,\mathrm{d}\alpha\ .$$

Betrachtet man zunächst den Fall $t_1 > t_2$, so läßt sich das Integral in der Form

$$r_{yy}(t_1,t_2) = \int_{\alpha=0}^{t_2} \mathrm{e}^{-a\alpha}\left\{\int_{\sigma=0}^{t_1} \mathrm{e}^{-a\sigma}\,\delta(t_1-t_2+\alpha-\sigma)\,\mathrm{d}\sigma\right\}\mathrm{d}\alpha = \int_{\alpha=0}^{t_2} \mathrm{e}^{-a\alpha}\,\mathrm{e}^{-a(\alpha+t_1-t_2)}\,\mathrm{d}\alpha$$

schreiben, da im Integrationsintervall $0<\alpha<t_2$ stets $0<\alpha+t_1-t_2<t_1$ gilt. Somit folgt

$$r_{yy}(t_1,t_2) = \frac{\mathrm{e}^{-a(t_1-t_2)}}{2a}\,(1-\mathrm{e}^{-2at_2}) \quad \text{für} \quad t_1 > t_2\ .$$

Im Fall $t_1 < t_2$ braucht man im erhaltenen Ergebnis nur t_1 und t_2 miteinander zu vertauschen, da nämlich $r_{yy}(t_1,t_2) = r_{yy}(t_2,t_1)$ gilt. Aus Gl. (1.152) erhält man für $t_1 > 0$ und $t_2 > 0$ zunächst

$$r_{xy}(t_1,t_2) = \int_0^{t_2} \mathrm{e}^{-a\sigma}\,\delta(t_2-t_1-\sigma)\,\mathrm{d}\sigma\ .$$

Falls $t_2 > t_1$ ist, wird

$$r_{xy}(t_1,t_2) = \mathrm{e}^{-a(t_2-t_1)}\ ,$$

im Fall $t_1 > t_2$ ergibt sich

$$r_{xy}(t_1,t_2) = 0\ .$$

4.5 DISKONTINUIERLICHE STOCHASTISCHE PROZESSE

Die in den vorausgegangenen Abschnitten entwickelten Konzepte für kontinuierliche stochastische Prozesse lassen sich sinngemäß auch auf diskontinuierliche stochastische Prozesse anwenden. Dies soll im folgenden kurz gezeigt werden.

Unter einem diskontinuierlichen stochastischen Prozeß $\mathbf{x}[n]$ mit $n \in \mathbb{Z}$ versteht man eine Folge von Zufallsvariablen oder ein Ensemble von diskontinuierlichen Signalen $x_e[n]$ mit Ensembleparameter $e \in I$, wobei I im allgemeinen ein Kontinuum (z. B. $\mathbb{R}$) sein kann und mit dem Parameter e die verschiedenen Mitglieder des Ensembles unterschieden werden. Es wird hier davon ausgegangen, daß die genannten Zufallsvariablen nur reeller Werte fähig sind, obwohl die Betrachtungen leicht auf komplexwertige Prozesse erweitert werden können. Es werden nun einige Erwartungswerte eingeführt:
Der *Mittelwert*

$$m_x[n] := E[\mathbf{x}[n]] = \int_{-\infty}^{\infty} x\,f(x;n)\,\mathrm{d}x\ , \tag{1.153}$$

die *Autokovarianzfunktion*

$$\begin{aligned} c_{xx}[n_1,n_2] &:= E[(\mathbf{x}[n_1]-m_x[n_1])\,(\mathbf{x}[n_2]-m_x[n_2])] \\ &= \int_{-\infty}^{\infty}\int_{-\infty}^{\infty}(x_1-m_x[n_1])\,(x_2-m_x[n_2])\,f(x_1,x_2;\,n_1,n_2)\,\mathrm{d}x_1\,\mathrm{d}x_2\ , \end{aligned} \tag{1.154}$$

die *Autokorrelationsfunktion*

$$r_{xx}[n_1, n_2] := E[\boldsymbol{x}[n_1]\boldsymbol{x}[n_2]] \ . \tag{1.155}$$

Die Dichtefunktionen $f(x;n)$ und $f(x_1, x_2;\, n_1, n_2)$ sind entsprechend wie früher $f(x;t)$ bzw. $f(x_1, x_2;\, t_1, t_2)$ zu verstehen. Für zwei diskontinuierliche Prozesse $\boldsymbol{x}[n]$ und $\boldsymbol{y}[n]$ führt man die *Kreuzkovarianzfunktion*

$$c_{xy}[n_1, n_2] := E[(\boldsymbol{x}[n_1] - m_x[n_1])\,(\boldsymbol{y}[n_2] - m_y[n_2])] \tag{1.156}$$

und die *Kreuzkorrelationsfunktion*

$$r_{xy}[n_1, n_2] := E[\boldsymbol{x}[n_1]\boldsymbol{y}[n_2]] \tag{1.157}$$

ein. Man kann aus den Gln. (1.153) bis (1.157) die Beziehungen

$$c_{xx}[n_1, n_2] = r_{xx}[n_1, n_2] - m_x[n_1]m_x[n_2] \tag{1.158}$$

und

$$c_{xy}[n_1, n_2] = r_{xy}[n_1, n_2] - m_x[n_1]m_y[n_2] \tag{1.159}$$

leicht ableiten. Für die Streuung $\sigma[n]$ erhält man speziell

$$\sigma^2[n] = c_{xx}[n, n] \ . \tag{1.160}$$

Ein diskontinuierlicher Prozeß $\boldsymbol{x}[n]$ heißt stationär (im weiteren Sinne), wenn sein Mittelwert $m_x[n]$ konstant ist und die Autokorrelationsfunktion $r_{xx}[n_1, n_2]$ nur von der Differenz $\nu = n_2 - n_1$ abhängt. In diesem Fall vereinfacht sich die Gl. (1.158) zu

$$r_{xx}[\nu] = c_{xx}[\nu] + m_x^2 \ , \tag{1.161}$$

und aus den Gln. (1.160) und (1.158) folgt die Varianz

$$\sigma_x^2 = r_{xx}[0] - m_x^2 \ . \tag{1.162}$$

Zwei Prozesse $\boldsymbol{x}[n]$ und $\boldsymbol{y}[n]$ heißen gemeinsam stationär, wenn sie beide stationär sind, und ihre Kreuzkorrelationsfunktion $r_{xy}[n_1, n_2]$ nur von $\nu = n_2 - n_1$ abhängt. In diesem Fall folgt aus Gl. (1.159)

$$r_{xy}[\nu] = c_{xy}[\nu] + m_x m_y \ . \tag{1.163}$$

Die Korrelationsfunktionen $r_{xx}[\nu]$ und $r_{xy}[\nu]$ haben entsprechende Eigenschaften wie die Funktionen $r_{xx}(\tau)$ und $r_{xy}(\tau)$ in Abschnitt 4.3.3.

Wirkt am Eingang eines linearen, zeitinvarianten, stabilen und kausalen diskontinuierlichen Systems mit der Impulsantwort $h[n]$ ein stochastischer Prozeß $\boldsymbol{x}[n]$, dann ist für jede Musterfunktion $x[n]$ des Prozesses das Ausgangssignal $y[n]$ gegeben durch die Beziehung

$$y[n] = \sum_{\mu=0}^{\infty} h[\mu]x[n-\mu] \ , \tag{1.164}$$

und das Ensemble aller Ausgangssignale stellt einen stochastischen Prozeß $\boldsymbol{y}[n]$ dar. Für den Mittelwert des Ausgangsprozesses gilt dann

$$m_y[n] = E[\boldsymbol{y}[n]] = \sum_{\mu=0}^{\infty} h[\mu] E[\boldsymbol{x}[n-\mu]] \tag{1.165}$$

und für die Kreuzkorrelationsfunktion zwischen Eingangsprozeß und Ausgangsprozeß

$$\begin{aligned} r_{xy}[n_1, n_2] &= E[\boldsymbol{x}[n_1]\boldsymbol{y}[n_2]] = E\left[\sum_{\mu=0}^{\infty} h[\mu]\boldsymbol{x}[n_1]\boldsymbol{x}[n_2-\mu]\right] \\ &= \sum_{\mu=0}^{\infty} h[\mu] r_{xx}[n_1, n_2-\mu] \ . \end{aligned} \tag{1.166}$$

Weiterhin erhält man

$$\begin{aligned} r_{yy}[n_1, n_2] &= E[\boldsymbol{y}[n_1]\boldsymbol{y}[n_2]] = E\left[\sum_{\mu=0}^{\infty} h[\mu]\boldsymbol{x}[n_1-\mu]\boldsymbol{y}[n_2]\right] \\ &= \sum_{\mu=0}^{\infty} h[\mu] r_{xy}[n_1-\mu, n_2] \end{aligned} \tag{1.167}$$

oder

$$r_{yy}[n_1, n_2] = \sum_{\alpha=0}^{\infty} \sum_{\mu=0}^{\infty} h[\alpha] h[\mu] r_{xx}[n_1-\alpha, n_2-\mu] \ . \tag{1.168}$$

Ist der Prozeß $\boldsymbol{x}[n]$ stationär, so reduzieren sich mit $\nu := n_2 - n_1$ die Gln. (1.165) bis (1.168) auf

$$m_y = m_x \sum_{\mu=0}^{\infty} h[\mu] \ , \tag{1.169}$$

$$r_{xy}[\nu] = \sum_{\mu=0}^{\infty} h[\mu] r_{xx}[\nu-\mu] \tag{1.170}$$

$$r_{yy}[\nu] = \sum_{\mu=0}^{\infty} h[\mu] r_{xy}[\nu+\mu] \tag{1.171}$$

oder

$$r_{yy}[\nu] = \sum_{\alpha=0}^{\infty} \sum_{\mu=0}^{\infty} h[\alpha] h[\mu] r_{xx}[\nu+\alpha-\mu] \ . \tag{1.172}$$

Wie man sieht, sind Eingangsprozeß und Ausgangsprozeß gemeinsam stationär.

Man beachte, daß die Gln. (1.165) bis (1.168) für Eingangsprozesse abgeleitet wurden, die im allgemeinen nicht stationär sind. In entsprechender Weise lassen sich die Gln. (1.144) bis (1.147) verallgemeinern. Dies sei dem Leser als Übung empfohlen.

Beispiel 1.27: Die stationäre Lösung der Differenzengleichung

$$\boldsymbol{y}[n] - a\,\boldsymbol{y}[n-1] = \boldsymbol{x}[n] \qquad (|a| < 1)$$

kann als Ausgangsprozeß $\boldsymbol{y}[n]$ des linearen, zeitinvarianten diskontinuierlichen Systems mit der Impulsantwort

$$h[n] = s[n]a^n$$

bei Erregung mit dem Prozeß $\boldsymbol{x}[n]$ vom Zeitpunkt $n = -\infty$ an aufgefaßt werden. Es sei $\boldsymbol{x}[n]$ der spezielle stationäre stochastische Prozeß mit $r_{xx}[n] = \delta[n]$ (weißes Rauschen). Nach Gl. (1.172) erhält man für die Autokorrelierte des Ausgangsprozesses

$$r_{yy}[\nu] = \sum_{\alpha=0}^{\infty} \sum_{\mu=0}^{\infty} a^{\alpha+\mu} \delta[\nu+\alpha-\mu] \ .$$

Für $\nu \geqq 0$ läßt sich diese Doppelsumme aufgrund von

$$r_{yy}[\nu] = \sum_{\alpha=0}^{\infty} a^{\alpha} \sum_{\mu=0}^{\infty} a^{\mu} \delta[\nu + \alpha - \mu] = \sum_{\alpha=0}^{\infty} a^{\nu} a^{2\alpha} = \frac{a^{\nu}}{1-a^2}$$

auswerten. Für $\nu < 0$ erfolgt die Auswertung gemäß

$$r_{yy}[\nu] = \sum_{\mu=0}^{\infty} a^{\mu} \sum_{\alpha=0}^{\infty} a^{\alpha} \delta[\nu + \alpha - \mu] = \sum_{\mu=0}^{\infty} a^{-\nu} a^{2\mu} = \frac{a^{-\nu}}{1-a^2} .$$

Zusammenfassend lautet das Ergebnis

$$r_{yy}[\nu] = \frac{a^{|\nu|}}{1-a^2} .$$

Wie man sieht, ist $r_{yy}[\nu]$ tatsächlich eine gerade Funktion.

II Systemcharakterisierung durch dynamische Gleichungen, Methode des Zustandsraums

1 Vorbemerkungen

Bei den bisherigen Betrachtungen wurde der Begriff des Systems im Sinne einer direkten Zuordnung der Eingangsgrößen zu den Ausgangsgrößen verwendet. Im folgenden soll dieser Begriff insoweit modifiziert werden, als nunmehr neben den Eingangs- und Ausgangsgrößen noch "innere" Signale, die sogenannten *Zustandsgrößen*, eingeführt werden. Die in diesem Sinne modifizierte Betrachtungsweise erfährt allerdings die Einschränkung, daß jetzt nur Systeme mit konzentrierten Parametern zugelassen werden, bei denen der Zusammenhang zwischen Erregung und Reaktion durch *gewöhnliche* Differentialgleichungen bzw. Differenzengleichungen beschrieben werden kann. Beispiele von Systemen dieser Art sind elektrische Netzwerke mit ohmschen Widerständen, Induktivitäten und Kapazitäten. Kontinuierliche Systeme mit verteilten Parametern werden durch *partielle* Differentialgleichungen beschrieben und sollen von den folgenden Betrachtungen ausgeschlossen sein.

Im Rahmen der neuen Beschreibung wird das System im wesentlichen durch eine Vektor-Differentialgleichung erster Ordnung im kontinuierlichen Fall bzw. durch eine Vektor-Differenzengleichung erster Ordnung im diskontinuierlichen Fall dargestellt. Diese Methode hat gegenüber der bisherigen Art der Systemdarstellung eine Reihe beachtlicher Vorteile. Als erster Vorteil sei die konzentrierte Form der Schreibweise unter Verwendung von Matrizen genannt. Es sei weiterhin erwähnt, daß sich jetzt dynamische Probleme unter der Berücksichtigung beliebiger Anfangswerte bequem und anschaulich behandeln lassen. Es wird ferner möglich, Fälle von Systeminstabilitäten zu erkennen, welche nicht feststellbar sind, wenn nur die direkte Zuordnung zwischen Eingangs- und Ausgangssignalen untersucht wird. Die neue Betrachtungsweise ist der Theorie der Differential- bzw. Differenzengleichungen angepaßt, so daß entsprechende Methoden anwendbar werden. Erwähnenswert scheint auch zu sein, daß diese Methode die Behandlung zahlreicher theoretischer Probleme beispielsweise der Netzwerktheorie und der Regelungstechnik erleichtert. Schließlich sei darauf hingewiesen, daß sich die neue Betrachtungsweise vorzüglich zur Computersimulation von Systemen eignet und Vorteile bei der numerischen Auswertung bietet.

Am Beispiel elektrischer Netzwerke soll im nächsten Abschnitt die Methode für kontinuierliche Systeme eingeführt und erläutert werden.

2 Beschreibung elektrischer Netzwerke im Zustandsraum

Es soll ein aus konzentrierten, linearen, zeitinvarianten ohmschen Widerständen, Kapazitäten und Induktivitäten bestehendes elektrisches Netzwerk betrachtet werden. Die das Netzwerk erregenden Größen (Spannungen, Ströme), welche als voneinander unabhängig wählbar vorausgesetzt werden, seien mit $x_1(t), x_2(t), \ldots, x_m(t)$ bezeichnet und in gewohnter Weise zum Vektor $\boldsymbol{x}(t)$ der Eingangsgrößen zusammengefaßt. Die im Netzwerk auftretenden elektrischen Spannungen und Ströme lassen sich dadurch bestimmen, daß man ein System von Differentialgleichungen in geeigneter Weise aufstellt und dieses unter Berücksichtigung der Anfangsbedingungen löst. Bei der Aufstellung dieses Differentialgleichungssystems verwendet man häufig die Methode der Maschenströme [Bo3, Ca1, Un4].

Im folgenden soll gezeigt werden, wie ein die Spannungen und Ströme des Netzwerks bestimmendes System von Differentialgleichungen ermittelt werden kann, das gewissermaßen eine Normalform für die dynamische Beschreibung eines Netzwerks darstellt. Als Netzwerkvariablen werden außer den Erregungen solche Größen eingeführt, welche die Energie voneinander unabhängiger Energiespeicher kennzeichnen. Sie werden als *Zustandsvariablen* bezeichnet. Es seien dies die Induktivitätsströme $i_\mu (\mu = 1, 2, \ldots, l)$ und die Kapazitätsspannungen $u_\mu (\mu = l+1, l+2, \ldots, l+c)$. Dabei bleiben diejenigen Induktivitäten, deren Ströme durch Linearkombination der schon als Zustandsvariablen gewählten Induktivitätsströme gegeben sind, ebenso außer acht wie alle Kapazitäten, deren Spannungen durch Linearkombination der schon als Zustandsvariablen gewählten Kapazitätsspannungen bestimmt sind.[1)]

Zur Vereinfachung soll zunächst vorausgesetzt werden, daß das Netzwerk nur voneinander linear unabhängige Energiespeicher besitzt und keine linearen Abhängigkeiten zwischen den Erregungen und den Zustandsgrößen vorhanden sind. Denkt man sich nun alle Kapazitäten durch Spannungsquellen und alle Induktivitäten durch Stromquellen ersetzt, so daß diese Quellen die durch die Zustandsvariablen bestimmten Spannungen bzw. Ströme erzeugen, dann kann im Rahmen einer Gleichstromrechnung jeder Strom und jede Spannung innerhalb des Netzwerks als Linearkombination der Eingangsgrößen $x_\mu(t)$ $(\mu = 1, 2, \ldots, m)$, der Ströme $i_\mu (\mu = 1, 2, \ldots, l)$ und der Spannungen $u_\mu (\mu = l+1, l+2, \ldots, l+c)$ dargestellt werden. Eine derartige Darstellung ist insbesondere für die Induktivitätsspannungen $L_\mu \mathrm{d}i_\mu/\mathrm{d}t$ $(\mu = 1, 2, \ldots, l)$ und für die Kapazitätsströme $C_\mu \mathrm{d}u_\mu/\mathrm{d}t$ $(\mu = l+1, \ldots, l+c)$ möglich. Deshalb lassen sich folgende Beziehungen aufstellen:

$$L_\mu \frac{\mathrm{d}i_\mu}{\mathrm{d}t} = \sum_{\nu=1}^{l} \rho_{\mu\nu} i_\nu + \sum_{\nu=l+1}^{l+c} \alpha_{\mu\nu} u_\nu + \sum_{\nu=1}^{m} \varepsilon_{\mu\nu} x_\nu \quad (\mu = 1, 2, \ldots, l), \tag{2.1}$$

$$C_\mu \frac{\mathrm{d}u_\mu}{\mathrm{d}t} = \sum_{\nu=1}^{l} \beta_{\mu\nu} i_\nu + \sum_{\nu=l+1}^{l+c} \gamma_{\mu\nu} u_\nu + \sum_{\nu=1}^{m} \delta_{\mu\nu} x_\nu \tag{2.2}$$

$$(\mu = l+1, l+2, \ldots, l+c).$$

Die Konstanten $\alpha_{\mu\nu}, \beta_{\mu\nu}, \gamma_{\mu\nu}, \delta_{\mu\nu}, \varepsilon_{\mu\nu}, \rho_{\mu\nu}$ können in elementarer Weise bestimmt werden. Man erhält beispielsweise die Konstante $\alpha_{\mu\nu}$ als Quotienten der μ-ten Induktivitätsspannung zur ν-ten Kapazitätsspannung, wenn alle anderen Kapazitätsspannungen sowie sämtliche Induktivitätsströme und Eingangsgrößen für irgendeinen Zeitpunkt gleich Null

---

1) Man kann in systematischer Weise voneinander unabhängige Induktivitäten und Kapazitäten ermitteln, deren Ströme bzw. Spannungen als Zustandsvariablen in dem Sinn verwendbar sind, daß durch Linearkombination dieser Variablen und der Eingangsgrößen alle Netzwerk-Ströme und -Spannungen bestimmt werden können [De5]. Man zerlegt zu diesem Zweck das Netzwerk in einen "vollständigen Baum" und in ein "Baumkomplement". Der Baum soll möglichst viele Kapazitäten, das Baumkomplement möglichst viele Induktivitäten enthalten. Dies ist gewährleistet, wenn zunächst die Spannungsquellen, dann möglichst viele Kapazitäten, schließlich möglichst viele ohmsche Widerstände und zuletzt die noch erforderliche Zahl von Induktivitäten zur Bildung des Baums verwendet werden; Stromquellen dürfen im Baum nicht enthalten sein. Bei elektrischen Netzwerken mit Übertragern oder aktiven Netzwerkelementen gibt es entsprechend modifizierte Verfahren [De5].

gesetzt werden. Die Konstante $\delta_{\mu\nu}$ ergibt sich als Quotient des μ-ten Kapazitätsstromes zur ν-ten Eingangsgröße, wenn alle anderen Eingangsgrößen sowie sämtliche Kapazitätsspannungen und Induktivitätsströme für irgendeinen Zeitpunkt gleich Null gesetzt werden. In entsprechender Weise erhält man die übrigen Konstanten.

Die Zustandsvariablen i_μ und u_μ werden jetzt einheitlich bezeichnet:

$$z_\mu := \begin{cases} i_\mu & \text{für} \quad \mu = 1, 2, \ldots, l \\ u_\mu & \text{für} \quad \mu = l+1, \ldots, l+c\,. \end{cases}$$

Dann lassen sich die Gln. (2.1) und (2.2) in der Form

$$\frac{\mathrm{d}z_\mu}{\mathrm{d}t} = \sum_{\nu=1}^{q} A_{\mu\nu} z_\nu + \sum_{\nu=1}^{m} B_{\mu\nu} x_\nu \qquad (\mu = 1, 2, \ldots, q = l + c) \tag{2.3}$$

darstellen. Hierbei gilt für $\mu = 1, 2, \ldots, l$

$$A_{\mu\nu} := \begin{cases} \rho_{\mu\nu}/L_\mu & (\nu = 1, 2, \ldots, l)\,, \\ \alpha_{\mu\nu}/L_\mu & (\nu = l+1, \ldots, q)\,, \end{cases}$$

$$B_{\mu\nu} := \varepsilon_{\mu\nu}/L_\mu \qquad (\nu = 1, 2, \ldots, m)\,,$$

für $\mu = l+1, \ldots, q$

$$A_{\mu\nu} := \begin{cases} \beta_{\mu\nu}/C_\mu & (\nu = 1, 2, \ldots, l)\,, \\ \gamma_{\mu\nu}/C_\mu & (\nu = l+1, \ldots, q)\,, \end{cases}$$

$$B_{\mu\nu} := \delta_{\mu\nu}/C_\mu \qquad (\nu = 1, 2, \ldots, m)\,.$$

Schließlich erhält man aus Gl. (2.3) bei Einführung des Zustandsvektors

$$\boldsymbol{z}(t) := [z_1\ z_2 \cdots z_q]^{\mathrm{T}} \tag{2.4}$$

und der Matrizen

$$\boldsymbol{A} := \begin{bmatrix} A_{11} & A_{12} & \cdots & A_{1q} \\ A_{21} & A_{22} & \cdots & A_{2q} \\ \vdots & & & \\ A_{q1} & A_{q2} & \cdots & A_{qq} \end{bmatrix}, \quad \boldsymbol{B} := \begin{bmatrix} B_{11} & B_{12} & \cdots & B_{1m} \\ B_{21} & B_{22} & \cdots & B_{2m} \\ \vdots & & & \\ B_{q1} & B_{q2} & \cdots & B_{qm} \end{bmatrix} \tag{2.5a,b}$$

die Darstellung

$$\frac{\mathrm{d}\boldsymbol{z}}{\mathrm{d}t} = \boldsymbol{A}\boldsymbol{z} + \boldsymbol{B}\boldsymbol{x}\,. \tag{2.6}$$

Als Systemausgangsgrößen seien bestimmte Ströme bzw. Spannungen betrachtet, die im Netzwerk vorkommen. Sie sollen mit $y_1(t), y_2(t), \ldots, y_r(t)$ bezeichnet und zum Vektor $\boldsymbol{y}(t)$ zusammengefaßt werden. Diese Ausgangsgrößen lassen sich durch Linearkombinationen der $z_\nu(t)$ und $x_\nu(t)$ darstellen:

$$y_\rho(t) = \sum_{\nu=1}^{q} C_{\rho\nu} z_\nu(t) + \sum_{\nu=1}^{m} D_{\rho\nu} x_\nu(t), \quad (\rho = 1,2,\ldots,r). \tag{2.7}$$

Die in dieser Darstellung auftretenden Koeffizienten werden ähnlich wie die Elemente der Matrizen $\boldsymbol{A}$ und $\boldsymbol{B}$ bestimmt.

Faßt man die Koeffizienten $C_{\rho\nu}$ zur Matrix $\boldsymbol{C}$ mit r Zeilen und q Spalten zusammen und bildet man in entsprechender Weise aus den $D_{\rho\nu}$ die Matrix $\boldsymbol{D}$ mit r Zeilen und m Spalten, dann können die Gln. (2.7) in der Form

$$\boldsymbol{y} = \boldsymbol{C}\boldsymbol{z} + \boldsymbol{D}\boldsymbol{x} \tag{2.8}$$

geschrieben werden. Die beiden Matrizengleichungen (2.6) und (2.8) erlauben nun, das elektrische Netzwerk vollständig zu beschreiben. Wie man sieht, ist bei Kenntnis des Vektors $\boldsymbol{z}(t)$ für $t = t_0$ das Ausgangssignal $\boldsymbol{y}(t)$ in eindeutiger Weise aus dem als zulässig vorausgesetzten Eingangssignal $\boldsymbol{x}(t)$ für $t \geqq t_0$ bestimmt. Aus diesem Grund sagt man, daß der Vektor $\boldsymbol{z}(t)$ in jedem Zeitpunkt t den *Zustand* des Systems bestimmt. Die Gln. (2.6) und (2.8) bilden in diesem Sinne eine *Systembeschreibung im Zustandsraum*.

Treten im Netzwerk linear abhängige Energiespeicher auf, dann liefert die obige Gleichstrombetrachtung zunächst nur an allen ohmschen Widerständen Ströme und Spannungen, während die Ströme und Spannungen für die abhängigen Energiespeicher aufgrund der linearen Verknüpfung mit den Zustandsgrößen und den Strom-Spannungs-Beziehungen für die Netzwerkelemente angegeben werden können. Dies hat zur Folge, daß auf den rechten Seiten der Gln. (2.1) und (2.2) auch noch Terme mit der ersten Ableitung von Zustandsvariablen auftreten. Zur Gewinnung der Normalform gemäß den Gln. (2.6) und (2.8) müssen die erweiterten Gln. (2.1) und (2.2) nach den Ableitungen der Zustandsvariablen aufgelöst werden.

Falls sich die Elemente des Netzwerks mit der Zeit ändern, lassen sich nach wie vor Beziehungen der Form von Gln. (2.6) und (2.8) aufstellen. Es empfiehlt sich in diesem Fall, als Zustandsvariablen statt der Spannungen die Ladungen der Kapazitäten und statt der Ströme die magnetischen Flüsse der Induktivitäten zu verwenden. Die Matrizen $\boldsymbol{A}, \boldsymbol{B}, \boldsymbol{C}$ und $\boldsymbol{D}$ sind dann im allgemeinen von der Zeit abhängig.

Beispiel 2.1: Bild 2.1 zeigt ein einfaches elektrisches Netzwerk. Die Spannung $x(t)$ sei die Eingangsgröße, der Strom durch den ohmschen Widerstand R_1 stelle die Ausgangsgröße $y(t)$ dar. Der Strom z_1 durch die Induktivität L und die Spannung z_2 an der Kapazität C sind als Zustandsvariablen des Systems zu wählen. Nach Gl. (2.6) wird

$$\frac{dz_1}{dt} = A_{11} z_1 + A_{12} z_2 + B_{11} x, \quad \frac{dz_2}{dt} = A_{21} z_1 + A_{22} z_2 + B_{21} x.$$

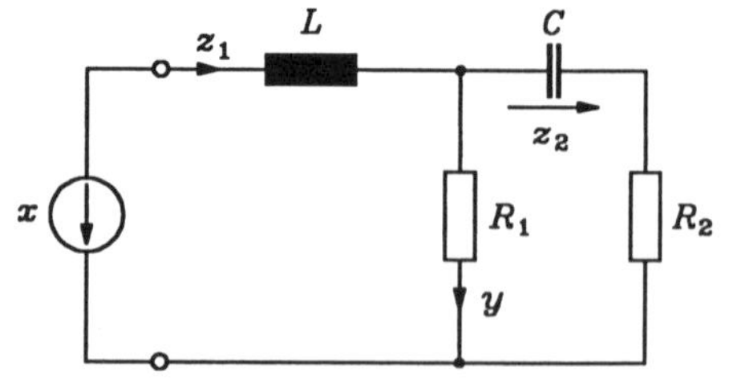

Bild 2.1: Einfaches elektrisches Netzwerk zur Erläuterung der Methode des Zustandsraums

Zur Bestimmung von A_{11} betrachtet man den Fall, daß $z_2 = x = 0$ ist. Aus dem Netzwerk folgt direkt, daß dann

$$L\,\frac{\mathrm{d}z_1}{\mathrm{d}t} = -\,\frac{R_1 R_2}{R_1 + R_2}\,z_1\,, \quad \text{also} \quad A_{11} = -\,\frac{R_1 R_2}{L\,(R_1 + R_2)}$$

gilt. Wird $z_1 = x = 0$ gewählt, so erhält man[1)]

$$L\,\frac{\mathrm{d}z_1}{\mathrm{d}t} = -\,\frac{R_1}{R_1 + R_2}\,z_2\,, \quad \text{also} \quad A_{12} = -\,\frac{R_1}{L\,(R_1 + R_2)}\,.$$

Weiterhin ergibt sich

$$L\frac{\mathrm{d}z_1}{\mathrm{d}t} = x \quad \text{für} \quad z_1 = z_2 = 0\,, \quad \text{also} \quad B_{11} = \frac{1}{L}\,.$$

Für $z_2 = x = 0$ erhält man

$$C\,\frac{\mathrm{d}z_2}{\mathrm{d}t} = \frac{R_1}{R_1 + R_2}\,z_1\,, \quad \text{d. h.} \quad A_{21} = \frac{R_1}{C\,(R_1 + R_2)}\,.$$

Schließlich wird

$$A_{22} = -\,\frac{1}{C\,(R_1 + R_2)}\,, \quad B_{21} = 0\,.$$

Damit lautet die Gl. (2.6) für das Beispiel

$$\frac{\mathrm{d}\boldsymbol{z}}{\mathrm{d}t} = \begin{bmatrix} \dfrac{-R_1 R_2}{L\,(R_1 + R_2)} & \dfrac{-R_1}{L\,(R_1 + R_2)} \\[2ex] \dfrac{R_1}{C\,(R_1 + R_2)} & \dfrac{-1}{C\,(R_1 + R_2)} \end{bmatrix} \boldsymbol{z} + \begin{bmatrix} \dfrac{1}{L} \\ 0 \end{bmatrix} x\,. \tag{2.9a}$$

Das Ausgangssignal hat nach Gl. (2.8) die Form

$$y = C_{11} z_1 + C_{12} z_2 + D_{11}\,x\,.$$

Für $z_2 = x = 0$ wird

$$y = \frac{R_2}{R_1 + R_2}\,z_1\,, \quad \text{also} \quad C_{11} = \frac{R_2}{R_1 + R_2}\,.$$

Entsprechend erhält man

$$C_{12} = \frac{1}{R_1 + R_2}\,, \quad D_{11} = 0\,.$$

Damit lautet für das Beispiel die Gl. (2.8)

$$y = \begin{bmatrix} \dfrac{R_2}{R_1 + R_2} & \dfrac{1}{R_1 + R_2} \end{bmatrix} \boldsymbol{z}\,. \tag{2.9b}$$

Im folgenden soll noch gezeigt werden, wie die Zustandsgleichungen für ein RLC-Netzwerk nach einem einfachen topologischen Verfahren systematisch aufgestellt werden können. Dazu benötigt man einige Grundbegriffe der Netzwerktopologie, die zunächst mitgeteilt werden. Unter einem (vollständigen) *Baum* eines Netzwerks versteht man einen Teil des Netzwerks, der alle vorhandenen Knoten miteinander verbindet, ohne daß ein geschlossener Weg, eine sogenannte Masche, vorhanden ist. Den restlichen Teil des Netzwerks bezeichnet

---

1) Man beachte, daß aus $z_1(t) = 0$ für irgendeinen Zeitpunkt $t = t_1$ nicht notwendig $\mathrm{d}z_1/\mathrm{d}t = 0$ für $t = t_1$ folgt.

man als *Baumkomplement*. Jede Menge von Zweigen des Netzwerks, durch deren Entfernung das Netzwerk in zwei Teile zerfällt (dabei zählt ein einzelner Knoten als Teil), heißt *Schnittmenge* (oder Trennmenge). Unter einem *Normalbaum* wird ein Baum verstanden, der alle Spannungsquellen, keine Stromquellen, möglichst viele Kapazitäten und möglichst wenige Induktivitäten enthält. Das entsprechende Baumkomplement heißt *Normalbaumkomplement*. Aus jedem Zweig eines Baums kann durch alleinige Hinzufügung von Zweigen des entsprechenden Baumkomplements genau eine Schnittmenge gebildet werden, die *fundamental* genannt wird. Aus jedem Zweig eines Baumkomplements kann durch alleinige Hinzufügung von Zweigen des entsprechenden Baums genau eine Masche gebildet werden, die *fundamental* genannt wird.

Damit Zustandsgleichungen in der Form der Gln. (2.6) und (2.8) existieren, wird vorausgesetzt, daß keine durch eine Kapazität im Baumkomplement bestimmte Fundamentalmasche eine Spannungsquelle und keine durch eine Induktivität im Baum bestimmte Fundamentalschnittmenge eine Stromquelle enthält. Dies entspricht der Forderung, daß alle Erregungen unabhängig von den Zustandsvariablen wählbar sein sollen. Ist diese Voraussetzung nicht erfüllt, dann tritt in den Zustandsgleichungen auch noch die erste Ableitung des Erregungsvektors auf. Die Aufstellung der Zustandsgleichungen erfolgt nun in folgenden Schritten:

1. Es wird ein Normalbaum gewählt. Die Ströme aller im Normalbaumkomplement auftretenden Induktivitäten seien $i_\mu (\mu = 1,2,\dots,l)$, die Spannungen aller im Normalbaum auftretenden Kapazitäten seien $u_\mu (\mu = l+1,\dots,l+c)$.

2. Es werden die Zustandsvariablen

$$z_\mu = \begin{cases} i_\mu & \text{für} \quad \mu = 1,2,\dots,l \\ u_\mu & \text{für} \quad \mu = l+1,\dots,l+c \end{cases}$$

   eingeführt. Dadurch lassen sich alle Kapazitätsspannungen und Induktivitätsströme durch die Zustandsvariablen $z_\mu (\mu = 1,2,\dots,l+c)$ direkt ausdrücken. Durch die Ableitung der Spannungen an den Kapazitäten im Normalbaumkomplement lassen sich deren Ströme als Linearkombination von ersten Ableitungen der Zustandsgrößen darstellen. Entsprechend gewinnt man die Induktivitätsspannungen im Normalbaum als Linearkombination von ersten Ableitungen der Zustandsgrößen. Im Rahmen einer reinen Gleichstrombetrachtung sind nun die Spannungen an allen ohmschen Widerständen des Normalbaums sowie die Ströme durch sämtliche ohmschen Widerstände des Normalbaumkomplements mit Hilfe der Zustandsvariablen z_μ und der Eingangsgrößen $x_\nu (\nu = 1,2,\dots,m)$ auszudrücken.

3. Jeder Induktivität im Normalbaumkomplement wird ihre fundamentale Masche zugeordnet. Jeder Kapazität im Normalbaum wird ihre fundamentale Schnittmenge zugeordnet. Durch Anwendung der Maschenregel (zweites Kirchhoffsches Gesetz [Un4]) auf sämtliche dieser l Maschen und durch Anwendung der verallgemeinerten Knotenregel (des verallgemeinerten ersten Kirchhoffschen Gesetzes oder der Trennmengenregel [Un4]) auf sämtliche dieser c Schnittmengen entstehen $q = l + c$ Bestimmungsgleichungen für die Ableitungen $\mathrm{d}z_\mu/\mathrm{d}t$. Durch Auflösung dieser Gleichungen erhält man die Zustandsgleichungen in der Form von Gl. (2.6). Die Gl. (2.8) erhält man unter Berücksichtigung der gewonnenen Zustandsgleichungen wie die im Schritt 2 ermittelten Ströme und Spannungen.

Beispiel 2.2: Es soll noch einmal das elektrische Netzwerk von Bild 2.1 betrachtet werden. Als Normalbaum wird derjenige Teil des Netzwerks gewählt, der aus der Spannungsquelle x, der Kapazität C und dem Widerstand R_1 besteht (Bild 2.2). Ersetzt man im Netzwerk von Bild 2.1 die Induktivität durch eine Stromquelle z_1 und die Kapazität durch eine Spannungsquelle z_2 (Bild 2.3), so erhält man durch Gleichstromrechnung unmittelbar

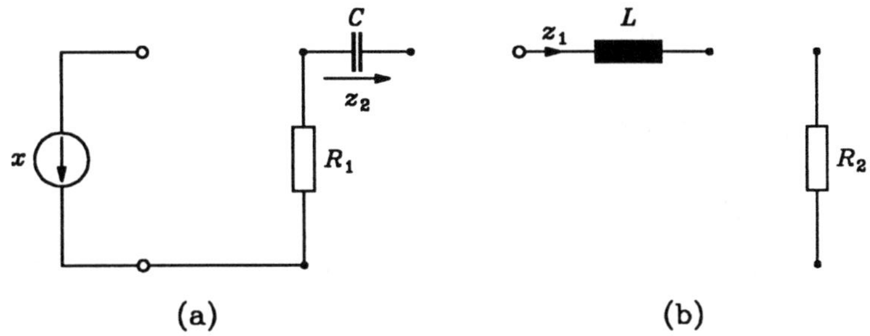

Bild 2.2: Zerlegung des elektrischen Netzwerks von Bild 2.1 in einen Normalbaum (a) und ein zugehöriges Normalbaumkomplement (b)

$$u_1 = \frac{R_1 R_2}{R_1 + R_2} z_1 + \frac{R_1}{R_1 + R_2} z_2 \quad \text{und} \quad i_2 = \frac{R_1}{R_1 + R_2} z_1 - \frac{1}{R_1 + R_2} z_2 . \tag{2.10a,b}$$

Die zur Induktivität L gehörende Fundamentalmasche enthält außer diesem Netzwerkelement den Widerstand R_1 und die Quelle x. Die Maschenregel liefert für die Induktivitätsspannung mit Gl. (2.10a) direkt

$$L \frac{dz_1}{dt} = x - u_1 = x - \left(\frac{R_1 R_2}{R_1 + R_2} z_1 + \frac{R_1}{R_1 + R_2} z_2 \right).$$

Die zur Kapazität C gehörende Fundamentalschnittmenge enthält außer diesem Netzwerkelement nur den Widerstand R_2. Die Knotenregel liefert für den Kapazitätsstrom mit Gl. (2.10b) direkt

$$C \frac{dz_2}{dt} = i_2 = \frac{R_1}{R_1 + R_2} z_1 - \frac{1}{R_1 + R_2} z_2 .$$

Die Größe $y = u_1 / R_1$ kann aus Gl. (2.10a) direkt angegeben werden. Damit sind die bereits früher erhaltenen Ergebnisse bestätigt.

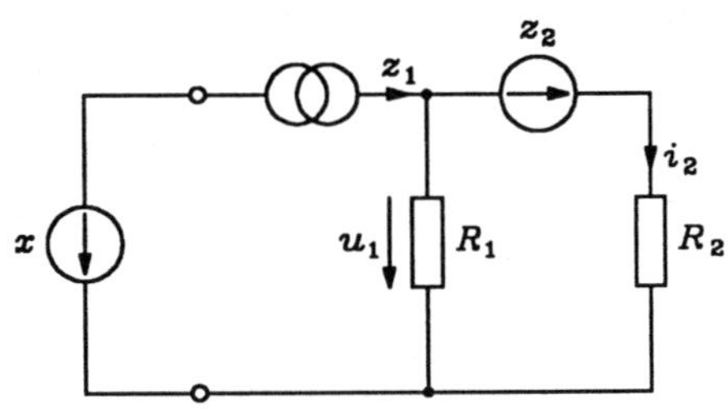

Bild 2.3: Zur Darstellung von u_1 und i_2 als Funktionen von z_1, z_2 und x aufgrund des Überlagerungssatzes

Abschließend sei noch erwähnt, daß die Zustandsgleichungen nach der Wahl der Zustandsvariablen auch mit Hilfe anderer Netzwerkanalyseverfahren (z. B. [Un4]) aufgestellt werden können.

3 Beschreibung kontinuierlicher Systeme im Zustandsraum

Die im Abschnitt 2 behandelte Methode zur Beschreibung elektrischer Netzwerke im Zustandsraum soll jetzt auf allgemeine kontinuierliche Systeme angewendet werden, die aus konzentrierten Elementen aufgebaut sind und mit Hilfe gewöhnlicher Differentialgleichungen dargestellt werden können. Die Beschreibung im Zustandsraum lautet in ihrer Normalform

$$\frac{\mathrm{d}\boldsymbol{z}(t)}{\mathrm{d}t} = \boldsymbol{f}(\boldsymbol{z},\boldsymbol{x},t), \tag{2.11a}$$

$$\boldsymbol{y}(t) = \boldsymbol{g}(\boldsymbol{z},\boldsymbol{x},t). \tag{2.11b}$$

Dabei ist $\boldsymbol{x}(t)$ der Vektor der m Eingangsfunktionen, $\boldsymbol{y}(t)$ ist der Vektor der r Ausgangsfunktionen und $\boldsymbol{z}(t)$ der Zustandsvektor mit q Komponenten. Weiterhin bezeichnen $\boldsymbol{f}$ und $\boldsymbol{g}$ vektorielle Funktionen.[1] Die Komponenten des Zustandsvektors $\boldsymbol{z}(t)$ werden häufig mit jenen Zeitfunktionen identifiziert, welche die Energiespeicher des Systems kennzeichnen. Bei der Beschreibung von Analogrechner-Schaltungen, die aus Addier-, Integrier- und Multipliziergliedern für Konstanten aufgebaut sind, empfiehlt es sich, als Zustandsgrößen die Ausgangssignale der Integrierer zu wählen.

Die Eingangsgröße $\boldsymbol{x}(t)$ bestimmt zusammen mit dem Wert des Zustandsvektors $\boldsymbol{z}(t)$ für den Anfangszeitpunkt $t = t_0$ nach den Grundgleichungen (2.11a, b) den Zustandsvektor $\boldsymbol{z}(t)$ und das Ausgangssignal $\boldsymbol{y}(t)$ für $t \geqq t_0$. In diesem Sinne faßt der Zustandsvektor $\boldsymbol{z}(t)$ zu jedem Zeitpunkt t_0 die Vergangenheit des Systems zusammen, die im wesentlichen durch den Vektor $\boldsymbol{x}(t)$ der Eingangsgrößen für $t \leqq t_0$ bestimmt ist. Diese Zusammenfassung der Vergangenheit erfolgt insoweit, als sie für den künftigen Zustand von Bedeutung ist.

Man kann sich den Zustandsvektor $\boldsymbol{z}(t)$ im q-dimensionalen Euklidischen Raum vorstellen, wobei q die Zahl der Komponenten von $\boldsymbol{z}(t)$ ist. Der Zustandsvektor $\boldsymbol{z}(t)$ beschreibt nun in Abhängigkeit des Zeitparameters t eine Kurve (Trajektorie) im q-dimensionalen Zustandsraum, wobei etwa der Zustand $\boldsymbol{z}(t_0)$ in den Zustand $\boldsymbol{z}(t_1)$ übergeht. Die Kurve, die durch den Zustandsvektor in dem Intervall $t_0 \leqq t \leqq t_1$ beschrieben wird, ist in eindeutiger Weise durch den Anfangszustand $\boldsymbol{z}(t_0)$ und die Eingangsgröße $\boldsymbol{x}(t)$ im Intervall $t_0 \leqq t \leqq t_1$ bestimmt. Die kleinste Zahl von Funktionen $z_\mu(t)$, die zur eindeutigen Kennzeichnung des Systemzustands erforderlich sind, heißt *Ordnung* des Systems. Die Ordnung ist unabhängig von der Wahl der Zustandsgrößen.

Läßt sich das System durch *lineare* Differentialgleichungen beschreiben, so lauten die Grundgleichungen

$$\frac{\mathrm{d}\boldsymbol{z}(t)}{\mathrm{d}t} = \boldsymbol{A}(t)\boldsymbol{z}(t) + \boldsymbol{B}(t)\boldsymbol{x}(t), \tag{2.12}$$

$$\boldsymbol{y}(t) = \boldsymbol{C}(t)\boldsymbol{z}(t) + \boldsymbol{D}(t)\boldsymbol{x}(t). \tag{2.13}$$

Hierbei sind $\boldsymbol{A}(t)$, $\boldsymbol{B}(t)$, $\boldsymbol{C}(t)$ und $\boldsymbol{D}(t)$ Matrizen mit Elementen, die im allgemeinen Funktionen der Zeit sind, und

---

[1] Im folgenden wird angenommen, daß die Funktionen $\boldsymbol{f}$ und $\boldsymbol{g}$ eine eindeutige Lösung der Gln. (2.11a,b) zulassen. Einzelheiten bezüglich der Existenz und Eindeutigkeit von Lösungen der Differentialgleichung (2.11a) findet man z. B. im Buch [Co1].

$$\boldsymbol{x} := \begin{bmatrix} x_1 \\ x_2 \\ \vdots \\ x_m \end{bmatrix}, \quad \boldsymbol{y} := \begin{bmatrix} y_1 \\ y_2 \\ \vdots \\ y_r \end{bmatrix}, \quad \boldsymbol{z} := \begin{bmatrix} z_1 \\ z_2 \\ \vdots \\ z_q \end{bmatrix}.$$

$\boldsymbol{A}(t)$ ist eine q-reihige quadratische Matrix, die Matrix $\boldsymbol{B}(t)$ hat q Zeilen und m Spalten, und die Matrizen $\boldsymbol{C}(t)$ und $\boldsymbol{D}(t)$ weisen jeweils r Zeilen und q bzw. m Spalten auf. Jedes durch die Gln. (2.12) und (2.13) für $t \geqq t_0$ beschriebene System ist, wie aufgrund der im nächsten Abschnitt abzuleitenden Lösung dieser Gleichung zu erkennen ist, im Sinne der Definition aus Abschnitt 1.3 von Kapitel I genau dann für $t \geqq t_0$ linear, wenn der Anfangszustand $\boldsymbol{z}(t_0)$ jeweils gleich Null ist. Trotzdem sollen alle durch die Gln. (2.12) und (2.13) beschreibbaren Systeme bei Zulassung beliebiger Anfangszustände *linear* genannt werden.

Sind die Parameter eines durch die Gln. (2.12) und (2.13) darstellbaren Systems zeitunabhängig, dann sind die Koeffizientenmatrizen konstant, und man schreibt einfach $\boldsymbol{A}$, $\boldsymbol{B}$, $\boldsymbol{C}$ und $\boldsymbol{D}$. Das System heißt dann *zeitinvariant*.

Beispiel 2.3: Eine punktförmige Masse m ist nach Bild 2.4 an einem masselosen Stab der Länge l befestigt. Der Aufhängepunkt des Stabes ist in der Horizontalen reibungsfrei beweglich. Die Position des Aufhängepunktes wird mit dem Ortsvektor $u\boldsymbol{e}_1$, die Position der Masse m mit dem Ortsvektor

$$\boldsymbol{r} := (u + l \sin\varphi)\, \boldsymbol{e}_1 + (l \cos\varphi)\, \boldsymbol{e}_2 \tag{2.14}$$

beschrieben, wobei die Ortsvektoren vom Ursprung 0 ausgehen, $\boldsymbol{e}_1$ und $\boldsymbol{e}_2$ zueinander orthogonale Einheitsvektoren sind und φ den Winkel bedeutet, den der Stab der Länge l mit der Vertikalen einschließt. Die Newtonsche Bewegungsgleichung für das betrachtete System lautet

$$\boldsymbol{F} = m \frac{\mathrm{d}^2 \boldsymbol{r}}{\mathrm{d}\tau^2}. \tag{2.15}$$

Dabei ist $\boldsymbol{F} = mg\boldsymbol{e}_2$ die am Massepunkt angreifende Schwerkraft und τ die Zeit. Durch zweimalige Differentiation der Gl. (2.14) nach der Zeit erhält man

$$\frac{\mathrm{d}^2\boldsymbol{r}}{\mathrm{d}\tau^2} = \left[\frac{\mathrm{d}^2 u}{\mathrm{d}\tau^2} + l\left(\frac{\mathrm{d}^2\varphi}{\mathrm{d}\tau^2}\cos\varphi - \left(\frac{\mathrm{d}\varphi}{\mathrm{d}\tau}\right)^2 \sin\varphi\right)\right]\boldsymbol{e}_1 - l\left[\frac{\mathrm{d}^2\varphi}{\mathrm{d}\tau^2}\sin\varphi + \left(\frac{\mathrm{d}\varphi}{\mathrm{d}\tau}\right)^2\cos\varphi\right]\boldsymbol{e}_2 . \tag{2.16}$$

Führt man Gl. (2.16) und $\boldsymbol{F} = mg\boldsymbol{e}_2$ in Gl. (2.15) ein, dann gelangt man, wenn die resultierende Beziehung in die Komponenten in Richtung von $\boldsymbol{e}_1$ bzw. $\boldsymbol{e}_2$ zerlegt wird, zu den Gleichungen

$$\frac{\mathrm{d}^2 u}{\mathrm{d}\tau^2} + l\left[\frac{\mathrm{d}^2\varphi}{\mathrm{d}\tau^2}\cos\varphi - \left(\frac{\mathrm{d}\varphi}{\mathrm{d}\tau}\right)^2\sin\varphi\right] = 0 \quad \text{und} \quad l\left[\frac{\mathrm{d}^2\varphi}{\mathrm{d}\tau^2}\sin\varphi + \left(\frac{\mathrm{d}\varphi}{\mathrm{d}\tau}\right)^2\cos\varphi\right] = -g .$$

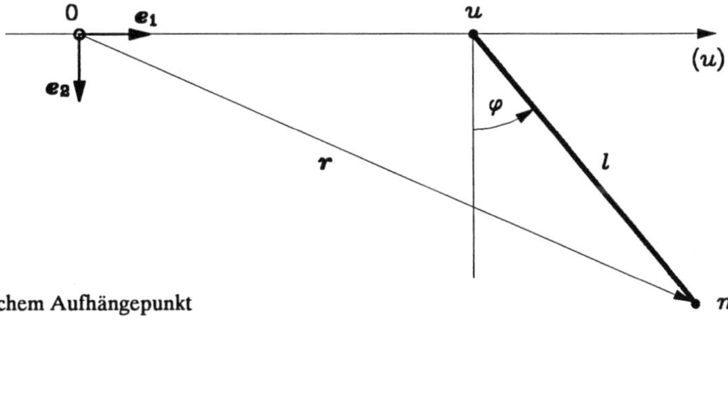

Bild 2.4: Pendel mit beweglichem Aufhängepunkt

Nach Multiplikation der ersten Gleichung mit cos φ und der zweiten Gleichung mit sin φ liefert die Summe der Gleichungen

$$\frac{\mathrm{d}^2 u}{\mathrm{d}\tau^2}\cos\varphi + l\,\frac{\mathrm{d}^2\varphi}{\mathrm{d}\tau^2} = -g\sin\varphi . \tag{2.17}$$

Nun wird gemäß $t = \tau\sqrt{g/l}$ eine Zeitnormierung und gemäß $v = u/l$ eine Ortsnormierung durchgeführt; dadurch kann Gl. (2.17) auf die Form

$$\frac{\mathrm{d}^2 v}{\mathrm{d}t^2}\cos\varphi + \frac{\mathrm{d}^2\varphi}{\mathrm{d}t^2} = -\sin\varphi \tag{2.18}$$

gebracht werden. Als Zustandsgrößen werden $z_1 := \varphi$ und $z_2 := \mathrm{d}\varphi/\mathrm{d}t$, als Eingangsgröße $x = \mathrm{d}^2 v/\mathrm{d}t^2$ und als Ausgangsgröße $y = \varphi$ gewählt. Dadurch entsteht aus Gl. (2.18) die Zustandsdarstellung

$$\frac{\mathrm{d}z_1}{\mathrm{d}t} = z_2\,, \qquad \frac{\mathrm{d}z_2}{\mathrm{d}t} = -\sin z_1 - x\cos z_1 \tag{2.19a,b}$$

und

$$y = z_1\,. \tag{2.20}$$

Sie hat die Form der Gln. (2.11a,b). Für kleine Winkel φ darf sin φ näherungsweise durch φ und cos φ durch 1 ersetzt werden. Führt man diese Approximationen in den Gln. (2.19a,b) ein, so erhält man die linearisierte Zustandsbeschreibung

$$\frac{\mathrm{d}z_1}{\mathrm{d}t} = z_2\,, \qquad \frac{\mathrm{d}z_2}{\mathrm{d}t} = -z_1 - x \tag{2.21a,b}$$

und

$$y = z_1\,, \tag{2.22}$$

d. h. die Grundgleichungen haben die Form der Gln. (2.12) und (2.13) mit

$$\boldsymbol{A} = \begin{bmatrix} 0 & 1 \\ -1 & 0 \end{bmatrix}, \quad \boldsymbol{B} = \begin{bmatrix} 0 \\ -1 \end{bmatrix}, \tag{2.23a,b}$$

$$\boldsymbol{C} = [1 \quad 0], \quad \boldsymbol{D} = 0 . \tag{2.23c,d}$$

Beispiel 2.4: Bild 2.5 zeigt den Längsschnitt eines Flugzeugs, auf das aerodynamische Hubkräfte wirken, die zu einer einzigen Hubkraft $\boldsymbol{F}_L$ zusammengefaßt (vektoriell addiert) wurden. Diese Kraft greift am Hubzentrum M_1 an, das in aller Regel nicht mit dem Massezentrum M_2 zusammenfällt. Die Aussage $d > 0$ (Bild 2.5) bedeutet, daß M_2 vor M_1 liegt. Mit m wird die Masse des Flugzeugs und mit Θ das Trägheitsmoment bezüglich M_2 bezeichnet. Die auftretenden Winkel α und β seien klein, so daß im folgenden lineare Approximationen erlaubt sind und die Vorwärtsgeschwindigkeit des Flugzeugs näherungsweise konstant bleibt.

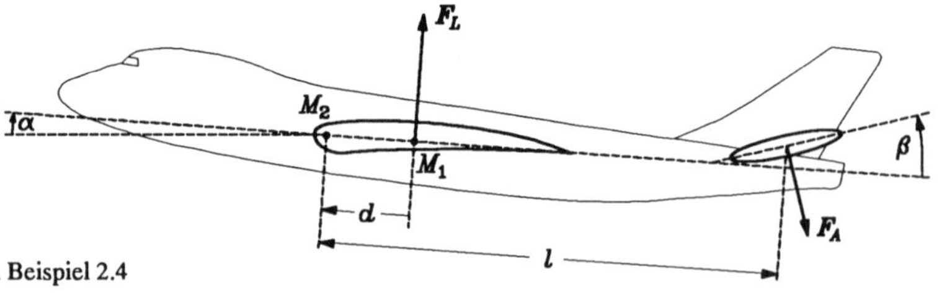

Bild 2.5: Flugzeug von Beispiel 2.4

Das Flugzeug befinde sich zunächst auf der Höhe $h = h_0$. Zur Erzeugung einer Bewegung in vertikaler Richtung wird das Höhenruder um den Winkel β gedreht, wodurch eine am Höhenruder angreifende (betraglich kleine) aerodynamische Kraft $\boldsymbol{F}_A$ entsteht. Diese Kraft verursacht ein Drehmoment bezüglich M_2 und damit eine Drehung des Flugzeugs um M_2, die mit dem Winkel α gemessen wird. Die Hubkraft $\boldsymbol{F}_L$ ist nach oben gerichtet und ihr Betrag $F_L := |\boldsymbol{F}_L|$ proportional zu α, d. h. es gilt $F_L = c_1\alpha$ $(c_1 > 0)$. Auch $F_A := |\boldsymbol{F}_A|$ ist proportional zum Winkel zwischen der Horizontalen und dem Höhenruder, d. h. es gilt $F_A = c_2(\beta - \alpha)$ $(c_2 > 0)$. Die Richtung von $\boldsymbol{F}_A$ weist nach unten. Gewisse aerodynamische Kräfte erzeugen ein Reibungsmoment, das bezüglich der Zählrichtung von α proportional zu $\mathrm{d}\alpha/\mathrm{d}t$, also von der Form $-c_3\,\mathrm{d}\alpha/\mathrm{d}t$ $(c_3 > 0)$ ist. Damit kann man die vertikale Bewegung des Flugzeugs näherungsweise durch die beiden Differentialgleichungen

$$\Theta\frac{\mathrm{d}^2\alpha}{\mathrm{d}t^2} + c_3\frac{\mathrm{d}\alpha}{\mathrm{d}t} + (c_1 d + c_2 l)\,\alpha = c_2 l\,\beta \quad \text{und} \quad m\frac{\mathrm{d}^2 h}{\mathrm{d}t^2} = (c_1 + c_2)\,\alpha - c_2\,\beta \tag{2.24a,b}$$

beschreiben, wobei die erste Gleichung das Momentengleichgewicht und die zweite Gleichung das Kräftegleichgewicht ausdrückt. Wie später noch zu begründen ist, verhält sich das durch Gl. (2.24a) gegebene (offene) System stabil, wenn $c_1 d + c_2 l$ positiv ist; dies ist im Falle $d > 0$ sicher der Fall.

Um eine Zustandsdarstellung zu erhalten, werden die folgenden Größen eingeführt:

$$z_1 := \alpha, \quad z_2 := \frac{\mathrm{d}\alpha}{\mathrm{d}t}, \quad z_3 := h, \quad z_4 := \frac{\mathrm{d}h}{\mathrm{d}t}, \quad x := \beta, \quad y := h$$

$$a_{21} := -\frac{c_1 d + c_2 l}{\Theta}, \quad a_{22} := -\frac{c_3}{\Theta}, \quad a_{41} := \frac{c_1 + c_2}{m}, \tag{2.25a-c}$$

$$b_2 := \frac{c_2 l}{\Theta}, \quad b_4 := -\frac{c_2}{m}. \tag{2.26a,b}$$

Dadurch entsteht mit $\boldsymbol{z} = [z_1\ z_2\ z_3\ z_4]^{\mathrm{T}}$ die Zustandsbeschreibung

$$\frac{\mathrm{d}\boldsymbol{z}}{\mathrm{d}t} = \begin{bmatrix} 0 & 1 & 0 & 0 \\ a_{21} & a_{22} & 0 & 0 \\ 0 & 0 & 0 & 1 \\ a_{41} & 0 & 0 & 0 \end{bmatrix}\boldsymbol{z} + \begin{bmatrix} 0 \\ b_2 \\ 0 \\ b_4 \end{bmatrix}x \tag{2.27a}$$

und

$$y = [0\ \ 0\ \ 1\ \ 0]\,\boldsymbol{z} \tag{2.27b}$$

von der Form der Gln. (2.12) und (2.13).

3.1 UMWANDLUNG VON EINGANG-AUSGANG-BESCHREIBUNGEN IN ZUSTANDSGLEICHUNGEN

Häufig wird ein kontinuierliches System mit einem Eingang und einem Ausgang durch eine lineare Differentialgleichung q-ter Ordnung mit konstanten Koeffizienten beschrieben. Es ergibt sich dann die Aufgabe, eine entsprechende äquivalente Beschreibung im Zustandsraum anzugeben. Dieses Problem soll im folgenden behandelt werden. Die Differentialgleichung q-ter Ordnung laute [1)]

$$\frac{\mathrm{d}^q y}{\mathrm{d}t^q} + \alpha_{q-1}\frac{\mathrm{d}^{q-1}y}{\mathrm{d}t^{q-1}} + \cdots + \alpha_1\frac{\mathrm{d}y}{\mathrm{d}t} + \alpha_0 y = \beta_{q-1}\frac{\mathrm{d}^{q-1}x}{\mathrm{d}t^{q-1}} + \cdots + \beta_1\frac{\mathrm{d}x}{\mathrm{d}t} + \beta_0 x\,. \tag{2.28}$$

Bevor zwei Verfahren zur Lösung der gestellten Aufgabe diskutiert werden, soll eine Vorbemerkung gemacht werden. Bei einem System mit nur einer Eingangsgröße und einer Ausgangsgröße ist die Matrix $\boldsymbol{B}$ ein Spaltenvektor $\boldsymbol{b}$, die Matrix $\boldsymbol{C}$ ein Zeilenvektor $\boldsymbol{c}^{\mathrm{T}}$ und

---

1) Tritt auf der rechten Seite der Differentialgleichung auch der Term $\beta_q\,\mathrm{d}^q x/\mathrm{d}t^q$ auf, dann kann dieser Fall stets durch die Substitution $y - \beta_q x = \tilde{y}$ auf die Form der Gl. (2.28) gebracht werden. Im Anschluß an die Realisierung der transformierten Differentialgleichung erhält man aus $\tilde{y}$ die interessierende Ausgangsgröße y durch Addition von $\beta_q x$, was sich schaltungstechnisch leicht realisieren läßt. Ableitungen der Funktion x von höherer Ordnung als q sind in Gl. (2.28) aufgrund der Forderung der Stabilität ausgeschlossen.

die Matrix $\boldsymbol{D}$ ein Skalar d. Gelingt es, für das durch Gl. (2.28) gegebene System eine Zustandsdarstellung gemäß den Gln. (2.12) und (2.13) mit dem Quadrupel $(\boldsymbol{A}, \boldsymbol{b}, \boldsymbol{c}^{\mathrm{T}}, d)$ von zeitunabhängigen Systemmatrizen anzugeben, so weisen die Zustandsgleichungen mit dem Quadrupel $(\boldsymbol{A}^{\mathrm{T}}, \boldsymbol{c}, \boldsymbol{b}^{\mathrm{T}}, d)$ dasselbe Eingang-Ausgang-Verhalten auf. In diesem Sinne gehört zu jeder Zustandsdarstellung des durch die Gl. (2.28) gegebenen Systems eine duale Darstellung mit derselben Impulsantwort. Diese Tatsache läßt sich später mit Hilfe der Ergebnisse von Abschnitt 3.3.3 einfach beweisen.

Ein erstes Verfahren. Es soll zuerst der einfache Fall

$$\frac{\mathrm{d}^q y}{\mathrm{d}t^q} + \alpha_{q-1} \frac{\mathrm{d}^{q-1} y}{\mathrm{d}t^{q-1}} + \cdots + \alpha_0 y = x \tag{2.29}$$

mit $\beta_0 = 1$ und $\beta_1 = \beta_2 = \cdots = \beta_{q-1} = 0$ betrachtet werden. Setzt man hier $y = z_1$, $\mathrm{d}y/\mathrm{d}t = z_2, \ldots, \mathrm{d}^{q-1} y/\mathrm{d}t^{q-1} = z_q$, dann gilt

$$\frac{\mathrm{d}z_\mu}{\mathrm{d}t} = z_{\mu+1}, \quad \mu = 1, \ldots, q-1, \tag{2.30a}$$

und aus Gl. (2.29) wird

$$\frac{\mathrm{d}z_q}{\mathrm{d}t} = -\alpha_0 z_1 - \alpha_1 z_2 - \cdots - \alpha_{q-1} z_q + x. \tag{2.30b}$$

Der Differentialgleichung (2.29) ist damit die Zustandsdarstellung

$$\frac{\mathrm{d}\boldsymbol{z}}{\mathrm{d}t} = \begin{bmatrix} 0 & 1 & 0 & \cdots & & 0 \\ 0 & 0 & 1 & 0 & \cdots & 0 \\ \vdots & & & & & \\ 0 & 0 & \cdots & & 0 & 1 \\ -\alpha_0 & -\alpha_1 & -\alpha_2 & \cdots & & -\alpha_{q-1} \end{bmatrix} \boldsymbol{z} + \begin{bmatrix} 0 \\ 0 \\ \vdots \\ 0 \\ 1 \end{bmatrix} x, \tag{2.31a}$$

$$y = [\,1 \quad 0 \quad \cdots \quad 0\,]\,\boldsymbol{z} \tag{2.31b}$$

zugeordnet.

Mit $y = z_1$ kann die Gl. (2.29) auch in der Form

$$\frac{\mathrm{d}^q z_1}{\mathrm{d}t^q} + \alpha_{q-1} \frac{\mathrm{d}^{q-1} z_1}{\mathrm{d}t^{q-1}} + \cdots + \alpha_0 z_1 = x$$

geschrieben werden. Hieraus erhält man durch fortgesetzte Differentiation nach t bei Berücksichtigung von Gl. (2.30a) die weiteren Beziehungen

$$\frac{\mathrm{d}^q z_2}{\mathrm{d}t^q} + \alpha_{q-1} \frac{\mathrm{d}^{q-1} z_2}{\mathrm{d}t^{q-1}} + \cdots + \alpha_0 z_2 = \frac{\mathrm{d}x}{\mathrm{d}t},$$

$$\vdots$$

$$\frac{\mathrm{d}^q z_q}{\mathrm{d}t^q} + \alpha_{q-1} \frac{\mathrm{d}^{q-1} z_q}{\mathrm{d}t^{q-1}} + \cdots + \alpha_0 z_q = \frac{\mathrm{d}^{q-1} x}{\mathrm{d}t^{q-1}}.$$

Multipliziert man diese q Gleichungen der Reihe nach mit $\beta_0, \beta_1, \ldots, \beta_{q-1}$, dann liefert die Summe der Ergebnisse gerade die Gl. (2.28), wenn man noch $y = \beta_0 z_1 + \beta_1 z_2 + \cdots$

$+ \beta_{q-1} z_q$ setzt. Damit ist gezeigt, daß der Gl. (2.28) die Zustandsdarstellung mit den Systemmatrizen

$$\boldsymbol{A} = \begin{bmatrix} 0 & 1 & 0 & \cdots & & 0 \\ 0 & 0 & 1 & 0 & \cdots & 0 \\ \vdots & & & & & \\ 0 & 0 & \cdots & & & 1 \\ -\alpha_0 & -\alpha_1 & \cdots & & & -\alpha_{q-1} \end{bmatrix}, \quad \boldsymbol{b} = \begin{bmatrix} 0 \\ 0 \\ \vdots \\ 0 \\ 1 \end{bmatrix}, \tag{2.32a,b}$$

$$\boldsymbol{c}^{\mathrm{T}} = [\, \beta_0 \;\; \beta_1 \;\; \cdots \;\; \beta_{q-1} \,], \quad d = 0 \tag{2.32c,d}$$

zugeordnet werden kann. Man beachte, daß die Parameter dieser Darstellung unmittelbar durch die Koeffizienten der gegebenen Differentialgleichung ausgedrückt sind. Im Bild 2.6 ist das Signalflußdiagramm einer Schaltung angegeben, durch die das System simuliert werden kann. Im Sinne der eingangs gemachten Vorbemerkung gibt es eine zur Schaltung von Bild 2.6 duale Realisierung der Gl. (2.28) mit dem Quadrupel $(\boldsymbol{A}^{\mathrm{T}}, \boldsymbol{c}, \boldsymbol{b}^{\mathrm{T}}, d)$ von Systemmatrizen. Das Signalflußdiagramm dieser Realisierung ist im Bild 2.7 dargestellt.

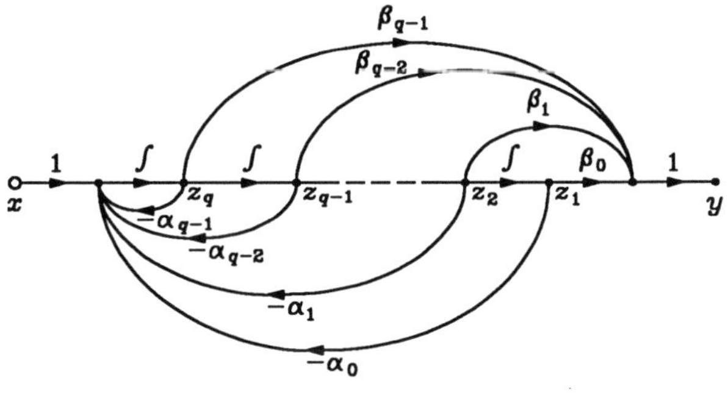

Bild 2.6: Schaltbild zur Simulation eines Systems aufgrund des ersten Verfahrens. Kleine Kreise kennzeichnen Quellen, von denen das jeweils angegebene Signal ausgeht. Knoten bezeichnen Verteilungsstellen, an denen die Summe aller einlaufenden Signale in jeden auslaufenden Pfad abgegeben wird. Ein an einem Pfad angegebenes Integral bzw. eine Konstante bedeutet, daß das betreffende Signal längs des Pfades integriert bzw. mit der Konstante multipliziert wird

Die Systemdarstellung gemäß den Gln. (2.32a-d) wird im Schrifttum gelegentlich *Steuerungsnormalform* genannt. Der Grund hierfür liegt darin, daß ein System in dieser Darstellung stets die Eigenschaft der Steuerbarkeit besitzt, die im Abschnitt 3.4.2 besprochen wird.

Ein zweites Verfahren. Beim Übergang vom einfachen Sonderfall der Gl. (2.29) zum allgemeinen Fall von Gl. (2.28) muß in der oben beschriebenen Zustandsdarstellung nach den Gln. (2.31a,b) lediglich der Vektor $\boldsymbol{c}^{\mathrm{T}} = [1 \;\; 0 \cdots 0]$ durch $\boldsymbol{c}^{\mathrm{T}} = [\, \beta_0 \;\; \beta_1 \;\; \cdots \;\; \beta_{q-1}]$ ersetzt werden. Man kann ausgehend von den Gln. (2.31a,b) auch durch Änderung der Komponenten des Vektors $\boldsymbol{b}$ eine Zustandsbeschreibung für Gl. (2.28) ermitteln. Hierzu setzt man

$$\frac{\mathrm{d}z_\mu}{\mathrm{d}t} = z_{\mu+1} + b_\mu x \,, \quad \mu = 1, \ldots, q-1 \,,$$

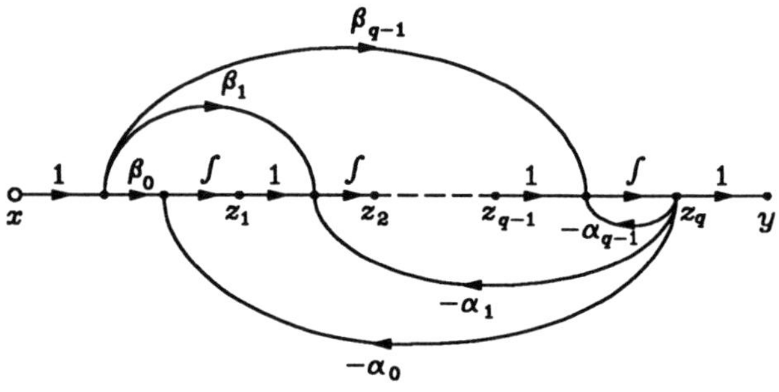

Bild 2.7: Zur Schaltung von Bild 2.6 duale Realisierung der Differentialgleichung (2.28). Beide Schaltungen besitzen die gleiche Impulsantwort wie das durch Gl. (2.28) gegebene System und enthalten neben Addierern und Multiplizierern jeweils q Integratoren

$$\frac{\mathrm{d}z_q}{\mathrm{d}t} = -\alpha_0 z_1 - \alpha_1 z_2 - \cdots - \alpha_{q-1} z_q + b_q x ,$$

dann ergibt sich durch fortgesetzte Differentiation nach der Zeit ausgehend von Gl. (2.31b)

$$\left.\begin{aligned} y &= z_1 , \\ \frac{\mathrm{d}y}{\mathrm{d}t} &= z_2 + b_1 x , \\ \frac{\mathrm{d}^2 y}{\mathrm{d}t^2} &= z_3 + b_2 x + b_1 \frac{\mathrm{d}x}{\mathrm{d}t} , \\ &\vdots \\ \frac{\mathrm{d}^{q-1} y}{\mathrm{d}t^{q-1}} &= z_q + b_{q-1} x + b_{q-2} \frac{\mathrm{d}x}{\mathrm{d}t} + \cdots + b_1 \frac{\mathrm{d}^{q-2} x}{\mathrm{d}t^{q-2}} , \\ \frac{\mathrm{d}^q y}{\mathrm{d}t^q} &= -\alpha_0 z_1 - \alpha_1 z_2 - \cdots - \alpha_{q-1} z_q + b_q x + b_{q-1} \frac{\mathrm{d}x}{\mathrm{d}t} \\ &\quad + \cdots + b_1 \frac{\mathrm{d}^{q-1} x}{\mathrm{d}t^{q-1}} . \end{aligned}\right\} \qquad (2.33)$$

Multipliziert man diese $q + 1$ Beziehungen der Reihe nach mit $\alpha_0, \alpha_1, \ldots, \alpha_{q-1}, 1$, dann liefert die Summe der Ergebnisse gerade die Gl. (2.28), wenn man noch die Forderungen

$$\left.\begin{aligned} b_1 &= \beta_{q-1} , \\ b_2 + \alpha_{q-1} b_1 &= \beta_{q-2} , \\ b_3 + \alpha_{q-1} b_2 + \alpha_{q-2} b_1 &= \beta_{q-3} , \\ &\vdots \\ b_q + \alpha_{q-1} b_{q-1} + \cdots + \alpha_1 b_1 &= \beta_0 \end{aligned}\right\} \qquad (2.34)$$

erfüllt, aus denen die Komponenten b_μ des Vektors $\boldsymbol{b}$ sukzessive bestimmt werden können. In Matrixschreibweise hat diese Forderung die Form

$$\begin{bmatrix} 1 & 0 & \cdots & & 0 \\ \alpha_{q-1} & 1 & 0 & \cdots & 0 \\ \vdots & & & & \\ \alpha_1 & \alpha_2 & \cdots & \alpha_{q-1} & 1 \end{bmatrix} \begin{bmatrix} b_1 \\ b_2 \\ \vdots \\ b_q \end{bmatrix} = \begin{bmatrix} \beta_{q-1} \\ \beta_{q-2} \\ \vdots \\ \beta_0 \end{bmatrix}.$$

Hieraus entsteht der Vektor $\boldsymbol{b}$ durch Linksmultiplikation des Vektors der $\beta_{q-\upsilon}$ mit der inversen Koeffizientenmatrix, deren Existenz gewährleistet ist, da die Determinante der Koeffizientenmatrix gleich Eins ist. Damit ist gezeigt, daß die Differentialgleichung (2.28) stets auch durch Zustandsgleichungen mit den Systemmatrizen

$$\boldsymbol{A} = \begin{bmatrix} 0 & 1 & 0 & \cdots & & 0 \\ 0 & 0 & 1 & 0 & \cdots & 0 \\ \vdots & & & & & \\ 0 & 0 & \cdots & & 0 & 1 \\ -\alpha_0 & -\alpha_1 & \cdots & & & -\alpha_{q-1} \end{bmatrix}, \tag{2.35a}$$

$$\boldsymbol{b} = \begin{bmatrix} 1 & 0 & \cdots & & 0 \\ \alpha_{q-1} & 1 & 0 & \cdots & 0 \\ \vdots & & & & \\ \alpha_1 & \alpha_2 & \cdots & \alpha_{q-1} & 1 \end{bmatrix}^{-1} \begin{bmatrix} \beta_{q-1} \\ \beta_{q-2} \\ \vdots \\ \beta_0 \end{bmatrix}, \tag{2.35b}$$

$$\boldsymbol{c}^{\mathrm{T}} = [\,1 \quad 0 \quad \cdots \quad 0\,]\,, \quad d = 0 \tag{2.35c,d}$$

ersetzt werden kann. Bild 2.8 zeigt die entsprechende Schaltung in Form eines Signalflußdiagramms, und Bild 2.9 gibt die hierzu duale Realisierung mit dem Systemmatrizen-Quadrupel $(\boldsymbol{A}^{\mathrm{T}}, \boldsymbol{c}, \boldsymbol{b}^{\mathrm{T}}, d)$ an.

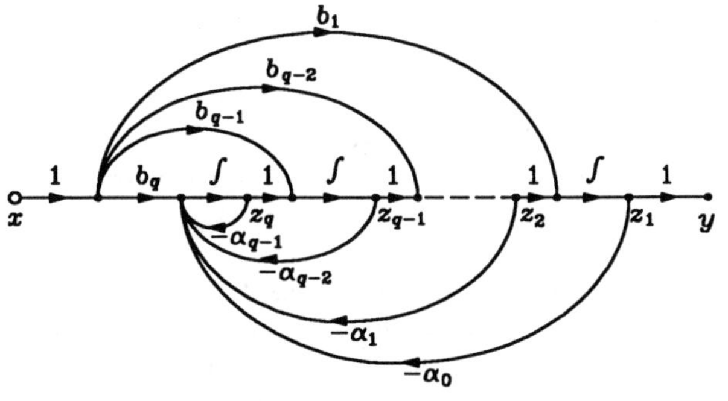

Bild 2.8: Schaltbild zur Simulation eines Systems aufgrund des zweiten Verfahrens

Mit Hilfe der Gln. (2.33) können die Anfangswerte der Zustandsvariablen $z_\mu(t)$ im Zeitpunkt $t = t_0$ leicht aus den Anfangswerten der Funktionen $x(t)$, $y(t)$ und deren Ableitungen gewonnen werden. Im einzelnen gilt

$$z_1(t_0) = y(t_0)\,,$$

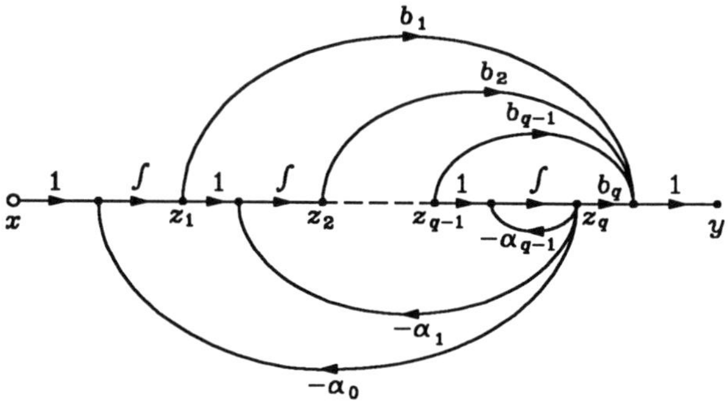

Bild 2.9: Zur Schaltung von Bild 2.8 duale Realisierung der Differentialgleichung (2.28)

$$z_2(t_0) = \left[\frac{\mathrm{d}y}{\mathrm{d}t} - b_1\, x\right]_{t\,=\,t_0} ,$$

$$z_3(t_0) = \left[\frac{\mathrm{d}^2 y}{\mathrm{d}t^2} - b_1\,\frac{\mathrm{d}x}{\mathrm{d}t} - b_2\, x\right]_{t\,=\,t_0} ,$$

$$\vdots$$

$$z_q(t_0) = \left[\frac{\mathrm{d}^{q-1} y}{\mathrm{d}t^{q-1}} - b_1\,\frac{\mathrm{d}^{q-2} x}{\mathrm{d}t^{q-2}} - \cdots - b_{q-1}\, x\right]_{t\,=\,t_0} .$$

Die Systemdarstellung gemäß den Gln. (2.35a-d) wird im Schrifttum auch *Beobachtungsnormalform* genannt. Der Grund hierfür liegt darin, daß ein System in dieser Darstellung stets die Eigenschaft der Beobachtbarkeit besitzt, die im Abschnitt 3.4.3 besprochen wird.

Es sei auch besonders erwähnt, daß die beim zweiten Verfahren beschriebene Methode zur Darstellung eines durch die Gl. (2.28) gegebenen linearen Systems im Zustandsraum entsprechend auch dann angewendet werden kann, wenn das System zeitvariant ist, d. h., wenn die Koeffizienten α_μ und β_μ Funktionen der Zeit sind. Dabei sind diese Funktionen als hinreichend oft differenzierbar vorauszusetzen. Die Komponenten b_μ des Vektors $\boldsymbol{b}$ müssen dann als Funktion von t betrachtet werden, und man erhält für ihre Ermittlung ein den Gln. (2.34) ähnliches System von Gleichungen, das auch Differentialquotienten der Koeffizienten enthält und sukzessive lösbar ist.

Weitere Möglichkeiten zur Beschreibung der Differentialgleichung (2.28) im Zustandsraum lassen sich durch lineare Transformation des Zustandsraums (Abschnitt 3.2), insbesondere aber im Rahmen des Konzepts der Übertragungsfunktion einfach begründen. Hierauf wird im Kapitel V eingegangen.

Beispiel 2.5: Im Beispiel 2.4 wurde eine Zustandsdarstellung für die Höhendynamik eines Flugzeugs entwickelt. Man kann die Gl.(2.24b) nach α auflösen und danach die Ableitungen $\mathrm{d}\alpha/\mathrm{d}t$ und $\mathrm{d}^2\alpha/\mathrm{d}t^2$ bilden. Führt man die so entstehenden Ausdrücke unter Verwendung der Abkürzungen nach den Gln. (2.25a-c) und (2.26a,b) in die Gl. (2.24a) ein, so erhält man mit $y = h$ und $x = \beta$ die Differentialgleichung vierter Ordnung

$$\frac{\mathrm{d}^4 y}{\mathrm{d}t^4} - a_{22}\frac{\mathrm{d}^3 y}{\mathrm{d}t^3} - a_{21}\frac{\mathrm{d}^2 y}{\mathrm{d}t^2} = b_4\frac{\mathrm{d}^2 x}{\mathrm{d}t^2} - a_{22}b_4\frac{\mathrm{d}x}{\mathrm{d}t} + (a_{41}b_2 - a_{21}b_4)x \,, \tag{2.36}$$

die den Zusammenhang zwischen Eingangsgröße und Ausgangsgröße beschreibt. Mit den Zahlenwerten

$$a_{21} = a_{22} = -4\,,\quad a_{41} = 6\,,\quad b_2 = 3\,,\quad b_4 = -1 \tag{2.37}$$

lautet die Differentialgleichung

$$\frac{d^4y}{dt^4} + 4\frac{d^3y}{dt^3} + 4\frac{d^2y}{dt^2} = -\frac{d^2x}{dt^2} - 4\frac{dx}{dt} + 14x\,. \tag{2.38}$$

Nach den Gln. (2.32a-d) folgt hieraus die neue Zustandsdarstellung

$$\frac{d\boldsymbol{z}}{dt} = \begin{bmatrix} 0 & 1 & 0 & 0 \\ 0 & 0 & 1 & 0 \\ 0 & 0 & 0 & 1 \\ 0 & 0 & -4 & -4 \end{bmatrix} \boldsymbol{z} + \begin{bmatrix} 0 \\ 0 \\ 0 \\ 1 \end{bmatrix} x \tag{2.39a}$$

und

$$y = [14 \ \ -4 \ \ -1 \ \ 0]\,\boldsymbol{z}\,. \tag{2.39b}$$

Man beachte die unterschiedliche Bedeutung der hier verwendeten Zustandsvariablen im Vergleich mit den Zustandsgrößen in Beispiel 2.4 trotz gleicher Bezeichnung. Nach Bild 2.6 erhält man unmittelbar die im Bild 2.10 dargestellte Simulation des Systems mit Hilfe von vier Integrierern, fünf Multiplizierern und zwei Addierern.

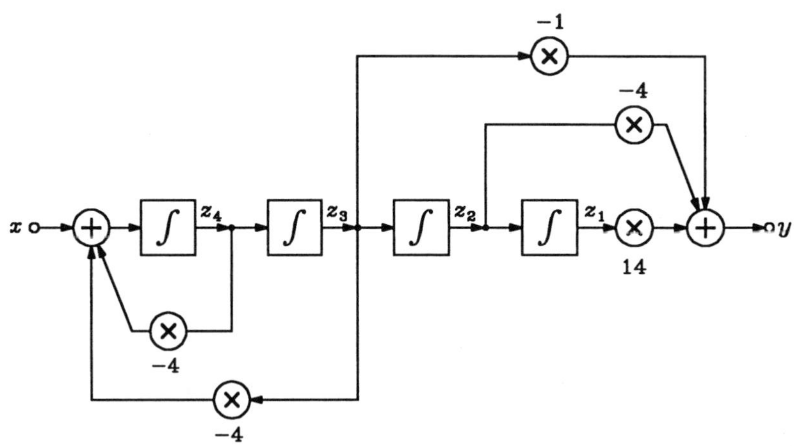

Bild 2.10: Simulation der Höhendynamik eines Flugzeugs

3.2 LINEARE TRANSFORMATION DES ZUSTANDSRAUMS

Die Wahl der Zustandsvariablen $z_\mu(t)$, wie sie beispielsweise bei der Beschreibung elektrischer Netzwerke und für die Darstellung eines durch die Gl. (2.28) gegebenen Systems mit einem Eingang und einem Ausgang getroffen wurde, ist keinesfalls zwingend. Man kann für ein durch die Grundgleichungen (2.12) und (2.13) beschreibbares System mit konstanten Matrizen $\boldsymbol{A}, \boldsymbol{B}, \boldsymbol{C}$ und $\boldsymbol{D}$ neue Zustandsvariablen $\zeta_\nu(t)$ $(\nu = 1, 2, \ldots, q)$ einführen, die mit den früheren Zustandsvariablen $z_\mu(t)$ durch die linearen Beziehungen

$$z_\mu(t) = \sum_{\nu=1}^{q} m_{\mu\nu}\zeta_\nu(t) \quad (\mu = 1, 2, \ldots, q) \tag{2.40}$$

verknüpft sind. Die Zustandsvariablen ζ_ν werden zum Zustandsvektor $\boldsymbol{\zeta}$ und die $m_{\mu\nu}$ zur quadratischen Matrix $\boldsymbol{M}$ zusammengefaßt. Dann läßt sich die Gl. (2.40) in Matrizenform schreiben:

$$\boldsymbol{z} = \boldsymbol{M}\boldsymbol{\zeta} . \tag{2.41}$$

Dabei wird vorausgesetzt, daß die Matrix $\boldsymbol{M}$ nichtsingulär ist, so daß die Transformation nach Gl. (2.41) umgekehrt werden kann:

$$\boldsymbol{\zeta} = \boldsymbol{M}^{-1}\boldsymbol{z} . \tag{2.42}$$

Substituiert man nun die Gl. (2.41) in die Grundgleichungen (2.12) und (2.13) mit konstanten Koeffizientenmatrizen, so ergibt sich

$$\boldsymbol{M}\frac{\mathrm{d}\boldsymbol{\zeta}}{\mathrm{d}t} = \boldsymbol{A}\boldsymbol{M}\boldsymbol{\zeta} + \boldsymbol{B}\boldsymbol{x} ,$$

$$\boldsymbol{y} = \boldsymbol{C}\boldsymbol{M}\boldsymbol{\zeta} + \boldsymbol{D}\boldsymbol{x} .$$

Durch Linksmultiplikation der ersten Gleichung mit $\boldsymbol{M}^{-1}$ erhält man

$$\frac{\mathrm{d}\boldsymbol{\zeta}}{\mathrm{d}t} = \boldsymbol{M}^{-1}\boldsymbol{A}\boldsymbol{M}\boldsymbol{\zeta} + \boldsymbol{M}^{-1}\boldsymbol{B}\boldsymbol{x} .$$

Auf diese Weise entstehen die Grundgleichungen in den neuen Zustandsvariablen:

$$\frac{\mathrm{d}\boldsymbol{\zeta}(t)}{\mathrm{d}t} = \tilde{\boldsymbol{A}}\boldsymbol{\zeta}(t) + \tilde{\boldsymbol{B}}\boldsymbol{x}(t) , \tag{2.43a}$$

$$\boldsymbol{y}(t) = \tilde{\boldsymbol{C}}\boldsymbol{\zeta}(t) + \tilde{\boldsymbol{D}}\boldsymbol{x}(t) . \tag{2.43b}$$

Für die Koeffizientenmatrizen gilt

$$\tilde{\boldsymbol{A}} = \boldsymbol{M}^{-1}\boldsymbol{A}\boldsymbol{M} , \quad \tilde{\boldsymbol{B}} = \boldsymbol{M}^{-1}\boldsymbol{B} , \quad \tilde{\boldsymbol{C}} = \boldsymbol{C}\boldsymbol{M} , \quad \tilde{\boldsymbol{D}} = \boldsymbol{D} . \tag{2.44a-d}$$

Die Zustandsraumdarstellung gemäß den Gln. (2.43a,b) heißt äquivalent zu der nach den Gln. (2.12) und (2.13). Die durch die Gl. (2.41) bzw. (2.42) gegebene und durch die Matrix $\boldsymbol{M}$ charakterisierte Transformation wird Äquivalenztransformation genannt. Die Matrizen $\boldsymbol{A}$ und $\tilde{\boldsymbol{A}}$ sind im Sinne der Matrizenalgebra ähnlich.

Man kann die eingeführte algebraische Äquivalenz auf die folgende Weise interpretieren. Man geht zunächst davon aus, daß die Vektoren im q-dimensionalen Zustandsraum durch ein kartesisches Koordinatensystem mit den orthogonalen q-dimensionalen Basis- oder Einheitsvektoren $\boldsymbol{e}_1, \boldsymbol{e}_2, \ldots, \boldsymbol{e}_q$ dargestellt werden, die zusammengefaßt die Einheitsmatrix

$$\mathbf{E} = [\boldsymbol{e}_1\ \boldsymbol{e}_2 \cdots \boldsymbol{e}_q] \tag{2.45}$$

bilden. Dann gilt, wenn man die Spaltenvektoren der Matrix $\boldsymbol{A}$ mit $\boldsymbol{a}_\nu$ $(\nu = 1, 2, \ldots, q)$ bezeichnet,

$$\boldsymbol{A}\boldsymbol{e}_\nu = \mathbf{E}\boldsymbol{a}_\nu \quad (\nu = 1, 2, \ldots, q) ,$$

d. h. der Vektor $\boldsymbol{a}_\nu$ ist eine *Repräsentation* des Vektors $\boldsymbol{A}\boldsymbol{e}_\nu$ bezüglich der Basis $\{\boldsymbol{e}_1, \ldots, \boldsymbol{e}_q\}$ (man vergleiche auch Anhang C). Bezeichnet man die Spalten von $\tilde{\boldsymbol{A}}$ mit $\tilde{\boldsymbol{a}}_\nu$ $(\nu = 1, 2, \ldots, q)$ und die der Transformationsmatrix $\boldsymbol{M}$ mit $\boldsymbol{m}_\nu$ $(\nu = 1, 2, \ldots, q)$, so folgt aus Gl. (2.44a)

$$\boldsymbol{A}\boldsymbol{M} = \boldsymbol{M}\tilde{\boldsymbol{A}}$$

oder für die ν-te Spalte

$$\boldsymbol{A}\boldsymbol{m}_\nu = \boldsymbol{M}\tilde{\boldsymbol{a}}_\nu \quad (\nu = 1, 2, \ldots, q) ,$$

d. h. $\tilde{\boldsymbol{a}}_\nu$ ist eine Repräsentation des Vektors $\boldsymbol{A}\,\boldsymbol{m}_\nu$ bezüglich der Basis $\{\boldsymbol{m}_1, \ldots, \boldsymbol{m}_q\}$. Insofern kann man die Äquivalenztransformation als einen Wechsel der Basis $\{\boldsymbol{e}_1, \ldots, \boldsymbol{e}_q\}$ gegen die neue Basis $\{\boldsymbol{m}_1, \ldots, \boldsymbol{m}_q\}$ auffassen. Entsprechend kann man die ν-te Spalte von $\tilde{\boldsymbol{B}}$ gemäß Gl. (2.44b) als Repräsentation der ν-ten Spalte von $\boldsymbol{B}$ bezüglich $\{\boldsymbol{m}_1, \ldots, \boldsymbol{m}_q\}$ interpretieren. Die Matrix $\boldsymbol{D}$ bleibt von der Transformation unberührt.

Von den zwei folgenden Beispielen soll das erste zur physikalischen Interpretation der Äquivalenztransformation dienen.

Beispiel 2.6: Bild 2.11 zeigt ein einfaches elektrisches Netzwerk mit einem ohmschen Widerstand R, einer Induktivität L, einer Kapazität C und einer Stromerregung x. Die Kapazitätsspannung wird mit z_1 bzw. ζ_1, der Induktivitätsstrom mit z_2 und die Spannung an der Induktivität mit ζ_2 bezeichnet. Man kann nun das Netzwerk im Zustandsraum entweder mit den Variablen z_1, z_2 oder mit den Variablen ζ_1, ζ_2 (Knotenpotentialen) beschreiben. Entsprechend erhält man die beiden äquivalenten Darstellungen

$$\frac{\mathrm{d}z_1}{\mathrm{d}t} = -\frac{1}{C} z_2 + \frac{1}{C} x ,$$

$$\frac{\mathrm{d}z_2}{\mathrm{d}t} = \frac{1}{L} z_1 - \frac{R}{L} z_2 ,$$

$$y = z_2$$

oder

$$\frac{\mathrm{d}\zeta_1}{\mathrm{d}t} = -\frac{1}{RC} \zeta_1 + \frac{1}{RC} \zeta_2 + \frac{1}{C} x ,$$

$$\frac{\mathrm{d}\zeta_2}{\mathrm{d}t} = -\frac{1}{RC} \zeta_1 + \left(\frac{1}{RC} - \frac{R}{L}\right) \zeta_2 + \frac{1}{C} x ,$$

$$y = \frac{1}{R} \zeta_1 - \frac{1}{R} \zeta_2 .$$

Dem Netzwerk entnimmt man unmittelbar die Beziehungen

$$\zeta_1 = z_1 \quad \text{und} \quad \zeta_2 = z_1 - R\, z_2$$

oder entsprechend Gl. (2.42)

$$\boldsymbol{\zeta} = \begin{bmatrix} 1 & 0 \\ 1 & -R \end{bmatrix} \boldsymbol{z} \quad \text{mit} \quad \boldsymbol{\zeta} = \begin{bmatrix} \zeta_1 \\ \zeta_2 \end{bmatrix}, \quad \boldsymbol{z} = \begin{bmatrix} z_1 \\ z_2 \end{bmatrix}.$$

Hieraus ergibt sich auch entsprechend Gl. (2.41)

$$\boldsymbol{z} = \frac{1}{R} \begin{bmatrix} R & 0 \\ 1 & -1 \end{bmatrix} \boldsymbol{\zeta} .$$

Man kann jetzt die Transformationsgleichungen (2.44a-d) für das vorliegende Beispiel leicht nachvollziehen. Dies sei dem Leser als Übung empfohlen.

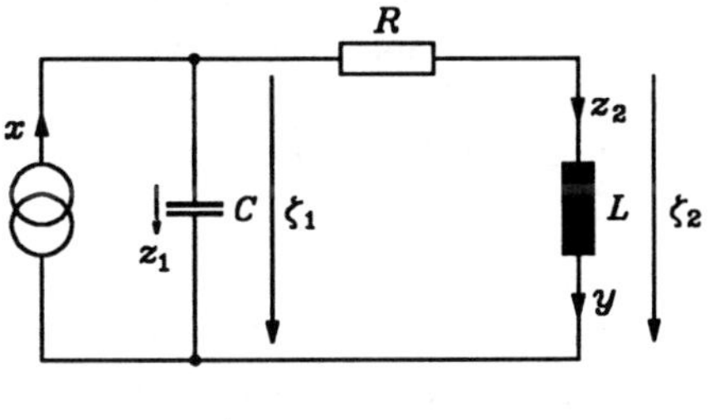

Bild 2.11: Elektrisches Netzwerk zur Erläuterung der Äquivalenztransformation

Beispiel 2.7: Im Beispiel 2.4 wurde eine Zustandsbeschreibung für die Höhendynamik eines Flugzeugs angegeben. Die Systemmatrizen lauten gemäß Gln. (2.27a,b) bei Verwendung der Zahlenwerte nach Gln. (2.37)

$$\boldsymbol{A} = \begin{bmatrix} 0 & 1 & 0 & 0 \\ -4 & -4 & 0 & 0 \\ 0 & 0 & 0 & 1 \\ 6 & 0 & 0 & 0 \end{bmatrix}, \quad \boldsymbol{b} = \begin{bmatrix} 0 \\ 3 \\ 0 \\ -1 \end{bmatrix},$$

$$\boldsymbol{c}^{\mathrm{T}} = [0 \;\; 0 \;\; 1 \;\; 0].$$

Im Beispiel 2.5 wurde eine zweite Zustandsbeschreibung desselben Systems gewonnen mit den Systemmatrizen

$$\tilde{\boldsymbol{A}} = \begin{bmatrix} 0 & 1 & 0 & 0 \\ 0 & 0 & 1 & 0 \\ 0 & 0 & 0 & 1 \\ 0 & 0 & -4 & -4 \end{bmatrix}, \quad \tilde{\boldsymbol{b}} = \begin{bmatrix} 0 \\ 0 \\ 0 \\ 1 \end{bmatrix},$$

$$\tilde{\boldsymbol{c}}^{\mathrm{T}} = [14 \;\; -4 \;\; -1 \;\; 0].$$

Beide Darstellungen lassen sich durch eine Zustandsraumtransformation ineinander überführen, wenn man die Transformationsmatrix

$$\boldsymbol{M} = \begin{bmatrix} 0 & 0 & 3 & 0 \\ 0 & 0 & 0 & 3 \\ 14 & -4 & -1 & 0 \\ 0 & 14 & -4 & -1 \end{bmatrix} \quad \text{mit} \quad \boldsymbol{M}^{-1} = \begin{bmatrix} 5/98 & 1/147 & 1/14 & 1/49 \\ 2/21 & 1/42 & 0 & 1/14 \\ 1/3 & 0 & 0 & 0 \\ 0 & 1/3 & 0 & 0 \end{bmatrix}$$

verwendet. Man kann sich leicht davon überzeugen, daß die Transformationsbeziehungen $\tilde{\boldsymbol{A}} = \boldsymbol{M}^{-1}\boldsymbol{A}\,\boldsymbol{M}$, $\tilde{\boldsymbol{b}} = \boldsymbol{M}^{-1}\boldsymbol{b}$ und $\tilde{\boldsymbol{c}}^{\mathrm{T}} = \boldsymbol{c}^{\mathrm{T}}\boldsymbol{M}$ erfüllt werden. Auf eine systematische Bestimmung der Matrix $\boldsymbol{M}$ wird im Abschnitt 5 eingegangen.

Durch geeignete Wahl der Transformationsmatrix $\boldsymbol{M}$ können besonders ausgezeichnete System-Darstellungen gemäß den Gln. (2.43a,b) gewonnen werden. Hat die Matrix $\boldsymbol{A}$ genau q voneinander verschiedene Eigenwerte, so läßt sich bei Wahl von $\boldsymbol{M}$ als Modalmatrix erreichen, daß die Matrix $\tilde{\boldsymbol{A}}$ eine nur in der Hauptdiagonalen mit von Null verschiedenen Elementen besetzte Matrix (Diagonalmatrix) $\boldsymbol{\Lambda}$ darstellt, deren Hauptdiagonalelemente mit den Eigenwerten p_μ $(\mu = 1, 2, \ldots, q)$ der Matrix $\boldsymbol{A}$ identisch sind. Man sagt dann, daß die Gln. (2.43a,b) Normalform (mit i. a. komplexen Parametern) haben. Die einzelnen Differentialgleichungen für die Zustandsvariablen ζ_μ sind dann entkoppelt, d. h. sie haben die Form

$$\frac{\mathrm{d}\zeta_\mu}{\mathrm{d}t} = p_\mu\, \zeta_\mu + f_\mu\,,$$

wobei f_μ die auf die μ-te Zustandsvariable wirkende Erregung bedeutet. Im Falle, daß die Matrix $\boldsymbol{A}$ mehrfache Eigenwerte aufweist, läßt sich im allgemeinen durch keine Matrix $\boldsymbol{M}$ eine Transformation auf Diagonalform erreichen. Jedoch kann $\boldsymbol{A}$ stets durch eine geeignete Matrix $\boldsymbol{M}$ auf die sogenannte Jordansche Normalform gebracht werden (man vergleiche den Anhang C). Die Matrix $\tilde{\boldsymbol{A}}$ hat dann die blockdiagonale Form

$$\boldsymbol{J} = \operatorname{diag}(\boldsymbol{J}_1, \boldsymbol{J}_2, \ldots, \boldsymbol{J}_l)\,. \tag{2.46}$$

Jede dieser quadratischen Matrizen $\boldsymbol{J}_\mu$, die längs einer Diagonalen anzuordnen und mit Nullen zur Jordan-Matrix $\boldsymbol{J}$ aufzufüllen sind, gehört zu genau einem der Eigenwerte p_μ von $\boldsymbol{A}$

mit der Vielfachheit r_μ $(\mu = 1,2,\ldots, l)$. Die Ordnung von $\boldsymbol{J}_\mu$ ist r_μ. Jeder der Jordan-Blöcke $\boldsymbol{J}_\mu$ hat selbst Blockdiagonalstruktur

$$\boldsymbol{J}_\mu = \text{diag}\,(\boldsymbol{J}_{\mu 1}, \boldsymbol{J}_{\mu 2}, \ldots, \boldsymbol{J}_{\mu k_\mu})\,. \tag{2.47}$$

Die Blöcke $\boldsymbol{J}_{\mu\nu}$ $(\nu = 1,2,\ldots, k_\mu)$ sind quadratische Matrizen, sie weisen im allgemeinen unterschiedliche Ordnungen auf, heißen Jordan-Kästchen und haben die Form

$$\boldsymbol{J}_{\mu\nu} = \begin{bmatrix} p_\mu & 1 & & \\ & p_\mu & 1 & \\ & & \vdots & 1 \\ & & & p_\mu \end{bmatrix} \quad (\mu = 1,2,\ldots, l\,;\ \nu = 1,2,\ldots, k_\mu)\,. \tag{2.48}$$

Sie sind also auf der Hauptdiagonalen mit dem Eigenwert und auf der oberen Nebendiagonalen mit Einsen, im übrigen ausschließlich mit Nullen besetzt. Bezeichnet man die Ordnung des Jordan-Kästchen $\boldsymbol{J}_{\mu\nu}$ mit $q_{\mu\nu}$, dann gilt

$$\sum_{\nu=1}^{k_\mu} q_{\mu\nu} = r_\mu \qquad (\mu = 1,2,\ldots, l)$$

und außerdem noch

$$\sum_{\mu=1}^{l} r_\mu = q\,.$$

Das Maximum q_μ von $\{q_{\mu 1}, q_{\mu 2}, \ldots, q_{\mu k_\mu}\}$ heißt *Index* des Eigenwerts p_μ. Er kann offensichtlich nicht größer als die Vielfachheit r_μ des Eigenwerts p_μ sein und ist mindestens 1.

Im betrachteten Fall $\widetilde{\boldsymbol{A}} = \boldsymbol{J}$ der Jordan-Form sind bestimmte benachbarte Zustandsvariable $\zeta_\mu(t)$ und $\zeta_{\mu+1}(t)$ miteinander gekoppelt. Man beachte, daß die Transformation auf diese Form für jedwede Zustandsdarstellung möglich ist und daß sie im Fall einfacher Eigenwerte von $\boldsymbol{A}$ auf die oben erwähnte Diagonalform führt.

Die Jordan-Form ist vor allem zur Gewinnung theoretischer Einsichten in das Systemverhalten von Bedeutung, gelegentlich ist sie auch zur Erleichterung numerischer Berechnungen geeignet. Darüber hinaus besteht die Möglichkeit, aufgrund der Jordan-Form für das betreffende System spezielle Signalflußdiagramme anzugeben. Diese Diagramme können als Alternativen zu den im Abschnitt 3.1 abgeleiteten Signalflußdiagrammen aufgefaßt werden. Im folgenden soll auf die Jordan-Diagramme kurz eingegangen werden.

Im Fall $\widetilde{\boldsymbol{A}} = \boldsymbol{J}$ zerfällt die Gl. (2.43a) entsprechend der besonderen Form der Matrix $\boldsymbol{J}$ gemäß den Gln. (2.46), (2.47) und (2.48) in Teilgleichungen der Art

$$\frac{\mathrm{d}\boldsymbol{\zeta}_{\mu\nu}}{\mathrm{d}t} = \boldsymbol{J}_{\mu\nu}\,\boldsymbol{\zeta}_{\mu\nu} + \widetilde{\boldsymbol{B}}_{\mu\nu}\,\boldsymbol{x}\,, \tag{2.49}$$

wobei $\boldsymbol{\zeta}_{\mu\nu}$ einen Teil des Zustandsvektors $\boldsymbol{\zeta}$ umfaßt. Diese Gleichungen lassen sich unmittelbar durch einfache Signalflußdiagramme beschreiben. Insgesamt werden so alle Zustandsgrößen $\zeta_1, \zeta_2, \ldots, \zeta_q$ erzeugt, die über die Gl. (2.43b) durch entsprechende Ergänzung der Signalflußdiagramme die Komponenten des Vektors $\boldsymbol{y}$ liefern. Im Bild 2.12 ist dies für den Fall eines Jordan-Kästchens der Ordnung 3 und eines skalaren $\boldsymbol{x}$ gezeigt. Bei der Umwandlung eines Jordan-Diagramms in eine praktische Schaltung können Schwierigkeiten auftreten, sobald p_μ ein nichtreeller Eigenwert ist. In einem solchen Fall tritt aber (hierbei wird vorausgesetzt, daß das Gesamtsystem reell ist) neben jedem Subsystem nach Gl. (2.49) stets auch das konjugiert komplexe Subsystem

$$\frac{d\boldsymbol{\zeta}^*_{\mu\nu}}{dt} = \boldsymbol{J}^*_{\mu\nu}\ \boldsymbol{\zeta}^*_{\mu\nu} + \widetilde{\boldsymbol{B}}^*_{\mu\nu}\ \boldsymbol{x} \tag{2.50}$$

auf. Die Gln. (2.49) und (2.50) können zusammengefaßt werden zu

$$\frac{d\overline{\boldsymbol{\zeta}}}{dt} = \begin{bmatrix} \boldsymbol{J}_{\mu\nu} & \mathbf{0} \\ \mathbf{0} & \boldsymbol{J}^*_{\mu\nu} \end{bmatrix} \overline{\boldsymbol{\zeta}} + \begin{bmatrix} \widetilde{\boldsymbol{B}}_{\mu\nu} \\ \widetilde{\boldsymbol{B}}^*_{\mu\nu} \end{bmatrix} \boldsymbol{x}\,. \tag{2.51}$$

Diese Zustandsraumdarstellung wird einer Äquivalenztransformation mit der Matrix

$$\overline{\boldsymbol{M}} = \frac{1}{\sqrt{2}} \begin{bmatrix} \mathbf{E} & -\mathrm{j}\mathbf{E} \\ \mathbf{E} & \mathrm{j}\mathbf{E} \end{bmatrix} \quad \text{bzw.} \quad \overline{\boldsymbol{M}}^{-1} = \frac{1}{\sqrt{2}} \begin{bmatrix} \mathbf{E} & \mathbf{E} \\ \mathrm{j}\mathbf{E} & -\mathrm{j}\mathbf{E} \end{bmatrix} \tag{2.52a,b}$$

unterworfen, wobei mit $\mathbf{E}$ Einheitsmatrizen von gleicher Ordnung wie $\boldsymbol{J}_{\mu\nu}$ gemeint sind. Dadurch geht die Systemmatrix diag $(\boldsymbol{J}_{\mu\nu}, \boldsymbol{J}^*_{\mu\nu})$ aus Gl. (2.51) in die reelle Matrix

$$\frac{1}{2} \begin{bmatrix} \mathbf{E} & \mathbf{E} \\ \mathrm{j}\mathbf{E} & -\mathrm{j}\mathbf{E} \end{bmatrix} \begin{bmatrix} \boldsymbol{J}_{\mu\nu} & \mathbf{0} \\ \mathbf{0} & \boldsymbol{J}^*_{\mu\nu} \end{bmatrix} \begin{bmatrix} \mathbf{E} & -\mathrm{j}\mathbf{E} \\ \mathbf{E} & \mathrm{j}\mathbf{E} \end{bmatrix} = \frac{1}{2} \begin{bmatrix} \boldsymbol{J}_{\mu\nu} + \boldsymbol{J}^*_{\mu\nu} & \mathrm{j}(\boldsymbol{J}^*_{\mu\nu} - \boldsymbol{J}_{\mu\nu}) \\ \mathrm{j}(\boldsymbol{J}_{\mu\nu} - \boldsymbol{J}^*_{\mu\nu}) & \boldsymbol{J}_{\mu\nu} + \boldsymbol{J}^*_{\mu\nu} \end{bmatrix}$$

und die Koeffizientenmatrix bei $\boldsymbol{x}$ in Gl. (2.51) in die ebenfalls reelle Matrix

$$\frac{1}{\sqrt{2}} \begin{bmatrix} \mathbf{E} & \mathbf{E} \\ \mathrm{j}\mathbf{E} & -\mathrm{j}\mathbf{E} \end{bmatrix} \begin{bmatrix} \widetilde{\boldsymbol{B}}_{\mu\nu} \\ \widetilde{\boldsymbol{B}}^*_{\mu\nu} \end{bmatrix} = \frac{1}{\sqrt{2}} \begin{bmatrix} \widetilde{\boldsymbol{B}}_{\mu\nu} + \widetilde{\boldsymbol{B}}^*_{\mu\nu} \\ \mathrm{j}(\widetilde{\boldsymbol{B}}_{\mu\nu} - \widetilde{\boldsymbol{B}}^*_{\mu\nu}) \end{bmatrix}$$

über. Das durch Gl. (2.51) gegebene Subsystem läßt sich also nach Durchführung der Äquivalenztransformation mittels der Matrix $\overline{\boldsymbol{M}}$ aus Gl. (2.52a) durch ein Signalflußdiagramm darstellen, in dem nur reelle Faktoren auftreten. Diesbezügliche Einzelheiten sind naheliegend und brauchen nicht ausgeführt zu werden.

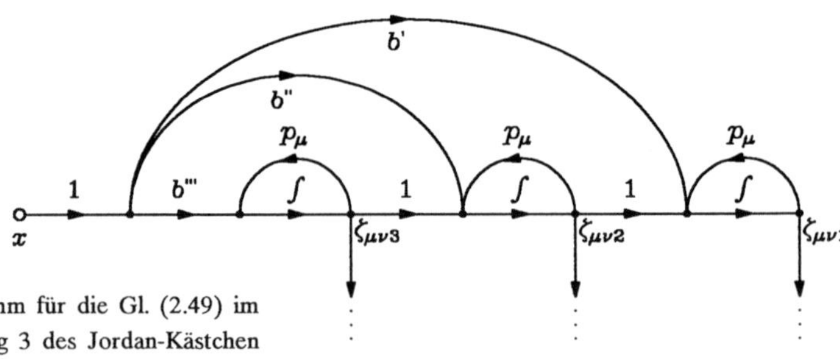

Bild 2.12: Signalflußdiagramm für die Gl. (2.49) im Fall der Ordnung 3 des Jordan-Kästchen und eines skalaren $\boldsymbol{x}$

Hat ein System, das mit $\widetilde{\boldsymbol{A}} = \boldsymbol{J}$ dargestellt ist, nur einen Eingang und einen Ausgang, dann kann zu dieser Darstellung mit dem Quadrupel $(\boldsymbol{J}, \widetilde{\boldsymbol{b}}, \widetilde{\boldsymbol{c}}^{\mathrm{T}}, \widetilde{d})$ stets eine duale Darstellung mit dem Quadrupel $(\boldsymbol{J}^{\mathrm{T}}, \widetilde{\boldsymbol{c}}, \widetilde{\boldsymbol{b}}^{\mathrm{T}}, \widetilde{d})$ angegeben werden. Diese duale Darstellung beschreibt dasselbe Eingang-Ausgang-Verhalten wie das ursprüngliche System und läßt sich entsprechend durch ein Signalflußdiagramm realisieren.

Man kann auch im Fall eines zeitvarianten linearen Systems, d. h. zeitabhängiger Systemmatrizen $\boldsymbol{A}(t), \boldsymbol{B}(t), \boldsymbol{C}(t), \boldsymbol{D}(t)$, Äquivalenztransformationen durchführen. Dabei wird man die Transformationsmatrix $\boldsymbol{M}$ im allgemeinen als zeitabhängig betrachten und voraussetzen, daß $\boldsymbol{M}(t)$ für alle t nichtsingulär und in t stetig differenzierbar ist. Auf Einzelheiten einer derartigen Transformation soll nicht eingegangen werden. Im Abschnitt 3.3.2 wird eine solche Transformation auf periodisch zeitvariante Systeme angewendet.

3.3 LÖSUNG DER ZUSTANDSGLEICHUNGEN, ÜBERGANGSMATRIX

3.3.1 Der zeitinvariante Fall

Es soll nun der Zustandsvektor $\boldsymbol{z}(t)$ bei Vorgabe des Anfangszustands $\boldsymbol{z}(t_0)$ und bei Kenntnis des Vektors $\boldsymbol{x}(t)$ der Eingangssignale für den Fall bestimmt werden, daß das betreffende System durch die lineare Differentialgleichung (2.12) beschrieben wird. Nach Bestimmung von $\boldsymbol{z}(t)$ für $t \geqq t_0$ ist aufgrund von Gl. (2.13) auch der Vektor $\boldsymbol{y}(t)$ der Ausgangssignale ermittelt. Zunächst sollen die Koeffizientenmatrizen $\boldsymbol{A}$, $\boldsymbol{B}$, $\boldsymbol{C}$ und $\boldsymbol{D}$ zeitunabhängig sein. Es wird daher die Differentialgleichung

$$\frac{\mathrm{d}\boldsymbol{z}}{\mathrm{d}t} = \boldsymbol{A}\boldsymbol{z} + \boldsymbol{B}\boldsymbol{x} \tag{2.53}$$

betrachtet.

Homogene Differentialgleichung. Ist der Vektor $\boldsymbol{x}(t)$ der Eingangsgrößen beständig gleich Null, dann erhält man für den Zustandsvektor $\boldsymbol{z}(t)$ die homogene Differentialgleichung

$$\frac{\mathrm{d}\boldsymbol{z}}{\mathrm{d}t} = \boldsymbol{A}\boldsymbol{z} \,. \tag{2.54}$$

Die Lösung dieser Differentialgleichung lautet bei Beachtung des Anfangszustands

$$\boldsymbol{z}(t) = \mathrm{e}^{\boldsymbol{A}\cdot(t-t_0)}\,\boldsymbol{z}(t_0) \quad (t \geqq t_0)\,. \tag{2.55}$$

Die in der Lösung auftretende Matrix

$$\boldsymbol{\Phi}(t) = \mathrm{e}^{\boldsymbol{A}t} \tag{2.56}$$

wird *Übergangsmatrix* genannt, da durch sie der Übergang des Zustands $\boldsymbol{z}(t_0)$ in den Zustand $\boldsymbol{z}(t)$ beschrieben wird. Sie ist durch die folgende unendliche Reihe definiert:

$$\mathrm{e}^{\boldsymbol{A}t} = \mathbf{E} + \boldsymbol{A}t + \boldsymbol{A}^2\,\frac{t^2}{2!} + \boldsymbol{A}^3\,\frac{t^3}{3!} + \cdots \,. \tag{2.57}$$

Die Matrix $\mathbf{E}$ bezeichnet die Einheitsmatrix. Diese Reihe konvergiert, wie gezeigt werden kann, für jede quadratische Matrix $\boldsymbol{A}$ und jedes t. Differenziert man $\boldsymbol{z}(t)$ in Gl. (2.55) unter Beachtung der Darstellung der Übergangsmatrix nach Gl. (2.57), so ergibt sich

$$\frac{\mathrm{d}\boldsymbol{z}}{\mathrm{d}t} = \left[\boldsymbol{A} + \boldsymbol{A}^2(t-t_0) + \boldsymbol{A}^3\,\frac{(t-t_0)^2}{2!} + \boldsymbol{A}^4\,\frac{(t-t_0)^3}{3!} + \cdots\right]\boldsymbol{z}(t_0)$$

$$= \boldsymbol{A}\, e^{\boldsymbol{A}\cdot(t-t_0)}\, \boldsymbol{z}(t_0). \tag{2.58}$$

Die Differentialgleichung (2.54) wird also durch die Lösung $\boldsymbol{z}(t)$ nach Gl. (2.55) erfüllt, wie man sieht, wenn man die Gln. (2.55) und (2.58) in Gl. (2.54) substituiert.

Wie im Verlauf dieses Abschnitts noch gezeigt wird, ist die Übergangsmatrix $\boldsymbol{\Phi}(t)$ in folgender Weise darstellbar:

$$\boldsymbol{\Phi}(t) = e^{\boldsymbol{A}t} = \sum_{\mu=1}^{l} \boldsymbol{A}_\mu(t)\, e^{p_\mu t}. \tag{2.59}$$

Dabei sind die $p_\mu\,(\mu = 1, 2, \ldots, l)$ die voneinander verschiedenen Lösungen der *charakteristischen* (Polynom-) *Gleichung*

$$\det(p\mathbf{E} - \boldsymbol{A}) = 0, \tag{2.60}$$

die Eigenwerte des Systems. Die Matrix $\boldsymbol{A}_\mu(t)$ ist ein Polynom in t, dessen Grad gleich $q_\mu - 1$ ist, wobei q_μ den Index des Eigenwerts p_μ bezeichnet (Abschnitt 3.2). Der Grad von $\boldsymbol{A}_\mu(t)$ ist also höchstens $r_\mu - 1$, wenn r_μ die Vielfachheit des Eigenwerts bezeichnet. Ist dieser Grad kleiner als $r_\mu - 1$, dann erscheint $\boldsymbol{\Phi}(t)$ als Übergangsmatrix eines Systems von geringerer Ordnung als sie die Zahl der Zustandsvariablen angibt. Dies trifft genau dann zu, wenn der Grad des sogenannten *Minimalpolynoms* von $\boldsymbol{A}$ kleiner ist als jener des charakteristischen Polynoms $P(p) := \det(p\mathbf{E} - \boldsymbol{A})$. Unter dem Minimalpolynom versteht man das gradniedrigste Polynom $Q(p) := b_0 + b_1 p + \cdots + p^k$ ($k \leqq$ Grad des charakteristischen Polynoms), für das die Matrizengleichung $Q(\boldsymbol{A}) = b_0\mathbf{E} + b_1\boldsymbol{A} + \cdots + \boldsymbol{A}^k = \mathbf{0}$ erfüllt ist. Der Grad des Minimalpolynoms gibt die *eigentliche* Ordnung des Systems an. Das System heißt *irreduzibel*, wenn Minimalpolynom und charakteristisches Polynom identisch sind. In vielen Fällen treten nur einfache Eigenwerte auf, und dann ist das System irreduzibel. Dies geht aus folgender Bemerkung hervor.

Mit den Indizes q_μ der Eigenwerte $p_\mu\,(\mu = 1, 2, \ldots, l)$, die aus der Jordan-Form $\boldsymbol{J}$ der Matrix $\boldsymbol{A}$ abgelesen werden können (Abschnitt 3.2), läßt sich allgemein das Minimalpolynom in der Form

$$Q(p) = \prod_{\mu=1}^{l} (p - p_\mu)^{q_\mu} \tag{2.61}$$

ausdrücken. Das charakteristische Polynom kann in der Form

$$P(p) = \prod_{\mu=1}^{l} (p - p_\mu)^{r_\mu} \tag{2.62}$$

geschrieben werden. Da $1 \leqq q_\mu \leqq r_\mu$ für $\mu = 1, 2, \ldots, l$ gilt, ist $Q(p)$ ein Teiler von $P(p)$. In einfachen Fällen kann man bei Kenntnis von $P(p)$ nach Gl. (2.62) das Minimalpolynom nach Gl. (2.61) ohne vorherige Berechnung der Jordan-Matrix durch systematisches Minimieren der Exponenten bei gleichzeitigem Prüfen der Bedingung $Q(\boldsymbol{A}) = \mathbf{0}$ gewinnen.

Inhomogene Differentialgleichung. Die Lösung der Gl. (2.53) mit nicht identisch verschwindendem $\boldsymbol{x}(t)$ erhält man aus der Lösung der homogenen Gleichung nach Gl. (2.55) durch Anwendung der Methode der Variation der Konstanten. Mit dem Ansatz

$$\boldsymbol{z}(t) = e^{\boldsymbol{A}t}\boldsymbol{f}(t) \tag{2.63a}$$

wird

$$\frac{d\boldsymbol{z}(t)}{dt} = \boldsymbol{A}\,e^{\boldsymbol{A}t}\boldsymbol{f}(t) + e^{\boldsymbol{A}t}\frac{d\boldsymbol{f}(t)}{dt}. \tag{2.63b}$$

Setzt man die Gln. (2.63a,b) in die Differentialgleichung (2.53) ein, so entsteht für $\boldsymbol{f}(t)$ die Differentialgleichung

$$e^{\boldsymbol{A}t}\frac{d\boldsymbol{f}(t)}{dt} = \boldsymbol{B}\boldsymbol{x}(t) \quad \text{oder} \quad \frac{d\boldsymbol{f}(t)}{dt} = e^{-\boldsymbol{A}t}\boldsymbol{B}\boldsymbol{x}(t),$$

wobei $(e^{\boldsymbol{A}t})^{-1} = e^{-\boldsymbol{A}t}$ benützt wurde. Hieraus erhält man durch Integration $\boldsymbol{f}(t)$ und dann gemäß Gl. (2.63a) die partikuläre Lösung

$$\boldsymbol{z}(t) = e^{\boldsymbol{A}t}\int_{t_0}^{t} e^{-\boldsymbol{A}\sigma}\boldsymbol{B}\boldsymbol{x}(\sigma)\,d\sigma. \tag{2.64}$$

Die untere Integrationsgrenze wurde gerade so gewählt, daß $\boldsymbol{z}(t_0) = \boldsymbol{0}$ wird, damit durch Superposition der Lösung nach Gl. (2.64) mit der Lösung der homogenen Differentialgleichung nach Gl. (2.55) die gewünschte Lösung der inhomogenen Differentialgleichung mit dem Anfangszustand $\boldsymbol{z}(t_0)$ entsteht.[1)] Auf diese Weise ergibt sich mit der Bezeichnung nach Gl. (2.56) für die Übergangsmatrix als vollständige Lösung der Gl. (2.53)

$$\boldsymbol{z}(t) = \boldsymbol{\Phi}(t-t_0)\,\boldsymbol{z}(t_0) + \int_{t_0}^{t}\boldsymbol{\Phi}(t-\sigma)\,\boldsymbol{B}\boldsymbol{x}(\sigma)\,d\sigma. \tag{2.65}$$

Den Vektor der Ausgangssignale erhält man dann mit dieser Lösung als

$$\boldsymbol{y}(t) = \boldsymbol{C}\boldsymbol{z}(t) + \boldsymbol{D}\boldsymbol{x}(t).$$

Im folgenden sollen zwei Methoden zur praktischen Berechnung der Übergangsmatrix $\boldsymbol{\Phi}(t)$ angegeben werden.

Erste Methode zur Berechnung von $\boldsymbol{\Phi}$ (Verwendung des Cayley-Hamilton-Theorems). Die charakteristische Gleichung (2.60) der Matrix $\boldsymbol{A}$ laute, in Koeffizientenform ausführlich geschrieben,

$$p^q + a_1 p^{q-1} + a_2 p^{q-2} + \cdots + a_q = 0. \tag{2.66}$$

Ihre Lösungen sind die Eigenwerte $p_\mu (\mu = 1, 2, \ldots, l)$. Das Cayley-Hamilton-Theorem der Algebra besagt nun, daß nicht nur die Eigenwerte, sondern auch die Matrix $\boldsymbol{A}$ die Gl. (2.66) erfüllt, daß also die Beziehung

$$\boldsymbol{A}^q + a_1\boldsymbol{A}^{q-1} + a_2\boldsymbol{A}^{q-2} + \cdots + a_q\mathbf{E} = \boldsymbol{0}$$

besteht. Aufgrund dieser Tatsache läßt sich die q-te Potenz von $\boldsymbol{A}$ durch Linearkombination niedrigerer Potenzen in der Form

$$\boldsymbol{A}^q = -a_1\boldsymbol{A}^{q-1} - a_2\boldsymbol{A}^{q-2} - \cdots - a_q\mathbf{E} \tag{2.67}$$

ausdrücken. Schreibt man $\boldsymbol{A}^{q+1} = \boldsymbol{A}\,\boldsymbol{A}^q$, so kann auch die $(q+1)$-te Potenz entsprechend

---

1) Es sei darauf hingewiesen, daß die allgemeine Lösung eines inhomogenen linearen Differentialgleichungssystems als Summe der allgemeinen Lösung des homogenen Systems und einer partikulären Lösung des inhomogenen Systems dargestellt werden kann.

durch Linearkombination von Potenzen bis zur Ordnung $q-1$ ausgedrückt werden, indem man die Gl. (2.67) zweimal anwendet:

$$\boldsymbol{A}^{q+1} = -(a_2 - a_1^2)\boldsymbol{A}^{q-1} - (a_3 - a_1 a_2)\boldsymbol{A}^{q-2} - (a_4 - a_1 a_3)\boldsymbol{A}^{q-3}$$

$$- \cdots - (a_q - a_1 a_{q-1})\boldsymbol{A} + a_1 a_q \mathbf{E}.$$

Auf diese Weise läßt sich grundsätzlich jede Potenz von $\boldsymbol{A}$ der Ordnung $m \geqq q$ in der Form

$$\boldsymbol{A}^m = k_0^{(m)}\mathbf{E} + k_1^{(m)}\boldsymbol{A} + \cdots + k_{q-1}^{(m)}\boldsymbol{A}^{q-1} \quad (m = q, q+1, \ldots) \tag{2.68}$$

ausdrücken. Da die Gl. (2.67) nicht nur von der Matrix $\boldsymbol{A}$, sondern auch von allen Eigenwerten $p_\mu (\mu = 1, 2, \ldots, l)$ erfüllt wird, gelten die entsprechenden Beziehungen

$$p_\mu^m = k_0^{(m)} + k_1^{(m)} p_\mu + \cdots + k_{q-1}^{(m)} p_\mu^{q-1} \quad (m = q, q+1, \ldots) \tag{2.69}$$

für alle Eigenwerte p_μ der Matrix $\boldsymbol{A}$. Führt man die Gl. (2.68) für $m = q, q+1, \ldots$ in die Gl. (2.57) ein und faßt man dann Potenzen von $\boldsymbol{A}$ gleicher Ordnung zusammen, dann erhält man für die Übergangsmatrix

$$\mathrm{e}^{\boldsymbol{A}t} = \alpha_0(t)\mathbf{E} + \alpha_1(t)\boldsymbol{A} + \cdots + \alpha_{q-1}(t)\boldsymbol{A}^{q-1}. \tag{2.70}$$

Setzt man die Gl. (2.69) für $m = q, q+1, \ldots$ in die der Gl. (2.57) entsprechende Potenzreihenentwicklung von $\exp(p_\mu t)$ ein und faßt man dann Potenzen von p_μ gleicher Ordnung zusammen, dann erhält man weiterhin

$$\mathrm{e}^{p_\mu t} = \alpha_0(t) + \alpha_1(t)p_\mu + \cdots + \alpha_{q-1}(t)p_\mu^{q-1} \quad (\mu = 1, 2, \ldots, l). \tag{2.71}$$

Die Übergangsmatrix kann nun direkt nach Gl. (2.70) numerisch angegeben werden, indem man die von der Zeit t abhängigen Parameter $\alpha_0(t), \alpha_1(t), \ldots, \alpha_{q-1}(t)$ durch Auflösung der Gln. (2.71) $(\mu = 1, 2, \ldots, l)$ berechnet, wobei die p_μ als Lösungen der Gl. (2.66) einzusetzen sind. Liegen mehrfache Eigenwerte vor $(l < q)$, so reichen die auf diese Weise entstehenden l linearen Gleichungen zur Berechnung der q Parameter $\alpha_\nu(t)$ noch nicht aus. Ist $r_\mu > 1$ die Vielfachheit des Eigenwerts p_μ, dann lassen sich weitere (ausreichend viele) Bestimmungsgleichungen für die $\alpha_\nu(t)$ dadurch aufstellen, daß man die Gl. (2.71) nacheinander $(r_\mu - 1)$-mal nach p_μ differenziert:

$$t\,\mathrm{e}^{p_\mu t} = \alpha_1(t) + 2\alpha_2(t)p_\mu + \cdots + (q-1)\,\alpha_{q-1}(t)p_\mu^{q-2},$$

$$t^2\mathrm{e}^{p_\mu t} = 2\alpha_2(t) + \cdots + (q-1)(q-2)\,\alpha_{q-1}(t)p_\mu^{q-3},$$

$$\vdots$$

$$t^{r_\mu - 1}\mathrm{e}^{p_\mu t} = (r_\mu - 1)!\,\alpha_{r_\mu - 1}(t) + \frac{r_\mu!}{1!}\alpha_{r_\mu}(t)p_\mu + \cdots + \frac{(q-1)!}{(q-r_\mu)!}\alpha_{q-1}(t)p_\mu^{q-r_\mu}$$

$$(\mu = 1, 2, \ldots, l).$$

Beispiel 2.8: Es wird das im Bild 2.1 dargestellte elektrische Netzwerk betrachtet. Es sei $R_1 = R_2 = 1$ und $L = C = 1/2$ (normiert) gewählt. Dann erhält man nach den Gln. (2.9a,b)

$$\boldsymbol{A} = \begin{bmatrix} -1 & -1 \\ 1 & -1 \end{bmatrix}, \quad \boldsymbol{b} = \begin{bmatrix} 2 \\ 0 \end{bmatrix}, \quad \boldsymbol{c}^{\mathrm{T}} = \begin{bmatrix} \frac{1}{2} & \frac{1}{2} \end{bmatrix}. \tag{2.72}$$

Zur numerischen Bestimmung der Übergangsmatrix wird diese mit $q = 2$ nach Gl. (2.70) in der Form

$$\mathrm{e}^{\boldsymbol{A}t} = \alpha_0(t)\,\mathbf{E} + \alpha_1(t)\,\boldsymbol{A} \tag{2.73}$$

geschrieben. Weiterhin besteht nach Gl. (2.71) für die Eigenwerte p_1, p_2 die Beziehung

$$\mathrm{e}^{p_\mu t} = \alpha_0(t) + \alpha_1(t)\,p_\mu . \tag{2.74}$$

Die Eigenwerte erhält man aus der Gleichung

$$\begin{vmatrix} p+1 & 1 \\ -1 & p+1 \end{vmatrix} \equiv p^2 + 2p + 2 = 0 .$$

Hieraus folgt

$$p_{1,2} = -1 \pm \mathrm{j} .$$

Setzt man den Eigenwert $p_1 = -1 + \mathrm{j}$ in die Gl. (2.74) ein, so wird

$$\mathrm{e}^{(-1+\mathrm{j})t} = \alpha_0(t) + \alpha_1(t)(-1 + \mathrm{j}) .$$

Diese Gleichung läßt sich in zwei reelle Beziehungen zur Ermittlung der Funktionen $\alpha_0(t)$, $\alpha_1(t)$ auflösen:

$$\mathrm{e}^{-t}\cos t = \alpha_0(t) - \alpha_1(t), \quad \mathrm{e}^{-t}\sin t = \alpha_1(t) .$$

Hieraus gewinnt man

$$\alpha_0(t) = \mathrm{e}^{-t}(\cos t + \sin t), \quad \alpha_1(t) = \mathrm{e}^{-t}\sin t . \tag{2.75a,b}$$

Substituiert man nun die Gln. (2.75a,b) in die Gl. (2.73), dann entsteht bei Beachtung von $\boldsymbol{A}$ nach Gl. (2.72)

$$\boldsymbol{\Phi}(t) = \begin{bmatrix} \mathrm{e}^{-t}\cos t & -\mathrm{e}^{-t}\sin t \\ \mathrm{e}^{-t}\sin t & \mathrm{e}^{-t}\cos t \end{bmatrix}. \tag{2.76}$$

Man hätte die Übergangsmatrix nach Gl. (2.76) auch direkt durch Lösung des Differentialgleichungssystems (2.54) für beliebige Anfangsbedingungen und durch anschließende Darstellung der Lösung in Form von Gl. (2.55) bestimmen können.

Zweite Methode zur Berechnung von $\boldsymbol{\Phi}$ (Diagonalisierung der Matrix $\boldsymbol{A}$). Nimmt man zunächst an, daß die Matrix $\boldsymbol{A}$ nur einfache Eigenwerte $p_\mu(\mu = 1, 2, \ldots, l = q)$ besitzt, dann kann man gemäß Abschnitt 3.2 mittels der Modalmatrix $\boldsymbol{M}$ die Diagonalmatrix

$$\widetilde{\boldsymbol{A}} = \boldsymbol{M}^{-1}\boldsymbol{A}\boldsymbol{M} = \begin{bmatrix} p_1 & & & 0 \\ & p_2 & & \\ & & \ddots & \\ 0 & & & p_q \end{bmatrix} \tag{2.77}$$

erzeugen. Multipliziert man nun die Gl. (2.57) von links mit $\boldsymbol{M}^{-1}$, von rechts mit $\boldsymbol{M}$ und ersetzt man $\boldsymbol{A}^2$ durch $\boldsymbol{A}\boldsymbol{M}\boldsymbol{M}^{-1}\boldsymbol{A}$, $\boldsymbol{A}^3$ durch $\boldsymbol{A}\boldsymbol{M}\boldsymbol{M}^{-1}\,\boldsymbol{A}\boldsymbol{M}\boldsymbol{M}^{-1}\,\boldsymbol{A}$ usw., so ergibt sich mit Gl. (2.77) die Diagonalmatrix

$$\boldsymbol{M}^{-1}\mathrm{e}^{\boldsymbol{A}t}\boldsymbol{M} = \mathrm{e}^{\tilde{\boldsymbol{A}}t} = \begin{bmatrix} \mathrm{e}^{p_1 t} & & & 0 \\ & \mathrm{e}^{p_2 t} & & \\ & & \vdots & \\ 0 & & & \mathrm{e}^{p_q t} \end{bmatrix} \tag{2.78}$$

und hieraus die Übergangsmatrix

$$\mathrm{e}^{\boldsymbol{A}t} = \boldsymbol{M} \begin{bmatrix} \mathrm{e}^{p_1 t} & & & 0 \\ & \mathrm{e}^{p_2 t} & & \\ & & \vdots & \\ 0 & & & \mathrm{e}^{p_q t} \end{bmatrix} \boldsymbol{M}^{-1} . \tag{2.79}$$

Dieses Ergebnis erlaubt die numerische Bestimmung der Übergangsmatrix nach Berechnung der Eigenwerte p_μ $(\mu = 1, 2, \ldots, q)$ und der Modalmatrix $\boldsymbol{M}$. Weitere Einzelheiten sollen durch das folgende Beispiel erläutert werden. Zuvor sei angemerkt, daß die bereits mehrfach aufgetretene Matrix

$$\boldsymbol{A} = \begin{bmatrix} 0 & 1 & \cdots & 0 \\ \vdots & & & \\ 0 & \cdots & & 1 \\ -\alpha_0 & -\alpha_1 & \cdots & -\alpha_{q-1} \end{bmatrix}$$

unter der Voraussetzung verschiedener Eigenwerte $p_1, \ldots, p_q$ die nichtsinguläre Modalmatrix

$$\boldsymbol{M} = \begin{bmatrix} 1 & 1 & \cdots & 1 \\ p_1 & p_2 & \cdots & p_q \\ \vdots & & & \\ p_1^{q-1} & p_2^{q-1} & \cdots & p_q^{q-1} \end{bmatrix}$$

besitzt.

Beispiel 2.9: Es wird die durch Gl. (2.72) gegebene Matrix $\boldsymbol{A}$ verwendet. Die Eigenwerte sind $p_1 = -1 + \mathrm{j}$ und $p_2 = -1 - \mathrm{j}$. Die Eigenvektoren $\boldsymbol{m}_1, \boldsymbol{m}_2$ erhält man als nichttriviale Lösungen der Gleichung

$$(p_\mu \mathbf{E} - \boldsymbol{A})\, \boldsymbol{m}_\mu = \mathbf{0} \quad (\mu = 1, 2) ,$$

d. h.

$$\begin{bmatrix} \pm\mathrm{j} & 1 \\ -1 & \pm\mathrm{j} \end{bmatrix} \begin{bmatrix} m_{1\mu} \\ m_{2\mu} \end{bmatrix} = \mathbf{0} ,$$

wobei die Normierung $\sqrt{|m_{1\mu}|^2 + |m_{2\mu}|^2} = 1$ vereinbart wird. Es ergibt sich

$$\begin{bmatrix} m_{11} \\ m_{21} \end{bmatrix} = \frac{1}{\sqrt{2}} \begin{bmatrix} \mathrm{j} \\ 1 \end{bmatrix}, \quad \begin{bmatrix} m_{12} \\ m_{22} \end{bmatrix} = \frac{1}{\sqrt{2}} \begin{bmatrix} -\mathrm{j} \\ 1 \end{bmatrix}.$$

Diese Eigenvektoren bilden die Spalten der Modalmatrix, es ist also

$$\boldsymbol{M} = \frac{1}{\sqrt{2}} \begin{bmatrix} \mathrm{j} & -\mathrm{j} \\ 1 & 1 \end{bmatrix} \quad \text{und} \quad \boldsymbol{M}^{-1} = \frac{1}{\sqrt{2}} \begin{bmatrix} -\mathrm{j} & 1 \\ \mathrm{j} & 1 \end{bmatrix}.$$

Nach Gl. (2.79) erhält man für die Übergangsmatrix

$$\mathrm{e}^{At} = \frac{1}{\sqrt{2}}\begin{bmatrix} \mathrm{j} & -\mathrm{j} \\ 1 & 1 \end{bmatrix}\begin{bmatrix} \mathrm{e}^{p_1 t} & 0 \\ 0 & \mathrm{e}^{p_2 t} \end{bmatrix}\frac{1}{\sqrt{2}}\begin{bmatrix} -\mathrm{j} & 1 \\ \mathrm{j} & 1 \end{bmatrix} = \frac{1}{2}\begin{bmatrix} (\mathrm{e}^{p_1 t} + \mathrm{e}^{p_2 t}) & \mathrm{j}(\mathrm{e}^{p_1 t} - \mathrm{e}^{p_2 t}) \\ -\mathrm{j}(\mathrm{e}^{p_1 t} - \mathrm{e}^{p_2 t}) & (\mathrm{e}^{p_1 t} + \mathrm{e}^{p_2 t}) \end{bmatrix}$$

in Übereinstimmung mit Gl. (2.76).

Falls die Matrix $\boldsymbol{A}$ mehrfache Eigenwerte hat, tritt an die Stelle der Diagonalmatrix $\widetilde{\boldsymbol{A}}$ die Jordansche Normalform, und man kann die Übergangsmatrix entsprechend wie bei einer Matrix mit nur einfachen Eigenwerten berechnen. Dies soll im folgenden näher erläutert werden.

Die Herleitung der Gl. (2.78) lehrt, daß die Äquivalenztransformation der Matrix $\boldsymbol{A}$ gemäß Gl. (2.44a) mittels einer nichtsingulären Matrix $\boldsymbol{M}$ generell zur Folge hat, daß zwischen der Übergangsmatrix $\boldsymbol{\Phi}(t) = \mathrm{e}^{\boldsymbol{A}t}$ der ursprünglichen Zustandsdarstellung und der Übergangsmatrix $\widetilde{\boldsymbol{\Phi}}(t) = \mathrm{e}^{\widetilde{\boldsymbol{A}}t}$ der transformierten Darstellung die Beziehung

$$\widetilde{\boldsymbol{\Phi}}(t) = \boldsymbol{M}^{-1}\boldsymbol{\Phi}(t)\boldsymbol{M} \quad \text{bzw.} \quad \boldsymbol{\Phi}(t) = \boldsymbol{M}\widetilde{\boldsymbol{\Phi}}(t)\boldsymbol{M}^{-1} \tag{2.80a,b}$$

besteht. Es sei nun speziell $\widetilde{\boldsymbol{A}} = \boldsymbol{J}$, d. h. die Jordan-Normalform der Matrix $\boldsymbol{A}$. Mit den Gln. (2.46) und (2.47) erhält man direkt

$$\widetilde{\boldsymbol{\Phi}}(t) = \mathrm{e}^{\boldsymbol{J}t} = \operatorname{diag}(\mathrm{e}^{\boldsymbol{J}_{11}t}, \mathrm{e}^{\boldsymbol{J}_{12}t}, \ldots, \mathrm{e}^{\boldsymbol{J}_{1k_1}t}, \ldots, \mathrm{e}^{\boldsymbol{J}_{lk_l}t}). \tag{2.81}$$

Die Berechnung von $\widetilde{\boldsymbol{\Phi}}(t)$ und damit von $\boldsymbol{\Phi}(t)$ gemäß Gl. (2.80b) besteht also im wesentlichen in der Berechnung von

$$\mathrm{e}^{\boldsymbol{J}_{\mu\nu}t}$$

für alle Jordan-Kästchen von $\boldsymbol{J}$ nach Gl. (2.48). Diese Grundaufgabe soll nun gelöst werden. Zur Vereinfachung wird das zu behandelnde Jordan-Kästchen in der Form

$$\boldsymbol{J}_0 = \begin{bmatrix} p_0 & 1 & & \\ & p_0 & 1 & \\ & & \vdots & 1 \\ & & & p_0 \end{bmatrix} = p_0\mathbf{E} + \boldsymbol{L} \tag{2.82}$$

geschrieben. Die Matrix

$$\boldsymbol{L} = \begin{bmatrix} 0 & 1 & & \\ & & \vdots & \\ & & & 1 \\ & & & 0 \end{bmatrix} \tag{2.83}$$

ist in der zur Hauptdiagonalen parallelen oberen Nebendiagonalen mit Einsen und sonst nur mit Nullen besetzt. Diese besondere Eigenschaft von $\boldsymbol{L}$ hat zur Folge, daß durch die Multiplikation einer Matrix $\boldsymbol{X}$ von links mit $\boldsymbol{L}$ die erste Zeile von $\boldsymbol{X}$ entfällt, alle weiteren Zeilen von $\boldsymbol{X}$ unverändert in die nächsthöhere Zeile geschoben werden und von unten eine Nullzeile nachgeschoben wird (die entsprechende Wirkung einer Rechtsmultiplikation von $\boldsymbol{X}$ mit $\boldsymbol{L}$ möge sich der Leser selbst überlegen). Diese Eigenschaft des Verschiebens von Zeilen (bzw. Spalten) durch Multiplikation mit $\boldsymbol{L}$ bewirkt beispielsweise, daß $\boldsymbol{L}^{\kappa} = \boldsymbol{0}$ gilt, sobald κ mindestens gleich der Ordnung n_0 von $\boldsymbol{L}$ ist. Nun erhält man [1] aufgrund der Gln. (2.82)

---

[1] Man beachte, daß $\mathrm{e}^{\boldsymbol{A}+\boldsymbol{B}} = \mathrm{e}^{\boldsymbol{A}}\mathrm{e}^{\boldsymbol{B}}$ ist, sofern $\boldsymbol{A}\boldsymbol{B} = \boldsymbol{B}\boldsymbol{A}$ gilt. Dies folgt unmittelbar aus Gl. (2.57).

und (2.83)

$$e^{J_0 t} = e^{p_0 \mathbf{E} t} e^{L t} = e^{p_0 t} \left[\mathbf{E} + L t + \frac{1}{2!} L^2 t^2 + \cdots \right]$$

oder angesichts der genannten Verschiebungseigenschaft von L

$$e^{J_0 t} = e^{p_0 t} \left[\mathbf{E} + L t + \frac{1}{2!} L^2 t^2 + \cdots + \frac{1}{(n_0 - 1)!} L^{n_0 - 1} t^{n_0 - 1} \right], \tag{2.84a}$$

ausführlich geschrieben also

$$e^{J_0 t} = e^{p_0 t} \begin{bmatrix} 1 & t & t^2/2! & \cdots & t^{n_0-1}/(n_0-1)! \\ & 1 & t & \cdots & t^{n_0-2}/(n_0-2)! \\ & & & \vdots & \\ & & & & t \\ & & & & 1 \end{bmatrix}. \tag{2.84b}$$

Hierbei handelt es sich um eine obere Dreiecksmatrix von einfachem Aufbau. Aufgrund der Gl. (2.81) und der Darstellung der Matrizen $e^{J_{\mu\nu} t}$ gemäß Gl. (2.84b) mit $J_{\mu\nu}$ nach Gl. (2.48) läßt sich die Übergangsmatrix $\tilde{\Phi}(t)$ direkt angeben. Die Gl. (2.80b) liefert schließlich $\Phi(t)$.

Es sei noch speziell eine Matrix $e^{J_0 t}$ betrachtet, bei der J_0 das zu einem Eigenwert p_0 gehörende Jordankästchen höchster Ordnung bedeutet. Die Ordnung n_0 dieser Matrix gibt also den Index q_0 des Eigenwerts p_0 an. Das in Gl. (2.84b) ersichtliche Element $\tilde{\varphi}(t) := e^{p_0 t} t^{n_0 - 1}/(n_0 - 1)!$ trete in der Matrix $\tilde{\Phi}(t)$ an der Stelle ρ, σ (ρ Zeilennummer, σ Spaltennummer) auf; die Spalten von M werden zu Vektoren m_ν $(\nu = 1, 2, \ldots, q)$ und die Zeilen von M^{-1} zu Zeilenvektoren $\overline{m}_\mu^{\mathrm{T}}$ $(\mu = 1, 2, \ldots, q)$ zusammengefaßt. Nun kann an Hand der Gl. (2.80b) die folgende Überlegung angestellt werden: In der Übergangsmatrix $\Phi(t)$ kommt $\tilde{\varphi}(t)$ als Faktor der quadratischen Matrix $m_\rho \overline{m}_\sigma^{\mathrm{T}}$ vor. Dabei ist die Matrix

$$\tilde{\varphi}(t) m_\rho \overline{m}_\sigma^{\mathrm{T}}$$

additiv in der Übergangsmatrix $\Phi(t)$ enthalten. Man beachte, daß $m_\rho \overline{m}_\sigma^{\mathrm{T}}$ von der Nullmatrix verschieden ist, da andernfalls entweder $m_\rho = \mathbf{0}$ oder $\overline{m}_\sigma = \mathbf{0}$ sein müßte, was jedoch ausgeschlossen ist, da M nichtsingulär ist. Treten zwei zu p_0 gehörende Jordan-Kästchen der Ordnung n_0 auf, dann erscheint $\tilde{\varphi}(t)$ in $\Phi(t)$ additiv in der Form

$$\tilde{\varphi}(t) \left[m_\rho \overline{m}_\sigma^{\mathrm{T}} + m_{\rho'} \overline{m}_{\sigma'}^{\mathrm{T}} \right] \quad (\rho \neq \rho', \sigma \neq \sigma').$$

Die in eckigen Klammern stehende Matrix ist von der Nullmatrix verschieden, da M und M^{-1} weder Nullspalten oder Nullzeilen noch linear abhängige Spalten oder Zeilen besitzen. Entsprechendes gilt, wenn mehr als zwei Jordan-Kästchen der Ordnung n_0 auftreten. Dies bedeutet, daß in der Darstellung der Übergangsmatrix nach Gl. (2.59) der Grad des Polynoms $A_\mu(t)$ gleich dem um Eins verminderten Index q_μ des entsprechenden Eigenwerts p_μ ist.

Abschließend sei noch erwähnt, daß die Übergangsmatrix auch mittels der Laplace-Transformation berechnet werden kann. Dies wird im Kapitel V im einzelnen gezeigt.

3.3.2 Der zeitvariante Fall

Es sei jetzt der Fall betrachtet, daß die Koeffizientenmatrizen in den Grundgleichungen (2.12) und (2.13) Funktionen der Zeit sind. Es wird daher die Differentialgleichung

$$\frac{\mathrm{d}\boldsymbol{z}(t)}{\mathrm{d}t} = \boldsymbol{A}(t)\boldsymbol{z}(t) + \boldsymbol{B}(t)\boldsymbol{x}(t) \tag{2.85}$$

den weiteren Untersuchungen zugrunde gelegt.

Homogene Differentialgleichung. Zunächst soll die homogene Gleichung

$$\frac{\mathrm{d}\boldsymbol{z}(t)}{\mathrm{d}t} = \boldsymbol{A}(t)\boldsymbol{z}(t) \tag{2.86}$$

untersucht werden. Um die Existenz und Eindeutigkeit der gesuchten Lösung zu sichern, wird vorausgesetzt, daß alle Elemente der Systemmatrix $\boldsymbol{A}(t)$ in t stetig sind. Zur Diskussion der Lösung von Gl. (2.86) werden gemäß Gl. (2.45) die q-dimensionalen Einheitsvektoren $\boldsymbol{e}_\nu(\nu = 1,2,\ldots,q)$ eingeführt, bei denen die ν-te Komponente gleich Eins ist und alle übrigen Komponenten verschwinden. Es sei

$$\boldsymbol{\varphi}_\nu(t,t_0) = \begin{bmatrix} \varphi_{1\nu}(t,t_0) \\ \varphi_{2\nu}(t,t_0) \\ \vdots \\ \varphi_{q\nu}(t,t_0) \end{bmatrix} \quad (\nu = 1,2,\ldots,q)$$

die Lösung der Gl. (2.86) mit der speziellen Anfangsbedingung $\boldsymbol{\varphi}_\nu(t_0,t_0) = \boldsymbol{e}_\nu$; der Anfangszeitpunkt t_0 hat hier die Bedeutung eines Parameters. Im Bild 2.13 sind die Trajektorien der Lösungsvektoren für ein Beispiel mit $q = 3$ skizziert. Es gilt dann stets folgende Aussage: Die q Lösungsvektoren $\boldsymbol{\varphi}_\nu(t,t_0)\,(\nu = 1,2,\ldots,q)$ sind für jeden festen Wert t voneinander linear unabhängig.

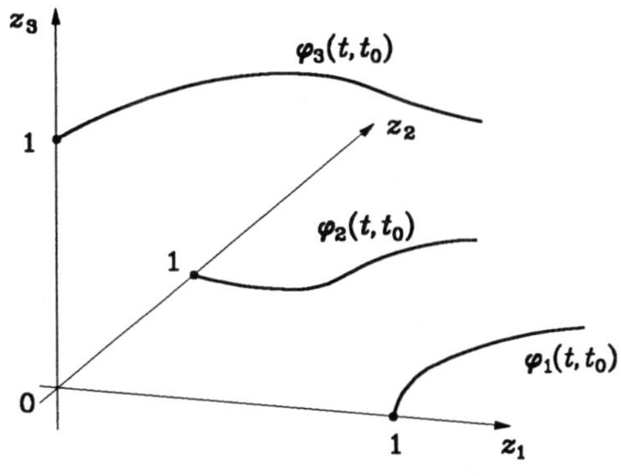

Bild 2.13: Verlauf der Trajektorien für die Vektoren $\boldsymbol{\varphi}_\nu(t,t_0)$ $(\nu = 1,2,3)$ für $t \geqq t_0$

Beweis: Es wird angenommen, daß ein Zeitpunkt t' und Konstanten $\alpha_\nu(\nu = 1,2,\ldots,q)$, die nicht alle Null sind, existieren, so daß

$$\sum_{\nu=1}^{q} \alpha_\nu \boldsymbol{\varphi}_\nu(t',t_0) = \boldsymbol{0} \tag{2.87}$$

gilt. Da die Linearkombination

$$\boldsymbol{z}(t) = \sum_{\nu=1}^{q} \alpha_\nu \boldsymbol{\varphi}_\nu(t,t_0) \tag{2.88}$$

eine Lösung der Gl. (2.86) ist, folgt wegen der Bedingung nach Gl. (2.87) aus der Lösungseindeutigkeit $\boldsymbol{z}(t) \equiv \boldsymbol{0}$, also insbesondere $\boldsymbol{z}(t_0) = \boldsymbol{0}$, d. h. mit Gl. (2.88) und $\boldsymbol{\varphi}_\nu(t_0,t_0) = \boldsymbol{e}_\nu$ die Beziehung

$$\sum_{\nu=1}^{q} \alpha_\nu \boldsymbol{e}_\nu = \boldsymbol{0}.$$

Diese Aussage ist aber falsch, da die Einheitsvektoren $\boldsymbol{e}_\nu$ voneinander linear unabhängig sind. Die Annahme, daß die Lösungsvektoren $\boldsymbol{\varphi}_\nu(t, t_0)$ $(\nu = 1, 2, \ldots, q)$ zu irgendeinem Zeitpunkt voneinander linear abhängig sind, hat somit auf einen Widerspruch geführt und muß verworfen werden.

Es soll nun noch gezeigt werden, daß jede beliebige Lösung der Gl. (2.86) als Linearkombination der $\boldsymbol{\varphi}_\nu(t, t_0)$ dargestellt werden kann. Ist nämlich $\boldsymbol{z}(t)$ irgendeine Lösung mit dem Anfangsvektor $\boldsymbol{z}(t_0)$ und den Komponenten $z_\nu(t_0)$, $\nu = 1, 2, \ldots, q$, dann gilt

$$\boldsymbol{z}(t_0) = \sum_{\nu=1}^{q} z_\nu(t_0)\, \boldsymbol{e}_\nu ,$$

und die Funktion

$$\sum_{\nu=1}^{q} z_\nu(t_0)\, \boldsymbol{\varphi}_\nu(t, t_0)$$

ist eine Lösung der Gl. (2.86), die für $t = t_0$ den Anfangsvektor $\boldsymbol{z}(t_0)$ annimmt, also wegen der Lösungseindeutigkeit mit $\boldsymbol{z}(t)$ übereinstimmt. In Matrizenform läßt sich dies folgendermaßen ausdrücken:

$$\boldsymbol{z}(t) = \boldsymbol{\Phi}(t, t_0)\, \boldsymbol{z}(t_0). \tag{2.89}$$

Dabei ist

$$\boldsymbol{\Phi}(t, t_0) = \begin{bmatrix} \varphi_{11}(t, t_0) & \varphi_{12}(t, t_0) & \cdots & \varphi_{1q}(t, t_0) \\ \varphi_{21}(t, t_0) & \varphi_{22}(t, t_0) & \cdots & \vdots \\ \vdots & & & \\ \varphi_{q1}(t, t_0) & \cdots & & \varphi_{qq}(t, t_0) \end{bmatrix}$$

die *Übergangsmatrix* des Systems, die im Fall eines zeitinvarianten Systems mit $\boldsymbol{\Phi}(t - t_0) = \mathrm{e}^{\boldsymbol{A}\cdot(t - t_0)}$ (man vergleiche Gl. (2.56)) übereinstimmt. Die q Spalten der Übergangsmatrix sind durch die Lösungsvektoren $\boldsymbol{\varphi}_\nu(t, t_0)$ $(\nu = 1, 2, \ldots, q)$ gegeben. Aus diesem Grund erfüllt $\boldsymbol{\Phi}(t, t_0)$ die Matrix-Differentialgleichung

$$\frac{\partial}{\partial t}\boldsymbol{\Phi}(t, t_0) = \boldsymbol{A}(t)\, \boldsymbol{\Phi}(t, t_0) \tag{2.90}$$

mit der Anfangsbedingung $\boldsymbol{\Phi}(t_0, t_0) = \mathbf{E}$, und es gilt $\det \boldsymbol{\Phi}(t, t_0) \neq 0$ für jedes t, was die Existenz der Inversen von $\boldsymbol{\Phi}(t, t_0)$ gewährleistet.

Beispiel 2.10: Es sei

$$\boldsymbol{A}(t) = \begin{bmatrix} 0 & 0 \\ t & 0 \end{bmatrix}.$$

Die Gl. (2.86) lautet mit dieser Systemmatrix komponentenweise

$$\frac{\mathrm{d}z_1}{\mathrm{d}t} = 0, \quad \frac{\mathrm{d}z_2}{\mathrm{d}t} = t\, z_1 .$$

Durch Integration erhält man die Lösung

$$\boldsymbol{z}(t) = \begin{bmatrix} k_1 \\ t^2 k_1 / 2 + k_2 \end{bmatrix}$$

mit den Integrationskonstanten k_1 und k_2. Aus der Forderung $\boldsymbol{z}(t_0) = \boldsymbol{e}_1$ ergibt sich $k_1 = 1, k_2 = -t_0^2/2$, also der Lösungsvektor

$$\boldsymbol{\varphi}_1(t, t_0) = \begin{bmatrix} 1 \\ (t^2 - t_0^2)/2 \end{bmatrix},$$

aus der Forderung $\boldsymbol{z}(t_0) = \boldsymbol{e}_2$ dagegen $k_1 = 0, k_2 = 1$, also der weitere Lösungsvektor

$$\boldsymbol{\varphi}_2(t, t_0) = \begin{bmatrix} 0 \\ 1 \end{bmatrix}.$$

Damit hat die Übergangsmatrix die Form

$$\boldsymbol{\Phi}(t, t_0) = \begin{bmatrix} 1 & 0 \\ (t^2 - t_0^2)/2 & 1 \end{bmatrix}.$$

Inhomogene Differentialgleichung. Ausgehend von der Lösung nach Gl. (2.89) für die homogene Differentialgleichung (2.86) läßt sich nunmehr nach der Methode der Variation der Konstanten die inhomogene Differentialgleichung (2.85) unter Berücksichtigung des Anfangszustands $\boldsymbol{z}(t_0)$ lösen. Mit Hilfe des Ansatzes

$$\boldsymbol{z}(t) = \boldsymbol{\Phi}(t, t_0)\boldsymbol{f}(t) \tag{2.91a}$$

erhält man zunächst

$$\frac{\mathrm{d}\boldsymbol{z}(t)}{\mathrm{d}t} = \frac{\partial \boldsymbol{\Phi}(t, t_0)}{\partial t}\boldsymbol{f}(t) + \boldsymbol{\Phi}(t, t_0)\frac{\mathrm{d}\boldsymbol{f}(t)}{\mathrm{d}t}. \tag{2.91b}$$

Setzt man die Gln. (2.91a,b) in Gl. (2.85) ein, so entsteht die Differentialgleichung

$$\left[\frac{\partial \boldsymbol{\Phi}(t, t_0)}{\partial t} - \boldsymbol{A}(t)\boldsymbol{\Phi}(t, t_0)\right]\boldsymbol{f}(t) + \boldsymbol{\Phi}(t, t_0)\frac{\mathrm{d}\boldsymbol{f}(t)}{\mathrm{d}t} = \boldsymbol{B}(t)\boldsymbol{x}(t). \tag{2.92}$$

Da die Übergangsmatrix $\boldsymbol{\Phi}(t, t_0)$ als Funktion von t die homogene Differentialgleichung (2.90) befriedigt, verschwindet der Ausdruck in eckigen Klammern in Gl. (2.92) identisch. Damit verbleibt

$$\frac{\mathrm{d}\boldsymbol{f}(t)}{\mathrm{d}t} = \boldsymbol{\Phi}^{-1}(t, t_0)\boldsymbol{B}(t)\boldsymbol{x}(t),$$

woraus durch Integration und mit Gl. (2.91a) die Lösung

$$z(t) = \boldsymbol{\Phi}(t, t_0)\int_{t_0}^{t} \boldsymbol{\Phi}^{-1}(\sigma, t_0)\boldsymbol{B}(\sigma)\boldsymbol{x}(\sigma)\,\mathrm{d}\sigma \tag{2.93}$$

der inhomogenen Differentialgleichung (2.85) mit der Anfangsbedingung $\boldsymbol{z}(t_0) = \boldsymbol{0}$ entsteht. Überlagert man schließlich der Lösung nach Gl. (2.93) die Lösung aus Gl. (2.89) der homogenen Differentialgleichung, dann erhält man

$$\boldsymbol{z}(t) = \boldsymbol{\Phi}(t, t_0)\boldsymbol{z}(t_0) + \boldsymbol{\Phi}(t, t_0)\int_{t_0}^{t} \boldsymbol{\Phi}^{-1}(\sigma, t_0)\boldsymbol{B}(\sigma)\boldsymbol{x}(\sigma)\,\mathrm{d}\sigma \tag{2.94}$$

als Zustandsvektor mit dem gewünschten Anfangszustand. Wie im zeitinvarianten Fall setzt sich die Lösung für den Zustandsvektor aus zwei Summanden zusammen, nämlich der erregungsfreien Lösung und der zum Zeitpunkt $t = t_0$ vom Nullzustand ausgehenden, durch die Eingangssignale erregten Lösung. Den Vektor der Ausgangsgrößen erhält man aus der gewonnenen Lösung für $\boldsymbol{z}(t)$ als

$$\boldsymbol{y}(t) = \boldsymbol{C}(t)\boldsymbol{z}(t) + \boldsymbol{D}(t)\boldsymbol{x}(t).$$

Anmerkung: In der Theorie der Differentialgleichungen heißt jede quadratische Matrix $\boldsymbol{\Psi}(t)$, deren q Spalten $\boldsymbol{\psi}_\nu(t)$ $(\nu = 1,2,\ldots,q)$ voneinander linear unabhängige Lösungen der Gl. (2.86) sind, Fundamentalmatrix. Jede Fundamentalmatrix ist also Lösung der Matrix-Differentialgleichung

$$\frac{\mathrm{d}\boldsymbol{\Psi}(t)}{\mathrm{d}t} = \boldsymbol{A}(t)\boldsymbol{\Psi}(t)$$

mit der Eigenschaft, daß sie zu jedem Zeitpunkt nichtsingulär ist. Andernfalls müßte ein Zeitpunkt t_1 und ein Vektor $\boldsymbol{\alpha} \neq \boldsymbol{0}$ existieren, so daß $\boldsymbol{\Psi}(t_1)\boldsymbol{\alpha} = \boldsymbol{0}$ gilt. Dieser Umstand würde jedoch die eindeutig bestimmte Lösung $\boldsymbol{z}(t) = \boldsymbol{\Psi}(t)\boldsymbol{\alpha} \equiv \boldsymbol{0}$ der Gl. (2.86) implizieren, woraus sich als Widerspruch zur Voraussetzung die lineare Abhängigkeit der Spalten von $\boldsymbol{\Psi}(t)$ ergeben würde. Es muß also jede Fundamentalmatrix $\boldsymbol{\Psi}(t)$ zu allen Zeiten nichtsingulär sein. Wenn umgekehrt eine Lösungsmatrix $\boldsymbol{\Psi}(t)$ für ein $t = t_1$ nichtsingulär ist, muß sie eine Fundamentalmatrix sein. Andernfalls müßte ein Vektor $\boldsymbol{\alpha} \neq \boldsymbol{0}$ mit der Eigenschaft $\boldsymbol{\Psi}(t)\boldsymbol{\alpha} \equiv \boldsymbol{0}$ existieren. Damit würde speziell $\boldsymbol{\Psi}(t_1)\boldsymbol{\alpha} = \boldsymbol{0}$ gelten, $\boldsymbol{\Psi}(t_1)$ also singulär sein, was im Widerspruch zur obigen Annahme steht. Liegen nun zwei Fundamentalmatrizen $\boldsymbol{\Psi}_1(t)$ und $\boldsymbol{\Psi}_2(t)$ derselben Gl. (2.86) vor, so können die Spalten jeder dieser Matrizen als Basis für den Zustandsraum der Gl. (2.86) betrachtet werden, und es existiert eine nichtsinguläre Matrix $\boldsymbol{M}$ mit der Transformationseigenschaft

$$\boldsymbol{\Psi}_1(t) = \boldsymbol{\Psi}_2(t)\boldsymbol{M}. \tag{2.95a}$$

Die konstante Matrix $\boldsymbol{M}$ ist von $\boldsymbol{\Psi}_1(t)$ und $\boldsymbol{\Psi}_2(t)$ abhängig. Die Übergangsmatrix $\boldsymbol{\Phi}(t, t_0)$ ist eine spezielle Fundamentalmatrix. Es liege nun noch irgendeine weitere Fundamentalmatrix $\boldsymbol{\Psi}(t)$ derselben Gl. (2.86) vor. Dann besteht eine Beziehung der Art

$$\boldsymbol{\Phi}(t, t_0) = \boldsymbol{\Psi}(t)\boldsymbol{M}$$

mit einer bestimmten Matrix $\boldsymbol{M}$. Da die Übergangsmatrix für $t = t_0$ mit der Einheitsmatrix übereinstimmt, erhält man

$$\mathbf{E} = \boldsymbol{\Psi}(t_0)\boldsymbol{M} \qquad \text{oder} \qquad \boldsymbol{M} = \boldsymbol{\Psi}^{-1}(t_0),$$

also

$$\boldsymbol{\Phi}(t, t_0) = \boldsymbol{\Psi}(t)\boldsymbol{\Psi}^{-1}(t_0) \tag{2.95b}$$

für alle t und t_0 sowie für irgendeine Fundamentalmatrix $\boldsymbol{\Psi}(t)$.

Es soll noch auf einige *Eigenschaften der Übergangsmatrix* hingewiesen werden. Wie oben schon erwähnt wurde, gilt

$$\boldsymbol{\Phi}(t_0, t_0) = \mathbf{E}. \tag{2.96}$$

Die Übergangsmatrix $\boldsymbol{\Phi}(t, t_0)$ stimmt also für $t = t_0$ mit der Einheitsmatrix überein. Nun läßt sich für $\boldsymbol{x}(t) \equiv \mathbf{0}$ der Anfangszustand $\boldsymbol{z}(t_0)$ bzw. $\boldsymbol{z}(t_1)$ in den Zustand $\boldsymbol{z}(t_2)$ gemäß Gl. (2.89) folgendermaßen überführen:

$$\boldsymbol{z}(t_2) = \boldsymbol{\Phi}(t_2, t_0)\boldsymbol{z}(t_0), \quad \boldsymbol{z}(t_2) = \boldsymbol{\Phi}(t_2, t_1)\boldsymbol{z}(t_1). \tag{2.97a,b}$$

Andererseits gilt

$$\boldsymbol{z}(t_1) = \boldsymbol{\Phi}(t_1, t_0)\boldsymbol{z}(t_0). \tag{2.97c}$$

Da $\boldsymbol{z}(t_0)$ beliebig gewählt werden darf, folgt aus den Gln. (2.97a,b) mit Gl. (2.97c) die multiplikative Eigenschaft der Übergangsmatrix

$$\boldsymbol{\Phi}(t_2, t_0) = \boldsymbol{\Phi}(t_2, t_1)\,\boldsymbol{\Phi}(t_1, t_0). \tag{2.98}$$

Mit Gl. (2.97b) und gemäß Gl. (2.89) erhält man

$$\boldsymbol{\Phi}^{-1}(t_2, t_1)\boldsymbol{z}(t_2) = \boldsymbol{z}(t_1) = \boldsymbol{\Phi}(t_1, t_2)\boldsymbol{z}(t_2)$$

und hieraus

$$\boldsymbol{\Phi}^{-1}(t_2, t_1) = \boldsymbol{\Phi}(t_1, t_2). \tag{2.99}$$

Damit ist eine Verknüpfung zwischen der Übergangsmatrix und ihrer Inversen gefunden. Bei Beachtung der Eigenschaft nach Gl. (2.99) läßt sich die Gl. (2.94) als Darstellung des Zustandsvektors folgendermaßen vereinfachen:

$$\boldsymbol{z}(t) = \boldsymbol{\Phi}(t, t_0)\boldsymbol{z}(t_0) + \int_{t_0}^{t} \boldsymbol{\Phi}(t, \sigma)\boldsymbol{B}(\sigma)\boldsymbol{x}(\sigma)\,\mathrm{d}\sigma. \tag{2.100}$$

Die Übergangsmatrix $\boldsymbol{\Phi}(t, t_0)$ muß im allgemeinen numerisch ermittelt werden. Durch formale Integration der Gl. (2.90) erhält man die Integralgleichung

$$\boldsymbol{\Phi}(t, t_0) = \mathbf{E} + \int_{t_0}^{t} \boldsymbol{A}(\sigma_1)\,\boldsymbol{\Phi}(\sigma_1, t_0)\,\mathrm{d}\sigma_1$$

für $\boldsymbol{\Phi}(t, t_0)$. Benützt man die rechte Seite dieser Gleichung, um $\boldsymbol{\Phi}(\sigma_1, t_0)$ zu ersetzen, so entsteht die weitere Beziehung

$$\boldsymbol{\Phi}(t, t_0) = \mathbf{E} + \int_{t_0}^{t} \boldsymbol{A}(\sigma_1)\,\mathrm{d}\sigma_1 + \int_{t_0}^{t} \boldsymbol{A}(\sigma_1) \int_{t_0}^{\sigma_1} \boldsymbol{A}(\sigma_2)\,\boldsymbol{\Phi}(\sigma_2, t_0)\,\mathrm{d}\sigma_2\,\mathrm{d}\sigma_1 .$$

Fährt man in dieser Weise fort, dann entsteht die sogenannte Peano-Baker-Reihe

$$\boldsymbol{\Phi}(t, t_0) = \mathbf{E} + \int_{t_0}^{t} \boldsymbol{A}(\sigma_1)\,\mathrm{d}\sigma_1 + \int_{t_0}^{t} \boldsymbol{A}(\sigma_1) \int_{t_0}^{\sigma_1} \boldsymbol{A}(\sigma_2)\,\mathrm{d}\sigma_2\,\mathrm{d}\sigma_1 + \cdots \tag{2.101}$$

als Darstellung der Übergangsmatrix, die sich für die numerische Auswertung weniger eignet, jedoch für theoretische Betrachtungen von Bedeutung ist.

Sonderfall des periodisch zeitvarianten Systems. Sind die Parameter des Systems *periodische* Funktionen mit derselben (primitiven) Periodendauer T (> 0), so sind auch die Koeffizientenmatrizen, insbesondere $\boldsymbol{A}(t)$, mit T periodische Funktionen. Es gilt also für den nicht erregten Fall

$$\frac{\mathrm{d}\boldsymbol{z}}{\mathrm{d}t} = \boldsymbol{A}(t)\,\boldsymbol{z}(t) \quad \text{mit} \quad \boldsymbol{A}(t+T) = \boldsymbol{A}(t). \tag{2.102a,b}$$

Hieraus folgt, daß mit $\boldsymbol{\varphi}_\nu(t, t_0)$ auch $\boldsymbol{\varphi}_\nu(t+T, t_0)$ eine Lösung der Gl. (2.102a) darstellt, da

$$\frac{\partial \boldsymbol{\varphi}_\nu(t+T, t_0)}{\partial t} = \boldsymbol{A}(t+T)\,\boldsymbol{\varphi}_\nu(t+T, t_0) = \boldsymbol{A}(t)\,\boldsymbol{\varphi}_\nu(t+T, t_0)$$

gilt. Da jede Lösung von Gl. (2.102a) als Linearkombination der Spalten von $\boldsymbol{\Phi}(t, t_0)$ dargestellt werden kann, besteht die Beziehung

$$\boldsymbol{\varphi}_\nu(t+T, t_0) = \sum_{\mu=1}^{q} \boldsymbol{\varphi}_\mu(t, t_0)\,k_{\mu\nu} \qquad (\nu = 1, 2, \ldots, q)$$

mit konstanten Werten $k_{\mu\nu}$. Faßt man diese Konstanten zur Matrix $\boldsymbol{K}$ zusammen, dann läßt sich dies in Matrizenform durch

$$\boldsymbol{\Phi}(t+T, t_0) = \boldsymbol{\Phi}(t, t_0)\,\boldsymbol{K} \tag{2.103}$$

ausdrücken, und $\boldsymbol{K}$ ist nichtsingulär, weil die Determinante der Übergangsmatrix stets von Null verschieden ist. Aus Gl. (2.103), die übrigens auch aus Gl. (2.95a) hervorgeht, folgt mit Gl. (2.96)

$$\boldsymbol{K} = \boldsymbol{\Phi}(t_0 + T, t_0). \tag{2.104a}$$

Außerdem gilt, wie man sieht, für ganzzahliges n

$$\boldsymbol{\Phi}(t + nT, t_0) = \boldsymbol{\Phi}(t, t_0)\,\boldsymbol{K}^n. \tag{2.104b}$$

Da $\boldsymbol{\Phi}(t + nT, t_0 + nT)$ offensichtlich mit $\boldsymbol{\Phi}(t, t_0)$ übereinstimmt, folgt aus Gl. (2.104b)

$$\boldsymbol{\Phi}(t, t_0 + nT) = \boldsymbol{\Phi}(t, t_0)\,\boldsymbol{K}^{-n}. \tag{2.104c}$$

Angesichts der Gln. (2.104a-c) genügt es zur Bestimmung der Übergangsmatrix eines periodischen Systems, diese Matrix nur in einem Periodizitätsbereich, etwa im Grundintervall $0 \leqq t < T$, $0 \leqq t_0 < T$, zu ermitteln. – Da $\boldsymbol{K}$ nichtsingulär und konstant ist, gibt es eine konstante Matrix $\tilde{\boldsymbol{A}}$ (mit im allgemeinen komplexwertigen Elementen) mit der Eigenschaft

$$\boldsymbol{K} = \mathrm{e}^{\tilde{\boldsymbol{A}}T} \tag{2.105}$$

(man vergleiche hierzu Anhang C). Schreibt man die Übergangsmatrix in der Form

$$\boldsymbol{\Phi}(t, t_0) = \boldsymbol{P}(t, t_0)\,\mathrm{e}^{\tilde{\boldsymbol{A}}\cdot(t-t_0)}, \tag{2.106}$$

so folgt mit Gl. (2.103) und Gl. (2.105)

$$\boldsymbol{\Phi}(t+T, t_0) = \boldsymbol{P}(t+T, t_0)\,\mathrm{e}^{\tilde{\boldsymbol{A}}\cdot(t+T-t_0)} = \boldsymbol{P}(t, t_0)\,\mathrm{e}^{\tilde{\boldsymbol{A}}\cdot(t-t_0)}\,\mathrm{e}^{\tilde{\boldsymbol{A}}T},$$

also

$$\boldsymbol{P}(t+T,t_0)=\boldsymbol{P}(t,t_0). \tag{2.107a}$$

Entsprechend zeigt man mit den Gln. (2.104c) für $n = 1$ und (2.105), daß

$$\boldsymbol{P}(t,t_0+T)=\boldsymbol{P}(t,t_0) \tag{2.107b}$$

gilt. Die Übergangsmatrix eines periodischen Systems läßt sich also gemäß Gl. (2.106) als Produkt der nach den Gln. (2.107a,b) periodischen Matrix $\boldsymbol{P}(t,t_0)$ mit der Exponentialmatrix $e^{\tilde{\boldsymbol{A}}\cdot(t-t_0)}$ darstellen. Diese Exponentialmatrix ist im nicht erregten Fall ($\boldsymbol{x}(t)\equiv\boldsymbol{0}$) maßgebend für das Verhalten des Zustandsvektors für $t\to\infty$ und damit für die Stabilität des Systems. Wie man sieht, strebt $\boldsymbol{\Phi}(t,t_0)$ bei festem t_0 für $t\to\infty$ genau dann gegen die Nullmatrix, wenn die Eigenwerte der Matrix $\boldsymbol{K}$ nach Gl. (2.105) dem Betrage nach kleiner als Eins sind oder wenn, was gleichbedeutend ist, die Eigenwerte der Matrix $\tilde{\boldsymbol{A}}$ ausschließlich negativen Realteil haben.[1)]

Durch die Transformation

$$\boldsymbol{z}(t)=\boldsymbol{P}(t,t_1)\,\boldsymbol{\zeta}(t) \tag{2.108}$$

mit einem beliebigen, aber festen Wert t_1 läßt sich die Zustandsdarstellung des periodisch zeitvarianten Systems in eine interessante äquivalente Form überführen. Mit Gl. (2.108) und der Gleichung

$$\frac{\mathrm{d}\boldsymbol{z}(t)}{\mathrm{d}t}=\boldsymbol{P}(t,t_1)\,\frac{\mathrm{d}\boldsymbol{\zeta}(t)}{\mathrm{d}t}+\frac{\partial\boldsymbol{P}(t,t_1)}{\partial t}\,\boldsymbol{\zeta}(t)$$

geht die Gl. (2.85) über in die Beziehung

$$\frac{\mathrm{d}\boldsymbol{\zeta}(t)}{\mathrm{d}t}=\boldsymbol{P}^{-1}(t,t_1)\left[\boldsymbol{A}(t)\boldsymbol{P}(t,t_1)-\frac{\partial\boldsymbol{P}(t,t_1)}{\partial t}\right]\boldsymbol{\zeta}(t)+\boldsymbol{P}^{-1}(t,t_1)\boldsymbol{B}(t)\boldsymbol{x}(t). \tag{2.109}$$

Aus Gl. (2.106) erhält man

$$\boldsymbol{P}(t,t_1)=\boldsymbol{\Phi}(t,t_1)\,e^{-\tilde{\boldsymbol{A}}\cdot(t-t_1)}$$

und

$$\frac{\partial\boldsymbol{P}(t,t_1)}{\partial t}=\frac{\partial\boldsymbol{\Phi}(t,t_1)}{\partial t}\,e^{-\tilde{\boldsymbol{A}}\cdot(t-t_1)}-\boldsymbol{\Phi}(t,t_1)\,e^{-\tilde{\boldsymbol{A}}\cdot(t-t_1)}\tilde{\boldsymbol{A}}$$

oder, da die Übergangsmatrix die Gl. (2.90) erfüllt,

$$\begin{aligned}\frac{\partial\boldsymbol{P}(t,t_1)}{\partial t}&=\boldsymbol{A}(t)\,\boldsymbol{\Phi}(t,t_1)\,e^{-\tilde{\boldsymbol{A}}\cdot(t-t_1)}-\boldsymbol{\Phi}(t,t_1)\,e^{-\tilde{\boldsymbol{A}}\cdot(t-t_1)}\tilde{\boldsymbol{A}}\\&=\boldsymbol{A}(t)\boldsymbol{P}(t,t_1)-\boldsymbol{P}(t,t_1)\tilde{\boldsymbol{A}}.\end{aligned}$$

Führt man diese Darstellung in die Gl. (2.109) ein, so ergibt sich für die Matrix vor dem transformierten Zustandsvektor $\boldsymbol{\zeta}(t)$

---

1) Man kann zeigen, daß diese Bedingungen auch im Fall $\boldsymbol{x}(t)\not\equiv\boldsymbol{0}$ die Stabilität im Sinne von Kapitel I sicherstellen.

$$\boldsymbol{P}^{-1}(t,t_1)\left[\boldsymbol{A}(t)\boldsymbol{P}(t,t_1) - \frac{\partial \boldsymbol{P}(t,t_1)}{\partial t}\right] = \boldsymbol{P}^{-1}(t,t_1)\boldsymbol{P}(t,t_1)\widetilde{\boldsymbol{A}} = \widetilde{\boldsymbol{A}}\,,$$

also eine zeitunabhängige Matrix. Die äquivalente Zustandsdarstellung des periodisch zeitvarianten Systems lautet damit

$$\frac{\mathrm{d}\boldsymbol{\zeta}(t)}{\mathrm{d}t} = \widetilde{\boldsymbol{A}}\,\boldsymbol{\zeta}(t) + \widetilde{\boldsymbol{B}}(t)\boldsymbol{x}(t)\,, \tag{2.110a}$$

$$\boldsymbol{y}(t) = \widetilde{\boldsymbol{C}}(t)\boldsymbol{\zeta}(t) + \widetilde{\boldsymbol{D}}(t)\boldsymbol{x}(t) \tag{2.110b}$$

mit den konstanten bzw. periodischen Systemmatrizen

$$\widetilde{\boldsymbol{A}} = \frac{1}{T}\ln \boldsymbol{\Phi}(t_0+T,t_0)\,, \quad \widetilde{\boldsymbol{B}}(t) = \boldsymbol{P}^{-1}(t,t_1)\boldsymbol{B}(t)\,, \tag{2.111a,b}$$

$$\widetilde{\boldsymbol{C}}(t) = \boldsymbol{C}(t)\boldsymbol{P}(t,t_1)\,, \quad \widetilde{\boldsymbol{D}}(t) = \boldsymbol{D}(t)\,. \tag{2.111c,d}$$

Der Parameter t_1 darf beliebig gewählt werden. Die Inverse der Matrix $\boldsymbol{P}(t,t_1)$ existiert, da die Übergangsmatrix nach Gl. (2.106) für alle Werte t und t_1 nichtsingulär ist. Das besonders Interessante an den gewonnenen Ergebnissen ist, daß durch die verwendete Transformation das nicht erregte, periodisch zeitvariante System nach Gl. (2.102a) in ein äquivalentes zeitinvariantes System überführt wird.

Beispiel 2.11: Im Bild 2.14 ist ein elektrisches Netzwerk mit den periodisch zeitvarianten Leitwerten $G_1(t) = G_0\,(1-\cos t)$ und $G_2(t) = G_0(1-0{,}5\cos t)$ abgebildet. Die Kapazitäten C_1, C_2 sind zeitinvariant; Eingangsgröße ist der Urstrom $x(t)$, Ausgangsgröße die Spannung $y(t)$ an der Quelle. Die Zustandsdarstellung des Systems mit den Kapazitätsspannungen $z_1(t)$ und $z_2(t)$ als Zustandsvariablen lautet

$$\frac{\mathrm{d}}{\mathrm{d}t}\boldsymbol{z}(t) = \begin{bmatrix} -\dfrac{G_1(t)}{C_1} & 0 \\ 0 & -\dfrac{G_2(t)}{C_2} \end{bmatrix}\boldsymbol{z}(t) + \begin{bmatrix} \dfrac{1}{C_1} \\ \dfrac{1}{C_2} \end{bmatrix} x(t)\,,$$

$$y(t) = [1 \quad 1]\,\boldsymbol{z}(t)\,.$$

Eine kurze Rechnung liefert die Übergangsmatrix

$$\boldsymbol{\Phi}(t,t_0) = \begin{bmatrix} \mathrm{e}^{\frac{G_0}{C_1}(t_0 - t + \sin t - \sin t_0)} & 0 \\ 0 & \mathrm{e}^{\frac{G_0}{C_2}(t_0 - t + \frac{1}{2}\sin t - \frac{1}{2}\sin t_0)} \end{bmatrix}$$

und damit nach Gl. (2.104a) mit $T = 2\pi$ die Diagonalmatrix

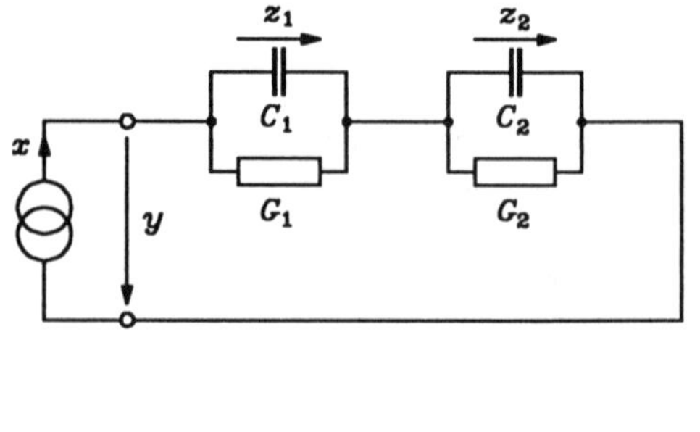

Bild 2.14: Periodisch zeitvariantes elektrisches Netzwerk. Die Kapazitäten sind zeitunabhängig, während sich die ohmschen Leitwerte periodisch mit der Zeit ändern

$$\boldsymbol{K} = \begin{bmatrix} \mathrm{e}^{-\frac{G_0}{C_1}2\pi} & 0 \\ 0 & \mathrm{e}^{-\frac{G_0}{C_2}2\pi} \end{bmatrix}.$$

Da diese Matrix nach Gl. (2.105) gleich $\mathrm{e}^{\tilde{\boldsymbol{A}}2\pi}$ ist, erhält man

$$\tilde{\boldsymbol{A}} = \begin{bmatrix} -\dfrac{G_0}{C_1} & 0 \\ 0 & -\dfrac{G_0}{C_2} \end{bmatrix}$$

und weiterhin gemäß Gl. (2.106)

$$\boldsymbol{P}(t, t_0) = \begin{bmatrix} \mathrm{e}^{\frac{G_0}{C_1}(\sin t - \sin t_0)} & 0 \\ 0 & \mathrm{e}^{\frac{G_0}{2C_2}(\sin t - \sin t_0)} \end{bmatrix}.$$

Wählt man noch zur Vereinfachung $G_0 / C_1 = G_0 / 2C_2 = 1$, dann lauten die Systemmatrizen der äquivalenten Darstellung

$$\tilde{\boldsymbol{A}} = \begin{bmatrix} -1 & 0 \\ 0 & -2 \end{bmatrix}, \quad \tilde{\boldsymbol{B}}(t) = \mathrm{e}^{\sin t_0 - \sin t} \begin{bmatrix} 1 \\ 2 \end{bmatrix} \frac{1}{G_0},$$

$$\tilde{\boldsymbol{C}}(t) = [1 \quad 1]\, \mathrm{e}^{\sin t - \sin t_0}, \quad \tilde{\boldsymbol{D}}(t) \equiv \boldsymbol{0}.$$

3.3.3 Zusammenhang zwischen Übergangsmatrix und Matrix der Impulsantworten

Es soll jetzt noch auf den Zusammenhang zwischen der Übergangsmatrix $\boldsymbol{\Phi}(t, t_0)$ und der Matrix der Impulsantworten $\boldsymbol{H}(t, \tau)$ hingewiesen werden, die im Kapitel I, Abschnitt 2.8 eingeführt wurde. Für ein lineares, kausales, im Zustandsraum darstellbares System gilt nach den Gln. (2.13) und (2.100) für $t \geqq t_0$

$$\boldsymbol{y}(t) = \boldsymbol{C}(t)\,\boldsymbol{\Phi}(t, t_0)\,\boldsymbol{z}(t_0) + \int_{t_0}^{t} \boldsymbol{C}(t)\,\boldsymbol{\Phi}(t, \sigma)\,\boldsymbol{B}(\sigma)\,\boldsymbol{x}(\sigma)\,\mathrm{d}\sigma + \boldsymbol{D}(t)\,\boldsymbol{x}(t)$$

oder

$$\boldsymbol{y}(t) = \boldsymbol{C}(t)\,\boldsymbol{\Phi}(t, t_0)\boldsymbol{z}(t_0) + \int_{t_0}^{t+} [\boldsymbol{C}(t)\,\boldsymbol{\Phi}(t, \sigma)\boldsymbol{B}(\sigma) + \delta(t - \sigma)\boldsymbol{D}(t)]\boldsymbol{x}(\sigma)\,\mathrm{d}\sigma. \quad (2.112)$$

Betrachtet man den Fall, daß das System zum Zeitpunkt $t_0 = -\infty$ im Zustand $\boldsymbol{z}(t_0) = \boldsymbol{0}$ erregt wurde, dann folgt aus Gl. (2.112) weiterhin

$$\boldsymbol{y}(t) = \int_{-\infty}^{t+} [\boldsymbol{C}(t)\,\boldsymbol{\Phi}(t, \sigma)\,\boldsymbol{B}(\sigma) + \delta(t - \sigma)\,\boldsymbol{D}(t)]\,\boldsymbol{x}(\sigma)\,\mathrm{d}\sigma. \quad (2.113)$$

Andererseits gilt nach Gl. (1.69b)

$$\boldsymbol{y}(t) = \int_{-\infty}^{t+} \boldsymbol{H}(t,\sigma)\boldsymbol{x}(\sigma)\,\mathrm{d}\sigma . \tag{2.114}$$

Da $\boldsymbol{x}(\sigma)$ im Rahmen der zugelassenen Eingangssignale willkürlich gewählt werden darf, führt ein Vergleich der Gln. (2.113) und (2.114) auf die Beziehung

$$\boldsymbol{H}(t,\tau) = s(t-\tau)\boldsymbol{C}(t)\,\boldsymbol{\Phi}(t,\tau)\boldsymbol{B}(\tau) + \delta(t-\tau)\boldsymbol{D}(t). \tag{2.115}$$

Damit ist es gelungen, zwischen der Matrix $\boldsymbol{H}(t,\tau)$ der Impulsantworten einerseits und der durch die Matrix $\boldsymbol{A}(t)$ bestimmten Übergangsmatrix $\boldsymbol{\Phi}(t,\tau)$, den Matrizen $\boldsymbol{B}(t)$, $\boldsymbol{C}(t)$ und $\boldsymbol{D}(t)$ andererseits einen Zusammenhang herzustellen. Ist das System zeitinvariant, so wird $\boldsymbol{H}(t,\tau) = \boldsymbol{H}(t-\tau)$, und Gl. (2.115) vereinfacht sich zu

$$\boldsymbol{H}(t) = s(t)\boldsymbol{C}\,\mathrm{e}^{\boldsymbol{A}t}\boldsymbol{B} + \delta(t)\boldsymbol{D} . \tag{2.116}$$

Beispiel 2.12: Es wird das im Bild 2.1 dargestellte elektrische Netzwerk mit $R_1 = R_2 = 1$ und $L = C = 1/2$ betrachtet. Die Übergangsmatrix ist durch Gl. (2.76) gegeben. Die Matrizen $\boldsymbol{B}$ und $\boldsymbol{C}$ werden durch die Gln. (2.72) geliefert, und es ist $\boldsymbol{D} = \boldsymbol{0}$. Aus Gl. (2.116) erhält man dann die Impulsantwort

$$h(t) = s(t)\begin{bmatrix} \frac{1}{2} & \frac{1}{2} \end{bmatrix} \begin{bmatrix} \mathrm{e}^{-t}\cos t & -\mathrm{e}^{-t}\sin t \\ \mathrm{e}^{-t}\sin t & \mathrm{e}^{-t}\cos t \end{bmatrix} \begin{bmatrix} 2 \\ 0 \end{bmatrix} = s(t)\,\mathrm{e}^{-t}(\cos t + \sin t).$$

Man kann dieses Ergebnis auf andere Weise bestätigen, etwa mit Hilfe der Laplace-Transformation (Kapitel V).

Die Gl. (2.115) ermöglicht die Angabe der Matrix der Impulsantworten aufgrund einer Zustandsraumdarstellung. Es liegt nun die Frage nahe, wie umgekehrt für eine vorgegebene Matrix der Impulsantworten eine zugehörige Zustandsraumdarstellung ermittelt werden kann. Dabei ist es erforderlich, die Form der genannten Matrix einzuschränken, um zu gewährleisten, daß überhaupt eine zugehörige Zustandsraumdarstellung existiert. Betrachtet man etwa eine Matrix der Art

$$\boldsymbol{H}(t,\tau) = s(t-\tau)\boldsymbol{C}(t)\boldsymbol{B}(\tau) + \delta(t-\tau)\boldsymbol{D}(t), \tag{2.117}$$

so sieht man, daß diese durch eine Zustandsraumdarstellung erzeugt werden kann, indem man das Systemmatrizen-Quadrupel $(\boldsymbol{0}, \boldsymbol{B}(t), \boldsymbol{C}(t), \boldsymbol{D}(t))$ wählt. Die Form von $\boldsymbol{H}(t,\tau)$ nach Gl. (2.117) ist also hinreichend für eine Darstellbarkeit im Zustandsraum. Auf der anderen Seite kann man aufgrund der Gl. (2.115) und der möglichen Darstellung der Übergangsmatrix gemäß Gl. (2.95b) mit irgendeiner Fundamentalmatrix $\boldsymbol{\Psi}(t)$ erkennen, daß die Form von $\boldsymbol{H}(t,\tau)$ nach Gl. (2.117) auch notwendig ist für eine Darstellung im Zustandsraum. Dabei ist zu beachten, daß $\boldsymbol{C}(t)\,\boldsymbol{\Psi}(t)$ aus Gl. (2.115) der Matrix $\boldsymbol{C}(t)$ in Gl. (2.117) und $\boldsymbol{\Psi}^{-1}(\tau)\,\boldsymbol{B}(\tau)$ der Matrix $\boldsymbol{B}(\tau)$ in Gl. (2.117) entspricht.

Ausgehend von der Gl. (2.116) kann für die Zustandsdarstellung eines linearen, zeitinvarianten kontinuierlichen Systems die folgende Aussage abgeleitet werden: Ersetzt man das Quadrupel von Systemmatrizen $(\boldsymbol{A}, \boldsymbol{B}, \boldsymbol{C}, \boldsymbol{D})$ durch das Quadrupel $(\boldsymbol{A}^{\mathrm{T}}, \boldsymbol{C}^{\mathrm{T}}, \boldsymbol{B}^{\mathrm{T}}, \boldsymbol{D}^{\mathrm{T}})$, dann geht die zugehörige Matrix der Impulsantworten in ihre Transponierte über. Hat das betrachtete System nur einen Eingang und einen Ausgang, dann ist die Matrix der Impulsantworten eine skalare Funktion, und sie stimmt mit ihrer Transponierten überein. Damit ist gezeigt, daß die beiden Zustandsdarstellungen mit dem Matrizenquadrupel $(\boldsymbol{A}, \boldsymbol{b}, \boldsymbol{c}^{\mathrm{T}}, d)$ bzw. $(\boldsymbol{A}^{\mathrm{T}}, \boldsymbol{c}, \boldsymbol{b}^{\mathrm{T}}, d)$ dasselbe Eingang-Ausgang-Verhalten aufweisen. Diese Tatsache wurde im Abschnitt 3.1 im Zusammenhang mit dualen Realisierungen ausgenützt.

3.4 STEUERBARKEIT UND BEOBACHTBARKEIT LINEARER SYSTEME

In diesem Abschnitt sollen zwei allgemeine Eigenschaften linearer Systeme untersucht werden, welche im Zusammenhang mit verschiedenen praktischen und theoretischen Fragestellungen von Bedeutung sind.

3.4.1 Einführendes Beispiel

Bild 2.15 zeigt ein elektrisches Netzwerk, das durch die Spannungsquelle $x(t)$ erregt wird und dessen Ausgangsgröße die Spannung $y(t)$ ist. Wählt man den Induktivitätsstrom $z_1(t)$ und die Kapazitätsspannung $z_2(t)$ als Zustandsgrößen, dann lautet die Zustandsraumbeschreibung des Netzwerks mit den Zeitkonstanten $T_1 = L_1 / R_1$ und $T_2 = R_2 C_2$

$$\frac{d\boldsymbol{z}(t)}{dt} = \begin{bmatrix} -\frac{1}{T_1} & 0 \\ 0 & -\frac{1}{T_2} \end{bmatrix} \boldsymbol{z}(t) + \begin{bmatrix} \frac{1}{L_1} \\ 0 \end{bmatrix} x(t),$$

$$y(t) = [\,0 \quad 1\,]\,\boldsymbol{z}(t) + x(t).$$

Als Lösung der Zustandsgleichungen mit dem Anfangszustand $\boldsymbol{z}(t_0)$ ergibt sich

$$\boldsymbol{z}(t) = \begin{bmatrix} z_1(t_0)\,e^{-(t-t_0)/T_1} \\ z_2(t_0)\,e^{-(t-t_0)/T_2} \end{bmatrix} + \begin{bmatrix} \frac{1}{L_1} \int_{t_0}^{t} e^{-(t-\sigma)/T_1}\, x(\sigma)\, d\sigma \\ 0 \end{bmatrix},$$

$$y(t) = z_2(t_0)\,e^{-(t-t_0)/T_2} + x(t).$$

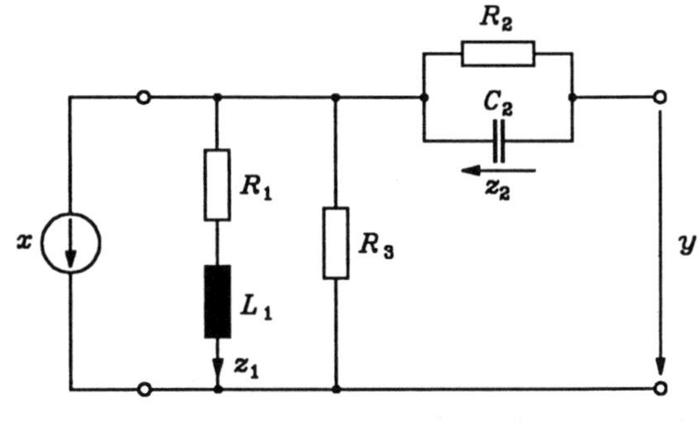

Bild 2.15: Elektrisches Netzwerk zur Erläuterung der Steuerbarkeit und Beobachtbarkeit linearer Systeme

Wie man sieht, ist es beim vorliegenden Beispiel nicht möglich, durch die Erregung $x(t)$ den Verlauf der Zustandsgröße $z_2(t)$ zu beeinflussen, weil die Eigenfunktion $\exp(-t/T_2)$ des Netzwerks vom Eingang her nicht angeregt werden kann. Diese Eigenschaft des Netzwerks kann auch in der Weise gesehen werden, daß es nicht möglich ist, das Netzwerk bei freier

Wahl von $x(t)$ von einem beliebigen Anfangszustand $\boldsymbol{z}(t_0)$ in endlicher Zeit in einen willkürlich wählbaren Endzustand $\boldsymbol{z}(t_1)$ zu überführen. Der Leser möge sich das am Fall $\boldsymbol{z}(t_0) = \boldsymbol{0}$ und $z_1(t_1) = 0$, $z_2(t_1) \neq 0$ verdeutlichen. Angesichts dieser Eigenschaft spricht man davon, daß das Netzwerk nicht steuerbar ist. Wie man bereits am vorliegenden Beispiel (Bild 2.15) sieht, wird allgemein die Steuerbarkeit durch Eigenschaften der Matrix $\boldsymbol{B}$ in bezug auf die Matrix $\boldsymbol{A}$ bestimmt. Dies soll im nächsten Abschnitt näher untersucht werden. Während die Steuerbarkeit die Frage betrifft, ob der Systemzustand vom Eingang aus unter Kontrolle gebracht werden kann, bezieht sich die Beobachtbarkeit auf das Problem, aus dem Verlauf der Ausgangsgröße bei Kenntnis der Eingangsgröße und der Systemmatrizen den Zustand $\boldsymbol{z}(t_0)$ festzustellen. Wie die Zustandsgleichungen des gewählten Beispiels aus Bild 2.15 erkennen lassen, ist das Ausgangssignal $y(t)$ völlig unabhängig von der ersten Komponente des Systemzustands. Diese Tatsache kann auch so gesehen werden, daß in der Ausgangsgröße die Eigenfunktion $\exp(-t/T_1)$ nicht enthalten ist. Das Netzwerk ist daher nicht beobachtbar. Die Beobachtbarkeit wird allgemein durch Eigenschaften der Matrix $\boldsymbol{C}$ in bezug auf die Matrix $\boldsymbol{A}$ bestimmt, wie man an diesem Beispiel sieht. Eine genaue Untersuchung erfolgt im übernächsten Abschnitt.

3.4.2 Steuerbarkeit

Den folgenden Betrachtungen wird ein kontinuierliches System zugrundegelegt, das durch die Zustandsgleichung (2.12) beschrieben wird. Das System heißt in dieser Darstellung *steuerbar* zum Zeitpunkt t_0, wenn der Zustand $\boldsymbol{z}(t)$ von einem beliebigen Anfangszustand $\boldsymbol{z}_0 = \boldsymbol{z}(t_0)$ bei Wahl eines geeigneten Eingangssignals $\boldsymbol{x}(t)$ in endlicher Zeit in einen willkürlich wählbaren Endzustand $\boldsymbol{z}_1 = \boldsymbol{z}(t_1)$ überführt werden kann. Ohne Einschränkung der Allgemeinheit darf $\boldsymbol{z}(t_1) = \boldsymbol{0}$ gewählt werden, weil dies durch eine Verschiebung des Koordinatenursprungs im Zustandraum stets erreicht werden kann.

Die Frage der Steuerbarkeit soll zunächst für den Fall zeitunabhängiger Matrizen $\boldsymbol{A}$ und $\boldsymbol{B}$ näher untersucht werden. Unter dieser Voraussetzung ist der Zeitpunkt t_0 kein wesentlicher Parameter, da aus der Steuerbarkeit zu irgendeinem Zeitpunkt t_0 die Steuerbarkeit für alle t_0 folgt. Es wird daher ohne Einschränkung der Allgemeinheit $t_0 = 0$ gewählt. Die Lösung der Gl. (2.12) lautet nach den Gln. (2.65) und (2.56) für $t \geqq t_0 = 0$

$$\boldsymbol{z}(t) = \mathrm{e}^{\boldsymbol{A}t}\boldsymbol{z}_0 + \int_0^t \mathrm{e}^{\boldsymbol{A}\cdot(t-\sigma)}\,\boldsymbol{B}\boldsymbol{x}(\sigma)\,\mathrm{d}\sigma\,.$$

Die Forderung nach Steuerbarkeit läßt sich damit in Form der Gleichung

$$\boldsymbol{0} = \mathrm{e}^{\boldsymbol{A}t_1}\boldsymbol{z}_0 + \mathrm{e}^{\boldsymbol{A}t_1}\int_0^{t_1} \mathrm{e}^{-\boldsymbol{A}\sigma}\boldsymbol{B}\boldsymbol{x}(\sigma)\,\mathrm{d}\sigma \tag{2.118}$$

zur Bestimmung der Eingangsgröße $\boldsymbol{x}(t)$ bei beliebigem $\boldsymbol{z}_0$ ausdrücken. Man kann jetzt zeigen, daß die Gl. (2.118) genau dann lösbar und damit das System steuerbar ist, wenn die Vektorfunktionen in den q Zeilen der Matrix

$$\boldsymbol{F}(t) = \mathrm{e}^{\boldsymbol{A}t}\boldsymbol{B} \tag{2.119}$$

linear unabhängig sind, d. h., wenn mit einem Vektor $\boldsymbol{\alpha}$ aus der Identität

$$\boldsymbol{\alpha}^{\mathrm{T}} \mathrm{e}^{\boldsymbol{A}t} \boldsymbol{B} \equiv \boldsymbol{0} \tag{2.120}$$

stets $\boldsymbol{\alpha} = \boldsymbol{0}$ folgt.

Beweis: Um die *Notwendigkeit* der Aussage zu zeigen, wird angenommen, daß das System steuerbar ist, aber die q Zeilen der Matrix $\boldsymbol{F}(t)$ nach Gl. (2.119) linear abhängig sind. Dann muß ein q-dimensionaler Vektor $\boldsymbol{\alpha} \neq \boldsymbol{0}$ existieren, so daß Gl. (2.120) gilt. Wählt man in Gl. (2.118) als Anfangszustand $\boldsymbol{z}_0$ speziell den Vektor $\boldsymbol{\alpha}$ und multipliziert man die Gl. (2.118) von links mit $\boldsymbol{\alpha}^{\mathrm{T}} \exp(-\boldsymbol{A} t_1)$, so ergibt sich die skalare Gleichung

$$0 = \boldsymbol{\alpha}^{\mathrm{T}} \boldsymbol{\alpha} + \int_0^{t_1} \boldsymbol{\alpha}^{\mathrm{T}} \mathrm{e}^{-\boldsymbol{A}\sigma} \boldsymbol{B} \boldsymbol{x}(\sigma)\, \mathrm{d}\sigma$$

oder bei Berücksichtigung von Gl. (2.120) im Integranden

$$\boldsymbol{\alpha}^{\mathrm{T}} \boldsymbol{\alpha} = 0 ,$$

d. h. $\boldsymbol{\alpha} = \boldsymbol{0}$ im Widerspruch zur Annahme $\boldsymbol{\alpha} \neq \boldsymbol{0}$. Damit müssen die q Zeilen der Matrix $\boldsymbol{F}(t)$ nach Gl. (2.119) notwendigerweise linear unabhängig sein. – Um die *Hinlänglichkeit* obiger Aussage nachzuweisen, wird angenommen, daß die q Zeilen der Matrix $\boldsymbol{F}(t)$ nach Gl. (2.119) linear unabhängig sind, und gezeigt, daß mindestens ein $\boldsymbol{x}(t)$ als Lösung von Gl. (2.118) existiert. Führt man die Matrix

$$\boldsymbol{W}_s(t_1) = \int_0^{t_1} \mathrm{e}^{-\boldsymbol{A}\sigma} \boldsymbol{B} \boldsymbol{B}^{\mathrm{T}} \mathrm{e}^{-\boldsymbol{A}^{\mathrm{T}}\sigma} \mathrm{d}\sigma$$

mit beliebigem $t_1 > 0$ ein, dann gilt für jeden Vektor $\boldsymbol{\alpha} \neq \boldsymbol{0}$

$$\boldsymbol{\alpha}^{\mathrm{T}} \boldsymbol{W}_s(t_1)\, \boldsymbol{\alpha} = \int_0^{t_1} \boldsymbol{\alpha}^{\mathrm{T}} \boldsymbol{F}(-\sigma) \boldsymbol{F}^{\mathrm{T}}(-\sigma)\, \boldsymbol{\alpha}\, \mathrm{d}\sigma .$$

Dieser Ausdruck ist stets positiv, da der Integrand die Summe der Quadrate von Funktionen ist und laut Voraussetzung $\boldsymbol{\alpha}^{\mathrm{T}} \boldsymbol{F}(-\sigma)$ nicht identisch verschwinden kann. Damit ist $\boldsymbol{W}_s(t_1)$ eine positiv-definite Matrix. Es existiert also die Inverse dieser Matrix, mit der das spezielle Eingangssignal

$$\boldsymbol{x}(t) = -\boldsymbol{B}^{\mathrm{T}} \mathrm{e}^{-\boldsymbol{A}^{\mathrm{T}} t}\, \boldsymbol{W}_s^{-1}(t_1)\, \boldsymbol{z}_0 , \quad \text{d. h.} \quad \boldsymbol{x}(t) = -\boldsymbol{F}^{\mathrm{T}}(-t)\, \boldsymbol{W}_s^{-1}(t_1)\, \boldsymbol{z}_0$$

gebildet werden kann. Dieses $\boldsymbol{x}(t)$ löst die Gl. (2.118), wie man unmittelbar durch Substitution erkennt, und ist damit ein Signal, das den beliebigen Anfangszustand $\boldsymbol{z}_0$ in den Endzustand $\boldsymbol{z}(t_1) = \boldsymbol{0}$ überführt.

Man kann nun weiterhin die Aussage beweisen, daß die Zeilen der Matrix $\boldsymbol{F}(t)$ genau dann linear unabhängig sind, wenn die Matrix $\boldsymbol{U} := [\boldsymbol{B} \;\; \boldsymbol{A}\boldsymbol{B} \;\; \cdots \;\; \boldsymbol{A}^{q-1}\boldsymbol{B}]$ den größtmöglichen Rang q hat. Hierzu wird zuerst angenommen, daß die Zeilen von $\boldsymbol{F}(t)$ linear abhängig sind, d. h., daß Gl. (2.120) für ein $\boldsymbol{\alpha} \neq \boldsymbol{0}$ erfüllt ist. Dann gilt auch für alle $\mu \geqq 0$

$$\frac{\mathrm{d}^{\mu}}{\mathrm{d}t^{\mu}} (\boldsymbol{\alpha}^{\mathrm{T}} \mathrm{e}^{\boldsymbol{A}t} \boldsymbol{B}) = \boldsymbol{\alpha}^{\mathrm{T}} \mathrm{e}^{\boldsymbol{A}t} \boldsymbol{A}^{\mu} \boldsymbol{B} \equiv \boldsymbol{0} ,$$

und für $t = 0$ folgt hieraus insbesondere

$$\boldsymbol{\alpha}^{\mathrm{T}} [\boldsymbol{B} \;\; \boldsymbol{A}\boldsymbol{B} \;\; \cdots \;\; \boldsymbol{A}^{q-1}\boldsymbol{B}] = \boldsymbol{\alpha}^{\mathrm{T}} \boldsymbol{U} = \boldsymbol{0} .$$

Dies besagt aber, daß der Rang von $\boldsymbol{U}$ kleiner als q sein muß. Nimmt man andererseits an, daß der Rang von $\boldsymbol{U}$ kleiner als q ist, dann existiert ein Vektor $\boldsymbol{\alpha} \neq \boldsymbol{0}$, so daß $\boldsymbol{\alpha}^{\mathrm{T}} \boldsymbol{U} = \boldsymbol{0}$, also $\boldsymbol{\alpha}^{\mathrm{T}}\boldsymbol{A}^{\mu}\boldsymbol{B} = \boldsymbol{0}$ für $\mu = 0, 1, \ldots, q-1$ gilt. Aufgrund des Cayley-Hamilton-Theorems folgt dann aber

$$\boldsymbol{\alpha}^{\mathrm{T}}\boldsymbol{A}^{\mu}\boldsymbol{B} = \boldsymbol{0}$$

auch für $\mu \geqq q$, und wegen Gl. (2.57) ergibt sich hieraus $\boldsymbol{\alpha}^{\mathrm{T}}\boldsymbol{F}(t) \equiv \boldsymbol{0}$. Damit ist die genannte Aussage bewiesen.

Insgesamt ist damit folgendes Ergebnis gefunden:

Satz II.1: Ein lineares durch die Gl. (2.12) mit konstanten Matrizen $\boldsymbol{A}$ und $\boldsymbol{B}$ darstellbares System ist in dieser Darstellung genau dann steuerbar, wenn die sogenannte *Steuerbarkeitsmatrix*

$$\boldsymbol{U} = [\boldsymbol{B} \quad \boldsymbol{A}\boldsymbol{B} \quad \boldsymbol{A}^2\boldsymbol{B} \quad \cdots \quad \boldsymbol{A}^{q-1}\boldsymbol{B}] \tag{2.121}$$

den Rang q hat. Besitzt das System nur einen Eingang, dann ist die Matrix $\boldsymbol{B}$ ein Vektor und $\boldsymbol{U}$ eine quadratische Matrix der Ordnung q. In einem solchen Fall ist die Steuerbarkeit genau dann gegeben, wenn die Determinante von $\boldsymbol{U}$ nicht verschwindet.

Beispiel 2.13: Für das im Beispiel 2.3 untersuchte linearisierte Pendel mit beweglichem Aufhängepunkt soll die Steuerbarkeit geprüft werden. Nach den Gln. (2.23a,b) gilt

$$\boldsymbol{A} = \begin{bmatrix} 0 & 1 \\ -1 & 0 \end{bmatrix} \quad \text{und} \quad \boldsymbol{B} =: \boldsymbol{b} = \begin{bmatrix} 0 \\ -1 \end{bmatrix}.$$

Hieraus erhält man als Steuerbarkeitsmatrix

$$\boldsymbol{U} = [\boldsymbol{b} \quad \boldsymbol{A}\boldsymbol{b}] = \begin{bmatrix} 0 & -1 \\ -1 & 0 \end{bmatrix},$$

deren Determinante offensichtlich von Null verschieden ist. Das System ist also steuerbar.

Wird ein lineares, zeitinvariantes System nach Abschnitt 3.2 durch eine nichtsinguläre Transformation des Zustandsvektors gemäß Gl. (2.42) in eine äquivalente Zustandsdarstellung überführt, dann erhält man für die Steuerbarkeitsmatrix $\tilde{\boldsymbol{U}}$ des neuen Systems wegen Gln. (2.44a,b)

$$\tilde{\boldsymbol{U}} = \boldsymbol{M}^{-1}\boldsymbol{U}. \tag{2.122}$$

Beachtet man, daß durch die Multiplikation mit einer nichtsingulären Matrix keine Rangänderung eintritt, so ist damit das Ergebnis gewonnen, daß durch eine Äquivalenztransformation des Systems die Eigenschaft der Steuerbarkeit nicht beeinflußt wird.

Anmerkung: Bei der praktischen Anwendung von Satz II.1 kann man sukzessive die Matrizen

$$\boldsymbol{U}_{\mu} = [\boldsymbol{B} \quad \boldsymbol{A}\boldsymbol{B} \quad \cdots \quad \boldsymbol{A}^{\mu}\boldsymbol{B}] \quad (\mu = 0, 1, \ldots, q-1)$$

und deren Ränge betrachten. Gibt es einen kleinsten Wert $\mu = \mu_0$, so daß die Matrizen $\boldsymbol{U}_{\mu_0}$ und $\boldsymbol{U}_{\mu_0+1}$ gleichen Rang haben, dann besitzen alle Matrizen $\boldsymbol{U}_{\mu}$ mit $\mu \geqq \mu_0$ denselben Rang. Insofern kann es vorkommen, daß bei der Prüfung der Steuerbarkeit nicht die volle Matrix $\boldsymbol{U}$, sondern nur eine Teilmatrix berechnet zu werden braucht. Zum Beweis dieser Behauptung sei zunächst festgestellt, daß jede Spalte von $\boldsymbol{A}^{\mu_0+1}\boldsymbol{B}$ von den Spalten der Matrizen $\boldsymbol{B}, \boldsymbol{AB}, \ldots, \boldsymbol{A}^{\mu_0}\boldsymbol{B}$ linear abhängen, sofern $\boldsymbol{U}_{\mu_0}$ und $\boldsymbol{U}_{\mu_0+1}$ gleichen Rang haben, wie dies vorausgesetzt wurde. Durch Links-Multiplikation von $\boldsymbol{U}_{\mu_0}$ und $\boldsymbol{U}_{\mu_0+1}$ mit $\boldsymbol{A}$ werden alle Spalten dieser Matrizen von links mit $\boldsymbol{A}$ multipliziert, und daher ist jede Spalte von $\boldsymbol{A}^{\mu_0+2}\boldsymbol{B}$ linear abhängig von den Spalten der Matrizen $\boldsymbol{AB}, \boldsymbol{A}^2\boldsymbol{B}, \ldots, \boldsymbol{A}^{\mu_0+1}\boldsymbol{B}$. Da aber jede der Spalten von $\boldsymbol{A}^{\mu_0+1}\boldsymbol{B}$ von denen der Matrizen $\boldsymbol{B}, \boldsymbol{AB}, \ldots, \boldsymbol{A}^{\mu_0}\boldsymbol{B}$ linear abhängt, ist jede Spalte von $\boldsymbol{A}^{\mu_0+2}\boldsymbol{B}$ von den Spalten der Matrizen $\boldsymbol{B}, \boldsymbol{AB}, \ldots, \boldsymbol{A}^{\mu_0}\boldsymbol{B}$ linear abhängig. Daher besitzt die Matrix $\boldsymbol{U}_{\mu_0+2}$ den gleichen Rang wie $\boldsymbol{U}_{\mu_0}$ und $\boldsymbol{U}_{\mu_0+1}$. Ebenso erkennt man, daß die Matrix $\boldsymbol{U}_{\mu_0+3}$ den gleichen Rang wie die Matrizen $\boldsymbol{U}_{\mu_0+2}$ und $\boldsymbol{U}_{\mu_0+1}$ hat, und kann entsprechend fortfahren. – Die vorausgegangenen Überlegungen zeigen, daß beim Übergang von $\boldsymbol{U}_{\mu}$ zu $\boldsymbol{U}_{\mu+1}$ der Rang jeweils mindestens um Eins steigt, solange $\mu < \mu_0$ ist. Bedeutet β den Rang von $\boldsymbol{U}_0 = \boldsymbol{B}$, so muß zur Prüfung der Steuerbarkeit allenfalls bis $\boldsymbol{U}_{q-\beta}$ gegangen werden, da q der maximal mögliche Rang ist, d. h. es gilt $\mu_0 \leqq q - \beta$. Aus der Definition des Minimalpolynoms folgt andererseits direkt $\mu_0 \leqq k - 1$, wenn k den Grad dieses Polynoms bezeichnet.

Die im Zusammenhang mit der Steuerbarkeit linearer Systeme mit konstanten Matrizen $\boldsymbol{A}$ und $\boldsymbol{B}$ angestellten Überlegungen lassen sich auf den Fall zeitabhängiger Matrizen übertragen. Der Zeitpunkt t_0 ist hier allerdings ein wesentlicher Parameter. Die Gln. (2.118) und (2.119) sind entsprechend durch Einführung der Übergangsmatrix $\boldsymbol{\Phi}(t, t_0)$ als Funktion von t und t_0 zu modifizieren, und es kann folgende Aussage gemacht werden:

Satz II.2: Steuerbarkeit des Systems in der Darstellung nach Gl. (2.12) ist zum Zeitpunkt t_0 genau dann gegeben, wenn ein endlicher Zeitpunkt $t_1 > t_0$ existiert, so daß die q Vektorfunktionen in den Zeilen der Matrix

$$\boldsymbol{F}(t, t_0) := \boldsymbol{\Phi}(t_0, t)\boldsymbol{B}(t) \tag{2.123}$$

im Intervall $t_0 \leqq t \leqq t_1$ linear unabhängig sind.

Beweis: Die *Notwendigkeit* dieser Behauptung läßt sich dadurch zeigen, daß man zwar Steuerbarkeit des Systems zum Zeitpunkt t_0 voraussetzt, gleichzeitig aber die lineare Abhängigkeit der q Zeilen von $\boldsymbol{F}(t, t_0)$ aus Gl. (2.123) im Intervall $t_0 \leqq t \leqq t_1$ annimmt. Dann existiert ein konstanter Vektor $\boldsymbol{\alpha} \neq \boldsymbol{0}$ mit der Eigenschaft

$$\boldsymbol{\alpha}^{\mathrm{T}}\boldsymbol{F}(t, t_0) \equiv \boldsymbol{0} \quad (t_0 \leqq t \leqq t_1). \tag{2.124}$$

Nun wird die Gl. (2.100) mit der Zerlegung $\boldsymbol{\Phi}(t, \sigma)\boldsymbol{B}(\sigma) = \boldsymbol{\Phi}(t, t_0)\boldsymbol{\Phi}(t_0, \sigma)\boldsymbol{B}(\sigma) = \boldsymbol{\Phi}(t, t_0)\boldsymbol{F}(\sigma, t_0)$ für $t = t_1$ ausgewertet. Wählt man die speziellen Vektoren $\boldsymbol{z}(t_0) = \boldsymbol{\alpha}$ und $\boldsymbol{z}(t_1) = \boldsymbol{0}$ und multipliziert dann diese Gleichung von links mit $\boldsymbol{\alpha}^{\mathrm{T}}\boldsymbol{\Phi}(t_0, t_1)$, so erhält man angesichts der Gl. (2.124) $\boldsymbol{\alpha}^{\mathrm{T}}\boldsymbol{\alpha} = \boldsymbol{0}$. Da hieraus $\boldsymbol{\alpha} = \boldsymbol{0}$ folgt, ist obige Annahme der linearen Abhängigkeit der Zeilen von $\boldsymbol{F}(t, t_0)$ zu verwerfen. – Zum Beweis der *Hinlänglichkeit* wird angenommen, daß Gl. (2.124) mit keinem $\boldsymbol{\alpha} \neq \boldsymbol{0}$ befriedigt werden kann, und es wird die Matrix

$$\boldsymbol{W}_s(t_0, t_1) = \int_{t_0}^{t_1} \boldsymbol{F}(\tau, t_0)\boldsymbol{F}^{\mathrm{T}}(\tau, t_0)\,\mathrm{d}\tau \tag{2.125}$$

eingeführt. Wird diese Matrix von links mit $\boldsymbol{\alpha}^{\mathrm{T}}$ und von rechts mit $\boldsymbol{\alpha}$ multipliziert, wobei $\boldsymbol{\alpha} \neq \boldsymbol{0}$ ein beliebiger q-Vektor bedeutet, so sieht man sofort, daß $\boldsymbol{\alpha}^{\mathrm{T}}\boldsymbol{W}_s(t_0, t_1)\boldsymbol{\alpha}$ positiv ist, d. h. die Matrix $\boldsymbol{W}_s(t_0, t_1)$ aus Gl. (2.125) positiv-definit ist und deshalb eine Inverse besitzt. Berechnet man nun für den Eingangsvektor

$$\boldsymbol{x}(t) = -\boldsymbol{F}^{\mathrm{T}}(t, t_0)\boldsymbol{W}_s^{-1}(t_0, t_1)[\boldsymbol{z}_0 - \boldsymbol{\Phi}(t_0, t_1)\boldsymbol{z}_1] \tag{2.126}$$

mit willkürlichen Vektoren $\boldsymbol{z}_0 = \boldsymbol{z}(t_0)$ und $\boldsymbol{z}_1$ nach Gl. (2.100) den Zustandsvektor für $t = t_1$, so resultiert nach kurzer Zwischenrechnung $\boldsymbol{z}(t_1) = \boldsymbol{z}_1$, wenn man $\boldsymbol{\Phi}(t_1, \sigma) = \boldsymbol{\Phi}(t_1, t_0)\,\boldsymbol{\Phi}(t_0, \sigma)$ setzt und die Gln. (2.123) und (2.125) berücksichtigt.

Satz II.2 lehrt, daß die Steuerbarkeit eines im Zustandsraum beschriebenen linearen Systems nur von den Matrizen $\boldsymbol{B}(t)$ und $\boldsymbol{\Phi}(t, t_0)$ bzw. $\boldsymbol{B}(t)$ und $\boldsymbol{A}(t)$ abhängig ist. Aus Satz II.2 kann nun die folgende hinreichende Bedingung abgeleitet werden:

Satz II.3: Ein lineares System ist in der Darstellung nach Gl. (2.12) zu einem Zeitpunkt $t = t_0$ dann steuerbar, wenn es einen Zeitpunkt $t_1 > t_0$ gibt, so daß die Matrix

$$[\boldsymbol{M}_0(t)\ \ \boldsymbol{M}_1(t)\ \ \cdots\ \ \boldsymbol{M}_{q-1}(t)],$$

deren Teilmatrizen durch die Rekursionsbeziehung

$$\boldsymbol{M}_{\mu+1}(t) = -\boldsymbol{A}(t)\boldsymbol{M}_{\mu}(t) + \frac{\mathrm{d}}{\mathrm{d}t}\boldsymbol{M}_{\mu}(t) \quad (\mu = 0, 1, \ldots, q-2), \tag{2.127a}$$

$$\boldsymbol{M}_0(t) = \boldsymbol{B}(t) \tag{2.127b}$$

definiert sind, für $t = t_1$ den Rang q hat. Dabei muß vorausgesetzt werden, daß die zeitabhängigen Systemmatrizen $\boldsymbol{A}(t)$ und $\boldsymbol{B}(t)$ hinreichend oft stetig differenzierbar sind.

Beweis: Aus der Beziehung

$$\boldsymbol{F}(t, t_0) = \boldsymbol{\Phi}(t_0, t)\,\boldsymbol{B}(t) = \boldsymbol{\Psi}(t_0)\,\boldsymbol{\Psi}^{-1}(t)\,\boldsymbol{M}_0(t),$$

wobei $\boldsymbol{\Psi}(t)$ irgendeine Fundamentalmatrix des betrachteten Systems ist, erhält man zunächst

$$\frac{\partial \boldsymbol{F}(t, t_0)}{\partial t} = \boldsymbol{\Psi}(t_0)\left[\frac{\mathrm{d}\boldsymbol{\Psi}^{-1}(t)}{\mathrm{d}t}\boldsymbol{M}_0(t) + \boldsymbol{\Psi}^{-1}(t)\frac{\mathrm{d}\boldsymbol{M}_0(t)}{\mathrm{d}t}\right].$$

Mit der Beziehung

$$\frac{\mathrm{d}\boldsymbol{\Psi}^{-1}(t)}{\mathrm{d}t} = -\boldsymbol{\Psi}^{-1}(t)\frac{\mathrm{d}\boldsymbol{\Psi}(t)}{\mathrm{d}t}\boldsymbol{\Psi}^{-1}(t) = -\boldsymbol{\Psi}^{-1}(t)\boldsymbol{A}(t)\,\boldsymbol{\Psi}(t)\,\boldsymbol{\Psi}^{-1}(t) = -\boldsymbol{\Psi}^{-1}(t)\boldsymbol{A}(t),$$

bei der berücksichtigt wurde, daß $\boldsymbol{\Psi}(t)$ die Gl. (2.86) des betrachteten Systems befriedigt, folgt weiterhin

$$\frac{\partial \boldsymbol{F}(t, t_0)}{\partial t} = \boldsymbol{\Psi}(t_0)\,\boldsymbol{\Psi}^{-1}(t)\left[-\boldsymbol{A}(t)\,\boldsymbol{M}_0(t) + \frac{\mathrm{d}\boldsymbol{M}_0(t)}{\mathrm{d}t}\right], \tag{2.128}$$

also wegen der Gln. (2.95b) und (2.127a)

$$\frac{\partial \boldsymbol{F}(t, t_0)}{\partial t} = \boldsymbol{\Phi}(t_0, t)\,\boldsymbol{M}_1(t).$$

Darüber hinaus erhält man entsprechend Gl. (2.128)

$$\frac{\partial^2 \boldsymbol{F}(t, t_0)}{\partial t^2} = \boldsymbol{\Psi}(t_0)\,\boldsymbol{\Psi}^{-1}(t)\left[-\boldsymbol{A}(t)\,\boldsymbol{M}_1(t) + \frac{\mathrm{d}\boldsymbol{M}_1(t)}{\mathrm{d}t}\right]$$

oder mit den Gln. (2.95b) und (2.127a)

$$\frac{\partial^2 \boldsymbol{F}(t, t_0)}{\partial t^2} = \boldsymbol{\Phi}(t_0, t)\,\boldsymbol{M}_2(t).$$

Allgemein ergibt sich so

$$\frac{\partial^\mu \boldsymbol{F}(t,t_0)}{\partial t^\mu} = \boldsymbol{\Phi}(t_0,t)\boldsymbol{M}_\mu(t) \quad (\mu = 0,1,\ldots,q-1). \tag{2.129}$$

Nun wird bei Berücksichtigung der Gl. (2.129) die Matrix

$$\boldsymbol{Q}(t_0,t_1) := \left[\boldsymbol{F}(t,t_0) \quad \frac{\partial \boldsymbol{F}(t,t_0)}{\partial t} \quad \cdots \quad \frac{\partial^{q-1}\boldsymbol{F}(t,t_0)}{\partial t^{q-1}}\right]_{t=t_1}$$

$$= \boldsymbol{\Phi}(t_0,t_1)[\boldsymbol{M}_0(t_1) \quad \boldsymbol{M}_1(t_1) \quad \cdots \quad \boldsymbol{M}_{q-1}(t_1)]$$

eingeführt, deren Rang voraussetzungsgemäß gleich q ist, da $\boldsymbol{\Phi}(t_0,t_1)$ eine nichtsinguläre Matrix repräsentiert. Es wird nun behauptet, daß die q Zeilen von $\boldsymbol{F}(t,t_0)$ in einem Intervall $[t_0,t_2]$ mit $t_2 > t_1$ linear unabhängig sind. Andernfalls müßte nämlich ein Vektor $\boldsymbol{\alpha} \neq \boldsymbol{0}$ existieren, so daß

$$\boldsymbol{\alpha}^{\mathrm{T}}\boldsymbol{F}(t,t_0) \equiv \boldsymbol{0} \quad (t_0 \leqq t \leqq t_2)$$

und demzufolge für $\mu = 1,2,\ldots$

$$\boldsymbol{\alpha}^{\mathrm{T}}\frac{\partial^\mu \boldsymbol{F}(t,t_0)}{\partial t^\mu} \equiv \boldsymbol{0} \quad (t_0 \leqq t \leqq t_2)$$

gilt, woraus insbesondere

$$\boldsymbol{\alpha}^{\mathrm{T}}\boldsymbol{Q}(t_0,t_1) = \boldsymbol{0}$$

folgt. Dies hieße, daß die q Zeilen von $\boldsymbol{Q}(t_0,t_1)$ linear abhängig wären, was aber ausgeschlossen ist, da der Rang von $\boldsymbol{Q}(t_0,t_1)$ gleich q ist. Es müssen also tatsächlich die q Zeilen von $\boldsymbol{F}(t,t_0)$ im Intervall $[t_0,t_2]$ linear unabhängig sein. Daher liegt nach Satz II.2 Steuerbarkeit des Systems zum Zeitpunkt $t = t_0$ vor.

Beispiel 2.14: Es sei das im Bild 2.16 dargestellte elektrische Netzwerk betrachtet. Die Eingangsgröße $x(t)$ ist der Strom am Eingang des Netzwerks. Die Zustandsvariablen sind die Kapazitätsspannung $z_1(t)$ und der Induktivitätsstrom $z_2(t)$. Mit

$$\boldsymbol{z} = [z_1 \quad z_2]^{\mathrm{T}}$$

lautet die Zustandsgleichung

$$\frac{\mathrm{d}\boldsymbol{z}}{\mathrm{d}t} = \boldsymbol{A}\boldsymbol{z} + \boldsymbol{b}x$$

mit den nach Abschnitt 2 leicht zu bestimmenden Matrizen

$$\boldsymbol{A} = \begin{bmatrix} -\dfrac{1}{C}\left(\dfrac{1}{R_1+R_3} + \dfrac{1}{R_2+R_4}\right) & \dfrac{1}{C}\left(\dfrac{R_1}{R_1+R_3} - \dfrac{R_2}{R_2+R_4}\right) \\ \dfrac{1}{L}\left(\dfrac{R_2}{R_2+R_4} - \dfrac{R_1}{R_1+R_3}\right) & -\dfrac{1}{L}\left(\dfrac{R_1R_3}{R_1+R_3} + \dfrac{R_2R_4}{R_2+R_4}\right) \end{bmatrix}, \quad \boldsymbol{b} = [1/C \quad 0]^{\mathrm{T}}.$$

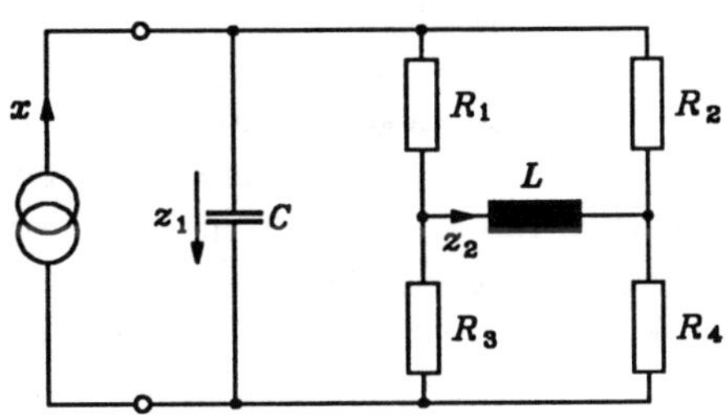

Bild 2.16: Elektrisches Netzwerk zur Erläuterung der Steuerbarkeit

Die Steuerbarkeitsmatrix lautet

$$[\boldsymbol{b} \quad \boldsymbol{A b}] = \begin{bmatrix} \dfrac{1}{C} & -\dfrac{1}{C^2}\left(\dfrac{1}{R_1+R_3}+\dfrac{1}{R_2+R_4}\right) \\ 0 & \dfrac{1}{LC}\left(\dfrac{R_2}{R_2+R_4}-\dfrac{R_1}{R_1+R_3}\right) \end{bmatrix}.$$

Wie man sieht, hat diese Matrix genau dann einen kleineren Rang als $q = 2$, wenn sie singulär ist, wenn also

$$\frac{R_2}{R_2+R_4} = \frac{R_1}{R_1+R_3}, \tag{2.130}$$

d. h.

$$R_2 R_3 = R_1 R_4 ,$$

gilt. Dies ist die Abgleichbedingung für die im elektrischen Netzwerk enthaltene Brücke. Ist die Abgleichbedingung erfüllt, dann ist die Differentialgleichung für den Induktivitätsstrom nicht nur unabhängig vom Eingangsstrom $x(t)$, sondern auch von der Kapazitätsspannung $z_1(t)$, weshalb die Zustandsvariable $z_2(t)$ von außen nicht erregt werden kann. Von den zwei Eigenschwingungen wird in diesem Fall durch das Eingangssignal nur eine angeregt. Wenn alle Netzwerkelemente positiv sind, ist das Netzwerk im Sinne von Abschnitt 3.5 stabil. Falls die Induktivität L negativ ist, alle übrigen Elemente jedoch positiv sind, ist das Netzwerk instabil, und zwar auch dann, wenn die Bedingung nach Gl. (2.130) erfüllt ist, d. h., wenn von außen her die "instabile" Eigenschwingung nicht angeregt werden kann.

Der Begriff der Steuerbarkeit lehrt also, daß es lineare, zeitinvariante Systeme gibt, bei denen nicht alle Eigenschwingungen von außen erregt werden können. Die entsprechenden Eigenwerte liefern keinen Beitrag zum Übertragungsverhalten, d. h. sie erscheinen nicht in der Übertragungsfunktion, wie sie im Kapitel III eingeführt wird. Bei elektrischen Netzwerken kommt diese Erscheinung dann vor, wenn das betreffende Netzwerk im Rahmen seines von außen feststellbaren Verhaltens überflüssige Energiespeicher hat. Solange die von außen nicht erregbaren Eigenschwingungen für $t \to \infty$ nicht über alle Grenzen anwachsen, ergeben sich keine Komplikationen. Im Abschnitt 3.5 wird gezeigt, daß dies sicher dann der Fall ist, wenn die entsprechenden Eigenwerte negativen Realteil haben, wie dies beispielsweise bei passiven Netzwerken stets der Fall ist, abgesehen von Sonderfällen, in denen Eigenwerte auch verschwindenden Realteil haben können. Sobald über alle Grenzen anwachsende Eigenschwingungen vorhanden sind, ist das System instabil, obwohl dies im Übertragungsverhalten nicht zum Ausdruck zu kommen braucht. Mit derartigen Erscheinungen muß bei aktiven Netzwerken gerechnet werden.

Abschließend sei noch erwähnt, daß sich die vorstehenden Betrachtungen auch im Fall komplexer Systemmatrizen $\boldsymbol{A}, \boldsymbol{B}, \boldsymbol{C}, \boldsymbol{D}$ ohne nennenswerte Änderungen durchführen lassen. Die Ergebnisse selbst ändern sich dabei nicht.

3.4.3 Beobachtbarkeit

Es wird von einem kontinuierlichen System ausgegangen, das durch die Zustandsgleichungen (2.12) und (2.13) mit bekannten im Intervall $-\infty < t < \infty$ stetigen Systemmatrizen beschrieben wird. Das System heißt in dieser Darstellung *beobachtbar* zum Zeitpunkt t_0, wenn bei Zulassung eines beliebigen Anfangszustands $\boldsymbol{z}_0 = \boldsymbol{z}(t_0)$ ein endlicher Zeitpunkt $t_1 > t_0$ existiert, so daß bei Kenntnis des Eingangssignals $\boldsymbol{x}(t)$ und des Ausgangssignals $\boldsymbol{y}(t)$ im Intervall $t_0 \leqq t \leqq t_1$ der Anfangszustand $\boldsymbol{z}_0$ eindeutig bestimmt werden kann.

Die Frage der Beobachtbarkeit soll zunächst für den Fall zeitunabhängiger Systemmatrizen $\boldsymbol{A}$ und $\boldsymbol{C}$ näher untersucht werden. Unter dieser Voraussetzung ist der Zeitpunkt t_0 kein wesentlicher Parameter; es wird daher ohne Einschränkung der Allgemeinheit $t_0 = 0$ gewählt. Nach Abschnitt 3.3.3 läßt sich bei Wahl eines beliebigen Zeitpunkts $t > t_0$ für den Anfangszustand $\boldsymbol{z}_0$ die Bestimmungsgleichung

$$\boldsymbol{C}\,\mathrm{e}^{\boldsymbol{A}t}\boldsymbol{z}_0 = \Delta\boldsymbol{y}(t) \tag{2.131}$$

angeben, wobei die rechte Seite gegeben ist durch

$$\Delta\boldsymbol{y}(t) = \boldsymbol{y}(t) - \int_0^t \boldsymbol{C}\,\mathrm{e}^{\boldsymbol{A}\cdot(t-\sigma)}\boldsymbol{B}(\sigma)\,\boldsymbol{x}(\sigma)\,\mathrm{d}\sigma - \boldsymbol{D}(t)\,\boldsymbol{x}(t)$$

und demzufolge als bekannt angesehen werden darf. Man kann nun zeigen, daß $\boldsymbol{z}_0$ durch die Gl. (2.131) genau dann bestimmbar und damit das System beobachtbar ist, wenn die q Vektorfunktionen in den Spalten der Matrix

$$\boldsymbol{G}(t) = \boldsymbol{C}\,\mathrm{e}^{\boldsymbol{A}t} \tag{2.132}$$

linear unabhängig sind, d. h., wenn mit einem Vektor $\boldsymbol{\alpha}$ aus der Identität

$$\boldsymbol{C}\,\mathrm{e}^{\boldsymbol{A}t}\boldsymbol{\alpha} \equiv \boldsymbol{0} \tag{2.133}$$

stets $\boldsymbol{\alpha} = \boldsymbol{0}$ folgt.

Beweis: Um die *Notwendigkeit* der Aussage zu zeigen, wird angenommen, daß das System beobachtbar ist, aber die q Spalten der Matrix $\boldsymbol{G}(t)$ nach Gl. (2.132) linear abhängig sind. Dann muß ein q-dimensionaler Spaltenvektor $\boldsymbol{\alpha} \neq \boldsymbol{0}$ existieren, so daß die Gl. (2.133) gilt. Wählt man jetzt das Eingangssignal $\boldsymbol{x}(t) \equiv \boldsymbol{0}$, dann gilt $\boldsymbol{y}(t) \equiv \Delta\boldsymbol{y}(t) \equiv \boldsymbol{0}$ für den Anfangszustand $\boldsymbol{z}_0 = \boldsymbol{\alpha}$, aber auch für $\boldsymbol{z}_0 = \boldsymbol{0}$. Man kann daher den Anfangszustand nicht eindeutig angeben. Es liegt damit ein Widerspruch zur vorausgesetzten Beobachtbarkeit vor. Daher muß die angenommene lineare Abhängigkeit der Spalten der Matrix $\boldsymbol{G}(t)$ nach Gl. (2.132) verworfen werden. – Um die *Hinlänglichkeit* obiger Aussage nachzuweisen, wird angenommen, daß die Vektorfunktionen in den q Spalten der Matrix $\boldsymbol{G}(t)$ nach Gl. (2.132) linear unabhängig sind, und gezeigt, daß dann die Gl. (2.131) eindeutig nach $\boldsymbol{z}_0$ aufgelöst werden kann. Dazu wird die Gl. (2.131) von links mit der Matrix $\exp(\boldsymbol{A}^{\mathrm{T}}t)\,\boldsymbol{C}^{\mathrm{T}}$ durchmultipliziert, sodann beide Seiten von $t = 0$ bis zu einem willkürlich wählbaren Zeitpunkt $t_1 > 0$ integriert und schließlich nach $\boldsymbol{z}_0$ aufgelöst. Auf diese Weise erhält man

$$\boldsymbol{z}_0 = \boldsymbol{W}_b^{-1}(t_1)\int_0^{t_1}\mathrm{e}^{\boldsymbol{A}^{\mathrm{T}}t}\boldsymbol{C}^{\mathrm{T}}\,\Delta\boldsymbol{y}(t)\,\mathrm{d}t \quad \text{mit} \quad \boldsymbol{W}_b(t_1) = \int_0^{t_1}\mathrm{e}^{\boldsymbol{A}^{\mathrm{T}}t}\boldsymbol{C}^{\mathrm{T}}\boldsymbol{C}\,\mathrm{e}^{\boldsymbol{A}t}\mathrm{d}t \quad \left(= \int_0^{t_1}\boldsymbol{G}^{\mathrm{T}}(t)\,\boldsymbol{G}(t)\,\mathrm{d}t\right).$$

Dabei läßt sich wie beim Beweis des entsprechenden Steuerbarkeitskriteriums zeigen, daß die Matrix $\boldsymbol{W}_b(t_1)$ wegen der linearen Unabhängigkeit der Vektorfunktionen in den q Spalten der Matrix $\boldsymbol{G}(t)$ nach Gl. (2.132) nichtsingulär ist. Man kann also in diesem Fall tatsächlich $\boldsymbol{z}_0$ bei Kenntnis der Systemmatrizen $\boldsymbol{A}, \boldsymbol{B}(t)$, $\boldsymbol{C}, \boldsymbol{D}(t)$ und der Signale $\boldsymbol{x}(t), \boldsymbol{y}(t)$ in einem Intervall $0 \leqq t \leqq t_1$ ($t_1 > 0$ beliebig) eindeutig angeben.

Ganz entsprechend dem Fall der Steuerbarkeit kann nun gezeigt werden, daß die Vektorfunktionen in den Spalten von $\boldsymbol{G}(t)$ aus Gl. (2.132) genau dann linear unabhängig sind, wenn die Matrix

$$\boldsymbol{V} := \begin{bmatrix} \boldsymbol{C} \\ \boldsymbol{C}\boldsymbol{A} \\ \vdots \\ \boldsymbol{C}\boldsymbol{A}^{q-1} \end{bmatrix}$$

den größtmöglichen Rang q aufweist. Insgesamt ist damit das folgende Ergebnis gefunden.

Satz II.4: Ein lineares durch die Gln. (2.12) und (2.13) mit konstanten Matrizen $\boldsymbol{A}$ und $\boldsymbol{C}$ darstellbares System ist in dieser Darstellung genau dann beobachtbar, wenn die sogenannte *Beobachtbarkeitsmatrix*

$$\boldsymbol{V} = \begin{bmatrix} \boldsymbol{C} \\ \boldsymbol{CA} \\ \boldsymbol{CA}^2 \\ \vdots \\ \boldsymbol{CA}^{q-1} \end{bmatrix} \tag{2.134}$$

den Rang q hat. Besitzt das System nur einen Ausgang, dann ist die Matrix $\boldsymbol{C}$ ein Zeilenvektor $\boldsymbol{c}^{\mathrm{T}}$ und $\boldsymbol{V}$ eine quadratische Matrix der Ordnung q. In einem solchen Fall ist die Beobachtbarkeit genau dann gegeben, wenn die Determinante von $\boldsymbol{V}$ nicht verschwindet.

Beispiel 2.15: Für das im Beispiel 2.3 untersuchte linearisierte Pendel mit beweglichem Aufhängepunkt soll die Beobachtbarkeit geprüft werden. Nach den Gln. (2.23a,c) gilt

$$\boldsymbol{A} = \begin{bmatrix} 0 & 1 \\ -1 & 0 \end{bmatrix} \quad \text{und} \quad \boldsymbol{C} =: \boldsymbol{c}^{\mathrm{T}} = [1 \ \ 0] \, .$$

Hieraus erhält man als Beobachtbarkeitsmatrix

$$\boldsymbol{V} = \begin{bmatrix} \boldsymbol{c}^{\mathrm{T}} \\ \boldsymbol{c}^{\mathrm{T}}\boldsymbol{A} \end{bmatrix} = \begin{bmatrix} 1 & 0 \\ 0 & 1 \end{bmatrix},$$

deren Determinante von Null verschieden ist. Das System ist demnach beobachtbar.

Durch eine Transformation des Zustandsvektors mit der nichtsingulären Matrix $\boldsymbol{M}$ geht die Matrix $\boldsymbol{V}$ in die neue Beobachtbarkeitsmatrix $\tilde{\boldsymbol{V}} = \boldsymbol{VM}$ über, so daß die Eigenschaft der Beobachtbarkeit durch eine solche Äquivalenztransformation des Systems nicht beeinflußt wird.

Die im Zusammenhang mit der Beobachtbarkeit linearer Systeme mit konstanten Matrizen $\boldsymbol{A}$ und $\boldsymbol{C}$ angestellten Überlegungen lassen sich auf den Fall zeitabhängiger Matrizen $\boldsymbol{A}(t)$ und $\boldsymbol{C}(t)$ übertragen. Der Zeitpunkt t_0 ist hier allerdings ein wesentlicher Parameter. Die Gln. (2.131) und (2.132) sind entsprechend durch Einführung der Übergangsmatrix $\boldsymbol{\Phi}(t, t_0)$ als Funktion von t und t_0 zu modifizieren, und es kann folgende Aussage gemacht werden.

Satz II.5: Die Beobachtbarkeit des Systems in der Darstellung nach den Gln. (2.12) und (2.13) zum Zeitpunkt t_0 ist genau dann gegeben, wenn ein endlicher Zeitpunkt $t_1 > t_0$ existiert, so daß die q Vektorfunktionen in den Spalten der Matrix

$$\boldsymbol{G}(t, t_0) := \boldsymbol{C}(t)\, \boldsymbol{\Phi}(t, t_0) \tag{2.135}$$

im Intervall $t_0 \leqq t \leqq t_1$ linear unabhängig sind.

Beweis: Die *Notwendigkeit* dieser Behauptung läßt sich dadurch zeigen, daß man zwar Beobachtbarkeit des Systems zum Zeitpunkt t_0 voraussetzt, gleichzeitig aber die lineare Abhängigkeit der q Spalten von $\boldsymbol{G}(t, t_0)$ aus Gl. (2.135) im Intervall $t_0 \leqq t \leqq t_1$ annimmt. Dann existiert ein konstanter Vektor $\boldsymbol{\alpha} \neq \boldsymbol{0}$ mit der Eigenschaft

$$\boldsymbol{G}(t,t_0)\,\boldsymbol{\alpha} \equiv 0 \quad (t_0 \leqq t \leqq t_1). \tag{2.136}$$

Wählt man nun als Anfangszustand $\boldsymbol{z}(t_0) = \boldsymbol{\alpha}$ und berechnet nach den Gln. (2.100), (2.13) den Vektor der Ausgangsgrößen $\boldsymbol{y}(t)$ für $t > t_0$, so sieht man aufgrund der Gln. (2.135) und (2.136), daß der Anfangszustand in $\boldsymbol{y}(t)$ nicht erkennbar ist. Damit besteht ein Widerspruch zur Voraussetzung, daß das System beobachtbar ist. Die Spaltenvektoren von $\boldsymbol{G}(t,t_0)$ sind also in $t_0 \leqq t \leqq t_1$ linear unabhängig. – Um die *Hinlänglichkeit* der Behauptung zu beweisen, wird vorausgesetzt, daß die q Spalten der Matrix $\boldsymbol{G}(t,t_0)$ aus Gl. (2.135) in einem Intervall $t_0 \leqq t \leqq t_1$ $(t_0 \neq t_1)$ linear unabhängig sind, und im folgenden gezeigt, daß dann die Gln. (2.13) und (2.100) eindeutig nach $\boldsymbol{z}(t_0)$ aufgelöst werden können. Zunächst sei festgestellt, daß mit der Hilfsfunktion

$$\Delta\boldsymbol{y}(t) = \boldsymbol{y}(t) - \boldsymbol{C}(t)\int_{t_0}^{t}\boldsymbol{\Phi}(t,\sigma)\,\boldsymbol{B}(\sigma)\,\boldsymbol{x}(\sigma)\,\mathrm{d}\sigma - \boldsymbol{D}(t)\,\boldsymbol{x}(t), \tag{2.137}$$

die bei der Prüfung der Beobachtbarkeit als verfügbar angesehen werden darf, aus den Gln. (2.13) und (2.100) mit Gl. (2.135) die Beziehung

$$\boldsymbol{G}(t,t_0)\,\boldsymbol{z}(t_0) = \Delta\boldsymbol{y}(t) \tag{2.138}$$

mit bekannten Funktionen $\boldsymbol{G}(t,t_0)$ und $\Delta\boldsymbol{y}(t)$ folgt. Die Beobachtbarkeit ist also sichergestellt, wenn Gl. (2.138) eindeutig nach $\boldsymbol{z}(t_0)$ aufgelöst werden kann. Dies gelingt dadurch, daß man die Gln. (2.138) von links mit $\boldsymbol{G}^{\mathrm{T}}(t,t_0)$ durchmultipliziert und dann nach t von t_0 bis t_1 integriert. Auf diese Weise erhält man die Gleichung

$$\boldsymbol{V}(t_0,t_1)\,\boldsymbol{z}(t_0) = \int_{t_0}^{t_1}\boldsymbol{G}^{\mathrm{T}}(t,t_0)\,\Delta\boldsymbol{y}(t)\,\mathrm{d}t \tag{2.139}$$

mit der Matrix

$$\boldsymbol{V}(t_0,t_1) := \int_{t_0}^{t_1}\boldsymbol{G}^{\mathrm{T}}(t,t_0)\,\boldsymbol{G}(t,t_0)\,\mathrm{d}t\,, \tag{2.140}$$

die positiv-definit und damit nichtsingulär ist. Denn $\boldsymbol{\alpha}^{\mathrm{T}}\boldsymbol{V}(t_0,t_1)\,\boldsymbol{\alpha}$ kann gemäß Gl. (2.140) durch ein Integral über eine Summe der Quadrate von Funktionen ausgedrückt werden. Diese Summe verschwindet aber nicht identisch im Integrationsintervall für jeden konstanten Vektor $\boldsymbol{\alpha} \neq \boldsymbol{0}$ wegen der Voraussetzung, daß die Spalten von $\boldsymbol{G}(t,t_0)$ linear unabhängig sind. Damit kann Gl. (2.139) tatsächlich eindeutig nach $\boldsymbol{z}(t_0)$ aufgelöst werden.

Satz II.5 lehrt, daß die Beobachtbarkeit eines im Zustandsraum beschriebenen linearen Systems nur von den Matrizen $\boldsymbol{C}(t)$ und $\boldsymbol{\Phi}(t,t_0)$ bzw. $\boldsymbol{C}(t)$ und $\boldsymbol{A}(t)$ abhängig ist.

Die Sätze II.2 und II.5 zeigen, daß die Steuerbarkeit eines linearen Systems durch die lineare Unabhängigkeit der Zeilen der Matrix $\boldsymbol{F}(t,t_0)$ und die Beobachtbarkeit durch die lineare Unabhängigkeit der Spalten der Matrix $\boldsymbol{G}(t,t_0)$ bestimmt wird. Der folgende Satz stellt einen Zusammenhang zwischen diesen Aussagen her und zeigt die Dualität beider Konzepte.

Satz II.6: Es wird neben dem durch die Gln. (2.12) und (2.13) gegebenen System auch das durch die Gleichungen

$$\frac{\mathrm{d}\boldsymbol{z}(t)}{\mathrm{d}t} = -\boldsymbol{A}^{\mathrm{T}}(t)\,\boldsymbol{z}(t) + \boldsymbol{C}^{\mathrm{T}}(t)\,\boldsymbol{x}(t) \tag{2.141}$$

$$\boldsymbol{y}(t) = \boldsymbol{B}^{\mathrm{T}}(t)\,\boldsymbol{z}(t) + \boldsymbol{D}^{\mathrm{T}}(t)\,\boldsymbol{x}(t) \tag{2.142}$$

definierte lineare (adjungierte) System betrachtet. Das durch die Gln. (2.12) und (2.13) beschriebene System ist in dieser Darstellung zum Zeitpunkt t_0 genau dann steuerbar (beobachtbar), wenn das durch die Gln. (2.141) und (2.142) beschriebene System in dieser Darstellung zum Zeitpunkt t_0 beobachtbar (steuerbar) ist.

Beweis: Für das durch die Gln. (2.12) und (2.13) gegebene System sind die Matrizen $\boldsymbol{F}(t, t_0)$ und $\boldsymbol{G}(t, t_0)$ durch die Gln. (2.123) und (2.135) gegeben. Bezeichnet man für das durch die Gln. (2.141) und (2.142) gegebene System die entsprechenden Matrizen mit $\tilde{\boldsymbol{F}}(t, t_0)$ bzw. $\tilde{\boldsymbol{G}}(t, t_0)$ und die zugehörige Übergangsmatrix mit $\tilde{\boldsymbol{\Phi}}(t, t_0)$, so erhält man

$$\tilde{\boldsymbol{F}}(t, t_0) = \tilde{\boldsymbol{\Phi}}(t_0, t)\,\boldsymbol{C}^{\mathrm{T}}(t) \quad \text{und} \quad \tilde{\boldsymbol{G}}(t, t_0) = \boldsymbol{B}^{\mathrm{T}}(t)\,\tilde{\boldsymbol{\Phi}}(t, t_0).$$

Nun bestehen die Gleichungen

$$\frac{\partial \boldsymbol{\Phi}(t, t_0)}{\partial t} = \boldsymbol{A}(t)\,\boldsymbol{\Phi}(t, t_0) \quad \text{und} \quad \frac{\partial \tilde{\boldsymbol{\Phi}}(t, t_0)}{\partial t} = -\boldsymbol{A}^{\mathrm{T}}(t)\,\tilde{\boldsymbol{\Phi}}(t, t_0). \tag{2.143a,b}$$

Multipliziert man Gl. (2.143a) von links mit $\tilde{\boldsymbol{\Phi}}^{\mathrm{T}}(t, t_0)$, die transponierte Gl. (2.143b) von rechts mit $\boldsymbol{\Phi}(t, t_0)$ und addiert dann beide so modifizierten Gleichungen, dann erhält man die Beziehung

$$\tilde{\boldsymbol{\Phi}}^{\mathrm{T}}(t, t_0)\,\frac{\partial \boldsymbol{\Phi}(t, t_0)}{\partial t} + \frac{\partial \tilde{\boldsymbol{\Phi}}^{\mathrm{T}}(t, t_0)}{\partial t}\,\boldsymbol{\Phi}(t, t_0) = \mathbf{0},$$

aus der durch Integration nach t mit $\tilde{\boldsymbol{\Phi}}^{\mathrm{T}}(t_0, t_0) = \boldsymbol{\Phi}(t_0, t_0) = \mathbf{E}$ unmittelbar

$$\tilde{\boldsymbol{\Phi}}^{\mathrm{T}}(t, t_0)\,\boldsymbol{\Phi}(t, t_0) = \mathbf{E}$$

oder

$$\tilde{\boldsymbol{\Phi}}^{\mathrm{T}}(t, t_0) = \boldsymbol{\Phi}(t_0, t) \tag{2.144}$$

folgt.

Damit ergeben sich direkt aus Gl. (2.144) die Beziehungen

$$\boldsymbol{F}(t, t_0) = \tilde{\boldsymbol{G}}^{\mathrm{T}}(t, t_0) \quad \text{und} \quad \tilde{\boldsymbol{F}}(t, t_0) = \boldsymbol{G}^{\mathrm{T}}(t, t_0),$$

woraus aufgrund der Sätze II.2 und II.5 die Aussage resultiert.

Nach dem Dualitätssatz II.6 sind die Sätze II.1 und II.4 äquivalent. Der Satz II.3 läßt sich aufgrund dieser Dualitätseigenschaft sofort in einen entsprechenden Satz über die Beobachtbarkeit überführen. Er lautet folgendermaßen:

Satz II.7: Das System in der Darstellung der Gln. (2.12) und (2.13) ist im Zeitpunkt t_0 beobachtbar, wenn es einen Zeitpunkt $t_1 > t_0$ gibt, so daß die Matrix

$$\begin{bmatrix} \boldsymbol{N}_0(t) \\ \boldsymbol{N}_1(t) \\ \vdots \\ \boldsymbol{N}_{q-1}(t) \end{bmatrix}$$

für $t = t_1$ den Rang q hat. Dabei bedeuten

$$\boldsymbol{N}_{\mu+1}(t) = \boldsymbol{N}_\mu(t)\,\boldsymbol{A}(t) + \frac{\mathrm{d}}{\mathrm{d}t}\boldsymbol{N}_\mu(t) \quad (\mu = 0, 1, \ldots, q-2), \tag{2.145a}$$

$$\boldsymbol{N}_0(t) = \boldsymbol{C}(t). \tag{2.145b}$$

Es muß vorausgesetzt werden, daß die zeitabhängigen Systemmatrizen $\boldsymbol{A}(t)$ und $\boldsymbol{C}(t)$ hinreichend oft stetig differenzierbar sind.

Wendet man das Konzept der Beobachtbarkeit auf konkrete Beispiele linearer, zeitinvarianter Systeme, etwa auf einfache elektrische Netzwerke an, so zeigt sich, daß ein nicht beobachtbares System Eigenschwingungen aufweist, die sich am Systemausgang nicht bemerkbar machen. Die entsprechenden Eigenwerte liefern keinen Beitrag zur Übertragungsfunktion, die das Übertragungsverhalten kennzeichnet (Kapitel III).

Abschließend sei noch erwähnt, daß sich die vorstehenden Betrachtungen auch im Fall komplexer Systemmatrizen $\boldsymbol{A}, \boldsymbol{B}, \boldsymbol{C}, \boldsymbol{D}$ ohne nennenswerte Änderungen durchführen lassen. Die Ergebnisse selbst ändern sich dabei nicht.

3.4.4 Kanonische Zerlegung linearer, zeitinvarianter Systeme

Es werden im folgenden ausschließlich Systeme betrachtet, die durch die linearen, zeitinvarianten Zustandsgleichungen

$$\frac{\mathrm{d}\boldsymbol{z}(t)}{\mathrm{d}t} = \boldsymbol{A}\boldsymbol{z}(t) + \boldsymbol{B}\boldsymbol{x}(t) \tag{2.146a}$$

und

$$\boldsymbol{y}(t) = \boldsymbol{C}\boldsymbol{z}(t) + \boldsymbol{D}\boldsymbol{x}(t) \tag{2.146b}$$

gekennzeichnet sind. Es wird vorausgesetzt, daß der Rang $\widetilde{q}$ der Steuerbarkeitsmatrix

$$\boldsymbol{U} = [\boldsymbol{B} \quad \boldsymbol{A}\boldsymbol{B} \quad \cdots \quad \boldsymbol{A}^{q-1}\boldsymbol{B}] \tag{2.147}$$

kleiner als q ist, das betrachtete System also nicht steuerbar ist. Aus der Matrix $\boldsymbol{U}$ können nun $\widetilde{q}$ Spaltenvektoren herausgegriffen werden, die linear unabhängig sind. Sie seien mit $\boldsymbol{m}_\mu (\mu = 1, 2, \ldots, \widetilde{q})$ bezeichnet. Diesen Vektoren werden $q - \widetilde{q}$ weitere Vektoren gleicher Dimension $\boldsymbol{m}_\mu (\mu = \widetilde{q} + 1, \ldots, q)$ hinzugefügt, so daß eine nichtsinguläre quadratische Matrix

$$\boldsymbol{M} = [\boldsymbol{m}_1 \quad \boldsymbol{m}_2 \quad \cdots \quad \boldsymbol{m}_q] \tag{2.148}$$

entsteht. Die Vektoren $\boldsymbol{m}_\mu (\mu = \widetilde{q} + 1, \ldots, q)$ dürfen im Rahmen der Forderung, daß $\boldsymbol{M}$ nichtsingulär sein muß, beliebig gewählt werden. Mit Hilfe der Matrix $\boldsymbol{M}$ aus Gl. (2.148) wird nun eine Äquivalenztransformation der Gln. (2.146a,b) gemäß Gl. (2.41) durchgeführt. Die transformierten Matrizen $\widetilde{\boldsymbol{A}}$ und $\widetilde{\boldsymbol{B}}$ sind durch die Gln. (2.44a,b) gegeben. Die Spaltenvektoren der Matrix $\widetilde{\boldsymbol{A}}$ werden mit $\widetilde{\boldsymbol{a}}_\mu$ $(\mu = 1, 2, \ldots, q)$, die der Matrizen $\boldsymbol{B}$ und $\widetilde{\boldsymbol{B}}$ mit $\boldsymbol{b}_\mu$ bzw. $\widetilde{\boldsymbol{b}}_\mu$ $(\mu = 1, 2, \ldots, m)$ bezeichne⁺. Aufgrund der Gln. (2.44a,b) bestehen dann die Beziehungen

$$\boldsymbol{A}\boldsymbol{m}_\mu = [\boldsymbol{m}_1 \quad \boldsymbol{m}_2 \quad \cdots \quad \boldsymbol{m}_q]\,\widetilde{\boldsymbol{a}}_\mu \qquad (\mu = 1, 2, \ldots, q) \tag{2.149}$$

und

$$\boldsymbol{b}_\mu = [\boldsymbol{m}_1 \quad \boldsymbol{m}_2 \quad \cdots \quad \boldsymbol{m}_q]\,\widetilde{\boldsymbol{b}}_\mu \qquad (\mu = 1, 2, \ldots, m). \tag{2.150}$$

Der Vektor $\widetilde{\boldsymbol{a}}_\mu$ ist also die Repräsentation des Vektors $\boldsymbol{A}\boldsymbol{m}_\mu$ bezüglich der Basis $\{\boldsymbol{m}_1, \boldsymbol{m}_2, \ldots, \boldsymbol{m}_q\}$, und $\widetilde{\boldsymbol{b}}_\mu$ ist die Repräsentation von $\boldsymbol{b}_\mu$ bezüglich derselben Basis.

Da jede Spalte der Matrix $\boldsymbol{U}$ nach Gl. (2.147) durch Linearkombination der Vektoren $\boldsymbol{m}_\mu$ $(\mu = 1, 2, \ldots, \widetilde{q})$ dargestellt werden kann, besteht die Möglichkeit, auch jeden Vektor $\boldsymbol{A}\boldsymbol{m}_\mu$ $(\mu = 1, 2, \ldots, \widetilde{q})$ durch Linearkombination der $\boldsymbol{m}_\mu$ $(\mu = 1, 2, \ldots, \widetilde{q})$ auszudrücken. Man kann daher

$$\boldsymbol{A}\boldsymbol{m}_\mu = [\boldsymbol{m}_1 \quad \boldsymbol{m}_2 \quad \cdots \quad \boldsymbol{m}_{\widetilde{q}}]\,\boldsymbol{\alpha}_\mu \qquad (\mu = 1, 2, \ldots, \widetilde{q}) \tag{2.151}$$

mit geeigneten Vektoren $\boldsymbol{\alpha}_\mu$ schreiben. Ebenso müssen alle Spalten von $\boldsymbol{B}$, die ja auch als Spalten in $\boldsymbol{U}$ vorhanden sind, in der Form

$$\boldsymbol{b}_\mu = [\boldsymbol{m}_1 \quad \boldsymbol{m}_2 \quad \cdots \quad \boldsymbol{m}_{\widetilde{q}}]\,\boldsymbol{\beta}_\mu \qquad (\mu = 1, 2, \ldots, m) \tag{2.152}$$

mit geeigneten Vektoren $\boldsymbol{\beta}_\mu$ geschrieben werden können. Vergleicht man nun die Gln. (2.149) und (2.151) miteinander, so sieht man, daß in allen Vektoren

$$\widetilde{\boldsymbol{a}}_\mu = [\widetilde{a}_{1\mu} \quad \widetilde{a}_{2\mu} \quad \cdots \quad \widetilde{a}_{q\mu}]^{\mathrm{T}} \qquad (\mu = 1, 2, \ldots, \widetilde{q})$$

sämtliche Komponenten $\widetilde{a}_{\nu\mu}$ für $\nu = \widetilde{q} + 1, \ldots, q$ verschwinden müssen. Ebenso lehrt ein Vergleich der Gln. (2.150) und (2.152) miteinander, daß in allen Vektoren

$$\widetilde{\boldsymbol{b}}_\mu = [\widetilde{b}_{1\mu} \quad \widetilde{b}_{2\mu} \quad \cdots \quad \widetilde{b}_{q\mu}]^{\mathrm{T}} \qquad (\mu = 1, 2, \ldots, m)$$

sämtliche Komponenten $\widetilde{b}_{\nu\mu}$ für $\nu = \widetilde{q} + 1, \ldots, q$ verschwinden müssen.

Zusammenfassend kann man feststellen, daß die durchgeführte Transformation die zu den Gln. (2.146a,b) äquivalente Zustandsdarstellung

$$\frac{\mathrm{d}}{\mathrm{d}t}\begin{bmatrix}\boldsymbol{\zeta}_1(t)\\ \boldsymbol{\zeta}_2(t)\end{bmatrix} = \begin{bmatrix}\widetilde{\boldsymbol{A}}_{11} & \widetilde{\boldsymbol{A}}_{12}\\ \boldsymbol{0} & \widetilde{\boldsymbol{A}}_{22}\end{bmatrix}\begin{bmatrix}\boldsymbol{\zeta}_1(t)\\ \boldsymbol{\zeta}_2(t)\end{bmatrix} + \begin{bmatrix}\widetilde{\boldsymbol{B}}_1\\ \boldsymbol{0}\end{bmatrix}\boldsymbol{x}(t) \tag{2.153a}$$

und

$$\boldsymbol{y}(t) = [\widetilde{\boldsymbol{C}}_1 \quad \widetilde{\boldsymbol{C}}_2]\begin{bmatrix}\boldsymbol{\zeta}_1(t)\\ \boldsymbol{\zeta}_2(t)\end{bmatrix} + \boldsymbol{D}\boldsymbol{x}(t) \tag{2.153b}$$

liefert. Dabei ist $\widetilde{\boldsymbol{A}}_{11}$ eine quadratische Matrix der Ordnung $\widetilde{q}$, $\widetilde{\boldsymbol{A}}_{22}$ ist eine quadratische Matrix der Ordnung $q - \widetilde{q}$. Die Matrix $\widetilde{\boldsymbol{A}}_{12}$ hat $\widetilde{q}$ Zeilen und $q - \widetilde{q}$ Spalten, während $\widetilde{\boldsymbol{B}}_1$ genau $\widetilde{q}$ Zeilen und m Spalten besitzt. Die Matrizen $\widetilde{\boldsymbol{C}}_1$ und $\widetilde{\boldsymbol{C}}_2$ haben r Zeilen und $\widetilde{q}$ bzw. $q - \widetilde{q}$ Spalten. Der Vektor $\boldsymbol{\zeta}_1(t)$ hat $\widetilde{q}$ Komponenten, $\boldsymbol{\zeta}_2(t)$ besitzt $q - \widetilde{q}$ Komponenten.

Die Steuerbarkeitsmatrix der transformierten Darstellung nach den Gln. (2.153a,b) lautet

$$\widetilde{\boldsymbol{U}} = [\widetilde{\boldsymbol{B}} \quad \widetilde{\boldsymbol{A}}\widetilde{\boldsymbol{B}} \quad \cdots \quad \widetilde{\boldsymbol{A}}^{q-1}\widetilde{\boldsymbol{B}}]$$

oder

$$\widetilde{\boldsymbol{U}} = \begin{bmatrix}\widetilde{\boldsymbol{B}}_1 & \widetilde{\boldsymbol{A}}_{11}\widetilde{\boldsymbol{B}}_1 & \widetilde{\boldsymbol{A}}_{11}^2\widetilde{\boldsymbol{B}}_1 & \cdots & \widetilde{\boldsymbol{A}}_{11}^{q-1}\widetilde{\boldsymbol{B}}_1\\ \boldsymbol{0} & \boldsymbol{0} & \boldsymbol{0} & & \boldsymbol{0}\end{bmatrix} = \begin{bmatrix}\widetilde{\boldsymbol{U}}_1 & \widetilde{\boldsymbol{A}}_{11}^{\widetilde{q}}\widetilde{\boldsymbol{B}}_1 & \cdots\\ \boldsymbol{0} & \boldsymbol{0} & \cdots\end{bmatrix}.$$

Sie hat denselben Rang $\widetilde{q}$ wie $\boldsymbol{U}$. Die Matrix $\widetilde{\boldsymbol{U}}_1$ bedeutet dabei die Steuerbarkeitsmatrix des Teilsystems mit dem Matrizenquadrupel $(\widetilde{\boldsymbol{A}}_{11}, \widetilde{\boldsymbol{B}}_1, \widetilde{\boldsymbol{C}}_1, \boldsymbol{D})$. Der Rang von $\widetilde{\boldsymbol{U}}_1$ beträgt $\widetilde{q}$, da die Spaltenvektoren von $\widetilde{\boldsymbol{A}}_{11}^{\nu}\widetilde{\boldsymbol{B}}_1$ für $\nu \geqq \widetilde{q}$ von den Spaltenvektoren von $\widetilde{\boldsymbol{U}}_1$ linear abhängig sind. Damit ist das Teilsystem $(\widetilde{\boldsymbol{A}}_{11}, \widetilde{\boldsymbol{B}}_1, \widetilde{\boldsymbol{C}}_1, \boldsymbol{D})$ steuerbar.

Das gewonnene Ergebnis wird zusammengefaßt im

Satz II.8: Ist ein lineares, zeitinvariantes System in der Darstellung nach den Gln. (2.146a,b) nicht steuerbar und hat der Rang der Steuerbarkeitsmatrix $\boldsymbol{U}$ den Wert $\tilde{q} < q$, dann kann eine nichtsinguläre (konstante) Matrix $\boldsymbol{M}$ angegeben werden, mit deren Hilfe die Gln. (2.146a,b) gemäß Gl. (2.41) in die Gln. (2.153a,b) überführt werden. Diese Gleichungen enthalten ein steuerbares Teilsystem der Ordnung $\tilde{q}$ mit dem Zustandsvektor $\boldsymbol{\zeta}_1$.

Die erhaltenen Ergebnisse zeigen, daß der mittels der Matrix nach Gl. (2.148) transformierte Zustandsvektor $\boldsymbol{\zeta} = [\boldsymbol{\zeta}_1 \quad \boldsymbol{\zeta}_2]^{\mathrm{T}}$ aus zwei Teilvektoren besteht, von denen $\boldsymbol{\zeta}_1$ durch die Eingangssignale beeinflußbar (d. h. steuerbar) ist, während $\boldsymbol{\zeta}_2$ weder direkt von $\boldsymbol{x}(t)$ noch indirekt über $\boldsymbol{\zeta}_1$ beeinflußt werden kann. Das Teilsystem mit dem Zustandsvektor $\boldsymbol{\zeta}_2$ ist also nicht steuerbar. Wenn man $\boldsymbol{\zeta}_2$ ignoriert, erhält man eine steuerbare Systemdarstellung mit im Vergleich zur ursprünglichen Darstellung niedrigerer Ordnung, wobei sich das Übertragungsverhalten des Systems nicht ändert.

Mit Hilfe des Dualitätssatzes II.6 läßt sich Satz II.8 direkt in eine entsprechende Aussage bezüglich der Beobachtbarkeit überführen. Diese Aussage lautet folgendermaßen:

Satz II.9: Ist ein lineares, zeitinvariantes System in der Darstellung nach den Gln. (2.146a,b) nicht beobachtbar und hat der Rang der Beobachtbarkeitsmatrix $\boldsymbol{V}$ gemäß Gl. (2.134) den Wert $\overline{q} < q$, dann kann eine nichtsinguläre (konstante) Matrix $\boldsymbol{M}$ angegeben werden, mit deren Hilfe die Gln. (2.146a,b) gemäß Gl. (2.41) in die transformierte Darstellung

$$\frac{\mathrm{d}}{\mathrm{d}t}\begin{bmatrix}\boldsymbol{\zeta}_1(t)\\ \boldsymbol{\zeta}_2(t)\end{bmatrix} = \begin{bmatrix}\overline{\boldsymbol{A}}_{11} & \boldsymbol{0}\\ \overline{\boldsymbol{A}}_{21} & \overline{\boldsymbol{A}}_{22}\end{bmatrix}\begin{bmatrix}\boldsymbol{\zeta}_1(t)\\ \boldsymbol{\zeta}_2(t)\end{bmatrix} + \begin{bmatrix}\overline{\boldsymbol{B}}_1\\ \overline{\boldsymbol{B}}_2\end{bmatrix}\boldsymbol{x}(t), \tag{2.154a}$$

$$\boldsymbol{y}(t) = [\,\overline{\boldsymbol{C}}_1 \quad \boldsymbol{0}\,]\begin{bmatrix}\boldsymbol{\zeta}_1(t)\\ \boldsymbol{\zeta}_2(t)\end{bmatrix} + \boldsymbol{D}\boldsymbol{x}(t) \tag{2.154b}$$

überführt werden, welche das beobachtbare Teilsystem $(\overline{\boldsymbol{A}}_{11}, \overline{\boldsymbol{B}}_1, \overline{\boldsymbol{C}}_1, \boldsymbol{D})$ der Ordnung $\overline{q}$ mit dem Zustandsvektor $\boldsymbol{\zeta}_1$ enthält.

Die Sätze II.8 und II.9 ermöglichen nun, ein durch die Gln. (2.146a,b) gegebenes System durch eine Äquivalenztransformation $\boldsymbol{z} = \boldsymbol{M}\boldsymbol{w}$ mit geeigneter Matrix $\boldsymbol{M}$ in eine Form überzuführen, die eine besondere Struktur des Systems zu erkennen erlaubt. Es wird dabei angenommen, daß das betreffende System in der Darstellung nach Gln. (2.146a,b) im allgemeinen weder steuerbar noch beobachtbar ist. Man kann die Gln. (2.146a,b) zunächst gemäß den Gln. (2.153a,b) transformieren, d. h. eine Zerlegung in einen steuerbaren Teil mit dem Zustandsvektor $\boldsymbol{\zeta}_1$ und einen nicht steuerbaren Teil mit dem Zustandsvektor $\boldsymbol{\zeta}_2$ durchführen. Der steuerbare Teil wird jetzt gemäß den Gln. (2.154a,b) in einen beobachtbaren Teil mit dem Zustandsvektor $\boldsymbol{w}_1$ und einen nicht beobachtbaren Teil mit dem Zustandsvektor $\boldsymbol{w}_2$ zerlegt. Entsprechend erfolgt eine Zerlegung des nicht steuerbaren Teils in zwei weitere Teile mit den Zustandsvektoren $\boldsymbol{w}_3$ bzw. $\boldsymbol{w}_4$. Auf diese Weise ergibt sich die zu den Gln. (2.153a,b) äquivalente kanonische Darstellung

$$\frac{\mathrm{d}\boldsymbol{w}(t)}{\mathrm{d}t} = \boldsymbol{A}_k\boldsymbol{w}(t) + \boldsymbol{B}_k\boldsymbol{x}(t), \tag{2.155a}$$

$$\boldsymbol{y}(t) = \boldsymbol{C}_k \boldsymbol{w}(t) + \boldsymbol{D}\boldsymbol{x}(t) \tag{2.155b}$$

mit dem Zustandsvektor

$$\boldsymbol{w}(t) = [\boldsymbol{w}_1(t) \quad \boldsymbol{w}_2(t) \quad \boldsymbol{w}_3(t) \quad \boldsymbol{w}_4(t)]^{\mathrm{T}}$$

und den Systemmatrizen

$$\boldsymbol{A}_k = \begin{bmatrix} \boldsymbol{A}_{11} & \mathbf{0} & \boldsymbol{A}_{13} & \mathbf{0} \\ \boldsymbol{A}_{21} & \boldsymbol{A}_{22} & \boldsymbol{A}_{23} & \boldsymbol{A}_{24} \\ \mathbf{0} & \mathbf{0} & \boldsymbol{A}_{33} & \mathbf{0} \\ \mathbf{0} & \mathbf{0} & \boldsymbol{A}_{43} & \boldsymbol{A}_{44} \end{bmatrix}, \quad \boldsymbol{B}_k = \begin{bmatrix} \boldsymbol{B}_1 \\ \boldsymbol{B}_2 \\ \mathbf{0} \\ \mathbf{0} \end{bmatrix}, \tag{2.156a,b}$$

und

$$\boldsymbol{C}_k = [\boldsymbol{C}_1 \quad \mathbf{0} \quad \boldsymbol{C}_3 \quad \mathbf{0}]. \tag{2.156c}$$

Das Teilsystem mit dem Zustandsvektor $\boldsymbol{w}_1$ ist also steuerbar und beobachtbar, jenes mit dem Vektor $\boldsymbol{w}_2$ steuerbar und nicht beobachtbar, das mit $\boldsymbol{w}_3$ nicht steuerbar, jedoch beobachtbar und das mit $\boldsymbol{w}_4$ weder steuerbar noch beobachtbar. Die Gln. (2.155a,b) und (2.156a-c) lassen sich nach Bild 2.17 in ein Signalflußdiagramm umsetzen, das die gefundene Struktur deutlich macht. Wie man sieht, wird das Eingang-Ausgang-Verhalten des Systems (die Matrix der Impulsantworten) ausschließlich durch den Teil bestimmt, der sowohl steuerbar als auch beobachtbar ist. Eine etwas modifizierte Art der Darstellung ergibt sich, wenn man zuerst Satz II.9 und dann Satz II.8 anwendet.

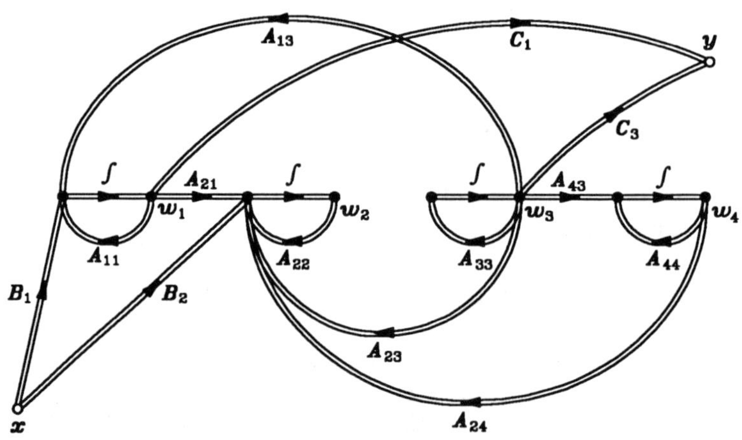

Bild 2.17: Signalflußdiagramm zur Veranschaulichung der Struktur eines Systems

3.4.5 Ergänzungen zur Steuerbarkeit und Beobachtbarkeit linearer, zeitinvarianter Systeme

In diesem Abschnitt soll versucht werden, weitere Einsicht in das Konzept der Steuerbarkeit und das der Beobachtbarkeit bei linearen, zeitinvarianten Systemen zu gewinnen.

Die Prüfung der Steuerbarkeit eines durch die Gln. (2.146a,b) gegebenen linearen, zeitinvarianten Systems ist besonders einfach, wenn die Darstellung Jordansche Normalform aufweist, d. h., wenn die Gln. (2.146a,b) speziell die Form

$$\frac{\mathrm{d}\boldsymbol{z}(t)}{\mathrm{d}t} = \boldsymbol{J}\boldsymbol{z}(t) + \boldsymbol{B}\boldsymbol{x}(t), \quad \boldsymbol{y}(t) = \boldsymbol{C}\boldsymbol{z}(t) + \boldsymbol{D}\boldsymbol{x}(t) \tag{2.157a,b}$$

haben. Dabei bedeutet $\boldsymbol{J}$ nach den Gln. (2.46), (2.47) und (2.48) die Block-Diagonalmatrix

$$\boldsymbol{J} = \operatorname{diag}(\boldsymbol{J}_{11}, \ldots, \boldsymbol{J}_{1k_1}, \boldsymbol{J}_{21}, \ldots, \boldsymbol{J}_{lk_l}) \tag{2.158}$$

mit den zu den Eigenwerten p_μ gehörenden Jordan-Kästchen $\boldsymbol{J}_{\mu\nu}$ ($\mu = 1, 2, \ldots, l$; $\nu = 1, 2, \ldots, k_\mu$) der Ordnung $q_{\mu\nu}$. Die Matrix $\boldsymbol{B}$ kann in der an $\boldsymbol{J}$ nach Gl. (2.158) angepaßten Form

$$\boldsymbol{B} = \begin{bmatrix} \boldsymbol{B}_{11} \\ \boldsymbol{B}_{12} \\ \vdots \\ \boldsymbol{B}_{1k_1} \\ \vdots \\ \boldsymbol{B}_{lk_l} \end{bmatrix} \quad \text{mit} \quad \boldsymbol{B}_{\mu\nu} = \begin{bmatrix} \boldsymbol{b}_{\mu\nu 1}^{\mathrm{T}} \\ \boldsymbol{b}_{\mu\nu 2}^{\mathrm{T}} \\ \vdots \\ \boldsymbol{b}_{\mu\nu q_{\mu\nu}}^{\mathrm{T}} \end{bmatrix} \tag{2.159a,b}$$

geschrieben werden. Die Übergangsmatrix lautet nach Gl. (2.81)

$$\boldsymbol{\Phi}(t) = \operatorname{diag}(\mathrm{e}^{\boldsymbol{J}_{11}t}, \mathrm{e}^{\boldsymbol{J}_{12}t}, \ldots, \mathrm{e}^{\boldsymbol{J}_{lk_l}t}). \tag{2.160}$$

Dabei sind die $\mathrm{e}^{\boldsymbol{J}_{\mu\nu}t}$ quadratische Matrizen von oberer Dreiecksgestalt gemäß Gl. (2.84b) mit $p_0 = p_\mu$ und $n_0 = q_{\mu\nu}$. Nach Abschnitt 3.4.2 ist das betrachtete System genau dann steuerbar, wenn alle Zeilen der Matrix

$$\boldsymbol{F}(t) = \boldsymbol{\Phi}(t)\boldsymbol{B} \tag{2.161}$$

linear unabhängig sind. Diese Matrix kann im vorliegenden Fall mittels der Gln. (2.159a,b) und (2.160) direkt gebildet werden. Dabei zeigt sich, daß die letzten Zeilen der Blockmatrizen $\boldsymbol{B}_{11}, \boldsymbol{B}_{12}, \ldots, \boldsymbol{B}_{1k_1}, \ldots, \boldsymbol{B}_{lk_l}$ eine besondere Bedeutung haben. Es sind dies die Zeilenvektoren $\boldsymbol{b}_{\mu\nu q_{\mu\nu}}^{\mathrm{T}} =: \boldsymbol{b}_{\mu\nu}^{\mathrm{T}}$ ($\mu = 1,2, \ldots, l$; $\nu = 1,2, \ldots, k_\mu$). Sie seien Hauptzeilen genannt. Die entsprechenden Zeilen in der Matrix $\boldsymbol{F}(t)$ mit gleichen Zeilennummern wie die Hauptzeilen seien $\boldsymbol{f}_{11}^{\mathrm{T}}(t), \boldsymbol{f}_{12}^{\mathrm{T}}(t), \ldots, \boldsymbol{f}_{lk_l}^{\mathrm{T}}(t)$. Wäre $\boldsymbol{b}_{11} = \boldsymbol{0}$, dann würde man wegen der Dreiecksform von $\mathrm{e}^{\boldsymbol{J}_{11}t}$ jedenfalls $\boldsymbol{f}_{11}(t) \equiv \boldsymbol{0}$ erhalten; $\boldsymbol{b}_{12} = \boldsymbol{0}$ würde $\boldsymbol{f}_{12}(t) \equiv \boldsymbol{0}$ implizieren usw. Man sieht also, daß keine der Hauptzeilen der Matrix $\boldsymbol{B}$ eine Nullzeile sein darf, damit die lineare Unabhängigkeit aller Zeilen von $\boldsymbol{F}(t)$ überhaupt möglich ist. Ist nun insbesondere $\boldsymbol{b}_{11} \neq \boldsymbol{0}$ und demzufolge $\boldsymbol{f}_{11}(t) \not\equiv \boldsymbol{0}$, so bilden alle Zeilen, die in $\boldsymbol{F}(t)$ oberhalb $\boldsymbol{f}_{11}^{\mathrm{T}}(t)$ auftreten, zusammen mit $\boldsymbol{f}_{11}^{\mathrm{T}}(t)$ eine Gesamtheit linear unabhängiger Zeilen, wie man aufgrund der besonderen Form von $\mathrm{e}^{\boldsymbol{J}_{11}t}$ gemäß Gl. (2.84b) schnell feststellen kann. Dies sei kurz angedeutet:

Mit den Zeilenvektoren von $\boldsymbol{B}_{11}$ nach Gl. (2.159b) erhält man die entsprechenden Zeilen von $\boldsymbol{F}(t)$ zu

$$\mathrm{e}^{p_1 t}\left[\boldsymbol{b}_{111}^{\mathrm{T}} + \boldsymbol{b}_{112}^{\mathrm{T}}\, t + \cdots + \boldsymbol{b}_{11q_{11}}^{\mathrm{T}} \frac{t^{q_{11}-1}}{(q_{11}-1)!}\right],$$

$$\mathrm{e}^{p_1 t}\left[\boldsymbol{b}_{112}^{\mathrm{T}} + \boldsymbol{b}_{113}^{\mathrm{T}}\, t + \cdots + \boldsymbol{b}_{11q_{11}}^{\mathrm{T}}\,\frac{t^{q_{11}-2}}{(q_{11}-2)\,!}\right],$$

$$\vdots$$

$$\mathrm{e}^{p_1 t}\,(\boldsymbol{b}_{11(q_{11}-1)}^{\mathrm{T}} + \boldsymbol{b}_{11q_{11}}^{\mathrm{T}}\, t)\,,$$

$$\mathrm{e}^{p_1 t}\,\boldsymbol{b}_{11q_{11}}^{\mathrm{T}}\,.$$

Sie lassen unmittelbar erkennen, daß sie linear unabhängig sind, sofern $\boldsymbol{b}_{11q_{11}} \neq \mathbf{0}$ gilt.

Ebenso bilden alle zwischen $\boldsymbol{f}_{11}^{\mathrm{T}}(t)$ und $\boldsymbol{f}_{12}^{\mathrm{T}}(t)$ auftretenden Zeilen von $\boldsymbol{F}(t)$ zusammen mit $\boldsymbol{f}_{12}^{\mathrm{T}}(t)$ eine Gesamtheit linear unabhängiger Zeilen, vorausgesetzt $\boldsymbol{b}_{12} \neq \mathbf{0}$. In dieser Weise kann man fortfahren. – Sind nun zwei Hauptzeilen $\boldsymbol{b}_{\mu\nu}^{\mathrm{T}}$ mit gleichem μ, jedoch unterschiedlichen ν linear abhängig, dann sind zwangsläufig auch die entsprechenden Zeilen $\boldsymbol{f}_{\mu\nu}^{\mathrm{T}}(t)$ in $\boldsymbol{F}(t)$ linear abhängig. Wenn aber alle Hauptzeilen mit gleichem μ jeweils linear unabhängig sind, dann kann man in gleicher Weise wie oben zeigen, daß die Matrix $\boldsymbol{F}(t)$ eine Gesamtheit linear unabhängiger Zeilen repräsentiert, also Steuerbarkeit vorliegt.

Die Steuerbarkeit eines linearen, zeitinvarianten Systems in der Darstellung nach Gln. (2.157a,b) mit der Jordanschen Normalform läßt sich damit folgendermaßen beurteilen: Es liegt Steuerbarkeit genau dann vor, wenn für jedes $\mu = 1, 2, \ldots, l$ die jeweiligen Hauptzeilen der Matrix $\boldsymbol{B}$ linear unabhängig sind. Die zu verschiedenen μ, d. h. zu unterschiedlichen Eigenwerten gehörenden Hauptzeilen brauchen nicht linear unabhängig zu sein.

Im weiteren soll auch die Beobachtbarkeit eines durch die Gln. (2.157a,b) gekennzeichneten linearen, zeitinvarianten Systems geprüft werden. Nach Abschnitt 3.4.3 ist notwendig und hinreichend für Beobachtbarkeit, daß alle Spalten der Matrix

$$\boldsymbol{G}(t) = \boldsymbol{C}\,\boldsymbol{\Phi}(t) \tag{2.162}$$

linear unabhängig sind. Dabei ist die Übergangsmatrix $\boldsymbol{\Phi}(t)$ durch Gl. (2.160) gegeben. Die Matrix $\boldsymbol{C}$ des Systems wird in der an $\boldsymbol{J}$ nach Gl. (2.158) angepaßten Form

$$\boldsymbol{C} = [\,\boldsymbol{C}_{11} \quad \boldsymbol{C}_{12} \quad \cdots \quad \boldsymbol{C}_{1k_1} \quad \cdots \quad \boldsymbol{C}_{lk_l}\,] \tag{2.163a}$$

mit

$$\boldsymbol{C}_{\mu\nu} = [\,\boldsymbol{c}_{\mu\nu 1} \quad \boldsymbol{c}_{\mu\nu 2} \quad \cdots \quad \boldsymbol{c}_{\mu\nu q_{\mu\nu}}\,] \tag{2.163b}$$

geschrieben. Die ersten Spalten $\boldsymbol{c}_{\mu\nu 1}$ der Block-Matrizen $\boldsymbol{C}_{\mu\nu}$ ($\mu = 1, \ldots, l$; $\nu = 1, 2, \ldots, k_\mu$) spielen eine besondere Rolle und heißen Hauptspalten der Matrix $\boldsymbol{C}$. Wie beim Studium der Steuerbarkeit, wo die lineare Abhängigkeit der Zeilen der Matrix $\boldsymbol{F}(t)$ nach Gl. (2.161) untersucht wurde, können nun die Spaltenvektoren der Matrix $\boldsymbol{G}(t)$ aus Gl. (2.162) auf lineare Abhängigkeit geprüft werden. Alle früheren Überlegungen lassen sich auf den vorliegenden Fall übertragen, wobei anstelle von Zeilen- nunmehr Spaltenvektoren zu betrachten sind. Man gelangt zu folgendem Ergebnis: Es liegt Beobachtbarkeit genau dann vor, wenn für jedes $\mu = 1, 2, \ldots, l$ die jeweiligen Hauptspalten der Matrix $\boldsymbol{C}$ linear unabhängig sind. Die zu verschiedenen μ, d. h. zu unterschiedlichen Eigenwerten gehörenden Hauptspalten brauchen nicht linear unabhängig zu sein.

Wenn ein durch Gln. (2.157a,b) dargestelltes System nur einen Eingang hat, die Matrix $\boldsymbol{B}$ also nur aus einer Spalte besteht, liegt Steuerbarkeit genau dann vor, wenn zu jedem Eigenwert p_μ ($\mu = 1, 2, \ldots, l$) nur eine Hauptzeile von $\boldsymbol{B}$ gehört, die übrigens nur ein Element umfaßt, und wenn dieses Element von Null verschieden ist. Bei einem steuerbaren durch die

Gln. (2.157a,b) in Jordanscher Normalform dargestellten System mit nur einem Eingangssignal kann demzufolge zu jedem Eigenwert nur ein Jordankästchen auftreten. Beachtet man einerseits die Möglichkeit, daß jedes durch Gln. (2.146a,b) dargestellte System durch eine Äquivalenztransformation auf Jordansche Normalform gebracht werden kann, und andererseits die Tatsache, daß durch eine Äquivalenztransformation der Rang der Steuerbarkeitsmatrix erhalten bleibt, dann kann aufgrund obiger Überlegungen folgende Aussage gemacht werden:

Ist der Grad des Minimalpolynoms eines linearen, zeitinvarianten, in Form der Gln. (2.146a,b) dargestellten Systems mit einem Eingang kleiner als der Grad des charakteristischen Polynoms, dann ist das System nicht steuerbar.

Weiterhin kann folgendes festgestellt werden: Ist ein lineares, zeitinvariantes System mit einem Eingang und nur einfachen Eigenwerten gemäß Gln. (2.157a,b) in Jordanscher Normalform (hier also reiner Diagonalform) dargestellt, dann besteht Steuerbarkeit genau dann, wenn alle Komponenten des Vektors $\boldsymbol{B}$ von Null verschieden sind.

Wenn ein durch Gln. (2.157a,b) dargestelltes System nur einen Ausgang hat, die Matrix $\boldsymbol{C}$ also nur aus einer Zeile besteht, liegt Beobachtbarkeit genau dann vor, wenn zu jedem Eigenwert p_μ $(\mu = 1, 2, \ldots, l)$ nur eine Hauptspalte von $\boldsymbol{C}$ gehört, die übrigens nur ein Element umfaßt, und wenn dieses Element von Null verschieden ist. Hieraus kann folgender Schluß gezogen werden:

Ist der Grad des Minimalpolynoms eines linearen, zeitinvarianten, in Form der Gln. (2.146a,b) dargestellten Systems mit einem Ausgang kleiner als der Grad des charakteristischen Polynoms, dann ist das System nicht beobachtbar.

Weiterhin kann folgendes festgestellt werden: Ist ein lineares, zeitinvariantes System mit einem Ausgang und nur einfachen Eigenwerten gemäß Gln. (2.157a,b) in Jordanscher Normalform (hier also reiner Diagonalform) dargestellt, dann besteht Beobachtbarkeit genau dann, wenn alle Komponenten des Zeilenvektors $\boldsymbol{C}$ von Null verschieden sind.

Es liege nun ein lineares, zeitinvariantes, durch die Gln. (2.146a,b) dargestelltes System mit nur einem Eingang und nur einem Ausgang vor. Ist der Grad des Minimalpolynoms kleiner als der Grad des charakteristischen Polynoms, dann ist das System weder steuerbar noch beobachtbar.

Im folgenden soll noch auf einen weiteren Zusammenhang zwischen den Eigenwerten eines durch die Gl. (2.146a,b) beschriebenen Systems und der Frage der Steuerbarkeit und Beobachtbarkeit hingewiesen werden [Ha4].

Satz II.10: (i) Das durch die Gln. (2.146a,b) dargestellte System ist genau dann steuerbar, wenn der Rang der Matrix

$$\boldsymbol{M}_\mu = [p_\mu \mathbf{E} - \boldsymbol{A} \quad \boldsymbol{B}] \tag{2.164}$$

für alle Eigenwerte p_μ $(\mu = 1, 2, \ldots, l)$ des Systems gleich q ist. (ii) Das durch die Gln. (2.146a,b) dargestellte System ist genau dann beobachtbar, wenn der Rang der Matrix

$$\boldsymbol{N}_\mu = \begin{bmatrix} \boldsymbol{C} \\ p_\mu \mathbf{E} - \boldsymbol{A} \end{bmatrix} \tag{2.165}$$

für alle Eigenwerte p_μ $(\mu = 1, 2, \ldots, l)$ des Systems gleich q ist.

Beweis: (i) *Notwendigkeit:* Es wird angenommen, daß der Rang der Matrix $\boldsymbol{M}_\mu$ für ein $\mu \in \{1, \ldots, l\}$ kleiner als q ist. Dann kann ein Vektor $\boldsymbol{\alpha} \neq \mathbf{0}$ angegeben werden, so daß

$$\boldsymbol{\alpha}^{\mathrm{T}} \boldsymbol{M}_{\mu} = \mathbf{0}\,, \tag{2.166}$$

d. h.

$$\boldsymbol{\alpha}^{\mathrm{T}} \boldsymbol{A} = p_{\mu} \boldsymbol{\alpha}^{\mathrm{T}} \quad \text{und} \quad \boldsymbol{\alpha}^{\mathrm{T}} \boldsymbol{B} = \mathbf{0} \tag{2.167a,b}$$

gilt. Multipliziert man die Gl. (2.167a) mit $\boldsymbol{A}$ von rechts und wendet dann diese Gleichung in ihrer unveränderten Form an, so erhält man

$$\boldsymbol{\alpha}^{\mathrm{T}} \boldsymbol{A}^2 = p_{\mu} \boldsymbol{\alpha}^{\mathrm{T}} \boldsymbol{A} = p_{\mu}^2 \boldsymbol{\alpha}^{\mathrm{T}}\,.$$

In dieser Weise fährt man fort und findet allgemein

$$\boldsymbol{\alpha}^{\mathrm{T}} \boldsymbol{A}^{\nu} = p_{\mu}^{\nu} \boldsymbol{\alpha}^{\mathrm{T}}$$

oder nach Rechtsmultiplikation mit $\boldsymbol{B}$ und Beachtung der Gl. (2.167b)

$$\boldsymbol{\alpha}^{\mathrm{T}} \boldsymbol{A}^{\nu} \boldsymbol{B} = \mathbf{0}$$

für $\nu = 1, 2, \ldots$ Hieraus folgt

$$\boldsymbol{\alpha}^{\mathrm{T}} [\boldsymbol{B} \quad \boldsymbol{A}\boldsymbol{B} \quad \cdots \quad \boldsymbol{A}^{q-1}\boldsymbol{B}] = \mathbf{0}\,.$$

Dies zeigt, daß die hier auftretende Steuerbarkeitsmatrix $\boldsymbol{U}$ einen Rang hat, der kleiner als q ist, das System also nicht steuerbar ist. Steuerbarkeit verlangt also notwendigerweise, daß der Rang aller Matrizen $\boldsymbol{M}_{\mu}$ gleich q ist. *Hinlänglichkeit:* Es wird angenommen, daß der Rang der Steuerbarkeitsmatrix $\boldsymbol{U}$ kleiner als q ist. Dann kann nach Abschnitt 3.4.4 eine Ähnlichkeitstransformation durchgeführt werden, welche Systemmatrizen

$$\tilde{\boldsymbol{A}} = \begin{bmatrix} \tilde{\boldsymbol{A}}_{11} & \tilde{\boldsymbol{A}}_{12} \\ \mathbf{0} & \tilde{\boldsymbol{A}}_{22} \end{bmatrix}, \quad \tilde{\boldsymbol{B}} = \begin{bmatrix} \tilde{\boldsymbol{B}}_1 \\ \mathbf{0} \end{bmatrix}$$

liefert, wobei die Eigenwerte p_{μ} von $\boldsymbol{A}$ als Eigenwerte von $\tilde{\boldsymbol{A}}_{11}$ und $\tilde{\boldsymbol{A}}_{22}$ auftreten. Es gibt nun mindestens einen der Eigenwerte p_{μ}, so daß

$$\boldsymbol{\beta}^{\mathrm{T}} \tilde{\boldsymbol{A}}_{22} = p_{\mu} \boldsymbol{\beta}^{\mathrm{T}}$$

gilt. Mit dem hierbei als (Links-) Eigenvektor von $\tilde{\boldsymbol{A}}_{22}$ auftretenden $\boldsymbol{\beta}^{\mathrm{T}} \neq \mathbf{0}^{\mathrm{T}}$ wird

$$\boldsymbol{\alpha}^{\mathrm{T}} = [\mathbf{0}^{\mathrm{T}} \quad \boldsymbol{\beta}^{\mathrm{T}}]$$

gebildet, wodurch man

$$\boldsymbol{\alpha}^{\mathrm{T}} [p_{\mu}\mathbf{E} - \tilde{\boldsymbol{A}} \quad \tilde{\boldsymbol{B}}] = \mathbf{0}^{\mathrm{T}}$$

erhält. Diese Beziehung zeigt, daß der Rang der Matrix $[p_{\mu}\mathbf{E} - \tilde{\boldsymbol{A}} \quad \tilde{\boldsymbol{B}}]$ und damit auch der Rang der zugehörigen Matrix $\boldsymbol{M}_{\mu}$ kleiner als q ist. Der Rang von $\boldsymbol{U}$ kann also nicht kleiner als q sein, wenn alle Matrizen $\boldsymbol{M}_{\mu}$ nach Gl. (2.164) den Rang q haben.

(ii) Der Beweis des zweiten Teils von Satz II.10 verläuft völlig dual zum obigen Beweis des ersten Teils. Es kann daher auf Einzelheiten verzichtet werden.

Beispiel 2.16: Gegeben seien die Systemmatrizen

$$\boldsymbol{A} = \begin{bmatrix} -1 & 2 & 1 \\ 0 & -2 & 0 \\ 0 & 0 & -3 \end{bmatrix}, \quad \boldsymbol{b} = \begin{bmatrix} 0 \\ 0 \\ 1 \end{bmatrix}, \quad \boldsymbol{c} = \begin{bmatrix} 1 \\ -1 \\ 0 \end{bmatrix}.$$

Die Eigenwerte lauten $p_1 = -1$, $p_2 = -2$, $p_3 = -3$. Damit erhält man die Matrizen gemäß den Gln. (2.164) und (2.165)

$$\boldsymbol{M}_1 = \begin{bmatrix} 0 & -2 & -1 & 0 \\ 0 & 1 & 0 & 0 \\ 0 & 0 & 2 & 1 \end{bmatrix}, \quad \boldsymbol{N}_1 = \begin{bmatrix} 1 & -1 & 0 \\ 0 & -2 & -1 \\ 0 & 1 & 0 \\ 0 & 0 & 2 \end{bmatrix},$$

$$\boldsymbol{M}_2 = \begin{bmatrix} -1 & -2 & -1 & 0 \\ 0 & 0 & 0 & 0 \\ 0 & 0 & 1 & 1 \end{bmatrix}, \quad \boldsymbol{N}_2 = \begin{bmatrix} 1 & -1 & 0 \\ -1 & -2 & -1 \\ 0 & 0 & 0 \\ 0 & 0 & 1 \end{bmatrix},$$

$$\boldsymbol{M}_3 = \begin{bmatrix} -2 & -2 & -1 & 0 \\ 0 & -1 & 0 & 0 \\ 0 & 0 & 0 & 1 \end{bmatrix}, \quad \boldsymbol{N}_3 = \begin{bmatrix} 1 & -1 & 0 \\ -2 & -2 & -1 \\ 0 & -1 & 0 \\ 0 & 0 & 0 \end{bmatrix}.$$

Für die Ränge gilt

$$\text{rg}\,(\boldsymbol{M}_1) = 3; \quad \text{rg}\,(\boldsymbol{N}_1) = 3\,;$$

$$\text{rg}\,(\boldsymbol{M}_2) = 2; \quad \text{rg}\,(\boldsymbol{N}_2) = 3\,;$$

$$\text{rg}\,(\boldsymbol{M}_3) = 3; \quad \text{rg}\,(\boldsymbol{N}_3) = 3\,.$$

Wie man sieht, ist das System nicht steuerbar, jedoch beobachtbar, wobei die Ursache für die Nichtsteuerbarkeit in der Matrix $\boldsymbol{M}_2$ des Eigenwerts $p_2 = -2$ zu sehen ist. Der Vollständigkeit halber sollen noch die Steuerbarkeitsmatrix $\boldsymbol{U}$ und die Beobachtbarkeitsmatrix $\boldsymbol{V}$ angegeben werden:

$$\boldsymbol{U} = \begin{bmatrix} 0 & 1 & -4 \\ 0 & 0 & 0 \\ 1 & -3 & 9 \end{bmatrix}, \quad \boldsymbol{V} = \begin{bmatrix} 1 & -1 & 0 \\ -1 & 4 & 1 \\ 1 & -10 & -4 \end{bmatrix}.$$

Wie man sieht, gilt rg $\boldsymbol{U} = 2$ und rg $\boldsymbol{V} = 3$, was obige Ergebnisse bestätigt.

3.5 STABILITÄT

3.5.1 Vorbemerkungen

Bei zahlreichen systemtheoretischen Problemen interessiert nicht die explizite Lösung der Zustandsgleichungen, sondern nur die Stabilität, bei der es sich wie bei der Steuerbarkeit und Beobachtbarkeit um eine allgemeine Systemeigenschaft handelt. Es soll nun im Rahmen der Systembeschreibung im Zustandsraum die Stabilität zunächst für kontinuierliche Systeme untersucht werden. Wie bereits im Abschnitt 3.4 festgestellt wurde, gibt es Fälle von System-Instabilitäten, die bei alleiniger Betrachtung des Zusammenhangs zwischen Eingangs- und Ausgangssignal nicht feststellbar sind, die aber bei geeigneter Darstellung im Zustandsraum erkannt werden können. Die im folgenden durchgeführten Untersuchungen lassen sich zum Teil auch auf nichtlineare Systeme ausdehnen. Man kann grundsätzlich zwischen zwei Arten von Stabilität unterscheiden, nämlich jener bei nicht erregten Systemen und derjenigen bei erregten Systemen. Auf die zwischen diesen beiden Arten von Stabilität bestehende Verbindung wird teilweise eingegangen.

Für die folgenden Untersuchungen ist der Begriff der *Norm* eines Vektors, insbesondere des Zustandsvektors $\boldsymbol{z}(t)$ mit reellen Komponenten, von Wichtigkeit. Es gibt verschiedene

Möglichkeiten, die Norm eines Vektors zu definieren. Es soll hier die *Euklidische* Norm als verallgemeinerte Definition der Länge eines Vektors eingeführt werden. Hierunter versteht man den nicht negativen Zahlenwert

$$\| \boldsymbol{z} \| = \sqrt{\sum_{\mu=1}^{q} z_\mu^2}\,. \tag{2.168}$$

Offensichtlich ist die Norm $\| \boldsymbol{z} \|$ genau dann endlich, wenn jede Vektorkomponente z_μ endlich ist. Die aufgrund von Gl. (2.168) definierte Norm hat drei charakteristische Eigenschaften, die allgemein von jedweder Vektornorm verlangt werden. Es gilt

$$\| \boldsymbol{z} \| > 0 \quad \text{für} \quad \boldsymbol{z} \neq \boldsymbol{0} \tag{2.169a}$$

und

$$\| \boldsymbol{0} \| = 0\,. \tag{2.169b}$$

Die eingeführte Norm befriedigt die sogenannte Dreiecksungleichung

$$\| \boldsymbol{z}_1 + \boldsymbol{z}_2 \| \leqq \| \boldsymbol{z}_1 \| + \| \boldsymbol{z}_2 \|\,. \tag{2.169c}$$

Ist α eine reelle Konstante, so gilt

$$\| \alpha \boldsymbol{z} \| = | \alpha | \cdot \| \boldsymbol{z} \|\,. \tag{2.169d}$$

Es besteht nun die Möglichkeit, mittels der eingeführten Vektornorm auch für eine quadratische Matrix $\boldsymbol{Q}$ eine Norm zu definieren. Diese Definition lautet

$$\| \boldsymbol{Q} \| = \sup_{\boldsymbol{x} \neq \boldsymbol{0}} \frac{\| \boldsymbol{Q}\boldsymbol{x} \|}{\| \boldsymbol{x} \|}\,. \tag{2.170a}$$

Die Norm $\| \boldsymbol{Q} \|$ ist also gleich der kleinsten oberen Schranke (Supremum) des Quotienten aus den Vektor-Normen $\| \boldsymbol{Q}\boldsymbol{x} \|$ und $\| \boldsymbol{x} \|$, wobei der Vektor $\boldsymbol{x}$ alle möglichen, vom Nullvektor verschiedenen Werte annehmen darf (die Dimension des Spaltenvektors $\boldsymbol{x}$ muß natürlich gleich der Ordnung der Matrix $\boldsymbol{Q}$ sein). Man kann zeigen, daß auch die Norm $\| \boldsymbol{Q} \|$ die Eigenschaften gemäß den Gln. (2.169a-d) aufweist. Weiterhin kann nachgewiesen werden, daß die Definition nach Gl. (2.170a) durch

$$\| \boldsymbol{Q} \| = \sup_{\| \boldsymbol{x} \| = 1} \| \boldsymbol{Q}\boldsymbol{x} \| \tag{2.170b}$$

ersetzt werden kann. Aus Gl. (2.170a) ersieht man unmittelbar, daß stets die Ungleichung

$$\| \boldsymbol{Q}\boldsymbol{x} \| \leqq \| \boldsymbol{Q} \| \cdot \| \boldsymbol{x} \| \tag{2.171}$$

besteht.

3.5.2 Definition der Stabilität bei nicht erregten Systemen

Es werden Systeme betrachtet, die sich allgemein mit Hilfe der Grundgleichungen (2.11a,b) darstellen lassen. Es wird der Fall $\boldsymbol{x}(t) \equiv \boldsymbol{0}$ vorausgesetzt, so daß der Zustandsvektor $\boldsymbol{z}(t)$ die Differentialgleichung

$$\frac{d\boldsymbol{z}}{dt} = \boldsymbol{f}_0(\boldsymbol{z}, t) \tag{2.172}$$

erfüllen muß. Es soll weiterhin angenommen werden, daß die Differentialgleichung (2.172) eine eindeutige Lösung mit dem Anfangswert $\boldsymbol{z}(t_0)$ besitzt. Diese Lösung soll mit

$$\boldsymbol{\zeta}(t; \boldsymbol{z}(t_0))$$

bezeichnet werden. Sie soll von $\boldsymbol{z}(t_0)$ stetig abhängen. Es wird der Zustand $\boldsymbol{z}_e$ als *Gleichgewichtszustand* in dem Sinne eingeführt, daß

$$\boldsymbol{f}_0(\boldsymbol{z}_e, t) = \boldsymbol{0}$$

für alle t gilt. Es muß dann also für $\boldsymbol{z}(t_0) = \boldsymbol{z}_e$

$$\boldsymbol{\zeta}(t; \boldsymbol{z}_e) = \boldsymbol{z}_e$$

sein.

Die *Stabilität im Sinne von M. A. Lyapunov* wird nun folgendermaßen definiert: Ein Gleichgewichtszustand $\boldsymbol{z}_e$ heißt genau dann *stabil*, wenn für willkürliche Werte t_0 und $\varepsilon > 0$ stets eine nur von t_0 und ε abhängige Größe $\delta = \delta(t_0, \varepsilon) > 0$ existiert, so daß

$$\| \boldsymbol{\zeta}(t; \boldsymbol{z}(t_0)) - \boldsymbol{z}_e \| < \varepsilon \quad \text{für alle} \quad t \geqq t_0$$

gilt, falls der Anfangszustand $\boldsymbol{z}(t_0)$ innerhalb der δ-Umgebung des Gleichgewichtszustands gewählt wird, d. h. derart, daß

$$\| \boldsymbol{z}(t_0) - \boldsymbol{z}_e \| < \delta$$

ist.

Die Stabilität verlangt also, daß um den betrachteten Gleichgewichtszustand stets eine Umgebung von Anfangszuständen $\boldsymbol{z}(t_0)$ vorhanden ist, so daß die Lösungen $\boldsymbol{\zeta}(t; \boldsymbol{z}(t_0))$ für alle $t \geqq t_0$ innerhalb einer noch so kleinen Umgebung des Gleichgewichtszustands bleiben. Natürlich muß $\delta \leqq \varepsilon$ sein. Gibt es ein $\delta > 0$, das nur von ε, nicht aber von t_0 abhängt, so heißt der Gleichgewichtszustand *gleichmäßig stabil*. Im Bild 2.18 ist die Stabilität am Beispiel eines Systems zweiter Ordnung erläutert. Die angegebene Kurve (Trajektorie) stellt die Lösung $\boldsymbol{\zeta}(t; \boldsymbol{z}(t_0))$ dar.

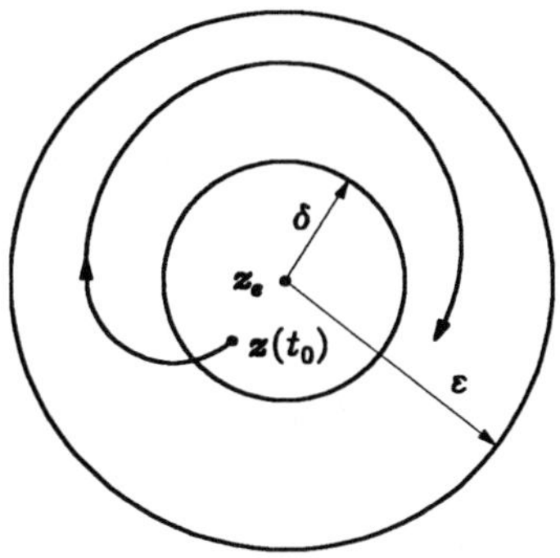

Bild 2.18: Zur Erläuterung der Stabilität

Ein Gleichgewichtszustand heißt *asymptotisch stabil*, wenn er stabil ist und wenn zudem ein $\delta_0(t_0) > 0$ derart existiert, daß

$$\lim_{t \to \infty} \| \boldsymbol{\zeta}(t; \boldsymbol{z}(t_0)) - \boldsymbol{z}_e \| = 0$$

ist, falls der Anfangszustand $\boldsymbol{z}(t_0)$ in der Umgebung

$$\| \boldsymbol{z}(t_0) - \boldsymbol{z}_e \| < \delta_0$$

gewählt wird. Ist $\boldsymbol{z}_e$ gleichmäßig stabil und gibt es ein von t_0 unabhängiges δ_0, so heißt der Gleichgewichtszustand *gleichmäßig asymptotisch stabil*, sofern der obige Grenzübergang gleichmäßig in t_0 erfolgt. Für praktische Anwendungen interessiert mehr die asymptotische als die gewöhnliche (marginale) Stabilität.

Die Gesamtheit aller Anfangszustände $\boldsymbol{z}(t_0)$ in der Umgebung des Gleichgewichtszustands $\boldsymbol{z}_e$, von denen Lösungen ausgehen, die im Endlichen bleiben und für $t \to \infty$ gegen $\boldsymbol{z}_e$ streben, bilden den *Bereich der Anziehung* für den Zeitpunkt t_0. Umfaßt dieser Bereich den gesamten Zustandsraum, d. h. strebt jede Lösung $\boldsymbol{\zeta}(t; \boldsymbol{z}(t_0))$ mit beliebigem $\boldsymbol{z}(t_0)$ für $t \to \infty$ gegen $\boldsymbol{z}_e$, so heißt $\boldsymbol{z}_e$ *asymptotisch stabil im Großen*. Notwendig für asymptotische Stabilität im Großen ist natürlich, daß nur ein einziger Gleichgewichtszustand existiert.

Ein Gleichgewichtszustand heißt *instabil*, wenn er nicht stabil ist. Im Bild 2.19 ist ein Beispiel für die Instabilität eines Gleichgewichtszustands bei einem System zweiter Ordnung angedeutet. Im Fall eines instabilen Gleichgewichtszustands kann die Norm der Lösung $\boldsymbol{\zeta}(t; \boldsymbol{z}(t_0))$ über alle Grenzen streben oder aber *beschränkt* bleiben. Es wird daher noch der Begriff der *Beschränktheit* des Gleichgewichtszustands eingeführt. Der Gleichgewichtszustand $\boldsymbol{z}_e$ heißt genau dann *beschränkt*, wenn stets eine Zahl $\delta > 0$ und eine endliche Schranke $K = K(t_0, \delta) > 0$ existieren, so daß bei der Wahl des Anfangszustands $\boldsymbol{z}(t_0)$ in der Umgebung

$$\| \boldsymbol{z}(t_0) - \boldsymbol{z}_e \| < \delta$$

für die Lösung

$$\| \boldsymbol{\zeta}(t; \boldsymbol{z}(t_0)) - \boldsymbol{z}_e \| < K$$

für alle $t \geqq t_0$ gilt. Gibt es eine von t_0 unabhängige Schranke K, dann heißt der Gleichgewichtszustand *gleichmäßig beschränkt*.

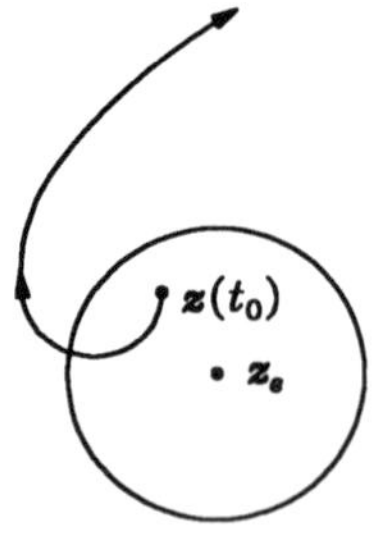

Bild 2.19: Zur Erläuterung der Instabilität

Beispiel 2.17: Als ein System mit einem instabilen, aber beschränkten Gleichgewichtszustand sei ein idealer Multivibrator genannt, der bei einer infinitesimalen Auslenkung aus einer Gleichgewichtslage in einen anderen Gleichgewichtszustand übergeht, der einen von Null verschiedenen endlichen Abstand von der ursprünglichen Gleichgewichtslage hat.

3.5.3 Stabilitätskriterien für nicht erregte lineare Systeme

Es soll nun die Stabilität linearer Systeme untersucht werden, die sich mit Hilfe der Zustandsgleichung (2.12) darstellen lassen. Da die Erregung $\boldsymbol{x}(t)$ für $t \geqq t_0$ verschwinden soll, hat die Zustandsgleichung die Form

$$\frac{\mathrm{d}\boldsymbol{z}(t)}{\mathrm{d}t} = \boldsymbol{A}(t)\,\boldsymbol{z}(t). \tag{2.173}$$

Wie im Abschnitt 3.3.2 gezeigt wurde, lautet die Lösung der Differentialgleichung (2.173)

$$\boldsymbol{z}(t) = \boldsymbol{\Phi}(t, t_0)\,\boldsymbol{z}(t_0). \tag{2.174}$$

Hierbei ist $\boldsymbol{\Phi}(t, t_0)$ die Übergangsmatrix des Systems. Es soll nun der Gleichgewichtszustand $\boldsymbol{z}_e = \boldsymbol{0}$ auf Stabilität untersucht werden.[1] Da nach Gl. (2.174) mit der Beziehung (2.171)

$$\| \boldsymbol{z}(t) \| \leqq \| \boldsymbol{\Phi}(t, t_0) \| \cdot \| \boldsymbol{z}(t_0) \| \tag{2.175}$$

gilt, wird die Stabilität durch die Übergangsmatrix $\boldsymbol{\Phi}(t, t_0)$ bestimmt. Da gemäß Gl. (2.174) eine skalare Multiplikation des Anfangszustands zur entsprechenden Streckung der gesamten Lösungstrajektorie führt, sind hier die Stabilität und die Beschränktheit äquivalente Eigenschaften des Nullzustands, und ein asymptotisch stabiler Nullzustand ist stets auch asymptotisch stabil im Großen. Man nennt daher ein lineares, nicht erregtes System stabil bzw. asymptotisch stabil, wenn sein Nullzustand diese Eigenschaft aufweist. Man kann nun die folgende Aussage machen.

Satz II.11: Ein lineares, nicht erregtes, durch Gl. (2.173) darstellbares System ist genau dann stabil, wenn die Norm der Übergangsmatrix für $t \geqq t_0$ beschränkt ist, wenn also eine endliche (im allgemeinen von t_0 abhängige) positive Konstante K existiert, so daß

$$\| \boldsymbol{\Phi}(t, t_0) \| \leqq K \quad \text{für alle} \quad t \geqq t_0 \tag{2.176}$$

gilt.

Beweis: Es wird zunächst ein beliebiges $\varepsilon > 0$ gewählt. Dann erhält man mit $\delta = \varepsilon / K$ eine δ-Umgebung, so daß für jeden Anfangszustand $\boldsymbol{z}(t_0)$ mit $\| \boldsymbol{z}(t_0) \| < \delta = \varepsilon / K$ nach den Ungleichungen (2.175) und (2.176) die entsprechende Lösung in der Umgebung

$$\| \boldsymbol{z}(t) \| \leqq K \| \boldsymbol{z}(t_0) \| < K \cdot \frac{\varepsilon}{K} = \varepsilon$$

für $t \geqq t_0$ bleibt. Damit ist bewiesen, daß die Bedingung (2.176) eine hinreichende Stabilitätsforderung darstellt. Es ist jetzt noch zu zeigen, daß Ungleichung (2.176) auch eine notwendige Bedingung für Stabilität ist. Dazu muß noch nachgewiesen werden, daß das betreffende System instabil ist, falls diese Ungleichung nicht erfüllt wird. Zunächst kann aufgrund der Normdefinition nach Gl. (2.170b) festgestellt werden, daß $\boldsymbol{\Phi}(t, t_0)$ mindestens ein Element $\varphi_{\mu\nu}(t, t_0)$ enthalten muß, das in Abhängigkeit von t über alle Grenzen strebt. Wählt man als Anfangszustand den Vektor $\boldsymbol{e}_\nu$, dessen ν-te Komponente gleich Eins ist und dessen übrige Komponenten verschwinden, dann strebt die Norm der Lösung $\boldsymbol{\varphi}_\nu(t, t_0) = \boldsymbol{\Phi}(t, t_0)\boldsymbol{e}_\nu$ in Abhängigkeit von t über alle Grenzen. Durch geeignete Wahl einer reellen Konstante α kann man in jeder δ-Umgebung einen Anfangszustand $\boldsymbol{z}(t_0) = \alpha\boldsymbol{e}_\nu$ wählen, von dem eine Lösung $\boldsymbol{z}(t)$ mit der Norm

---

[1] Im folgenden soll vorausgesetzt werden, daß $\det \boldsymbol{A}(t) \not\equiv 0$ ist. Der Leser möge sich davon überzeugen, daß dann $\boldsymbol{z}_e = \boldsymbol{0}$ der einzige Gleichgewichtszustand ist.

$$\| \boldsymbol{z}(t) \| = |\alpha| \cdot \| \varphi_\nu(t,t_0) \|$$

ausgeht. Dieser Wert liegt voraussetzungsgemäß nicht für alle $t \geqq t_0$ unterhalb einer noch so großen Schranke. Die Aussage des Satzes ist damit vollständig bewiesen.

Ist die Konstante K in Ungleichung (2.176) von t_0 unabhängig, so ist die Stabilität offensichtlich gleichmäßig. Weiterhin geht aus obigen Überlegungen hervor, daß ein lineares System genau dann asymptotisch stabil ist, wenn $\| \boldsymbol{\Phi}(t,t_0) \|$ für alle $t \geqq t_0$ beschränkt ist und für $t \to \infty$ gegen 0 strebt.

Während die Anwendung des Stabilitätssatzes (Satz II.11) auf zeitvariante Systeme wegen der Schwierigkeit der Bestimmung von $\boldsymbol{\Phi}(t,t_0)$ im allgemeinen nicht einfach ist, kann der Satz im Falle, daß die Matrix $\boldsymbol{A}$ konstant ist, einfach angewendet werden. In diesem Fall läßt sich die Übergangsmatrix $\boldsymbol{\Phi}(t)$ nach Gl. (2.59) mit Hilfe der Eigenwerte p_μ $(\mu = 1,2, \ldots, l)$ der Matrix $\boldsymbol{A}$ und mit Hilfe bestimmter Matrizen-Polynome $\boldsymbol{A}_\mu(t)$ darstellen. Der Grad dieser Polynome ist gleich dem um Eins verminderten Index des betreffenden Eigenwerts. Wie man aus Gl. (2.59) ersieht, hängt die Stabilität des Systems ausschließlich vom Verhalten der Übergangsmatrix für $t \to \infty$ ab; denn die Norm von $\boldsymbol{\Phi}(t)$ ist für jedes endliche t endlich. Ist wenigstens einer der Realteile σ_μ der Eigenwerte p_μ positiv, d. h. befindet sich mindestens ein Eigenwert p_μ in der rechten p-Halbebene, so strebt die Norm von $\boldsymbol{\Phi}(t)$ für $t \to \infty$ über alle Grenzen, und dann ist das System instabil. Liegen dagegen alle Eigenwerte in der linken p-Halbebene ($\sigma_\mu < 0$ für alle $\mu = 1,2,\ldots,l$), so strebt die Norm von $\boldsymbol{\Phi}(t)$ gegen Null für $t \to \infty$, und dann ist das System asymptotisch stabil. Der einzige jetzt noch zu betrachtende Fall ist der, daß jene Eigenwerte p_μ, welche den größten Realteil haben, auf der imaginären Achse der p-Ebene liegen. Dann verhält sich $\boldsymbol{\Phi}(t)$ für $t \to \infty$ wie

$$\boldsymbol{\Phi}(t) \sim \sum_\mu \boldsymbol{A}_\mu(t)\, \mathrm{e}^{\mathrm{j}\omega_\mu t} . \tag{2.177}$$

Hierbei ist bezüglich all jener μ zu summieren, denen rein imaginäre Eigenwerte $p_\mu = \mathrm{j}\omega_\mu$ entsprechen. Die in der asymptotischen Gl. (2.177) vorkommenden $\boldsymbol{A}_\mu(t)$ sind sicher dann konstant, wenn die rein imaginären Eigenwerte einfach sind. Dann ist aber die Norm der rechten Seite der asymptotischen Gl. (2.177) beschränkt, und damit ist auch $\| \boldsymbol{\Phi}(t) \|$ beschränkt; das System ist also stabil. Wenn im Falle mehrfacher imaginärer Eigenwerte wenigstens eine der in der asymptotischen Gl. (2.177) vorkommenden Matrizen zeitabhängig ist, strebt die Norm von $\boldsymbol{\Phi}(t)$ für $t \to \infty$ über alle Grenzen; dann ist das System instabil. Sofern das Minimalpolynom (man vergleiche Abschnitt 3.3.1) nur einfache imaginäre Nullstellen hat, sind alle $\boldsymbol{A}_\mu(t)$ in der asymptotischen Gl. (2.177) konstant, und genau dann ist das System stabil. Die bezüglich der Stabilität linearer, zeitinvarianter Systeme gewonnenen Ergebnisse sollen nun zusammengefaßt werden.

Satz II.12: Ein nicht erregtes, lineares, zeitinvariantes System mit (konstanter) Matrix $\boldsymbol{A}$ ist genau dann asymptotisch stabil, wenn sich alle Eigenwerte von $\boldsymbol{A}$ in der offenen linken p-Halbebene befinden. (Marginale) Stabilität ist genau dann gegeben, wenn in der offenen rechten p-Halbebene keine Eigenwerte liegen und wenn alle rein imaginären Nullstellen des Minimalpolynoms einfach sind.

Zur Stabilitätsprüfung linearer, zeitinvarianter Systeme braucht man also die Eigenwerte selbst nicht zu bestimmen. Die Prüfung der asymptotischen Stabilität, die meistens interessiert, verlangt nur die Kontrolle, ob sämtliche Eigenwerte negativen Realteil haben. Hierfür gibt es verschiedene Möglichkeiten. Auf einige soll im folgenden kurz eingegangen werden.

3.5.4 Die Stabilitätskriterien von A. Hurwitz und E. J. Routh

Das charakteristische Polynom eines linearen Systems mit konstanter nichtsingulärer Matrix $\boldsymbol{A}$ lautet

$$D(p) := \det(p\mathbf{E} - \boldsymbol{A}) = p^q + a_1 p^{q-1} + a_2 p^{q-2} + \cdots + a_q . \qquad (2.178)$$

Wenn die Elemente von $\boldsymbol{A}$ reelle Zahlenwerte sind, müssen auch die Koeffizienten a_μ des charakteristischen Polynoms reell sein. Wie im letzten Abschnitt gezeigt wurde, stellt die Forderung, daß alle Nullstellen des Polynoms $D(p)$ (Eigenwerte) negativen Realteil haben, eine notwendige und hinreichende Bedingung für die asymptotische Stabilität des durch die homogene Zustandsgleichung

$$\frac{\mathrm{d}\boldsymbol{z}}{\mathrm{d}t} = \boldsymbol{A}\boldsymbol{z}$$

gegebenen Systems dar. Ein Polynom, dessen Nullstellen durchweg negativen Realteil haben, wird *Hurwitzsches Polynom* genannt. Da jedes reelle Hurwitzsche Polynom $D(p)$ nach Gl. (2.178) als Produkt von Faktoren der Form $p + \alpha$ und (oder) $p^2 + \beta p + \gamma$ mit positiven Koeffizienten α, β, γ dargestellt werden kann, müssen alle Koeffizienten a_μ $(\mu = 1,2,\ldots,q)$ positiv sein. Dies bedeutet, daß $D(p)$ sicher kein Hurwitzsches Polynom ist, wenn mindestens einer der Koeffizienten Null oder negativ ist. Die Positivität der a_μ ist allerdings, wie an Hand von Beispielen leicht gezeigt werden kann, für $q > 2$ nur eine notwendige und keine hinreichende Forderung dafür, daß $D(p)$ ein Hurwitzsches Polynom ist.

Im folgenden werden zwei Verfahren angegeben, die es erlauben, aufgrund endlich vieler arithmetischer Operationen unter ausschließlicher Verwendung der reellen Koeffizienten a_μ festzustellen, ob das Polynom $D(p)$ ein Hurwitzsches Polynom ist oder nicht. Das erste auf *A. Hurwitz* zurückgehende Verfahren eignet sich vor allem dann, wenn die Koeffizienten a_μ nicht numerisch, sondern etwa als Formelausdrücke in den Systemparametern vorliegen. Sind die a_μ dagegen als Zahlenwerte gegeben, so empfiehlt es sich, das zweite, von *E. J. Routh* angegebene Verfahren anzuwenden.

(a) Das Hurwitzsche Verfahren
Es werden die sogenannten Hurwitzschen Determinanten

$$\Delta_\mu = \begin{vmatrix} a_1 & 1 & 0 & 0 & \cdots & 0 \\ a_3 & a_2 & a_1 & 1 & \cdots & 0 \\ a_5 & a_4 & a_3 & a_2 & \cdots & \vdots \\ \vdots & \vdots & \vdots & \vdots & & \\ a_{2\mu-1} & a_{2\mu-2} & & & & a_\mu \end{vmatrix} \qquad (\mu = 1,2,\ldots,q) \qquad (2.179)$$

eingeführt. Hierbei sind die a_ν für $\nu > q$ gleich Null zu setzen. Es gilt nun

Satz II.13: Das Polynom $D(p)$ nach Gl. (2.178) ist genau dann ein Hurwitzsches Polynom, wenn alle Hurwitz-Determinanten positiv sind, also

$$\Delta_\mu > 0 \quad (\mu = 1, 2, \ldots, q) \tag{2.180}$$

gilt. Genau dann ist das entsprechende nicht erregte System asymptotisch stabil.

Es sei noch folgendes bemerkt: Steht bei der Potenz p^q des Polynoms $D(p)$ nach Gl. (2.178) statt der Eins ein *positiver* Koeffizient a_0, so brauchen in den Hurwitz-Determinanten Δ_μ nach Gl. (2.179) die Einsen nur durch a_0 ersetzt zu werden, und die Bedingungen (2.180) sind auch dann notwendig und hinreichend dafür, daß $D(p)$ ein Hurwitz-Polynom ist.

(b) Das Routhsche Verfahren

Die positiven Koeffizienten a_μ $(\mu = 0, 1, 2, \ldots, q)$, wobei a_0 als möglicherweise von Eins verschiedener Koeffizient der Potenz p^q in Gl. (2.178) aufzufassen ist, werden in zwei Zeilen angeordnet:

$$\begin{matrix} a_0 & a_2 & a_4 & a_6 & \cdots \\ a_1 & a_3 & a_5 & a_7 & \cdots \end{matrix}$$

Diese beiden Zeilen werden um eine weitere Zeile ergänzt:

$$b_1 \quad b_2 \quad b_3 \quad b_4 \quad \cdots$$

Die Elemente dieser Zeile sind durch sogenannte Kreuzprodukt-Bildung folgendermaßen zu bestimmen:

$$b_1 = \frac{a_1 a_2 - a_0 a_3}{a_1}, \quad b_2 = \frac{a_1 a_4 - a_0 a_5}{a_1}, \quad b_3 = \frac{a_1 a_6 - a_0 a_7}{a_1}, \ldots$$

Die Berechnung der b_μ erfolgt natürlich nur so weit, bis alle weiteren verschwinden. In entsprechender Weise wird durch Kreuzprodukt-Bildung aus der zweiten und dritten Zeile eine vierte gebildet:

$$c_1 \quad c_2 \quad c_3 \quad c_4 \quad \cdots$$

Es ist

$$c_1 = \frac{b_1 a_3 - a_1 b_2}{b_1}, \quad c_2 = \frac{b_1 a_5 - a_1 b_3}{b_1}, \quad c_3 = \frac{b_1 a_7 - a_1 b_4}{b_1}, \ldots$$

Nun werden entsprechend weitere Zeilen ermittelt, bis sich insgesamt $q + 1$ derartiger Zeilen ergeben haben. Die letzten vier Zeilen haben folgendes Aussehen:

$$\begin{matrix} d_1 & d_2 & 0 \\ e_1 & e_2 & 0 \\ f_1 & 0 & \\ g_1 \,. & & \end{matrix}$$

Hierbei ist

$$f_1 = \frac{e_1 d_2 - d_1 e_2}{e_1}, \quad g_1 = e_2 \,.$$

Es gilt nun

Satz II.14: Das Polynom $D(p)$ nach Gl. (2.178) mit positiven Koeffizienten a_μ ($\mu = 0, 1, \ldots, q$) ist genau dann ein Hurwitzsches Polynom, wenn alle Koeffizienten, die an erster Stelle der $q + 1$ Zeilen des Routh-Schemas stehen, positiv sind. Dies heißt, da die a_μ ohnedies positiv sind:

$$b_1 > 0, \quad c_1 > 0, \ldots, \quad d_1 > 0, \quad e_1 > 0, \quad f_1 > 0, \quad g_1 > 0.$$

Die Richtigkeit des Hurwitzschen Stabilitätskriteriums (Satz II.13) wird im nächsten Abschnitt gezeigt. Die Äquivalenz des Hurwitzschen mit dem Routhschen Kriterium (Satz II.14) kann in einfacher Weise nachgewiesen werden, indem man die Hurwitz-Determinanten entsprechend der Bildung der Zeilen, die bei der Anwendung des Routhschen Kriteriums aufzustellen sind, auf Dreiecksgestalt bringt, so daß in den Hauptdiagonalen die Koeffizienten $a_1, b_1, c_1, \ldots, d_1, e_1, f_1, g_1$ stehen. Damit ist zu erkennen, daß

$$\Delta_1 = a_1, \quad \Delta_2 = a_1 b_1, \quad \Delta_3 = a_1 b_1 c_1, \ldots, \quad \Delta_q = a_1 b_1 c_1 \ldots d_1 e_1 f_1 g_1$$

gilt, woraus folgt, daß genau dann alle Koeffizienten $a_1, b_1, c_1, \ldots, d_1, e_1, f_1, g_1$ positiv sind, wenn alle Hurwitz-Determinanten positiv sind, d. h., wenn $D(p)$ ein Hurwitz-Polynom ist.

Beispiel 2.18: Es sei das Polynom

$$D(p) = p^3 + 4p^2 + 4p + K$$

betrachtet. Da nicht alle Koeffizienten numerisch vorliegen, wird das Hurwitz-Kriterium (Satz II.13) angewendet. Das Polynom $D(p)$ ist demzufolge genau dann ein Hurwitz-Polynom, wenn die Bedingungen

$$\Delta_1 = 4 > 0, \quad \Delta_2 = \begin{vmatrix} 4 & 1 \\ K & 4 \end{vmatrix} = 16 - K > 0, \quad \Delta_3 = K\,\Delta_2 > 0$$

erfüllt sind. Das betreffende System ist also dann und nur dann asymptotisch stabil, wenn $0 < K < 16$ gilt.

Ohne Beweis [Ga1] soll hier noch auf das Liénard-Chipart-Kriterium hingewiesen werden, das etwas geringeren Rechenaufwand erfordert als das Hurwitz-Kriterium. Unter Annahme positiver Koeffizienten a_μ ($\mu = 1, 2, \ldots, q$) ist demnach das Polynom $D(p)$ nach Gl. (2.178) genau dann ein Hurwitzsches Polynom, wenn alle Hurwitz-Determinanten Δ_μ mit $\mu = 1, 3, 5, \ldots$ oder mit $\mu = 2, 4, 6, \ldots$ positiv sind. Man braucht also für die Stabilitätsprüfung neben den Koeffizienten a_μ nur die Hurwitz-Determinanten ungerader Ordnung oder nur die Hurwitz-Determinanten gerader Ordnung auf ihr Vorzeichen zu überprüfen.

Es sei an dieser Stelle auch auf die graphischen Methoden zur Stabilitätsprüfung hingewiesen, die im Kap. V, Abschnitt 4 erläutert werden.

3.5.5 Die direkte Methode von M. A. Lyapunov

Die in diesem Abschnitt behandelte, von *M. A. Lyapunov* um die Jahrhundertwende entwickelte Methode erlaubt es, die Stabilität von Gleichgewichtszuständen bei linearen *und* nichtlinearen, nicht erregten Systemen ohne Ermittlung der Lösung zu prüfen. Die Schwierigkeit der Methode liegt darin, daß für ihre Anwendung eine "verallgemeinerte Energiefunktion", eine sogenannte *Lyapunovsche Funktion*, gefunden werden muß. Falls es gelingt, eine solche Funktion in Abhängigkeit von den Zustandsvariablen und der Zeit für das betreffende Problem derart anzugeben, daß diese im wesentlichen bezüglich der Zustandsvariablen positiv-definit ist und auf den Lösungstrajektorien in Abhängigkeit von der Zeit nicht ansteigt, dann ist das betreffende System im Ursprung stabil. Dies soll im folgenden genauer formuliert werden.

Das zu untersuchende System werde durch die Differentialgleichung

$$\frac{\mathrm{d}\boldsymbol{z}}{\mathrm{d}t} = \boldsymbol{f}_0(\boldsymbol{z}, t) \qquad (2.181a)$$

mit stetiger rechter Seite beschrieben. Der auf Stabilität zu prüfende Gleichgewichtszustand sei (ohne Einschränkung der Allgemeinheit) der Nullzustand, d. h. es gelte für alle t-Werte

$$\boldsymbol{f}_0(\boldsymbol{0}, t) = \boldsymbol{0}. \qquad (2.181b)$$

Es wird nun folgendes auf *Lyapunov* zurückgehende *hinreichende* Stabilitätstheorem ausgesprochen.

Satz II.15: Zu dem durch die Gln. (2.181a,b) definierten System existiere eine skalare Funktion $V(\boldsymbol{z}, t)$ mit stetigen partiellen Ableitungen erster Ordnung. Diese Funktion besitze die folgenden Eigenschaften in einer gewissen Umgebung U des Nullpunkts:

a) $V(\boldsymbol{z}, t)$ ist *positiv-definit*, d. h. es gilt für alle $t \geqq t_0$

$$V(\boldsymbol{0}, t) = 0$$

und mit zwei stetigen, aber nicht abnehmenden skalaren Funktionen $V_1(\|\boldsymbol{z}\|)$ und $V_2(\|\boldsymbol{z}\|)$ die Ungleichung

$$0 < V_1(\|\boldsymbol{z}\|) \leqq V(\boldsymbol{z}, t) \leqq V_2(\|\boldsymbol{z}\|)$$

für alle $\boldsymbol{z} \neq \boldsymbol{0}$. Hierbei sei $V_1(0) = 0$ und $V_2(0) = 0$.

b) Es gilt für $t \geqq t_0$

$$\frac{\mathrm{d}V}{\mathrm{d}t} = \frac{\partial V}{\partial t} + \sum_{\mu=1}^{q} \frac{\partial V}{\partial z_\mu} \cdot \frac{\mathrm{d}z_\mu}{\mathrm{d}t} \leqq 0, \qquad (2.182a)$$

wobei die $\mathrm{d}z_\mu / \mathrm{d}t$ durch die Zustandsgleichung (2.181a) gegeben sind.

Dann ist das System im Nullpunkt *stabil.* – Gilt statt Ungleichung (2.182a) mit einer stetigen skalaren Funktion $V_3(\|\boldsymbol{z}\|)$, die für $\boldsymbol{z} = \boldsymbol{0}$ verschwindet,

$$\frac{\mathrm{d}V}{\mathrm{d}t} \leqq -V_3(\|\boldsymbol{z}\|) < 0 \qquad (2.182b)$$

für $\boldsymbol{z} \neq \boldsymbol{0}$ und $t \geqq t_0$, dann ist das System im Ursprung *asymptotisch stabil.*

Beweis: Man kann den Beweis an Hand eines Systems zweiter Ordnung erläutern, wie dies im Bild 2.20 veranschaulicht wird. Es gilt

$$V(\boldsymbol{z}(t), t) = \int_{t_0}^{t} \left[\frac{\mathrm{d}V}{\mathrm{d}t}\right]_{t=\sigma} \mathrm{d}\sigma + V(\boldsymbol{z}(t_0), t_0)$$

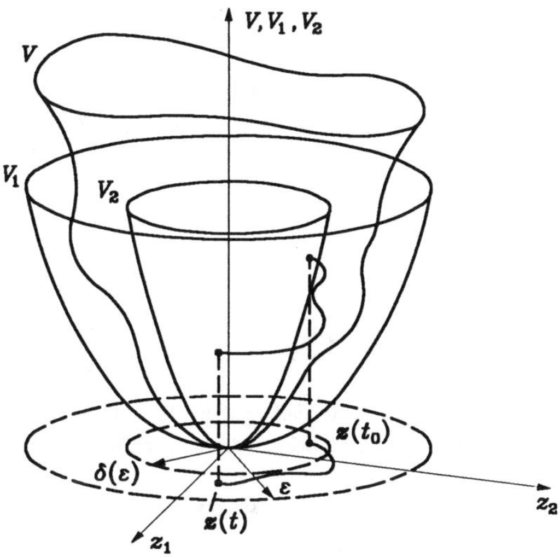

Bild 2.20: Zum Beweis des Stabilitätskriteriums nach M.A. Lyapunov

und wegen Bedingung (2.182a) bzw. (2.182b) für $t \geqq t_0$

$$V(\boldsymbol{z}(t),t) \leqq V(\boldsymbol{z}(t_0),t_0). \tag{2.183}$$

Zu einem $\varepsilon > 0$ wird jetzt ein $\delta(t_0, \varepsilon) > 0$ derart gewählt, daß $V_1(\varepsilon) > V_2(\delta)$ ist. Liegt nun der Anfangszustand $\boldsymbol{z}(t_0)$ irgendwo in der δ-Umgebung, so muß der Zustand $\boldsymbol{z}(t)$ wegen Ungleichung (2.183) und der Eigenschaften von $V(\boldsymbol{z}, t)$ für $t \geqq t_0$ innerhalb der ε-Umgebung bleiben. Damit ist das System im Nullpunkt stabil. – Gilt statt Ungleichung (2.182a) die Ungleichung (2.182b), so muß $\boldsymbol{z}(t) \to \boldsymbol{0}$ für $t \to \infty$ streben. Wäre dies nicht der Fall, dann müßte eine positive Konstante c_1 existieren, so daß

$$V(\boldsymbol{z}(t),t) \geqq c_1 > 0 \tag{2.184}$$

für alle $t \geqq t_0$ gilt. Da $\mathrm{d}V/\mathrm{d}t$ stetig ist, und nur für $\boldsymbol{z} = \boldsymbol{0}$ verschwinden kann, müßte angesichts der Ungleichungen (2.182b) und (2.184) weiterhin eine Konstante c_2 existieren, so daß bei Wahl eines hinreichend großen T

$$\frac{\mathrm{d}V}{\mathrm{d}t} \leqq -c_2 < 0$$

für alle $t \geqq T$ gilt. Deshalb müßte für alle $t \geqq T$ die Beziehung

$$V(\boldsymbol{z}(t),t) = V(\boldsymbol{z}(T),T) + \int_T^t \left[\frac{\mathrm{d}V}{\mathrm{d}t}\right]_{t=\sigma} \mathrm{d}\sigma \leqq V(\boldsymbol{z}(T),T) - (t-T)\,c_2 \tag{2.185}$$

bestehen, die besagt, daß $V(\boldsymbol{z}(t),t)$ für $t \to \infty$ negativ wird. Da dies nicht möglich ist, muß $\boldsymbol{z}(t)$ für $t \to \infty$ gegen Null streben. Der Beweis des Satzes ist damit vollständig.

Liegt der häufig auftretende Sonderfall vor, daß die Funktion $\boldsymbol{f}_0$ in Gl. (2.181a) die Zeit t nicht explizit enthält, dann kann die Funktion V in Satz II.15 unabhängig von der Zeit t gewählt werden, und die damit gewonnenen Stabilitätsaussagen gelten gleichmäßig. Für derartige Systeme können die Forderungen für die asymptotische Stabilität in der folgenden Weise abgeschwächt werden.

Ergänzung: Enthält die Funktion $\boldsymbol{f}_0$ in Gl. (2.181a) die Zeit t nicht explizit und gibt es in einer Umgebung U des Nullpunkts eine positiv-definite Funktion $V(\boldsymbol{z})$, deren zeitliche Ableitung auf keiner Lösungstrajektorie des Systems nach Gl. (2.181a) in U positiv wird und nur für $\boldsymbol{z} = \boldsymbol{0}$ identisch verschwindet, dann ist das System im Nullpunkt asymptotisch stabil.

Beispiel 2.19: Für das im Beispiel 2.3 untersuchte Pendel mit beweglichem Aufhängepunkt soll eine Stabilitätsanalyse durchgeführt werden. Um die Anwendbarkeit von Satz II.15 auf nichtlineare Systeme zu demonstrieren, werden in diesem Beispiel die Zustandsdifferentialgleichungen (2.19a,b) für $x = 0$ betrachtet:

$$\frac{\mathrm{d}z_1}{\mathrm{d}t} = z_2 \quad \text{und} \quad \frac{\mathrm{d}z_2}{\mathrm{d}t} = -\sin z_1 \,. \tag{2.186a,b}$$

Als Lyapunovsche Funktion wird

$$V(z_1, z_2, t) \equiv V(z_1, z_2) = 1 - \cos z_1 + \frac{z_2^2}{2} \tag{2.187}$$

gewählt. Man sieht sofort, daß diese Funktion für $|z_1| < 2\pi$ die Eigenschaft a aus Satz II.15 besitzt. Durch Differentiation von Gl. (2.187) erhält man bei Beachtung der Gln. (2.186a,b)

$$\frac{\mathrm{d}V}{\mathrm{d}t} = z_2 \sin z_1 + z_2(-\sin z_1) = 0 \,,$$

d. h. die Eigenschaft b aus Satz II.15 ist ebenfalls gegeben. Die Anwendung von Satz II.15 lehrt, daß das System im Nullpunkt stabil ist.

Es sei ausdrücklich betont, daß Satz II.15 und seine Ergänzung nur hinreichende Stabilitätsbedingungen liefern. Wenn es also gelingt, eine Lyapunov-Funktion $V(\boldsymbol{z}, t)$ mit den geforderten Eigenschaften zu finden, ist das betreffende System im Nullpunkt (asymptotisch) stabil. Andernfalls kann nichts ausgesagt werden.

Sind die aufgestellten Forderungen im gesamten Zustandsraum erfüllt und strebt die Funktion $V_1(\|\boldsymbol{z}\|)$ für $\|\boldsymbol{z}\| \to \infty$ gegen Unendlich, so gelten die Aussagen im Großen.

Beispiel 2.20: Es sei das durch die Gleichungen

$$\frac{\mathrm{d}z_1}{\mathrm{d}t} = z_2 - a\, z_1(z_1^2 + z_2^2) \,, \quad \frac{\mathrm{d}z_2}{\mathrm{d}t} = -z_1 - a\, z_2(z_1^2 + z_2^2)$$

beschriebene System mit $a > 0$ betrachtet. Es hat den Gleichgewichtszustand $\boldsymbol{z} = \boldsymbol{0}$. Wählt man die skalare Funktion

$$V(\boldsymbol{z}, t) \equiv V(\boldsymbol{z}) = z_1^2 + z_2^2 \quad \text{mit} \quad \frac{\mathrm{d}V}{\mathrm{d}t} = -2a(z_1^2 + z_2^2)^2 \,,$$

so erkennt man direkt, daß diese eine Lyapunov-Funktion mit allen im Satz II.15 geforderten Eigenschaften darstellt. Deshalb ist der Nullpunkt ein im Großen asymptotisch stabiler Gleichgewichtszustand des betrachteten Systems.

Satz II.15 soll nun zur Stabilitätsprüfung linearer, zeitinvarianter Systeme mit der homogenen Zustandsgleichung

$$\frac{\mathrm{d}\boldsymbol{z}}{\mathrm{d}t} = \boldsymbol{A}\boldsymbol{z} \tag{2.188}$$

verwendet werden. Hierbei sei $\boldsymbol{A}$ eine konstante, q-reihige, quadratische Matrix mit reellen Elementen. Es kann nun folgendes ausgesagt werden:

Satz II.16: Das durch Gl. (2.188) gegebene System ist genau dann asymptotisch stabil, wenn einer beliebig wählbaren konstanten, symmetrischen, positiv-definiten $(q \times q)$-Matrix $\boldsymbol{Q}$ in eindeutiger Weise eine konstante, positiv-definite, symmetrische $(q \times q)$-Matrix $\boldsymbol{P}$ derart zugeordnet werden kann, daß die Beziehung

$$\boldsymbol{A}^{\mathrm{T}}\boldsymbol{P} + \boldsymbol{P}\boldsymbol{A} = -\boldsymbol{Q} \tag{2.189}$$

gilt.

Ergänzung: Man kann Satz II.16 insofern erweitern, als man statt einer positiv-definiten Matrix $\boldsymbol{Q}$ eine positiv-semidefinite Matrix $\boldsymbol{Q}$ wählt. In diesem Fall liegt genau dann asymptotische Stabilität vor, wenn das gewählte $\boldsymbol{Q}$ in eindeutiger Weise nach Gl. (2.189) darstellbar ist, wobei $\boldsymbol{P}$ positiv-definit ist und $\boldsymbol{z}^{\mathrm{T}}\boldsymbol{Q}\,\boldsymbol{z}$ für keine nichttriviale Lösung von Gl. (2.188) identisch verschwindet.

Beweis: Zunächst wird angenommen, daß bei Vorgabe eines $\boldsymbol{Q}$ mit den genannten Eigenschaften die Gl. (2.189) eine eindeutige positiv-definite Lösung $\boldsymbol{P}$ habe. Betrachtet man dann die skalare Funktion

$$V(\boldsymbol{z}) = \boldsymbol{z}^{\mathrm{T}}\boldsymbol{P}\,\boldsymbol{z}\ ,$$

die für alle $\boldsymbol{z} \neq \boldsymbol{0}$ positiv und für $\boldsymbol{z} = \boldsymbol{0}$ gleich Null ist, dann gilt bei Verwendung der Differentialgleichung (2.188) für die Ableitung

$$\frac{\mathrm{d}V}{\mathrm{d}t} = \boldsymbol{z}^{\mathrm{T}}(\boldsymbol{A}^{\mathrm{T}}\boldsymbol{P} + \boldsymbol{P}\boldsymbol{A})\,\boldsymbol{z} = -\boldsymbol{z}^{\mathrm{T}}\boldsymbol{Q}\,\boldsymbol{z}\ ,$$

die voraussetzungsgemäß die Bedingung von Satz II.15 bzw. seiner Ergänzung erfüllt. Es liegt also asymptotische Stabilität vor. – Nun wird angenommen, daß das durch die Differentialgleichung (2.188) gegebene System asymptotisch stabil sei. Dann haben alle Eigenwerte von $\boldsymbol{A}$ negativen Realteil. Man betrachtet die Differentialgleichung

$$\frac{\mathrm{d}\boldsymbol{J}(t)}{\mathrm{d}t} = \boldsymbol{A}^{\mathrm{T}}\boldsymbol{J} + \boldsymbol{J}\boldsymbol{A} \tag{2.190}$$

unter der Anfangsbedingung $\boldsymbol{J}(0) = \boldsymbol{Q}$, wobei $\boldsymbol{Q}$ die vorgeschriebene symmetrische Matrix darstellt. Die Differentialgleichung (2.190) hat die Lösung

$$\boldsymbol{J}(t) = \mathrm{e}^{\boldsymbol{A}^{\mathrm{T}}t}\boldsymbol{Q}\,\mathrm{e}^{\boldsymbol{A}t}\ , \tag{2.191}$$

wie man durch Substitution dieser Matrixfunktion in die Gl. (2.190) ersieht. Durch Integration beider Seiten der Gl. (2.190) erhält man mit Gl. (2.191) bei Beachtung der Tatsache, daß für $t \to \infty$ die Exponentialfunktion $\mathrm{e}^{\boldsymbol{A}t}$ gegen die Nullmatrix strebt,

$$\int_0^\infty \frac{\mathrm{d}\boldsymbol{J}}{\mathrm{d}t}\,\mathrm{d}t = -\boldsymbol{Q} = \boldsymbol{A}^{\mathrm{T}}\int_0^\infty \boldsymbol{J}(t)\,\mathrm{d}t + \int_0^\infty \boldsymbol{J}(t)\,\mathrm{d}t\cdot\boldsymbol{A}\ .$$

Ein Vergleich dieser Gleichung mit Gl. (2.189) lehrt, daß wegen Gl. (2.191)

$$\boldsymbol{P} = \int_0^\infty \mathrm{e}^{\boldsymbol{A}^{\mathrm{T}}t}\boldsymbol{Q}\,\mathrm{e}^{\boldsymbol{A}t}\mathrm{d}t \tag{2.192}$$

eine Lösungsmatrix ist, welche aufgrund der Voraussetzungen positiv-definit ist. Es ist jetzt noch zu zeigen, daß $\boldsymbol{P}$ nach Gl. (2.192) eindeutige Lösung ist. Hierzu wird angenommen, daß $\boldsymbol{P}_0$ eine zweite Lösung sei. Dann folgt gemäß den Gln. (2.192) und (2.189)

$$\boldsymbol{P} = -\int_0^\infty \mathrm{e}^{\boldsymbol{A}^{\mathrm{T}}t}\,[\boldsymbol{A}^{\mathrm{T}}\boldsymbol{P}_0 + \boldsymbol{P}_0\boldsymbol{A}]\,\mathrm{e}^{\boldsymbol{A}t}\mathrm{d}t$$

oder wegen der Vertauschbarkeit der Matrizen $\boldsymbol{A}$ und $\mathrm{e}^{\boldsymbol{A}t}$

$$\boldsymbol{P} = -\int_0^\infty \frac{\mathrm{d}}{\mathrm{d}t}[\mathrm{e}^{\boldsymbol{A}^{\mathrm{T}}t}\boldsymbol{P}_0\mathrm{e}^{\boldsymbol{A}t}]\,\mathrm{d}t = \boldsymbol{P}_0 .$$

Der Beweis des Satzes und seiner Ergänzung ist damit vollständig geliefert.

Es sei bemerkt, daß zur Anwendung von Satz II.16 jede positiv-definite, symmetrische Matrix als $\boldsymbol{Q}$ gewählt werden darf, insbesondere die Einheitsmatrix **E**. Die gesuchte symmetrische Matrix $\boldsymbol{P}$ besitzt $q(q+1)/2$ unbekannte Elemente, und die Gl. (2.189) liefert genau $q(q+1)/2$ lineare Gleichungen, die nach den Unbekannten aufzulösen sind. Die auf diese Weise gelieferte Matrix $\boldsymbol{P}$ muß eindeutig und positiv-definit sein. Da die Überprüfung dieser Bedingungen verhältnismäßig aufwendig ist, wird Satz II.16 einschließlich der Ergänzung nicht zur praktischen Stabilitätsprüfung herangezogen.

Satz II.16 wird nun aber dazu verwendet, die Hurwitz-Bedingungen (Satz II.13) zu beweisen. Zunächst sei festgestellt, daß die lineare homogene Differentialgleichung

$$\frac{\mathrm{d}^q y}{\mathrm{d}t^q} + a_1 \frac{\mathrm{d}^{q-1} y}{\mathrm{d}t^{q-1}} + a_2 \frac{\mathrm{d}^{q-2} y}{\mathrm{d}t^{q-2}} + \cdots + a_q y = 0 \tag{2.193}$$

mit reellen Koeffizienten und der charakteristischen Gleichung

$$p^q + a_1 p^{q-1} + \cdots + a_q = 0 \tag{2.194}$$

in der Zustandsform

$$\frac{\mathrm{d}\boldsymbol{z}}{\mathrm{d}t} = \boldsymbol{A}\boldsymbol{z} \tag{2.195}$$

dargestellt werden kann. Hierbei soll $z_1(t) \equiv y(t)$ und

$$\boldsymbol{A} = \begin{bmatrix} 0 & 1 & 0 & 0\cdots & & & & 0 \\ -b_q & 0 & 1 & 0\cdots & & & & \vdots \\ 0 & -b_{q-1} & 0 & 1 & 0\cdots & & & \\ \vdots & & & & & & & \\ 0 & \cdots & & & & -b_3 & 0 & 1 \\ 0 & \cdots & & & & 0 & -b_2 & -b_1 \end{bmatrix} \tag{2.196}$$

gewählt werden, wobei sich die Koeffizienten b_μ aus den a_μ folgendermaßen bestimmen:[1])

$$b_1 = \Delta_1 , \quad b_2 = \frac{\Delta_2}{\Delta_1}, \quad b_3 = \frac{\Delta_3}{\Delta_1 \Delta_2} \quad ,\ldots, \quad b_\mu = \frac{\Delta_{\mu-3}\Delta_\mu}{\Delta_{\mu-2}\Delta_{\mu-1}}, \tag{2.197}$$

$$(\mu = 4, 5, \ldots, q).$$

---

[1]) Die Darstellbarkeit der Differentialgleichung (2.193) durch Gl. (2.195) ersieht man, indem man unter Beachtung von Gl. (2.196) in der Gl. (2.195) die Komponente $z_1 \equiv y$ setzt und die übrigen Komponenten $z_2, \ldots, z_q$ eliminiert. Auf diese Weise erhält man eine Differentialgleichung q-ter Ordnung, deren Koeffizienten mit jenen der Ausgangsgleichung (2.193) gleichgesetzt werden. Durch diesen Koeffizientenvergleich gewinnt man die Aussage gemäß den Gln. (2.197) und (2.198). Der Leser möge sich dies im einzelnen für den Fall $q = 3$ veranschaulichen.

Die $\Delta_1, \Delta_2, \ldots, \Delta_q$ sind die Hurwitz-Determinanten

$$\Delta_\mu = \begin{vmatrix} a_1 & 1 & 0 & \cdots & & \\ a_3 & a_2 & a_1 & 1 & \cdots & \\ a_5 & a_4 & a_3 & \cdots & & \\ \vdots & & & & & \\ a_{2\mu-1} & a_{2\mu-2} & \cdots & \cdots & & a_\mu \end{vmatrix}, \quad (\mu = 1,2,\ldots,q). \tag{2.198}$$

Sofern $\nu > q$ ist, sind die a_ν definitionsgemäß gleich Null. Bei der Darstellung der Differentialgleichung (2.193) in Form von Gl. (2.195) ist es wegen der Gln. (2.197) notwendig, daß die Hurwitz-Determinanten Δ_μ ($\mu = 1,2,\ldots, q-1$) nicht verschwinden. Es kann nun gezeigt werden, daß das durch Gl. (2.195) mit der Matrix $\boldsymbol{A}$ nach Gl. (2.196) darstellbare System genau dann asymptotisch stabil ist, wenn alle Koeffizienten b_μ positiv sind:

$$b_\mu > 0, \quad \mu = 1,2,\ldots,q\,.$$

Beweis: Um die Richtigkeit dieser Behauptung zu zeigen, wird die skalare Funktion

$$V = \boldsymbol{z}^{\mathrm{T}} \boldsymbol{P} \boldsymbol{z}$$

mit der Diagonalmatrix

$$\boldsymbol{P} = \begin{bmatrix} b_1 b_2 \cdots b_q & & & & & 0 \\ & b_1 b_2 \cdots b_{q-1} & & & & \\ & & \ddots & & & \\ & & & b_1 b_2 b_3 & & \\ & & & & b_1 b_2 & \\ 0 & & & & & b_1 \end{bmatrix}$$

betrachtet. Die Funktion V ist genau dann positiv-definit, wenn alle $b_\mu > 0$ ($\mu = 1,2,\ldots, q$) sind. Für die Ableitung von V erhält man

$$\frac{\mathrm{d}V}{\mathrm{d}t} = \boldsymbol{z}^{\mathrm{T}} [\boldsymbol{A}^{\mathrm{T}} \boldsymbol{P} + \boldsymbol{P}\boldsymbol{A}] \boldsymbol{z} = -2 b_1^2 z_q^2 \leqq 0\,.$$

Hierbei wurde die Differentialgleichung (2.195) berücksichtigt. Wie man sieht, kann $\mathrm{d}V/\mathrm{d}t$ längs einer Lösungskurve dann und nur dann verschwinden, wenn $z_q \equiv 0$, also $\mathrm{d}z_q/\mathrm{d}t \equiv 0$ ist. Aus der Differentialgleichung (2.195) folgt jedoch mit Gl. (2.196), daß dies nur für $\boldsymbol{z} \equiv \boldsymbol{0}$ möglich ist. Damit sind die in der Ergänzung von Satz II.16 geforderten Voraussetzungen erfüllt, wenn alle b_μ ($\mu = 1,2,\ldots, q$) positiv sind, zumal sich zeigen läßt, daß die Gleichung $\boldsymbol{A}^{\mathrm{T}}\boldsymbol{P} + \boldsymbol{P}\boldsymbol{A} = -\boldsymbol{Q}$ eine eindeutige Lösung $\boldsymbol{P}$ hat, sofern alle $b_\mu \neq 0$ sind. Genau dann ist der Ursprung asymptotisch stabil.

Damit ist folgendes Ergebnis gefunden: Wenn sämtliche Hurwitz-Determinanten nach Gl. (2.198) positiv sind, gilt $b_\mu > 0$ ($\mu = 1,2,\ldots, q$), und somit ist das System gemäß Gl. (2.195) und damit auch jenes gemäß Gl. (2.193) asymptotisch stabil, d. h. alle Lösungen der charakteristischen Gleichung (2.194) haben negativen Realteil. Sind nicht alle Hurwitz-Determinanten positiv, ist jedoch keine dieser Determinanten gleich Null, so gibt es mindestens eine Lösung der charakteristischen Gleichung (2.194) mit einem nichtnegativen Realteil. Verschwindet *eine* der Hurwitz-Determinanten, z. B. Δ_5, so kann man bei Wahl von $\Delta_5 = -\varepsilon$ ($\varepsilon > 0$, sehr klein) eine Matrix $\boldsymbol{A}$ nach Gl. (2.196) angeben, deren charakteristisches Polynom die Koeffizienten $a_\mu (\mu = 1,2,\ldots, q)$ von Gl. (2.194) liefert. Diese Koeffizienten a_μ führen erneut auf die Hurwitz-Determinanten, insbesondere auf $\Delta_5 = -\varepsilon$, aus denen die b_μ ermittelt wurden. Da die Determinante Δ_5 negativ ist, können nicht alle Lösungen der charakteristischen Gleichung auch bei noch so kleinem $\varepsilon > 0$ negativen Realteil haben. Da die Lösungen der charakteristischen Gleichung stetig von den Hurwitz-Determinanten abhängen (die Lösungen einer Polynomgleichung sind bekanntlich stetige Funktionen der Polynomkoeffizienten!), können auch für $\varepsilon = 0$ nicht alle Lösungen von Gl. (2.194) negativen Realteil haben. Wenn *mehrere* der Hurwitz-Determinanten Null sind, kann in entsprechender Weise geschlossen werden, daß nicht alle Lösungen der charakteristischen Gleichung (2.194) negativen Realteil haben. Damit ist das Hurwitzsche Stabilitätskriterium (Satz II.13) vollständig bewiesen.

Eine netzwerktheoretische Begründung des Routhschen Stabilitätstests findet sich im Buch [Un5].

3.5.6 Stabilität bei erregten Systemen

Während die vorausgegangenen Stabilitätsuntersuchungen sich ausschließlich mit nicht erregten kontinuierlichen Systemen befaßten, soll jetzt die Stabilität erregter, linearer kontinuierlicher Systeme untersucht werden. Den Betrachtungen werden Systeme zugrunde gelegt, die durch die Zustandsgleichung

$$\frac{\mathrm{d}\boldsymbol{z}(t)}{\mathrm{d}t} = \boldsymbol{A}(t)\boldsymbol{z}(t) + \boldsymbol{B}(t)\boldsymbol{x}(t) \tag{2.199}$$

darstellbar sind. Der Anfangszustand $\boldsymbol{z}(t_0)$ sei jedenfalls Null. Damit läßt sich für $t \geqq t_0$ der Zustand $\boldsymbol{z}(t)$ mit Hilfe der Übergangsmatrix $\boldsymbol{\Phi}(t, t_0)$ nach Gl. (2.100) folgendermaßen ausdrücken:

$$\boldsymbol{z}(t) = \int_{t_0}^{t} \boldsymbol{\Phi}(t, \sigma)\boldsymbol{B}(\sigma)\boldsymbol{x}(\sigma)\,\mathrm{d}\sigma . \tag{2.200}$$

Führt man die Abkürzung

$$\boldsymbol{\Psi}(t, \sigma) = \boldsymbol{\Phi}(t, \sigma)\boldsymbol{B}(\sigma) \tag{2.201}$$

ein, so erhält man aus Gl. (2.200)

$$\boldsymbol{z}(t) = \int_{t_0}^{t} \boldsymbol{\Psi}(t, \sigma)\boldsymbol{x}(\sigma)\,\mathrm{d}\sigma . \tag{2.202}$$

Für die weiteren Untersuchungen wird vorausgesetzt, daß der Zustandsvektor $\boldsymbol{z}(t)$ in der Form nach Gl. (2.202) dargestellt werden kann, wobei $\boldsymbol{x}(\sigma)$ den m-dimensionalen Vektor der (als zulässig vorausgesetzten) Eingangssignale bedeutet und $\boldsymbol{\Psi}(t, \sigma)$ entsprechend Gl. (1.73b) als Matrix der Impulsantworten vom Eingangsvektor $\boldsymbol{x}$ zum Zustandsvektor $\boldsymbol{z}$ gedeutet werden kann:

$$\boldsymbol{\Psi}(t, \sigma) = \begin{bmatrix} \psi_{11}(t, \sigma) & \psi_{12}(t, \sigma) & \cdots & \psi_{1m}(t, \sigma) \\ \psi_{21}(t, \sigma) & \cdots & & \\ \vdots & & & \\ \psi_{q1}(t, \sigma) & \cdots & & \psi_{qm}(t, \sigma) \end{bmatrix} . \tag{2.203}$$

Da im weiteren allein von der Darstellung (2.202) in Verbindung mit Gl. (2.203) Gebrauch gemacht wird, sind die Aussagen nicht nur für Systeme gültig, die durch gewöhnliche Differentialgleichungen beschrieben werden können, sondern für allgemeinere Systeme.

Ein erregtes, lineares System, das sich mit Hilfe der Gl. (2.202) beschreiben läßt, soll nun genau dann *stabil* heißen, wenn für alle t_0 zu jeder beschränkten Eingangsgröße, d. h. zu jedem $\boldsymbol{x}(t)$ mit

$$\| \boldsymbol{x}(t) \| \leqq M < \infty \qquad (t \geqq t_0)$$

ein beschränkter Zustandsvektor, d. h. ein $\boldsymbol{z}(t)$ mit

$$\| \boldsymbol{z}(t) \| \leqq N < \infty \qquad (t \geqq t_0)$$

gehört. Aufgrund dieser Stabilitätsdefinition kann folgende Aussage gemacht werden.

Satz II.17: Ein durch Gl. (2.202) beschreibbares erregtes, lineares System ist dann und nur dann stabil, wenn die Bedingungen

$$\int_{t_0}^{t} | \psi_{\mu\nu}(t, \sigma) | \, \mathrm{d}\sigma \leqq K_{\mu\nu} < \infty \qquad (\mu = 1, 2, \ldots, q; \nu = 1, 2, \ldots, m) \tag{2.204}$$

für alle $t > t_0$ und alle t_0 gelten.

Ähnlich wie die Stabilitätsbedingung (1.65) haben die Forderungen (2.204) nur einen Sinn, wenn die Elemente der Matrix $\boldsymbol{\Psi}(t, \sigma)$ keine Impulsanteile besitzen, wie sie für $t = \sigma$ möglich sind. Solche Anteile können aber bei Anwendung von Satz II.17 unberücksichtigt bleiben, da sie offensichtlich keinen Einfluß auf die Stabilität bzw. Instabilität des betreffenden Systems haben.

Beweis: Satz II.17 wird in Analogie zu Satz I.1 bewiesen. An die Stelle der Betragsbildung tritt jetzt die Bildung der Norm, wobei die Norm von $\boldsymbol{\Psi}(t, \sigma)$ nach der Ungleichung

$$\| \boldsymbol{\Psi}(t, \sigma) \| \leqq \sum_{\mu=1}^{q} \sum_{\nu=1}^{m} | \psi_{\mu\nu}(t, \sigma) |$$

abgeschätzt werden kann, deren Gültigkeit man aufgrund der Definition der Norm nach Abschnitt 3.5.1 nachweist.

Es sollen jetzt noch einmal solche lineare Systeme betrachtet werden, die nach Gl. (2.199) beschrieben werden können. Die Matrix $\boldsymbol{\Psi}(t, \sigma)$ ist dann durch Gl. (2.201) gegeben, und es gilt für die Elemente dieser Matrix

$$\psi_{\mu\nu}(t, \sigma) = \sum_{\kappa=1}^{q} \varphi_{\mu\kappa}(t, \sigma) \, b_{\kappa\nu}(\sigma),$$

woraus zu erkennen ist, daß derartige Systeme sicher dann stabil sind, wenn für alle $t \geqq t_0$ bei beschränktem $\boldsymbol{B}(t)$

$$\int_{t_0}^{t} | \varphi_{\mu\nu}(t, \sigma) | \, \mathrm{d}\sigma \leqq L_{\mu\nu} < \infty \qquad (\mu, \nu = 1, 2, \ldots, q) \tag{2.205}$$

gilt. Dies ist allerdings nur eine hinreichende, keinesfalls eine notwendige Stabilitätsbedingung. Denn die Koeffizienten $b_{\kappa\nu}(\sigma)$ können so beschaffen sein, daß alle Bedingungen (2.204) erfüllt sind, während gewisse Integrale in den Ungleichungen (2.205) Unendlich werden. Dies kann beispielsweise bei nicht steuerbaren linearen Systemen mit konstanten Parametern vorkommen, wenn nämlich eine vom Eingang nicht erregbare Eigenschwingung mit $t \to \infty$ über alle Grenzen wächst. In derartigen Fällen kann das nicht erregte System instabil sein, obgleich das erregte System nach der gewählten Definition stabiles Verhalten zeigt (Paradoxon!). Andererseits gibt es lineare Systeme, die ohne Erregung stabil, als erregte Systeme instabil sind. Setzt man unter der Annahme, daß die Ungleichungen (2.205) bestehen, nicht nur die Beschränktheit von $\boldsymbol{B}(t)$, sondern auch der Matrizen $\boldsymbol{C}(t)$ und $\boldsymbol{D}(t)$ voraus, dann ist das erregte System auch im Sinne von Kapitel I stabil, wie aufgrund vorstehender Überlegungen und Gl. (2.13) zu ersehen ist.

Bei linearen Systemen mit konstanten Parametern darf ohne Einschränkung der Allgemeinheit $t_0 = 0$ als Anfangszeitpunkt gewählt werden. Dann erhält man statt der Gl. (2.202)

$$\boldsymbol{z}(t) = \int_0^t \boldsymbol{\Psi}(t-\sigma)\,\boldsymbol{x}(\sigma)\,\mathrm{d}\sigma . \tag{2.206}$$

Man kann diese Beziehung der Laplace-Transformation (Kapitel V) unterwerfen und stellt dann fest, daß angesichts der Bedingungen (2.204) notwendigerweise folgende Forderung für die Stabilität erhoben werden muß: Alle Elemente der in den Laplace-Bereich transformierten Matrix $\boldsymbol{\Psi}(t)$ (Matrix der Übertragungsfunktionen) dürfen als Funktionen der komplexen Variablen p für $\mathrm{Re}\,p \geqq 0$ keine Unendlichkeitsstelle haben.

Gilt zusätzlich zu Gl. (2.206) die Zustandsgleichung

$$\frac{\mathrm{d}\boldsymbol{z}}{\mathrm{d}t} = \boldsymbol{A}\boldsymbol{z} + \boldsymbol{B}\boldsymbol{x} \tag{2.207}$$

mit konstanten Matrizen $\boldsymbol{A}$ und $\boldsymbol{B}$, so stellt die Laplace-Transformierte von $\boldsymbol{\Psi}(t)$ eine Matrix dar, deren Elemente rationale Funktionen in p sind. Mit Hilfe der Bedingungen (2.204) stellt man dann fest, daß das betreffende erregte, lineare System genau dann stabil ist, wenn sämtliche Pole der genannten rationalen Funktionen im Innern der linken p-Halbebene ($\mathrm{Re}\,p < 0$) liegen. Ist das System steuerbar, dann stimmt die Gesamtheit dieser Pole, wie man zeigen kann, mit der Gesamtheit der Eigenwerte der Matrix $\boldsymbol{A}$ überein. In diesem Fall ist die Eigenschaft, daß das nicht erregte System asymptotisch stabil ist, äquivalent mit der Eigenschaft, daß das erregte System sich stabil verhält.

Beispiel 2.21: Es soll abschließend das im Bild 2.21 dargestellte System betrachtet werden. Wie man direkt ablesen kann, lauten die Differentialgleichungen für die Zustandsvariablen

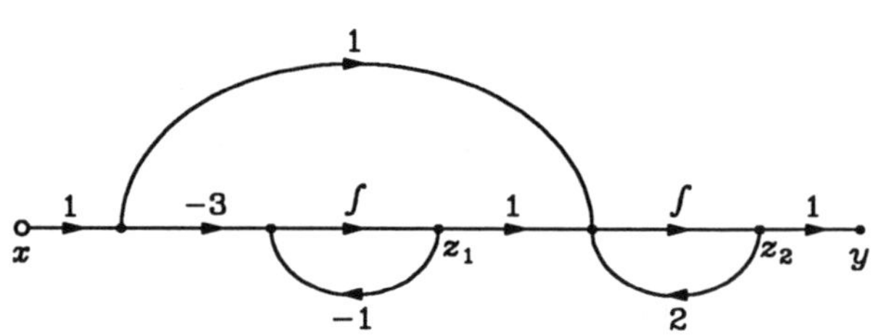

Bild 2.21: System zweiter Ordnung

$$\frac{dz_1}{dt} = -z_1 - 3x\,, \qquad \frac{dz_2}{dt} = z_1 + 2z_2 + x\,.$$

Also gilt

$$\boldsymbol{A} = \begin{bmatrix} -1 & 0 \\ 1 & 2 \end{bmatrix}, \quad \boldsymbol{b} = \begin{bmatrix} -3 \\ 1 \end{bmatrix}.$$

Die charakteristische Gleichung wird

$$\det(p\mathbf{E} - \boldsymbol{A}) \equiv (p+1)(p-2) = 0\,.$$

Also sind $p_1 = -1$ und $p_2 = 2$ die Eigenwerte. Da nur zwei verschiedene Eigenwerte vorkommen, hat die Übergangsmatrix die Form

$$\boldsymbol{\Phi}(t) = \alpha_0(t)\,\mathbf{E} + \alpha_1(t)\,\boldsymbol{A}\,.$$

Da die beiden Eigenwerte die Beziehung

$$e^{p_\mu t} = \alpha_0(t) + \alpha_1(t)\,p_\mu \qquad (\mu = 1, 2)$$

befriedigen müssen, erhält man die zwei folgenden Bestimmungsgleichungen für die Funktionen $\alpha_0(t)$, $\alpha_1(t)$:

$$e^{-t} = \alpha_0(t) - \alpha_1(t)\,, \qquad e^{2t} = \alpha_0(t) + 2\alpha_1(t)\,.$$

Hieraus folgt

$$\alpha_0(t) = \frac{2e^{-t} + e^{2t}}{3}\,, \qquad \alpha_1(t) = \frac{e^{2t} - e^{-t}}{3}\,.$$

Also lautet die Übergangsmatrix

$$\boldsymbol{\Phi}(t) = \begin{bmatrix} e^{-t} & 0 \\ \frac{1}{3}(e^{2t} - e^{-t}) & e^{2t} \end{bmatrix}.$$

Gemäß Gl. (2.201) wird die Matrix der Impulsantworten

$$\boldsymbol{\Psi}(t) = \boldsymbol{\Phi}(t)\,\boldsymbol{b} = [-3e^{-t} \quad e^{-t}]^{\mathrm{T}}\,.$$

Da die Elemente der Matrix $\boldsymbol{\Psi}(t)$ absolut integrierbar sind, ist das erregte System nach Satz II.17 stabil. Dagegen ist das nicht erregte System nach Satz II.12 instabil, da der Eigenwert $p_2 = 2$ in der rechten p-Halbebene liegt. Dieser Unterschied liegt daran, daß das System nicht steuerbar ist (man vergleiche Satz II.1), denn die Steuerbarkeitsmatrix

$$[\boldsymbol{b} \quad \boldsymbol{A}\boldsymbol{b}] = \begin{bmatrix} -3 & 3 \\ 1 & -1 \end{bmatrix}$$

ist singulär.

4 Beschreibung diskontinuierlicher Systeme im Zustandsraum

In diesem Abschnitt wird gezeigt, wie diskontinuierliche Systeme ganz entsprechend wie kontinuierliche Systeme im Zustandsraum beschrieben werden können. Dabei wird davon ausgegangen, daß sich die zu betrachtenden diskontinuierlichen Systeme mit Hilfe gewöhnlicher Differenzengleichungen darstellen lassen.

Ein lineares, im allgemeinen zeitvariantes diskontinuierliches System wird im Zustandsraum durch die Differenzengleichungen

$$\boldsymbol{z}[n+1] = \boldsymbol{A}[n]\,\boldsymbol{z}[n] + \boldsymbol{B}[n]\,\boldsymbol{x}[n]\,, \tag{2.208}$$

$$\boldsymbol{y}[n] = \boldsymbol{C}[n]\,\boldsymbol{z}[n] + \boldsymbol{D}[n]\,\boldsymbol{x}[n] \tag{2.209}$$

beschrieben. Dabei ist $\boldsymbol{x}[n]$ der Vektor der Eingangsgrößen, $\boldsymbol{y}[n]$ der Vektor der Ausgangsgrößen und $\boldsymbol{z}[n]$ der Zustandsvektor. Weiterhin bedeuten $\boldsymbol{A}[n]$, $\boldsymbol{B}[n]$, $\boldsymbol{C}[n]$, $\boldsymbol{D}[n]$ Systemmatrizen, welche wie die anderen Größen von der diskreten Zeitvariablen n abhängen. Die Gln. (2.208), (2.209) stehen in Analogie zu den Gln. (2.12), (2.13) für kontinuierliche Systeme. Falls alle Systemmatrizen von n unabhängig sind, heißt das System *zeitinvariant*. Die Systemmatrizen schreibt man dann einfach als $\boldsymbol{A}$, $\boldsymbol{B}$, $\boldsymbol{C}$, $\boldsymbol{D}$.

Beispiel 2.22: Es sei $z_\mu[n]$ die Anzahl der zum Zeitpunkt $n\,(0, 1, \ldots)$ zugelassenen Kraftfahrzeuge eines Landes; mit $\mu\,(1, \ldots, q)$ wird das (aufgerundete) Alter der Fahrzeuge bezeichnet; q ist als Höchstalter angenommen. Es wird die Annahme getroffen, daß die Zahl der Kraftfahrzeuge $z_{\mu+1}[n]$ mit Alter $\mu + 1$ gleich einem festen Teil α_μ der Zahl der Fahrzeuge $z_\mu[n-1]$ mit Alter μ ist. So gelangt man zur Gleichung

$$z_{\mu+1}[n+1] = \alpha_\mu\, z_\mu[n] \qquad (\mu = 1, \ldots, q-1).$$

Außerdem sei die Zahl der neu zugelassenen Fahrzeuge $z_1[n]$ gleich der Zahl der im vorausgegangenen Zeitraum von Händlern verkauften Fahrzeuge $x[n-1]$. Auf diese Weise erhält man die Darstellung

$$\begin{bmatrix} z_1[n+1] \\ z_2[n+1] \\ z_3[n+1] \\ \vdots \\ z_q[n+1] \end{bmatrix} = \begin{bmatrix} 0 & 0 & \cdots & & 0 \\ \alpha_1 & 0 & & & \\ 0 & \alpha_2 & & & \\ \vdots & \vdots & & & \\ 0 & 0 & \cdots & \alpha_{q-1} & 0 \end{bmatrix} \begin{bmatrix} z_1[n] \\ z_2[n] \\ z_3[n] \\ \vdots \\ z_q[n] \end{bmatrix} + \begin{bmatrix} 1 \\ 0 \\ 0 \\ \vdots \\ 0 \end{bmatrix} x[n]$$

die als Beispiel für die Gl. (2.208) zu betrachten ist. Man könnte als Ausgangsgröße des untersuchten Systems die Gesamtzahl der zugelassenen Fahrzeuge auffassen. Dann ergibt sich

$$y[n] = [1 \quad 1 \quad 1 \quad \cdots \quad 1] \begin{bmatrix} z_1[n] \\ z_2[n] \\ \vdots \\ z_q[n] \end{bmatrix}$$

als Beispiel für die Gl. (2.209).

4.1 UMWANDLUNG VON EINGANG-AUSGANG-BESCHREIBUNGEN IN ZUSTANDSGLEICHUNGEN

Ein diskontinuierliches System mit einem Eingang und einem Ausgang wird oft durch eine lineare Differenzengleichung q-ter Ordnung mit konstanten Koeffizienten beschrieben. Eine solche Differenzengleichung kann leicht in eine äquivalente Beschreibung im Zustandsraum übergeführt werden. Hierbei können die beiden im Abschnitt 3.1 beschriebenen Verfahren zur Überführung einer linearen Differentialgleichung q-ter Ordnung mit konstanten Koeffizienten in eine Zustandsbeschreibung auf den vorliegenden Fall linearer diskontinuierlicher Systeme direkt übertragen werden. Dabei wird davon ausgegangen, daß das Eingang-Ausgang-Verhalten durch die lineare Differenzengleichung q-ter Ordnung[1)]

$$\begin{aligned} y[n+q] + \alpha_{q-1}\, y[n+q-1] + \cdots + \alpha_1\, y[n+1] + \alpha_0\, y[n] \\ = \beta_{q-1}\, x[n+q-1] + \cdots + \beta_1\, x[n+1] + \beta_0\, x[n] \end{aligned} \tag{2.210}$$

gegeben ist. Diese Gleichung entspricht der Gl. (2.28) für kontinuierliche Systeme.

1) Hier ist eine der Fußnote 1 auf S. 73 entsprechende Bemerkung zu machen. Terme $x[n+\mu]$ mit $\mu > q$ können in Gl. (2.210) aus Gründen der Kausalität nicht auftreten.

Man kann zunächst den Sonderfall $\beta_0 = 1$ und $\beta_1 = \beta_2 = \cdots = \beta_{q-1} = 0$ untersuchen. Setzt man

$$y[n] = z_1[n],\ y[n+1] = z_2[n], \ldots, y[n+q-1] = z_q[n], \tag{2.211}$$

dann erhält man die Darstellung

$$z_\mu[n+1] = z_{\mu+1}[n], \qquad \mu = 1, \ldots, q-1, \tag{2.212}$$

und aus Gl. (2.210) wird mit den Gln. (2.211) im betrachteten Fall

$$z_q[n+1] = -\alpha_0\, z_1[n] - \alpha_1\, z_2[n] - \cdots - \alpha_{q-1}\, z_q[n] + x[n]. \tag{2.213}$$

Damit kann für den betrachteten Sonderfall aus den Gln. (2.211), (2.212) und (2.213) unmittelbar eine Darstellung gemäß den Gln. (2.208) und (2.209) mit konstanten Matrizen $\boldsymbol{A}, \boldsymbol{B}, \boldsymbol{C}$ und $\boldsymbol{D}$ angegeben werden. Die Gl. (2.210) lautet im betrachteten Sonderfall mit $y[n] = z_1[n]$

$$z_1[n+q] + \alpha_{q-1}\, z_1[n+q-1] + \cdots + \alpha_0\, z_1[n] = x[n].$$

Erhöht man die Variable n in dieser Gleichung um 1 und ersetzt $z_1[n+1]$ nach Gl. (2.212) durch $z_2[n]$, so erhält man

$$z_2[n+q] + \alpha_{q-1}\, z_2[n+q-1] + \cdots + \alpha_0\, z_2[n] = x[n+1].$$

Entsprechend ergeben sich weitere Differenzengleichungen

$$z_3[n+q] + \alpha_{q-1}\, z_3[n+q-1] + \cdots + \alpha_0\, z_3[n] = x[n+2],$$

$$\vdots$$

$$z_q[n+q] + \alpha_{q-1}\, z_q[n+q-1] + \cdots + \alpha_0\, z_q[n] = x[n+q-1].$$

Sämtliche dieser insgesamt q Differenzengleichungen sind erfüllt. Multipliziert man diese q Gleichungen der Reihe nach mit $\beta_0, \beta_1, \ldots, \beta_{q-1}$, dann liefert die Summe der Ergebnisse gerade die Gl. (2.210), wenn man

$$y[n] = \beta_0\, z_1[n] + \beta_1\, z_2[n] + \cdots + \beta_{q-1}\, z_q[n] \tag{2.214}$$

setzt. Damit erhält man aufgrund der Gln. (2.212), (2.213) und (2.214) die zu Gl. (2.210) äquivalente Zustandsdarstellung (Steuerungsnormalform)

$$\boldsymbol{z}[n+1] = \begin{bmatrix} 0 & 1 & 0 & \cdots & & 0 \\ 0 & 0 & 1 & 0 & \cdots & 0 \\ \vdots & & & & & \\ 0 & 0 & \cdots & & 0 & 1 \\ -\alpha_0 & -\alpha_1 & \cdots & & & -\alpha_{q-1} \end{bmatrix} \boldsymbol{z}[n] + \begin{bmatrix} 0 \\ 0 \\ \vdots \\ 0 \\ 1 \end{bmatrix} x[n], \tag{2.215}$$

$$y[n] = [\,\beta_0 \quad \beta_1 \quad \cdots \quad \beta_{q-1}\,]\, \boldsymbol{z}[n]. \tag{2.216}$$

Die Realisierung dieser Zustandsdarstellung und damit der Differenzengleichung (2.210) erfolgt durch die Schaltung nach Bild 2.22 bzw. die duale Realisierung nach Bild 2.23. Sie unterscheiden sich von den Schaltungen in den Bildern 2.6 und 2.7 lediglich darin, daß die Integratoren durch Verzögerungsglieder ersetzt sind und alle Signale von der diskreten Zeit abhängen. Die duale Realisierung basiert darauf, daß das Matrizenquadrupel $(\boldsymbol{A}, \boldsymbol{b}, \boldsymbol{c}^{\mathrm{T}}, d)$

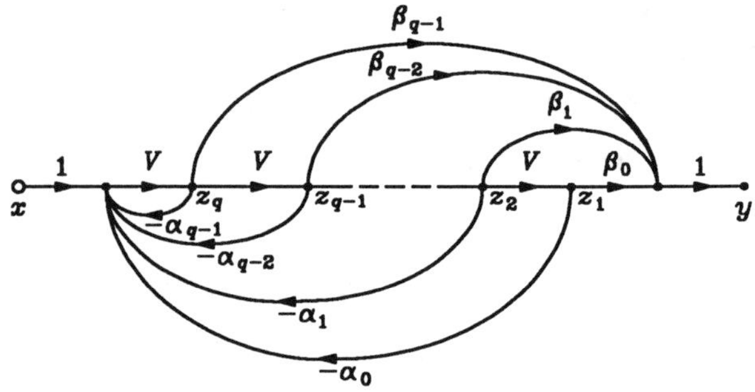

Bild 2.22: Schaltbild zur Simulation eines durch Gl. (2.210) gegebenen Systems. Die Pfade mit dem Symbol V bedeuten, daß eine Verzögerung um Eins erfolgt. Alle auftretenden Signale sind diskontinuierliche Zeitfunktionen

aus den Gln. (2.215) und (2.216) durch das Quadrupel $(\boldsymbol{A}^{\mathrm{T}}, \boldsymbol{c}, \boldsymbol{b}^{\mathrm{T}}, d)$ ersetzt wird. Dies ändert bei Systemen mit einem Eingang und einem Ausgang das Übertragungsverhalten (insbesondere die Differenzengleichung zwischen Eingangs- und Ausgangssignal) nicht, wie noch erklärt wird.

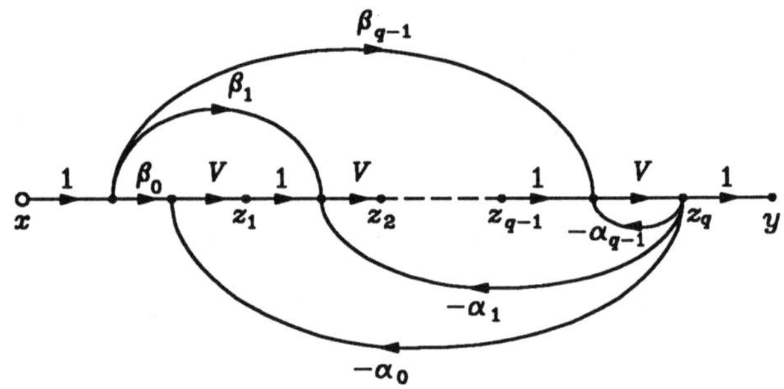

Bild 2.23: Zur Schaltung von Bild 2.22 duale Realisierung der Differenzengleichung (2.210). Beide Schaltungen besitzen die gleiche Impulsantwort wie das durch Gl. (2.210) gegebene System und enthalten neben Addierern und Multiplizierern jeweils q Einheitsverzögerer

In Analogie zum zweiten im Abschnitt 3.1 beschriebenen Verfahren existiert für die Differenzengleichung (2.210) die weitere Zustandsdarstellung (Beobachtungsnormalform)

$$\boldsymbol{z}[n+1] = \begin{bmatrix} 0 & 1 & 0 & \cdots & \cdots & 0 \\ 0 & 0 & 1 & 0 & \cdots & 0 \\ \vdots & & & & & \\ 0 & 0 & \cdots & & 0 & 1 \\ -\alpha_0 & -\alpha_1 & \cdots & & & -\alpha_{q-1} \end{bmatrix} \boldsymbol{z}[n] + \begin{bmatrix} b_1 \\ b_2 \\ \vdots \\ b_q \end{bmatrix} x[n], \qquad (2.217)$$

$$y[n] = [\,1 \quad 0 \quad \cdots \quad 0\,]\,\boldsymbol{z}[n], \qquad (2.218)$$

wobei die Koeffizienten $b_\mu\ (\mu = 1, \ldots, q)$ auch hier durch das Gleichungssystem (2.34) eindeutig bestimmt sind. Die Realisierung erfolgt gemäß den Signalflußdiagrammen im Bild 2.24 bzw. Bild 2.25 für die duale Darstellung. Diese stellen Modifikationen der entsprechenden Schaltungen für kontinuierliche Systeme nach den Bildern 2.8 und 2.9 dar, wobei lediglich Verzögerungsglieder statt Integrierer vorkommen und alle Signale jetzt von der diskreten Zeit abhängen.

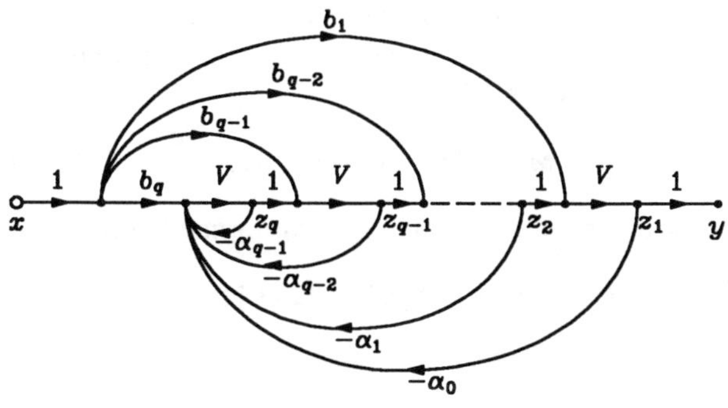

Bild 2.24: Schaltbild zur Simulation eines Systems aufgrund der Gln. (2.217) und (2.218)

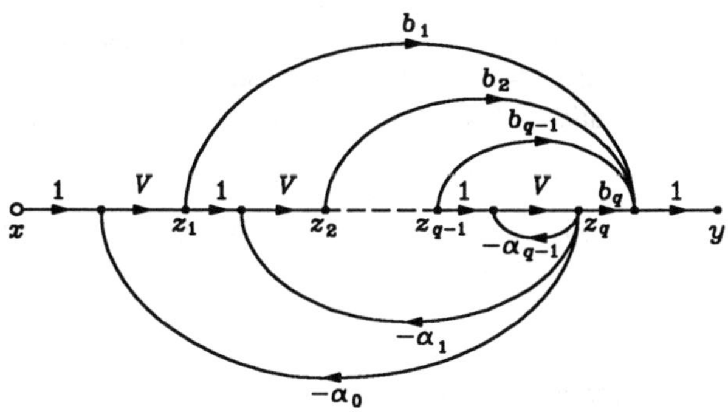

Bild 2.25: Zur Schaltung von Bild 2.24 duale Realisierung der Differenzengleichung (2.210)

Es sei hier noch angemerkt, daß Systeme, die nur aus Verzögerungs-, Multiplizier- und Addiergliedern aufgebaut sind, Digitalfilter genannt werden, weil ihre praktische Verwirklichung üblicherweise mit digitalen Bausteinen erfolgt.

Weitere Verfahren zur Beschreibung der Differenzengleichung (2.210) im Zustandsraum lassen sich im Rahmen des Konzepts der Übertragunsfunktion einfach begründen. Hierauf wird erst im Kapitel VI eingegangen.

Abschließend sei erwähnt, daß aufgrund von Gl. (2.210) oder einer der äquivalenten Zustandsdarstellungen ein lineares, zeitinvariantes diskontinuierliches System direkt durch einen Digitalrechner simuliert werden kann. Man kann aber auch ein kontinuierliches System näherungsweise mit Hilfe eines Digitalrechners simulieren, wenn die entsprechende Zustandsdifferentialgleichung in geeigneter Weise in eine Zustandsdifferenzengleichung übergeführt wird und die vorkommenden Signale nur in diskreten Zeitpunkten betrachtet werden.

4.2 LINEARE TRANSFORMATION DES ZUSTANDSRAUMS

Wie im kontinuierlichen Fall kann man den Zustandsraum einer linearen Transformation unterwerfen. Dadurch wird gemäß der Beziehung

$$\boldsymbol{z} = \boldsymbol{M}\boldsymbol{\zeta} \tag{2.219}$$

der Zustandsvektor $\boldsymbol{z}[n]$ in einen neuen Zustandsvektor $\boldsymbol{\zeta}[n]$ mit den Komponenten $\zeta_\mu[n]$ $(\mu = 1, 2, \ldots, q)$ übergeführt, wobei $\boldsymbol{M}$ eine zu wählende nichtsinguläre quadratische q-dimensionale Matrix bedeutet. Das Matrizenquadrupel, das als von n unabhängig angenommen wird, geht bei dieser Äquivalenztransformation in das Quadrupel ($\widetilde{\boldsymbol{A}}$, $\widetilde{\boldsymbol{B}}$, $\widetilde{\boldsymbol{C}}$, $\widetilde{\boldsymbol{D}}$) über, wobei

$$\widetilde{\boldsymbol{A}} = \boldsymbol{M}^{-1}\boldsymbol{A}\boldsymbol{M}, \quad \widetilde{\boldsymbol{B}} = \boldsymbol{M}^{-1}\boldsymbol{B}, \quad \widetilde{\boldsymbol{C}} = \boldsymbol{C}\boldsymbol{M}, \quad \widetilde{\boldsymbol{D}} = \boldsymbol{D} \tag{2.220a-d}$$

gilt. Damit hat das System in der transformierten Darstellung die Form

$$\boldsymbol{\zeta}[n+1] = \widetilde{\boldsymbol{A}}\boldsymbol{\zeta}[n] + \widetilde{\boldsymbol{B}}\boldsymbol{x}[n], \tag{2.221}$$

$$\boldsymbol{y}[n] = \widetilde{\boldsymbol{C}}\boldsymbol{\zeta}[n] + \widetilde{\boldsymbol{D}}\boldsymbol{x}[n]. \tag{2.222}$$

Man kann auch im Fall eines zeitvarianten, linearen Systems, d. h. zeitabhängiger Systemmatrizen $\boldsymbol{A}[n]$, $\boldsymbol{B}[n]$, $\boldsymbol{C}[n]$, $\boldsymbol{D}[n]$ Äquivalenztransformationen durchführen. Dabei wird man die Transformationsmatrix $\boldsymbol{M}$ im allgemeinen als von n abhängig betrachten und voraussetzen, daß $\boldsymbol{M}[n]$ für alle n nichtsingulär ist. Im Abschnitt 4.3.2 wird eine solche Transformation auf periodisch zeitvariante Systeme angewendet.

4.3 LÖSUNG DER ZUSTANDSGLEICHUNGEN, ÜBERGANGSMATRIX

4.3.1 Der zeitinvariante Fall

Es soll der Zustandsvektor $\boldsymbol{z}[n]$ bei Vorgabe eines Anfangszustands $\boldsymbol{z}[n_0]$ und bei Kenntnis des Vektors $\boldsymbol{x}[n]$ der Eingangssignale für den Fall bestimmt werden, daß das System durch die Gleichungen

$$\boldsymbol{z}[n+1] = \boldsymbol{A}\boldsymbol{z}[n] + \boldsymbol{B}\boldsymbol{x}[n] \tag{2.223}$$

und

$$\boldsymbol{y}[n] = \boldsymbol{C}\boldsymbol{z}[n] + \boldsymbol{D}\boldsymbol{x}[n] \tag{2.224}$$

beschrieben wird. Ist $\boldsymbol{z}[n]$ aus Gl. (2.223) ermittelt, so erhält man den Vektor $\boldsymbol{y}[n]$ der Ausgangssignale unmittelbar aus Gl. (2.224).

Zunächst wird die Gl. (2.223) mit $\boldsymbol{x}[n] \equiv \boldsymbol{0}$ betrachtet. Diese homogene Gleichung

$$\boldsymbol{z}[n+1] = \boldsymbol{A}\boldsymbol{z}[n]$$

hat offensichtlich die Lösung

$$\boldsymbol{z}[n] = \boldsymbol{\Phi}[n-n_0]\,\boldsymbol{z}[n_0] \tag{2.225}$$

mit der Übergangsmatrix

$$\boldsymbol{\Phi}[n] = \boldsymbol{A}^n\,. \tag{2.226a}$$

Wie im Verlauf dieses Abschnitts gezeigt wird, kann die Übergangsmatrix in der Form

$$\boldsymbol{\Phi}[n] = \sum_{\mu=1}^{l} z_\mu^n \boldsymbol{A}_\mu[n] \tag{2.226b}$$

dargestellt werden. Dabei sind die z_μ die Eigenwerte der Matrix $\boldsymbol{A}$ mit den Vielfachheiten $r_\mu(\mu = 1, 2, \ldots, l)$, d. h. die voneinander verschiedenen Lösungen der charakteristischen (Polynom-) Gleichung

$$\det(z\,\mathbf{E} - \boldsymbol{A}) = 0\,. \tag{2.227}$$

Die Matrix $\boldsymbol{A}_\mu[n]$ ist ein Polynom in n, dessen Grad nicht größer als $r_\mu - 1$ sein kann; zu einem einfachen Eigenwert z_μ gehört eine von n unabhängige Matrix $\boldsymbol{A}_\mu$. Ist der Grad von $\boldsymbol{A}_\mu[n]$ kleiner als $r_\mu - 1$, so erscheint $\boldsymbol{\Phi}[n]$ als Übergangsmatrix eines Systems von geringerer Ordnung, als sie die Zahl der Zustandsvariablen angibt. Dies ergibt sich genau dann, wenn der Grad des Minimalpolynoms von $\boldsymbol{A}$ kleiner ist als jener des charakteristischen Polynoms $\det(z\,\mathbf{E} - \boldsymbol{A})$.

Zur Bestimmung der allgemeinen Lösung der inhomogenen Differenzengleichung soll der homogenen Lösung nach Gl. (2.225) die partikuläre Lösung mit der Eigenschaft $\boldsymbol{z}[n_0] = \mathbf{0}$ superponiert werden. Diese partikuläre Lösung läßt sich aus der Differenzengleichung (2.223) unmittelbar schrittweise ableiten:

$$\boldsymbol{z}[n_0 + 1] = \boldsymbol{Bx}[n_0]\,,$$

$$\boldsymbol{z}[n_0 + 2] = \boldsymbol{ABx}[n_0] + \boldsymbol{Bx}[n_0 + 1]\,,$$

$$\boldsymbol{z}[n_0 + 3] = \boldsymbol{A}^2\boldsymbol{Bx}[n_0] + \boldsymbol{ABx}[n_0 + 1] + \boldsymbol{Bx}[n_0 + 2]\,,$$

$$\ldots$$

oder allgemein

$$\boldsymbol{z}[n] = \sum_{\nu=n_0}^{n-1} \boldsymbol{A}^{n-\nu-1}\boldsymbol{Bx}[\nu] \qquad (n > n_0)\,.$$

Durch Superposition dieser partikulären Lösung und der Lösung nach Gl. (2.225) folgt schließlich mit Gl. (2.226a) die vollständige Lösung der Zustandsgleichung (2.223) in der Form

$$\boldsymbol{z}[n] = \boldsymbol{\Phi}[n - n_0]\,\boldsymbol{z}[n_0] + \sum_{\nu=n_0}^{n-1} \boldsymbol{\Phi}[n - \nu - 1]\,\boldsymbol{Bx}[\nu]\,. \tag{2.228}$$

Wie man sieht, benötigt man in der Lösung nach Gl. (2.228) die Übergangsmatrix $\boldsymbol{\Phi}[n]$ nach Gl. (2.226a). Im folgenden soll gezeigt werden, daß $\boldsymbol{\Phi}[n]$ mit Hilfe der gleichen Methoden wie im Fall eines kontinuierlichen Systems berechnet werden kann.

Eine erste Methode basiert auf der Tatsache, daß $\boldsymbol{A}^n (n = 1, 2, 3, \ldots)$ stets als Linearkombination von Potenzen der Matrix $\boldsymbol{A}$ bis zur Ordnung $q - 1$ folgendermaßen ausgedrückt werden kann:

$$\boldsymbol{A}^n = \alpha_0[n]\,\mathbf{E} + \alpha_1[n]\,\boldsymbol{A} + \cdots + \alpha_{q-1}[n]\,\boldsymbol{A}^{q-1}\,. \tag{2.229}$$

Für $n = 1, 2, \ldots, q - 1$ ist diese Aussage trivial, da in diesem Fall die rechte Seite der Gl. (2.229) nur einen einzigen nichtverschwindenden Summanden mit $\alpha_n[n] = 1$ aufweist. Für

$n = q, q+1, \ldots$ kann man wie im kontinuierlichen Fall mit Hilfe des Cayley-Hamilton-Theorems eine Darstellung gemäß Gl. (2.229) erhalten. Dieses Theorem, nach dem die charakteristische Gleichung (2.227) der Matrix $\boldsymbol{A}$ nicht nur von den Eigenwerten z_1, $z_2, \ldots, z_l$ erfüllt wird, sondern auch von der Matrix $\boldsymbol{A}$ selbst, lehrt unmittelbar, daß die der Gl. (2.229) entsprechende skalare Beziehung für alle Eigenwerte besteht:

$$z_\mu^n = \alpha_0[n] + \alpha_1[n] z_\mu + \cdots + \alpha_{q-1}[n] z_\mu^{q-1} \quad (\mu = 1, 2, \ldots, l). \tag{2.230}$$

Ist die Vielfachheit r_μ des Eigenwerts größer als Eins, so erhält man neben der Gl. (2.230) noch weitere Beziehungen, die dadurch entstehen, daß man die Gl. (2.230) nacheinander $(r_\mu - 1)$-mal nach z_μ differenziert:

$$n\, z_\mu^{n-1} = \alpha_1[n] + \cdots + (q-1)\, \alpha_{q-1}[n] z_\mu^{q-2},$$

$$n\,(n-1)\, z_\mu^{n-2} = 2\,\alpha_2[n] + \cdots + (q-1)(q-2)\, \alpha_{q-1}[n] z_\mu^{q-3}$$

$$\vdots$$

Diese zusätzlichen Gleichungen sind für alle Eigenwerte mit $r_\mu > 1$ aufzustellen. Auf diese Weise entstehen zusammen mit den l Gleichungen (2.230) insgesamt genau q lineare Bestimmungsgleichungen für die q Parameter $\alpha_\nu[n]$ $(\nu = 0, 1, \ldots, q-1)$, die stets eine eindeutige Lösung besitzen. Auf diese Weise erhält man eine Darstellung der Übergangsmatrix $\boldsymbol{\Phi}[n] = \boldsymbol{A}^n$ gemäß Gl. (2.229) für $n \geqq q$.

Eine weitere Möglichkeit, $\boldsymbol{A}^n$ zu berechnen, besteht darin, die Matrix $\boldsymbol{A}$ zunächst auf Jordansche Normalform

$$\boldsymbol{J} = \boldsymbol{M}^{-1} \boldsymbol{A} \boldsymbol{M}$$

zu transformieren (Anhang C). Hieraus erhält man die Darstellung

$$\boldsymbol{A}^n = \boldsymbol{M} \boldsymbol{J}^n \boldsymbol{M}^{-1}. \tag{2.231}$$

Falls $\boldsymbol{A}$ nur einfache Eigenwerte z_μ $(\mu = 1, 2, \ldots, l = q)$ aufweist, ist $\boldsymbol{J}$ eine reine Diagonalmatrix mit den z_μ in der Hauptdiagonalen, und man erhält die Übergangsmatrix gemäß

$$\boldsymbol{\Phi}[n] = \boldsymbol{A}^n = \boldsymbol{M} \begin{bmatrix} z_1^n & & & 0 \\ & z_2^n & & \\ & & \ddots & \\ 0 & & & z_q^n \end{bmatrix} \boldsymbol{M}^{-1}.$$

Im allgemeinen hat $\boldsymbol{J}$ die Form

$$\boldsymbol{J} = \operatorname{diag}(\boldsymbol{J}_{11}, \boldsymbol{J}_{12}, \ldots, \boldsymbol{J}_{1k_1}, \ldots, \boldsymbol{J}_{lk_l}) \tag{2.232a}$$

mit den Jordan-Kästchen $\boldsymbol{J}_{\mu\nu}$ der Ordnung $q_{\mu\nu}$ $(\mu = 1, 2, \ldots, l;\ \nu = 1, 2, \ldots, k_\mu)$, die zu den Eigenwerten z_μ der Vielfachheit r_μ gehören. Damit erhält man

$$\boldsymbol{J}^n = \operatorname{diag}(\boldsymbol{J}_{11}^n, \boldsymbol{J}_{12}^n, \ldots, \boldsymbol{J}_{1k_1}^n, \ldots, \boldsymbol{J}_{lk_l}^n). \tag{2.232b}$$

Die Berechnung von $\boldsymbol{J}^n$ und damit von $\boldsymbol{\Phi}[n] = \boldsymbol{A}^n$ nach Gl. (2.231) besteht also im wesentlichen in der Berechnung der Matrizen

$$\boldsymbol{J}_{\mu\nu}^n$$

für alle Jordan-Kästchen von $\boldsymbol{J}$. Die Lösung dieser Grundaufgabe soll nun besprochen werden, wobei das zu betrachtende Jordan-Kästchen einfach in der Form

$$\boldsymbol{J}_0 = \begin{bmatrix} z_0 & 1 & & \\ & z_0 & 1 & \\ & & \ddots & 1 \\ & & & z_0 \end{bmatrix} = z_0 \mathbf{E} + \boldsymbol{L} \tag{2.233}$$

geschrieben wird. Die Ordnung dieser Matrix sei n_0. Die Matrix $\boldsymbol{L}$ ist bereits in Gl. (2.83) aufgetreten. Man erhält nun

$$\boldsymbol{J}_0^n = (z_0 \mathbf{E} + \boldsymbol{L})^n = z_0^n \mathbf{E} + \binom{n}{1} z_0^{n-1} \boldsymbol{L} + \binom{n}{2} z_0^{n-2} \boldsymbol{L}^2 + \binom{n}{3} z_0^{n-3} \boldsymbol{L}^3 + \cdots$$

Schon im Abschnitt 3.3.1 wurde gezeigt, daß $\boldsymbol{L}^\kappa = \mathbf{0}$ gilt, sobald κ mindestens gleich der Ordnung n_0 von $\boldsymbol{L}$ ist. Daher erhält man im Fall $z_0 \neq 0$ [1])

$$\boldsymbol{J}_0^n = z_0^n \left[\mathbf{E} + \binom{n}{1} z_0^{-1} \boldsymbol{L} + \binom{n}{2} z_0^{-2} \boldsymbol{L}^2 + \cdots + \binom{n}{n_0 - 1} z_0^{1-n_0} \boldsymbol{L}^{n_0 - 1} \right] \tag{2.234a}$$

und im Fall $z_0 = 0$ direkt die Matrix

$$\boldsymbol{J}_0^n = \boldsymbol{L}^n , \tag{2.234b}$$

die für $n \geqq n_0$ verschwindet. Man beachte, daß die auf der rechten Seite der Gl. (2.234a) in eckigen Klammern stehende Matrix ein Polynom in n vom Grad $n_0 - 1$ ist. In dieser Weise kann man alle Matrizen $\boldsymbol{J}_{\mu\nu}^n$ berechnen, so daß sich schließlich gemäß den Gln. (2.232b) und (2.231) die Übergangsmatrix ergibt.

Ist $\boldsymbol{J}_0$ das zu irgendeinem Eigenwert z_0 gehörende Jordan-Kästchen höchster Ordnung, dann tritt in Gl. (2.234a) eine mit z_0^n multiplizierte Matrix auf, die ein Polynom in n vom Grad $q_0 - 1$ ist, wobei q_0 der Index des Eigenwerts z_0 ist. In entsprechender Form kommt dieser Eigenwert nach Gl. (2.232b) auch in $\boldsymbol{J}^n$ und schließlich nach Gl. (2.231) in $\boldsymbol{A}^n$ vor. Da dies für alle Eigenwerte gilt, erklärt sich die Darstellung von $\boldsymbol{A}^n$ nach Gl. (2.226b).

Es sei noch erwähnt, daß die Übergangsmatrix $\boldsymbol{\Phi}[n]$ auch mittels der Z-Transformation berechnet werden kann. Dies wird im Kapitel VI im einzelnen gezeigt.

Beispiel 2.23: Gegeben sei das diskontinuierliche System

$$\boldsymbol{z}[n+1] = \begin{bmatrix} \frac{1}{2} & 1 & 0 \\ 0 & \frac{1}{2} & 0 \\ 0 & 1 & \frac{1}{2} \end{bmatrix} \boldsymbol{z}[n] + \begin{bmatrix} 1 \\ 0 \\ 1 \end{bmatrix} x[n] , \tag{2.235a}$$

$$y[n] = [0 \quad 1 \quad 1] \boldsymbol{z}[n] + 2x[n] . \tag{2.235b}$$

---

1) Dabei gilt $\binom{n}{\nu} = 0$ für $\nu > n$.

Im folgenden soll die Übergangsmatrix $\boldsymbol{\Phi}[n]$ berechnet werden. Zunächst erhält man das charakteristische Polynom

$$\det(z\,\mathbf{E}-\boldsymbol{A}) = \left(z-\frac{1}{2}\right)^3 ,$$

woraus zu erkennen ist, daß ein dreifacher Eigenwert $z_1 = 1/2$ vorliegt.

Die gesuchte Übergangsmatrix hat für $n \geqq 3$ gemäß Gl. (2.229) die Form

$$\boldsymbol{\Phi}[n] = \alpha_0[n]\,\mathbf{E} + \alpha_1[n]\,\boldsymbol{A} + \alpha_2[n]\,\boldsymbol{A}^2 . \tag{2.236}$$

Es gilt für den Eigenwert $z_1 = 1/2$ zunächst die Gleichung

$$z_1^n = \alpha_0[n] + \alpha_1[n]\,z_1 + \alpha_2[n]\,z_1^2 . \tag{2.237a}$$

Da z_1 ein dreifacher Eigenwert ist, erhält man durch Differentiation dieser Gleichung nach z_1 die weiteren Beziehungen

$$n\,z_1^{n-1} = \alpha_1[n] + 2z_1\,\alpha_2[n] \quad \text{und} \quad n(n-1)\,z_1^{n-2} = 2\alpha_2[n] . \tag{2.237b,c}$$

Durch Lösung der Gln. (2.237a-c) mit $z_1 = 1/2$ gelangt man zu den Funktionen

$$\alpha_0[n] = \left(\frac{1}{2}\right)^n \left(1-\frac{3}{2}n+\frac{n^2}{2}\right), \quad \alpha_1[n] = n\,(2-n)\left(\frac{1}{2}\right)^{n-1}, \quad \alpha_2[n] = n\,(n-1)\left(\frac{1}{2}\right)^{n-1}$$

und nach Berechnung von $\boldsymbol{A}^2$ damit aufgrund der Gl. (2.236) zur Übergangsmatrix

$$\boldsymbol{A}^n = \left(\frac{1}{2}\right)^n \begin{bmatrix} 1 & 2n & 0 \\ 0 & 1 & 0 \\ 0 & 2n & 1 \end{bmatrix} . \tag{2.238}$$

Mit Hilfe der (nach Anhang C ermittelten) Matrix

$$\boldsymbol{M} = \begin{bmatrix} 1 & 0 & 1 \\ 0 & 1 & 0 \\ 1 & 0 & 0 \end{bmatrix} \quad \text{bzw.} \quad \boldsymbol{M}^{-1} = \begin{bmatrix} 0 & 0 & 1 \\ 0 & 1 & 0 \\ 1 & 0 & -1 \end{bmatrix}$$

wird $\boldsymbol{A}$ auf die Jordansche Normalform

$$\boldsymbol{J} = \begin{bmatrix} \frac{1}{2} & 1 & 0 \\ 0 & \frac{1}{2} & 0 \\ 0 & 0 & \frac{1}{2} \end{bmatrix}$$

gebracht. Gemäß Gl. (2.234a) folgt

$$\boldsymbol{J}_{11}^n = \begin{bmatrix} \frac{1}{2} & 1 \\ 0 & \frac{1}{2} \end{bmatrix}^n = \left(\frac{1}{2}\right)^n \left\{ \begin{bmatrix} 1 & 0 \\ 0 & 1 \end{bmatrix} + 2n \begin{bmatrix} 0 & 1 \\ 0 & 0 \end{bmatrix} \right\} = \left(\frac{1}{2}\right)^n \begin{bmatrix} 1 & 2n \\ 0 & 1 \end{bmatrix} \quad \text{und} \quad \boldsymbol{J}_{12}^n = \left[\frac{1}{2}\right]^n .$$

Somit ergibt sich

$$\boldsymbol{J}^n = \left(\frac{1}{2}\right)^n \begin{bmatrix} 1 & 2n & 0 \\ 0 & 1 & 0 \\ 0 & 0 & 1 \end{bmatrix}$$

und schließlich

$$\boldsymbol{A}^n = \boldsymbol{M}\,\boldsymbol{J}^n\boldsymbol{M}^{-1} = \left(\frac{1}{2}\right)^n \begin{bmatrix} 1 & 0 & 1 \\ 0 & 1 & 0 \\ 1 & 0 & 0 \end{bmatrix} \begin{bmatrix} 1 & 2n & 0 \\ 0 & 1 & 0 \\ 0 & 0 & 1 \end{bmatrix} \begin{bmatrix} 0 & 0 & 1 \\ 0 & 1 & 0 \\ 1 & 0 & -1 \end{bmatrix} .$$

Man kann sich durch Ausmultiplizieren dieser Matrizen leicht davon überzeugen, daß das Ergebnis mit dem von Gl. (2.238) übereinstimmt und auch für $n = 0, 1, 2$ die richtige Matrixpotenz liefert. Es sei noch darauf hingewiesen, daß der berechneten Jordan-Matrix der Index 2 des dreifachen Eigenwerts $1/2$ entnommen werden kann, da 2 die größte Ordnung der beiden (zum Eigenwert $1/2$ gehörenden) Jordan-Kästchen ist. Dies bedeutet, daß $(z - 1/2)^2$ das Minimalpolynom ist. Die Systemmatrix $\boldsymbol{A}$ des Beispiels erfüllt also die Gleichung $\boldsymbol{A}^2 - \boldsymbol{A} + (1/4)\,\mathbf{E} = \mathbf{0}$. Damit kann man die Übergangsmatrix nach Gl. (2.236) auch in der Form

$$\boldsymbol{\Phi}[n] = (\alpha_0[n] - \frac{1}{4}\alpha_2[n])\,\mathbf{E} + (\alpha_1[n] + \alpha_2[n])\boldsymbol{A} \,,$$

d. h. als

$$\boldsymbol{\Phi}[n] = \left(\frac{1}{2}\right)^n \{(1-n)\,\mathbf{E} + 2n\,\boldsymbol{A}\}$$

schreiben.

4.3.2 Der zeitvariante Fall

Im folgenden werden die Gln. (2.208) und (2.209) für den Fall gelöst, daß die Systemmatrizen $\boldsymbol{A}[n]$, $\boldsymbol{B}[n]$, $\boldsymbol{C}[n]$ und $\boldsymbol{D}[n]$ im allgemeinen von n abhängig sind. Dazu wird zunächst die homogene Zustands-Differenzengleichung

$$\boldsymbol{z}[n+1] = \boldsymbol{A}[n]\,\boldsymbol{z}[n] \tag{2.239}$$

gelöst. Die *Übergangsmatrix*

$$\boldsymbol{\Phi}[n, n_0] = [\boldsymbol{\varphi}_1[n, n_0] \,\ldots\, \boldsymbol{\varphi}_q[n, n_0]]$$

wird als diejenige Matrix eingeführt, deren Spaltenvektoren $\boldsymbol{\varphi}_\kappa[n, n_0]$ die Lösungen der homogenen Differenzengleichung (2.239) mit der Anfangsbedingung $\boldsymbol{\varphi}_\kappa[n_0, n_0] = \boldsymbol{e}_\kappa$ ($\kappa = 1, 2, \ldots, q$) sind. Hierbei ist $\boldsymbol{e}_\kappa$ der κ-te Spaltenvektor der Einheitsmatrix der Ordnung q. Die homogene Gl. (2.239) hat dann unter dem Anfangszustand $\boldsymbol{z}[n_0]$ die Lösung

$$\boldsymbol{z}[n] = \boldsymbol{\Phi}[n, n_0]\,\boldsymbol{z}[n_0]. \tag{2.240}$$

Entsprechend dem kontinuierlichen Fall erfüllt die Übergangsmatrix $\boldsymbol{\Phi}[n, n_0]$ die Differenzengleichung

$$\boldsymbol{\Phi}[n+1, n_0] = \boldsymbol{A}[n]\,\boldsymbol{\Phi}[n, n_0] \tag{2.241}$$

mit der Anfangsbedingung

$$\boldsymbol{\Phi}[n_0, n_0] = \mathbf{E}.$$

Durch fortgesetzte Anwendung dieser Beziehung erhält man

$$\boldsymbol{\Phi}[n, n_0] = \boldsymbol{A}[n-1]\,\boldsymbol{A}[n-2] \cdots \boldsymbol{A}[n_0] \quad (n > n_0), \tag{2.242}$$

woraus sich auch unmittelbar die multiplikative Eigenschaft der Übergangsmatrix

$$\boldsymbol{\Phi}[n, n_0] = \boldsymbol{\Phi}[n, n_1]\,\boldsymbol{\Phi}[n_1, n_0] \quad (n > n_1 > n_0)$$

ableiten läßt. Im zeitinvarianten Fall reduziert sich die Darstellung in Gl. (2.242) auf das bereits bekannte Ergebnis gemäß Gl. (2.226a).

Unter der Voraussetzung, daß die Matrizen $\boldsymbol{A}[n]$ invertierbar sind, kann auch für $n < n_0$ die Übergangsmatrix $\boldsymbol{\Phi}[n, n_0]$ angegeben werden. Multipliziert man nämlich die Gl. (2.241) von links mit $\boldsymbol{A}^{-1}[n]$, dann erhält man durch fortgesetzte Anwendung der veränderten Gleichung

$$\boldsymbol{\Phi}[n, n_0] = \boldsymbol{A}^{-1}[n]\boldsymbol{A}^{-1}[n+1] \cdots \boldsymbol{A}^{-1}[n_0 - 1] \quad (n < n_0). \tag{2.243}$$

Entsprechend Gl. (2.99) gilt dann

$$\boldsymbol{\Phi}^{-1}[n_0, n] = \boldsymbol{\Phi}[n, n_0].$$

Zur Bestimmung der allgemeinen Lösung der inhomogenen Differenzengleichung wird der homogenen Lösung nach Gl. (2.240) die partikuläre Lösung mit der Eigenschaft $\boldsymbol{z}[n_0] = \boldsymbol{0}$ überlagert. Diese partikuläre Lösung läßt sich aus der Differenzengleichung (2.208) unmittelbar ableiten:

$$\boldsymbol{z}[n_0 + 1] = \boldsymbol{B}[n_0]\boldsymbol{x}[n_0],$$

$$\boldsymbol{z}[n_0 + 2] = \boldsymbol{A}[n_0 + 1]\boldsymbol{B}[n_0]\boldsymbol{x}[n_0] + \boldsymbol{B}[n_0 + 1]\boldsymbol{x}[n_0 + 1],$$

$$\begin{aligned}\boldsymbol{z}[n_0 + 3] = {} & \boldsymbol{A}[n_0 + 2]\boldsymbol{A}[n_0 + 1]\boldsymbol{B}[n_0]\boldsymbol{x}[n_0] \\ & + \boldsymbol{A}[n_0 + 2]\boldsymbol{B}[n_0 + 1]\boldsymbol{x}[n_0 + 1] + \boldsymbol{B}[n_0 + 2]\boldsymbol{x}[n_0 + 2]\end{aligned}$$

oder allgemein für $n \geqq n_0 + 2$

$$\boldsymbol{z}[n] = \sum_{\nu = n_0}^{n-2} \boldsymbol{A}[n-1] \cdots \boldsymbol{A}[\nu + 1]\boldsymbol{B}[\nu]\boldsymbol{x}[\nu] + \boldsymbol{B}[n-1]\boldsymbol{x}[n-1].$$

Durch Superposition dieser partikulären Lösung mit der homogenen Lösung erhält man bei Beachtung der Gl. (2.242) die Lösung der Zustandsgleichung (2.208) in der Form

$$\boldsymbol{z}[n] = \boldsymbol{\Phi}[n, n_0]\boldsymbol{z}[n_0] + \sum_{\nu = n_0}^{n-1} \boldsymbol{\Phi}[n, \nu + 1]\boldsymbol{B}[\nu]\boldsymbol{x}[\nu] \quad (n > n_0) \tag{2.244}$$

mit dem beliebigen Anfangszustand $\boldsymbol{z}[n_0]$. Den Vektor der Ausgangsgrößen erhält man aus der gewonnenen Lösung für $\boldsymbol{z}[n]$ nach Gl. (2.244) mit Hilfe von Gl. (2.209).

Sonderfall des periodisch zeitvarianten Systems. Von besonderem Interesse ist der Fall, daß die Systemmatrizen in n mit der Periodendauer N (natürliche Zahl) periodisch sind. Es gilt dann insbesondere

$$\boldsymbol{A}[n + N] = \boldsymbol{A}[n]. \tag{2.245}$$

Für das Folgende soll vorausgesetzt werden, daß die Matrix $\boldsymbol{A}[n]$ für alle n aus einer Periode nichtsingulär ist. Entsprechend dem periodisch zeitvarianten kontinuierlichen Fall erfüllt neben der Matrix $\boldsymbol{\Phi}[n, n_0]$ auch $\boldsymbol{\Phi}[n + N, n_0]$ die Differenzengleichung (2.241), und es existiert eine nichtsinguläre, zeitunabhängige q-reihige quadratische (im allgemeinen komplexe) Matrix $\widetilde{\boldsymbol{A}}$, so daß

$$\boldsymbol{\Phi}[n+N, n_0] = \boldsymbol{\Phi}[n, n_0]\widetilde{\boldsymbol{A}}^N$$

gilt (Anhang C). Man kann nun wie im kontinuierlichen Fall die folgenden Aussagen machen:

$$\widetilde{\boldsymbol{A}}^N = \boldsymbol{\Phi}[n_0+N, n_0], \tag{2.246}$$

$$\boldsymbol{\Phi}[n+kN, n_0] = \boldsymbol{\Phi}[n, n_0]\widetilde{\boldsymbol{A}}^{kN}, \tag{2.247}$$

$$\boldsymbol{\Phi}[n, n_0+kN] = \boldsymbol{\Phi}[n, n_0]\widetilde{\boldsymbol{A}}^{-kN}. \tag{2.248}$$

Schreibt man die Übergangsmatrix in der Form

$$\boldsymbol{\Phi}[n, n_0] = \boldsymbol{P}[n, n_0]\widetilde{\boldsymbol{A}}^{(n-n_0)}, \tag{2.249}$$

dann erweist sich die Matrix $\boldsymbol{P}[n, n_0]$ als in beiden Variablen periodisch mit der Periode N. Es gilt nämlich einerseits nach Gl. (2.249)

$$\boldsymbol{\Phi}[n+N, n_0] = \boldsymbol{P}[n+N, n_0]\widetilde{\boldsymbol{A}}^{(n+N-n_0)},$$

andererseits nach Gl. (2.247) mit Gl. (2.249)

$$\boldsymbol{\Phi}[n+N, n_0] = \boldsymbol{P}[n, n_0]\widetilde{\boldsymbol{A}}^{(n-n_0)}\widetilde{\boldsymbol{A}}^N.$$

Ein Vergleich dieser beiden Gleichungen zeigt die Periodizität von $\boldsymbol{P}[n, n_0]$ in der Variablen n. Weiterhin gilt einerseits nach Gl. (2.249)

$$\boldsymbol{\Phi}[n, n_0+N] = \boldsymbol{P}[n, n_0+N]\widetilde{\boldsymbol{A}}^{(n-n_0-N)},$$

andererseits nach Gl. (2.248) mit Gl. (2.249)

$$\boldsymbol{\Phi}[n, n_0+N] = \boldsymbol{P}[n, n_0]\widetilde{\boldsymbol{A}}^{(n-n_0)}\widetilde{\boldsymbol{A}}^{-N}.$$

Ein Vergleich dieser zwei Gleichungen zeigt die Periodizität von $\boldsymbol{P}[n, n_0]$ in der Variablen n_0.

Schließlich sei noch die Transformation

$$\boldsymbol{z}[n] = \boldsymbol{P}[n, n_1]\boldsymbol{\zeta}[n] \tag{2.250}$$

mit einem beliebigen, aber festen Wert n_1 kurz diskutiert. Führt man im vorliegenden Fall des periodischen Systems diese Transformation in Gl. (2.208) ein, dann ergibt sich zunächst

$$\boldsymbol{\zeta}[n+1] = \boldsymbol{P}^{-1}[n+1, n_1]\boldsymbol{A}[n]\boldsymbol{P}[n, n_1]\boldsymbol{\zeta}[n] + \boldsymbol{P}^{-1}[n+1, n_1]\boldsymbol{B}[n]\boldsymbol{x}[n]$$

oder bei Verwendung der Gl. (2.249) und bei Beachtung der Eigenschaften der Übergangsmatrix

$$\boldsymbol{\zeta}[n+1] = \widetilde{\boldsymbol{A}}^{(n+1-n_1)}\boldsymbol{\Phi}[n_1, n+1]\boldsymbol{A}[n]\boldsymbol{\Phi}[n, n_1]\widetilde{\boldsymbol{A}}^{-(n-n_1)}\boldsymbol{\zeta}[n]$$
$$+ \boldsymbol{P}^{-1}[n+1, n_1]\boldsymbol{B}[n]\boldsymbol{x}[n],$$

also mit

$$\boldsymbol{A}[n]\boldsymbol{\Phi}[n, n_1] = \boldsymbol{\Phi}[n+1, n_1]$$

und

$$\boldsymbol{\Phi}[n_1, n+1]\,\boldsymbol{\Phi}[n+1, n_1] = \mathbf{E}$$

$$\boldsymbol{\zeta}[n+1] = \widetilde{\boldsymbol{A}}\,\boldsymbol{\zeta}[n] + \boldsymbol{P}^{-1}[n+1, n_1]\,\boldsymbol{B}[n]\,\boldsymbol{x}[n]\,.$$

Die äquivalente Zustandsbeschreibung lautet also

$$\boldsymbol{\zeta}[n+1] = \widetilde{\boldsymbol{A}}\,\boldsymbol{\zeta}[n] + \widetilde{\boldsymbol{B}}[n]\,\boldsymbol{x}[n] \tag{2.251}$$

und aufgrund von Gln. (2.209) und (2.250)

$$\boldsymbol{y}[n] = \widetilde{\boldsymbol{C}}[n]\,\boldsymbol{\zeta}[n] + \widetilde{\boldsymbol{D}}[n]\,\boldsymbol{x}[n] \tag{2.252}$$

mit den konstanten bzw. periodischen Systemmatrizen

$$\widetilde{\boldsymbol{A}} = \boldsymbol{\Phi}^{1/N}[n_0 + N, n_0]\,, \quad \widetilde{\boldsymbol{B}}[n] = \boldsymbol{P}^{-1}[n+1, n_1]\,\boldsymbol{B}[n]\,, \tag{2.253a,b}$$

$$\widetilde{\boldsymbol{C}}[n] = \boldsymbol{C}[n]\,\boldsymbol{P}[n, n_1]\,, \quad \widetilde{\boldsymbol{D}}[n] = \boldsymbol{D}[n]\,. \tag{2.253c,d}$$

Die Stabilität des Systems wird durch das Verhalten der Matrix $\widetilde{\boldsymbol{A}}$ bestimmt. Sind nämlich alle Eigenwerte der Matrix $\widetilde{\boldsymbol{A}}$ dem Betrage nach kleiner als Eins, dann strebt die Übergangsmatrix bei festem n_0 für $n \to \infty$ gegen die Nullmatrix.

4.3.3 Zusammenhang zwischen Übergangsmatrix und Matrix der Impulsantworten

Im folgenden soll ein Zusammenhang zwischen der Übergangsmatrix $\boldsymbol{\Phi}[n, n_0]$ und der Matrix der Impulsantworten $\boldsymbol{H}[n, \nu]$ hergestellt werden. Zunächst erhält man mit $n_0 = -\infty$ und $\boldsymbol{z}[n_0] = \mathbf{0}$ aufgrund der Gln. (2.209) und (2.244) für den Vektor der Ausgangsgrößen

$$\boldsymbol{y}[n] = \sum_{\nu=-\infty}^{n-1} \boldsymbol{C}[n]\,\boldsymbol{\Phi}[n, \nu+1]\,\boldsymbol{B}[\nu]\,\boldsymbol{x}[\nu] + \boldsymbol{D}[n]\,\boldsymbol{x}[n]$$

oder bei Verwendung der diskreten δ-Funktion

$$\boldsymbol{y}[n] = \sum_{\nu=-\infty}^{n} \left(\boldsymbol{C}[n]\,\boldsymbol{\Phi}[n, \nu+1]\,\boldsymbol{B}[\nu] + \{\boldsymbol{D}[n] - \boldsymbol{C}[n]\,\boldsymbol{\Phi}[n, n+1]\,\boldsymbol{B}[n]\}\,\delta[n-\nu]\right)\boldsymbol{x}[\nu]\,.$$

Der Ausdruck in runden Klammern liefert die Matrix der Impulsantworten

$$\boldsymbol{H}[n, \nu] = \begin{cases} \boldsymbol{C}[n]\,\boldsymbol{\Phi}[n, \nu+1]\,\boldsymbol{B}[\nu] & \text{für} \quad n > \nu\,, \\ \boldsymbol{D}[n] & \text{für} \quad n = \nu\,, \\ \mathbf{0} & \text{für} \quad n < \nu\,, \end{cases} \tag{2.254}$$

da nach Kapitel I generell für ein lineares und kausales diskontinuierliches System

$$\boldsymbol{y}[n] = \sum_{\nu=-\infty}^{n} \boldsymbol{H}[n, \nu]\,\boldsymbol{x}[\nu] \quad \text{mit} \quad \boldsymbol{H}[n, \nu] \equiv \mathbf{0} \quad \text{für} \quad n < \nu$$

gilt.

Unter Voraussetzung der Zeitinvarianz ergibt sich

$$\boldsymbol{H}[n] = \begin{cases} \boldsymbol{C}\,\boldsymbol{\Phi}[n-1]\,\boldsymbol{B} & \text{für} \quad n > 0\,, \\ \boldsymbol{D} & \text{für} \quad n = 0\,, \\ \mathbf{0} & \text{für} \quad n < 0 \end{cases} \tag{2.255}$$

oder

$$\boldsymbol{H}[n] = s[n-1]\,\boldsymbol{C}\boldsymbol{A}^{n-1}\boldsymbol{B} + \delta[n]\,\boldsymbol{D}\,. \tag{2.256}$$

Beispiel 2.24: Es sei das durch die Gln. (2.235a,b) gegebene System betrachtet. Mit der Übergangsmatrix nach Gl. (2.238) erhält man nach Gl. (2.256) die Impulsantwort des Systems zu

$$h[n] = s[n-1]\,[0 \;\; 1 \;\; 1]\left(\frac{1}{2}\right)^{n-1}\begin{bmatrix}1 & 2(n-1) & 0\\ 0 & 1 & 0\\ 0 & 2(n-1) & 1\end{bmatrix}\begin{bmatrix}1\\0\\1\end{bmatrix} + 2\,\delta[n] = \left(\frac{1}{2}\right)^{n-1} s[n-1] + 2\,\delta[n]\,. \tag{2.257}$$

Bild 2.26 zeigt eine Realisierung dieser Impulsantwort mit einem Verzögerer, zwei Multiplizierern und zwei Addierern.

Ausgehend von der Gl. (2.256) kann für die Zustandsdarstellung eines linearen, zeitinvarianten diskontinuierlichen Systems die folgende Aussage abgeleitet werden: Ersetzt man das Quadrupel von Systemmatrizen $(\boldsymbol{A}, \boldsymbol{B}, \boldsymbol{C}, \boldsymbol{D})$ durch das Matrizenquadrupel $(\boldsymbol{A}^{\mathrm{T}}, \boldsymbol{C}^{\mathrm{T}}, \boldsymbol{B}^{\mathrm{T}}, \boldsymbol{D}^{\mathrm{T}})$, dann geht die zugehörige Matrix der Impulsantworten über in ihre Transponierte. Hat das betrachtete System nur einen Eingang und einen Ausgang, dann ist die Matrix der Impulsantworten eine skalare Funktion, und sie stimmt mit ihrer Transponierten überein. Damit ist gezeigt, daß die beiden Zustandsdarstellungen mit dem Matrizenquadrupel $(\boldsymbol{A}, \boldsymbol{b}, \boldsymbol{c}^{\mathrm{T}}, d)$ bzw. $(\boldsymbol{A}^{\mathrm{T}}, \boldsymbol{c}, \boldsymbol{b}^{\mathrm{T}}, d)$ dasselbe Eingang-Ausgang-Verhalten aufweisen. Diese Tatsache wurde im Abschnitt 4.1 im Zusammenhang mit dualen Realisierungen ausgenützt.

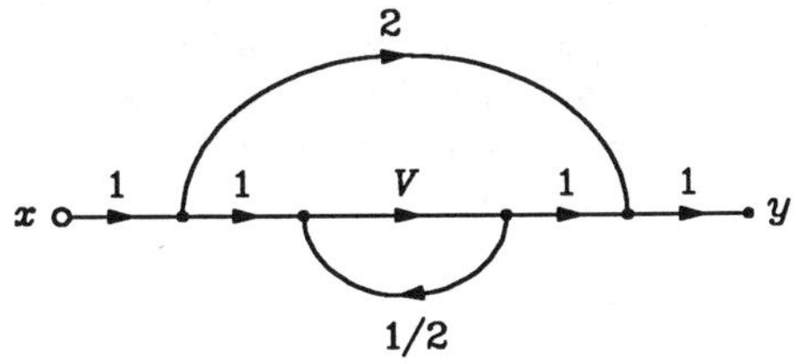

Bild 2.26: Realisierung der Impulsantwort nach Gl. (2.257)

4.4 STEUERBARKEIT UND BEOBACHTBARKEIT LINEARER SYSTEME

In diesem Abschnitt sollen die Konzepte der Steuerbarkeit und Beobachtbarkeit von dem im Abschnitt 3.4 besprochenen Fall der kontinuierlichen Systeme auf den Fall der diskontinuierlichen Systeme übertragen werden. Dabei erfolgt eine Beschränkung auf lineare und zeitinvariante Systeme. Mit dem folgenden Beispiel soll auf die grundsätzliche Fragestellung hingewiesen werden, die der Steuerbarkeit bzw. der Beobachtbarkeit zugrundeliegt.

Beispiele 2.25: Das im Bild 2.27 dargestellte System wird durch die Gleichungen

$$\boldsymbol{z}[n+1] = \begin{bmatrix}a_1 & 0 & 0\\ 1 & a_2 & 0\\ 0 & 1 & a_3\end{bmatrix}\boldsymbol{z}[n] + \begin{bmatrix}0\\1\\0\end{bmatrix}x[n] \quad \text{und} \quad y[n] = [0 \;\; 1 \;\; 0]\,\boldsymbol{z}[n] \tag{2.258a,b}$$

beschrieben. Die Konstanten a_1, a_2 und a_3 seien als voneinander verschieden angenommen. Die Eigenwerte des Systems sind a_1, a_2, a_3. Das System wird zum Zeitpunkt $n = 0$ vom Zustand $\boldsymbol{z}[0] = [z_1[0] \;\; z_2[0] \;\; z_3[0]]^{\mathrm{T}}$ aus durch das Eingangssignal $x[n]$ erregt. Als Lösung erhält man aus den Gln. (2.258a,b)

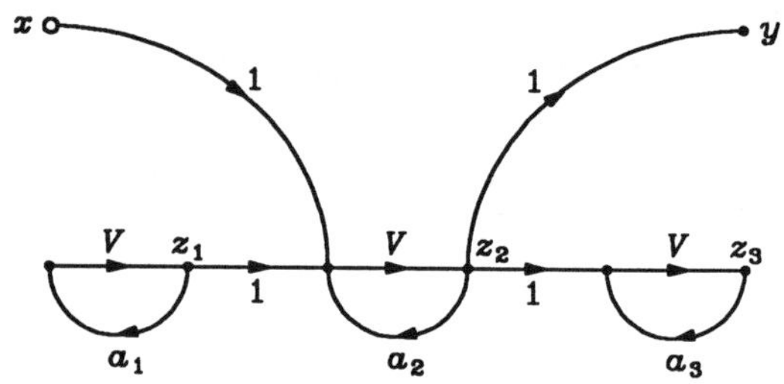

Bild 2.27: Beispiel zur Erläuterung der Steuerbarkeit und Beobachtbarkeit

$$\boldsymbol{z}[n] = \begin{bmatrix} a_1^n z_1[0] \\ a_2^n z_2[0] \\ a_3^n z_3[0] \end{bmatrix} + \begin{bmatrix} 0 \\ \sum_{\nu=0}^{n-1} a_2^{n-\nu-1} \{z_1[0] a_1^\nu + x[\nu]\} \\ \sum_{\nu=0}^{n-1} a_3^{n-\nu-1} f[\nu] \end{bmatrix}$$

und

$$y[n] = a_2^n z_2[0] + \sum_{\nu=0}^{n-1} a_2^{n-\nu-1} \{z_1[0] a_1^\nu + x[\nu]\}$$

mit $f[\nu] := y[\nu]$. Die auftretenden Summen sind für $n = 0$ gleich Null zu setzen. Wie man sieht, ist es beim vorliegenden Beispiel nicht möglich, durch die Erregung $x[n]$ den Verlauf der Zustandsgröße $z_1[n]$ zu beeinflussen. Es ist also nicht möglich, das System durch geeignete Wahl von $x[n]$ in endlicher Zeit N von einem beliebigen Anfangszustand $\boldsymbol{z}[0]$ in einen willkürlich wählbaren Endzustand $\boldsymbol{z}[N]$ überzuführen. Man spricht deshalb davon, daß das System nicht steuerbar ist. Man sieht weiterhin, daß das Ausgangssignal $y[n]$ unabhängig von der dritten Komponente $z_3[n]$ des Zustandsvektors ist; insbesondere hängt $y[n]$ von $z_3[0]$ nicht ab. Es ist also bei Kenntnis des Eingangssignals und des Ausgangssignals nicht möglich, auf den Anfangszustand $\boldsymbol{z}[0]$ zu schließen. Man spricht davon, daß das System nicht beobachtbar ist. Da das System zeitinvariant ist, stellt der Zeitnullpunkt $n = 0$ keinen ausgezeichneten Anfangszeitpunkt dar. Im folgenden werden die Begriffe von Steuerbarkeit und Beobachtbarkeit präzisiert.

Ein System

$$\boldsymbol{z}[n+1] = \boldsymbol{A}\boldsymbol{z}[n] + \boldsymbol{B}\boldsymbol{x}[n] \tag{2.259}$$

heißt in dieser Darstellung *steuerbar*, wenn ein Vektor $\boldsymbol{x}[n]$ der Eingangsgrößen existiert, mit dem im endlichen Intervall $0 \leqq n \leqq N$ das System von einem beliebig wählbaren Anfangszustand $\boldsymbol{z}[0]$ in einen willkürlichen Endzustand $\boldsymbol{z}[N]$ überführt werden kann.

Die Steuerbarkeit des durch Gl. (2.259) gegebenen Systems soll nun untersucht werden. Aus Gl. (2.228) erhält man mit $\boldsymbol{\Phi}[n] = \boldsymbol{A}^n$ unmittelbar für $n_0 = 0$ und $n = N$

$$\boldsymbol{z}[N] = \boldsymbol{A}^N \boldsymbol{z}[0] + [\boldsymbol{B} \quad \boldsymbol{AB} \quad \cdots \quad \boldsymbol{A}^{N-1}\boldsymbol{B}] \begin{bmatrix} \boldsymbol{x}[N-1] \\ \boldsymbol{x}[N-2] \\ \vdots \\ \boldsymbol{x}[0] \end{bmatrix}. \tag{2.260}$$

Da aufgrund des Cayley-Hamilton-Theorems die Spalten der Matrizen $\boldsymbol{A}^{q+\nu}\boldsymbol{B}$ ($\nu = 0, 1, 2, \ldots$) linear abhängig sind von den Spalten der Matrizen $\boldsymbol{A}^\mu \boldsymbol{B}$ ($\mu = 0, 1, \ldots, q-1$), genügt es, in Gl. (2.260) $N = q$ zu wählen, um bei beliebig vorgeschriebenen $\boldsymbol{z}[N]$ und $\boldsymbol{z}[0]$ diese Gleichung nach $\boldsymbol{x}[0], \boldsymbol{x}[1], \ldots, \boldsymbol{x}[q-1]$ aufzulösen. Hierzu ist jedoch erforderlich, daß die auftretende Koeffizientenmatrix, die sogenannte Steuerbarkeitsmatrix

$$\boldsymbol{U} = [\boldsymbol{B} \quad \boldsymbol{AB} \quad \cdots \quad \boldsymbol{A}^{q-1}\boldsymbol{B}] \tag{2.261}$$

den größtmöglichen Rang q hat. Die Verwendung von mehr als q Eingangswerten $\boldsymbol{x}[n]$ führt zu keinem anderen Resultat. Das gewonnene Ergebnis wird im folgenden Satz zusammengefaßt.

Satz II.18: Ein durch die Gl. (2.259) gegebenes System mit konstanten Matrizen $\boldsymbol{A}$ und $\boldsymbol{B}$ ist in dieser Darstellung genau dann steuerbar, wenn die Steuerbarkeitsmatrix $\boldsymbol{U}$ nach Gl. (2.261) den Rang q hat. Besitzt das System nur einen Eingang, dann ist die Matrix $\boldsymbol{B}$ ein Vektor und $\boldsymbol{U}$ eine quadratische Matrix der Ordnung q. In einem solchen Fall ist die Steuerbarkeit genau dann gegeben, wenn det $\boldsymbol{U} \neq 0$ gilt.

Wie im kontinuierlichen Fall beeinflußt auch hier eine Äquivalenztransformation des Systems die Eigenschaft der Steuerbarkeit nicht.

Beispiele 2.26: Für das durch die Gln. (2.235a,b) gegebene System erhält man nach Gl. (2.261) die Steuerbarkeitsmatrix

$$\boldsymbol{U} = \begin{bmatrix} 1 & 1/2 & 1/4 \\ 0 & 0 & 0 \\ 1 & 1/2 & 1/4 \end{bmatrix},$$

für das System nach Gl. (2.258a) ergibt sich

$$\boldsymbol{U} = \begin{bmatrix} 0 & 0 & 0 \\ 1 & a_2 & a_2^2 \\ 0 & 1 & a_2 + a_3 \end{bmatrix}.$$

Wie man sieht, sind beide Systeme nicht steuerbar. Es wird dem Leser empfohlen zu zeigen, daß die durch die Gln. (2.215) und (2.216) gegebene Steuerungsnormalform stets steuerbar ist.

Die oben durchgeführten Überlegungen lehren, daß ein durch Gl. (2.259) beschriebenes System in genau q Schritten (Takten) von einem beliebigen Anfangszustand in einen willkürlich wählbaren Endzustand überführt werden kann, sofern der Zustandsraum vollständig von den Spalten der Matrix $\boldsymbol{U}$ aufgespannt wird, d. h., falls jeder Punkt im Zustandsraum als Linearkombination von q Vektoren darstellbar ist, die als Spalten von $\boldsymbol{U}$ auftreten.

Ein System

$$\boldsymbol{z}[n+1] = \boldsymbol{A}\boldsymbol{z}[n] + \boldsymbol{B}\boldsymbol{x}[n], \tag{2.262}$$

$$\boldsymbol{y}[n] = \boldsymbol{C}\boldsymbol{z}[n] + \boldsymbol{D}\boldsymbol{x}[n] \tag{2.263}$$

heißt in dieser Darstellung *beobachtbar*, wenn bei Zulassung eines beliebigen Anfangszustands $\boldsymbol{z}[0]$ ein endlicher Zeitpunkt $n = N$ existiert, so daß bei Kenntnis des Eingangssignals $\boldsymbol{x}[n]$ und des Ausgangssignals $\boldsymbol{y}[n]$ im Intervall $0 \leqq n \leqq N$ der Anfangszustand $\boldsymbol{z}[0]$ eindeutig bestimmt werden kann.

Die Beobachtbarkeit des durch die Gln. (2.262) und (2.263) gegebenen Systems soll nun untersucht werden. Aus den Gln. (2.228) und (2.263) erhält man mit $\boldsymbol{\Phi}[n] = \boldsymbol{A}^n$ und $n_0 = 0$ die Beziehung

$$\boldsymbol{C}\boldsymbol{A}^n\boldsymbol{z}[0] = \Delta\boldsymbol{y}[n], \tag{2.264}$$

wobei die rechte Seite als bekannt angesehen werden kann; es gilt nämlich

$$\Delta \boldsymbol{y}[n] = \boldsymbol{y}[n] - \sum_{\nu=0}^{n-1} \boldsymbol{C}\boldsymbol{A}^{n-\nu-1}\boldsymbol{B}\boldsymbol{x}[\nu] - \boldsymbol{D}\boldsymbol{x}[n].$$

Aus Gl. (2.264) folgt für $n = 0, 1, \dots, N-1$

$$\begin{bmatrix} \boldsymbol{C} \\ \boldsymbol{C}\boldsymbol{A} \\ \vdots \\ \boldsymbol{C}\boldsymbol{A}^{N-1} \end{bmatrix} \boldsymbol{z}[0] = \begin{bmatrix} \Delta\boldsymbol{y}[0] \\ \Delta\boldsymbol{y}[1] \\ \vdots \\ \Delta\boldsymbol{y}[N-1] \end{bmatrix}. \tag{2.265}$$

Da aufgrund des Cayley-Hamilton-Theorems die Zeilen der Matrizen $\boldsymbol{C}\boldsymbol{A}^{q+\nu}$ ($\nu = 0, 1, 2, \dots$) linear abhängig sind von den Zeilen der Matrizen $\boldsymbol{C}\boldsymbol{A}^{\mu}$ ($\mu = 0, 1, \dots, q-1$), genügt es, in Gl. (2.265) $N = q$ zu wählen, um $\boldsymbol{z}[0]$ zu bestimmen. Für die eindeutige Bestimmung von $\boldsymbol{z}[0]$ ist jedoch erforderlich, daß die auftretende Koeffizientenmatrix, die sogenannte Beobachtbarkeitsmatrix

$$\boldsymbol{V} = \begin{bmatrix} \boldsymbol{C} \\ \boldsymbol{C}\boldsymbol{A} \\ \vdots \\ \boldsymbol{C}\boldsymbol{A}^{q-1} \end{bmatrix}, \tag{2.266}$$

den größtmöglichen Rang q hat. Die Verwendung von mehr als q Vektoren $\Delta\boldsymbol{y}[n]$ führt zu keinem anderen Resultat. Das gewonnene Ergebnis wird im folgenden Satz zusammengefaßt.

Satz II.19: Ein durch die Gln. (2.262) und (2.263) gegebenes System mit konstanten Matrizen $\boldsymbol{A}$ und $\boldsymbol{C}$ ist in dieser Darstellung genau dann beobachtbar, wenn die Beobachtbarkeitsmatrix $\boldsymbol{V}$ nach Gl. (2.266) den Rang q hat. Besitzt das System nur einen Ausgang, dann ist die Matrix $\boldsymbol{C}$ ein Zeilenvektor $\boldsymbol{c}^{\mathrm{T}}$ und $\boldsymbol{V}$ eine quadratische Matrix der Ordnung q. In einem solchen Fall ist die Beobachtbarkeit genau dann gegeben, wenn $\det \boldsymbol{V} \neq 0$ gilt.

Wie im kontinuierlichen Fall beeinflußt auch hier eine Äquivalenztransformation des Systems die Eigenschaft der Beobachtbarkeit nicht.

Beispiele 2.27: Für das durch die Gln. (2.235a,b) gegebene System erhält man nach Gl. (2.266) die Beobachtbarkeitsmatrix

$$\boldsymbol{V} = \begin{bmatrix} 0 & 1 & 1 \\ 0 & 3/2 & 1/2 \\ 0 & 5/4 & 1/4 \end{bmatrix},$$

für das System nach den Gln. (2.258a,b)

$$\boldsymbol{V} = \begin{bmatrix} 0 & 1 & 0 \\ 1 & a_2 & 0 \\ a_1 + a_2 & a_2^2 & 0 \end{bmatrix}.$$

Wie man sieht, sind beide Systeme nicht beobachtbar. Es wird dem Leser empfohlen nachzuweisen, daß die durch die Gln. (2.217) und (2.218) gegebene Beobachtungsnormalform stets beobachtbar ist.

Auf die Übertragung weiterer Ergebnisse, die im Abschnitt 3.4 im Zusammenhang mit der Steuerbarkeit und Beobachtbarkeit kontinuierlicher Systeme erzielt wurden, beispielsweise der kanonischen Zerlegung zeitinvarianter Systeme wird verzichtet, da hierbei keine neuartigen Gesichtspunkte auftreten.

4.5 STABILITÄT

Die im Abschnitt 3.5 durchgeführten Überlegungen zur Stabilität kontinuierlicher Systeme lassen sich weitgehend auf den diskontinuierlichen Fall übertragen. Dies soll im folgenden für lineare, zeitinvariante diskontinuierliche Systeme genauer erläutert werden.

Der Gleichgewichtszustand $\boldsymbol{z}_e$ eines diskontinuierlichen nicht erregten Systems wird im Sinne von Lyapunov stabil genannt, wenn zu jedem $\varepsilon > 0$ ein δ existiert, so daß

$$\| \boldsymbol{z}[n] - \boldsymbol{z}_e \| < \varepsilon$$

für alle $n \geqq n_0$ gilt, sofern

$$\| \boldsymbol{z}[n_0] - \boldsymbol{z}_e \| < \delta$$

ist, und man spricht von einem asymptotisch stabilen Gleichgewichtszustand, wenn zusätzlich

$$\lim_{n \to \infty} \| \boldsymbol{z}[n] - \boldsymbol{z}_e \| = 0$$

ist. Wie im kontinuierlichen Fall wird ein lineares diskontinuierliches System (asymptotisch) stabil genannt, wenn diese Eigenschaft für den Nullzustand vorhanden ist.

Es wird nun für diskontinuierliche Systeme, die linear und zeitinvariant sein sollen, zunächst das Problem der asymptotischen Stabilität studiert. Der Zustandsvektor ist durch die Gleichung

$$\boldsymbol{z}[n+1] = \boldsymbol{A}\boldsymbol{z}[n] \tag{2.267}$$

und den Anfangszustand $\boldsymbol{z}[n_0]$ bestimmt. Wie man aus den Gln. (2.225) und (2.226a,b), durch welche die Lösung explizit beschrieben wird, ersieht, ist das System nach Gl. (2.267) genau dann asymptotisch stabil, wenn die Übergangsmatrix $\boldsymbol{A}^n$ für $n \to \infty$ gegen die Nullmatrix strebt. Aufgrund von Gl. (2.226b) ist zu erkennen, daß $\boldsymbol{A}^n$ genau dann gegen $\mathbf{0}$ strebt, wenn für alle Eigenwerte z_μ von $\boldsymbol{A}$ die Bedingung

$$| z_\mu | < 1$$

gilt. Die asymptotische Stabilität des durch Gl. (2.267) beschriebenen diskontinuierlichen Systems läßt sich also prüfen, indem man feststellt, ob sämtliche Nullstellen z_μ des charakteristischen Polynoms

$$D(z) := \det(z\mathbf{E} - \boldsymbol{A}) = a_q + a_{q-1} z + \cdots + a_0 z^q \tag{2.268}$$

im Innern des Einheitskreises der komplexen z-Ebene liegen, wobei a_0 auch von 1 verschieden sein darf. Man braucht für diese Prüfung die Eigenwerte selbst nicht zu berechnen. Es gibt nämlich wie bei der Stabilitätsprüfung kontinuierlicher Systeme, die linear und zeitinvariant sind, einfache Verfahren, die es erlauben, aufgrund endlich vieler arithmetischer Operationen festzustellen, ob alle Eigenwerte in $|z| < 1$ liegen. Die Grundlage für ein solches numerisch gut geeignetes Verfahren bildet das Cohnsche Kriterium [Co2], das sich bei Annahme reeller Polynom-Koeffizienten a_μ auf die folgende Form bringen läßt, wobei neben $D(z)$ noch das (Spiegel-) Polynom

$$\bar{D}(z) = z^q D(1/z) = a_0 + a_1 z + \cdots + a_q z^q$$

Verwendung findet, dessen Nullstellen aus denen von $D(z)$ durch Spiegelung am Einheitskreis (und der reellen Achse) hervorgehen.

Satz II.20: Alle Nullstellen des Polynoms $D(z)$ nach Gl. (2.268) liegen genau dann im Innern des Einheitskreises, wenn

$$|a_0| > |a_q| \tag{2.269}$$

gilt und sich alle Nullstellen des Polynoms

$$D_1(z) = a_0 D(z) - a_q \bar{D}(z) = b_0 z^q + b_1 z^{q-1} + \cdots + b_{q-1} z \tag{2.270}$$

im Innern des Einheitskreises befinden.

Beweis: Das Polynom $D_1(z)$ nach Gl. (2.270) läßt sich in der Form $P(z, \varepsilon) = a_0[D(z) - \varepsilon \bar{D}(z)]$ mit dem Parameter $\varepsilon = a_q/a_0$ ausdrücken. In jedem Punkt des Einheitskreises $|z| = 1$ gilt $1/z = z^*$ und daher $|\bar{D}(z)| = |D(1/z)| = |D(z^*)| = |D^*(z)| = |D(z)|$. Deshalb besteht für $|z| = 1$ die Ungleichung

$$|P(z,\varepsilon)| = |a_0| \cdot |D(z) - \varepsilon \bar{D}(z)| \geqq |a_0| \cdot \Big| |D(z)| - |\varepsilon \bar{D}(z)| \Big| = |a_0| \cdot |D(z)| \cdot \Big| 1 - |\varepsilon| \Big| .$$

Im Fall $|\varepsilon| \neq 1$ besitzt also $P(z, \varepsilon)$ auf $|z| = 1$ nur dort Nullstellen, wo auch $D(z)$ verschwindet. Andererseits verschwindet $P(z, \varepsilon) = a_0[D(z) - \varepsilon z^q D(1/z)]$ in jeder Nullstelle von $D(z)$ auf $|z| = 1$, weil in jeder derartigen Nullstelle $D(z) = D(1/z) = 0$ gilt. Auf dem Einheitskreis sind daher die Nullstellen von $P(z, \varepsilon)$ und $D(z)$ im Fall $|\varepsilon| \neq 1$ identisch, und zwar, wie man sich weiter leicht überlegen kann, einschließlich der jeweiligen Vielfachheit; diese Nullstellen sind bezüglich ε invariant. Da die übrigen Nullstellen des Polynoms $P(z, \varepsilon)$ stetig vom Parameter ε abhängen und $P(z, 0) = a_0 D(z)$ gilt, müssen damit die Polynome $P(z, \varepsilon)$ und $D(z)$ im Fall $|\varepsilon| < 1$ gleich viele Nullstellen in $|z| < 1$ und gleich viele Nullstellen in $|z| > 1$ haben. Andernfalls müßte es mindestens einen Wert ε mit $|\varepsilon| < 1$ geben, für den wenigstens eine der Nullstellen von $P(z, 0) = a_0 D(z)$ kontinuierlich den Einheitskreis $|z| = 1$ erreicht hat, im Widerspruch zur gewonnenen Erkenntnis über die Nullstellen auf $|z| = 1$.

Liegen nun alle Nullstellen z_μ von $D(z)$ mit der Vielfachheit r_μ ($\mu = 1, 2, \ldots, l$) im Innern des Einheitskreises, so besteht nach Gl. (2.268) die Beziehung

$$|a_q/a_0| = |z_1^{r_1} z_2^{r_2} \cdots z_l^{r_l}| = |\varepsilon| < 1 ,$$

also die Ungleichung (2.269), und damit müssen sich nach den obigen Überlegungen auch alle Nullstellen des in Gl. (2.270) eingeführten Polynoms $D_1(z) = P(z, a_q/a_0)$ in $|z| < 1$ befinden. Falls andererseits die Ungleichung (2.269), d. h. $|\varepsilon| = |a_q/a_0| < 1$ gilt und $D_1(z)$ nur in $|z| < 1$ verschwindet, kann auch $D(z)$ nur in $|z| < 1$ Nullstellen haben.

Gemäß dem Cohnschen Satz werden nun sukzessive die Polynome $D(z), D_1(z), D_2(z), \ldots$ q-ten Grades berechnet, wobei $D_2(z)$ aus $D_1(z)$ wie $D_1(z)$ aus $D(z)$ gebildet wird usw. Die Koeffizienten dieser Polynome berechnet man zweckmäßigerweise nach dem Schema

$$\begin{array}{llllll} a_0 & a_1 & a_2 & & \cdots & a_q \\ a_q & a_{q-1} & a_{q-2} & & \cdots & a_0 \end{array}$$

$$\begin{array}{llllll}
b_0 & b_1 & b_2 & & \cdots & b_{q-1} \\
b_{q-1} & b_{q-2} & b_{q-3} & & \cdots & b_0 \\
c_0 & c_1 & c_2 & \cdots & c_{q-2} & \\
c_{q-2} & c_{q-3} & c_{q-4} & \cdots & c_0 & \\
\cdots & & & & & \\
e_0 & e_1 & e_2 & & & \\
e_2 & e_1 & e_0 & & & \\
f_0 & f_1 & & & & \\
f_1 & f_0 & & & &
\end{array}$$

mit

$$b_\mu = a_0\, a_\mu - a_q\, a_{q-\mu}\,, \quad c_\mu = b_0\, b_\mu - b_{q-1}\, b_{q-1-\mu}\,, \ldots, \quad f_\mu = e_0\, e_\mu - e_2\, e_{2-\mu}\,,$$

wobei μ ein laufender Index ist. Das am Ende entstehende Polynom hat die spezielle Form $f_1 z^{q-1} + f_0 z^q$ mit der $(q-1)$-fachen Nullstelle in $z = 0$ und der einfachen Nullstelle $z = -f_1/f_0$. Für die praktische Rechnung kann jetzt folgendes Stabilitätskriterium ausgesprochen werden.

Satz II.21: Das Polynom $D(z)$ nach Gl. (2.268) hat genau dann Nullstellen nur im Innern des Einheitskreises, wenn die Ungleichungen

$$|a_0| > |a_q|, \quad |b_0| > |b_{q-1}|, \ldots, |f_0| > |f_1|$$

erfüllt sind. Genau dann ist das entsprechende nicht erregte System asymptotisch stabil.

Beispiel 2.28: Es wird das Polynom zweiten Grades

$$D(z) = a_2 + a_1 z + a_0 z^2$$

betrachtet. Das obige Schema zur Stabilitätsprüfung besteht hier aus nur vier Zeilen, die außer den Koeffizienten a_0, a_1, a_2 nur noch $b_0 = a_0^2 - a_2^2$ und $b_1 = a_1(a_0 - a_2)$ enthalten. Damit liefert Satz II.21 die Forderung $|a_0| > |a_2|$ und $|a_0 - a_2| \cdot |a_0 + a_2| > |a_1| \cdot |a_0 - a_2|$, zusammenfassend also die Stabilitätsbedingungen

$$|a_0| > |a_2| \quad \text{und} \quad |a_0 + a_2| > |a_1|\,.$$

Durch die Transformation $z = (p+1)/(p-1)$ wird die z-Ebene derart in die p-Ebene abgebildet, daß das Innere des Einheitskreises $|z| < 1$ in die linke Halbebene $\operatorname{Re} p < 0$ übergeführt wird. Unterwirft man nun das Polynom $D(z)$ dieser Transformation, dann läßt sich die Stabilitätsprüfung auf die Frage zurückführen, ob das Zählerpolynom der Funktion $D[(p+1)/(p-1)]$ ein Hurwitz-Polynom und die Funktion selbst in $p = \infty$ nullstellenfrei ist. Dabei lassen sich die von den kontinuierlichen Systemen her bekannten Verfahren heranziehen. Man kann jedoch die Transformation vermeiden, wenn man den Stabilitätstest nach Satz II.21 durchführt.

Entsprechend Abschnitt 3.5.3 ist für die gewöhnliche (marginale) Stabilität des nicht erregten Systems nach Gl. (2.267) notwendig und hinreichend, daß die Norm der Übergangsmatrix $\boldsymbol{\Phi}[n]$ für alle n beschränkt bleibt. Dies ist, wie die Gl. (2.226b) erkennen läßt, genau dann der Fall, wenn alle Eigenwerte z_μ im Einheitskreis $|z| \leqq 1$ liegen und die Matrizen $\boldsymbol{A}_\mu$ in Gl. (2.226b), welche zu den auf $|z| = 1$ liegenden Eigenwerten gehören, von n unabhängig sind, d. h. alle Eigenwerte z_μ mit $|z_\mu| = 1$ einfache Nullstellen des Minimalpolynoms sind.

Die Beziehung zwischen der (asymptotischen) Stabilität des nicht erregten Systems und der Stabilität des erregten Systems unterscheidet sich hier nicht vom Fall des kontinuierlichen Systems. Aus diesem Grund braucht auf diesbezügliche Einzelheiten nicht eingegangen zu werden.

5 Anwendungen

Im folgenden sollen einige Anwendungen der in den vorausgegangenen Abschnitten eingeführten Begriffe und entwickelten Methoden gebracht werden. Zunächst wird im Abschnitt 5.1 untersucht, unter welchen Bedingungen und in welcher Weise lineare, zeitinvariante kontinuierliche Systeme – ausgehend von einer gegebenen Zustandsraumbeschreibung – mit Hilfe geeigneter Transformationen durch bestimmte kanonische Formen dargestellt werden können, die für Simulationszwecke, aber auch in anderem Zusammenhang von Bedeutung sind. Im Abschnitt 5.2 wird untersucht, welche Möglichkeiten die Zustandgrößenrückkopplung bei einem linearen, zeitinvarianten kontinuierlichen System bietet. Hierbei spielt unter anderem die Gewinnung der Zustandsgrößen aus den Systemmatrizen und dem Verlauf von Eingangs- und Ausgangssignal eine entscheidende Rolle. Auf dieses Problem wird im Abschnitt 5.3 eingegangen. Schließlich werden im Abschnitt 5.4 im Zusammenhang mit der optimalen Regelung auftretende systemtheoretische Fragestellungen und Lösungsmethoden kurz diskutiert.

5.1 TRANSFORMATION AUF KANONISCHE FORMEN

Es wird ein beliebiges lineares, zeitinvariantes kontinuierliches System mit einem Eingang und einem Ausgang ($m = r = 1$) betrachtet, für das aufgrund der Gleichungen

$$\frac{\mathrm{d}\boldsymbol{z}}{\mathrm{d}t} = \boldsymbol{A}\boldsymbol{z} + \boldsymbol{b}x\ , \tag{2.271}$$

$$y = \boldsymbol{c}^{\mathrm{T}}\boldsymbol{z} + dx \tag{2.272}$$

eine Zustandsdarstellung vorliegt; alle Systemmatrizen sollen reelle Elemente haben. Da nur *ein* Eingang vorhanden ist, besteht die Matrix $\boldsymbol{B}$ nur aus einem q-dimensionalen Spaltenvektor $\boldsymbol{b}$, und die Matrix $\boldsymbol{C}$ wird nur aus einem q-dimensionalen Zeilenvektor $\boldsymbol{c}^{\mathrm{T}}$ gebildet, weil nur *ein* Ausgang vorhanden ist; die Matrix $\boldsymbol{D}$ ist ein Skalar d. Das Quadrupel von Systemmatrizen wird daher im folgenden mit $(\boldsymbol{A}, \boldsymbol{b}, \boldsymbol{c}^{\mathrm{T}}, d)$ bezeichnet.

Im Abschnitt 3.2 wurde gezeigt, wie mit Hilfe einer q-reihigen quadratischen und nichtsingulären Matrix $\boldsymbol{M}$ die Zustandsvariable $\boldsymbol{z}$ in eine neue Zustandsveränderliche $\boldsymbol{\zeta}$ übergeführt werden kann. Die im Zusammenhang mit dieser Äquivalenztransformation auftretenden und für das Weitere wichtigen Beziehungen sollen noch einmal angegeben werden:

$$\boldsymbol{z} = \boldsymbol{M}\boldsymbol{\zeta}\ ,$$

$$\tilde{\boldsymbol{A}} = \boldsymbol{M}^{-1}\boldsymbol{A}\boldsymbol{M}, \quad \tilde{\boldsymbol{b}} = \boldsymbol{M}^{-1}\boldsymbol{b}, \quad \tilde{\boldsymbol{c}}^{\mathrm{T}} = \boldsymbol{c}^{\mathrm{T}}\boldsymbol{M}, \quad \tilde{d} = d\,. \tag{2.273a-d}$$

Das Quadrupel von transformierten Systemmatrizen ist $(\tilde{\boldsymbol{A}}, \tilde{\boldsymbol{b}}, \tilde{\boldsymbol{c}}^{\mathrm{T}}, \tilde{d})$. Für beide Quadrupel von Systemmatrizen lassen sich die Steuerbarkeitsmatrizen

$$\boldsymbol{U} = [\boldsymbol{b} \;\; \boldsymbol{A}\boldsymbol{b} \;\; \cdots \;\; \boldsymbol{A}^{q-1}\boldsymbol{b}], \quad \tilde{\boldsymbol{U}} = [\tilde{\boldsymbol{b}} \;\; \tilde{\boldsymbol{A}}\tilde{\boldsymbol{b}} \;\; \cdots \;\; \tilde{\boldsymbol{A}}^{q-1}\tilde{\boldsymbol{b}}] \tag{2.274a,b}$$

und die Beobachtbarkeitsmatrizen

$$\boldsymbol{V} = \begin{bmatrix} \boldsymbol{c}^{\mathrm{T}} \\ \boldsymbol{c}^{\mathrm{T}}\boldsymbol{A} \\ \vdots \\ \boldsymbol{c}^{\mathrm{T}}\boldsymbol{A}^{q-1} \end{bmatrix}, \quad \tilde{\boldsymbol{V}} = \begin{bmatrix} \tilde{\boldsymbol{c}}^{\mathrm{T}} \\ \tilde{\boldsymbol{c}}^{\mathrm{T}}\tilde{\boldsymbol{A}} \\ \vdots \\ \tilde{\boldsymbol{c}}^{\mathrm{T}}\tilde{\boldsymbol{A}}^{q-1} \end{bmatrix} \tag{2.275a,b}$$

angeben. Dies sind quadratische Matrizen, die aufgrund der Gln. (2.273a-c) in folgender Weise miteinander verknüpft sind:

$$\tilde{\boldsymbol{U}} = \boldsymbol{M}^{-1}\boldsymbol{U}, \quad \tilde{\boldsymbol{V}} = \boldsymbol{V}\boldsymbol{M}\,. \tag{2.276a,b}$$

Hieraus ist, wie auch früher schon festgestellt wurde, folgendes zu erkennen: Ist das System in der Darstellung mit dem Matrizenquadrupel $(\boldsymbol{A}, \boldsymbol{b}, \boldsymbol{c}^{\mathrm{T}}, d)$ steuerbar, dann ist es auch steuerbar in der Darstellung mit dem Matrizenquadrupel $(\tilde{\boldsymbol{A}}, \tilde{\boldsymbol{b}}, \tilde{\boldsymbol{c}}^{\mathrm{T}}, \tilde{d})$ und umgekehrt; denn aus der Nichtsingularität von $\boldsymbol{U}$ (man vergleiche Satz II.1) folgt mit Gl. (2.276a) die Nichtsingularität von $\tilde{\boldsymbol{U}}$ und umgekehrt. Entsprechendes gilt für das System in bezug auf die Beobachtbarkeit: die Beobachtbarkeit des Systems in der einen Darstellung hat die Beobachtbarkeit des Systems in der anderen Darstellung zur Folge. Liegen zwei äquivalente Darstellungen $(\boldsymbol{A}, \boldsymbol{b}, \boldsymbol{c}^{\mathrm{T}}, d)$ und $(\tilde{\boldsymbol{A}}, \tilde{\boldsymbol{b}}, \tilde{\boldsymbol{c}}^{\mathrm{T}}, \tilde{d})$ desselben Systems vor, dann kann man, wie die Gln. (2.276a,b) zeigen, die Transformationsmatrix $\boldsymbol{M}$ mit Hilfe der Steuerbarkeitsmatrizen $\boldsymbol{U}, \tilde{\boldsymbol{U}}$, nämlich als $\boldsymbol{U}\tilde{\boldsymbol{U}}^{-1}$, oder mit Hilfe der Beobachtbarkeitsmatrizen $\boldsymbol{V}, \tilde{\boldsymbol{V}}$, nämlich als $\boldsymbol{V}^{-1}\tilde{\boldsymbol{V}}$, ausdrücken, sofern Steuerbarkeit bzw. Beobachtbarkeit vorliegt.

Wie bereits im Abschnitt 3.2 hervorgehoben wurde, lassen sich durch geeignete Wahl der Matrix $\boldsymbol{M}$ interessante Äquivalenztransformationen durchführen. Im folgenden soll gezeigt werden, wie und unter welcher Voraussetzung das durch das Quadrupel $(\boldsymbol{A}, \boldsymbol{b}, \boldsymbol{c}^{\mathrm{T}}, d)$ gegebene System in eine durch das Quadrupel $(\tilde{\boldsymbol{A}}, \tilde{\boldsymbol{b}}, \tilde{\boldsymbol{c}}^{\mathrm{T}}, \tilde{d})$ gekennzeichnete Darstellung übergeführt werden kann, welche sich direkt durch eine der Schaltungen aus den Bildern 2.6 - 2.9 realisieren läßt. Diese Realisierungen haben für die Systemsimulation und für die Lösung von bestimmten Aufgaben große Bedeutung. Man spricht bei diesen Realisierungen von kanonischen Formen.

Für das Folgende wird das charakteristische Polynom des Systems in der Form

$$\det(p\mathbf{E} - \boldsymbol{A}) = \alpha_0 + \alpha_1 p + \cdots + \alpha_{q-1}p^{q-1} + p^q \tag{2.277a}$$

dargestellt. Nach dem Cayley-Hamilton-Theorem gilt dann

$$\boldsymbol{A}^q = -(\alpha_0\mathbf{E} + \alpha_1\boldsymbol{A} + \cdots + \alpha_{q-1}\boldsymbol{A}^{q-1})\,. \tag{2.277b}$$

Aus den Koeffizienten des charakteristischen Polynoms läßt sich die schon mehrfach verwendete sogenannte Frobenius-Matrix

$$\boldsymbol{F} = \begin{bmatrix} 0 & 1 & 0 & \cdots & & 0 \\ 0 & 0 & 1 & 0 & \cdots & 0 \\ \vdots & & & & & \vdots \\ 0 & 0 & \cdots & & & 1 \\ -\alpha_0 & -\alpha_1 & \cdots & & & -\alpha_{q-1} \end{bmatrix} \tag{2.278}$$

und die Dreiecksmatrix

$$\boldsymbol{\Delta} = \begin{bmatrix} \alpha_1 & \alpha_2 & \alpha_3 & \cdots & \alpha_{q-1} & 1 \\ \alpha_2 & \alpha_3 & \cdots & \alpha_{q-1} & 1 & 0 \\ \vdots & & & & & \\ \alpha_{q-1} & 1 & 0 & \cdots & & 0 \\ 1 & 0 & \cdots & & & 0 \end{bmatrix} \tag{2.279}$$

aufbauen; beide Matrizen spielen im folgenden eine besondere Rolle.

Erste Äquivalenztransformation. Es wird die Beobachtbarkeit des Systems in der Darstellung mittels $(\boldsymbol{A}, \boldsymbol{b}, \boldsymbol{c}^{\mathrm{T}}, d)$, d. h. die Nichtsingularität der Beobachtbarkeitsmatrix $\boldsymbol{V}$ aus Gl. (2.275a) vorausgesetzt, und es wird als inverse Transformationsmatrix

$$\boldsymbol{M}^{-1} = \boldsymbol{V} \tag{2.280}$$

gewählt. Zur Ermittlung der transformierten Systemmatrix $\tilde{\boldsymbol{A}}$ nach Gl. (2.273a) bildet man zunächst bei Berücksichtigung der Gln. (2.280), (2.275a) und (2.277b) das Matrizenprodukt

$$\boldsymbol{M}^{-1}\boldsymbol{A} = \begin{bmatrix} \boldsymbol{c}^{\mathrm{T}}\boldsymbol{A} \\ \boldsymbol{c}^{\mathrm{T}}\boldsymbol{A}^2 \\ \vdots \\ \boldsymbol{c}^{\mathrm{T}}\boldsymbol{A}^{q-1} \\ -\alpha_0\,\boldsymbol{c}^{\mathrm{T}} - \alpha_1\,\boldsymbol{c}^{\mathrm{T}}\boldsymbol{A} - \cdots - \alpha_{q-1}\,\boldsymbol{c}^{\mathrm{T}}\boldsymbol{A}^{q-1} \end{bmatrix}.$$

Dieses Produkt kann mit Hilfe der Frobenius-Matrix $\boldsymbol{F}$ aus Gl. (2.278) und der inversen Transformationsmatrix $\boldsymbol{M}^{-1} = \boldsymbol{V}$ nach Gl. (2.275a) auch in der Form

$$\boldsymbol{M}^{-1}\boldsymbol{A} = \boldsymbol{F}\boldsymbol{M}^{-1}$$

geschrieben werden. Ein Vergleich dieser Beziehung mit Gl. (2.273a) liefert

$$\tilde{\boldsymbol{A}} = \boldsymbol{F}\,; \tag{2.281a}$$

die transformierte $\boldsymbol{A}$-Matrix stimmt also mit der Frobenius-Matrix überein. Entsprechend Gl. (2.273c) wird die Beziehung

$$\boldsymbol{c}^{\mathrm{T}} = \tilde{\boldsymbol{c}}^{\mathrm{T}}\boldsymbol{M}^{-1} = \tilde{\boldsymbol{c}}^{\mathrm{T}} \begin{bmatrix} \boldsymbol{c}^{\mathrm{T}} \\ \boldsymbol{c}^{\mathrm{T}}\boldsymbol{A} \\ \vdots \\ \boldsymbol{c}^{\mathrm{T}}\boldsymbol{A}^{q-1} \end{bmatrix}$$

ausgewertet. Sie kann offensichtlich nur für

$$\widetilde{\boldsymbol{c}}^{\mathrm{T}} = [\,1 \quad 0 \quad \cdots \quad 0\,] \tag{2.281b}$$

bestehen. Im Gegensatz zu den Matrizen $\widetilde{\boldsymbol{A}}$ und $\widetilde{\boldsymbol{c}}$, die mit den entsprechenden Systemmatrizen des zweiten Verfahrens aus Abschnitt 3.1 übereinstimmen, weist der nach der Gl. (2.273b) zu bestimmende Vektor $\widetilde{\boldsymbol{b}}$ mit den Elementen $\widetilde{b}_{\mu}$ $(\mu = 1, 2, \ldots, q)$ keine speziellen Eigenschaften auf. Für die Beobachtbarkeitsmatrix des transformierten Systems gilt $\widetilde{\boldsymbol{V}} = \mathbf{E}$.

Aufgrund der gewonnenen Darstellung $(\widetilde{\boldsymbol{A}}, \widetilde{\boldsymbol{b}}, \widetilde{\boldsymbol{c}}^{\mathrm{T}}, \widetilde{d})$ läßt sich das System durch eine Schaltung gemäß Bild 2.8 realisieren, in der nur noch ein direkter, mit $\widetilde{d} = d$ bewerteter Pfad vom Eingang zum Ausgang einzufügen ist.

Man kann den Zusammenhang zwischen der Eingangsgröße $x(t)$ und der Ausgangsgröße $y(t)$ auch in Form der Differentialgleichung (2.28) ausdrücken. Die Koeffizienten α_{μ} $(\mu = 0, 1, \ldots, q-1)$ sind durch die des charakteristischen Polynoms nach Gl. (2.277a) gegeben. Die Koeffizienten β_{μ} $(\mu = 0, 1, \ldots, q-1)$ erhält man mit Hilfe von Gl. (2.34), in der b_{μ} durch $\widetilde{b}_{\mu}$ und die β_{μ} durch $\beta_{\mu} - \widetilde{d}\,\alpha_{\mu}$ zu ersetzen sind, und es gilt $\beta_q = \widetilde{d}$.[1)]

Zweite Äquivalenztransformation. Es wird die Steuerbarkeit des Systems in der Darstellung mittels $(\boldsymbol{A}, \boldsymbol{b}, \boldsymbol{c}^{\mathrm{T}}, d)$, d. h. die Nichtsingularität der Steuerbarkeitsmatrix $\boldsymbol{U}$ aus Gl. (2.274a) vorausgesetzt, und es wird die Transformationsmatrix

$$\boldsymbol{M} = \boldsymbol{U} \tag{2.282}$$

gewählt. Zur Ermittlung der transformierten Systemmatrix $\widetilde{\boldsymbol{A}}$ bildet man zunächst bei Berücksichtigung der Gln. (2.282), (2.274a) und (2.277b) das Produkt

$$\boldsymbol{A}\boldsymbol{M} = [\boldsymbol{A}\boldsymbol{b} \quad \boldsymbol{A}^2\boldsymbol{b} \quad \cdots \quad \boldsymbol{A}^{q-1}\boldsymbol{b} \qquad -\alpha_0\,\boldsymbol{b} - \alpha_1\boldsymbol{A}\boldsymbol{b} - \cdots - \alpha_{q-1}\boldsymbol{A}^{q-1}\boldsymbol{b}\,].$$

Dieses Produkt kann mit Hilfe der Frobenius-Matrix $\boldsymbol{F}$ nach Gl. (2.278) und der Transformationsmatrix $\boldsymbol{M} = \boldsymbol{U}$ auch in der Form

$$\boldsymbol{A}\boldsymbol{M} = \boldsymbol{M}\boldsymbol{F}^{\mathrm{T}}$$

geschrieben werden. Ein Vergleich dieser Beziehung mit Gl. (2.273a) liefert

$$\widetilde{\boldsymbol{A}} = \boldsymbol{F}^{\mathrm{T}}\,; \tag{2.283a}$$

die transformierte $\boldsymbol{A}$-Matrix stimmt also mit der transponierten Frobenius-Matrix überein. Entsprechend Gl. (2.273b) wird die Beziehung

$$\boldsymbol{b} = \boldsymbol{M}\widetilde{\boldsymbol{b}} = [\,\boldsymbol{b} \quad \boldsymbol{A}\boldsymbol{b} \quad \cdots \quad \boldsymbol{A}^{q-1}\boldsymbol{b}\,]\,\widetilde{\boldsymbol{b}}$$

ausgewertet. Sie kann offensichtlich nur für

$$\widetilde{\boldsymbol{b}} = [\,1 \quad 0 \quad \cdots \quad 0\,]^{\mathrm{T}} \tag{2.283b}$$

bestehen. Im Gegensatz zu den Matrizen $\widetilde{\boldsymbol{A}}$ und $\widetilde{\boldsymbol{b}}$, die mit den entsprechenden Systemmatrizen des zweiten Verfahrens von Abschnitt 3.1 in dualer Form übereinstimmen, weist der

---

1) Die Größen α_{μ} und β_{μ} sind die Koeffizienten der im Kapitel III einzuführenden Übertragungsfunktion des Systems. Damit wird durch die Darstellung $(\widetilde{\boldsymbol{A}}, \widetilde{\boldsymbol{b}}, \widetilde{\boldsymbol{c}}^{\mathrm{T}}, \widetilde{d})$ direkt auch die Übertragungsfunktion des Systems geliefert.

nach Gl. (2.273c) zu bestimmende Vektor $\tilde{\boldsymbol{c}}^{\mathrm{T}}$ mit den Elementen $\tilde{c}_\mu$ $(\mu = 1, 2, \ldots, q)$ keine speziellen Eigenschaften auf. Für die Steuerbarkeitsmatrix des transformierten Systems gilt $\tilde{\boldsymbol{U}} = \mathbf{E}$.

Aufgrund der gewonnenen Darstellung $(\tilde{\boldsymbol{A}}, \tilde{\boldsymbol{b}}, \tilde{\boldsymbol{c}}^{\mathrm{T}}, \tilde{d})$ läßt sich das System durch die Schaltung nach Bild 2.9 mit der oben genannten Modifikation realisieren.

Man kann den Zusammenhang zwischen der Eingangsgröße $x(t)$ und der Ausgangsgröße $y(t)$ auch in der Form der Differentialgleichung (2.28) ausdrücken. Die Koeffizienten α_μ $(\mu = 0, 1, \ldots, q-1)$ sind durch die des charakteristischen Polynoms nach Gl. (2.277a) gegeben. Weiterhin ist $\beta_q = \tilde{d}$, und die Koeffizienten β_μ $(\mu = 0, 1, \ldots, q-1)$ erhält man mit Hilfe von Gl. (2.34), in der die β_μ durch $\beta_\mu - \tilde{d}\,\alpha_\mu$ zu ersetzen sind und die auf das duale System zu beziehen ist, d. h. es muß b_μ durch $\tilde{c}_\mu$ $(\mu = 1, \ldots, q)$ ersetzt werden (man vergleiche auch die Fußnote auf S. 165).

Dritte Äquivalenztransformation. Es wird die Beobachtbarkeit des Systems in der Darstellung mittels $(\boldsymbol{A}, \boldsymbol{b}, \boldsymbol{c}^{\mathrm{T}}, d)$, d. h. die Nichtsingularität der Beobachtbarkeitsmatrix $\boldsymbol{V}$ nach Gl. (2.275a) vorausgesetzt, und es wird als inverse Transformationsmatrix

$$\boldsymbol{M}^{-1} = \boldsymbol{\Delta}\,\boldsymbol{V} \tag{2.284}$$

mit $\boldsymbol{\Delta}$ nach Gl. (2.279) gewählt. Zur Ermittlung der transformierten Systemmatrix $\tilde{\boldsymbol{A}}$ bildet man zunächst bei Berücksichtigung der Gln. (2.284), (2.275a), (2.277b) und (2.279) das Produkt

$$\boldsymbol{M}^{-1}\boldsymbol{A} = \boldsymbol{\Delta}\begin{bmatrix} \boldsymbol{c}^{\mathrm{T}}\boldsymbol{A} \\ \boldsymbol{c}^{\mathrm{T}}\boldsymbol{A}^2 \\ \vdots \\ \boldsymbol{c}^{\mathrm{T}}\boldsymbol{A}^{q-1} \\ -\alpha_0\boldsymbol{c}^{\mathrm{T}} - \alpha_1\boldsymbol{c}^{\mathrm{T}}\boldsymbol{A} - \cdots - \alpha_{q-1}\boldsymbol{c}^{\mathrm{T}}\boldsymbol{A}^{q-1} \end{bmatrix}$$

$$= \begin{bmatrix} -\alpha_0 & 0 & \cdots & & & 0 \\ 0 & \alpha_2 & \alpha_3 & \cdots & \alpha_{q-1} & 1 \\ 0 & \alpha_3 & \cdots & & 1 & 0 \\ \vdots & \vdots & & & & \vdots \\ & \alpha_{q-1} & & & & \\ 0 & 1 & 0 & \cdots & & 0 \end{bmatrix}\boldsymbol{V}.$$

Dieses Produkt kann mit Hilfe der Frobenius-Matrix $\boldsymbol{F}$ aus Gl. (2.278) und der inversen Transformationsmatrix $\boldsymbol{M}^{-1}$ nach Gl. (2.284) auch in der Form

$$\boldsymbol{M}^{-1}\boldsymbol{A} = \boldsymbol{F}^{\mathrm{T}}\boldsymbol{M}^{-1}$$

geschrieben werden. Ein Vergleich dieser Beziehung mit Gl. (2.273a) liefert

$$\tilde{\boldsymbol{A}} = \boldsymbol{F}^{\mathrm{T}}. \tag{2.285a}$$

Entsprechend Gl. (2.273c) wird die Beziehung

$$\boldsymbol{c}^{\mathrm{T}} = \tilde{\boldsymbol{c}}^{\mathrm{T}}\boldsymbol{M}^{-1} = \tilde{\boldsymbol{c}}^{\mathrm{T}}\boldsymbol{\Delta}\,\boldsymbol{V}$$

ausgewertet. Sie liefert

$$\tilde{\boldsymbol{c}}^{\mathrm{T}} = [\,0 \quad 0 \quad \cdots \quad 0 \quad 1\,]\,. \tag{2.285b}$$

Im Gegensatz zu den Matrizen $\tilde{\boldsymbol{A}}$ und $\tilde{\boldsymbol{c}}^{\mathrm{T}}$, die mit den entsprechenden Systemmatrizen des ersten Verfahrens von Abschnitt 3.1 in dualer Form übereinstimmen, weist der nach Gl. (2.273b) zu bestimmende Vektor $\tilde{\boldsymbol{b}}$ mit den Elementen $\tilde{b}_\mu$ $(\mu = 1, 2, \ldots, q)$ keine speziellen Eigenschaften auf.

Aufgrund der gewonnenen Darstellung $(\tilde{\boldsymbol{A}}, \tilde{\boldsymbol{b}}, \tilde{\boldsymbol{c}}^{\mathrm{T}}, \tilde{d})$ läßt sich das System durch die Schaltung nach Bild 2.7 mit der früher genannten Modifikation realisieren.

Für den Zusammenhang zwischen der Eingangsgröße $x(t)$ und der Ausgangsgröße $y(t)$ in Form der Differentialgleichung (2.28) werden die Koeffizienten α_μ $(\mu = 0, 1, \ldots, q-1)$ durch die des charakteristischen Polynoms nach Gl. (2.277a) geliefert; die Koeffizienten β_μ $(\mu = 0, 1, \ldots, q)$ erhält man gemäß Abschnitt 3.1 in der Form

$$\beta_\mu = \tilde{d}\,\alpha_\mu + \tilde{b}_{\mu+1} \quad (\mu = 0, 1, \ldots, q-1)\,, \quad \beta_q = \tilde{d}\,,$$

(man vergleiche auch die Fußnote auf S. 165).

Vierte Äquivalenztransformation. Es wird die Steuerbarkeit des Systems in der Darstellung mittels $(\boldsymbol{A}, \boldsymbol{b}, \boldsymbol{c}^{\mathrm{T}}, d)$, d. h. die Nichtsingularität der Steuerbarkeitsmatrix $\boldsymbol{U}$ aus Gl. (2.274a) vorausgesetzt, und es wird als Transformationsmatrix

$$\boldsymbol{M} = \boldsymbol{U}\boldsymbol{\Delta} \tag{2.286}$$

mit $\boldsymbol{\Delta}$ nach Gl. (2.279) gewählt. Zur Ermittlung der transformierten Systemmatrix $\tilde{\boldsymbol{A}}$ bildet man zunächst bei Berücksichtigung der Gln. (2.286), (2.274a), (2.277b) und (2.279) das Produkt

$$\boldsymbol{A}\boldsymbol{M} = [\,\boldsymbol{A}\boldsymbol{b} \quad \boldsymbol{A}^2\boldsymbol{b} \;\cdots\; \boldsymbol{A}^{q-1}\boldsymbol{b} \quad -\alpha_0\boldsymbol{b} - \alpha_1\boldsymbol{A}\boldsymbol{b} - \cdots - \alpha_{q-1}\boldsymbol{A}^{q-1}\boldsymbol{b}\,]\,\boldsymbol{\Delta}$$

$$= \boldsymbol{U}\begin{bmatrix} -\alpha_0 & 0 & 0 & \cdots & & 0 \\ 0 & \alpha_2 & \alpha_3 & \cdots & \alpha_{q-1} & 1 \\ 0 & \alpha_3 & \cdots & & 1 & 0 \\ & \vdots & & & & \\ \vdots & \alpha_{q-1} & & & & \\ 0 & 1 & 0 & 0 & \cdots & 0 \end{bmatrix}.$$

Dieses Produkt kann mit Hilfe der Frobenius-Matrix $\boldsymbol{F}$ aus Gl. (2.278) und der Transformationsmatrix $\boldsymbol{M}$ aus Gl. (2.286) auch in der Form

$$\boldsymbol{A}\boldsymbol{M} = \boldsymbol{M}\boldsymbol{F}$$

geschrieben werden. Ein Vergleich dieser Beziehung mit Gl. (2.273a) liefert

$$\tilde{\boldsymbol{A}} = \boldsymbol{F}\,. \tag{2.287a}$$

Entsprechend Gl. (2.273b) wird die Beziehung

$$\boldsymbol{b} = \boldsymbol{M}\tilde{\boldsymbol{b}} = \boldsymbol{U}\boldsymbol{\Delta}\tilde{\boldsymbol{b}}$$

ausgewertet. Sie liefert

$$\tilde{\boldsymbol{b}} = [0 \quad \cdots \quad 0 \quad 1]^{\mathrm{T}} . \tag{2.287b}$$

Man vergleiche hierzu die Systemmatrizen des ersten Verfahrens von Abschnitt 3.1. Der nach Gl. (2.273c) zu bestimmende Vektor $\tilde{\boldsymbol{c}}^{\mathrm{T}}$ mit den Elementen $\tilde{c}_\mu$ ($\mu = 1, 2, \ldots, q$) weist keine speziellen Eigenschaften auf. Aufgrund der gewonnenen Darstellung ($\tilde{\boldsymbol{A}}, \tilde{\boldsymbol{b}}, \tilde{\boldsymbol{c}}^{\mathrm{T}}, \tilde{d}$) läßt sich das System mit der schon genannten Modifikation durch die Schaltung nach Bild 2.6 realisieren.

Für den Zusammenhang zwischen der Eingangsgröße $x(t)$ und der Ausgangsgröße $y(t)$ in Form der Differentialgleichung (2.28) werden die Koeffizienten α_μ ($\mu = 0, 1, \ldots, q-1$) durch die des charakteristischen Polynoms nach Gl. (2.277a) geliefert; die Koeffizienten β_μ ($\mu = 0, 1, \ldots, q$) erhält man aufgrund von Abschnitt 3.1 in der Form

$$\beta_\mu = \tilde{d}\,\alpha_\mu + \tilde{c}_{\mu+1} \quad (\mu = 0, 1, \ldots, q-1), \qquad \beta_q = \tilde{d}\,, \tag{2.288a,b}$$

(man vergleiche auch die Fußnote auf S. 165).

Abschließend sei noch bemerkt, daß auch lineare, zeitinvariante kontinuierliche Systeme mit $m \geqq 1$ Eingängen, $r \geqq 1$ Ausgängen und dem Quadrupel ($\boldsymbol{A}, \boldsymbol{B}, \boldsymbol{C}, \boldsymbol{D}$) von Zustandsmatrizen auf kanonische Formen transformierbar sind. Setzt man Steuerbarkeit voraus, dann enthält die Steuerbarkeitsmatrix $\boldsymbol{U}$ genau q linear unabhängige Spaltenvektoren. Die Transformationsmatrix $\boldsymbol{M}$ läßt sich dann durch q derartiger Spaltenvektoren aufbauen, welche in geeigneter Weise aus den Spalten von $\boldsymbol{U}$ auszuwählen sind. Auf Einzelheiten soll hier verzichtet werden.

5.2 ZUSTANDSGRÖSSENRÜCKKOPPLUNG

Von *Rückkopplung* spricht man, wenn ein System derart verändert wird, daß im System auftretende Signale, beispielsweise die Ausgangssignale, in mehr oder weniger veränderter Form neben der eigentlichen Erregung als Eingangsgrößen auf das System einwirken. Ohne diese Rückkopplung heißt das System *offen*. Rückgekoppelte Systeme spielen vor allem als Modelle für technische Regelungsvorgänge eine wichtige Rolle (man vergleiche auch Bild 1.4b).

Den folgenden Untersuchungen liegt als offenes System ein lineares, zeitinvariantes kontinuierliches System mit einem Eingang und einem Ausgang zugrunde. Es sei durch das Quadrupel von Systemmatrizen ($\boldsymbol{A}, \boldsymbol{b}, \boldsymbol{c}^{\mathrm{T}}, d$) mit reellen Elementen gekennzeichnet, und es wird durch Rückführung der Zustandsgrößen derart zu einem rückgekoppelten System erweitert, daß man den Zustandsvektor $\boldsymbol{z}(t)$ mit einem konstanten Zeilenvektor $\boldsymbol{k}^{\mathrm{T}} = [k_1 \quad k_2 \quad \cdots \quad k_q]$, dem sogenannten *Regelvektor*, von links multipliziert, das Ergebnis der Erregung $x(t)$ überlagert und dann die Summe $x(t) + \boldsymbol{k}^{\mathrm{T}}\boldsymbol{z}(t)$ als Eingangsgröße des offenen Systems ($\boldsymbol{A}, \boldsymbol{b}, \boldsymbol{c}^{\mathrm{T}}, d$) wählt (Bild 2.28). Das rückgekoppelte System kann damit durch die Zustandsgleichungen

$$\frac{\mathrm{d}\boldsymbol{z}(t)}{\mathrm{d}t} = \boldsymbol{A}\boldsymbol{z}(t) + \boldsymbol{b}[x(t) + \boldsymbol{k}^{\mathrm{T}}\boldsymbol{z}(t)]\,, \tag{2.289a}$$

$$y(t) = \boldsymbol{c}^{\mathrm{T}}\boldsymbol{z}(t) + d[x(t) + \boldsymbol{k}^{\mathrm{T}}\boldsymbol{z}(t)] \tag{2.289b}$$

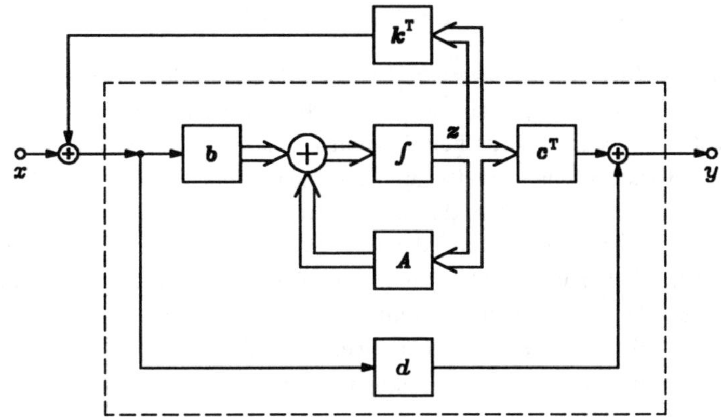

Bild 2.28: Zustandsgrößenrückkopplung eines Systems

beschrieben werden. Faßt man auf den rechten Seiten dieser Gleichungen alle mit $\boldsymbol{z}(t)$ behafteten Terme zusammen, dann entsteht die Normalform für die Zustandsdarstellung des rückgekoppelten Systems. Dabei ergeben sich offensichtlich die Systemmatrizen

$$\boldsymbol{A} + \boldsymbol{b}\boldsymbol{k}^{\mathrm{T}}, \quad \boldsymbol{b}, \quad \boldsymbol{c}^{\mathrm{T}} + d\boldsymbol{k}^{\mathrm{T}}, \quad d .$$

Die Rückkopplung bewirkt also eine Veränderung nur der $\boldsymbol{A}$-Matrix und des $\boldsymbol{c}$-Vektors.

Nun soll untersucht werden, was durch diese Art von Rückkopplung bezüglich des Systemverhaltens erreicht werden kann. Hierfür empfiehlt es sich, das offene System durch die im Abschnitt 5.1 als vierte kanonische Form eingeführte äquivalente Realisierung darzustellen. Dabei muß die Steuerbarkeit des offenen Systems vorausgesetzt werden. Der Zustandsvektor $\boldsymbol{z}(t)$ wird aufgrund der Transformationsbeziehung

$$\boldsymbol{z}(t) = \boldsymbol{M}\boldsymbol{\zeta}(t)$$

mit der Matrix $\boldsymbol{M}$ nach Gl. (2.286) durch den transformierten Zustandsvektor $\boldsymbol{\zeta}(t)$ in den Gln. (2.289a,b) ersetzt. Entsprechend den Gln. (2.273a-d) erhält man als Systemmatrizen des transformierten rückgekoppelten Systems

$$\boldsymbol{M}^{-1}(\boldsymbol{A} + \boldsymbol{b}\boldsymbol{k}^{\mathrm{T}})\boldsymbol{M} = \widetilde{\boldsymbol{A}} + \widetilde{\boldsymbol{b}}\widetilde{\boldsymbol{k}}^{\mathrm{T}}, \quad \boldsymbol{M}^{-1}\boldsymbol{b} = \widetilde{\boldsymbol{b}}, \tag{2.290a,b}$$

$$(\boldsymbol{c}^{\mathrm{T}} + d\boldsymbol{k}^{\mathrm{T}})\boldsymbol{M} = \widetilde{\boldsymbol{c}}^{\mathrm{T}} + d\widetilde{\boldsymbol{k}}^{\mathrm{T}}, \quad d = \widetilde{d} . \tag{2.290c,d}$$

Dabei sind $\widetilde{\boldsymbol{A}}, \widetilde{\boldsymbol{b}}, \widetilde{\boldsymbol{c}}^{\mathrm{T}}, \widetilde{d}$ die Systemmatrizen des offenen Systems in transformierter Form, und

$$\boldsymbol{k}^{\mathrm{T}}\boldsymbol{M} = [\,\widetilde{k}_1 \quad \widetilde{k}_2 \quad \cdots \quad \widetilde{k}_q\,] = \widetilde{\boldsymbol{k}}^{\mathrm{T}}$$

ist der Regelvektor in transformierter Form. Durch die Gln. (2.287a,b) wird das spezielle Aussehen der Matrizen $\widetilde{\boldsymbol{A}}$ und $\widetilde{\boldsymbol{b}}$ beschrieben. Die hierbei in $\boldsymbol{F}$ aus Gl. (2.278) auftretenden Parameter α_μ ($\mu = 0, 1, \ldots, q-1$) sind gemäß Gl. (2.277a) die Koeffizienten des charakteristischen Polynoms des offenen Systems. Die transformierte $\boldsymbol{A}$-Matrix des rückgekoppelten Systems $\widetilde{\boldsymbol{A}} + \widetilde{\boldsymbol{b}}\widetilde{\boldsymbol{k}}^{\mathrm{T}}$ hat Dank der besonderen Form des Vektors $\widetilde{\boldsymbol{b}}$ Frobenius-Gestalt, weshalb die mit (-1) multiplizierten Elemente in der letzten Zeile dieser Matrix

$$\alpha_\mu - \tilde{k}_{\mu+1} \quad (\mu = 0, 1, \ldots, q-1)$$

die Koeffizienten des charakteristischen Polynoms des rückgekoppelten Systems liefern. Diese Erkenntnis zeigt, daß die Zustandsgrößenrückkopplung eine Veränderung der Koeffizienten des charakteristischen Polynoms – nämlich um $(-\tilde{k}_{\mu+1})$ – und damit der Eigenwerte bewirkt. Auf diese Weise läßt sich eine gezielte Verschiebung der Eigenwerte erreichen.

Schreibt man nun vor, daß die Eigenwerte eines gegebenen, als steuerbar vorausgesetzten Systems $(\boldsymbol{A}, \boldsymbol{b}, \boldsymbol{c}^{\mathrm{T}}, d)$ auf die Werte λ_μ $(\mu = 1, 2, \ldots, q)$ zu bringen sind, wobei nichtreelle Werte paarweise konjugiert komplex auftreten sollen, dann läßt sich diese Aufgabe dadurch lösen, daß dieses System gemäß Bild 2.28 durch Zustandsgrößenrückkopplung zu einem rückgekoppelten System erweitert wird. Die λ_μ $(\mu = 1, 2, \ldots, q)$ liefern das charakteristische Polynom des rückgekoppelten Systems

$$\prod_{\mu=1}^{q} (p - \lambda_\mu) = \gamma_0 + \gamma_1 p + \cdots + \gamma_{q-1} p^{q-1} + p^q .$$

Die Koeffizienten γ_μ müssen, wie bereits erkannt wurde, mit den Größen $\alpha_\mu - \tilde{k}_{\mu+1}$ übereinstimmen. Daher erhält man die Vorschrift

$$\tilde{k}_{\mu+1} = \alpha_\mu - \gamma_\mu \quad (\mu = 0, 1, \ldots, q-1) \tag{2.291}$$

zur Festlegung der Komponenten des transformierten Regelvektors $\tilde{\boldsymbol{k}}$. Durch Rücktransformation ergibt sich der Regelvektor

$$\boldsymbol{k}^{\mathrm{T}} = \tilde{\boldsymbol{k}}^{\mathrm{T}} \boldsymbol{M}^{-1} .$$

Die Parameter des rückgekoppelten Systems sind dann vollständig bestimmt, wobei die vorgeschriebenen Eigenwerte λ_μ durch dieses System realisiert werden.

Die beschriebene Methode der Zustandsgrößenrückkopplung läßt sich z.B. zur Stabilisierung von Systemen verwenden, indem man alle Eigenwerte p_μ mit $\operatorname{Re} p_\mu \geqq 0$, die also Anlaß zu Instabilitäten geben, an Stellen λ_μ mit $\operatorname{Re} \lambda_\mu < 0$ verschiebt.

Im Abschnitt 5.1 wurde gezeigt, wie sich das Eingang-Ausgang-Verhalten des offenen Systems in Form von Gl. (2.28) beschreiben läßt; dabei erhält man die Koeffizienten β_μ $(\mu = 0, 1, \ldots, q)$ nach den Gln. (2.288a,b). Auch das Eingang-Ausgang-Verhalten des rückgekoppelten Systems läßt sich in Form der Differentialgleichung (2.28) ausdrücken. An die Stelle der Koeffizienten α_μ treten die γ_μ. In den Gln. (2.288a,b) ist α_μ durch γ_μ und entsprechend den Gln. (2.290c) und (2.291) $\tilde{c}_\mu$ durch $\tilde{c}_\mu + d(\alpha_{\mu-1} - \gamma_{\mu-1})$ zu ersetzen. Führt man dies durch, so ist zu erkennen, daß sich die β-Koeffizienten nicht verändern.[1)]

Jedes System mit Systemmatrizen der Art nach den Gln. (2.290a,b) besitzt eine nichtsinguläre Steuerbarkeitsmatrix. Die Steuerbarkeitsmatrix läßt sich nämlich mit Hilfe der Matrizen gemäß den Gln. (2.290a,b) direkt explizit angeben, und es zeigt sich, daß sie in der Nebendiagonale ausnahmslos mit Einsen, oberhalb der Nebendiagonalen durchweg mit Nullen besetzt ist, so daß ihre Determinante stets vom Betrag 1 ist. Angesichts dieser Tatsache muß auch das rückgekoppelte System bei beliebiger Wahl von $\boldsymbol{k}^{\mathrm{T}}$ steuerbar sein. Die erzielten Ergebnisse werden zusammengefaßt im folgenden Satz.

---

1) Damit ist gezeigt, daß die Zustandsgrößenrückkopplung die Nullstellen der im Kapitel III einzuführenden Übertragungsfunktion nicht verändert.

Satz II.22: Unter der Voraussetzung, daß das offene System $(\boldsymbol{A}, \boldsymbol{b}, \boldsymbol{c}^{\mathrm{T}}, d)$ steuerbar ist, muß auch das rückgekoppelte System unabhängig von der Wahl des Regelvektors $\boldsymbol{k}^{\mathrm{T}}$ steuerbar sein. In bezug auf das durch Gl. (2.28) beschriebene Eingang-Ausgang-Verhalten des Systems bewirkt die Zustandsgrößenrückkopplung keine Veränderung der Koeffizienten β_μ, gestattet aber eine beliebige Veränderung der Koeffizienten α_μ (und damit der Eigenwerte) des Systems.

Ergänzung: Sind die Eigenwerte λ_μ $(\mu = 1, 2, \ldots, q)$ für das rückgekoppelte System vorgeschrieben, dann läßt sich der Regelvektor $\boldsymbol{k}^{\mathrm{T}}$ prinzipiell in folgenden Schritten ermitteln:

(a) Man berechne das charakteristische Polynom für das offene System

$$\det(p\mathbf{E} - \boldsymbol{A}) = \alpha_0 + \alpha_1 p + \cdots + \alpha_{q-1} p^{q-1} + p^q .$$

(b) Man berechne das charakteristische Polynom für das rückgekoppelte System

$$\prod_{\mu=1}^{q} (p - \lambda_\mu) = \gamma_0 + \gamma_1 p + \cdots + \gamma_{q-1} p^{q-1} + p^q .$$

(c) Man berechne den transformierten Regelvektor

$$\tilde{\boldsymbol{k}}^{\mathrm{T}} = [\alpha_0 - \gamma_0 \quad \alpha_1 - \gamma_1 \quad \cdots \quad \alpha_{q-1} - \gamma_{q-1}] .$$

(d) Man berechne die Matrix

$$\boldsymbol{M} = \boldsymbol{U} \boldsymbol{\Delta}$$

mit $\boldsymbol{U}$ nach Gl. (2.274a) und $\boldsymbol{\Delta}$ nach Gl. (2.279).

(e) Man berechne $\boldsymbol{M}^{-1}$.

(f) Man berechne den Regelvektor

$$\boldsymbol{k}^{\mathrm{T}} = \tilde{\boldsymbol{k}}^{\mathrm{T}} \boldsymbol{M}^{-1} .$$

Beispiel 2.29: Es sei das System

$$\frac{\mathrm{d}\boldsymbol{z}(t)}{\mathrm{d}t} = \begin{bmatrix} 1 & 3 \\ 2 & 1 \end{bmatrix} \boldsymbol{z}(t) + \begin{bmatrix} 1 \\ 0 \end{bmatrix} x(t), \quad y(t) = [2 \quad 1]\, \boldsymbol{z}(t)$$

betrachtet. Die zugehörige Differentialgleichung für das Eingang-Ausgang-Verhalten ist

$$\frac{\mathrm{d}^2 y}{\mathrm{d}t^2} - 2\frac{\mathrm{d}y}{\mathrm{d}t} - 5y = 2\frac{\mathrm{d}x}{\mathrm{d}t} .$$

Die Steuerbarkeitsmatrix lautet

$$\boldsymbol{U} = \begin{bmatrix} 1 & 1 \\ 0 & 2 \end{bmatrix} .$$

Wie man sieht, liegt ein steuerbares System vor. Das charakteristische Polynom ist

$$\det(p\mathbf{E} - \boldsymbol{A}) = -5 - 2p + p^2 .$$

Das System ist also instabil. Zur Erzielung der Stabilität wird

$$\prod_{\mu=1}^{2} (p - \lambda_\mu) = 5 + 2p + p^2$$

als charakteristisches Polynom des rückgekoppelten Systems gefordert. Damit erhält man als transformierten Regelvektor

$$\tilde{\boldsymbol{k}}^{\mathrm{T}} = [\,-10 \quad -4\,]\,.$$

Weiterhin erhält man die Matrix

$$\boldsymbol{M} = \boldsymbol{U}\boldsymbol{\Delta} = \begin{bmatrix} 1 & 1 \\ 0 & 2 \end{bmatrix}\begin{bmatrix} -2 & 1 \\ 1 & 0 \end{bmatrix} = \begin{bmatrix} -1 & 1 \\ 2 & 0 \end{bmatrix}.$$

Hierzu gehört die inverse Matrix

$$\boldsymbol{M}^{-1} = \begin{bmatrix} 0 & 1/2 \\ 1 & 1/2 \end{bmatrix}.$$

Diese liefert den Regelvektor

$$\boldsymbol{k}^{\mathrm{T}} = [\,-10 \quad -4\,]\begin{bmatrix} 0 & 1/2 \\ 1 & 1/2 \end{bmatrix} = [\,-4 \quad -7\,]\,.$$

Die $\boldsymbol{A}$ -Matrix des rückgekoppelten Systems wird damit

$$\boldsymbol{A} + \boldsymbol{b}\boldsymbol{k}^{\mathrm{T}} = \begin{bmatrix} 1 & 3 \\ 2 & 1 \end{bmatrix} + \begin{bmatrix} 1 \\ 0 \end{bmatrix}[\,-4 \quad -7\,] = \begin{bmatrix} -3 & -4 \\ 2 & 1 \end{bmatrix}.$$

Man kann sich leicht davon überzeugen, daß diese Matrix tatsächlich das gewünschte charakteristische Polynom aufweist. Die zugehörige Differentialgleichung für das Eingang-Ausgang-Verhalten ist

$$\frac{\mathrm{d}^2 y}{\mathrm{d}t^2} + 2\,\frac{\mathrm{d}y}{\mathrm{d}t} + 5y = 2\,\frac{\mathrm{d}x}{\mathrm{d}t}\,.$$

Entscheidend für die Anwendung der beschriebenen Zustandsgrößenrückkopplung ist die Steuerbarkeit des Systems. Ist diese Voraussetzung nicht gegeben, dann kann das System gemäß den Gln. (2.153a,b) durch eine Äquivalenztransformation auf die Form

$$\frac{\mathrm{d}}{\mathrm{d}t}\begin{bmatrix} \zeta_1(t) \\ \zeta_2(t) \end{bmatrix} = \begin{bmatrix} \tilde{\boldsymbol{A}}_{11} & \tilde{\boldsymbol{A}}_{12} \\ \boldsymbol{0} & \tilde{\boldsymbol{A}}_{22} \end{bmatrix}\begin{bmatrix} \zeta_1(t) \\ \zeta_2(t) \end{bmatrix} + \begin{bmatrix} \tilde{\boldsymbol{b}}_1 \\ \boldsymbol{0} \end{bmatrix} x(t)\,, \tag{2.292a}$$

$$y(t) = [\,\tilde{\boldsymbol{c}}_1^{\mathrm{T}} \quad \tilde{\boldsymbol{c}}_2^{\mathrm{T}}\,]\,\boldsymbol{\zeta}(t) + d\,x(t) \tag{2.292b}$$

gebracht werden, wobei die erforderliche Transformationsmatrix $\boldsymbol{M}$ gemäß Gl. (2.148) zu bestimmen ist und der durch $(\tilde{\boldsymbol{A}}_{11}, \tilde{\boldsymbol{b}}_1)$ gekennzeichnete Teil des Systems steuerbar ist. Die Eigenwerte des Systems sind durch die Gesamtheit der Eigenwerte von $\tilde{\boldsymbol{A}}_{11}$ und der Eigenwerte von $\tilde{\boldsymbol{A}}_{22}$ gegeben. Angesichts der speziellen Form des Vektors $\tilde{\boldsymbol{b}} = [\,\tilde{\boldsymbol{b}}_1^{\mathrm{T}} \quad \boldsymbol{0}\,]^{\mathrm{T}}$ sind die Eigenwerte der Matrix $\tilde{\boldsymbol{A}}_{22}$ durch Zustandsgrößenrückkopplung, bei der dem Eingangssignal $x(t)$ ein (skalares) Signal der Art $\boldsymbol{k}^{\mathrm{T}}\boldsymbol{\zeta}(t)$ überlagert wird, nicht beeinflußbar. Im Gegensatz hierzu können aber die Eigenwerte von $\tilde{\boldsymbol{A}}_{11}$ durch Zustandsgrößenrückkopplung an beliebig wählbare Stellen gebracht werden. Dies ist im Bild 2.29 angedeutet, dem man unmittelbar die Beziehungen

$$\frac{\mathrm{d}\boldsymbol{\zeta}}{\mathrm{d}t} = \boldsymbol{M}^{-1}\{\boldsymbol{A}\boldsymbol{M}\,\boldsymbol{\zeta} + \boldsymbol{b}\,(x + \boldsymbol{k}_1^{\mathrm{T}}\zeta_1)\}$$

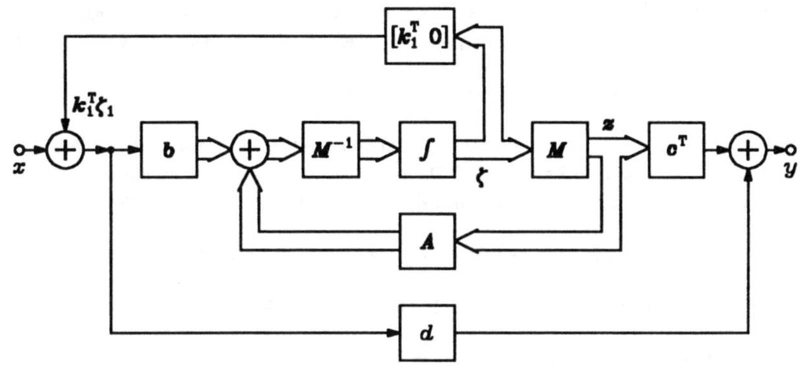

Bild 2.29: Zustandsgrößenrückkopplung eines nicht (vollständig) steuerbaren Systems

und

$$y = \boldsymbol{c}^{\mathrm{T}} \boldsymbol{M} \boldsymbol{\zeta} + d(x + \boldsymbol{k}_1^{\mathrm{T}} \boldsymbol{\zeta}_1)$$

entnimmt. Diese können auch in der Form

$$\frac{\mathrm{d}\boldsymbol{\zeta}}{\mathrm{d}t} = \left\{ \begin{bmatrix} \tilde{\boldsymbol{A}}_{11} & \tilde{\boldsymbol{A}}_{12} \\ \boldsymbol{0} & \tilde{\boldsymbol{A}}_{22} \end{bmatrix} + \begin{bmatrix} \tilde{\boldsymbol{b}}_1 \\ \boldsymbol{0} \end{bmatrix} [\, \boldsymbol{k}_1^{\mathrm{T}} \quad \boldsymbol{0} \,] \right\} \boldsymbol{\zeta} + \begin{bmatrix} \tilde{\boldsymbol{b}}_1 \\ \boldsymbol{0} \end{bmatrix} x\,, \tag{2.293a}$$

$$y = \{ \tilde{\boldsymbol{c}}^{\mathrm{T}} + [\, d\boldsymbol{k}_1^{\mathrm{T}} \quad \boldsymbol{0}]\} \boldsymbol{\zeta} + dx \tag{2.293b}$$

geschrieben werden. Den Regelvektor $\boldsymbol{k}_1$ berechnet man aus $(\tilde{\boldsymbol{A}}_{11}, \tilde{\boldsymbol{b}}_1)$ in der oben beschriebenen Weise.

Falls im nicht steuerbaren Teil des Systems Eigenwerte auftreten, die Instabilitäten verursachen, kann eine Stabilisierung des Systems durch Zustandsgrößenrückkopplung nicht erzielt werden.

Die behandelte Methode der Zustandsgrößenrückkopplung läßt sich auf steuerbare, lineare, zeitinvariante Systeme mit *mehreren* Eingängen und Ausgängen ($m \geqq 1$, $r \geqq 1$)

$$\frac{\mathrm{d}\boldsymbol{z}(t)}{\mathrm{d}t} = \boldsymbol{A}\boldsymbol{z}(t) + \boldsymbol{B}\boldsymbol{x}(t)\,, \tag{2.294a}$$

$$\boldsymbol{y}(t) = \boldsymbol{C}\boldsymbol{z}(t) + \boldsymbol{D}\boldsymbol{x}(t) \tag{2.294b}$$

erweitern. Als wesentliche Maßnahme wird dabei durch eine bestimmte Zustandsgrößenrückkopplung zunächst erreicht, daß die Eigenwerte des so veränderten Systems mit nur einem einzigen Eingangssignal beeinflußt werden können. Damit lassen sich in einem zweiten Schritt mit Hilfe des oben entwickelten Verfahrens zur Zustandsgrößenrückkopplung die Eigenwerte des Systems an beliebige Stellen bringen. Diese Vorgehensweise soll für interessierte Leser im folgenden skizziert werden.

Die Spalten der Matrix $\boldsymbol{B}$ werden mit $\boldsymbol{b}_\mu$ $(\mu = 1, 2, \ldots, m)$ bezeichnet. Dann kann die Steuerbarkeitsmatrix des Systems in der Spaltenform

$$\boldsymbol{U} = [\boldsymbol{b}_1 \; \cdots \; \boldsymbol{b}_m \;\; \boldsymbol{A}\boldsymbol{b}_1 \; \cdots \; \boldsymbol{A}^{q-1}\boldsymbol{b}_m]$$

geschrieben werden. Diese $m \cdot q$ Spalten werden nun so umgeordnet, daß zunächst die Spalten $\boldsymbol{b}_1$, $\boldsymbol{A}\boldsymbol{b}_1$, $\boldsymbol{A}^2\boldsymbol{b}_1, \ldots,$ dann die Spalten $\boldsymbol{b}_2, \boldsymbol{A}\boldsymbol{b}_2, \boldsymbol{A}^2\boldsymbol{b}_2, \ldots$ usw. erscheinen. Auf diese Weise entsteht die Matrix

$$\boldsymbol{U}_0 = [\boldsymbol{b}_1 \quad \boldsymbol{A}\boldsymbol{b}_1 \quad \cdots \quad \boldsymbol{b}_2 \quad \cdots \quad \boldsymbol{b}_3 \quad \cdots \quad \boldsymbol{A}^{q-1}\boldsymbol{b}_m].$$

Aus den Spalten dieser Matrix werden jetzt von links nach rechts fortschreitend alle Spalten herausgegriffen, die voneinander linear unabhängig sind. Da wegen der vorausgesetzten Steuerbarkeit der Rang von $\boldsymbol{U}_0$ gleich q ist, erhält man auf diese Weise eine nichtsinguläre quadratische Matrix der Ordnung q:

$$\boldsymbol{U}_1 = [\boldsymbol{b}_1 \quad \boldsymbol{A}\boldsymbol{b}_1 \quad \cdots \quad \boldsymbol{A}^{q_1-1}\boldsymbol{b}_1 \quad \boldsymbol{b}_i \quad \boldsymbol{A}\boldsymbol{b}_i \quad \cdots \quad \boldsymbol{A}^{q_i-1}\boldsymbol{b}_i \quad \boldsymbol{b}_j \quad \cdots\ ]. \tag{2.295}$$

Neben dieser Matrix wird noch die folgende Matrix mit m Zeilen und q Spalten eingeführt:

$$\boldsymbol{E}_1 = [\mathbf{0} \quad \mathbf{0} \quad \cdots \quad \mathbf{0} \quad \boldsymbol{e}_i \quad \mathbf{0} \quad \cdots \quad \mathbf{0} \quad \boldsymbol{e}_j \quad \mathbf{0} \quad \cdots \quad \mathbf{0}]. \tag{2.296}$$

In ihr treten neben Nullspalten die Einheitsvektoren $\boldsymbol{e}_i, \boldsymbol{e}_j, \ldots$ auf, wobei beispielsweise $\boldsymbol{e}_j$ in der $(k-1)$-ten Spalte steht, wenn $\boldsymbol{b}_j$ in $\boldsymbol{U}_1$ in der k-ten Spalte auftritt. Mit Hilfe der durch die Gln. (2.295) und (2.296) definierten Matrizen wird eine Matrix $\boldsymbol{K}_1$ mit m Zeilen und q Spalten gemäß der Beziehung

$$\boldsymbol{K}_1\boldsymbol{U}_1 = \boldsymbol{E}_1 \tag{2.297}$$

eingeführt. Für die weiteren Überlegungen ist wichtig, daß das durch das Matrizenpaar

$$(\tilde{\boldsymbol{A}}, \tilde{\boldsymbol{b}}) := (\boldsymbol{A} + \boldsymbol{B}\boldsymbol{K}_1, \boldsymbol{b}_1) \tag{2.298}$$

charakterisierte System mit einem Eingang steuerbar ist. Man kann nämlich die Spalten der Steuerbarkeitsmatrix $\tilde{\boldsymbol{U}}$ dieses Systems bei Beachtung der Gl. (2.297) und der Gln. (2.295) und (2.296) in der Form

$$\tilde{\boldsymbol{A}}^{\nu}\tilde{\boldsymbol{b}} = (\boldsymbol{A} + \boldsymbol{B}\boldsymbol{K}_1)\boldsymbol{A}^{\nu-1}\boldsymbol{b}_1 = \boldsymbol{A}^{\nu}\boldsymbol{b}_1 \qquad (\nu = 0, 1, \ldots, q_1 - 1),$$

$$\tilde{\boldsymbol{A}}^{q_1}\tilde{\boldsymbol{b}} = (\boldsymbol{A} + \boldsymbol{B}\boldsymbol{K}_1)\boldsymbol{A}^{q_1-1}\boldsymbol{b}_1 = \boldsymbol{b}_i + \boldsymbol{A}^{q_1}\boldsymbol{b}_1,$$

$$\tilde{\boldsymbol{A}}^{q_1+\nu}\tilde{\boldsymbol{b}} = (\boldsymbol{A} + \boldsymbol{B}\boldsymbol{K}_1)(\boldsymbol{A}^{\nu-1}\boldsymbol{b}_i + \boldsymbol{A}^{q_1+\nu-1}\boldsymbol{b}_1) = \boldsymbol{A}^{\nu}\boldsymbol{b}_i + \boldsymbol{A}^{q_1+\nu}\boldsymbol{b}_1 + \cdots \quad (\nu = 1, 2, \ldots, q_i - 1),$$

$$\tilde{\boldsymbol{A}}^{q_1+q_i}\tilde{\boldsymbol{b}} = (\boldsymbol{A} + \boldsymbol{B}\boldsymbol{K}_1)(\boldsymbol{A}^{q_i-1}\boldsymbol{b}_i + \boldsymbol{A}^{q_1+q_i-1}\boldsymbol{b}_1 + \cdots) = \boldsymbol{b}_j + \boldsymbol{A}^{q_1+q_i}\boldsymbol{b}_1 + \boldsymbol{A}^{q_i}\boldsymbol{b}_i + \cdots$$

$$\vdots$$

schreiben. Hierdurch wird stets die μ-te Spalte von $\tilde{\boldsymbol{U}}$ ausgedrückt als Summe der μ-ten Spalte von $\boldsymbol{U}_1$ und einer Linearkombination vorausgehender Spalten von $\boldsymbol{U}_1$. Damit läßt sich die Steuerbarkeitsmatrix selbst als

$$\tilde{\boldsymbol{U}} = \boldsymbol{U}_1\boldsymbol{N}$$

ausdrücken, wobei $\boldsymbol{N}$ eine obere Dreiecksmatrix bedeutet, deren Hauptdiagonalelemente alle gleich Eins sind. Daher ist $\tilde{\boldsymbol{U}}$ nichtsingulär, und dies bedeutet, daß das Matrizenpaar nach Gl. (2.298) steuerbar ist.

Es besteht nun die Möglichkeit, die Eigenwerte der Matrix $\tilde{\boldsymbol{A}} = \boldsymbol{A} + \boldsymbol{B}\boldsymbol{K}_1$ durch Zustandsgrößenrückkopplung über den Vektor $\tilde{\boldsymbol{b}}$ nach dem für steuerbare Systeme mit einem Eingang bereits vorgestellten Verfahren beliebig zu verschieben. Dazu wählt man die Matrix

$$\boldsymbol{K}_2 = [\boldsymbol{k} \quad \mathbf{0} \quad \cdots \quad \mathbf{0}]^{\mathrm{T}} \tag{2.299}$$

deren erste Zeile als q-dimensionaler Regelvektor $\boldsymbol{k}^{\mathrm{T}}$ nach dem bekannten Verfahren für Systeme mit einem Eingang bestimmt werden muß, während die übrigen $m-1$ Zeilen ausschließlich Nullen enthalten. Die $\boldsymbol{A}$-Matrix des auf diese Weise rückgekoppelten Systems ist

$$\boldsymbol{A} + \boldsymbol{B}\boldsymbol{K}_1 + \boldsymbol{B}\boldsymbol{K}_2 = \boldsymbol{A} + \boldsymbol{B}\boldsymbol{K} \tag{2.300}$$

mit

$$\boldsymbol{K} := \boldsymbol{K}_1 + \boldsymbol{K}_2 \,. \tag{2.301}$$

Bild 2.30 zeigt die resultierende Realisierung. Besteht die Matrix $\boldsymbol{U}_1$ aus Gl. (2.295) nur aus den Spalten $\boldsymbol{b}_1, \boldsymbol{A}\boldsymbol{b}_1, \ldots, \boldsymbol{A}^{q-1}\boldsymbol{b}_1$, dann ist $\boldsymbol{E}_1$ nach Gl. (2.296) eine Nullmatrix, und es entfällt die Rückkopplung mit $\boldsymbol{K}_1$ ($\boldsymbol{K}_1 = \boldsymbol{0}$).

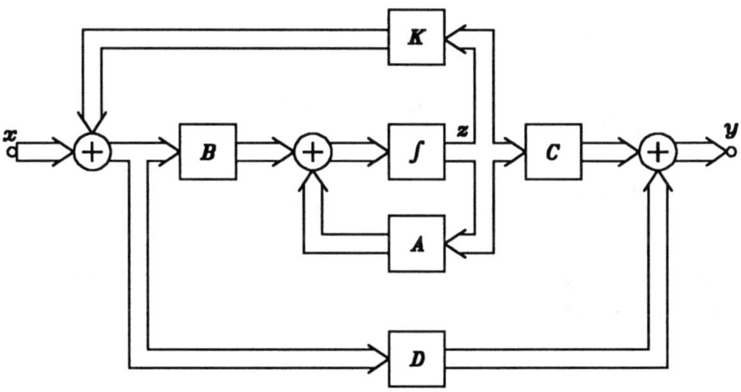

Bild 2.30: Zustandsgrößenrückkopplung des Systems nach Gln. (2.294a,b) mit mehreren Eingängen und Ausgängen

5.3 ZUSTANDSBEOBACHTER

In diesem Abschnitt soll die folgende Aufgabe gelöst werden: Von einem linearen, zeitinvarianten und beobachtbaren System mit einem Eingang und einem Ausgang seien die Systemmatrizen $\boldsymbol{A}, \boldsymbol{b}, \boldsymbol{c}^{\mathrm{T}}, d$ mit reellen Elementen bekannt; weiterhin seien stets das Eingangssignal $x(t)$ und das Ausgangssignal $y(t)$, dagegen nicht die Zustandsgrößen $z_1(t)$, $z_2(t)$, $\ldots, z_q(t)$ verfügbar. Gesucht ist ein System, das am Ausgang die Zustandsgrößen wenigstens näherungsweise liefert.

Die Lösung dieser Aufgabe ist vor allem im Zusammenhang mit der im letzten Abschnitt behandelten Zustandsgrößenrückkopplung von Bedeutung, weil bei praktischen Anwendungen über die Zustandsvariablen als Signale meistens nicht verfügt werden kann.

Systeme, welche gesuchte Zustandsgrößen approximativ erzeugen, heißen *Zustandsbeobachter (Zustandsschätzer)*. Es gibt verschiedene Möglichkeiten zur Realisierung von Zustandsbeobachtern. Im folgenden soll das Konzept eines auf D. G. Luenberger zurückgehenden Zustandsbeobachters beschrieben werden. Ohne Einschränkung der Allgemeinheit darf angenommen werden, daß der Systemparameter d verschwindet. Bild 2.31 zeigt das Blockschaltbild des Beobachters, der an seinem Ausgang eine Näherung $\hat{\boldsymbol{z}}(t)$ für den Zustandsvektor $\boldsymbol{z}(t)$ des ebenfalls dargestellten Systems ($\boldsymbol{A}, \boldsymbol{b}, \boldsymbol{c}^{\mathrm{T}}, 0$) liefern soll, wobei von diesem System die Systemmatrizen zahlenmäßig vorliegen und sonst nur die Signale $x(t), y(t)$ verfügbar sind. Wie man dem Bild 2.31 entnimmt, wird das zu beobachtende System im Beobachter durch die Blöcke $\boldsymbol{A}, \boldsymbol{b}, \boldsymbol{c}^{\mathrm{T}}$ und den Integrationsblock nachgebildet. Zusätzlich wird das am Ausgang von Block $\boldsymbol{c}^{\mathrm{T}}$ im Beobachter entstehende Signal mit $y(t)$ verglichen und die Differenz beider Signale, mit dem Spaltenvektor $\boldsymbol{l}$ multipliziert, zusätzlich dem Integrator zugeführt. Diese Differenz verschwindet, wenn $\hat{\boldsymbol{z}}(t)$ mit $\boldsymbol{z}(t)$ übereinstimmt.

Das zu beobachtende System hat die Zustandsdarstellung

$$\frac{\mathrm{d}\boldsymbol{z}(t)}{\mathrm{d}t} = \boldsymbol{A}\boldsymbol{z}(t) + \boldsymbol{b}x(t), \tag{2.302a}$$

$$y(t) = \boldsymbol{c}^{\mathrm{T}}\boldsymbol{z}(t). \tag{2.302b}$$

Der Beobachter ist entsprechend durch die Gleichung

$$\frac{\mathrm{d}\hat{\boldsymbol{z}}(t)}{\mathrm{d}t} = \boldsymbol{A}\hat{\boldsymbol{z}}(t) + \boldsymbol{b}x(t) + \boldsymbol{l}\,[y(t) - \boldsymbol{c}^{\mathrm{T}}\hat{\boldsymbol{z}}(t)]$$

oder

$$\frac{\mathrm{d}\hat{\boldsymbol{z}}(t)}{\mathrm{d}t} = (\boldsymbol{A} - \boldsymbol{l}\boldsymbol{c}^{\mathrm{T}})\hat{\boldsymbol{z}}(t) + \boldsymbol{b}x(t) + \boldsymbol{l}\,y(t) \tag{2.303}$$

darstellbar. Aufgrund von Gl. (2.303) läßt sich der Beobachter in vereinfachter Form nach Bild 2.32 realisieren.

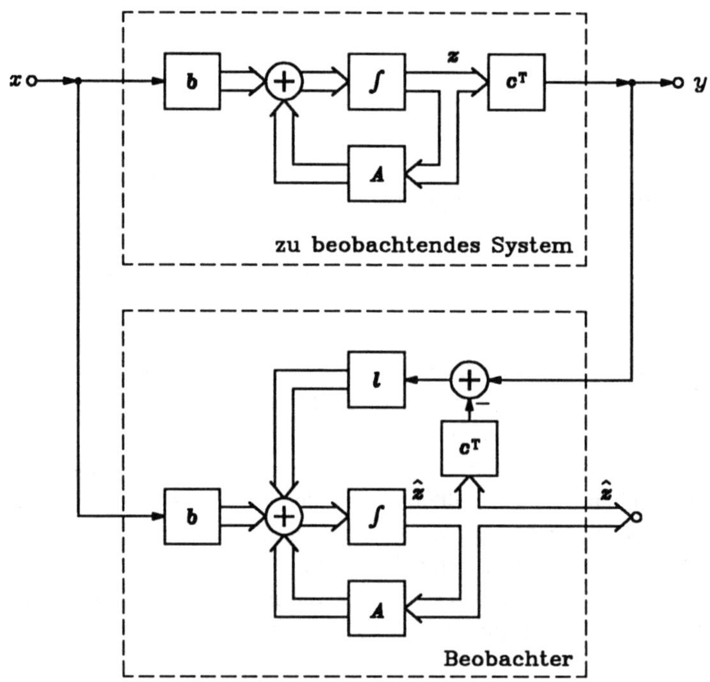

Bild 2.31: Blockschaltbild des Beobachters

Für den Beobachtungsfehler

$$\boldsymbol{w}(t) = \boldsymbol{z}(t) - \hat{\boldsymbol{z}}(t)$$

erhält man durch Subtraktion der Gln. (2.302a) und (2.303) bei Verwendung der Gl. (2.302b) die homogene Differentialgleichung

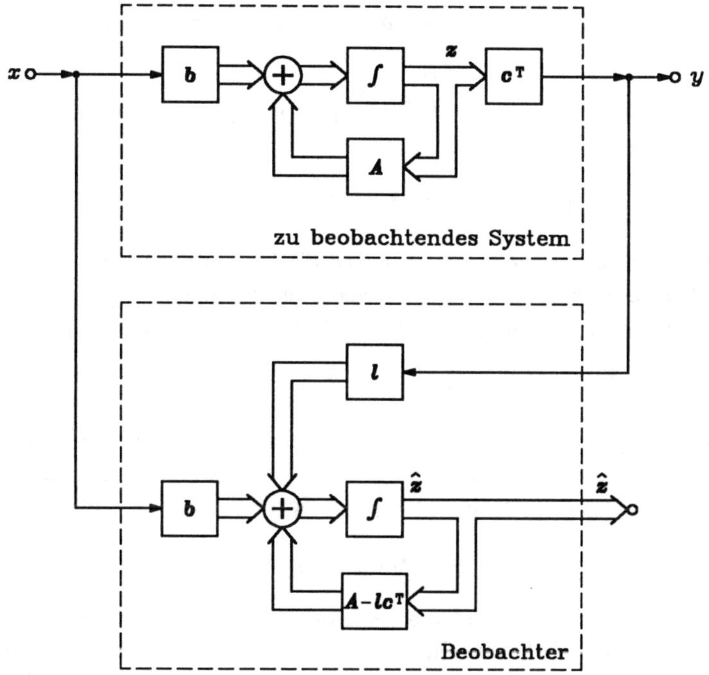

Bild 2.32: Blockschaltbild des Beobachters in vereinfachter Form

$$\frac{\mathrm{d}\boldsymbol{w}(t)}{\mathrm{d}t} = (\boldsymbol{A} - \boldsymbol{l}\boldsymbol{c}^{\mathrm{T}})\,\boldsymbol{w}(t), \tag{2.304}$$

deren Lösung nach Abschnitt 3.3.1 angegeben werden kann. Aus dem Charakter dieser Lösung ist zu erkennen, daß der Fehler $\boldsymbol{w}(t)$ mit der Zeit um so schneller verschwindet, je stärker negativ die Realteile der Eigenwerte der Matrix $\boldsymbol{A} - \boldsymbol{l}\boldsymbol{c}^{\mathrm{T}}$ sind. Haben beispielsweise alle diese Eigenwerte negative Realteile, welche kleiner als $-1/T (T > 0)$ sind, dann geht der Fehler $\boldsymbol{w}(t)$ mit wachsendem t in guter Näherung exponentiell mit der Zeitkonstante T gegen Null, d. h. auch bei starker Abweichung der Anfangszustände $\boldsymbol{z}(t_0)$ und $\hat{\boldsymbol{z}}(t_0)$ zum Anfangszeitpunkt t_0 wird sich der Vektor $\hat{\boldsymbol{z}}(t)$ rasch dem Verlauf von $\boldsymbol{z}(t)$ nähern. Interessanterweise ist es nun möglich, durch Ausnützung der Freiheit in der Wahl des Vektors

$$\boldsymbol{l} = [\,l_1 \quad l_2 \quad \cdots \quad l_q\,]^{\mathrm{T}}$$

beliebige Eigenwerte der Matrix $\boldsymbol{A} - \boldsymbol{l}\boldsymbol{c}^{\mathrm{T}}$ zu erzeugen. Dies kann in völlig dualer Weise zu den Betrachtungen des letzten Abschnitts gezeigt werden, soll aber dennoch wegen der Bedeutung dieser Überlegungen im einzelnen besprochen werden. Hierfür wird die im Abschnitt 5.1 bei der dritten kanonischen Form eingeführte Transformation herangezogen, die wegen der vorausgesetzten Beobachtbarkeit des Systems $(\boldsymbol{A}, \boldsymbol{b}, \boldsymbol{c}^{\mathrm{T}}, 0)$ anwendbar ist. Die Zustandsvektoren $\boldsymbol{z}(t)$ und $\hat{\boldsymbol{z}}(t)$ werden aufgrund der Transformationsbeziehungen

$$\boldsymbol{z}(t) = \boldsymbol{M}\boldsymbol{\zeta}(t), \quad \hat{\boldsymbol{z}}(t) = \boldsymbol{M}\hat{\boldsymbol{\zeta}}(t)$$

mit der Matrix $\boldsymbol{M}$ aus Gl. (2.284) durch die transformierten Zustandsvektoren $\boldsymbol{\zeta}(t)$ und $\hat{\boldsymbol{\zeta}}(t)$ in den Gln. (2.302a,b), (2.303) und (2.304) ersetzt. Entsprechend Abschnitt 5.1 erhält man die Gleichungen

$$\frac{d\boldsymbol{\zeta}(t)}{dt} = \widetilde{\boldsymbol{A}}\,\boldsymbol{\zeta}(t) + \widetilde{\boldsymbol{b}}x(t), \quad y(t) = \widetilde{\boldsymbol{c}}^{\mathrm{T}}\boldsymbol{\zeta}(t), \tag{2.305a,b}$$

$$\frac{d\hat{\boldsymbol{\zeta}}(t)}{dt} = (\widetilde{\boldsymbol{A}} - \widetilde{\boldsymbol{l}}\,\widetilde{\boldsymbol{c}}^{\mathrm{T}})\,\hat{\boldsymbol{\zeta}}(t) + \widetilde{\boldsymbol{b}}\,x(t) + \widetilde{\boldsymbol{l}}\,y(t), \tag{2.306}$$

$$\frac{d\boldsymbol{\omega}(t)}{dt} = (\widetilde{\boldsymbol{A}} - \widetilde{\boldsymbol{l}}\,\widetilde{\boldsymbol{c}}^{\mathrm{T}})\,\boldsymbol{\omega}(t).$$

Dabei ist $\boldsymbol{\omega}(t) = \boldsymbol{\zeta}(t) - \hat{\boldsymbol{\zeta}}(t)$, und die Matrizen $\widetilde{\boldsymbol{A}}$ und $\widetilde{\boldsymbol{c}}^{\mathrm{T}}$ besitzen die durch die Gln. (2.285a,b) gegebenen Formen, wobei die Parameter α_μ ($\mu = 0, 1, \ldots, q-1$) in $\widetilde{\boldsymbol{A}}$ die Koeffizienten des charakteristischen Polynoms der Matrix $\boldsymbol{A}$ sind. Weiterhin bedeutet

$$\widetilde{\boldsymbol{l}} = \boldsymbol{M}^{-1}\boldsymbol{l} = [\,\widetilde{l}_1 \;\; \widetilde{l}_2 \;\; \cdots \;\; \widetilde{l}_q\,]^{\mathrm{T}}.$$

Die Matrix $\widetilde{\boldsymbol{A}} - \widetilde{\boldsymbol{l}}\widetilde{\boldsymbol{c}}^{\mathrm{T}}$ hat wegen des besonderen Aufbaus des Zeilenvektors $\widetilde{\boldsymbol{c}}^{\mathrm{T}}$ die gleiche (transponierte Frobenius-) Form wie die Matrix $\widetilde{\boldsymbol{A}}$ nach Gl. (2.285a), d. h. die mit (-1) multiplizierten Elemente in der letzten Spalte von $\widetilde{\boldsymbol{A}} - \widetilde{\boldsymbol{l}}\widetilde{\boldsymbol{c}}^{\mathrm{T}}$, also

$$\alpha_\mu + \widetilde{l}_{\mu+1} \qquad (\mu = 0, 1, \ldots, q-1)$$

müssen die Koeffizienten des charakteristischen Polynoms der Matrix $\widetilde{\boldsymbol{A}} - \widetilde{\boldsymbol{l}}\widetilde{\boldsymbol{c}}^{\mathrm{T}}$ und damit auch von $\boldsymbol{A} - \boldsymbol{l}\boldsymbol{c}^{\mathrm{T}}$ sein. Diese Tatsache zeigt, daß mit Hilfe des Vektors $\boldsymbol{l}$ die Eigenwerte der Matrix $\boldsymbol{A} - \boldsymbol{l}\boldsymbol{c}^{\mathrm{T}}$ in folgenden Rechenschritten auf vorgeschriebene Werte λ_μ ($\mu = 1, 2, \ldots, q$), von denen die nicht reellen stets paarweise konjugiert komplex vorkommen, gebracht werden können:

(a) Man berechne das charakteristische Polynom für das zu beobachtende System

$$\det(p\mathbf{E} - \boldsymbol{A}) = \alpha_0 + \alpha_1 p + \cdots + \alpha_{q-1}p^{q-1} + p^q.$$

(b) Man berechne aus den vorgeschriebenen Eigenwerten λ_μ ($\mu = 1, 2, \ldots, q$) das charakteristische Polynom der Matrix $\boldsymbol{A} - \boldsymbol{l}\boldsymbol{c}^{\mathrm{T}}$

$$\prod_{\mu=1}^{q}(p - \lambda_\mu) = \gamma_0 + \gamma_1 p + \cdots + \gamma_{q-1}p^{q-1} + p^q.$$

(c) Man bilde den Vektor

$$\widetilde{\boldsymbol{l}} = [\gamma_0 - \alpha_0 \;\;\; \gamma_1 - \alpha_1 \;\;\; \cdots \;\;\; \gamma_{q-1} - \alpha_{q-1}]^{\mathrm{T}}.$$

(d) Man berechne die Matrix

$$\boldsymbol{M}^{-1} = \boldsymbol{\Delta}\boldsymbol{V}$$

mit $\boldsymbol{\Delta}$ nach Gl. (2.279) und $\boldsymbol{V}$ nach Gl. (2.275a).

(e) Man berechne $\boldsymbol{M}$.

(f) Man berechne den Vektor

$$\boldsymbol{l} = \boldsymbol{M}\widetilde{\boldsymbol{l}}.$$

Damit sind alle Parameter des Beobachters bei beliebiger Vorschrift der Eigenwerte der Matrix $\boldsymbol{A} - \boldsymbol{l}\boldsymbol{c}^{\mathrm{T}}$ festgelegt.

Man kann den Zustandsbeobachter auch direkt aufgrund von Gl. (2.306) realisieren, was wegen des besonderen Charakters der Matrix $\widetilde{\boldsymbol{A}} - \widetilde{\boldsymbol{l}}\widetilde{\boldsymbol{c}}^{\mathrm{T}}$ einfach wird (man vergleiche hierzu Bild 2.7). Man muß allerdings beachten, daß hier $y(t)$ nicht mit $\boldsymbol{l}$, sondern mit $\widetilde{\boldsymbol{l}}$ multipliziert werden muß und am Beobachterausgang zunächst der Vektor $\hat{\boldsymbol{\zeta}}(t)$ entsteht. Erst wenn am Ausgang noch ein Block nachgeschaltet wird, der $\hat{\boldsymbol{\zeta}}(t)$ mit $\boldsymbol{M}$ multipliziert, erhält man das interessierende Signal $\hat{\boldsymbol{z}}(t)$.

Bemerkung: Die Bestimmung des Vektors $\boldsymbol{l}$ über eine Eigenwertvorgabe ist eine sehr nützliche, jedoch nicht die einzige Möglichkeit. Der Vektor $\boldsymbol{l}$ kann nämlich auf der Basis einer Optimierung auch über die Lösung einer Riccati-Differentialgleichung bestimmt werden. Diese Möglichkeit, das sogenannte Kalman-Bucy-Filter, wird im Kapitel V, Abschnitt 7.2 besprochen. Sie ist vor allem auch für Systeme mit stochastischen Störungen interessant und läßt sich (im Gegensatz zur Eigenwertvorgabe) ohne Änderung auf zeitvariante Systeme und Systeme mit mehreren Ausgängen anwenden.

Geht man davon aus, daß bei der Zustandsgrößenrückkopplung nach Bild 2.28 vom offenen System zwar die Systemmatrizen $\boldsymbol{A}, \boldsymbol{b}, \boldsymbol{c}^{\mathrm{T}}$ $(d = 0)$ bekannt und weiterhin das Eingangs- und das Ausgangssignal, nicht jedoch der Zustandsvektor verfügbar sind, dann liegt es nahe, die Schaltung durch einen Zustandsschätzer zu ergänzen, dessen Ausgangssignal $\hat{\boldsymbol{z}}(t)$ dem Block $\boldsymbol{k}^{\mathrm{T}}$ zugeführt wird. Auf diese Weise entsteht das Blockschaltbild nach Bild 2.33. Das offene System wird dann durch das Signal $x(t) + \boldsymbol{k}^{\mathrm{T}}\hat{\boldsymbol{z}}(t)$ erregt und demnach durch die Zustandsgleichungen

$$\frac{\mathrm{d}\boldsymbol{z}(t)}{\mathrm{d}t} = \boldsymbol{A}\boldsymbol{z}(t) + \boldsymbol{b}[x(t) + \boldsymbol{k}^{\mathrm{T}}\hat{\boldsymbol{z}}(t)], \quad y(t) = \boldsymbol{c}^{\mathrm{T}}\boldsymbol{z}(t), \tag{2.307a,b}$$

der Zustandsschätzer durch die Zustandsgleichung

$$\frac{\mathrm{d}\hat{\boldsymbol{z}}(t)}{\mathrm{d}t} = (\boldsymbol{A} - \boldsymbol{l}\,\boldsymbol{c}^{\mathrm{T}})\hat{\boldsymbol{z}}(t) + \boldsymbol{l}\,y(t) + \boldsymbol{b}[x(t) + \boldsymbol{k}^{\mathrm{T}}\hat{\boldsymbol{z}}(t)] \tag{2.308}$$

beschrieben. Mit $\boldsymbol{w}(t) = \boldsymbol{z}(t) - \hat{\boldsymbol{z}}(t)$ ergibt sich durch Subtraktion der Gln. (2.307a) und

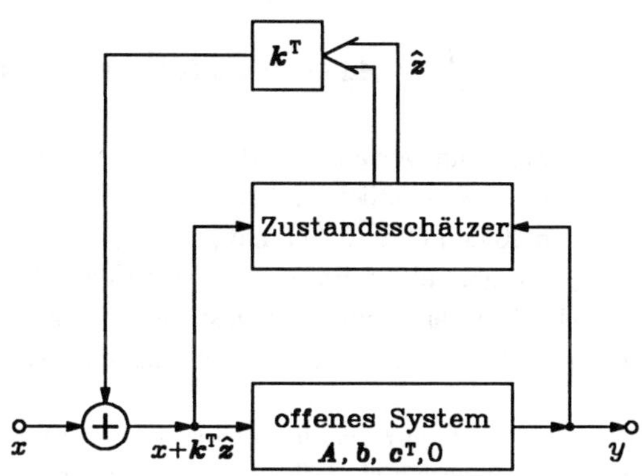

Bild 2.33: Zustandsrückkopplung mit Zustandsschätzer

(2.308) bei Verwendung von Gl. (2.307b)

$$\frac{\mathrm{d}\boldsymbol{w}(t)}{\mathrm{d}t} = (\boldsymbol{A} - \boldsymbol{l}\boldsymbol{c}^{\mathrm{T}})\,\boldsymbol{w}(t). \tag{2.309}$$

Entsprechend liefert Gl. (2.307a) mit $\hat{\boldsymbol{z}}(t) = \boldsymbol{z}(t) - \boldsymbol{w}(t)$

$$\frac{\mathrm{d}\boldsymbol{z}(t)}{\mathrm{d}t} = (\boldsymbol{A} + \boldsymbol{b}\boldsymbol{k}^{\mathrm{T}})\,\boldsymbol{z}(t) - \boldsymbol{b}\boldsymbol{k}^{\mathrm{T}}\boldsymbol{w}(t) + \boldsymbol{b}x(t). \tag{2.310}$$

Die Vektoren $\boldsymbol{w}(t)$ und $\boldsymbol{z}(t)$ können nun zum Zustandsvektor des Gesamtsystems nach Bild 2.33 zusammengefaßt werden. Dieser Zustandsvektor ist mit dem aus $\hat{\boldsymbol{z}}(t)$ und $\boldsymbol{z}(t)$ gebildeten ursprünglichen Zustandsvektor durch die lineare Transformation

$$\begin{bmatrix} \boldsymbol{w}(t) \\ \boldsymbol{z}(t) \end{bmatrix} = \begin{bmatrix} -\mathbf{E} & \mathbf{E} \\ \mathbf{0} & \mathbf{E} \end{bmatrix} \begin{bmatrix} \hat{\boldsymbol{z}}(t) \\ \boldsymbol{z}(t) \end{bmatrix} \tag{2.311}$$

verknüpft. Nunmehr liefern die Gln. (2.309) und (2.310) die Zustandsgleichung

$$\frac{\mathrm{d}}{\mathrm{d}t} \begin{bmatrix} \boldsymbol{w}(t) \\ \boldsymbol{z}(t) \end{bmatrix} = \begin{bmatrix} (\boldsymbol{A} - \boldsymbol{l}\boldsymbol{c}^{\mathrm{T}}) & \mathbf{0} \\ -\boldsymbol{b}\boldsymbol{k}^{\mathrm{T}} & (\boldsymbol{A} + \boldsymbol{b}\boldsymbol{k}^{\mathrm{T}}) \end{bmatrix} \begin{bmatrix} \boldsymbol{w}(t) \\ \boldsymbol{z}(t) \end{bmatrix} + \begin{bmatrix} \mathbf{0} \\ \boldsymbol{b} \end{bmatrix} x(t). \tag{2.312}$$

Dieses Ergebnis lehrt, daß das charakteristische Polynom des Gesamtsystems mit dem Produkt der charakteristischen Polynome übereinstimmt, welche der Zustandsschätzer (mit der Systemmatrix $\boldsymbol{A} - \boldsymbol{l}\boldsymbol{c}^{\mathrm{T}}$) und das Rückkopplungssystem (mit der Systemmatrix $\boldsymbol{A} + \boldsymbol{b}\boldsymbol{k}^{\mathrm{T}}$) besitzen; man spricht hierbei von der Separationseigenschaft. Die Eigenwerte des Zustandsschätzers erscheinen also unverändert im Gesamtsystem, und die Eigenwerte des rückgekoppelten Systems sind unabhängig davon, ob der Zustandsvektor $\boldsymbol{z}(t)$ oder die Approximation $\hat{\boldsymbol{z}}(t)$ des Schätzers rückgekoppelt wird. Für die Praxis hat das zur Folge, daß die Zustandsrückführung und der Zustandsschätzer unabhängig voneinander entworfen werden können.

Es sei noch folgende Bemerkung gemacht: Wie aus den Gln. (2.305a,b) unter Berücksichtigung der speziellen Form des Vektors $\tilde{\boldsymbol{c}}^{\mathrm{T}}$ zu ersehen ist, wird die q-te Komponente des transformierten Zustandsvektors $\boldsymbol{\zeta}(t)$ direkt durch das Ausgangssignal $y(t)$ geliefert. Deshalb brauchen nur die Komponenten $\zeta_\mu(t)$ $(\mu = 1, 2, \ldots, q-1)$ geschätzt zu werden. Dies läßt sich stets mittels eines $(q-1)$-dimensionalen Schätzers erreichen.

Die beschriebene Methode der Zustandsbeobachtung läßt sich auf beobachtbare, lineare, zeitinvariante Systeme mit *mehreren* Eingängen und Ausgängen ($m \geqq 1, r \geqq 1$)

$$\frac{\mathrm{d}\boldsymbol{z}(t)}{\mathrm{d}t} = \boldsymbol{A}\boldsymbol{z}(t) + \boldsymbol{B}\boldsymbol{x}(t), \quad \boldsymbol{y}(t) = \boldsymbol{C}\boldsymbol{z}(t) \tag{2.313a,b}$$

erweitern. Man verfährt in dualer Weise wie bei der Zustandsgrößenrückkopplung für $m \geqq 1, r \geqq 1$. Wesentlich ist dabei, daß die Gln. (2.313a,b) durch eine Äquivalenztransformation gemäß den Gln. (2.41) und (2.44a-d) in r derartiger Gleichungen mit jeweils nur einem Ausgangssignal überführt werden, so daß auf die transformierten Teilsysteme das oben entwickelte Verfahren zur Zustandsbeobachtung angewendet werden kann. Diese Vorgehensweise soll für interessierte Leser im folgenden skizziert werden.

Die Zeilen der Matrix $\boldsymbol{C}$, die der Einfachheit halber linear unabhängig seien, werden mit $\boldsymbol{c}_\mu^{\mathrm{T}}$ $(\mu = 1, 2, \ldots, r)$ bezeichnet. Sie liefern die Zeilen $\boldsymbol{c}_1^{\mathrm{T}}, \boldsymbol{c}_2^{\mathrm{T}}, \ldots, \boldsymbol{c}_r^{\mathrm{T}}, \boldsymbol{c}_1^{\mathrm{T}}\boldsymbol{A}, \boldsymbol{c}_2^{\mathrm{T}}\boldsymbol{A}, \ldots, \boldsymbol{c}_r^{\mathrm{T}}\boldsymbol{A}, \ldots, \boldsymbol{c}_1^{\mathrm{T}}\boldsymbol{A}^{q-1}, \ldots, \boldsymbol{c}_r^{\mathrm{T}}\boldsymbol{A}^{q-1}$ der

Beobachtbarkeitsmatrix $\boldsymbol{V}$ nach der Gl. (2.134). Aus dieser Folge von Zeilen werden, von links nach rechts durchgehend, nur die linear unabhängigen beibehalten und die restlichen ausgeschieden. Diese verbleibenden (wegen der Beobachtbarkeit q) Zeilen werden jetzt umgeordnet, so daß die Reihenfolge

$$\boldsymbol{c}_1^{\mathrm{T}}, \boldsymbol{c}_1^{\mathrm{T}}\boldsymbol{A}, \ldots, \boldsymbol{c}_1^{\mathrm{T}}\boldsymbol{A}^{q_1-1}, \boldsymbol{c}_2^{\mathrm{T}}, \boldsymbol{c}_2^{\mathrm{T}}\boldsymbol{A}, \ldots, \boldsymbol{c}_2^{\mathrm{T}}\boldsymbol{A}^{q_2-1}, \boldsymbol{c}_3^{\mathrm{T}}, \ldots, \boldsymbol{c}_r^{\mathrm{T}}\boldsymbol{A}^{q_r-1}$$

entsteht. In dieser Reihenfolge werden die Zeilen zur nichtsingulären quadratischen Matrix $\boldsymbol{Q}$ der Ordnung $q = q_1 + q_2 + \cdots + q_r$ zusammengefaßt. Ihre Inverse wird durch die Spaltenvektoren folgendermaßen gekennzeichnet:

$$\boldsymbol{Q}^{-1} = [\,\boldsymbol{e}_{11} \quad \boldsymbol{e}_{12} \quad \cdots \quad \boldsymbol{e}_{1q_1} \quad \boldsymbol{e}_{21} \quad \boldsymbol{e}_{22} \quad \cdots \quad \boldsymbol{e}_{2q_2} \quad \cdots \quad \boldsymbol{e}_{rq_r}\,].$$

Aus $\boldsymbol{Q}\boldsymbol{Q}^{-1} = \mathbf{E}$ folgt die Beziehung

$$\boldsymbol{c}_\mu^{\mathrm{T}}\boldsymbol{A}^\nu \boldsymbol{e}_{\iota\kappa} = \begin{cases} 1 & \text{falls} \quad \mu = \iota \text{ und } \kappa = \nu + 1\,, \\ 0 & \text{sonst.} \end{cases} \tag{2.314}$$

Nun wird die quadratische Matrix der Ordnung q

$$\boldsymbol{M} := [\,\boldsymbol{e}_{1q_1} \quad \boldsymbol{A}\boldsymbol{e}_{1q_1} \quad \cdots \quad \boldsymbol{A}^{q_1-1}\boldsymbol{e}_{1q_1} \quad \boldsymbol{e}_{2q_2} \quad \cdots \quad \boldsymbol{A}^{q_2-1}\boldsymbol{e}_{2q_2} \quad \cdots \quad \boldsymbol{A}^{q_r-1}\boldsymbol{e}_{rq_r}\,] \tag{2.315}$$

eingeführt. Alle Spalten der Matrix $\boldsymbol{M}$ sind linear unabhängig. Um dies zu zeigen, nimmt man lineare Abhängigkeit an. Dann müssen reelle Zahlen $\alpha_{\iota\nu}$ $(\iota = 1,2,\ldots,r;\ \nu = 0,1,\ldots,q_\iota - 1)$ existieren, die nicht alle verschwinden, so daß

$$\sum_{\iota,\nu} \alpha_{\iota\nu}\boldsymbol{A}^\nu \boldsymbol{e}_{\iota q_\iota} = \mathbf{0}$$

gilt. Multipliziert man diese Gleichung von links mit dem Zeilenvektor $\boldsymbol{c}_i^{\mathrm{T}}\boldsymbol{A}^{q_i-1-j}$, so folgt aufgrund von Gl. (2.314)

$$\alpha_{ij} = 0\,.$$

Da dies für alle $i = 1,\ldots,r$ und $j = 0,\ldots,q_i - 1$ zutrifft, ist ein Widerspruch zu obiger Annahme gefunden, also sind die Spalten von $\boldsymbol{M}$ linear unabhängig. Das heißt, daß $\boldsymbol{M}$ nichtsingulär ist und daher eine Inverse besitzt. Es wird jetzt mit Hilfe der Matrix $\boldsymbol{M}$ aus Gl. (2.315) der Zustandsraum gemäß Gl. (2.41) transformiert, wobei der transformierte Zustandsvektor als

$$\boldsymbol{\zeta} = [\boldsymbol{\zeta}_1^{\mathrm{T}} \quad \boldsymbol{\zeta}_2^{\mathrm{T}} \quad \cdots \quad \boldsymbol{\zeta}_r^{\mathrm{T}}]^{\mathrm{T}} \quad \text{mit} \quad \boldsymbol{\zeta}_\iota^{\mathrm{T}} = [\zeta_{\iota 1} \quad \zeta_{\iota 2} \quad \cdots \quad \zeta_{\iota q_\iota}] \quad (\iota = 1,2,\ldots,r)$$

geschrieben wird. Dann lassen sich die transformierten Gln. (2.313a,b), wie sich zeigt, direkt in der Form

$$\frac{\mathrm{d}\boldsymbol{\zeta}_\iota(t)}{\mathrm{d}t} = \widetilde{\boldsymbol{A}}_\iota \boldsymbol{\zeta}_\iota(t) + \widetilde{\boldsymbol{B}}_\iota \boldsymbol{x}(t) + \widetilde{\boldsymbol{G}}_\iota \boldsymbol{y}(t)\,, \tag{2.316a}$$

$$y_\iota(t) = [\,0 \quad 0 \quad \cdots \quad 0 \quad 1\,]\,\boldsymbol{\zeta}_\iota(t) \quad (\iota = 1,2,\ldots,r) \tag{2.316b}$$

ausdrücken. Dieses Ergebnis besagt, daß jetzt r Gleichungssysteme mit jeweils nur einem einzigen Ausgang vorliegen. Somit läßt sich auf jedes dieser Gleichungssysteme das oben entwickelte Verfahren zur Zustandsbeobachtung anwenden.

Die im Zusammenhang mit der Zustandsgrößenrückkopplung und der Zustandsbeobachtung erzielten Ergebnisse lassen sich unmittelbar auch auf den diskontinuierlichen Fall anwenden. Man beachte, daß sich die durchgeführten Überlegungen nur auf die Systemmatrizen $\boldsymbol{A}, \boldsymbol{B}, \boldsymbol{C}, \boldsymbol{D}$ bezogen und die linke Seite $\mathrm{d}\boldsymbol{z}(t)/\mathrm{d}t$ der Zustandsgleichung ebenso wie der kontinuierliche Zeitparameter t keine wesentliche Rolle spielten. Daher brauchen diese nur durch die Verschiebeoperation $\boldsymbol{z}[n+1]$ bzw. n ersetzt zu werden, ohne daß sonst wesentliche Änderungen zu machen wären.

5.4 OPTIMALE REGELUNG

In der Regelungstechnik und anderen Anwendungsbereichen der Systemtheorie treten Entwurfsprobleme auf, bei denen nicht nur qualitative Forderungen hinsichtlich des Stabilitätsverhaltens, des Einschwingverhaltens oder anderer Systemeigenschaften gestellt sind, sondern es wird vielmehr in einem bestimmten quantitativen Sinne ein bestmögliches Systemverhalten gefordert. Hierbei ist entscheidend, wie dieses Verhalten quantitativ bewertet wird. Die Wahl für ein geeignetes Maß zur Beschreibung des Systemverhaltens muß man einerseits unter dem Gesichtspunkt treffen, daß dadurch die gestellten Forderungen hinreichend gut berücksichtigt werden, andererseits unter dem Aspekt, daß die damit formulierte Problemstellung einer mathematischen Lösung zugeführt werden kann. Wenn sich, wie das häufig der Fall ist, beide Gesichtspunkte gleichzeitig nicht voll berücksichtigen lassen, muß ein Kompromiß gefunden werden. Im folgenden soll eine Klasse von Aufgaben der optimalen Regelung behandelt werden, wobei nicht in erster Linie eine mathematisch strenge Vorgehensweise angestrebt wird, sondern eine Darstellung der einschlägigen Methoden.

5.4.1 Allgemeine Lösung des Optimierungsproblems

Es wird ein System betrachtet, das durch die Gl. (2.11a) beschrieben wird und zum Zeitpunkt t_0 einen vorgeschriebenen Zustand $\boldsymbol{z}(t_0)=\boldsymbol{z}_0$ hat. Bei einer großen Klasse von Problemen pflegt man nun das Systemverhalten durch das Funktional[1]

$$J[\boldsymbol{x}(t)] = S[\boldsymbol{z}(t_1), t_1] + \int_{t_0}^{t_1} L[\boldsymbol{z}(t), \boldsymbol{x}(t), t]\,\mathrm{d}t \tag{2.317}$$

zu bewerten. Dabei wird vorausgesetzt, daß die reellen skalaren Funktionen S und L stetig sind und stetige partielle Ableitungen erster Ordnung besitzen. Die Gl. (2.317) ist folgendermaßen zu lesen: Bei Vorgabe eines Eingangssignals $\boldsymbol{x}(t)$ in einem Intervall $t_0 \leqq t \leqq t_1$ ist aufgrund von Gl. (2.11a) und des vorgeschriebenen Anfangszustands $\boldsymbol{z}(t_0)=\boldsymbol{z}_0$ der Zustand $\boldsymbol{z}(t)$ im Zeitintervall $[t_0, t_1]$ gegeben, und man kann die rechte Seite der Gl. (2.317) bei Kenntnis der Funktionen S und L auswerten, so daß ein bestimmter reeller Zahlenwert $J[\boldsymbol{x}(t)]$ geliefert wird. Man wählt vielfach als Funktional

$$J[\boldsymbol{x}(t)] = \frac{1}{2}\boldsymbol{z}^{\mathrm{T}}(t_1)\boldsymbol{M}\boldsymbol{z}(t_1) + \frac{1}{2}\int_{t_0}^{t_1} [\boldsymbol{z}^{\mathrm{T}}(t)\boldsymbol{Q}(t)\boldsymbol{z}(t) + \boldsymbol{x}^{\mathrm{T}}(t)\boldsymbol{R}(t)\boldsymbol{x}(t)]\,\mathrm{d}t\,. \tag{2.318}$$

Dabei werden $\boldsymbol{M}, \boldsymbol{Q}(t), \boldsymbol{R}(t)$ (für jedes $t \geqq t_0$) als reelle, symmetrische, positiv-definite, quadratische Matrizen vorgeschrieben.[2] Die Faktoren $1/2$ sind nur der späteren Bequemlichkeit wegen eingeführt.

---

[1] Ein Funktional ist eine Vorschrift, durch die jedem Element einer bestimmten Funktionenmenge eine reelle Zahl zugewiesen wird.

[2] Gelegentlich werden positiv-semidefinite Matrizen $\boldsymbol{M}$ und $\boldsymbol{Q}(t)$ zugelassen.

Die nun zu lösende Aufgabe besteht darin, das Funktional $J[\boldsymbol{x}(t)]$, den sogenannten *Güteindex*, zum Minimum zu machen, d. h. jenes $\boldsymbol{x}(t)$ aus einer bestimmten Menge von Eingangssignalen zu finden, dem im oben beschriebenen Sinn der kleinstmögliche Wert J zugewiesen ist. Im folgenden soll die Menge der zugelassenen Eingangssignale die Klasse der stückweise stetigen Vektorfunktionen sein, und für eine derartige Funktion $\boldsymbol{x}(t)$ wird unter $\|\boldsymbol{x}\|$ stets $\sup\|\boldsymbol{x}(t)\|$ bezüglich des betrachteten Intervalls $t_0 \leqq t \leqq t_1$ verstanden.

Man kann die Bedeutung der Aufgabe am Sonderfall des durch Gl. (2.318) eingeführten Güteindexes leicht veranschaulichen: Ein möglichst kleiner Wert J bedeutet vereinfacht ausgedrückt,

(i) daß der Zustandsvektor $\boldsymbol{z}(t)$ am Ende des betrachteten Intervalls $[t_0, t_1]$ dem Nullzustand möglichst nahe kommt; denn der auf der rechten Seite von Gl. (2.318) an erster Stelle stehende Term ist eine positiv-definite quadratische Form in den Komponenten des Zustandsvektors $\boldsymbol{z}(t_1)$, welche den kleinstmöglichen Wert Null hat, falls $\boldsymbol{z}(t_1) = \mathbf{0}$ gilt,

(ii) daß die Komponenten des Zustandsvektors $\boldsymbol{z}(t)$ ebenso wie die des Eingangssignals $\boldsymbol{x}(t)$ in unterschiedlicher Bewertung im Überführungsintervall $[t_0, t_1]$ betraglich möglichst klein sein sollen; denn das auf der rechten Seite von Gl. (2.318) stehende Integral würde den kleinsten Wert Null genau erreichen, wenn $\|\boldsymbol{z}\| = \|\boldsymbol{x}\| = 0$ gilt.

Zur Lösung der Aufgabe werden zwei Eingangssignale $\boldsymbol{x}(t)$ und $\boldsymbol{x}(t) + \delta\boldsymbol{x}(t)$ betrachtet, zu denen die Zustandsvektoren $\boldsymbol{z}(t)$ bzw. $\boldsymbol{z}(t) + \delta\boldsymbol{z}(t)$ mit dem fest vorgeschriebenen Anfangswert $\boldsymbol{z}_0$ gehören. Beiden Eingangssignalen sind individuelle Werte des Güteindexes zugeordnet, von deren Differenz die folgende Darstellung vorausgesetzt wird:

$$\Delta J = J[\boldsymbol{x}(t) + \delta\boldsymbol{x}(t)] - J[\boldsymbol{x}(t)] = \delta J[\boldsymbol{x}(t), \delta\boldsymbol{x}(t)] + \rho[\boldsymbol{x}(t), \delta\boldsymbol{x}(t)]\,\|\delta\boldsymbol{x}\| \,. \tag{2.319}$$

Dabei wird angenommen, daß $\delta J[\boldsymbol{x}(t), \delta\boldsymbol{x}(t)]$ ein lineares Funktional in $\delta\boldsymbol{x}(t)$ ist und $\rho[\boldsymbol{x}(t), \delta\boldsymbol{x}(t)]$ für $\|\delta\boldsymbol{x}\| \to 0$ gegen Null strebt. In diesem Sinne wird der Güteindex J als differenzierbar vorausgesetzt. Man bezeichnet $\delta J[\boldsymbol{x}(t), \delta\boldsymbol{x}(t)]$ als *Variation* des Funktionals J für $\boldsymbol{x}(t)$ bezüglich $\delta\boldsymbol{x}(t)$. Ersetzt man in Gl. (2.319) $\delta\boldsymbol{x}(t)$ durch $\alpha\,\delta\boldsymbol{x}(t)$ mit einer reellen Variablen α, dann folgt aus dieser Gleichung, daß die Variation δJ auf folgende Weise berechnet werden kann:

$$\delta J[\boldsymbol{x}(t), \delta\boldsymbol{x}(t)] = \frac{\mathrm{d}}{\mathrm{d}\alpha} J[\boldsymbol{x}(t) + \alpha\,\delta\boldsymbol{x}(t)]\,|_{\alpha=0}. \tag{2.320}$$

Der Güteindex besitzt ein (relatives) Minimum, wenn ein Eingangssignal $\tilde{\boldsymbol{x}}(t)$ mit der folgenden Eigenschaft existiert: Es gibt ein $\varepsilon > 0$, so daß für alle Eingangssignale $\boldsymbol{x}(t)$ mit

$$\|\boldsymbol{x} - \tilde{\boldsymbol{x}}\| < \varepsilon$$

die Ungleichung

$$J[\boldsymbol{x}(t)] \geqq J[\tilde{\boldsymbol{x}}(t)] \tag{2.321}$$

erfüllt ist. Aufgrund einer bekannten Aussage der Variationsrechnung ist hierzu notwendig, daß $\tilde{\boldsymbol{x}}(t)$ eine sogenannte Extremale ist, d. h., daß

$$\delta J[\tilde{\boldsymbol{x}}(t), \delta \boldsymbol{x}(t)] = 0 \quad \text{für alle } \delta \boldsymbol{x}(t) \tag{2.322}$$

gilt. Betrachtet man $J[\tilde{\boldsymbol{x}}(t) + \alpha\, \delta \boldsymbol{x}(t)]$ als Funktion von α, dann folgt die Forderung nach Gl. (2.322) aus der Überlegung, daß diese Funktion an der Stelle $\alpha = 0$ ein (relatives) Minimum hat, wenn $\tilde{\boldsymbol{x}}(t)$ die Ungleichung (2.321) erfüllt. Es muß dann die Ableitung auf der rechten Seite von Gl. (2.320) für $\boldsymbol{x}(t) = \tilde{\boldsymbol{x}}(t)$ und alle $\delta \boldsymbol{x}(t)$ verschwinden.

Zur Anwendung der Forderung gemäß Gl. (2.322) auf den Güteindex $J[\boldsymbol{x}(t)]$ aus Gl. (2.317) müßte der Zustandsvektor $\boldsymbol{z}(t)$ aufgrund der Gl. (2.11a) in Abhängigkeit von $\boldsymbol{x}(t)$ ausgedrückt und in Gl. (2.317) substituiert werden. Da dies im allgemeinen mit großen Schwierigkeiten verbunden ist, wird der Güteindex so modifiziert, daß die zunächst als Nebenbedingung auftretende Zustandsgleichung (2.11a) im Funktional mit berücksichtigt wird. Hierzu bildet man mit Hilfe eines Vektors

$$\boldsymbol{\lambda}^{\mathrm{T}}(t) = [\lambda_1(t) \;\; \lambda_2(t) \;\; \cdots \;\; \lambda_q(t)],$$

dessen Komponenten zunächst unbestimmte Funktionen, sogenannte *Lagrangesche Multiplikatoren* bedeuten, das erweiterte Funktional

$$J_e[\boldsymbol{x}(t), \boldsymbol{z}(t)] = S[\boldsymbol{z}(t_1), t_1] +$$

$$+ \int_{t_0}^{t_1} \left\{ L[\boldsymbol{z}(t), \boldsymbol{x}(t), t] + \boldsymbol{\lambda}^{\mathrm{T}}(t) \left[\boldsymbol{f}[\boldsymbol{z}(t), \boldsymbol{x}(t), t] - \frac{\mathrm{d}\boldsymbol{z}(t)}{\mathrm{d}t} \right] \right\} \mathrm{d}t\,, \tag{2.323}$$

in dem $\boldsymbol{x}(t)$ und $\boldsymbol{z}(t)$ als frei wählbare Vektorfunktionen auftreten und das für alle Lösungen der Gl. (2.11a) mit dem Güteindex aus Gl. (2.317) übereinstimmt. Führt man noch die sogenannte *Hamiltonsche Funktion*

$$H(\boldsymbol{z}, \boldsymbol{x}, t) = L[\boldsymbol{z}, \boldsymbol{x}, t] + \boldsymbol{\lambda}^{\mathrm{T}} \boldsymbol{f}(\boldsymbol{z}, \boldsymbol{x}, t) \tag{2.324}$$

ein, bei der zur Vereinfachung der Schreibweise das Argument t bei $\boldsymbol{x}$, $\boldsymbol{z}$ und $\boldsymbol{\lambda}$ weggelassen wurde, dann läßt sich die Gl. (2.323) durch partielle Integration auf die Form

$$J_e[\boldsymbol{x}(t), \boldsymbol{z}(t)] = S[\boldsymbol{z}(t_1), t_1] + \int_{t_0}^{t_1} \left\{ H(\boldsymbol{z}, \boldsymbol{x}, t) + \frac{\mathrm{d}\boldsymbol{\lambda}^{\mathrm{T}}}{\mathrm{d}t} \boldsymbol{z} \right\} \mathrm{d}t - [\boldsymbol{\lambda}^{\mathrm{T}}(t)\, \boldsymbol{z}(t)]_{t_0}^{t_1}$$

bringen. Entsprechend einer Variation $\delta \boldsymbol{x}(t)$ von $\boldsymbol{x}(t)$ und $\delta \boldsymbol{z}(t)$ von $\boldsymbol{z}(t)$ erhält man nun bei festen Werten t_0 und t_1 für das erweiterte Funktional die Variation

$$\delta J_e = \left[\left(\frac{\partial S}{\partial \boldsymbol{z}} - \boldsymbol{\lambda}^{\mathrm{T}} \right) \delta \boldsymbol{z} \right]_{t = t_1} + \int_{t_0}^{t_1} \left[\frac{\partial H}{\partial \boldsymbol{z}}\, \delta \boldsymbol{z} + \frac{\partial H}{\partial \boldsymbol{x}}\, \delta \boldsymbol{x} + \frac{\mathrm{d}\boldsymbol{\lambda}^{\mathrm{T}}}{\mathrm{d}t}\, \delta \boldsymbol{z} \right] \mathrm{d}t\,. \tag{2.325}$$

Dabei wurde berücksichtigt, daß $\delta \boldsymbol{z}(t_0) = \boldsymbol{0}$ gilt, weil von Anfang an $\boldsymbol{z}(t_0) = \boldsymbol{z}_0$ festliegt, und es wurden als Operatoren die Zeilenvektoren

$$\frac{\partial}{\partial \boldsymbol{x}} = \left[\frac{\partial}{\partial x_1} \;\; \frac{\partial}{\partial x_2} \;\; \cdots \;\; \frac{\partial}{\partial x_m} \right], \quad \frac{\partial}{\partial \boldsymbol{z}} = \left[\frac{\partial}{\partial z_1} \;\; \frac{\partial}{\partial z_2} \;\; \cdots \;\; \frac{\partial}{\partial z_q} \right]$$

verwendet. Da $\delta \boldsymbol{x}(t)$ und $\delta \boldsymbol{z}(t)$ bei Berücksichtigung von $\delta \boldsymbol{z}(t_0) = \boldsymbol{0}$ in Gl. (2.325) als beliebige Funktionen gewählt werden dürfen, folgen hieraus gemäß Gl. (2.322) die Forderungen

$$\frac{\partial H}{\partial \boldsymbol{x}} = \mathbf{0} \quad \text{für} \quad t_0 \leqq t \leqq t_1 \,, \tag{2.326}$$

$$\frac{\mathrm{d}\boldsymbol{\lambda}^{\mathrm{T}}}{\mathrm{d}t} = -\frac{\partial H}{\partial \boldsymbol{z}} \quad \text{für} \quad t_0 \leqq t \leqq t_1 \,, \tag{2.327a}$$

$$\boldsymbol{\lambda}^{\mathrm{T}}(t_1) = \left.\frac{\partial S}{\partial \boldsymbol{z}}\right|_{t_1} . \tag{2.327b}$$

Die Beziehungen (2.326) und (2.327a,b) liefern in Verbindung mit Gl. (2.11a) und der Anfangsbedingung $\boldsymbol{z}(t_0) = \boldsymbol{z}_0$ bei gegebenen Zeitpunkten t_0, t_1 *notwendige* Bedingungen für eine Extremale. Man beachte, daß insgesamt $2q + m$ unbekannte Funktionen auftreten, nämlich die Zustandsvariablen $\tilde{z}_\mu$ ($\mu = 1, 2, \ldots, q$), die Lagrangeschen Multiplikatoren $\tilde{\lambda}_\mu$ ($\mu = 1, 2, \ldots, q$) und die Eingangsgrößen $\tilde{x}_\mu$ ($\mu = 1, 2, \ldots, m$), wobei das Symbol ~ jeweils das gesuchte Optimum kennzeichnet. Für diese Unbekannten liegen die q skalaren Zustandsgleichungen (2.11a) mit der Anfangsbedingung $\boldsymbol{z}_0$, die m skalaren Gln. (2.326) und die q skalaren sogenannten adjungierten Gleichungen (2.327a) mit den Randbedingungen (2.327b) vor. Da die Lösungsfunktionen aufgrund notwendiger Bedingungen gewonnen werden, muß noch überprüft werden, ob tatsächlich ein Minimum des Güteindexes erreicht wird. Der nur von einer Änderung von $\boldsymbol{x}(t)$ herrührende Anteil der Variation des erweiterten Funktionals nach Gl. (2.325) kann in der Nähe des Optimums in erster Ordnung auch als Integral über die Differenz von $H(\tilde{\boldsymbol{z}}(t), \boldsymbol{u}(t), t)$ minus $H(\tilde{\boldsymbol{z}}(t), \tilde{\boldsymbol{x}}(t), t)$ mit $\boldsymbol{u}(t)$ aus der Umgebung der optimalen Lösung $\tilde{\boldsymbol{x}}(t)$ geschrieben werden. Da nach einer Minimierung des Güteindexes das erweiterte Funktional in der Umgebung des Optimums nicht abnehmen kann, muß für jedes feste t im Intervall $[t_0, t_1]$ die Bedingung

$$H(\tilde{\boldsymbol{z}}(t), \boldsymbol{u}, t) \geqq H(\tilde{\boldsymbol{z}}(t), \tilde{\boldsymbol{x}}(t), t) \tag{2.328}$$

mit optimalem $\tilde{\boldsymbol{\lambda}}(t)$ für jeden Vektor $\boldsymbol{u}$ aus der Umgebung von $\tilde{\boldsymbol{x}}(t)$ verlangt werden (Pontryaginsches Prinzip der Minimierung der Hamiltonschen Funktion). Die Bedingung (2.328) entspricht der Forderung nach Gl. (2.326). Während die zu erfüllende Zustandsgleichung (2.11a) die Anfangsbedingung $\boldsymbol{z}(t_0) = \boldsymbol{z}_0$ besitzt, ist der adjungierten Differentialgleichung (2.327a) die Endbedingung (2.327b) zugewiesen.

Zusammenfassend besagt das Minimum-Prinzip: Bedeutet $\tilde{\boldsymbol{x}}(t)$ den optimalen Steuerungsvektor, der den Güteindex nach Gl. (2.317) minimiert, $\tilde{\boldsymbol{z}}(t)$ die entsprechende Zustandstrajektorie und $\tilde{\boldsymbol{\lambda}}(t)$ die adjungierte Trajektorie, so müssen diese folgende Bedingungen erfüllen:

(i) die Zustandsgleichung

$$\frac{\mathrm{d}\boldsymbol{z}(t)}{\mathrm{d}t} = \boldsymbol{f}(\boldsymbol{z}, \boldsymbol{x}, t) \quad \text{mit} \quad \boldsymbol{z}(t_0) = \boldsymbol{z}_0 \,,$$

(ii) die adjungierte Gl. (2.327a) mit Endbedingung nach Gl. (2.327b),

(iii) die Minimum-Bedingung gemäß Gl. (2.326) bzw. (2.328).

Es sollen noch die folgenden Bemerkungen gemacht werden:

1. Das hier skizzierte Verfahren ist ein sehr leistungsfähiges Verfahren zum Entwurf von optimalen Steuerungen und Regelungen, das auf eine breite Klasse von nichtlinearen Syste-

men anwendbar ist (man vergleiche hierzu einschlägige Lehrbücher zur optimalen Regelung, z. B. [Be3], [Br4], [Fl1]).

2. Wie aus den obigen Ausführungen hervorgeht, muß ein gekoppeltes System von (im allgemeinen nichtlinearen) Differentialgleichungen gelöst werden, wobei die Zustandsdifferentialgleichungen eine Anfangsbedingung und die adjungierten Gleichungen eine Endbedingung erfüllen müssen. Dieses sogenannte Zweipunkt-Randwertproblem läßt sich im allgemeinen nur numerisch lösen und erfordert häufig einen nicht unerheblichen Rechenaufwand (man vergleiche z. B. [St1]).

3. Bisher wurde für den Zustandsvektor nur eine Anfangsbedingung gestellt. Man kann nun zusätzlich auch eine Endbedingung

$$z_\mu(t_1) = z_{\mu 1} \quad (\mu = 1, 2, \ldots, s \leqq q) \tag{2.329}$$

für s Komponenten des Zustandsvektors stellen. An den früheren Überlegungen ändert sich nur wenig. Da in Gl. (2.325) die ersten r Komponenten von $\delta \boldsymbol{z}$ für $t = t_1$ verschwinden, ist die Gl. (2.327b) nur für die $(s+1)$-te, $(s+2)$-te, ... Komponente zu fordern. Formal kann man das so ausdrücken, daß Gl. (2.327b) auf beiden Seiten von rechts mit der Matrix $[\mathbf{0} \;\; \mathbf{E}]^{\mathrm{T}}$ aus den $q - s$ letzten Spalten der Einheitsmatrix der Ordnung q multipliziert wird. Für $q = s$ entfällt die Bedingung (2.327b) ganz. Die Bedingungen gemäß Gl. (2.329) und die verbleibenden Bedingungen nach Gl. (2.327b) bilden zusammen q Einschränkungen, so daß deren Zahl erhalten bleibt. Eine ausführliche Behandlung der Endbedingungen findet man z. B. in [Br4].

4. Bisher wurde angenommen, daß die Intervallgrenze t_1 festliegt. Es sind jedoch Probleme bekannt, bei denen t_1 als freie Variable zu betrachten ist. Ein Verzicht auf die Fixierung von t_1 hat in δJ_e aus Gl. (2.325) zur Folge, daß der Klammerausdruck außerhalb des Integrals durch den Ausdruck

$$\left[\left(H + \frac{\partial S}{\partial t}\right)\delta t_1\right]_{t=t_1}$$

zu ergänzen ist. In diesem Fall ergibt sich also bei der Bestimmung der Extremalen wegen der Wahlfreiheit in δt_1 die Forderung

$$\left[H + \frac{\partial S}{\partial t}\right]_{\substack{\boldsymbol{x}=\tilde{\boldsymbol{x}} \\ t=t_1}} = 0\,,$$

welche bei nicht spezifiziertem $\boldsymbol{z}(t_1)$, also beliebig wählbarem $\delta\boldsymbol{z}(t_1)$ zu den Bedingungen gemäß den Gln. (2.327b) hinzukommt und bei vorgeschriebenem $\boldsymbol{z}(t_1) = \boldsymbol{z}_1$ zusammen mit der Randbedingung $\tilde{\boldsymbol{z}}(t_1) = \boldsymbol{z}_1$ die Gln. (2.327b) ersetzt. Hierbei ist zu beachten, daß t_1 eine zusätzliche Unbekannte ist. Häufig hängt S explizit nur von $\boldsymbol{z}(t_1)$ ab. Dann lautet obige zusätzliche Forderung einfach

$$H(\tilde{\boldsymbol{z}}(t_1), \tilde{\boldsymbol{x}}(t_1), t_1) = 0\,.$$

5. Die Hamiltonsche Funktion $H(\boldsymbol{z}, \boldsymbol{x}, t)$ nach Gl. (2.324) ist für $\boldsymbol{x} = \tilde{\boldsymbol{x}}$ (und $\boldsymbol{z} = \tilde{\boldsymbol{z}}$) im Intervall $t_0 \leqq t \leqq t_1$ konstant, falls die in Gl. (2.324) auftretenden Funktionen L und $\boldsymbol{f}$ nicht explizit von t abhängen.

Die Richtigkeit dieser Aussage läßt sich dadurch nachweisen, daß man mit Gl. (2.324) den Differentialquotienten

$$\frac{\mathrm{d}H}{\mathrm{d}t} = \frac{\partial L}{\partial \boldsymbol{z}} \cdot \frac{\mathrm{d}\boldsymbol{z}}{\mathrm{d}t} + \frac{\partial L}{\partial \boldsymbol{x}} \cdot \frac{\mathrm{d}\boldsymbol{x}}{\mathrm{d}t} + \frac{\mathrm{d}\boldsymbol{\lambda}^{\mathrm{T}}}{\mathrm{d}t} \boldsymbol{f} + \boldsymbol{\lambda}^{\mathrm{T}} \left(\frac{\partial \boldsymbol{f}}{\partial \boldsymbol{z}} \cdot \frac{\mathrm{d}\boldsymbol{z}}{\mathrm{d}t} + \frac{\partial \boldsymbol{f}}{\partial \boldsymbol{x}} \frac{\mathrm{d}\boldsymbol{x}}{\mathrm{d}t} \right)$$

bildet. Ersetzt man $\boldsymbol{f}$ nach Gl. (2.11a) durch $\mathrm{d}\boldsymbol{z}/\mathrm{d}t$, faßt man dann alle Terme mit dem Faktor $\mathrm{d}\boldsymbol{z}/\mathrm{d}t$ und alle Terme mit dem Faktor $\mathrm{d}\boldsymbol{x}/\mathrm{d}t$ zusammen und beachtet man schließlich die Definitionsgleichung (2.324) für $H(\boldsymbol{z}, \boldsymbol{x})$, dann entsteht die Beziehung

$$\frac{\mathrm{d}H}{\mathrm{d}t} = \left(\frac{\partial H}{\partial \boldsymbol{z}} + \frac{\mathrm{d}\boldsymbol{\lambda}^{\mathrm{T}}}{\mathrm{d}t} \right) \frac{\mathrm{d}\boldsymbol{z}}{\mathrm{d}t} + \frac{\partial H}{\partial \boldsymbol{x}} \cdot \frac{\mathrm{d}\boldsymbol{x}}{\mathrm{d}t} .$$

Führt man hier die Gln. (2.326) und (2.327a) ein, so ergibt sich $\mathrm{d}H/\mathrm{d}t = 0$ für $\boldsymbol{x} = \tilde{\boldsymbol{x}}$.

Beispiel 2.30: Das klassische Beispiel einer Optimierungsaufgabe mit Anfangs- und Endbedingungen ist das isoperimetrische Problem. In einem kartesischen (t, z_1)-Koordinatensystem soll durch die Punkte $(0, 0)$ und $(T, 0)$ eine Kurve mit vorgeschriebener Länge $l > T$ hindurchgelegt werden, so daß der Inhalt der Fläche zwischen dieser Kurve und der t-Achse im Intervall $(0, T)$ maximal wird (Bild 2.34). Durch Vorzeichenänderung des Funktionals läßt sich sofort aus einer Maximum- eine Minimumaufgabe bilden. Als Steuerungsgröße $x(t)$ wird die Steigung der gesuchten Kurve $z_1(t)$, als weitere Zustandsvariable $z_2(t)$ die Bogenlänge der Kurve vom Ursprung aus eingeführt. Damit erhält man die Zustandsgleichungen

$$\frac{\mathrm{d}z_1}{\mathrm{d}t} = x , \quad \frac{\mathrm{d}z_2}{\mathrm{d}t} = \sqrt{1 + x^2} \tag{2.330a,b}$$

mit den Anfangs- und Endbedingungen

$$z_1(0) = 0, \quad z_1(T) = 0 \tag{2.331a,b}$$

$$z_2(0) = 0, \quad z_2(T) = l . \tag{2.331c,d}$$

Das zu minimierende Funktional lautet

$$J = - \int_0^T z_1(t)\, \mathrm{d}t . \tag{2.332}$$

Mit $L(\boldsymbol{z}, x, t) = -z_1$ und $\boldsymbol{f}(\boldsymbol{z}, x, t) = [x \quad \sqrt{1+x^2}]^{\mathrm{T}}$ findet man zunächst nach Gl. (2.324) die Hamiltonsche Funktion

$$H(\boldsymbol{z}, x, t) = -z_1 + \lambda_1 x + \lambda_2 \sqrt{1 + x^2} ,$$

welche gemäß Gl. (2.327a) mit $\partial H / \partial \boldsymbol{z} = [-1 \quad 0]$ die adjungierten Gleichungen

$$\frac{\mathrm{d}\lambda_1}{\mathrm{d}t} = 1 , \quad \frac{\mathrm{d}\lambda_2}{\mathrm{d}t} = 0 \tag{2.333a,b}$$

und gemäß Gl. (2.326) die Minimum-Bedingung

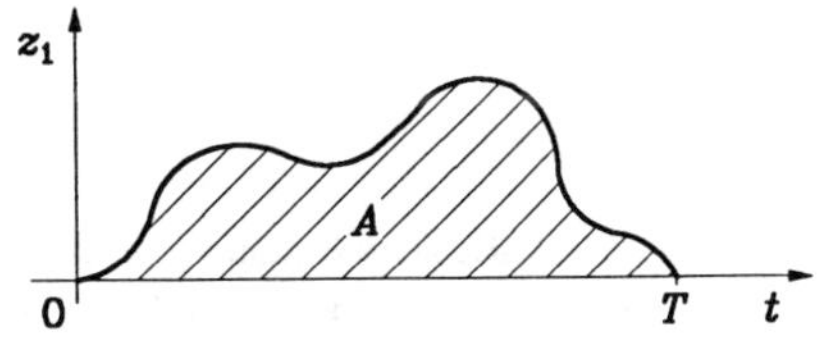

Bild 2.34: Zur Erläuterung des isoperimetrischen Problems

$$\frac{\partial H}{\partial x} = \lambda_1 + \frac{\lambda_2 x}{\sqrt{1 + x^2}} = 0 \tag{2.334}$$

liefert. Gleichung (2.327b) entfällt wegen der Endbedingung $\mathbf{z}(T) = [0 \quad l]^T$. Wie aus den Gln. (2.333a,b) zu erkennen ist, stellt λ_1 eine lineare Funktion in t und λ_2 eine Konstante dar. Berücksichtigt man dies in Gl. (2.334), dann ergibt sich mit Gl. (2.330a) und $\dot{z}_1 := \mathrm{d}z_1/\mathrm{d}t$

$$\frac{\dot{z}_1}{\sqrt{1 + \dot{z}_1^2}} = \frac{t - t_0}{R}, \tag{2.335}$$

wobei R und t_0 noch zu bestimmende Konstante sind. Führt man den Winkel φ über die Beziehung

$$\dot{z}_1 = \frac{\mathrm{d}z_1}{\mathrm{d}t} = \tan\varphi \tag{2.336}$$

ein (man vergleiche Bild 2.35), so erhält man aus Gl. (2.335)

$$\frac{\dot{z}_1}{\sqrt{1+\dot{z}_1^2}} = \frac{\tan\varphi}{\sqrt{1 + \tan^2\varphi}} = \pm\sin\varphi = \frac{t - t_0}{R}. \tag{2.337}$$

Differentiation nach t liefert weiterhin

$$\frac{\mathrm{d}\varphi}{\mathrm{d}t} = \frac{1}{\pm R\cos\varphi}. \tag{2.338}$$

Wegen

$$\frac{\mathrm{d}z_1}{\mathrm{d}\varphi}\,\frac{\mathrm{d}\varphi}{\mathrm{d}t} = \dot{z}_1 = \tan\varphi \tag{2.339}$$

folgt mit Gl. (2.338) die Gleichung

$$\frac{\mathrm{d}z_1}{\mathrm{d}\varphi} = \pm R\sin\varphi, \tag{2.340}$$

aus der zunächst

$$z_1 = \mp R\cos\varphi + z_{10}$$

und nach Rücksubstitution gemäß Gl. (2.337) und $\sin^2\varphi + \cos^2\varphi = 1$

$$z_1 = -R\sqrt{1 - \left(\frac{t - t_0}{R}\right)^2} + z_{10}$$

folgt, also die Lösung

$$(z_1 - z_{10})^2 + (t - t_0)^2 = R^2.$$

Wie man sieht, stellt die Kurve eine Kreislinie dar. Die Konstanten R, t_0, z_{10} lassen sich aus den Bedingungen nach den Gln. (2.331a,b,d) bestimmen.

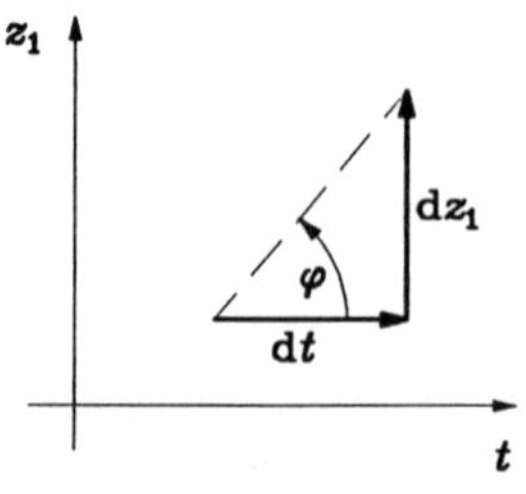

Bild 2.35: Zur Variablensubstitution bei der Lösung des isoperimetrischen Problems

Beispiel 2.31: Es soll die optimale Regelung des Pendels mit beweglichem Aufhängepunkt gelöst werden. Um die Anwendbarkeit des skizzierten Verfahrens auf nichtlineare Systeme zu demonstrieren, werden diesem Beispiel die nichtlinearen Zustandsdifferentialgleichungen (2.19a,b) des Pendels

$$\dot{z}_1 = z_2 , \qquad \dot{z}_2 = -\sin z_1 - x\cos z_1 \tag{2.341a,b}$$

zugrundegelegt. Der Güteindex wird nach Gl. (2.318) mit $\boldsymbol{Q} = \mathbf{E}$, $\boldsymbol{R} = r = 1$ und $\boldsymbol{M} = \mathbf{E}$ gewählt. Für die Hamiltonsche Funktion ergibt sich somit

$$H(\boldsymbol{z},x) = \frac{1}{2}(z_1^2 + z_2^2 + x^2) + \lambda_1 z_2 - \lambda_2 \sin z_1 - \lambda_2 x \cos z_1 .$$

Daraus berechnen sich die adjungierten Gleichungen zu

$$\dot{\lambda}_1 = -z_1 + \lambda_2 \cos z_1 - \lambda_2 x \sin z_1 \quad \text{und} \quad \dot{\lambda}_2 = -z_2 - \lambda_1 . \tag{2.342a,b}$$

Als optimales Eingangssignal erhält man aus der Bedingung (2.326)

$$\tilde{x} = \lambda_2 \cos z_1 . \tag{2.343}$$

Die Zustandsgleichungen (2.341a,b) und die adjungierten Gleichungen (2.342a,b) werden unter Berücksichtigung des Steuersignals (2.343) mit den Randbedingungen

$$\boldsymbol{z}(0) = [1 \quad 0]^{\mathrm{T}} , \qquad \boldsymbol{\lambda}(t_1) = \boldsymbol{z}(t_1) \tag{2.344a,b}$$

für $t_1 = 10$ numerisch gelöst. Die Zustandsgrößen $\tilde{z}_1$, $\tilde{z}_2$ sind in Bild 2.36a, die adjungierten Variablen $\tilde{\lambda}_1$, $\tilde{\lambda}_2$ sind in Bild 2.36b gezeigt. Im Bild 2.36c ist das optimale Eingangssignal dargestellt.

5.4.2 Lineare Systeme mit quadratischem Güteindex

Die gewonnenen Ergebnisse sollen nun auf den Fall des durch Gl. (2.12) gekennzeichneten *linearen* Systems angewendet werden, wobei das Systemverhalten durch den Güteindex nach Gl. (2.318) beschrieben wird. Die Hamiltonsche Funktion nach Gl. (2.324) hat hier die Form

$$H(\boldsymbol{z},\boldsymbol{x},t) = \frac{1}{2}\boldsymbol{z}^{\mathrm{T}}\boldsymbol{Q}(t)\boldsymbol{z} + \frac{1}{2}\boldsymbol{x}^{\mathrm{T}}\boldsymbol{R}(t)\boldsymbol{x} + \boldsymbol{\lambda}^{\mathrm{T}}[\boldsymbol{A}(t)\boldsymbol{z} + \boldsymbol{B}(t)\boldsymbol{x}], \tag{2.345}$$

woraus man direkt die partiellen Ableitungen

$$\frac{\partial H}{\partial \boldsymbol{x}} = \boldsymbol{x}^{\mathrm{T}}\boldsymbol{R} + \boldsymbol{\lambda}^{\mathrm{T}}\boldsymbol{B} \tag{2.346}$$

und

$$\frac{\partial H}{\partial \boldsymbol{z}} = \boldsymbol{z}^{\mathrm{T}}\boldsymbol{Q} + \boldsymbol{\lambda}^{\mathrm{T}}\boldsymbol{A} \tag{2.347}$$

erhält. Führt man die Gln. (2.346), (2.347) in die Gln. (2.326) und (2.327a) ein, so entstehen die Beziehungen

$$\tilde{\boldsymbol{x}} = -\boldsymbol{R}^{-1}\boldsymbol{B}^{\mathrm{T}}\tilde{\boldsymbol{\lambda}} , \tag{2.348}$$

$$\frac{\mathrm{d}\tilde{\boldsymbol{\lambda}}}{\mathrm{d}t} = -\boldsymbol{Q}\tilde{\boldsymbol{z}} - \boldsymbol{A}^{\mathrm{T}}\tilde{\boldsymbol{\lambda}} \tag{2.349}$$

und, wenn man noch die Zustandsgleichung (2.12) heranzieht,

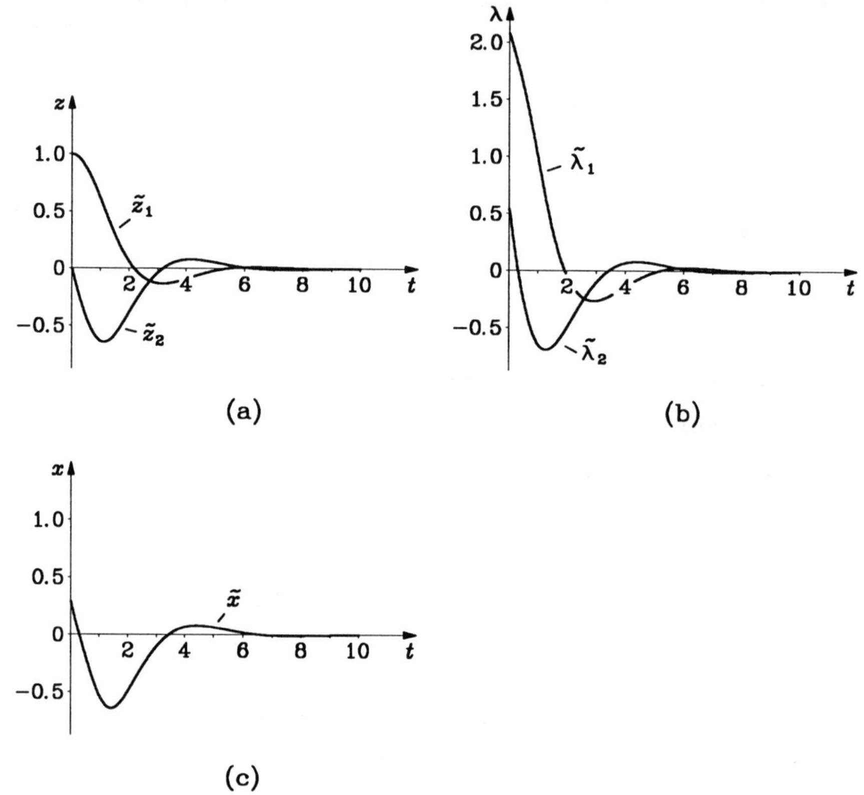

Bild 2.36: Optimale Regelung des Pendels mit beweglichem Aufhängepunkt. Das optimale Eingangssignal wurde für die nichtlinearen Zustandsdifferentialgleichungen durch Lösung des Zweipunkt-Randwertproblems berechnet. (a) Zustandsgrößen $\tilde{z}_1$, $\tilde{z}_2$; (b) adjungierte Variablen $\tilde{\lambda}_1$, $\tilde{\lambda}_2$; (c) optimales Eingangssignal $\tilde{x}$; jeweils als Funktion der (normierten) Zeit t

$$\frac{\mathrm{d}\tilde{\boldsymbol{z}}}{\mathrm{d}t} = \boldsymbol{A}\tilde{\boldsymbol{z}} - \boldsymbol{B}\boldsymbol{R}^{-1}\boldsymbol{B}^{\mathrm{T}}\tilde{\boldsymbol{\lambda}}. \tag{2.350}$$

Die Gln. (2.349) und (2.350) lassen sich zusammenfassen zur Vektordifferentialgleichung

$$\frac{\mathrm{d}}{\mathrm{d}t}\begin{bmatrix}\tilde{\boldsymbol{z}}\\ \tilde{\boldsymbol{\lambda}}\end{bmatrix} = \begin{bmatrix}\boldsymbol{A} & -\boldsymbol{B}\boldsymbol{R}^{-1}\boldsymbol{B}^{\mathrm{T}}\\ -\boldsymbol{Q} & -\boldsymbol{A}^{\mathrm{T}}\end{bmatrix}\begin{bmatrix}\tilde{\boldsymbol{z}}\\ \tilde{\boldsymbol{\lambda}}\end{bmatrix}, \tag{2.351}$$

wobei die Anfangsbedingung

$$\tilde{\boldsymbol{z}}(t_0) = \boldsymbol{z}_0$$

und nach Gl. (2.327b) mit $S = (1/2)\,\boldsymbol{z}^{\mathrm{T}}\boldsymbol{M}\boldsymbol{z}$ die Endbedingung

$$\tilde{\boldsymbol{\lambda}}(t_1) = \boldsymbol{M}\tilde{\boldsymbol{z}}(t_1) \tag{2.352}$$

gestellt sind. Die Übergangsmatrix, die durch Gl. (2.351) festliegt, wird mit

$$\boldsymbol{\Phi}(t,t_1) = \begin{bmatrix} \boldsymbol{\Phi}_1(t,t_1) & \boldsymbol{\Phi}_2(t,t_1) \\ \boldsymbol{\Phi}_3(t,t_1) & \boldsymbol{\Phi}_4(t,t_1) \end{bmatrix} \tag{2.353}$$

bezeichnet, so daß

$$\tilde{\boldsymbol{z}}(t) = \boldsymbol{\Phi}_1(t,t_1)\tilde{\boldsymbol{z}}(t_1) + \boldsymbol{\Phi}_2(t,t_1)\tilde{\boldsymbol{\lambda}}(t_1)$$

und

$$\tilde{\boldsymbol{\lambda}}(t) = \boldsymbol{\Phi}_3(t,t_1)\tilde{\boldsymbol{z}}(t_1) + \boldsymbol{\Phi}_4(t,t_1)\tilde{\boldsymbol{\lambda}}(t_1)$$

geschrieben werden kann. Ersetzt man in diesen Gleichungen $\tilde{\boldsymbol{\lambda}}(t_1)$ nach Gl. (2.352) durch $\boldsymbol{M}\,\tilde{\boldsymbol{z}}(t_1)$ und substituiert anschließend $\tilde{\boldsymbol{z}}(t_1)$ in der zweiten Gleichung durch die erste, dann ergibt sich

$$\tilde{\boldsymbol{\lambda}}(t) = [\boldsymbol{\Phi}_3(t,t_1) + \boldsymbol{\Phi}_4(t,t_1)\boldsymbol{M}]\,[\boldsymbol{\Phi}_1(t,t_1) + \boldsymbol{\Phi}_2(t,t_1)\boldsymbol{M}]^{-1}\,\tilde{\boldsymbol{z}}(t)$$

oder

$$\tilde{\boldsymbol{\lambda}}(t) = \boldsymbol{P}(t)\tilde{\boldsymbol{z}}(t) \tag{2.354}$$

mit

$$\boldsymbol{P}(t) = [\boldsymbol{\Phi}_3(t,t_1) + \boldsymbol{\Phi}_4(t,t_1)\boldsymbol{M}]\,[\boldsymbol{\Phi}_1(t,t_1) + \boldsymbol{\Phi}_2(t,t_1)\boldsymbol{M}]^{-1}\,. \tag{2.355}$$

Es kann gezeigt werden, daß die hierbei auftretende Inverse für alle $t_0 \leqq t \leqq t_1$ existiert, so daß die Gl. (2.354) stets Gültigkeit hat. Führt man Gl. (2.354) in Gl. (2.348) ein, dann erhält man schließlich

$$\tilde{\boldsymbol{x}}(t) = -\boldsymbol{R}^{-1}(t)\boldsymbol{B}^{\mathrm{T}}(t)\boldsymbol{P}(t)\tilde{\boldsymbol{z}}(t). \tag{2.356}$$

Mit Gl. (2.356) ist eine Extremale des Problems in Abhängigkeit vom zugehörigen Zustandsvektor gefunden. Diese Extremale ist eindeutig und liefert, wie sich zeigen läßt, in der Tat ein Minimum des betrachteten Güteindexes aus Gl. (2.318), das gegeben ist durch

$$J[\tilde{\boldsymbol{x}}(t)] = \frac{1}{2}\,\boldsymbol{z}_0^{\mathrm{T}}\boldsymbol{P}(t_0)\,\boldsymbol{z}_0\,.$$

Zur expliziten Angabe des Regelgesetzes nach Gl. (2.356) ist die Kenntnis der Matrix $\boldsymbol{P}(t)$ erforderlich, die ihrerseits die Bestimmung der Übergangsmatrix $\boldsymbol{\Phi}(t,t_1)$ aus Gl. (2.353) voraussetzt, was für zeitvariante Systeme im allgemeinen nur numerisch erfolgen kann. Zur Bestimmung der Matrix $\boldsymbol{P}(t)$ kann aber auch eine Differentialgleichung aufgestellt werden. Zur Herleitung dieser Gleichung wird Gl. (2.354) zunächst nach t differenziert, und danach werden $\mathrm{d}\tilde{\boldsymbol{z}}(t)/\mathrm{d}t$, $\mathrm{d}\tilde{\boldsymbol{\lambda}}(t)/\mathrm{d}t$ und $\tilde{\boldsymbol{\lambda}}(t)$ aufgrund der Gln. (2.351) und (2.354) substituiert. Auf diese Weise erhält man die Beziehung

$$\left(\frac{\mathrm{d}\boldsymbol{P}}{\mathrm{d}t} + \boldsymbol{PA} - \boldsymbol{PBR}^{-1}\,\boldsymbol{B}^{\mathrm{T}}\boldsymbol{P} + \boldsymbol{Q} + \boldsymbol{A}^{\mathrm{T}}\boldsymbol{P}\right)\tilde{\boldsymbol{z}}(t) = \boldsymbol{0}\,,$$

welche im gesamten Intervall $t_0 \leqq t \leqq t_1$ für beliebige Wahl des Anfangszustands bestehen muß. Damit ergibt sich für $\boldsymbol{P}(t)$ die (Riccatische) Matrizendifferentialgleichung

$$-\frac{\mathrm{d}\boldsymbol{P}}{\mathrm{d}t} = \boldsymbol{PA} + \boldsymbol{A}^{\mathrm{T}}\boldsymbol{P} - \boldsymbol{PBR}^{-1}\,\boldsymbol{B}^{\mathrm{T}}\boldsymbol{P} + \boldsymbol{Q} \tag{2.357a}$$

mit der Endbedingung

$$\boldsymbol{P}(t_1) = \boldsymbol{M} , \tag{2.357b}$$

die der Gl. (2.355) unter Verwendung der Eigenschaft $\boldsymbol{\Phi}(t_1, t_1) = \mathbf{E}$ entnommen werden kann. Da sowohl $\boldsymbol{P}$ also auch $\boldsymbol{P}^{\mathrm{T}}$ die Differentialgleichung (2.357a) erfüllt und $\boldsymbol{P}(t_1) = \boldsymbol{M} = \boldsymbol{P}^{\mathrm{T}}(t_1)$ gelten muß, folgt aus der Eindeutigkeit der Lösung einer Differentialgleichung mit gegebener Anfangsbedingung, daß $\boldsymbol{P}$ für alle $t\,(t_0 \leqq t \leqq t_1)$ symmetrisch sein muß. Die Gl. (2.357a) enthält daher $q(q+1)/2$ skalare nichtlineare Differentialgleichungen erster Ordnung, die numerisch integriert werden können.

Die Riccati-Differentialgleichung (2.357a) hängt nicht vom Zustand $\boldsymbol{z}$ des Systems ab. Sie kann also vorab mit der Endbedingung nach Gl. (2.357b) gelöst werden. Die Lösung läßt sich dann direkt zur Berechnung der optimalen Steuerung nach Gl. (2.356) verwenden. Durch die Einführung der Riccati-Differentialgleichung kann somit die numerisch aufwendige Lösung des Zweipunkt-Randwertproblems umgangen werden.

Beispiel 2.32: Betrachtet wird das Pendel mit beweglichem Aufhängepunkt. Nach den Gl. (2.21a,b) ist die (linearisierte) Zustandsdifferentialgleichung gegeben durch

$$\dot{\boldsymbol{z}} = \boldsymbol{A}\boldsymbol{z} + \boldsymbol{b}x \tag{2.358}$$

mit

$$\boldsymbol{A} = \begin{bmatrix} 0 & 1 \\ -1 & 0 \end{bmatrix} \quad \text{und} \quad \boldsymbol{b} = \begin{bmatrix} 0 \\ -1 \end{bmatrix}. \tag{2.359a,b}$$

Für das zu minimierende Funktional (2.318) wird $\boldsymbol{Q} = \mathbf{E}$, $\boldsymbol{R} = r = 1$ und $\boldsymbol{M} = \mathbf{E}$ gewählt. Die Lösung der Riccatischen Differentialgleichung erfolgt numerisch rückwärts in der Zeit für $\boldsymbol{P}(t_1) = \boldsymbol{M}$ mit $t_1 = 10$. Die Matrixelemente p_{11}, $p_{12} = p_{21}$ und p_{22} von $\boldsymbol{P}$ sind in Bild 2.37b grafisch dargestellt. Mit diesen Werten wird die Zustandsdifferentialgleichung (2.358) unter Ausnutzung von Gl. (2.356) bei Verwendung der Anfangsbedingung $\boldsymbol{z}(0) = [1 \;\; 0]^{\mathrm{T}}$ gelöst. Der zeitliche Verlauf der Zustandsgrößen $\tilde{z}_1, \tilde{z}_2$ ist in Bild 2.37a, die optimale Eingangsgröße $\tilde{x}$ in Bild 2.37c gezeigt.

Beispiel 2.33: Ein eindimensionales System sei durch die Zustandsgleichung

$$\frac{\mathrm{d}z}{\mathrm{d}t} = az + bx \tag{2.360a}$$

mit nicht verschwindenden konstanten Parametern a und b gegeben. Das interessierende Zeitintervall sei $0 \leqq t \leqq 1$, und als Anfangsbedingung sei

$$z(0) = 1$$

vorgeschrieben. Das Eingangssignal soll derart bestimmt werden, daß der Güteindex

$$J[x(t)] = \frac{m}{2} z^2(1) + \int_0^1 x^2(t)\,\mathrm{d}t$$

mit $m > 0$ ein Minimum wird. Die Hamiltonsche Funktion nach Gl. (2.324) lautet hier

$$H(z,x) = x^2 + \lambda(az + bx). \tag{2.361}$$

Damit erhält man aufgrund der Gln. (2.327a,b)

$$\frac{\mathrm{d}\tilde{\lambda}}{\mathrm{d}t} = -a\tilde{\lambda}, \quad \tilde{\lambda}(1) = m\,\tilde{z}(1) \tag{2.360b,c}$$

und nach Gl. (2.326)

$$2\tilde{x} + b\tilde{\lambda} = 0. \tag{2.360d}$$

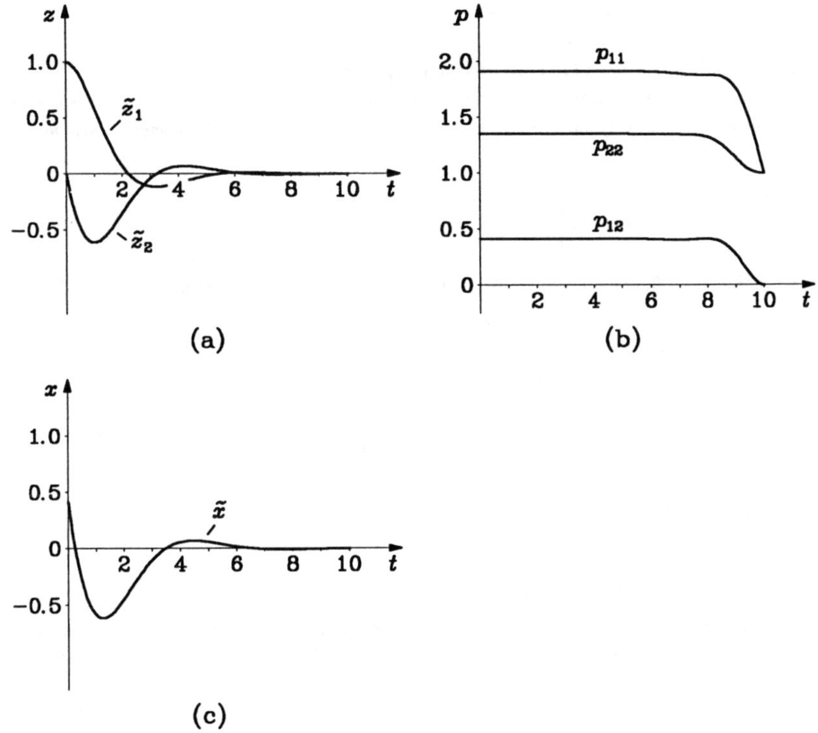

Bild 2.37: Optimale Regelung des Pendels mit beweglichem Aufhängepunkt. Das optimale Eingangssignal wurde für die linearisierten Zustandsdifferentialgleichungen durch Lösung der Riccatischen Differentialgleichung berechnet. (a) Zustandsgrößen $\tilde{z}_1, \tilde{z}_2$; (b) Matrixelemente p_{11}, p_{12}, p_{22} von $\boldsymbol{P}$; (c) optimales Eingangssignal $\tilde{x}$; jeweils als Funktion der (normierten) Zeit t

Aus den Gln. (2.360a,b,d) ergibt sich gemäß Gl. (2.351) die Vektordifferentialgleichung

$$\frac{\mathrm{d}}{\mathrm{d}t}\begin{bmatrix}\tilde{z}\\ \tilde{\lambda}\end{bmatrix} = \begin{bmatrix} a & -\dfrac{b^2}{2} \\ 0 & -a\end{bmatrix}\begin{bmatrix}\tilde{z}\\ \tilde{\lambda}\end{bmatrix}$$

mit der Übergangsmatrix entsprechend Gl. (2.353)

$$\boldsymbol{\Phi}(t,1) = \begin{bmatrix} \mathrm{e}^{a(t-1)} & \dfrac{b^2}{4a}\left[\mathrm{e}^{-a(t-1)} - \mathrm{e}^{a(t-1)}\right] \\ 0 & \mathrm{e}^{-a(t-1)} \end{bmatrix}. \tag{2.362}$$

Hieraus erhält man gemäß Gl. (2.355) die skalare Funktion

$$p(t) = \frac{m\,\mathrm{e}^{-a(t-1)}}{\mathrm{e}^{a(t-1)} + \dfrac{mb^2}{4a}\left[\mathrm{e}^{-a(t-1)} - \mathrm{e}^{a(t-1)}\right]}$$

und mit deren Hilfe die gesuchte optimale Lösung in Form des Regelgesetzes

$$\tilde{x}(t) = -\frac{2abm\,\mathrm{e}^{-2a(t-1)}}{4a - mb^2 + mb^2\,\mathrm{e}^{-2a(t-1)}}\,\tilde{z}(t) = k(t)\,\tilde{z}(t)\,.$$

Durch Auflösung der hiermit aus Gl. (2.360a) gewonnenen rückgekoppelten Systemgleichung

$$\frac{d\tilde{z}}{dt} = a\tilde{z} + bk(t)\tilde{z} = [a + bk(t)]\tilde{z}$$

kann die optimale Lösung $\tilde{x}(t)$ auch explizit angegeben werden.

Ist im Gegensatz zur bisherigen Aufgabenstellung die Randbedingung $z(1) = 0$ vorgeschrieben, dann tritt anstelle von Gl. (2.360c) die Forderung $\tilde{z}(1) = 0$, und mit Hilfe der Übergangsmatrix aus Gl. (2.362) ergibt sich

$$\begin{bmatrix} \tilde{z}(t) \\ \tilde{\lambda}(t) \end{bmatrix} = \boldsymbol{\Phi}(t,1) \begin{bmatrix} 0 \\ \tilde{\lambda}(1) \end{bmatrix} = \tilde{\lambda}(1) \begin{bmatrix} \frac{b^2}{4a}[e^{-a(t-1)} - e^{a(t-1)}] \\ e^{-a(t-1)} \end{bmatrix}. \tag{2.363}$$

Setzt man hier $t = 0$, dann liefert die Anfangsbedingung $\tilde{z}(0) = 1$ den Wert

$$\tilde{\lambda}(1) = \frac{4a}{b^2(e^a - e^{-a})}, \tag{2.364}$$

und damit ergibt sich

$$\tilde{\lambda}(t) = \frac{4a\,e^a}{b^2(e^a - e^{-a})}\, e^{-at}.$$

Mit Gl. (2.360d) folgt hieraus die optimale Lösung

$$\tilde{x}(t) = \frac{2a}{b}\, \frac{e^{2a}}{1 - e^{2a}}\, e^{-at}. \tag{2.365}$$

Da durch die Gln. (2.363) und (2.364) auch die optimale Zustandsgröße $\tilde{z}(t)$ explizit bekannt ist, läßt sich durch Einsetzen in Gl. (2.361) verifizieren, daß die Hamiltonsche Funktion einen konstanten Wert hat, nämlich

$$H(z,x) = \frac{-4a^2 e^{2a}}{b^2(e^{2a} - 1)^2}.$$

Abschließend soll noch auf eine interessante Querverbindung zur Steuerbarkeit hingewiesen werden. Im Abschnitt 3.4.2 wurde als Lösung der Steuerbarkeitsbedingung nach Gl. (2.118) explizit ein Eingangssignal $\boldsymbol{x}(t)$ angegeben. Wertet man die dortige Formel für den vorliegenden Fall mit $t_1 = 1$ und $z_0 = 1$ aus, dann erhält man ein $x(t)$, das mit der durch Gl. (2.365) gegebenen Extremalen $\tilde{x}(t)$ identisch ist. Dieses interessante Ergebnis läßt sich insofern auf den Fall des linearen, zeitinvarianten Systems mit mehreren Eingängen verallgemeinern, als das im Abschnitt 3.4.2 angegebene Eingangssignal

$$\boldsymbol{x}(t) = -\boldsymbol{B}^{\mathrm{T}} e^{-\boldsymbol{A}^{\mathrm{T}} t} \boldsymbol{W}_S^{-1}(t_1)\, \boldsymbol{z}_0$$

den Anfangszustand $\boldsymbol{z}(0) = \boldsymbol{z}_0$ in den Endzustand $\boldsymbol{z}(t_1) = \boldsymbol{0}$ überführt und dabei den Güteindex

$$J[\boldsymbol{x}(t)] = \int_0^{t_1} \boldsymbol{x}^{\mathrm{T}}(t)\, \boldsymbol{x}(t)\, dt$$

zum Minimum macht.

5.4.3 Unendliche Steuerintervalle

Im folgenden wird die Optimierung des Güteindexes auf einem unendlichen Steuerintervall betrachtet, d. h. man wählt $t_1 \to \infty$ in Gl. (2.318). Die Berechnungen vereinfachen sich wesentlich, wenn man sich auf den Fall beschränkt, in dem die Matrizen $\boldsymbol{A}$, $\boldsymbol{B}$, $\boldsymbol{Q}$, $\boldsymbol{R}$ konstant sind. Dies ist zugleich der für die Anwendung wichtigste Fall. Um Komplikationen bei der Existenz der optimalen Lösungen zu vermeiden, wird weiterhin angenommen, daß das betrachtete System steuerbar ist und $\boldsymbol{Q}$, $\boldsymbol{R}$ positiv-definit sind.

Damit das Integral in Gl. (2.318) für $t_1 \to \infty$ existiert, muß notwendigerweise

$$\lim_{t \to \infty} \boldsymbol{z}(t) = \boldsymbol{0} \tag{2.366}$$

gelten. Daher reduziert sich der Güteindex zu

$$J[x(t)] = \frac{1}{2} \int_0^\infty [\boldsymbol{z}^{\mathrm{T}}(t)\, \boldsymbol{Q} \boldsymbol{z}(t) + \boldsymbol{x}^{\mathrm{T}}(t)\, \boldsymbol{R} \boldsymbol{x}(t)]\, \mathrm{d}t. \tag{2.367}$$

Weil das betrachtete lineare System zeitinvariant ist, liegt es nahe, nach einer zeitinvarianten Lösung dieses optimalen Regelungsproblems zu suchen. In der Tat ist eine optimale Regelung durch

$$\tilde{\boldsymbol{x}}(t) = -\boldsymbol{R}^{-1} \boldsymbol{B}^{\mathrm{T}} \boldsymbol{P} \tilde{\boldsymbol{z}}(t) \tag{2.368}$$

gegeben, wobei die Matrix $\boldsymbol{P}$ positiv-definit ist und die algebraische Riccati-Gleichung

$$\boldsymbol{P}\boldsymbol{A} + \boldsymbol{A}^{\mathrm{T}}\boldsymbol{P} - \boldsymbol{P}\boldsymbol{B}\boldsymbol{R}^{-1}\boldsymbol{B}^{\mathrm{T}}\boldsymbol{P} + \boldsymbol{Q} = \boldsymbol{0} \tag{2.369}$$

erfüllt (man vergleiche hierzu z. B. [An1], [So1]). Das betrachtete Optimierungsproblem wird also im wesentlichen auf die Lösung der algebraischen Riccati-Gleichung (2.369) reduziert. Die Lösung der algebraischen Riccati-Gleichung erfolgt im allgemeinen numerisch (man vergleiche z. B. [Ch6]).

Das rückgekoppelte System

$$\dot{\boldsymbol{z}}(t) = (\boldsymbol{A} - \boldsymbol{B}\boldsymbol{R}^{-1}\boldsymbol{B}^{\mathrm{T}}\boldsymbol{P})\, \boldsymbol{z}(t) \tag{2.370}$$

ist asymptotisch stabil, wie im folgenden kurz gezeigt wird. Bezeichnet man den kleinsten und den größten Eigenwert der positiv-definiten Matrix $\boldsymbol{P}$ mit $p_{\min}$ bzw. $p_{\max}$, so gilt für

$$V(\boldsymbol{z}(t)) = \boldsymbol{z}^{\mathrm{T}}(t)\, \boldsymbol{P} \boldsymbol{z}(t) \tag{2.371}$$

die Beziehung

$$p_{\min} \,\|\, \boldsymbol{z}(t) \,\|^2 \leqq V(\boldsymbol{z}(t)) \leqq p_{\max} \,\|\, \boldsymbol{z}(t) \,\|^2. \tag{2.372}$$

Weiterhin folgt aus

$$\dot{V}(\boldsymbol{z}(t)) = \dot{\boldsymbol{z}}^{\mathrm{T}}(t)\, \boldsymbol{P}\, \boldsymbol{z}(t) + \boldsymbol{z}^{\mathrm{T}}(t)\, \boldsymbol{P}\, \dot{\boldsymbol{z}}(t) \tag{2.373}$$

unter Ausnutzung von Gln. (2.370) und (2.369)

$$\begin{aligned} \dot{V}(\boldsymbol{z}(t)) &= \boldsymbol{z}^{\mathrm{T}}(t)\, [\boldsymbol{A}^{\mathrm{T}}\boldsymbol{P} + \boldsymbol{P}\boldsymbol{A} - 2\boldsymbol{P}\boldsymbol{B}\boldsymbol{R}^{-1}\boldsymbol{B}^{\mathrm{T}}\boldsymbol{P}]\, \boldsymbol{z}(t) \\ &= \boldsymbol{z}^{\mathrm{T}}(t)\, [-\boldsymbol{P}\boldsymbol{B}\boldsymbol{R}^{-1}\boldsymbol{B}^{\mathrm{T}}\boldsymbol{P} - \boldsymbol{Q}]\, \boldsymbol{z}(t). \end{aligned} \tag{2.374}$$

Bezeichnet man den kleinsten Eigenwert von $\boldsymbol{Q}$ mit $q_{\min}$, so gilt $q_{\min} > 0$ (weil $\boldsymbol{Q}$ positiv-definit ist) und

$$\dot{V}(\boldsymbol{z}(t)) \leqq -q_{\min} \| \boldsymbol{z}(t) \|^2 . \qquad (2.375)$$

Aus Gln. (2.372) und (2.375) folgt, daß $V(\boldsymbol{z}(t))$ eine Lyapunovsche Funktion für das betrachtete System ist, und die Anwendung von Satz II.15 liefert die asymptotische Stabilität.

Beispiel 2.34: Es wird erneut das Pendel mit beweglichem Aufhängepunkt betrachtet. Laut Gln. (2.21a,b), ist die (linearisierte) Zustandsdifferentialgleichung durch die Gl. (2.12) gegeben, wobei

$$\boldsymbol{A} = \begin{bmatrix} 0 & 1 \\ -1 & 0 \end{bmatrix} \quad \text{und} \quad \boldsymbol{b} = \begin{bmatrix} 0 \\ -1 \end{bmatrix} \qquad (2.376\text{a,b})$$

bedeuten.

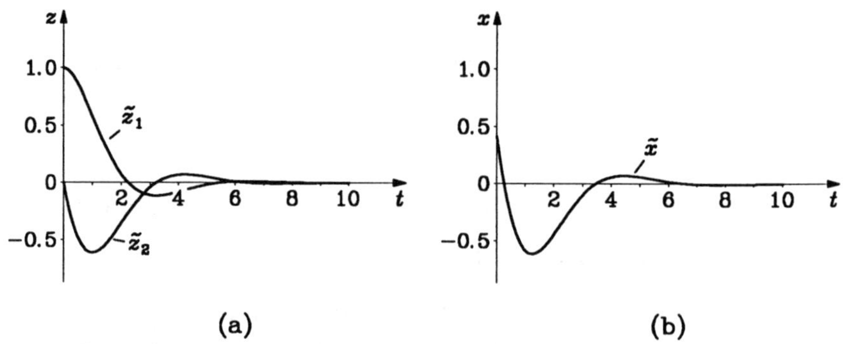

Bild 2.38: Optimale Regelung des Pendels mit beweglichem Aufhängepunkt. Das optimale Eingangssignal wurde für die linearisierten Zustandsdifferentialgleichungen durch Lösung der algebraischen Riccati-Gleichung berechnet. (a) Zustandsgrößen $\tilde{z}_1$, $\tilde{z}_2$; (b) optimales Eingangssignal $\tilde{x}$; jeweils als Funktion de (normierten) Zeit t

Wie im letzten Abschnitt wird $\boldsymbol{Q} = \mathbf{E}$ und $\boldsymbol{R} = r = 1$ gewählt. Die positiv-definite Lösung der algebraischen Riccati-Gleichung lautet

$$\boldsymbol{P} = \begin{bmatrix} 1{,}9123 & 0{,}4142 \\ 0{,}4142 & 1{,}3522 \end{bmatrix} . \qquad (2.377)$$

Das rückgekoppelte System nach Gl. (2.370) kann nun numerisch zum Anfangswert $\boldsymbol{z}(0) = [1 \quad 0]^{\mathrm{T}}$ gelöst werden. Die Zustandsgrößen sind in Bild 2.38a, das optimale Eingangssignal $\tilde{x}$ ist in Bild 2.38b als Zeitfunktionen dargestellt.

5.4.4 Optimale Regelung zeitdiskreter Systeme

Die behandelten Probleme der optimalen Regelung lassen sich auch für diskontinuierliche Systeme

$$\boldsymbol{z}[n+1] = \boldsymbol{f}(\boldsymbol{z}[n], \boldsymbol{x}[n], n), \quad \boldsymbol{z}[n_0] = \boldsymbol{z}_0 \qquad (2.378\text{a,b})$$

formulieren. Als Funktional zur Bewertung des Systems kann man

$$J(\boldsymbol{x}[n]) = S(\boldsymbol{z}[n_1], n_1) + \sum_{n=n_0}^{n_1-1} L(\boldsymbol{z}[n], \boldsymbol{x}[n], n) \qquad (2.379)$$

verwenden. Um die Systemgleichung (2.378a) bei der Optimierung zu berücksichtigen, wird mit einer adjungierten Vektorfunktion $\boldsymbol{\lambda}[n]$ das erweiterte Funktional

$$J_e(\boldsymbol{x}[n],\boldsymbol{z}[n]) = S(\boldsymbol{z}[n_1],n_1) + \sum_{n=n_0}^{n_1-1} \{L(\boldsymbol{z}[n],\boldsymbol{x}[n],n) + \boldsymbol{\lambda}^T[n+1][\boldsymbol{f}(\boldsymbol{z}[n],\boldsymbol{x}[n],n) - \boldsymbol{z}[n+1]]\}$$

eingeführt. Mit der Hamiltonschen Funktion

$$H(\boldsymbol{z}[n],\boldsymbol{x}[n],n) := L(\boldsymbol{z}[n],\boldsymbol{x}[n],n) + \boldsymbol{\lambda}^T[n+1]\boldsymbol{f}(\boldsymbol{z}[n],\boldsymbol{x}[n],n) \tag{2.380}$$

erhält man nun für das erweiterte Funktional

$$J_e(\boldsymbol{x}[n],\boldsymbol{z}[n]) = S(\boldsymbol{z}[n_1],n_1) - \boldsymbol{\lambda}^T[n_1]\boldsymbol{z}[n_1] + \boldsymbol{\lambda}^T[n_0]\boldsymbol{z}[n_0] + \sum_{n=n_0}^{n_1-1} \{H(\boldsymbol{z}[n],\boldsymbol{x}[n],n) - \boldsymbol{\lambda}^T[n]\boldsymbol{z}[n]\}.$$

Nun bildet man wie im kontinuierlichen Fall die Variation dieses Funktionals

$$\delta J_e = \left[\left(\frac{\partial S}{\partial \boldsymbol{z}} - \boldsymbol{\lambda}^T\right)\delta\boldsymbol{z}\right]_{n=n_1} + \sum_{n=n_0}^{n_1-1}\left[\frac{\partial H}{\partial \boldsymbol{z}}\delta\boldsymbol{z} + \frac{\partial H}{\partial \boldsymbol{x}}\delta\boldsymbol{x} - \boldsymbol{\lambda}^T[n]\delta\boldsymbol{z}\right].$$

Dabei wurde $\delta\boldsymbol{z}[n_0] = \boldsymbol{0}$ berücksichtigt. Dieser Variation entnimmt man unmittelbar als Forderung für ein Extremum von J die Bedingungen

$$\frac{\partial H}{\partial \boldsymbol{x}} = \boldsymbol{0} \quad \text{für} \quad n_0 \leqq n < n_1 , \tag{2.381}$$

$$\boldsymbol{\lambda}^T[n] = \frac{\partial H}{\partial \boldsymbol{z}} \quad \text{für} \quad n_0 \leqq n < n_1 , \tag{2.382a}$$

$$\boldsymbol{\lambda}^T[n_1] = \left.\frac{\partial S}{\partial \boldsymbol{z}}\right|_{n=n_1} . \tag{2.382b}$$

Die Gl. (2.382a) stellt die adjungierte Gleichung dar, Gl. (2.382b) die zugehörige Endbedingung. Neben den Gln. (2.381) und (2.382a,b) ist Gl. (2.378a) mit der Anfangsbedingung nach Gl. (2.378b) zu erfüllen.

Beispiel 2.35: Eine gegebene reelle Zahl A (beispielsweise ein bestimmter Geldbetrag) soll in m Teile $x[n]$ $(n = 0,1,\dots,m-1)$ aufgeteilt werden, so daß also

$$\sum_{n=0}^{m-1} x[n] = A \tag{2.383}$$

gilt. Jeder Teil $x[n]$ wird mit einer (Investitions-) Funktion $L(x[n])$ bewertet, und als Gesamtbewertung für die Aufteilung wird das Funktional

$$J = \sum_{n=0}^{m-1} L(x[n])$$

definiert. Es soll nun J maximiert bzw. $-J$ minimiert werden. Zur Lösung dieser Aufgabe wird eine Zustandsgröße $z[n]$ derart eingeführt, daß ihre Abnahme $z[n] - z[n+1]$ mit $x[n]$ übereinstimmt. Dann gilt die Zustandsgleichung

$$z[n+1] = z[n] - x[n]$$

mit den Randbedingungen

$$z[0] = A \quad \text{und} \quad z[m] = 0 .$$

Damit kann das Funktional J mit einer frei wählbaren Konstante γ_0 in der Form

$$J = \gamma_0 z[m] + \sum_{n=0}^{m-1} L(x[n])$$

geschrieben werden. Die Hamiltonsche Funktion lautet gemäß Gl. (2.380)

$$H(z[n], x[n], n) = L(x[n]) + \lambda[n+1](z[n] - x[n]) .$$

Damit erhält man nach den Gln. (2.381) und (2.382a,b)

$$\frac{\partial L}{\partial x} - \lambda[n+1] = 0 \quad (0 \leqq n \leqq m-1) , \tag{2.384}$$

$$\lambda[n] = \lambda[n+1] \quad (0 \leqq n \leqq m-1) , \tag{2.385a}$$

$$\lambda[m] = \gamma_0 . \tag{2.385b}$$

Aus den Gln. (2.385a,b) folgt die Lösung

$$\lambda[n] = \gamma_0 = \text{const} \ (0 \leqq n \leqq m) . \tag{2.386}$$

Aus Gl. (2.384) erhält man nun die Beziehung

$$\frac{\partial L}{\partial x} = \gamma_0 \quad (0 \leqq n \leqq m-1) \tag{2.387}$$

zur Ermittlung von $x[n]$. Wählt man beispielsweise

$$L(x[n]) = x^p[n] \quad (p > 0 , \ p \neq 1) ,$$

dann liefert die Gl. (2.387)

$$x[n] = (\gamma_0 / p)^{1/(p-1)} = \text{const} \quad (0 \leqq n \leqq m-1) ,$$

mit Gl. (2.383) ergibt sich schließlich

$$x[n] = A / m .$$

III Spektralanalyse kontinuierlicher Signale und Systeme

Im Kapitel I gelang es, kontinuierliche Signale sowohl mittels der Sprungfunktion $s(t)$ als auch mit Hilfe der Deltafunktion $\delta(t)$ jeweils durch ein Superpositionsintegral darzustellen. Diese Darstellungen ermöglichten es dann, grundlegende Beziehungen zwischen Eingangssignal und Ausgangssignal eines linearen kontinuierlichen Systems anzugeben. Dabei erwiesen sich die Sprungantwort ebenso wie die Impulsantwort des betreffenden Systems als Systemcharakteristiken. Ausgangspunkt für die Betrachtungen im folgenden Kapitel ist die Möglichkeit, kontinuierliche Signale auch mit Hilfe des Standardsignals $e^{j\omega t}$ durch ein Superpositionsintegral darzustellen. Diese Darstellung – man spricht von Repräsentation mittels der Fourier-Transformierten – führt dann zu einer weiteren fundamentalen Verknüpfung von Eingangsgröße und Ausgangsgröße eines linearen kontinuierlichen Systems, die als Alternative zu den entsprechenden Beziehungen aus Kapitel I betrachtet werden darf und neuartige Einsichten in die Struktur der Signale und Systeme bietet. In diesem Zusammenhang ergibt sich die Übertragungsfunktion als weitere Systemcharakteristik.

1 Die Übertragungsfunktion

In diesem Abschnitt wird die Übertragungsfunktion eingeführt und damit zugleich eine systemtheoretische Motivation für die Fourier-Transformation gegeben.

Es wird ein lineares und zeitinvariantes kontinuierliches System mit einem Eingang und einem Ausgang betrachtet, das über die Impulsantwort $h(t)$ (man vergleiche insbesondere die Gl. (1.61)) durch die Beziehung

$$y(t) = \int_{-\infty}^{\infty} x(t-\vartheta)\, h(\vartheta)\, d\vartheta \tag{3.1}$$

beschrieben werden kann. Dabei ist wie bisher $x(t)$ das Eingangssignal, und $y(t)$ stellt das Ausgangssignal dar. Um in jedem Fall die Existenz des Ausgangssignals $y(t)$ zu sichern, soll die Stabilität des Systems im Sinne der Ungleichungen (1.14a,b) vorausgesetzt werden. Das hat die absolute Integrierbarkeit der Impulsantwort zur Folge, d. h. die Existenz des Integrals I von Gl. (1.67). Nun wird als Eingangssignal speziell die kontinuierliche harmonische Exponentielle

$$x(t) = e^{j\omega t} \tag{3.2a}$$

gewählt, die bereits vom Zeitpunkt $t = -\infty$ an auf das System einwirkt. Nach Gl. (3.1) gewinnt man als entsprechendes Ausgangssignal

$$y(t) = \int_{-\infty}^{\infty} e^{j\omega(t-\vartheta)}\, h(\vartheta)\, d\vartheta$$

oder

$$y(t) = e^{j\omega t} \int_{-\infty}^{\infty} h(\vartheta)\, e^{-j\omega\vartheta}\, d\vartheta\,. \tag{3.2b}$$

Man pflegt das in Gl. (3.2b) stehende, nicht von der Zeit und nur von der Kreisfrequenz ω abhängige Integral als Funktion $H(\mathrm{j}\omega)$ abzukürzen:

$$H(\mathrm{j}\omega) := \int_{-\infty}^{\infty} h(\vartheta)\, \mathrm{e}^{-\mathrm{j}\omega\vartheta}\, \mathrm{d}\vartheta . \tag{3.3}$$

Diese Funktion heißt *Übertragungsfunktion* des betrachteten Systems, da sie ähnlich wie die Impulsantwort $h(t)$ im Zeitbereich das Übertragungsverhalten des Systems im sogenannten Frequenzbereich charakterisiert, wie im einzelnen noch gezeigt wird. Die Gl. (3.2b) besagt, daß ein lineares, zeitinvariantes und stabiles kontinuierliches System auf eine im Zeitpunkt $t = -\infty$ einsetzende harmonische Exponentielle $\mathrm{e}^{\mathrm{j}\omega t}$ mit einer gleichartigen Funktion reagiert, nämlich mit $H(\mathrm{j}\omega)\,\mathrm{e}^{\mathrm{j}\omega t}$. Die auftretende Proportionalitätskonstante ist die nur von der Frequenz abhängige Übertragungsfunktion $H(\mathrm{j}\omega)$. Weiterhin besagt die Gl. (3.2b) in Verbindung mit Gl. (3.2a), daß die Übertragungsfunktion eines linearen, zeitinvarianten und stabilen Systems[1] als Quotient von Ausgangs- zu Eingangssignal gedeutet werden kann, sofern das Eingangssignal die Form von Gl. (3.2a) hat:

$$H(\mathrm{j}\omega) = \left.\frac{y(t)}{x(t)}\right|_{x(t)=\mathrm{e}^{\mathrm{j}\omega t}} . \tag{3.4}$$

Wird ein System der betrachteten Art durch die Differentialgleichung

$$\frac{\mathrm{d}^q y}{\mathrm{d}t^q} + \alpha_{q-1}\frac{\mathrm{d}^{q-1} y}{\mathrm{d}t^{q-1}} + \cdots + \alpha_0 y = \beta_q \frac{\mathrm{d}^q x}{\mathrm{d}t^q} + \beta_{q-1}\frac{\mathrm{d}^{q-1} x}{\mathrm{d}t^{q-1}} + \cdots + \beta_0 x$$

dargestellt, so erhält man hieraus aufgrund der Gln. (3.2a,b) für die Übertragungsfunktion $H(\mathrm{j}\omega)$ nach Gl. (3.3) die Darstellung

$$H(\mathrm{j}\omega) = \frac{\beta_q(\mathrm{j}\omega)^q + \beta_{q-1}(\mathrm{j}\omega)^{q-1} + \cdots + \beta_0}{(\mathrm{j}\omega)^q + \alpha_{q-1}(\mathrm{j}\omega)^{q-1} + \cdots + \alpha_0} . \tag{3.5}$$

Dies ist eine rationale Funktion in $\mathrm{j}\omega$. Ersetzt man die Größe $\mathrm{j}\omega$ in Gl. (3.5) durch p, dann kann die Funktion $H(p)$ bis auf einen konstanten Faktor durch ihre Pole und Nullstellen in der komplexen p-Ebene vollständig charakterisiert werden. Der Nennerausdruck in Gl. (3.5) stellt als Funktion von p das charakteristische Polynom des Systems dar, dessen Nullstellen wegen der vorausgesetzten Stabilität nach Kapitel II ausnahmslos in der linken Hälfte der p-Ebene ($\mathrm{Re}\, p < 0$) liegen.

Läßt man nun die Eigenschaft der Zeitinvarianz fallen und betrachtet man ein lineares, im allgemeinen zeitvariantes und stabiles System mit *einem* Eingang und *einem* Ausgang, so tritt an die Stelle von Gl. (3.1) zunächst die Relation

$$y(t) = \int_{-\infty}^{\infty} x(\tau)\, h(t,\tau)\, \mathrm{d}\tau \tag{3.6a}$$

(man vergleiche Gl. (1.55)). Es empfiehlt sich, den "Einschaltparameter" τ durch die Größe $\vartheta = t - \tau$ zu ersetzen. Dann erhält man mit der Impulsantwort

[1] Die Stabilität stellt keine notwendige Voraussetzung für die Existenz der Übertragungsfunktion $H(\mathrm{j}\omega)$ dar (man vergleiche die Bemerkungen nach Satz III.1). Es gibt auch instabile Systeme, für die $H(\mathrm{j}\omega)$ existiert. Ein Beispiel bildet der ideale Tiefpaß (Abschnitt 2.3).

$$h(t, t - \vartheta) =: b(t, \vartheta)$$

aus Gl. (3.6a) die Darstellung

$$y(t) = \int_{-\infty}^{\infty} x(t - \vartheta)\, b(t, \vartheta)\, d\vartheta . \tag{3.6b}$$

Nun wird auch hier das im Zeitpunkt $t = -\infty$ einsetzende harmonische Eingangssignal nach Gl. (3.2a) betrachtet. Nach Gl. (3.6b) wird dann das zugehörige Ausgangssignal

$$y(t) = e^{j\omega t} \int_{-\infty}^{\infty} b(t, \vartheta)\, e^{-j\omega\vartheta}\, d\vartheta . \tag{3.7}$$

Das hierbei auftretende Integral

$$H(j\omega, t) := \int_{-\infty}^{\infty} b(t, \vartheta)\, e^{-j\omega\vartheta}\, d\vartheta \tag{3.8}$$

wird als *verallgemeinerte Übertragungsfunktion* eingeführt, die nun allerdings außer von der Kreisfrequenz ω auch noch von der Zeit t abhängt. Diese Funktion geht bei Zeitinvarianz in die Übertragungsfunktion $H(j\omega)$ nach Gl. (3.3) über. Aufgrund der Gln. (3.2a) und (3.7) weist die durch Gl. (3.8) definierte Übertragungsfunktion $H(j\omega, t)$ ebenfalls die Eigenschaft gemäß Gl. (3.4) auf, d. h.

$$H(j\omega, t) = \left. \frac{y(t)}{x(t)} \right|_{x(t) = e^{j\omega t}} . \tag{3.9}$$

Eine weitere Eigenschaft der Übertragungsfunktion eines reellen kontinuierlichen Systems läßt sich direkt der Definitionsgleichung (3.8) entnehmen:

$$H^*(j\omega, t) = H(-j\omega, t) . \tag{3.10}$$

Da die Übertragungsfunktion im allgemeinen eine komplexwertige Funktion ist, pflegt man auch

$$H(j\omega, t) = A(\omega, t)\, e^{-j\Theta(\omega, t)} \tag{3.11a}$$

oder

$$H(j\omega, t) = R(\omega, t) + jX(\omega, t) \tag{3.11b}$$

zu schreiben. Dabei ist $A(\omega, t)$ die Amplitudenfunktion, und $\Theta(\omega, t)$ stellt die Phasenfunktion [1] dar. Im zeitinvarianten Fall entfallen die Abhängigkeiten von der Variablen t; statt $A(\omega, t)$, $\Theta(\omega, t)$, $R(\omega, t)$ und $X(\omega, t)$ schreibt man dann einfach $A(\omega)$, $\Theta(\omega)$, $R(\omega)$ bzw. $X(\omega)$.

Es soll jetzt noch die Reaktion eines linearen, im allgemeinen zeitvarianten und stabilen kontinuierlichen Systems auf das bei $t = -\infty$ einsetzende Eingangssignal

$$x(t) = \cos \omega t \equiv \frac{1}{2} [e^{j\omega t} + e^{-j\omega t}] \tag{3.12}$$

---

[1] Aus Gründen, die erst später (insbesondere Abschnitt 2.3) deutlich werden, ist es üblich, als Phase einer Übertragungsfunktion die negative Argumentfunktion zu wählen. Zur Vermeidung von Mißverständnissen wird hierbei stets die Bezeichnung Θ verwendet im Gegensatz zum Symbol Φ für die Argumentfunktion.

ermittelt werden. Aus Gl. (3.9) gewinnt man die Reaktion auf das Signal $x_1(t) = e^{j\omega t}$ als

$$y_1(t) := T[e^{j\omega t}] = H(j\omega,t)\,e^{j\omega t}. \tag{3.13a}$$

Entsprechend erhält man die Antwort auf das Eingangssignal $x_2(t) = e^{-j\omega t}$ als

$$y_2(t) := T[e^{-j\omega t}] = H(-j\omega,t)\,e^{-j\omega t}. \tag{3.13b}$$

Da $x(t)$ nach Gl. (3.12) das arithmetische Mittel der den Ausgangssignalen von Gln. (3.13a,b) entsprechenden Eingangsgrößen ist, erhält man wegen der Linearität des Systems

$$y(t) = T[\cos\omega t] = \frac{1}{2}[y_1(t) + y_2(t)] = \frac{1}{2}[H(j\omega,t)\,e^{j\omega t} + H(-j\omega,t)\,e^{-j\omega t}]$$

oder mit Gl. (3.10)

$$y(t) = \mathrm{Re}[H(j\omega,t)\,e^{j\omega t}].$$

Bei Verwendung von Gl. (3.11a) wird schließlich

$$T[\cos\omega t] = A(\omega,t)\cos[\omega t - \Theta(\omega,t)]. \tag{3.14a}$$

Im Fall der Zeitinvarianz lautet dieses Ausgangssignal

$$T[\cos\omega t] = A(\omega)\cos[\omega t - \Theta(\omega)]. \tag{3.14b}$$

Die Gl. (3.14b) besagt: Ein harmonisches Eingangssignal der Kreisfrequenz ω ruft im stationären Zustand (Einschaltung bei $t = -\infty$) am Ausgang eines reellen, linearen, zeitinvarianten und stabilen kontinuierlichen Systems ein harmonisches Ausgangssignal *gleicher* Kreisfrequenz hervor. Das Eingangssignal und das Ausgangssignal unterscheiden sich nur in der Amplitude und in der Nullphase. Lineare, zeitvariante Systeme besitzen diese Eigenschaft im allgemeinen nicht mehr, wie die Gl. (3.14a) erkennen läßt.

Man kann die Definitionsgleichung (3.3) bzw. (3.8) der Übertragungsfunktion als Operation betrachten, welche die Impulsantwort aus dem Zeitbereich in die Übertragungsfunktion im Frequenzbereich transformiert. Diese Transformation ist allgemein als *Fourier-Transformation* bekannt. In diesem Sinne ist die Übertragungsfunktion die Fourier-Transformierte der entsprechenden Impulsantwort. Im folgenden Abschnitt soll der Übergang vom Zeitbereich in den Frequenzbereich näher untersucht werden.

2 Die Fourier-Transformation

2.1 TRANSFORMATION STETIGER FUNKTIONEN

Es sei an die Möglichkeit erinnert, eine stetige Funktion $f(t)$ aufgrund der Ausblendeigenschaft der δ-Funktion darzustellen:

$$f(t) = \int_{-\infty}^{\infty} f(\tau)\,\delta(t-\tau)\,d\tau. \tag{3.15}$$

Diese Gleichung hat nur im Rahmen des Distributionen-Begriffs eine strenge mathematische Bedeutung. Weiterhin sei die folgende bekannte Grenzwert-Darstellung der δ-Funktion genannt (man vergleiche den Anhang A):

$$\delta(t) = \lim_{\Omega\to\infty} \delta_\Omega(t) \quad \text{mit} \quad \delta_\Omega(t) := \frac{1}{2\pi}\int_{-\Omega}^{\Omega} e^{j\omega t}\, d\omega = \frac{\sin \Omega t}{\pi t}. \tag{3.16a,b}$$

Man schreibt anstelle der Gln. (3.16a,b) oft kurz

$$\delta(t) = \frac{1}{2\pi}\int_{-\infty}^{\infty} e^{j\omega t}\, d\omega. \tag{3.17}$$

Es wird nun in Gl. (3.15) für die (verallgemeinerte) Funktion $\delta(t-\tau)$ die (gewöhnliche) Funktion $\delta_\Omega(t-\tau)$ gemäß Gl. (3.16b) eingeführt. Dann erhält man statt $f(t)$ die Funktion

$$f_\Omega(t) = \int_{-\infty}^{\infty} f(\tau)\, \delta_\Omega(t-\tau)\, d\tau. \tag{3.18a}$$

Diese Funktion strebt unter bestimmten Voraussetzungen über $f(t)$ für $\Omega\to\infty$ gegen $f(t)$. Solche Voraussetzungen sind z. B. die absolute Integrierbarkeit, die Stetigkeit und die stückweise Glattheit [1] der Funktion $f(t)$. Im folgenden sollen diese Voraussetzungen angenommen werden. Mit Gl. (3.16b) erhält man aus Gl. (3.18a)

$$f_\Omega(t) = \frac{1}{2\pi}\int_{-\infty}^{\infty}\int_{-\Omega}^{\Omega} f(\tau)\, e^{j\omega(t-\tau)}\, d\omega\, d\tau. \tag{3.18b}$$

Hierbei sind die Integrale als Riemannsche Integrale aufzufassen. Unter den über $f(t)$ gemachten Voraussetzungen darf die Reihenfolge der Integrationen in Gl. (3.18b) vertauscht werden. Damit ergibt sich

$$f_\Omega(t) = \frac{1}{2\pi}\int_{-\Omega}^{\Omega} e^{j\omega t}\int_{-\infty}^{\infty} f(\tau)\, e^{-j\omega\tau}\, d\tau\, d\omega. \tag{3.18c}$$

Da für $\Omega\to\infty$ die Funktion $f_\Omega(t)$ gegen $f(t)$ strebt, erhält man nun aus Gl. (3.18c) die Darstellung [2]

$$f(t) = \frac{1}{2\pi}\int_{-\infty}^{\infty} F(j\omega)\, e^{j\omega t}\, d\omega \tag{3.19}$$

mit der Abkürzung

---

1) Eine im Intervall $-\infty < t < \infty$ definierte Zeitfunktion $f(t)$ heißt stückweise glatt, wenn das Intervall $-\infty < t < \infty$ in endlich viele Teilintervalle partitioniert werden kann, so daß $f(t)$ in jedem dieser Teilintervalle stetig differenzierbar ist.

2) Ersetzt man das Integral in Gl. (3.19) näherungsweise durch eine Summe, dann kann man sich $f(t)$ durch Superposition harmonischer Schwingungen entstanden denken. Insofern läßt sich die Darstellung nach Gl. (3.19) als Überlagerung unendlich vieler harmonischer Schwingungen auffassen, deren Kreisfrequenzen kontinuierlich über $-\infty < \omega < \infty$ verteilt sind; hierbei würde $F(j\omega)/2\pi$ die "Amplitudendichte" dieser Schwingungen bedeuten.

$$F(\mathrm{j}\omega) = \int_{-\infty}^{\infty} f(t)\,\mathrm{e}^{-\mathrm{j}\omega t}\,\mathrm{d}t\,. \tag{3.20}$$

Die im vorstehenden gewonnenen Ergebnisse werden zusammengefaßt im

Satz III.1: Eine im Intervall $-\infty < t < \infty$ definierte stetige, stückweise glatte und absolut integrierbare Funktion $f(t)$ läßt sich mit Hilfe ihrer nach Gl. (3.20) im gesamten Intervall $-\infty < \omega < \infty$ definierten Fourier-Transformierten (Frequenzfunktion, Spektrum) $F(\mathrm{j}\omega)$ durch die Umkehrformel nach Gl. (3.19) darstellen.

Ergänzung: Die Voraussetzung der absoluten Integrierbarkeit von $f(t)$ kann im Satz III.1 durch die Forderung ersetzt werden, daß $f(t)$ die Gestalt $f(t) = g(t)\sin(\omega_0 t + \Phi_0)$ hat, wobei ω_0 und Φ_0 beliebig reelle Konstanten sind, $g(t)$ monoton abnimmt und $f(t)/t$ für $|t| > A > 0$ absolut integrierbar ist, wobei A eine Konstante bedeutet.

Die im Fourier-Integral $F(\mathrm{j}\omega)$ nach Gl. (3.20) vorkommende Größe ω heißt Kreisfrequenz in Anlehnung an die Untersuchungen im Abschnitt 1. Die zwischen den Funktionen $f(t)$ und $F(\mathrm{j}\omega)$ nach den Gln. (3.19) und (3.20) bestehende Zuordnung soll gelegentlich durch folgende symbolische Schreibweise ausgedrückt werden:

$$f(t) \circ\!\!-\!\!\!-\, F(\mathrm{j}\omega)\,.$$

Man spricht von der Zuordnung zwischen Zeitbereich und Frequenzbereich. Die im Zusammenhang mit der Fourier-Transformation auftretenden uneigentlichen Integrale sind im Sinne des Cauchyschen Hauptwertes zu verstehen, nämlich als

$$\int_{-\infty}^{\infty} = \lim_{A\to\infty} \int_{-A}^{A}\,.$$

Die im Satz III.1 gemachten Voraussetzungen für $f(t)$ stellen nur *hinreichende* Bedingungen dar. Obwohl diese Bedingungen schon viele der bei praktischen Anwendungen vorkommenden Funktionen erfüllen, existieren weitere Funktionsklassen, die in den Frequenzbereich und von dort zurück in den Zeitbereich transformiert werden können. So ist es möglich, aufgrund der in der Ergänzung zu Satz III.1 gemachten Aussage eine Reihe weiterer Funktionen durch ihre Fourier-Transformierte darzustellen. Ein Beispiel bildet offensichtlich die Funktion

$$f(t) = \frac{\sin \Omega t}{t}\,.$$

Bei Zulassung von Distributionen wird die Klasse von Funktionen, die durch ihre Frequenzfunktionen nach Gl. (3.19) darstellbar sind, wesentlich erweitert (man vergleiche Abschnitt 4 und den Anhang A).

Da die Fourier-Transformierte $F(\mathrm{j}\omega)$ im allgemeinen eine komplexwertige Funktion ist, verwendet man auch die Darstellungen

$$F(\mathrm{j}\omega) = R(\omega) + \mathrm{j}X(\omega) \tag{3.21a}$$

und

$$F(\mathrm{j}\omega) = A(\omega)\,\mathrm{e}^{\mathrm{j}\Phi(\omega)}\,. \tag{3.21b}$$

Dabei ist $R(\omega)$ die Realteilfunktion, $X(\omega)$ die Imaginärteilfunktion, während $A(\omega)$ die Amplitudenfunktion und $\Phi(\omega)$ die Phasenfunktion darstellt.

Unter der Voraussetzung, daß $f(t)$ eine *reellwertige* Zeitfunktion ist, lassen sich $R(\omega)$ und $X(\omega)$ aus Gl. (3.20) mit $e^{-j\omega t} = \cos\omega t - j\sin\omega t$ in der Form

$$R(\omega) = \int_{-\infty}^{\infty} f(t)\cos\omega t \, dt\,, \quad X(\omega) = -\int_{-\infty}^{\infty} f(t)\sin\omega t \, dt \tag{3.22a,b}$$

darstellen. Hieraus ist zu erkennen, daß die Realteilfunktion $R(\omega)$ eine gerade und die Imaginärteilfunktion $X(\omega)$ eine ungerade Funktion in ω ist, d. h. $R(\omega) = R(-\omega)$ und $X(\omega) = -X(-\omega)$ gilt. Dies entspricht der bei reellem $f(t)$ direkt aus Gl. (3.20) ablesbaren Eigenschaft des Spektrums

$$F(-j\omega) = F^*(j\omega)\,.$$

Weiterhin ist zu sehen, daß $A(\omega)$ eine gerade und $\Phi(\omega)$ eine ungerade Funktion von ω ist. Man beachte jedoch, daß die Phase nur bis auf ganzzahlige Vielfache von 2π eindeutig ist.

Aus der Umkehrformel nach Gl. (3.19) erhält man bei reellem $f(t)$ mit den in den Gln. (3.21a,b) eingeführten Bezeichnungen

$$f(t) = \frac{1}{2\pi}\int_{-\infty}^{\infty} [R(\omega)\cos\omega t - X(\omega)\sin\omega t]\, d\omega$$

oder bei Berücksichtigung von $R(\omega) = R(-\omega)$ und $X(\omega) = -X(-\omega)$

$$f(t) = \frac{1}{\pi}\int_{0}^{\infty} [R(\omega)\cos\omega t - X(\omega)\sin\omega t]\, d\omega \tag{3.23a}$$

und weiterhin

$$f(t) = \frac{1}{\pi}\int_{0}^{\infty} A(\omega)\cos[\omega t + \Phi(\omega)]\, d\omega\,. \tag{3.23b}$$

Die gewonnenen Darstellungen vereinfachen sich, wenn $f(t)$ eine *gerade* Funktion ist, d. h. $f(t) \equiv f(-t)$ gilt. Dann lauten die Gln. (3.22a,b)

$$R(\omega) = 2\int_{0}^{\infty} f(t)\cos\omega t \, dt\,; \quad X(\omega) \equiv 0\,, \tag{3.24}$$

und aus Gl. (3.23a) folgt

$$f(t) = \frac{1}{\pi}\int_{0}^{\infty} R(\omega)\cos\omega t \, d\omega\,. \tag{3.25}$$

Die Bedingung $X(\omega) \equiv 0$ ist kennzeichnend dafür, daß die reelle Zeitfunktion $f(t)$ gerade ist.

In entsprechender Weise lassen sich einfache Darstellungen angeben, wenn $f(t)$ eine *ungerade* Funktion ist, also $f(t) \equiv -f(-t)$ gilt. Aus den Gln. (3.22a,b) folgt dann

$$R(\omega) \equiv 0\,; \quad X(\omega) = -2\int\limits_0^\infty f(t)\sin\omega t\;\mathrm{d}t\,, \tag{3.26}$$

und aus Gl. (3.23a)

$$f(t) = -\frac{1}{\pi}\int\limits_0^\infty X(\omega)\sin\omega t\;\mathrm{d}\omega\,. \tag{3.27}$$

Die Bedingung $R(\omega) \equiv 0$ ist kennzeichnend dafür, daß die reelle Zeitfunktion $f(t)$ ungerade ist.

Man kann nun eine reelle Zeitfunktion $f(t)$, die im allgemeinen weder gerade noch ungerade ist, in die Summe von geradem und ungeradem Anteil zerlegen:

$$f(t) = f_g(t) + f_u(t)\,. \tag{3.28a}$$

Hierbei ist

$$f_g(t) = \frac{1}{2}\,[f(t) + f(-t)]\,, \tag{3.28b}$$

$$f_u(t) = \frac{1}{2}\,[f(t) - f(-t)]\,. \tag{3.28c}$$

Die Gültigkeit der Gl. (3.28a) mit den in den Gln. (3.28b,c) eingeführten Funktionen ist offensichtlich. Führt man $f(t)$ nach Gl. (3.28a) in Gl. (3.20) ein und berücksichtigt man, daß $f_g(t)$ ein reelles und $f_u(t)$ ein rein imaginäres Spektrum hat, so erhält man für die Realteilfunktion $R(\omega)$ des Spektrums von $f(t)$ und die zugehörige Imaginärteilfunktion $X(\omega)$ gemäß den Gln. (3.24) und (3.26)

$$R(\omega) = 2\int\limits_0^\infty f_g(t)\cos\omega t\;\mathrm{d}t\,, \quad X(\omega) = -2\int\limits_0^\infty f_u(t)\sin\omega t\;\mathrm{d}t\,. \tag{3.29a,b}$$

Das Spektrum des geraden Teils $f_g(t)$ liefert also die Realteilfunktion des Spektrums von $f(t)$, während die Imaginärteilfunktion durch das Spektrum des ungeraden Teiles $f_u(t)$ gegeben wird. Gemäß den Gln. (3.25) und (3.27) gewinnt man

$$f_g(t) = \frac{1}{\pi}\int\limits_0^\infty R(\omega)\cos\omega t\;\mathrm{d}\omega \tag{3.30a}$$

und

$$f_u(t) = -\frac{1}{\pi}\int\limits_0^\infty X(\omega)\sin\omega t\;\mathrm{d}\omega\,. \tag{3.30b}$$

Mit Hilfe der oben eingeführten symbolischen Schreibweise läßt sich damit bei einer reellen Funktion stets

$$f_g(t) \circ\!\!-\, R(\omega)\,, \quad f_u(t) \circ\!\!-\, \mathrm{j}X(\omega)$$

schreiben.

Ist $f(t)$ eine komplexwertige Zeitfunktion und bezeichnet $F(\mathrm{j}\omega)$ ihre Fourier-Transformierte, dann gilt die Zuordnung

$$f^*(t) \circ\!\!- F^*(-j\omega).$$

Diese Korrespondenz ergibt sich, wenn man $F^*(-j\omega)$ gemäß Gl. (3.19) in den Zeitbereich zurücktransformiert.

Es sei noch auf folgendes hingewiesen: Die Impulsantwort $h(t)$ eines linearen, zeitinvarianten und stabilen Systems mit einem Eingang und einem Ausgang ist, wenn man von einem möglichen δ-Anteil absieht, absolut integrierbar. Damit existiert die Fourier-Transformierte von $h(t)$, d. h. in Übereinstimmung mit der Aussage von Gl. (3.3) die Übertragungsfunktion $H(j\omega)$. Ist die Impulsantwort darüber hinaus stetig und stückweise glatt, dann läßt sie sich nach Satz III.1 aus $H(j\omega)$ durch Anwendung der Fourier-Umkehrformel gewinnen:1)

$$h(t) = \frac{1}{2\pi} \int_{-\infty}^{\infty} H(j\omega) e^{j\omega t} \, d\omega \tag{3.31a}$$

oder

$$h(t) = \frac{1}{\pi} \int_{0}^{\infty} A(\omega) \cos[\omega t - \Theta(\omega)] \, d\omega . \tag{3.31b}$$

2.2 TRANSFORMATION VON FUNKTIONEN MIT SPRUNGSTELLEN, DAS GIBBSSCHE PHÄNOMEN

Es werden jetzt Zeitfunktionen $f(t)$ mit den im Satz III.1 geforderten Eigenschaften betrachtet, wobei jedoch endlich viele Sprungstellen zugelassen sein mögen. Auch dann ändert sich an den Überlegungen, die zu den Gln. (3.19) und (3.20) führten, nichts, wenn man von den t-Abszissen absieht, die den Sprungstellen entsprechen. Es soll nun das Verhalten der durch die Umkehrformel nach Gl. (3.19) gelieferten Funktion an einer Sprungstelle untersucht werden, die sich im Zeitnullpunkt befinden möge (Bild 3.1). Die im Nullpunkt unstetige Funktion $f(t)$ läßt sich als Summe

$$f(t) = f_s(t) + [f(0+) - f(0-)] s(t) \tag{3.32}$$

schreiben, wobei $f_s(t)$ mit $f(t)$ für $t < 0$ übereinstimmt und für $t > 0$ gegenüber $f(t)$ nach Bild 3.1 um $[f(0+) - f(0-)]$ verschoben ist, so daß sich $f_s(t)$ im Nullpunkt stetig verhält, also $f_s(0+) = f_s(0-) = f_s(0)$ gilt. Aus Gl. (3.18b) erhält man

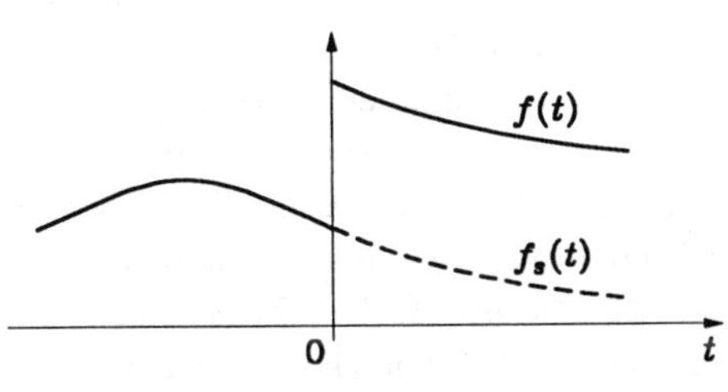

Bild 3.1: Zeitfunktion $f(t)$ mit einem Sprung im Nullpunkt. Die Funktion $f_s(t)$ stimmt für $t < 0$ mit $f(t)$ überein und unterscheidet sich von ihr um die Sprunghöhe $[f(0+) - f(0-)]$ für $t > 0$

1) Auf das Verhalten der durch die Umkehrformel gelieferten Zeitfunktion an Unstetigkeitsstellen wird im Abschnitt 2.2 eingegangen.

$$f_\Omega(t) = \frac{1}{2\pi}\int_{-\infty}^{\infty} f(\tau)\int_{-\Omega}^{\Omega} e^{j\omega(t-\tau)}\,d\omega\, d\tau = \int_{-\infty}^{\infty} f(\tau)\frac{\sin\Omega(t-\tau)}{\pi(t-\tau)}\,d\tau$$

und daraus mit Gl. (3.32)

$$f_\Omega(t) = \int_{-\infty}^{\infty} f_s(\tau)\frac{\sin\Omega(t-\tau)}{\pi(t-\tau)}\,d\tau + [f(0+)-f(0-)]\int_{-\infty}^{\infty} s(\tau)\frac{\sin\Omega(t-\tau)}{\pi(t-\tau)}\,d\tau . \quad (3.33)$$

Diese Funktion strebt an allen t-Stellen mit Ausnahme der Unstetigkeitsstellen für $\Omega \to \infty$ gegen $f(t)$. Da das erste Integral in Gl. (3.33) an allen Stetigkeitsstellen von $f_s(t)$, insbesondere an der Stelle $t = 0$, gegen diese Funktion strebt,[1] genügt es für das Studium des Verhaltens von $f_\Omega(t)$ in der Umgebung des Nullpunkts für $\Omega \to \infty$, das zweite Integral

$$s_\Omega(t) := \int_0^{\infty} \frac{\sin\Omega(t-\tau)}{\pi(t-\tau)}\,d\tau \quad (3.34a)$$

zu untersuchen.

Mit $\Omega(t-\tau) = \xi$ wird

$$s_\Omega(t) = \int_{-\infty}^{\Omega t} \frac{\sin\xi}{\pi\xi}\,d\xi = \int_{-\infty}^{0} \frac{\sin\xi}{\pi\xi}\,d\xi + \frac{1}{\pi}\int_0^{\Omega t} \frac{\sin\xi}{\xi}\,d\xi .$$

Unter Verwendung des Integralsinus

$$\mathrm{Si}(x) := \int_0^{x} \frac{\sin\xi}{\xi}\,d\xi ,$$

dessen Grenzwert für $x \to \infty$ gleich $\pi/2$ ist, erhält man schließlich

$$s_\Omega(t) = \frac{1}{2} + \frac{1}{\pi}\mathrm{Si}(\Omega t) . \quad (3.34b)$$

Die Gl. (3.33) läßt sich jetzt auch in der Form

$$f_\Omega(t) = \int_{-\infty}^{\infty} f_s(\tau)\frac{\sin\Omega(t-\tau)}{\pi(t-\tau)}\,d\tau + [f(0+)-f(0-)]s_\Omega(t) \quad (3.35)$$

schreiben. Im Bild 3.2 ist der Verlauf der Funktion $s_\Omega(t)$ dargestellt. Mit Hilfe dieses Kurvenverlaufs kann nun das Verhalten von $f_\Omega(t)$ in der Umgebung des Zeitnullpunkts für hinreichend großes Ω nach Gl. (3.35) angegeben werden, wobei man zu beachten hat, daß in der Umgebung des Nullpunkts für genügend großes Ω das erste Integral in Gl. (3.35) hinreichend gut mit $f_s(t)$ übereinstimmt. Bild 3.3 zeigt den Kurvenverlauf von $f_\Omega(t)$.

Es soll jetzt das Verhalten von $f_\Omega(t)$ beim Grenzübergang $\Omega \to \infty$ untersucht werden. Zunächst sei festgestellt, daß eine Vergrößerung von Ω für die Funktion $s_\Omega(t)$ nach Gl. (3.34b) nur eine Maßstabsänderung der Abszissenachse bewirkt, wobei die Stelle des Maximums und die Stellen der übrigen Extrema auf den Zeitnullpunkt zuwandern, ohne daß sich dabei die Ordinaten, insbesondere das Maximum von etwa 1,09 ändern. Dies bedeutet, daß bei zunehmendem Ω die Schwingungen von $f_\Omega(t)$ in der Nähe der Sprungstelle immer näher an diese Stelle heranrücken. Obwohl die Stelle des Überschwingers, d. h. die Stelle des abso-

---

[1] Dies gilt, wie durch Einbeziehung von Distributionen gezeigt werden kann (Abschnitt 4), obwohl die Funktion $f_s(t)$ die Forderung der absoluten Integrierbarkeit verletzt.

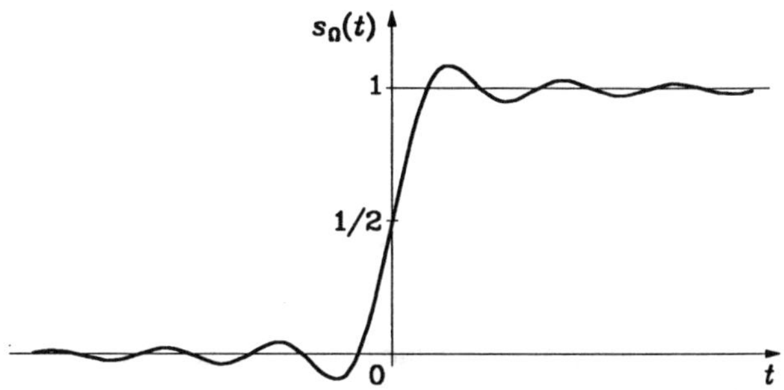

Bild 3.2: Verlauf der Funktion $s_\Omega(t)$

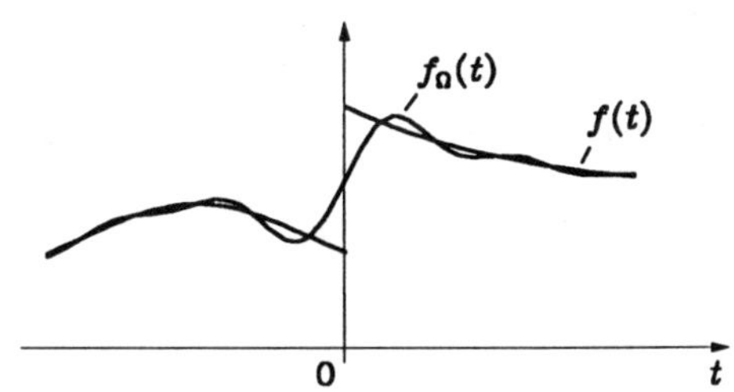

Bild 3.3: Verlauf der Funktion $f_\Omega(t)$ mit dem Gibbsschen Phänomen

luten Maximums, für $\Omega \to \infty$ gegen $t = 0$ strebt, *bleibt die Höhe des Überschwingers von etwa 9% des Funktionssprungs* $[f(0+) - f(0-)]$ *unverändert.* Diese Erscheinung ist als *Gibbssches Phänomen* bekannt.

Mit Hilfe von Gl. (3.35) stellt man weiterhin fest, daß der Funktionswert von $f_\Omega(t)$ an der Stelle $t = 0$ für $\Omega \to \infty$ gegen $f(0-) + [f(0+) - f(0-)]/2 = [f(0+) + f(0-)]/2$ strebt, da das erste Integral in Gl. (3.35) für $t = 0$ und für $\Omega \to \infty$ gegen $f(0-)$ strebt und $s_\Omega(0)$ unabhängig von Ω gleich 1/2 ist. Es ist also

$$\lim_{\Omega \to \infty} f_\Omega(0) = \frac{f(0+) + f(0-)}{2} .$$

Definiert man die Funktion $f(t)$ an den Sprungstellen durch das arithmetische Mittel der links- und rechtsseitigen Grenzwerte, so liefert die Umkehrformel nach Gl. (3.19) die Funktionswerte $f(t)$ nicht nur an den Stetigkeitsstellen, sondern *auch* an den Sprungstellen.

Die Entstehung des Gibbsschen Phänomens soll im folgenden noch etwas näher studiert werden. Man kann sich die Funktion $f_\Omega(t)$ nach Gl. (3.18b) dadurch entstanden denken, daß man das Spektrum $F(j\omega)$ von $f(t)$ aus Gl. (3.20) durch eine rechteckförmige Funktion (Bild 3.4)

$$p_\Omega(\omega) = \begin{cases} 1 & \text{für} \quad |\omega| < \Omega , \\ 0 & \text{für} \quad |\omega| > \Omega \end{cases} \tag{3.36}$$

beschneidet, d. h. das Spektrum

$$F_\Omega(j\omega) = p_\Omega(\omega) F(j\omega) \tag{3.37a}$$

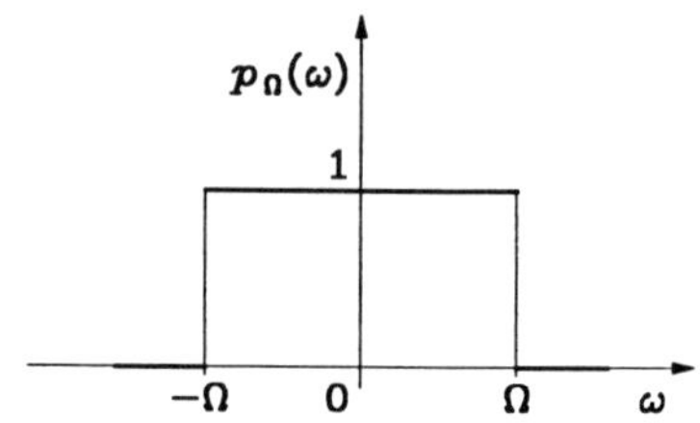

Bild 3.4: Rechteckförmige Funktion im Frequenzbereich

bildet, und sodann diese Funktion gemäß der Umkehrformel nach Gl. (3.19) in den Zeitbereich transformiert:

$$f_\Omega(t) = \frac{1}{2\pi} \int_{-\infty}^{\infty} F_\Omega(j\omega)\, e^{j\omega t}\, d\omega . \tag{3.37b}$$

Obwohl $f_\Omega(t)$ für $\Omega \to \infty$ gegen $f(t)$ strebt, vermag die Vergrößerung von Ω das Auftreten der Überschwinger an den Unstetigkeitsstellen (Gibbssches Phänomen) nicht zu verhindern. Dies liegt daran, daß das Spektrum $F_\Omega(j\omega)$ aus dem Spektrum $F(j\omega)$ nach Gl. (3.37a) durch *rechteckförmige* Beschneidung entsteht. Führt man stattdessen beispielsweise eine *dreieckförmige* Beschneidung mit Hilfe der Dreieck-Funktion (Bild 3.5)

$$q_\Omega(\omega) = \begin{cases} 1 - \dfrac{|\omega|}{\Omega} & \text{für} \quad |\omega| < \Omega , \\ 0 & \text{für} \quad |\omega| > \Omega \end{cases} \tag{3.38a}$$

durch, indem man

$$G_\Omega(j\omega) = q_\Omega(\omega)\, F(j\omega) \tag{3.39a}$$

bildet, so erhält man als entsprechende Zeitfunktion nach den Gln. (3.19) und (3.20)

$$g_\Omega(t) = \frac{1}{2\pi} \int_{-\infty}^{\infty} e^{j\omega t}\, q_\Omega(\omega) \int_{-\infty}^{\infty} f(\tau)\, e^{-j\omega\tau}\, d\tau\, d\omega$$

$$= \int_{-\infty}^{\infty} f(\tau) \frac{1}{\pi} \int_{0}^{\Omega} \left(1 - \frac{\omega}{\Omega}\right) \cos \omega (t-\tau)\, d\omega\, d\tau$$

oder nach Ausführung der ω- Integration

$$g_\Omega(t) = \int_{-\infty}^{\infty} f(\tau) \frac{2 \sin^2 \dfrac{\Omega(t-\tau)}{2}}{\pi \Omega (t-\tau)^2}\, d\tau . \tag{3.39b}$$

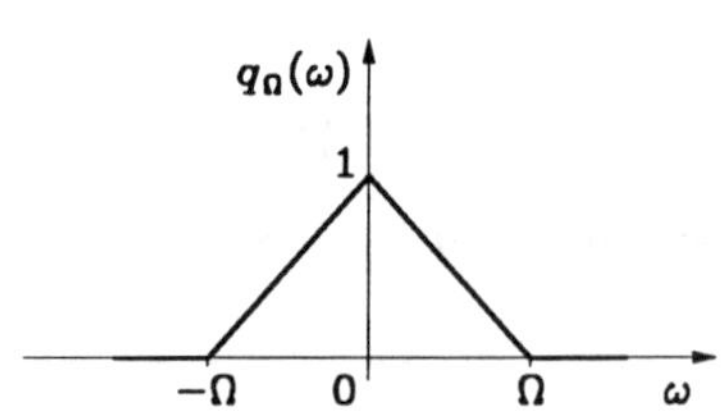

Bild 3.5: Dreieckförmige Funktion im Frequenzbereich

Da $G_\Omega(\mathrm{j}\omega)$ für $\Omega \to \infty$ nach Gl. (3.39a) gegen $F(\mathrm{j}\omega)$ strebt, muß $g_\Omega(t)$ gleichzeitig gegen $f(t)$ streben:

$$\lim_{\Omega\to\infty} g_\Omega(t) = f(t). \tag{3.40}$$

Während bei rechteckförmiger Beschneidung des Spektrums $F(\mathrm{j}\omega)$ die resultierende Zeitfunktion $f_\Omega(t)$ gemäß Gl. (3.18a) durch Faltung von $f(t)$ mit dem sogenannten *Fourierschen Kern*

$$\delta_\Omega(t) = \frac{\sin \Omega t}{\pi t}$$

gebildet wird, ergibt sich gemäß Gl. (3.39b) bei dreieckförmiger Beschneidung des Spektrums die Zeitfunktion $g_\Omega(t)$ durch Faltung von $f(t)$ mit dem sogenannten *Fejérschen Kern*

$$\varepsilon_\Omega(t) = \frac{2\sin^2 \dfrac{\Omega t}{2}}{\pi \Omega t^2}. \tag{3.38b}$$

Da nicht nur $f_\Omega(t)$, sondern nach Gl. (3.40) auch $g_\Omega(t)$ mit $\Omega\to\infty$ gegen $f(t)$ strebt, konvergiert sowohl $\delta_\Omega(t)$ als auch $\varepsilon_\Omega(t)$ mit $\Omega\to\infty$ im Sinne der Distributionentheorie gegen $\delta(t)$.

Man kann jetzt auch das Verhalten der Funktion $g_\Omega(t)$ aus Gl. (3.39b) in der Umgebung der Sprungstelle $t = 0$ für $\Omega\to\infty$ untersuchen. Entsprechend der Darstellung von $f_\Omega(t)$ nach Gl. (3.33) erhält man für $g_\Omega(t)$ eine Darstellung, wobei statt der Fourier-Kerne nunmehr Fejér-Kerne auftreten. Das dem zweiten Integral in Gl. (3.33) entsprechende Integral ist

$$u_\Omega(t) := \int_{-\infty}^{\infty} s(\tau) \frac{2\sin^2 \dfrac{\Omega(t-\tau)}{2}}{\pi\Omega(t-\tau)^2}\, \mathrm{d}\tau$$

oder nach der Substitution $\Omega(t-\tau) = \xi$

$$u_\Omega(t) = \frac{2}{\pi} \int_{-\infty}^{\Omega t} \frac{\sin^2 \dfrac{\xi}{2}}{\xi^2}\, \mathrm{d}\xi. \tag{3.41}$$

Diese Funktion $u_\Omega(t)$ ist im Gegensatz zur Funktion $s_\Omega(t)$ nach Gl. (3.34a) (man vergleiche Bild 3.6) eine monoton ansteigende Funktion, da der Integrand in Gl. (3.41) nie negativ wird. Deshalb strebt die Funktion $g_\Omega(t)$ nach Gl. (3.40) für $\Omega\to\infty$ ohne Überschwinger, d. h. ohne die Entstehung des Gibbsschen Phänomens, gegen $f(t)$ (Bild 3.6). Allerdings erfolgt die Annäherung in der Umgebung der Unstetigkeitsstelle etwas langsamer als bei Recht-

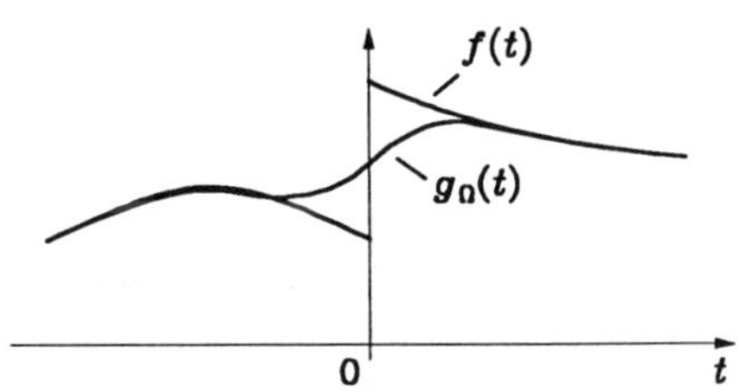

Bild 3.6: Verlauf der Funktion $g_\Omega(t)$, bei der das Gibbssche Phänomen nicht auftritt

eckbeschneidung. Da $u_\Omega(0) = 1/2$ ist, wie man der Gl. (3.41) entnehmen kann, gilt

$$\lim_{\Omega\to\infty} g_\Omega(0) = \frac{f(0+) + f(0-)}{2}\,.$$

2.3 DER IDEALE TIEFPASS

Zur Anwendung der bisher gewonnenen Ergebnisse soll der sogenannte *ideale Tiefpaß* diskutiert werden. Dieses System ist dadurch ausgezeichnet, daß das Spektrum $Y(\mathrm{j}\omega)$ des Ausgangssignals $y(t)$ aus dem Spektrum $X(\mathrm{j}\omega)$ des Eingangssignals $x(t)$ stets durch rechteckförmige Beschneidung mit der Funktion $A_0\, p_{\omega_g}(\omega)$ und gleichzeitiger Multiplikation mit dem nur die Phase beeinflussenden Faktor $\mathrm{e}^{-\mathrm{j}\omega t_0}$ entsteht. Beim idealen Tiefpaß gilt also

$$Y(\mathrm{j}\omega) = A_0\, p_{\omega_g}(\omega)\, \mathrm{e}^{-\mathrm{j}\omega t_0}\, X(\mathrm{j}\omega)\,. \tag{3.42}$$

Hierbei bedeutet A_0 eine positive Konstante, t_0 (> 0) die sogenannte Laufzeit und ω_g die Grenzkreisfrequenz. Die Funktion $p_{\omega_g}(\omega)$ ist durch Gl. (3.36) definiert. Gemäß Gl. (3.18b) erhält man unter Berücksichtigung der Faktoren A_0 und $\mathrm{e}^{-\mathrm{j}\omega t_0}$ als Zusammenhang zwischen Eingangs- und Ausgangsgröße

$$y(t) = \int_{-\infty}^{\infty} x(\tau) A_0 \frac{\sin \omega_g(t - t_0 - \tau)}{\pi(t - t_0 - \tau)}\, \mathrm{d}\tau\,. \tag{3.43}$$

Diese Relation entspricht der Gl. (1.56), weshalb die Impulsantwort des idealen Tiefpasses

$$h(t) = A_0 \frac{\sin \omega_g(t - t_0)}{\pi(t - t_0)} \tag{3.44a}$$

lautet (Bild 3.7). Da $h(t)$ für $t < 0$ nicht identisch verschwindet, stellt der ideale Tiefpaß ein nichtkausales System dar. Außerdem läßt sich zeigen, daß $h(t)$ nicht absolut integrierbar ist, so daß der ideale Tiefpaß im Sinne von Kapitel I kein stabiles System ist. Die Sprungantwort $a(t)$ des idealen Tiefpasses gewinnt man aus Gl. (3.43) für $x(\tau) \equiv s(\tau)$. Auf diese

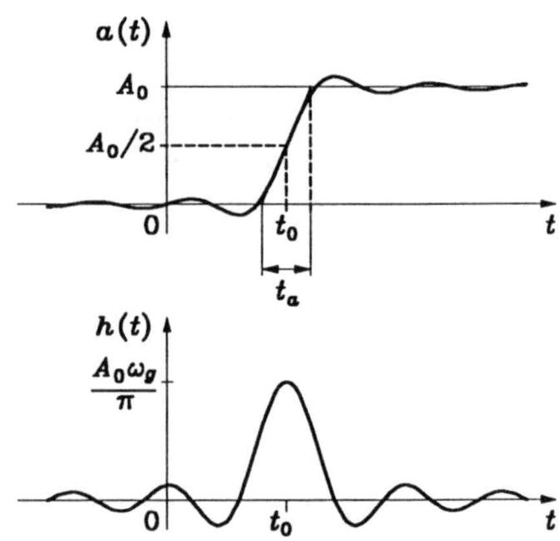

Bild 3.7: Sprung- und Impulsantwort des idealen Tiefpasses. Die Größe t_a wird als Anstiegszeit bezeichnet

Weise wird

$$a(t) = A_0 \int_0^{\infty} \frac{\sin \omega_g (t - t_0 - \tau)}{\pi (t - t_0 - \tau)} \, d\tau$$

oder mit den Gl. (3.34a,b)

$$a(t) = \frac{A_0}{2} \left[1 + \frac{2}{\pi} \operatorname{Si} \{ \omega_g (t - t_0) \} \right] \tag{3.44b}$$

(Bild 3.7). Wie man aus Bild 3.7 erkennen kann, darf bei hinreichend großem t_0 der ideale Tiefpaß näherungsweise als kausales System betrachtet werden. Als *Anstiegszeit* pflegt man die im Bild 3.7 angegebene Größe t_a zu bezeichnen. Sie entspricht jener Zeit, welche die durch die Tangente im Wendepunkt approximierte Sprungantwort vom Wert Null bis zum Endwert A_0 benötigt. Da die Steigung der Wendetangente nach Gl. (1.47) mit $h(t_0) = A_0 \, \omega_g / \pi$ übereinstimmt, erhält man für t_a den Wert $A_0 / h(t_0)$, also mit $\omega_g = 2\pi f_g$

$$t_a = \frac{1}{2 f_g} \tag{3.45}$$

als eine wichtige Formel. Mit Hilfe der Korrespondenz

$$\frac{\sin \omega_g t}{\pi t} \circ\!\!-\, p_{\omega_g}(\omega) \,, \tag{3.46}$$

deren Gültigkeit leicht nachgewiesen werden kann, läßt sich die Impulsantwort nach Gl. (3.44a) in den Frequenzbereich transformieren, wodurch gemäß Gl. (3.3) die Übertragungsfunktion des idealen Tiefpasses entsteht:

$$H(j\omega) = A_0 \, p_{\omega_g}(\omega) \, e^{-j\omega t_0} \,. \tag{3.47}$$

Aus Gl. (3.47) können die Amplitudenfunktion $A(\omega)$ und die Phasenfunktion $\Theta(\omega)$ (man vergleiche die Gl. (3.11a)) abgelesen werden. Bild 3.8 zeigt die entsprechenden Kurvenver-

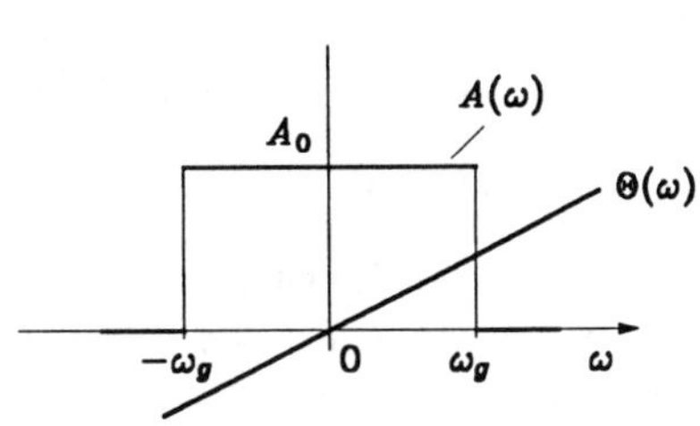

Bild 3.8: Amplituden- und Phasencharakteristik des idealen Tiefpasses

läufe. Das Frequenzintervall $(0, \omega_g)$ heißt Durchlaßbereich, das Intervall (ω_g, ∞) Sperrbereich. Mit Hilfe der Gln. (3.42) und (3.47) stellt man fest, daß die Beziehung

$$Y(j\omega) = H(j\omega) X(j\omega) \tag{3.48}$$

besteht. Diese Aussage liefert einen Zusammenhang zwischen Eingangs- und Ausgangsgröße im Frequenzbereich; sie ist, wie noch gezeigt wird, allgemein für lineare, zeitinvariante und stabile Systeme gültig und stellt die der Gl. (1.56) im Frequenzbereich entsprechende Aussage dar.

Beispiel 3.1: Auf einen Rechteckimpuls der Dauer $2T$

$$x(t) = p_T(t) = s(t+T) - s(t-T)$$

erhält man am Ausgang des idealen Tiefpasses wegen der Linearität das Signal

$$y(t) = a(t+T) - a(t-T).$$

Man vergleiche hierzu Bild 3.9. Die Überschwinger beim Anstieg bzw. Abfall des Ausgangssignals $y(t)$ rühren von der rechteckigen Amplitudencharakteristik $A(\omega)$ des idealen Tiefpasses her (Gibbssches Phänomen).

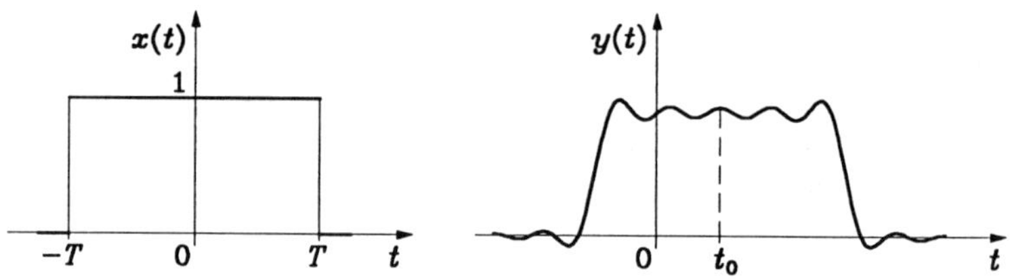

Bild 3.9: Ausgangssignal $y(t)$ eines idealen Tiefpasses als Antwort auf eine Rechteckfunktion $x(t)$

Falls das Eingangssignal $x(t)$ eines idealen Tiefpasses ein niederfrequentes Signal in dem Sinne ist, daß das Spektrum $X(\mathrm{j}\omega)$ für $|\omega| > \omega_g$ verschwindet, so erhält man mit den Gln. (3.47) und (3.48)

$$Y(\mathrm{j}\omega) = X(\mathrm{j}\omega) A_0 \, \mathrm{e}^{-\mathrm{j}\omega t_0}$$

und durch Transformation in den Zeitbereich

$$y(t) = A_0 \, x(t - t_0).$$

Der ideale Tiefpaß wirkt dann, wenn man vom Faktor A_0 absieht, als Verzögerungsglied.

2.4 KAUSALE ZEITFUNKTIONEN

Im Hinblick auf die durch die Gln. (1.13a,b) ausgedrückte Eigenschaft linearer, kausaler Systeme bezeichnet man eine Zeitfunktion $f(t)$ mit der Eigenschaft

$$f(t) \equiv 0 \quad \text{für} \quad t < 0 \tag{3.49}$$

als *kausal*. Die Impulsantwort eines linearen, zeitinvarianten und kausalen Systems mit einem Eingang und einem Ausgang stellt beispielsweise eine kausale Zeitfunktion dar. Da $f(-t)$ für $t > 0$ wegen Gl. (3.49) verschwindet, läßt sich gemäß den Gln. (3.28b,c) eine kausale Zeitfunktion folgendermaßen schreiben:

$$f(t) = 2 f_g(t) = 2 f_u(t), \quad t > 0. \tag{3.50}$$

Die Bedeutung der Gl. (3.50) geht aus Bild 3.10 hervor. Die Gln. (3.30a,b) liefern nun Darstellungen für $f_g(t)$ und $f_u(t)$ aufgrund der Realteil- bzw. Imaginärteilfunktion des Spektrums von $f(t)$. Substituiert man diese Darstellungen in Gl. (3.50), dann erhält man

$$f(t) = \frac{2}{\pi} \int_0^\infty R(\omega) \cos \omega t \, \mathrm{d}\omega \quad (t > 0) \tag{3.51a}$$

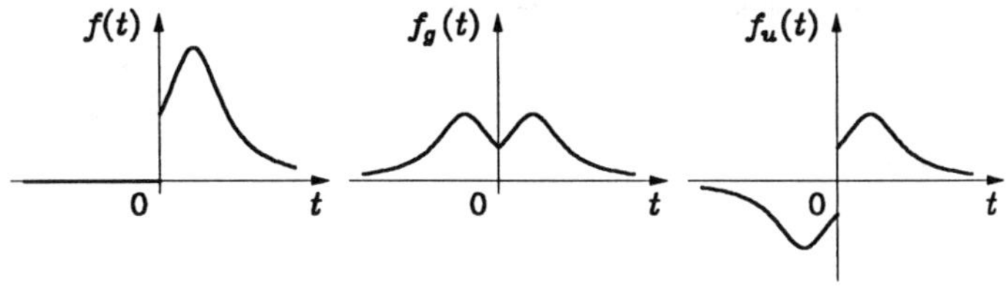

Bild 3.10: Gerader und ungerader Teil einer kausalen Zeitfunktion $f(t)$

und

$$f(t) = -\frac{2}{\pi}\int_0^\infty X(\omega)\sin\omega t\, d\omega \quad (t>0). \tag{3.51b}$$

Es sei bemerkt, daß Gl. (3.51a) für $t = 0$ den Funktionswert $f(0+)$, also den rechtsseitigen Grenzwert an der Stelle $t = 0$ liefert. Denn nach Gl. (3.19) ergibt sich für $t = 0$ der Wert

$$\frac{1}{\pi}\int_0^\infty R(\omega)\, d\omega = \frac{f(0+)}{2}.$$

Die Gln. (3.29a,b) bilden Darstellungen der Realteil- und der Imaginärteilfunktion des Spektrums einer Zeitfunktion $f(t)$ aufgrund des geraden bzw. des ungeraden Teiles von $f(t)$. Substituiert man in die Gln. (3.29a,b) über Gl. (3.50) $f(t)$ gemäß den Gln. (3.51a,b), so erhält man

$$R(\omega) = -\frac{2}{\pi}\int_0^\infty\int_0^\infty X(\eta)\sin\eta t\,\cos\omega t\, d\eta\, dt \tag{3.52a}$$

und

$$X(\omega) = -\frac{2}{\pi}\int_0^\infty\int_0^\infty R(\eta)\cos\eta t\,\sin\omega t\, d\eta\, dt. \tag{3.52b}$$

Diese Beziehungen lehren, daß im Fall kausaler Zeitfunktionen Realteil- und Imaginärteilfunktion des Spektrums miteinander gekoppelt und nicht unabhängig voneinander sind. Dies trifft insbesondere für Realteil und Imaginärteil der Übertragungsfunktion $H(j\omega)$ eines linearen, zeitinvarianten, kausalen und stabilen Systems zu. Man kann umgekehrt zeigen, daß aus jeder der Gln. (3.52a,b) die Kausalität der zugehörigen Zeitfunktion folgt.

Beispiel 3.2: Es sei gegeben

$$R(\omega) = \frac{1}{1+\omega^2}, \quad X(\omega) = \frac{-\omega}{1+\omega^2}.$$

Man erhält zunächst

$$\int_0^\infty R(\eta)\cos\eta t\, d\eta = \int_0^\infty \frac{\cos\eta t}{1+\eta^2}\, d\eta = \frac{\pi}{2}e^{-t} \quad (t>0)$$

und sodann nach Substitution in die rechte Seite von Gl. (3.52b)

$$-\frac{2}{\pi}\int_0^\infty \frac{\pi}{2}e^{-t}\sin\omega t\, dt = -\int_0^\infty e^{-t}\,\frac{e^{j\omega t}-e^{-j\omega t}}{2j}\, dt = \frac{-\omega}{1+\omega^2}.$$

Da diese Funktion mit $X(\omega)$ übereinstimmt, ist Gl. (3.52b) erfüllt. Die entsprechende Zeitfunktion muß also kausal sein. Die Fourier-Transformierte dieser Zeitfunktion ist

$$F(\mathrm{j}\omega) = R(\omega) + \mathrm{j}X(\omega) = \frac{1 - \mathrm{j}\omega}{1 + \omega^2} \quad \text{oder} \quad F(\mathrm{j}\omega) = \frac{1}{1 + \mathrm{j}\omega}.$$

Die Zeitfunktion lautet

$$f(t) = s(t)\,\mathrm{e}^{-t},$$

wie man durch Transformation dieser Funktion gemäß Gl. (3.20) in den Frequenzbereich bestätigt. Wie man sieht, stellt $f(t)$ tatsächlich eine kausale Zeitfunktion dar. Man kann jetzt auch die Betrags- und die Phasenfunktion des Spektrums $F(\mathrm{j}\omega)$ angeben:

$$A(\omega) = \frac{1}{\sqrt{1 + \omega^2}}; \qquad \Phi(\omega) = -\arctan\omega.$$

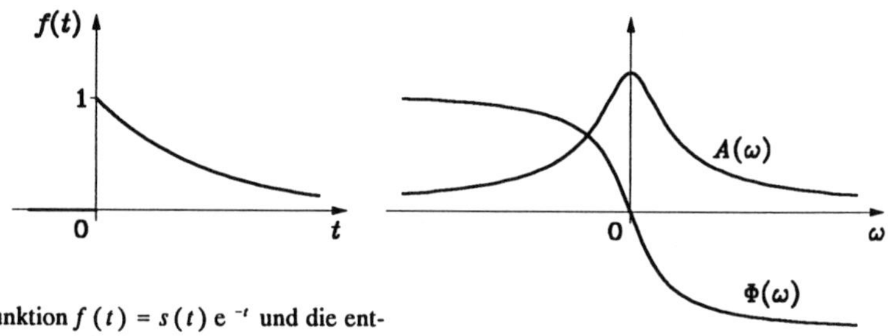

Bild 3.11: Kausale Zeitfunktion $f(t) = s(t)\,\mathrm{e}^{-t}$ und die entsprechenden Frequenzfunktionen $A(\omega)$, $\Phi(\omega)$

Bild 3.11 zeigt den Verlauf der Zeitfunktion und die Funktionen $A(\omega)$ und $\Phi(\omega)$. Da der gerade Anteil $f_g(t) = \mathrm{e}^{-|t|}/2$ die Fourier-Transformierte $R(\omega) = 1/(1 + \omega^2)$ hat, erhält man noch die Korrespondenz

$$\mathrm{e}^{-|t|} \circ\!\!-\; \frac{2}{1 + \omega^2}.$$

Man vergleiche hierzu das Bild 3.12.

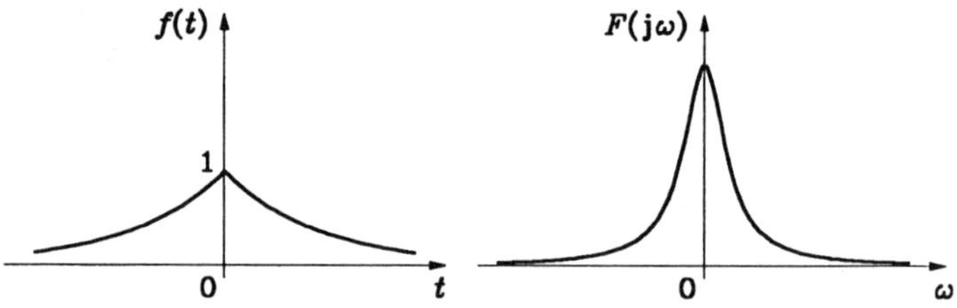

Bild 3.12: Gerade Zeitfunktion $f(t) = \mathrm{e}^{-|t|}$ und zugehöriges (reelles) Spektrum $F(\mathrm{j}\omega)$

Auf die Frage des Zusammenhangs zwischen Real- und Imaginärteil der Fourier-Transformierten kausaler Zeitfunktionen wird im Kapitel V noch ausführlich eingegangen. Dabei zeigt sich insbesondere, daß die Beziehungen der Gln. (3.52a,b) für die numerische Auswertung durch einfachere Verfahren ersetzt werden können.

3 Eigenschaften der Fourier-Transformation

3.1 ELEMENTARE EIGENSCHAFTEN

Aus den Grundgleichungen (3.19) und (3.20) der Fourier-Transformation läßt sich unmittelbar eine Reihe von Eigenschaften dieser Transformation ablesen.

(a) Linearität

Aus den Zuordnungen

$$f_1(t) \circ\!\!- F_1(\mathrm{j}\omega), \qquad f_2(t) \circ\!\!- F_2(\mathrm{j}\omega)$$

folgt mit willkürlichen Konstanten a_1 und a_2

$$a_1 f_1(t) + a_2 f_2(t) \circ\!\!- a_1 F_1(\mathrm{j}\omega) + a_2 F_2(\mathrm{j}\omega).$$

(b) Zeitverschiebung

Aus der Zuordnung

$$f(t) \circ\!\!- F(\mathrm{j}\omega)$$

folgt

$$f(t - t_0) \circ\!\!- F(\mathrm{j}\omega)\, \mathrm{e}^{-\mathrm{j}\omega t_0}.$$

Eine Verschiebung des Zeitvorganges um t_0 in positiver t-Richtung bewirkt im Frequenzbereich eine Multiplikation mit $\mathrm{e}^{-\mathrm{j}\omega t_0}$, d. h. eine reine Phasenänderung um $\Phi(\omega) = -\omega t_0$.

Beweis: Man bildet das Fourier-Integral

$$\int_{-\infty}^{\infty} f(t - t_0)\, \mathrm{e}^{-\mathrm{j}\omega t}\, \mathrm{d}t = \int_{-\infty}^{\infty} f(\tau)\, \mathrm{e}^{-\mathrm{j}\omega(\tau + t_0)}\, \mathrm{d}\tau = \mathrm{e}^{-\mathrm{j}\omega t_0}\, F(\mathrm{j}\omega).$$

Beispiel 3.3: Ein System mit einem Eingang und einem Ausgang heißt verzerrungsfrei, wenn sich das Ausgangssignal $y(t)$ vom Eingangssignal $x(t)$ nur durch einen Maßstabsfaktor A_0 und eine zeitliche Verschiebung $t_0 \geqq 0$ unterscheidet:

$$y(t) = A_0\, x(t - t_0).$$

Im Frequenzbereich lautet diese Relation wegen der Zeitverschiebungseigenschaft

$$Y(\mathrm{j}\omega) = A_0\, \mathrm{e}^{-\mathrm{j}\omega t_0}\, X(\mathrm{j}\omega).$$

Im Sinne von Gl. (3.48) folgt damit für die Übertragungsfunktion eines verzerrungsfreien Systems

$$H(\mathrm{j}\omega) = A_0\, \mathrm{e}^{-\mathrm{j}\omega t_0}.$$

Sie hat konstante Amplitude A_0 und lineare Phase $\Theta(\omega) = t_0\,\omega$. Die Impulsantwort lautet nach Abschnitt 4.2

$$h(t) = A_0\, \delta(t - t_0).$$

(c) Frequenzverschiebung

Aus der Korrespondenz

$$f(t) \circ\!\!- F(\mathrm{j}\omega)$$

folgt mit der reellen Konstante ω_0

$$f(t)\,\mathrm{e}^{\mathrm{j}\omega_0 t} \circ\!\!- F[\mathrm{j}(\omega - \omega_0)].$$

Eine Verschiebung des Spektrums um die Kreisfrequenz ω_0 in positiver ω-Richtung bedingt also eine Multiplikation der Zeitfunktion mit dem Faktor $\mathrm{e}^{\mathrm{j}\omega_0 t}$.

Beweis: Es wird das Fourier-Integral gebildet:

$$\int_{-\infty}^{\infty} f(t)\,\mathrm{e}^{\mathrm{j}\omega_0 t}\,\mathrm{e}^{-\mathrm{j}\omega t}\,\mathrm{d}t = \int_{-\infty}^{\infty} f(t)\,\mathrm{e}^{-\mathrm{j}(\omega-\omega_0)t}\,\mathrm{d}t = F[\mathrm{j}(\omega - \omega_0)].$$

Beispiel 3.4: Die Frequenzverschiebungseigenschaft läßt sich zur Ermittlung der Spektren der amplitudenmodulierten Trägerschwingungen

$$f_c(t) = f(t)\cos\omega_0 t \quad \text{und} \quad f_s(t) = f(t)\sin\omega_0 t$$

aus dem Spektrum $F(\mathrm{j}\omega)$ von $f(t)$ verwenden. Man erhält

$$f_c(t) \equiv \frac{f(t)}{2}\,\mathrm{e}^{\mathrm{j}\omega_0 t} + \frac{f(t)}{2}\,\mathrm{e}^{-\mathrm{j}\omega_0 t} \circ\!\!- \frac{1}{2}\{F[\mathrm{j}(\omega - \omega_0)] + F[\mathrm{j}(\omega + \omega_0)]\}$$

und entsprechend

$$f_s(t) \circ\!\!- \frac{1}{2\mathrm{j}}\{F[\mathrm{j}(\omega - \omega_0)] - F[\mathrm{j}(\omega + \omega_0)]\}.$$

Wenn also ein mit ω_0 verglichen niederfrequentes Signal $f(t)$, d. h. ein Signal, dessen Spektrum $F(\mathrm{j}\omega)$ für $|\omega| > \omega_g$ mit $0 < \omega_g \ll \omega_0$ gleich Null ist, mit der Funktion $\cos\omega_0 t$ multipliziert wird (man sagt auch, daß das niederfrequente Nutzsignal $f(t)$ der hochfrequenten Trägerschwingung $\cos\omega_0 t$ aufmoduliert wird), so bewirkt dies im Frequenzbereich eine Verschiebung der Amplitudenfunktion $A(\omega) = |F(\mathrm{j}\omega)|$ um $\pm\omega_0$ bei gleichzeitiger Multiplikation mit 0,5 sowie eine entsprechende Verschiebung der Phasenfunktion $\Phi(\omega)$, ohne daß dabei eine gegenseitige Überlappung der verschobenen Teilspektren auftritt (Bild 3.13). In analoger Weise kann die Modulation von $\sin\omega_0 t$ aufgrund des Spektrums von $f_s(t)$ gedeutet werden.

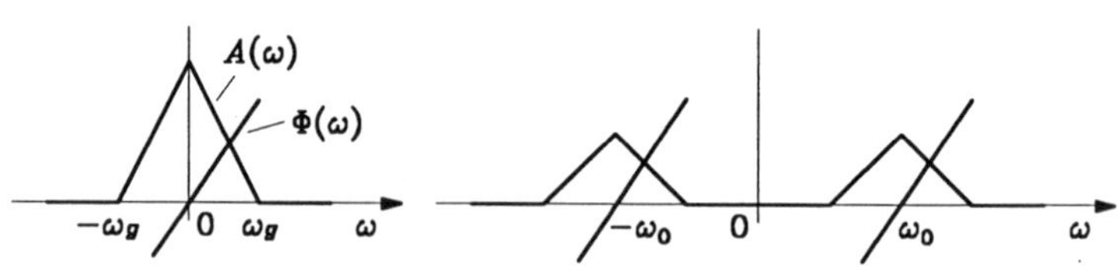

Bild 3.13: Spektrum eines niederfrequenten Signals $f(t)$ und Spektrum des Signals $f(t)\cos\omega_0 t$

Es soll das Signal $x(t) = f_c(t)$ als Eingangssignal eines linearen, zeitinvarianten und stabilen Systems mit der Übertragungsfunktion $H(\mathrm{j}\omega)$ betrachtet werden. Es sei die sogenannte Einhüllende $f(t)$ eine *schmalbandige* niederfrequente Zeitfunktion, d. h. die wesentlichen Funktionswerte des Spektrums $F(\mathrm{j}\omega)$ von $f(t)$ seien auf ein kleines Intervall $|\omega| < \Omega$ beschränkt. Außerhalb dieses Intervalls darf $F(\mathrm{j}\omega)$ mit ausreichender Genauigkeit gleich Null gesetzt werden. Das Spektrum $X(\mathrm{j}\omega) = \{F[\mathrm{j}(\omega - \omega_0)] + F[\mathrm{j}(\omega + \omega_0)]\}/2$ hat dann nur in den kleinen Intervallen $|\omega - \omega_0| < \Omega$ und $|\omega + \omega_0| < \Omega$ von Null verschiedene Werte. In diesen Intervallen darf die Übertragungsfunktion bei flachem Verlauf von $A(\omega)$ in $\omega = \omega_0$ durch

$$H(j\omega) = \begin{cases} A(\omega_0)\, e^{-j[\Theta(\omega_0)+(\omega-\omega_0)\Theta'(\omega_0)]} & \text{für} \quad |\omega - \omega_0| < \Omega\,, \\ A(\omega_0)\, e^{-j[-\Theta(\omega_0)+(\omega+\omega_0)\Theta'(\omega_0)]} & \text{für} \quad |\omega + \omega_0| < \Omega \end{cases}$$

approximiert werden, wobei die Güte der Annäherung um so besser ist, je kleiner Ω ist (der Strich bezeichnet die Differentiation). Nach Gl. (3.48), die, wie noch gezeigt wird, nicht nur für den idealen Tiefpaß gilt, erhält man das Spektrum $Y(j\omega)$ des Ausgangssignals in der folgenden Form:

$$Y(j\omega) = \frac{1}{2} A(\omega_0)\, e^{-j\omega\Theta'(\omega_0)} \{F[j(\omega - \omega_0)]\, e^{-j[\Theta(\omega_0)-\omega_0\Theta'(\omega_0)]} + F[j(\omega + \omega_0)]\, e^{j[\Theta(\omega_0)-\omega_0\Theta'(\omega_0)]}\}\,.$$

Hierbei wurde die genannte Werteverteilung von $F(j\omega)$ berücksichtigt. Die Zeitfunktion des in geschweiften Klammern stehenden Spektrums gewinnt man aus $f(t)$ durch Berücksichtigung der Frequenzverschiebungseigenschaft. Hieraus ergibt sich dann unmittelbar bei Beachtung der Zeitverschiebungseigenschaft das Ausgangssignal

$$y(t) = \frac{1}{2} A(\omega_0)\, \{f[t - \Theta'(\omega_0)]\, e^{j\omega_0[t-\Theta'(\omega_0)]}\, e^{-j[\Theta(\omega_0)-\omega_0\Theta'(\omega_0)]}$$

$$+ f[t - \Theta'(\omega_0)]\, e^{-j\omega_0[t-\Theta'(\omega_0)]}\, e^{j[\Theta(\omega_0)-\omega_0\Theta'(\omega_0)]}\}\,.$$

Führt man die sogenannte *Gruppenlaufzeit*

$$\frac{d\Theta(\omega)}{d\omega} = T_G(\omega) \tag{3.53a}$$

und die sogenannte *Phasenlaufzeit*

$$\frac{\Theta(\omega)}{\omega} = T_P(\omega) \tag{3.53b}$$

des Systems ein, dann läßt sich schließlich das Ausgangssignal als

$$y(t) = A(\omega_0)\, f[t - T_G(\omega_0)] \cdot \cos\omega_0[t - T_P(\omega_0)]$$

darstellen. Die Gruppenlaufzeit bzw. die Phasenlaufzeit eines linearen, zeitinvarianten und stabilen Systems ist also für $\omega = \omega_0$ gleich der zeitlichen Verschiebung der Einhüllenden $f(t)$ bzw. der Trägerschwingung $\cos\omega_0 t$ beim Durchgang durch das System, sofern die Einhüllende $f(t)$ ein schmalbandiges, niederfrequentes Signal darstellt. Man vergleiche hierzu Bild 3.14.

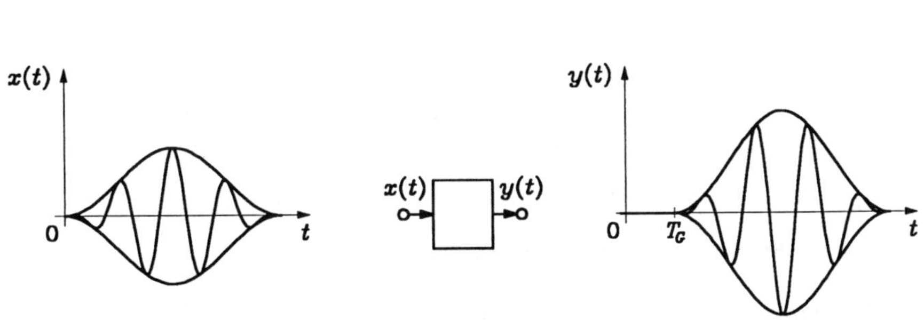

Bild 3.14: Zur Bedeutung von Gruppen- und Phasenlaufzeit

(d) Zeitdehnung

Aus der Korrespondenz

$$f(t) \circ\!\!-\; F(j\omega)$$

folgt bei Wahl einer willkürlichen reellen Konstante $a \neq 0$ die Zuordnung

$$f(at) \circ\!\!- \frac{1}{|a|} F\left(\frac{\mathrm{j}\omega}{a}\right).$$

Diese Aussage ist als *Ähnlichkeitssatz* bekannt.

Beweis: Man bildet für $a > 0$ das Fourier-Integral

$$\int_{-\infty}^{\infty} f(at)\,\mathrm{e}^{-\mathrm{j}\omega t}\,\mathrm{d}t = \frac{1}{a}\int_{-\infty}^{\infty} f(\tau)\,\mathrm{e}^{-\mathrm{j}\frac{\omega}{a}\tau}\,\mathrm{d}\tau = \frac{1}{a} F\left(\frac{\mathrm{j}\omega}{a}\right).$$

Für $a < 0$ tritt eine Vorzeichenumkehrung ein, da in diesem Fall der Integration in t von $-\infty$ bis ∞ die Integration in $\tau = at$ von ∞ bis $-\infty$ entspricht. Damit ist der Satz bewiesen.

Der Ähnlichkeitssatz hat eine grundlegende Bedeutung für die Informationstechnik. Der Satz besagt nämlich, daß der Dehnung eines Zeitvorgangs eine Verkürzung der "Breite" des Spektrums entspricht und umgekehrt. Dies soll im Bild 3.15 veranschaulicht werden. Zeitdauer und Bandbreite verhalten sich also in reziproker Weise zueinander. Man pflegt diesen Sachverhalt qualitativ folgendermaßen auszudrücken: Vorgänge mit schmalem Spektrum haben lange Dauer; Vorgänge mit breitem Spektrum haben kurze Dauer (man vergleiche auch Abschnitt 3.3).

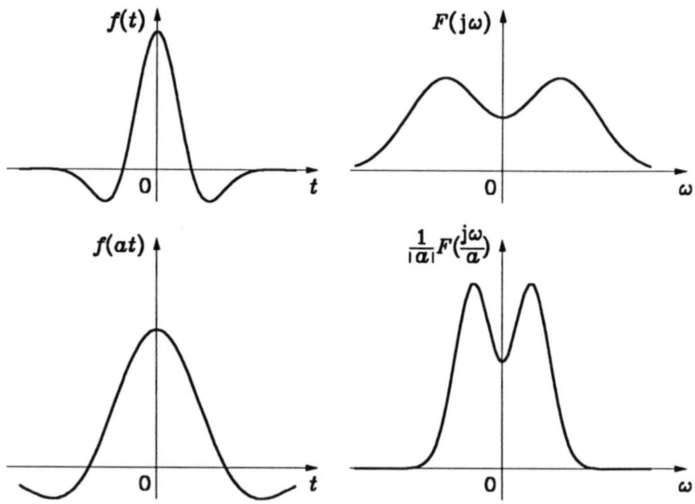

Bild 3.15: Zur Reziprozität von Zeitdauer und Bandbreite

(e) Symmetrie

Aus der Korrespondenz

$$f(t) \circ\!\!- F(\mathrm{j}\omega)$$

folgt die Zuordnung

$$F(\mathrm{j}t) \circ\!\!- 2\pi f(-\omega).$$

Die Richtigkeit dieser als *Vertauschungssatz* bekannten Aussage ist direkt aus den Grundgleichungen zu erkennen.

Beispiel 3.5: Der Rechteckimpuls $p_a(t) = s(t+a) - s(t-a)$ hat das Spektrum

$$F(\mathrm{j}\omega) = \int_{-a}^{a} \mathrm{e}^{-\mathrm{j}\omega t}\,\mathrm{d}t = \frac{2\sin a\omega}{\omega}.$$

Der Vertauschungssatz liefert dann die schon verwendete Korrespondenz

$$\frac{\sin at}{\pi t} \circ\!\!- p_a(\omega).$$

(f) Differentiation und Integration im Zeitbereich

Aus der Korrespondenz

$$f(t) \circ\!\!- F(\mathrm{j}\omega)$$

folgt bei Existenz des n-ten Differentialquotienten von $f(t)$ und dessen Fourier-Transformierten die Zuordnung

$$\frac{\mathrm{d}^n f(t)}{\mathrm{d}t^n} \circ\!\!- (\mathrm{j}\omega)^n F(\mathrm{j}\omega).$$

Diese Aussage kann aus den Grundgleichungen abgeleitet werden.

Es sei weiterhin das Integral

$$g(t) = \int_{-\infty}^{t} f(\tau)\,\mathrm{d}\tau$$

betrachtet. Die Funktionen $f(t)$ und $g(t)$ mögen die Fourier-Transformierten $F(\mathrm{j}\omega)$ und $G(\mathrm{j}\omega)$ besitzen, die als gewöhnliche Funktionen existieren. Dann gilt wegen $\mathrm{d}g/\mathrm{d}t = f(t)$ nach den beiden letzten Zuordnungen

$$\mathrm{j}\omega G(\mathrm{j}\omega) = F(\mathrm{j}\omega),$$

also die Korrespondenz

$$\int_{-\infty}^{t} f(\tau)\,\mathrm{d}\tau \circ\!\!- \frac{F(\mathrm{j}\omega)}{\mathrm{j}\omega}.$$

Es sei betont, daß diese Aussage nur gilt, wenn die Spektren $F(\mathrm{j}\omega)$ und $G(\mathrm{j}\omega)$ als gewöhnliche Funktionen existieren. Dies bedingt, daß $F(\mathrm{j}\omega)$ für $\omega = 0$ verschwindet. Ist $F(0) \neq 0$, so gilt die allgemeinere Korrespondenz[1])

---

1) Man schreibt zum Beweis dieser Korrespondenz das Integral in der Form

$$g(t) = \int_{-\infty}^{t} f(\tau)\,\mathrm{d}\tau = \int_{-\infty}^{\infty} f(\tau)\,s(t-\tau)\,\mathrm{d}\tau,$$

also als Faltung der Funktionen $f(t)$ und $s(t)$. Nun kann der Faltungssatz (Satz III.2, S. 224) im Bereich der Distributionen angewendet werden. Unter Berücksichtigung des durch die Zuordnung (3.74) gegebenen Spektrums der Sprungfunktion $s(t)$ erhält man unmittelbar das Ergebnis, wobei noch die Distributionenbeziehung $F(\mathrm{j}\omega)\,\delta(\omega) = F(0)\,\delta(\omega)$ berücksichtigt werden muß. Hierbei muß $F(\mathrm{j}\omega)$ im Nullpunkt stetig sein.

$$\int_{-\infty}^{t} f(\tau)\,\mathrm{d}\tau \circ\!\!- \frac{F(\mathrm{j}\omega)}{\mathrm{j}\omega} + \pi F(0)\,\delta(\omega).$$

Dann ist, wie man sieht, $G(\mathrm{j}\omega)$ als Distribution aufzufassen.

(g) Differentiation im Frequenzbereich

Aus der Korrespondenz

$$f(t) \circ\!\!- F(\mathrm{j}\omega)$$

folgt bei Existenz des n-ten Differentialquotienten von $F(\mathrm{j}\omega)$ und der zugehörigen Zeitfunktion die Zuordnung

$$(-\mathrm{j}t)^n f(t) \circ\!\!- \frac{\mathrm{d}^n F(\mathrm{j}\omega)}{\mathrm{d}\omega^n}.$$

Diese Aussage ergibt sich aus den Grundgleichungen (3.19) und (3.20).

(h) Momentensatz

Aus vorstehender Korrespondenz, die sich auf die Differentiation im Frequenzbereich bezieht, kann man $\mathrm{d}^n F(\mathrm{j}\omega)/\mathrm{d}\omega^n$ als Fourier-Transformierte von $(-\mathrm{j}t)^n f(t)$ gemäß Gl. (3.20) ausdrücken und anschließend $\omega = 0$ setzen. Dadurch erhält man unmittelbar für $n = 0, 1, 2, \ldots$ die interessante Formel

$$\left.\frac{\mathrm{d}^n F(\mathrm{j}\omega)}{\mathrm{d}\omega^n}\right|_{\omega=0} = (-\mathrm{j})^n \int_{-\infty}^{\infty} t^n f(t)\,\mathrm{d}t\,, \tag{3.54a}$$

die als *Momentensatz* bekannt ist, da das Integral auf der rechten Seite von Gl. (3.54a) die Bedeutung des n-ten Momentes von $f(t)$ hat, das in der Form

$$m_f^{(n)} := \int_{-\infty}^{\infty} t^n f(t)\,\mathrm{d}t \tag{3.54b}$$

abgekürzt wird. Man beachte, daß $m_f^{(0)}$ als Inhalt der Fläche zwischen der Kurve $f(t)$ und der t-Achse gedeutet werden kann; $m_f^{(1)}/m_f^{(0)}$ läßt sich als Abszisse des "Schwerpunkts" der genannten Fläche interpretieren.

Beispiel 3.6: Zur Anwendung des Momentensatzes sei ein lineares, zeitinvariantes System mit der differenzierbaren Übertragungsfunktion

$$H(\mathrm{j}\omega) = A(\omega)\,\mathrm{e}^{-\mathrm{j}\Theta(\omega)}$$

und dem daraus folgenden Differentialquotienten

$$\frac{\mathrm{d}H(\mathrm{j}\omega)}{\mathrm{d}\omega} = \frac{\mathrm{d}A(\omega)}{\mathrm{d}\omega}\,\mathrm{e}^{-\mathrm{j}\Theta(\omega)} - \mathrm{j}A(\omega)\,\frac{\mathrm{d}\Theta(\omega)}{\mathrm{d}\omega}\,\mathrm{e}^{-\mathrm{j}\Theta(\omega)}$$

betrachtet. Wendet man hierauf für $n = 1$ den Momentensatz an, so ergibt sich

$$-\mathrm{j}m_h^{(1)} = -\mathrm{j}A(0)\left.\frac{\mathrm{d}\Theta(\omega)}{\mathrm{d}\omega}\right|_{\omega=0},$$

wobei davon ausgegangen wurde, daß sowohl der Differentialquotient von $A(\omega)$ als auch die Phase $\Theta(\omega)$ für $\omega = 0$ verschwinden (es sei daran erinnert, daß $A(\omega)$ eine gerade und $\Theta(\omega)$ eine ungerade Funktion ist). Beachtet man weiterhin, daß $A(0) = H(0) = m_h^{(0)}$ gilt, so findet man mit Gl. (3.53a)

$$T_G(0) = \frac{m_h^{(1)}}{m_h^{(0)}} . \tag{3.55a}$$

Die Schwerpunktsabszisse der Fläche zwischen Impulsantwort $h(t)$ und t-Achse stimmt also mit der Gruppenlaufzeit des Systems für $\omega = 0$ überein. Differenziert man die obige Formel für $\mathrm{d}H(\mathrm{j}\omega)/\mathrm{d}\omega$ noch einmal nach ω, bildet man also $\mathrm{d}^2 H(\mathrm{j}\omega)/\mathrm{d}\omega^2$, setzt anschließend $\omega = 0$ und geht davon aus, daß $A'(0) = \Theta(0) = \Theta''(0) = 0$ gilt, so resultiert mit den Gln. (3.54a,b) für den Differentialquotienten 2. Ordnung von $A(\omega)$ bei $\omega = 0$

$$A''(0) = \frac{(m_h^{(1)})^2}{m_h^{(0)}} - m_h^{(2)}$$

oder wegen Gl. (3.55a)

$$A''(0) = T_G(0) m_h^{(1)} - m_h^{(2)} \tag{3.55b}$$

(die Striche bedeuten Differentiationen). Es sei fernerhin die allgemeine Beziehung

$$Y(\mathrm{j}\omega) = H(\mathrm{j}\omega) X(\mathrm{j}\omega)$$

zwischen den Spektren am Eingang und Ausgang des Systems sowie der daraus folgende Zusammenhang

$$\frac{\mathrm{d}Y(\mathrm{j}\omega)}{\mathrm{d}\omega} = \frac{\mathrm{d}H(\mathrm{j}\omega)}{\mathrm{d}\omega} X(\mathrm{j}\omega) + \frac{\mathrm{d}X(\mathrm{j}\omega)}{\mathrm{d}\omega} H(\mathrm{j}\omega)$$

betrachtet. Wertet man diese beiden Gleichungen für $\omega = 0$ unter Berücksichtigung der Gln. (3.54a,b) aus, so findet man die Beziehungen

$$m_y^{(0)} = m_h^{(0)} m_x^{(0)} \tag{3.56}$$

und

$$-\mathrm{j} m_y^{(1)} = -\mathrm{j} m_h^{(1)} m_x^{(0)} - \mathrm{j} m_x^{(1)} m_h^{(0)} .$$

Dividiert man beide Gleichungen miteinander und kürzt man mit dem Faktor $-\mathrm{j}$, dann ergibt sich ein Zusammenhang zwischen den Schwerpunktsabszissen in der Form

$$\frac{m_y^{(1)}}{m_y^{(0)}} = \frac{m_h^{(1)}}{m_h^{(0)}} + \frac{m_x^{(1)}}{m_x^{(0)}} . \tag{3.57}$$

Man kann die Momente der Impulsantwort auch dazu verwenden, das Ausgangssignal des Systems in Form einer Reihe darzustellen. Dabei geht man davon aus, daß die Übertragungsfunktion $H(\mathrm{j}\omega)$ im Ursprung $\omega = 0$ in eine Taylor-Reihe entwickelt werden kann. Dann läßt sich diese aufgrund der Gln. (3.54a,b) in der Form

$$H(\mathrm{j}\omega) = m_h^{(0)} - \mathrm{j}\omega m_h^{(1)} + \frac{(\mathrm{j}\omega)^2}{2!} m_h^{(2)} - \frac{(\mathrm{j}\omega)^3}{3!} m_h^{(3)} + - \cdots$$

schreiben. Multipliziert man diese Reihe mit $X(\mathrm{j}\omega)$ und transformiert in den Zeitbereich zurück, so ergibt sich bei Beachtung der obigen Eigenschaft f für das Ausgangssignal die Darstellung

$$y(t) = m_h^{(0)} x(t) - m_h^{(1)} \frac{\mathrm{d}x(t)}{\mathrm{d}t} + \frac{m_h^{(2)}}{2!} \frac{\mathrm{d}^2 x(t)}{\mathrm{d}t^2} - \frac{m_h^{(3)}}{3!} \frac{\mathrm{d}^3 x(t)}{\mathrm{d}t^3} + \cdots \tag{3.58}$$

Geht die Sprungantwort $a(t)$ eines linearen, kausalen Systems für $t \to \infty$ schneller als jede Potenz von t gegen Null (dies ist beispielsweise der Fall, wenn $a(t)$ exponentiell abklingt oder für $t > T$ identisch verschwindet), so besteht zwischen den Momenten $m_a^{(n)}$ der Sprungantwort $a(t)$ und jenen der Impulsantwort $h(t)$ die Beziehung

$$m_a^{(n)} = -\frac{1}{n+1} m_h^{(n+1)} ,$$

welche sich einfach dadurch beweisen läßt, daß man die Integraldarstellung für $m_a^{(n)}$ gemäß Gl. (3.54b) der partiellen Integration unterwirft und den Zusammenhang $h(t) = \mathrm{d}a(t)/\mathrm{d}t$ beachtet.

3.2 WEITERE SÄTZE

(a) Der Faltungssatz

Die Operation der Faltung ist für die Systemtheorie von grundlegender Bedeutung. Hierauf wurde im Kapitel I bereits hingewiesen. Es soll daher im folgenden untersucht werden, wie das Spektrum einer durch Faltung gebildeten Zeitfunktion durch die Spektren der an der Faltung beteiligten Funktionen dargestellt werden kann.

Unter der Faltung zweier reeller Zeitfunktionen $f_1(t)$ und $f_2(t)$, die bis auf endlich viele Sprungstellen stetig sein mögen, versteht man die Funktion

$$f(t) = \int_{-\infty}^{\infty} f_1(\tau) f_2(t-\tau)\,\mathrm{d}\tau. \tag{3.59}$$

Im Hinblick auf die weiteren Überlegungen fordert man quadratische Integrierbarkeit der Funktionen $f_1(t)$ und $f_2(t)$, d. h.

$$\int_{-\infty}^{\infty} f_\mu{}^2(t)\,\mathrm{d}t = K_\mu < \infty \qquad (\mu = 1, 2).$$

Dann läßt sich nämlich das Integral in Gl. (3.59) mit Hilfe der Schwarzschen Ungleichung gleichmäßig abschätzen.[1] Es wird vorausgesetzt, daß die Funktionen $f_1(t)$ und $f_2(t)$ in den Frequenzbereich transformierbar sind. Die Spektren werden mit $F_1(\mathrm{j}\omega)$ bzw. $F_2(\mathrm{j}\omega)$ bezeichnet. Sodann wird die Fourier-Transformierte $F(\mathrm{j}\omega)$ von $f(t)$ gebildet:

$$F(\mathrm{j}\omega) = \int_{-\infty}^{\infty} \mathrm{e}^{-\mathrm{j}\omega t}\left[\int_{-\infty}^{\infty} f_1(\tau) f_2(t-\tau)\,\mathrm{d}\tau\right]\mathrm{d}t.$$

Angesichts der für die Funktionen $f_1(t)$ und $f_2(t)$ geforderten Eigenschaften darf die Reihenfolge der Integrationen vertauscht werden. Dann erhält man

$$F(\mathrm{j}\omega) = \int_{-\infty}^{\infty} f_1(\tau)\left[\int_{-\infty}^{\infty} f_2(t-\tau)\,\mathrm{e}^{-\mathrm{j}\omega t}\,\mathrm{d}t\right]\mathrm{d}\tau = \int_{-\infty}^{\infty} f_1(\tau) F_2(\mathrm{j}\omega)\,\mathrm{e}^{-\mathrm{j}\omega\tau}\,\mathrm{d}\tau,$$

also

$$F(\mathrm{j}\omega) = F_1(\mathrm{j}\omega) F_2(\mathrm{j}\omega). \tag{3.60}$$

Das gewonnene Ergebnis wird zusammengefaßt im

Satz III.2: Es seien $f_1(t)$ und $f_2(t)$ zwei reelle, quadratisch integrierbare, stetige Funktionen mit höchstens endlich vielen Sprungstellen. Die Fourier-Transformierten dieser Funktionen werden als existent vorausgesetzt und mit $F_1(\mathrm{j}\omega)$ bzw. $F_2(\mathrm{j}\omega)$ bezeichnet. Dann exi-

---

[1] Die Schwarzsche Ungleichung wird in folgender Form verwendet: Sind $g_1(t)$, $g_2(t)$ zwei im allgemeinen komplexwertige, stückweise stetige Funktionen des reellen Parameters t, so gilt die Relation

$$\left|\int_a^b g_1(t)\,g_2^*(t)\,\mathrm{d}t\right|^2 \leqq \int_a^b |g_1(t)|^2\,\mathrm{d}t \int_a^b |g_2(t)|^2\,\mathrm{d}t.$$

Das Gleichheitszeichen gilt genau dann, wenn $g_1(t)$ und $g_2(t)$ proportionale Funktionen sind.

stiert auch die Fourier-Transformierte $F(\mathrm{j}\omega)$ des Faltungsintegrals, und es gilt die Gl. (3.60).

Anmerkung: Die im Satz III.2 geforderten Bedingungen sind nur hinreichende Voraussetzungen. Neben diesem Faltungssatz für den Zeitbereich gibt es einen Faltungssatz für den Frequenzbereich. Dieser besagt, daß unter bestimmten Voraussetzungen (man vergleiche insbesondere Satz III.2) die Korrespondenz

$$f_1(t)\,f_2(t) \circ\!\!-\; \frac{1}{2\pi}\int_{-\infty}^{\infty} F_1(\mathrm{j}y)\,F_2[\mathrm{j}(\omega - y)]\,\mathrm{d}y \tag{3.61}$$

besteht.

(b) Die Parsevalsche Formel

Die reelle, stückweise glatte Funktion $f(t)$ sei durch die Fourier-Transformierte $F(\mathrm{j}\omega)$ darstellbar. Es besitze $f^2(t)$ eine Fourier-Transformierte, $|F(\mathrm{j}\omega)|$ sei quadratisch integrierbar, und $F(\mathrm{j}\omega)$ sei stetig mit höchstens endlich vielen Sprungstellen. Dann gilt

$$\int_{-\infty}^{\infty} f^2(t)\,\mathrm{d}t = \frac{1}{2\pi}\int_{-\infty}^{\infty} |F(\mathrm{j}\omega)|^2\,\mathrm{d}\omega. \tag{3.62}$$

Diese als Parsevalsche Formel bekannte Aussage läßt sich mit Hilfe der Korrespondenz (3.61) beweisen. Hieraus folgt zunächst

$$\int_{-\infty}^{\infty} f_1(t)\,f_2(t)\,\mathrm{e}^{-\mathrm{j}\omega t}\,\mathrm{d}t = \frac{1}{2\pi}\int_{-\infty}^{\infty} F_1(\mathrm{j}y)\,F_2[\mathrm{j}(\omega - y)]\,\mathrm{d}y$$

oder mit $\omega = 0$ und anschließender Substitution von y durch ω

$$\int_{-\infty}^{\infty} f_1(t)\,f_2(t)\,\mathrm{d}t = \frac{1}{2\pi}\int_{-\infty}^{\infty} F_1(\mathrm{j}\omega)\,F_2(-\mathrm{j}\omega)\,\mathrm{d}\omega. \tag{3.63}$$

Wählt man nun $f_1(t) \equiv f_2(t) \equiv f(t)$, $F_1(\mathrm{j}\omega) \equiv F_2(\mathrm{j}\omega) \equiv F(\mathrm{j}\omega)$, so gewinnt man die Gl. (3.62), sofern man noch beachtet, daß $F^*(\mathrm{j}\omega) = F(-\mathrm{j}\omega)$ gilt.

Das auf der linken Seite der Parsevalschen Formel nach Gl. (3.62) stehende Integral heißt *Signalenergie*, weil es die einem ohmschen Widerstand der Größe Eins zugeführte Gesamtenergie darstellt, wenn $f(t)$ gleich der am ohmschen Widerstand wirkenden Spannung ist.

Gelegentlich wird die Gl. (3.63) Parsevalsche Formel und Gl. (3.62) Energie-Theorem genannt.

Beispiel 3.7: Es werden ein Signal $f_1(t) = f(t)$ mit dem Spektrum $F(\mathrm{j}\omega) = A(\omega)\,\mathrm{e}^{\mathrm{j}\Phi(\omega)}$ und das Signal $f_2(t) = t\,f(t)$ mit dem Spektrum (Abschnitt 3.1, g)

$$\mathrm{j}\,\mathrm{d}F(\mathrm{j}\omega)/\mathrm{d}\omega = \mathrm{j}\,[\mathrm{e}^{\mathrm{j}\Phi(\omega)}\,\mathrm{d}A(\omega)/\mathrm{d}\omega + \mathrm{j}A(\omega)\,\mathrm{e}^{\mathrm{j}\Phi(\omega)}\,\mathrm{d}\Phi(\omega)/\mathrm{d}\omega]$$

betrachtet. Wendet man hierauf Gl. (3.63) an, so entsteht die Beziehung

$$\int_{-\infty}^{\infty} t\,f^2(t)\,\mathrm{d}t = -\frac{\mathrm{j}}{2\pi}\int_{-\infty}^{\infty} A(\omega)\,\mathrm{e}^{\mathrm{j}\Phi(\omega)}\,[\mathrm{d}A(\omega)/\mathrm{d}\omega - \mathrm{j}A(\omega)\,\mathrm{d}\Phi(\omega)/\mathrm{d}\omega]\,\mathrm{e}^{-\mathrm{j}\Phi(\omega)}\,\mathrm{d}\omega$$

$$= \frac{1}{2\pi} \int_{-\infty}^{\infty} [-A^2(\omega) \frac{\mathrm{d}\Phi(\omega)}{\mathrm{d}\omega} - \mathrm{j} A(\omega) \frac{\mathrm{d}A(\omega)}{\mathrm{d}\omega}] \, \mathrm{d}\omega .$$

Da $A(\omega)$ gerade, also $A(\omega)\,\mathrm{d}A(\omega)/\mathrm{d}\omega$ eine ungerade Funktion ist, erhält man

$$\int_{-\infty}^{\infty} t f^2(t) \, \mathrm{d}t = -\frac{1}{2\pi} \int_{-\infty}^{\infty} A^2(\omega) \frac{\mathrm{d}\Phi(\omega)}{\mathrm{d}\omega} \, \mathrm{d}\omega .$$

(c) Anwendungen

Nach Gl. (1.56) läßt sich das Ausgangssignal $y(t)$ eines linearen, zeitinvarianten und stabilen kontinuierlichen Systems mit einem Eingang und einem Ausgang durch Faltung des Eingangssignals $x(t)$ mit der Impulsantwort $h(t)$ darstellen. Setzt man die Existenz des Fourier-Integrals $X(\mathrm{j}\omega)$ von $x(t)$ im Sinne von Abschnitt 2.1 voraus, dann lautet die der Gl. (1.56) im Frequenzbereich entsprechende Aussage gemäß Satz III.2

$$Y(\mathrm{j}\omega) = H(\mathrm{j}\omega) X(\mathrm{j}\omega) . \tag{3.64a}$$

Hierbei ist $Y(\mathrm{j}\omega)$ das Spektrum von $y(t)$ und $H(\mathrm{j}\omega)$ die Übertragungsfunktion des Systems. Die Verknüpfung von Eingangs- und Ausgangsgröße nach Gl. (3.64a) ist einfacher als die entsprechende Verknüpfung im Zeitbereich. Für das Beispiel des idealen Tiefpasses (man vergleiche die Gl. (3.48)) wurde die Gültigkeit von Gl. (3.64a) bereits früher nachgewiesen. Durch Anwendung der Umkehrformel gewinnt man gemäß Satz III.1 aus Gl. (3.64a) das Ausgangssignal

$$y(t) = \frac{1}{2\pi} \int_{-\infty}^{\infty} H(\mathrm{j}\omega) X(\mathrm{j}\omega) \, \mathrm{e}^{\mathrm{j}\omega t} \, \mathrm{d}\omega . \tag{3.64b}$$

Ist das betrachtete lineare System zeitvariant, dann erhält man unter den bisherigen Voraussetzungen aus Gl. (3.6b) unter Verwendung der Umkehrformel zunächst

$$y(t) = \frac{1}{2\pi} \int_{-\infty}^{\infty} \int_{-\infty}^{\infty} X(\mathrm{j}\omega) \, \mathrm{e}^{\mathrm{j}\omega(t-\vartheta)} \, b(t,\vartheta) \, \mathrm{d}\omega \, \mathrm{d}\vartheta$$

und hieraus durch Änderung der Integrationsreihenfolge und Beachtung von Gl. (3.8)

$$y(t) = \frac{1}{2\pi} \int_{-\infty}^{\infty} H(\mathrm{j}\omega, t) X(\mathrm{j}\omega) \, \mathrm{e}^{\mathrm{j}\omega t} \, \mathrm{d}\omega . \tag{3.64c}$$

Dies ist eine Verallgemeinerung von Gl. (3.64b). Eine entsprechende Verallgemeinerung der Gl. (3.64a) ist nicht möglich.

Die im Abschnitt 2.1 eingeführte Funktion $f_\Omega(t)$ ist nach den Gln. (3.18a), (3.16b) die Faltung der Funktion $f(t)$ mit dem Fourier-Kern $\delta_\Omega(t)$. Die Fourier-Transformierte $F_\Omega(\mathrm{j}\omega)$ von $f_\Omega(t)$ muß daher nach Satz III.2 gleich dem Produkt der Fourier-Transformierten $F(\mathrm{j}\omega)$ von $f(t)$ mit der Fourier-Transformierten von $\delta_\Omega(t)$, also gemäß Korrespondenz (3.46) mit der Funktion $p_\Omega(\omega)$ sein. Diese Aussage wird bereits durch die Gl. (3.37a) geliefert.

Die im Abschnitt 2.2 eingeführte Funktion $g_\Omega(t)$ läßt sich nach Gl. (3.39b) auffassen als Faltung der Funktion $f(t)$ mit dem Fejér-Kern $\varepsilon_\Omega(t)$. Aufgrund von Satz III.2 ist daher die

Fourier-Transformierte $G_\Omega(\mathrm{j}\omega)$ von $g_\Omega(t)$ gleich dem Produkt der Fourier-Transformierten $F(\mathrm{j}\omega)$ von $f(t)$ mit der Fourier-Transformierten des Fejér-Kernes $\varepsilon_\Omega(t)$ aus Gl. (3.38b), also mit der Funktion $q_\Omega(\omega)$ nach Gl. (3.38a). Diese Aussage wird bereits durch Gl. (3.39a) geliefert. Die Gültigkeit der Korrespondenz

$$\varepsilon_\Omega(t) \circ\!\!-\; q_\Omega(\omega) \tag{3.65}$$

läßt sich dadurch nachweisen, daß man die Fourier-Transformierte von $q_\Omega(t)$ ermittelt und dann den Vertauschungssatz (Eigenschaft e im Abschnitt 3.1) anwendet. Dies sei dem Leser als Übung empfohlen.

Unter einem sogenannten *Spalt*, auch Rechteck-Fenster genannt, versteht man ein System, dessen Ausgangssignal $y(t)$ durch rechteckförmige Ausblendung des Eingangssignals $x(t)$ entsteht:

$$y(t) = x(t)\,p_T(t).$$

Hierbei ist $p_T(t)$ gemäß Gl. (3.36) gegeben. Mit Hilfe des Faltungssatzes im Frequenzbereich erhält man das Spektrum $Y(\mathrm{j}\omega)$ des Ausgangssignals durch Faltung des Spektrums $X(\mathrm{j}\omega)$ mit dem Spektrum von $p_T(t)/2\pi$, also mit der Funktion $(\sin\omega T)/\pi\omega$:

$$Y(\mathrm{j}\omega) = \int_{-\infty}^{\infty} X(\mathrm{j}y)\,\frac{\sin T(\omega - y)}{\pi(\omega - y)}\,\mathrm{d}y\,.$$

Man beachte, daß es sich hierbei um ein lineares, aber zeitvariantes System handelt, das auch durch seine Übertragungsfunktion

$$H(\mathrm{j}\omega, t) = p_T(t)$$

oder durch seine Impulsantwort

$$h(t,\tau) = p_T(t)\,\delta(t-\tau)$$

gekennzeichnet werden kann. Anstelle eines Rechteck-Fensters kann man ein allgemeines "Fenster" $w(t)$ mit $w(t) \equiv 0$ für $|t| > T$ betrachten, für das $y(t) = x(t)\,w(t)$ gilt. Das Spektrum des "gefensterten" Signals $y(t)$ ergibt sich dann entsprechend wie beim Rechteck-Fenster zu

$$Y(\mathrm{j}\omega) = \frac{1}{2\pi}\int_{-\infty}^{\infty} X(\mathrm{j}y)\,W[\mathrm{j}(\omega - y)]\,\mathrm{d}y\,,$$

wobei $W(\mathrm{j}\omega)$ das Spektrum von $w(t)$ bedeutet.

3.3 ZEITDAUER UND BANDBREITE

Für die Informationstechnik sind die Begriffe der Dauer eines Zeitvorgangs, insbesondere eines impulsförmigen Vorganges, und der Breite des zugehörigen Spektrums von großer Wichtigkeit. Es gibt verschiedene Möglichkeiten, Zeitdauer und Bandbreite eines Impulses zu definieren.

Betrachtet man ein reelles Signal $f(t)$, dessen Spektrum $F(\mathrm{j}\omega)$ rein reell und zudem nichtnegativ sei, dann ist die Funktion $f(t)$ nicht nur gerade (Abschnitt 2.1), sondern sie hat ihr Maximum im Nullpunkt, da

$$f(t) = \frac{1}{2\pi} \int_{-\infty}^{\infty} F(\mathrm{j}\omega) \cos \omega t \, \mathrm{d}\omega \leqq \frac{1}{2\pi} \int_{-\infty}^{\infty} F(\mathrm{j}\omega) \, \mathrm{d}\omega = f(0)$$

gilt (Bild 3.16). Es liegt nahe, als Zeitdauer von $f(t)$

$$T = \frac{1}{f(0)} \int_{-\infty}^{\infty} f(t) \, \mathrm{d}t \tag{3.66a}$$

und als Bandbreite

$$B = \frac{1}{F(0)} \int_{-\infty}^{\infty} F(\mathrm{j}\omega) \, \mathrm{d}\omega \tag{3.66b}$$

zu wählen. Dies bedeutet, daß das aus der Zeitdauer T und dem Funktionswert $f(0)$ gebildete Rechteck den gleichen Flächeninhalt hat wie die Fläche zwischen $f(t)$ und der Zeitachse. Entsprechend läßt sich die Bandbreite interpretieren. Da das Integral über $f(t)$ in Gl. (3.66a) mit $F(0)$ und das Integral über $F(\mathrm{j}\omega)$ in Gl. (3.66b) mit $2\pi f(0)$ identisch ist, muß zwangsläufig

$$TB = 2\pi \tag{3.67}$$

gelten. Bei der Definition von Zeitdauer und Bandbreite nach den Gln. (3.66a,b) ist also für die betrachteten Zeitvorgänge das Produkt TB nach Gl. (3.67) konstant. Je kürzer der Zeitvorgang ist, um so breiter ist das Spektrum und umgekehrt.

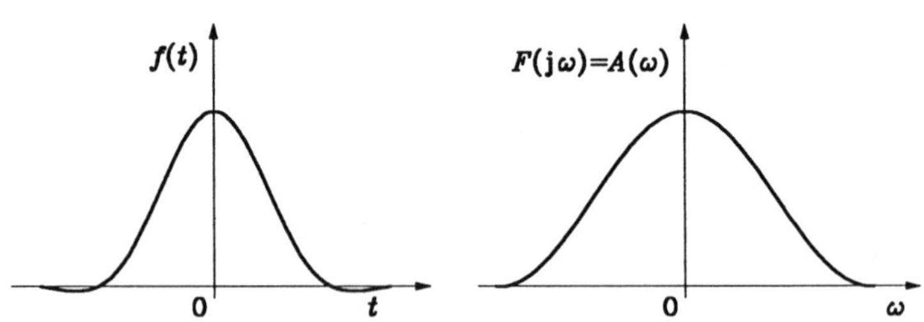

Bild 3.16: Zur Definition von Zeitdauer und Bandbreite

Man pflegt gelegentlich auch bei impulsförmigen Vorgängen als Zeitdauer

$$T = \left(\frac{\int_{-\infty}^{\infty} t^2 f^2(t) \, \mathrm{d}t}{\int_{-\infty}^{\infty} f^2(t) \, \mathrm{d}t} \right)^{\frac{1}{2}} \tag{3.68a}$$

und als Bandbreite

$$B = \left(\frac{\int\limits_{-\infty}^{\infty} \omega^2 \, |F(\mathrm{j}\omega)|^2 \, \mathrm{d}\omega}{\int\limits_{-\infty}^{\infty} |F(\mathrm{j}\omega)|^2 \, \mathrm{d}\omega} \right)^{\frac{1}{2}} \tag{3.68b}$$

zu definieren. Setzt man voraus, daß die Signalenergie gleich E ist, also

$$\int\limits_{-\infty}^{\infty} f^2(t) \, \mathrm{d}t = E \tag{3.68c}$$

gilt,[1] dann besteht die Relation

$$TB \geqq \frac{1}{2} . \tag{3.69}$$

Das Gleichheitszeichen gilt genau dann, wenn

$$f(t) = \sqrt[4]{\frac{2a E^2}{\pi}} \, \mathrm{e}^{-a t^2} \tag{3.70}$$

(a beliebige positive Konstante) gilt. Die als *Gaußsches Signal* bekannte Zeitfunktion $f(t)$ nach Gl. (3.70) ist also diejenige Funktion, welche bei Definition von Zeitdauer und Bandbreite nach den Gln. (3.68a,b) das *kleinste* Zeitdauer-Bandbreite-Produkt hat. In diesem Sinne darf das Gaußsche Signal als das für die Übertragung günstigste Signal betrachtet werden. Die Ungleichung (3.69) wird in Anlehnung an eine formale Analogie aus der Quantenmechanik Unschärferelation genannt.

Beweis: Um die Gültigkeit der Beziehungen (3.69) und (3.70) zu zeigen, verwendet man die Schwarzsche Ungleichung (man vergleiche die Fußnote 1, S. 224) mit $g_1(t) \equiv t\, f(t)$ und $g_2(t) \equiv \mathrm{d}f/\mathrm{d}t =: f'(t)$ und erhält

$$\left| \int\limits_{-\infty}^{\infty} t\, f(t) \cdot f'(t) \, \mathrm{d}t \right|^2 \leq \int\limits_{-\infty}^{\infty} t^2 f^2(t) \, \mathrm{d}t \cdot \int\limits_{-\infty}^{\infty} f'^2(t) \, \mathrm{d}t .$$

Bei Beachtung der vorausgesetzten Eigenschaften für $f(t)$ findet man für die linke Seite dieser Ungleichung nach Anwendung partieller Integration den Wert $E^2/4$. Auf der rechten Seite der Ungleichung ist das erste Integral offensichtlich gleich $T^2 E$, und das zweite Integral ist gleich $B^2 E$, wie durch Anwendung der Parsevalschen Formel in Verbindung mit der Differentiationseigenschaft (Abschnitt 3.1, f) leicht zu erkennen ist. Damit ist die Gültigkeit der Ungleichung (3.69) nachgewiesen. Das Gleichheitszeichen gilt genau dann, wenn

$$\frac{\mathrm{d}f}{\mathrm{d}t} = -2at\, f(t)$$

gilt (in der Schwarzschen Ungleichung $k\, g_1(t) \equiv g_2(t)$, $k = -2a$ gesetzt). Diese Differentialgleichung führt auf $f(t)$ nach Gl. (3.70), wenn man noch berücksichtigt, daß die Signalenergie gleich E ist.

---

1) Es sind noch gewisse Voraussetzungen über $f(t)$ zu machen, die im einzelnen nicht aufgeführt werden, sich jedoch im Verlauf der Beweisführung ergeben.

4 Die Fourier-Transformation im Bereich der verallgemeinerten Funktionen

Durch Einbeziehung von Distributionen, insbesondere der δ-Funktion, in die bisherigen Betrachtungen läßt sich die Klasse der durch Fourier-Integrale darstellbaren Funktionen beträchtlich erweitern. Es wird dann möglich, zahlreiche für die Systemtheorie bedeutsame Funktionen in den Frequenzbereich zu transformieren, die bei ausschließlicher Zulassung gewöhnlicher Funktionen keine Fourier-Transformierte haben. Es zeigt sich, daß die bisher gefundenen Eigenschaften der Fourier-Transformation im wesentlichen weiter Gültigkeit haben. Man hat allerdings bei allen Operationen die Regeln der Distributionentheorie zu beachten.

4.1 DIE FOURIER-TRANSFORMIERTE DER DELTA-FUNKTION UND DER SPRUNGFUNKTION

Ersetzt man die Funktion $f(t)$ in Gl. (3.20) durch die Funktion $\delta(t)$, so erkennt man aufgrund der Ausblendeigenschaft der δ-Funktion, daß ihre Fourier-Transformierte $F(\mathrm{j}\omega)$ unabhängig von der Kreisfrequenz gleich Eins ist ("weißes" Spektrum). Andererseits lehrt die Gl. (3.17) in Verbindung mit der Gl. (3.19), daß die δ-Funktion mit Hilfe der Frequenzfunktion Eins als Fourier-Integral darstellbar ist. Daher besteht die Korrespondenz

$$\delta(t) \circ\!\!- 1 . \tag{3.71}$$

Zur Ermittlung der Fourier-Transformierten der Sprungfunktion $s(t)$ empfiehlt es sich, zunächst die Fourier-Transformierte der Signum-Funktion

$$\operatorname{sgn} t = \begin{cases} 1 & \text{für} \quad t > 0 , \\ -1 & \text{für} \quad t < 0 \end{cases}$$

zu ermitteln. Hierfür erhält man

$$F(\mathrm{j}\omega) = \lim_{T\to\infty} \int_{-T}^{T} \operatorname{sgn} t \; e^{-\mathrm{j}\omega t} \, \mathrm{d}t = -2\mathrm{j} \lim_{T\to\infty} \int_{0}^{T} \sin \omega t \, \mathrm{d}t .$$

Wie man sieht, ist $F(0) = 0$. Verschwindet ω nicht, dann liefert die Ausführung der Integration

$$F(\mathrm{j}\omega) = \frac{2}{\mathrm{j}\omega} - \frac{2}{\mathrm{j}\omega} \lim_{T\to\infty} \cos \omega T .$$

Der hierbei auftretende Grenzwert ist im Sinne der Distributionentheorie gleich Null, so daß das Ergebnis lautet:

$$F(\mathrm{j}\omega) = \begin{cases} 0 & \text{für} \quad \omega = 0 , \\ \dfrac{2}{\mathrm{j}\omega} & \text{für} \quad \omega \neq 0 . \end{cases}$$

Setzt man diese Frequenzfunktion in die Gl. (3.19) ein, so erhält man

$$f(t) = \frac{2}{\pi} \int_0^{\infty} \frac{\sin \omega t}{\omega} \, \mathrm{d}\omega .$$

Dies liefert für $t > 0$ den Wert 1, für $t < 0$ den Wert -1. Denn das Integral über $\sin \xi / \xi$ von 0 bis ∞ ist gleich $\mathrm{Si}(\infty)$, d. h. nach Abschnitt 2.2 gleich $\pi/2$. Somit besteht die Korrespondenz

$$\operatorname{sgn} t \circ\!\!-\, \begin{cases} 0 & \text{für} \quad \omega = 0 , \\ \dfrac{2}{\mathrm{j}\omega} & \text{für} \quad \omega \neq 0 . \end{cases} \tag{3.72}$$

Mit Hilfe der Symmetrie-Eigenschaft (Eigenschaft e aus Abschnitt 3.1) folgt aus der Zuordnung (3.71) die Korrespondenz

$$1 \circ\!\!-\, 2\pi\delta(\omega) . \tag{3.73}$$

Die längs der gesamten Zeitachse konstante Funktion Eins hat demnach als Spektrum den δ-Impuls im Nullpunkt mit der Stärke 2π (Linienspektrum). Da die Sprungfunktion $s(t)$ durch Überlagerung der konstanten Zeitfunktion $1/2$ und der Funktion $(\operatorname{sgn} t)/2$ erzeugt werden kann, erhält man wegen der Linearitätseigenschaft der Fourier-Transformation das Spektrum von $s(t)$ durch Addition der aus den Beziehungen (3.72) und (3.73) ablesbaren Spektren von $1/2$ und $(\operatorname{sgn} t)/2$. Es gilt also

$$s(t) \circ\!\!-\, \pi\delta(\omega) + \frac{1}{\mathrm{j}\omega} . \tag{3.74}$$

Es ist dabei noch zu beachten, daß der Imaginärteil des Spektrums an der Stelle $\omega = 0$ wegen Relation (3.72) verschwindet. Bild 3.17 möge zur Veranschaulichung von Korrespondenz (3.74) dienen.

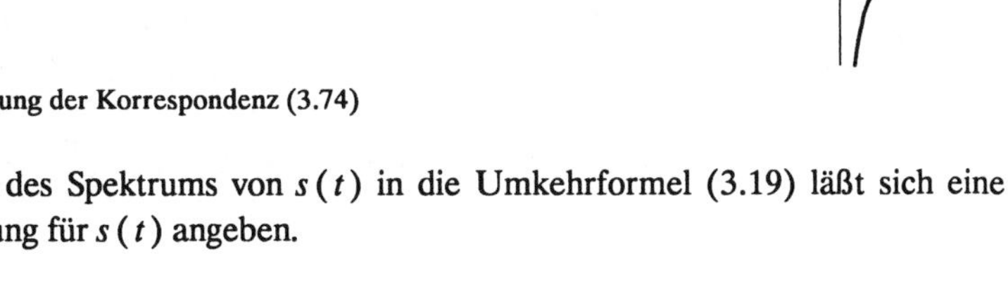

Bild 3.17: Veranschaulichung der Korrespondenz (3.74)

Durch Substitution des Spektrums von $s(t)$ in die Umkehrformel (3.19) läßt sich eine geschlossene Darstellung für $s(t)$ angeben.

Beispiel 3.8: Betrachtet man

$$x(t) = s(t)$$

als Eingangsfunktion eines linearen, zeitinvarianten und durch seine Übertragungsfunktion $H(\mathrm{j}\omega)$ gegebenen Systems, dann erhält man aufgrund der Korrespondenz (3.74) das Spektrum des Ausgangssignals in der Form

$$Y(\mathrm{j}\omega) = \pi H(0)\,\delta(\omega) + H(\mathrm{j}\omega)/\mathrm{j}\omega = \pi R(0)\,\delta(\omega) + \frac{X(\omega)}{\omega} - \mathrm{j}\,\frac{R(\omega)}{\omega}.$$

Hieraus lassen sich im Fall eines kausalen Systems, d. h. für den Fall, daß $y(t) = a(t)$ für $t < 0$ verschwindet, mit Hilfe der Gln. (3.51a,b) zwei einfache allgemeine Darstellungen für die Sprungantwort angeben:[1]

$$a(t) = \frac{2}{\pi}\int_{0-}^{\infty}\left[\frac{\pi}{2}R(0)\,\delta(\omega) + \frac{X(\omega)}{\omega}\right]\cos\omega t\,\mathrm{d}\omega = R(0) + \frac{2}{\pi}\int_{0}^{\infty}\frac{X(\omega)}{\omega}\cos\omega t\,\mathrm{d}\omega \quad (t > 0),$$

$$a(t) = \frac{2}{\pi}\int_{0}^{\infty}\frac{R(\omega)}{\omega}\sin\omega t\,\mathrm{d}\omega \quad (t > 0).$$

4.2 WEITERE GRUNDLEGENDE KORRESPONDENZEN

Die Zeitverschiebungseigenschaft der Fourier-Transformation (Abschnitt 3.1, Teil b) führt von der Korrespondenz (3.71) auf die Zuordnung

$$\delta(t - t_0) \circ\!\!-\; \mathrm{e}^{-\mathrm{j}\omega t_0}. \tag{3.75}$$

Die Frequenzverschiebungseigenschaft (Abschnitt 3.1, Teil c) liefert aus Korrespondenz (3.73)

$$\mathrm{e}^{\mathrm{j}\omega_0 t} \circ\!\!-\; 2\pi\delta(\omega - \omega_0). \tag{3.76}$$

Zur Ermittlung der Spektren der über die gesamte Zeitachse andauernden harmonischen Signale $\cos\omega_0 t$ und $\sin\omega_0 t$ stellt man diese mit Hilfe der Exponentiellen $\mathrm{e}^{\mathrm{j}\omega_0 t}$ und $\mathrm{e}^{-\mathrm{j}\omega_0 t}$ dar, wie z. B. $\cos\omega_0 t = (\mathrm{e}^{\mathrm{j}\omega_0 t} + \mathrm{e}^{-\mathrm{j}\omega_0 t})/2$. Dann erhält man aufgrund der Linearitätseigenschaft der Fourier-Transformation und der Korrespondenz (3.76) die Zuordnungen

$$\cos\omega_0 t \circ\!\!-\; \pi[\delta(\omega - \omega_0) + \delta(\omega + \omega_0)], \tag{3.77a}$$

$$\sin\omega_0 t \circ\!\!-\; \frac{\pi}{\mathrm{j}}[\delta(\omega - \omega_0) - \delta(\omega + \omega_0)]. \tag{3.77b}$$

Will man die Spektren der erst im Zeitnullpunkt eingeschalteten harmonischen Funktionen $s(t)\cos\omega_0 t$ und $s(t)\sin\omega_0 t$ ermitteln, dann empfiehlt es sich, diese Signale ebenfalls mit Hilfe der beiden Funktionen $\mathrm{e}^{\mathrm{j}\omega_0 t}$ und $\mathrm{e}^{-\mathrm{j}\omega_0 t}$ darzustellen, wie z. B. $s(t)\cos\omega_0 t$ als $s(t)[\mathrm{e}^{\mathrm{j}\omega_0 t} + \mathrm{e}^{-\mathrm{j}\omega_0 t}]/2$. Unter Verwendung der Korrespondenz (3.74), der Frequenzverschiebungs- und der Linearitätseigenschaft ergeben sich dann die Zuordnungen

$$s(t)\cos\omega_0 t \circ\!\!-\; \frac{\pi}{2}[\delta(\omega - \omega_0) + \delta(\omega + \omega_0)] + \frac{\mathrm{j}\omega}{\omega_0^2 - \omega^2}, \tag{3.78a}$$

$$s(t)\sin\omega_0 t \circ\!\!-\; \frac{\pi}{2\mathrm{j}}[\delta(\omega - \omega_0) - \delta(\omega + \omega_0)] + \frac{\omega_0}{\omega_0^2 - \omega^2}. \tag{3.78b}$$

---

[1] Aufgrund der Entstehung von Gl. (3.51a) muß im Integral die untere Integrationsgrenze $0-$ und der Faktor bei $\delta(\omega)$ im Integranden gleich $\pi R(0)/2$ gesetzt werden. Der Leser möge sich dies im einzelnen überlegen.

Bild 3.18 veranschaulicht die Korrespondenz (3.78b).

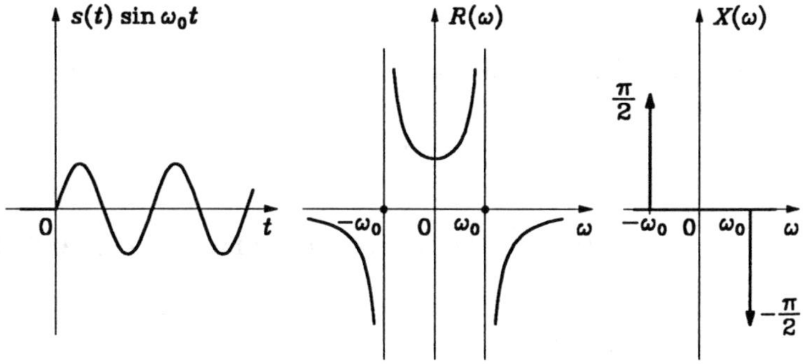

Bild 3.18: Veranschaulichung der Korrespondenz (3.78b)

Beispiel 3.9: Betrachtet man

$$x(t) = s(t)\sin\omega_0 t$$

als Eingangssignal eines linearen, im allgemeinen zeitvarianten, durch seine Übertragungsfunktion $H(\mathrm{j}\omega,t)$ gegebenen Systems, dann erhält man aus Gl. (3.64c) mit Hilfe der Korrespondenz (3.78b)

$$y(t) = \frac{1}{2\pi}\int\limits_{-\infty}^{\infty} H(\mathrm{j}\omega,t)\left[\frac{\pi}{2\mathrm{j}}\{\delta(\omega-\omega_0)-\delta(\omega+\omega_0)\} + \frac{\omega_0}{\omega_0^2-\omega^2}\right]\mathrm{e}^{\mathrm{j}\omega t}\,\mathrm{d}\omega$$

$$= \frac{1}{4\mathrm{j}}[H(\mathrm{j}\omega_0,t)\,\mathrm{e}^{\mathrm{j}\omega_0 t} - H(-\mathrm{j}\omega_0,t)\,\mathrm{e}^{-\mathrm{j}\omega_0 t}] + \frac{1}{2\pi}\int\limits_{-\infty}^{\infty}\frac{\omega_0}{\omega_0^2-\omega^2}H(\mathrm{j}\omega,t)\,\mathrm{e}^{\mathrm{j}\omega t}\,\mathrm{d}\omega .$$

Durch Zerlegung der Übertragungsfunktion $H(\mathrm{j}\omega,t)$ in den geraden und den ungeraden Anteil bezüglich t (man vergleiche die Gln. (3.28b,c)) und bei Beachtung von Gl. (3.10) ergibt sich

$$y(t) = \frac{1}{2}\,\mathrm{Im}[H(\mathrm{j}\omega_0,t)\,\mathrm{e}^{\mathrm{j}\omega_0 t}] + \frac{1}{2\pi}\int\limits_{-\infty}^{\infty}\frac{\omega_0}{\omega_0^2-\omega^2}[H_g(\mathrm{j}\omega,t) + H_u(\mathrm{j}\omega,t)]\,\mathrm{e}^{\mathrm{j}\omega t}\,\mathrm{d}\omega .$$

Hieraus folgt eine entsprechende Darstellung für $y(-t)$. Addiert man diese beiden Darstellungen, so erhält man im Fall eines *kausalen* Systems ($y(-t)\equiv 0$ für $t>0$) als Ausgangssignal

$$y(t) = \frac{1}{2}\,\mathrm{Im}[H(\mathrm{j}\omega_0,t)\,\mathrm{e}^{\mathrm{j}\omega_0 t} + H(\mathrm{j}\omega_0,-t)\,\mathrm{e}^{-\mathrm{j}\omega_0 t}]$$

$$+ \frac{1}{\pi}\int\limits_{-\infty}^{\infty}\frac{\omega_0}{\omega_0^2-\omega^2}[H_g(\mathrm{j}\omega,t)\cos\omega t + \mathrm{j}H_u(\mathrm{j}\omega,t)\sin\omega t]\,\mathrm{d}\omega \quad (t>0).$$

Im zeitinvarianten Fall vereinfacht sich diese Darstellung weiter, da dann $H_u(\mathrm{j}\omega,t)\equiv 0$ ist und $H_g(\mathrm{j}\omega,t) \equiv H(\mathrm{j}\omega,t)\equiv H(\mathrm{j}\omega) = R(\omega) + \mathrm{j}X(\omega)$ gilt:

$$y(t) = X(\omega_0)\cos\omega_0 t + \frac{2}{\pi}\int\limits_{0}^{\infty}\frac{\omega_0 R(\omega)\cos\omega t}{\omega_0^2-\omega^2}\,\mathrm{d}\omega \quad (t>0).$$

Eine weitere Darstellung erhält man, wenn die früheren Darstellungen von $y(t)$ und $y(-t)$ nicht addiert, sondern subtrahiert werden.

Es soll im folgenden die Fourier-Transformierte einer periodischen Folge von δ-Impulsen ermittelt werden. Eine derartige Impulsfolge der Periode T läßt sich in der Form

$$d_T(t) = \sum_{\mu=-\infty}^{\infty} \delta(t - \mu T) \tag{3.79a}$$

schreiben (Bild 3.19). Mit der Korrespondenz (3.75) und $\omega_0 = 2\pi/T$ erhält man als zugehöriges Spektrum

$$D_{\omega_0}(\mathrm{j}\omega) = \sum_{\mu=-\infty}^{\infty} \mathrm{e}^{-\mathrm{j}\mu 2\pi\omega/\omega_0} . \tag{3.79b}$$

Wie man sieht, ist $D_{\omega_0}(\mathrm{j}\omega)$ eine in ω *periodische* Funktion mit der Periode ω_0. Unter Verwendung der Abkürzung

$$q = \mathrm{e}^{-\mathrm{j}2\pi\omega/\omega_0} \tag{3.80}$$

kann Gl. (3.79b) auch in der Form

$$D_{\omega_0}(\mathrm{j}\omega) = \lim_{N\to\infty} \sum_{\mu=-N}^{N} q^{\mu} = \lim_{N\to\infty} \frac{q^{-N} - q^{N+1}}{1-q} = \lim_{N\to\infty} \frac{q^{-(N+1/2)} - q^{N+1/2}}{q^{-1/2} - q^{1/2}} \tag{3.81a}$$

geschrieben werden. In Gl. (3.81a) wurde die letzte Darstellung von $D_{\omega_0}(\mathrm{j}\omega)$ aus der vorletzten durch Multiplikation von Zähler und Nenner des Quotienten mit $q^{-1/2}$ gewonnen. Führt man jetzt in Gl. (3.81a) die Abkürzung nach Gl. (3.80) ein, dann wird

$$D_{\omega_0}(\mathrm{j}\omega) = \lim_{N\to\infty} \frac{\sin[(N + 1/2)\, 2\pi\omega/\omega_0]}{\sin(\pi\omega/\omega_0)} . \tag{3.81b}$$

Der in Gl. (3.81b) auftretende Quotient läßt sich im Intervall $(-\omega_0, \omega_0)$, aber auch nur in diesem Intervall, durch Potenzreihenentwicklung der Nennerfunktion folgendermaßen darstellen:

$$\frac{\sin[(N + 1/2)\, 2\pi\omega/\omega_0]}{\sin(\pi\omega/\omega_0)} = \frac{\sin[(N + 1/2)\, 2\pi\omega/\omega_0]}{(\pi\omega/\omega_0)} [1 + \rho(\omega)]$$

$$(-\omega_0 < \omega < \omega_0).$$

Dabei gilt $\rho(0) = 0$. Dieser Ausdruck strebt für $N \to \infty$ gegen die Funktion

$$\omega_0\, \delta(\omega)\, [1 + \rho(\omega)] = D_{\omega_0}(\mathrm{j}\omega) \qquad (-\omega_0 < \omega < \omega_0),$$

da im Sinne der Distributionentheorie

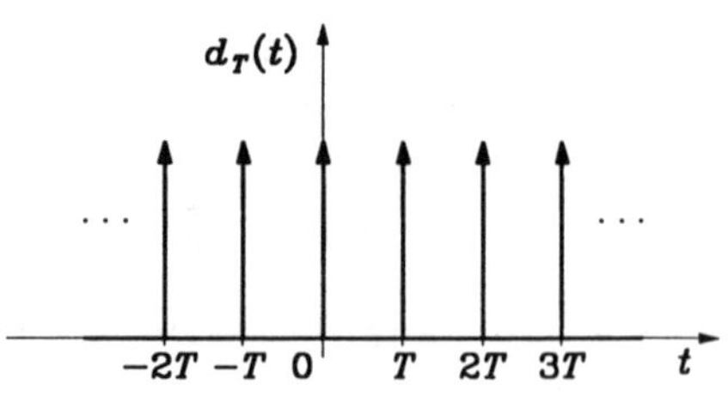

Bild 3.19: Periodische Impulsfolge

$$\delta(\omega) = \lim_{a \to \infty} \frac{\sin a\,\omega}{\pi\omega}$$

ist. Beachtet man noch die Beziehung $\delta(\omega)\,\rho(\omega) = \delta(\omega)\,\rho(0) = 0$, so erhält man im Intervall $-\omega_0 < \omega < \omega_0$

$$D_{\omega_0}(\mathrm{j}\omega) = \omega_0\,\delta(\omega)\,.$$

Durch periodische Fortsetzung dieser Funktion mit der Periode ω_0 ergibt sich schließlich die Fourier-Transformierte von $d_T(t)$ im gesamten Frequenzbereich:

$$D_{\omega_0}(\mathrm{j}\omega) = \omega_0 \sum_{\mu=-\infty}^{\infty} \delta(\omega - \mu\omega_0)\,. \tag{3.82}$$

Ohne weiteres ist zu erkennen, daß in Umkehrung der soeben durchgeführten Untersuchung dem Spektrum aus Gl. (3.82) die Zeitfunktion nach Gl. (3.79a) entspricht. Somit besteht die Korrespondenz

$$\sum_{\mu=-\infty}^{\infty} \delta(t - \mu T) \circ\!\!-\!\!\bullet\; \omega_0 \sum_{\mu=-\infty}^{\infty} \delta(\omega - \mu\omega_0) \quad (\omega_0 = 2\pi/T)\,. \tag{3.83}$$

Die periodische Folge $d_T(t)$ von δ-Impulsen der Stärke Eins hat demzufolge als Spektrum $D_{\omega_0}(\mathrm{j}\omega)$ eine ebenfalls periodische Folge von δ-Impulsen der Stärke ω_0.

4.3 DIE FOURIER-TRANSFORMATION PERIODISCHER ZEITFUNKTIONEN

Es wird eine nicht notwendigerweise reelle Funktion $f(t)$ der Zeit t $(-\infty < t < \infty)$ betrachtet, die mit der Periode T periodisch sein möge:

$$f(t) = f(t + T)\,.$$

Neben dieser Funktion $f(t)$ wird noch die Funktion $f_0(t)$ in die Betrachtung einbezogen, die im Intervall $[0, T]$ gleich $f(t)$ und außerhalb dieses Intervalls gleich Null sei:

$$f_0(t) = \begin{cases} f(t) & \text{für} \quad 0 \leqq t \leqq T\,, \\ 0 & \text{für} \quad t < 0 \quad \text{und} \quad t > T\,. \end{cases}$$

Im Bild 3.20 ist ein Beispiel für reelle Funktionen $f(t), f_0(t)$ dargestellt. Die Funktion $f_0(t)$ soll, abgesehen von endlich vielen Sprüngen, die im Satz III.1 geforderten Eigenschaften einer durch ihre Frequenzfunktion darstellbaren Zeitfunktion erfüllen, so daß die Korrespondenz

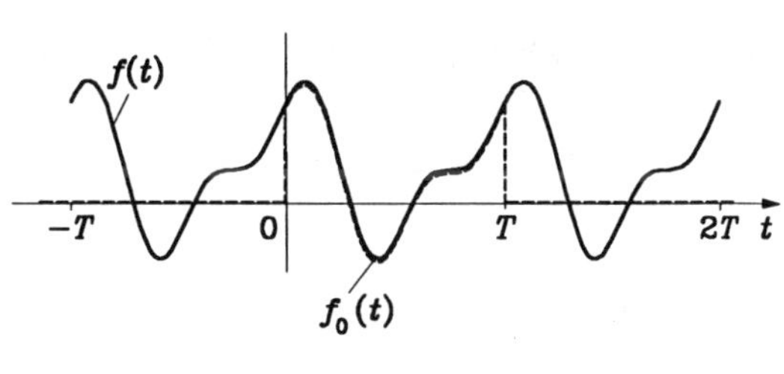

Bild 3.20: Beispiele reeller Funktionen $f(t)$ und $f_0(t)$

$$f_0(t) \circ\!\!- F_0(\mathrm{j}\omega) = \int_0^T f(t)\, \mathrm{e}^{-\mathrm{j}\omega t}\, \mathrm{d}t \tag{3.84}$$

besteht. Man kann nun die Funktion $f(t)$ durch Faltung der Funktion $f_0(t)$ mit der periodischen Impulsfolge $d_T(t)$ aus Gl. (3.79a) erzeugen:

$$f(t) = \int_{-\infty}^{\infty} f_0(\tau)\, d_T(t-\tau)\, \mathrm{d}\tau . \tag{3.85}$$

Die Richtigkeit dieser Aussage ist aus Bild 3.21 sofort zu erkennen. Mit zunehmendem t verschiebt sich die Impulsfolge nach rechts. Ausgehend von $t = 0$ durchwandert der zunächst im Nullpunkt befindliche Impuls das Intervall $[0, T]$, und dabei wird durch diesen Impuls gemäß Gl. (3.85) zum Zeitpunkt t $(0 \leqq t \leqq T)$, wenn man von den Unstetigkeitsstellen absieht, der Funktionswert $f_0(t) = f(t)$ ausgeblendet (Bild 3.21), während die übrigen Impulse wirkungslos sind. Wird $t > T$, so wandert der ursprünglich bei $\tau = -T$ gelegene Impuls ins Intervall $[0, T]$ und blendet in gleicher Weise bis zum Zeitpunkt $t = 2T$ aus. Dieses Ausblendspiel wiederholt sich in jedem Intervall $nT \leqq t \leqq (n+1)T$ $(n \in \mathbb{Z})$. Deshalb entsteht durch Gl. (3.85) die Funktion $f(t)$ im gesamten Zeitbereich $-\infty < t < \infty$.

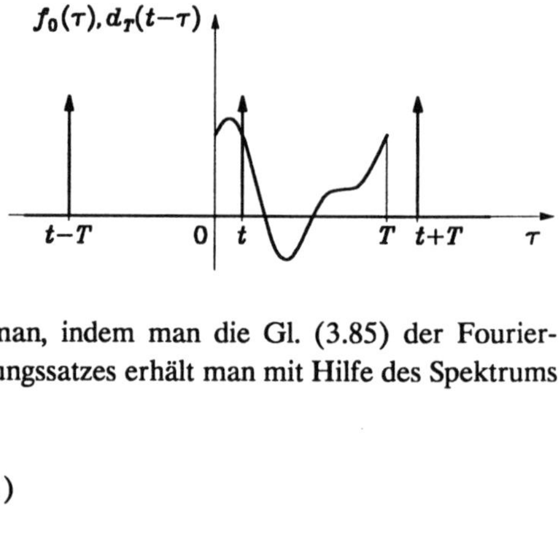

Bild 3.21: Erzeugung der Funktion $f(t)$ durch Faltung der Funktion $f_0(t)$ mit der periodischen Impulsfolge $d_T(t)$

Das Spektrum $F(\mathrm{j}\omega)$ von $f(t)$ gewinnt man, indem man die Gl. (3.85) der Fourier-Transformation unterwirft. Aufgrund des Faltungssatzes erhält man mit Hilfe des Spektrums nach Gl. (3.82) der Impulsfolge $d_T(t)$

$$F(\mathrm{j}\omega) = F_0(\mathrm{j}\omega)\, \omega_0 \sum_{\mu=-\infty}^{\infty} \delta(\omega - \mu\omega_0)$$

oder bei Beachtung der Relation $F_0(\mathrm{j}\omega)\,\delta(\omega - \mu\omega_0) = F_0(\mathrm{j}\mu\omega_0)\,\delta(\omega - \mu\omega_0)$ sowie bei Verwendung der Abkürzung

$$2\pi A_\mu = \omega_0 F_0(\mathrm{j}\mu\omega_0) ,$$

wobei $F_0(\mathrm{j}\mu\omega_0)$ aus $f(t)$ nach Gl. (3.84) zu bestimmen und $\omega_0 = 2\pi/T$ ist, schließlich

$$F(\mathrm{j}\omega) = 2\pi \sum_{\mu=-\infty}^{\infty} A_\mu\, \delta(\omega - \mu\omega_0) \tag{3.86a}$$

mit

$$A_\mu = \frac{1}{T} \int_0^T f(t)\, \mathrm{e}^{-\mathrm{j}\mu 2\pi t/T}\, \mathrm{d}t . \tag{3.86b}$$

Wendet man jetzt auf Gl. (3.86a) die Fourier-Umkehrformel an und beachtet man, daß

$$\int_{-\infty}^{\infty} e^{j\omega t}\,\delta(\omega - \mu\omega_0)\,d\omega = e^{j\mu\omega_0 t}$$

mit $\omega_0 = 2\pi/T$ ist, so ergibt sich die als Fourier-Reihenentwicklung bekannte Darstellung periodischer Funktionen:

$$f(t) = \sum_{\mu=-\infty}^{\infty} A_\mu\, e^{j\mu 2\pi t/T}\,. \tag{3.86c}$$

Die Fourier-Koeffizienten A_μ ($\mu = 0, \pm 1, \pm 2, \ldots$) sind durch Gl. (3.86b) gegeben und stimmen nach Gl. (3.84) bis auf den Faktor $1/T$ mit dem Wert des Fourier-Integrals $F_0(j\omega)$ von $f_0(t)$ für $\omega = \mu\omega_0 = \mu 2\pi/T$ überein. Wie die Gl. (3.86b) erkennen läßt, gilt bei reeller Zeitfunktion $f(t)$

$$A_{-\mu} = A_\mu^*\,.$$

Aus Gl. (3.86a) ersieht man, daß eine periodische Funktion kein kontinuierliches Spektrum, sondern ein diskretes Linienspektrum hat. Dieses Linienspektrum besteht aus äquidistanten δ-Stößen an den Stellen $\omega = \mu\omega_0$ ($\mu = 0, \pm 1, \pm 2, \ldots$) mit den Impulsstärken $2\pi A_\mu$. Eine Teilsumme

$$f_N(t) = \sum_{\mu=-N}^{N} A_\mu\, e^{j\mu 2\pi t/T} \tag{3.87}$$

der Fourier-Reihe von Gl. (3.86c) kann man sich entstanden denken durch rechteckförmige Beschneidung des Spektrums $F(j\omega)$ von $f(t)$ gemäß Gl. (3.37a) mit $\Omega = (N + 1/2)\omega_0$. Infolgedessen trifft man bei den Teilsummen $f_N(t)$ das Gibbssche Phänomen an, d. h. das Auftreten von Überschwingern an allen Sprungstellen der Funktion $f(t)$. Diese Erscheinung läßt sich auch hier nach der im Abschnitt 2.2 gezeigten Methode dadurch beseitigen, daß man das Spektrum $F(j\omega)$ nach Gl. (3.86a) nicht rechteckförmig, sondern dreieckförmig gemäß Gl. (3.39a) mit $\Omega = N\omega_0$ beschneidet. Dies bewirkt, daß in der Teilsumme in Gl. (3.87) die A_μ durch die Koeffizienten

$$B_\mu = A_\mu \left(1 - \frac{|\mu|}{N}\right)$$

zu ersetzen sind. Auf diese Weise entstehen die sogenannten Fejérschen Teilsummen.

Auch die Impulsfolge $d_T(t)$ von Gl. (3.79a) läßt sich (im Sinne der Distributionentheorie) durch eine Fourier-Reihe darstellen. Ein Vergleich der Korrespondenz (3.83) mit dem Spektrum in Gl. (3.86a) für periodische Funktionen lehrt, daß die Fourier-Koeffizienten A_μ von $d_T(t)$ durchweg $1/T$ sind.

Beispiel 3.10: Am Eingang eines idealen Tiefpasses mit der Übertragungsfunktion nach Gl. (3.47) wirke ein (reelles) periodisches Signal $x(t)$ mit der Periodendauer $T = 2\pi/\omega_0$ und den Fourier-Koeffizienten α_μ ($\mu = 0, \pm 1, \pm 2, \ldots$). Die Grenzkreisfrequenz ω_g des Tiefpasses liege zwischen $N\omega_0$ und $(N+1)\omega_0$, wobei N eine natürliche Zahl ist. Wie lautet das Ausgangssignal $y(t)$?

Lösung: Man erhält aus den Gln. (3.47) und (3.48) mit der Darstellung des Spektrums von $x(t)$ gemäß Gl. (3.86a) das Spektrum der Ausgangsgröße:

$$Y(\mathrm{j}\omega) = A_0\, \mathrm{e}^{-\mathrm{j}\omega t_0}\, 2\pi \sum_{\mu=-N}^{N} \alpha_\mu \delta(\omega - \mu\omega_0)\,.$$

Hieraus folgt durch Fourier-Umkehrtransformation

$$y(t) = A_0 \sum_{\mu=-N}^{N} \alpha_\mu \mathrm{e}^{\mathrm{j}\mu 2\pi (t-t_0)/T}\,.$$

Diese Funktion ist ebenfalls ein periodisches Signal mit der Periodendauer T. Der Tiefpaß läßt nur die Teilschwingungen von $x(t)$ mit Kreisfrequenzen im Intervall $[-N\omega_0, N\omega_0]$ passieren, wobei die Amplituden dieser Schwingungen mit A_0 multipliziert und die Signale selbst um die Zeit t_0 verzögert werden. Im Fall $N = 1$ erhält man

$$y(t) = A_0[\alpha_0 + \alpha_1 \mathrm{e}^{\mathrm{j}2\pi(t-t_0)/T} + \alpha_1^* \mathrm{e}^{-\mathrm{j}2\pi(t-t_0)/T}] = A_0\{\alpha_0 + 2\,|\,\alpha_1\,|\cos[2\pi(t-t_0)/T + \arg\alpha_1]\}\,.$$

Wirkt das periodische Signal $x(t)$ am Eingang eines willkürlichen linearen, zeitinvarianten, stabilen Systems mit der Übertragungsfunktion $H(\mathrm{j}\omega)$, dann lautet die Fourier-Transformierte des Ausgangssignals

$$Y(\mathrm{j}\omega) = H(\mathrm{j}\omega)\, 2\pi \sum_{\mu=-\infty}^{\infty} \alpha_\mu \delta(\omega - \mu\omega_0) = 2\pi \sum_{\mu=-\infty}^{\infty} \alpha_\mu H(\mathrm{j}\mu\omega_0)\delta(\omega - \mu\omega_0)$$

und damit das Ausgangssignal selbst

$$y(t) = \sum_{\mu=-\infty}^{\infty} \alpha_\mu H\left(\mathrm{j}\mu \frac{2\pi}{T}\right) \mathrm{e}^{\mathrm{j}\mu 2\pi t/T}\,.$$

Diese Funktion ist auch wieder periodisch mit der Periodendauer T. Man beachte, daß die Fourier-Koeffizienten β_μ des Ausgangssignals mit $\omega_0 = 2\pi/T$ direkt in der Form

$$\beta_\mu = \alpha_\mu H(\mathrm{j}\mu\omega_0)$$

angegeben werden können. Es sei dem Leser als Übung empfohlen, unter Verwendung der Gl. (3.64c) das entsprechende Ergebnis für ein zeitvariantes, lineares, stabiles System abzuleiten.

4.4 SIGNALE MIT PERIODISCHEN SPEKTREN

Hat ein Signal $f(t)$ ein periodisches Spektrum $F(\mathrm{j}\omega)$ mit der Grundperiode $\omega_0\,(\neq 0)$ und bezeichnet man den Ausschnitt des Spektrums $F(\mathrm{j}\omega)$ im Intervall $-\omega_0/2 < \omega < \omega_0/2$ mit $F_0(\mathrm{j}\omega)$, d. h.

$$F_0(\mathrm{j}\omega) := p_{\omega_0/2}(\omega)\, F(\mathrm{j}\omega)\,,$$

so läßt sich nach dem Vorbild der Darstellung periodischer Signale

$$F(\mathrm{j}\omega) = \int_{-\infty}^{\infty} F_0(\mathrm{j}\eta)\, d_{\omega_0}(\omega - \eta)\, \mathrm{d}\eta$$

schreiben, wobei $d_{\omega_0}(\omega)$ den Impulskamm gemäß Gl. (3.79a) bedeutet. Wendet man hierauf den Faltungssatz nach Korrespondenz (3.61) an und bezeichnet mit $f_0(t)$ das zu $F_0(\mathrm{j}\omega)$

gehörende Signal, so erhält man bei Berücksichtigung der Korrespondenz (3.83) und mit $T = 2\pi/\omega_0$ die Darstellung

$$f(t) = T f_0(t) \sum_{\mu=-\infty}^{\infty} \delta(t - \mu T)$$

oder

$$f(t) = \sum_{\mu=-\infty}^{\infty} T f_0(\mu T)\, \delta(t - \mu T). \tag{3.88}$$

Zu einem periodischen Spektrum gehört also ein Signal, das aus periodisch auftretenden Impulsen besteht. Eine interessante Anwendung dieses Ergebnisses soll im folgenden besprochen werden.

Wirkt auf ein lineares, zeitinvariantes kontinuierliches System mit der Übertragungsfunktion $H(\mathrm{j}\omega)$ ein Signal $x(t)$, dessen Spektrum $X(\mathrm{j}\omega)$ außerhalb des Intervalls $(-\omega_g, \omega_g)$ identisch verschwindet (derartige "bandbegrenzte" Signale werden noch ausführlich behandelt), so kann man mit der beschnittenen Übertragungsfunktion

$$H_{\omega_g}(\mathrm{j}\omega) = p_{\omega_g}(\omega)\, H(\mathrm{j}\omega) \tag{3.89}$$

das Spektrum des Ausgangssignals

$$Y(\mathrm{j}\omega) = X(\mathrm{j}\omega)\, H(\mathrm{j}\omega)$$

in der Form

$$Y(\mathrm{j}\omega) = X(\mathrm{j}\omega) \sum_{\mu=-\infty}^{\infty} H_{\omega_g}[\mathrm{j}(\omega - \mu 2\omega_g)] \tag{3.90}$$

oder

$$Y(\mathrm{j}\omega) = \left(\sum_{\mu=-\infty}^{\infty} X[\mathrm{j}(\omega - \mu 2\omega_g)] \right) H_{\omega_g}(\mathrm{j}\omega) \tag{3.91}$$

ausdrücken. Man beachte, daß beide Summenausdrücke periodische Spektren repräsentieren. Es sei $h_{\omega_g}(t)$ die zu $H_{\omega_g}(\mathrm{j}\omega)$ gehörende Zeitfunktion. Dann folgt aus Gl. (3.90) nach dem Faltungssatz bei Beachtung des Ergebnisses nach Gl. (3.88)

$$y(t) = \int_{-\infty}^{\infty} x(\tau) \sum_{\mu=-\infty}^{\infty} T\, h_{\omega_g}(\mu T)\, \delta(t - \mu T - \tau)\, \mathrm{d}\tau \tag{3.92a}$$

oder

$$y(t) = \sum_{\mu=-\infty}^{\infty} T\, h_{\omega_g}(\mu T)\, x(t - \mu T) \tag{3.92b}$$

mit

$$T = \pi/\omega_g .$$

Entsprechend ergibt sich aus Gl. (3.91)

$$y(t) = \int_{-\infty}^{\infty} h_{\omega_g}(\tau) \sum_{\mu=-\infty}^{\infty} T\, x(\mu T)\, \delta(t - \mu T - \tau)\, \mathrm{d}\tau \tag{3.93a}$$

oder

$$y(t) = \sum_{\mu=-\infty}^{\infty} T\, x(\mu T)\, h_{\omega_g}(t - \mu T). \tag{3.93b}$$

Man kann das Ergebnis der Gl. (3.93b) aufgrund der Gl. (3.93a) folgendermaßen interpretieren: Das Ausgangssignal $y(t)$ eines Systems mit der Übertragungsfunktion $H(\mathrm{j}\omega)$ als Reaktion auf die Erregung mit dem (bandbegrenzten) Signal $x(t)$ erscheint auch am Ausgang des Systems mit der Übertragungsfunktion $H_{\omega_g}(\mathrm{j}\omega)$ nach Gl. (3.89), sofern dieses mit der Impulsfolge

$$\tilde{x}(t) = \sum_{\mu=-\infty}^{\infty} T\, x(\mu T)\, \delta(t - \mu T)$$

erregt wird.

4.5 ZEITBEGRENZTE SIGNALE, BANDBEGRENZTE SIGNALE, DAS ABTASTTHEOREM

4.5.1 Zeitbegrenzte Signale

Es wird ein sogenanntes *zeitbegrenztes* Signal betrachtet, d. h. ein Signal $f(t)$ mit der Eigenschaft

$$f(t) \equiv 0 \quad \text{für} \quad |t| > T. \tag{3.94}$$

Es sei nun vorausgesetzt, daß $f(t)$ gemäß Abschnitt 4.3 im Intervall $[-T, T]$ durch eine Fourier-Reihe darstellbar ist (man beachte, daß die Periodendauer $2T$ ist):

$$f(t) = \sum_{\mu=-\infty}^{\infty} A_\mu\, \mathrm{e}^{\mathrm{j}\mu\pi t/T}, \qquad (|t| < T), \tag{3.95a}$$

$$A_\mu = \frac{1}{2T} \int_{-T}^{T} f(t)\, \mathrm{e}^{-\mathrm{j}\mu\pi t/T}\, \mathrm{d}t = \frac{1}{2T} F(\mathrm{j}\mu\pi/T). \tag{3.95b}$$

Hierbei bedeutet $F(\mathrm{j}\omega)$ die Fourier-Transformierte von $f(t)$. Ausgehend von Gl. (3.95a) kann nun $f(t)$ mit Hilfe der Rechteckfunktion

$$p_T(t) = \begin{cases} 1 & \text{für} \quad |t| < T, \\ 0 & \text{für} \quad |t| > T \end{cases} \tag{3.96}$$

im gesamten Intervall $-\infty < t < \infty$ dargestellt werden:

$$f(t) = \sum_{\mu=-\infty}^{\infty} A_\mu\, p_T(t)\, \mathrm{e}^{\mathrm{j}\mu\pi t/T}. \tag{3.97}$$

Für die Funktion $p_T(t)$ aus Gl. (3.96) gilt die Korrespondenz

$$p_T(t) \circ\!\!-\, \frac{2\sin T\omega}{\omega}\,. \tag{3.98}$$

Unterwirft man die Gl. (3.97) der Fourier-Transformation, so erhält man bei Beachtung der Korrespondenz (3.98) und der Frequenzverschiebungseigenschaft sowie der Form von A_μ nach Gl. (3.95b) das Spektrum von $f(t)$ zu

$$F(\mathrm{j}\omega) = \sum_{\mu=-\infty}^{\infty} F(\mathrm{j}\mu\pi/T)\,\frac{\sin(T\omega - \mu\pi)}{T\omega - \mu\pi}\,. \tag{3.99}$$

Das Spektrum $F(\mathrm{j}\omega)$ eines nach Gl. (3.94) zeitbegrenzten Signals $f(t)$ ist also allein durch seine diskreten Werte an den Stellen $\omega = \mu\pi/T$ ($\mu = 0, \pm 1, \pm 2, \ldots$) nach Gl. (3.99) bestimmt.

Das Ergebnis nach Gl. (3.99) kann dazu verwendet werden, die Fourier-Transformierte einer zeitbegrenzten Funktion numerisch zu bestimmen. Man braucht dazu nur durch harmonische Analyse [1)] die Fourier-Koeffizienten A_μ gemäß Gl. (3.95b) aus der Funktion $f(t)$ für $\mu = 0, \pm 1, \pm 2, \ldots, \pm N$ zu bestimmen und hat dann die Werte für die Koeffizienten $F(\mathrm{j}\mu\pi/T)$ in Gl. (3.99) für $\mu = 0, \pm 1, \ldots, \pm N$. Bei hinreichend großem N dürfen die Koeffizienten für $|\mu| > N$ näherungsweise gleich Null gesetzt werden, so daß dann $F(\mathrm{j}\omega)$ nach Gl. (3.99) numerisch bekannt ist. Falls die Zeitfunktion $f(t)$, deren Spektrum numerisch bestimmt werden soll, zwar nicht zeitbegrenzt ist, jedoch die Grenzwerte Null für $t \to \pm\infty$ besitzt, oder falls durch geeignete Umformung die Zeitfunktion auf ein solches Signal zurückgeführt werden kann, dann darf mit im allgemeinen ausreichender Genauigkeit bei hinreichend großem T für $|t| > T$ die Zeitfunktion gleich Null gesetzt werden, und man erhält so eine zeitbegrenzte Funktion, deren Fourier-Transformierte mit Hilfe von Gl. (3.99) numerisch bestimmt werden kann.

Beispiel 3.11: Soll das Spektrum der im Bild 3.22 dargestellten Sprungantwort ("Übergangsfunktion") $a(t)$

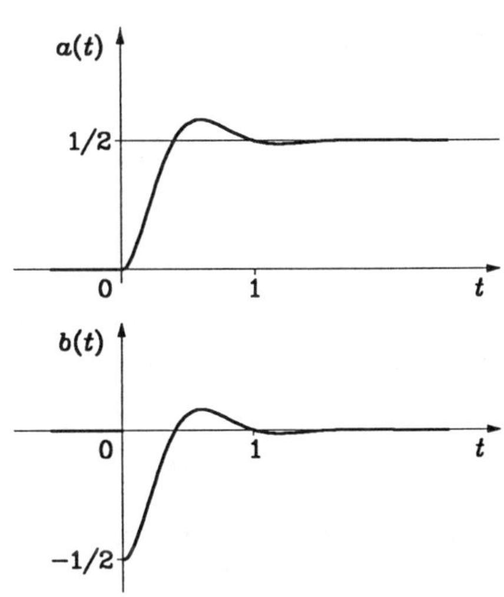

Bild 3.22: Verlauf der Sprungantwort $a(t)$ und der Funktion $b(t)$

---

1) Hierfür gibt es verschiedene Methoden, man vergleiche auch Abschnitt 2.7 aus Kapitel IV

numerisch ermittelt werden, so setzt man

$$a(t) = 0{,}5\,s(t) + b(t).$$

Die Funktion $b(t)$ ist ebenfalls im Bild 3.22 dargestellt. Wie man sieht, dürfen die Funktionswerte $b(t)$ für $t > T = 2$ mit guter Näherung gleich Null gesetzt werden, so daß $b(t)$ als zeitbegrenztes Signal aufgefaßt werden darf. Gemäß den Gln. (3.99) und (3.95b), wobei $f(t)$ durch $b(t)$ und $F(\mathrm{j}\omega)$ durch $B(\mathrm{j}\omega)$ zu ersetzen ist, läßt sich das Spektrum $B(\mathrm{j}\omega)$ von $b(t)$ bestimmen. Das Spektrum der Funktion $0{,}5\,s(t)$ erhält man aus der Korrespondenz (3.74), so daß die gewünschte Fourier-Transformierte

$$A(\mathrm{j}\omega) = 0{,}5\,\pi\,\delta(\omega) + \frac{1}{2\mathrm{j}\omega} + B(\mathrm{j}\omega)$$

lautet.

4.5.2 Bandbegrenzte Signale

Nunmehr wird ein sogenanntes *bandbegrenztes Signal* betrachtet, d. h. ein Signal, dessen Spektrum die Eigenschaft

$$F(\mathrm{j}\omega) \equiv 0 \quad \text{für} \quad |\omega| > \omega_g \tag{3.100}$$

hat. Es sei vorausgesetzt, daß $F(\mathrm{j}\omega)$ gemäß Abschnitt 4.3 im Intervall $[-\omega_g, \omega_g]$ durch eine Fourier-Reihe dargestellt werden kann:

$$F(\mathrm{j}\omega) = \sum_{\nu=-\infty}^{\infty} A_\nu\, \mathrm{e}^{-\mathrm{j}\nu\pi\omega/\omega_g} \qquad (|\omega| < \omega_g), \tag{3.101a}$$

$$A_\nu = \frac{1}{2\omega_g} \int_{-\omega_g}^{\omega_g} F(\mathrm{j}\omega)\, \mathrm{e}^{\mathrm{j}\nu\pi\omega/\omega_g}\, \mathrm{d}\omega = \frac{\pi}{\omega_g} f\left(\nu\frac{\pi}{\omega_g}\right). \tag{3.101b}$$

Hierbei bedeutet $f(t)$ die $F(\mathrm{j}\omega)$ entsprechende Zeitfunktion. Im Vergleich mit den Formeln aus Abschnitt 4.3 wurde der Summationsindex μ durch $-\nu$ ersetzt. Mit Hilfe der Rechteckfunktion $p_{\omega_g}(\omega)$ gemäß Gl. (3.36) läßt sich die Gültigkeit der Formel nach Gl. (3.101a) auf den gesamten Frequenzbereich ausdehnen:

$$F(\mathrm{j}\omega) = \sum_{\nu=-\infty}^{\infty} A_\nu\, p_{\omega_g}(\omega)\, \mathrm{e}^{-\mathrm{j}\nu\pi\omega/\omega_g}. \tag{3.102}$$

Jetzt liefert die Korrespondenz (3.46) in Verbindung mit der Zeitverschiebungseigenschaft aus Gl. (3.102) und mit Gl. (3.101b) die Zeitfunktion

$$f(t) = \sum_{\nu=-\infty}^{\infty} f\left(\nu\frac{\pi}{\omega_g}\right) \frac{\sin(\omega_g t - \nu\pi)}{\omega_g t - \nu\pi}. \tag{3.103}$$

Diese Beziehung zur Darstellung einer bandbegrenzten Zeitfunktion $f(t)$ aus ihren diskreten Werten an den Stellen $t = \nu\pi/\omega_g$ $(\nu = 0, \pm 1, \pm 2, \ldots)$ ist das Gegenstück zu Gl. (3.99), mit deren Hilfe das Spektrum einer zeitbegrenzten Funktion in entsprechender Weise durch diskrete Werte dargestellt wird.

Die Gl. (3.103) ist auch dazu geeignet, die zu einem begrenzten Spektrum $F(\mathrm{j}\omega)$ ($\equiv 0$ für $|\omega| > \omega_g$) gehörige Zeitfunktion $f(t)$ numerisch zu bestimmen. Zu diesem Zweck hat man mit Hilfe harmonischer Analyse des Spektrums $F(\mathrm{j}\omega)$ die diskreten Funktionswerte $f(\nu\pi/\omega_g)$ nach Gl. (3.101b) zu ermitteln und erhält dann nach Gl. (3.103) die Funktion $f(t)$ im gesamten Zeitbereich, wobei die $f(\nu\pi/\omega_g)$ für $|\nu| > N$ bei hinreichend großem N näherungsweise Null gesetzt werden dürfen. Ist das Spektrum nicht begrenzt, jedoch im Limes für $\omega \to \pm\infty$ Null oder läßt sich die Fourier-Transformierte, deren Zeitfunktion numerisch zu ermitteln ist, auf ein solches Spektrum reduzieren, dann kann man mit einem hinreichend großen ω_g das Spektrum für $|\omega| > \omega_g$ näherungsweise gleich Null setzen und erhält so ein begrenztes Spektrum, dessen Zeitfunktion mit Hilfe der Gl. (3.103) bestimmt ist. Nimmt man von der unendlichen Reihe in Gl. (3.103) nur eine endliche Teilsumme, so wird $f(t)$ nur näherungsweise dargestellt. Der hiermit verbundene Fehler wird im Abschnitt 4.6 diskutiert.

4.5.3 Abtasttheorem

Gleichung (3.103) ist die mathematische Form des *Abtasttheorems*. Es soll zusammengefaßt werden im

Satz III.3: Eine bezüglich der Kreisfrequenz ω_g bandbegrenzte Zeitfunktion $f(t)$ ist in eindeutiger Weise durch ihre diskreten Werte

$$f_\nu = f\left(\nu\frac{\pi}{\omega_g}\right)$$

für $\nu = 0, \pm1, \pm2, \ldots$ nach Gl. (3.103) bestimmt (Bild 3.23).

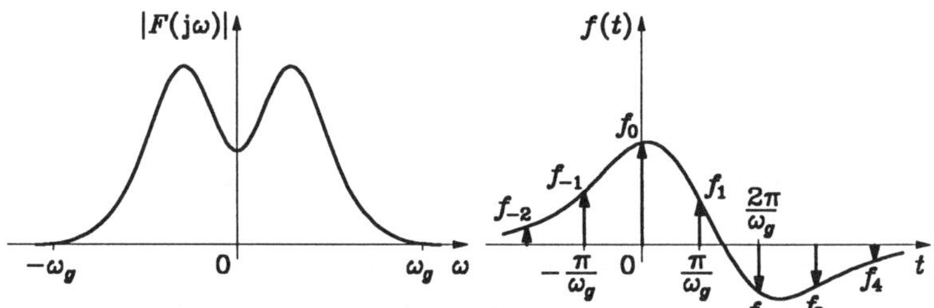

Bild 3.23: Zum Abtasttheorem. Die bandbegrenzte Zeitfunktion $f(t)$ ist durch die diskreten Werte f_ν bestimmt

Das Abtasttheorem hat für die Informationsübertragung außerordentlich große Bedeutung, da es auf die Möglichkeit hinweist, bandbegrenzte Signale durch diskrete Funktionswerte zu übertragen, die in gleichen Zeitabständen $\pi/\omega_g = 1/(2f_g)$ dem Signal zu entnehmen sind. Natürlich darf man auch mit einer kürzeren Periode, d. h. mit einer größeren Rate – man bezeichnet die kleinstmögliche Rate $\omega_g/\pi = 2f_g$ als *Nyquist-Rate* – die Funktionswerte entnehmen (abtasten). Dies bedeutet nur die Wahl einer entsprechend größeren Grenzkreisfrequenz ω_g in Gl. (3.100), was auf die Aussage des Abtasttheorems keinen Einfluß hat.

Werden die diskreten Funktionswerte in idealisierter Weise in Form äquidistanter δ-Impulse übertragen, wobei die Impulsstärken gleich den abgetasteten Funktionswerten sind, dann lautet die Sendefunktion

$$x(t) = \sum_{\mu=-\infty}^{\infty} f\left(\mu\frac{\pi}{\omega_g}\right)\delta\left(t - \mu\frac{\pi}{\omega_g}\right). \tag{3.104a}$$

Das zugehörige Spektrum ist

$$X(\mathrm{j}\omega) = \sum_{\mu=-\infty}^{\infty} f\left(\mu\frac{\pi}{\omega_g}\right)\mathrm{e}^{-\mathrm{j}\mu\pi\omega/\omega_g}, \tag{3.104b}$$

wie man unmittelbar sieht. Das Spektrum $X(\mathrm{j}\omega)$ stellt eine in ω periodische Funktion mit der Periode $2\omega_g$ dar. Der Vergleich von Gl. (3.104b) mit den Gln. (3.101a,b) lehrt, daß

$$X(\mathrm{j}\omega) \equiv \frac{\omega_g}{\pi} F(\mathrm{j}\omega) \qquad (-\omega_g \leqq \omega \leqq \omega_g)$$

gilt. Die Sendefunktion $x(t)$ nach Gl. (3.104a) hat also ein Spektrum $X(\mathrm{j}\omega)$, das bis auf den konstanten Faktor ω_g/π im Intervall $[-\omega_g, \omega_g]$ mit dem Spektrum der bandbegrenzten Funktion $f(t)$ übereinstimmt. Außerhalb dieses Intervalls hat man sich $X(\mathrm{j}\omega)$ periodisch fortgesetzt zu denken, während dort $F(\mathrm{j}\omega)$ identisch verschwindet. Die diskrete Übertragung erfordert also, etwa im Rahmen des Zeitmultiplex-Verfahrens, den gesamten Frequenzbereich $(-\infty < \omega < \infty)$. Wird nun das Signal $x(t)$ als Eingangssignal eines idealen Tiefpasses gewählt, dessen Grenzkreisfrequenz ω_g mit jener des zu übertragenden Signals $f(t)$ übereinstimmt, dann lautet das Spektrum des Ausgangssignals $y(t)$ nach Gl. (3.48) und den Gln. (3.47) und (3.36)

$$Y(\mathrm{j}\omega) = H(\mathrm{j}\omega)X(\mathrm{j}\omega) = A_0\frac{\omega_g}{\pi}F(\mathrm{j}\omega)\,\mathrm{e}^{-\mathrm{j}\omega t_0} \qquad (-\infty < \omega < \infty).$$

Durch Übergang in den Zeitbereich ergibt sich

$$y(t) = A_0\frac{\omega_g}{\pi}f(t - t_0).$$

Das Ausgangssignal $y(t)$ des idealen Tiefpasses stimmt damit bis auf den Maßstabsfaktor $A_0\,\omega_g/\pi$ und die zeitliche Verschiebung t_0 mit dem zu übertragenden Signal überein. Die Demodulation des für die Übertragung benutzten, aus einer periodischen Folge von Impulsen bestehenden Signals $x(t)$ kann also mit einem idealen Tiefpaß durchgeführt werden, dessen Grenzkreisfrequenz mit derjenigen des zu übertragenden Signals übereinstimmt. – Auf die Demodulation des Signals $x(t)$ mit Hilfe eines idealen Tiefpasses wird man auch durch folgende Überlegung geführt. Die Antwort eines idealen Tiefpasses mit der Grenzkreisfrequenz ω_g auf einen δ-Stoß zum Zeitpunkt $t = \nu\pi/\omega_g$ und mit der Stärke $f(\nu\pi/\omega_g)\,\pi/(A_0\,\omega_g)$ stimmt nach Gl. (3.44a), abgesehen von der zeitlichen Verzögerung um t_0, mit dem in Gl. (3.103) vorkommenden Summanden überein. Wirken zu allen Zeiten $t = \nu\pi/\omega_g$ $(\nu = 0, \pm 1, \pm 2, \ldots)$ derartige δ-Stöße am Eingang des idealen Tiefpasses, so erhält man wegen der Linearität des Systems am Ausgang die Zeitfunktion nach Gl. (3.103), wenn man von der Verzögerungszeit t_0 absieht. Bild 3.24 soll die Demodulation verdeutlichen. – Es soll noch auf die Erzeugung der Funktion $f(t)$ gemäß Gl. (3.103) besonders hingewiesen werden. Der Summand

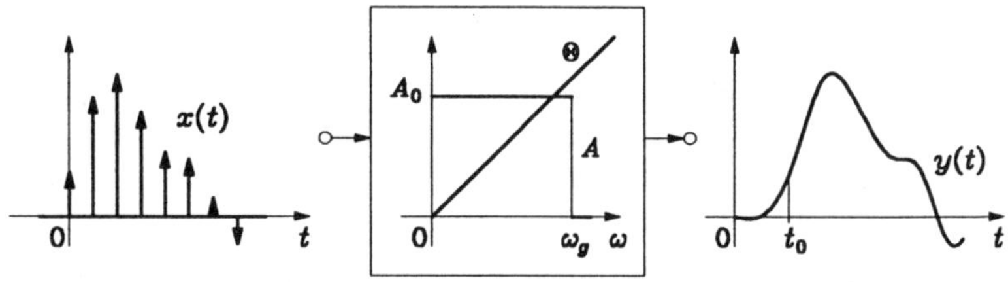

Bild 3.24: Demodulation einer Impulsfolge mit Hilfe eines idealen Tiefpasses

$$\sigma_\nu(t) = f\left(\nu\frac{\pi}{\omega_g}\right)\frac{\sin(\omega_g t - \nu\pi)}{\omega_g t - \nu\pi}, \tag{3.105}$$

wobei ν eine beliebige ganze Zahl ist, stimmt an der Stelle $t = \nu\pi/\omega_g$ mit der Funktion $f(t)$ überein, während für $t = \mu\pi/\omega_g$ ($\mu = 0, \pm 1, \pm 2, \ldots; \mu \neq \nu$) dieser Summand gleich Null ist. Die Funktion $f(t)$ entsteht also nach Gl. (3.103) dadurch, daß an jeder Stelle $t = \nu\pi/\omega_g$ (ν ganz) der Summand $\sigma_\nu(t)$ den Funktionswert von $f(t)$ liefert, während alle anderen Summanden an dieser Stelle den Beitrag Null liefern. Zwischen den Zeitpunkten $t = \nu\pi/\omega_g$ wird durch Superposition der Summanden der Funktionswert $f(t)$ erreicht (Bild 3.25).

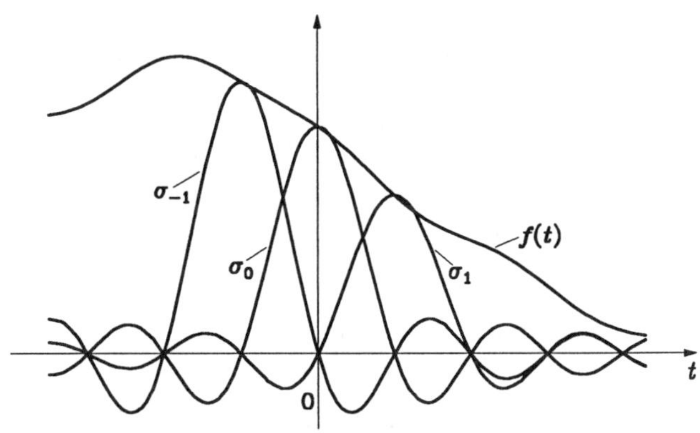

Bild 3.25: Erzeugung der bandbegrenzten Funktion $f(t)$ durch Superposition von Funktionen $\sigma_\nu(t)$

Die Folge der Abtastwerte $f(nT)$ mit $T = \pi/\omega_g$ kann auch als diskontinuierliches Signal betrachtet und über ein diskontinuierliches System übertragen werden. Aus dem empfangenen diskontinuierlichen Signal $f(nT)$ kann die kontinuierliche Zeitfunktion $f(t)$ gemäß Gl. (3.103) rekonstruiert werden.

4.5.4 Bandbegrenzte Interpolation und Abtastung

Ist $f(t)$ eine nicht notwendigerweise bandbegrenzte Funktion, dann kann man trotzdem bei Wahl einer willkürlichen Kreisfrequenz ω_g mit Hilfe der Funktionswerte von $f(t)$ an den Stellen $t = \nu\pi/\omega_g$ ($\nu = 0, \pm 1, \pm 2, \ldots$) die Reihe nach Gl. (3.103)

$$f_i(t) = \sum_{\nu=-\infty}^{\infty} f\left(\nu \frac{\pi}{\omega_g}\right) \frac{\sin(\omega_g t - \nu\pi)}{\omega_g t - \nu\pi} \tag{3.106}$$

bilden, die aber im allgemeinen nicht mehr mit $f(t)$ identisch ist. Der Reihenwert stimmt jedoch, wie aus den Überlegungen im Abschnitt 4.5.3 hervorgeht, an den diskreten Stellen $t = \nu\pi/\omega_g$ $(\nu = 0, \pm 1, \pm 2, \ldots)$ mit $f(t)$ überein; die Reihe $f_i(t)$ interpoliert also bezüglich dieser Stellen die Funktion $f(t)$. Da das Spektrum von $f_i(t)$ begrenzt ist, spricht man von *bandbegrenzter Interpolation* von $f(t)$ durch $f_i(t)$. Für das Spektrum $F_i(\mathrm{j}\omega)$ von $f_i(t)$ erhält man zunächst

$$F_i(\mathrm{j}\omega) = \sum_{\nu=-\infty}^{\infty} f\left(\nu \frac{\pi}{\omega_g}\right) \frac{\pi}{\omega_g} p_{\omega_g}(\omega)\, \mathrm{e}^{-\mathrm{j}\nu\pi\omega/\omega_g} . \tag{3.107}$$

Der Wert $f(\nu\pi/\omega_g)$ läßt sich mit Hilfe des Spektrums $F(\mathrm{j}\omega)$ von $f(t)$ aufgrund des Umkehrintegrals ausdrücken. Wird diese Darstellung eingeführt, dann ergibt sich weiterhin

$$F_i(\mathrm{j}\omega) = p_{\omega_g}(\omega) \sum_{\nu=-\infty}^{\infty} \frac{1}{2\omega_g} \left\{ \int_{-\infty}^{\infty} F(\mathrm{j}\eta)\, \mathrm{e}^{\mathrm{j}\nu\pi\eta/\omega_g}\, \mathrm{d}\eta \right\} \mathrm{e}^{-\mathrm{j}\nu\pi\omega/\omega_g} . \tag{3.108}$$

Das hier auftretende Integral kann bei Verwendung der periodischen Funktion

$$F_p(\mathrm{j}\omega) = \sum_{\mu=-\infty}^{\infty} F[\mathrm{j}(\omega - \mu 2\omega_g)] \tag{3.109}$$

mit der Periode $2\omega_g$ als ein Integral von $-\omega_g$ bis ω_g geschrieben werden. Auf diese Weise entsteht die Darstellung

$$F_i(\mathrm{j}\omega) = p_{\omega_g}(\omega) \sum_{\nu=-\infty}^{\infty} \frac{1}{2\omega_g} \left\{ \int_{-\omega_g}^{\omega_g} F_p(\mathrm{j}\eta)\, \mathrm{e}^{\mathrm{j}\nu\pi\eta/\omega_g}\, \mathrm{d}\eta \right\} \mathrm{e}^{-\mathrm{j}\nu\pi\omega/\omega_g} . \tag{3.110}$$

Da die Summe nichts anderes als die Fourier-Reihendarstellung von $F_p(\mathrm{j}\omega)$ darstellt, gilt also

$$F_i(\mathrm{j}\omega) = p_{\omega_g}(\omega) \sum_{\mu=-\infty}^{\infty} F[\mathrm{j}(\omega - \mu 2\omega_g)] . \tag{3.111}$$

Das bezüglich ω_g begrenzte Spektrum $F_i(\mathrm{j}\omega)$ der interpolierenden Funktion $f_i(t)$ ist demnach im Intervall $-\omega_g < \omega < \omega_g$ gleich einer Summe von Teilspektren, die aus $F(\mathrm{j}\omega)$ durch Verschiebung um $\mu 2\omega_g$ $(\mu = 0, \pm 1, \pm 2, \ldots)$ hervorgehen. Man sieht also an Hand dieses Ergebnisses, wie sich die bandbegrenzte Interpolation im Frequenzbereich auswirkt.

Wird nun das Signal $f_i(t)$ im Sinne der Gl. (3.104a) an den Stellen $\nu\pi/\omega_g$ abgetastet, was gleichbedeutend mit der entsprechenden Abtastung des ursprünglichen Signals $f(t)$ ist, dann entsteht, wie aus den Überlegungen nach Abschnitt 4.5.3 folgt, eine Impulsfolge mit dem Spektrum $(\omega_g/\pi) F_p(\mathrm{j}\omega)$. Man kann sich diese wichtige Tatsache auch direkt in folgender Weise erklären: Das abgetastete Signal sei

$$\tilde{f}(t) := \sum_{\mu=-\infty}^{\infty} T f(\mu T)\, \delta(t - \mu T) . \tag{3.112}$$

Man beachte den konstanten Faktor $T = 2\pi/\omega_0 = \pi/\omega_g$ bei den Abtastwerten, der zunächst willkürlich eingeführt wurde. Man kann nun das abgetastete Signal auch in der Form

$$\tilde{f}(t) = T\, f(t) \sum_{\mu=-\infty}^{\infty} \delta(t - \mu T) \tag{3.113}$$

schreiben. Zur Berechnung des Spektrums $\tilde{F}(\mathrm{j}\omega)$ von $\tilde{f}(t)$ lassen sich der Faltungssatz und die Korrespondenz (3.83) heranziehen. So ergibt sich direkt

$$\tilde{F}(\mathrm{j}\omega) = \frac{\omega_0 T}{2\pi} \int_{-\infty}^{\infty} F(\mathrm{j}\eta) \sum_{\mu=-\infty}^{\infty} \delta(\omega - \mu\omega_0 - \eta)\, \mathrm{d}\eta\,,$$

also

$$\tilde{F}(\mathrm{j}\omega) = \sum_{\mu=-\infty}^{\infty} F[\mathrm{j}(\omega - \mu 2\omega_g)] \tag{3.114}$$

oder

$$\tilde{F}(\mathrm{j}\omega) = F_p(\mathrm{j}\omega)\,.$$

Wird also ein (nicht notwendigerweise bandbegrenztes) Signal $f(t)$ abgetastet, d. h. das Signal $\tilde{f}(t)$ nach Gl. (3.112) erzeugt, so bewirkt dieser (Abtast-)Vorgang im Frequenzbereich eine Periodisierung des Spektrums $F(\mathrm{j}\omega)$ nach Gl. (3.114). Ist $f(t)$ nicht bandbegrenzt oder bandbegrenzt bezüglich einer Kreisfrequenz Ω, die größer als ω_g ist, so überlappen sich die Summanden auf der rechten Seite von Gl. (3.114), und es ist nicht möglich, $F(\mathrm{j}\omega)$ aus $\tilde{F}(\mathrm{j}\omega)$ herauszuschneiden, d. h. $f(t)$ aus $\tilde{f}(t)$ mit einem idealen Tiefpaß auszufiltern. Diese Erscheinung des gegenseitigen Überlappens der verschobenen Spektren ist im angelsächsischen Schrifttum als Aliasing-Effekt bekannt (Bild 3.26).

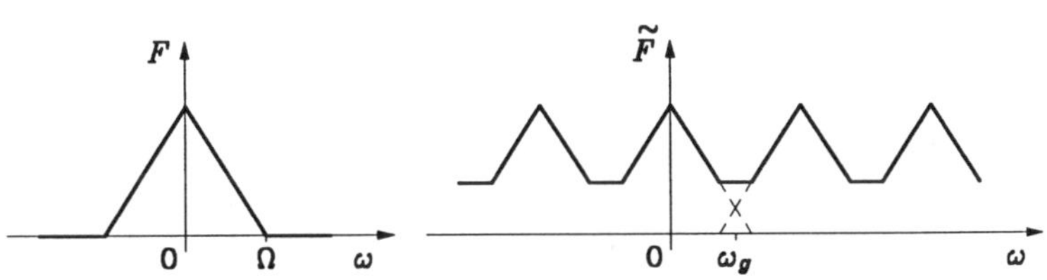

Bild 3.26: Veranschaulichung des Aliasing-Effekts mit einem reellen Spektrum

Ergänzungen zur Abtastung. Es sei $f(t)$ ein kontinuierliches Signal mit dem Spektrum $F(\mathrm{j}\omega)$. Diese Zeitfunktion wird mit einer Periode $T > 0$ abgetastet, und aus den Abtastwerten $f(nT)$ wird die Frequenzfunktion

$$F(\mathrm{e}^{\mathrm{j}\omega T}) := \sum_{n=-\infty}^{\infty} f(nT)\, \mathrm{e}^{-\mathrm{j}\omega nT} \tag{3.115}$$

gebildet, die offensichtlich in ω periodisch ist; die Periode beträgt $2\omega_g = 2\pi/T$. Nach dem Vorbild vorausgegangener Überlegungen läßt sich $F(\mathrm{e}^{\mathrm{j}\omega T})$ mit Hilfe des Spektrums $F(\mathrm{j}\omega)$ ausdrücken. Dies soll noch einmal in anderer Form gezeigt werden. Bei Beachtung von Gl. (3.19) kann man nämlich

$$F(\mathrm{e}^{\mathrm{j}\omega T}) = \sum_{n=-\infty}^{\infty} \mathrm{e}^{-\mathrm{j}\omega nT} \frac{1}{2\pi} \int_{-\infty}^{\infty} F(\mathrm{j}\eta)\, \mathrm{e}^{\mathrm{j}n\pi\eta/\omega_g}\, \mathrm{d}\eta$$

$$= \frac{1}{T} \sum_{n=-\infty}^{\infty} \mathrm{e}^{-\mathrm{j}\omega nT} \frac{1}{2\omega_g} \int_{-\omega_g}^{\omega_g} F_p(\mathrm{j}\eta)\, \mathrm{e}^{\mathrm{j}n\pi\eta/\omega_g}\, \mathrm{d}\eta$$

mit $F_p(\mathrm{j}\eta)$ nach Gl. (3.109) schreiben. Da die auftretende Summe eine Fourier-Reihendarstellung von $F_p(\mathrm{j}\omega)$ ist, folgt sofort

$$F(\mathrm{e}^{\mathrm{j}\omega T}) = \frac{1}{T} \sum_{\mu=-\infty}^{\infty} F[\mathrm{j}(\omega - \mu 2\omega_g)] . \qquad (3.116)$$

Man kann weiterhin analog zu Gl. (3.115) mit den Abtastwerten $f'(nT)$ des Differentialquotienten $f'(t)$ die Summe

$$G(\mathrm{e}^{\mathrm{j}\omega T}) := \sum_{n=-\infty}^{\infty} f'(nT)\, \mathrm{e}^{-\mathrm{j}\omega nT} \qquad (3.117)$$

bilden und erhält gemäß Gl. (3.116), wenn beachtet wird, daß $\mathrm{j}\omega F(\mathrm{j}\omega)$ das zu $f'(t)$ gehörende Spektrum ist, unmittelbar

$$G(\mathrm{e}^{\mathrm{j}\omega T}) = \frac{1}{T} \sum_{\mu=-\infty}^{\infty} \mathrm{j}(\omega - \mu 2\omega_g) F[\mathrm{j}(\omega - \mu 2\omega_g)] . \qquad (3.118)$$

Die erhaltenen Darstellungen für die Spektren $F(\mathrm{e}^{\mathrm{j}\omega T})$ und $G(\mathrm{e}^{\mathrm{j}\omega T})$ lassen sich dazu verwenden, die Fourier-Transformierten von Signalen der Art

$$x_1(t) = \sum_{n=-\infty}^{\infty} f(nT)\, \varphi(t - nT) \qquad (3.119)$$

und

$$x_2(t) = \sum_{n=-\infty}^{\infty} f'(nT)(t - nT)\, \varphi(t - nT) \qquad (3.120)$$

durch $F(\mathrm{j}\omega)$ und das Spektrum $\Phi(\mathrm{j}\omega)$ von $\varphi(t)$ auszudrücken. Man kann die Funktionen $x_1(t)$ und $x_2(t)$ als eine Art von diskontinuierlicher Faltung zwischen den Abtastwerten von $f(t)$ bzw. $f'(t)$ und den Abtastwerten von $\varphi(t)$ bzw. $t\varphi(t)$ mit kontinuierlichem Faltungsparameter t auffassen. Wendet man auf die Gln. (3.119) und (3.120) die Fourier-Transformation an und beachtet die Zeitverschiebungseigenschaft sowie die Eigenschaft der Differentiation im Frequenzbereich, so ergeben sich mit den Gln. (3.116) und (3.118) die Spektren

$$X_1(\mathrm{j}\omega) = \frac{1}{T} \Phi(\mathrm{j}\omega) \sum_{\mu=-\infty}^{\infty} F[\mathrm{j}(\omega - \mu 2\omega_g)] \qquad (3.121)$$

und

$$X_2(\mathrm{j}\omega) = \frac{1}{T} \mathrm{j} \frac{\mathrm{d}\Phi(\mathrm{j}\omega)}{\mathrm{d}\omega} \sum_{\mu=-\infty}^{\infty} \mathrm{j}(\omega - \mu 2\omega_g) F[\mathrm{j}(\omega - \mu 2\omega_g)] . \qquad (3.122)$$

Die erhaltenen Ergebnisse sollen im folgenden dazu benutzt werden, auf eine interessante Ergänzung zum Abtasttheorem hinzuweisen.

Zunächst wird angenommen, daß das Signal $f(t)$ bezüglich der Grenzkreisfrequenz $\omega_g = \pi/T$ bandbegrenzt ist. In diesem Fall entstehen die Werte $f(nT)$ aus $f(t)$ durch Abtastung mit der Nyquist-Rate, und nach Gl. (3.121) kann $f(t)$ aus $x_1(t)$ dadurch vollständig zurückgewonnen werden, daß man das Signal $x_1(t)$ einem Tiefpaß mit der Übertragungsfunktion

$$H_0(\mathrm{j}\omega) = \frac{T}{\Phi(\mathrm{j}\omega)}\, p_{\omega_g}(\omega)$$

zuführt. Das Ausgangssignal des Tiefpasses stimmt dann offensichtlich mit $f(t)$ überein.

Nun sei aber angenommen, daß $f(t)$ bezüglich der Kreisfrequenz $\omega_0 = 2\pi/T$ bandbegrenzt ist. Die Nyquist-Rate beträgt jetzt $2/T$. Es wird jetzt das System nach Bild 3.27 betrachtet, das durch die Eingangssignale $x_1(t)$ und $x_2(t)$ erregt wird. Die Übertragungsfunktionen der beiden Teilsysteme $H_1(\mathrm{j}\omega)$ und $H_2(\mathrm{j}\omega)$ sollen die Eigenschaft

$$H_\nu(\mathrm{j}\omega) \equiv 0 \quad \text{für} \quad |\omega| > \omega_0 \ (\nu = 1, 2)$$

aufweisen. Das Spektrum am Systemausgang lautet

$$Y(\mathrm{j}\omega) = H_1(\mathrm{j}\omega) X_1(\mathrm{j}\omega) + H_2(\mathrm{j}\omega) X_2(\mathrm{j}\omega).$$

Angesichts der Gln. (3.121) und (3.122) sowie in Anbetracht der Voraussetzung, daß das Signal $f(t)$ bezüglich der Kreisfrequenz $\omega_0 = 2\,\omega_g$ bandbegrenzt ist, gilt im Intervall $0 \leqq \omega \leqq \omega_0$

$$Y(\mathrm{j}\omega) = \frac{1}{T} H_1(\mathrm{j}\omega)\Phi(\mathrm{j}\omega)[F(\mathrm{j}\omega) + F(\mathrm{j}(\omega - \omega_0))]$$

$$- \frac{1}{T} H_2(\mathrm{j}\omega)\frac{\mathrm{d}\Phi(\mathrm{j}\omega)}{\mathrm{d}\omega}[\omega F(\mathrm{j}\omega) + (\omega - \omega_0) F(\mathrm{j}(\omega - \omega_0))]$$

oder

$$Y(\mathrm{j}\omega) = F(\mathrm{j}\omega)\frac{1}{T}\left[H_1(\mathrm{j}\omega)\Phi(\mathrm{j}\omega) - H_2(\mathrm{j}\omega)\frac{\mathrm{d}\Phi(\mathrm{j}\omega)}{\mathrm{d}\omega}\,\omega\right]$$

$$+ F(\mathrm{j}(\omega - \omega_0))\frac{1}{T}\left[H_1(\mathrm{j}\omega)\Phi(\mathrm{j}\omega) - H_2(\mathrm{j}\omega)\frac{\mathrm{d}\Phi(\mathrm{j}\omega)}{\mathrm{d}\omega}(\omega - \omega_0)\right].$$

Für eine perfekte Rekonstruktion des Signals $f(t)$ aus den Signalen $x_1(t)$ und $x_2(t)$ sind offensichtlich die beiden Forderungen

$$H_1(\mathrm{j}\omega)\Phi(\mathrm{j}\omega) - H_2(\mathrm{j}\omega)\frac{\mathrm{d}\Phi(\mathrm{j}\omega)}{\mathrm{d}\omega}\,\omega = T$$

und

$$H_1(\mathrm{j}\omega)\Phi(\mathrm{j}\omega) - H_2(\mathrm{j}\omega)\frac{\mathrm{d}\Phi(\mathrm{j}\omega)}{\mathrm{d}\omega}\,\omega + H_2(\mathrm{j}\omega)\frac{\mathrm{d}\Phi(\mathrm{j}\omega)}{\mathrm{d}\omega}\,\omega_0 = 0$$

zu stellen, die auch in der Form

$$H_1(\mathrm{j}\omega)\Phi(\mathrm{j}\omega) - H_2(\mathrm{j}\omega)\frac{\mathrm{d}\Phi(\mathrm{j}\omega)}{\mathrm{d}\omega}\,\omega = T \tag{3.123a}$$

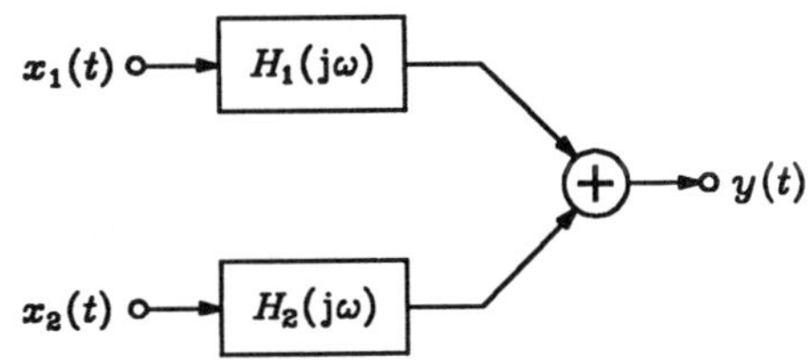

Bild 3.27: Rekonstruktionssystem

und

$$T + H_2(\mathrm{j}\omega)\,\frac{\mathrm{d}\Phi(\mathrm{j}\omega)}{\mathrm{d}\omega}\,\omega_0 = 0 \tag{3.123b}$$

geschrieben werden können. Als Lösungen der Gln. (3.123a,b) erhält man im Intervall $0 \leqq \omega \leqq \omega_0$

$$H_1(\mathrm{j}\omega) = \frac{T}{\Phi(\mathrm{j}\omega)}\left(1 - \frac{\omega}{\omega_0}\right) \quad \text{und} \quad H_2(\mathrm{j}\omega) = -\frac{T}{\omega_0\,\mathrm{d}\Phi(\mathrm{j}\omega)/\mathrm{d}\omega}\,. \tag{3.124a,b}$$

Man kann sich leicht davon überzeugen, daß durch diese Funktionen die Gln. (3.123a,b) befriedigt werden. Es ist zu beachten, daß für das Intervall $-\omega_0 \leqq \omega < 0$ in den obigen Gleichungen überall ω_0 durch $-\omega_0$ zu ersetzen ist. Bei den durchgeführten Überlegungen wurde berücksichtigt, daß im Intervall $0 \leqq \omega \leqq \omega_0$ von den in $X_1(\mathrm{j}\omega)$ und $X_2(\mathrm{j}\omega)$ gemäß den Gln. (3.121) und (3.122) enthaltenen Summanden nur die für $\mu = 0$, $\mu = 1$ und im Intervall $-\omega_0 \leqq \omega < 0$ nur die für $\mu = -1$, $\mu = 0$ in $Y(\mathrm{j}\omega)$ einen signifikanten Beitrag liefern. Das Ergebnis lehrt folgendes: Das Signal $f(t)$ kann trotz Abtastung mit der halben Nyquist-Rate vollständig rekonstruiert werden, weil außer den Abtastwerten von $f(t)$ auch die von $f'(t)$ verfügbar sind.

Beispiel 3.12: Es wird $\varphi(t)$ als eine Rechteckfunktion $p_\tau(t)$ mit Spektrum $\Phi(\mathrm{j}\omega)$, also

$$\varphi(t) = p_\tau(t) \circ\!\!- \Phi(\mathrm{j}\omega) = \frac{2}{\omega}\sin(\omega\tau)$$

und damit

$$\frac{\mathrm{d}\Phi(\mathrm{j}\omega)}{\mathrm{d}\omega} = 2\,\frac{(\omega\tau)\cos(\omega\tau) - \sin(\omega\tau)}{\omega^2}$$

gewählt. Die Gln. (3.124a,b) liefern dann die Übertragungsfunktionen

$$H_1(\mathrm{j}\omega) = \frac{\omega T}{2\sin(\omega\tau)}\,q_{\omega_0}(\omega) \tag{3.124a}$$

mit der Dreiecksfunktion $q_{\omega_0}(\omega)$ gemäß Gl. (3.38a) und

$$H_2(\mathrm{j}\omega) = -\frac{T\omega^2}{2\,\omega_0\,[(\omega\tau)\cos(\omega\tau) - \sin(\omega\tau)]}\,p_{\omega_0}(\omega)\,. \tag{3.124b}$$

4.5.5 Bandbegrenzte Approximation

Soll das nicht notwendigerweise bandbegrenzte Signal $f(t)$ durch eine bezüglich der frei wählbaren Kreisfrequenz ω_g bandbegrenzten Funktion $f_a(t)$ im Sinne des kleinsten mittleren Fehlerquadrats approximiert werden, dann muß bei festliegenden Funktionen $f(t)$ und $F(\mathrm{j}\omega)$ das unbekannte Signal $f_a(t)$ mit dem Spektrum $F_a(\mathrm{j}\omega)$, welches für $|\omega| > \omega_g$ jedenfalls verschwinden muß, derart gewählt werden, daß der Fehler

$$\Delta = \int_{-\infty}^{\infty} |f(t) - f_a(t)|^2\,\mathrm{d}t = \frac{1}{2\pi}\int_{-\infty}^{\infty} |F(\mathrm{j}\omega) - F_a(\mathrm{j}\omega)|^2\,\mathrm{d}\omega$$

ein Minimum wird. Da $F_a(\mathrm{j}\omega)$ für $|\omega| > \omega_g$ verschwindet, kann

$$\Delta = \frac{1}{2\pi} \int\limits_{|\omega| > \omega_g} |F(\mathrm{j}\omega)|^2 \, \mathrm{d}\omega + \frac{1}{2\pi} \int\limits_{-\omega_g}^{\omega_g} |F(\mathrm{j}\omega) - F_a(\mathrm{j}\omega)|^2 \, \mathrm{d}\omega \tag{3.125}$$

geschrieben werden. Wie man hieraus sieht, nimmt Δ genau dann seinen kleinstmöglichen Wert an, wenn

$$F_a(\mathrm{j}\omega) = p_{\omega_g}(\omega) \, F(\mathrm{j}\omega)$$

gewählt wird. Das Signal $f_a(t)$, welches $f(t)$ im Sinne des kleinsten mittleren Fehlerquadrats approximiert, läßt sich also bis auf eine zeitliche Verschiebung als Ausgangssignal $y(t) = f_a(t - t_0)$ eines idealen Tiefpasses mit dem Amplitudenfaktor $A_0 = 1$, der Grenzkreisfrequenz ω_g und der Laufzeit t_0 erzeugen, wenn dieses System mit $x(t) = f(t)$ erregt wird.

Es sei dem Leser als Übung empfohlen nachzuweisen, daß für die Abweichung bei der bandbegrenzten Approximation die Abschätzung

$$|f(t) - f_a(t)| \leqq \frac{1}{2\pi} \int\limits_{|\omega| > \omega_g} |F(\mathrm{j}\omega)| \, \mathrm{d}\omega \tag{3.126}$$

gilt.

4.6 ENTWICKLUNG VON SIGNALEN NACH ORTHOGONALEN FUNKTIONEN

Die im Abschnitt 4.3 besprochene Fourier-Reihenentwicklung periodischer Funktionen und die Darstellung bandbegrenzter Signale gemäß Gl. (3.103) repräsentieren Sonderfälle von Signaldarstellungen mittels Funktionenreihen, die von großer Bedeutung sind. Im folgenden soll auf einige allgemeine Gesichtspunkte hingewiesen werden, die im Zusammenhang mit derartigen Darstellungen eine wichtige Rolle spielen.

Zwei im allgemeinen komplexen Signalen $f(t)$ und $g(t)$ kann man das sogenannte innere Produkt

$$\langle f, g \rangle := \int\limits_{-\infty}^{\infty} f(t) \, g^*(t) \, \mathrm{d}t \tag{3.127}$$

zuordnen, wobei die Existenz vorausgesetzt wird. Wie man sieht, gilt

$$\langle f, g \rangle = \langle g, f \rangle^* \, .$$

Sind $F(\mathrm{j}\omega)$ und $G(\mathrm{j}\omega)$ die Spektren von $f(t)$ bzw. $g(t)$, so ist diesen das innere Produkt

$$\langle F, G \rangle = \int\limits_{-\infty}^{\infty} F(\mathrm{j}\omega) \, G^*(\mathrm{j}\omega) \, \mathrm{d}\omega \tag{3.128}$$

zugewiesen. Nach Gl. (3.63) gilt

$$\langle f, g \rangle = \frac{1}{2\pi} \langle F, G \rangle \, , \tag{3.129}$$

d. h. die Fourier-Transformation ist in diesem Sinne eine das innere Produkt erhaltende Operation.

Man nennt die beiden Signale $f(t)$ und $g(t)$ orthogonal zueinander, wenn das innere Produkt $\langle f, g\rangle$ verschwindet. Es ist zu beachten, daß die Spektren von zwei orthogonalen Signalen ebenfalls zueinander orthogonal sind, wie aus Gl. (3.129) zu erkennen ist. Abgesehen vom Nullsignal haben alle Signale einen reellen, positiven Wert $\langle f, f\rangle$, dessen Quadratwurzel man auch die Norm von f nennt.

Es sei eine Menge von m linear unabhängigen Signalen $\{\varphi_\nu(t);\ \nu = 1, \ldots, m\}$ und ein weiteres Signal $f(t)$ gegeben. Dann stellt sich die grundlegende Frage nach der Wahl von Koeffizienten $a_\nu\ (\nu = 1,2, \ldots, m)$, so daß die Summe

$$\hat{f}(t) := \sum_{\nu=1}^{m} a_\nu \varphi_\nu(t) \tag{3.130}$$

das gegebene Signal $f(t)$ im Sinne des kleinstmöglichen Fehlers

$$e := \langle f - \hat{f}, f - \hat{f}\rangle \tag{3.131}$$

annähert. Die Lösung dieses Problems lautet folgendermaßen: Die Koeffizienten a_ν sind genau dann optimal gewählt, wenn die Funktionsabweichung $f(t) - \hat{f}(t)$ zu allen Funktionen $\varphi_\nu(t)\ (\nu = 1,2, \ldots, m)$ orthogonal ist, wenn also

$$\langle f - \hat{f}, \varphi_\nu\rangle = 0 \quad (\nu = 1,2, \ldots, m) \tag{3.132}$$

gilt (Orthogonalitätsprinzip).

Beweis: Zum Beweis der Notwendigkeit soll im Widerspruch zur Gl. (3.132) angenommen werden, daß es ein Signal $\varphi_k(t)$ mit dem Normquadrat $\langle \varphi_k, \varphi_k\rangle =: n_k > 0$ gibt, das nicht orthogonal zur Funktionsabweichung $f(t) - \hat{f}(t)$ ist, mit dem also $\langle f - \hat{f}, \varphi_k\rangle =: r \neq 0$ gilt. Dann wäre $\bar{f}(t) = \hat{f}(t) + (r/n_k)\varphi_k(t)$ ein Signal mit kleinerem Fehler als $\hat{f}(t)$, da

$$\langle f - \bar{f}, f - \bar{f}\rangle = \langle f - \hat{f}, f - \hat{f}\rangle - \frac{r^* r}{n_k} - \frac{r r^*}{n_k} + \frac{r r^*}{n_k^2} n_k \quad < \quad \langle f - \hat{f}, f - \hat{f}\rangle$$

ist. Zum Beweis der Hinlänglichkeit wird angenommen, daß die Gl. (3.132) erfüllt ist und daß $\tilde{f}(t)$ irgendeine andere Linearkombination der Signale $\varphi_\nu(t)\ (\nu = 1, \ldots, m)$ darstellt. Dann gilt wegen $\langle f - \hat{f}, \hat{f}\rangle = \langle f - \hat{f}, \tilde{f}\rangle = 0$ unmittelbar

$$\begin{aligned}\langle f - \tilde{f}, f - \tilde{f}\rangle - \langle f - \hat{f}, f - \hat{f}\rangle &= \langle f, f\rangle - \langle f, \tilde{f}\rangle - \langle \tilde{f}, f\rangle + \langle \tilde{f}, \tilde{f}\rangle \\ &- \langle f, f\rangle + \langle f, \hat{f}\rangle + \langle \hat{f}, f\rangle - \langle \hat{f}, \hat{f}\rangle = -\langle \hat{f}, \tilde{f}\rangle - \langle \tilde{f}, \hat{f}\rangle \\ &+ \langle \tilde{f}, \tilde{f}\rangle + \langle \hat{f}, \hat{f}\rangle + \langle \hat{f}, \hat{f}\rangle - \langle \hat{f}, \hat{f}\rangle = \langle \tilde{f} - \hat{f}, \tilde{f} - \hat{f}\rangle \ > 0 ,\end{aligned}$$

wodurch bestätigt wird, daß $\hat{f}(t)$ den Fehler minimiert.

Es soll noch der wichtige Fall betrachtet werden, daß alle Signale $\varphi_\nu(t)$ nicht nur linear unabhängig, sondern darüber hinaus auch paarweise orthogonal sind, also

$$\langle \varphi_\nu, \varphi_\mu\rangle = 0 \quad \text{für} \quad \nu \neq \mu \tag{3.133}$$

gilt. Man spricht dann von der orthogonalen Basis $\{\varphi_\nu(t);\ \nu = 1,2, \ldots, m\}$. In diesem Fall kann der Fehler gemäß Gl. (3.131) mit Gl. (3.130) und bei Beachtung der Gl. (3.133) in der Form

$$
\begin{aligned}
e &= \langle f, f \rangle - \sum_{\nu=1}^{m} a_\nu \langle \varphi_\nu, f \rangle - \sum_{\nu=1}^{m} a_\nu^* \langle \varphi_\nu, f \rangle^* + \sum_{\nu=1}^{m} a_\nu \, a_\nu^* \langle \varphi_\nu, \varphi_\nu \rangle \\
&= \langle f, f \rangle + \sum_{\nu=1}^{m} \langle \varphi_\nu, \varphi_\nu \rangle \left[a_\nu - \frac{\langle f, \varphi_\nu \rangle}{\langle \varphi_\nu, \varphi_\nu \rangle} \right] \left[a_\nu - \frac{\langle f, \varphi_\nu \rangle}{\langle \varphi_\nu, \varphi_\nu \rangle} \right]^* \\
&\quad - \sum_{\nu=1}^{m} \frac{\langle f, \varphi_\nu \rangle \langle f, \varphi_\nu \rangle^*}{\langle \varphi_\nu, \varphi_\nu \rangle}
\end{aligned}
\qquad (3.134)
$$

geschrieben werden. Hieraus sieht man direkt, daß der Fehler e genau dann minimal wird, wenn man

$$
a_\nu = \frac{\langle f, \varphi_\nu \rangle}{\langle \varphi_\nu, \varphi_\nu \rangle} \qquad (\nu = 1, 2, \ldots, m) \qquad (3.135)
$$

wählt. Dieses Ergebnis erhält man unter Verwendung der Gl. (3.133) unmittelbar auch aus dem Orthogonalitätsprinzip gemäß Gl. (3.132). Fernerhin folgt aus Gl. (3.134) mit Gl. (3.135) nunmehr für den Fehler

$$
e = \langle f, f \rangle - \sum_{\nu=1}^{m} a_\nu \, a_\nu^* \langle \varphi_\nu, \varphi_\nu \rangle . \qquad (3.136)
$$

Eine weitere interessante Beziehung entsteht mit Gl. (3.132):

$$
\langle f - \hat{f}, \hat{f} \rangle = \sum_{\nu=1}^{m} a_\nu^* \langle f - \hat{f}, \varphi_\nu \rangle = 0 . \qquad (3.137)
$$

Danach ist die Funktion $\hat{f}(t)$, die e minimiert, die "Projektion" von $f(t)$ auf den von der Basis $\{\varphi_\nu(t);\ \nu = 1, 2, \ldots, m\}$ aufgespannten Raum. Angesichts dieser Besonderheit kann man den Fehler auch als

$$
\begin{aligned}
e &= \langle f - \hat{f}, f - \hat{f} \rangle = \langle f - \hat{f}, f \rangle = \langle f, f \rangle - \langle \hat{f}, f \rangle \\
&= \langle f, f \rangle - \langle f, \hat{f} \rangle = \langle f, f \rangle - \langle \hat{f}, \hat{f} \rangle
\end{aligned}
$$

schreiben.

Liegt zunächst eine Menge $\{\psi_\nu(t);\ \nu = 1, 2, \ldots, m\}$ von m linear unabhängigen, jedoch nicht orthogonalen Signalen vor, so lassen sich diese stets orthogonalisieren; es läßt sich also eine Menge $\{\varphi_\nu(t);\ \nu = 1, 2, \ldots, m\}$ von orthogonalen Funktionen konstruieren, die von den Signalen $\psi_\nu(t)$ linear abhängen und mit denen eine gegebene Funktion $f(t)$ in der oben beschriebenen Weise approximiert werden kann. Die Orthogonalisierung kann folgendermaßen durchgeführt werden: Man wählt zunächst $\varphi_1(t) = \psi_1(t)$, dann werden induktiv für $\mu = 2, 3, \ldots, m$ die Signale

$$
\varphi_\mu(t) = \alpha_{1\mu} \, \varphi_1(t) + \cdots + \alpha_{\mu-1,\mu} \, \varphi_{\mu-1}(t) + \psi_\mu(t)
$$

mit der Forderung

$$
\langle \varphi_\mu, \varphi_\nu \rangle = 0 \qquad (\nu = 1, 2, \ldots, \mu - 1)
$$

gebildet. Hieraus erhält man

$$\alpha_{\nu\mu} = -\frac{\langle \psi_\mu, \varphi_\nu \rangle}{\langle \varphi_\nu, \varphi_\nu \rangle} \qquad (\nu = 1, 2, \ldots, \mu-1). \tag{3.138}$$

Oft empfiehlt es sich, $\varphi_\mu(t)/\langle \varphi_\mu, \varphi_\mu \rangle^{1/2}$ zu bilden, d. h. die orthogonalen Signale $\varphi_\mu(t)$ noch zu normieren. Die dadurch entstehenden Signale bilden eine Menge orthonormaler Funktionen, da sie nicht nur paarweise orthogonal sind, sondern jeweils auch die Norm Eins aufweisen.

Der Gl. (3.130) entspricht im Frequenzbereich die Beziehung

$$\hat{F}(j\omega) = \sum_{\nu=1}^{m} a_\nu \Phi_\nu(j\omega), \tag{3.139}$$

wobei die Fourier-Transformierten der entsprechenden Signale auftreten. Mit $F(j\omega)$ sei die Fourier-Transformierte von $f(t)$ bezeichnet. Zwischen $F(j\omega)$ und $\hat{F}(j\omega)$ findet in gleicher Weise wie zwischen den Funktionen $f(t)$ und $\hat{f}(t)$ eine optimale Annäherung statt, da angesichts der Eigenschaft von Gl. (3.129) die Forderung nach Gl. (3.132) äquivalent ist zu

$$\langle F(j\omega) - \hat{F}(j\omega), \Phi_\nu(j\omega) \rangle = 0 \qquad (\nu = 1, 2, \ldots, m),$$

also das Orthogonalitätsprinzip auch im Frequenzbereich erfüllt wird.

Beispiel 3.13: Eine wichtige Basis von orthogonalen Signalen ist die Menge von Funktionen

$$\{\varphi_\nu(t);\ \nu = 0, \pm 1, \ldots, \pm N\} \quad \text{mit} \quad \varphi_\nu(t) = p_{T/2}(t)\, e^{j\nu 2\pi t/T}.$$

Es gilt

$$\langle \varphi_\nu, \varphi_\mu \rangle = \begin{cases} T & \text{für} \quad \nu = \mu, \\ 0 & \text{für} \quad \nu \neq \mu. \end{cases}$$

Als Koeffizienten a_ν erhält man nach Gl. (3.135) die Fourier-Koeffizienten.

Eine weitere wichtige Basis von linear unabhängigen Signalen ist die Menge

$$\{\varphi_\nu(t);\ \nu = 0, \pm 1, \pm 2, \ldots, \pm N\} \quad \text{mit} \quad \varphi_\nu(t) = \frac{\sin(\omega_g t - \nu\pi)}{\omega_g t - \nu\pi}, \quad \Phi_\nu(j\omega) = \frac{\pi}{\omega_g} p_{\omega_g}(\omega) e^{-j\omega\nu\pi/\omega_g}.$$

Man erhält mit $T = \pi/\omega_g$ bei Beachtung von Gl. (3.129)

$$\langle \varphi_\nu, \varphi_\mu \rangle = T^2 \int_{-\infty}^{\infty} \frac{\sin \omega_g(t - \nu T)}{\pi(t - \nu T)} \frac{\sin \omega_g(t - \mu T)}{\pi(t - \mu T)} dt = \frac{1}{2\pi} \langle \Phi_\nu, \Phi_\mu \rangle$$

$$= \frac{T^2}{2\pi} \int_{-\infty}^{\infty} p_{\omega_g}(\omega)\, e^{-j\omega\nu T} e^{j\omega\mu T} d\omega = \frac{T^2}{2\pi} \int_{-\omega_g}^{\omega_g} e^{j\omega T(\mu-\nu)} d\omega = \begin{cases} T & \text{für} \quad \nu = \mu, \\ 0 & \text{für} \quad \nu \neq \mu. \end{cases}$$

Es handelt sich also auch hier um orthogonale Funktionen. Zur Berechnung von a_ν bildet man

$$\langle f, \varphi_\nu \rangle = \frac{1}{2\pi} \langle F, \Phi_\nu \rangle = \frac{T}{2\pi} \int_{-\infty}^{\infty} F(j\omega)\, p_{\omega_g}(\omega)\, e^{j\omega\nu T} d\omega = \frac{T}{2\pi} \int_{-\omega_g}^{\omega_g} F(j\omega)\, e^{j\omega\nu T} d\omega$$

und

$$\langle \varphi_\nu, \varphi_\nu \rangle = T. \tag{3.140}$$

Ist jetzt $f(t)$ bezüglich ω_g bandbegrenzt, dann gilt speziell

$$\langle f, \varphi_\nu \rangle = \frac{T}{2\pi} \int_{-\omega_g}^{\omega_g} F(j\omega)\, e^{j\omega\nu T} d\omega = \frac{T}{2\pi} \int_{-\infty}^{\infty} F(j\omega)\, e^{j\omega\nu T} d\omega = T f(\nu T).$$

Somit ergibt sich nach Gl. (3.135)

$$a_\nu = f(\nu T). \tag{3.141}$$

Weiterhin erhält man in diesem Sonderfall mit den Gln. (3.140), (3.141) gemäß Gl. (3.103)

$$\langle f, f \rangle = \langle \sum_{\nu=-\infty}^{\infty} a_\nu \varphi_\nu, \sum_{\nu=-\infty}^{\infty} a_\nu \varphi_\nu \rangle = \sum_{\nu=-\infty}^{\infty} T \, |f(\nu T)|^2$$

und somit nach Gl. (3.136) erneut mit den Gln. (3.140), (3.141) für den Fehler $e = \langle f - \hat{f}, f - \hat{f} \rangle$

$$e = T \sum_{|\nu| > N} |f(\nu T)|^2 ,$$

wenn man

$$\hat{f}(t) = \sum_{\nu=-N}^{N} f(\nu T) \frac{\sin(\omega_g t - \nu\pi)}{\omega_g t - \nu\pi} \tag{3.142}$$

wählt.

4.7 DIE IMPULSMETHODE ZUR NUMERISCHEN DURCHFÜHRUNG DER TRANSFORMATION ZWISCHEN ZEIT- UND FREQUENZBEREICH

Es wird zunächst eine Methode diskutiert, mit deren Hilfe eine nach Gl. (3.19) darstellbare Zeitfunktion $f(t)$ mit der Eigenschaft $f(t) \equiv 0$ für $|t| > T$ näherungsweise in den Frequenzbereich transformiert werden kann. Die Funktion $f(t)$ wird gemäß Bild 3.28 durch eine aus Geradenstücken bestehende Kurve $f_0(t)$ (Polygonzug) angenähert, wobei die Abszissen t_μ ($\mu = 0, 1, 2, \dots, N$) nicht äquidistant verteilt zu sein brauchen. Anstelle der Funktion $f(t)$ wird nun der Polygonzug $f_0(t)$ in den Frequenzbereich transformiert. Hierzu empfiehlt es sich, die zweite Ableitung von $f_0(t)$ zu bilden. Gemäß Bild 3.28 besteht die erste Ableitung von $f_0(t)$ aus einer Treppenkurve, die zweite aus einer Folge von δ-Stößen. Die δ-Stöße treten an den Stellen t_μ mit den Stärken c_μ ($\mu = 0, 1, \dots, N$) auf. Die Impulsstärke c_μ ist gleich der Höhe des Treppensprunges von $\mathrm{d}f_0(t)/\mathrm{d}t$ oder gleich der Änderung des Anstiegs des Polygons $f_0(t)$ an der Stelle $t = t_\mu$. Es gilt also

$$\frac{\mathrm{d}^2 f_0(t)}{\mathrm{d}t^2} = \sum_{\mu=0}^{N} c_\mu \, \delta(t - t_\mu). \tag{3.143a}$$

Bezeichnet man die Fourier-Transformierte von $f_0(t)$ mit $F_0(\mathrm{j}\omega)$, dann erhält man nach der Differentiationseigenschaft der Fourier-Transformation (Abschnitt 3.1, Teil f) aus Gl. (3.143a)

$$(\mathrm{j}\omega)^2 F_0(\mathrm{j}\omega) = \sum_{\mu=0}^{N} c_\mu \, \mathrm{e}^{-\mathrm{j}\omega t_\mu} . \tag{3.143b}$$

Da $f_0(t)$ näherungsweise mit $f(t)$ übereinstimmt, darf erwartet werden, daß $F_0(\mathrm{j}\omega)$ das gewünschte Spektrum $F(\mathrm{j}\omega)$ mit ausreichender Genauigkeit approximiert. Durch Auflösung von Gl. (3.143b) nach $F_0(\mathrm{j}\omega)$ erhält man daher

$$F(\mathrm{j}\omega) \approx -\frac{1}{\omega^2} \sum_{\mu=0}^{N} c_\mu \, \mathrm{e}^{-\mathrm{j}\omega t_\mu} . \tag{3.144}$$

Die approximative Auflösung von Gl. (3.143b) nach $F(\mathrm{j}\omega)$ durch bloße Division mit $-\omega^2$ ist

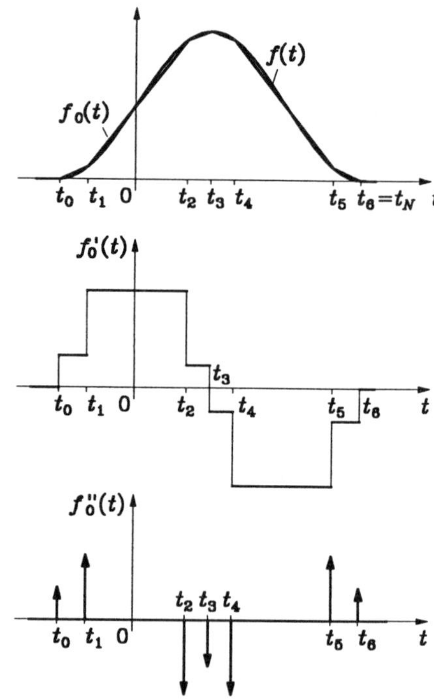

Bild 3.28: Zur näherungsweisen Transformation der Zeitfunktion $f(t)$ in den Frequenzbereich nach der Impulsmethode

erlaubt, da aufgrund der Voraussetzungen über die Funktion $f(t)$ das Spektrum eine gewöhnliche Funktion darstellt. Die Gl. (3.144) liefert eine näherungsweise Darstellung des Spektrums der gegebenen Zeitfunktion $f(t)$. Die rechte Seite der Näherungsgleichung (3.144) strebt keineswegs gegen ∞ für $\omega \to 0$, weil die Summe über alle c_μ und die Summe über alle $c_\mu t_\mu$ aufgrund ihrer geometrischen Bedeutung verschwinden.

Nun soll auch ein Verfahren zur approximativen Ermittlung der zu einem vorgegebenen Spektrum $F(\mathrm{j}\omega)$ gehörenden Zeitfunktion $f(t)$ erörtert werden. Dabei soll lediglich angenommen werden, daß $F(\mathrm{j}\omega)$ eine gewöhnliche Funktion darstellt und das Spektrum einer *kausalen* Zeitfunktion $f(t)$ ist. Nach Gl. (3.51a) läßt sich die kausale Zeitfunktion $f(t)$ mit Hilfe der Realteilfunktion $R(\omega)$ von $F(\mathrm{j}\omega)$ für $t > 0$ in der Form

$$f(t) = \frac{2}{\pi} \int_0^\infty R(\omega) \cos \omega t \, \mathrm{d}\omega \qquad (t > 0)$$

darstellen. Die Zeitfunktion $-t^2 f(t)$ ist ebenfalls kausal. Da nach Abschnitt 3.1, Teil g, dieser Funktion die Fourier-Transformierte $\mathrm{d}^2 F(\mathrm{j}\omega)/\mathrm{d}\omega^2 = \mathrm{d}^2 R(\omega)/\mathrm{d}\omega^2 + \mathrm{j}\,\mathrm{d}^2 X(\omega)/\mathrm{d}\omega^2$ zugeordnet ist, gilt gemäß Gl. (3.51a) die Darstellung

$$t^2 f(t) = -\frac{2}{\pi} \int_0^\infty \frac{\mathrm{d}^2 R(\omega)}{\mathrm{d}\omega^2} \cos \omega t \, \mathrm{d}\omega \qquad (t > 0). \tag{3.145a}$$

Für die weiteren Betrachtungen wird angenommen, daß $R(\omega)$ für $\omega \to \infty$ gegen Null strebt. Damit darf $R(\omega)$ oberhalb einer bestimmten Kreisfrequenz Ω näherungsweise gleich Null gesetzt werden. Jetzt wird die Realteilfunktion $R(\omega)$ durch einen Polygonzug $R_0(\omega)$ approximiert, dessen Knickstellen die Abszissen ω_μ ($\mu = 0, 1, \ldots, N$) haben (Bild 3.29). Sodann wird $R(\omega)$ in Gl. (3.145a) durch $R_0(\omega)$ ersetzt. Hierfür hat man

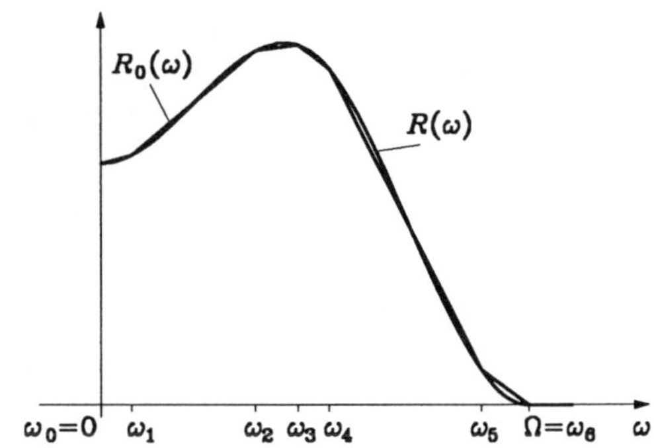

Bild 3.29: Zur approximativen Transformation einer Frequenzfunktion in den Zeitbereich

$$\frac{\mathrm{d}^2 R_0(\omega)}{\mathrm{d}\omega^2} = \sum_{\mu=0}^{N} d_\mu \, \delta(\omega - \omega_\mu) \tag{3.145b}$$

mit $\omega_0 = 0$ und $\omega_N = \Omega$ zu bilden. Dabei sind die d_μ die Sprungwerte der Steigung von $R_0(\omega)$ an den Knickstellen. Die Konstante d_0 ist die Steigung von $R_0(\omega)$ an der Stelle $\omega = \omega_0 + = 0+$, d. h. der Sprungwert der Steigung im Nullpunkt, sofern die Steigung für $\omega = 0-$ gleich Null gesetzt wird (Bild 3.29).[1] Führt man die Gl. (3.145b) in Gl. (3.145a) anstelle der zweiten Ableitung von $R(\omega)$ ein, so gewinnt man unter Berücksichtigung der Ausblendeigenschaft der δ-Funktion schließlich

$$f(t) \approx -\frac{2}{\pi t^2} \sum_{\mu=0}^{N} d_\mu \cos \omega_\mu t \qquad (t > 0). \tag{3.146a}$$

Die rechte Seite von Gl. (3.146a) strebt für $t \to 0+$ keineswegs über alle Grenzen, da offensichtlich wegen des speziellen Verlaufs von $R_0(\omega)$ die Bindung

$$\sum_{\mu=0}^{N} d_\mu = 0 \tag{3.146b}$$

der Koeffizienten d_μ besteht. Das Verhalten der rechten Seite von Gl. (3.146a) für kleine positive Zeiten läßt sich durch Reihenentwicklung der cos-Funktionen bei Berücksichtigung von Gl. (3.146b) leicht angeben.

Die geschilderte Methode zur approximativen Ermittlung einer Zeitfunktion aus ihrem Spektrum ist insbesondere zur näherungsweisen Bestimmung der Impulsantwort $h(t)$ eines linearen, zeitinvarianten, kausalen und stabilen Systems aus der Realteilfunktion $R(\omega)$ der Übertragungsfunktion $H(\mathrm{j}\omega)$ geeignet.

---

[1] Diese Besonderheit bezüglich des Koeffizienten d_0 hat ihren Grund in der Entstehung der Gl. (3.51a). Der Leser möge sich dies im einzelnen überlegen, wobei zu beachten ist, daß die untere Integrationsgrenze in Gl. (3.51a) ursprünglich $-\infty$ war, während der Faktor 2 vor dem Integral fehlte.

4.8 DIE POISSONSCHE SUMMENFORMEL UND EINIGE FOLGERUNGEN

In diesem Abschnitt sollen Vorbereitungen zur späteren Beschreibung periodischer diskontinuierlicher Signale im Frequenzbereich getroffen werden.

Es wird von zwei Funktionen $f(t)$ und $F(\mathrm{j}\omega)$ ausgegangen, die durch die Grundgleichungen (3.19) und (3.20) der Fourier-Transformation miteinander verknüpft sein sollen. Aus diesen Funktionen werden mit frei wählbaren Konstanten $T_1 > 0$ und $\Omega_1 > 0$ die periodischen (im Sinne der Gln. (3.19) und (3.20) keinesfalls miteinander korrespondierenden) Funktionen

$$f_p(t) = \sum_{\nu=-\infty}^{\infty} f(t + \nu T_1), \qquad F_p(\mathrm{j}\omega) = \sum_{\nu=-\infty}^{\infty} F[\mathrm{j}(\omega + \nu\Omega_1)] \tag{3.147a,b}$$

gebildet; die Grundperioden betragen T_1 bzw. Ω_1. Die Funktion $f_p(t)$ setzt sich aus der Summe von $f(t)$ und deren fortgesetzten Verschiebungen um jeweils T_1 in positiver und negativer t-Richtung zusammen. Die Fourier-Koeffizienten A_μ von $f_p(t)$ lassen sich mit Hilfe von Gl. (3.86b) ausdrücken, indem man in den Integranden auf der rechten Seite dieser Gleichung als Zeitfunktion die Summe von Gl. (3.147a) einsetzt und dann die Reihenfolge von Summation und Integration vertauscht. Faßt man dabei die Summe der Integrale zu einem Integral zusammen, dann ergibt sich für die Fourier-Koeffizienten

$$A_\mu = \frac{1}{T_1} \int_{-\infty}^{\infty} f(t)\, \mathrm{e}^{-\mathrm{j}\mu \frac{2\pi}{T_1} t}\, \mathrm{d}t = \frac{1}{T_1} F\left(\mathrm{j}\mu \frac{2\pi}{T_1}\right).$$

Damit kann die Zeitfunktion $f_p(t)$ als Fourier-Reihe folgendermaßen ausgedrückt werden:

$$f_p(t) = \frac{1}{T_1} \sum_{\mu=-\infty}^{\infty} F\left(\mathrm{j}\mu \frac{2\pi}{T_1}\right) \mathrm{e}^{\mathrm{j}\mu \frac{2\pi}{T_1} t}. \tag{3.148}$$

Diese Beziehung ist als *Poissonsche Summenformel* bekannt.

In gleicher Weise läßt sich auch die periodische Funktion $F_p(\mathrm{j}\omega)$ aus Gl. (3.147b) als Fourier-Reihe in der Form

$$F_p(\mathrm{j}\omega) = \frac{2\pi}{\Omega_1} \sum_{\nu=-\infty}^{\infty} f\left(\nu \frac{2\pi}{\Omega_1}\right) \mathrm{e}^{-\mathrm{j}\nu \frac{2\pi}{\Omega_1} \omega} \tag{3.149}$$

darstellen. Die Fourier-Koeffizienten entstanden gemäß Gl. (3.86b), wobei im Integranden die Zeitfunktion durch $F_p(\mathrm{j}\omega)$ nach Gl. (3.147b) und die Periode durch Ω_1 zu ersetzen waren; durch Vertauschung der Reihenfolge von Summation und Integration und bei Berücksichtigung der Fourier-Umkehrformel ergab sich schließlich die Gl. (3.149). Ist $t = \nu 2\pi/\Omega_1$ eine Sprungstelle von $f(t)$, dann bedeutet $f(\nu 2\pi/\Omega_1)$ in Gl. (3.149) den arithmetischen Mittelwert von links- und rechtsseitigem Grenzwert.

Im Periodizitätsintervall $0 \leqq t < T_1$ werden jetzt N äquidistante Punkte nT ($n = 0, 1, \ldots, N-1$) im Abstand $T = T_1/N$ zur Auswertung der Gl. (3.148) gewählt. Auf diese Weise entsteht die diskontinuierliche Funktion

$$f_p(nT) = \frac{1}{T_1} \sum_{\mu=-\infty}^{\infty} F\left(\mathrm{j}\mu \frac{2\pi}{T_1}\right) \left(\mathrm{e}^{\mathrm{j}\frac{2\pi}{N}}\right)^{\mu n}, \tag{3.150}$$

die mit der Periode N periodisch ist, wenn man n alle ganzen Zahlen durchlaufen läßt. Der in Gl. (3.150) auftretende Summationsindex μ wird nun durch

$$\mu = k + \kappa N \qquad (k = 0, 1, \ldots, N-1;\ \kappa = 0, \pm 1, \pm 2, \ldots,)$$

ersetzt. Dadurch läßt sich die Gl. (3.150) auf die Form

$$f_p(nT) = \frac{1}{T_1} \sum_{k=0}^{N-1} \mathrm{e}^{\mathrm{j}\frac{2\pi}{N}kn} \sum_{\kappa=-\infty}^{\infty} F\left[\mathrm{j}\left(k\frac{2\pi}{T_1} + \kappa N \frac{2\pi}{T_1}\right)\right]$$

bringen. Setzt man nun $\Omega = \Omega_1 / N$ und wählt man

$$T\Omega = \frac{2\pi}{N},$$

dann entsteht hieraus mit Gl. (3.147b)

$$f_p(nT) = \frac{1}{T_1} \sum_{k=0}^{N-1} F_p(\mathrm{j}k\Omega)\, \mathrm{e}^{\mathrm{j}\frac{2\pi}{N}nk}. \tag{3.151}$$

Betrachtet man die Gl. (3.151) für $n = 0, 1, \ldots, N-1$, dann verfügt man über N Gleichungen für die Bestimmung der Werte $F_p(\mathrm{j}k\Omega)$ $(k = 0, 1, \ldots, N-1)$ aus den Werten $f_p(nT)$. Zur formelmäßigen Auflösung dieser Gleichungen wird auf beiden Seiten von Gl. (3.151) mit exp $(-\mathrm{j}2\pi nm/N)$ durchmultipliziert und bei festgehaltenem, ganzzahligem m über n von 0 bis $N-1$ summiert. Auf diese Weise erhält man zunächst die Beziehung

$$\sum_{n=0}^{N-1} f_p(nT)\, \mathrm{e}^{-\mathrm{j}\frac{2\pi}{N}nm} = \frac{1}{T_1} \sum_{k=0}^{N-1} F_p(\mathrm{j}k\Omega) \sum_{n=0}^{N-1} \left[\mathrm{e}^{\mathrm{j}\frac{2\pi}{N}(k-m)}\right]^n. \tag{3.152}$$

Die auf der rechten Seite dieser Gleichung auftretende innere Summe mit dem Index n kann einfach ausgewertet werden, wenn man sich die einzelnen Summanden in der komplexen Zahlenebene veranschaulicht; man findet direkt den Summenwert 0 oder N, je nachdem ob $k \neq m$ oder $k = m$ gilt. Berücksichtigt man dies in der Gl. (3.152), so ergibt sich mit $T = T_1/N$

$$F_p(\mathrm{j}m\Omega) = T \sum_{n=0}^{N-1} f_p(nT)\, \mathrm{e}^{-\mathrm{j}\frac{2\pi}{N}nm}. \tag{3.153}$$

Läßt man in Gl. (3.153) nicht nur $m = 0, 1, \ldots, N-1$ zu, sondern darf m alle ganzzahligen Werte durchlaufen, dann wird durch Gl. (3.153) eine (im allgemeinen komplexwertige) periodische diskontinuierliche Funktion mit der Periode N definiert.

Das Gleichungspaar (3.151) und (3.153) wird sich noch als außerordentlich nützlich erweisen, insbesondere zur spektralen Beschreibung periodischer diskontinuierlicher Signale.

4.9 DIE ZEITVARIABLE FOURIER-TRANSFORMATION

4.9.1 Verwendung eines Rechteckfensters

Will man für ein kontinuierliches Signal eine Spektralbeschreibung angeben, so besteht bisher die Möglichkeit, das Signal aufgrund von Gl. (3.19) darzustellen. Dabei spielt das Spektrum eine entscheidende Rolle, welches durch Gl. (3.20) gegeben ist und vom Verlauf des Signals im gesamten Zeitbereich abhängt. Gelegentlich kommt es jedoch vor, daß im interessierenden Zeitpunkt das gesamte Signal noch gar nicht verfügbar ist. Andererseits kann das Signal auch während eines längeren Zeitraums einen unregelmäßigen Verlauf haben, wie es beispielsweise bei akustischen Signalen häufig vorkommt, so daß das Spektrum ein außerordentlich kompliziertes Aussehen besitzt und eine praktische Bestimmung unmöglich wird. In solchen Fällen empfiehlt es sich, einen Teil des Signals auszublenden und diesen in den Frequenzbereich zu transformieren.

Dies soll für ein kontinuierliches Signal im einzelnen untersucht werden. Ausgehend von der zu transformierenden Funktion $f(t)$ wird zunächst eine Verschiebung um $-\tau$ (τ sei ein fester Parameter) vorgenommen und sodann nach Wahl einer Konstanten $T_0 > 0$ mit der Rechteckfunktion $p_{T_0}(t)$ ausgeblendet. Die so entstehende Zeitfunktion $p_{T_0}(t)\, f(t+\tau)$ wird der Fourier-Transformation unterworfen, und es ergibt sich das von τ abhängige Spektrum

$$F(\tau, \mathrm{j}\omega) = \int_{-\infty}^{\infty} p_{T_0}(t) f(t+\tau)\, \mathrm{e}^{-\mathrm{j}\omega t}\, \mathrm{d}t\,. \tag{3.154}$$

Das zeitbegrenzte Signal $p_{T_0}(t) f(t+\tau)$ mit der Fourier-Transformierten $F(\tau, \mathrm{j}\omega)$ nach Gl. (3.154) kann bei festem τ gemäß Gl. (3.147a) mit $T_1 = 2T_0$ periodisiert werden, und man erhält nach Gl. (3.148) für das Intervall $|t| < T_0$ die Darstellung

$$f(t+\tau) = \frac{1}{2T_0} \sum_{\mu=-\infty}^{\infty} F\left(\tau, \frac{\mathrm{j}\mu\pi}{T_0}\right) \mathrm{e}^{\mathrm{j}\mu\pi t/T_0}\,, \tag{3.155a}$$

aus der für $t = 0$ und anschließender Substitution von τ durch t

$$f(t) = \frac{1}{2T_0} \sum_{\mu=-\infty}^{\infty} F\left(t, \frac{\mathrm{j}\mu\pi}{T_0}\right) \tag{3.155b}$$

folgt. Die Gl. (3.155b) ermöglicht es, die zeitvariable Fourier-Transformation umzukehren, d. h. $f(t)$ aus $F(t, \mathrm{j}\omega)$ zu berechnen. Wie man sieht, benötigt man dazu nur die diskreten Werte

$$F\left(t, \frac{\mathrm{j}\mu\pi}{T_0}\right) = \int_{-\infty}^{\infty} p_{T_0}(\tau) f(t+\tau)\, \mathrm{e}^{-\mathrm{j}\frac{\mu\pi}{T_0}\tau}\, \mathrm{d}\tau\,. \tag{3.156}$$

Dieses Integral soll nach dem Parameter t differenziert werden. Man braucht dazu zunächst im Integral auf der rechten Seite von Gl. (3.156) nur $f(t+\tau)$ durch $\partial f(t+\tau)/\partial t = \partial f(t+\tau)/\partial\tau$ zu ersetzen. Formt man dann das Integral nach der Regel der partiellen Integration um und beachtet man, daß der integralfreie Anteil für $\tau \to \pm\infty$ verschwindet, so erhält man

$$\frac{\partial F\left(t, \frac{\mathrm{j}\mu\pi}{T_0}\right)}{\partial t} = -\int_{-\infty}^{\infty} f(\tau+t) \Big[\delta(\tau+T_0)\, \mathrm{e}^{\mathrm{j}\mu\pi} - \delta(\tau-T_0)\, \mathrm{e}^{-\mathrm{j}\mu\pi}$$

$$+\, p_{T_0}(\tau)\left(-\mathrm{j}\frac{\mu\pi}{T_0}\right) \mathrm{e}^{-\mathrm{j}\frac{\mu\pi}{T_0}\tau}\Big]\, \mathrm{d}\tau$$

oder bei Beachtung der Gl. (3.156)

$$\frac{\partial F\left(t, \frac{\mathrm{j}\mu\pi}{T_0}\right)}{\partial t} = \mathrm{j}\frac{\mu\pi}{T_0} F\left(t, \frac{\mathrm{j}\mu\pi}{T_0}\right) + (-1)^{\mu} \left[f(t+T_0) - f(t-T_0)\right].$$

Daraus ist zu erkennen, daß die Summanden in Gl. (3.155b) auch durch Lösung einer Differentialgleichung erster Ordnung für jedes μ gewonnen werden können.

4.9.2 Verwendung allgemeiner Fenster, die Kurzzeit-Fourier-Transformation

Definition der Kurzzeit-Fourier-Transformation. Statt der variablen Verschiebung des Signals $f(t)$ und einer Ausblendung mit einem festen Rechteckfenster, wie es im vorausgegangenen Abschnitt gemacht wurde, soll im folgenden $f(t)$ festgehalten und mit einem variabel verschiebbaren Fenster $w(t)$ ausgeblendet werden; dabei braucht $w(t)$ nicht unbedingt eine Rechteckfunktion zu sein. Die Fourier-Transformierte der so entstehenden Funktion $f(t)w(t-\tau)$, wobei die Fensterfunktion $w(t)$ geeignet zu wählen ist, d. h.

$$F_S(\mathrm{j}\omega, \tau) := \int_{-\infty}^{\infty} f(t) w(t-\tau)\, \mathrm{e}^{-\mathrm{j}\omega t}\, \mathrm{d}t \tag{3.157}$$

heißt *Kurzzeit-Fourier-Transformierte* von $f(t)$. Durch die Wahl der Fensterfunktion werden die Zeitbereichsdaten festgelegt, aus denen eine Frequenzbereichsinformation gewonnen wird. Man kann nun auf $F_S(\mathrm{j}\omega, \tau)$ bei festgehaltenem τ die Fourier-Umkehrtransformation anwenden und erhält für $f(t)w(t-\tau)$ eine Darstellung, die, wenn man $t = \tau$ wählt und zugleich $w(0) \neq 0$ voraussetzt,

$$f(\tau) = \frac{1}{2\pi w(0)} \int_{-\infty}^{\infty} F_S(\mathrm{j}\omega, \tau)\, \mathrm{e}^{\mathrm{j}\omega\tau}\, \mathrm{d}\omega \tag{3.158}$$

als eine Formel für die Umkehrung der Kurzzeit-Fourier-Transformation liefert. Eine alternative Möglichkeit zur Umkehrung der Kurzzeit-Fourier-Transformation bietet das Doppelintegral

$$f(\tau) = \frac{1}{2\pi} \int_{-\infty}^{\infty} \left[\int_{-\infty}^{\infty} F_S(\mathrm{j}\omega, \tau) w^*(t-\tau)\, \mathrm{d}\tau \right] \mathrm{e}^{\mathrm{j}\omega t}\, \mathrm{d}\omega\,, \tag{3.159}$$

wobei vorausgesetzt werden muß, daß die Energie des Fensters Eins ist:

$$\int_{-\infty}^{\infty} |w(t)|^2\, \mathrm{d}t = 1\,.$$

Beweis: Es wird $F_S(\mathrm{j}\omega, \tau)$ aus Gl. (3.157) in die rechte Seite von Gl. (3.159) eingesetzt, so daß man

$$\frac{1}{2\pi} \int_{-\infty}^{\infty} \left[\int_{-\infty}^{\infty} \left(\int_{-\infty}^{\infty} f(\sigma) w(\sigma-\tau)\, \mathrm{e}^{-\mathrm{j}\omega\sigma}\, \mathrm{d}\sigma \right) w^*(t-\tau)\, \mathrm{d}\tau \right] \mathrm{e}^{\mathrm{j}\omega t}\, \mathrm{d}\omega$$

$$= \int_{-\infty}^{\infty} \int_{-\infty}^{\infty} f(\sigma) w(\sigma-\tau) w^*(t-\tau) \frac{1}{2\pi} \left(\int_{-\infty}^{\infty} \mathrm{e}^{\mathrm{j}\omega(t-\sigma)}\, \mathrm{d}\omega \right) \mathrm{d}\sigma\, \mathrm{d}\tau$$

$$= \int_{-\infty}^{\infty} w^*(t-\tau)\left(\int_{-\infty}^{\infty} f(\sigma) w(\sigma-\tau)\,\delta(t-\sigma)\,d\sigma\right) d\tau$$

$$= \int_{-\infty}^{\infty} w^*(t-\tau) f(t) w(t-\tau)\,d\tau = f(t)\int_{-\infty}^{\infty} |w(\tau)|^2 d\tau = f(t)$$

erhält.

Es ist noch folgendes zu beachten: Wählt man in Gl. (3.159) speziell $F_S(j\omega, \tau) = e^{p_0\tau}$, wobei p_0 eine Nullstelle der Laplace-Transformierten von $w^*(t)$ sei (Kapitel V), dann liefert die rechte Seite von Gl. (3.159) mit $\sigma := t - \tau$

$$\frac{1}{2\pi}\int_{-\infty}^{\infty}\left(\int_{-\infty}^{\infty} e^{p_0\tau}\, w^*(t-\tau)\,d\tau\right) e^{j\omega t}\, d\omega$$

$$= \frac{e^{p_0 t}}{2\pi}\int_{-\infty}^{\infty}\left(\int_{-\infty}^{\infty} w^*(\sigma)\, e^{-p_0\sigma}\, d\sigma\right) e^{j\omega t}\, d\omega = 0\,,$$

weil das innere Integral nach Kapitel V die Laplace-Transformierte von $w^*(t)$ für $p = p_0$ darstellt. Dies bedeutet, daß Gl. (3.159) keine umkehrbar eindeutige Korrespondenz zwischen $f(t)$ und $F_S(j\omega, \tau)$ vermittelt; denn jedem $F_S(j\omega, \tau)$, das zu einem f gehört, kann ein Summand der Form const $\cdot\, e^{p_0\tau}$ überlagert werden (wobei p_0 die genannte Bedeutung aufweist), ohne daß sich die rechte Seite von Gl. (3.159) ändert.

Man beachte, daß im Sonderfall $w(t) \equiv 1$ $(-\infty < t < \infty)$ die Kurzzeit-Fourier-Transformation mit der traditionellen Fourier-Transformation zusammenfällt.

Veranschaulichung der Kurzzeit-Fourier-Transformation und Abtastung. Zur systemtheoretischen Veranschaulichung der Kurzzeit-Fourier-Transformierten wird die Gl. (3.157) auf die Form

$$F_S(j\omega, \tau) = e^{-j\omega\tau}\int_{-\infty}^{\infty} f(t) w(t-\tau)\, e^{-j\omega(t-\tau)}\, dt$$

umgeschrieben. Durch Einführung der Impulsantwort

$$h_{\omega_0}(t) = w(-t)\, e^{j\omega_0 t} \tag{3.160}$$

läßt sich obige Gleichung für $\omega = \omega_0$ in der Form

$$F_S(j\omega_0, t) = e^{-j\omega_0 t}\,[f(t) * h_{\omega_0}(t)] \tag{3.161}$$

ausdrücken, wobei die ursprüngliche Variable τ durch t ersetzt wurde. Bild 3.30 zeigt eine systemtheoretische Interpretation der Gl. (3.161). Das Ausgangssignal des dargestellten Systems liefert die Kurzzeit-Fourier-Transformierte von $f(t)$ mit der Fensterfunktion $w(t)$ als Funktion der Zeit t bei der festen Kreisfrequenz ω_0. Mit $W(j\omega)$ werde die Fourier-Transformierte von $w(t)$ bezeichnet. Dann ist $W(-j\omega)$ die Fourier-Transformierte von

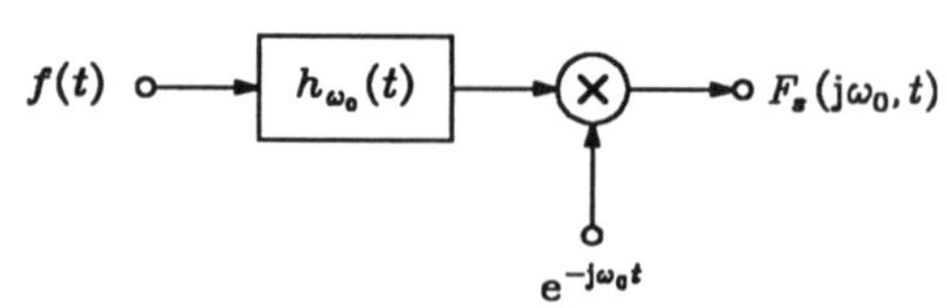

Bild 3.30: Realisierung von Gl. (3.161)

$w(-t)$ und $W(-\mathrm{j}(\omega-\omega_0))$ die von $h_{\omega_0}(t)$. In aller Regel wird als Fensterfunktion $w(t)$ ein Tiefpaßsignal gewählt. Dann stellt das System mit der Impulsantwort $h_{\omega_0}(t)$ nach Gl. (3.160) und mit der Übertragungsfunktion $W(\mathrm{j}(\omega_0-\omega))$ einen (komplexen) Bandpaß mit der Mittenfrequenz ω_0 (Bild 3.31) dar. Eine Veränderung von ω_0 bewirkt nur eine Verschiebung des Frequenzganges $W(\mathrm{j}(\omega_0-\omega))$, insbesondere des Amplitudenganges in ω-Richtung. Die Multiplikation mit $\mathrm{e}^{-\mathrm{j}\omega_0 t}$ in Bild 3.30 bewirkt bloß eine Verschiebung des Spektrums am Ausgang des linearen, zeitinvarianten Teilsystems um ω_0 in negativer ω-Richtung. Aus diesem Grund ist $F_S(\mathrm{j}\omega, t)$ ein schmalbandiges, niederfrequentes Signal. Es liegt daher nahe, eine zeitliche Abtastung mit geeigneter Abtastperiode T durchzuführen. Wählt man darüber hinaus statt der Kreisfrequenz ω_0 ein ganzzahliges Vielfaches $m\,\omega_0$ $(m \in \mathbb{Z})$ mit variablem m, dann erhält man die diskreten Werte der Kurzzeit-Fourier-Transformierten

$$\Phi[m,n] := F_S(\mathrm{j}m\,\omega_0, nT)$$

$$= \mathrm{e}^{-\mathrm{j}(\omega_0 T)mn} \int_{-\infty}^{\infty} f(\tau)\, w(\tau - nT)\, \mathrm{e}^{\mathrm{j}m\,\omega_0(nT-\tau)}\, \mathrm{d}\tau . \qquad (3.162)$$

Mit der Übertragungsfunktion

$$H_m(\mathrm{j}\omega) := \int_{-\infty}^{\infty} h_{m\,\omega_0}(t)\, \mathrm{e}^{-\mathrm{j}\omega t}\, \mathrm{d}t \qquad (3.163)$$

des Systems, das die Impulsantwort $h_{m\,\omega_0}(t) = w(-t)\,\mathrm{e}^{\mathrm{j}m\,\omega_0 t}$ besitzt, und angesichts der aus Gl. (3.162) ersichtlichen Darstellung

$$\Phi[m,n] = [f(t) * h_{m\,\omega_0}(t)]_{t=nT} \cdot \mathrm{e}^{-\mathrm{j}(\omega_0 T)mn} \qquad (3.164)$$

kann nun die Erzeugung von $\Phi[m,n]$ mit Hilfe des Systems nach Bild 3.32 beschrieben werden. Die zweidimensionale Folge $\Phi[m,n]$ bildet eine Abtastversion der zweidimensionalen Kurzzeit-Fourier-Transformierten $F_S(\mathrm{j}\omega, t)$. Die eingeführten Abtaststellen sind die Wertepaare $(m\,\omega_0, nT)$, wobei m und n die Gesamtheit der ganzen Zahlen durchlaufen. Auf diese Weise entsteht ein zweidimensionales gleichmäßiges Punktegitter, das Gabor-Gitter (auch von-Neumann-Gitter) genannt wird.

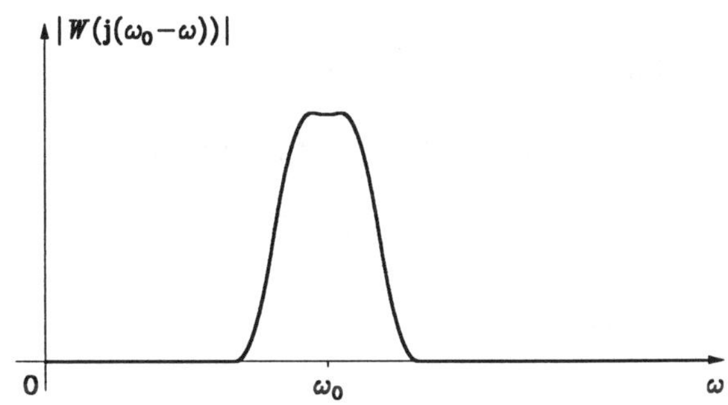

Bild 3.31: Amplitudengang des linearen, zeitinvarianten Systems aus Bild 3.30 mit der Übertragungsfunktion $W(\mathrm{j}(\omega_0-\omega))$

Rückgewinnung des Originalsignals aus den Abtastwerten. Von grundsätzlicher Bedeutung ist die Frage, ob aus $\Phi[m,n]$ das ursprüngliche Signal $f(t)$ rekonstruiert werden kann. Eine

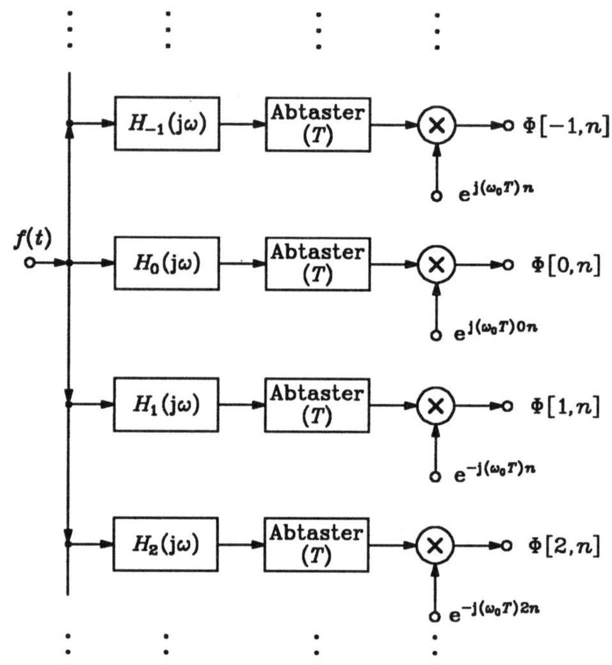

Bild 3.32: System zur Erzeugung der zweidimensionalen Folge $\Phi[m, n]$

solche Rekonstruktion ist in der Tat möglich, wenn $\omega_0 T \leqq 2\pi$ gewählt wird. Dies soll für $\omega_0 T = 2\pi$ gezeigt werden.

Beweis: Mit Hilfe von $\Phi[m, n]$ wird die Funktion

$$Y(\tau, j\omega) = \frac{1}{T} \sum_{m=-\infty}^{\infty} \sum_{n=-\infty}^{\infty} \Phi[m, n]\, e^{-j\omega(nT)}\, e^{j\tau(m\omega_0)} \tag{3.165a}$$

gebildet, und es werden

$$F_1(\tau, j\omega) = \sum_{\nu=-\infty}^{\infty} f(\tau + \nu T)\, e^{-j\omega(\nu T)} \tag{3.165b}$$

und

$$W_1(\tau, j\omega) = \sum_{\mu=-\infty}^{\infty} w^*(\tau + \mu T)\, e^{-j\omega(\mu T)} \tag{3.165c}$$

eingeführt. Mit der Abkürzung $z := e^{j\omega T}$ wird

$$F_1(\tau, j\omega) W_1^*(\tau, j\omega) = \sum_{\nu=-\infty}^{\infty} f(\tau + \nu T) z^{-\nu} \sum_{\mu=-\infty}^{\infty} w(\tau - \mu T) z^{-\mu}$$

$$= \sum_{n=-\infty}^{\infty} \sum_{\nu=-\infty}^{\infty} f(\tau + \nu T) w(\tau + \nu T - nT) z^{-n}$$

gebildet, wobei zuletzt $\mu := n - \nu$ substituiert wurde. Man sieht unmittelbar, daß es sich hier um eine in τ und ω periodische Funktion mit Perioden T bzw. $\omega_0 = 2\pi/T$ handelt. Aus diesem Grund kann eine Fourier-Reihenentwicklung in Bezug auf die Variable τ verwendet werden, was zur Darstellung

$$F_1(\tau, j\omega) W_1^*(\tau, j\omega) = \frac{1}{T} \sum_{n=-\infty}^{\infty} z^{-n} \sum_{\mu=-\infty}^{\infty} e^{j\mu\omega_0\tau} \int_0^T \sum_{\nu=-\infty}^{\infty} f(t + \nu T) w(t + \nu T - nT)\, e^{-j\mu\omega_0(t+\nu T)}\, dt$$

$$= \frac{1}{T} \sum_{n=-\infty}^{\infty} z^{-n} \sum_{\mu=-\infty}^{\infty} e^{j\mu\omega_0\tau} \int_{-\infty}^{\infty} f(t) w(t-nT) e^{-j\mu\omega_0 t} dt$$

$$= \frac{1}{T} \sum_{n=-\infty}^{\infty} \sum_{\mu=-\infty}^{\infty} z^{-n} e^{j\mu\omega_0\tau} \Phi[\mu, n] = \frac{1}{T} \sum_{n=-\infty}^{\infty} \sum_{\mu=-\infty}^{\infty} \Phi[\mu, n] e^{-j\omega T n} e^{j\mu\omega_0\tau}$$

$$= Y(\tau, j\omega)$$

führt. Es gilt also

$$F_1(\tau, j\omega) W_1^*(\tau, j\omega) = Y(\tau, j\omega). \tag{3.166}$$

Damit erhält man $f(t)$ bei gegebenem $\Phi[m, n]$ und bekanntem Fenster $w(t)$ folgendermaßen: Zunächst wird $Y(\tau, j\omega)$ nach Gl. (3.165a) im zweidimensionalen Intervall $0 \leqq \tau < T$, $0 \leqq \omega < \omega_0$ berechnet, wobei zu beachten ist, daß $Y(\tau, j\omega)$ eine in τ und ω mit den Perioden T bzw. ω_0 periodische Funktion ist. Danach wird $W_1(\tau, j\omega)$ aus $w(t)$ nach Gl. (3.165c) ebenfalls in $0 \leqq \tau < T$, $0 \leqq \omega < \omega_0$ berechnet; diese Funktion weist bezüglich ω dieselbe Periodizitätseigenschaft wie $Y(\tau, j\omega)$ auf. Nun liefert Gl. (3.166) die Funktion $F_1(\tau, j\omega) = Y(\tau, j\omega)/W_1^*(\tau, j\omega)$ im zweidimensionalen Intervall $0 \leqq \tau < T$, $0 \leqq \omega < \omega_0$. Dabei wird angenommen, daß im ganzen Bereich $W_1(\tau, j\omega) \neq 0$ gilt. Mit Hilfe der im Kapitel IV zu begründenden Umkehrformel für die diskontinuierliche Fourier-Transformation, Gl. (4.10b), kann man nun aus $F_1(\tau, j\omega)$ gemäß Gl. (3.165b) für jeden Wert τ in $0 \leqq \tau < T$ jeweils die diskontinuierliche Funktionen $f(\tau + nT)$ in Abhängigkeit von n ($= 0, \pm 1, \pm 2, \ldots$) berechnen. Auf diese Weise erhält man $f(t)$ für alle reellen Werte t.

Es ist zu beachten, daß die Rekonstruktion von $f(t)$ aus $\Phi[m, n]$ unter der genannten Voraussetzung die Bandbegrenztheit von $f(t)$ nicht erfordert (auch nicht die von $w(t)$).

Der Extremfall $\omega_0 \to \infty$ und $T \to 0$ bei festgehaltenem Produkt $\omega_0 T = 2\pi$ bedeutet angesichts der Abhängigkeit von T von der Bandbreite der Fensterfunktion die Verwendung von Bandpässen mit unendlichem Durchlaßbereich im System aus Bild 3.32, so daß die Übertragungsfunktionen $H_k(j\omega)$ für alle k frequenzunabhängig werden, weshalb am Ausgang eines jeden Filters, von einem konstanten Faktor abgesehen, $f(t)$ geliefert wird. Es ist daher nur *ein* Filter erforderlich, dessen Ausgangssignal allerdings mit (überabzählbar) unendlicher Rate abgetastet werden muß, so daß $f(t)$ als kontinuierliches Signal geliefert wird. Der Modulator entfällt. Der andere Extremfall ist $\omega_0 \to 0$ und $T \to \infty$ bei festgehaltenem Produkt $\omega_0 T = 2\pi$, so daß $H_k(j\omega) = \text{const} \cdot \delta(\omega - \omega_k)$ für alle Bandpässe gilt, und damit erhält man für das Ausgangssignal des Filters mit der Übertragungsfunktion $H_k(j\omega)$ bis auf einen konstanten Faktor den Wert $F(j\omega_k)$. Hier braucht man (überabzählbar) unendlich viele Filter. Die Abtaster und die Modulatoren entfallen. Der erstgenannte Extremfall liefert die vollständige Zeitbereichsinformation ohne Frequenzbereichsinformation; im zweiten Extremfall ist es gerade umgekehrt. Um einen Kompromiß zwischen der gleichzeitigen Gewinnung von Zeitbereichsinformation und von Frequenzbereichsinformation zu erzielen, versucht man eine "optimale" Fensterfunktion $w(t)$ zu wählen. Dabei bietet sich das Gauß-Fenster $w(t) = w(0) e^{-at^2}$ ($a \geqq 0$) an, welches das kleinste Zeitdauer-Bandbreite-Produkt aufweist (Abschnitt 3.3).

4.9.3 Die Wavelet-Transformation

Vorbemerkung. Die Fourier-Transformierte $F(j\omega)$ eines Signals $f(t)$ liefert das Spektrum für jeden Wert der Kreisfrequenz ω aus dem Gesamtverlauf von $f(t)$ für $-\infty < t < \infty$. Häufig wird die spektrale Information von $f(t)$ in der Umgebung einer interessierenden Kreisfrequenz ω_0 im wesentlichen aber nur vom Verlauf des Signals $f(t)$ in einem Teil des

Zeitbereichs $-\infty < t < \infty$ bestimmt. Mit der Kurzzeit-Fourier-Transformation versucht man, diesem Umstand Rechnung zu tragen, indem man eine Signalbeschreibung verwendet, die Zeit- und Frequenzbereichsinformation gleichzeitig liefert. Das Prinzip der Kurzzeit-Fourier-Transformation basiert auf der Verwendung einer Fensterfunktion, mit der die betreffende Zeitfunktion ausgeblendet wird, bevor der Übergang in den Spektralbereich erfolgt. Das Fenster wird ohne Änderung seiner Form längs der Zeitachse in gleichen Schrittlängen verschoben, so daß bei Wahl einer festen Meßfrequenz für jede diskrete Fensterposition das Spektrum gebildet wird. Dieser Vorgang zur Ermittlung des Spektrums wird an äquidistanten Meßfrequenzen wiederholt und kann jeweils als eine Filterung des zu transformierenden Signals aufgefaßt werden. Dabei ist die Meßfrequenz zugleich die Mittenfrequenz des Filters, und die Bandbreite ist unabhängig von der gewählten Meßfrequenz, da die Frequenzgänge der Filter für die verschiedenen Meßfrequenzen allein durch Verschiebung in ω-Richtung ineinander übergeführt werden können. Da ein festes Fenster bei hohen Frequenzen mehr Oszillation als bei niedrigen Frequenzen auszublenden erlaubt, ist es naheliegend, zur Messung des Spektrums nicht wie bei der Kurzzeit-Fourier-Transformation ein Fenster fester Form, das längs der Zeitachse verschoben wird, sondern ein flexibles Fenster zu verwenden, das im Falle von Messungen bei hohen Frequenzen automatisch kleiner und im Falle von Messungen bei niedrigen Frequenzen größer wird (vergleichbar mit einer Kamera, die mit einer automatisch arbeitenden Brennweitenverstellung ausgerüstet ist). Auf diese Weise ließe sich die Gewinnung von Meßinformation verbessern und damit die Meßgenauigkeit erhöhen. Die Wavelet-Transformation basiert auf dieser Überlegung. Da mit der Änderung der Fensterbreite auch eine Änderung der Bandbreite der Meßfilter verbunden ist, kann die Abtastrate am Ausgang dieser Filter entsprechend flexibel gewählt werden. Das heißt: Ist die Fensterbreite relativ groß, dann kann das Fenster in größeren Schrittlängen verschoben werden als bei kleiner Fensterbreite.

Filter mit variablem Frequenzgang und ungleichmäßige Abtastung. Die Funktion $H(\mathrm{j}\omega)$ sei der Frequenzgang eines Bandpasses und $h(t)$ die zugehörige Zeitfunktion, d. h. die Impulsantwort des Bandpasses. Durch Skalierung entstehen aus $H(\mathrm{j}\omega)$ nach Wahl einer reellen Konstanten $a > 1$ und mit ganzzahligen Werten m die Frequenzgänge

$$H_m(\mathrm{j}\omega) = a^{m/2} H(\mathrm{j}a^m \omega). \tag{3.167a}$$

Nach der Zeitdehnungseigenschaft der Fourier-Transformation gehören hierzu die Zeitfunktionen

$$h_m(t) = a^{-m/2} h(a^{-m} t). \tag{3.167b}$$

Für $m = 0$ erhält man speziell $H(\mathrm{j}\omega)$ bzw. $h(t)$. Wie man sieht, gehen die Frequenzgänge $H_m(\mathrm{j}\omega)$ (für $m = 0, \pm 1, \ldots$) aus dem Prototyp $H(\mathrm{j}\omega)$ durch Skalierung hervor. Hierin ist ein wesentlicher Unterschied zu den bei der Kurzzeit-Fourier-Transformation auftretenden Frequenzgängen $H_{\omega_0}(\mathrm{j}\omega)$ bei variablem ω_0 zu sehen. Eine Variation von ω_0 verursacht nur eine Verschiebung des Frequenzganges in ω-Richtung und keine Formänderung. Man kann sich leicht davon überzeugen, daß der Skalierungsfaktor $a^{-m/2}$ in Gl. (3.167b) nur bewirkt, daß die Signalenergie der Impulsantwort $h_m(t)$ von m unabhängig bleibt. Im Bild 3.30 wird nun das lineare, zeitinvariante System mit der Übertragungsfunktion $H_m(\mathrm{j}\omega)$ und Impulsantwort $h_m(t)$ statt des Systems mit der Impulsantwort $h_{\omega_0}(t)$ verwendet (Bild 3.33). Das hierbei auftretende Ausgangssignal kann in der Form

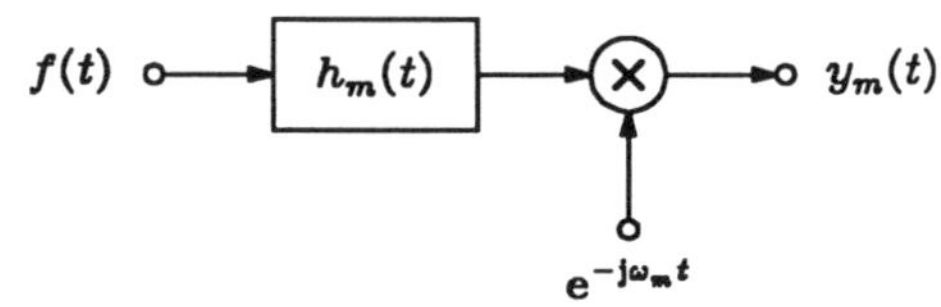

Bild 3.33: Realisierung der Gl. (3.168)

$$y_m(t) = \mathrm{e}^{-\mathrm{j}\omega_m t} \int_{-\infty}^{\infty} f(\tau) h_m(t-\tau)\,\mathrm{d}\tau$$

oder mit Gl. (3.167b) als

$$y_m(t) = \mathrm{e}^{-\mathrm{j}\omega_m t} a^{-m/2} \int_{-\infty}^{\infty} f(\tau) h(a^{-m} t - a^{-m}\tau)\,\mathrm{d}\tau \tag{3.168}$$

geschrieben werden. Die Gln. (3.167a,b) lehren, daß mit zunehmendem m die Mittenfrequenz und die Bandbreite des Frequenzganges $H_m(\mathrm{j}\omega)$ kleiner werden, gleichzeitig wird die Breite der Impulsantwort $h_m(t)$ größer. Bei abnehmendem m tritt der umgekehrte Effekt auf. Es ist daher sinnvoll, die Abtastung des Ausgangssignals von m abhängig zu machen, und zwar derart, daß mit zunehmendem m eine größere, bei abnehmendem m eine kleinere Periode genommen wird. Eine geeignete Wahlmöglichkeit stellen die Abtastzeitpunkte

$$t_n = n\, a^m T \quad (n = 0, \pm 1, \pm 2, \ldots) \tag{3.169}$$

mit einem $T > 0$ dar. Wenn man in Gl. (3.168) den Faktor $\mathrm{e}^{-\mathrm{j}\omega_m t}$ ignoriert, der im weiteren unwesentlich ist, erhält man mit $t = t_n$ nach Gl. (3.169) für ganzzahlige m und n die *Wavelet-Koeffizienten* von $f(t)$

$$\Phi_W[m,n] := a^{-m/2} \int_{-\infty}^{\infty} f(\tau) h(nT - a^{-m}\tau)\,\mathrm{d}\tau\,. \tag{3.170}$$

Es handelt sich hierbei um die Faltung zwischen den Funktionen $f(t)$ und $h_m(t)$, das Ergebnis der Faltung wird zu den Zeitpunkten $t = t_n$ abgetastet.

Beispiel 3.14: Es sei

$$H(\mathrm{j}\omega) = \begin{cases} -(\omega-9)(\omega-21)/6 & \text{für } 9 \leqq \omega \leqq 21 \\ 0 & \text{für } 0 \leqq \omega < 9,\ 21 < \omega \end{cases}$$

und $a = 2$ gewählt. Im Bild 3.34 sind die Frequenzgänge $H_m(\mathrm{j}\omega) = 2^{m/2} H(\mathrm{j}2^m\omega)$ für $m = -1, 0, 1, 2$ gezeigt. Mit ω_m wird die Mittenfrequenz des Frequenzganges $H_m(\mathrm{j}\omega)$ bezeichnet. Es gilt dann $\omega_m = \omega_0 2^{-m}$, außerdem folgt aus Gl. (3.169) $t_n = n\,2^m T$. Bild 3.35 zeigt nun das zu den Abtastwerten ω_m und t_n gehörige Punktegitter in der Zeit-Frequenz-Ebene in Abhängigkeit von m und n. Man erkennt die Ungleichmäßigkeit dieses Gitters, die im Gegensatz zum gleichmäßigen Gabor-Gitter der Kurzzeit-Fourier-Transformation zu sehen ist. Die Wavelet-Koeffizienten sind in den Punkten des Gitters nach Bild 3.35 definiert.

Die Gl. (3.170) kann als Anwendung eines Konzepts betrachtet werden, das in der Literatur als die kontinuierliche *Wavelet-Transformation* folgendermaßen eingeführt wurde:

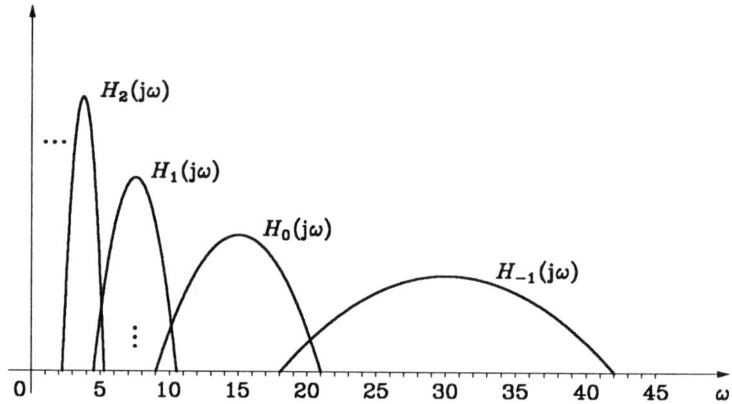

Bild 3.34: Frequenzgänge zu Beispiel 3.14

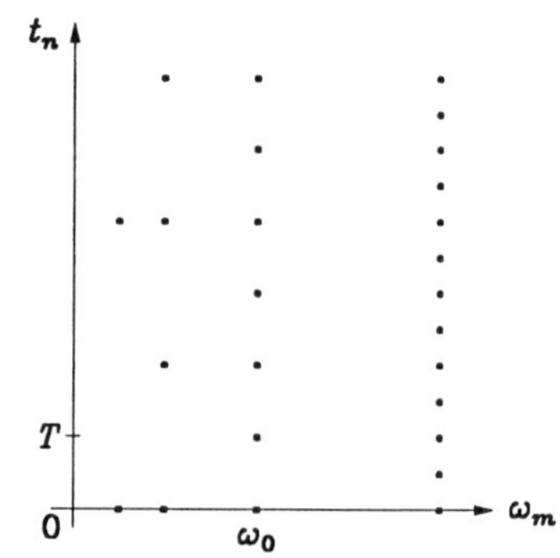

Bild 3.35: Abtastpunktegitter in der Zeit-Frequenz-Ebene der Wavelet-Transformation für $a = 2$

$$F_W(a,b) = \frac{1}{\sqrt{|a|}} \int_{-\infty}^{\infty} f(t)\, \varphi\left(\frac{t-b}{a}\right) \mathrm{d}t \,. \tag{3.171}$$

Dabei sind a und b reellwertige Parameter. Wählt man in Gl. (3.171) a^m statt a, $a^m Tn$ statt b und $h(-t)$ statt $\varphi(t)$, dann geht diese Gleichung in die Gl. (3.170) über. Bei $F_W(a,b)$ handelt es sich um eine Abbildung der kontinuierlichen Zeitfunktion $f(t)$ auf eine zweidimensionale Funktion $F_W(a,b)$ mit kontinuierlichen unabhängigen Variablen a, b. Die Wavelet-Koeffizienten sind ein Ergebnis der Abbildung der kontinuierlichen Zeitfunktion $f(t)$ auf eine zweidimensionale Folge $\Phi_W[m,n]$. Die Berechnung der $\Phi_W[m,n]$ läßt sich durch ein System mit der Struktur nach Bild 3.32 beschreiben, wobei die Übertragungsfunktionen $H_m(j\omega)$ durch Gl. (3.167a) gegeben sind und jeder Abtaster mit einer Rate arbeitet, die proportional zur Bandbreite des Filters ist, an dessen Ausgang der Abtaster liegt. Die Modulatoren $e^{-j\omega_0 Tmn}$ sind unwesentlich.

Umkehrung der Wavelet-Transformation. Es stellt sich entsprechend wie bei der Kurzzeit-Fourier-Transformation die Frage nach der Möglichkeit einer Rekonstruktion von $f(t)$ aus den Wavelet-Koeffizienten $\Phi_W[m,n]$. Da die Transformation nach Gl. (3.170) durch die Parameter a, T und die Impulsantwort $h(t)$ des Prototypfilters vollständig bestimmt ist, kann davon ausgegangen, daß die Rekonstruktionsmöglichkeit von $f(t)$ aus den $\Phi_W[m,n]$ von a, T und $h(t)$ abhängt. Es liegt nahe, für die Rekonstruktion den Ansatz

$$f(t) = \sum_m \sum_n \Phi_W[m,n]\,\Psi_{mn}(t) \tag{3.172}$$

zu wählen. Dabei bedeuten die $\Psi_{mn}(t)$ sogenannte Basisfunktionen. Zur näheren Untersuchung der Rekonstruktionsmöglichkeit wird versucht, entsprechend der Interpretation zur Berechnung von $\Phi_W[m,n]$ gemäß Bild 3.32 diesen Prozeß zu invertieren. Dies führt zum System nach Bild 3.36. Die Ausgangssignale der Abtaster werden als Impulszüge

$$u_m(t) = \sum_n \Phi_W[m,n]\,\delta(t - a^m nT) \tag{3.173}$$

angenommen. Bezeichnet man die zur Übertragungsfunktion $V_m(\mathrm{j}\omega)$ ($m \in \mathbb{Z}$) gehörende Zeitfunktion (Impulsantwort) mit $v_m(t)$, so läßt sich das Ausgangssignal $\hat{f}(t)$ als Summe

$$\hat{f}(t) = \sum_m u_m(t) * v_m(t) \tag{3.174}$$

schreiben. Führt man die Gl. (3.173) in die Gl. (3.174) ein, dann folgt

$$\hat{f}(t) = \sum_m \sum_n \Phi_W[m,n]\,v_m(t - a^m nT)\,. \tag{3.175}$$

Da die Frequenzgänge $V_m(\mathrm{j}\omega)$ nur die Spektralanteile beibehalten sollen, welche die Frequenzgänge $H_m(\mathrm{j}\omega)$ passieren lassen, liegt es nahe zu versuchen, die Frequenzgänge $V_m(\mathrm{j}\omega)$ in der Weise aus einem Prototypfrequenzgang $V(\mathrm{j}\omega)$ mit Zeitfunktion $v(t)$ zu erzeugen, wie die Frequenzgänge $H_m(\mathrm{j}\omega)$ aus $H(\mathrm{j}\omega) = H_0(\mathrm{j}\omega)$ erzeugt wurden. Es wird daher die Funktion

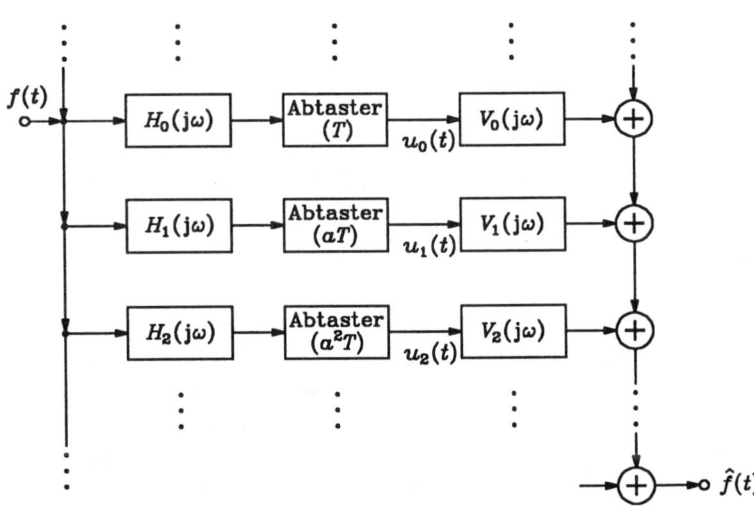

Bild 3.36: System zur Inversion der Wavelet-Transformation

$$v_m(t) = a^{-m/2} v(a^{-m} t) \tag{3.176}$$

gewählt, die jetzt in Gl. (3.175) eingesetzt wird, um eine Übereinstimmung von $\hat{f}(t)$ mit $f(t)$ zu erreichen. Auf diese Weise ergibt sich die Darstellung von $f(t)$ nach Gl. (3.172) mit

$$\Psi_{mn}(t) = a^{-m/2} v(a^{-m} t - nT). \tag{3.177}$$

Wie man sieht, lassen sich die Basisfunktionen durch Verzerrung des Zeitmaßstabes und einer Zeitverschiebung gemäß $a^{-m/2} v[a^{-m}(t - a^m nT)]$ aus einer einzigen Wavelet-Funktion $v(t)$, dem *Mutter-Wavelet*, erzeugen. Ersetzt man in Gl. (3.176) t durch $t - a^m nT$, so entsteht der Ausdruck auf der rechten Seite von Gl. (3.177). Daher gilt

$$\Psi_{mn}(t) = v_m(t - a^m nT). \tag{3.178}$$

Die Basisfunktionen entstehen also aus den Impulsantworten $v_m(t)$ der Filter mit den Übertragungsfunktionen $V_m(\mathrm{j}\omega)$ durch zeitliche Verschiebung um $a^m nT$.

Es wird jetzt angenommen, daß die Gesamtheit der Basisfunktionen $\Psi_{mn}(t)$ ein System von orthogonalen und normierten (orthonormalen) Funktionen bilden. Dabei bedeutet orthogonal, daß das durch Gl. (3.127) definierte innere Produkt eines jedweden Paares von nicht identischen Basisfunktionen verschwindet; normiert dagegen bedeutet, daß die Norm $\langle \Psi_{mn}, \Psi_{mn} \rangle^{1/2}$ jeder Basisfunktion Eins ist. Unter dieser Annahme kann der Wavelet-Koeffizient $\Phi_W[m, n]$, der als Entwicklungskoeffizient von $f(t)$ in der Darstellung von $f(t)$ mittels der Basisfunktionen nach Gl. (3.172) betrachtet werden darf, aufgrund von Gl. (3.135) als

$$\Phi_W[m, n] = \int_{-\infty}^{\infty} f(t)\, \Psi_{mn}^*(t)\, \mathrm{d}t \tag{3.179}$$

ausgedrückt werden. Ein Vergleich zwischen den Gln. (3.170) und (3.179) liefert

$$\Psi_{mn}(t) = a^{-m/2}\, h^*(nT - a^{-m} t) \tag{3.180a}$$

oder angesichts der Gl. (3.167b)

$$\Psi_{mn}(t) = h_m^*(a^m nT - t). \tag{3.180b}$$

Vergleicht man die Gln. (3.180b) und (3.178) miteinander, so findet man für den Fall des orthonormalen Basissystems

$$v_m(t) = h_m^*(-t). \tag{3.181}$$

Wenn es möglich ist, das Mutter-Wavelet $v(t)$ sowie die Parameter T und a derart zu wählen, daß für eine bestimmte Klasse von Funktionen $\{f(t)\}$ die Wavelet-Transformation (existiert und) nach Gl. (3.172) invertiert werden kann, dann nennt man die Wavelet-Basis $\{\Psi_{mn}(t)\}$ vollständig über der genannten Klasse von Funktionen.

Von besonderem Interesse ist der Fall $a = 2$ und $T = 1$; dabei beschränkt man sich auf Funktionen mit endlicher Energie. Die entsprechende Funktionenklasse wird durch $L^2(\mathbb{R})$ bezeichnet. Die Aufgabe besteht dann darin, ein geeignetes Wavelet $v(t)$ zu finden, d. h. eine Funktion $v(t)$, so daß die Menge der durch Gl. (3.177) gegebenen Funktionen

$$\Psi_{mn}(t) = 2^{-m/2} \upsilon(2^{-m} t - n)$$

eine orthonormale Basis des Raumes $L^2(\mathbb{R})$ bildet. Dies bedeutet einerseits die Forderung der Orthonormalität

$$\langle \Psi_{mn}, \Psi_{pq} \rangle = \begin{cases} 1 & \text{falls } m = p \text{ und } n = q \\ 0 & \text{andernfalls} \end{cases}$$

und andererseits die Möglichkeit, jede Funktion $f \in L^2(\mathbb{R})$ als Wavelet-Reihe

$$f(t) = \sum_{m=-\infty}^{\infty} \sum_{n=-\infty}^{\infty} c_{mn} \Psi_{mn}(t) \tag{3.182}$$

darzustellen, wobei die Gleichheit im Sinne des Grenzwertes

$$\lim \| f - \sum_{m=-m_1}^{m_2} \sum_{n=-n_1}^{n_2} c_{mn} \Psi_{mn}(t) \| = 0$$

für $m_1 \to \infty$, $m_2 \to \infty$, $n_1 \to \infty$, $n_2 \to \infty$ zu verstehen ist. In dieser Gleichung bedeutet das Symbol $\| \cdot \| = \langle \cdot , \cdot \rangle^{1/2}$ die L_2-Norm. Die Wavelet-Koeffizienten sind durch

$$c_{mn} = \langle f, \Psi_{mn} \rangle$$

gegeben.

Das wohl einfachste Beispiel für ein System orthonormaler Wavelets liefert die Haar-Funktion

$$\upsilon_H(t) = \begin{cases} 1 & \text{falls } 0 \leqq t < 1/2 \\ -1 & \text{falls } 1/2 \leqq t < 1 \\ 0 & \text{andernfalls.} \end{cases}$$

Andere orthonormale Wavelets sind in der Literatur zu finden [Ch7].

5 Idealisierte Tiefpaß- und Bandpaßsysteme

Die Untersuchungen im Abschnitt 3.1 haben unter anderem gezeigt, daß verzerrungsfreie Übertragung in einem linearen, zeitinvarianten kontinuierlichen System genau dann stattfindet, wenn die Amplitudenfunktion $A(\omega) = |H(\mathrm{j}\omega)|$ frequenzunabhängig (Allpaß-Eigenschaft) und die Phasenfunktion $\Theta(\omega)$ linear ist. Namentlich in der Informationstechnik ist die Feststellung interessant, welchen Einfluß bestimmte Abweichungen einer Übertragungsfunktion von jener eines entsprechenden verzerrungsfreien Systems auf die Übertragungseigenschaften hat. Derartige Untersuchungen lassen sich mit den in den vorausgegangenen Abschnitten geschaffenen Methoden in verhältnismäßig einfacher Weise durchführen. Dies soll im folgenden gezeigt werden.

5.1 AMPLITUDENVERZERRTE TIEFPASSYSTEME

Im Abschnitt 2.3 wurde der ideale Tiefpaß diskutiert. Die Phasenfunktion eines idealen Tiefpasses weist das Verhalten eines verzerrungsfreien Systems auf, dagegen nicht die Amplitudenfunktion, obgleich diese immerhin bis zur Grenzkreisfrequenz ω_g konstant ist und von dieser Kreisfrequenz an identisch verschwindet. In diesem Abschnitt sollen Tiefpaßsysteme mit linearer Phase $\Theta(\omega) = \omega t_0$ ($t_0 > 0$) untersucht werden. Die Amplitude $A(\omega)$ möge für $\omega \to \infty$ derart rasch gegen Null streben, daß die Idealisierung

$$A(\omega) \equiv 0 \quad \text{für} \quad |\omega| > \omega_g \tag{3.183}$$

erlaubt ist. Solche Systeme sind jedoch, wie sich noch zeigen wird, grundsätzlich nicht kausal. Der Verstoß gegen die Kausalität kann jedoch in vielen Fällen angesichts der vereinfachten Betrachtungsweise in Kauf genommen werden, namentlich dann, wenn keine allzu große Genauigkeit der Ergebnisse erwartet wird.

Eine Übertragungsfunktion

$$H(\mathrm{j}\omega) = A(\omega)\,\mathrm{e}^{-\mathrm{j}\Theta(\omega)} \tag{3.184}$$

mit linearer Phase $\Theta(\omega) = \omega t_0$ ($t_0 > 0$) hat nach Gl. (3.31b) die Eigenschaft, daß die zugehörige Impulsantwort $h(t)$ bezüglich der Geraden $t = t_0$ symmetrisch ist. Außerdem läßt Gl. (3.31b) erkennen, daß für $\Theta(\omega) = \omega t_0$ die Impulsantwort $h(t)$ für $t = t_0$ ihr absolutes Maximum hat:

$$h(t_0) = \frac{1}{\pi}\int_0^\infty A(\omega)\,\mathrm{d}\omega \geqq \left|\frac{1}{2\pi}\int_{-\infty}^{\infty} A(\omega)\,\mathrm{e}^{-\mathrm{j}\omega t_0}\,\mathrm{e}^{\mathrm{j}\omega t}\,\mathrm{d}\omega\right| = |h(t)|\,.$$

Die Symmetrieeigenschaft von $h(t)$ hat zur Folge, daß die Sprungantwort $a(t)$ des Systems für $t = t_0$ einen Wendepunkt mit Maximalanstieg $[\mathrm{d}a/\mathrm{d}t]_{t=t_0} = h(t_0)$ besitzt und bezüglich dieses Wendepunktes punktsymmetrisch ist (Bild 3.37). Multipliziert man die Übertragungsfunktion $H(\mathrm{j}\omega)$ aus Gl. (3.184), wobei voraussetzungsgemäß $\Theta(\omega) = \omega t_0$ ist, mit der Fourier-Transformierten der Sprungfunktion nach Korrespondenz (3.74) und transformiert man das Produkt in den Zeitbereich zurück, so erhält man die Sprungantwort $a(t)$, und insbesondere für $t = t_0$ ergibt sich

$$a(t_0) = A(0)/2\,.$$

Aus Symmetriegründen ist deshalb $a(\infty) = A(0)$, und die Anstiegszeit t_a nach Bild 3.37 lautet

$$t_a = A(0)/h(t_0) = \frac{A(0)\,\pi}{\int_0^\infty A(\omega)\,\mathrm{d}\omega}\,.$$

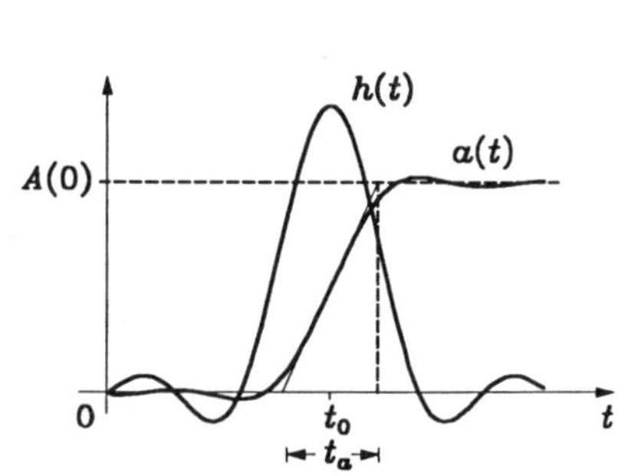

Bild 3.37: Sprung- und Impulsantwort eines Tiefpasses mit linearer Phase

Im Fall des idealen Tiefpasses geht dieser Wert in jenen nach Gl. (3.45) über, sofern man beachtet, daß das hierbei auftretende Integral gleich $A(0)\,\omega_g = A(0)\,2\pi f_g$ ist.

Zur Untersuchung des Übertragungsverhaltens eines Tiefpasses mit linearer Phase $\Theta(\omega) = \omega t_0$ und der Eigenschaft nach Gl. (3.183) bieten sich zwei Möglichkeiten an. Man kann nämlich die Amplitudenfunktion $A(\omega)$ in $|\omega| < \omega_g$ entweder in eine Fourier-Reihe entwickeln oder durch ein Polynom approximieren und erhält dann einfache Zusammenhänge zwischen Eingangs- und Ausgangssignal.

Zunächst sei die Methode der Fourier-Reihenentwicklung betrachtet. Gemäß den Gln. (3.86b,c) läßt sich die Amplitudenfunktion durch

$$A(\omega) = \sum_{\mu=-\infty}^{\infty} A_\mu \, e^{\,j\mu\pi\omega/\omega_g} \qquad (|\omega| < \omega_g) \tag{3.185a}$$

mit

$$A_\mu = \frac{1}{2\omega_g} \int_{-\omega_g}^{\omega_g} A(\omega)\, e^{-j\mu\pi\omega/\omega_g}\, d\omega$$

oder

$$A_\mu = \frac{1}{\omega_g} \int_{0}^{\omega_g} A(\omega) \cos(\mu\pi\omega/\omega_g)\, d\omega \tag{3.185b}$$

ausdrücken. Führt man die Rechteckfunktion $p_{\omega_g}(\omega)$ nach Gl. (3.36) ein, dann läßt sich $A(\omega)$ für alle ω-Werte geschlossen ausdrücken, und man erhält nach Einführung des Phasenfaktors $e^{-j\omega t_0}$ für die Übertragungsfunktion des betrachteten Tiefpasses

$$H(j\omega) = \sum_{\mu=-\infty}^{\infty} A_\mu \, p_{\omega_g}(\omega)\, e^{-j\omega(t_0 - \mu\pi/\omega_g)} \,. \tag{3.186a}$$

Die A_μ sind nach Gl. (3.185b) reell, und es ist $A_{-\mu} = A_\mu$. Der allgemeine Summand in Gl. (3.186a) hat die Form der Übertragungsfunktion eines idealen Tiefpasses gemäß Gl. (3.47) mit der "Laufzeit" $t_0 - \mu\pi/\omega_g$. Man kann sich daher den Tiefpaß mit der Übertragungsfunktion nach Gl. (3.186a) als eine Parallelanordnung unendlich vieler idealer Tiefpässe mit derselben Grenzkreisfrequenz ω_g vorstellen, die sich nur im Amplitudenfaktor A_μ und in der Laufzeit $t_0 - \mu\pi/\omega_g$ unterscheiden. Bei praktischen Anwendungen genügt meist eine kleine Zahl von Tiefpässen, da die Amplitudenfaktoren A_μ bei überall k-mal differenzierbarem Verlauf von $A(\omega)$ für $\mu \to \infty$ mindestens wie $1/\mu^{k+2}$ gegen Null gehen und damit die Näherung $A_\mu = 0$ für $|\mu| > N$ verwendet werden kann (Bild 3.38). Da sich die einzelnen Tiefpässe in der Laufzeit nur um ganzzahlige Vielfache von π/ω_g und in der Größe ihrer Amplitudenfaktoren unterscheiden, läßt sich die Anordnung nach Bild 3.38 als Transversalfilter (Echoentzerrer) ausführen.

Nun soll mit $y_0(t)$ die Reaktion des idealen Tiefpasses mit der Übertragungsfunktion

$$H_0(j\omega) = p_{\omega_g}(\omega)\, e^{-j\omega t_0} \tag{3.187}$$

auf das Eingangssignal $x(t)$ bezeichnet werden. Mit Hilfe von $H_0(j\omega)$ darf

$$H(j\omega) = \sum_{\mu=-\infty}^{\infty} A_\mu H_0(j\omega)\, e^{\,j\mu\pi\omega/\omega_g} \tag{3.186b}$$

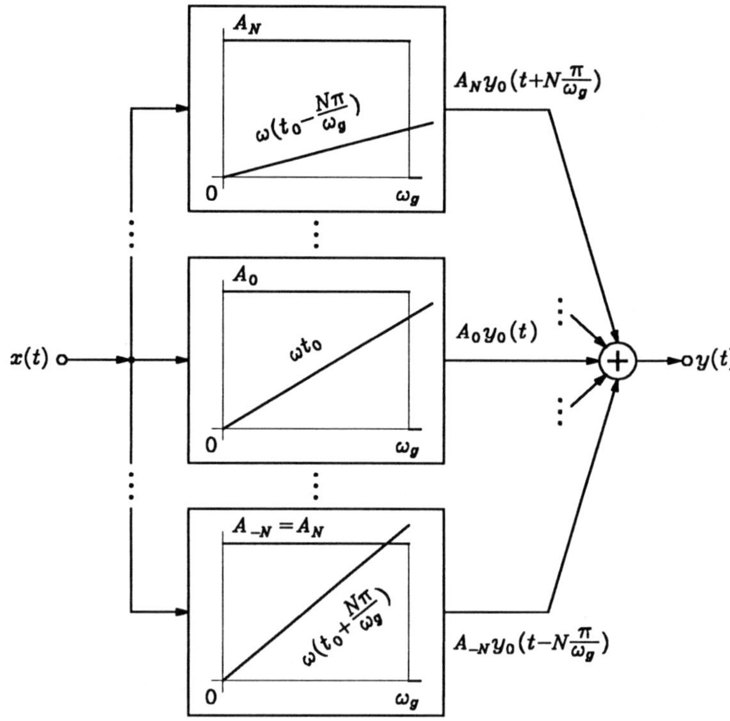

Bild 3.38: Darstellung des Tiefpasses mit der Übertragungsfunktion nach Gl. (3.186a)

anstelle von Gl. (3.186a) geschrieben werden. Das Ausgangssignal $y_0(t)$ erhält man mit Hilfe von Gl. (3.43) für $A_0 = 1$. Als Antwort $y(t)$ des durch die Übertragungsfunktion $H(\mathrm{j}\omega)$ beschriebenen Tiefpasses auf die Erregung $x(t)$ ergibt sich nun unter Verwendung der Funktion $y_0(t)$ aufgrund von Gl. (3.186b) und bei Beachtung der Zeitverschiebungseigenschaft der Fourier-Transformation

$$y(t) = \sum_{\mu=-\infty}^{\infty} A_\mu y_0\left(t + \mu\frac{\pi}{\omega_g}\right). \tag{3.188}$$

Die Bedeutung des gewonnenen Ergebnisses nach Gl. (3.188) liegt darin, daß die Übertragungseigenschaften eines Tiefpasses mit linearer Phase im Rahmen der durchgeführten Näherung nach Gl. (3.183) allein bei Kenntnis der entsprechenden Eigenschaften des idealen Tiefpasses und der durch Gl. (3.185b) gegebenen Fourier-Koeffizienten der Amplitudenfunktion beurteilt werden können. Da in praktischen Fällen die Fourier-Koeffizienten A_μ dem Betrage nach mit zunehmendem μ rasch gegen Null streben, brauchen von der Reihe nach Gl. (3.188) gewöhnlich nur wenige Glieder ($\mu = 0, \pm 1, \pm 2, \ldots, \pm N$; N klein) zur Bestimmung von $y(t)$ berücksichtigt zu werden.

Die zweite einfache Methode zur Beurteilung des Übertragungsverhaltens eines Tiefpasses mit linearer Phase und der Eigenschaft nach Gl. (3.183) beruht auf der Approximation der Amplitudenfunktion $A(\omega)$ durch ein Polynom. Ist $A(\omega)$ in $|\omega| \leqq \omega_g$ stetig, dann kann man bei hinreichend großem N diese Funktion für $|\omega| \leqq \omega_g$ beliebig genau durch ein Polynom approximieren. Es darf daher

$$A(\omega) = \sum_{\mu=0}^{N} B_\mu \omega^{2\mu} \qquad (|\omega| \leqq \omega_g) \tag{3.189}$$

gesetzt werden. Hierbei wurde berücksichtigt, daß $A(\omega)$ eine gerade Funktion in ω ist. Falls sich $A(\omega)$ in $|\omega| \leqq \omega_g$ in eine Potenzreihe entwickeln läßt, besteht die Möglichkeit, das Polynom in Gl. (3.189) als Teilsumme dieser Potenzreihe zu erzeugen. Dann sind bekanntlich die B_μ im wesentlichen durch die Werte der geradzahligen Ableitungen der Funktion $A(\omega)$ 0-ter bis $2N$-ter Ordnung an der Stelle $\omega = 0$ bestimmt. Unter Verwendung der Übertragungsfunktion $H_0(\mathrm{j}\omega)$ nach Gl. (3.187) des idealen Tiefpasses mit der Amplitude Eins im Durchlaßbereich erhält man nun aufgrund der Darstellung der Amplitude nach Gl. (3.189) die Übertragungsfunktion des Tiefpasses in der Form

$$H(\mathrm{j}\omega) = \sum_{\mu=0}^{N} (-1)^\mu B_\mu (\mathrm{j}\omega)^{2\mu} H_0(\mathrm{j}\omega). \tag{3.190}$$

Auch hier soll mit $y_0(t)$ die Reaktion des idealen Tiefpasses mit der Übertragungsfunktion $H_0(\mathrm{j}\omega)$ auf das Eingangssignal $x(t)$ verstanden werden. Dann läßt sich aufgrund von Gl. (3.190) und unter Beachtung der Differentiationseigenschaft der Fourier-Transformation die Antwort des betrachteten Tiefpasses auf das Eingangssignal $x(t)$ durch

$$y(t) = \sum_{\mu=0}^{N} (-1)^\mu B_\mu \frac{\mathrm{d}^{2\mu} y_0(t)}{\mathrm{d}t^{2\mu}} \tag{3.191}$$

ausdrücken. Hierbei ist allerdings die Existenz der Ableitungen von $y_0(t)$ und deren Spektren vorauszusetzen. Das Ergebnis der Gl. (3.191) hat ähnliche Bedeutung wie Gl. (3.188). Im Gegensatz zur Darstellung nach Gl. (3.188), in der das Signal $y_0(t)$ nur wiederholt verschoben zu werden braucht, muß $y_0(t)$ in Gl. (3.191) differenziert werden. – Wird ein niederfrequentes, schmalbandiges Signal, d. h. ein Signal, dessen Spektrum nur in der unmittelbaren Umgebung des Nullpunktes $\omega = 0$ von Null wesentlich verschiedene Werte hat, an den Eingang eines linearen, zeitinvarianten und stabilen Systems gegeben, dann läßt sich das Ausgangssignal näherungsweise aus Gl. (3.191) mit $N = 1$ bestimmen, wobei $y_0(t)$ approximativ mit $x(t - t_0)$ übereinstimmt. Der Leser möge sich dies im einzelnen überlegen.

Es sei noch erwähnt, daß Amplitudencharakteristiken von Tiefpaßsystemen gelegentlich auch durch Funktionen der Art

$$A(\omega) = A_0 \, \mathrm{e}^{-T^2\omega^2} \tag{3.192}$$

(Gaußsches Tiefpaßsystem) oder

$$A(\omega) = \frac{A_0}{\sqrt{1 + (\omega/\Omega)^{2N}}}$$

(Potenz-Tiefpaßsystem) beschrieben werden. Wählt man die Amplitude $A(\omega)$ nach Gl. (3.192) und die Phasenfunktion zu $\Theta(\omega) = \omega t_0$, dann erhält man durch Fourier-Rücktransformation als Impulsantwort

$$h(t) = \frac{A_0}{2\sqrt{\pi}\,T} \, \mathrm{e}^{-(t-t_0)^2/4T^2}. \tag{3.193}$$

Die Impulsantwort des Gaußschen Tiefpasses mit linearer Phase hat also dieselbe Form wie die Amplitude $A(\omega)$. Da $h(t)$ für negative t-Werte nicht verschwindet, stellt der Gaußsche Tiefpaß mit linearer Phase kein kausales System dar. Aus Gl. (1.48) erhält man mit Gl. (3.193) die Sprungantwort des Gaußschen Tiefpasses, die sich mit Hilfe des Fehlerintegrals [Ja2] geschlossen angeben läßt.

Die in den vorausgegangenen Untersuchungen betrachteten Tiefpaßsysteme sind durchweg nicht kausal, da die jeweilige Impulsantwort für $t < 0$ nicht beständig verschwindet. Falls die "Laufzeit" der Impulsantwort (t_0 bei $\Theta(\omega) = \omega t_0$) hinreichend groß ist, weicht $h(t)$ für $t < 0$ nur verhältnismäßig wenig von Null ab. In solchen Fällen läßt sich durch geringfügige Abänderung der Systemcharakteristiken erreichen, daß das System kausal wird. Die einfachste Art der Abänderung besteht darin, daß man $h(t)$ für $t < 0$ zu Null erklärt, während die Funktionswerte für $t > 0$ beibehalten werden. Bei Tiefpässen mit linearer Phase kann man folgenden Kunstgriff zur Erzielung der Kausalität anwenden. Die Impulsantwort $h(t)$ des nichtkausalen Tiefpasses mit linearer Phase ist, wie früher gezeigt wurde, bezüglich t_0 symmetrisch und wird daher mit einer bezüglich $t = t_0$ symmetrischen und für $t < 0$ verschwindenden nichtnegativen Fensterfunktion $b(t,t_0)$ mit der Eigenschaft $b(t_0,t_0) = 1$ beschnitten. Es wird also die kausale Impulsantwort

$$h_k(t) = h(t)\,b(t,t_0)$$

gebildet (Bild 3.39). Im Frequenzbereich bedeutet diese Beschneidung eine Faltung der Übertragungsfunktion $H(\mathrm{j}\omega) = A(\omega)\,\mathrm{e}^{-\mathrm{j}\omega t_0}$ des nichtkausalen Systems mit der Fourier-Transformierten $B(\mathrm{j}\omega)$ von $b(t,t_0)$, dividiert mit 2π:

$$H_k(\mathrm{j}\omega) = \frac{1}{2\pi}\int_{-\infty}^{\infty} H(\mathrm{j}y)\,B[\mathrm{j}(\omega - y)]\,\mathrm{d}y\,.$$

Führt man die aus $b(t,t_0)$ durch Linksverschiebung um t_0 entstehende Funktion $b_0(t,t_0) = b(t_0 + t,t_0)$ mit der Fourier-Transformierten $B_0(\mathrm{j}\omega) = B(\mathrm{j}\omega)\,\mathrm{e}^{\mathrm{j}\omega t_0}$ ein, so findet man nach kurzer Zwischenrechnung

$$H_k(\mathrm{j}\omega) = \frac{1}{2\pi}\,\mathrm{e}^{-\mathrm{j}\omega t_0}\,[A(\omega) * B_0(\mathrm{j}\omega)]\,. \tag{3.194}$$

Beispiel 3.15: Als Funktion $b(t,t_0)$ verwendet man die Rechteckfunktion

$$b(t,t_0) = p_{t_0}(t - t_0) ○\!\!-\!\!\!- (2\sin\omega t_0)\,\mathrm{e}^{-\mathrm{j}\omega t_0}/\omega \tag{3.195}$$

oder die Dreieckfunktion

$$b(t,t_0) = q_{t_0}(t - t_0) ○\!\!-\!\!\!- \left(4\sin^2\frac{\omega t_0}{2}\right)\mathrm{e}^{-\mathrm{j}\omega t_0}/(t_0\,\omega^2)\,. \tag{3.196}$$

Die Übertragungsfunktion $H_k(\mathrm{j}\omega)$ des kausalen Systems ergibt sich dann gemäß Gl. (3.194) als Faltung der Amplitudenfunktion $A(\omega)$ des nichtkausalen Systems mit dem vom Faktor $\mathrm{e}^{-\mathrm{j}\omega t_0}$ befreiten Spektrum der Korrespondenz (3.195) bzw. (3.196), multipliziert mit $\mathrm{e}^{-\mathrm{j}\omega t_0}/2\pi$.

5.2 AMPLITUDEN- UND PHASENVERZERRTE TIEFPASSYSTEME

Die im Abschnitt 5.1 durchgeführten Untersuchungen werden im folgenden insofern erweitert, als nunmehr Tiefpaßsysteme betrachtet werden, deren Amplitudenfunktion $A(\omega)$ zwar

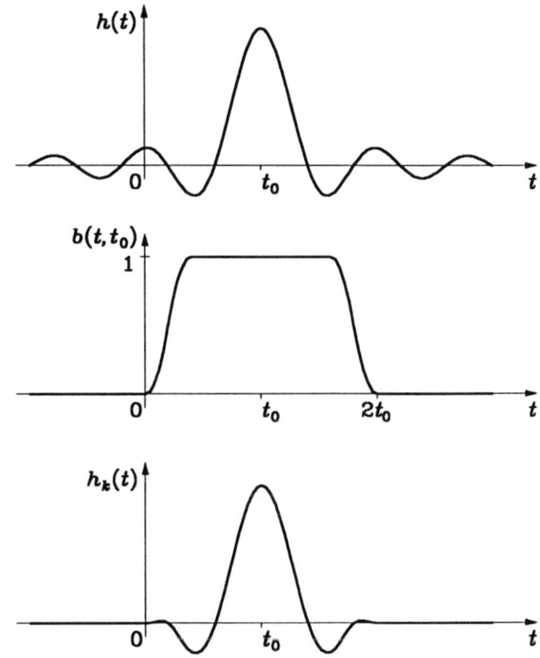

Bild 3.39: Beschneidung der nichtkausalen Impulsantwort $h(t)$ mit der Funktion $b(t, t_0)$

nach wie vor die Eigenschaft Gl. (3.183) aufweist, deren Phasenfunktion $\Theta(\omega)$ jedoch nicht mehr linear ist. Die Abweichung der Funktion $\Theta(\omega)$ von der Linearität soll aber gering sein, d. h. es soll $\Theta(\omega) = \omega t_0 + \Delta\Theta(\omega)$ mit $|\Delta\Theta(\omega)| \ll 1$ gelten. Die Übertragungsfunktion des zu untersuchenden Tiefpaßsystems läßt sich deshalb in der Form

$$H(\mathrm{j}\omega) = A(\omega)\, \mathrm{e}^{-\mathrm{j}\omega t_0}\, \mathrm{e}^{-\mathrm{j}\Delta\Theta(\omega)} \tag{3.197}$$

ausdrücken. Faßt man die Amplitudenfunktion $A(\omega)$ und den Phasenfaktor $\mathrm{e}^{-\mathrm{j}\omega t_0}$ zur Übertragungsfunktion $H_0(\mathrm{j}\omega)$ eines Tiefpaßsystems mit linearer Phase zusammen, dessen Übertragungsverhalten nach Abschnitt 5.1 bestimmt werden kann, dann erhält man bei Approximation des zur kleinen Phasenabweichung $\Delta\Theta(\omega)$ gehörenden Phasenfaktors $\mathrm{e}^{-\mathrm{j}\Delta\Theta(\omega)}$ durch die ersten zwei Glieder der Potenzreihenentwicklung nach $\Delta\Theta(\omega)$ statt Gl. (3.197)

$$H(\mathrm{j}\omega) = H_0(\mathrm{j}\omega)\,[1 - \mathrm{j}\Delta\Theta(\omega)]\,. \tag{3.198}$$

Nun pflegt man entweder die Phasenabweichung $\Delta\Theta(\omega)$ oder die auf ω bezogene Phasenabweichung $\Delta\Theta(\omega)/\omega$ (Abweichung der Phasenlaufzeit) gemäß den Gln. (3.86b,c) in eine Fourier-Reihe im Intervall $[-\omega_g, \omega_g]$ zu entwickeln. Auf diese Weise gewinnt man

$$\Delta\Theta(\omega) = \sum_{\mu=-\infty}^{\infty} B_\mu\, \mathrm{e}^{\mathrm{j}\mu\pi\omega/\omega_g} \qquad (|\omega| < \omega_g) \tag{3.199a}$$

mit

$$B_\mu = \frac{1}{2\omega_g} \int_{-\omega_g}^{\omega_g} \Delta\Theta(\omega)\, e^{-j\mu\pi\omega/\omega_g}\, d\omega \tag{3.199b}$$

oder

$$\Delta\Theta(\omega) = \omega \sum_{\mu=-\infty}^{\infty} C_\mu\, e^{j\mu\pi\omega/\omega_g} \qquad (|\omega| < \omega_g) \tag{3.200a}$$

mit

$$C_\mu = \frac{1}{2\omega_g} \int_{-\omega_g}^{\omega_g} \frac{\Delta\Theta(\omega)}{\omega}\, e^{-j\mu\pi\omega/\omega_g}\, d\omega\,. \tag{3.200b}$$

Da $\Delta\Theta(\omega)$ eine ungerade Funktion in ω ist, verschwindet der Fourier-Koeffizient B_0, und die übrigen B_μ sind rein imaginär, während die C_μ durchweg reell ausfallen. Mit $y_0(t)$ soll die (im Abschnitt 5.1 eingeführte) Reaktion des durch die Übertragungsfunktion $H_0(j\omega)$ gegebenen Tiefpaßsystems auf die Erregung $x(t)$ bezeichnet werden. Dann erhält man für das Ausgangssignal $y(t)$ des zu untersuchenden Tiefpasses als Wirkung auf das Eingangssignal $x(t)$ gemäß Gl. (3.198) mit Gl. (3.199a)

$$y(t) = y_0(t) - \sum_{\mu=-\infty}^{\infty} jB_\mu y_0\left(t + \mu\frac{\pi}{\omega_g}\right) \tag{3.201}$$

oder gemäß Gl. (3.198) mit Gl. (3.200a)

$$y(t) = y_0(t) - \sum_{\mu=-\infty}^{\infty} C_\mu \frac{dy_0\left(t + \mu\frac{\pi}{\omega_g}\right)}{dt}\,. \tag{3.202}$$

Der in Gl. (3.201) auftretende Koeffizient jB_μ ist reell. Die Anwendung von Gl. (3.202) hat gegenüber jener von Gl. (3.201) den Vorteil, daß gewöhnlich die C_μ mit wachsendem μ schneller gegen Null streben als die B_μ. Angesichts der Approximation, die aufgrund der getroffenen Voraussetzung $|\Delta\Theta(\omega)| \ll 1$ möglich war, haben die Gln. (3.201) und (3.202) nur Näherungscharakter. – Bei starker Phasenverzerrung ($|\Delta\Theta(\omega)| \not\ll 1$) empfiehlt es sich, eine der in früheren Abschnitten diskutierten Methoden zur approximativen Durchführung der Transformationen zwischen Zeit- und Frequenzbereich anzuwenden.

5.3 BANDPASSYSTEME

(a) Impulsantwort

Ein lineares, zeitinvariantes und stabiles kontinuierliches System, dessen Amplitudenfunktion $A(\omega)$ für $\omega \geqq 0$ von Null wesentlich verschiedene Werte nur in einem endlichen Intervall besitzt, das den Punkt Null nicht enthält, heißt *Bandpaßsystem*. Es sollen nun derartige Systeme untersucht werden, wobei die Idealisierung getroffen wird, daß außerhalb des genannten Intervalls, des sogenannten *Durchlaßbereichs*, und außerhalb des bezüglich des Nullpunktes $\omega = 0$ symmetrischen Intervalls in $\omega < 0$ die Amplitudenfunktion $A(\omega)$ gleich Null gesetzt wird (Bild 3.40). Die Übertragungsfunktion

$$H(j\omega) = A(\omega)\, e^{-j\Theta(\omega)} \tag{3.203}$$

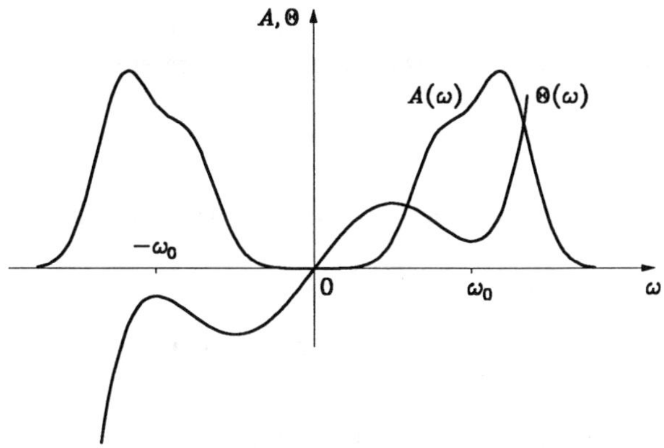

Bild 3.40: Amplituden- und Phasencharakteristik eines Bandpasses

des Bandpaßsystems wird mit Hilfe der Sprungfunktion $s(\omega)$ additiv in zwei Teile zerlegt:

$$F_1(j\omega) = s(\omega) A(\omega) e^{-j\Theta(\omega)}, \quad F_2(j\omega) = s(-\omega) A(\omega) e^{-j\Theta(\omega)}. \qquad (3.204a,b)$$

Die Funktion $F_1(j\omega)$ ist für $\omega < 0$ identisch Null und für $\omega > 0$ mit $H(j\omega)$ identisch, während $F_2(j\omega)$ für $\omega > 0$ beständig verschwindet und für $\omega < 0$ mit $H(j\omega)$ übereinstimmt. Nach Wahl eines Kreisfrequenzwertes ω_0 innerhalb des Durchlaßbereichs des Bandpasses werden zwei weitere Funktionen durch Frequenz-Verschiebung der Funktionen $F_1(j\omega)$ und $F_2(j\omega)$ folgendermaßen gebildet:

$$F_{t1}(j\omega) = F_1[j(\omega_0 + \omega)], \quad F_{t2}(j\omega) = F_2[j(-\omega_0 + \omega)]. \qquad (3.205a,b)$$

Bild 3.41 zeigt Skizzen der Funktionen $F_{t1}(j\omega)$ und $F_{t2}(j\omega)$ für ein Beispiel. Wie man sieht, gilt

$$F_{t2}^*(j\omega) = F_{t1}(-j\omega) \quad \text{oder} \quad F_{t1}^*(j\omega) = F_{t2}(-j\omega). \qquad (3.206a,b)$$

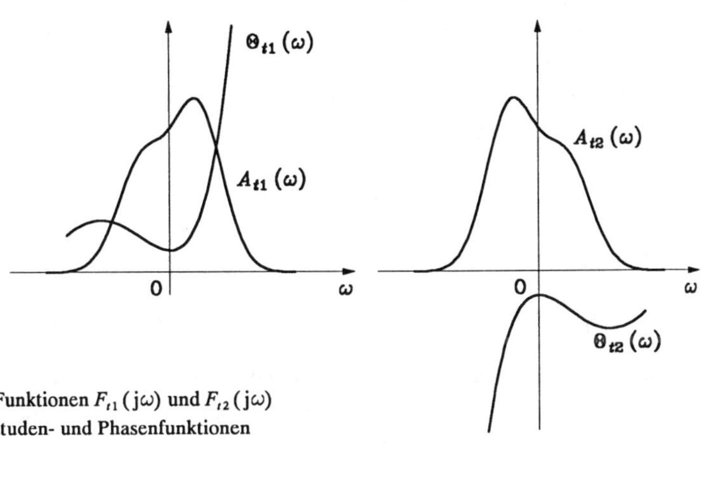

Bild 3.41: Darstellung der Funktionen $F_{t1}(j\omega)$ und $F_{t2}(j\omega)$ durch ihre Amplituden- und Phasenfunktionen

Angesichts der Gln. (3.206a,b) pflegt man zwei Funktionen einzuführen, welche die Eigenschaften von Übertragungsfunktionen linearer und zeitinvarianter reeller Systeme aufweisen:

$$H_1(\mathrm{j}\omega) = F_{t1}(\mathrm{j}\omega) + F_{t2}(\mathrm{j}\omega), \quad H_2(\mathrm{j}\omega) = \frac{1}{\mathrm{j}}\,[F_{t1}(\mathrm{j}\omega) - F_{t2}(\mathrm{j}\omega)]. \quad (3.207\text{a,b})$$

Wie man aus den Gln. (3.207a,b) mit den Gln. (3.206a,b) ersieht, gilt

$$H_\mu(-\mathrm{j}\omega) = H_\mu^*(\mathrm{j}\omega) \quad (\mu = 1,2).$$

Die Übertragungsfunktion $H(\mathrm{j}\omega)$ nach Gl. (3.203) des Bandpaßsystems läßt sich aufgrund der Gln. (3.204a,b) als

$$H(\mathrm{j}\omega) = F_1(\mathrm{j}\omega) + F_2(\mathrm{j}\omega) \quad (3.208)$$

oder bei Berücksichtigung der Gln. (3.205a,b) in der Form

$$H(\mathrm{j}\omega) = F_{t1}[\mathrm{j}(\omega - \omega_0)] + F_{t2}[\mathrm{j}(\omega + \omega_0)]$$

schreiben. Mit Hilfe der Gln. (3.207a,b) erhält man weiterhin

$$H(\mathrm{j}\omega) = \frac{1}{2}\,\{H_1[\mathrm{j}(\omega - \omega_0)] + \mathrm{j}H_2[\mathrm{j}(\omega - \omega_0)]\}$$

$$+ \frac{1}{2}\,\{H_1[\mathrm{j}(\omega + \omega_0)] - \mathrm{j}H_2[\mathrm{j}(\omega + \omega_0)]\}. \quad (3.209)$$

Man ordnet nun mit Hilfe der Fourier-Umkehrtransformation den Übertragungsfunktionen $H_\mu(\mathrm{j}\omega)$ die Impulsantworten $h_\mu(t)$ $(\mu = 1,2)$ zu. Damit folgt aus der Darstellung von $H(\mathrm{j}\omega)$ nach Gl. (3.209) bei Beachtung der Frequenzverschiebungseigenschaft der Fourier-Transformation für die der Übertragungsfunktion $H(\mathrm{j}\omega)$ entsprechende Zeitfunktion, d. h. für die Impulsantwort des Bandpaßsystems die wichtige Darstellung

$$h(t) = h_1(t)\cos\omega_0 t - h_2(t)\sin\omega_0 t. \quad (3.210)$$

Von einem *symmetrischen* Bandpaßsystem spricht man, wenn der rechte Ast ($\omega \geqq 0$) der Amplitudenfunktion $A(\omega)$ (Bild 3.40) im Durchlaßbereich bezüglich einer Geraden $\omega = \omega_M$ symmetrisch ist und wenn außerdem die Phasenfunktion $\Theta(\omega)$ im Durchlaßbereich bezüglich des Punktes $[\omega_M, \Theta(\omega_M)]$ symmetrisch ist. Die Kreisfrequenz ω_M heißt (Band-)Mittenkreisfrequenz. Bildet man mit $\omega_0 = \omega_M$ nach den Gln. (3.205a,b) die Spektren $F_{t1}(\mathrm{j}\omega)$ und $F_{t2}(\mathrm{j}\omega)$, dann kann man eine Tiefpaßübertragungsfunktion $H_t(\mathrm{j}\omega)$ einführen, so daß

$$F_{t1}(\mathrm{j}\omega) = \frac{1}{2}\,H_t(\mathrm{j}\omega)\,\mathrm{e}^{-\mathrm{j}\Theta(\omega_0)} \quad \text{und} \quad F_{t2}(\mathrm{j}\omega) = \frac{1}{2}\,H_t(\mathrm{j}\omega)\,\mathrm{e}^{\mathrm{j}\Theta(\omega_0)} \quad (3.211\text{a,b})$$

gilt (Bild 3.42). Dann erhält man nach den Gln. (3.207a,b)

$$H_1(\mathrm{j}\omega) = H_t(\mathrm{j}\omega)\cos\Theta(\omega_0) \quad \text{und} \quad H_2(\mathrm{j}\omega) = -H_t(\mathrm{j}\omega)\sin\Theta(\omega_0). \quad (3.212\text{a,b})$$

Bezeichnet man mit $h_t(t)$ die Impulsantwort des durch die Übertragungsfunktion $H_t(\mathrm{j}\omega)$ gegebenen Tiefpaßsystems, dann ergeben sich nach den Gln. (3.212a,b) die Impulsantworten $h_1(t)$ und $h_2(t)$, woraus mit Gl. (3.210)

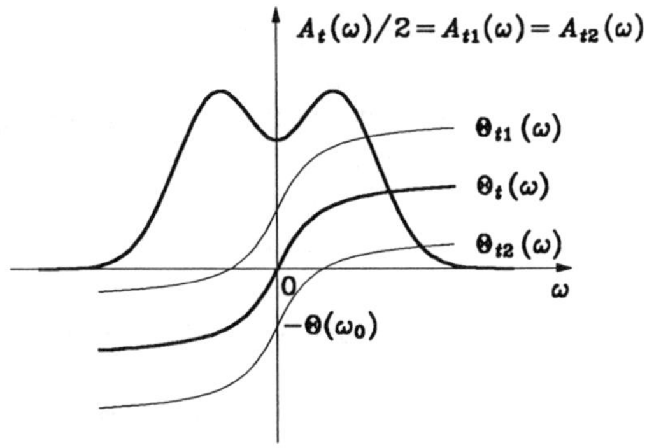

Bild 3.42: Amplituden- und Phasenfunktionen von $F_{t1}(j\omega)$, $F_{t2}(j\omega)$ und $H_t(j\omega)$ im Fall eines symmetrischen Bandpasses

$$h(t) = h_t(t)\,[\cos\Theta(\omega_0)\cos\omega_0 t + \sin\Theta(\omega_0)\sin\omega_0 t]$$

oder

$$h(t) = h_t(t)\cos[\omega_0 t - \Theta(\omega_0)] \tag{3.213}$$

als Impulsantwort des symmetrischen Bandpaßsystems folgt. Die Impulsantwort $h(t)$ eines symmetrischen Bandpasses ist also nach Gl. (3.213) identisch mit der durch die Impulsantwort $h_t(t)$ amplitudenmodulierten Schwingung $\cos[\omega_0 t - \Theta(\omega_0)]$. Man vergleiche hierzu Bild 3.43.

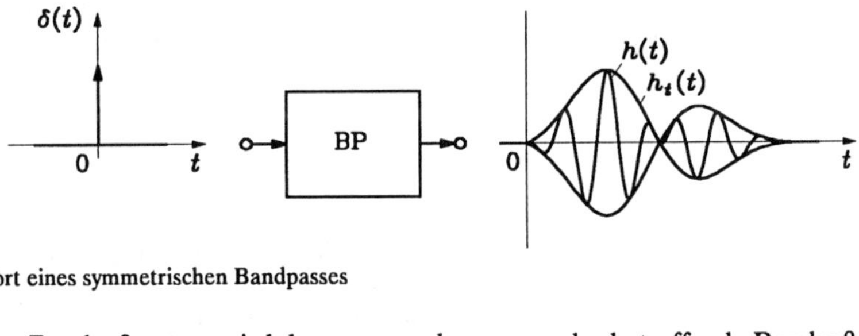

Bild 3.43: Impulsantwort eines symmetrischen Bandpasses

Von einem idealen Bandpaßsystem wird dann gesprochen, wenn der betreffende Bandpaß symmetrisch ist und wenn das im vorstehenden eingeführte Tiefpaßsystem mit der Übertragungsfunktion $H_t(j\omega)$ ein idealer Tiefpaß nach Abschnitt 2.3 ist. In diesem Fall kann die Impulsantwort des Bandpaßsystems nach Gl. (3.213) direkt angegeben werden, wobei $h_t(t)$ aus Gl. (3.44a) mit $A_0 = 2A(\omega_0)$ folgt.

(b) Zeitverhalten bei amplitudenmodulierten Eingangssignalen

Im folgenden soll die Reaktion $y(t)$ eines Bandpaßsystems auf ein Trägersignal $\cos\Omega t$ untersucht werden, das mit einem niederfrequenten Signal $x_N(t)$ amplitudenmoduliert wird und dessen Kreisfrequenz Ω im Durchlaßbereich liegt. Das Eingangssignal lautet also

$$x(t) = x_N(t)\cos\Omega t\,. \tag{3.214}$$

Das zu $x(t)$ gehörende Spektrum ist nach Abschnitt 3.1 (Eigenschaft c)

$$X(\mathrm{j}\omega) = \frac{1}{2} X_N[\mathrm{j}(\omega - \Omega)] + \frac{1}{2} X_N[\mathrm{j}(\omega + \Omega)]. \tag{3.215}$$

Hierbei ist $X_N(\mathrm{j}\omega)$ das Spektrum der niederfrequenten Einhüllenden $x_N(t)$. Das Spektrum $Y(\mathrm{j}\omega)$ des Ausgangssignals $y(t)$ wird durch Multiplikation des Spektrums $X(\mathrm{j}\omega)$ nach Gl. (3.215) mit der Übertragungsfunktion $H(\mathrm{j}\omega)$ bestimmt, wobei $H(\mathrm{j}\omega)$ in der Darstellung nach Gl. (3.209) verwendet wird. Es empfiehlt sich, $\omega_0 = \Omega$ zu wählen. Dann wird

$$Y(\mathrm{j}\omega) = H(\mathrm{j}\omega)X(\mathrm{j}\omega) = \frac{1}{4}\{H_1[\mathrm{j}(\omega-\omega_0)]X_N[\mathrm{j}(\omega-\omega_0)]$$

$$+ \mathrm{j}H_2[\mathrm{j}(\omega-\omega_0)]X_N[\mathrm{j}(\omega-\omega_0)] + H_1[\mathrm{j}(\omega+\omega_0)]X_N[\mathrm{j}(\omega+\omega_0)]$$

$$- \mathrm{j}H_2[\mathrm{j}(\omega+\omega_0)]X_N[\mathrm{j}(\omega+\omega_0)]\} + K(\mathrm{j}\omega) \tag{3.216a}$$

mit

$$K(\mathrm{j}\omega) = \frac{1}{4}\{H_1[\mathrm{j}(\omega-\omega_0)]X_N[\mathrm{j}(\omega+\omega_0)] + \mathrm{j}H_2[\mathrm{j}(\omega-\omega_0)]X_N[\mathrm{j}(\omega+\omega_0)]$$

$$+ H_1[\mathrm{j}(\omega+\omega_0)]X_N[\mathrm{j}(\omega-\omega_0)] - \mathrm{j}H_2[\mathrm{j}(\omega+\omega_0)]X_N[\mathrm{j}(\omega-\omega_0)]\}. \tag{3.216b}$$

Die Funktion $K(\mathrm{j}\omega)$ nach Gl. (3.216b) läßt sich mit Hilfe der Gln. (3.207a,b) und der Gln. (3.205a,b) als

$$K(\mathrm{j}\omega) = \frac{1}{2}\{F_1(\mathrm{j}\omega)X_N[\mathrm{j}(\omega+\omega_0)] + F_2(\mathrm{j}\omega)X_N[\mathrm{j}(\omega-\omega_0)]\} \tag{3.217}$$

darstellen. Die Amplitudenfunktionen der auf der rechten Seite von Gl. (3.217) auftretenden Spektren sind im Bild 3.44 für ein Beispiel veranschaulicht. Nun soll der Durchlaßbereich des Bandpasses nach Bild 3.44 mit geeignetem ω_g durch das Frequenzintervall

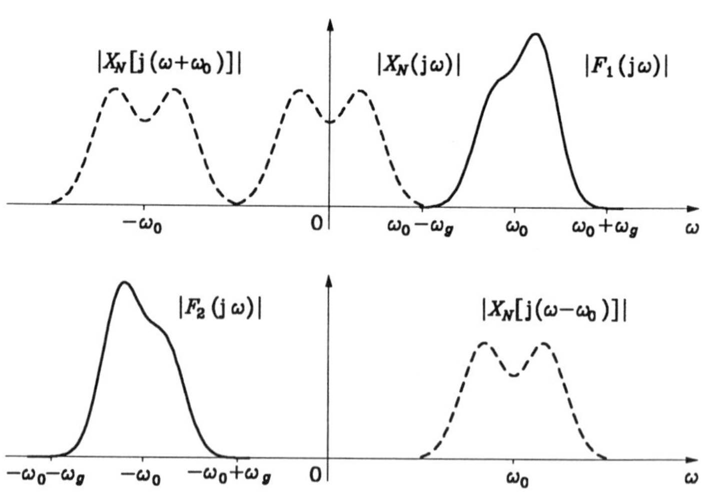

Bild 3.44: Zum Verhalten eines Bandpasses bei amplitudenmodulierten Eingangssignalen

$$\omega_0 - \omega_g \leqq \omega \leqq \omega_0 + \omega_g \tag{3.218}$$

der Breite $2\omega_g$ beschrieben werden. Ist die Amplitudenfunktion $|X_N[\mathrm{j}(\omega + \omega_0)]|$ mit ausreichender Genauigkeit im Durchlaßbereich (3.218) gleich Null, d. h. ist näherungsweise

$$X_N(\mathrm{j}\omega) \equiv 0 \quad \text{für} \quad \omega > 2\omega_0 - \omega_g\,, \tag{3.219}$$

dann sind (Bild 3.44) die auf der rechten Seite von Gl. (3.217) auftretenden Summanden Null, und damit verschwindet $K(\mathrm{j}\omega)$ für alle ω-Werte. Die Reaktion der durch die Übertragungsfunktionen $H_1(\mathrm{j}\omega)$ und $H_2(\mathrm{j}\omega)$ gemäß den Gln. (3.207a,b) gegebenen Systeme auf die Einhüllende $x_N(t)$ als Eingangsgröße sollen mit $y_{1N}(t)$ bzw. $y_{2N}(t)$ bezeichnet werden. Unter der Voraussetzung der Gültigkeit von Gl. (3.219), d. h. im Fall $K(\mathrm{j}\omega) \equiv 0$, erhält man jetzt aus Gl. (3.216a) für das Ausgangssignal $y(t)$ des Bandpasses als Antwort auf das Eingangssignal $x(t)$ nach Gl. (3.214) die folgende Funktion, wobei wieder einmal die Frequenzverschiebungseigenschaft der Fourier-Transformation zu berücksichtigen ist:

$$y(t) = \frac{1}{4}\,\{y_{1N}(t)\,\mathrm{e}^{\mathrm{j}\omega_0 t} + \mathrm{j}y_{2N}(t)\,\mathrm{e}^{\mathrm{j}\omega_0 t} + y_{1N}(t)\,\mathrm{e}^{-\mathrm{j}\omega_0 t} - \mathrm{j}y_{2N}(t)\,\mathrm{e}^{-\mathrm{j}\omega_0 t}\}\,.$$

Die Beziehung läßt sich sofort vereinfachen:

$$y(t) = \frac{1}{2}\,y_{1N}(t)\cos\omega_0 t - \frac{1}{2}\,y_{2N}(t)\sin\omega_0 t\,. \tag{3.220}$$

Ist das Bandpaßsystem symmetrisch und stimmt die Trägerkreisfrequenz ω_0 mit der Bandmittenkreisfrequenz überein, dann kann man mit Hilfe der Reaktion $y_{tN}(t)$ des durch die Übertragungsfunktion $H_t(\mathrm{j}\omega)$ gemäß den Gln. (3.211a,b) bestimmten Tiefpaßsystems auf die Eingangsfunktion $x_N(t)$ die in Gl. (3.220) auftretenden Signale $y_{1N}(t)$ und $y_{2N}(t)$ nach den Gln. (3.212a,b) als

$$y_{1N}(t) = y_{tN}(t)\cos\Theta(\omega_0) \quad \text{und} \quad y_{2N}(t) = -\,y_{tN}(t)\sin\Theta(\omega_0) \tag{3.221a,b}$$

schreiben. Führt man die Gln. (3.221a,b) in die Gl. (3.220) ein, so ergibt sich

$$y(t) = \frac{1}{2}\,y_{tN}(t)\cos[\omega_0 t - \Theta(\omega_0)]\,. \tag{3.222}$$

Ist die bisherige Annahme nicht gegeben, daß die Trägerkreisfrequenz ω_0 mit der Bandmittenkreisfrequenz des symmetrischen Bandpasses übereinstimmt, dann muß das zunächst besprochene Verfahren für unsymmetrische Bandpässe verwendet werden. Besteht die Voraussetzung nach Gl. (3.219) über das Spektrum der Einhüllenden $x_N(t)$ nicht, dann verschwindet $K(\mathrm{j}\omega)$ nicht identisch, und man hat die Darstellung nach Gl. (3.220) für den Fall des unsymmetrischen Bandpasses bzw. Gl. (3.222) für den Fall des symmetrischen Bandpasses durch die Zeitfunktion $k(t)$ additiv zu korrigieren, die dem Spektrum $K(\mathrm{j}\omega)$ zugeordnet ist. In gewissen Fällen läßt sich für die Korrekturfunktion $k(t)$ eine einfache Näherung angeben. Ist der Durchlaßbereich (3.218) so klein oder $x_N(t)$ derart beschaffen, daß innerhalb dieses Intervalls das Spektrum $X_N[\mathrm{j}(\omega + \omega_0)]$ näherungsweise konstant ist, so dürfen in Gl. (3.217) die Funktionen $X_N[\mathrm{j}(\omega + \omega_0)]$ und $X_N[\mathrm{j}(\omega - \omega_0)]$ durch die Konstanten $X_N(2\mathrm{j}\omega_0)$ bzw. $X_N(-2\mathrm{j}\omega_0) = X_N^*(2\mathrm{j}\omega_0)$ ersetzt werden. Dann erhält man aus Gl. (3.217) unter Beachtung der Gln. (3.205a,b) sowie der Gln. (3.207a,b) und mit $X_N(2\mathrm{j}\omega_0) = a\,\mathrm{e}^{\mathrm{j}\varphi}$ $(a \geqq 0)$ für die Zeitfunktion von $K(\mathrm{j}\omega)$

$$k(t) = \frac{1}{2}\,\{a\,\mathrm{e}^{\mathrm{j}\varphi}\,\mathrm{e}^{\mathrm{j}\omega_0 t}\cdot\frac{1}{2}\,[h_1(t) + \mathrm{j}h_2(t)] + a\,\mathrm{e}^{-\mathrm{j}\varphi}\,\mathrm{e}^{-\mathrm{j}\omega_0 t}\cdot\frac{1}{2}\,[h_1(t) - \mathrm{j}h_2(t)]\}$$

oder

$$k(t) = \frac{a}{2}\,[h_1(t)\cos(\omega_0 t + \varphi) - h_2(t)\sin(\omega_0 t + \varphi)] \tag{3.223a}$$

mit

$$X_N(2\mathrm{j}\omega_0) = a\,\mathrm{e}^{\mathrm{j}\varphi}. \tag{3.223b}$$

Im Fall des symmetrischen Bandpasses lassen sich gemäß den Gln. (3.212a,b) die Impulsantworten $h_1(t)$ und $h_2(t)$ durch die Impulsantwort $h_t(t)$ des Tiefpasses ausdrücken. Dann vereinfacht sich die Gl. (3.223a) zu

$$k(t) = \frac{a}{2}\,h_t(t)\cos[\omega_0 t + \varphi - \Theta(\omega_0)].$$

Anmerkung: Ein Bandpaß wird gewöhnlich *Schmalbandpaßsystem* genannt, wenn der Durchlaßbereich (3.218) derart klein ist, daß innerhalb dieses Intervalls und dann auch innerhalb des zum Nullpunkt symmetrischen Intervalls die Spektren $X(\mathrm{j}\omega)$ der am Systemeingang wirkenden Signale als konstant betrachtet werden dürfen. Dann läßt sich unter Verwendung der Zerlegung der Übertragungsfunktion nach Gl. (3.208) und bei Berücksichtigung der Eigenschaften der Funktionen $F_1(\mathrm{j}\omega)$ und $F_2(\mathrm{j}\omega)$ das Spektrum des Ausgangssignals als

$$Y(\mathrm{j}\omega) = F_1(\mathrm{j}\omega)X(\mathrm{j}\omega_0) + F_2(\mathrm{j}\omega)X(-\mathrm{j}\omega_0)$$

darstellen. Aufgrund dieser Darstellung kann das Ausgangssignal $y(t)$ in einfacher Weise ausgedrückt werden. Dies sei dem Leser als Übung empfohlen.

Abschließend sei noch darauf hingewiesen, daß in entsprechender Weise auch Hochpaßsysteme behandelt werden können, also Systeme, bei denen die Amplitudenfunktion für $\omega \geqq 0$ von Null wesentlich verschiedene Werte nur oberhalb einer bestimmten Grenzkreisfrequenz aufweist.

(c) Bandpaß-Signale, Abtastung

Eine Zeitfunktion $f(t)$, deren Spektrum $F(\mathrm{j}\omega)$ den Verlauf der Übertragungsfunktion eines Bandpaßsystems besitzt (Bild 3.40), heißt Bandpaß-Signal. Die Funktion $F(\mathrm{j}\omega)$ verschwindet also identisch mit Ausnahme von $0 < \omega_1 < |\omega| < \omega_2 < \infty$. Mit der Mittenkreisfrequenz $\omega_0 = (\omega_1 + \omega_2)/2$ läßt sich $f(t)$ gemäß Gl. (3.210) in der Form

$$f(t) = f_1(t)\cos\omega_0 t - f_2(t)\sin\omega_0 t \tag{3.224a}$$

ausdrücken. Dabei sind $f_1(t)$ und $f_2(t)$ bandbegrenzte (Tiefpaß-) Signale, deren Spektren $F_1(\mathrm{j}\omega)$ bzw. $F_2(\mathrm{j}\omega)$ für $|\omega| > \omega_g = (\omega_2 - \omega_1)/2$ identisch Null sind. Diese Signale lassen sich aufgrund des Abtasttheorems gemäß Gl. (3.103) darstellen. Führt man diese Darstellungen in die Gl. (3.224a) ein, so erhält man

$$f(t) = \sum_{\nu=-\infty}^{\infty}\left[f_1\left(\nu\frac{\pi}{\omega_g}\right)\cos\omega_0 t - f_2\left(\nu\frac{\pi}{\omega_g}\right)\sin\omega_0 t\right]\frac{\sin(\omega_g t - \nu\pi)}{\omega_g t - \nu\pi}. \tag{3.224b}$$

Das Signal $f(t)$ kann also vollständig aus den diskreten Funktionswerten von $f_1(t)$ und $f_2(t)$ an den Stellen $t = \nu\pi/\omega_g$ wiedergewonnen werden. Da das Bandpaß-Signal $f(t)$ bezüglich der oberen Grenzkreisfrequenz ω_2 bandbegrenzt ist, kann $f(t)$ vollständig auch durch die Abtastwerte $f(\nu\pi/\omega_2)$ beschrieben werden. Hierbei ist jedoch die erforderliche Abtastperiode π/ω_2 (gewöhnlich wesentlich) kleiner als bei der Abtastung von $f_1(t)$ und

$f_2(t)$ im Abstand π/ω_g.

Die beiden in den Gln. (3.224a,b) auftretenden Funktionen $f_1(t)$ und $f_2(t)$, die sogenannte Inphase- bzw. Quadratur-Komponente von $f(t)$, lassen sich aufgrund folgender aus der Gl. (3.224a) ersichtlichen Beziehungen erzeugen:

$$2f(t)\cos\omega_0 t = f_1(t) + f_1(t)\cos 2\omega_0 t - f_2(t)\sin 2\omega_0 t\,,$$

$$-2f(t)\sin\omega_0 t = f_2(t) - f_2(t)\cos 2\omega_0 t - f_1(t)\sin 2\omega_0 t\,.$$

Die Spektren der vier auf den rechten Seiten dieser Gleichungen auftretenden Signale $f_\mu(t) \cdot \cos 2\omega_0 t$ und $f_\mu(t)\sin 2\omega_0 t$ ($\mu = 1,2$) verschwinden für alle ω-Werte mit Ausnahme von $2\,\omega_0 - \omega_g < |\,\omega\,| < 2\,\omega_0 + \omega_g$, d. h. $(3/2)\omega_1 + (1/2)\omega_2 < |\,\omega\,| < (1/2)\omega_1 + (3/2)\omega_2$, und überlappen sich nicht mit den Spektren $F_1(\mathrm{j}\omega)$, $F_2(\mathrm{j}\omega)$ der übrigen auftretenden Signale $f_1(t)$ und $f_2(t)$, die für alle ω-Werte mit $|\,\omega\,| > \omega_g = (1/2)\omega_2 - (1/2)\omega_1$ Null sind. Angesichts dieser Tatsachen lassen sich die Komponenten $f_1(t)$ und $f_2(t)$ mit Hilfe des Systems nach Bild 3.45 erzeugen, wobei die Teilsysteme mit der Übertragungsfunktion $H_0(\mathrm{j}\omega)$ ideale Tiefpässe mit dem Amplitudenfaktor $A_0 = 1$, der Laufzeit t_0 und der Grenzkreisfrequenz $\omega_g = (\omega_2 - \omega_1)/2$ bedeuten.

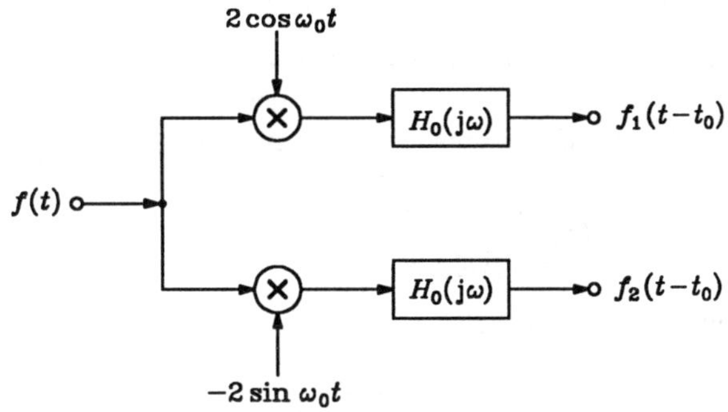

Bild 3.45: Erzeugung der Inphase-Komponente $f_1(t)$ und der Quadratur-Komponente $f_2(t)$ des Bandpaß-Signals $f(t)$

(d) Das Konzept der analytischen Erweiterung eines reellen Signals

Es sei $f(t)$ ein reelles Signal mit der Fourier-Transformierten $F(\mathrm{j}\omega) = R(\omega) + \mathrm{j}X(\omega)$, aus der das Spektrum

$$F_a(\mathrm{j}\omega) = 2s(\omega)F(\mathrm{j}\omega) \tag{3.225}$$

gebildet wird. Aufgrund von Gl. (3.19) gehört zu diesem Spektrum das Signal

$$f_a(t) = \frac{1}{\pi}\int_0^\infty F(\mathrm{j}\omega)\,\mathrm{e}^{\mathrm{j}\omega t}\,\mathrm{d}\omega = \frac{1}{\pi}\int_0^\infty [R(\omega)\cos\omega t - X(\omega)\sin\omega t]\,\mathrm{d}\omega$$

$$+\frac{\mathrm{j}}{\pi}\int_0^\infty [R(\omega)\sin\omega t + X(\omega)\cos\omega t]\,\mathrm{d}\omega\,. \tag{3.226}$$

Angesichts der Gl. (3.23a) und mit der Abkürzung

$$\hat{f}(t) := \frac{1}{\pi} \int_0^{\infty} [R(\omega) \sin \omega t + X(\omega) \cos \omega t] \, d\omega \tag{3.227}$$

läßt sich hieraus die grundlegende Beziehung

$$f_a(t) = f(t) + j\hat{f}(t) \tag{3.228}$$

angeben. Dem reellen Signal $f(t)$ wird dabei eine komplexe Zeitfunktion, die sogenannte analytische Erweiterung $f_a(t)$ zugeordnet, so daß

$$f(t) = \operatorname{Re} f_a(t) \tag{3.229}$$

gilt und $F_a(j\omega)$ in $\omega < 0$ identisch verschwindet. Der durch Gl. (3.227) gegebene Imaginärteil $\hat{f}(t)$ von $f_a(t)$ heißt das zu $f(t)$ *konjugierte Signal*. Die Gl. (3.225) kann auch in der Form

$$F_a(j\omega) = F(j\omega) + \operatorname{sgn}(\omega) F(j\omega)$$

geschrieben werden, so daß sich bei Vergleich mit Gl. (3.228) die Fourier-Transformierte von $\hat{f}(t)$ als

$$\hat{F}(j\omega) = -j \operatorname{sgn}(\omega) F(j\omega)$$

ausdrücken läßt. Diese Beziehung wird mit Hilfe des Faltungssatzes und der zu (3.72) symmetrischen Korrespondenz, nach der $1/(\pi t)$ das Spektrum $-j\operatorname{sgn}(\omega)$ hat, in den Zeitbereich transformiert. Auf diese Weise erhält man

$$\hat{f}(t) = \frac{1}{\pi} \int_{-\infty}^{\infty} \frac{f(\tau)}{t - \tau} \, d\tau \tag{3.230a}$$

und ganz entsprechend

$$f(t) = -\frac{1}{\pi} \int_{-\infty}^{\infty} \frac{\hat{f}(\tau)}{t - \tau} \, d\tau \tag{3.230b}$$

als direkte Verknüpfung zwischen der Funktion $f(t)$ und ihrer Konjugierten $\hat{f}(t)$. Der Übergang von $f(t)$ zu $\hat{f}(t)$ wird *Hilbert-Transformation* genannt, ein System, das diese Transformation realisiert, *Hilbert-Transformator*.

Mit Hilfe des eingeführten Konzepts der analytischen Erweiterung eines reellen Signals lassen sich die Ergebnisse der Erörterungen a und b dieses Abschnitts einfach ableiten. Dies soll im folgenden kurz gezeigt werden.

Man kann das durch Gl. (3.204a) gegebene Spektrum $2F_1(j\omega)$ als Fourier-Transformierte $H_a(j\omega)$ der analytischen Erweiterung $h_a(t)$ der Impulsantwort $h(t)$ des dort betrachteten Bandpasses auffassen. Aufgrund der Gln. (3.205a) und (3.207a,b) erhält man

$$H_a(j\omega) = H_1[j(\omega - \omega_0)] + jH_2[j(\omega - \omega_0)]. \tag{3.231}$$

Durch Transformation in den Zeitbereich ergibt sich für die analytische Erweiterung der gesuchten Impulsantwort

$$h_a(t) = h_1(t)\, e^{j\omega_0 t} + jh_2(t)\, e^{j\omega_0 t}.$$

Der Realteil dieser Funktion liefert $h(t)$, und zwar in Übereinstimmung mit Gl. (3.210).

Es sei noch folgendes angemerkt: Man kann die Übertragungsfunktionen $H_1(j\omega)$ und $H_2(j\omega)$ statt nach Gl. (3.207a,b) in der modifizierten Form

$$\widetilde{H}_1(j\omega) = F_{t1}(j\omega)\,e^{j\theta(\omega_0)} + F_{t2}(j\omega)\,e^{-j\theta(\omega_0)}\,,$$

$$\widetilde{H}_2(j\omega) = \frac{1}{j}\,[F_{t1}(j\omega)\,e^{j\theta(\omega_0)} - F_{t2}(j\omega)\,e^{-j\theta(\omega_0)}]$$

einführen. Statt der Gl. (3.231) erhält man nun

$$H_a(j\omega) = \widetilde{H}_1[j(\omega-\omega_0)]\,e^{-j\theta(\omega_0)} + j\widetilde{H}_2[j(\omega-\omega_0)]\,e^{-j\theta(\omega_0)}$$

und somit

$$h_a(t) = \widetilde{h}_1(t)\,e^{j[\omega_0 t - \theta(\omega_0)]} + j\widetilde{h}_2(t)\,e^{j[\omega_0 t - \theta(\omega_0)]}\,,$$

also

$$h(t) = \mathrm{Re}\{h_a(t)\} = \widetilde{h}_1(t)\cos[\omega_0 t - \Theta(\omega_0)] - \widetilde{h}_2(t)\sin[\omega_0 t - \Theta(\omega_0)]$$

anstelle von und gleichbedeutend mit Gl. (3.210).

Zur Herleitung der Gl. (3.220) braucht man nur das aus Gl. (3.216a) folgende Spektrum der analytischen Erweiterung des Ausgangssignals

$$Y_a(j\omega) = \frac{1}{2}\{H_1[j(\omega-\omega_0)] + jH_2[j(\omega-\omega_0)]\}\,X_N[j(\omega-\omega_0)]$$

bei Vernachlässigung des Beitrags von $K(j\omega)$ in den Zeitbereich zu transformieren, also

$$y_a(t) = \frac{1}{2}y_{1N}(t)\,e^{j\omega_0 t} + \frac{j}{2}y_{2N}(t)\,e^{j\omega_0 t}$$

und hiervon den Realteil zu bilden.

5.4 EINSEITENBAND-MODULATION

Ein reelles Signal $x(t)$ mit dem Spektrum $X(j\omega)$ sei bezüglich $\omega = \omega_g$ bandbegrenzt. Seine analytische Erweiterung (man vergleiche Abschnitt 5.3, d) ist

$$x_a(t) = x(t) + j\hat{x}(t) \tag{3.232a}$$

mit dem Spektrum

$$X_a(j\omega) = 2s(\omega)\,X(j\omega)\,. \tag{3.232b}$$

Nun wird das Signal

$$y_a(t) = x_a(t)\,e^{j\omega_0 t} \tag{3.233a}$$

mit $\omega_0 > 0$ eingeführt. Es hat wegen Gl. (3.232b) das Spektrum

$$Y_a(j\omega) = X_a[j(\omega-\omega_0)] = 2s(\omega-\omega_0)\,X[j(\omega-\omega_0)]\,, \tag{3.233b}$$

das nur im Intervall $\omega_0 \leqq \omega \leqq \omega_0 + \omega_g$ von Null verschiedene Werte aufweist. Bildet man den Realteil von $y_a(t)$, so erhält man mit den Gln. (3.233a) und (3.232a) das Signal

$$y(t) = x(t)\cos\omega_0 t - \hat{x}(t)\sin\omega_0 t \tag{3.234}$$

oder

$$y(t) = \sqrt{x^2(t) + \hat{x}^2(t)} \cos[\omega_0 t + \varphi(t)] \tag{3.235a}$$

mit

$$\tan\varphi(t) = \frac{\hat{x}(t)}{x(t)} . \tag{3.235b}$$

Auf diese Weise wird das amplitudenmodulierte Signal $x(t)\cos\omega_0 t$ $(\omega_0 > \omega_g)$ der Bandbreite $2\,\omega_g$ durch das Signal $y(t)$ der Bandbreite ω_g repräsentiert (ersetzt). Die Erzeugung des (Einseitenband-) Signals $y(t)$ nach Gl. (3.234) zeigt Bild 3.46. Es ist allerdings amplituden- und phasenmoduliert.

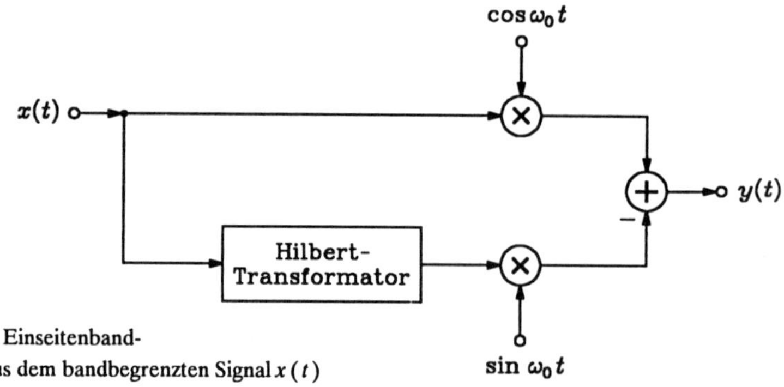

Bild 3.46: Erzeugung des Einseitenband-Signals $y(t)$ aus dem bandbegrenzten Signal $x(t)$

Das Signal $x(t)$ kann aus $y(t)$ zurückgewonnen werden, indem man $2y(t)$ mit $\cos\omega_0 t$ multipliziert, wodurch das Signal

$$2y(t)\cos\omega_0 t = x(t) + x(t)\cos 2\omega_0 t - \hat{x}(t)\sin 2\omega_0 t \tag{3.236}$$

entsteht. Dieses wird durch einen (idealen) Tiefpaß mit geeigneter Grenzfrequenz geschickt und so von der Signalkomponente $x(t)\cos 2\omega_0 t - \hat{x}(t)\sin 2\omega_0 t$ befreit. Der Leser möge sich die Wahl dieser Grenzfrequenz überlegen.

6 Darstellung stochastischer Prozesse im Frequenzbereich

Im Kapitel I, Abschnitt 4 wurden die Darstellung stochastischer Prozesse und die Erregung linearer, zeitinvarianter kontinuierlicher Systeme durch derartige Signale im Zeitbereich untersucht. Im folgenden sollen diese Untersuchungen durch Einbeziehung der Signalbeschreibung im Frequenzbereich fortgeführt und ergänzt werden.

6.1 DIE SPEKTRALE LEISTUNGSDICHTE

Die Vorteile einer Spektraldarstellung deterministischer Funktionen durch ihre Fourier-Transformierte legen ein ähnliches Vorgehen bei stochastischen Prozessen nahe. Man könnte versuchen, einfach jeder Musterfunktion $x(t)$ des betrachteten stationären Prozesses eine Fourier-Transformierte zuzuordnen. Da jedoch wegen der Stationarität des Prozesses die Musterfunktionen $x(t)$ für $t \to \infty$ nicht gegen Null gehen, wird diese Fourier-Transformierte in der Regel nicht existieren. Man kann diese Schwierigkeit umgehen, indem man die zeitlich begrenzte Musterfunktion

$$x_T(t) = \begin{cases} x(t) & \text{für} \quad |t| < T, \\ 0 & \text{für} \quad |t| > T \end{cases}$$

einführt, deren Fourier-Transformierte

$$X_T(\mathrm{j}\omega) = \int_{-\infty}^{\infty} x_T(t)\, \mathrm{e}^{-\mathrm{j}\omega t}\, \mathrm{d}t$$

sicher existiert. Aufgrund der Parsevalschen Formel von Gl. (3.62) gilt dann

$$\frac{1}{2T} \int_{-\infty}^{\infty} x_T{}^2(t)\, \mathrm{d}t = \frac{1}{2\pi} \cdot \frac{1}{2T} \int_{-\infty}^{\infty} |X_T(\mathrm{j}\omega)|^2\, \mathrm{d}\omega. \tag{3.237}$$

Setzt man voraus, daß die mittlere Signalleistung

$$r_{xx}(0) = \lim_{T\to\infty} \frac{1}{2T} \int_{-T}^{T} x^2(t)\, \mathrm{d}t \tag{3.238}$$

als ein für alle Musterfunktionen des Prozesses gleicher Wert vorhanden ist, dann existiert auch der Grenzwert für $T \to \infty$ auf der rechten Seite von Gl. (3.237), und es wäre naheliegend, als spektrale Beschreibung der Leistung des Prozesses die Größe

$$\lim_{T\to\infty} \frac{1}{2T} |X_T(\mathrm{j}\omega)|^2$$

einzuführen. Es läßt sich jedoch zeigen, daß diese Größe, die ja für jedes endliche T eine Zufallsvariable darstellt, auch in der Grenze für verschiedene Musterfunktionen des Prozesses verschiedene Werte annehmen wird und sich somit zur Charakterisierung des Prozesses im allgemeinen nicht eignet.

Die Gl. (3.238) motiviert ein anderes Vorgehen. Betrachtet man nämlich die Fourier-Transformierte der Autokorrelationsfunktion (die wegen der im Kapitel I, Abschnitt 4.3.3 genannten Eigenschaften existiert und eine reelle Funktion von ω ist)

$$S_{xx}(\omega) = \int_{-\infty}^{\infty} r_{xx}(\tau)\, \mathrm{e}^{-\mathrm{j}\omega\tau}\, \mathrm{d}\tau, \tag{3.239}$$

dann gilt

$$r_{xx}(\tau) = \frac{1}{2\pi} \int_{-\infty}^{\infty} S_{xx}(\omega)\, \mathrm{e}^{\mathrm{j}\omega\tau}\, \mathrm{d}\omega \tag{3.240}$$

und somit wegen Gl. (3.238)

$$\lim_{T\to\infty} \frac{1}{2T} \int_{-T}^{T} x^2(t)\, \mathrm{d}t = \frac{1}{2\pi} \int_{-\infty}^{\infty} S_{xx}(\omega)\, \mathrm{d}\omega. \tag{3.241}$$

Aufgrund der Beziehung (3.241) heißt $S_{xx}(\omega)$ die *spektrale Leistungsdichte* des Prozesses $\boldsymbol{x}(t)$. Wegen der eindeutigen Zuordnung durch die Fourier-Transformation enthalten $r_{xx}(\tau)$

und $S_{xx}(\omega)$ die gleiche Information über die stochastischen Eigenschaften von $\boldsymbol{x}(t)$, ausgedrückt im Zeit- bzw. Frequenzbereich.

In ganz entsprechender Weise wie bei der spektralen Beschreibung eines Prozesses kann das *Kreuzleistungsspektrum* zweier (gemeinsam stationärer) stochastischer Prozesse $\boldsymbol{x}(t)$ und $\boldsymbol{y}(t)$ durch die Beziehung

$$S_{xy}(\omega) = \int_{-\infty}^{\infty} r_{xy}(\tau)\, e^{-j\omega\tau}\, d\tau \tag{3.242}$$

mit

$$r_{xy}(\tau) = \frac{1}{2\pi} \int_{-\infty}^{\infty} S_{xy}(\omega)\, e^{j\omega\tau}\, d\omega \tag{3.243}$$

definiert werden. Ist $\boldsymbol{x}(t)$ die Spannung und $\boldsymbol{y}(t)$ die Stromstärke an den Klemmen eines Zweipols, dann stellt $r_{xy}(0)$ den Erwartungswert der im Zweipol verbrauchten Leistung dar.

Eigenschaften und Beispiele spektraler Leistungsdichten

a) Da die Autokorrelationsfunktion $r_{xx}(\tau)$ reell und gerade ist, muß die spektrale Leistungsdichte $S_{xx}(\omega)$ wegen der Gl. (3.239) zwangsläufig eine reelle und gerade Funktion von ω sein.

b) Da die Kreuzkorrelierte $r_{xy}(\tau)$ nicht notwendig gerade ist, wird $S_{xy}(\omega)$ nach Gl. (3.242) im allgemeinen komplexe Werte annehmen; wegen der Eigenschaft $r_{yx}(\tau) = r_{xy}(-\tau)$ gilt $S_{yx}(\omega) = S_{xy}^*(\omega) = S_{xy}(-\omega)$.

c) Wie später noch gezeigt wird, ist $S_{xx}(\omega)$ stets eine nicht negative Funktion, und für hinreichend kleine $\Delta\omega > 0$ stellt $S_{xx}(\omega)\,\Delta\omega$ näherungsweise die mittlere Leistung des Prozesses $\boldsymbol{x}(t)$ im Frequenzintervall $(\omega, \omega + \Delta\omega)$ dar.

d) Der im Abschnitt 4.3.3 von Kapitel I behandelte stationäre stochastische Prozeß

$$\boldsymbol{v}(t) = \boldsymbol{x}(t) + \boldsymbol{p}(t)$$

mit dem periodischen Anteil $\boldsymbol{p}(t) = a\cos(\omega_0 t + \varphi)$ mit in $(0, 2\pi)$ gleichverteilter Phase φ führte auf die Autokorrelationsfunktion

$$r_{vv}(\tau) = r_{xx}(\tau) + \frac{a^2}{2}\cos\omega_0\tau$$

und hat somit die spektrale Leistungsdichte

$$S_{vv}(\omega) = S_{xx}(\omega) + \frac{a^2}{2}\pi[\delta(\omega - \omega_0) + \delta(\omega + \omega_0)]\,.$$

e) Der (idealisierte) Fall eines Prozesses mit für alle Frequenzen konstanter Leistungsdichte

$$S(\omega) = K$$

heißt *weißes Rauschen*. Die zugehörige Autokorrelierte

$$r(\tau) = K\,\delta(\tau)$$

deutet an, daß es sich um die mathematische Abstraktion eines völlig unkorrelierten Prozesses handelt, der aber dennoch als Modell einer Systemerregung große Bedeutung besitzt.

f) Ist die spektrale Leistungsdichte über ein bestimmtes Frequenzintervall konstant und außerhalb dieses Intervalls gleich Null, d. h. gilt

$$S(\omega) = \begin{cases} K & \text{für} \quad \omega_1 < |\omega| < \omega_2 \\ 0 & \text{sonst}, \end{cases}$$

dann spricht man von *bandbegrenztem weißem* (oder *farbigem*) *Rauschen.* In diesem Fall ist die mittlere Signalleistung endlich, und es gilt

$$r(\tau) = \frac{K}{\pi}\left(\frac{\sin\omega_2\tau}{\tau} - \frac{\sin\omega_1\tau}{\tau}\right).$$

g) Eine wichtige Klasse der sogenannten Markoffschen Prozesse besitzt die spektrale Leistungsdichte

$$S(\omega) = \frac{2a}{\omega^2 + a^2}\, r_0\,, \qquad a > 0$$

und die Autokorrelierte

$$r(\tau) = r_0\, \mathrm{e}^{-a|\tau|}\,.$$

Durch dieses Modell kann eine Reihe von Zufallsphänomenen in geeigneter Weise beschrieben werden, und wegen der mathematischen Einfachheit des Modells im Zeit- und Frequenzbereich eignen sich Markoffsche Prozesse dieser Art auch insbesondere als Signale bei der Untersuchung linearer, zeitinvarianter Systeme.

h) Eine nicht identisch verschwindende Autokorrelationsfunktion $r(\tau)$ stimme für $\tau = \tau_1 > 0$ dem Betrage nach mit $r(0)$ überein; es gelte also

$$r(\tau_1) = r(0)\,\mathrm{e}^{\mathrm{j}\varphi}$$

mit $\varphi = 0$ oder $\varphi = \pi$. Damit kann man

$$0 = r(0) - r(\tau_1)\,\mathrm{e}^{-\mathrm{j}\varphi} = \frac{1}{2\pi}\int_{-\infty}^{\infty} S(\omega)\,[1 - \mathrm{e}^{\mathrm{j}(\omega\tau_1 - \varphi)}]\,\mathrm{d}\omega$$

oder

$$0 = \int_{-\infty}^{\infty} S(\omega)\,[1 - \cos(\omega\tau_1 - \varphi)]\,\mathrm{d}\omega$$

schreiben. Da der Integrand in diesem Integral beständig nicht negativ ist, folgt hieraus

$$S(\omega)\,[1 - \cos(\omega\tau_1 - \varphi)] \equiv 0 \quad \text{für} \quad -\infty < \omega < \infty.$$

Demnach kann die spektrale Leistungsdichte im vorliegenden Fall nur die Form

$$S(\omega) = \sum_{\nu=-\infty}^{\infty} A_\nu\, \delta\!\left(\omega - \frac{2\pi\nu + \varphi}{\tau_1}\right)$$

mit geeigneten Konstanten A_ν aufweisen. Dies bedeutet, daß die Autokorrelationsfunktion wegen Korrespondenz (3.76) die Gestalt

$$r(\tau) = \sum_{\nu=-\infty}^{\infty} (A_\nu / 2\pi)\,\mathrm{e}^{\mathrm{j}(2\pi\nu+\varphi)\tau/\tau_1}$$

hat. Zusammenfassend kann man also feststellen, daß die Autokorrelationsfunktion $r(\tau)$ eine periodische Funktion mit der Periode τ_1 bzw. $2\tau_1$ ist, sofern $r(\tau_1) = \pm r(0)$ gilt.

6.2 SPEKTRALE LEISTUNGSDICHTEN UND LINEARE SYSTEME

6.2.1 Allgemeine Aussagen

Die Gln. (1.145) und (1.146) stellen Beziehungen dar, durch welche die Autokorrelationsfunktionen von Eingangs- und Ausgangsprozeß $r_{xx}(\tau)$ bzw. $r_{yy}(\tau)$ eines linearen, zeitinvarianten, stabilen und kausalen Systems mit der Kreuzkorrelierten zwischen Eingangs- und Ausgangsprozeß $r_{xy}(\tau)$ über die Impulsantwort $h(t)$ des Systems verknüpft werden. Da diese Verknüpfungen Faltungsoperationen sind, ist zu erwarten, daß sich die Zusammenhänge durch Anwendung der Fourier-Transformation im Frequenzbereich einfacher ausdrücken lassen. Auf diese Weise ergibt sich aus Gl. (1.145) für das Kreuzleistungsspektrum

$$S_{xy}(\omega) = H(\mathrm{j}\omega)\, S_{xx}(\omega)\,, \tag{3.244}$$

und aus Gl. (1.146) erhält man mit der bekannten Eigenschaft $S_{yx}(\omega) = S_{xy}^*(\omega)$ des Kreuzleistungsspektrums und Gl. (3.244)

$$S_{yy}(\omega) = H(\mathrm{j}\omega)\, S_{yx}(\omega) = H(\mathrm{j}\omega)\, S_{xy}^*(\omega) = |\,H(\mathrm{j}\omega)\,|^2\, S_{xx}(\omega)\,. \tag{3.245}$$

Die Gln. (3.244) und (3.245) stellen fundamentale Aussagen dar über den Zusammenhang der spektralen Leistungsdichten von Ausgangs- und Eingangsprozeß eines linearen, zeitinvarianten Systems. Es sei besonders hervorgehoben, daß in das Kreuzleistungsspektrum $S_{xy}(\omega)$ die Übertragungsfunktion $H(\mathrm{j}\omega)$ nach Betrag und Phase eingeht, während im Leistungsdichtespektrum $S_{yy}(\omega)$ nur der Betrag der Übertragungsfunktion $H(\mathrm{j}\omega)$ enthalten ist. Diese Gesichtspunkte sind bei der Systemidentifikation mit Hilfe von Rauscherregungen von entscheidender Bedeutung.

6.2.2 Beispiele

Im folgenden soll an Hand von Beispielen gezeigt werden, wie die gewonnenen Ergebnisse verwendet werden können, um das Verhalten linearer, zeitinvarianter Systeme unter dem Einfluß stochastischer Erregungen zu untersuchen.

Beispiel 3.16: Wird ein ideales Tiefpaßsystem mit der Übertragungsfunktion

$$H(\mathrm{j}\omega) = A_0\, p_{\omega_g}(\omega)\, \mathrm{e}^{-\mathrm{j}\omega t_0}$$

mit weißem Rauschen erregt, dann ist die mittlere Signalleistung des Ausgangssignals $\boldsymbol{y}(t)$ – d. h. das Quadrat des Effektivwerts der betrachteten Musterfunktion – aufgrund von Gl. (3.245) gegeben durch

$$y_{\mathrm{eff}}^2 = \lim_{T\to\infty}\frac{1}{2T}\int_{-T}^{T} y^2(t)\,\mathrm{d}t = r_{yy}(0) = \frac{1}{2\pi}\int_{-\omega_g}^{\omega_g} A_0^2\, S_{xx}(\omega)\,\mathrm{d}\omega = \frac{A_0^2\, K}{2\pi}\cdot 2\omega_g\,,$$

wobei durch K die spektrale Leistungsdichte des weißen Rauschens bezeichnet wurde. Für den Effektivwert einer Musterfunktion des Ausgangsprozesses gilt also

$$y_{\text{eff}} = k\sqrt{f_g} \quad \text{mit} \quad k = A_0\sqrt{2K} \quad \text{und} \quad \omega_g = 2\pi f_g .$$

Beispiel 3.17: Es wird ein Bandpaßsystem betrachtet, für dessen Amplitudenfunktion

$$A(\omega) = \begin{cases} 1 & \text{für} \quad \omega_0 < |\omega| < \omega_0 + \Delta\omega, \\ 0 & \text{sonst} \end{cases}$$

gilt und das mit dem stationären stochastischen Prozeß $\boldsymbol{x}(t)$ erregt wird und den Ausgangsprozeß $\boldsymbol{y}(t)$ liefert. Für die mittlere Leistung des Ausgangssignals gilt dann aufgrund von Gl. (3.245)

$$E[\boldsymbol{y}^2(t)] = \frac{1}{2\pi}\int_{-\infty}^{\infty} S_{yy}(\omega)\,\mathrm{d}\omega = \frac{1}{\pi}\int_{\omega_0}^{\omega_0+\Delta\omega} S_{xx}(\omega)\,\mathrm{d}\omega .$$

Für hinreichend kleines $\Delta\omega > 0$ stimmt das zweite Integral mit $S_{xx}(\omega_0)\,\Delta\omega$ beliebig genau überein, und daraus folgt zugleich, daß $S_{xx}(\omega_0)$ nicht negativ sein kann, da $E[\boldsymbol{y}^2(t)] \geqq 0$ gelten muß. Damit ist gezeigt, daß jede spektrale Leistungsdichte $S(\omega)$ eine nicht negative Funktion ist, da $S(\omega_0)$ mit $S_{xx}(\omega_0)$ identifiziert werden kann und ω_0 eine beliebig wählbare Kreisfrequenz ist.

Beispiel 3.18: Ein elektrisches RC-Zweitor nach Bild 3.47 werde durch weißes Rauschen der Leistungsdichte

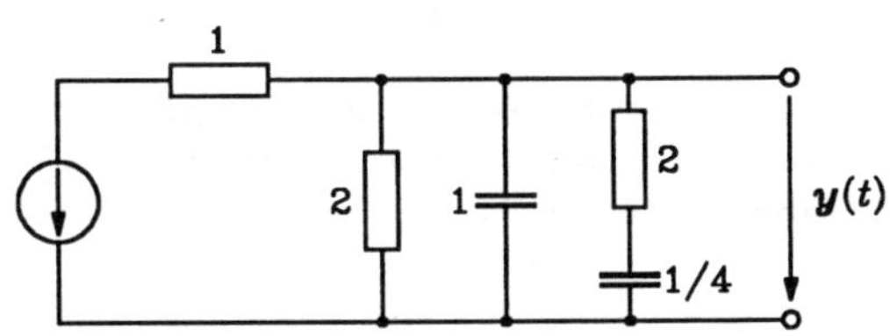

Bild 3.47: RC-Zweitor, das durch weißes Rauschen erregt wird

K erregt. Gesucht wird die mittlere Signalleistung des Ausgangssignals $\boldsymbol{y}(t)$. Die Übertragungsfunktion des Systems ist

$$H(\mathrm{j}\omega) = \frac{2 + \mathrm{j}\omega}{(1 + \mathrm{j}\omega)(3 + \mathrm{j}\omega)} ,$$

und damit ergibt sich für die spektrale Leistungsdichte des Ausgangsprozesses nach Gl. (3.245)

$$S_{yy}(\omega) = \frac{(2 + \mathrm{j}\omega)(2 - \mathrm{j}\omega)}{(1 + \mathrm{j}\omega)(3 + \mathrm{j}\omega)(1 - \mathrm{j}\omega)(3 - \mathrm{j}\omega)} K .$$

Daraus resultiert dann

$$y_{\text{eff}}^2 = \frac{1}{2\pi}\int_{-\infty}^{\infty} S_{yy}(\omega)\,\mathrm{d}\omega = \frac{K}{2\pi}\int_{-\infty}^{\infty} \frac{(2 + \mathrm{j}\omega)(2 - \mathrm{j}\omega)}{(1 + \mathrm{j}\omega)(3 + \mathrm{j}\omega)(1 - \mathrm{j}\omega)(3 - \mathrm{j}\omega)}\,\mathrm{d}\omega .$$

Die Auswertung dieses Integrals kann beispielsweise dadurch erfolgen, daß man den Integranden ins Komplexe fortsetzt, indem man $\mathrm{j}\omega$ durch die komplexe Variable $p = \sigma + \mathrm{j}\omega$ ersetzt, und das so entstehende komplexe Integral

$$\frac{K}{2\pi\mathrm{j}}\int \frac{(2 + p)(2 - p)}{(1 + p)(3 + p)(1 - p)(3 - p)}\,\mathrm{d}p$$

längs des im Bild 3.48 dargestellten Weges C für $\rho \to \infty$ auswertet.

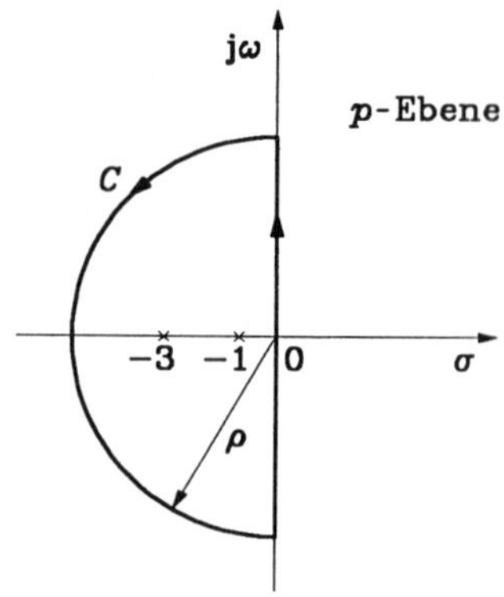

Bild 3.48: Zur Auswertung eines uneigentlichen Integrals mit Hilfe des Cauchyschen Residuensatzes

Da sich auf dem Halbkreisbogen der Integrand für $\rho \to \infty$ wie const/p^2, dem Betrage nach also wie const/ρ^2 verhält und dabei die Länge des Integrationswegs nur mit $\pi\rho$ ansteigt, verschwindet der Integralbeitrag längs des Halbkreisbogens für $\rho \to \infty$. Für $\rho \to \infty$ verbleibt also vom Integral längs C genau das gesuchte Integral für y_{eff}^2. Da sich jedoch das Integral längs C mit zunehmendem ρ nicht mehr ändert, sobald alle Pole des Integranden in der linken p-Halbebene (d. h. die Pole -1 und -3) von C umschlossen sind, erhält man auf diese Weise mit einem fest gewählten $\rho > 3$

$$y_{\text{eff}}^2 = \frac{K}{2\pi \mathrm{j}} \oint_C \frac{(2+p)(2-p)}{(1+p)(3+p)(1-p)(3-p)} \, \mathrm{d}p \, .$$

Nach dem Cauchyschen Residuensatz (Anhang D) ist ein derartiges komplexes Integral über einen geschlossenen Weg C gleich dem Produkt aus $2\pi\mathrm{j}$ und der Summe der Residuen an allen von C eingeschlossenen Polen des Integranden, das sind hier die Punkte $p = -1$ und $p = -3$. Damit ergibt sich

$$y_{\text{eff}}^2 = K \left(\frac{1 \cdot 3}{2 \cdot 2 \cdot 4} + \frac{(-1) \cdot 5}{(-2) \cdot 4 \cdot 6} \right) = K \cdot \frac{7}{24} \, .$$

Beispiel 3.19: Die Führungsgröße $\boldsymbol{w}(t)$ eines Regelkreises nach Bild 3.49 sei ein stochastischer Prozeß, der

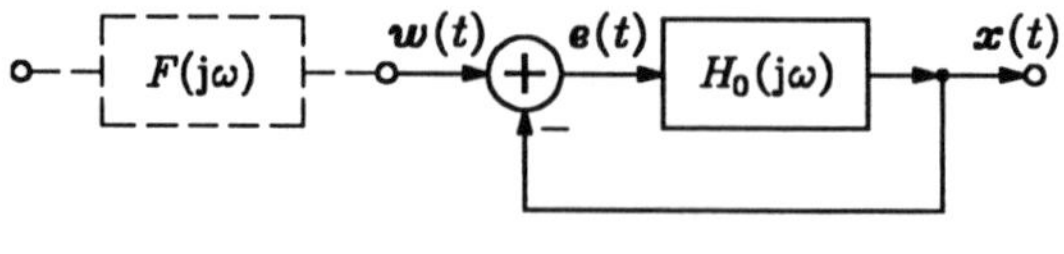

Bild 3.49: Stochastisch erregter Regelkreis

über ein Formfilter mit der Übertragungsfunktion

$$F(\mathrm{j}\omega) = \frac{1}{c + \mathrm{j}\omega}$$

aus weißem Rauschen mit der spektralen Leistungsdichte K gewonnen wurde. Die Übertragungsfunktion des offenen Regelkreises sei mit den Konstanten V und T

$$H_0(\mathrm{j}\omega) = \frac{V}{\mathrm{j}\omega(1 + T\mathrm{j}\omega)} \, .$$

Gesucht wird die mittlere Signalleistung der Regelabweichung $\boldsymbol{e}(t)$.

Die Übertragungsfunktion zwischen Regelabweichung und Führungsgröße ist, wie man sich leicht überlegen kann,

$$H_e(j\omega) = \frac{1}{1 + H_0(j\omega)} = \frac{j\omega + T(j\omega)^2}{V + j\omega + T(j\omega)^2}.$$

Damit ist die spektrale Leistungsdichte der Regelabweichung gegeben durch

$$S_{ee}(\omega) = |H_e(j\omega)|^2 S_{ww}(\omega) = |H_e(j\omega)|^2 \cdot |F(j\omega)|^2 \cdot K$$

$$= \frac{j\omega + T(j\omega)^2}{V + j\omega + T(j\omega)^2} \cdot \frac{-j\omega + T(j\omega)^2}{V - j\omega + T(j\omega)^2} \cdot \frac{1}{c + j\omega} \cdot \frac{1}{c - j\omega} \cdot K.$$

Daraus resultiert

$$e_{\text{eff}}^2 = \frac{1}{2\pi} \int_{-\infty}^{\infty} S_{ee}(\omega)\, d\omega,$$

und die Auswertung dieses Integrals über den Cauchyschen Residuensatz wie beim letzten Beispiel liefert

$$e_{\text{eff}}^2 = \frac{1 + Tc + TV}{2(V + c + Tc^2)} K.$$

Beispiel 3.20: Für die mittlere Signalleistung am Ausgang eines linearen, zeitinvarianten Systems gilt bei Erregung mit einem stationären stochastischen Prozeß, dessen spektrale Leistungsdichte $S_{xx}(\omega)$ und Autokorrelationsfunktion $r_{xx}(\tau)$ sei, generell

$$r_{yy}(0) = \frac{1}{2\pi} \int_{-\infty}^{\infty} |H(j\omega)|^2 S_{xx}(\omega)\, d\omega.$$

Ist $\omega = \omega_M$ die Kreisfrequenz, bei welcher der Betrag $|H(j\omega)|$ der Übertragungsfunktion des betrachteten Systems maximal wird, so ist die Abschätzung

$$r_{yy}(0) \leqq |H(j\omega_M)|^2 r_{xx}(0)$$

möglich.

Es werde nun als stationäre Erregung ein sogenannter monochromatischer Prozeß gewählt, d. h. ein stochastisches Signal mit

$$r_{xx}(\tau) = A_0 \cos \omega_0 \tau$$

und damit

$$S_{xx}(\omega) = \pi A_0\, \delta(\omega - \omega_0) + \pi A_0\, \delta(\omega + \omega_0).$$

Dann erhält man aufgrund obiger Formel für die mittlere Signalleistung am Systemausgang

$$r_{yy}(0) = |H(j\omega_0)|^2 A_0 \quad \text{oder} \quad r_{yy}(0) = |H(j\omega_0)|^2 r_{xx}(0).$$

Wählt man hier speziell $\omega_0 = \omega_M$, so wird aus obiger Ungleichung eine Gleichung, d. h. $r_{yy}(0)$ wird maximal. Man kann also folgende Feststellung machen: Bei Zufuhr einer bestimmten mittleren Leistung $r_{xx}(0)$ entsteht am Ausgang eines linearen, zeitinvarianten Systems die maximal mögliche Signalleistung, sofern der Eingangsprozeß monochromatisch ist und $\omega_0 = \omega_M$ gewählt wird. Man spricht hier von stochastischer Resonanz.

6.3 EINIGE ANWENDUNGEN

Von den zahlreichen Anwendungen der Systemtheorie stochastischer Vorgänge sollen hier nur einige Problemstellungen erläutert und ihr Lösungsweg skizziert werden. Ein erstes Beispiel betrifft die Ermittlung der Systemcharakteristik eines unbekannten linearen, zeitinvarianten Systems durch die Wahl geeigneter Erregungen, ein weiteres Beispiel die Erkennung eines Nutzsignals im Rauschen.

6.3.1 Bestimmung von Systemcharakteristiken durch Kreuzkorrelation

In vielen Fällen ist die Messung der Impulsantwort $h(t)$ oder der Übertragungsfunktion $H(\mathrm{j}\omega)$ über die Erregung mit bestimmten deterministischen Signalen (z. B. der Sprungfunktion bzw. einer rein harmonischen Funktion) nicht möglich oder ungeeignet, beispielsweise weil sich der Erregung eine stochastische Störgröße überlagert oder weil das System irgendwelchen zufälligen inneren Störungen ausgesetzt ist. Ein weiterer Grund kann darin bestehen, daß das zu untersuchende System, man denke etwa an ein fest installiertes Regelungssystem, auch nicht vorübergehend außer Betrieb gesetzt werden kann. In solchen Fällen erweist sich eine Messung mit stochastischen Methoden als vorteilhaft. Wählt man beispielsweise als Systemerregung weißes Rauschen (hierbei genügt es, wenn die spektrale Leistungsdichte näherungsweise konstant ist in dem Frequenzband, in dem die Übertragungsfunktion des zu untersuchenden Systems nicht verschwindet), dann liefert die Meßanordnung nach Bild 3.50 am Ausgang gerade die Impulsantwort des unbekannten Systems, sofern die spektrale Leistungsdichte des weißen Rauschens gleich 1 gewählt wird. Dies folgt unmittelbar aus Gl. (1.145). Der Vorteil dieser Methode wird deutlich, wenn man annimmt, daß auf das System noch eine stationäre Störgröße $\boldsymbol{z}(t)$ einwirkt, von der nur vorausgesetzt wird, daß sie stochastisch unabhängig von der Eingangsgröße $\boldsymbol{x}(t)$ ist. In diesem Fall wird nach Bild 3.50

$$\boldsymbol{y}(t) = \int_{-\infty}^{\infty} h(\sigma)\boldsymbol{x}(t-\sigma)\,\mathrm{d}\sigma + \int_{-\infty}^{\infty} g(\sigma)\boldsymbol{z}(t-\sigma)\,\mathrm{d}\sigma\,,$$

wobei $g(t)$ die Impulsantwort des Teilsystems zwischen der Eingriffsstelle des Störsignals und dem Ausgang des Systems bedeutet. Damit erhält man

$$r_{xy}(\tau) = \int_{-\infty}^{\infty} h(\sigma)\,r_{xx}(\tau-\sigma)\,\mathrm{d}\sigma + \int_{-\infty}^{\infty} g(\sigma)\,r_{xz}(\tau-\sigma)\,\mathrm{d}\sigma\,, \qquad (3.246)$$

und aus der Voraussetzung, daß $\boldsymbol{x}(t)$ und $\boldsymbol{z}(t)$ stochastisch unabhängig sind, folgt (siehe Anhang B)

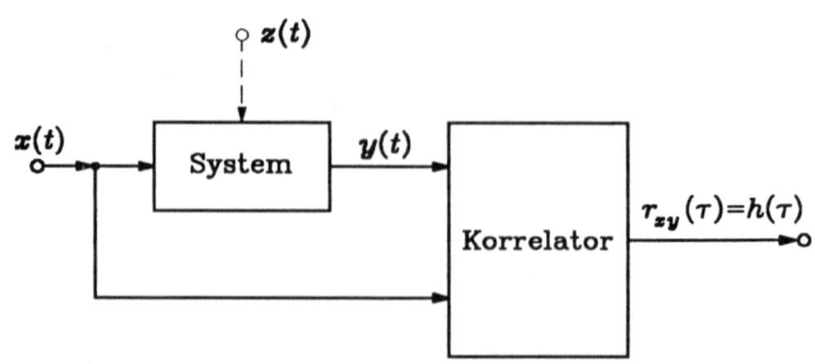

Bild 3.50: Bestimmung der Impulsantwort eines Systems mittels Kreuzkorrelationsmessung

$$r_{xz}(\tau) = m_x \cdot m_z = \text{const}\,, \tag{3.247}$$

so daß sich die Beziehung (1.145) für das ungestörte System von der Beziehung (3.246) für das gestörte System nur durch eine additive Konstante unterscheidet, die verschwindet, wenn $\boldsymbol{x}(t)$ oder $\boldsymbol{z}(t)$ mittelwertfrei ist. Da innere Störungen des Systems (z. B. ein rauschendes Bauelement) immer in der Form von Bild 3.50 dargestellt werden können, sind auch in diesem Fall die erläuterten Vorteile der Kreuzkorrelationsmethode gegeben, sofern die Störung als stochastisch unabhängig von der Eingangsgröße vorausgesetzt werden darf.

Die Beziehung (3.246) kann auch dann zur Bestimmung von $h(t)$ herangezogen werden, wenn als Eingangsgröße $\boldsymbol{x}(t)$ kein weißes Rauschen gewählt werden darf. Um in diesem Fall die Umkehrung des Faltungsintegrals zu erleichtern, ist häufig der Übergang in den Frequenzbereich vorteilhaft, so daß mit Gl. (3.247) und der Fourier-Transformierten $G(\mathrm{j}\omega)$ von $g(t)$ die Beziehung

$$S_{xy}(\omega) = H(\mathrm{j}\omega)\, S_{xx}(\omega) + 2\pi\, G(0)\, m_x\, m_z\, \delta(\omega)$$

bei beliebiger Leistungsdichte $S_{xx}(\omega)$ der Erregung zur Bestimmung von $H(\mathrm{j}\omega)$ dient. Diese Beziehung verdeutlicht, daß die Phase des unbekannten Systems unmittelbar mit der Phase von $S_{xy}(\omega)$ übereinstimmt und daß die Betragsfunktion sich durch Quotientenbildung ermitteln läßt.

6.3.2 Signalerkennung im Rauschen

Ein wichtiges praktisches Problem der Informationsübertragung besteht darin, ein durch Rauschen verdecktes Nutzsignal wiederzugewinnen. Man spricht von *Signalerkennung*, wenn nur entschieden wird, ob das empfangene Signalgemisch ein näher spezifiziertes Nutzsignal enthält, und von *Signalschätzung*, wenn darüber hinaus möglichst weitgehend das Nutzsignal von den überlagerten Störungen befreit wird. Die Anwendung von Korrelationsmethoden zur Lösung von Problemen dieser Art soll im folgenden am Beispiel der Erkennung bzw. Schätzung eines durch Rauschen verdeckten periodischen Nutzsignals gezeigt werden.

Empfangen werde ein Gemisch

$$\boldsymbol{z}(t) = \boldsymbol{n}(t) + \boldsymbol{p}(t)$$

aus einem periodischen stochastischen Signal $\boldsymbol{p}(t)$ der Periode T_0 und einem überlagerten stochastischen Geräusch $\boldsymbol{n}(t)$, das mittelwertfrei ist und keine periodischen Anteile aufweist. Es wird vorausgesetzt, daß $\boldsymbol{n}(t)$ und $\boldsymbol{p}(t)$ stochastisch voneinander unabhängig sind. Dann gilt entsprechend Kapitel I, Abschnitt 4.3.3

$$r_{zz}(\tau) = r_{nn}(\tau) + r_{pp}(\tau)\,,$$

und man kann leicht zeigen, daß $r_{pp}(\tau)$ eine periodische Funktion der Periode T_0 ist. Da $r_{nn}(\tau)$ für $\tau \to \infty$ gegen Null geht, wird $r_{zz}(\tau)$ für große Werte von τ weitgehend mit $r_{pp}(\tau)$ übereinstimmen, wie dies im Bild 3.51 für ein typisches Beispiel angedeutet ist. Eine Signalerkennung ist also dadurch einfach möglich, daß man die Autokorrelierte des empfangenen Signals auf einen periodischen Anteil hin überprüft. Hierbei braucht die Periode des Nutzsignals nicht bekannt zu sein.

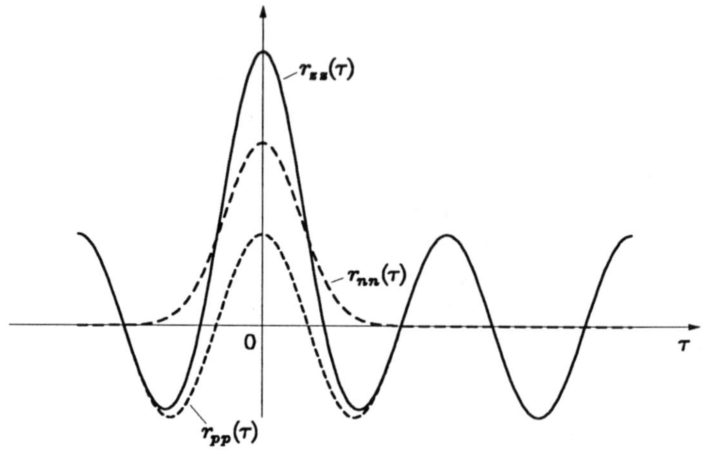

Bild 3.51: Zur Signalerkennung eines periodischen stochastischen Signals, das von einem stochastischen Geräusch überlagert ist

Ist die Periode T_0 des Nutzsignals a priori bekannt, dann kann auch mit der Kreuzkorrelationsfunktion eine Signalerkennung erzielt werden. Bildet man nämlich aus dem empfangenen Signal $\boldsymbol{z}(t)$ und irgendeinem periodischen Prozeß $\boldsymbol{q}(t)$ der Periode T_0 die Kreuzkorrelierte

$$r_{qz}(\tau) = E\{\boldsymbol{q}(t)\,[\boldsymbol{n}(t+\tau) + \boldsymbol{p}(t+\tau)]\} = r_{qn}(\tau) + r_{qp}(\tau),$$

dann gilt unter der sinnvollen Annahme, daß $\boldsymbol{n}(t)$ und $\boldsymbol{q}(t)$ stochastisch unabhängige Prozesse sind, $r_{qn}(\tau) \equiv 0$, und somit ist

$$r_{qz}(\tau) = r_{qp}(\tau) \tag{3.248}$$

oder $r_{qz}(\tau) = 0$, je nachdem ob ein periodisches Nutzsignal der Periode T_0 in $\boldsymbol{z}(t)$ enthalten ist oder nicht.

Soll darüber hinaus eine Signalschätzung durchgeführt werden, dann kann dies ebenfalls mit Hilfe der Kreuzkorrelation erfolgen. Ist nämlich $p(t)$ die im Rauschprozeß $\boldsymbol{n}(t)$ enthaltene Musterfunktion des Nutzsignals und sind die Musterfunktionen des genannten, von $\boldsymbol{n}(t)$ stochastisch unabhängigen periodischen Prozesses $\boldsymbol{q}(t)$ von der Form

$$q_i(t) = \sum_{\nu=-\infty}^{\infty} \delta(t - \nu T_0 - t_i),$$

dann gilt wegen Gl. (3.248)

$$r_{qz}(\tau) = r_{qp}(\tau) = r_{pq}(-\tau) = \lim_{k\to\infty} \frac{1}{2kT_0} \int_{-kT_0}^{kT_0} p(t) \sum_{\nu=-\infty}^{\infty} \delta(t - \nu T_0 - t_i - \tau)\,\mathrm{d}t$$

$$= \lim_{k \to \infty} \frac{1}{2kT_0} 2k\, p(t_i + \tau) = p(\tau + t_i)\, \frac{1}{T_0} .$$

Am Ausgang eines Kreuzkorrelators für die Prozesse $\boldsymbol{q}(t)$ und $\boldsymbol{z}(t)$ ergibt sich also bis auf eine zeitliche Verschiebung und einen konstanten Faktor die vorliegende Musterfunktion des Nutzsignals.

6.3.3 Suchfilter (matched filter)

Eine besonders interessante Möglichkeit der Signalerkennung bieten die Suchfilter (matched filters), bei denen das in seiner Form bekannte Nutzsignal in geeigneter Weise verstärkt und das Rauschen unterdrückt wird, ohne daß das Nutzsignal selbst formgetreu wiedergewonnen wird. Empfangen werde das Signalgemisch

$$\boldsymbol{z}(t) = \boldsymbol{n}(t) + x(t)$$

mit einem bekannten, deterministischen Nutzsignal $x(t)$ endlicher Dauer und einem mittelwertfreien stationären Rauschprozeß $\boldsymbol{n}(t)$, dessen spektrale Leistungsdichte $S_{nn}(\omega)$ sei. Es wird einem linearen und zeitinvarianten System mit der Übertragungsfunktion $H(\mathrm{j}\omega)$ zugeführt. Die Reaktion dieses Systems auf das Nutzsignal $x(t)$ läßt sich in der Form

$$y(t) = \frac{1}{2\pi} \int_{-\infty}^{\infty} X(\mathrm{j}\omega)\, H(\mathrm{j}\omega)\, \mathrm{e}^{\mathrm{j}\omega t}\, \mathrm{d}\omega \tag{3.249}$$

darstellen, wobei $X(\mathrm{j}\omega)$ die Fourier-Transformierte von $x(t)$ bedeutet. Die Reaktion $\boldsymbol{v}(t)$ des Systems auf die Erregung durch $\boldsymbol{n}(t)$ läßt sich, wie aus den Ausführungen von Abschnitt 6.1 hervorgeht, nicht in entsprechender Weise beschreiben, jedoch kann die mittlere Leistung des Ausgangsprozesses in der Form

$$E[\boldsymbol{v}^2(t)] = \frac{1}{2\pi} \int_{-\infty}^{\infty} S_{nn}(\omega)\, |H(\mathrm{j}\omega)|^2\, \mathrm{d}\omega \tag{3.250}$$

dargestellt werden. Damit definiert man das *Signal-Rausch-Verhältnis* am Ausgang des Systems in einem Zeitpunkt t_0 durch den Quotienten

$$s = \frac{y^2(t_0)}{E[\boldsymbol{v}^2(t)]} \tag{3.251}$$

aus der Nutzsignalleistung in diesem Zeitpunkt und der mittleren Rauschleistung. Es stellt sich nun die Aufgabe, die Übertragungsfunktion $H(\mathrm{j}\omega)$ derart festzulegen, daß s maximal wird. Dazu wird mit

$$g_1(\omega) := \frac{X(\mathrm{j}\omega)}{\sqrt{S_{nn}(\omega)}} \quad \text{und} \quad g_2^*(\omega) := \sqrt{S_{nn}(\omega)}\, H(\mathrm{j}\omega)\, \mathrm{e}^{\mathrm{j}\omega t_0}$$

bei Beachtung der beiden Gln. (3.249) und (3.250) der Quotient s in der Form

$$s = \frac{\left| \int\limits_{-\infty}^{\infty} g_1(\omega) g_2^*(\omega)\, \mathrm{d}\omega \right|^2}{2\pi \int\limits_{-\infty}^{\infty} | g_2(\omega) |^2\, \mathrm{d}\omega}$$

geschrieben und mit Hilfe der Schwarzschen Ungleichung (Seite 224, Fußnote 1) abgeschätzt:

$$s \leqq \frac{\int\limits_{-\infty}^{\infty} | g_1(\omega) |^2\, \mathrm{d}\omega \int\limits_{-\infty}^{\infty} | g_2(\omega) |^2\, \mathrm{d}\omega}{2\pi \int\limits_{-\infty}^{\infty} | g_2(\omega) |^2\, \mathrm{d}\omega} = \frac{1}{2\pi} \int\limits_{-\infty}^{\infty} \frac{| X(\mathrm{j}\omega) |^2}{S_{nn}(\omega)}\, \mathrm{d}\omega\, .$$

Man erhält die Gleichheit in dieser Beziehung und damit das Maximum von s genau dann, wenn $g_1(\omega)$ und $g_2(\omega)$ zueinander proportional sind. Dies liefert unmittelbar die optimale Übertragungsfunktion

$$H_0(\mathrm{j}\omega) = k\, \mathrm{e}^{-\mathrm{j}\omega t_0} \frac{X^*(\mathrm{j}\omega)}{S_{nn}(\omega)} \tag{3.252}$$

mit einer beliebigen reellen Konstante k. Dann erreicht also das Signal-Rausch-Verhältnis s nach Gl. (3.251) seinen maximal möglichen Wert, und das System mit dieser Charakteristik heißt ein optimales Suchfilter für das Signal $x(t)$. Die Gl. (3.252) zeigt, daß das optimale Suchfilter jene Spektralanteile stark dämpft, in denen das Amplitudenspektrum des Nutzsignals klein und die spektrale Leistungsdichte des Rauschens groß ist. Die Reaktion $y_0(t)$ des optimalen Suchfilters auf die Erregung $x(t)$ hat stets ihr Betragsmaximum an der Stelle $t = t_0$, was mit den Gln. (3.249) und (3.252) gezeigt werden kann. Bei der Signalerkennung braucht daher lediglich der Wert der vorliegenden Musterfunktion des Ausgangsprozesses an der Stelle t_0 beobachtet zu werden.

Ist die Störung $\boldsymbol{n}(t)$ weißes Rauschen der Leistungsdichte K, dann folgt aus Gl. (3.252), daß das optimale Suchfilter die Impulsantwort

$$h_0(t) = \frac{k}{K} x(t_0 - t) \tag{3.253}$$

hat. Ein in dieser Weise an seine Erregung angepaßtes System heißt matched filter. Da das Nutzsignal $x(t)$ als zeitlich begrenzt vorausgesetzt wurde, läßt sich durch geeignete Wahl von t_0 stets dafür sorgen, daß die Impulsantwort $h(t)$ nach Gl. (3.253) durch ein kausales System realisiert werden kann.

IV Spektralanalyse diskontinuierlicher Signale und Systeme

Im Kapitel III wurde gezeigt, wie kontinuierliche Signale und Systeme mit dem Konzept der Fourier-Transformation beschrieben und behandelt werden können. Im folgenden Kapitel soll die entsprechende Darstellung und Behandlungsweise von diskontinuierlichen Signalen und Systemen im Frequenzbereich erörtert werden. Das Ziel beider Kapitel ist das gleiche, nämlich zu den Verfahren von Kapitel I alternative Möglichkeiten der Untersuchung von Signalen und Systemen zu entwickeln, die neue Einsichten in die Struktur der zu analysierenden Objekte bieten. Ein besonderes Anliegen ist es, die Parallelität der Konzepte beider Klassen von Signalen und Systemen hervorzuheben. Neben den vielen Ähnlichkeiten sollen aber auch einige wichtige Unterschiede zwischen dem kontinuierlichen und dem diskontinuierlichen Fall deutlich gemacht werden. Obwohl sich die Methoden für kontinuierliche Signale und Systeme ursprünglich unabhängig von denen für diskontinuierliche Signale und Systeme entwickelt haben, sind sie später durch den starken Einfluß der Computer und bestimmter Anwendungen, insbesondere im Zusammenhang mit Abtastsystemen weitgehend zusammengewachsen. Der folgende Abschnitt ist als Motivation für die Einführung des Spektrums diskontinuierlicher Signale gedacht.

1 Die Übertragungsfunktion

Es wird ein lineares diskontinuierliches System mit einem Eingang und einem Ausgang betrachtet. Im Fall der Zeitinvarianz, welcher hier näher untersucht werden soll, wird die Verknüpfung zwischen Eingangs- und Ausgangssignal durch die Gl. (1.91b) beschrieben. Betrachtet man nun als Eingangsgröße die diskontinuierliche harmonische Exponentielle

$$x[n] = \mathrm{e}^{\mathrm{j}\omega nT} \tag{4.1}$$

mit beliebigem $T > 0$, die von $n = -\infty$ an auf das als stabil vorausgesetzte System[1)] einwirkt, dann erhält man als Systemantwort

$$y[n] = \sum_{\nu=-\infty}^{\infty} \mathrm{e}^{\mathrm{j}\omega(n-\nu)T} h[\nu]$$

oder

$$y[n] = \mathrm{e}^{\mathrm{j}\omega nT} \sum_{\nu=-\infty}^{\infty} h[\nu](\mathrm{e}^{\mathrm{j}\omega T})^{-\nu} . \tag{4.2}$$

Die von der diskreten Zeit n unabhängige und nur von $\mathrm{e}^{\mathrm{j}\omega T}$ abhängige Summe

$$H(\mathrm{e}^{\mathrm{j}\omega T}) := \sum_{\nu=-\infty}^{\infty} h[\nu](\mathrm{e}^{\mathrm{j}\omega T})^{-\nu} \tag{4.3}$$

wird als *Übertragungsfunktion* des diskontinuierlichen Systems eingeführt. Sie kann, wie aus den Gln. (4.1), (4.2) und (4.3) hervorgeht, auch durch die Eigenschaft

---

1) Siehe hierzu die Fußnote 1 auf Seite 200.

$$H(\mathrm{e}^{\mathrm{j}\omega T}) = \frac{y[n]}{x[n]}\bigg|_{x[n]=\mathrm{e}^{\mathrm{j}\omega nT}} \tag{4.4}$$

charakterisiert werden. Diese Beziehung liefert für den Fall, daß die Eingangsgröße und die Ausgangsgröße des Systems durch die Differenzengleichung

$$y[n]+\alpha_{q-1}y[n-1]+\cdots+\alpha_0 y[n-q] = \beta_q x[n]+\beta_{q-1}x[n-1]+\cdots+\beta_0 x[n-q] \tag{4.6a}$$

miteinander verknüpft sind, mit der Abkürzung

$$z = \mathrm{e}^{\mathrm{j}\omega T} \tag{4.5}$$

die rationale Funktion

$$H(z) = \frac{\beta_q z^q + \beta_{q-1}z^{q-1} + \cdots + \beta_0}{z^q + \alpha_{q-1}z^{q-1} + \cdots + \alpha_0} \tag{4.6b}$$

als eine Darstellung der Übertragungsfunktion. Wie die Gl. (4.3) zeigt, gilt bei einem reellen System stets

$$H(\mathrm{e}^{-\mathrm{j}\omega T}) = H^*(\mathrm{e}^{\mathrm{j}\omega T}). \tag{4.7}$$

Mit Hilfe von Gl.(4.4) kann man die Systemantwort auf eine bereits von $n = -\infty$ an wirkende harmonische Erregung, etwa in der Form

$$x[n] = \cos\omega nT\,, \tag{4.8a}$$

angeben, indem man dieses Signal als halbe Summe von zwei diskontinuierlichen harmonischen Exponentiellen auffaßt, die entsprechenden Systemreaktionen superponiert und die Gl. (4.7) beachtet. In Analogie zum kontinuierlichen Fall ergibt sich für die Systemantwort

$$y[n] = |H(\mathrm{e}^{\mathrm{j}\omega T})|\cos[\omega nT + \arg H(\mathrm{e}^{\mathrm{j}\omega T})]\,, \tag{4.8b}$$

also ein diskontinuierliches harmonisches Signal, das die gleiche Kreisfrequenz ω aufweist wie das Eingangssignal. Damit ist gezeigt, daß die Übertragungsfunktion das Systemverhalten bei harmonischer Erregung charakterisiert. Man spricht davon, daß die Übertragungsfunktion bei variablem ω den *Frequenzgang* beschreibt. Dieser Frequenzgang ist – im Gegensatz zum kontinuierlichen Fall – in Abhängigkeit von ω eine periodische Funktion mit der Periode $2\pi/T$. Man kann den Frequenzgang wie bei kontinuierlichen Systemen durch Realteil und Imaginärteil oder durch Betrag und Phase darstellen. Läßt sich die Übertragungsfunktion in Form von Gl. (4.6b) ausdrücken, dann kann man sich das Verhalten des Frequenzganges wie im kontinuierlichen Fall durch die Pole und Nullstellen von $H(z)$ in der komplexen z-Ebene veranschaulichen. Dabei ist bemerkenswert, daß alle komplexen Pole und alle komplexen Nullstellen paarweise konjugiert auftreten, da $H(z)$ eine reelle Funktion ist, d. h. für reelle z-Werte reelle Funktionswerte liefert.

Die Gl. (4.3), durch welche die Übertragungsfunktion $H(\mathrm{e}^{\mathrm{j}\omega T})$ eingeführt wurde, kann als eine Operation betrachtet werden, durch welche die Impulsantwort $h[n]$ aus dem Zeitbereich in den Frequenzbereich transformiert wird. Wie im nächsten Abschnitt gezeigt wird, kann unter bestimmten Voraussetzungen jedem diskontinuierlichen Signal eine Frequenzfunktion, ein Spektrum, zugeordnet werden. In diesem Sinne darf die Übertragungsfunktion als Spektrum der Impulsantwort betrachtet werden.

2 Spektraldarstellung diskontinuierlicher Signale

2.1 DIE GRUNDGLEICHUNGEN

In diesem Abschnitt soll gezeigt werden, wie man auch einem diskontinuierlichen Signal $f[n]$ ein Spektrum zuweisen kann und welche Bedeutung diese spektrale Signalbeschreibung für die Charakterisierung diskontinuierlicher Systeme im Frequenzbereich hat.

Gegeben sei das diskontinuierliche Signal $f[n]$. Die Werte $f[n]$ sollen als diskrete Funktionswerte eines bandbegrenzten kontinuierlichen Signals $\tilde{f}(t)$ für $t = nT$ $(T > 0$ beliebig wählbar) aufgefaßt werden. Ein solches Signal $\tilde{f}(t)$ kann gemäß Gl. (3.103) mit $\omega_g = \pi/T$ in Form der unendlichen Reihe

$$\tilde{f}(t) = \sum_{n=-\infty}^{\infty} f[n] \frac{\sin \omega_g (t - n\pi/\omega_g)}{\omega_g (t - n\pi/\omega_g)}$$

dargestellt werden, deren Konvergenz für alle t-Werte vorausgesetzt wird. Unterwirft man diese Darstellung der Fourier-Transformation, so ergibt sich das Spektrum

$$\tilde{F}(\mathrm{j}\omega) = p_{\omega_g}(\omega)\, T \sum_{n=-\infty}^{\infty} f[n]\, \mathrm{e}^{-\mathrm{j}\omega nT} . \tag{4.9}$$

Durch Anwendung der Fourier-Umkehrformel (3.19) für $t = nT$ erhält man hieraus

$$f[n] = \frac{1}{2\omega_g} \int_{-\omega_g}^{\omega_g} F(\mathrm{e}^{\mathrm{j}\omega T})\, \mathrm{e}^{\mathrm{j}\omega nT}\, \mathrm{d}\omega \tag{4.10a}$$

mit

$$F(\mathrm{e}^{\mathrm{j}\omega T}) = \sum_{n=-\infty}^{\infty} f[n]\, \mathrm{e}^{-\mathrm{j}\omega nT} \tag{4.10b}$$

und $\omega_g = \pi/T$. Das Gleichungspaar (4.10a,b) bildet eine umkehrbar eindeutige Korrespondenz zwischen dem diskontinuierlichen Signal $f[n]$ und dessen Frequenzfunktion (oder dem Spektrum) $F(\mathrm{e}^{\mathrm{j}\omega T})$, die in Abhängigkeit von ω periodisch ist mit der Grundperiode $2\pi/T = 2\omega_g$. Wie ein Vergleich mit den Gln. (3.86b,c) zeigt, sind die Werte $f[n]$ mit den Fourier-Koeffizienten der periodischen Funktion $F(\mathrm{e}^{\mathrm{j}\omega T})$ identisch. Die Gln. (4.10a,b) entsprechen den Gln. (3.19) und (3.20) für den Fall kontinuierlicher Signale; sie verlieren aber ihren Sinn, wenn die Reihe in Gl. (4.10b) divergiert. Eine notwendige Bedingung für die Konvergenz ist

$$f[n] \to 0 \quad \text{für} \quad n \to \pm\infty ,$$

hinreichend ist die Forderung

$$\sum_{n=-\infty}^{\infty} |f[n]| < \infty . \tag{4.11}$$

Diese Forderung bedeutet die absolute Summierbarkeit des diskontinuierlichen Signals $f[n]$. Man beachte, daß die Auswertung der Rücktransformation nach Gl. (4.10a) eine Integration nur über ein endliches Intervall erfordert, während in der entsprechenden Gl. (3.19) zur Fourier-Rücktransformation die Integration über ein unendlich langes Intervall zu erstrecken ist, das Integral also dort uneigentlich ist. Hierdurch bedingte Schwierigkeiten treten in Gl. (4.10a) nicht auf.

Die durch die Gln. (4.10a,b) eingeführte Transformation soll *diskontinuierliche Fourier-Transformation* genannt und entsprechend dem kontinuierlichen Fall in der Kurzform

$$f[n] \circ\!\!-\!\!\bullet F(e^{j\omega T})$$

geschrieben werden. Gelegentlich wird hierbei die Kreisfrequenz in der normierten Form $\Omega = \omega T$ verwendet, wodurch $(-\pi, \pi)$ zum Grundintervall der mit 2π periodischen Funktion $F(e^{j\Omega})$ wird. Die Transformationsbeziehungen lauten dann

$$f[n] = \frac{1}{2\pi} \int_{-\pi}^{\pi} F(e^{j\Omega})\, e^{j\Omega n}\, d\Omega \tag{4.12a}$$

bzw.

$$F(e^{j\Omega}) = \sum_{n=-\infty}^{\infty} f[n]\, e^{-j\Omega n} . \tag{4.12b}$$

Man beachte, daß $f[n]$ zwar häufig als reelles Signal betrachtet wird, im allgemeinen aber auch eine komplexwertige Funktion sein darf. Das Spektrum $F(e^{j\omega T})$ ist im allgemeinen, auch bei reellen Signalen, eine komplexwertige Funktion. Sie kann also durch Realteil- und Imaginärteilfunktion oder durch Amplituden- und Phasenfunktion ausgedrückt werden, wobei allerdings diese Komponenten im Gegensatz zur Fourier-Transformierten eines kontinuierlichen Signals periodisch in ω mit der Periode $2\pi/T$ (bzw. in Ω mit der Periode 2π) sind.

Beispiel 4.1: Als erstes einfaches Beispiel für die Anwendung der Gln. (4.10a,b) sei die diskontinuierliche Impulsfunktion $\delta[n]$ nach Gl. (1.29) betrachtet. Zunächst liefert die Gl. (4.10b) das Spektrum

$$F(e^{j\omega T}) = 1 , \tag{4.13a}$$

das mit dem der kontinuierlichen Impulsfunktion $\delta(t)$ identisch ist. Führt man das Spektrum in die Gl. (4.10a) ein, so erhält man mit $\omega_g T = \pi$ das Signal

$$f[n] = \frac{1}{2\omega_g} \int_{-\omega_g}^{\omega_g} e^{j\omega n T}\, d\omega = \frac{\sin \pi n}{\pi n} . \tag{4.13b}$$

Dies ist aber genau $\delta[n]$. Man vergleiche die Ähnlichkeit mit den Gln. (3.16a,b) bzw. (3.17).

Die diskontinuierliche Rechteckfunktion

$$p_N[n] = \begin{cases} 1 & \text{für} \quad |n| \leqq N \\ 0 & \text{für} \quad |n| > N \end{cases} \tag{4.14a}$$

besitzt nach Gl. (4.10b) das Spektrum

$$P_N(e^{j\omega T}) = \sum_{n=-N}^{N} e^{-j\omega n T}$$

oder mit $z = e^{j\omega T}$

$$P_N(e^{j\omega T}) = \sum_{n=-N}^{N} z^{-n} = \frac{z^{N+1} - z^{-N}}{z-1} = \frac{z^{N+\frac{1}{2}} - z^{-N-\frac{1}{2}}}{z^{\frac{1}{2}} - z^{-\frac{1}{2}}} ,$$

d. h., wenn z rücksubstituiert wird,

$$P_N(\mathrm{e}^{\mathrm{j}\omega T}) = \frac{\sin[(N+\frac{1}{2})\omega T]}{\sin(\frac{1}{2}\omega T)} . \tag{4.14b}$$

Im Bild 4.1 sind $p_N[n]$ und $P_N(\mathrm{e}^{\mathrm{j}\omega T})$ für $N = 2$ dargestellt.

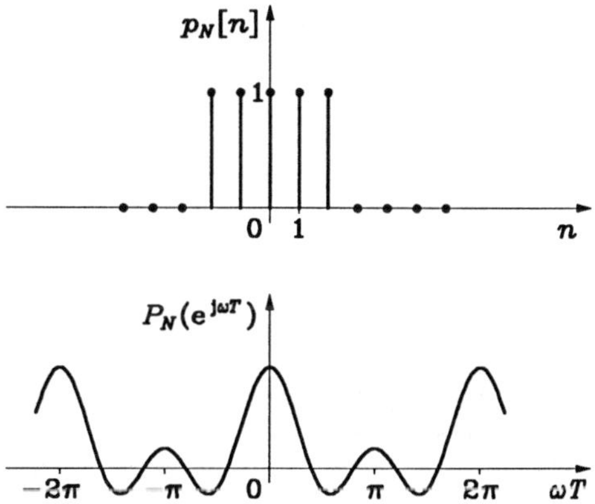

Bild 4.1: Diskontinuierliche Rechteckfunktion mit Spektrum für $N = 2$

Als weiteres Beispiel sei das Signal

$$f[n] = a^n s[n] \quad \text{mit} \quad |a| < 1 \tag{4.15a}$$

gewählt. Aus Gl. (4.10b) ergibt sich

$$F(\mathrm{e}^{\mathrm{j}\omega T}) = \sum_{n=0}^{\infty} a^n \mathrm{e}^{-\mathrm{j}\omega n T}$$

oder mit $z = \mathrm{e}^{\mathrm{j}\omega T}$

$$F(\mathrm{e}^{\mathrm{j}\omega T}) = \sum_{n=0}^{\infty} \left(\frac{a}{z}\right)^n = \frac{1}{1-\frac{a}{z}}$$

und nach Rücksubstitution

$$F(\mathrm{e}^{\mathrm{j}\omega T}) = \frac{1}{1 - a\,\mathrm{e}^{-\mathrm{j}\omega T}} . \tag{4.15b}$$

Bild 4.2 zeigt die Verläufe von $f[n]$, $|F(\mathrm{e}^{\mathrm{j}\omega T})|$ und $\arg F(\mathrm{e}^{\mathrm{j}\omega T})$ für $a = 1/2$.

Schließlich sei das Signal

$$f[n] = a^{|n|} \quad \text{mit} \quad |a| < 1 \tag{4.16a}$$

betrachtet. Man erhält mit Gl. (4.10b)

$$F(\mathrm{e}^{\mathrm{j}\omega T}) = \sum_{n=-\infty}^{\infty} a^{|n|} \mathrm{e}^{-\mathrm{j}\omega n T} = \sum_{n=0}^{\infty} a^n \mathrm{e}^{-\mathrm{j}\omega n T} + \sum_{m=1}^{\infty} a^m \mathrm{e}^{\mathrm{j}\omega m T}$$

oder mit $z = \mathrm{e}^{\mathrm{j}\omega T}$

$$F(\mathrm{e}^{\mathrm{j}\omega T}) = \sum_{n=0}^{\infty} \left(\frac{a}{z}\right)^n + \sum_{m=0}^{\infty} (a\,z)^m - 1 = \frac{1}{1-\frac{a}{z}} + \frac{1}{1-a\,z} - 1 = \frac{1-a^2}{1+a^2-a\left(z+\frac{1}{z}\right)}$$

und damit nach Rücksubstitution

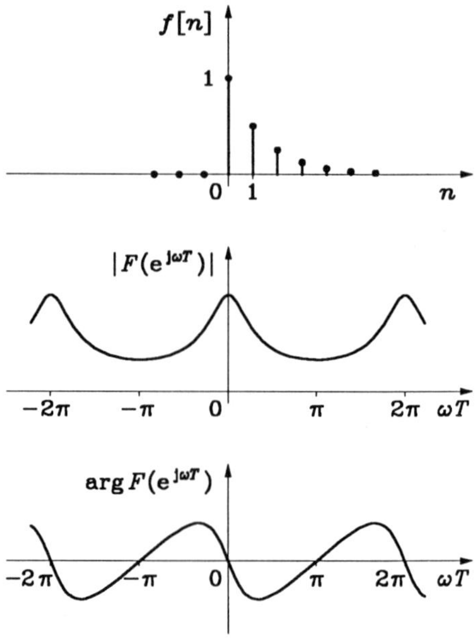

Bild 4.2: Potenzsignal mit $a = 1/2$ und Spektrum

$$F(e^{j\omega T}) = \frac{1-a^2}{1-2a\cos\omega T + a^2}\,. \tag{4.16b}$$

Man kann nun die im Abschnitt 1 eingeführte Übertragungsfunktion $H(e^{j\omega T})$ eines linearen, zeitinvarianten diskontinuierlichen Systems mit einer Eingangsgröße $x[n]$ und einer Ausgangsgröße $y[n]$ als Spektrum der Impulsantwort $h[n]$ im Sinne der Gln. (4.10a,b) auffassen, und man erhält daher neben der Gl. (4.3) als Verknüpfung von Impulsantwort und Übertragungsfunktion die Beziehung

$$h[n] = \frac{1}{2\omega_g}\int_{-\omega_g}^{\omega_g} H(e^{j\omega T})\,e^{j\omega nT}\,d\omega\,. \tag{4.17}$$

Nach Gl. (1.91b) läßt sich der Zusammenhang zwischen den Signalen $x[n]$ und $y[n]$ in der Form

$$y[n] = \sum_{\mu=-\infty}^{\infty} x[n-\mu]\,h[\mu] \tag{4.18a}$$

darstellen. Führt man hier unter Verwendung des Spektrums $X(e^{j\omega T})$ von $x[n]$ für $x[n-\mu]$ die Darstellung gemäß der Gl. (4.10a) ein, so ergibt sich für das Ausgangssignal

$$y[n] = \sum_{\mu=-\infty}^{\infty} \frac{1}{2\omega_g}\left[\int_{-\omega_g}^{\omega_g} X(e^{j\omega T})\,e^{j\omega[n-\mu]T}\,d\omega\right] h[\mu]$$

$$= \frac{1}{2\omega_g}\int_{-\omega_g}^{\omega_g} X(e^{j\omega T})\left(\sum_{\mu=-\infty}^{\infty} h[\mu]\,e^{-j\omega\mu T}\right)e^{j\omega nT}\,d\omega$$

oder mit Gl. (4.3)

$$y[n] = \frac{1}{2\omega_g} \int_{-\omega_g}^{\omega_g} X(\mathrm{e}^{\mathrm{j}\omega T}) H(\mathrm{e}^{\mathrm{j}\omega T}) \mathrm{e}^{\mathrm{j}\omega n T} \, \mathrm{d}\omega . \tag{4.18b}$$

Das Spektrum $Y(\mathrm{e}^{\mathrm{j}\omega T})$ von $y[n]$ entsteht also, wie man der Gl. (4.18b) entnimmt, durch Multiplikation des Spektrums der Eingangsgröße mit der Übertragungsfunktion. Dieses Ergebnis steht in völliger Analogie zur entsprechenden Aussage für lineare, zeitinvariante *kontinuierliche* Systeme, nämlich zu Gl. (3.64b).

2.2 DIE SPEKTRALTRANSFORMATION IM BEREICH DER VERALLGEMEINERTEN FUNKTIONEN

Im folgenden soll gezeigt werden, wie Signale in die Klasse der transformierbaren Funktionen einbezogen werden können, denen direkt nach Gl. (4.10b) kein Spektrum im gewöhnlichen Sinn zugeordnet ist. Diese Erweiterung der Klasse transformierbarer Signale geschieht dadurch, daß in den Spektralfunktionen $F(\mathrm{e}^{\mathrm{j}\omega T})$ δ-Funktionen zugelassen werden. Aus diesen Spektren gewinnt man dann durch entsprechende Auswertung der Gl. (4.10a) im Sinne der Distributionentheorie die zugehörigen Signale.

Es wird zunächst mit $\omega_g = \pi/T$ das Spektrum

$$F(\mathrm{e}^{\mathrm{j}\omega T}) = 2\omega_g \sum_{\nu=-\infty}^{\infty} \delta(\omega - \omega_0 - \nu \, 2\omega_g) \tag{4.19}$$

$$(-\omega_g < \omega_0 < \omega_g)$$

betrachtet. Führt man diese Funktion in die Gl. (4.10a) ein, so ergibt sich aufgrund der Ausblendeigenschaft der δ-Funktion das Signal

$$f[n] = \mathrm{e}^{\mathrm{j}\omega_0 n T} .$$

Dieses Ergebnis wird zusammengefaßt in Form der Korrespondenz

$$\mathrm{e}^{\mathrm{j}\omega_0 n T} \circ\!\!-\!\!\bullet\; 2\pi \sum_{\nu=-\infty}^{\infty} \delta(\omega T - \omega_0 T - \nu \, 2\pi) \tag{4.20}$$

$$(-\pi < \omega_0 T < \pi) .$$

Dabei wurde die Eigenschaft $\delta(ax) = \delta(x)/|a|$ $(a = \mathrm{const} \neq 0)$ der δ-Funktion und $\omega_g = \pi/T$ beachtet. Für $\omega_0 = 0$ erhält man den Sonderfall

$$1 \circ\!\!-\!\!\bullet\; 2\pi \sum_{\nu=-\infty}^{\infty} \delta(\omega T - \nu \, 2\pi) . \tag{4.21}$$

Man kann sich die rechte Seite der Korrespondenz (4.20) auf einem Kreis $z = \mathrm{e}^{\mathrm{j}\omega T}$ $(-\infty < \omega T < \infty)$ in der komplexen z-Ebene durch einen δ-Impuls der Stärke 2π an der Stelle $\omega = \omega_0$ veranschaulichen.

Es soll nun das Spektrum $S(\mathrm{e}^{\mathrm{j}\omega T})$ der Sprungfunktion $s[n]$ ermittelt werden. Ausgangspunkt ist die Darstellung der Sprungfunktion in der Form

$$\longrightarrow \quad s[n] = \frac{1}{2} + \frac{1}{2}\,\mathrm{sgn}[n] + \frac{1}{2}\,\delta[n] \tag{4.22}$$

mit der diskontinuierlichen Signumfunktion

$$\mathrm{sgn}[n] = \begin{cases} 1 & \text{für} \quad n > 0\,, \\ 0 & \text{für} \quad n = 0\,, \\ -1 & \text{für} \quad n < 0\,. \end{cases} \tag{4.23}$$

Zunächst wird das Spektrum $X(\mathrm{e}^{\,\mathrm{j}\omega T})$ der Signumfunktion ermittelt. Man erhält direkt

$$\begin{aligned} X(\mathrm{e}^{\,\mathrm{j}\omega T}) &= \sum_{n=1}^{\infty} (\mathrm{e}^{\,-\mathrm{j}n\omega T} - \mathrm{e}^{\,\mathrm{j}n\omega T}) \\ &= \lim_{N \to \infty} \sum_{n=1}^{N} (\mathrm{e}^{\,-\mathrm{j}n\omega T} - \mathrm{e}^{\,\mathrm{j}n\omega T}) \\ &= \lim_{N \to \infty} \left[\frac{\mathrm{e}^{\,-\mathrm{j}\omega T(N+1)} - \mathrm{e}^{\,-\mathrm{j}\omega T}}{\mathrm{e}^{\,-\mathrm{j}\omega T} - 1} - \frac{\mathrm{e}^{\,\mathrm{j}\omega T(N+1)} - \mathrm{e}^{\,\mathrm{j}\omega T}}{\mathrm{e}^{\,\mathrm{j}\omega T} - 1} \right]. \end{aligned}$$

Wenn man beachtet, daß $\mathrm{e}^{\,\pm\mathrm{j}\omega T(N+1)} = \cos(\omega T(N+1)) \pm \mathrm{j}\,\sin(\omega T(N+1))$ im Sinne der Distributionentheorie für $N \to \infty$ verschwindet, ergibt sich weiterhin

$$\begin{aligned} X(\mathrm{e}^{\,\mathrm{j}\omega T}) &= \frac{\mathrm{e}^{\,-\mathrm{j}\omega T}}{1 - \mathrm{e}^{\,-\mathrm{j}\omega T}} + \frac{\mathrm{e}^{\,\mathrm{j}\omega T}}{\mathrm{e}^{\,\mathrm{j}\omega T} - 1} \\ &= \frac{\mathrm{e}^{\,\mathrm{j}\frac{\omega T}{2}} + \mathrm{e}^{\,-\mathrm{j}\frac{\omega T}{2}}}{\mathrm{e}^{\,\mathrm{j}\frac{\omega T}{2}} - \mathrm{e}^{\,-\mathrm{j}\frac{\omega T}{2}}}\,, \end{aligned}$$

also schließlich die Korrespondenz

$$\mathrm{sgn}[n] \circ\!\!-\!\!\bullet \frac{1}{\mathrm{j}\tan\dfrac{\omega T}{2}}\,. \tag{4.24}$$

Damit kann man bei Beachtung der Korrespondenz (4.21) die Gl. (4.22) in den Spektralbereich überführen und erhält die Zuordnung

$$s[n] \circ\!\!-\!\!\bullet \pi \sum_{\nu=-\infty}^{\infty} \delta(\omega T - \nu 2\pi) + \frac{1}{\mathrm{j}\,2\tan\dfrac{\omega T}{2}} + \frac{1}{2} \tag{4.25a}$$

oder nach Umrechnung

$$s[n] \circ\!\!-\!\!\bullet \frac{1}{1 - \mathrm{e}^{\,-\mathrm{j}\omega T}} + \pi \sum_{\nu=-\infty}^{\infty} \delta(\omega T - \nu 2\pi)\,. \tag{4.25b}$$

Man beachte, daß angesichts der Linearität der Spektraltransformation aus der Korrespondenz (4.20) direkt auch die Spektren für $\cos\omega_0 nT = [\mathrm{e}^{\,\mathrm{j}\omega_0 nT} + \mathrm{e}^{\,-\mathrm{j}\omega_0 nT}]/2$ und $\sin\omega_0 nT = [\mathrm{e}^{\,\mathrm{j}\omega_0 nT} - \mathrm{e}^{\,-\mathrm{j}\omega_0 nT}]/2\mathrm{j}$ angegeben werden können.

Zur Vorbereitung der Spektraltransformation periodischer Signale wird noch die mit einer natürlichen Zahl N periodische Impulsfolge

$$d_N[n] = \sum_{m=-\infty}^{\infty} \delta[n - mN] \tag{4.26}$$

in den Spektralbereich überführt. Man erhält bei Beachtung der Gln. (3.79b) und (3.82) direkt die Korrespondenz

$$d_N[n] \circ\!\!-\!\!\bullet \sum_{m=-\infty}^{\infty} \mathrm{e}^{-\mathrm{j}mN\omega T} = \frac{2\pi}{N} \sum_{m=-\infty}^{\infty} \delta(\omega T - m\,\frac{2\pi}{N})\;. \tag{4.27}$$

2.3 EIGENSCHAFTEN DER SPEKTRALTRANSFORMATION

2.3.1 Elementare Eigenschaften

Im Kapitel III wurde für die Fourier-Transformation eine Reihe von Eigenschaften erörtert, die wichtige Einsichten in die Beschreibung kontinuierlicher Signale im Frequenzbereich ermöglichten und sich darüber hinaus bei der Lösung konkreter Probleme als nützlich erwiesen haben. Die entsprechenden Eigenschaften der Spektraltransformation von diskontinuierlichen Signalen sollen im folgenden besprochen werden. Soweit sie nicht ausdrücklich bewiesen werden, resultieren sie unmittelbar aus den Gln. (4.10a,b).

(a) Linearität
Aus den Zuordnungen

$$f_1[n] \circ\!\!-\!\!\bullet F_1(\mathrm{e}^{\mathrm{j}\omega T}), \quad f_2[n] \circ\!\!-\!\!\bullet F_2(\mathrm{e}^{\mathrm{j}\omega T})$$

folgt mit willkürlichen Konstanten a_1 und a_2 die Korrespondenz

$$a_1 f_1[n] + a_2 f_2[n] \circ\!\!-\!\!\bullet a_1 F_1(\mathrm{e}^{\mathrm{j}\omega T}) + a_2 F_2(\mathrm{e}^{\mathrm{j}\omega T})\,.$$

(b) Zeitverschiebung
Aus der Zuordnung

$$f[n] \circ\!\!-\!\!\bullet F(\mathrm{e}^{\mathrm{j}\omega T})$$

folgt die Korrespondenz

$$f[n - n_0] \circ\!\!-\!\!\bullet \mathrm{e}^{-\mathrm{j}\omega T n_0} F(\mathrm{e}^{\mathrm{j}\omega T})\,.$$

Beweis: Um diese Eigenschaft nachzuweisen, braucht man nur $f[n - n_0]$ in Gl. (4.10b) einzusetzen und $m := n - n_0$ als neue Summationsvariable zu verwenden.

(c) Frequenzverschiebung
Aus der Korrespondenz

$$f[n] \circ\!\!-\!\!\bullet F(e^{j\omega T})$$

folgt die Zuordnung

$$f[n]\, e^{j\omega_0 n T} \circ\!\!-\!\!\bullet F(e^{j(\omega-\omega_0)T}).$$

Beweis: Um diese Eigenschaft nachzuweisen, braucht man nur $F(e^{j(\omega-\omega_0)T})$ in Gl. (4.10a) einzusetzen und anschließend $\tilde{\omega} := \omega - \omega_0$ zu substituieren.

(d) Zeit- und Frequenz-Skalierung
Aus der Korrespondenz

$$f[n] \circ\!\!-\!\!\bullet F(e^{j\omega T})$$

folgt die Zuordnung

$$f[-n] \circ\!\!-\!\!\bullet F(e^{-j\omega T}).$$

Beweis: Man hat nur $f[-n]$ in Gl. (4.10b) einzusetzen und $m := -n$ zu substituieren.

Zu $f[n]$ wird nun nach Wahl einer natürlichen Zahl k das Signal

$$f_{(k)}[n] := \begin{cases} f[n/k], & \text{falls } n \text{ ein ganzzahliges Vielfaches von } k \text{ ist},\\ 0 & \text{sonst} \end{cases}$$

eingeführt. Man erhält, anschaulich gesprochen, $f_{(k)}[n]$ aus $f[n]$, indem man jeweils zwischen zwei aufeinanderfolgende Werte des ursprünglichen Signals $k-1$ Nullen schiebt. Der Übergang von $f[n]$ zu $f_{(k)}[n]$ bedeutet also gewissermaßen eine Verlangsamung des Zeitvorgangs. Führt man $f_{(k)}[n]$ in die Gl. (4.10b) ein, so ergibt sich als zugehöriges Spektrum

$$F_{(k)}(e^{j\omega T}) = \sum_{n=-\infty}^{\infty} f_{(k)}[n]\, e^{-j\omega n T} = \sum_{\nu=-\infty}^{\infty} f_{(k)}[\nu k]\, e^{-j\omega \nu k T} = \sum_{\nu=-\infty}^{\infty} f[\nu]\, e^{-j(k\omega)\nu T} = F(e^{jk\omega T}).$$

Es besteht also die Korrespondenz

$$f_{(k)}[n] \circ\!\!-\!\!\bullet F(e^{jk\omega T}).$$

Man beachte, daß das Spektrum $F(e^{jk\omega T})$ die Periode $2\pi/(kT)$ hat, im Gegensatz zur Periode $2\pi/T$ von $F(e^{j\omega T})$. Durch die Verlangsamung des Zeitvorgangs, die durch den Übergang von $f[n]$ zu $f_{(k)}[n]$ eintritt, erfolgt eine Kompression des Spektrums. Es handelt sich hier um eine Erscheinung, welche die Reziprozität zwischen Zeit und Frequenz (wie im kontinuierlichen Fall) ausdrückt. Diese Eigenschaft ist am Beispiel der durch die Gln. (4.16a,b) gegebenen Korrespondenz im Bild 4.3 für $k = 2$ erläutert.

(e) Symmetrieeigenschaften der Spektraltransformation
Ist $f[n]$ ein reelles Signal, so gilt für das Spektrum

$$F(e^{j\omega T}) = F^*(e^{-j\omega T}).$$

Hieraus folgt unmittelbar, daß $\operatorname{Re} F(e^{j\omega T})$ und $|F(e^{j\omega T})|$ gerade, dagegen $\operatorname{Im} F(e^{j\omega T})$ und $\arg F(e^{j\omega T})$ ungerade Funktionen von ω sind. Dem Signal $f[n]$ kann man seinen gera-

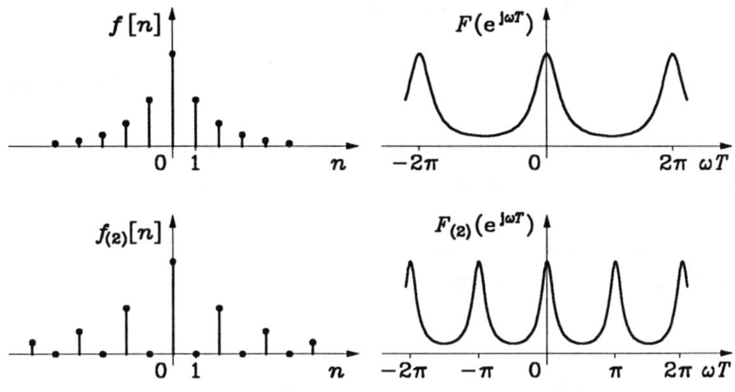

Bild 4.3: Erläuterung der Zeit- und Frequenz-Skalierung

den Teil

$$f_g[n] = \frac{1}{2}\{f[n] + f[-n]\}$$

und seinen ungeraden Teil

$$f_u[n] = \frac{1}{2}\{f[n] - f[-n]\}$$

zuordnen, so daß

$$f[n] = f_g[n] + f_u[n]$$

gilt. Dann bestehen die Korrespondenzen

$$f_g[n] \circ\!\!-\!\!\bullet \operatorname{Re} F(e^{j\omega T}) \quad \text{und} \quad f_u[n] \circ\!\!-\!\!\bullet \mathrm{j} \operatorname{Im} F(e^{j\omega T}).$$

(f) Differenzbildung und Summation im Zeitbereich

Es bestehe die Korrespondenz

$$f[n] \circ\!\!-\!\!\bullet F(e^{j\omega T}).$$

Durch Anwendung der Zeitverschiebungs- und der Linearitätseigenschaft erhält man die Korrespondenz für das Differenzsignal

$$f[n] - f[n-1] \circ\!\!-\!\!\bullet (1 - e^{-j\omega T}) F(e^{j\omega T}). \tag{4.28}$$

Es wird nun das Summensignal

$$g[n] = \sum_{\nu=-\infty}^{n} f[\nu]$$

eingeführt. Man kann es auch als Faltungssumme

$$g[n] = \sum_{\nu=-\infty}^{\infty} f[\nu] s[n-\nu] = f[n] * s[n]$$

schreiben. Nach dem noch zu erörternden Faltungssatz erhält man das Spektrum von $g[n]$ einfach als Produkt der Spektren von $f[n]$ und $s[n]$. Daher ergibt sich mit Korrespondenz (4.25b)

$$\sum_{\nu=-\infty}^{n} f[\nu] \circ\!\!-\!\!\bullet \frac{1}{1-e^{-j\omega T}} F(e^{j\omega T}) + \omega_g F(1) \sum_{\nu=-\infty}^{\infty} \delta(\omega - \nu 2\omega_g) . \tag{4.29}$$

Die Korrespondenzen (4.28) und (4.29) sind vergleichbar mit den Eigenschaften der Differentiation und Integration im kontinuierlichen Fall nach Kapitel III, Abschnitt 3.1, f.

(g) Differentiation im Frequenzbereich

Es bestehe die Korrespondenz

$$f[n] \circ\!\!-\!\!\bullet F(e^{j\omega T}) .$$

Differenziert man die Gl. (4.10b) nach ω, so folgt

$$\frac{dF(e^{j\omega T})}{d\omega} = \sum_{n=-\infty}^{\infty} \{-jnT f[n]\} e^{-j\omega nT} ,$$

also die Korrespondenz

$$nf[n] \circ\!\!-\!\!\bullet j \frac{dF(e^{j\omega T})}{d(\omega T)} .$$

2.3.2 Weitere Sätze

(a) **Der Faltungssatz**

Es mögen die Korrespondenzen

$$f_1[n] \circ\!\!-\!\!\bullet F_1(e^{j\omega T}) \quad \text{und} \quad f_2[n] \circ\!\!-\!\!\bullet F_2(e^{j\omega T})$$

bestehen. Aus den Signalen $f_1[n]$ und $f_2[n]$ wird die Faltungssumme

$$f[n] = \sum_{\nu=-\infty}^{\infty} f_1[\nu] f_2[n-\nu] \tag{4.30}$$

gebildet, die der Spektraltransformation gemäß Gl. (4.10b) unterworfen werden soll. Vertauscht man dabei die Reihenfolge der Summationen, was unter bestimmten Voraussetzungen, wie z. B. der quadratischen Summierbarkeit der beiden Signale $f_1[n]$ und $f_2[n]$ (man vergleiche auch Kapitel III, Abschnitt 3.2), erlaubt ist, so erhält man für das Spektrum $F(e^{j\omega T})$ von $f[n]$

$$F(e^{j\omega T}) = \sum_{\nu=-\infty}^{\infty} f_1[\nu] \sum_{n=-\infty}^{\infty} f_2[n-\nu] e^{-j\omega nT} .$$

Wird jetzt die Summationsvariable n durch die Variable $\mu = n - \nu$ ersetzt, so folgt die Darstellung

$$F(e^{j\omega T}) = \sum_{\nu=-\infty}^{\infty} f_1[\nu] e^{-j\omega\nu T} \sum_{\mu=-\infty}^{\infty} f_2[\mu] e^{-j\omega\mu T} ,$$

d. h.

$$F(e^{j\omega T}) = F_1(e^{j\omega T})F_2(e^{j\omega T}). \tag{4.31}$$

Hierdurch wird der Faltungssatz ausgedrückt. Er besagt, daß das Spektrum einer Faltungssumme gleich dem Produkt der Spektren der an der Faltung beteiligten Signale ist.

Wie bei der Fourier-Transformation kontinuierlicher Signale gibt es auch hier eine entsprechende duale Aussage, die nunmehr hergeleitet werden soll. Ausgangspunkt ist das Produktsignal

$$f[n] = f_1[n]f_2[n], \tag{4.32}$$

das gemäß Gl. (4.10b) der Spektraltransformation unterworfen wird. Dadurch erhält man das Spektrum von $f[n]$ zu

$$F(e^{j\omega T}) = \sum_{n=-\infty}^{\infty} f_1[n]f_2[n]e^{-j\omega nT}.$$

In dieser Summe wird jetzt $f_1[n]$ durch die Spektraldarstellung gemäß Gl. (4.10a) ersetzt, und es wird anschließend die Reihenfolge von Summation und Integration vertauscht. So entsteht zunächst die Darstellung

$$F(e^{j\omega T}) = \frac{1}{2\omega_g} \int_{-\omega_g}^{\omega_g} F_1(e^{j\eta T}) \left\{ \sum_{n=-\infty}^{\infty} f_2[n]e^{-j(\omega-\eta)nT} \right\} d\eta .$$

Der in geschweiften Klammern stehende Ausdruck stimmt mit $F_2(e^{j(\omega-\eta)T})$ überein. Damit gelangt man zum Ergebnis

$$F(e^{j\omega T}) = \frac{1}{2\omega_g} \int_{-\omega_g}^{\omega_g} F_1(e^{j\eta T})F_2(e^{j(\omega-\eta)T})\, d\eta . \tag{4.33}$$

Das Spektrum des Produktsignals läßt sich also durch Faltung der periodischen Spektren der am Produkt beteiligten Signale gemäß Gl. (4.33) ausdrücken. Man beachte, daß hierbei das Faltungsintegral nur über eine Periode gebildet wird, weshalb man auch von periodischer oder zyklischer Faltung spricht.

(b) Parsevalsche Formel

Für ein im allgemeinen komplexwertiges Signal $f[n]$ mit dem Spektrum $F(e^{j\omega T})$ folgt aus Gl. (4.10b)

$$f^*[n] \circ\!\!-\!\!\bullet \{F(e^{-j\omega T})\}^* .$$

Damit läßt sich der Gl. (4.33) die Beziehung

$$\sum_{n=-\infty}^{\infty} f_1[n]f_2^*[n]e^{-j\omega nT} = \frac{1}{2\omega_g} \int_{-\omega_g}^{\omega_g} F_1(e^{j\eta T})\{F_2(e^{-j(\omega-\eta)T}\}^*\, d\eta$$

entnehmen, aus der für $\omega = 0$

$$\sum_{n=-\infty}^{\infty} f_1[n]f_2^*[n] = \frac{1}{2\omega_g} \int_{-\omega_g}^{\omega_g} F_1(e^{j\eta T})\{F_2(e^{j\eta T})\}^*\, d\eta \tag{4.34}$$

folgt. Wählt man speziell $f_1[n] \equiv f_2[n] \equiv f[n]$ mit $F_1(e^{j\omega T}) \equiv F_2(e^{j\omega T}) \equiv F(e^{j\omega T})$, so ergibt sich die Parsevalsche Formel

$$\sum_{n=-\infty}^{\infty} |f[n]|^2 = \frac{1}{2\omega_g} \int_{-\omega_g}^{\omega_g} |F(e^{j\omega T})|^2 d\omega = \frac{1}{2\pi} \int_{-\pi}^{\pi} |F(e^{j\Omega})|^2 d\Omega . \tag{4.35}$$

Die Summe auf der linken Seite nennt man Signalenergie und die Gleichung selbst gelegentlich Energie-Theorem, während dann Gl. (4.34) Parsevalsches Theorem heißt.

(c) Anwendungen

Nach Gl. (1.92) läßt sich das Ausgangssignal $y[n]$ eines linearen, zeitinvarianten und stabilen diskontinuierlichen Systems mit einem Eingang und einem Ausgang durch Faltung des Eingangssignals $x[n]$ mit der Impulsantwort $h[n]$ darstellen. Setzt man die Existenz des Spektrums $X(e^{j\omega T})$ von $x[n]$ voraus, dann lautet die der Gl. (1.92) im Frequenzbereich entsprechende Aussage gemäß dem Faltungssatz

$$Y(e^{j\omega T}) = H(e^{j\omega T}) X(e^{j\omega T}) . \tag{4.36}$$

Hierbei bedeutet $Y(e^{j\omega T})$ das Spektrum von $y[n]$ und $H(e^{j\omega T})$ die Übertragungsfunktion des Systems. Es ist zu beachten, daß die Verknüpfung zwischen Eingangs- und Ausgangsgröße nach Gl. (4.36), die im Einklang mit Gl. (4.18b) ist, wie im kontinuierlichen Fall einfacher ist als die entsprechende Verknüpfung im Zeitbereich. Die Übertragungsfunktion $H(e^{j\omega T})$ hat also bei linearen und zeitinvarianten diskontinuierlichen Systemen die gleiche Bedeutung wie die Übertragungsfunktion $H(j\omega)$ bei linearen und zeitinvarianten kontinuierlichen Systemen. Werden nun beispielsweise zwei Systeme mit den Übertragungsfunktionen $H_1(e^{j\omega T})$ bzw. $H_2(e^{j\omega T})$ rückwirkungsfrei in Kaskade zu einem Gesamtsystem verbunden, so ist dessen Übertragungsfunktion gleich dem Produkt von $H_1(e^{j\omega T})$ und $H_2(e^{j\omega T})$.

Beispiel 4.2: Es sei ein lineares, zeitinvariantes System mit der Impulsantwort

$$h[n] = \delta[n-N]$$

(N = const) betrachtet. Die Übertragungsfunktion ist

$$H(e^{j\omega T}) = \sum_{n=-\infty}^{\infty} \delta[n-N] e^{-j\omega nT} = e^{-j\omega NT} .$$

Der Zusammenhang zwischen Eingangs- und Ausgangsgröße lautet also im Frequenzbereich

$$Y(e^{j\omega T}) = X(e^{j\omega T}) e^{-j\omega NT} ,$$

dem im Zeitbereich die Verknüpfung

$$y[n] = x[n-N]$$

entspricht. Beim betrachteten System handelt es sich also um einen Verzögerer (um N "Takte").

Die Multiplikation eines Signals $f_1[n]$, dessen Spektrum $F_1(e^{j\omega T})$ sei, mit dem speziellen Signal

$$f_2[n] = (-1)^n$$

kann in der Form

$$f[n] = f_1[n] e^{j\omega_g nT}$$

geschrieben werden. Die Auswirkung dieser Maßnahme im Frequenzbereich läßt sich entweder aufgrund der

Frequenzverschiebungseigenschaft oder mit Hilfe des durch die Gln. (4.32) und (4.33) ausgedrückten Faltungssatzes leicht angeben. In letzterem Fall muß man das Spektrum $F_1(\mathrm{e}^{\,\mathrm{j}\omega T})$ mit dem durch die Korrespondenz (4.20) gegebenen Spektrum von $\mathrm{e}^{\,\mathrm{j}\omega_g nT}$

$$F_2(\mathrm{e}^{\,\mathrm{j}\omega T}) = 2\omega_g \sum_{\nu=-\infty}^{\infty} \delta(\omega - \{2\nu + 1\}\omega_g)$$

nach Gl. (4.33) falten und erhält

$$F(\mathrm{e}^{\,\mathrm{j}\omega T}) = \int_{-\omega_g}^{\omega_g} F_1(\mathrm{e}^{\,\mathrm{j}\eta T}) \sum_{\nu=-\infty}^{\infty} \delta(\omega - \{2\nu + 1\}\,\omega_g - \eta)\,\mathrm{d}\eta = F_1(\mathrm{e}^{\,\mathrm{j}(\omega-\omega_g)T}).$$

Die Multiplikation (Modulation) eines Signals mit $(-1)^n$ bewirkt also eine Verschiebung des Spektrums um (die halbe Periode) ω_g. Wegen der Periodizität des Spektrums bewirkt dies eine gegenseitige Vertauschung der Niederfrequenz- und Hochfrequenz-Bereiche.

2.4 DIGITALE SIMULATION KONTINUIERLICHER SYSTEME

Im Zusammenhang mit den Gln. (4.18b) und (3.64b) soll folgende für die digitale Simulation kontinuierlicher Systeme fundamentale Frage beantwortet werden: Wie muß zur gegebenen Übertragungsfunktion $\widetilde{H}(\mathrm{j}\omega)$ eines kontinuierlichen Systems, das zum Eingangssignal $\widetilde{x}(t)$ das Ausgangssignal $\widetilde{y}(t)$ liefert, die Übertragungsfunktion $H(\mathrm{e}^{\,\mathrm{j}\omega T})$ eines diskontinuierlichen Systems gewählt werden, damit dieses bei Erregung durch die Abtastwerte von $\widetilde{x}(t)$ stets mit den Abtastwerten von $\widetilde{y}(t)$ reagiert? Das gesuchte System soll also bei Erregung durch das diskontinuierliche Signal

$$x[n] = \widetilde{x}(nT) \tag{4.37a}$$

mit dem Signal

$$y[n] = \widetilde{y}(nT) \tag{4.37b}$$

antworten.

Die durch die Gln. (4.37a,b) ausgedrückte Simulationsbedingung läßt sich aufgrund des Abtasttheorems und angesichts der Gln. (4.18b) und (3.64b) nur dadurch erfüllen, daß ausschließlich bandbegrenzte Signale $\widetilde{x}(t)$ zugelassen werden, für die also die Einschränkung

$$\widetilde{X}(\mathrm{j}\omega) \equiv 0 \quad \text{für} \quad |\,\omega\,| > \omega_g = \frac{\pi}{T} \tag{4.38}$$

besteht. Schränkt man nun in dieser Weise die Klasse der zugelassenen Eingangssignale ein, dann wird gemäß den Gln. (4.18b) und (3.64b) die Simulationsbedingung genau dadurch erfüllt, daß man

$$H(\mathrm{e}^{\,\mathrm{j}\omega T}) \equiv \widetilde{H}(\mathrm{j}\omega) \quad \text{für} \quad |\,\omega\,| < \omega_g = \frac{\pi}{T} \tag{4.39}$$

wählt, da aufgrund der Gln. (4.9) und (4.10b)

$$\widetilde{X}(\mathrm{j}\omega) \equiv T\,X(\mathrm{e}^{\,\mathrm{j}\omega T}) \quad \text{für} \quad |\,\omega\,| < \omega_g$$

gilt. Das somit gefundene Ergebnis wird zusammengefaßt im

Satz IV.1 (*Simulations-Theorem*): Läßt man als Eingangsgrößen eines durch die Übertragungsfunktion $\widetilde{H}(\mathrm{j}\omega)$ charakterisierten linearen, zeitinvarianten kontinuierlichen Systems mit einem Eingang und einem Ausgang nur bandbegrenzte Signale zu, die also die Einschränkung nach Gl. (4.38) erfüllen, dann kann dieses System im Sinne der Bedingungen von Gln. (4.37a,b) durch ein lineares, zeitinvariantes diskontinuierliches System mit einem Eingang und einem Ausgang simuliert werden, indem der Frequenzgang des diskontinuierlichen Systems nach Gl. (4.39) gewählt wird.

Ergänzend soll noch folgendes bemerkt werden: Erregt man das durch Gl. (4.39) gekennzeichnete diskontinuierliche System mit einem Impuls $x[n] = \delta[n]$, dessen Spektrum $X(\mathrm{e}^{\mathrm{j}\omega T})$ nach Gl. (4.10b) identisch Eins ist, dann erhält man nach Gl. (4.18b) und mit Gl. (4.39) für die Impulsantwort

$$h[n] = \frac{1}{2\omega_g} \int_{-\omega_g}^{\omega_g} \widetilde{H}(\mathrm{j}\omega)\,\mathrm{e}^{\mathrm{j}\omega nT}\,\mathrm{d}\omega = \frac{T}{2\pi} \int_{-\infty}^{\infty} p_{\omega_g}(\omega)\widetilde{H}(\mathrm{j}\omega)\,\mathrm{e}^{\mathrm{j}\omega nT}\,\mathrm{d}\omega\,,$$

d. h.

$$h[n] = T\,\widetilde{h}_{\omega_g}(nT)\,. \tag{4.40}$$

Dabei bedeutet $\widetilde{h}_{\omega_g}(t)$ die Impulsantwort des kontinuierlichen Systems mit der (rechteckförmig beschnittenen) Übertragungsfunktion $p_{\omega_g}(\omega)\widetilde{H}(\mathrm{j}\omega)$. Das Simulationssystem läßt sich also auch durch seine Impulsantwort nach Gl. (4.40) kennzeichnen.

Abschließend sei noch bemerkt, daß das kontinuierliche Ausgangssignal $\widetilde{y}(t)$ in gewohnter Weise (Kapitel III, Abschnitt 4.5) durch Demodulation von $y[n]$ gewonnen werden kann, da $\widetilde{y}(t)$ ebenfalls bandbegrenzt ist.

2.5 SPEKTRALDARSTELLUNG PERIODISCHER DISKONTINUIERLICHER SIGNALE

Die Grundgleichungen. Hat ein diskontinuierliches Signal $f[n]$ die Eigenschaft der Periodizität, gilt also mit einer (kleinstmöglichen) natürlichen Zahl N, der Periode, die Identität

$$f[n] = f[n+N]\,, \tag{4.41}$$

dann läßt sich $f[n]$ nach Gl. (4.10b) direkt kein Spektrum im gewöhnlichen Sinne zuordnen, da die unendliche Reihe in dieser Gleichung divergiert. Eine entsprechende Schwierigkeit hätte es beim Versuch gegeben, einem periodischen kontinuierlichen Signal nach Gl. (3.20) ohne Einbeziehung von Distributionen eine Fourier-Transformierte zuzuweisen und das Signal aufgrund der Gl. (3.19) darzustellen. Aus diesem Grund wurden die Fourier-Reihen eingeführt, und es gelang, periodische kontinuierliche Signale mittels unendlicher trigonometrischer Polynome – man vergleiche diesbezüglich die Gln. (3.86c) und (3.86b) – darzustellen. Im folgenden soll gezeigt werden, daß in Analogie zur Fourier-Reihendarstellung periodischer kontinuierlicher Signale die Möglichkeit besteht, periodische diskontinuierliche Signale durch endliche trigonometrische Polynome auszudrücken.

Zunächst wird neben der Funktion $f[n]$ (Bild 4.4a) das diskontinuierliche Signal

$$f_0[n] = \begin{cases} f[n] & \text{für} \quad n = 0, 1, \ldots, N-1\,, \\ 0 & \text{sonst} \end{cases}$$

eingeführt. Man kann nun die Funktion $f[n]$ durch Faltung von $f_0[n]$ mit der periodischen

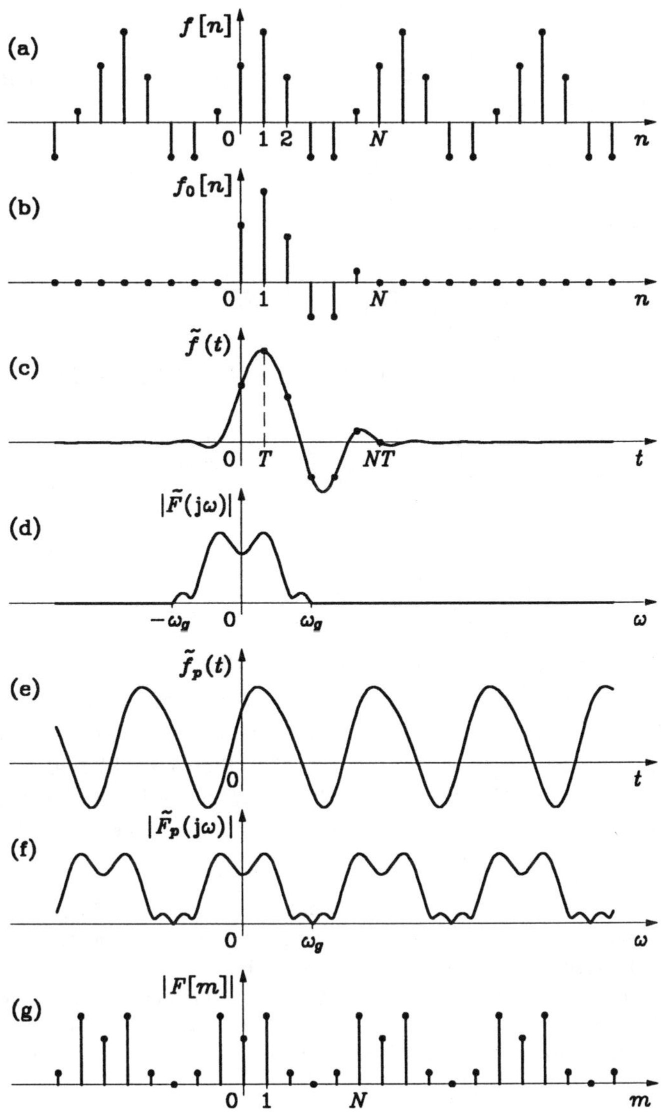

Bild 4.4: Zur Einführung des diskontinuierlichen Spektrums eines periodischen diskontinuierlichen Signals

Impulsfolge $d_N[n]$ nach Gl. (4.26) erzeugen, d.h. es gilt

$$f[n] = \sum_{\nu=-\infty}^{\infty} f_0[\nu] d_N[n-\nu] \ . \tag{4.42}$$

Unterwirft man diese Beziehung der Spektraltransformation, wobei das Spektrum von $f_0[n]$ mit

$$F_0(e^{j\omega T}) = \sum_{n=0}^{N-1} f[n]\, e^{-jn\omega T}$$

bezeichnet wird, und beachtet den Faltungssatz, so ergibt sich mit Korrespondenz (4.27) als Spektrum von $f[n]$

$$F(e^{j\omega T}) = \frac{2\pi}{N} \sum_{m=-\infty}^{\infty} F[m]\, \delta(\omega T - \frac{2\pi}{N} m) \tag{4.43}$$

mit der Abkürzung

$$F[m] := \sum_{n=0}^{N-1} f[n]\, e^{-jnm\frac{2\pi}{N}} . \tag{4.44b}$$

Durch Anwendung der Umkehrformel (4.10a) bei modifizierter Wahl des Grundintervalls folgt

$$f[n] = \frac{T}{2\pi} \int_0^{2\pi/T} e^{j\omega nT} \frac{2\pi}{N} \sum_{m=-\infty}^{\infty} F[m]\, \delta(\omega T - \frac{2\pi}{N} m)\, d\omega$$

oder

$$f[n] = \frac{1}{N} \sum_{m=0}^{N-1} F[m]\, e^{j\frac{2\pi}{N} mn} . \tag{4.44a}$$

Aufgrund dieser Beziehungen wird nun $F[m]$ nach Gl. (4.44b) das diskrete *Spektrum* des periodischen Signals $f[n]$ genannt. Damit ist es gelungen, ein periodisches diskontinuierliches Signal $f[n]$ mit Hilfe seines durch Gl. (4.44b) gegebenen diskreten Spektrums nach Gl. (4.44a) eindeutig darzustellen. Die Gln. (4.44a,b) sind mit den Gln. (3.86c,b) für die entsprechende Darstellung periodischer kontinuierlicher Signale zu vergleichen. Der unendlichen Reihe in Gl. (3.86c) entspricht die endliche Summe in Gl. (4.44a); dem Integral in Gl. (3.86b) entspricht die Summe in Gl. (4.44b).

Die Gln. (4.44a,b) können auch dadurch begründet werden, daß man zunächst nach dem Vorbild von Abschnitt 2.1 der Funktion $f_0[n]$ ein bandbegrenztes kontinuierliches Signal $\tilde{f}(t)$ zuordnet (Bild 4.4c), das die Werte $f_0[n] = \tilde{f}(nT)$ interpoliert und dessen begrenztes Spektrum (Bild 4.4d) mit $\tilde{F}(j\omega)$ bezeichnet wird. Für die Grenzkreisfrequenz gilt dabei $\omega_g = \pi/T$. Aus $\tilde{f}(t)$ und $\tilde{F}(j\omega)$ werden gemäß den Gln. (3.147a,b) mit $T_1 = NT$ und mit $\Omega_1 = 2\omega_g = 2\pi/T = N(2\pi/T_1) = N\Omega$ die periodischen Funktionen $\tilde{f}_p(t)$ und $\tilde{F}_p(j\omega)$ (Bild 4.4e,f) konstruiert. Es gilt für alle ganzzahligen n

$$\tilde{f}_p(nT) = f[n] .$$

Die periodische kontinuierliche Funktion $\tilde{f}_p(t)$ interpoliert also die periodische Wertefolge $f[n]$, und es gilt $\tilde{F}_p(j\omega) \equiv \tilde{F}(j\omega)$ für $|\omega| < \omega_g$. Schließlich wird die (im allgemeinen komplexwertige) periodische diskontinuierliche Funktion

$$F[m] = \frac{\tilde{F}_p(jm\Omega)}{T}$$

betrachtet (Bild 4.4g). Da die diskontinuierlichen Funktionen $f[n] = \tilde{f}_p(nT)$ und $TF[m] = \tilde{F}_p(jm\Omega)$ im Sinne der Gl. (3.151) und (3.153) miteinander verknüpft sind, ergeben sich damit unmittelbar die Beziehungen (4.44a,b).

Begründung mittels Orthogonalentwicklung. Im folgenden sollen die Gln. (4.44a,b) noch auf eine weitere interessante Art begründet werden. Wie im Kapitel I, Abschnitt 1.4.2 gezeigt wurde, gibt es genau N voneinander verschiedene periodische Exponentialfunktionen

$$\varphi_\mu[n] = \mathrm{e}^{\mathrm{j}\frac{2\pi}{N}\mu n} \quad (\mu = 0, 1, \ldots, N-1) \tag{4.45}$$

mit der Periode N. Dabei ist zu beachten, daß $\varphi_\mu[n] = \varphi_{\mu+rN}[n]$ für beliebiges ganzzahliges r gilt. Diese "Basisfunktionen" weisen die Orthogonalitätseigenschaft

$$\sum_{n=0}^{N-1} \varphi_\mu[n]\,\varphi_\nu^*[n] = N\,\delta[\mu-\nu] = \begin{cases} N & \text{für} \quad \mu = \nu\,, \\ 0 & \text{für} \quad \mu \neq \nu \end{cases} \tag{4.46}$$

auf, wobei μ und ν Werte nur aus der Menge $\{0, 1, \ldots, N-1\}$ annehmen dürfen.

Beweis: Zum Nachweis dieser Eigenschaft setzt man zunächst $\zeta := \mathrm{e}^{\mathrm{j}\frac{2\pi}{N}(\mu-\nu)}$. Beachtet man, daß die Beziehungen

$$1 + \zeta + \zeta^2 + \cdots + \zeta^{N-1} = \begin{cases} \dfrac{\zeta^N - 1}{\zeta - 1} & \text{falls} \quad \zeta \neq 1\,, \\ N & \text{falls} \quad \zeta = 1 \end{cases}$$

und

$$\zeta^N = \mathrm{e}^{\mathrm{j}2\pi(\mu-\nu)} = 1 \tag{4.47}$$

bestehen, dann erkennt man die Richtigkeit der Gl. (4.46) sofort, da die linke Seite der Gl. (4.46) mit dem Ausdruck in Gl. (4.47) identisch ist; es gilt hierbei $\zeta = 1$ für $\mu = \nu$ und $\zeta \neq 1$, aber $\zeta^N = 1$, damit also $(\zeta^N - 1)/(\zeta - 1) = 0$ für $\mu \neq \nu$.

Man kann die Darstellung der periodischen Funktion $f[n]$ nach den Gln. (4.44a,b) als Entwicklung nach den orthogonalen Funktionen aus Gl. (4.45) in der Form

$$f[n] = \sum_{\mu=0}^{N-1} A_\mu \varphi_\mu[n] \tag{4.48}$$

mit $A_\mu = F[\mu]/N$ auffassen. Die Koeffizienten A_μ können nun auch dadurch gewonnen werden, daß man die Gl. (4.48) mit $\varphi_m^*[n]$ durchmultipliziert und nach n von 0 bis $N-1$ summiert. Auf diese Weise ergibt sich

$$\sum_{n=0}^{N-1} f[n]\,\varphi_m^*[n] = \sum_{\mu=0}^{N-1} A_\mu \sum_{n=0}^{N-1} \varphi_\mu[n]\,\varphi_m^*[n]$$

oder, wenn man Gl. (4.46) berücksichtigt,

$$\sum_{n=0}^{N-1} f[n]\,\varphi_m^*[n] = A_m N = F[m]\,.$$

Dieses Ergebnis ist aber identisch mit Gl. (4.44b).

Man kann entsprechend zur Korrespondenz (4.20) die Zuordnung

$$\varphi_\mu[n] \circ\!\!-\!\!\bullet\; 2\pi \sum_{\nu=-\infty}^{\infty} \delta\Big(\omega T - \frac{2\pi}{N}\mu - \nu 2\pi\Big) \tag{4.49}$$

erhalten. Damit läßt sich erneut das dem periodischen Signal $f[n]$ zugeordnete (kontinuierliche) Spektrum angeben, indem man die Summe in Gl. (4.48) gliedweise gemäß Korrespondenz (4.49) transformiert. Dadurch erhält man

$$F(\mathrm{e}^{\mathrm{j}\omega T}) = \sum_{\mu=0}^{N-1} 2\pi A_\mu \sum_{\nu=-\infty}^{\infty} \delta\Big(\omega T - \frac{2\pi}{N}\mu - \nu 2\pi\Big) \quad \text{mit} \quad A_\mu = F[\mu]/N \tag{4.50}$$

oder, wenn man die Periodizität der Koeffizienten A_μ ausnützt, die Gl. (4.43).

Anwendungen. Man kann das Ergebnis beispielsweise dazu verwenden, die stationäre Antwort eines diskontinuierlichen Systems mit einem Eingang, einem Ausgang und mit der Übertragungsfunktion $H(\mathrm{e}^{\mathrm{j}\omega T})$ bei Erregung durch ein periodisches Signal $x[n]$ mit der Periode N zu ermitteln. Bezeichnet $X[m]$ das durch Gl. (4.44b) gegebene diskontinuierliche Spektrum von $x[n]$, so ergibt sich gemäß Gl. (4.43) für das kontinuierliche Spektrum

$$X(\mathrm{e}^{\mathrm{j}\omega T}) = \sum_{\mu=-\infty}^{\infty} \frac{2\pi}{N} X[\mu]\, \delta(\omega T - \frac{2\pi}{N}\mu)$$

und nach Multiplikation mit der Übertragungsfunktion als Spektrum für das Ausgangssignal

$$Y(\mathrm{e}^{\mathrm{j}\omega T}) = \sum_{\mu=-\infty}^{\infty} \frac{2\pi}{N} X[\mu] H(\mathrm{e}^{\mathrm{j}\frac{2\pi}{N}\mu})\, \delta(\omega T - \frac{2\pi}{N}\mu),$$

also, wie aus dem Vergleich mit der Darstellung von $X(\mathrm{e}^{\mathrm{j}\omega T})$ hervorgeht, das diskontinuierliche Spektrum

$$Y[m] = X[m] H(\mathrm{e}^{\mathrm{j}\frac{2\pi}{N}m}).$$

Führt man dieses $Y[m]$ anstelle von $F[m]$ in Gl. (4.44a) ein, so folgt die Darstellung

$$y[n] = \frac{1}{N} \sum_{m=0}^{N-1} X[m] H(\mathrm{e}^{\mathrm{j}\frac{2\pi}{N}m})\, \mathrm{e}^{\mathrm{j}\frac{2\pi}{N}mn}. \tag{4.51}$$

Hieraus ist zu erkennen, daß auch $y[n]$ ein periodisches Signal mit der Periode N ist.

Beispiel 4.3: Es sei ein System mit der Übertragungsfunktion

$$H(\mathrm{e}^{\mathrm{j}\omega T}) = \frac{1}{1 - a\,\mathrm{e}^{-\mathrm{j}\omega T}} \qquad (|a| < 1)$$

und dem Eingangssignal

$$x[n] = \cos\frac{2\pi n}{N} = \frac{1}{2}\mathrm{e}^{\mathrm{j}\frac{2\pi n}{N}} + \frac{1}{2}\mathrm{e}^{-\mathrm{j}\frac{2\pi n}{N}}$$

betrachtet. Hierzu gehört das Spektrum

$$X(\mathrm{e}^{\mathrm{j}\omega T}) = \pi \sum_{\nu=-\infty}^{\infty} \delta(\omega T - \frac{2\pi}{N} - \nu 2\pi) + \pi \sum_{\nu=-\infty}^{\infty} \delta(\omega T + \frac{2\pi}{N} - \nu 2\pi).$$

Damit erhält man als Spektrum für die Ausgangsgröße

$$Y(\mathrm{e}^{\mathrm{j}\omega T}) = \pi \sum_{\nu=-\infty}^{\infty} H(\mathrm{e}^{\mathrm{j}\frac{2\pi}{N}})\, \delta(\omega T - \frac{2\pi}{N} - \nu 2\pi) + \pi \sum_{\nu=-\infty}^{\infty} H(\mathrm{e}^{-\mathrm{j}\frac{2\pi}{N}})\, \delta(\omega T + \frac{2\pi}{N} - \nu 2\pi),$$

woraus sofort

$$y[n] = \frac{1}{2} H(\mathrm{e}^{\mathrm{j}\frac{2\pi}{N}})\, \mathrm{e}^{\mathrm{j}\frac{2\pi n}{N}} + \frac{1}{2} H(\mathrm{e}^{-\mathrm{j}\frac{2\pi}{N}})\, \mathrm{e}^{-\mathrm{j}\frac{2\pi n}{N}}$$

folgt. Schreibt man

$$H(\mathrm{e}^{\mathrm{j}\omega T}) = |H(\mathrm{e}^{\mathrm{j}\omega T})|\, \mathrm{e}^{-\mathrm{j}\Theta(\omega T)},$$

dann läßt sich das Ausgangssignal in der Form

$$y[n] = |H(\mathrm{e}^{\mathrm{j}\frac{2\pi}{N}})| \cos\left\{\frac{2\pi}{N} n - \Theta(\frac{2\pi}{N})\right\}$$

ausdrücken. Im Fall $N = 4$ beispielsweise ist

$$H(e^{j\frac{2\pi}{N}}) = \frac{1}{1 - a\, e^{-j2\pi/4}} = \frac{1}{1 + aj} = \frac{1}{\sqrt{1 + a^2}}\, e^{-j\arctan a},$$

d. h. $|H(e^{j2\pi/N})| = 1/\sqrt{1+a^2}$ und $\Theta(2\pi/N) = \arctan a$.

Zwei periodische Signale $f_1[n]$ und $f_2[n]$ mit gleicher Periode N können durch Faltung zu einer N-periodischen Funktion

$$f[n] = \sum_{\nu=0}^{N-1} f_1[\nu] f_2[n-\nu] \tag{4.52}$$

verknüpft werden, wobei die Summation über N Terme ausgeführt wird (periodische oder zyklische Faltung). Es wird nun in dieser Summe der Faktor $f_2[n-\nu]$ gemäß Gl. (4.48) mit den Entwicklungskoeffizienten B_μ ersetzt und dabei $\varphi_\mu[n-\nu]$ durch $\varphi_\mu[n]\varphi_\mu^*[\nu]$ substituiert. Auf diese Weise ergibt sich

$$f[n] = \sum_{\mu=0}^{N-1} B_\mu \varphi_\mu[n] \sum_{\nu=0}^{N-1} f_1[\nu]\varphi_\mu^*[\nu].$$

Jetzt wird auch noch $f_1[\nu]$ gemäß Gl. (4.48) mit den Entwicklungskoeffizienten A_κ ($\kappa = 0, 1, \ldots, N-1$) ersetzt, wodurch die Darstellung

$$f[n] = \sum_{\mu=0}^{N-1} B_\mu \varphi_\mu[n] \sum_{\kappa=0}^{N-1} A_\kappa \sum_{\nu=0}^{N-1} \varphi_\kappa[\nu]\varphi_\mu^*[\nu]$$

entsteht. Mit der Orthogonalitätseigenschaft nach Gl. (4.46) erhält man schließlich

$$f[n] = N \sum_{\mu=0}^{N-1} A_\mu B_\mu \varphi_\mu[n]. \tag{4.53}$$

Dies ist aber wieder eine Darstellung gemäß Gl. (4.48), also die Repräsentation einer periodischen Funktion. Bezeichnet man die Entwicklungskoeffizienten der Faltung $f[n]$ mit C_μ, so läßt sich das Ergebnis zusammenfassen zu

$$C_\mu = N A_\mu B_\mu \quad (\mu = 0, 1, \ldots, N-1). \tag{4.54}$$

Die diskreten Spektren von $f_1[n]$, $f_2[n]$ und $f[n]$ seien $F_1[m]$, $F_2[m]$ bzw. $F[m]$. Da $A_m = F_1[m]/N$, $B_m = F_2[m]/N$ und $C_m = F[m]/N$ gilt, kann die Gl. (4.54) auch in der Form

$$F[m] = F_1[m]F_2[m] \tag{4.55}$$

geschrieben werden. Der Faltung der periodischen Signale nach Gl. (4.52) entspricht also im Spektralbereich das Produkt der jeweiligen diskreten Spektren nach Gl. (4.55).

Aus zwei diskreten Spektren $F_1[m]$ von $f_1[n]$ und $F_2[m]$ von $f_2[n]$ kann das mit $1/N$ multiplizierte Faltungsspektrum

$$F[m] = \frac{1}{N} \sum_{\mu=0}^{N-1} F_1[\mu] F_2[m-\mu]$$

eines zugehörigen N-periodischen Signals $f[n]$ gebildet werden. Ersetzt man $F_1[\mu]$ und $F_2[m-\mu]$ gemäß Gl. (4.44b), dann erhält man

$$F[m] = \frac{1}{N}\sum_{n=0}^{N-1}\sum_{\nu=0}^{N-1} f_1[n]f_2[\nu]\,e^{-j\frac{2\pi}{N}\nu m}\sum_{\mu=0}^{N-1} e^{-j\frac{2\pi}{N}(n-\nu)\mu}$$

oder angesichts der Gl. (4.46)

$$F[m] = \sum_{n=0}^{N-1}\sum_{\nu=0}^{N-1} f_1[n]f_2[\nu]\,e^{-j\frac{2\pi}{N}\nu m}\,\delta[n-\nu] = \sum_{n=0}^{N-1} f_1[n]f_2[n]\,e^{-j\frac{2\pi}{N}nm} ,$$

d. h. dem mit $1/N$ multiplizierten Faltungsspektrum $F[m]$ entspricht das Produktsignal $f[n] = f_1[n]f_2[n]$. Dieses Resultat liefert in gewohnter Weise auch ein Parsevalsches Theorem.

2.6 DIE ZEITVARIABLE SPEKTRAL-TRANSFORMATION

2.6.1 Verwendung eines Rechteckfensters

Im Kapitel III, Abschnitt 4.9.1 wurde die zeitvariable Fourier-Transformation eingeführt und ihre Zweckmäßigkeit begründet. Im folgenden soll die diskontinuierliche Version dieses Konzepts vorgestellt werden.

Das zu transformierende Signal $f[n]$ wird zunächst um den Argumentwert $-\nu$ (ν sei ein fester Parameter) verschoben, daraufhin wird das Vorzeichen der diskreten Variablen n geändert, [1] und sodann werden nach Wahl einer konstanten natürlichen Zahl N (> 0) die Werte des entstandenen Signals $f[\nu-n]$ außerhalb des Intervalls $n = 0,1,\dots, N-1$ unterdrückt (Bild 4.5). Die ausgeblendete Funktion kann nun gemäß Gl. (4.10b) in den Frequenzbereich übergeführt werden, wodurch das von ν abhängige Spektrum

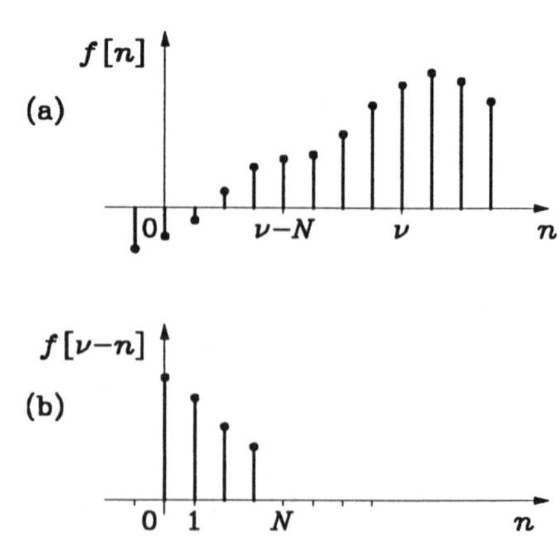

Bild 4.5: Zur Erklärung des zeitvariablen Spektrums eines diskontinuierlichen Signals nach Gl. (4.56)

[1] Die Zweckmäßigkeit des Vorzeichenwechsels ist hier nicht einsichtig. Er erweist sich aber bei der digitalen Realisierung der Inversionsformel (4.57) als erforderlich.

$$F(\nu, e^{j\omega T}) = \sum_{n=0}^{N-1} f[\nu - n] e^{-j\omega nT} \tag{4.56}$$

entsteht. Wählt man

$$\omega T = \frac{2\pi}{N} m \quad (m \text{ ganz}),$$

so erhält man aus Gl. (4.56) speziell mit $F[\nu, m] := F(\nu, e^{j\frac{2\pi}{N}m})$

$$F[\nu, m] = \sum_{n=0}^{N-1} f[\nu - n] e^{-j\frac{2\pi}{N}nm} .$$

Diese Gleichung läßt sich nach den Gln. (4.44a,b) umkehren, und es ergibt sich auf diese Weise

$$f[\nu - n] = \frac{1}{N} \sum_{m=0}^{N-1} F[\nu, m] e^{j\frac{2\pi}{N}mn} , \tag{4.57}$$

woraus für $n = 0$ nach anschließender Substitution von ν durch n die Darstellung

$$f[n] = \frac{1}{N} \sum_{m=0}^{N-1} F[n, m] \tag{4.58}$$

folgt. Sie ermöglicht die Inversion der zeitvariablen Frequenztransformation, d. h. die Darstellung der Zeitfunktion $f[n]$ aus ihrem zeitvariablen Spektrum $F(n, e^{j\omega T})$ nach Gl. (4.56). Wie man sieht, werden hierbei nur die diskreten Werte

$$F[n, m] = \sum_{\nu=0}^{N-1} f[n - \nu] e^{-j\frac{2\pi}{N}\nu m} \tag{4.59}$$

benötigt. Diese Formel soll noch für $n - 1$ statt für n ausgewertet werden. Ändert man dazu die Gl. (4.59) entsprechend ab und ersetzt sodann den Summationsindex ν durch $\mu = \nu + 1$, so läßt sich unter Heranziehung der unveränderten Gl. (4.59) folgende Beziehung angeben:

$$F[n-1, m] = e^{j\frac{2\pi}{N}m} \left\{ F[n, m] + f[n - N] - f[n] \right\}. \tag{4.60}$$

Sie stellt eine Differenzengleichung erster Ordnung dar, mit der sich die in Gl. (4.58) auftretenden Summanden für jedes m ermitteln lassen.

Die Gl. (4.60) kann als Eingang-Ausgang-Beschreibung eines linearen, zeitinvarianten diskontinuierlichen Systems im Sinne von Gl. (4.6a) mit $q = N$ und der Eingangsgröße $x[n] = f[n]$ und der Ausgangsgröße $y[n] = F[n, m]$ betrachtet werden, wobei allerdings komplexe Koeffizienten auftreten. Die Übertragungsfunktion lautet nach Gl. (4.6b)

$$H(z) = \frac{z^N - 1}{z^N - e^{-j\frac{2\pi}{N}m} z^{N-1}} .$$

Bild 4.6 zeigt ein Blockschaltbild für dieses System. Durch N derartige Systeme für $m = 0, 1, \ldots, N-1$ lassen sich die in Gl. (4.57) auftretenden Koeffizienten realisieren, die das Spektrum des periodisierten, im Bild 4.5 dargestellten Ausschnittes von $f[\nu - n]$ repräsentieren. Dabei kann der von m unabhängige Anteil des Systems im Bild 4.6 für alle m Teilsysteme gemeinsam verwendet werden.

Bild 4.6: Diskontinuierliches System zur Erzeugung von $F[n,m]$ aus $f[n]$ gemäß Gl. (4.60)

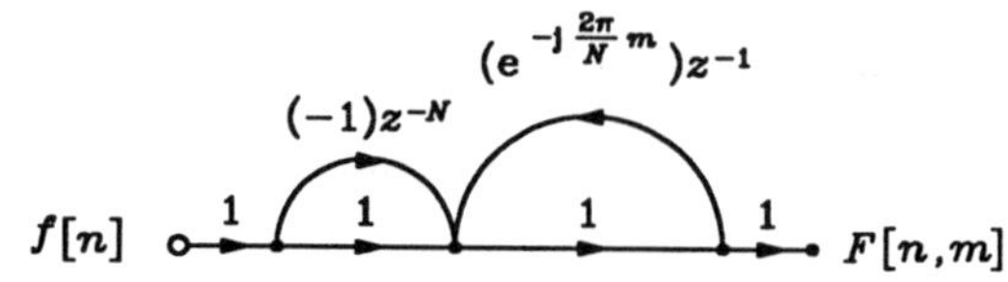

2.6.2 Verwendung allgemeiner Fenster, die diskontinuierliche Kurzzeit-Fourier-Transformation

Die Kurzzeit-Fourier-Transformation. Die im Kapitel III, Abschnitt 4.9.2 beschriebene Kurzzeit-Fourier-Transformation, die auf kontinuierliche Signale $f(t)$ anwendbar und auch unter dem Namen Gabor-Transformation bekannt ist, läßt sich auf diskontinuierliche Signale übertragen. Dazu wird eine Fensterfunktion $w[n]$ gewählt, mit der die diskontinuierliche Fourier-Transformierte von $f[n]w[n-m]$ gebildet wird, d. h. nach Gl. (4.12b) die Funktion

$$F_S(e^{j\Omega}, m) := \sum_{n=-\infty}^{\infty} f[n]w[n-m]\,e^{-j\Omega n}. \tag{4.61}$$

Diese Funktion heißt diskontinuierliche *Kurzzeit-Fourier-Transformierte* von $f[n]$ und kann als Verallgemeinerung des traditionellen Spektrums $F(e^{j\Omega})$ von $f[n]$ betrachtet werden, das man aus Gl. (4.61) erhält, wenn als Fensterfunktion $w[n] \equiv 1$ gewählt wird. Sofern $w[n]$ zeitbegrenzt ist, treten bei $F_S(e^{j\Omega}, m)$ grundsätzlich keine Existenzprobleme auf.

Zur Umkehrung der Kurzzeit-Fourier-Transformation wird $f[n]w[n-m]$ aus Gl. (4.61) gemäß Gl. (4.12a) dargestellt. In dieser Darstellung wird $n = m$ gewählt und dabei $w[0] \neq 0$ angenommen. Dann erhält man

$$f[m] = \frac{1}{2\pi w[0]} \int_{-\pi}^{\pi} F_S(e^{j\Omega}, m)\,e^{j\Omega m}\,d\Omega. \tag{4.62}$$

Als alternative Formel zur Umkehrung der diskontinuierlichen Kurzzeit-Fourier-Transformation kann in Analogie zur Gl. (3.159) auch

$$f[n] = \frac{1}{2\pi} \int_{-\pi}^{\pi} \left[\sum_{m=-\infty}^{\infty} F_S(e^{j\Omega}, m)\,w^*[n-m] \right] e^{j\Omega n}\,d\Omega \tag{4.63}$$

verwendet werden. Dabei ist vorauszusetzen, daß die Energie des Fensters gleich 1 ist:

$$\sum_{n=-\infty}^{\infty} |w[n]|^2 = 1. \tag{4.64}$$

Beweis: Man führt $F_S(e^{j\Omega}, m)$ aus Gl. (4.61) in die rechte Seite von Gl. (4.63) ein und erhält

$$\frac{1}{2\pi} \int_{-\pi}^{\pi} \sum_{m=-\infty}^{\infty} \sum_{\nu=-\infty}^{\infty} f[\nu]w[\nu-m]\,e^{-j\Omega\nu}\,w^*[n-m]\,e^{j\Omega n}\,d\Omega$$

$$= \sum_{m=-\infty}^{\infty} \sum_{\nu=-\infty}^{\infty} f[\nu] w[\nu - m] w^*[n-m] \left(\frac{1}{2\pi} \int_{-\pi}^{\pi} e^{j\Omega(n-\nu)} \, d\Omega \right)$$

$$= \sum_{m=-\infty}^{\infty} \sum_{\nu=-\infty}^{\infty} f[\nu] w[\nu - m] w^*[n-m] \delta[n-\nu] = f[n],$$

was zu zeigen war. Dabei wurden die Aussage

$$\int_{-\pi}^{\pi} e^{j\Omega(n-\nu)} \, d\Omega = \begin{cases} 2\pi & \text{falls } \nu = n \\ 0 & \text{andernfalls} \end{cases}$$

und Gl. (4.64) berücksichtigt.

Wählt man in Gl. (4.63) speziell $F_S(e^{j\Omega}, m) = z_0^m$, wobei z_0 eine Nullstelle der Z-Transformierten von $w^*[n]$ bedeuten möge (Kapitel VI), dann liefert die rechte Seite von Gl. (4.63) mit $\nu := n - m$

$$\frac{1}{2\pi} \int_{-\pi}^{\pi} \left(\sum_{m=-\infty}^{\infty} z_0^m w^*[n-m] \right) e^{j\Omega n} \, d\Omega = \frac{z_0^n}{2\pi} \int_{-\pi}^{\pi} \left(\sum_{\nu=-\infty}^{\infty} w^*[\nu] z_0^{-\nu} \right) e^{j\Omega n} \, d\Omega = 0,$$

da die innere Summe nach Kapitel VI die Z-Transformierte von $w^*[n]$ für $z = z_0$ darstellt. Dies bedeutet, daß Gl. (4.63) keine umkehrbar eindeutige Korrespondenz zwischen $f[n]$ und $F_S(e^{j\Omega}, m)$ vermitteln kann. Denn jedem $F_S(e^{j\Omega}, m)$, das aus einem $f[n]$ hervorgegangen ist, darf ein Summand const $\cdot\, z_0^m$ überlagert werden (wobei z_0 die oben genannte Bedeutung hat), ohne daß sich die rechte Seite von Gl. (4.63) ändert.

Wie die entsprechende Definitionsgleichung im Kapitel III, Abschnitt 4.9.2, kann die Gl. (4.61) umgeschrieben werden:

$$F_S(e^{j\Omega}, m) = e^{-j\Omega m} \sum_{n=-\infty}^{\infty} f[n] w[n-m] e^{j\Omega[m-n]}. \tag{4.65}$$

Damit liegt die Einführung der Impulsantwort

$$h_{\Omega_0}[n] := w[-n] e^{j\Omega_0 n} \tag{4.66}$$

mit $0 \leqq \Omega_0 < 2\pi$ nahe, so daß obige Gleichung für $\Omega = \Omega_0$ in der Form

$$F_S(e^{j\Omega_0}, n) = e^{-j\Omega_0 n} (f[n] * h_{\Omega_0}[n]) \tag{4.67}$$

ausgedrückt werden kann; dabei wurde die ursprüngliche diskrete Variable m durch n ersetzt. Die Gl. (4.67) erlaubt unmittelbar eine Interpretation der Erzeugung von $F_S(e^{j\Omega_0}, n)$ mit Hilfe des Systems nach Bild 4.7. Das Ausgangssignal dieses Systems liefert mit der Fensterfunktion $w[n]$ die Kurzzeit-Fourier-Transformierte von $f[n]$ als Funktion der diskreten Zeit n bei fester Kreisfrequenz $\Omega = \Omega_0$. Mit $W(e^{j\Omega})$ soll das Spektrum von $w[n]$ bezeichnet werden. Dann ist $W(e^{-j\Omega})$ das Spektrum von $w[-n]$ und $W(e^{-j(\Omega - \Omega_0)})$ das von $h_{\Omega_0}[n]$ nach Gl. (4.66). Als Fensterfunktion $w[n]$ wird üblicherweise ein Tiefpaßsignal gewählt.

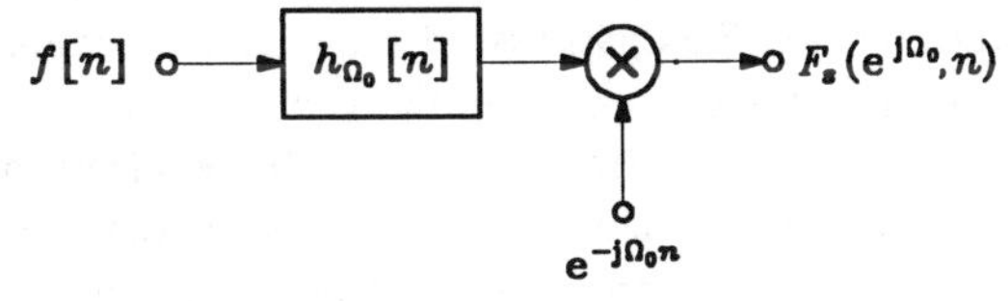

Bild 4.7: Realisierung von Gl. (4.67)

Dann stellt das System mit der Impulsantwort $h_{\Omega_0}[n]$ und mit der Übertragungsfunktion $W(\mathrm{e}^{-\mathrm{j}(\Omega-\Omega_0)})$ einen (komplexen) Bandpaß mit der Mittenfrequenz Ω_0 dar. Eine Variation von Ω_0 bewirkt lediglich eine Verschiebung des Prototypfrequenzganges $W(\mathrm{e}^{-\mathrm{j}\Omega})$ um Ω_0 in Ω-Richtung. Die Multiplikation mit $\mathrm{e}^{-\mathrm{j}\Omega_0 n}$ am Ausgang des Bandpasses (Bild 4.7) hat nur eine Verschiebung des Spektrums um Ω_0 in negativer Ω-Richtung für das Bandpaßausgangssignal zur Folge. Aus diesem Grund ist $F_S(\mathrm{e}^{\mathrm{j}\Omega}, n)$ ein schmalbandiges niederfrequentes Signal, das nicht für jeden ganzzahligen Wert von n entnommen zu werden braucht. Im Extremfall, wenn $W(\mathrm{e}^{-\mathrm{j}(\Omega-\Omega_0)}) = \delta(\Omega - \Omega_0)$ im Grundintervall $0 \leqq \Omega \leqq 2\pi$ gilt, d. h. ein äußerst schmaler Bandpaß vorliegt, ist $w[n] \equiv 1$ und $F_S(\mathrm{e}^{\mathrm{j}\Omega}, n)$ stimmt mit dem traditionellen Spektrum $F(\mathrm{e}^{\mathrm{j}\Omega})$ von $f[n]$ überein, ist also von n unabhängig. Deshalb genügt es in diesem Fall, dem Ausgangssignal $F_S(\mathrm{e}^{\mathrm{j}\Omega_0}, n)$ nur einen einzigen Wert zu entnehmen.

Messung an endlich vielen Frequenzen. Man kann nach Wahl von N Kreisfrequenzen Ω_m $(m = 0, 1, 2, \ldots, N-1)$ im Intervall $[0, 2\pi)$ die Folgen $F_S(\mathrm{e}^{\mathrm{j}\Omega_m}, n)$ mit Hilfe von N Systemen der Art nach Bild 4.7 erzeugen. Diese Systeme besitzen die Bandpaßimpulsantworten $h_{\Omega_m}[n]$ und enthalten die Modulatoren $\mathrm{e}^{-\mathrm{j}\Omega_m n}$, allen Systemen wird das Signal $f[n]$ zugeführt. Folgender Sonderfall erscheint besonders interessant: Die Kreisfrequenzen Ω_m werden im Intervall $[0, 2\pi)$ gleichmäßig verteilt, d. h.

$$\Omega_m = \frac{2\pi}{N} m \qquad (m = 0, 1, \ldots, N-1)$$

gewählt, als Fensterfunktion wird speziell das Rechteckfenster

$$w[n] = \begin{cases} 1 & \text{falls} \quad -N+1 \leqq n \leqq 0 \\ 0 & \text{andernfalls} \end{cases}$$

verwendet und die Ausgangssignale der N Systeme zum Zeitpunkt $n = N-1$ beobachtet. Dann erhält man nach Gl. (4.67)

$$F_S(\mathrm{e}^{\mathrm{j}\frac{2\pi}{N}m}, N-1) = \left[\mathrm{e}^{-\mathrm{j}\Omega_m n} \sum_{\nu=-\infty}^{\infty} f[\nu] w[\nu - n] \mathrm{e}^{\mathrm{j}\Omega_m(n-\nu)}\right]_{n=N-1}$$

$$= \sum_{\nu=0}^{N-1} f[\nu] \mathrm{e}^{-\mathrm{j}\frac{2\pi}{N}m\nu} .$$

Dies ist die im Abschnitt 3 zu besprechende diskrete Fourier-Transformierte des Zahlen-N-Tupels $\{f[0], f[1], \ldots, f[N-1]\}$.

Wie bei der Kurzzeit-Fourier-Transformation für kontinuierliche Signale im Kapitel III, Abschnitt 4.9.2, stellt sich auch hier die Frage nach der (optimalen) Wahl der Fensterfunktion $w[n]$. Wie bereits angedeutet wurde, ist die Auflösung im Frequenzbereich um so besser, je kleiner die Breite des Spektrums von $w[n]$, d. h. je kleiner die Bandbreite der verwendeten Bandpässe ist; der Idealfall für eine Spektrumsmessung wäre die Verwendung eines Bandpasses mit Dirac-Funktion als Frequenzgang. Auf der anderen Seite ist aber die Lokalisierung der Information im Zeitbereich um so schlechter, je kleiner die Bandbreite von $w[n]$ ist, da eine Abnahme der Bandbreite eine Zunahme der Breite des Fensters $w[n]$ impliziert. Aus diesem Grund muß auch hier ein Kompromiß zwischen möglichst kleiner

Bandbreite und möglichst kleiner Fensterbreite von $w[n]$ gefunden werden.

Wie bereits an früherer Stelle bemerkt wurde, handelt es sich bei den diskontinuierlichen Signalen $F_S(\mathrm{e}^{\,\mathrm{j}\Omega_m}, n)$ in der Regel um in n langsam variierende Funktionen. Daher genügt es, nur die Werte in einem bestimmten festen Abstand $M \in \mathbb{N}$ zu entnehmen.[1)] Diese Maßnahme kann man durch die Funktion

$$f_m[n] := F_S(\mathrm{e}^{\,\mathrm{j}\Omega_m}, Mn) \tag{4.68a}$$

($n = 0, \pm 1, \ldots$) beschreiben, die das Ausgangssignal des Systems aus Bild 4.7 mit Ω_m statt Ω_0 und bei Entnahme von Signalwerten jeweils nach M Zeiteinheiten darstellt. Die durchgeführte Operation entspricht in Gl. (4.61) mit $\Omega = \Omega_m$ einer fortlaufenden Fensterverschiebung in gleichen Schritten von M Zeiteinheiten. Im Falle der Wahl von N Kreisfrequenzen Ω_m ($m = 0, 1, \ldots, N-1$) im Intervall $[0, 2\pi)$ empfiehlt es sich, $M = N$ zu wählen, weil dann die Rate (Anzahl pro Zeiteinheit) der Werte von $f[n]$ mit der von allen $f_m[n]$ ($m = 0, 1, \ldots, N-1$) zusammen übereinstimmt. Auf diese Weise wird die Kurzzeit-Fourier-Transformierte, insbesondere bei gleichmäßiger Verteilung der Kreisfrequenzen Ω_m im Intervall $[0, 2\pi)$ eine Funktion

$$f_m[n] := F_S(\mathrm{e}^{\,\mathrm{j}(2\pi/N)m}, Nn) \tag{4.68b}$$

der zwei diskreten Variablen m und n, wobei n alle ganzen Zahlen und m das ganzzahlige Intervall $[0, N-1]$ durchläuft. Man kann sich in einem kartesischen Zeit-Frequenz-Koordinatensystem alle möglichen Punkte mit den Abszissen $\Omega = (2\pi/N)m$ und den Ordinaten $t_n = Nn$ vorstellen (wobei m und n die oben genannten Werte durchlaufen), die ein gleichmäßiges Punktegitter bilden. In den Punkten dieses Gitters sind die diskreten Werte der Kurzzeit-Fourier-Transformation gemäß Gl. (4.68b) definiert.

Signalrekonstruktion. Es stellt sich die Frage, inwieweit die Möglichkeit besteht, aus den Werten $f_m[n]$ das ursprüngliche Signal $f[n]$ zu rekonstruieren. Dieses Problem soll für den Fall untersucht werden, daß von $f_m[n]$ nach Gl. (4.68a) ausgegangen, $\Omega_m = (2\pi/N)m$ und speziell $M = 1$ gewählt wird. Im Bild 4.8 ist ein System dargestellt, das zur Rekonstruktion des Signals $f[n]$ unter den gemachten Voraussetzungen vorgesehen ist. Die linke Hälfte dieses Systems repräsentiert die Erzeugung der Folgen $f_0[n]$, $f_1[n], \ldots, f_{N-1}[n]$. Die dabei erforderlichen Bandpässe sind durch die Frequenzgänge

$$H_m(\mathrm{e}^{\,\mathrm{j}\Omega}) = W(\mathrm{e}^{\,-\mathrm{j}(\Omega - m2\pi/N)}) = H_0(\mathrm{e}^{\,\mathrm{j}(\Omega - m2\pi/N)}) \tag{4.69}$$

($m = 0, 1, \ldots, N-1$) charakterisiert. Die rechte Hälfte des Systems ist dazu vorgesehen, $f[n]$ aus den Werten $f_m[n]$ zu rekonstruieren. Es stellt sich die Frage, wie die Fensterfunktion $w[n]$ (d. h. $H_0(\mathrm{e}^{\,\mathrm{j}\Omega})$) und die Übertragungsfunktionen $V_m(\mathrm{e}^{\,\mathrm{j}\Omega})$ ($m = 0, 1, \ldots, N-1$) des Rekonstruktionsteiles gewählt werden können, um zu erreichen, daß das Ausgangssignal $\hat{f}[n]$ mit $f[n]$ übereinstimmt. Bezeichnet man die Zeitfunktionen der Frequenzgänge

---

[1)] Von einem Abstand, der von m, d. h. von der Kreisfrequenz Ω_m abhängt, wird hier abgesehen, ebenso davon, daß statt der Übertragungsfunktionen $H_m(\mathrm{e}^{\,\mathrm{j}\Omega}) := W(\mathrm{e}^{\,-\mathrm{j}(\Omega - \Omega_m)})$ ($m = 0, 1, \ldots, N-1$) andere Frequenzgänge für die Bandpässe gewählt werden könnten, die nicht einfach durch Verschiebung in Ω auseinander hervorgehen. Auf diese Möglichkeiten wird im Abschnitt 2.6.3 eingegangen.

$H_m(\mathrm{e}^{\mathrm{j}\Omega})$ und $V_m(\mathrm{e}^{\mathrm{j}\Omega})$ mit $h_m[n]$ bzw. $v_m[n]$, dann lassen sich folgende Zusammenhänge angeben:

$$g_m[n] = \sum_{\nu=-\infty}^{\infty} f[\nu]h_m[n-\nu] \tag{4.70a}$$

und

$$\hat{f}[n] = \sum_{m=0}^{N-1} \sum_{\mu=-\infty}^{\infty} g_m[\mu]v_m[n-\mu]. \tag{4.71a}$$

Im Frequenzbereich lauten diese Beziehungen, wenn man noch Gl. (4.69) beachtet

$$G_m(\mathrm{e}^{\mathrm{j}\Omega}) = F(\mathrm{e}^{\mathrm{j}\Omega})H_m(\mathrm{e}^{\mathrm{j}\Omega}) \tag{4.70b}$$

und

$$\hat{F}(\mathrm{e}^{\mathrm{j}\Omega}) = F(\mathrm{e}^{\mathrm{j}\Omega})\sum_{m=0}^{N-1} H_0(\mathrm{e}^{\mathrm{j}(\Omega-m2\pi/N)})V_m(\mathrm{e}^{\mathrm{j}\Omega}) \tag{4.71b}$$

Wie man jetzt sieht, lautet die Rekonstruktionsbedingung

$$\sum_{m=0}^{N-1} H_0(\mathrm{e}^{\mathrm{j}(\Omega-m2\pi/N)})V_m(\mathrm{e}^{\mathrm{j}\Omega}) = K \tag{4.72}$$

mit einer von Ω unabhängigen Konstante K.

Diese Bedingung läßt sich beispielsweise dadurch erfüllen, daß man

$$V_m(\mathrm{e}^{\mathrm{j}\Omega}) \equiv 1 \quad \text{für alle} \quad m = 0, 1, \ldots, N-1$$

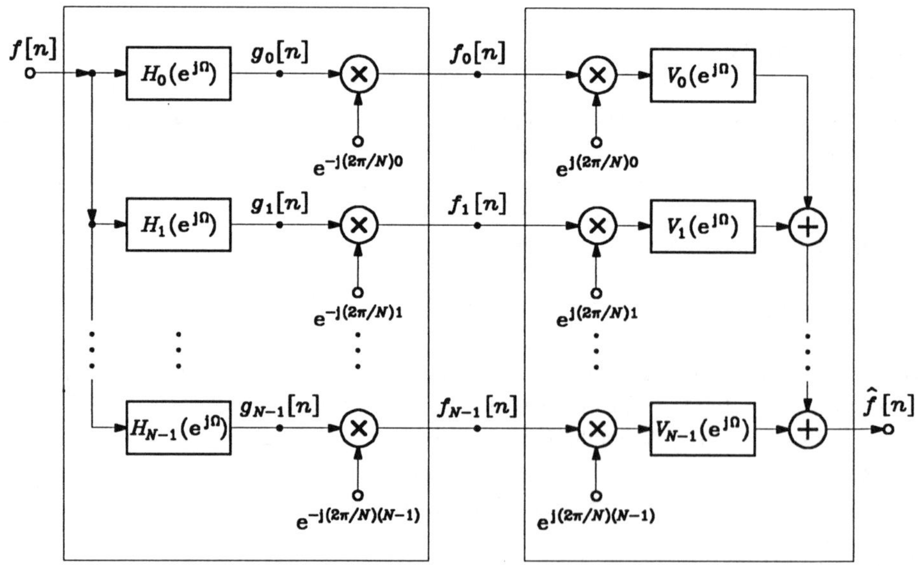

Bild 4.8: Rekonstruktion der Funktion $f[n]$ aus den diskreten Werten $f_m[n]$ der Kurzzeit-Fourier-Transformierten $F_S(\mathrm{e}^{\mathrm{j}\Omega}, m)$

wählt und an $h_0[n]$ die Forderung

$$h_0[Nk] = \begin{cases} \neq 0 & \text{falls } k = 0 \\ = 0 & \text{andernfalls} \end{cases}$$

stellt. Überführt man nämlich die linke Seite von Gl. (4.72) unter den obigen Bedingungen in den Zeitbereich, so erhält man

$$h_0[n] \sum_{m=0}^{N-1} e^{j(m2\pi/N)n} = N\, h_0[0]\, \delta[n] ,$$

da die Summe für alle $n \neq Nk$ $(k = 0, \pm 1, \pm 2, \ldots)$ verschwindet und $h_0[n]$ für $n = Nk$ nur bei $k = 0$ von Null verschieden ist, nämlich gleich N. Daher ist die linke Seite von Gl. (4.72) gleich $N\, h_0[0]$.

2.6.3 Die diskontinuierliche Wavelet-Transformation

Die Transformation. Im folgenden wird die im Kapitel III, Abschnitt 4.9.3 behandelte Wavelet-Transformation für kontinuierliche Signale auf den diskontinuierlichen Fall übertragen. In Analogie zu den dortigen Überlegungen werden Bandpaßfiltercharakteristiken eingeführt. Die Frequenzachse wird speziell mit dem Faktor 2^m skaliert, wobei m eine nichtnegative ganze Zahl bedeutet. Wegen der Periodizität der Frequenzgänge in Ω reicht eine Frequenzverzerrung allein nicht aus, um aus einem Referenzbandpaßfrequenzgang weitere Bandpaßcharakteristiken zu erzeugen. Vielmehr ist es notwendig, die durch Verzerrung des Ω-Maßstabes aus einer Referenzcharakteristik $H(e^{j\Omega})$ hervorgegangenen Frequenzgänge $H(e^{j2^m\Omega})$ mittels geeigneter Fensterfunktionen $Q_\mu(e^{j\Omega})$ $(\mu = 0, 1, \ldots, N-1)$ zu verändern. Dies zeigt Bild 4.9 an einem Beispiel. Im Bild 4.9a sind die Frequenzgänge $H(e^{j\Omega})$, $H(e^{j2\Omega})$, $H(e^{j4\Omega})$, $H(e^{j8\Omega})$ dargestellt, im Bild 4.9b eine ideale Tiefpaßcharakteristik $Q_0(e^{j\Omega}) = Q(e^{j\Omega})$ zusammen mit dem Frequenzgang $Q_1(e^{j\Omega}) = Q(e^{j\Omega})Q(e^{j2\Omega})$ und der Funktion $Q_2(e^{j\Omega}) = Q(e^{j\Omega})Q(e^{j2\Omega})Q(e^{j4\Omega})$. Weiterhin findet man im Bild 4.9a die Bandpaßfrequenzgänge $H_1(e^{j\Omega}) = H(e^{j2\Omega})Q_0(e^{j\Omega})$ und $H_2(e^{j\Omega}) = H(e^{j4\Omega})Q_1(e^{j\Omega})$ sowie $H_3(e^{j\Omega}) = H(e^{j8\Omega})Q_2(e^{j\Omega})$; außerdem erkennt man im Bild 4.9b den Frequenzgang $H_4(e^{j\Omega}) = Q_3(e^{j\Omega})$. Durch Einführung geeigneter Konstanten können die Höhen dieser Frequenzgänge noch verändert werden, um etwa die Energien der entsprechenden Impulsantworten gleich zu machen. In dieser Weise lassen sich allgemein $N-1$ Bandpaßfrequenzgänge

$$H_0(e^{j\Omega}) := H(e^{j\Omega}) , \tag{4.73a}$$

$$H_m(e^{j\Omega}) := H(e^{j2^m\Omega})Q_{m-1}(e^{j\Omega}) \quad (m = 1, 2, \ldots, N-2) \tag{4.73b}$$

und ein Tiefpaßfrequenzgang

$$H_{N-1}(e^{j\Omega}) := Q_{N-2}(e^{j\Omega}) \tag{4.73c}$$

mit den Charakteristiken

$$Q_0(e^{j\Omega}) := Q(e^{j\Omega}) \tag{4.74a}$$

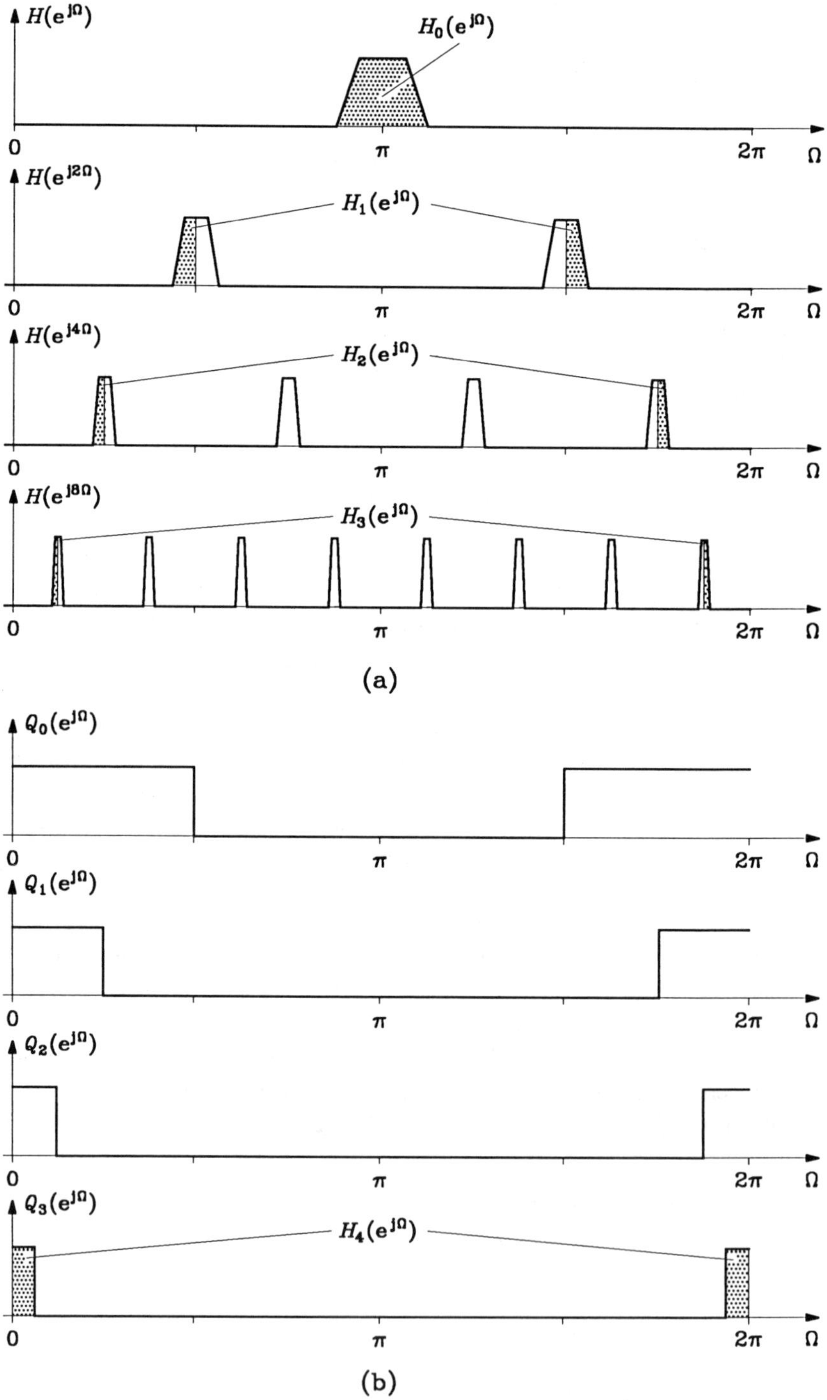

Bild 4.9: Erzeugung der Bandpaßfrequenzgänge $H_m(e^{j\Omega})$

und

$$Q_m(\mathrm{e}^{\mathrm{j}\Omega}) := Q(\mathrm{e}^{\mathrm{j}\Omega})Q(\mathrm{e}^{\mathrm{j}2\Omega}) \cdots Q(\mathrm{e}^{\mathrm{j}2^m\Omega}) \tag{4.74b}$$

$(m = 1, 2, \ldots, N-2)$

konstruieren. Die mit den Frequenzgängen $H_m(\mathrm{e}^{\mathrm{j}\Omega})$ korrespondierenden Signale (Impulsantworten) seien $h_m[n]$ $(m = 0, 1, 2, \ldots, N-1)$. Damit können die Wavelet-Koeffizienten eines Signals $f[n]$ in Analogie zu Gl. (3.170) durch

$$y_m[n] := \sum_{\nu=-\infty}^{\infty} f[\nu]h_m[2^{m+1}n - \nu] \quad (m = 0, 1, \ldots, N-2), \tag{4.75a}$$

$$y_{N-1}[n] := \sum_{\nu=-\infty}^{\infty} f[\nu]h_{N-1}[2^{N-1}n - \nu] \tag{4.75b}$$

eingeführt werden. Im Kapitel VI, Abschnitt 7 wird im Rahmen des Multiratensystemkonzepts eine Filterbank angegeben, welche die Gln. (4.75a,b) realisiert, und es werden außerdem wichtige Ergänzungen gebracht.

Umkehrung der Transformation. Es stellt sich die Frage, inwieweit das ursprüngliche Signal $f[n]$ aus dessen Wavelet-Koeffizienten rekonstruiert werden kann. Die Beantwortung dieser Frage soll nach dem Vorbild von Kapitel III, Abschnitt 4.9.3 versucht werden. Analog zu Gl. (3.172) wird die Darstellung

$$f[n] = \sum_{m=0}^{N-1} \sum_{\nu=-\infty}^{\infty} y_m[\nu]v_{m\nu}[n] \tag{4.76}$$

mit

$$v_{m\nu}[n] = f_m[n - 2^{m+1}\nu] \quad (m = 0, 1, \ldots, N-2) \tag{4.77a}$$

und

$$v_{(N-1)\nu}[n] = f_{N-1}[n - 2^{N-1}\nu] \tag{4.77b}$$

gewählt. Die Funktionen $v_{m\nu}[n]$ sind als Wavelet-Basisfunktionen und die $y_m[\nu]$ als Koeffizienten der Entwicklung von $f[n]$ nach diesen Basisfunktionen zu betrachten. Wenn auf diese Weise jedes Signal $f[n]$ aus einer Funktionenklasse mittels seiner Wavelet-Koeffizienten rekonstruiert werden kann, spricht man davon, daß die Wavelet-Basisfunktionen ein vollständiges System in der betrachteten Funktionenklasse bilden.

Es empfiehlt sich, als Basisfunktionen der Wavelet-Entwicklung ein System orthonormaler Funktionen $v_{m\nu}[n]$ zu wählen. Sie müssen dann die Bedingung

$$\sum_{n=-\infty}^{\infty} v_{m\nu}[n]v_{kl}^*[n] = \begin{cases} 1 & \text{falls } m = k \text{ und } \nu = l \\ 0 & \text{andernfalls} \end{cases}$$

erfüllen, die für die Entwicklung nach Gl. (4.76) zur Folge hat, daß

$$y_m[\nu] = \sum_{n=-\infty}^{\infty} f[n]v_{m\nu}^*[n] \tag{4.78}$$

gilt. Ein Vergleich mit den Gln. (4.75a,b) liefert dann zusammen mit Gln. (4.77a,b)

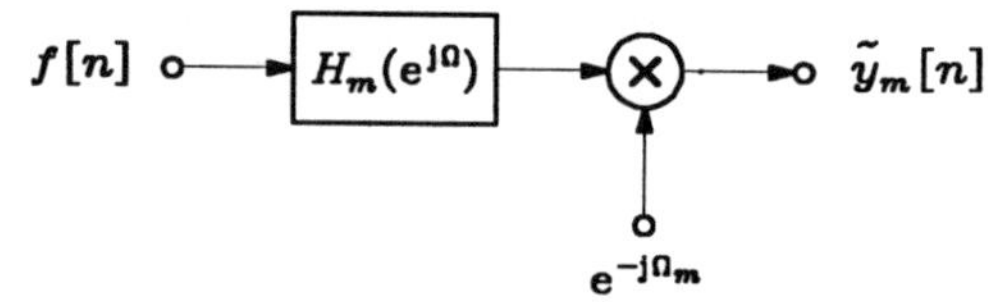

Bild 4.10: Bandpaß mit Mittenkreisfrequenz Ω_m, Bandbreite $\Delta\Omega_m$ und nachgeschaltetem Modulator

$$f_m[n] = h_m^*[-n]. \tag{4.79}$$

Bild 4.10 zeigt einen Bandpaß mit der Übertragungsfunktion $H_m(\mathrm{e}^{\,\mathrm{j}\Omega})$. Dem Bandpaß ist ein Modulator $\mathrm{e}^{-\mathrm{j}\Omega_m}$ nachgeschaltet. Der Bandpaß wird als ideal mit Mittenkreisfrequenz Ω_m, Bandbreite $\Delta\Omega_m$ und damit mit der Übertragungsfunktion

$$H_m(\mathrm{e}^{\,\mathrm{j}\Omega}) = \begin{cases} \dfrac{2\pi}{\Delta\Omega_m} & \text{falls } \Omega_m - \dfrac{\Delta\Omega_m}{2} < \Omega < \Omega_m + \dfrac{\Delta\Omega_m}{2} \\ 0 & \text{andernfalls in } 0 \leqq \Omega \leqq 2\pi \end{cases}$$

angenommen, wobei eine Besonderheit darin zu sehen ist, daß $H_m(\mathrm{e}^{\,\mathrm{j}\Omega})$ im Durchlaßbereich den Wert $2\pi/\Delta\Omega_m$ aufweist. Für das Ausgangssignal erhält man nach Gl. (4.12a) näherungsweise, wenn $F(\mathrm{e}^{\,\mathrm{j}\Omega})$ das Spektrum von $f[n]$ bedeutet,

$$\tilde{y}_m[n] = \frac{1}{2\pi}\int_{-\pi}^{\pi} F(\mathrm{e}^{\,\mathrm{j}(\Omega+\Omega_m)}) H_m(\mathrm{e}^{\,\mathrm{j}(\Omega+\Omega_m)})\,\mathrm{e}^{\,\mathrm{j}\Omega n}\,\mathrm{d}\Omega$$

$$= F(\mathrm{e}^{\,\mathrm{j}\Omega_m}).$$

Dieses Ergebnis liefert folgende Erkenntnis: Wählt man die Werte der Übertragungsfunktionen $H_m(\mathrm{e}^{\,\mathrm{j}\Omega})$ im jeweiligen Durchlaßbereich umgekehrt proportional zur entsprechenden Bandbreite des Bandpasses und ergänzt man einen jeden der N Bandpässe gemäß Bild 4.10 mit einem Modulator $\mathrm{e}^{-\mathrm{j}\Omega_m}$, dann erhält man am Ausgang dieser Bandpaßfilter näherungsweise das Spektrum von $f[n]$. Dabei kann wie bisher die Entnahme der Signalwerte am Ausgang der Filter von m abhängig erfolgen.

2.7 DISKRETISIERUNG DER FOURIER-TRANSFORMATION

In diesem Abschnitt soll gezeigt werden, wie man mit Hilfe der besprochenen Methoden zur Darstellung diskontinuierlicher Signale die Fourier-Transformation numerisch durchführen kann.

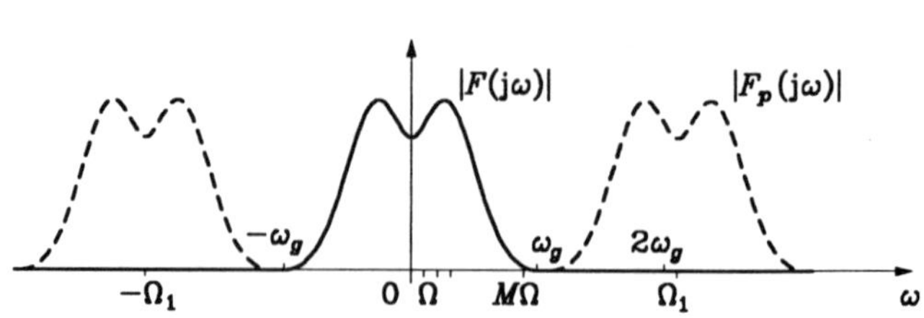

Bild 4.11: Periodisierung des Spektrums $F(\mathrm{j}\omega)$

Ausgegangen wird von einer graphisch oder tabellarisch gegebenen bandbegrenzten Zeitfunktion, d. h. von einem Signal $f(t)$, dessen Spektrum $F(\mathrm{j}\omega)$ die Eigenschaft

$$|F(\mathrm{j}\omega)| \equiv 0 \quad \text{für} \quad |\omega| > \omega_g$$

besitzt.[1] Es soll versucht werden, das Spektrum $F(\mathrm{j}\omega)$ in äquidistanten Punkten in einem Abstand Ω zu ermitteln. Hierzu wird die aus $f(t)$ zu berechnende Frequenzfunktion $F(\mathrm{j}\omega)$ nach Wahl eines Parameters Ω_1 mit der Eigenschaft

$$N\,\Omega = \Omega_1 \geqq 2\omega_g$$

(N natürliche Zahl) gemäß Gl. (3.147b) periodisiert. Dadurch entsteht die periodische Funktion $F_p(\mathrm{j}\omega)$, welche im Intervall $-\omega_g < \omega < \omega_g$ mit $F(\mathrm{j}\omega)$ übereinstimmt. Im Bild 4.11 ist dieser Sachverhalt erläutert. Die gesuchten Werte $F(\mathrm{j}m\,\Omega)$ hängen mit den diskreten Werten der Funktion $F_p(\mathrm{j}\omega)$ im Intervall $[0, \Omega_1]$ über die Beziehungen

$$F(\mathrm{j}m\,\Omega) = F_p(\mathrm{j}m\,\Omega) \quad \text{für} \quad m = 0, 1, \ldots, M, \tag{4.80a}$$

$$F(-\mathrm{j}m\,\Omega) = F_p[\mathrm{j}(\Omega_1 - m\,\Omega)] \quad \text{für} \quad m = 1, 2, \ldots, M \tag{4.80b}$$

zusammen, wobei die natürliche Zahl M durch die Ungleichung

$$M\,\Omega \leqq \omega_g < (M+1)\,\Omega$$

fixiert ist. Es liegt nahe, auch das Signal $f(t)$ gemäß Gl. (3.147a) mit dem Zeitparameter $T_1 = 2\pi/\Omega$ zu periodisieren (Bild 4.12). Dann lassen sich die diskreten Werte des gesuchten Spektrums aufgrund der Gl. (3.153) in Verbindung mit den Gln. (4.80a,b) aus den Abtastwerten $f_p(nT)$ der periodischen Zeitfunktion $f_p(t)$ berechnen; dabei gilt $T = T_1/N$ wegen der nach Kapitel III, Abschnitt 4.8 erforderlichen Wahl $T\,\Omega = 2\pi/N$. Etwas unangenehm ist hierbei, daß man sich zuerst $f_p(nT)$ aus den $f(nT + \nu NT)$ verschaffen muß. In der Regel kann aber $f(t)$ außerhalb eines endlichen Intervalls der Breite T_0 vernachlässigt werden. Dadurch treten bei der Auswertung der Gl. (3.147a) zur Gewinnung von $f_p(nT)$ aus $f(nT + \nu NT)$ nur endlich viele von Null verschiedene Summanden auf. Ist T_1 der N_0-te Teil von T_0, dann ist die Zahl dieser Summanden gerade N_0.

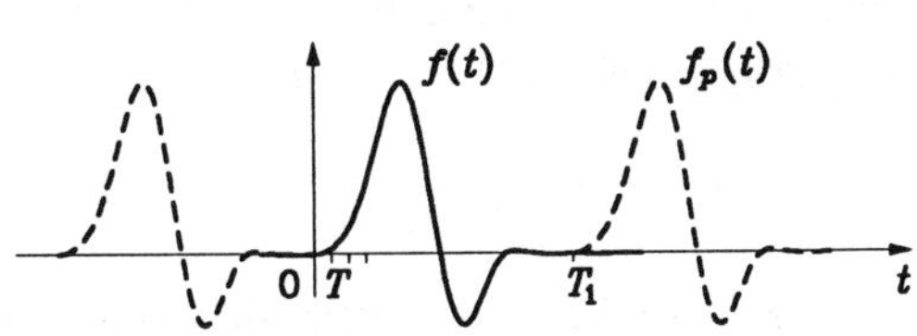

Bild 4.12: Periodisierung der Zeitfunktion $f(t)$

Die diskreten Werte der Frequenzfunktion $F(\mathrm{j}\omega)$ lassen sich also näherungsweise in den folgenden Schritten aus der Zeitfunktion $f(t)$ berechnen, wenn man voraussetzt, daß $f(t)$ für $t < 0$ und $t > T_0$ vernachlässigt werden kann und bezüglich der Grenzkreisfrequenz ω_g bandbegrenzt ist:

[1] Falls $f(t)$ nicht bandbegrenzt ist, soll diese Eigenschaft näherungsweise gegeben sein.

1. Es werden Werte für die Parameter T_1 und N gewählt. Dadurch liegen die Parameter $\Omega = 2\pi/T_1$, $\Omega_1 = N\,\Omega$ und $T = T_1/N$ fest. Bei der Wahl von T_1 und N muß jedenfalls beachtet werden, daß man $\Omega_1 = 2\pi N/T_1 \geqq 2\omega_g$ erfüllt. Besonders einfach läßt sich $f_p(t)$ aus $f(t)$ gewinnen, wenn $T_1 = T_0$ gewählt wird, weil dann beide Funktionen im Intervall $0 \leqq t < T_1$ übereinstimmen. Es kann jedoch auch einmal erforderlich werden, T_1 kleiner als T_0 zu wählen, um bei festliegendem Wert N, welcher den Rechenaufwand maßgebend bestimmt, die Bedingung $\Omega_1 \geqq 2\omega_g$, d. h. $T_1 < \pi N/\omega_g$, zu erfüllen; dann erhält man $f_p(nT)$ nach Gl. (3.147a) durch Addition von (endlich vielen) Werten der Zeitfunktion $f(t)$. Falls im Hinblick auf eine genügend gute Darstellung von $F(\mathrm{j}\omega)$ durch diskrete Funktionswerte im Abstand Ω für den Parameter $\Omega = 2\pi/T_1$ eine obere Schranke vorgeschrieben werden muß, kann es notwendig werden, T_1 größer als T_0 zu wählen. Dann gilt $f_p(t) \equiv f(t)$ für $0 \leqq t \leqq T_0$ und $f_p(t) \equiv 0$ für $T_0 < t < T_1$. Immer muß aber die Bedingung $\Omega_1 \geqq 2\omega_g$ beachtet werden.
2. Es wird die Gl. (3.153) für $m = 0, 1, \ldots, N-1$ ausgewertet. Die Gln. (4.80a,b) liefern die diskreten Werte des zu bestimmenden Spektrums.

Der Näherungscharakter der Rechnung ist letztlich darauf zurückzuführen, daß eine bandbegrenzte Funktion grundsätzlich außerhalb eines endlichen Intervalls nicht identisch verschwinden kann. Mit hinreichend großem T_0 läßt sich der Fehler reduzieren.

Man kann das Spektrum $F(\mathrm{j}\omega)$ noch in kleineren Frequenzabständen als Ω berechnen, ohne Ω selbst zu verkleinern, d. h. ohne N bei festgehaltenem Ω_1 zu vergrößern. Dazu werden neben den diskreten Funktionswerten $F(\mathrm{j}m\,\Omega)$ noch die diskreten Funktionswerte $F[\mathrm{j}(m\,\Omega + \Omega/2)]$ berechnet, indem das beschriebene Verfahren außer auf $f(t)$ auch auf die Zeitfunktion $f(t)\mathrm{e}^{-\mathrm{j}\Omega t/2}$ mit der Frequenzfunktion $F[\mathrm{j}(\omega + \Omega/2)]$ angewendet wird.

Das geschilderte Verfahren läßt sich auch dazu verwenden, aus einer zeitbegrenzten Frequenzfunktion $F(\mathrm{j}\omega)$ die Zeitfunktion $f(t)$ näherungsweise zu berechnen. Hierzu wird die Gl. (3.151) herangezogen und die Werte $F_p(\mathrm{j}k\,\Omega)$ aufgrund der Gl. (3.147b) numerisch ermittelt. Die diskreten Werte $f(nT)$ erhält man aus den $f_p(nT)$, entsprechend wie oben die $F(\mathrm{j}m\,\Omega)$ aus den $F_p(\mathrm{j}m\,\Omega)$ gewonnen wurden.

Weiterhin kann man das beschriebene Verfahren auch dazu heranziehen, die gemäß Gl. (3.86b) definierten Fourier-Koeffizienten A_μ einer periodischen Funktion $f(t)$ mit der Periode T_1 zu berechnen. Dazu wird die Fourier-Reihe nach Gl. (3.86c) für $t = nT$ ($n = 0, 1, \ldots, N-1$) ausgewertet, wobei $T = T_1/N$ bedeutet. Man erhält dann Beziehungen der Art von Gl. (3.150), wenn man $f_p(nT)$ mit $f(nT)$ und $F(\mathrm{j}\mu 2\pi/T_1)/T_1$ mit A_μ identifiziert. Damit muß $F_p(\mathrm{j}k\,\Omega)/T_1$ mit

$$A_p[k] := \sum_{\kappa=-\infty}^{\infty} A_{k+\kappa N} \quad (k = 0, 1, \ldots, N-1) \tag{4.81a}$$

identifiziert werden, und es ergibt sich somit entsprechend Gl. (3.153)

$$A_p[m] = \frac{1}{N} \sum_{n=0}^{N-1} f(nT)\,\mathrm{e}^{-\mathrm{j}\frac{2\pi}{N}nm} \quad (m = 0, 1, \ldots, N-1). \tag{4.81b}$$

Aus den $A_p[m]$ lassen sich die Fourier-Koeffizienten A_μ dann direkt angeben, wenn man alle A_μ für $|\mu| > M$ vernachlässigen darf und $N > 2M$ gewählt wurde. Dann folgt aus Gl. (4.81a)

$$A_\mu = \begin{cases} A_p[\mu] & \text{für} \quad |\mu| \leqq N/2, \\ 0 & \text{für} \quad |\mu| > N/2. \end{cases} \tag{4.81c}$$

Falls umgekehrt die Fourier-Koeffizienten A_μ einer periodischen Funktion $f(t)$ gegeben sind, lassen sich aufgrund von Gl. (4.81a) nach Wahl von N die Koeffizienten $A_p[k]$ ($k = 0, 1, \ldots, N-1$) berechnen. Dann erhält man diskrete Werte von $f(t)$ gemäß Gl. (3.151) durch die endliche Summe

$$f(nT) = \sum_{k=0}^{N-1} A_p[k] \mathrm{e}^{\mathrm{j}\frac{2\pi}{N}kn} \qquad (n = 0, 1, \ldots, N-1).$$

3 Die diskrete Fourier-Transformation

3.1 DIE TRANSFORMATIONSBEZIEHUNGEN

In den vorausgegangenen Abschnitten waren die Gln. (3.151) und (3.153), welche umkehrbar eindeutige Zuordnungen zweier Zahlen-N-Tupel beinhalten, verschiedentlich von entscheidender Bedeutung. Diese Korrespondenz ist in der Form der Gln. (4.44a,b) als *diskrete Fourier-Transformation* (DFT) bekannt:

$$f[n] = \frac{1}{N} \sum_{m=0}^{N-1} F[m] \mathrm{e}^{\mathrm{j}\frac{2\pi}{N}mn} \qquad (n = 0, 1, \ldots, N-1), \tag{4.82a}$$

$$F[m] = \sum_{n=0}^{N-1} f[n] \mathrm{e}^{-\mathrm{j}\frac{2\pi}{N}nm} \qquad (m = 0, 1, \ldots, N-1). \tag{4.82b}$$

Durch die DFT werden also die Zahlen $F[m]$ ($m = 0, 1, \ldots, N-1$) in die Zahlen $f[n]$ ($n = 0, 1, \ldots, N-1$) und umgekehrt abgebildet. Man nennt $F[m]$ das diskrete Spektrum oder die diskrete Fourier-Transformierte der diskontinuierlichen Zeitfunktion $f[n]$. Läßt man in Gl. (4.82a) den Index n und in Gl. (4.82b) den Index m alle ganzen Zahlen annehmen, dann erhält man periodische Zahlenfolgen mit der Periode N, die durch das Gleichungspaar (4.82a,b) miteinander verknüpft sind, und die Summation in diesen Gleichungen kann dann von irgendeinem ganzzahligen n_0 bis $n_0 + N - 1$ geführt werden. Symbolisch soll die durch die Gln. (4.82a,b) gegebene Zuordnung kurz in der Form

$$f[n] \underset{N}{\longmapsto} F[m]$$

geschrieben werden. Die Zahl N heißt die Ordnung der Transformation.

Neben den bisher mittels DFT behandelten Aufgaben läßt sich auch das folgende Problem lösen: Gesucht sind die Koeffizienten A_m des Polynoms

$$P(z) = \sum_{m=0}^{N-1} A_m z^m ,$$

welches in den Punkten

$$z = z_n = e^{j\frac{2\pi}{N}n} \quad (n = 0, 1, \ldots, N-1)$$

auf dem Einheitskreis in der komplexen z-Ebene vorgeschriebene Werte f_n annimmt. Dieses Interpolationsproblem wird aufgrund der Gln. (4.82a,b) dadurch gelöst, daß man die Koeffizienten A_m mit $F[m]/N$ identifiziert und $F[m]$ nach Gl. (4.82b) aus den vorgeschriebenen Werten $f_n = f[n]$ berechnet.

Es erscheint bemerkenswert, daß die DFT mit Hilfe eines (im allgemeinen komplexen) diskontinuierlichen Systems realisierbar ist. Betrachtet man nämlich die Differenzengleichung

$$y[n] - e^{j\frac{2\pi}{N}m} y[n-1] = x[n] \tag{4.83}$$

als Verknüpfung zwischen Eingangssignal und Ausgangssignal, geht man von $y[n] \equiv 0$ für $n < 0$ aus und wählt man

$$x[n] = \begin{cases} f[n] & \text{für} \quad 0 \leqq n \leqq N-1, \\ 0 & \text{sonst}, \end{cases} \tag{4.84}$$

dann ergibt sich, wie man durch rekursive Lösung der Gl. (4.83) bei Beachtung der Gl. (4.84) findet,

$$y[N] = \sum_{\nu=0}^{N-1} f[\nu] e^{j\frac{2\pi}{N}m(N-\nu)} = \sum_{\nu=0}^{N-1} f[\nu] e^{-j\frac{2\pi}{N}\nu m},$$

d. h. mit Gl. (4.82b)

$$y[N] = F[m].$$

Das System liefert also am Ausgang zum diskreten Zeitpunkt $n = N$ den Wert $F[m]$, wenn es am Eingang mit den diskreten Werten $f[\nu]$, $\nu = 0, \ldots, N-1$, erregt wird. Verwendet man für $m = 0, 1, \ldots, N-1$ jeweils ein solches System, dann liefern die N Ausgänge zum Zeitpunkt $n = N$ das N-Tupel $F[m]$ aus dem N-Tupel $f[n]$.

Auch die DFT ist eine lineare Transformation und besitzt eine Reihe von Eigenschaften, die mit denen der Fourier-Transformation vergleichbar sind. Diese Eigenschaften lassen sich unmittelbar den Gln. (4.82a,b) entnehmen, wobei die Zahlenfolgen für alle ganzzahligen n und m betrachtet werden (man vergleiche hierbei auch die Ergebnisse von Abschnitt 2.3). Als wichtigste genannt seien die folgenden Eigenschaften:

Verschiebung. Aus der Korrespondenz

$$f[n] \underset{N}{\longmapsto} F[m]$$

folgt mit beliebigen ganzzahligen Werten n_0, m_0 die Zuordnung

$$f[n] e^{j\frac{2\pi}{N}nm_0} \underset{N}{\longmapsto} F[m - m_0]$$

und die Zuordnung

$$f[n-n_0] \underset{N}{\longmapsto} \mathrm{e}^{-\mathrm{j}\frac{2\pi}{N}mn_0} F[m].$$

Faltung. Aus den Korrespondenzen

$$f_1[n] \underset{N}{\longmapsto} F_1[m], \quad f_2[n] \underset{N}{\longmapsto} F_2[m]$$

folgt für die zyklische Faltung im Zeitbereich die Zuordnung

$$\sum_{\nu=0}^{N-1} f_1[\nu] f_2[n-\nu] \underset{N}{\longmapsto} F_1[m] F_2[m]$$

und für die zyklische Faltung der Spektren die Zuordnung

$$f_1[n] f_2[n] \underset{N}{\longmapsto} \frac{1}{N} \sum_{\mu=0}^{N-1} F_1[\mu] F_2[m-\mu].$$

Aus der letzten Faltungsbeziehung folgt auch unmittelbar die Parsevalsche Formel für reelles Signal $f[n]$:

$$\sum_{n=0}^{N-1} f^2[n] = \frac{1}{N} \sum_{m=0}^{N-1} |F[m]|^2.$$

Hierbei wurde berücksichtigt, daß $F[-m] = F^*[m]$ ist.

3.2 BEZIEHUNG ZUR SPEKTRALTRANSFORMATION DISKONTINUIERLICHER SIGNALE

Man kann die durch Gl. (4.82b) eingeführte diskrete Fourier-Transformierte $F[m]$ von $f[n]$ $(m, n = 0, 1, \ldots, N-1)$ gemäß Gl. (4.10b) als Spektraltransformierte einer mit der rechteckförmigen Fensterfunktion

$$\psi_N[n] = s[n] - s[n-N] \tag{4.85}$$

multiplizierten diskontinuierlichen Funktion $\tilde{f}[n]$ mit der Eigenschaft

$$\tilde{f}[n] = f[n] \quad (n = 0, 1, \ldots, N-1)$$

auffassen, sofern man für den Frequenzparameter ωT nur die diskreten Werte $2\pi m/N$ wählt. Es läßt sich also

$$F[m] = \sum_{n=-\infty}^{\infty} \psi_N[n] \tilde{f}[n] \mathrm{e}^{-\mathrm{j}\frac{2\pi}{N}nm}$$

schreiben. Nun besteht die Möglichkeit, für die Wahl der diskreten Frequenzwerte $\omega T = 2\pi m/N$ einen größeren Wert $N =: N_2$ als für die Fensterfunktion zu wählen. Bezeichnet man die Fensterbreite mit $N = N_1$, so lautet das Spektrum

$$\overline{F}[m] = \sum_{n=-\infty}^{\infty} \psi_{N_1}[n] \tilde{f}[n] \mathrm{e}^{-\mathrm{j}\frac{2\pi}{N_2}nm} \tag{4.86}$$

mit $N_2 > N_1$. Auf diese Weise ist es möglich, das Spektrum eines diskontinuierlichen Signals an nahezu beliebigen diskreten Frequenzpunkten mittels der diskreten Fourier-Transformation näherungsweise zu berechnen. Beachtet man noch, daß die diskrete Fourier-Transformation, wie im nächsten Abschnitt gezeigt wird, sehr schnell durchgeführt werden kann, dann wird verständlich, warum die meisten Verfahren zur Spektralanalyse von Signalen auf der DFT basieren. Die unterschiedliche Wahl von N_1 und N_2 ist gleichbedeutend damit, daß die Zahlenfolge $f[n]$ $(n = 0, 1, \ldots, N_1 - 1)$ der Länge N_1 um $N_2 - N_1$ Nullen verlängert und N_2 als Ordnung der Transformation gewählt wird (diese Maßnahme heißt in der angelsächsischen Literatur zero-padding). Die Verlängerung einer Zahlenfolge mit Nullen kann einerseits dazu benutzt werden, um zwei diskontinuierliche Signale unterschiedlicher endlicher Länge mittels der DFT zu falten. Auf der anderen Seite kann man durch hinreichend große Wahl von $N_2 > N_1$ erreichen, daß das interessierende Spektrum $\widetilde{F}(\mathrm{e}^{\mathrm{j}\omega T})$ durch dichter beieinanderliegende Werte $\overline{F}[m]$ repräsentiert wird.

Beispiel 4.4: Zur Erläuterung der Faltung seien die beiden Zahlenfolgen der Länge 7

$$f_1[n] = \begin{cases} 1 & \text{falls } 0 \leqq n \leqq 3 \\ 0 & \text{falls } 4 \leqq n \leqq 6 \end{cases} \quad \text{und} \quad f_2[n] = \begin{cases} 0 & \text{falls } 0 \leqq n \leqq 2 \\ 1 & \text{falls } 3 \leqq n \leqq 6 \end{cases}$$

betrachtet. Für die Verarbeitung hat man diese Signale periodisch fortzusetzen. Man erhält nun als Faltungsfolge mit $N = N_1 = N_2 = 7$

$$f_a[n] = \sum_{\nu=0}^{6} f_1[\nu] f_2[n-\nu] = \begin{cases} 3 \\ 2 \\ 1 \\ 1 \\ 2 \\ 3 \\ 4 \end{cases} \text{falls} \quad n = \begin{cases} 0 \\ 1 \\ 2 \\ 3 \\ 4 \\ 5 \\ 6 \end{cases}.$$

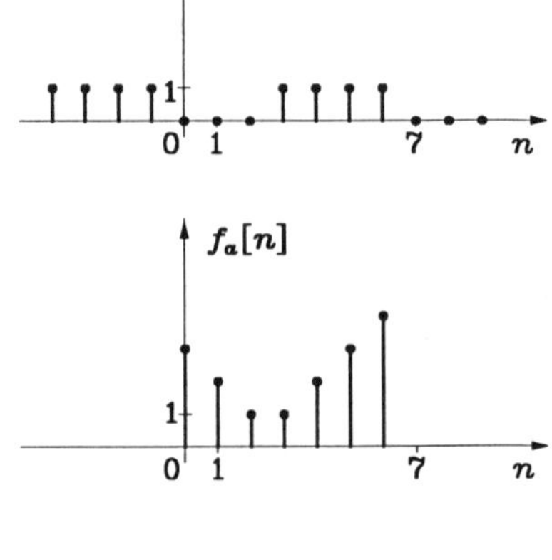

Bild 4.13: Faltung der Folgen $f_1[n]$ und $f_2[n]$ der Länge 7 eines Beispiels

Bild 4.13 dient zur Veranschaulichung dieses Sachverhalts. Nun sollen beide Folgen der Länge 7 durch Anhängen von jeweils 7 Nullen auf die Länge $N_2 = 14$ verlängert werden. Die Berechnung der Faltung liefert jetzt eine andere Zahlenfolge $f_b[n]$, nämlich die im Bild 4.14 dargestellte. Dieses Ergebnis stimmt im Intervall $0 \leqq n \leqq 14$ mit der Faltung der (nichtperiodischen) diskontinuierlichen Signale $\widetilde{f}_1[n] = s[n] - s[n-4]$ und $\widetilde{f}_2[n] = s[n-3] - s[n-7]$ genau überein. Die Faltung der Signale $\widetilde{f}_1[n]$ und $\widetilde{f}_2[n]$ gelingt also nicht bei Wahl von $N_1 = N_2 = 7$, dagegen bei Wahl von $N_1 = 7$, $N_2 = 14$. Schwierigkeiten treten auf, wenn das zu beschneidende diskontinuierliche Signal nicht endliche Dauer hat, wie es beispielsweise bei einem harmonischen Signal der Fall ist.

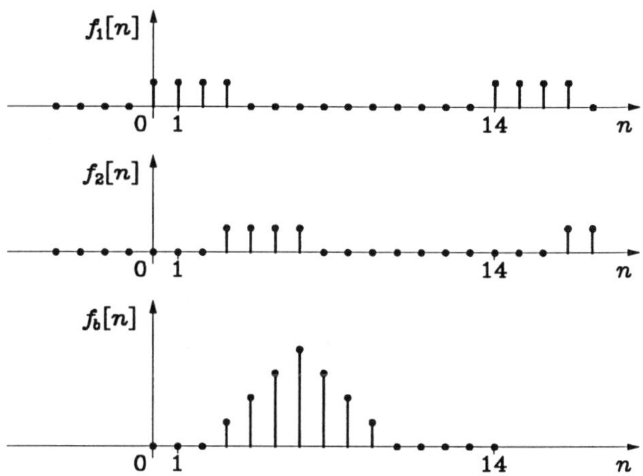

Bild 4.14: Mit Nullen verlängerte Folgen $f_1[n]$ und $f_2[n]$ sowie die Faltung der verlängerten Folgen

Die Fensterung eines diskontinuierlichen Signals $\widetilde{f}[n]$ mit $\psi_{N_1}[n]$ zur anschließenden Anwendung der DFT, die Bildung also des Signals

$$f[n] = \widetilde{f}[n]\,\psi_{N_1}[n]$$

bedeutet im Spektralbereich die Faltung der Spektraltransformierten von $\widetilde{f}[n]$ mit der Spektraltransformierten von $\psi_{N_1}[n]$. Von Interesse ist daher die Spektraltransformierte der rechteckförmigen Fensterfunktion $\psi_{N_1}[n]$. Neben einer streng linearen Phase hat sie das Amplitudenspektrum

$$\left| \frac{\sin(\omega T N_1/2)}{\sin(\omega T/2)} \right| .$$

Betrachtet man als grobes Maß für die Bandbreite dieses Amplitudenspektrums den Betrag der beiden Nullstellen, die $\omega = 0$ am nächsten liegen, so lautet dieses $2\pi/N_1 T$. Je kleiner dieser Wert ist,[1)] umso größer ist die mögliche Spektralauflösung. Wie man sieht, ist bei Erhöhung von N_2 (zur Interpolation des Spektrums) die Auflösbarkeit damit zwangsläufig begrenzt.

Ein wesentlicher Nachteil des Rechteckfensters $\psi_N[n]$ bei der Anwendung zur Spektralanalyse ist, daß obiges Amplitudenspektrum, wie eine nähere Untersuchung zeigt, mit zunehmender Kreisfrequenz nur relativ langsam abfällt (das erste Seitenmaximum liegt bei üb-

---

1) D. h. je mehr das Amplitudenspektrum des Rechteckfensters im Grundintervall der Form einer Dirac-Funktion nahekommt und damit bei der Faltung das Spektrum von $\widetilde{f}[n]$ liefert.

lichen Werten von N_1 nur 13 dB unter dem absoluten Maximum in $\omega = 0$ und die weitere Abnahme der Betragsmaxima beträgt nur 6 dB/Oktave). Dies kann sich bei der Spektralanalyse dahingehend negativ auswirken, daß ein schwaches Signal bei Anwesenheit eines stärkeren Signals nicht aufgelöst werden kann. Aus diesem Grund sind alternative Vorschläge zur Fensterung vorgeschlagen worden. Die wohl gebräuchlichsten Fenster sind das Hann-Fenster

$$\varphi_N[n] = \begin{cases} \frac{1}{2} - \frac{1}{2}\cos\frac{2\pi n}{N} = \sin^2\frac{\pi n}{N} & (n = 0, 1, \ldots, N-1), \\ 0 & \text{sonst} \end{cases} \tag{4.87}$$

und das Hamming-Fenster

$$\gamma_N[n] = \begin{cases} 0{,}54 - 0{,}46\cos\frac{2\pi n}{N} & (n = 0, 1, \ldots, N-1), \\ 0 & \text{sonst}, \end{cases} \tag{4.88}$$

deren Amplitudenspektren mit zunehmender Kreisfrequenz wesentlich stärker abfallen, als dies beim Rechteckfenster der Fall ist. Jedoch ist die Bandbreite von $\varphi_N[n]$ und $\gamma_N[n]$ etwa doppelt so groß wie die von $\psi_N[n]$. Dies bedeutet, daß die Verbesserung der Eigenschaften des Amplitudenspektrums mit einer verringerten spektralen Auflösbarkeit bezahlt werden mußte.

Die Fensterung eines diskontinuierlichen Signals $\tilde{f}[n]$ mit dem Hann-Fenster kann aufgrund der Gl. (4.87) in der Form

$$\tilde{f}[n]\varphi_N[n] = \frac{1}{2}\tilde{f}[n]\psi_N[n]\left\{1 - \frac{1}{2}e^{j\frac{2\pi}{N}n} - \frac{1}{2}e^{-j\frac{2\pi}{N}n}\right\} \tag{4.89}$$

geschrieben werden. Führt man die Korrespondenz

$$\tilde{f}[n]\psi_N[n] \underset{N}{\longmapsto} F[m]$$

ein, so erhält man aus Gl. (4.89) bei Beachtung der Verschiebungseigenschaft die Zuordnung

$$\tilde{f}[n]\varphi_N[n] \underset{N}{\longmapsto} -\frac{1}{4}F[m-1] + \frac{1}{2}F[m] - \frac{1}{4}F[m+1]. \tag{4.90}$$

Bei der Berechnung der diskreten Fourier-Transformierten eines zu fensternden diskontinuierlichen Signals kann man also zunächst das rechteckförmig beschnittene Signal mittels der DFT der Ordnung N transformieren. Die entstandene Transformierte $F[m]$ wird anschließend gemäß der rechten Seite der Korrespondenz (4.90) modifiziert. Dies liefert die Transformierte des mit der Hann-Funktion gefensterten Signals. Man beachte, daß es bei Verwendung der Funktion $\varphi_N[n]$ möglich ist, die eigentliche Fensterung im Frequenzbereich vorzunehmen, wobei die Koeffizientenmultiplikationen bei Verwendung binärer Operationen allein durch Verschiebungen, also ohne vollständige Multiplikationen ausgeführt werden können. Weitere Einzelheiten über Fensterfunktionen sind der Arbeit [Ha2] zu entnehmen.

3.3 DIE SCHNELLE FOURIER-TRANSFORMATION

Die numerische Auswertung der DFT für eine Folge der Periode N erfordert $(N-1)^2$ (im allgemeinen komplexe) Multiplikationen. Da diese Zahl im wesentlichen den Rechenzeitbedarf festlegt, sind einige Verfahren entwickelt worden mit dem Ziel, die Zahl der erforderlichen Multiplikationen zu reduzieren. Hierauf soll im folgenden kurz eingegangen werden.

Es sei die Periode N einer Folge $f[n]$ geradzahlig, es gelte also $N = 2N_1$ mit einer natürlichen Zahl N_1. Dann liefert die Gl. (4.82b) die korrespondierende Folge

$$F[m] = \sum_{n=0}^{N-1} f[n] e^{-j\frac{2\pi}{2N_1}nm} = \sum_{\nu=0}^{N_1-1} f[2\nu] e^{-j\frac{2\pi}{N_1}\nu m} + e^{-j\frac{\pi}{N_1}m} \sum_{\nu=0}^{N_1-1} f[2\nu+1] e^{-j\frac{2\pi}{N_1}\nu m} .$$

Ordnet man der Teilfolge $f[2n] =: f_1[n]$ von $f[n]$ durch die Korrespondenz

$$f_1[n] \underset{N_1}{\longmapsto} F_1[m]$$

und der Teilfolge $f[2n+1] =: f_2[n]$ durch die Korrespondenz

$$f_2[n] \underset{N_1}{\longmapsto} F_2[m]$$

ihre diskreten Spektren zu, dann läßt sich obiges Ergebnis in der Form

$$f[n] \underset{2N_1}{\longmapsto} F[m] = F_1[m] + e^{-j\frac{\pi}{N_1}m} F_2[m]$$

ausdrücken. Es wird zusammengefaßt im

Satz IV.2: Die periodische Folge $f[n]$ mit geradzahliger Periode N läßt sich durch die diskrete Fourier-Transformation in die Folge $F[m]$ dadurch überführen, daß man die beiden Teilfolgen $f_1[n] = f[2n]$ und $f_2[n] = f[2n+1]$ mit der Periode $N/2$ in $F_1[m]$ bzw. $F_2[m]$ transformiert und daraus die Folge

$$F[m] = F_1[m] + e^{-j\frac{2\pi}{N}m} F_2[m] \tag{4.91}$$

bildet. Die diskrete Fourier-Transformation einer Folge mit der geradzahligen Periode N läßt sich also auf die Transformation zweier Folgen mit der halben Periode reduzieren.

Anmerkung: Man kann entsprechend zeigen, daß sich die DFT einer Folge $f[n]$ mit der Periode $N_0 N_1$ (N_0, N_1 natürliche Zahlen) auf die Transformation von N_0 Folgen mit der Periode N_1 reduzieren läßt.

Da $F_1[m]$ und $F_2[m]$ die Periode $N/2$ haben, folgt aus Gl. (4.91)

$$F[m + \frac{N}{2}] = F_1[m] - e^{-j\frac{2\pi}{N}m} F_2[m] . \tag{4.92}$$

Im Bild 4.15 sind die Gln. (4.91) und (4.92) veranschaulicht.

Bei der numerischen Berechnung von $F[m]$ aus $F_1[m]$ und $F_2[m]$ werden zweckmässigerweise die Gln. (4.91) und (4.92) für $m = 0, 1, \ldots, (N/2) - 1$ ausgewertet. Dementsprechend muß man bei einer graphischen Veranschaulichung $N/2$ Blöcke gemäß Bild 4.15 für $m = 0, 1, \ldots, (N/2) - 1$ verwenden. Dabei sind nur $(N/2) - 1$ Multiplikationen erforderlich, da die Auswertung der Gl. (4.92) keine zusätzlichen Multiplikationen benötigt. Es wird noch eine Multiplikation hinzugerechnet, um den übrigen Rechenaufwand zu berücksichtigen; dabei wird angenommen, daß alle Exponentialfaktoren in einem Speicher (bei einer Realisierung in Hardware in einem ROM) stets verfügbar sind.

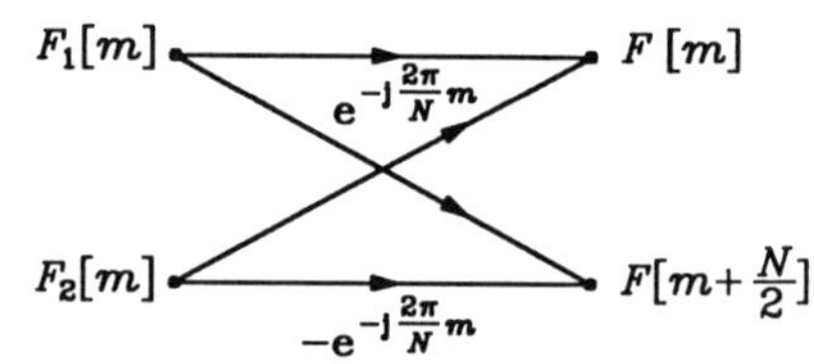

Bild 4.15: Schmetterling-Diagramm zur Veranschaulichung der Gln. (4.91) und (4.92)

Besonders effektiv läßt sich die durch Satz IV.2 gegebene Berechnungsmöglichkeit anwenden, wenn die Periode N eine Zweierpotenz ist, wenn also

$$N = 2^s$$

gilt. Dann kann durch zweimalige Anwendung von Satz IV.2 die Berechnung von $F_1[m]$ und $F_2[m]$ aus $f_1[n]$ bzw. $f_2[n]$ mit der Periode 2^{s-1} auf die Transformation jeweils zweier Folgen, zusammen also von vier Folgen mit der Periode 2^{s-2} reduziert werden. Durch Wiederholung dieser Reduktion verdoppelt sich jeweils die Zahl der zu transformierenden Folgen zugunsten einer jeweiligen Halbierung der Periode dieser Folgen, bis man schließlich bei 2^{s-1} Folgen mit der Periode Zwei angelangt ist. Im Rechenschema nach Bild 4.15 hat man bei der ersten Halbierung der Periode für N die volle Länge 2^s zu wählen, bei der zweiten Halbierung der Periode ist für N im Bild 4.15 dagegen 2^{s-1} zu verwenden usw., bis bei der letzten Halbierung im Bild 4.15 für N nur 2 zu nehmen ist. Verwendet man die Abkürzung

$$W := e^{-j2\pi/2^s}, \tag{4.93}$$

dann treten im Diagramm nach Bild 4.15 die Faktoren $\pm W^m$ (bei der ersten Halbierung der Periode mit $m = 0, 1, \ldots, 2^{s-1} - 1$), $\pm W^{2m}$ (bei der zweiten Halbierung der Periode mit $m = 0, 1, \ldots, 2^{s-2} - 1), \ldots, \pm W^{2^{s-1}m} = \pm(-1)^m = \pm 1$ (da nur $m = 0$ vorkommt). Damit kann man den Ablauf der Gesamtrechnung durch ein Diagramm darstellen, das sich aus Blöcken nach Bild 4.15 ("Schmetterlingen") zusammensetzt. Dies ist im Bild 4.16 für $s = 3$ im einzelnen gezeigt. Man beachte, daß im Ablaufdiagramm die Eingangsdaten $f[n]$ in der Reihenfolge der Werte (in Klammern stehen die entsprechenden binären Werte) 0 (000), 4 (100), 2 (010), 6 (110), 1 (001), 5 (101), 3 (011), 7 (111) von n auftreten; werden die binären Zahlen mit umgekehrter Ziffernfolge geschrieben, so liegt die natürliche Reihenfolge $0, 1, 2, \ldots, 7$ vor.

Es soll nun der Rechenaufwand abgeschätzt werden, der für die Durchführung des beschriebenen Algorithmus erforderlich ist. Der Algorithmus besteht aus $s = \operatorname{ld} N$ Schritten (ld steht für den Logarithmus zur Basis 2). In jedem dieser Schritte werden genau $N/2$ Operationen der Art nach Bild 4.15 durchgeführt, von denen jede 1 (komplexe) Multiplikation

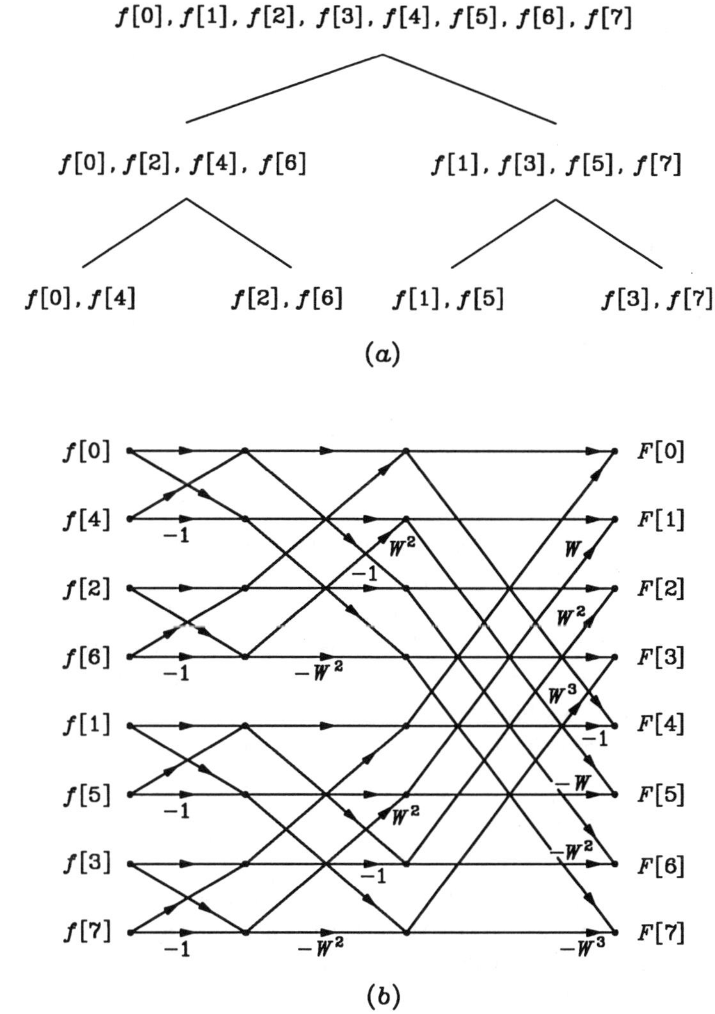

Bild 4.16: FFT für $N = 8$ und $W = e^{-j2\pi/8}$. (a) Fortgesetzte Halbierung der Länge der Folgen; (b) Ablaufdiagramm für die Transformation

(mit dem reinen Drehfaktor $e^{-j2\pi m/N}$) sowie 1 Addition und 1 Subtraktion erfordert. Dabei werden der Einfachheit wegen auch einige Multiplikationen mit Eins mitgezählt. Es sind also $(N/2)\,\mathrm{ld}N$ komplexe Multiplikationen und ebensoviele Additionen und Subtraktionen erforderlich, um nach dem beschriebenen Verfahren $F[m]$ aus $f[n]$ zu berechnen. Eine direkte Berechnung nach Gl. (4.82b) würde genau $(N-1)^2$ Multiplikationen und $N(N-1)$ Additionen erfordern. Die wiederholte Anwendung von Satz IV.2 (schnelle Fourier-Transformation, "F(ast) F(ourier) T(ransform)") verlangt z. B. im Fall $N = 32$ $(s = 5)$ etwa 80 Multiplikationen gegenüber 961 Multiplikationen bei einer direkten Berechnung nach Gl. (4.82b). Die Einsparung ist also beträchtlich.

Die Methode der schnellen Fourier-Transformation (FFT) läßt sich entsprechend auch zur Überführung von $F[m]$ in $f[n]$ verwenden. Auf Einzelheiten braucht nicht eingegangen zu werden, da Unterschiede gegenüber der Transformation von $f[n]$ in $F[m]$ gemäß den Gln. (4.82a,b) nur durch den Faktor $1/N$ vor der Summe und durch den Vorzeichenwechsel des Exponenten der e-Faktoren auftreten. Bezüglich weiterer Einzelheiten wird auf [Op1] verwiesen.

4 Diskontinuierliche Systeme zur digitalen Signalverarbeitung

Im Abschnitt 2.4 wurde untersucht, welchen Frequenzgang $H(\mathrm{e}^{\mathrm{j}\omega T})$ ein diskontinuierliches System aufweisen muß, damit der vorgegebene Frequenzgang $\widetilde{H}(\mathrm{j}\omega)$ eines kontinuierlichen Systems simuliert wird, und zwar derart, daß bei der Erregung des simulierenden Systems mit den Abtastwerten irgendeines bandbegrenzten Signals $\widetilde{x}(t)$ am Ausgang die Abtastwerte des durch $\widetilde{H}(\mathrm{j}\omega)$ gegebenen Ausgangssignals $\widetilde{y}(t)$ geliefert werden. Es ergab sich die Vorschrift in der Form der Gl. (4.39), wonach $H(\mathrm{e}^{\mathrm{j}\omega T})$ mit $\widetilde{H}(\mathrm{j}\omega)$ für alle ω-Werte mit $|\omega| < \omega_g = \pi/T$ übereinstimmen muß; dabei bedeutet ω_g die Grenzkreisfrequenz der zulässigen Eingangssignale $\widetilde{x}(t)$, und durch $T = \pi/\omega_g$ wird die Abtastperiode vorgeschrieben. Da $H(\mathrm{e}^{\pm \mathrm{j}\omega_g T}) = H(-1)$ bei einem reellen System einen reellen Wert haben muß, kann eine, auch näherungsweise, Übereinstimmung von $H(\mathrm{e}^{\mathrm{j}\omega T})$ und $\widetilde{H}(\mathrm{j}\omega)$ nur erwartet werden, wenn für $\omega = \pm\,\omega_g$ der Imaginärteil von $\widetilde{H}(\mathrm{j}\omega)$ verschwindet. Da dies im allgemeinen nicht der Fall ist, empfiehlt es sich, in $\widetilde{H}(\mathrm{j}\omega)$ noch eine Laufzeit einzuführen, d. h. statt $\widetilde{H}(\mathrm{j}\omega)$ die Vorschrift $\mathrm{e}^{-\mathrm{j}\omega t_0}\,\widetilde{H}(\mathrm{j}\omega)$ zu wählen. Der Imaginärteil der so geänderten Vorschrift verschwindet für $\omega = \pm\,\omega_g$, wenn die Wahl

$$t_0 = \frac{1}{\omega_g} \arctan \frac{\widetilde{X}(\omega_g)}{\widetilde{R}(\omega_g)}$$

getroffen wird. Dabei bedeutet $\widetilde{X}(\omega)$ den Imaginärteil und $\widetilde{R}(\omega)$ den Realteil von $\widetilde{H}(\mathrm{j}\omega)$. Im folgenden sollen einige Möglichkeiten besprochen werden, wie man Systeme entwerfen kann, welche eine Simulation in dem genannten Sinne erlauben und für eine digitale Realisierung geeignet sind.

4.1 NICHTREKURSIVE SYSTEME

Verschwinden alle Parameter α_ν ($\nu = 0, 1, \ldots, q-1$) in der Gl. (4.6b), so erhält die Übertragungsfunktion die einfache Form

$$H(\mathrm{e}^{\mathrm{j}\omega T}) = \sum_{\mu=0}^{q} \beta_\mu \, \mathrm{e}^{-\mathrm{j}(q-\mu)\omega T} . \tag{4.94}$$

Führt man diese Darstellung in die Gl. (4.17) ein, dann zeigt sich sofort, daß die Impulsantwort $h[n]$ im vorliegenden Fall für $n < 0$ und $n > q$ identisch verschwindet, also von endlicher Dauer ist, während sonst $h[n] = \beta_{q-n}$ gilt. Wie man der Gl. (4.6a) entnimmt, läßt sich das Ausgangssignal $y[n]$ in diesem Fall durch eine Summe der mit den β_μ gewichteten Werte $x[n], x[n-1], \ldots, x[n-q]$ des Eingangssignals erzeugen. Dementsprechend kann der Frequenzgang $H(\mathrm{e}^{\mathrm{j}\omega T})$ nach Gl. (4.94) einfach durch eine Kette von q Einheitsverzögerungsgliedern realisiert werden. Hierbei durchläuft $x[n]$ diese Kette, und am Ausgang der einzelnen Verzögerungsglieder können die Signale $x[n-\nu]$ $(\nu=1,2,\ldots,q)$ entnommen werden, die zusammen mit $x[n]$ nach Multiplikation mit $\beta_{q-\nu}$ als Summe $y[n]$ liefern (Bild 4.17). Das auf diese Weise entstandene diskontinuierliche System ist im Sinne von Kapitel I, Abschnitt 3.3 nichtrekursiv.

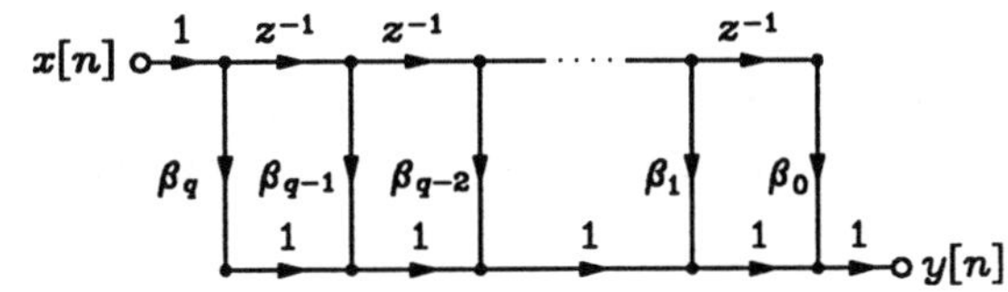

Bild 4.17: Realisierung der durch Gl. (4.94) gegebenen Übertragungsfunktion mit Hilfe eines nichtrekursiven diskontinuierlichen Systems mit q Verzögerungsgliedern, die in Anlehnung an Gl. (4.5) mit z^{-1} gekennzeichnet werden

Es kann nun versucht werden, die Freiheit in der Wahl der Koeffizienten β_μ $(\mu=0, 1,\ldots,q)$ zur approximativen Erfüllung der Simulationsbedingung nach Gl. (4.39) auszunützen. Eine erste Möglichkeit besteht darin, die Vorschrift $\widetilde{H}(\mathrm{j}\omega)$ in $|\omega|<\omega_g=\pi/T$ durch $H(\mathrm{e}^{\mathrm{j}\omega T})$ aus Gl. (4.94) im *Sinne des kleinsten mittleren Fehlerquadrats* anzunähern. Danach sind die Parameter β_μ so festzulegen, daß der Fehler

$$\Delta=\frac{1}{2\omega_g}\int\limits_{-\omega_g}^{\omega_g}\left[\widetilde{H}(\mathrm{j}\omega)-\sum_{\mu=0}^{q}\beta_\mu\,\mathrm{e}^{-\mathrm{j}(q-\mu)\omega T}\right]\left[\widetilde{H}^*(\mathrm{j}\omega)-\sum_{\mu=0}^{q}\beta_\mu\,\mathrm{e}^{\mathrm{j}(q-\mu)\omega T}\right]\mathrm{d}\omega \tag{4.95}$$

ein Minimum wird. Führt man zur Auswertung der Formel für Δ neben $\widetilde{H}(\mathrm{j}\omega)$ den beschnittenen Frequenzgang $\widetilde{H}(\mathrm{j}\omega)p_{\omega_g}(\omega)$ mit der Impulsantwort $\widetilde{h}_{\omega_g}(t)$ ein, dann erhält man nach einer Zwischenrechnung

$$\begin{aligned}\Delta&=\frac{1}{2\omega_g}\int\limits_{-\omega_g}^{\omega_g}|\widetilde{H}(\mathrm{j}\omega)|^2\mathrm{d}\omega+\sum_{\mu=0}^{q}\{\beta_\mu^2-2T\beta_\mu\widetilde{h}_{\omega_g}[(q-\mu)T]\}\\&=\frac{1}{2\omega_g}\int\limits_{-\omega_g}^{\omega_g}|\widetilde{H}(\mathrm{j}\omega)|^2\mathrm{d}\omega-\sum_{\mu=0}^{q}\{T\,\widetilde{h}_{\omega_g}[(q-\mu)T]\}^2\\&\quad+\sum_{\mu=0}^{q}\{\beta_\mu-T\,\widetilde{h}_{\omega_g}[(q-\mu)T]\}^2\,.\end{aligned}$$

Dabei wurde berücksichtigt, daß $\widetilde{h}_{\omega_g}(t)$ eine reellwertige Zeitfunktion ist. Wie man unmittelbar sieht, wird der Fehler Δ in Abhängigkeit von den Parametern β_μ genau dann am kleinsten, wenn

$$\beta_\mu=T\,\widetilde{h}_{\omega_g}[(q-\mu)T]\quad(\mu=0,1,\ldots,q) \tag{4.96}$$

gewählt wird, und für den kleinstmöglichen Fehler ergibt sich

$$\Delta_{\min} = \frac{1}{2\omega_g} \int_{-\omega_g}^{\omega_g} |\widetilde{H}(\mathrm{j}\omega)|^2 \mathrm{d}\omega - \sum_{\mu=0}^{q} \beta_\mu^2$$

mit β_μ nach Gl. (4.96).

Es kann allerdings vorkommen, daß der Fehler $\Delta_{\min}$ nur bei Wahl eines relativ großen Wertes von q hinreichend klein gemacht werden kann. Jedenfalls sind durch Gl. (4.96) die Parameter $\beta_\mu = h[q-\mu]$ des im oben genannten Sinne optimalen nichtrekursiven Systems festgelegt.

Eine weitere Möglichkeit, die Simulationsbedingung näherungsweise zu erfüllen, ist die *Interpolation*, d. h. die Festlegung der Koeffizienten β_μ durch die Forderung

$$H(\mathrm{e}^{\mathrm{j}m\omega_0 T}) = \widetilde{H}(\mathrm{j}m\omega_0) \quad (m = 0, 1, \ldots, N-1) \tag{4.97}$$

mit $\omega_0 = 2\omega_g/N$, $T = \pi/\omega_g$ und $N = q+1$. Mit Gl. (4.94) läßt sich diese Forderung wegen $\omega_0 T = 2\pi/N$ in der Form

$$\widetilde{H}(\mathrm{j}m\omega_0) = \sum_{n=0}^{N-1} \beta_{q-n} \mathrm{e}^{-\mathrm{j}\frac{2\pi}{N}nm} \quad (m = 0, 1, \ldots, N-1)$$

ausdrücken, d. h. die Folgen $\widetilde{H}(\mathrm{j}m\omega_0)$ und β_{q-n} mit der Periode N müssen im Sinne der diskreten Fourier-Transformation eine Korrespondenz bilden. Aufgrund der Gl. (4.82a) erhält man mit $N-1=q$ sofort Vorschriften zur Festlegung der Parameter des nichtrekursiven Systems:

$$\beta_{q-n} = \frac{1}{q+1} \sum_{m=0}^{q} \widetilde{H}(\mathrm{j}m\omega_0) \mathrm{e}^{\mathrm{j}\frac{2\pi}{q+1}mn} \quad (n = 0, 1, \ldots, q).$$

Die interpolatorische Forderung gemäß Gl. (4.97) zur Berechnung der Parameter β_μ läßt sich auch auf die folgende interessante Weise befriedigen: Das Polynom $z^N - 1$ besitzt die N Nullstellen $z_\mu = \mathrm{e}^{\mathrm{j}2\pi\mu/N}$ $(\mu = 0, 1, \ldots, N-1)$. Bedeutet m eine ganze Zahl im Intervall $[0, N-1]$, dann läßt sich demnach aus dem Polynom $z^N - 1$ der Faktor $z - z_m$ mit $m \in \{0, 1, \ldots, N-1\}$ ohne Rest abdividieren, und man erhält so das Polynom

$$P_m(z) = \frac{z^N - 1}{z - z_m} = \sum_{\mu=0}^{N-1} z^\mu (z_m)^{N-1-\mu}$$

mit der Eigenschaft

$$P_m(z_\mu) = \begin{cases} \dfrac{N}{z_m} & \text{für} \quad \mu = m, \\ 0 & \text{für} \quad \mu \neq m, \end{cases} \tag{4.98}$$

wobei $z_m^{N-1} = z_m^N/z_m = 1/z_m$ berücksichtigt wurde. Mit Hilfe des Polynoms $P_m(z)$ wird nun mit $T = \pi/\omega_g$ die Übertragungsfunktion

$$H_m(\mathrm{e}^{\mathrm{j}\omega T}) = \frac{P_m(\mathrm{e}^{\mathrm{j}\omega T})}{N\mathrm{e}^{\mathrm{j}\omega T(N-1)}} = \frac{1}{N} \sum_{\mu=0}^{N-1} \mathrm{e}^{\mathrm{j}\frac{2\pi}{N}m(N-1-\mu)} \mathrm{e}^{-\mathrm{j}(N-1-\mu)\omega T} \tag{4.99}$$

eingeführt. Sie ist entsprechend Gl. (4.6b) eine rationale Funktion in $z = \mathrm{e}^{\mathrm{j}\omega T}$ und hat wegen $\omega_0 T = 2\omega_g T/N = 2\pi/N$ und der Gl. (4.98) die besondere Eigenschaft

$$H_m(e^{j\mu\omega_0 T}) = \frac{P_m(e^{j\frac{2\pi}{N}\mu})}{N\, e^{j\frac{2\pi}{N}(N-1)m}} = \begin{cases} 1 & \text{für} \quad \mu = m\,, \\ 0 & \text{für} \quad \mu \neq m\,. \end{cases} \tag{4.100}$$

Außerdem verschwinden alle Parameter α_ν ($\nu = 0, 1, \ldots, N-2$), wie der Gl. (4.99) zu entnehmen ist, weshalb diese Übertragungsfunktion durch ein nichtrekursives System realisiert werden kann. Mit $H_m(e^{j\omega T})$ wird schließlich die Übertragungsfunktion

$$H(e^{j\omega T}) = \sum_{\mu=0}^{N-1} \tilde{H}(j\mu\omega_0) H_\mu(e^{j\omega T}) \tag{4.101}$$

gebildet, welche wegen der Gl. (4.100) die Interpolationsforderung nach Gl. (4.97) befriedigt. Bild 4.18 zeigt ein Prinzipschaltbild zur digitalen Realisierung der Übertragungsfunktion $H(e^{j\omega T})$ nach Gl. (4.101). Die Teilsysteme mit den Übertragungsfunktionen $H_m(e^{j\omega T})$, welche durch Gl. (4.99) gegeben sind, lassen sich gemäß Bild 4.17 mit

$$\beta_\mu = \frac{1}{N} e^{j\frac{2\pi}{N} m(N-1-\mu)}\,, \qquad \mu = 0, 1, \ldots, q = N-1$$

für jedes $m = 0, 1, \ldots, N-1$ durch nichtrekursive – allerdings nicht reelle – Systeme verwirklichen. Diese Realisierung bietet die Möglichkeit, die vorgeschriebenen Werte des Frequenzganges an den Multiplizierern direkt einzustellen.

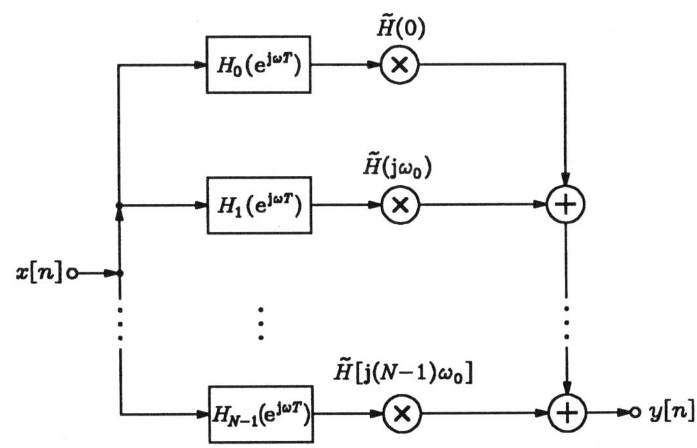

Bild 4.18: Blockschaltbild zur Realisierung der durch Gl. (4.101) gegebenen Übertragungsfunktion

4.2 REKURSIVE SYSTEME

Für das zu simulierende lineare, zeitinvariante kontinuierliche System mit einem Eingang und einem Ausgang läßt sich die Verknüpfung zwischen der Eingangsgröße $\tilde{x}(t)$ und der Ausgangsgröße $\tilde{y}(t)$ mit Hilfe der Impulsantwort $\tilde{h}(t)$ in der Form

$$\tilde{y}(t) = \int_{-\infty}^{\infty} \tilde{x}(t-\vartheta)\tilde{h}(\vartheta)\,\mathrm{d}\vartheta \tag{4.102}$$

ausdrücken. Dem Eingangssignal $\tilde{x}(\vartheta)$ wird gemäß Gl. (3.154) seine zeitvariable Fourier-Transformierte $\tilde{X}(t,\mathrm{j}\omega)$ zugeordnet, so daß $\tilde{x}(t-\vartheta)$ als Funktion von ϑ betrachtet gemäß Gl. (3.155a) mit Hilfe diskreter Frequenzwerte von $\tilde{X}(t,\mathrm{j}\omega)$ dargestellt werden kann. Führt man diese Darstellung in Gl. (4.102) ein, so ergibt sich

$$\tilde{y}(t) = \frac{1}{2T_0}\sum_{\mu=-\infty}^{\infty} \tilde{X}(t,\mathrm{j}\mu\frac{\pi}{T_0})\int_{-\infty}^{\infty}\tilde{h}(\vartheta)\,\mathrm{e}^{-\mathrm{j}\mu\frac{\pi}{T_0}\vartheta}\,\mathrm{d}\vartheta$$

oder, wenn man berücksichtigt, daß die Fourier-Transformierte von $\tilde{h}(t)$ die Übertragungsfunktion $\tilde{H}(\mathrm{j}\omega)$ des Systems liefert,

$$\tilde{y}(t) = \frac{1}{2T_0}\sum_{\mu=-\infty}^{\infty} \tilde{X}(t,\mathrm{j}\mu\frac{\pi}{T_0})\tilde{H}(\mathrm{j}\mu\frac{\pi}{T_0}). \tag{4.103}$$

Diese Formel kann unter anderem dazu herangezogen werden, das Ausgangssignal zu berechnen, wenn der Zeitvorgang $\tilde{x}(t)$ extrem lange andauert und $\tilde{h}(t)$ (wenigstens näherungsweise) eine endliche Dauer T_1 hat. In diesem Fall wird zweckmäßigerweise $T_0 = T_1/2$ gewählt.

Betrachtet man in entsprechender Weise ein lineares, zeitinvariantes diskontinuierliches System mit einem Eingang und einem Ausgang, dann lautet der Zusammenhang zwischen Eingangssignal $x[n]$ und Ausgangssignal $y[n]$ unter Verwendung der Impulsantwort $h[n]$

$$y[n] = \sum_{\mu=-\infty}^{\infty} x[n-\mu]h[\mu]. \tag{4.104}$$

Dem Eingangssignal $x[\mu]$ wird gemäß Gl. (4.56) sein von der Variablen n abhängiges Spektrum $X(n,\mathrm{e}^{\mathrm{j}\omega T})$ zugewiesen, so daß $x[n-\mu]$ als Funktion von μ betrachtet gemäß Gl. (4.57) mit Hilfe diskreter Frequenzwerte von $X(n,\mathrm{e}^{\mathrm{j}\omega T})$ dargestellt werden kann. Führt man diese Darstellung in Gl. (4.104) ein und berücksichtigt den Zusammenhang zwischen Impulsantwort $h[n]$ und Übertragungsfunktion $H(\mathrm{e}^{\mathrm{j}\omega T})$, so ergibt sich[1]

$$y[n] = \frac{1}{N}\sum_{m=0}^{N-1} X(n,\mathrm{e}^{\mathrm{j}\frac{2\pi}{N}m})H(\mathrm{e}^{-\mathrm{j}\frac{2\pi}{N}m}). \tag{4.105}$$

Nun soll die zeitvariable Fourier-Transformierte des Eingangssignals $\tilde{x}(t)$

$$\tilde{X}(t,\mathrm{j}\omega) = \int_{-T_0}^{T_0} \tilde{x}(t+\tau)\,\mathrm{e}^{-\mathrm{j}\omega\tau}\,\mathrm{d}\tau$$

noch etwas näher untersucht werden. Aufgrund der Beziehung $\tau = T_0 - \xi$ wird die Integrationsvariable τ durch ξ ersetzt und anschließend $\omega = m\pi/T_0$ (m ganz) gewählt. Auf diese Weise ergibt sich

---

1) In einigen der folgenden Beziehungen wird angenommen, daß N gerade ist; diese Einschränkung kann jedoch durch geringfügige Modifikationen beseitigt werden.

$$\widetilde{X}(t, \mathrm{j}m\frac{\pi}{T_0}) = (-1)^m \int_0^{2T_0} \widetilde{x}(t + T_0 - \xi)\,\mathrm{e}^{\mathrm{j}m\frac{\pi}{T_0}\xi}\,\mathrm{d}\xi . \tag{4.106}$$

Bezeichnet man mit $A_m(t)$ gemäß Gl. (3.86b) die Fourier-Koeffizienten der periodisierten Funktion $p_{T_0}(T_0 - \xi)\,\widetilde{x}(t + T_0 - \xi)$ von ξ, dann folgt aus Gl. (4.106) mit Gl. (3.86b)

$$\widetilde{X}(t, -\mathrm{j}m\,\frac{\pi}{T_0}) = (-1)^m\, 2T_0\, A_m(t) . \tag{4.107}$$

Aus dem Signal $\widetilde{x}(t)$ wird nach der Vorschrift

$$x[n] = \widetilde{x}(T_0 + nT)$$

die abgetastete Eingangsgröße $x[n]$ gebildet, der gemäß Gl. (4.56) das von n abhängige Spektrum

$$X(n, \mathrm{e}^{\mathrm{j}\omega T}) = \sum_{\nu=0}^{N-1} x[n-\nu]\,\mathrm{e}^{-\mathrm{j}\omega\nu T}$$

mit $NT = 2T_0$ zugeordnet wird. Mit $\omega T = m(\pi/T_0)T = m\,2\pi/N$ erhält man

$$X(n, \mathrm{e}^{\mathrm{j}\frac{2\pi}{N}m}) = \sum_{\nu=0}^{N-1} \widetilde{x}(T_0 + nT - \nu T)\,\mathrm{e}^{-\mathrm{j}\frac{2\pi}{N}\nu m} . \tag{4.108}$$

Nach den Gln. (4.81c,b) ist die hier auftretende Summe bis auf den fehlenden Faktor $1/N$ eine Näherungsdarstellung für den Fourier-Koeffizienten $A_m(nT)$ der periodisierten Funktion $p_{T_0}(T_0 - \xi)\,\widetilde{x}(nT + T_0 - \xi)$. Daher kann die Gl. (4.108) für $|m| \leqq N/2$ approximativ als

$$X(n, \mathrm{e}^{\mathrm{j}\frac{2\pi}{N}m}) = NA_m(nT) \tag{4.109}$$

geschrieben werden. Aus den Gln. (4.107) und (4.109) folgt im Rahmen der gemachten Näherung für $|m| \leqq N/2$ die Beziehung

$$\widetilde{X}(nT, \mathrm{j}m\,\frac{\pi}{T_0}) = (-1)^m\,\frac{2T_0}{N}\,X(n, \mathrm{e}^{-\mathrm{j}\frac{2\pi}{N}m}) . \tag{4.110}$$

Dieses Ergebnis ermöglicht es, die Gl. (4.103) für $t = nT$ auszuwerten. Dabei wird vorausgesetzt, daß

$$\widetilde{H}(\mathrm{j}\mu\frac{\pi}{T_0}) = 0$$

für alle μ mit $|\mu| > N/2$ gilt. Mit der Forderung

$$(-1)^m\,\widetilde{H}(\mathrm{j}\,m\,\frac{\pi}{T_0}) = H(\mathrm{e}^{\mathrm{j}\frac{2\pi}{N}m}) \tag{4.111}$$

für $-N/2 < m \leqq N/2$ erhält man aus den Gln. (4.103) und (4.110) die Näherungsdarstellung

$$\widetilde{y}(nT) = \frac{1}{N}\sum_{m=0}^{N-1} X[n, \mathrm{e}^{-\mathrm{j}\frac{2\pi}{N}m}]\, H(\mathrm{e}^{\mathrm{j}\frac{2\pi}{N}m}). \qquad (4.112)$$

Dabei ist noch zu beachten, daß die zunächst sich ergebende Summation von $m = -(N/2) + 1$ bis $N/2$ wegen der Periodizität der Summanden in Abhängigkeit von m von $m = 0$ bis $N-1$ geführt werden darf. Aus dem gleichen Grund könnte in den Summanden der Gl. (4.112) auch noch m durch $-m$ ersetzt werden. Ein Vergleich der Gln. (4.105) und (4.112) lehrt, daß damit das Übertragungsverhalten des kontinuierlichen Systems mit dem Frequenzgang $\widetilde{H}(\mathrm{j}\omega)$ durch das eines diskontinuierlichen Systems simuliert wurde. Die Gl. (4.111) widerspricht nicht der Simulationsforderung nach Gl. (4.97), da hier nicht $x[n] = \widetilde{x}(nT)$, sondern $x[n] = \widetilde{x}(T_0 + nT)$ gesetzt wurde und somit nach dem Simulations-Theorem

$$H(\mathrm{e}^{\mathrm{j}\omega T}) = \mathrm{e}^{-\mathrm{j}\omega T_0}\widetilde{H}(\mathrm{j}\omega), \quad \text{also} \quad H(\mathrm{e}^{\mathrm{j}\frac{2\pi}{N}m}) = \mathrm{e}^{-\mathrm{j}m\pi}\widetilde{H}(\mathrm{j}m\frac{\pi}{T_0})$$

zu fordern ist.

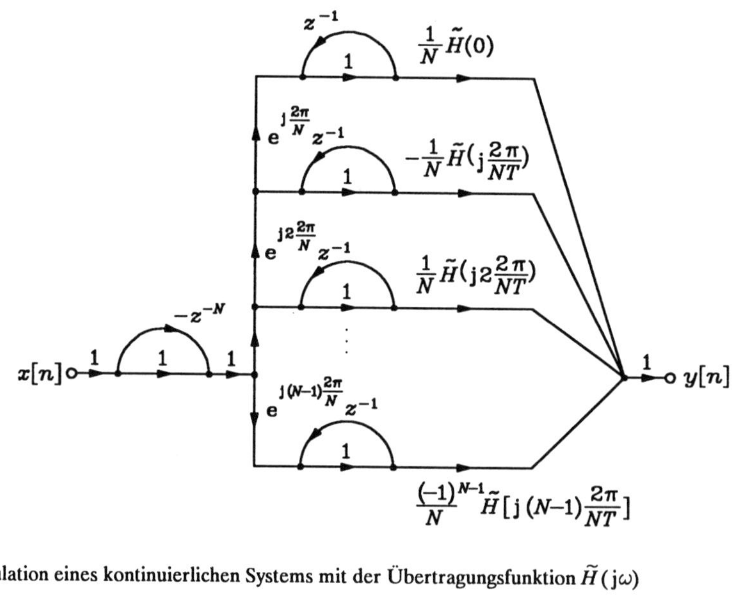

Bild 4.19: Digitale Simulation eines kontinuierlichen Systems mit der Übertragungsfunktion $\widetilde{H}(\mathrm{j}\omega)$

Im Abschnitt 2.6.1 konnte gezeigt werden, wie das von der Variable n abhängige Spektrum $X[n, \mathrm{e}^{\mathrm{j}2\pi m/N}]$ des Signals $x[n] = \widetilde{x}(T_0 + nT)$ digital erzeugt werden kann. Wendet man hier diese Möglichkeit an, so erhält man das im Bild 4.19 in Form eines Prinzipschaltbildes beschriebene rekursive diskontinuierliche System, welches das kontinuierliche System mit der Übertragungsfunktion $\widetilde{H}(\mathrm{j}\omega)$ näherungsweise simuliert.

5 Beschreibung diskontinuierlicher stochastischer Prozesse im Frequenzbereich

Die im Kapitel III, Abschnitt 6 dargestellten Konzepte zur Behandlung kontinuierlicher stochastischer Prozesse lassen sich auf diskontinuierliche Prozesse einfach übertragen. Hierauf soll im folgenden eingegangen werden.

5.1 GRUNDLEGENDE BEGRIFFE UND ZUSAMMENHÄNGE

Einem diskontinuierlichen stationären stochastischen (reellen) Prozeß $\boldsymbol{x}[n]$ mit der Autokorrelierten $r_{xx}[\nu]$ wird die spektrale Leistungsdichte

$$S_{xx}(\omega) := \sum_{\nu=-\infty}^{\infty} r_{xx}[\nu]\, \mathrm{e}^{-\mathrm{j}\omega\nu T} \tag{4.113}$$

zugeordnet. Sie ist, wie man sieht, das Spektrum von $r_{xx}[\nu]$ gemäß Gl. (4.10b) und daher eine periodische Funktion von ω. Damit läßt sich aufgrund der Gl. (4.10a) die Autokorrelationsfunktion aus der spektralen Leistungsdichte in Form der Beziehung

$$r_{xx}[\nu] = \frac{1}{2\omega_g} \int_{-\omega_g}^{\omega_g} S_{xx}(\omega)\, \mathrm{e}^{\mathrm{j}\omega\nu T} \mathrm{d}\omega \tag{4.114}$$

ausdrücken. In den Gln. (4.113) und (4.114) ist $T = \pi/\omega_g$ eine willkürliche positive Konstante. Sofern der Prozeß $\boldsymbol{x}[n]$ durch Abtastung eines kontinuierlichen Prozesses entstanden ist, pflegt man T gleich der Abtastperiode zu wählen; andernfalls wird meistens $T = 1$ und damit $\omega_g = \pi$ gewählt. Entsprechend der Gl. (3.241) gilt hier für die mittlere Signalleistung

$$E[\boldsymbol{x}^2[n]] = r_{xx}(0) = \frac{1}{2\omega_g} \int_{-\omega_g}^{\omega_g} S_{xx}(\omega)\, \mathrm{d}\omega . \tag{4.115}$$

Da die Beziehung $r_{xx}[-\nu] = r_{xx}[\nu]$ besteht (bei Zulassung komplexer Signale würde diese Beziehung $r_{xx}[-\nu] = r_{xx}^*[\nu]$ lauten), ist $S_{xx}(\omega)$ reellwertig und gerade. Wie noch gezeigt wird, gilt stets $S_{xx}(\omega) \geqq 0$.

Das Spektrum der Kreuzkorrelierten $r_{xy}[\nu]$ wird als Kreuzleistungsspektrum eingeführt:

$$S_{xy}(\omega) := \sum_{\nu=-\infty}^{\infty} r_{xy}[\nu]\, \mathrm{e}^{-\mathrm{j}\omega\nu T} . \tag{4.116}$$

Damit gilt auch

$$r_{xy}[\nu] = \frac{1}{2\omega_g} \int_{-\omega_g}^{\omega_g} S_{xy}(\omega)\, \mathrm{e}^{\mathrm{j}\omega\nu T} \mathrm{d}\omega . \tag{4.117}$$

Das Kreuzleistungsspektrum $S_{xy}(\omega)$ hat im allgemeinen komplexe Werte.

Unter weißem Rauschen versteht man einen Prozeß mit der Eigenschaft $S_{xx}(\omega) \equiv 1$, d. h. $r_{xx}[\nu] = \delta[\nu]$.

Wird ein kontinuierlicher stationärer stochastischer Prozeß $\tilde{\boldsymbol{x}}(t)$ mit der Autokorrelationsfunktion $\tilde{r}_{xx}(\tau)$ und der spektralen Leistungsdichte $\tilde{S}_{xx}(\omega)$ mit der Periode T abgetastet, so entsteht ein diskontinuierlicher stationärer stochastischer Prozeß $\boldsymbol{x}[n] = \tilde{\boldsymbol{x}}(nT)$ mit der Autokorrelierten $r_{xx}[\nu] = \tilde{r}_{xx}(\nu T)$ und angesichts der Gln. (3.114) und (3.112) mit der spektralen Leistungsdichte

$$S_{xx}(\omega) = \sum_{\nu=-\infty}^{\infty} \tilde{r}_{xx}(\nu T)\,\mathrm{e}^{-\mathrm{j}\omega\nu T} = \frac{1}{T}\sum_{\mu=-\infty}^{\infty} \tilde{S}_{xx}(\omega - \mu 2\omega_g)\,. \qquad (4.118)$$

Wirkt am Eingang eines linearen, zeitinvarianten, stabilen und kausalen diskontinuierlichen Systems mit der Übertragungsfunktion

$$H(\mathrm{e}^{\mathrm{j}\omega T}) = \sum_{n=-\infty}^{\infty} h[n]\,\mathrm{e}^{-\mathrm{j}\omega n T}$$

ein stationärer stochastischer Prozeß $\boldsymbol{x}[n]$, so bestehen die Gln. (1.170) und (1.171). Unterwirft man diese Gleichungen der Spektraltransformation, dann erhält man die Beziehungen

$$S_{xy}(\omega) = H(\mathrm{e}^{\mathrm{j}\omega T})\,S_{xx}(\omega) \qquad (4.119)$$

und

$$S_{yy}(\omega) = H(\mathrm{e}^{-\mathrm{j}\omega T})\,S_{xy}(\omega) \qquad (4.120)$$

oder durch Verbindung dieser beiden Gleichungen

$$S_{yy}(\omega) = |H(\mathrm{e}^{\mathrm{j}\omega T})|^2\,S_{xx}(\omega)\,. \qquad (4.121)$$

Hieraus folgt speziell für die mittlere Signalleistung am Ausgang des Systems

$$E[\boldsymbol{y}^2[n]] = r_{yy}(0) = \frac{1}{2\omega_g}\int_{-\omega_g}^{\omega_g} |H(\mathrm{e}^{\mathrm{j}\omega T})|^2 S_{xx}(\omega)\,\mathrm{d}\omega\,. \qquad (4.122)$$

Wie im Kapitel III, Abschnitt 6.2 kann aus dieser Gleichung bei Wahl eines sehr schmalen Bandpaßsystems geschlossen werden, daß $S_{xx}(\omega)$ nirgends negativ werden kann, da $E[\boldsymbol{y}^2[n]] \geqq 0$ gilt. Sind $H(\mathrm{e}^{\mathrm{j}\omega T})$ und $S_{xx}(\omega)$ rationale Funktionen in $z := \mathrm{e}^{\mathrm{j}\omega T}$, so läßt sich das Integral in Gl. (4.122) durch Übergang zu einem Linienintegral in der komplexen z-Ebene mit Hilfe des Residuensatzes auswerten, wobei neben $\mathrm{e}^{\mathrm{j}\omega T} = z$ noch das Differential $\mathrm{d}\omega = \mathrm{d}z/[\mathrm{j}Tz]$ zu substituieren, $|H(\mathrm{e}^{\mathrm{j}\omega T})|^2$ durch $H(z)H(1/z)$ zu ersetzen und die Integration in der komplexen Ebene längs des Einheitskreises $|z| = 1$ im Gegenuhrzeigersinn zu führen ist. Darüber hinaus kann in einem solchen Fall der Integrand als Funktion von z in der Form $H_0(z)\,H_0(1/z)/z$ faktorisiert werden, so daß $H_0(\mathrm{e}^{\mathrm{j}\omega T})$ die Übertragungsfunktion eines Systems repräsentiert, das bei Erregung mit weißem Rauschen am Ausgang einen Prozeß mit derselben Autokorrelierten liefert, die ursprünglich der Prozeß am Ausgang des Systems mit der Übertragungsfunktion $H(\mathrm{e}^{\mathrm{j}\omega T})$ bei Erregung mit $x[n]$ aufwies.

5.2 SIGNALERKENNUNG

Im Zusammenhang mit kontinuierlichen Signalen wurde im Kapitel III untersucht, auf welche Weise festgestellt werden kann, ob in einem Rauschsignal ein bekanntes Nutzsignal vorhanden ist oder nicht. Dieses grundlegende Problem soll im folgenden für diskontinuierliche

Signale behandelt werden. Empfangen werde ein Signalgemisch

$$\boldsymbol{z}[n] = \boldsymbol{n}[n] + x[n] \tag{4.123}$$

mit einem bekannten deterministischen Nutzsignal $x[n]$ und einem mittelwertfreien stationären Rauschprozeß $\boldsymbol{n}[n]$, dessen spektrale Leistungsdichte mit $S_{nn}(\omega)$ bezeichnet wird. Dieses Signalgemisch wird einem linearen und zeitinvarianten System mit der Übertragungsfunktion $H(\mathrm{e}^{\mathrm{j}\omega T})$ zugeführt. Die Reaktion dieses Systems auf das reine Nutzsignal $x[n]$ läßt sich in der Form

$$y[n] = \frac{1}{2\omega_g} \int_{-\omega_g}^{\omega_g} X(\mathrm{e}^{\mathrm{j}\omega T}) H(\mathrm{e}^{\mathrm{j}\omega T}) \mathrm{e}^{\mathrm{j}\omega n T} \, \mathrm{d}\omega \tag{4.124}$$

ausdrücken, wobei $X(\mathrm{e}^{\mathrm{j}\omega T})$ das Spektrum von $x[n]$ bedeutet. Für die Reaktion $\boldsymbol{v}[n]$ des Systems auf die Erregung durch $\boldsymbol{n}[n]$ erhält man die mittlere Rauschleistung

$$E[\boldsymbol{v}^2[n]] = \frac{1}{2\omega_g} \int_{-\omega_g}^{\omega_g} S_{nn}(\omega) \, |H(\mathrm{e}^{\mathrm{j}\omega T})|^2 \, \mathrm{d}\omega \, . \tag{4.125}$$

Das Signal-Rausch-Verhältnis am Ausgang des Systems zu einem Zeitpunkt $n = n_0$ wird durch

$$s = \frac{y^2[n_0]}{E[\boldsymbol{v}^2[n]]} \tag{4.126}$$

als Quotient der Nutzsignalleistung im Zeitpunkt n_0 und der mittleren Rauschleistung definiert.

Es stellt sich nun die Aufgabe, die Übertragungsfunktion $H(\mathrm{e}^{\mathrm{j}\omega T})$ derart festzulegen, daß s möglichst groß wird. Hierfür sollen zwei Lösungsmöglichkeiten angegeben werden.

Schränkt man die Übertragungsfunktion nicht ein, so kann man zunächst wie im kontinuierlichen Fall (Kapitel III, Abschnitt 6.3.3) aufgrund der Gln. (4.124), (4.125) und (4.126) mit Hilfe der Schwarzschen Ungleichung s abschätzen, und man findet

$$s \leqq \frac{1}{2\omega_g} \int_{-\omega_g}^{\omega_g} \frac{|X(\mathrm{e}^{\mathrm{j}\omega T})|^2}{S_{nn}(\omega)} \, \mathrm{d}\omega \, . \tag{4.127}$$

Darüber hinaus wird diese Ungleichung zur Gleichheit, wenn dafür gesorgt wird, daß die Funktionen $X(\mathrm{e}^{\mathrm{j}\omega T})/\sqrt{S_{nn}(\omega)}$ und $\sqrt{S_{nn}(\omega)}\,H(\mathrm{e}^{-\mathrm{j}\omega T})\,\mathrm{e}^{-\mathrm{j}\omega n_0 T}$ zueinander proportional werden. Dies führt auf die optimale Übertragungsfunktion

$$H_0(\mathrm{e}^{\mathrm{j}\omega T}) = k \, \mathrm{e}^{-\mathrm{j}\omega n_0 T} \frac{X(\mathrm{e}^{-\mathrm{j}\omega T})}{S_{nn}(\omega)} \tag{4.128}$$

mit einer beliebig reellen Konstante k. Sie ruft maximales Signal-Rausch-Verhältnis hervor. Im Fall, daß $\boldsymbol{n}[n]$ weißes Rauschen der Leistungsdichte K repräsentiert, folgt aus Gl. (4.128) für die Impulsantwort des optimalen Systems

$$h_0[n] = \frac{k}{K} x[n_0 - n] \, . \tag{4.129}$$

Damit ist die diskrete Version des im Kapitel III, Abschnitt 6.3.3 erhaltenen Systems gefunden, das als matched filter bekannt ist.

Eine alternative Möglichkeit zur Minimierung von s nach Gl. (4.126) besteht darin, eine spezielle Struktur für die Übertragungsfunktion zu wählen, die eine analytische Minimierung von s erlaubt. Naheliegend ist es, die Übertragungsfunktion eines nichtrekursiven Systems nach Gl. (4.94) mit der Realisierung gemäß Bild 4.17 zu wählen. Nach Gl. (4.125) und mit Gl. (4.94) erhält man in diesem Fall für die mittlere Rauschleistung

$$E[\boldsymbol{v}^2[n]] = \frac{1}{2\omega_g} \int_{-\omega_g}^{\omega_g} S_{nn}(\omega) \sum_{\mu=0}^{q} \beta_\mu \, e^{-j(q-\mu)\omega T} \sum_{\nu=0}^{q} \beta_\nu \, e^{j(q-\nu)\omega T} \, d\omega$$

$$= \sum_{\mu=0}^{q} \sum_{\nu=0}^{q} \beta_\mu \beta_\nu \frac{1}{2\omega_g} \int_{-\omega_g}^{\omega_g} S_{nn}(\omega) \, e^{j(\mu-\nu)\omega T} \, d\omega$$

oder mit der Autokorrelierten $r_{nn}[\nu]$ des Rauschprozesses

$$E[\boldsymbol{v}^2[n]] = \sum_{\mu=0}^{q} \sum_{\nu=0}^{q} \beta_\mu \beta_\nu r_{nn}[\mu-\nu]. \tag{4.130}$$

Faßt man die hier auftretenden Werte $r_{nn}[\mu-\nu]$ zur Toeplitzschen Matrix

$$\boldsymbol{R} = \begin{bmatrix} r_{nn}[0] & r_{nn}[1] & \cdots & r_{nn}[q] \\ r_{nn}[1] & r_{nn}[0] & \cdots & r_{nn}[q-1] \\ \vdots & & & \\ r_{nn}[q] & r_{nn}[q-1] & \cdots & r_{nn}[0] \end{bmatrix} \tag{4.131}$$

und die gesuchten Koeffizienten β_μ zum Vektor

$$\boldsymbol{\beta} = [\beta_0 \;\; \beta_1 \;\; \cdots \;\; \beta_q]^{\mathrm{T}} \tag{4.132}$$

zusammen, so kann man für die mittlere Rauschleistung

$$E[\boldsymbol{v}^2[n]] = \boldsymbol{\beta}^{\mathrm{T}} \boldsymbol{R} \boldsymbol{\beta} \tag{4.133}$$

schreiben. Weiterhin erhält man mit Gl. (4.94) aus Gl. (4.124)

$$y[n_0] = \sum_{\mu=0}^{q} \beta_\mu x[n_0 - q + \mu]. \tag{4.134}$$

Das Signal-Rausch-Verhältnis s wird nun in Abhängigkeit der Koeffizienten β_μ genau dann maximal, wenn bei Wahl eines zunächst beliebigen nichtverschwindenden konstanten Wertes

$$y[n_0] =: y_0 \tag{4.135}$$

die mittlere Rauschleistung $E[\boldsymbol{v}^2[n]]$ minimal wird. Dabei ist zu beachten, daß eine Veränderung von y_0 ($\neq 0$) eine Multiplikation von $H(e^{j\omega T})$ mit einer entsprechenden Konstante bedeutet, die sich aber in s herauskürzt. Nach der Methode des Lagrangeschen Multiplikators läßt sich jetzt das Optimierungsproblem folgendermaßen formulieren: Es ist die Zielfunktion

$$Q := \boldsymbol{\beta}^{\mathrm{T}} \boldsymbol{R} \boldsymbol{\beta} - \lambda \{ \boldsymbol{\beta}^{\mathrm{T}} \boldsymbol{x} - y_0 \} \tag{4.136}$$

mit dem Vektor

$$\boldsymbol{x} := [x[n_0 - q] \;\; x[n_0 - q + 1] \;\; \cdots \;\; x[n_0]]^{\mathrm{T}} \tag{4.137}$$

in Abhängigkeit der Elemente des Vektors $\boldsymbol{\beta}$ und des Parameters λ zu minimieren. Man beachte dabei, daß $\boldsymbol{\beta}^{\mathrm{T}} \boldsymbol{x}$ nach den Gln. (4.134) und (4.135) mit y_0 übereinstimmen muß. Für die Minimierung ist jetzt folgendes zu verlangen:

$$\frac{\partial Q}{\partial \boldsymbol{\beta}} := \left[\frac{\partial Q}{\partial \beta_0}, \ldots, \frac{\partial Q}{\partial \beta_q} \right] = 2 \boldsymbol{\beta}^{\mathrm{T}} \boldsymbol{R} - \lambda \boldsymbol{x}^{\mathrm{T}} \overset{!}{=} \boldsymbol{0} \quad \text{und} \quad \boldsymbol{\beta}^{\mathrm{T}} \boldsymbol{x} - y_0 \overset{!}{=} 0 .$$

Hieraus erhält man – die Invertierbarkeit von $\boldsymbol{R}$ vorausgesetzt –

$$\boldsymbol{\beta} = \frac{\lambda}{2} \boldsymbol{R}^{-1} \boldsymbol{x} \quad \text{und} \quad y_0 = \boldsymbol{\beta}^{\mathrm{T}} \boldsymbol{x} = \frac{\lambda}{2} \boldsymbol{x}^{\mathrm{T}} \boldsymbol{R}^{-1} \boldsymbol{x} . \tag{4.138a,b}$$

Da der Multiplikator λ nur einen Faktor der Koeffizienten von $\boldsymbol{\beta}$ und damit der Übertragungsfunktion $H(\mathrm{e}^{\mathrm{j}\omega T})$ darstellt, ist seine Wahl ($\neq 0$) ohne Einfluß auf s. Daher wählt man einfach $\lambda = 2$, so daß für die Lösung

$$\boldsymbol{\beta} = \boldsymbol{R}^{-1} \boldsymbol{x} \tag{4.139}$$

mit $\boldsymbol{R}$ nach Gl. (4.131) und $\boldsymbol{x}$ nach Gl. (4.137) folgt. Praktisch wird $\boldsymbol{\beta}$ durch Lösung des linearen Gleichungssystems $\boldsymbol{R} \boldsymbol{\beta} = \boldsymbol{x}$ ermittelt. Ersetzt man in Gl. (4.133) $\boldsymbol{R} \boldsymbol{\beta}$ durch $\boldsymbol{x}$ und beachtet Gl. (4.138b), dann findet man

$$\boldsymbol{E}[\boldsymbol{v}^2[n]] = y_0 ,$$

d. h. für das Signal-Rausch-Verhältnis nach Gl. (4.126) im optimalen Fall

$$s = y_0 = \boldsymbol{\beta}^{\mathrm{T}} \boldsymbol{x} .$$

V Beschreibung kontinuierlicher Signale und Systeme in der komplexen Ebene

Durch Erweiterung der Frequenzvariablen ω zu einem komplexen Frequenzparameter werden im folgenden die bisherigen Betrachtungen entscheidend erweitert, und dadurch wird es möglich, funktionentheoretische Konzepte zur Signal- und Systembeschreibung heranzuziehen. Als fundamental erweist sich die Laplace-Transformation für den kontinuierlichen Bereich, der in diesem Kapitel behandelt wird.

1 Die Laplace-Transformation

In diesem Abschnitt werden die Grundgleichungen und Eigenschaften der Laplace-Transformation sowie deren Zusammenhang mit der Fourier-Transformation behandelt. Dabei soll zunächst der in der Praxis überwiegende Fall zugrunde gelegt werden, daß alle betrachteten Zeitfunktionen auf der negativen t-Halbachse verschwinden, also kausal sind. Die entsprechende Darstellung für nichtkausale Zeitfunktionen wird im Abschnitt 1.5 besprochen.

1.1 DIE GRUNDGLEICHUNGEN DER LAPLACE-TRANSFORMATION

Es sei $f(t)$ eine für negative t-Werte verschwindende Funktion (kausale Zeitfunktion). Die Funktion $f(t)$ soll für $t \geqq 0$, abgesehen von möglichen Sprungstellen, stückweise glatt sein. Sie möge nicht schneller als eine geeignet gewählte Exponentialfunktion für $t \to \infty$ anwachsen, d. h. es soll eine Konstante $\sigma_{\min}$ existieren, so daß

$$\lim_{t \to \infty} f(t)\,\mathrm{e}^{-\sigma t} = 0 \qquad \text{für alle} \quad \sigma > \sigma_{\min}$$

gilt, während dieser Grenzwert für alle $\sigma < \sigma_{\min}$ nicht vorhanden ist. Falls der betrachtete Grenzwert für alle σ verschwindet, soll $\sigma_{\min}$ als $-\infty$ betrachtet werden. Für jedes $\sigma > \sigma_{\min}$ läßt sich nun die Funktion $g(t) = \mathrm{e}^{-\sigma t} f(t)$, insbesondere wegen der absoluten Integrierbarkeit, nach Satz III.1 durch das Fourier-Integral darstellen:

$$\mathrm{e}^{-\sigma t} f(t) = \frac{1}{2\pi} \int_{-\infty}^{\infty} G(\mathrm{j}\omega)\,\mathrm{e}^{\mathrm{j}\omega t}\,\mathrm{d}\omega\,, \tag{5.1}$$

$$G(\mathrm{j}\omega) = \int_{\substack{(-\infty)\\0}}^{\infty} \mathrm{e}^{-\sigma t} f(t)\,\mathrm{e}^{-\mathrm{j}\omega t}\,\mathrm{d}t\,. \tag{5.2}$$

Wie man sieht, bestehen beide Gleichungen für alle Konstanten $\sigma > \sigma_{\min}$. Es empfiehlt sich, Gl. (5.1) auf beiden Seiten mit $\mathrm{e}^{\sigma t}$ zu multiplizieren und dann in den Gln. (5.1) und (5.2) die Größe $\sigma + \mathrm{j}\omega$ durch die Veränderliche

$$p = \sigma + \mathrm{j}\omega \tag{5.3}$$

zu ersetzen. Auf diese Weise erhält man aus Gl. (5.2) die sogenannte einseitige *Laplace-*

Transformierte von $f(t)$, die zur Unterscheidung von der Fourier-Transformierten mit $F_I(p)$ bezeichnet wird:

$$F_I(p) = \int_0^\infty f(t)\,\mathrm{e}^{-pt}\,\mathrm{d}t\,. \tag{5.4}$$

Die Gl. (5.1) läßt sich dann mit $\mathrm{d}\omega = \mathrm{d}p/\mathrm{j}$ in der Form

$$f(t) = \frac{1}{2\pi\mathrm{j}} \int_{\sigma-\mathrm{j}\infty}^{\sigma+\mathrm{j}\infty} F_I(p)\,\mathrm{e}^{pt}\,\mathrm{d}p \tag{5.5}$$

ausdrücken. Die durch die Gln. (5.4) und (5.5) angegebene Verknüpfung zwischen den Funktionen $f(t)$ und $F_I(p)$ wird künftig in der symbolischen Form

$$f(t) \circ\!\!-\!\!\bullet\, F_I(p)$$

ausgedrückt. Die durch Gl. (5.3) eingeführte Variable p kann man sich als Punkt in einer komplexen Zahlenebene mit den rechtwinkligen Koordinaten σ und ω vorstellen (Bild 5.1). Die durch Gl. (5.4) eingeführte Laplace-Transformierte $F_I(p)$ ist eine Funktion von p und existiert aufgrund der vorausgegangenen Herleitung für $\mathrm{Re}\,p = \sigma > \sigma_{\min}$, d. h. in einem Teil der p-Ebene, in der sogenannten Konvergenzhalbebene (Bild 5.1). Die Abszisse $\sigma_{\min}$ heißt Konvergenzabszisse. Für p-Werte mit $\mathrm{Re}\,p < \sigma_{\min}$ hat Gl. (5.4) keinen Sinn. Die in der Gl. (5.5) vorzunehmende Integration ist eine Wegintegration in der p-Ebene längs einer Parallelen C zur imaginären Achse (Bild 5.1), die im Innern der Konvergenzhalbebene verlaufen muß. Aus der Begründung der Laplace-Umkehrtransformation nach Gl. (5.5) über die Umkehrformel der Fourier-Transformation folgt, daß Gl. (5.5) an einer Sprungstelle t_s den arithmetischen Mittelwert $[f(t_s+) + f(t_s-)]/2$ aus rechts- und linksseitigem Grenzwert, insbesondere im Nullpunkt $[f(0+) + f(0-)]/2 = f(0+)/2$, liefert. Die bei den vorausgegangenen Untersuchungen gewonnenen Resultate sollen nun im folgenden Satz zusammengefaßt werden.

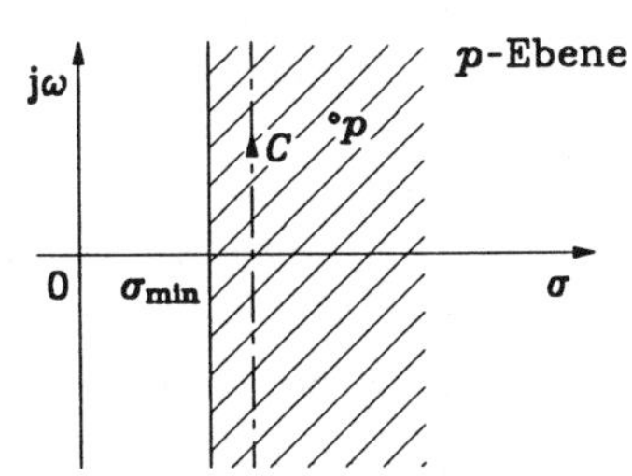

Bild 5.1: Ebene der komplexen Zahlen p. Die Parallele zur jω-Achse begrenzt die Konvergenzhalbebene von $F_I(p)$

Satz V.1: Es sei $f(t)$ eine für $t < 0$ verschwindende, für $t \geqq 0$, abgesehen von möglichen Sprungstellen, stückweise glatte Funktion. Sie soll nicht schneller als eine geeignet gewählte Exponentialfunktion für $t \to \infty$ über alle Grenzen streben, d. h. es soll für jedes $\sigma > \sigma_{\min}$ der Grenzwert von $\mathrm{e}^{-\sigma t} f(t)$ für $t \to \infty$ verschwinden. Dann existiert die Laplace-Transformierte $F_I(p)$ nach Gl. (5.4) in einer Konvergenzhalbebene ($\mathrm{Re}\,p > \sigma_{\min}$) der p-Ebene. Weiterhin läßt sich dann $f(t)$ durch die Laplace-Umkehrtransformation nach Gl. (5.5) darstellen, wobei an den Sprungstellen von $f(t)$ der arithmetische Mittelwert der links- und rechtsseitigen Grenzwerte geliefert wird.

Beispiele 5.1: Es soll die Laplace-Transformierte der Funktion

$$f(t) = s(t)\,e^{-kt} \quad (k \text{ reelle Konstante})$$

bestimmt werden. Die Funktion $f(t)$ erfüllt die im Satz V.1 genannten Voraussetzungen. Nach Gl. (5.4) wird

$$F_I(p) = \int_0^\infty e^{-kt}\,e^{-pt}\,dt = \frac{-1}{k+p}\,e^{-(k+p)t}\Big|_{t=0}^{t=\infty} .$$

Wie man sieht, konvergiert das Integral nur für $\operatorname{Re} p > -k$. Damit erhält man

$$s(t)\,e^{-kt} \circ\!\!-\!\!\bullet \frac{1}{k+p}, \quad \operatorname{Re} p > -k . \tag{5.6}$$

Diese Korrespondenz enthält für $k = 0$ den Sonderfall

$$s(t) \circ\!\!-\!\!\bullet \frac{1}{p}, \quad \operatorname{Re} p > 0 . \tag{5.7}$$

In entsprechender Weise können die Laplace-Transformierten der Funktionen $s(t)\cos\omega_0 t$ und $s(t)\sin\omega_0 t$ bestimmt werden, wobei es sich empfiehlt, die zu transformierenden Funktionen durch Exponentialfunktionen auszudrücken. Man erhält die Korrespondenzen

$$s(t)\cos\omega_0 t \circ\!\!-\!\!\bullet \frac{p}{p^2+\omega_0^2}, \quad \operatorname{Re} p > 0, \qquad s(t)\sin\omega_0 t \circ\!\!-\!\!\bullet \frac{\omega_0}{p^2+\omega_0^2}, \quad \operatorname{Re} p > 0 . \tag{5.8a,b}$$

Die Laplace-Transformierte $F_I(p)$ nach Gl. (5.4) kann für jeden Wert p in der Konvergenzhalbebene beliebig oft differenziert werden. Deshalb stellt $F_I(p)$ eine in $\operatorname{Re} p > \sigma_{\min}$ analytische Funktion dar. Aus Gl. (5.4) folgt unmittelbar

$$\frac{d^n F_I(p)}{dp^n} = \int_0^\infty e^{-pt}(-t)^n f(t)\,dt$$

oder

$$(-t)^n f(t) \circ\!\!-\!\!\bullet \frac{d^n F_I(p)}{dp^n} \quad (n = 0, 1, \ldots). \tag{5.9}$$

Hierbei durfte die Reihenfolge von Differentiation und Integration vertauscht werden.

Werden als Funktionen $f(t)$ auch Distributionen zugelassen, dann wird die Klasse der durch ihre Laplace-Transformierte darstellbaren Funktionen wesentlich erweitert. Unterwirft man beispielsweise die verallgemeinerte Funktion $\delta(t)$ der Laplace-Transformation, so hat man in Gl. (5.4) $f(t) = \delta(t)$ zu setzen und die untere Integrationsgrenze durch $0-$ zu ersetzen. Dann erhält man aufgrund der Ausblendeigenschaft $F_I(p) \equiv 1$, und nach Gl. (5.5) läßt sich mit Hilfe dieser Funktion $F_I(p)$ die (verallgemeinerte) Funktion $\delta(t)$ darstellen. Also ergibt sich die Korrespondenz

$$\delta(t) \circ\!\!-\!\!\bullet 1 . \tag{5.10}$$

1.2 ZUSAMMENHANG ZWISCHEN FOURIER- UND LAPLACE-TRANSFORMATION

Vergleicht man die Darstellung für die Laplace-Transformierte einer kausalen Zeitfunktion gemäß Gl. (5.4) mit der Darstellung für die Fourier-Transformierte derselben Zeitfunktion nach Gl. (3.20), so scheinen beide Darstellungen mit $p = j\omega$ identisch zu sein. Die folgenden Betrachtungen mögen zeigen, welche Unterschiede zwischen beiden Transformationen bestehen.

Gilt $\sigma_{\min} > 0$ für eine gewisse, die Forderungen von Satz V.1 erfüllende Zeitfunktion, dann befindet sich die ω-Achse (Bild 5.1) in jenem Teil der p-Ebene, für den die Laplace-Transformierte nicht besteht. Dann besitzt die genannte Zeitfunktion sicher keine Fourier-Transformierte. Als Beispiel hierfür sei die Zeitfunktion $f(t) = s(t)\,\mathrm{e}^{t}$ genannt, für die $\sigma_{\min} = 1$ ist. Die Laplace-Transformierte lautet nach der Korrespondenz (5.6) $F_I(p) = 1/(p-1)$. Eine Fourier-Transformierte gibt es in diesem Fall nicht.

Ist für die betrachtete Zeitfunktion $\sigma_{\min} < 0$, so befindet sich die ω-Achse im Innern der Konvergenzhalbebene. Es existiert dann die Fourier-Transformierte, die offensichtlich mit der Laplace-Transformierten der betreffenden Zeitfunktion für $p = \mathrm{j}\omega$ übereinstimmt. Als Beispiel sei die Zeitfunktion $f(t) = s(t)\,\mathrm{e}^{-t}$ mit der Fourier-Transformierten $1/(\mathrm{j}\omega + 1)$ und der Laplace-Transformierten $1/(p+1)$ genannt.

Nicht so einfach liegen die Verhältnisse im Falle $\sigma_{\min} = 0$. Ist in diesem Falle die Laplace-Transformierte $F_I(p)$ nicht nur im Innern der rechten Halbebene $\mathrm{Re}\,p > 0$ analytisch, sondern in der abgeschlossenen Halbebene $\mathrm{Re}\,p \geqq 0$ stetig, dann stimmt $F_I(p)$ für $p = \mathrm{j}\omega$ mit der Fourier-Transformierten überein. Wenn sich dagegen im Falle $\sigma_{\min} = 0$ auf der imaginären Achse Pole von $F_I(p)$ befinden, so gilt dieser einfache Zusammenhang zwischen der Fourier- und Laplace-Transformation nicht mehr.

Beispiel 5.2: Es sei die Laplace-Transformierte

$$F_I(p) = \frac{1}{p - \mathrm{j}\omega_0}$$

betrachtet. Es handelt sich um die Transformierte der Zeitfunktion

$$f(t) = s(t)\,\mathrm{e}^{\mathrm{j}\omega_0 t}.$$

Man kann nun dieses $f(t)$ unter Verwendung von Gl. (5.5) mit $\sigma = 0$ darstellen, wobei allerdings die Integration längs der imaginären Achse gemäß Bild 5.2 in der Umgebung des Punktes $p = \mathrm{j}\omega_0$ durch einen kleinen, in der rechten Halbebene verlaufenden Halbkreis vom Radius ε zu modifizieren ist. Für $\varepsilon \to 0$ erhält man dann die Darstellung

$$f(t) = \frac{1}{2\pi}\int_{-\infty}^{\infty} F_I(\mathrm{j}\omega)\,\mathrm{e}^{\mathrm{j}\omega t}\,\mathrm{d}\omega + I(t), \tag{5.11}$$

wobei $I(t)$ den Integralbeitrag in Gl. (5.5) längs des Halbkreises nach Bild 5.2 für $\varepsilon \to 0$ bedeutet und das erste Integral ein Fourier-Umkehrintegral darstellt. Man kann leicht zeigen, daß $I(t) = \mathrm{e}^{\mathrm{j}\omega_0 t}/2 \neq 0$ ist. Daher ist im vorliegenden Beispiel $F_I(\mathrm{j}\omega)$ nicht die Fourier-Transformierte $F(\mathrm{j}\omega)$ von $f(t)$. Wird jedoch jetzt auf die Summe von $F_I(\mathrm{j}\omega) = 1/(\mathrm{j}\omega - \mathrm{j}\omega_0)$ und $\pi\,\delta(\omega - \omega_0)$ die Fourier-Umkehrtransformation angewendet, so erhält man gerade die Darstellung von $f(t)$ nach Gl. (5.11), da bekanntlich $\pi\,\delta(\omega - \omega_0)$ das Fourier-Spektrum von $I(t) = \mathrm{e}^{\mathrm{j}\omega_0 t}/2$ ist. Daher gilt hier

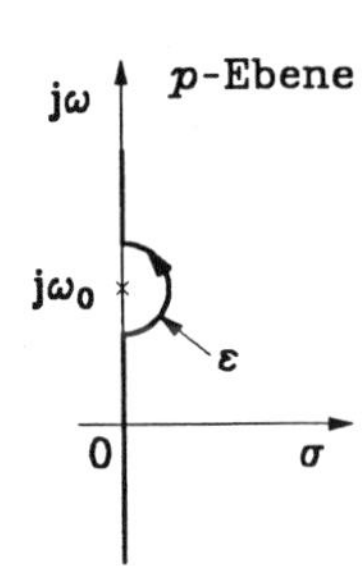

Bild 5.2: Integrationsweg zur Darstellung von $f(t)$ nach Gl. (5.11)

$$F(\mathrm{j}\omega) = \frac{1}{\mathrm{j}\omega - \mathrm{j}\omega_0} + \pi\,\delta(\omega - \omega_0)$$

in Übereinstimmung mit der Korrespondenz (3.74). Man erhält also im vorliegenden Fall die Fourier-Transformierte, indem man in der Laplace-Transformierten $p = \mathrm{j}\omega$ setzt und hierzu $\pi\,\delta(\omega - \omega_0)$ addiert. Beiläufig sei bemerkt, daß die Diskussion von Gl. (5.11) deutlich gemacht hat, wie das Fourier-Umkehrintegral in der Nähe des Poles $\omega = \omega_0$ infolge des Grenzüberganges $\varepsilon \to 0$ zu verstehen ist, nämlich als Cauchyscher Hauptwert. – Ist der Pol bei $p = \mathrm{j}\omega_0$ mehrfach, dann entspricht der Funktion

$$F_I(p) = \frac{1}{(p - \mathrm{j}\omega_0)^n}$$

die Zeitfunktion

$$f(t) = s(t)\,\frac{t^{n-1}}{(n-1)!}\,\mathrm{e}^{\mathrm{j}\omega_0 t}\,.$$

Wie im vorausgegangenen Beispiel kann auch hier gezeigt werden, wie Laplace- und Fourier-Transformierte miteinander gekoppelt sind. Die Fourier-Transformierte ergibt sich hier aus der Laplace-Transformierten für $p = \mathrm{j}\omega$ bei additiver Veränderung mit dem Term $\pi \mathrm{j}^{\,n-1}\,\delta^{(n-1)}(\omega - \omega_0)/(n-1)!$:

$$F(\mathrm{j}\omega) = \frac{1}{(\mathrm{j}\omega - \mathrm{j}\omega_0)^n} + \frac{\pi \mathrm{j}^{\,n-1}}{(n-1)!}\,\delta^{(n-1)}(\omega - \omega_0)\,.$$

Der Leser möge diese Beziehung, ausgehend vom Fall $n = 1$, mit Hilfe der im Kapitel III, Abschnitt 3.1, Teil g angegebenen Differentiationseigenschaft der Fourier-Transformation im Frequenzbereich selbst herleiten.

Liegt nun eine Laplace-Transformierte $F_I(p)$ der Form

$$F_I(p) = \sum_{\mu=1}^{N} \frac{a_\mu}{(p - \mathrm{j}\omega_\mu)^{q_\mu}} + \widetilde{F}_I(p)$$

vor, wobei die Parameter q_μ die Vielfachheiten der (nicht notwendig voneinander verschiedenen) Pole $p_\mu = \mathrm{j}\omega_\mu$ ($\mu = 1, 2, \ldots, N$) kennzeichnen und der Summand $\widetilde{F}_I(p)$ überall in $\operatorname{Re} p \geqq 0$ analytisch ist, so erhält man aufgrund der vorausgegangenen Überlegung die entsprechende Fourier-Transformierte $F(\mathrm{j}\omega)$, indem man

$$F(\mathrm{j}\omega) = F_I(\mathrm{j}\omega) + \sum_{\mu=1}^{N} \frac{a_\mu \pi \mathrm{j}^{\,q_\mu - 1}}{(q_\mu - 1)!}\,\delta^{(q_\mu - 1)}(\omega - \omega_\mu)$$

bildet. Für diese Fourier-Transformierten ist bei der Darstellung ihrer Zeitfunktionen nach Gl. (3.19) die Integration so aufzufassen, als ob keine Pole vorhanden wären, d. h. es dürfen nach Auffindung eines unbestimmten Integrals nur die Grenzen $\pm\infty$ berücksichtigt werden.

Es soll jetzt noch eine Formel abgeleitet werden, die es erlaubt, mit Hilfe der Fourier-Transformierten $F(\mathrm{j}\omega)$ einer (reellen) kausalen Zeitfunktion die zugehörige Laplace-Transformierte $F_I(p)$ darzustellen. Es sei zunächst der Fall vorausgesetzt, daß $F_I(p)$ eine in $\operatorname{Re} p > 0$ analytische und in $\operatorname{Re} p \geqq 0$ stetige Funktion ist, so daß die Fourier-Transformierte $F(\mathrm{j}\omega)$ mit $F_I(\mathrm{j}\omega)$ übereinstimmt. Außerdem sei hier angenommen, daß $F_I(p)$ für $p \to \infty$ ($\operatorname{Re} p \geqq 0$) gegen Null strebt, was sicher unter den Voraussetzungen von Satz V.1 gegeben ist (man vergleiche hierzu die Gl. (5.19)). Dann wird das Integral

$$I = \int_C \frac{F_I(z)}{p - z}\,\mathrm{d}z \tag{5.12a}$$

gebildet, wobei p einen im Innern der rechten z-Halbebene gelegenen Punkt bedeutet und C den im Bild 5.3 dargestellten Integrationsweg bezeichnet. Nach dem Residuensatz der

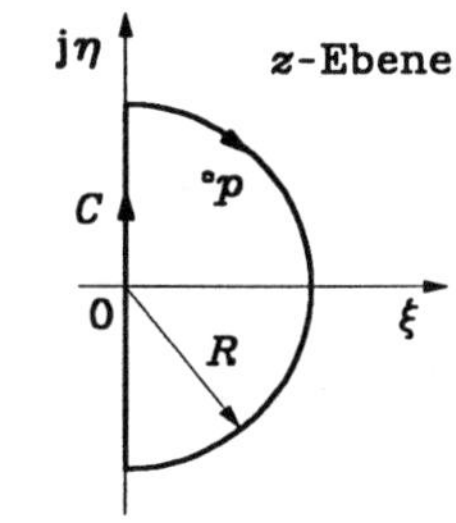

Bild 5.3: Integrationsweg für das Integral in Gl. (5.12a)

Funktionentheorie beträgt der Wert des Integrals für hinreichend großes R

$$I = 2\pi \mathrm{j} F_I(p). \tag{5.12b}$$

Läßt man den Radius R (Bild 5.3) über alle Grenzen anwachsen, dann verschwindet der Anteil des Integrals I längs des Halbkreises, da $F_I(z)$ für $z \to \infty$ ($\mathrm{Re}\, z \geqq 0$) verschwindet. Übrig bleibt dann allein der Integralanteil längs der imaginären Achse der z-Ebene, auf der $F_I(z) \equiv F(\mathrm{j}\eta)$ gilt. Damit erhält man aus den Gln. (5.12a,b) die Darstellung

$$F_I(p) = \frac{1}{2\pi} \int_{-\infty}^{\infty} \frac{F(\mathrm{j}\eta)}{p - \mathrm{j}\eta}\, \mathrm{d}\eta. \tag{5.13}$$

Die Darstellung von $F_I(p)$ nach Gl. (5.13) ist auch dann noch gültig, wenn, entgegen den bisherigen Voraussetzungen, die Laplace-Transformierte $F_I(p)$ Pole längs der imaginären Achse hat. Zum Beweis dieser Behauptung wird der Integrationsweg C in Gl. (5.12a) derart abgeändert, daß die auf der imaginären Achse befindlichen Pole durch kleine, in der rechten z-Halbebene verlaufende Halbkreise umgangen werden, deren Radien gegen Null streben, während R über alle Grenzen strebt. In Gl. (5.13) ist dann die Integration so zu verstehen, als ob keine Pole vorhanden wären.

Nun kann man neben dem Integral aus Gl. (5.12a) das Integral

$$I_0 = \int_C \frac{F_I(z)}{p + z}\, \mathrm{d}z$$

mit demselben p-Wert in $\mathrm{Re}\, p > 0$ und dem Integrationsweg C nach Bild 5.3 betrachten. Nach dem Hauptsatz der Funktionentheorie ist $I_0 = 0$, auch für $R \to \infty$. Deshalb darf auf der rechten Seite der Gl. (5.13) das Integral I_0 für $R \to \infty$ addiert werden:

$$F_I(p) = \frac{1}{2\pi} \int_{-\infty}^{\infty} \frac{F(\mathrm{j}\eta)}{p - \mathrm{j}\eta}\, \mathrm{d}\eta + \frac{1}{2\pi} \int_{-\infty}^{\infty} \frac{F(\mathrm{j}\eta)}{p + \mathrm{j}\eta}\, \mathrm{d}\eta.$$

Faßt man beide Integrale zu einem Integral zusammen, ersetzt man die Funktion $F(\mathrm{j}\eta)$ durch $R(\eta) + \mathrm{j}X(\eta)$ und beachtet man, daß $X(\eta)$ eine ungerade Funktion darstellt, so erhält man schließlich

$$F_I(p) = \frac{p}{\pi} \int_{-\infty}^{\infty} \frac{R(\eta)}{p^2 + \eta^2}\, \mathrm{d}\eta \quad (\mathrm{Re}\, p > 0). \tag{5.14}$$

Die Laplace-Transformierte einer kausalen Zeitfunktion läßt sich also allein aufgrund der Realteilfunktion der Fourier-Transformierten ausdrücken.

1.3 DIE ÜBERTRAGUNGSFUNKTION FÜR KOMPLEXE WERTE DES FREQUENZPARAMETERS

Es soll ein lineares, zeitinvariantes, stabiles, reelles und kausales kontinuierliches System mit einem Eingang und einem Ausgang betrachtet werden. Die Impulsantwort $h(t)$ sei stückweise glatt; sie enthalte keinen δ-Anteil.

Aus der Theorie des Fourier-Integrals (Kapitel III) ist bekannt, daß die Fourier-Transformierte von $h(t)$, das ist die Übertragungsfunktion $H(\mathrm{j}\omega)$, als gewöhnliche Funktion existiert, weshalb $\sigma_{\min} \leqq 0$ gilt. Dies hat zur Folge, daß die Laplace-Transformierte $H_I(p)$ von $h(t)$ eine in $\operatorname{Re} p > 0$ analytische und in $\operatorname{Re} p \geqq 0$ stetige Funktion ist. Weiterhin muß nach Abschnitt 1.2 $H(\mathrm{j}\omega) \equiv H_I(\mathrm{j}\omega)$ sein. Es soll daher künftig die Übertragungsfunktion mit $H(p)$ bezeichnet werden, worunter für $\operatorname{Re} p \geqq 0$ die Laplace-Transformierte und speziell für $p = \mathrm{j}\omega$ die Fourier-Transformierte der Impulsantwort $h(t)$ zu verstehen ist. Für (nicht negatives) reelles p ist natürlich die Übertragungsfunktion reell. Wegen der Impulsfreiheit von $h(t)$ strebt $H(p)$ für $p \to \infty$ $(\operatorname{Re} p \geqq 0)$ gegen Null. Enthält $h(t)$ einen δ-Anteil im Nullpunkt, dann läßt sich

$$h(t) = a(0+)\,\delta(t) + h_e(t)$$

schreiben, wobei $h_e(t)$ den impulsfreien Teil der Impulsantwort darstellt und $a(0+)$ die Sprunghöhe der Sprungantwort $a(t)$ im Nullpunkt angibt. Unterwirft man diese Darstellung für $h(t)$ der Laplace-Transformation, so erhält man die Übertragungsfunktion $H(p)$ als Summe aus der Konstante $a(0+)$ und einer Funktion mit den bisher erkannten Eigenschaften der Übertragungsfunktion. Diese Eigenschaften übertragen sich durchweg auf $H(p)$ mit der Ausnahme, daß die Übertragungsfunktion $H(p)$ für $p \to \infty$ $(\operatorname{Re} p \geqq 0)$ gegen $a(0+)$ strebt.

Sind die Elemente des betrachteten Systems *konzentriert*, [1] so ist die Übertragungsfunktion nach Gl. (3.5) eine rationale Funktion.

1.4 EIGENSCHAFTEN DER LAPLACE-TRANSFORMATION

Die Laplace-Transformierte einer kausalen Zeitfunktion $f(t)$ hat ähnliche Eigenschaften wie die Fourier-Transformierte nach Kapitel III, Abschnitt 3.1. Die Beweise hierfür lassen sich in entsprechender Weise wie für die Fourier-Transformation führen. Im folgenden sei ein Teil der Eigenschaften aufgeführt:

(a) Linearität

Aus den Korrespondenzen

$$f(t) \circ\!\!-\!\!\bullet\, F_I(p)\,, \quad g(t) \circ\!\!-\!\!\bullet\, G_I(p)$$

[1] Systeme mit konzentrierten Elementen lassen sich durch gewöhnliche Differentialgleichungen beschreiben.

folgt mit willkürlichen Konstanten c_1 und c_2 die Zuordnung

$$c_1 f(t) + c_2 g(t) \circ\!\!-\!\!\bullet\; c_1 F_I(p) + c_2 G_I(p) .$$

Existieren $F_I(p)$ und $G_I(p)$ für $\operatorname{Re} p > \sigma_1$ bzw. $\operatorname{Re} p > \sigma_2$, dann existiert die Funktion $c_1 F_I(p) + c_2 G_I(p)$ in $\operatorname{Re} p > \max(\sigma_1, \sigma_2)$.

(b) Zeitverschiebung
Aus der Korrespondenz

$$f(t) \circ\!\!-\!\!\bullet\; F_I(p)$$

folgt mit $t_0 > 0$ die Zuordnung

$$f(t - t_0) \circ\!\!-\!\!\bullet\; F_I(p)\,\mathrm{e}^{-p t_0}$$

(Bild 5.4).

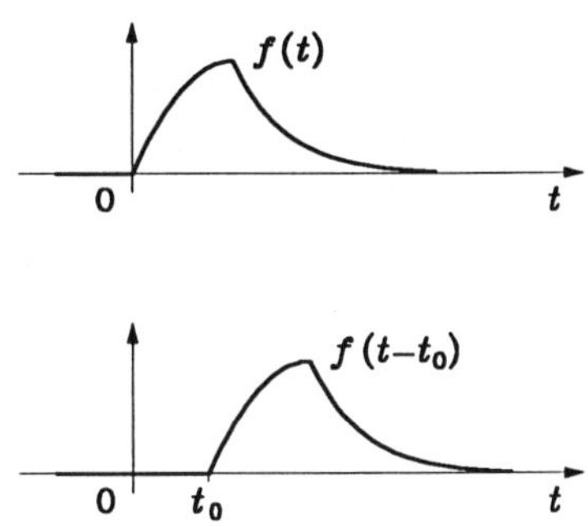

Bild 5.4: Zur Zeitverschiebungseigenschaft der Laplace-Transformation

(c) Frequenzverschiebung
Aus der Korrespondenz

$$f(t) \circ\!\!-\!\!\bullet\; F_I(p) \qquad (\operatorname{Re} p > \sigma_{\min})$$

folgt mit einer Konstante $p_0 = \sigma_0 + \mathrm{j}\omega_0$ die Zuordnung

$$f(t)\,\mathrm{e}^{p_0 t} \circ\!\!-\!\!\bullet\; F_I(p - p_0) \qquad (\operatorname{Re} p > \sigma_{\min} + \sigma_0) .$$

(d) Differentiation im Zeitbereich
Betrachtet wird eine überall differenzierbare Zeitfunktion $f(t)$ und der zugehörige kausale Anteil $s(t)f(t)$, dem die Laplace-Transformierte $F_I(p)$ zugeordnet ist. Die Umkehrformel (5.5) der Laplace-Transformation liefert dann

$$s(t) f(t) = \frac{1}{2\pi \mathrm{j}} \int_{\sigma - \mathrm{j}\infty}^{\sigma + \mathrm{j}\infty} F_I(p)\,\mathrm{e}^{pt}\,\mathrm{d}p ,$$

und durch Differentiation beider Seiten dieser Beziehung nach t erhält man

$$\frac{\mathrm{d}}{\mathrm{d}t}[s(t) f(t)] = \frac{1}{2\pi \mathrm{j}} \int_{\sigma - \mathrm{j}\infty}^{\sigma + \mathrm{j}\infty} p F_I(p)\,\mathrm{e}^{pt}\,\mathrm{d}p , \tag{5.15}$$

also die Korrespondenz

$$\frac{\mathrm{d}}{\mathrm{d}t}[s(t)f(t)] \circ\!\!-\!\!\bullet\, pF_I(p). \tag{5.16a}$$

Durch Anwendung der Produktregel der Differentialrechnung auf die linke Seite von Gl. (5.15) ergibt sich mit Gl. (A-15) von Anhang A

$$\delta(t)f(0)+s(t)\frac{\mathrm{d}}{\mathrm{d}t}f(t) = \frac{1}{2\pi\mathrm{j}}\int\limits_{\sigma-\mathrm{j}\infty}^{\sigma+\mathrm{j}\infty} pF_I(p)\,\mathrm{e}^{pt}\mathrm{d}p\ ,$$

und daraus folgt bei Beachtung der Korrespondenz (5.10) die wichtige Zuordnung

$$s(t)\frac{\mathrm{d}}{\mathrm{d}t}f(t) \circ\!\!-\!\!\bullet\, pF_I(p)-f(0). \tag{5.16b}$$

Der Unterschied der in den Korrespondenzen (5.16a,b) auftretenden Zeitfunktionen ist im Bild 5.5 veranschaulicht. In entsprechender Weise lassen sich die Laplace-Transformierten der höheren Ableitungen des kausalen Anteils von $f(t)$ bzw. des kausalen Anteils der höheren Ableitungen von $f(t)$ bestimmen, wobei die Laplace-Transformierten der letzteren neben der mit einer Potenz von p multiplizierten Funktion $F_I(p)$ auch noch die Werte $f(0)$, $f'(0),\ldots$ (mit Potenzen von p multipliziert) enthalten. Falls die Funktion $f(t)$ und ihre Ableitungen nur für $t>0$ bekannt sind, werden anstelle von $f(0), f'(0),\ldots$ die Grenzwerte $f(0+), f'(0+),\ldots$ verwendet, also insbesondere auch in Korrespondenz (5.16b).

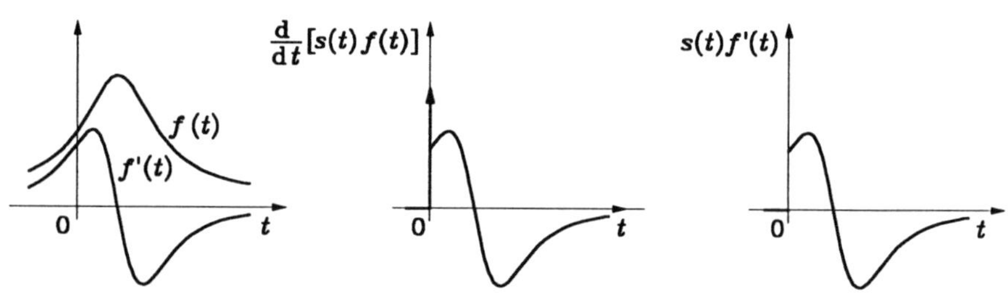

Bild 5.5: Ableitung des kausalen Anteils und kausaler Anteil der Ableitung von $f(t)$

(e) Faltungssatz

Es seien $f(t)$ und $g(t)$ zwei kausale Zeitfunktionen, die im Sinne von Satz V.1 mit Hilfe ihrer Laplace-Transformierten $F_I(p)$ und $G_I(p)$ dargestellt werden können. Die Funktionen $f(t)$ und $g(t)$ werden durch die Faltung

$$k(t)=f(t)*g(t)=\int\limits_0^t f(\tau)g(t-\tau)\,\mathrm{d}\tau \tag{5.17a}$$

miteinander verknüpft. Die Laplace-Transformierte von $k(t)$ sei mit $K_I(p)$ bezeichnet. Ähnlich wie beim Beweis von Satz III.2 (Faltungssatz für Fourier-Integrale) kann nun gezeigt werden, daß die Beziehung

$$K_I(p)=F_I(p)\,G_I(p) \tag{5.17b}$$

in $\operatorname{Re} p > \max(\sigma_1, \sigma_2)$ gilt, wobei σ_1, σ_2 die Konvergenzabszissen von $F_I(p)$ bzw. $G_I(p)$ sind. Durch Laplace-Umkehrung des durch Gl. (5.17b) gegebenen Produkts erhält man die Faltungsfunktion $k(t)$ nach Gl. (5.17a).[1)]

Der Faltungssatz ist für die Systemtheorie vor allem deshalb so wichtig, weil mit seiner Hilfe im Frequenzbereich der Zusammenhang zwischen Eingangs- und Ausgangsgröße bei einem linearen, zeitinvarianten, stabilen und kausalen kontinuierlichen System in einfacher Weise angegeben werden kann, sofern das Eingangssignal $x(t)$ kausal ist und nach Satz V.1 durch seine Laplace-Transformierte $X(p)$ darstellbar ist. Unterwirft man nämlich unter diesen Voraussetzungen die Darstellung für das Ausgangssignal $y(t)$ nach Gl. (1.55) der Laplace-Transformation, so erhält man für die Laplace-Transformierte des Ausgangssignals aufgrund des Faltungssatzes

$$Y(p) = \left[a(0+) + \int_0^\infty h_e(t)\,\mathrm{e}^{-pt}\,\mathrm{d}t\right] X(p) .$$

Der in eckigen Klammern stehende Ausdruck ist die im Abschnitt 1.3 eingeführte Übertragungsfunktion $H(p)$, so daß sich die einfache Beziehung

$$Y(p) = H(p)\,X(p) \tag{5.18}$$

ergibt. Durch Rücktransformation der nach Gl. (5.18) bestimmten Laplace-Transformierten in den Zeitbereich gewinnt man das Ausgangssignal $y(t)$.

Ähnlich wie bei der Fourier-Transformation gibt es auch bei der Laplace-Transformation einen Faltungssatz im Frequenzbereich. Werden zwei kausale Zeitfunktionen $f(t)$ und $g(t)$, die nach Satz V.1 durch ihre Laplace-Transformierten $F_I(p)$ und $G_I(p)$ für $\operatorname{Re} p > \sigma_1$ bzw. $\operatorname{Re} p > \sigma_2$ darstellbar sind, miteinander multipliziert, so entspricht dem Produkt $k(t) = f(t)g(t)$ die Laplace-Transformierte

$$K_I(p) = \frac{1}{2\pi \mathrm{j}} \int_{\sigma_0 - \mathrm{j}\infty}^{\sigma_0 + \mathrm{j}\infty} F_I(s)\,G_I(p-s)\,\mathrm{d}s .$$

Dabei muß der Realteil von p so groß gewählt werden, daß die s-Konvergenzhalbebenen der beiden Funktionen $F_I(s)$ und $G_I(p-s)$ sich teilweise überdecken. Die Abszisse σ_0 der Integrationsgeraden muß im Intervall $[\sigma_1, \operatorname{Re} p - \sigma_2]$ liegen, so daß diese Gerade ganz im Innern des gemeinsamen Konvergenzbereichs von $F_I(s)$ und $G_I(p-s)$ verläuft.

(f) Anfangswert-Theorem

Mit Hilfe dieses Theorems kann direkt aus der Laplace-Transformierten $F_I(p)$ einer kausalen Zeitfunktion $f(t)$, die im Nullpunkt keinen δ-Anteil aufweist und nach Satz V.1 darstellbar ist, der (als existent vorausgesetzte) Grenzwert $f(0+)$ gewonnen werden. Die Zeitfunktion $f(t)$ braucht dabei nicht bestimmt zu werden. Es gilt:

$$f(0+) = \lim_{p \to \infty} p F_I(p) \qquad (\operatorname{Re} p \to \infty) . \tag{5.19}$$

---

1) Streng genommen muß man nachweisen, daß die durch Rücktransformation aus $K_I(p)$ gewonnene Zeitfunktion $k(t)$ als Laplace-Transformierte $K_I(p)$ hat ("Darstellungsproblem" nach G. Doetsch).

Beweis: Zum Beweis dieser Gleichung bildet man mit einem kleinen $\delta > 0$

$$pF_I(p) = \int_0^\infty f(t)\,\mathrm{e}^{-pt} p\,\mathrm{d}t = \int_0^\delta \cdots + \int_\delta^\infty \cdots ,$$

woraus

$$pF_I(p) = f(0+)\,[1 - \mathrm{e}^{-\delta p}] + \varepsilon(\delta, p)$$

folgt. Wählt man $p = 1/\delta^2$ und läßt man $\delta \to 0$ streben, so erhält man Gl. (5.19), da hierbei $\varepsilon(\delta, p)$ gegen Null strebt. Der Grenzübergang braucht nicht längs der reellen p-Achse durchgeführt zu werden. Es muß jedoch die Bedingung $\operatorname{Re} p \to \infty$ eingehalten werden.

Beispiel 5.3: Es sei die Laplace-Transformierte $F_I(p) = 1/p$ der Sprungfunktion $s(t)$ genannt. Nach Gl. (5.19) erhält man $s(0+) = 1$. Für die als weiteres Beispiel zu betrachtende Funktion

$$F_I(p) = \frac{p+2}{p+1}$$

existiert der Grenzwert nach Gl. (5.19) nicht. Dies liegt daran, daß die entsprechende Zeitfunktion

$$f(t) = \delta(t) + s(t)\,\mathrm{e}^{-t}$$

im Nullpunkt einen δ-Anteil hat.

(g) Endwert-Theorem

Mit Hilfe dieses Theorems kann für eine kausale Zeitfunktion der Grenzwert von $f(t)$ für $t \to \infty$ direkt aus ihrer Laplace-Transformierten $F_I(p)$ bestimmt werden. Vorausgesetzt sei, daß die Ableitung $f'(t)$ für $t > 0$ sowie deren Laplace-Transformierte existieren. Die Laplace-Transformierte $F_I(p)$ sei in $\operatorname{Re} p \geqq 0$ analytisch, abgesehen von einem möglichen einfachen Pol im Nullpunkt $p = 0$. Nach Korrespondenz (5.16b) gilt

$$\lim_{p\to 0} \int_{0+}^{\infty} \frac{\mathrm{d}f}{\mathrm{d}t}\,\mathrm{e}^{-pt}\mathrm{d}t = \lim_{p\to 0}\,[pF_I(p) - f(0+)]\,. \tag{5.20a}$$

Die Grenzwerte existieren wegen der getroffenen Voraussetzungen. Durch Vertauschung der Reihenfolge von Limes-Operation und Integration auf der linken Seite von Gl. (5.20a) erhält man nach Durchführung der Integration die Differenz $f(\infty) - f(0+)$ und damit die Aussage des Endwert-Theorems:

$$\lim_{t\to\infty} f(t) = \lim_{p\to 0} pF_I(p)\,. \tag{5.20b}$$

Beispiel 5.4: Es sei die Laplace-Transformierte $F_I(p) = 1/(p+1)$ betrachtet. Die entsprechende Zeitfunktion ist $f(t) = s(t)\,\mathrm{e}^{-t}$. Nach Gl. (5.20b) erhält man $f(\infty) = 0$. Auf $F_I(p) = p/(p^2+1)$ als Laplace-Transformierte der Funktion $f(t) = s(t)\cos t$ darf das Endwert-Theorem in der formulierten Weise nicht angewendet werden, da $F_I(p)$ entgegen den geforderten Voraussetzungen für die Anwendung der Gl. (5.20b) bei $p = \pm\mathrm{j}$ Polstellen hat. Auch die Laplace-Transformierte $1/p^2$ von $s(t)\,t$ erfüllt die Voraussetzungen nicht.

1.5 DIE ZWEISEITIGE LAPLACE-TRANSFORMATION

Im Abschnitt 1.1 wurde die einseitige Laplace-Transformation für kausale Zeitfunktionen eingeführt. Die Voraussetzung der Kausalität hatte zur Folge, daß in der Gl. (5.4) zur Festlegung der Laplace-Transformierten nur von $t = 0$ bis $t = \infty$ integriert zu werden brauchte und daß sich für die Existenz des Laplace-Integrals eine rechte Halbebene für den Frequenzparameter p ergab. Im folgenden soll diese Transformation auf im allgemeinen nichtkausale Zeitfunktionen $f(t)$ durch Einführung der *zweiseitigen* Laplace-Transformierten

$$F_{II}(p) = \int_{-\infty}^{\infty} f(t)\,e^{-pt}\,dt \tag{5.21}$$

erweitert werden. Dieses Integral kann in zwei Teile aufgespalten werden, indem

$$F_{II}(p) = \int_{0}^{\infty} f(t)\,e^{-pt}\,dt + \int_{-\infty}^{0} f(t)\,e^{-pt}\,dt$$

$$= \int_{0}^{\infty} s(t) f(t)\,e^{-pt}\,dt + \int_{0}^{\infty} s(t) f(-t)\,e^{-(-p)t}\,dt \tag{5.22}$$

geschrieben wird. Die zweiseitige Laplace-Transformierte $F_{II}(p)$ kann also als Summe zweier einseitiger Laplace-Transformierten $F_I^+(p)$ der Zeitfunktion $s(t) f(t)$ in der p-Ebene bzw. $F_I^-(p)$ von $s(t) f(-t)$ in der $(-p)$-Ebene aufgefaßt werden. Das zweiseitige Laplace-Integral nach Gl. (5.21) konvergiert für solche p-Werte, für die beide Integrale auf der rechten Seite von Gl. (5.22) existieren. Zur Sicherstellung der Existenz dieser beiden Integrale wird einerseits vorausgesetzt, daß es eine Konstante $\sigma_{\min}$ gibt, so daß

$$\lim_{t\to\infty} f(t)\,e^{-\sigma t} = 0 \quad \text{für alle} \quad \sigma > \sigma_{\min}$$

gilt, während dieser Grenzwert für $\sigma < \sigma_{\min}$ nicht existieren soll; andererseits wird angenommen, daß eine Konstante $\sigma_{\max}$ vorhanden ist, mit welcher

$$\lim_{\tau\to\infty} f(-\tau)\,e^{-\tilde{\sigma}\tau} = 0 \quad \text{für} \quad \tilde{\sigma} > -\sigma_{\max}\,,$$

d. h.

$$\lim_{t\to-\infty} f(t)\,e^{-\sigma t} = 0 \quad \text{für} \quad \sigma < \sigma_{\max}$$

gilt (wobei $\tilde{\sigma} = -\sigma$ und $\tau = -t$ gesetzt wurde), während dieser Grenzwert für $\sigma > \sigma_{\max}$ nicht existieren soll. Nach den Überlegungen von Abschnitt 1.1 konvergiert dann $F_I^+(p)$ in der p-Halbebene $\operatorname{Re} p = \sigma > \sigma_{\min}$ und $F_I^-(p)$ in der $(-p)$-Halbebene $\operatorname{Re}(-p) = -\sigma > -\sigma_{\max}$ bzw. in der p-Halbebene $\operatorname{Re} p = \sigma < \sigma_{\max}$. Angesichts dieser Tatsachen existiert die durch die Gl. (5.21) definierte zweiseitige Laplace-Transformierte $F_{II}(p)$, wenn sich die beiden genannten p-Halbebenen überlappen, d. h. unter der Voraussetzung $\sigma_{\min} < \sigma_{\max}$ im Parallelstreifen

$$\sigma_{\min} < \operatorname{Re} p < \sigma_{\max}\,,$$

dem sogenannten Konvergenzstreifen (Bild 5.6). Dort ist $F_{II}(p)$ eine analytische Funktion. Außerhalb dieses Streifens hat die Gl. (5.21) im allgemeinen keinen Sinn; über das Verhalten auf dem Rand des Gebietes kann allgemein nichts ausgesagt werden. Durch analytische Fortsetzung läßt sich allerdings die Funktion $F_{II}(p)$ im allgemeinen auch auf Gebiete außerhalb des Konvergenzstreifens ausdehnen. Mit $p = \sigma + j\omega$ und bei Wahl von σ im Intervall $(\sigma_{\min}, \sigma_{\max})$ lautet Gl. (5.21)

$$F_{II}(\sigma + j\omega) = \int_{-\infty}^{\infty} f(t)\,e^{-\sigma t}\,e^{-j\omega t}\,dt\,,$$

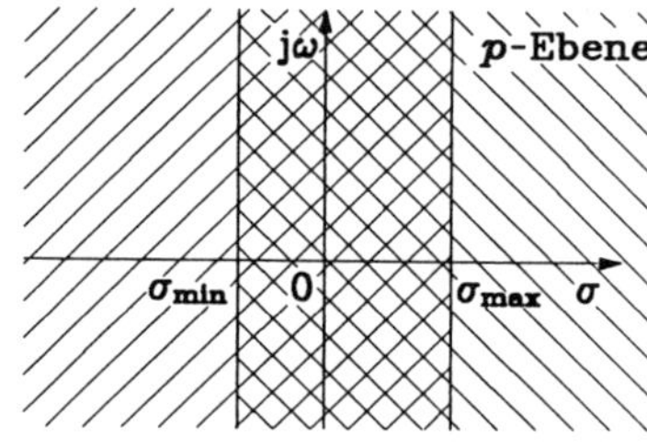

Bild 5.6: p-Ebene mit Konvergenzstreifen $\sigma_{\min} < \operatorname{Re} p < \sigma_{\max}$

d. h. $F_{II}(\sigma + \mathrm{j}\omega)$ stellt die Fourier-Transformierte der Zeitfunktion $f(t)\,\mathrm{e}^{-\sigma t}$ dar. Daher läßt sich die Umkehrformel nach Gl. (3.19) heranziehen, welche nach Multiplikation mit $\mathrm{e}^{\sigma t}$ und Rücksubstitution von $\sigma + \mathrm{j}\omega = p$ die Umkehrung der zweiseitigen Laplace-Transformation

$$f(t) = \frac{1}{2\pi \mathrm{j}} \int_{\sigma - \mathrm{j}\infty}^{\sigma + \mathrm{j}\infty} F_{II}(p)\,\mathrm{e}^{pt}\,\mathrm{d}p \qquad (\sigma_{\min} < \sigma < \sigma_{\max}) \tag{5.23}$$

liefert. Das Integral in Gl. (5.23) ist wie in der entsprechenden Gl. (5.5) für die einseitige Laplace-Transformation als Linienintegral in der p-Ebene aufzufassen; der geradlinige Integrationsweg muß im Innern des Konvergenzstreifens parallel zur imaginären Achse verlaufen.

Abschließend sei noch bemerkt, daß die zweiseitige Laplace-Transformierte $F_{II}(p)$ von $f(t)$ für $p = \mathrm{j}\omega$ mit der Fourier-Transformierten $F(\mathrm{j}\omega)$ von $f(t)$ identisch ist, sofern die imaginäre Achse im Konvergenzstreifen liegt oder die imaginäre Achse Rand des Konvergenzgebietes ist und $F_{II}(p)$ in diesem Gebiet einschließlich der imaginären Achse stetig ist.

Beispiel 5.5: Es sei die Zeitfunktion

$$f(t) = s(t)\,\mathrm{e}^{\alpha t} + s(-t)\,\mathrm{e}^{\beta t} \tag{5.24}$$

mit reellen Konstanten α und β betrachtet. Man kann sich sofort davon überzeugen, daß

$$\sigma_{\min} = \alpha \quad \text{und} \quad \sigma_{\max} = \beta$$

gilt. Daher konvergiert das zweiseitige Laplace-Integral nur im Fall $\alpha < \beta$. Läßt man bei festem Wert α die Größe $\beta \to \infty$ streben, dann entfällt der zweite Term auf der rechten Seite von Gl. (5.24), und die zweiseitige Laplace-Transformierte geht in eine einseitige mit der Konvergenzhalbebene $\operatorname{Re} p > \alpha$ über. Dies ist zu erwarten, weil die Funktion $f(t)$ für $\beta \to \infty$ kausal wird. Läßt man dagegen bei festem Wert β die Größe $\alpha \to -\infty$ streben, dann entfällt der erste Term auf der rechten Seite von Gl. (5.24), und der Konvergenzstreifen entartet zur Konvergenzhalbebene $\operatorname{Re} p < \beta$.

2 Verfahren zur Umkehrung der Laplace-Transformation

Die Bestimmung der Zeitfunktion $f(t)$ aus der Laplace-Transformierten durch direkte Integration gemäß Gl. (5.5) bzw. Gl. (5.23) längs einer Parallelen zur imaginären Achse ist im allgemeinen kompliziert. Man kann jedoch in vielen, gerade für die Systemtheorie bedeutsamen Fällen die Transformation von $F_I(p)$ oder $F_{II}(p)$ in den Zeitbereich dadurch ausführen, daß man die Laplace-Transformierte in eine Summe elementarer Funktionen zerlegt, die dann direkt in einfacher Weise in den Zeitbereich überführt werden können. Weiterhin kann der Residuensatz der Funktionentheorie häufig zur praktischen Auswertung von Gl. (5.5) bzw. Gl. (5.23) herangezogen werden. Dies soll zunächst für den Fall der einseitigen Laplace-Transformation dargestellt werden.

2.1 DER FALL RATIONALER FUNKTIONEN

Die in den Zeitbereich zu transformierende Funktion $F_I(p)$ sei als Quotient zweier teilerfremder Polynome $F_I(p) = M(p)/N(p)$ darstellbar, wobei der Grad von $M(p)$ nicht größer als jener von $N(p)$ sei. Bezeichnet man die Pole von $F_I(p)$, d. h. die Nullstellen von $N(p)$, mit p_μ und deren Vielfachheiten mit r_μ $(\mu = 1, 2, \ldots, l)$, dann kann für $F_I(p)$ die Partialbruchentwicklung

$$F_I(p) = A_0 + \sum_{\mu=1}^{l} \sum_{\nu=1}^{r_\mu} \frac{A_{\mu\nu}}{(p-p_\mu)^\nu} \tag{5.25a}$$

geschrieben werden. Aufgrund der Eigenschaften der Laplace-Transformation (Abschnitt 1.4) ist leicht zu erkennen, daß die Korrespondenz

$$s(t)\,\mathrm{e}^{p_\mu t} A_{\mu\nu} \frac{t^{\nu-1}}{(\nu-1)!} \circ\!\!-\!\!\bullet \frac{A_{\mu\nu}}{(p-p_\mu)^\nu}$$

besteht. Hieraus erhält man unter Beachtung der Korrespondenz (5.10) für die zu $F_I(p)$ aus Gl. (5.25a) gehörende Zeitfunktion

$$f(t) = A_0\,\delta(t) + s(t) \sum_{\mu=1}^{l} \mathrm{e}^{p_\mu t} \sum_{\nu=1}^{r_\mu} \frac{A_{\mu\nu} t^{\nu-1}}{(\nu-1)!}\,. \tag{5.25b}$$

Die Koeffizienten $A_{\mu\nu}$ werden aus der Funktion $F_I(p)$ dadurch bestimmt, daß man zunächst $A_0 = \lim_{p\to\infty} F_I(p)$ ermittelt. Ist p_u ein einfacher Pol ($r_u = 1$), so erhält man

$$A_{u1} = \frac{M(p_u)}{N'(p_u)}\,.$$

Ist dagegen p_w ein mehrfacher Pol mit der Vielfachheit r_w, so wird

$$A_{w\nu} = \frac{1}{(r_w-\nu)!} \frac{\mathrm{d}^{(r_w-\nu)}}{\mathrm{d}p^{(r_w-\nu)}} [F_I(p)\,(p-p_w)^{r_w}]_{p=p_w} \qquad (\nu = 1, 2, \ldots, r_w)\,.$$

Beispiel 5.6: Es sei

$$F_I(p) = \frac{1}{p^2(p+1)}\,.$$

Die hierzu gehörende Partialbruchentwicklung lautet

$$F_I(p) = \frac{1}{p+1} + \frac{(-1)}{p} + \frac{1}{p^2}\,.$$

Aufgrund der Gln. (5.25a,b) erhält man als entsprechende Zeitfunktion

$$f(t) = s(t)\,[\mathrm{e}^{-t} - 1 + t]\,.$$

2.2 DER FALL MEROMORPHER FUNKTIONEN

Eine Funktion $F_I(p)$, die als Singularitäten in der *endlichen* p-Ebene nur endlich viele Pole mit einem möglichen Häufungspunkt in $p = \infty$ besitzt, heißt *meromorph*. In der Systemtheorie sind insbesondere solche meromorphen Funktionen $F_I(p)$ von Interesse, deren Pole p_μ $(\mu = 1, 2, \ldots)$ ausschließlich auf der imaginären Achse liegen, einfach sind und sich gegen Unendlich häufen. Im folgenden sollen derartige Funktionen betrachtet werden, wobei noch die Annahme getroffen wird, daß die von Null verschiedenen Pole paarweise konjugiert komplex auftreten. Es wird vorausgesetzt, daß eine Folge von Kreisen K_μ $(\mu = 1, 2, 3, \ldots)$ um den Nullpunkt mit den Radien ρ_μ und den folgenden Eigenschaften existiert:

a) Auf K_μ $(\mu = 1, 2, \ldots)$ befinden sich keine Pole von $F_I(p)$. Der Kreis $K_{\mu+1}$ umschließt zwei Pole von $F_I(p)$ mehr als der Kreis K_μ. Im Bild 5.7 sind die linken Hälften solcher Kreise für ein Beispiel angedeutet.
b) Es gilt $F_I(p) \to 0$ für alle p-Werte auf K_μ $(\mu \to \infty)$.

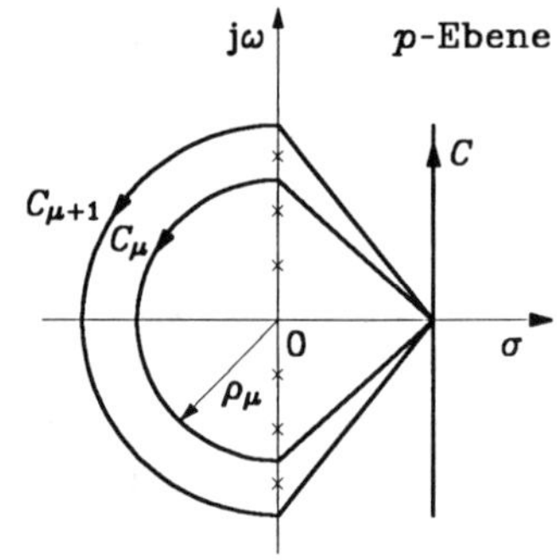

Bild 5.7: Integrationswege C_μ zur Laplace-Umkehrtransformation meromorpher Funktionen. Kreuzchen bedeuten Polstellen

Unter diesen Voraussetzungen läßt sich zur praktischen Auswertung der Laplace-Umkehrformel nach Gl. (5.5) bei Funktionen $F_I(p)$ der oben genannten Art die Residuenmethode der Funktionentheorie anwenden. Zu diesem Zweck muß jedoch der Integrationsweg nach Bild 5.1 zu einem geschlossenen Weg abgeändert werden. Es werden daher die im Bild 5.7 dargestellten geschlossenen, jeweils aus einem Halbkreisbogen, der Teil des Kreises K_μ ist, und zwei Geradenstücken bestehenden Wege C_μ $(\mu = 1, 2, \ldots)$ betrachtet. Für $\mu \to \infty$ streben die geradlinigen Teile von C_μ gegen den Weg C.[1] Man kann nun zeigen, daß das Integral

$$I_{I\mu} = \int F_I(p)\,e^{pt}\,dp\ , \tag{5.26}$$

das nur längs des halbkreisförmigen Teils von C_μ zu erstrecken ist, für $t > 0$ und $\mu \to \infty$ gegen Null strebt.

[1] Bei diesem Grenzübergang gehen die Teilintegrale über $F_I(p)\,e^{pt}$ längs der zwei genannten Geradenstücke in das Linienintegral längs C über, da die Differenz zwischen dem Integral über die beiden Geradenstücke und dem Integral längs C für $\mu \to \infty$ verschwindet, wie gezeigt werden kann (Jordansches Lemma).

Beweis: Um dies zu zeigen, bezeichnet man das Maximum von $|F_I(p)|$ längs des halbkreisförmigen Teils von C_μ mit M_μ. Dann erhält man mit $p = \rho_\mu e^{j\varphi}$ und $|dp| = \rho_\mu |d\varphi|$ die Abschätzung

$$|I_{l\mu}| \leqq M_\mu \rho_\mu \int_{\pi/2}^{3\pi/2} e^{t\rho_\mu \cos\varphi} d\varphi$$

oder nach der Variablenänderung $\psi = \varphi - \pi/2$

$$|I_{l\mu}| \leqq 2M_\mu \rho_\mu \int_0^{\pi/2} e^{-t\rho_\mu \sin\psi} d\psi .$$

Da im Intervall $0 \leqq \psi \leqq \pi/2$ die Ungleichung $\sin\psi \geqq 2\psi/\pi$ besteht, ergibt sich schließlich

$$|I_{l\mu}| \leqq 2M_\mu \rho_\mu \int_0^{\pi/2} e^{-2\psi t\rho_\mu/\pi} d\psi = \frac{\pi M_\mu}{t}(1 - e^{-\rho_\mu t}) .$$

Da laut Voraussetzung $M_\mu \to 0$ $(\mu \to \infty)$ strebt, ist $\lim I_{l\mu}$ für $\mu \to \infty$ und $t > 0$ gleich Null. Dies war zu beweisen.

Weil das Teilintegral $I_{l\mu}$ aus Gl. (5.26) für $\mu \to \infty$ verschwindet, erhält man die im einzelnen noch auszuwertende Darstellung

$$f(t) = \frac{1}{2\pi j} \lim_{\mu \to \infty} \int_{C_\mu} F_I(p) e^{pt} dp \qquad (t > 0). \tag{5.27}$$

In ähnlicher Weise kann man zeigen, daß $f(t)$ für $t < 0$ gleich Null ist. Hierzu betrachtet man geschlossene Wege C_μ, die sich von jenen nach Bild 5.7 nur dadurch unterscheiden, daß die halbkreisförmigen Anteile jetzt in der rechten Hälfte der p-Ebene liegen. Es ergibt sich dann eine der Gl. (5.27) entsprechende Darstellung für $f(t)$ in $t < 0$, wobei allerdings die auftretenden Integrale für alle Werte μ nach dem Residuensatz verschwinden.

Es wird nun Gl. (5.27) mit Hilfe der Residuenmethode ausgewertet. Man erhält dann insgesamt

$$f(t) = s(t) \sum_{\mu=1}^{\infty} R_\mu . \tag{5.28}$$

Dabei bedeuten die R_μ die Residuen der Funktion $e^{pt} F_I(p)$ an den Polstellen p_μ. Im Fall einer rationalen Funktion $F_I(p)$ läßt sich die Umkehrformel in entsprechender Weise mit Hilfe der Residuenmethode auswerten, indem man den Integrationsweg nach Bild 5.1 "im Limes" zu einem geschlossenen Weg modifiziert, der für $t > 0$ einen in der linken p-Halbebene und für $t < 0$ einen in der rechten Hälfte der p-Ebene liegenden halbkreisförmigen Teil umfaßt. Das hierdurch entstehende Ergebnis stimmt mit Gl. (5.25b) überein.

Beispiel 5.7: Es sei die Funktion

$$F_I(p) = \frac{1}{p \cosh p}$$

betrachtet. Die Nullstellen der Nennerfunktion $p \cosh p = p(e^p + e^{-p})/2$ sind

$$p_1 = 0, \quad p_{2\nu} = j\frac{(2\nu - 1)\pi}{2}, \quad p_{2\nu+1} = -j\frac{(2\nu-1)\pi}{2} \qquad (\nu = 1, 2, 3, \ldots).$$

Die gemäß Bild 5.8 gewählten Kreise K_μ erfüllen die zur Anwendung der Gl. (5.28) erforderlichen Voraussetzungen. Damit wird mit 1)

$$F_I(p) = \frac{1}{p} + \frac{1-\cosh p}{p\cosh p}$$

$$= \frac{1}{p} + \sum_{\nu=1}^{\infty}\left[\frac{(1-\cosh p_{2\nu})/(p_{2\nu}\sinh p_{2\nu})}{p-p_{2\nu}} + \frac{(1-\cosh p_{2\nu+1})/(p_{2\nu+1}\sinh p_{2\nu+1})}{p-p_{2\nu+1}}\right]$$

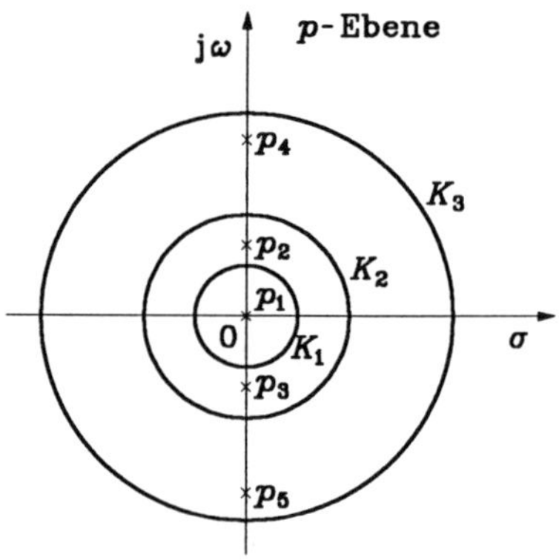

Bild 5.8: Kreise K_μ mit den zur Anwendung der Gl. (5.28) erforderlichen Eigenschaften

gemäß Gl. (5.28) die entsprechende Zeitfunktion

$$f(t) = s(t)\left[1 + \sum_{\nu=1}^{\infty}\left\{e^{p_{2\nu}t}\frac{2(-1)^\nu}{(2\nu-1)\pi} + e^{p_{2\nu+1}t}\frac{2(-1)^\nu}{(2\nu-1)\pi}\right\}\right]$$

oder

$$f(t) = s(t)\left[1 + \frac{4}{\pi}\sum_{\nu=1}^{\infty}\frac{(-1)^\nu}{2\nu-1}\cos\left\{(2\nu-1)\frac{\pi}{2}t\right\}\right].$$

Wie man sieht, ist $f(t)$ eine in $t>0$ periodische Funktion. Wie ein Vergleich mit der Fourier-Reihenentwicklung zeigt, handelt es sich um die Funktion $f(t) = 2\sum_{\nu=1}^{\infty} p_1(t-4\nu+2)$ mit p_1 gemäß Gl. (3.36).

2.3 WEITERE ANWENDUNG DER RESIDUENMETHODE

Falls die in den Zeitbereich zu transformierende Laplace-Transformierte $F_I(p)$ Verzweigungspunkte in der endlichen p-Ebene besitzt, 2) läßt sich nach Einführung von Verzweigungsschnitten die Residuenmethode anwenden. Durch geeignete Verzweigungsschnitte kann nämlich eine eindeutige Funktion erzeugt werden, für die der bei der Umkehrformel nach Gl. (5.5) auftretende Integrationsweg zu einem geschlossenen Weg abgeändert wird, so daß die Möglichkeit besteht, den Residuensatz anzuwenden. Als typisches Beispiel sei die Funktion

---

1) Es handelt sich hierbei um die aus der Funktionentheorie [Sm1] bekannte Mittag-Lefflersche Partialbruchentwicklung für $F_I(p)$. Sie erlaubt die Entwicklung allgemeiner meromorpher Funktionen.

2) Derartige Laplace-Transformierte treten beispielsweise als Übertragungsfunktionen bei Systemen mit verteilten Parametern auf.

$$F_I(p) = \frac{1}{\sqrt{p^2+1}} \tag{5.29}$$

betrachtet. Diese Funktion hat bei $p = \pm \mathrm{j}$ zwei Verzweigungspunkte, und man führt einen Verzweigungsschnitt auf der imaginären Achse vom Punkt j zum Punkt $-\mathrm{j}$. Deshalb wird der Integrationsweg C_0 nach Bild 5.9 gewählt. Da $F_I(p)$ nach Gl. (5.29) für $p \to \infty$ gegen Null strebt, verschwindet der Integralanteil von

$$\int \frac{\mathrm{e}^{pt}}{\sqrt{p^2+1}}\,\mathrm{d}p$$

für $t > 0$ längs des Halbkreisbogens von C_0 mit Radius ρ für $\rho \to \infty$ (man vergleiche diesbezüglich die Beweisführung im Abschnitt 2.2). Für den Kreis mit Radius ρ_0 um den Punkt $p = \mathrm{j}$ gilt bei $t > 0$

$$\left|\frac{\mathrm{e}^{pt}}{\sqrt{p^2+1}}\right| = \left|\frac{\mathrm{e}^{t\,\mathrm{Re}\,p}}{\sqrt{(p-\mathrm{j})(p+\mathrm{j})}}\right| < \frac{\mathrm{e}^{t\rho_0}}{\sqrt{\rho_0}\,\sqrt{2-\rho_0}}\,.$$

Hieraus folgt für den Integralanteil längs dieses Kreises

$$\left|\int \frac{\mathrm{e}^{pt}}{\sqrt{p^2+1}}\,\mathrm{d}p\right| < \frac{\mathrm{e}^{t\rho_0}}{\sqrt{\rho_0}\,\sqrt{2-\rho_0}}\,2\pi\rho_0 \to 0 \quad \text{für} \quad \rho_0 \to 0\,.$$

Entsprechend kann man zeigen, daß auch der Integralbeitrag längs des Kreises vom Radius ρ_0 um $p = -\mathrm{j}$ für $\rho_0 \to 0$ verschwindet. Da sich $p^2 + 1 = (p-\mathrm{j})(p+\mathrm{j})$ längs AB und GH in der Phase um 4π unterscheidet, ist $\sqrt{p^2+1}$ auf beiden Geradenstücken wertegleich, und die

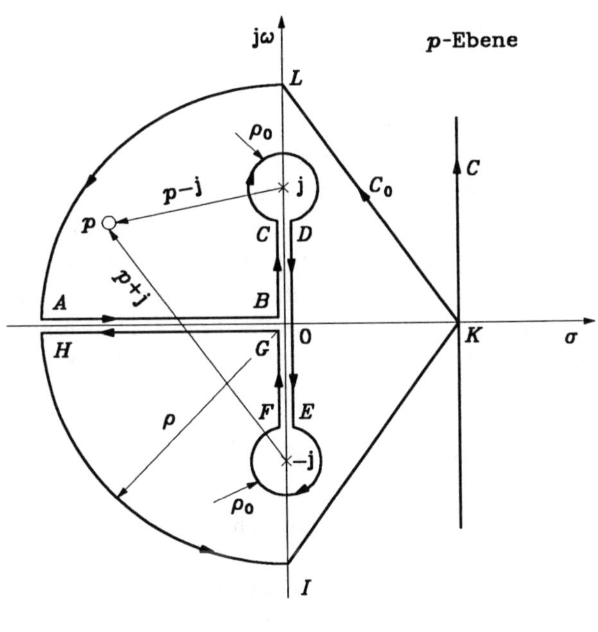

Bild 5.9: Integrationsweg zur Rücktransformation der Funktion $F_I(p)$ nach Gl. (5.29)

entsprechenden Integralanteile heben sich auf. Damit erhält man für $\rho \to \infty$, $\rho_0 \to 0$ nach dem Residuensatz

$$\frac{1}{2\pi \mathrm{j}} \int_{C_0} \frac{\mathrm{e}^{pt}}{\sqrt{p^2+1}} \mathrm{d}p = 0 = f(t) + \frac{1}{2\pi \mathrm{j}} \int_F^C \frac{\mathrm{e}^{pt}}{\sqrt{p^2+1}} \mathrm{d}p + \frac{1}{2\pi \mathrm{j}} \int_D^E \frac{\mathrm{e}^{pt}}{\sqrt{p^2+1}} \mathrm{d}p$$

oder[1]

$$f(t) = \frac{\mathrm{j}}{2\pi \mathrm{j}} \int_1^{-1} \frac{\mathrm{e}^{\mathrm{j}\omega t}}{-\sqrt{1-\omega^2}} \mathrm{d}\omega + \frac{\mathrm{j}}{2\pi \mathrm{j}} \int_{-1}^{1} \frac{\mathrm{e}^{\mathrm{j}\omega t}}{\sqrt{1-\omega^2}} \mathrm{d}\omega .$$

Hieraus folgt schließlich

$$f(t) = \frac{1}{\pi} \int_{-1}^{1} \frac{\cos \omega t}{\sqrt{1-\omega^2}} \mathrm{d}\omega . \tag{5.30}$$

Diese Funktion ist die Bessel-Funktion $J_0(t)$, wie Gl. (5.30) nach der Substitution $\omega = \sin \varphi$ erkennen läßt [Ja2].

In entsprechender Weise kann man andere Funktionen $F_I(p)$ mit Verzweigungspunkten in den Zeitbereich transformieren. Dem Leser sei als Übung empfohlen, die Funktionen $p^{-1/2}$, $p^{-3/2}$ in den Zeitbereich zu transformieren.

Wenn die in diesem und den vorausgegangenen Abschnitten beschriebenen Verfahren nicht zum Ziel führen, muß die Zeitfunktion auf andere Weise ermittelt werden, etwa wie am Ende von Abschnitt 5.3 gezeigt wird.

2.4 UMKEHRUNG DER ZWEISEITIGEN LAPLACE-TRANSFORMATION

Die Umkehrformel nach Gl. (5.23) läßt sich ähnlich auswerten wie im Fall der einseitigen Laplace-Transformation. Allerdings liefert im Gegensatz zur einseitigen Laplace-Transformation die Anwendung der Residuenmethode auch für $t < 0$ im allgemeinen von Null verschiedene Funktionswerte $f(t)$.

Nimmt man, wie das häufig der Fall ist, an, daß $F_{II}(p)$ eine rationale Funktion mit einem endlichen Wert in $p = \infty$ darstellt, dann läßt sich $F_{II}(p)$ gemäß Gl. (5.25a) als Partialbruchsumme ausdrücken. Dabei ist nun, abgesehen vom Absolutglied A_0 mit der Zeitfunktion $A_0 \delta(t)$, für jeden Partialbruchsummanden wesentlich, ob der zugehörige Pol in der Halbebene $\operatorname{Re} p \geqq \sigma_{\max}$, d. h. rechts vom Konvergenzstreifen oder in der Halbebene $\operatorname{Re} p \leqq \sigma_{\min}$, d. h. links vom Konvergenzstreifen liegt. Gemäß Abschnitt 2.1 gehört zu dem allgemeinen Summanden $A_{\lambda\nu}/(p-p_\lambda)^\nu$ mit einem Pol links vom Konvergenzgebiet, also mit der Eigenschaft $\operatorname{Re} p_\lambda \leqq \sigma_{\min}$ die Zeitfunktion

$$f_\lambda(t) = s(t) A_{\lambda\nu}\, \mathrm{e}^{p_\lambda t} \frac{t^{\nu-1}}{(\nu-1)!} ,$$

und ganz entsprechend ergibt sich für einen Term $A_{\rho\nu}/(p-p_\rho)^\nu$ mit einem Pol rechts

[1] Man beachte, daß $\sqrt{p^2+1}$ längs der Verbindung von F nach C gleich $-\sqrt{1-\omega^2}$ und längs der Verbindung von D nach E gleich $\sqrt{1-\omega^2}$ ist, da, wie aus Bild 5.9 ersichtlich, p^2+1 im einen Fall das Argument 2π, im anderen Fall das Argument 0 hat.

vom Konvergenzgebiet, also mit $\operatorname{Re} p_\rho \geqq \sigma_{\max}$ die Zeitfunktion

$$f_\rho(t) = -s(-t) A_{\rho\nu} \mathrm{e}^{p_\rho t} \frac{t^{\nu-1}}{(\nu-1)!} .$$

Durch Superposition aller somit gewonnenen Zeitfunktionen läßt sich dann die zu $F_{II}(p)$ gehörende Funktion $f(t)$ angeben.

Beispiel 5.8: Es sei die zweiseitige Laplace-Transformierte

$$F_{II}(p) = \frac{1}{(p-1)(p+1)(p+2)} = \frac{1/6}{p-1} + \frac{-1/2}{p+1} + \frac{1/3}{p+2}$$

betrachtet. Sie ist erst vollständig spezifiziert, wenn der Konvergenzstreifen bekannt ist. Gilt $\sigma_{\min} = -1$ und $\sigma_{\max} = 1$, dann ergibt sich aufgrund obiger Überlegung als Zeitfunktion

$$f(t) = s(t)\left(-\frac{1}{2}\right)\mathrm{e}^{-t} + s(t)\frac{1}{3}\mathrm{e}^{-2t} - s(-t)\frac{1}{6}\mathrm{e}^{t} .$$

Ist dagegen $\sigma_{\min} = -2$ und $\sigma_{\max} = -1$, dann erhält man

$$f(t) = s(t)\frac{1}{3}\mathrm{e}^{-2t} + s(-t)\frac{1}{2}\mathrm{e}^{-t} + s(-t)\left(-\frac{1}{6}\right)\mathrm{e}^{t} .$$

Das Beispiel macht deutlich, daß die Lage des Konvergenzstreifens das Aussehen der Zeitfunktion wesentlich beeinflußt.

Will man allgemein die Umkehrformel nach Gl. (5.23) aufgrund der Residuenmethode mit Hilfe der Gl. (5.27) auswerten, dann erhält man die im allgemeinen von Null verschiedenen Funktionswerte $f(t)$ für $t < 0$, indem man die Integrationswege C_μ für $t < 0$ über kreisförmige Anteile schließt, die in der rechten p-Halbebene verlaufen. Dabei muß man beachten, daß C_μ dann im Uhrzeigersinn durchlaufen wird und schließlich alle Polstellen p_μ mit $\operatorname{Re} p_\mu \geqq \sigma_{\max}$ umfaßt. Die Funktionswerte $f(t)$ für $t > 0$ erhält man wie im Abschnitt 2.2, wobei C_μ alle Pole p_μ mit $\operatorname{Re} p_\mu \leqq \sigma_{\min}$ einschließt.

3 Anwendungen der Laplace-Transformation

Die Laplace-Transformation läßt sich bei der Behandlung zahlreicher systemtheoretischer Aufgaben mit Vorteil anwenden. Im folgenden soll auf die Behandlung einiger typischer Probleme eingegangen werden.

3.1 ANALYSE VON LINEAREN, ZEITINVARIANTEN NETZWERKEN MIT KONZENTRIERTEN ELEMENTEN

Zur Untersuchung von elektrischen Netzwerken, die aus linearen, zeitinvarianten, konzentrierten Elementen aufgebaut sind und durch Spannungen erregt werden, wendet man häufig die Methode der Maschenströme an. Diese Methode erfordert zunächst die Wahl eines maximalen Satzes von untereinander unabhängigen Maschenströmen sowie eines maximalen Satzes von untereinander unabhängigen Kapazitätsspannungen. Diese Größen werden als die Variablen oder Koordinaten $w_\mu(t)$ ($\mu = 1, 2, \ldots, \tilde{m}$) des Netzwerks betrachtet.

Als Beispiel sei das im Bild 5.10 dargestellte elektrische Netzwerk mit vier Maschenströmen und zwei Kapazitätsspannungen genannt. Durch Anwendung der Maschenregel in den ausgewählten Maschen und durch Aufstellung der Strom-Spannungs-Beziehungen für die ausgewählten Kapazitäten erhält man $\widetilde{m}$ gekoppelte lineare Differentialgleichungen zur Bestimmung der Variablen $w_\mu(t)$ $(\mu = 1, 2, \ldots, \widetilde{m})$ der Form

$$\sum_{\mu=1}^{\widetilde{m}} \left[m_{\nu\mu} w_\mu + n_{\nu\mu} \frac{\mathrm{d}w_\mu}{\mathrm{d}t} \right] = u_\nu(t) \qquad (\nu = 1, 2, \ldots, \widetilde{m}). \tag{5.31}$$

Gesucht wird der zeitliche Verlauf der Variablen $w_\mu(t)$ für $t > 0$. Bei Vorgabe der Ströme in den Induktivitäten und der Spannungen an den Kapazitäten zur Zeit $t = 0$ sind die Anfangswerte $w_\mu(0+)$ der ausgewählten Variablen gegeben. Da man die Differentialgleichungen (5.31) nur für $t > 0$ betrachtet, werden diese zunächst mit $s(t)$ multipliziert, so daß die resultierenden Gleichungen für alle t gelten und dann der einseitigen Laplace-Transformation unterworfen werden können. Mit Korrespondenz (5.16b) erhält man danach in Matrizenschreibweise

$$\boldsymbol{MW}(p) + p\boldsymbol{NW}(p) = \boldsymbol{U}(p) + \boldsymbol{V}. \tag{5.32}$$

Dabei sind $\boldsymbol{M}$, $\boldsymbol{N}$ die aus den Koeffizienten $m_{\nu\mu}$, $n_{\nu\mu}$ gebildeten Matrizen, während $\boldsymbol{W}(p)$ und $\boldsymbol{U}(p)$ die Laplace-Transformierten der Spaltenmatrizen mit den Elementen $w_\mu(t)$ $(\mu = 1, 2, \ldots, \widetilde{m})$ bzw. $u_\nu(t)$ $(\nu = 1, 2, \ldots, \widetilde{m})$ darstellen. Die Spaltenmatrix $\boldsymbol{V}$ hat die Elemente

$$v_\nu = \sum_{\mu=1}^{\widetilde{m}} n_{\nu\mu} w_\mu(0+) \qquad (\nu = 1, 2, \ldots, \widetilde{m}).$$

Aus Gl. (5.32) erhält man die Lösung im Frequenzbereich

$$\boldsymbol{W}(p) = [\boldsymbol{M} + p\boldsymbol{N}]^{-1} [\boldsymbol{U}(p) + \boldsymbol{V}]. \tag{5.33}$$

Durch Rücktransformation in den Zeitbereich lassen sich die Funktionen $w_\mu(t)$ gewinnen.

Nach dem Vorbild der im vorstehenden beschriebenen Methode können allgemeine lineare, zeitinvariante kontinuierliche Systeme mit konzentrierten Parametern analysiert werden.

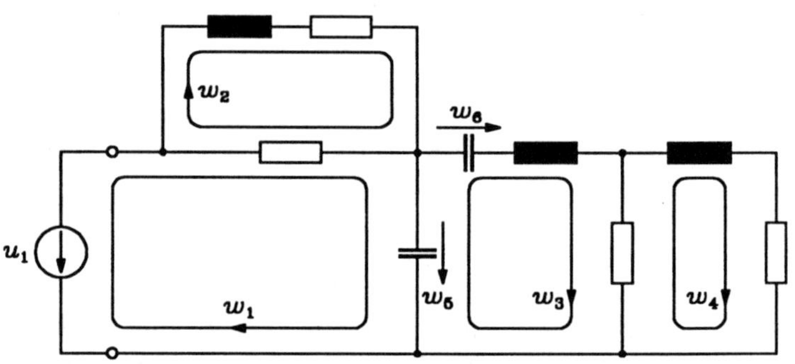

Bild 5.10: Beispiel eines elektrischen Netzwerks mit vier Maschenströmen und zwei Kapazitätsspanungen

3.2 BESTIMMUNG DES STATIONÄREN ANTEILS EINER ZEITFUNKTION

Es soll gezeigt werden, wie der stationäre Anteil einer kausalen Zeitfunktion $f(t)$ bestimmt werden kann, d. h. jene Funktion $f_s(t)$, gegen die $f(t)$ für $t \to \infty$ strebt. Vorausgesetzt wird, daß $f(t)$ im Sinne von Satz V.1 durch die Laplace-Transformierte $F_I(p)$ darstellbar ist. Die Funktion $F_I(p)$ sei bekannt, sie möge meromorph sein und in $\operatorname{Re} p > 0$ keine Singularitäten haben. Im Falle einer Singularität von $F_I(p)$ in der rechten Halbebene $\operatorname{Re} p > 0$ würde $f(t)$ für $t \to \infty$ über alle Grenzen wachsen. $F_I(p)$ möge im Sinne der Methode nach Abschnitt 2.2 in den Zeitbereich transformierbar sein. Die Pole von $F_I(p)$ werden mit

$$p_\mu \quad (\mu = 1, 2, \ldots, \widetilde{m}), \qquad \operatorname{Re} p_\mu < 0,$$

$$q_\mu \quad (\mu = 1, 2, \ldots, \widetilde{n}), \qquad \operatorname{Re} q_\mu = 0,$$

bezeichnet. Die Größen $\widetilde{m}$ und $\widetilde{n}$ dürfen auch Unendlich sein. Wie im Abschnitt 2 ausgeführt wurde, läßt sich dann die Funktion $f(t)$ als

$$f(t) = s(t) \left[\sum_{\mu=1}^{\widetilde{m}} a_\mu \mathrm{e}^{p_\mu t} + \sum_{\mu=1}^{\widetilde{n}} b_\mu \mathrm{e}^{q_\mu t} \right] \tag{5.34}$$

schreiben.[1)]

Die erste in Gl. (5.34) auftretende Summe stellt den sogenannten flüchtigen Anteil dar, der für $t \to \infty$ verschwindet, da die Realteile der entsprechenden Exponentialfaktoren p_μ negativ sind. Die zweite Summe liefert den gesuchten stationären Anteil $f_s(t)$. Häufig treten unendlich viele Pole q_μ in konjugiert komplexen Paaren auf, die äquidistant auf der imaginären Achse verteilt sind. In einem derartigen Fall darf damit gerechnet werden, daß der stationäre Anteil eine *periodische* Funktion ist. Eine in $t \geqq 0$ periodische Funktion $g(t)$, die im Periodizitätsintervall der Länge T stückweise glatt ist, besitzt nämlich die Laplace-Transformierte

$$G_I(p) = \int_0^\infty g(t) \mathrm{e}^{-pt} \mathrm{d}t = \int_0^T \cdots + \int_T^{2T} \cdots + \int_{2T}^{3T} \cdots + \cdots$$

$$= \int_0^T g(t) \mathrm{e}^{-pt} \mathrm{d}t [1 + \mathrm{e}^{-pT} + \mathrm{e}^{-2pT} + \cdots]$$

oder

$$G_I(p) = \frac{G_0(p)}{1 - \mathrm{e}^{-pT}}. \tag{5.35}$$

Dabei ist $G_0(p)$ die Laplace-Transformierte der Funktion $g_0(t)$, die im Intervall $0 \leqq t \leqq T$ mit $g(t)$ übereinstimmt und außerhalb dieses Intervalls gleich Null ist; $G_0(p)$ hat in der endlichen p-Ebene keine Singularitäten. Aus Gl. (5.35) ersieht man damit, daß die Funktion $G_I(p)$ in der endlichen p-Ebene nur die einfachen Pole $p = \pm 2\pi\mu \mathrm{j}/T$ $(\mu = 0, 1, 2, \ldots)$ hat, sofern diese sich nicht gegen Nullstellen von $G_0(p)$ wegkürzen.

---

1) Die Pole q_μ werden als einfach vorausgesetzt, damit $f_s(t)$ für $t \to \infty$ nicht über alle Grenzen wächst. Ist p_μ ein mehrfacher Pol, so stellt a_μ ein Polynom in t dar.

Eine Funktion $G_I(p)$ ist also die Laplace-Transformierte einer in $t \geqq 0$ periodischen Zeitfunktion $g(t)$ mit der Grundperiode T, sofern $G_I(p)$ nur einfache Pole von der Form $\pm 2\pi\mu j/T$ (μ natürliche Zahl) hat und falls die dem Produkt $G_I(p)(1 - e^{-pT})$ entsprechende Zeitfunktion außerhalb des Intervalls $0 \leqq t \leqq T$ verschwindet.

Aufgrund der vorausgegangenen Überlegungen wird man die oben genannte Funktion $F_I(p)$ zur Bestimmung ihres stationären Zeitanteils in die Summe einer Funktion zerlegen, die alle Pole von $F_I(p)$ in $\operatorname{Re} p < 0$ umfaßt, und die Restfunktion mit Polen auf $\operatorname{Re} p = 0$. Diese Restfunktion liefert nach vorstehenden Gesichtspunkten den stationären Zeitanteil.

Beispiel 5.9: An der Reihenschaltung eines ohmschen Widerstands R und einer Kapazität C (Bild 5.11) wirke die Sägezahnspannung

$$x(t) = \begin{cases} 0 & \text{für} \quad t < 0 \\ x_0 t & \text{für} \quad 0 \leqq t < T \end{cases}, \qquad x(t+T) \equiv x(t) \quad \text{für} \quad t \geqq 0 .$$

Es soll der stationäre Zustand der Spannung $y(t)$ an der Kapazität bestimmt werden. Die Übertragungsfunktion der Schaltung lautet mit der Abkürzung $a = 1/RC$

$$H(p) = \frac{a}{a+p}, \tag{5.36}$$

wie man der Schaltung direkt entnehmen kann. Nach einigen Zwischenrechnungen erhält man gemäß Gl. (5.35) für die Laplace-Transformierte der Eingangsgröße

$$X(p) = \frac{x_0}{p^2}\left[1 - e^{-pT}(1 + pT)\right]\frac{1}{1 - e^{-pT}} . \tag{5.37}$$

Mit Hilfe der Gln. (5.36) und (5.37) wird die Laplace-Transformierte des Ausgangssignals

$$Y(p) = H(p)X(p) = \frac{x_0 a}{p^2(a+p)} - \frac{x_0 a T\, e^{-pT}}{p(a+p)(1 - e^{-pT})} . \tag{5.38}$$

Diese Funktion läßt sich in der Form

$$Y(p) = \frac{A}{p+a} + Y_s(p) \qquad \text{mit} \qquad A = \frac{x_0\left[1 - e^{aT}(1 - aT)\right]}{a(1 - e^{aT})} \tag{5.39a,b}$$

darstellen. Dabei ist $Y_s(p)$ die Laplace-Transformierte des stationären Anteils $y_s(t)$ von $y(t)$. Sie weist die Eigenschaft der Laplace-Transformierten einer periodischen Funktion mit der Periode T auf. Aus den Gln. (5.38) und (5.39a) erhält man

$$Y_s(p) = \frac{x_0 a}{p^2(a+p)} - \frac{A}{p+a} - \{\cdots\} e^{-pT} .$$

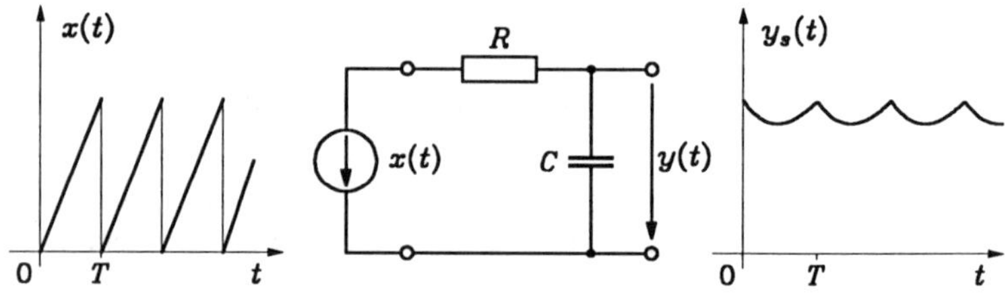

Bild 5.11: Reihenschaltung eines ohmschen Widerstands und einer Kapazität. Die Reaktion auf die Sägezahnspannung $x(t)$ ist $y(t)$. Dargestellt ist nur der stationäre Anteil von $y(t)$

Nur die ersten beiden Summanden auf der rechten Seite dieser Gleichung liefern im Zeitbereich einen Beitrag zur Funktion $y_s(t)$ im Periodizitätsintervall $0 \leqq t \leqq T$, während die Zeitfunktion des mit dem Faktor e^{-pT} behafteten Summanden in diesem Intervall verschwindet. Auf diese Weise ergibt sich

$$y_s(t) = -\frac{x_0}{a} + x_0 t + \left(\frac{x_0}{a} - A\right) e^{-at}, \quad 0 \leqq t \leqq T .$$

Diese Funktion hat man sich periodisch nach rechts fortgesetzt zu denken.

3.3 ANWENDUNG DER LAPLACE-TRANSFORMATION BEI DER SYSTEMANALYSE IM ZUSTANDSRAUM

Es sollen die Grundgleichungen (2.12) und (2.13) für den zeitinvarianten kontinuierlichen Fall ($\boldsymbol{A}, \boldsymbol{B}, \boldsymbol{C}, \boldsymbol{D}$ zeitunabhängig) der Laplace-Transformation unterworfen werden. Entsprechend den Überlegungen von Abschnitt 3.1 erhält man auf diese Weise die Beziehungen

$$p\,\boldsymbol{Z}(p) - \boldsymbol{z}(0+) = \boldsymbol{A}\,\boldsymbol{Z}(p) + \boldsymbol{B}\,\boldsymbol{X}(p), \tag{5.40a}$$

$$\boldsymbol{Y}(p) = \boldsymbol{C}\,\boldsymbol{Z}(p) + \boldsymbol{D}\,\boldsymbol{X}(p). \tag{5.40b}$$

Dabei sind $\boldsymbol{X}(p)$, $\boldsymbol{Y}(p)$, $\boldsymbol{Z}(p)$ die Laplace-Transformierten der Spaltenvektoren $\boldsymbol{x}(t)$, $\boldsymbol{y}(t), \boldsymbol{z}(t)$. Durch Auflösung der Gl. (5.40a) nach $\boldsymbol{Z}(p)$ ergibt sich

$$\boldsymbol{Z}(p) = (p\mathbf{E} - \boldsymbol{A})^{-1}\boldsymbol{z}(0+) + (p\mathbf{E} - \boldsymbol{A})^{-1}\boldsymbol{B}\,\boldsymbol{X}(p), \tag{5.41}$$

wobei $\mathbf{E}$ die q-reihige Einheitsmatrix bedeutet. Durch Substitution von Gl. (5.41) in Gl. (5.40b) gewinnt man

$$\boldsymbol{Y}(p) = \boldsymbol{C}(p\mathbf{E} - \boldsymbol{A})^{-1}\boldsymbol{z}(0+) + [\boldsymbol{C}(p\mathbf{E} - \boldsymbol{A})^{-1}\boldsymbol{B} + \boldsymbol{D}]\boldsymbol{X}(p). \tag{5.42}$$

Von besonderem Interesse ist der Fall, daß der Anfangszustand $\boldsymbol{z}(0+)$ verschwindet. Dann lautet der Zusammenhang zwischen Eingangs- und Ausgangsgrößen im Frequenzbereich

$$\boldsymbol{Y}(p) = [\boldsymbol{C}(p\mathbf{E} - \boldsymbol{A})^{-1}\boldsymbol{B} + \boldsymbol{D}]\boldsymbol{X}(p). \tag{5.43}$$

Andererseits entspricht diesem Fall nach Gl. (2.114) im Zeitbereich der Zusammenhang

$$\boldsymbol{y}(t) = \int_0^{t+} \boldsymbol{H}(t-\tau)\boldsymbol{x}(\tau)\,d\tau, \tag{5.44}$$

wobei $\boldsymbol{H}(t)$ die Matrix der Impulsantworten des Systems ist. Unterwirft man die Gl. (5.44) der Laplace-Transformation, so erhält man

$$\boldsymbol{Y}(p) = \hat{\boldsymbol{H}}(p)\boldsymbol{X}(p). \tag{5.45}$$

Dabei ist $\hat{\boldsymbol{H}}(p)$ die aus den Laplace-Transformierten der Elemente der Matrix $\boldsymbol{H}(t)$ gebildete Matrix. Sie soll *Übertragungsmatrix* genannt werden. Ein Vergleich der Gln. (5.43) und (5.45) liefert die Darstellung

$$\hat{\boldsymbol{H}}(p) = \boldsymbol{C}(p\mathbf{E} - \boldsymbol{A})^{-1}\boldsymbol{B} + \boldsymbol{D}. \tag{5.46a}$$

Andererseits gilt gemäß Gl. (2.116)

$$\hat{\boldsymbol{H}}(p) = \boldsymbol{C}\hat{\boldsymbol{\Phi}}(p)\boldsymbol{B} + \boldsymbol{D} . \tag{5.46b}$$

Dabei ist $\hat{\boldsymbol{\Phi}}(p)$ die Laplace-Transformierte der mit $s(t)$ multiplizierten Übergangsmatrix $\boldsymbol{\Phi}(t)$, welche *charakteristische Frequenzmatrix* des Systems heißen soll. Ein Vergleich der Gln. (5.46a,b) lehrt nun, daß

$$\hat{\boldsymbol{\Phi}}(p) = (p\mathbf{E} - \boldsymbol{A})^{-1} \tag{5.47}$$

sein muß. Die Übergangsmatrix $\boldsymbol{\Phi}(t)$ erhält man also für $t > 0$ durch Laplace-Rücktransformation der Matrix $(p\mathbf{E} - \boldsymbol{A})^{-1}$.

Beispiel 5.10: Für das im Bild 2.1 dargestellte elektrische Netzwerk ist die Matrix $\boldsymbol{A}$ nach Gl. (2.72) gegeben. Entsprechend Gl. (5.47) erhält man

$$\hat{\boldsymbol{\Phi}}(p) = \begin{bmatrix} p+1 & 1 \\ -1 & p+1 \end{bmatrix}^{-1} = \frac{1}{p^2+2p+2}\begin{bmatrix} p+1 & -1 \\ 1 & p+1 \end{bmatrix} = \begin{bmatrix} \dfrac{p+1}{p^2+2p+2} & \dfrac{-1}{p^2+2p+2} \\ \dfrac{1}{p^2+2p+2} & \dfrac{p+1}{p^2+2p+2} \end{bmatrix} .$$

Dieses Ergebnis stimmt mit der Laplace-Transformierten der Matrix $s(t)\boldsymbol{\Phi}(t)$ aus Gl. (2.76) überein.

Es soll jetzt noch für die Matrix $\hat{\boldsymbol{\Phi}}(p)$ eine aus Gl. (5.47) folgende Partialbruchentwicklung angegeben werden, aus welcher für die Übergangsmatrix $\boldsymbol{\Phi}(t)$ eine wichtige Darstellung folgt. Bezeichnet man mit $D(p)$ das charakteristische Polynom

$$D(p) = \det(p\mathbf{E} - \boldsymbol{A}) = p^q + a_1 p^{q-1} + a_2 p^{q-2} + \cdots + a_q \tag{5.48}$$

und mit

$$\boldsymbol{K}^{\mathrm{T}}(p) = \boldsymbol{K}_1^{\mathrm{T}} p^{q-1} + \boldsymbol{K}_2^{\mathrm{T}} p^{q-2} + \cdots + \boldsymbol{K}_q^{\mathrm{T}}$$

die Matrix der algebraischen Komplemente der Matrix $p\mathbf{E} - \boldsymbol{A}$, dann läßt sich, wie aus der Matrizenalgebra bekannt ist, die Matrix $\hat{\boldsymbol{\Phi}}(p)$ aus Gl. (5.47) folgendermaßen ausdrücken:

$$\hat{\boldsymbol{\Phi}}(p) = \frac{\boldsymbol{K}(p)}{D(p)} = \frac{\boldsymbol{K}_1 p^{q-1} + \boldsymbol{K}_2 p^{q-2} + \cdots + \boldsymbol{K}_q}{p^q + a_1 p^{q-1} + \cdots + a_q} . \tag{5.49}$$

Die Matrizen $\boldsymbol{K}_\mu$ $(\mu = 1, 2, \ldots, q)$ sind quadratisch und q-reihig. Es ist $\boldsymbol{K}_1 = \mathbf{E}$, wie man leicht sieht. Nun sollen mit p_μ $(\mu = 1, 2, \ldots, l)$ die Nullstellen des charakteristischen Polynoms $D(p)$ aus Gl. (5.48) und mit r_μ die entsprechenden Vielfachheiten bezeichnet werden. Dann läßt sich $\hat{\boldsymbol{\Phi}}(p)$ nach Gl. (5.49) in die Partialbruchdarstellung

$$\hat{\boldsymbol{\Phi}}(p) = \sum_{\mu=1}^{l} \sum_{\nu=1}^{r_\mu} \frac{\boldsymbol{A}_{\mu\nu}}{(p - p_\mu)^\nu} \tag{5.50a}$$

entwickeln. Durch Rücktransformation in den Zeitbereich erhält man

$$s(t)\boldsymbol{\Phi}(t) = s(t) \sum_{\mu=1}^{l} \mathrm{e}^{p_\mu t} \sum_{\nu=1}^{r_\mu} \boldsymbol{A}_{\mu\nu} \frac{t^{\nu-1}}{(\nu-1)!} . \tag{5.50b}$$

Wie man aufgrund der Zeitinvarianz des betrachteten Systems zeigen kann, darf der Faktor $s(t)$ auf beiden Seiten der Gl. (5.50b) weggelassen werden. Das gewonnene Ergebnis steht im Einklang mit Gl. (2.59).

Man kann die charakteristische Frequenzmatrix $\hat{\boldsymbol{\Phi}}(p)$ in der Darstellung nach Gl. (5.47) um $p = \infty$ in die Potenzreihe

$$\hat{\boldsymbol{\Phi}}(p) = \mathbf{E}p^{-1} + \boldsymbol{A}\,p^{-2} + \boldsymbol{A}^2 p^{-3} + \cdots \tag{5.51}$$

entwickeln. Die Richtigkeit dieser Darstellung ist dadurch zu erkennen, daß man die rechte Seite der Gl. (5.51) mit $\hat{\boldsymbol{\Phi}}^{-1}(p) = (p\mathbf{E} - \boldsymbol{A})$ multipliziert und dann alle Terme zur Einheitsmatrix zusammenfaßt. Damit läßt sich aufgrund der Gln. (5.46a) und (5.51) für die Übertragungsmatrix die Reihenentwicklung

$$\hat{\boldsymbol{H}}(p) = \boldsymbol{D} + \sum_{\mu=0}^{\infty} \boldsymbol{C}\boldsymbol{A}^{\mu}\boldsymbol{B}\,p^{-(\mu+1)} \tag{5.52}$$

mit $\boldsymbol{A}^0 = \mathbf{E}$ angeben. Setzt man die rechten Seiten der Gln. (5.49) und (5.51) einander gleich, multipliziert die entstandene Beziehung mit dem charakteristischen Polynom $D(p)$ aus Gl. (5.48) und identifiziert die Koeffizienten, die zu gleichen Potenzen von p gehören, so erhält man die Gleichungen

$$\left.\begin{aligned} \boldsymbol{K}_1 &= \mathbf{E}\,, \\ \boldsymbol{K}_2 &= \boldsymbol{A} + a_1\mathbf{E}\,, \\ \boldsymbol{K}_3 &= \boldsymbol{A}^2 + a_1\boldsymbol{A} + a_2\mathbf{E}\,, \\ &\vdots \\ \boldsymbol{K}_q &= \boldsymbol{A}^{q-1} + a_1\boldsymbol{A}^{q-2} + \cdots + a_{q-1}\mathbf{E}\,, \\ \mathbf{0} &= \boldsymbol{A}^{q+\mu} + a_1\boldsymbol{A}^{q+\mu-1} + \cdots + a_q\boldsymbol{A}^{\mu} \\ &\quad (\mu = 0,1,2,\ldots). \end{aligned}\right\} \tag{5.53}$$

Die r Zeilen der Matrix $\boldsymbol{C}$ seien mit $\boldsymbol{C}_\mu$ $(\mu = 1,2,\ldots,r)$ und die r Zeilen der Übertragungsmatrix $\hat{\boldsymbol{H}}(p)$ mit $\boldsymbol{H}_\mu(p)$ $(\mu = 1,2,\ldots,r)$ bezeichnet. Entsprechend seien $\boldsymbol{D}_\mu$ die Zeilen der Matrix $\boldsymbol{D}$. Dann kann man die aus den Gln. (5.46b) und (5.49) resultierende Darstellung von $\hat{\boldsymbol{H}}(p)$ in der Form

$$\boldsymbol{H}_\mu(p) = \frac{\boldsymbol{C}_\mu[\boldsymbol{K}_1 p^{q-1} + \boldsymbol{K}_2 p^{q-2} + \cdots + \boldsymbol{K}_q]\boldsymbol{B}}{p^q + a_1 p^{q-1} + \cdots + a_q} + \boldsymbol{D}_\mu \tag{5.54}$$

$$(\mu = 1,2,\ldots,r)$$

schreiben. Im weiteren sei nur der Fall

$$\boldsymbol{D}_\mu = \mathbf{0} \quad (\mu = 1,2,\ldots,r)$$

betrachtet. Die Elemente der Zeilenmatrizen $\boldsymbol{H}_\mu(p)$ seien dann mit

$$H_{\mu\nu}(p) = \frac{Z_{\mu\nu}(p)}{N_{\mu\nu}(p)} \quad (\mu = 1,2,\ldots,r;\ \nu = 1,2,\ldots,m)$$

bezeichnet, wobei $Z_{\mu\nu}(p)$ und $N_{\mu\nu}(p)$ Polynome bedeuten. Außerdem seien die Größen

$$\delta_{\mu\nu} := \operatorname{gr} N_{\mu\nu}(p) - \operatorname{gr} Z_{\mu\nu}(p) \tag{5.55a}$$

und

$$\delta_\mu := \min\{\delta_{\mu 1}, \delta_{\mu 2}, \ldots, \delta_{\mu m}\} \tag{5.55b}$$

eingeführt; dabei bezeichnet gr den Grad des betreffenden Polynoms. Dann erhält man die von p unabhängigen Zeilenmatrizen

$$\boldsymbol{\Delta}_\mu = \lim_{p \to \infty} p^{\delta_\mu} \boldsymbol{H}_\mu(p) \tag{5.56}$$

für $\mu = 1, 2, \ldots, r$, die zur Matrix

$$\boldsymbol{\Delta} = \begin{bmatrix} \boldsymbol{\Delta}_1 \\ \boldsymbol{\Delta}_2 \\ \vdots \\ \boldsymbol{\Delta}_r \end{bmatrix} \tag{5.57}$$

zusammengefaßt werden. Aus den Gln. (5.54) und (5.56) folgen nun die Beziehungen

$$\left.\begin{aligned} \boldsymbol{C}_\mu \boldsymbol{K}_1 \boldsymbol{B} &= \boldsymbol{0} \\ \boldsymbol{C}_\mu \boldsymbol{K}_2 \boldsymbol{B} &= \boldsymbol{0} \\ &\vdots \\ \boldsymbol{C}_\mu \boldsymbol{K}_{\delta_\mu - 1} \boldsymbol{B} &= \boldsymbol{0} \\ \boldsymbol{C}_\mu \boldsymbol{K}_{\delta_\mu} \boldsymbol{B} &= \boldsymbol{\Delta}_\mu \neq \boldsymbol{0}, \end{aligned}\right\} \tag{5.58}$$

aus denen durch Einführung der Gln. (5.53) für $\mu = 1, 2, \ldots, r$ die wichtigen Gleichungen

$$\boldsymbol{C}_\mu \boldsymbol{A}^\kappa \boldsymbol{B} = \boldsymbol{0} \quad (\kappa = 0, 1, \ldots, \delta_\mu - 2) \tag{5.59}$$

und

$$\boldsymbol{C}_\mu \boldsymbol{A}^{\delta_\mu - 1} \boldsymbol{B} = \boldsymbol{\Delta}_\mu \tag{5.60}$$

mit $\boldsymbol{A}^0 = \mathbf{E}$ folgen. Damit kann man δ_μ auch als kleinste natürliche Zahl definieren, für die $\boldsymbol{C}_\mu \boldsymbol{A}^{\delta_\mu - 1} \boldsymbol{B}$ ungleich $\boldsymbol{0}$ ist.

3.4 REALISIERUNG VON LINEAREN, ZEITINVARIANTEN SYSTEMEN IM ZUSTANDSRAUM

Ist eine rationale, reelle Matrix $\hat{\boldsymbol{H}}(p)$ mit m Zeilen und r Spalten gegeben, so stellt sich die Aufgabe, diese Matrix als Übertragungsmatrix eines linearen, zeitinvarianten Systems mit dem Matrizenquadrupel $(\boldsymbol{A}, \boldsymbol{B}, \boldsymbol{C}, \boldsymbol{D})$ zu realisieren. Es ist also ein (reelles) Quadrupel $(\boldsymbol{A}, \boldsymbol{B}, \boldsymbol{C}, \boldsymbol{D})$ gesucht, so daß gemäß Gl. (5.46a)

$$\boldsymbol{C}(p\mathbf{E} - \boldsymbol{A})^{-1} \boldsymbol{B} + \boldsymbol{D} = \hat{\boldsymbol{H}}(p) \tag{5.61}$$

gilt. Eine solche Realisierung ist oft nützlich, um das durch $\hat{\boldsymbol{H}}(p)$ charakterisierte System mit Methoden des Zustandsraums untersuchen zu können. Auch zur Computer-Simulation des Systems kann die Realisierung von $\hat{\boldsymbol{H}}(p)$ im Zustandsraum nützlich sein. In aller Regel strebt man eine Realisierung $(\boldsymbol{A}, \boldsymbol{B}, \boldsymbol{C}, \boldsymbol{D})$ niedrigster Ordnung an, d. h. es ist eine Darstellung mit einem Minimum an Zustandsvariablen gesucht. Eine solche Darstellung zeichnet sich durch Steuerbarkeit und Beobachtbarkeit aus, wie die Ergebnisse von Kapitel II, Abschnitt 3.4 lehren. Sie ist, wie man sagt, irreduzibel.

Von der zu realisierenden Übertragungsmatrix $\hat{\boldsymbol{H}}(p)$ wird vorausgesetzt, daß sie für $p = \infty$ einen endlichen Wert $\hat{\boldsymbol{H}}(\infty)$ hat. Aus $\hat{\boldsymbol{H}}(p)$ können alle Minoren (die Determinanten sämtlicher in $\hat{\boldsymbol{H}}(p)$ enthaltenen quadratischen Teilmatrizen mindestens erster Ordnung) gebildet werden. Diese sind rationale Funktionen, welche auf ein gemeinsames Nennerpolynom gebracht werden können. Das gradniedrigste gemeinsame normierte Nennerpolynom heißt *charakteristisches Polynom* von $\hat{\boldsymbol{H}}(p)$. Dessen Grad ist der Grad von $\hat{\boldsymbol{H}}(p)$. Das Quadrupel $(\boldsymbol{A}, \boldsymbol{B}, \boldsymbol{C}, \boldsymbol{D})$ repräsentiert genau dann ein minimales, d. h. ein steuerbares und beobachtbares System, wenn das charakteristische Polynom der gemäß Gl. (5.61) gegebenen Übertragungsmatrix $\hat{\boldsymbol{H}}(p)$ gleich dem charakteristischen Polynom

$$D(p) = \det(p\,\mathbf{E} - \boldsymbol{A}) \tag{5.62}$$

der Matrix $\boldsymbol{A}$ ist [Ch5].

3.4.1 Der skalare Fall

Zunächst soll der Fall $m = r = 1$ untersucht werden. Die Gl. (5.46a) hat dann die spezielle Form

$$H(p) = \boldsymbol{c}^{\mathrm{T}}(p\mathbf{E} - \boldsymbol{A})^{-1}\boldsymbol{b} + d\,. \tag{5.63}$$

Die Aufgabe der Realisierung besteht nun darin, zu einer gegebenen Übertragungsfunktion

$$H(p) = \frac{\beta_{q-1}p^{q-1} + \cdots + \beta_1 p + \beta_0}{p^q + \alpha_{q-1}p^{q-1} + \cdots + \alpha_1 p + \alpha_0} + d \tag{5.64}$$

q-ten Grades ein Quadrupel $(\boldsymbol{A}, \boldsymbol{b}, \boldsymbol{c}^{\mathrm{T}}, d)$ zu finden, so daß $H(p)$ hiermit nach Gl. (5.63) dargestellt werden kann. Die spezielle Form von $H(p)$ nach Gl. (5.64) kann stets, gegebenenfalls durch Division des Zählerpolynoms mit dem Nennerpolynom, erzeugt werden, vorausgesetzt $H(\infty)$ ist endlich. Außerdem wird davon ausgegangen, daß Zähler- und Nennerpolynom in Gl. (5.64) keine gemeinsame Nullstelle haben.

Der von p abhängige Teil von $H(p)$ in Gl. (5.64) entspricht der Differentialgleichung (2.28). Damit kann man für $H(p)$ direkt die Darstellung $(\boldsymbol{A}, \boldsymbol{b}, \boldsymbol{c}^{\mathrm{T}}, d)$ mit $\boldsymbol{A}, \boldsymbol{b}, \boldsymbol{c}^{\mathrm{T}}$ gemäß den Gln. (2.32a-c) angeben. Dementsprechend wird $H(p)$ durch das Signalflußdiagramm von Bild 2.6 verwirklicht, wenn man noch einen direkten Pfad d vom Eingang zum Ausgang einführt. Außer dieser Darstellung existiert die duale Realisierung $(\boldsymbol{A}^{\mathrm{T}}, \boldsymbol{c}, \boldsymbol{b}^{\mathrm{T}}, d)$ mit dem (durch einen Direktpfad d zu ergänzenden) Signalflußdiagramm nach Bild 2.7. Eine weitere Möglichkeit der Darstellung der gegebenen Übertragungsfunktion $H(p)$ durch ein Quadrupel $(\boldsymbol{A}, \boldsymbol{b}, \boldsymbol{c}^{\mathrm{T}}, d)$ besteht darin, die Matrizen $\boldsymbol{A}, \boldsymbol{b}, \boldsymbol{c}^{\mathrm{T}}$ gemäß den Gln. (2.35a-c) zu wählen, d. h. $H(p)$ durch das im Bild 2.8 dargestellte (und durch einen Direktpfad d zu ergänzende) Signalflußdiagramm zu verwirklichen. Schließlich liefert auch die hierzu duale Realisierung (Bild 2.9 mit Direktpfad d) eine Verwirklichung von $H(p)$.

Eine andere Realisierungsmöglichkeit bietet jede Faktorisierung von $H(p)$ in der Form

$$H(p) = \prod_{\mu=1}^{M} H_\mu(p) \quad \text{mit} \quad H_\mu(p) = \frac{\beta_{2\mu}p^2 + \beta_{1\mu}p + \beta_{0\mu}}{\alpha_{2\mu}p^2 + \alpha_{1\mu}p + \alpha_{0\mu}}\,, \tag{5.65a,b}$$

so daß die Gesamtheit der Pole und Nullstellen aller $H_\mu(p)$ ($\mu = 1,2,\ldots,M$) mit der Gesamtheit aller Pole bzw. Nullstellen von $H(p)$ identisch ist, stets unter Beachtung der Vielfachheiten. Es gelte hierbei $H_\mu(\infty) \neq \infty$ ($\mu=1,2,\ldots,M$). Man kann nun jede Teilübertragungsfunktion $H_\mu(p)$ durch ein Quadrupel $(\boldsymbol{A}_\mu, \boldsymbol{b}_\mu, \boldsymbol{c}_\mu^{\mathrm{T}}, d_\mu)$ realisieren, etwa nach einem der vier oben erwähnten Konzepte. Werden sämtliche dieser Teilrealisierungen rückwirkungsfrei in Kaskade verbunden (Bild 5.12), dann liefert die Gesamtrealisierung eine Verwirklichung von $H(p)$. Man kann aus den Zustandsdarstellungen $(\boldsymbol{A}_\mu, \boldsymbol{b}_\mu, \boldsymbol{c}_\mu^{\mathrm{T}}, d_\mu)$ ($\mu = 1,2,\ldots,M$) der Teilsysteme eine Zustandsdarstellung $(\boldsymbol{A}, \boldsymbol{b}, \boldsymbol{c}^{\mathrm{T}}, d)$ des Gesamtsystems sukzessive ermitteln, indem man zunächst für die Kaskade der beiden ersten Systeme, welche die Teilübertragungsfunktionen $H_1(p)$ und $H_2(p)$ realisieren, eine Darstellung angibt. Man erhält für diese Kaskade die Systemmatrizen

$$\begin{bmatrix} \boldsymbol{A}_1 & \boldsymbol{0} \\ \boldsymbol{b}_2 \boldsymbol{c}_1^{\mathrm{T}} & \boldsymbol{A}_2 \end{bmatrix}, \quad \begin{bmatrix} \boldsymbol{b}_1 \\ \boldsymbol{b}_2 d_1 \end{bmatrix}, \quad [\, d_2 \boldsymbol{c}_1^{\mathrm{T}} \quad \boldsymbol{c}_2^{\mathrm{T}} \,], \quad d_1 d_2 \,.$$

Sie lassen sich dadurch ermitteln, daß man die Systemgleichungen der beiden ersten Systeme zusammenfaßt, indem man das Ausgangssignal des ersten Systems mit dem Eingangssignal des zweiten Systems identifiziert und das Eingangssignal des ersten Systems als Eingangssignal der Kaskade, das Ausgangssignal des zweiten Systems als Ausgangssignal der Kaskade betrachtet. Im übrigen werden die Zustandsvektoren der Teilsysteme zum Zustandsvektor der Kaskade vereinigt. Entsprechend kann man jetzt die dargestellte Kaskade mit dem dritten Teilsystem, das $H_3(p)$ realisiert, zusammenfassen und für das so resultierende System die Systemmatrizen angeben. In dieser Weise fährt man sukzessive fort, bis eine Zustandsbeschreibung für das Gesamtsystem entstanden ist.

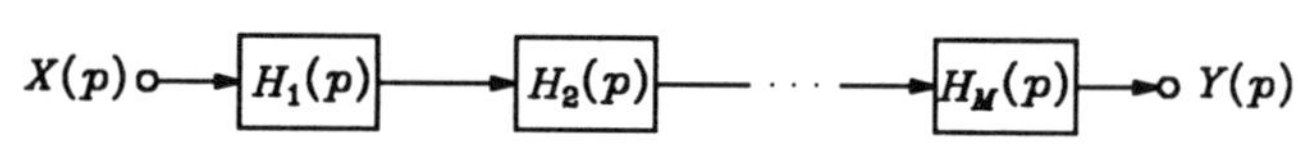

Bild 5.12: Kaskadierung von Teilrealisierungen ersten und zweiten Grades

Man kann statt der Produktzerlegung von $H(p)$ nach Gln. (5.65a,b) durch Partialbruchentwicklung der Übertragungsfunktion auch eine Summenzerlegung in der Form

$$H(p) = d + \sum_{\mu=1}^{l} H_\mu(p) \tag{5.66}$$

mit

$$H_\mu(p) = \sum_{\nu=1}^{r_\mu} \frac{A_{\mu\nu}}{(p - p_\mu)^\nu} \qquad (\mu = 1,2,\ldots,l) \tag{5.67}$$

durchführen, wobei mit r_μ ($\mu = 1,2,\ldots,l$) die Vielfachheiten der Pole p_μ von $H(p)$ bezeichnet werden. Die aus der Summenzerlegung nach Gl. (5.66) folgende Realisierungsstruktur zeigt Bild 5.13. Die eigentliche Aufgabe der Realisierung besteht in der Verwirklichung der Teilübertragungsfunktionen $H_\mu(p)$ nach Gl. (5.67). Bild 5.14 zeigt eine erste Darstellung der Übertragungsfunktion $H_\mu(p)$; dabei können die Basisblöcke mit der Übertragungsfunktion $1/(p - p_\mu)$ nach Bild 5.15 realisiert werden. Eine weitere Realisierungsmöglichkeit der Teilübertragungsfunktion $H_\mu(p)$ nach Gl. (5.67) zeigt Bild 5.16. Man kann zur Zustandsraumbeschreibung des Diagramms aus Bild 5.14 mit den Basisblöcken nach

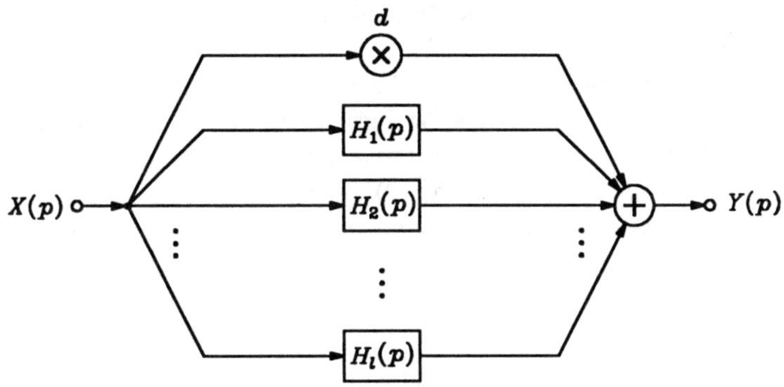

Bild 5.13: Parallelstruktur gemäß Gl. (5.66)

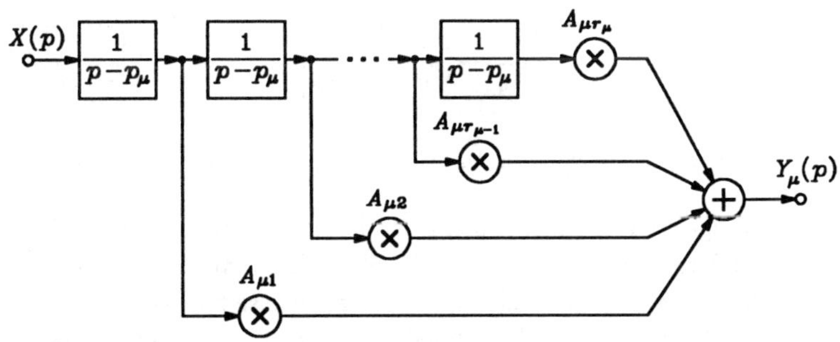

Bild 5.14: Eine erste Realisierung der Teilübertragungsfunktion $H_\mu(p)$ nach Gl. (5.67)

Bild 5.15 als Zustandsgrößen die r_μ Signale am Ausgang der Integrierer $(1/p)$ einführen und zum Zustandsvektor $\boldsymbol{z}_\mu$ zusammenfassen. Wie man dem Diagramm in Verbindung mit der Äquivalenz der Basisblöcke direkt entnimmt, lautet die Zustandsdarstellung

$$\frac{d\boldsymbol{z}_\mu(t)}{dt} = \begin{bmatrix} p_\mu & 0 & \cdots & 0 \\ 1 & p_\mu & & \vdots \\ 0 & 1 & p_\mu & \\ \vdots & & & \\ 0 & 0 & \cdots \; 1 & p_\mu \end{bmatrix} \boldsymbol{z}_\mu(t) + \begin{bmatrix} 1 \\ 0 \\ \vdots \\ \\ 0 \end{bmatrix} x(t) , \tag{5.68a}$$

$$y_\mu(t) = [A_{\mu 1} \quad A_{\mu 2} \cdots A_{\mu r_\mu}] \, \boldsymbol{z}_\mu(t) \qquad (\mu = 1,2,\ldots,l). \tag{5.68b}$$

Die l Gln. (5.68a) können ebenso wie die l Gln. (5.68b) je zu einer Gleichung zusammen-

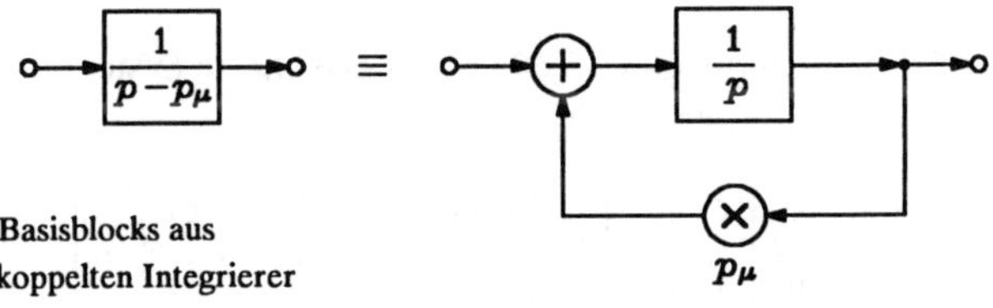

Bild 5.15: Realisierung eines einzelnen Basisblocks aus
Bild 5.14 durch einen rückgekoppelten Integrierer

gefaßt werden, wodurch eine Zustandsdarstellung für das gesamte Netzwerk nach Bild 5.13 resultiert.

In ganz entsprechender Weise kann man das Netzwerk von Bild 5.16 im Zustandsraum beschreiben. Numeriert man die Zustandsvariablen (Ausgangssignale der Integrierer) von rechts nach links durch, so erhält man die zu den Gln. (5.68a,b) duale Darstellung mit dem Matrizenquadrupel $(\boldsymbol{A}_\mu^{\mathrm{T}}, \boldsymbol{c}_\mu, \boldsymbol{b}_\mu^{\mathrm{T}}, 0)$, wenn $(\boldsymbol{A}_\mu, \boldsymbol{b}_\mu, \boldsymbol{c}_\mu^{\mathrm{T}}, 0)$ die Gln. (5.68a,b) kennzeichnet. Auch hier lassen sich die l Zustandsdarstellungen der Teilsysteme zu einer Darstellung des Gesamtsystems zusammenfassen.

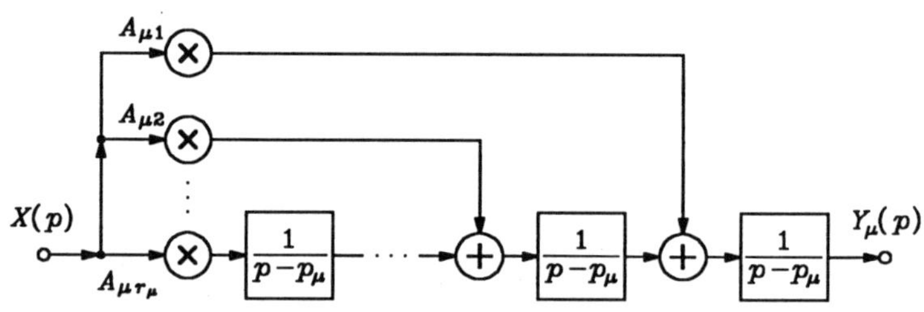

Bild 5.16: Eine zweite Realisierung der Teilübertragungsfunktion $H_\mu(p)$ nach Gl. (5.67)

Schwierigkeiten können bei den Realisierungen aufgrund der Strukturen nach den Bildern 5.14 und 5.16 auftreten, wenn nichtreelle Pole p_μ vorhanden sind. In einem solchen Fall kommen jedoch die nichtreellen Pole stets paarweise konjugiert komplex vor, und zwar unter Berücksichtigung der jeweiligen Vielfachheit, da die zu realisierende Übertragungsfunktion eine reelle Funktion ist. Gehört beispielsweise zum Teilsystem $(\boldsymbol{A}_1, \boldsymbol{b}_1, \boldsymbol{c}_1^{\mathrm{T}}, 0)$ mit dem Zustandsvektor $\boldsymbol{z}_1$ ein nichtreeller Eigenwert p_1, dann lassen sich die übrigen Teilsysteme durch passende Numerierung und Anordnung der Zustandsvariablen so darstellen, daß das zweite Teilsystem mit dem Zustandsvektor $\boldsymbol{z}_2$ konjugiert komplex zum ersten Teilsystem ist. Man kann diese beiden Systeme zusammenfassen und durch die Gleichungen

$$\frac{\mathrm{d}}{\mathrm{d}t}\begin{bmatrix}\boldsymbol{z}_1\\ \boldsymbol{z}_2\end{bmatrix} = \begin{bmatrix}\boldsymbol{A}_1 & \mathbf{0}\\ \mathbf{0} & \boldsymbol{A}_1^*\end{bmatrix}\begin{bmatrix}\boldsymbol{z}_1\\ \boldsymbol{z}_2\end{bmatrix} + \begin{bmatrix}\boldsymbol{b}_1\\ \boldsymbol{b}_1^*\end{bmatrix}x\,, \qquad y_{12} = [\boldsymbol{c}_1^{\mathrm{T}} \quad \boldsymbol{c}_1^{*\mathrm{T}}]\begin{bmatrix}\boldsymbol{z}_1\\ \boldsymbol{z}_2\end{bmatrix} \tag{5.69a,b}$$

beschreiben. Nun wird die Ähnlichkeitstransformation

$$\begin{bmatrix}\boldsymbol{\zeta}_1\\ \boldsymbol{\zeta}_2\end{bmatrix} = \begin{bmatrix}\mathbf{E} & \mathbf{E}\\ \mathrm{j}\mathbf{E} & -\mathrm{j}\mathbf{E}\end{bmatrix}\begin{bmatrix}\boldsymbol{z}_1\\ \boldsymbol{z}_2\end{bmatrix} \tag{5.70a}$$

mit der inversen Transformationsmatrix

$$\boldsymbol{T}^{-1} = \frac{1}{2}\begin{bmatrix}\mathbf{E} & -\mathrm{j}\mathbf{E}\\ \mathbf{E} & \mathrm{j}\mathbf{E}\end{bmatrix} \tag{5.70b}$$

auf das durch die Gln. (5.69a,b) repräsentierte System angewendet, und man erhält dadurch das reelle Subsystem

$$\frac{\mathrm{d}}{\mathrm{d}t}\begin{bmatrix}\boldsymbol{\zeta}_1\\ \boldsymbol{\zeta}_2\end{bmatrix} = \begin{bmatrix}\operatorname{Re}\boldsymbol{A}_1 & \operatorname{Im}\boldsymbol{A}_1\\ -\operatorname{Im}\boldsymbol{A}_1 & \operatorname{Re}\boldsymbol{A}_1\end{bmatrix}\begin{bmatrix}\boldsymbol{\zeta}_1\\ \boldsymbol{\zeta}_2\end{bmatrix} + \begin{bmatrix}2\operatorname{Re}\boldsymbol{b}_1\\ -2\operatorname{Im}\boldsymbol{b}_1\end{bmatrix}x\,, \tag{5.71a}$$

$$y_{12} = [\operatorname{Re} \boldsymbol{c}_1^{\mathrm{T}} \quad \operatorname{Im} \boldsymbol{c}_1^{\mathrm{T}}] \begin{bmatrix} \zeta_1 \\ \zeta_2 \end{bmatrix}. \tag{5.71b}$$

Auf diese Weise lassen sich alle Subsysteme mit nichtreellen Eigenwerten im Zustandsraum unter alleiniger Verwendung von reellen Koeffizienten darstellen.

Eine alternative Möglichkeit, das System mit komplexen Koeffizienten in ein äquivalentes System mit ausschließlich reellen Koeffizienten umzuwandeln, besteht darin, zunächst die Übertragungsfunktionen $H_\mu(p)$ konjugiert komplexer Teilsysteme paarweise jeweils zu einem System mit einer reellen Übertragungsfunktion zusammenzufassen. Sind beispielsweise $H_1(p)$ und $H_2(p)$ Übertragungsfunktionen von zwei Teilsystemen mit konjugiert komplexen Eigenwerten, so stellt

$$H_{12}(p) = H_1(p) + H_2(p)$$

die Übertragungsfunktion eines reellen Systems dar, welches etwa gemäß den Gln. (2.32a-c) im Zustandsraum realisiert werden kann. In dieser Weise läßt sich schließlich das gesamte System unter alleiniger Verwendung von reellen Koeffizienten im Zustandsraum beschreiben und durch eine Schaltung realisieren.

Da voraussetzungsgemäß Zähler- und Nennerpolynom in Gl. (5.64) teilerfremd sind, stimmt bei allen beschriebenen Realisierungen das charakteristische Polynom von $\boldsymbol{A}$ mit dem Nennerpolynom von $H(p)$ überein, die Realisierungen sind also minimal.

3.4.2 Der Matrix-Fall

Im folgenden soll der Fall betrachtet werden, daß eine rationale, reelle und für $p = \infty$ endliche Matrix $\hat{\boldsymbol{H}}(p)$ mit r Zeilen und m Spalten vorliegt, die durch eine Zustandsdarstellung $(\boldsymbol{A}, \boldsymbol{B}, \boldsymbol{C}, \boldsymbol{D})$ zu realisieren ist. Es sind also Zustandsmatrizen $\boldsymbol{A}, \boldsymbol{B}, \boldsymbol{C}, \boldsymbol{D}$ zu ermitteln, so daß die Beziehung gemäß Gl. (5.46a) gilt.

Man kann jetzt die Matrix $\hat{\boldsymbol{H}}(p)$ einerseits um $p = \infty$ direkt in die Potenzreihe

$$\hat{\boldsymbol{H}}(p) = \hat{\boldsymbol{H}}(\infty) + \boldsymbol{H}_0 p^{-1} + \boldsymbol{H}_1 p^{-2} + \cdots \tag{5.72}$$

entwickeln, andererseits besteht eine solche Entwicklung gemäß Gl. (5.52). Ein Vergleich der Gln. (5.52) und (5.72) liefert die Forderungen

$$\boldsymbol{D} = \hat{\boldsymbol{H}}(\infty), \qquad \boldsymbol{C}\boldsymbol{A}^{\mu}\boldsymbol{B} = \boldsymbol{H}_\mu \quad (\mu = 0, 1, \ldots) \tag{5.73a,b}$$

zur Bestimmung der Matrizen $\boldsymbol{A}, \boldsymbol{B}, \boldsymbol{C}, \boldsymbol{D}$; dabei ist $\boldsymbol{A}^0 = \mathbf{E}$.

Die zu lösende Aufgabe kann jetzt folgendermaßen formuliert werden: Gegeben sind die Matrizen $\boldsymbol{H}_\mu$ $(\mu = 0, 1, \ldots)$. Zu bestimmen sind die Matrizen $\boldsymbol{A}, \boldsymbol{B}, \boldsymbol{C}$ aufgrund der Gln. (5.73b), so daß das resultierende System steuerbar und beobachtbar ist.

Zur Lösung der Aufgabe werden die Elemente der gegebenen Matrix zunächst auf den gradniedrigsten gemeinsamen Nenner gebracht, so daß ($s \geqq 1$ angenommen)

$$\hat{\boldsymbol{H}}(p) = \hat{\boldsymbol{H}}(\infty) + \frac{\boldsymbol{R}_1 p^{s-1} + \boldsymbol{R}_2 p^{s-2} + \cdots + \boldsymbol{R}_{s-1} p + \boldsymbol{R}_s}{p^s + a_1 p^{s-1} + \cdots + a_{s-1} p + a_s} \tag{5.74}$$

gilt. Setzt man die rechten Seiten der Gln. (5.72) und (5.74) einander gleich, multipliziert die entstandene Beziehung mit dem Nennerpolynom von $\hat{\boldsymbol{H}}(p)$ aus Gl. (5.74) durch und vergleicht dann die Koeffizienten bei gleichen Potenzen von p, dann erhält man die folgenden wichtigen Beziehungen:

$$\left.\begin{aligned} &\boldsymbol{H}_0 = \boldsymbol{R}_1 \,, \\ &\boldsymbol{H}_1 + a_1 \boldsymbol{H}_0 = \boldsymbol{R}_2 \,, \\ &\boldsymbol{H}_2 + a_1 \boldsymbol{H}_1 + a_2 \boldsymbol{H}_0 = \boldsymbol{R}_3 \,, \\ &\vdots \\ &\boldsymbol{H}_{s-1} + a_1 \boldsymbol{H}_{s-2} + \cdots + a_{s-1} \boldsymbol{H}_0 = \boldsymbol{R}_s \,, \\ &\boldsymbol{H}_{s+\mu} + a_1 \boldsymbol{H}_{s+\mu-1} + \cdots + a_s \boldsymbol{H}_\mu = \boldsymbol{0} \\ &\qquad (\mu = 0, 1, 2, \ldots) \,. \end{aligned}\right\} \tag{5.75}$$

Für die weitere Vorgehensweise, die sich am Verfahren von Ho und Kalman [Ho1] orientiert, werden einige Matrizen benötigt, die nun vorgestellt werden. Mit

$$\boldsymbol{F}_\mu := \begin{bmatrix} \mathbf{0} & \mathbf{E} & \mathbf{0} \cdots & \mathbf{0} \\ \vdots & \mathbf{0} & \mathbf{E} \cdots & \vdots \\ \mathbf{0} & \vdots & & \mathbf{E} \\ -a_s \mathbf{E} & \cdots & & -a_1 \mathbf{E} \end{bmatrix} \tag{5.76}$$

wird eine quadratische Frobenius-Block-Matrix eingeführt, die Einheitsmatrizen $\mathbf{E}$ und Nullmatrizen $\mathbf{0}$ nur der Ordnung μ enthält, so daß die Matrix $\boldsymbol{F}_\mu$ insgesamt $s\,\mu$ Zeilen und $s\,\mu$ Spalten aufweist. Es werden speziell die Frobenius-Block-Matrizen $\boldsymbol{F}_r$ und $\boldsymbol{F}_m^{\mathrm{T}}$ benötigt. Mit den Matrizen $\boldsymbol{H}_\mu$ aus Gl. (5.72) wird die symmetrische quadratische Block-Matrix

$$\boldsymbol{M}_\mu := \begin{bmatrix} \boldsymbol{H}_\mu & \boldsymbol{H}_{\mu+1} & \cdots & \boldsymbol{H}_{\mu+s-1} \\ \boldsymbol{H}_{\mu+1} & \boldsymbol{H}_{\mu+2} & \cdots & \\ \vdots & & \vdots & \\ \boldsymbol{H}_{\mu+s-1} & & & \boldsymbol{H}_{\mu+2s-2} \end{bmatrix} \tag{5.77}$$

gebildet, die eine sogenannte Hankel-Matrix darstellt. Eine besondere Rolle spielen die Matrizen $\boldsymbol{M}_0$ und $\boldsymbol{M}_1$.

Man kann sich bei Beachtung der Gln. (5.75) direkt von der Gültigkeit der Beziehungen

$$\boldsymbol{M}_\mu = \boldsymbol{F}_r^{\mu} \boldsymbol{M}_0 = \boldsymbol{M}_0 \, (\boldsymbol{F}_m^{\mathrm{T}})^{\mu} \,, \tag{5.78}$$

insbesondere für $\mu = 1$

$$\boldsymbol{M}_1 = \boldsymbol{F}_r \boldsymbol{M}_0 = \boldsymbol{M}_0 \boldsymbol{F}_m^{\mathrm{T}} \tag{5.79}$$

überzeugen. Wie man sieht, wird $\boldsymbol{M}_1$ durch Multiplikation der Matrix $\boldsymbol{M}_0$ mit $\boldsymbol{F}_r$ von links oder mit $\boldsymbol{F}_m^{\mathrm{T}}$ von rechts erzeugt. Als weitere Matrix wird

$$\boldsymbol{E}_{\mu\nu} := [\mathbf{E} \quad \mathbf{0}] \tag{5.80}$$

benötigt, die aus der Einheitsmatrix $\mathbf{E}$ der Ordnung μ und der Nullmatrix $\mathbf{0}$ mit $\nu - \mu$ Spalten ($\nu \geqq \mu$) sowie μ Zeilen gebildet wird. Von dieser Matrix werden speziell

$$\boldsymbol{E}_1 := \boldsymbol{E}_{m,ms} \,, \qquad \boldsymbol{E}_2 := \boldsymbol{E}_{r,rs} \,, \qquad \boldsymbol{E}_3 := \boldsymbol{E}_{q,ms} \,, \qquad \boldsymbol{E}_4 := \boldsymbol{E}_{q,rs} \tag{5.81a-d}$$

gebraucht, wobei q den Rang der Matrix $\boldsymbol{M}_0$ bedeutet.

Man kann leicht erkennen, daß $\boldsymbol{H}_\mu$ durch Linksmultiplikation von $\boldsymbol{M}_\mu$ nach Gl. (5.77) mit $\boldsymbol{E}_2$ und Rechtsmultiplikation mit $\boldsymbol{E}_1^{\mathrm{T}}$ erzeugt werden kann. Daher erhält man aufgrund von Gl. (5.78)

$$\boldsymbol{H}_\mu = \boldsymbol{E}_2 \boldsymbol{F}_r^\mu \boldsymbol{M}_0 \boldsymbol{E}_1^{\mathrm{T}} = \boldsymbol{E}_2 \boldsymbol{M}_0 (\boldsymbol{F}_m^{\mathrm{T}})^\mu \boldsymbol{E}_1^{\mathrm{T}} . \tag{5.82}$$

Vergleicht man diese Beziehungen mit den Gln. (5.73b), so sieht man, daß die Matrizen

$$\boldsymbol{A} = \boldsymbol{F}_r , \quad \boldsymbol{B} = \boldsymbol{M}_0 \boldsymbol{E}_1^{\mathrm{T}} , \quad \boldsymbol{C} = \boldsymbol{E}_2$$

oder

$$\boldsymbol{A} = \boldsymbol{F}_m^{\mathrm{T}} , \quad \boldsymbol{B} = \boldsymbol{E}_1^{\mathrm{T}} , \quad \boldsymbol{C} = \boldsymbol{E}_2 \boldsymbol{M}_0$$

Realisierungen der durch Gl. (5.74) gegebenen Übertragungsmatrix $\hat{\boldsymbol{H}}(p)$ sind. Da jedoch hierbei Irreduzibilität nicht garantiert werden kann, soll im folgenden eine alternative Realisierungsmöglichkeit abgeleitet werden.

Die Matrix $\boldsymbol{M}_0$ nach Gl. (5.77) für $\mu = 0$ kann durch elementare Zeilen- und Spaltenumformungen [1] derart transformiert werden, daß eine Diagonalmatrix entsteht, die nur in der Hauptdiagonalen von Null verschiedene Elemente hat. Diese können auf den Wert Eins gebracht werden. Die Transformation läßt sich in der Form

$$\boldsymbol{P} \boldsymbol{M}_0 \boldsymbol{Q} = \begin{bmatrix} \mathbf{E} & \mathbf{0} \\ \mathbf{0} & \mathbf{0} \end{bmatrix} = \boldsymbol{E}_4^{\mathrm{T}} \boldsymbol{E}_3 \tag{5.83}$$

schreiben, wobei $\boldsymbol{P}$ und $\boldsymbol{Q}$ nichtsinguläre quadratische Matrizen der Ordnung rs bzw. ms sind und $\mathbf{E}$ die Einheitsmatrix der Ordnung q bedeutet; q ist, wie bereits gesagt, der Rang von $\boldsymbol{M}_0$. Da $\boldsymbol{M}_0$ genau rs Zeilen und ms Spalten aufweist, gilt $q \leqq \min(rs, ms)$. Es kann nun folgende Aussage gemacht werden.

Satz V.2: Die drei Matrizen

$$\boldsymbol{A} = \boldsymbol{E}_4 \boldsymbol{P} \boldsymbol{M}_1 \boldsymbol{Q} \boldsymbol{E}_3^{\mathrm{T}} , \tag{5.84}$$

$$\boldsymbol{B} = \boldsymbol{E}_4 \boldsymbol{P} \boldsymbol{M}_0 \boldsymbol{E}_1^{\mathrm{T}} \tag{5.85}$$

und

$$\boldsymbol{C} = \boldsymbol{E}_2 \boldsymbol{M}_0 \boldsymbol{Q} \boldsymbol{E}_3^{\mathrm{T}} , \tag{5.86}$$

deren Faktormatrizen aufgrund der Gln. (5.81a-d), (5.77) und (5.83) gegeben sind, stellen eine irreduzible Realisierung der gegebenen Matrix $\hat{\boldsymbol{H}}(p)$ dar.

Beweis: Zunächst wird die Matrix

$$\boldsymbol{W} := \boldsymbol{Q} \boldsymbol{E}_3^{\mathrm{T}} \boldsymbol{E}_4 \boldsymbol{P} \tag{5.87}$$

eingeführt. Mit der aus Gl. (5.83) folgenden Beziehung

$$\boldsymbol{M}_0 = \boldsymbol{P}^{-1} \boldsymbol{E}_4^{\mathrm{T}} \boldsymbol{E}_3 \boldsymbol{Q}^{-1}$$

---

[1] Hierunter versteht man das Multiplizieren einer Zeile oder Spalte mit einer nichtverschwindenden Konstante, das Hinzuaddieren einer Zeile oder Spalte zu einer anderen, das Vertauschen einer Zeile oder Spalte mit einer anderen. Alle diese Umformungen lassen sich durch Multiplikation der betreffenden Matrix mit einer geeignet zu wählenden nichtsingulären Matrix einfach ausdrücken.

erhält man aus Gl. (5.87)

$$\boldsymbol{M}_0 \boldsymbol{W} \boldsymbol{M}_0 = \boldsymbol{M}_0 \, , \tag{5.88}$$

wobei berücksichtigt wurde, daß nach Gln. (5.81c,d) $\boldsymbol{E}_3 \boldsymbol{E}_3^{\mathrm{T}} = \mathbf{E}$ und $\boldsymbol{E}_4 \boldsymbol{E}_4^{\mathrm{T}} = \mathbf{E}$ mit der Einheitsmatrix $\mathbf{E}$ der Ordnung q gilt. Nun wird Gl. (5.88) in Gl. (5.82) eingeführt. Dadurch ergibt sich

$$\boldsymbol{H}_\mu = \boldsymbol{E}_2 \boldsymbol{F}_r^\mu \boldsymbol{M}_0 \boldsymbol{W} \boldsymbol{M}_0 \boldsymbol{E}_1^{\mathrm{T}}$$

oder mit Gl. (5.78)

$$\boldsymbol{H}_\mu = \boldsymbol{E}_2 \boldsymbol{M}_0 (\boldsymbol{F}_m^{\mathrm{T}})^\mu \boldsymbol{W} \boldsymbol{M}_0 \boldsymbol{E}_1^{\mathrm{T}}$$

und mit Gl. (5.88)

$$\boldsymbol{H}_\mu = \boldsymbol{E}_2 \boldsymbol{M}_0 \boldsymbol{W} \boldsymbol{M}_0 (\boldsymbol{F}_m^{\mathrm{T}})^\mu \boldsymbol{W} \boldsymbol{M}_0 \boldsymbol{E}_1^{\mathrm{T}} \, .$$

Nach erneuter Anwendung von Gl. (5.78) wird

$$\boldsymbol{H}_\mu = \boldsymbol{E}_2 \boldsymbol{M}_0 \boldsymbol{W} \boldsymbol{F}_r^\mu \boldsymbol{M}_0 \boldsymbol{W} \boldsymbol{M}_0 \boldsymbol{E}_1^{\mathrm{T}} \, .$$

In dieser Beziehung wird $\boldsymbol{W}$ an beiden Stellen gemäß Gl. (5.87) ersetzt. Dadurch entsteht die Gleichung

$$\boldsymbol{H}_\mu = (\boldsymbol{E}_2 \boldsymbol{M}_0 \boldsymbol{Q} \, \boldsymbol{E}_3^{\mathrm{T}})(\boldsymbol{E}_4 \boldsymbol{P} \, \boldsymbol{F}_r^\mu \boldsymbol{M}_0 \boldsymbol{Q} \, \boldsymbol{E}_3^{\mathrm{T}})(\boldsymbol{E}_4 \boldsymbol{P} \, \boldsymbol{M}_0 \boldsymbol{E}_1^{\mathrm{T}}) \, . \tag{5.89}$$

Wegen Gl. (5.79) und mit Gl. (5.88), mit Gl. (5.87) sowie nochmals Gl. (5.79) ergibt sich

$$\begin{aligned} \boldsymbol{E}_4 \boldsymbol{P} \, \boldsymbol{F}_r^\mu \boldsymbol{M}_0 \boldsymbol{Q} \, \boldsymbol{E}_3^{\mathrm{T}} &= \boldsymbol{E}_4 \boldsymbol{P} \, \boldsymbol{F}_r^{\mu-1} \boldsymbol{M}_0 \boldsymbol{F}_m^{\mathrm{T}} \boldsymbol{Q} \, \boldsymbol{E}_3^{\mathrm{T}} = \boldsymbol{E}_4 \boldsymbol{P} \, \boldsymbol{F}_r^{\mu-1} \boldsymbol{M}_0 \boldsymbol{W} \boldsymbol{M}_0 \boldsymbol{F}_m^{\mathrm{T}} \boldsymbol{Q} \, \boldsymbol{E}_3^{\mathrm{T}} \\ &= (\boldsymbol{E}_4 \boldsymbol{P} \, \boldsymbol{F}_r^{\mu-1} \boldsymbol{M}_0 \boldsymbol{Q} \, \boldsymbol{E}_3^{\mathrm{T}}) \cdot (\boldsymbol{E}_4 \boldsymbol{P} \, \boldsymbol{F}_r \boldsymbol{M}_0 \boldsymbol{Q} \, \boldsymbol{E}_3^{\mathrm{T}}) \, . \end{aligned}$$

Wendet man diese Hilfsformel wiederholt an, so erhält Gl. (5.89) schließlich die Gestalt

$$\boldsymbol{H}_\mu = (\boldsymbol{E}_2 \boldsymbol{M}_0 \boldsymbol{Q} \, \boldsymbol{E}_3^{\mathrm{T}})(\boldsymbol{E}_4 \boldsymbol{P} \, \boldsymbol{F}_r \boldsymbol{M}_0 \boldsymbol{Q} \, \boldsymbol{E}_3^{\mathrm{T}})^\mu (\boldsymbol{E}_4 \boldsymbol{P} \, \boldsymbol{M}_0 \boldsymbol{E}_1^{\mathrm{T}}) \, , \tag{5.90}$$

wobei noch $\boldsymbol{F}_r \boldsymbol{M}_0$ gemäß Gl. (5.79) durch $\boldsymbol{M}_1$ ersetzt werden darf. Damit ist an Hand der Gl. (5.90) zu erkennen, daß die Gln. (5.84), (5.85) und (5.86) im Einklang mit den zu erfüllenden Gln. (5.73b) sind. Der Beweis der Behauptung, daß die Matrizen $\boldsymbol{A}, \boldsymbol{B}, \boldsymbol{C}$ aus Satz V.2 die Matrix $\hat{\boldsymbol{H}}(p)$ realisieren, ist damit abgeschlossen.

Man kann jetzt noch zeigen, daß die gefundene Realisierung der gegebenen Übertragungsmatrix $\hat{\boldsymbol{H}}(p)$ irreduzibel, d. h. steuerbar und beobachtbar ist. Dazu werden die Matrizen

$$\boldsymbol{U}_\mu = [\boldsymbol{B} \quad \boldsymbol{A}\boldsymbol{B} \quad \cdots \quad \boldsymbol{A}^\mu \boldsymbol{B}] \quad \text{und} \quad \boldsymbol{V}_\mu = \begin{bmatrix} \boldsymbol{C} \\ \boldsymbol{C}\boldsymbol{A} \\ \vdots \\ \boldsymbol{C}\boldsymbol{A}^\mu \end{bmatrix}$$

eingeführt. Man erhält für $\mu = s - 1$ bei Beachtung der Gln. (5.73b) die Produktmatrix

$$\boldsymbol{V}_{s-1} \boldsymbol{U}_{s-1} = \begin{bmatrix} \boldsymbol{H}_0 & \boldsymbol{H}_1 & \cdots & \boldsymbol{H}_{s-1} \\ \boldsymbol{H}_1 & \boldsymbol{H}_2 & \cdots & \boldsymbol{H}_s \\ \vdots & & & \\ \boldsymbol{H}_{s-1} & \boldsymbol{H}_s & \cdots & \boldsymbol{H}_{2s-2} \end{bmatrix} = \boldsymbol{M}_0 \, . \tag{5.91}$$

Man beachte, daß $\boldsymbol{U}_{s-1}$ genau q Zeilen und ms Spalten, $\boldsymbol{V}_{s-1}$ dagegen rs Zeilen und q Spalten hat, wobei, wie bereits erwähnt, $q \leqq \min\{rs, ms\}$ gilt. Da aus Gl. (5.91) nach der Sylvesterschen Ungleichung der Algebra

$$\operatorname{rg} \boldsymbol{M}_0 \leqq \min\{\operatorname{rg} \boldsymbol{U}_{s-1}, \operatorname{rg} \boldsymbol{V}_{s-1}\}$$

folgt und q gleich dem Rang von $\boldsymbol{M}_0$ ist, gilt

$$\operatorname{rg} \boldsymbol{U}_{s-1} = \operatorname{rg} \boldsymbol{V}_{s-1} = q\ .$$

Damit aber müssen auch die Steuerbarkeitsmatrix $\boldsymbol{U}_{q-1}$ und die Beobachtbarkeitsmatrix $\boldsymbol{V}_{q-1}$ diesen Rang haben, da sie von allen Matrizen $\boldsymbol{U}_\mu$ und $\boldsymbol{V}_\mu$ maximalen Rang haben und dieser nicht größer als q sein kann.

Abschließend sei noch bemerkt, daß q mit dem Grad der Matrix $\hat{\boldsymbol{H}}(p)$ übereinstimmt. Daher besteht die Möglichkeit, den Grad einer Matrix $\hat{\boldsymbol{H}}(p)$ durch Ermittlung des Ranges der aus $\hat{\boldsymbol{H}}(p)$ gemäß Gl. (5.77) angebbaren Matrix $\boldsymbol{M}_0$ zu bestimmen.

3.5 SYSTEMENTKOPPLUNG

Dieser Abschnitt ist dem Problem der Entkopplung eines im Zustandsraum dargestellten linearen, zeitinvarianten Systems mit der gleichen Anzahl von Eingangssignalen und Ausgangssignalen gewidmet. Dabei wird unter Entkopplung eine Ergänzung des gegebenen Systems in der Weise verstanden, daß jedes Ausgangssignal $y_\mu(t)$ nur von einem einzigen Eingangssignal $x_\mu(t)$ beeinflußt wird. Es hat sich als zweckmäßig erwiesen, die Aufgabe im p-Bereich zu lösen.

Im folgenden spielt die Systemstruktur nach Bild 5.17 eine besondere Rolle. Die Eingangsgröße $\boldsymbol{X}(p)$ und Ausgangsgröße $\boldsymbol{Y}(p)$ werden je durch einen Vektor mit r Komponenten repräsentiert; der Vektor $\boldsymbol{Z}(p)$ hat q Komponenten; $\boldsymbol{A}, \boldsymbol{B}, \boldsymbol{C}, \boldsymbol{R}$ und $\boldsymbol{S}$ sind $(q\times q)$-, $(q\times r)$-, $(r\times q)$-, $(r\times q)$- bzw. $(r\times r)$- Matrizen. Man entnimmt dem Diagramm in Bild 5.17 die Beziehungen

$$\boldsymbol{Z}(p) = (p\,\mathbf{E}-\boldsymbol{A})^{-1}\boldsymbol{B}[\boldsymbol{R}\,\boldsymbol{Z}(p)+\boldsymbol{S}\,\boldsymbol{X}(p)] \quad \text{und} \quad \boldsymbol{Y}(p) = \boldsymbol{C}\,\boldsymbol{Z}(p)\,.$$

Durch Elimination des Vektors $\boldsymbol{Z}(p)$ entsteht der Zusammenhang

$$\boldsymbol{Y}(p) = \hat{\boldsymbol{H}}(p;\,\boldsymbol{R},\boldsymbol{S})\boldsymbol{X}(p) \tag{5.92}$$

mit der Übertragungsmatrix

$$\hat{\boldsymbol{H}}(p;\,\boldsymbol{R},\boldsymbol{S}) := \boldsymbol{C}(p\,\mathbf{E}-\boldsymbol{A}-\boldsymbol{B}\,\boldsymbol{R})^{-1}\boldsymbol{B}\,\boldsymbol{S}\,. \tag{5.93}$$

Man beachte, daß speziell

$$\hat{\boldsymbol{H}}(p;\,\mathbf{0},\mathbf{E}) = \boldsymbol{C}(p\,\mathbf{E}-\boldsymbol{A})^{-1}\boldsymbol{B} =: \hat{\boldsymbol{H}}(p) \tag{5.94}$$

gilt.

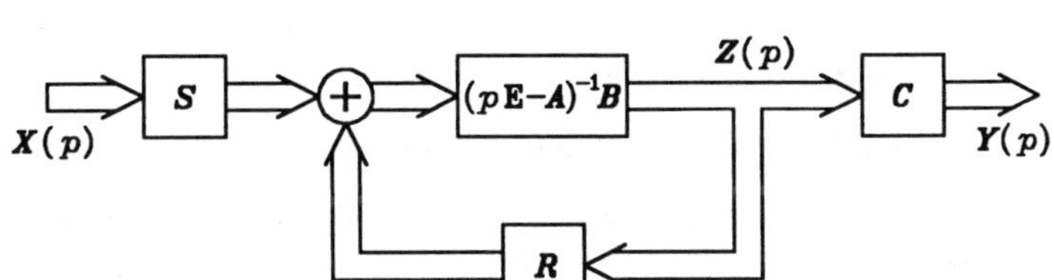

Bild 5.17: Struktur zur Systementkopplung

Die zu lösende Aufgabe besteht jetzt darin, das durch die Matrizen $\boldsymbol{A}, \boldsymbol{B}, \boldsymbol{C}$ gegebene System mit der quadratischen Übertragungsmatrix $\hat{\boldsymbol{H}}(p)$ nach Gl. (5.94) durch die Blöcke $\boldsymbol{R}$ und $\boldsymbol{S}$ derart zu erweitern, daß die Übertragungsmatrix $\hat{\boldsymbol{H}}(p; \boldsymbol{R}, \boldsymbol{S})$ des Gesamtsystems nach Gl. (5.93) eine nichtsinguläre Diagonalmatrix wird, d. h. eine Diagonalmatrix, deren Determinante nicht identisch veschwindet. Dies hat zur Folge, daß jedes der r Ausgangssignale $y_\mu(t)$ allein durch eines der r Eingangssignale $x_\mu(t)$ $(\mu = 1, 2, \ldots, r)$ beeinflußt wird und jedes Eingangssignal nur ein Ausgangssignal beeinflußt. Man nennt diese Maßnahme Entkopplung; das System zerfällt gewissermaßen in r voneinander unabhängige Systeme mit jeweils einem Eingang und einem Ausgang.

Man kann sowohl für das gegebene System $(\boldsymbol{A}, \boldsymbol{B}, \boldsymbol{C}, \boldsymbol{0})$ als auch für das erweiterte System

$$(\widetilde{\boldsymbol{A}}, \widetilde{\boldsymbol{B}}, \widetilde{\boldsymbol{C}}, \boldsymbol{0}) := (\boldsymbol{A} + \boldsymbol{BR}, \boldsymbol{BS}, \boldsymbol{C}, \boldsymbol{0})$$

gemäß Abschnitt 3.3, insbesondere Gl. (5.55b), die Parameter $\delta_1, \delta_2, \ldots, \delta_r$ bzw. $\widetilde{\delta}_1, \widetilde{\delta}_2, \ldots, \widetilde{\delta}_r$, die Matrix $\boldsymbol{\Delta}$ bzw. $\widetilde{\boldsymbol{\Delta}}$ gemäß Gl. (5.57), ebenso die Beziehungen gemäß Gln. (5.59) und (5.60) angeben.

Es ist nun interessant, daß

$$\widetilde{\delta}_\mu = \delta_\mu \tag{5.95}$$

für $\mu = 1, 2, \ldots, r$ und

$$\widetilde{\boldsymbol{\Delta}} = \boldsymbol{\Delta S} \tag{5.96}$$

gilt.

Multipliziert man die Produkte $\boldsymbol{C}_\mu(\boldsymbol{A} + \boldsymbol{BR})^\kappa$ für $\kappa = 2, 3, \ldots$ sukzessive aus und beachtet die Gln. (5.59), so gelangt man zu den Beziehungen

$$\boldsymbol{C}_\mu(\boldsymbol{A} + \boldsymbol{BR})^\kappa = \boldsymbol{C}_\mu \boldsymbol{A}^\kappa \quad (\kappa = 0, 1, \ldots, \delta_\mu - 1) \tag{5.97}$$

und

$$\boldsymbol{C}_\mu(\boldsymbol{A} + \boldsymbol{BR})^\kappa = \boldsymbol{C}_\mu \boldsymbol{A}^{\delta_\mu - 1}(\boldsymbol{A} + \boldsymbol{BR})^{\kappa - \delta_\mu + 1} \quad (\kappa = \delta_\mu, \delta_\mu + 1, \ldots). \tag{5.98}$$

Hieraus erhält man weiterhin mit Gln. (5.59) und (5.60)

$$\boldsymbol{C}_\mu(\boldsymbol{A} + \boldsymbol{BR})^\kappa \boldsymbol{BS} = \boldsymbol{C}_\mu \boldsymbol{A}^\kappa \boldsymbol{BS} = \boldsymbol{0} \quad (\kappa = 0, 1, \ldots, \delta_\mu - 2) \tag{5.99}$$

und

$$\boldsymbol{C}_\mu(\boldsymbol{A} + \boldsymbol{BR})^{\delta_\mu - 1} \boldsymbol{BS} = \boldsymbol{C}_\mu \boldsymbol{A}^{\delta_\mu - 1} \boldsymbol{BS} = \boldsymbol{\Delta}_\mu \boldsymbol{S}. \tag{5.100}$$

Geht man davon aus, daß $\boldsymbol{S}$ eine nichtsinguläre Matrix ist, dann folgt wegen $\boldsymbol{\Delta}_\mu \neq \boldsymbol{0}$ für $\mu = 1, 2, \ldots, r$ aus den Gln. (5.99) und (5.100)

$$\widetilde{\boldsymbol{C}}_\mu \widetilde{\boldsymbol{A}}^\kappa \widetilde{\boldsymbol{B}} = \boldsymbol{0} \quad (\kappa = 0, 1, \ldots, \delta_\mu - 2) \quad \text{und} \quad \widetilde{\boldsymbol{C}}_\mu \widetilde{\boldsymbol{A}}^{\delta_\mu - 1} \widetilde{\boldsymbol{B}} \neq \boldsymbol{0} \tag{5.101a,b}$$

für $\mu = 1, 2, \ldots, r$, d. h. es gilt die Beziehung $\widetilde{\delta}_\mu = \delta_\mu$ und angesichts der Gln. (5.99) und (5.100) $\widetilde{\boldsymbol{\Delta}}_\mu := \widetilde{\boldsymbol{C}}_\mu \widetilde{\boldsymbol{A}}^{\delta_\mu - 1} \widetilde{\boldsymbol{B}} = \boldsymbol{\Delta}_\mu \boldsymbol{S}$. Damit sind die Gln. (5.95) und (5.96) bewiesen.

Es kann nun folgende Aussage gemacht werden.

Satz V.3: Gegeben sei das System $(\boldsymbol{A}, \boldsymbol{B}, \boldsymbol{C}, \boldsymbol{0})$ mit r Eingängen, r Ausgängen und mit der Übertragungsmatrix $\hat{\boldsymbol{H}}(p)$ nach Gl. (5.94). Das System läßt sich aufgrund der Struktur nach Bild 5.17 genau dann entkoppeln, wenn die dem System zugewiesene Matrix $\boldsymbol{\Delta}$ nichtsingulär ist und

$$\boldsymbol{R} = -\boldsymbol{\Delta}^{-1}\boldsymbol{G} \ , \quad \boldsymbol{S} = \boldsymbol{\Delta}^{-1} \tag{5.102a,b}$$

mit

$$\boldsymbol{G} = \begin{bmatrix} \boldsymbol{C}_1\boldsymbol{A}^{\delta_1} \\ \boldsymbol{C}_2\boldsymbol{A}^{\delta_2} \\ \vdots \\ \boldsymbol{C}_r\boldsymbol{A}^{\delta_r} \end{bmatrix} \tag{5.103}$$

gewählt wird. Es gilt dann

$$\hat{\boldsymbol{H}}(p;\boldsymbol{R},\boldsymbol{S}) = \operatorname{diag}(p^{-\delta_1}, p^{-\delta_2}, \ldots, p^{-\delta_r}).$$

Beweis: Die Gln. (5.60), (5.98), (5.102a), (5.103) und $\boldsymbol{\Delta}_\mu \boldsymbol{\Delta}^{-1} = \boldsymbol{e}_\mu^{\mathrm{T}}$ liefern, wenn man die μ-te Zeile von $\boldsymbol{G}$ mit $\boldsymbol{G}_\mu$ bezeichnet,

$$\boldsymbol{C}_\mu(\boldsymbol{A} + \boldsymbol{BR})^{\delta_\mu} = \boldsymbol{C}_\mu\boldsymbol{A}^{\delta_\mu - 1}(\boldsymbol{A} + \boldsymbol{BR}) = \boldsymbol{C}_\mu\boldsymbol{A}^{\delta_\mu} + \boldsymbol{C}_\mu\boldsymbol{A}^{\delta_\mu - 1}\boldsymbol{BR} = \boldsymbol{G}_\mu - \boldsymbol{C}_\mu\boldsymbol{A}^{\delta_\mu - 1}\boldsymbol{B}\boldsymbol{\Delta}^{-1}\boldsymbol{G}$$

$$= \boldsymbol{G}_\mu - \boldsymbol{\Delta}_\mu\boldsymbol{\Delta}^{-1}\boldsymbol{G} = \boldsymbol{G}_\mu - \boldsymbol{e}_\mu^{\mathrm{T}}\boldsymbol{G} = \boldsymbol{G}_\mu - \boldsymbol{G}_\mu = \boldsymbol{0}\,.$$

Hieraus folgt

$$\boldsymbol{C}_\mu(\boldsymbol{A} + \boldsymbol{BR})^{\delta_\mu + \kappa} = \boldsymbol{0} \quad (\kappa = 0, 1, \ldots) \tag{5.104a}$$

oder mit $\boldsymbol{A} + \boldsymbol{BR} = \tilde{\boldsymbol{A}}$

$$\boldsymbol{C}_\mu\tilde{\boldsymbol{A}}^{\delta_\mu + \kappa} = \boldsymbol{0} \quad (\kappa = 0, 1, \ldots). \tag{5.104b}$$

Für die Zeilen der Übertragungsmatrix des Systems $(\tilde{\boldsymbol{A}}, \tilde{\boldsymbol{B}}, \tilde{\boldsymbol{C}}, \boldsymbol{0})$ erhält man gemäß Gln. (5.46a), (5.49), (5.58) und wegen $\tilde{\delta}_\mu = \delta_\mu$, $\tilde{\boldsymbol{C}}_\mu = \boldsymbol{C}_\mu$ und $\tilde{\boldsymbol{B}} = \boldsymbol{BS}$

$$\tilde{\boldsymbol{H}}_\mu = \frac{1}{\tilde{D}(p)}\Big[\boldsymbol{C}_\mu\tilde{\boldsymbol{K}}_1\boldsymbol{B}\,p^{q-1} + \boldsymbol{C}_\mu\tilde{\boldsymbol{K}}_2\boldsymbol{B}\,p^{q-2} + \cdots + \boldsymbol{C}_\mu\tilde{\boldsymbol{K}}_q\boldsymbol{B}\Big]\boldsymbol{S}$$

$$= \frac{1}{\tilde{D}(p)}\Big[\boldsymbol{C}_\mu\tilde{\boldsymbol{K}}_{\delta_\mu}\boldsymbol{B}\,p^{q-\delta_\mu} + \cdots + \boldsymbol{C}_\mu\tilde{\boldsymbol{K}}_q\boldsymbol{B}\Big]\boldsymbol{S}\,. \tag{5.105}$$

Entsprechend Gln. (5.53) gilt mit $\tilde{\boldsymbol{A}} = \boldsymbol{A} + \boldsymbol{BR}$

$$\tilde{\boldsymbol{K}}_\nu = \tilde{\boldsymbol{A}}^{\nu-1} + \tilde{a}_1\tilde{\boldsymbol{A}}^{\nu-2} + \cdots + \tilde{a}_{\nu-1}\mathbf{E} \quad (\nu = 1, 2, \ldots, q).$$

Da $\boldsymbol{C}_\mu\tilde{\boldsymbol{A}}^{\delta_\mu - 1}\boldsymbol{B}$ wegen Gln. (5.97), (5.60) mit $\boldsymbol{\Delta}_\mu$ übereinstimmt und weil die Matrizen $\boldsymbol{C}_\mu\tilde{\boldsymbol{A}}^{\delta_\mu + \kappa}\boldsymbol{B}$ für $\kappa = 0, 1, \ldots$ wegen Gl. (5.104b), für $\kappa = -2, -3, \ldots$ wegen Gln. (5.97), (5.59) gleich der Nullmatrix sind, ergibt sich aus vorstehender Beziehung

$$\left.\begin{aligned} &\boldsymbol{C}_\mu\tilde{\boldsymbol{K}}_{\delta_\mu}\boldsymbol{B} = \boldsymbol{C}_\mu[\tilde{\boldsymbol{A}}^{\delta_\mu - 1} + \cdots]\boldsymbol{B} = \boldsymbol{\Delta}_\mu\,, \\ &\boldsymbol{C}_\mu\tilde{\boldsymbol{K}}_{\delta_\mu + 1}\boldsymbol{B} = \boldsymbol{C}_\mu[\tilde{\boldsymbol{A}}^{\delta_\mu} + \tilde{a}_1\tilde{\boldsymbol{A}}^{\delta_\mu - 1} + \cdots]\boldsymbol{B} = \tilde{a}_1\boldsymbol{\Delta}_\mu\,, \\ &\vdots \\ &\boldsymbol{C}_\mu\tilde{\boldsymbol{K}}_q\boldsymbol{B} = \tilde{a}_{q-\delta_\mu}\boldsymbol{\Delta}_\mu\,. \end{aligned}\right\} \tag{5.106}$$

Führt man die Gln. (5.106) in Gl. (5.105) ein, so erhält man

$$\tilde{\boldsymbol{H}}_\mu = \frac{1}{\tilde{D}(p)}\Big[p^{q-\delta_\mu} + \tilde{a}_1 p^{q-\delta_\mu - 1} + \cdots + \tilde{a}_{q-\delta_\mu}\Big]\boldsymbol{\Delta}_\mu\boldsymbol{S}\,. \tag{5.107}$$

Schließlich kann noch gezeigt werden, daß

$$\widetilde{D}(p) = p^q + \widetilde{a}_1 p^{q-1} + \cdots + \widetilde{a}_q = p^{\delta_\mu}(p^{q-\delta_\mu} + \widetilde{a}_1 p^{q-\delta_\mu -1} + \cdots + \widetilde{a}_{q-\delta_\mu}) \qquad (5.108)$$

gilt. Das Cayley-Hamilton-Theorem liefert nämlich zunächst die Gleichung

$$\widetilde{\boldsymbol{A}}^q + \widetilde{a}_1 \widetilde{\boldsymbol{A}}^{q-1} + \cdots + \widetilde{a}_q \mathbf{E} = \mathbf{0}\,,$$

aus der durch Linksmultiplikation mit $\boldsymbol{C}_\mu \widetilde{\boldsymbol{A}}^{\delta_\mu - 1} \neq \mathbf{0}$ angesichts der Gl. (5.104b) $\widetilde{a}_q \boldsymbol{C}_\mu \widetilde{\boldsymbol{A}}^{\delta_\mu -1} = \mathbf{0}$, also $\widetilde{a}_q = 0$ folgt. Entsprechend stellt man dann durch Linksmultiplikation mit $\boldsymbol{C}_\mu \widetilde{\boldsymbol{A}}^{\delta_\mu - 2}$ fest, daß $\widetilde{a}_{q-1} = 0$ gilt, usw. Auf diese Weise gelangt man zur Gl. (5.108). Die Gln. (5.107) und (5.108) ergeben mit Gl. (5.102b)

$$\widetilde{\boldsymbol{H}}_\mu = \frac{1}{p^{\delta_\mu}} \boldsymbol{\Delta}_\mu \boldsymbol{S} = \frac{1}{p^{\delta_\mu}} \boldsymbol{\Delta}_\mu \boldsymbol{\Delta}^{-1} = \frac{1}{p^{\delta_\mu}} \boldsymbol{e}_\mu^{\mathrm{T}}\,.$$

Damit ist die Hinlänglichkeit der Aussage von Satz V.3 gezeigt. Für den Beweis der Notwendigkeit wird angenommen, daß die Matrizen $\boldsymbol{R}$ und $\boldsymbol{S}$ existieren, so daß $\hat{\boldsymbol{H}}$ diagonal und nichtsingulär ist. Damit ist $\widetilde{\boldsymbol{\Delta}}$ per definitionem diagonal und nichtsingulär. Wegen der Beziehung $\widetilde{\boldsymbol{\Delta}} = \boldsymbol{\Delta S}$ und der Nichtsingularität von $\boldsymbol{S}$ muß auch $\boldsymbol{\Delta}$ notwendigerweise nichtsingulär sein.

Es ist zu beachten, daß alle Pole des entkoppelten Systems im Ursprung $p = 0$ liegen. Soweit diese steuerbar sind, kann man durch Einführung zusätzlicher Zustandsgrößenrückkopplung die Pole an gewünschte Stellen verschieben, ohne daß die Entkopplung gestört würde.

3.6 DAS POLPLAZIERUNGSPROBLEM

Im Kapitel II, Abschnitt 5.2 wurde gezeigt, wie die Eigenwerte eines linearen, zeitinvarianten und im Zustandsraum dargestellten Systems durch Zustandsgrößenrückkopplung verschoben werden können. Dieses Problem wird erneut aufgegriffen und mit dem Konzept des p-Bereichs behandelt. Es werden sich Vorteile bei dieser Art von Lösung zeigen. Es erfolgt allerdings eine Einschränkung insofern, als ein System mit nur einem Eingang, aber mehreren, vorzugsweise zwei Ausgängen vorausgesetzt wird. Grundlage für das zu besprechende Verfahren ist eine Systemerweiterung mittels eines Kompensators, dem sowohl das Eingangssignal als auch die Ausgangssignale des ursprünglichen Systems zugeführt werden und der in der im Bild 5.18 gezeigten Weise wirkt. Die Übertragungsfunktionen des gegebenen Systems mit einem Eingang und zwei Ausgängen sind $H_1(p)$ und $H_2(p)$. Der Kompensator mit drei

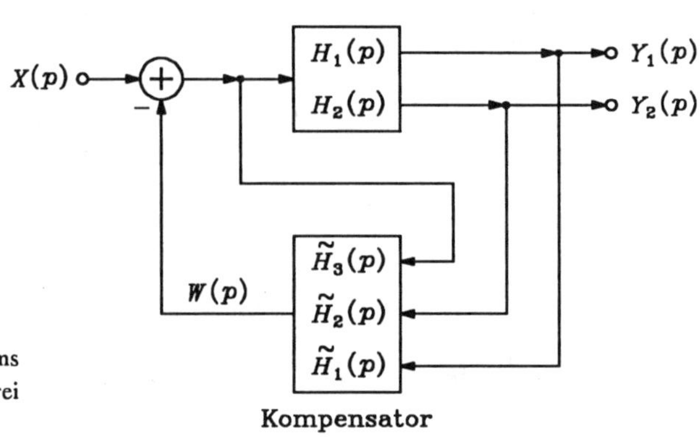

Bild 5.18: Erweiterung eines Systems durch einen rückwirkungsfrei geschalteten Kompensator

Eingängen und einem Ausgang wird durch die drei zu bestimmenden rationalen, reellen Übertragungsfunktionen $\widetilde{H}_\mu(p)$ ($\mu = 1,2,3$) gekennzeichnet.

Dem Diagramm aus Bild 5.18 entnimmt man bei Verwendung der Laplace-Transformierten der Signale direkt die Beziehungen

$$Y_1(p) = H_1(p)[X(p) - W(p)], \quad Y_2(p) = H_2(p)[X(p) - W(p)] \tag{5.109a,b}$$

und

$$W(p) = \widetilde{H}_1(p)Y_1(p) + \widetilde{H}_2(p)Y_2(p) + \widetilde{H}_3(p)[X(p) - W(p)]. \tag{5.109c}$$

Die Gl. (5.109c) liefert bei Auflösung nach $W(p)$ die Beziehung

$$W(p) = \frac{\widetilde{H}_1(p)Y_1(p) + \widetilde{H}_2(p)Y_2(p) + \widetilde{H}_3(p)X(p)}{1 + \widetilde{H}_3(p)}.$$

Führt man diese Darstellung in die Gln. (5.109a,b) ein, dann gelangt man zu den Beziehungen

$$[1 + \widetilde{H}_3(p) + H_1(p)\widetilde{H}_1(p)]Y_1(p) + H_1(p)\widetilde{H}_2(p)Y_2(p) = H_1(p)X(p)$$

und

$$H_2(p)\widetilde{H}_1(p)Y_1(p) + [1 + \widetilde{H}_3(p) + H_2(p)\widetilde{H}_2(p)]Y_2(p) = H_2(p)X(p),$$

die durch Auflösung nach $Y_1(p)$ und $Y_2(p)$ die Beziehung

$$\begin{bmatrix} Y_1(p) \\ Y_2(p) \end{bmatrix} = \frac{1}{1 + \widetilde{H}_3(p) + H_1(p)\widetilde{H}_1(p) + H_2(p)\widetilde{H}_2(p)} \begin{bmatrix} H_1(p) \\ H_2(p) \end{bmatrix} X(p) \tag{5.110}$$

ergeben.

Die vorkommenden Übertragungsfunktionen werden mit Hilfe gradniedrigster Polynome in folgender Weise geschrieben:

$$H_1(p) = \frac{N_1(p)}{D(p)}, \quad H_2(p) = \frac{N_2(p)}{D(p)}, \tag{5.111a,b}$$

$$\widetilde{H}_1(p) = \frac{\widetilde{N}_1(p)}{\widetilde{D}(p)}, \quad \widetilde{H}_2(p) = \frac{\widetilde{N}_2(p)}{\widetilde{D}(p)}, \quad \widetilde{H}_3(p) = \frac{\widetilde{N}_3(p)}{\widetilde{D}(p)}. \tag{5.112a-c}$$

Dann kann die Übertragungsmatrix des Gesamtsystems aufgrund der Gl. (5.110) mit den Gln. (5.111a,b) und (5.112a-c) in der Form

$$\hat{\boldsymbol{H}}(p) = \frac{\widetilde{D}(p)}{D(p)\widetilde{D}(p) + \widetilde{N}_3(p)D(p) + N_1(p)\widetilde{N}_1(p) + N_2(p)\widetilde{N}_2(p)} \begin{bmatrix} N_1(p) \\ N_2(p) \end{bmatrix} \tag{5.113}$$

ausgedrückt werden. Schreibt man die Pole dieser Matrix vor, dann ist der Nenner der Matrix durch ein bestimmtes Polynom $\Delta(p)$ spezifiziert, so daß die Gleichung

$$\Delta(p) = D(p)\widetilde{D}(p) + \widetilde{N}_3(p)D(p) + N_1(p)\widetilde{N}_1(p) + N_2(p)\widetilde{N}_2(p)$$

zur Bestimmung der Polynome $\widetilde{N}_1(p)$, $\widetilde{N}_2(p)$, $\widetilde{N}_3(p)$ und $\widetilde{D}(p)$ besteht.

Zur Lösung dieser Gleichung schreibt man sie in der Form

$$\Delta(p) = D(p)F_1(p) + N_{12}(p)F_2(p) \tag{5.114}$$

mit den Abkürzungen

$$F_1(p) = \widetilde{D}(p) + \widetilde{N}_3(p), \quad F_2(p) = \widetilde{N}_1(p)\overline{N}_1(p) + \widetilde{N}_2(p)\overline{N}_2(p), \tag{5.115a,b}$$

wobei $N_{12}(p)$ das bekannte gradhöchste Polynom bedeutet, das als Faktor sowohl in $N_1(p)$ als auch in $N_2(p)$ enthalten ist, so daß $N_1(p) = N_{12}(p)\overline{N}_1(p)$ und $N_2(p) = N_{12}(p)\overline{N}_2(p)$ gilt und $\overline{N}_1(p)$, $\overline{N}_2(p)$ keine gemeinsame Nullstelle haben. Für die Grade der vorkommenden Polynome werden die folgenden Notationen eingeführt:

$$\delta := \text{gr}\, D(p), \quad \widetilde{\delta} := \text{gr}\, \widetilde{D}(p),$$
$$\delta_1 := \text{gr}\, N_1(p), \quad \delta_2 := \text{gr}\, N_2(p), \quad \delta_{12} := \text{gr}\, N_{12}(p).$$

Um die Stabilität der Übertragungsfunktionen $H_1(p)$, $H_2(p)$, $\widetilde{H}_1(p)$, $\widetilde{H}_2(p)$, $\widetilde{H}_3(p)$ zu gewährleisten, müssen somit die Forderungen

$$\max\{\delta_1, \delta_2\} \leqq \delta, \quad \text{gr}\, \widetilde{N}_1(p) \leqq \widetilde{\delta}, \quad \text{gr}\, \widetilde{N}_2(p) \leqq \widetilde{\delta}, \quad \text{gr}\, F_1(p) \leqq \widetilde{\delta}$$

erfüllt sein. Außerdem gelte

$$\text{gr}\, \Delta(p) = \delta + \widetilde{\delta},$$

was bedeutet, daß im Nenner von Gl. (5.113) die Koeffizienten bei der höchsten p-Potenz sich bei der Summenbildung nicht auslöschen sollen.

Zur Ermittlung von $F_1(p)$ und $F_2(p)$ wird die Gl. (5.114) auf die Form

$$\frac{\Delta(p)}{D(p)N_{12}(p)} = \frac{F_1(p)}{N_{12}(p)} + \frac{F_2(p)}{D(p)} \tag{5.116}$$

gebracht. Bei gegebenen Polynomen $\Delta(p)$, $D(p)$, $N_1(p)$, $N_2(p)$ und damit auch $N_{12}(p)$ lassen sich nun die Polynome $F_1(p)$ und $F_2(p)$ gemäß Gl. (5.116) durch Partialbruchentwicklung der rationalen Funktion $\Delta(p)/[D(p)N_{12}(p)]$ berechnen. Dabei ist zu beachten, daß $N_{12}(p)$ und $D(p)$ keine gemeinsamen Nullstellen haben können. Es wird im Blick auf die Gln. (5.115a,b) $F_1(p)$ als Polynom vom Grad $\widetilde{\delta}$ und $F_2(p)$ als Polynom vom Grad

$$\widetilde{\delta} + \max\{\delta_1 - \delta_{12}, \delta_2 - \delta_{12}\} = \widetilde{\delta} - \delta_{12} + \max\{\delta_1, \delta_2\}$$

angesetzt. (Die tatsächlichen Grade können kleiner werden, wenn sich die Koeffizienten bei den höchsten p-Potenzen zu Null ergeben.) Somit entspricht die Auswertung der Gl. (5.116) durch Partialbruchentwicklung (oder auch der Koeffizientenvergleich gemäß Gl. (5.114)) der Lösung von $\delta + \widetilde{\delta} + 1$ linearen Gleichungen in den insgesamt $2\widetilde{\delta} - \delta_{12} + \max\{\delta_1, \delta_2\} + 2$ Koeffizienten der Polynome $F_1(p)$ und $F_2(p)$. Aus diesem Grund wird verlangt, daß die Zahl der Unbekannten nicht kleiner als die Zahl der Bindungen (Gleichungen) ist, d. h., daß die Ungleichung

$$\widetilde{\delta} \geqq \delta + \delta_{12} - 1 - \max\{\delta_1, \delta_2\} \tag{5.117}$$

eingehalten wird.

Ist der Grad von $\Delta(p)$ kleiner als der von $D(p)N_{12}(p)$, d. h. gilt $\widetilde{\delta} < \delta_{12}$, so folgt aus Ungleichung (5.117) und der Forderung $\max\{\delta_1, \delta_2\} \leqq \delta$ zunächst $\delta = \max\{\delta_1, \delta_2\}$ und damit $\widetilde{\delta} = \delta_{12} - 1$. Führt man jetzt eine Partialbruchentwicklung von $\Delta(p)/[D(p)N_{12}(p)]$

durch und faßt alle Brüche, deren Pole zugleich Nullstellen des Polynoms $N_{12}(p)$ sind, zu $F_1(p)/N_{12}(p)$ und alle übrigen Partialbrüche zu $F_2(p)/D(p)$ zusammen, dann ergibt sich für den Grad von $F_1(p)$ maximal $\widetilde{\delta}$ und für den von $F_2(p)$ maximal $\delta - 1$.

Ist der Grad von $\Delta(p)$ mindestens gleich dem von $D(p)N_{12}(p)$, d. h. gilt $\widetilde{\delta} \geqq \delta_{12}$, dann wird zunächst die Partialbruchentwicklung

$$\frac{\Delta(p)}{D(p)N_{12}(p)} = \frac{A(p)}{N_{12}(p)} + \frac{B(p)}{D(p)} + C(p) \tag{5.118}$$

mit

$$\operatorname{gr} A(p) < \operatorname{gr} N_{12}(p), \quad \operatorname{gr} B(p) < \operatorname{gr} D(p) \quad \text{und} \quad \operatorname{gr} C(p) = \widetilde{\delta} - \delta_{12}$$

durchgeführt. Dabei umfaßt der Bruch $A(p)/N_{12}(p)$ alle Partialbruchsummanden, deren Pole Nullstellen von $N_{12}(p)$ sind, und $B(p)/D(p)$ alle Partialbruchsummanden, deren Pole Nullstellen von $D(p)$ sind. Das Polynom $C(p)$ erhält man durch Division von $\Delta(p)$ durch $D(p)N_{12}(p)$ als ganzen Anteil. Es wird jetzt das Polynom $C(p)$ in die Summe

$$C(p) = C_a(p) + C_b(p) \tag{5.119}$$

der Polynome $C_a(p)$ und $C_b(p)$ zerlegt, so daß

$$\operatorname{gr} C_a(p) \leqq \widetilde{\delta} - \delta_{12}, \quad \operatorname{gr} C_b(p) \leqq \max\{\delta_1, \delta_2\} - \delta_{12} + \widetilde{\delta} - \delta \tag{5.120a,b}$$

gilt. Die rechte Seite von Ungleichung (5.120b) ist wegen Ungleichung (5.117) mindestens gleich (-1). Ist sie gleich (-1), dann wird $C_b(p) = 0$ gewählt. Nun wird $C(p)$ nach Gl. (5.119) in Gl. (5.118) eingesetzt, und man erhält

$$\frac{\Delta(p)}{D(p)N_{12}(p)} = \frac{A(p) + C_a(p)N_{12}(p)}{N_{12}(p)} + \frac{B(p) + C_b(p)D(p)}{D(p)},$$

woraus

$$F_1(p) = A(p) + C_a(p)N_{12}(p) \quad \text{und} \quad F_2(p) = B(p) + C_b(p)D(p)$$

gewonnen werden kann. Damit ergibt sich auch hier für den Grad von $F_1(p)$ maximal $\widetilde{\delta}$ und für den von $F_2(p)$ höchstens $\max\{\delta_1, \delta_2\} + \widetilde{\delta} - \delta_{12}$.

Nach Bestimmung der Polynome $F_1(p)$ und $F_2(p)$ ist die Gl. (5.115b) nach $\widetilde{N}_1(p)$ und $\widetilde{N}_2(p)$ zu lösen. Dazu wird diese Gleichung in der Form

$$\frac{F_2(p)}{\overline{N}_1(p)\overline{N}_2(p)} = \frac{\widetilde{N}_1(p)}{\overline{N}_2(p)} + \frac{\widetilde{N}_2(p)}{\overline{N}_1(p)} \tag{5.121}$$

geschrieben. Da $\overline{N}_1(p)$ und $\overline{N}_2(p)$ teilerfremd sind, können so durch Partialbruchentwicklung der rationalen Funktion $F_2(p)/[\overline{N}_1(p)\overline{N}_2(p)]$ die Polynome $\widetilde{N}_1(p)$ und $\widetilde{N}_2(p)$ berechnet werden. Hierbei ist die Zahl der Bindungen gleich dem um Eins erhöhten Grad des Polynoms $F_2(p)$, d. h. höchstens gleich $1 + \widetilde{\delta} - \delta_{12} + \max\{\delta_1, \delta_2\}$. Auf der anderen Seite sind $2 + 2\widetilde{\delta}$ Unbekannte zu ermitteln, nämlich die Koeffizienten von $\widetilde{N}_1(p)$ und $\widetilde{N}_2(p)$, die beide als Polynome vom Grad $\widetilde{\delta}$ angesetzt werden. Damit ergibt sich als weitere Bedingung für $\widetilde{\delta}$ die Forderung, daß auch hier die Zahl der Unbekannten nicht kleiner als die Zahl der Bindungen sein darf; dies ist sicher dann erfüllt, wenn

$$\tilde{\delta} \geqq \max\{\delta_1, \delta_2\} - \delta_{12} - 1 \tag{5.122}$$

gilt. Entsprechend der Berechnung von $F_1(p)$ und $F_2(p)$ aus der Zerlegung nach Gl. (5.116) können also auch die Polynome $\tilde{N}_1(p)$ und $\tilde{N}_2(p)$ aufgrund der Gl. (5.121) bei passender Wahl von $\tilde{\delta}$ unter Beachtung der Bedingungen (5.117) und (5.122) ermittelt werden. Man wird versuchen, $\tilde{\delta}$ möglichst klein zu wählen, um den Realisierungsaufwand für den Kompensator möglichst niedrig zu halten. Aus dem ermittelten Polynom $F_1(p)$ kann man durch beliebige additive Zerlegung gemäß Gl. (5.115a) in eine Summe eines Hurwitz-Polynoms vom Grad $\tilde{\delta}$ und eines Polynoms, dessen Grad höchstens $\tilde{\delta}$ ist, $\tilde{D}(p)$ und $\tilde{N}_3(p)$ erhalten. Damit sind gemäß den Gln. (5.112a-c) alle Elemente der Übertragungsmatrix des Kompensators bekannt, so daß eine Realisierung möglich ist.

Das beschriebene Verfahren zur Polplazierung läßt sich direkt erweitern auf den Fall, daß das System drei Ausgänge besitzt und ein Kompensator mit vier Eingängen verwendet wird. Die Gl. (5.113) ist entsprechend zu erweitern. Die der Gl. (5.114) entsprechende Beziehung enthält dann fünf zu bestimmende Polynome $\tilde{D}(p)$ und $\tilde{N}_\mu(p)$ $(\mu = 1, 2, 3, 4)$, die aufgrund von jetzt drei Partialbruchentwicklungen berechnet werden können. In dieser Weise läßt sich das Verfahren auch auf Systeme mit vier oder mehr Ausgängen erweitern. Eine Lösung des Polplazierungsproblems im Frequenzbereich für allgemeine Systeme mit m Eingängen und r Ausgängen ist ebenfalls möglich [Ka2].

4 Graphische Stabilitätsmethoden

Ein rückgekoppeltes System, das nach Bild 5.19 aus zwei linearen, zeitinvarianten und kausalen Teilsystemen mit den Übertragungsfunktionen $F_1(p)$ bzw. $F_2(p)$ besteht, hat die Übertragungsfunktion

$$H(p) = \frac{F_1(p)}{1 + F_1(p)F_2(p)} . \tag{5.123}$$

Diese Darstellung von $H(p)$ erhält man, wenn man nach Bild 5.19 die Beziehung

$$[X(p) - F_2(p)Y(p)]F_1(p) = Y(p)$$

aufstellt und diese nach $Y(p)/X(p) =: H(p)$ auflöst. Dabei sind $X(p)$ und $Y(p)$ die Laplace-Transformierten von $x(t)$ bzw. $y(t)$, und es wurde davon ausgegangen, daß das Übertragungsverhalten der beiden Teilsysteme sich durch die Zusammenschaltung nicht ändert.

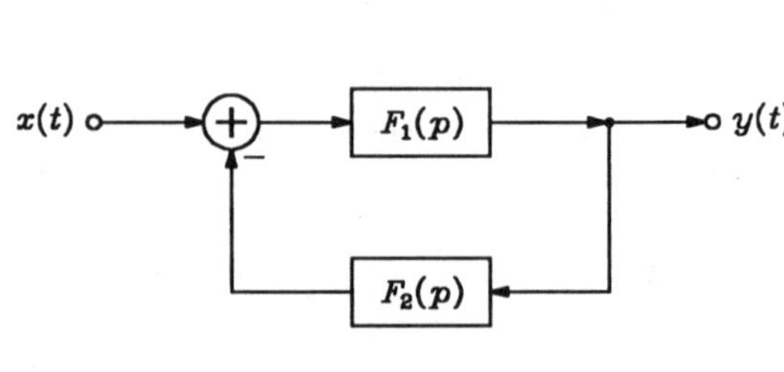

Bild 5.19: Rückgekoppeltes System

Die Stabilität des Systems wird durch die Lage der Pole von $H(p)$ bestimmt. Das System ist bekanntermaßen genau dann stabil, wenn die Pole seiner Übertragungsfunktion ausnahmslos in der linken Halbebene $\operatorname{Re} p < 0$ liegen. Die Pole von $H(p)$ sind identisch mit den Polen von $F_1(p)$ und den Nullstellen der Funktion $1 + F_1(p)F_2(p)$. Normalerweise werden sich jedoch die Pole von $F_1(p)$ gegen Pole von $1 + F_1(p)F_2(p)$ kürzen. Weiterhin können sich Nullstellen von $F_1(p)$ gegen Nullstellen von $1 + F_1(p)F_2(p)$ wegkürzen, was aber erfahrungsgemäß bei praktischen Anwendungen nur selten vorkommt. Daher genügt es gewöhnlich, die Nullstellen der Funktion $1 + F_1(p)F_2(p)$ zu untersuchen, und es soll im folgenden festgestellt werden, unter welchen Bedingungen sämtliche Nullstellen der Funktion $1 + F_1(p)F_2(p)$ in der offenen linken Halbebene $\operatorname{Re} p < 0$ liegen. Dabei spielt der funktionentheoretische Satz vom logarithmischen Residuum eine fundamentale Rolle. Er läßt sich folgendermaßen formulieren.

Satz V.4 (*Prinzip des Arguments*): Es sei G ein einfach zusammenhängendes, nicht notwendig endliches Gebiet in der p-Ebene, dessen Rand C ein einfach geschlossener Weg ist. Im ausgearteten Fall, daß auf C der Punkt ∞ liegt, muß der Weg C gegen ∞ schließlich geradlinig verlaufen. Die meromorphe Funktion $F(p)$ besitze auf C weder Nullstellen noch Pole, während genau N Nullstellen und P Pole, jeweils ihrer Vielfachheit entsprechend gezählt, in G liegen. Dann gilt für die Umlaufzahl Z von $F(p)$ um den Ursprung beim einmaligen Durchlaufen von C im (vom Innern des Gebietes G aus gezählten) Gegenuhrzeigersinn:

$$Z = N - P .$$

Das heißt: Das Argument von $F(p)$ ändert sich als stetige Funktion längs C genau um $2\pi(N - P)$.

Bemerkung: Dieser Satz wird in der funktionentheoretischen Literatur bewiesen. Ist $F(p)$ eine rationale Funktion, so kann man die Aussage des Satzes anschaulich mit Hilfe des Pol-Nullstellen-Diagramms [Un4] erklären. Dies sei dem Leser als Übung empfohlen. Im übrigen sind Nullstellen und Pole stets entsprechend ihrer Vielfachheit zu zählen; d. h. ein doppelter Pol beispielsweise wird wie zwei einfache Pole gezählt.

4.1 DAS KRITERIUM VON H. NYQUIST

Es wird die Funktion

$$F(p) = 1 + F_1(p)F_2(p) \tag{5.124}$$

und die hierdurch gegebene Abbildung der imaginären Achse der p-Ebene betrachtet (Bild 5.20). Die in der F-Ebene entstehende Bildkurve heißt *Ortskurve*. Sie ist symmetrisch zur reellen Achse, weshalb es genügt, nur das dem Intervall $0 \leqq \omega \leqq \infty$ entsprechende Teilbild zu bestimmen. Die Funktion $F(p)$ darf als meromorph vorausgesetzt werden. Sie soll jedoch in der abgeschlossenen rechten Halbebene $\operatorname{Re} p \geqq 0$ keine Pole aufweisen. Weiterhin wird angenommen, daß $F(p)$ auf der imaginären Achse $p = \mathrm{j}\omega$ keine Nullstellen hat. Dann besitzt $F(p)$ nach Satz V.4 in der rechten p-Halbebene $\operatorname{Re} p \geqq 0$ genau dann keine Nullstellen, wenn die Zahl der Umläufe der Ortskurve $F(\mathrm{j}\omega)$ $(-\infty \leqq \omega \leqq \infty)$ um den Nullpunkt in der F-Ebene gleich Null ist. Dabei wird als Gebiet G die rechte p-Halbebene betrachtet, deren Rand C sich aus der imaginären Achse und einem in $\operatorname{Re} p > 0$ verlaufenden Halbkreis um 0 mit unendlich großem Radius zusammensetzt. Bei der im Bild 5.20 gewählten Orientierung wird der Rand C im Uhrzeigersinn durchlaufen.

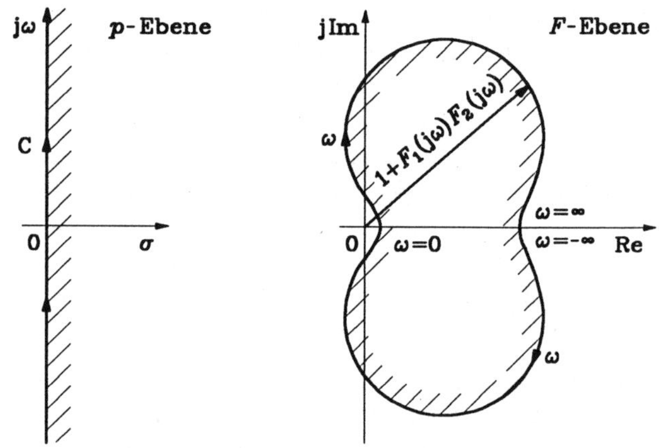

Bild 5.20: Ortskurve der Funktion $F(p)$

Hat $F(p)$ und damit $F_1(p)F_2(p)$ im Gegensatz zur bisherigen Voraussetzung auch Pole auf der imaginären Achse, dann werden bei der Bestimmung der Ortskurve als Bild der imaginären Achse die Polstellen durch Halbkreise umgangen, die in der rechten p-Halbebene verlaufen und deren Radien gegen Null streben (Bild 5.21). Auch in diesem Fall befinden sich genau dann keine Nullstellen von $F(p)$ in der rechten Halbebene, wenn die Ortskurve den Nullpunkt in obigem Sinne nicht umschließt. Nullstellen auf der imaginären Achse $\operatorname{Re} p = 0$ hätten zur Folge, daß die Ortskurve den Nullpunkt passiert und damit die Umlaufzahl nicht definiert ist. Da nach Gl. (5.124) der wesentliche Bestandteil der Funktion $F(p)$ die Übertragungsfunktion $F_1(p)F_2(p)$ des aufgeschnittenen (offenen) Systems ist (Bild 5.19), genügt es, diese Funktion $F_1(p)F_2(p)$ zu betrachten. Ihre Ortskurve unterscheidet sich von jener der Funktion $F(p)$ durch eine rein reelle Translation um -1. Unter der Annahme, daß durch die Pole der Teilübertragungsfunktion $F_1(p)$ keine Instabilität des rückgekoppelten Systems (Bild 5.19) hervorgerufen wird, lautet das auf H. Nyquist (1932) zurückgehende Stabilitätskriterium folgendermaßen:

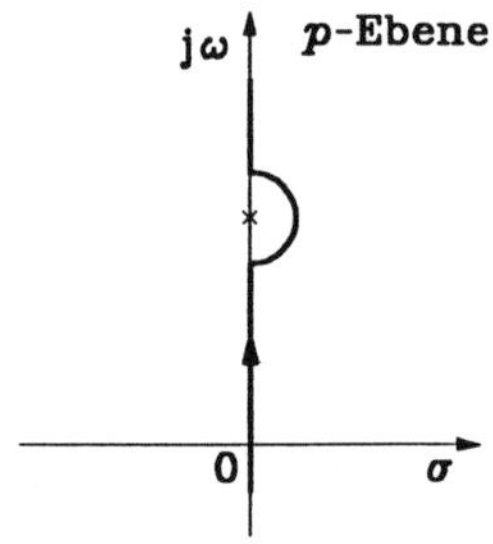

Bild 5.21: Umgehung eines Poles auf der imaginären Achse durch einen kleinen Halbkreis in der rechten p-Halbebene

Satz V.5: Das System nach Bild 5.19 ist unter der Voraussetzung, daß $F_1(p)F_2(p)$ in der Halbebene $\operatorname{Re} p > 0$ keine Pole aufweist, genau dann stabil, wenn die Ortskurve des offenen Systems, d. h. das Bild der Funktion $F_1(j\omega)F_2(j\omega)$ für $-\infty \leqq \omega \leqq \infty$, bezüglich des Punktes -1 die Umlaufzahl Null hat (Bild 5.22).

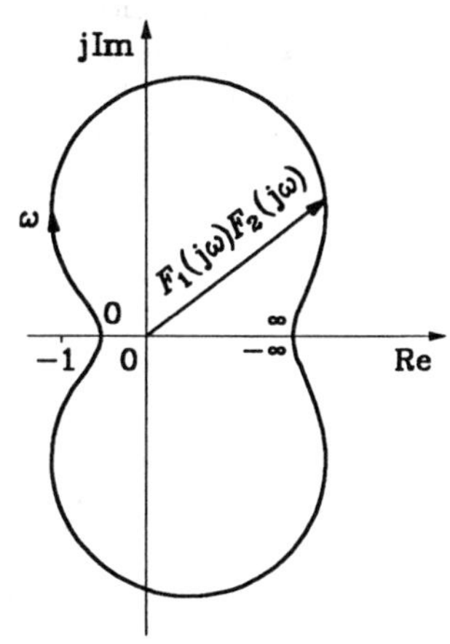

Bild 5.22: Ortskurve $F_1(j\omega)F_2(j\omega)$

Ergänzung: Besitzt die Funktion $F_1(p)F_2(p)$ im Innern der rechten Halbebene P Pole, so ist das rückgekoppelte System nach Satz V.4 genau dann stabil, wenn die Ortskurve $F_1(j\omega)F_2(j\omega)$ den Punkt -1 bei zunehmendem ω genau P-mal im Gegenuhrzeigersinn umläuft. Man beachte, daß bei der Erzeugung der Ortskurve der Parameter ω zunehmend von $-\infty$ bis $+\infty$ läuft und dadurch der Rand des nach Satz V.4 zu wählenden Gebiets, nämlich die imaginäre Achse, im Uhrzeigersinn überstrichen wird, weshalb $Z = P - N$, d. h. im Fall $N = 0$ tatsächlich $Z = P$ gilt.

Ist speziell, wie das bei regelungstechnischen Problemen häufig auftritt, die Funktion $F_2(p)$ eine Konstante K, dann läßt sich das Kriterium in folgender für die praktische Handhabung günstigen Form ausdrücken: Das rückgekoppelte System ist genau dann stabil, wenn die Ortskurve $F_1(j\omega)$ $(-\infty \leqq \omega \leqq \infty)$ den Punkt $-1/K$ bei zunehmendem ω genau P-mal im Gegenuhrzeigersinn umläuft, wobei P die Zahl der Pole von $F_1(p)$ in $\text{Re}\, p > 0$ bedeutet.

Hat man anstelle $F_1(p)$ die Übertragungsfunktion $K F_1(p)$ mit dem konstanten Faktor K, dann liegt Stabilität genau dann vor, wenn die Ortskurve $F_1(j\omega)F_2(j\omega)$ den Punkt $-1/K$ bei zunehmendem ω genau P-mal im Gegenuhrzeigersinn umläuft. Dabei ist P die Zahl der Pole von $F_1(p)F_2(p)$ in $\text{Re}\, p > 0$.

Der Vorteil des Nyquist-Kriteriums liegt vor allem darin, daß nur die Werte der Übertragungsfunktion $F_1(p)F_2(p)$ des offenen Systems für $p = j\omega$ $(0 \leqq \omega \leqq \infty)$ bestimmt werden müssen. Weiterhin kann an Hand der Ortskurve von $F_1(j\omega)F_2(j\omega)$ meist auch der "Grad der Stabilität" aufgrund des Abstandes der Kurve vom Punkt -1 beurteilt werden. Es sei noch darauf hingewiesen, daß die Übertragungsfunktionen $F_1(p)$ und $F_2(p)$ nicht rational zu sein brauchen.

Beispiel 5.11: Es wird ein rückgekoppeltes System nach Bild 5.19 mit

$$F_1(p) = \frac{p + 1{,}5}{p + b} \quad \text{und} \quad F_2(p) = \frac{p + 2}{p + 1}$$

betrachtet. Die Ortskurve $F_1(j\omega)F_2(j\omega)$ des offenen Systems ist für verschiedene Werte b im Bild 5.23 dargestellt. Man beachte, daß bei den dargestellten Ortskurven der Frequenzparameter nur im Intervall $0 \leqq \omega \leqq \infty$ variiert. Die vollständigen Ortskurven für $-\infty \leqq \omega \leqq \infty$ entstehen durch Ergänzung mit dem Spiegelbild der jeweils dargestellten Kurve bezüglich der reellen Achse. Wie man sieht, ist für $b \geqq 0$ das rückgekoppelte System stabil, da der Punkt -1 nicht umlaufen wird. Für den Parameterbereich $-3 < b < 0$ wird der Punkt -1 genau einmal im Gegenuhrzeigersinn umlaufen, und die Funktion $F_1(p)F_2(p)$ hat genau einen Pol in der rechten Halbebene $\operatorname{Re} p > 0$. Daher ist auch für diese Parameterwerte das rückgekoppelte System stabil (man vergleiche hierzu die obige Anmerkung). Für $b \leqq -3$ ist das System instabil, wie man direkt sieht ($P = 1$, jedoch Umlaufzahl Null).

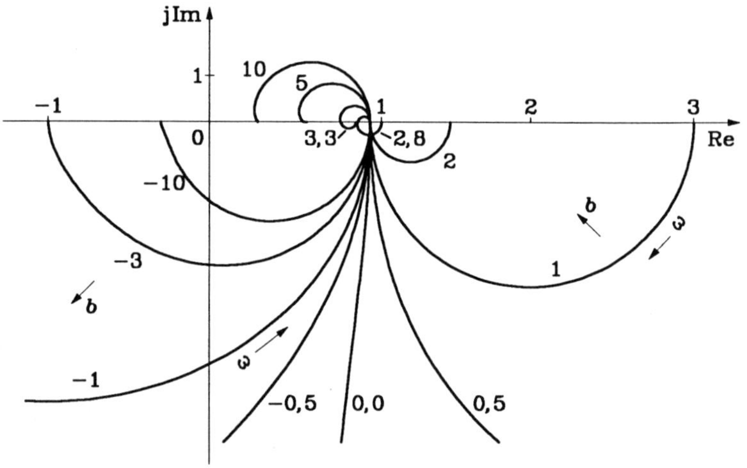

Bild 5.23: Ortskurvenschar zur Anwendung des Nyquist-Kriteriums

Beispiel 5.12: Es wird ein weiteres rückgekoppeltes System nach Bild 5.19 mit

$$F_1(p) = \mathrm{e}^{-pT} \quad \text{und} \quad F_2(p) = K$$

betrachtet, wobei T eine positive Laufzeitkonstante bedeutet. Die Ortskurve $F_1(\mathrm{j}\omega)$ $(-\infty \leqq \omega \leqq \infty)$ durchfährt einen Kreis vom Radius Eins (Bild 5.24) um den Ursprung im Uhrzeigersinn. Dabei wird der Kreis stets einmal durchlaufen, wenn ω um $2\pi/T$ zunimmt. Da $F_1(p)F_2(p)$ keinen Pol hat, ist nach Satz V.5 Stabilität genau dann gegeben, wenn $-1/K$ außerhalb des Einheitskreises liegt, d. h. K im Intervall

$$-1 < K < 1$$

auftritt.

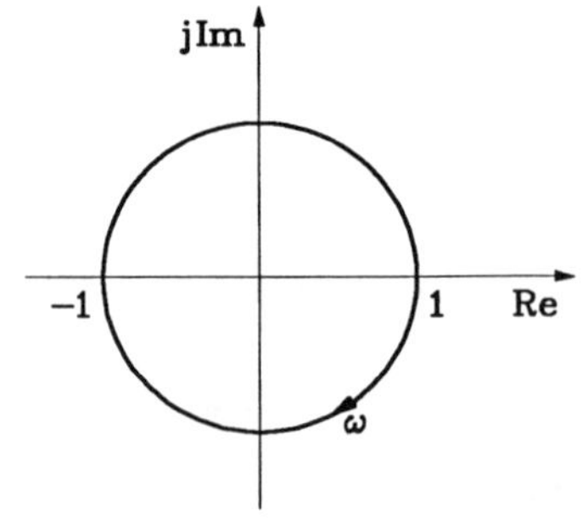

Bild 5.24: Nyquist-Ortskurve für Beispiel 5.12

Bei der praktischen Auswertung des Nyquist-Kriteriums pflegt man auch den Logarithmus der Betragsfunktion und die Phasenfunktion von $F_1(\mathrm{j}\omega)F_2(\mathrm{j}\omega)$ in Abhängigkeit von $\log \omega$ je in einem kartesischen Koordinatensystem darzustellen. Derartige Diagramme, die eine alternative Darstellung zur Ortskurve bieten, sind unter dem Namen *Bode-Diagramm* bekannt.

4.2 DIE METHODE DER WURZELORTSKURVE

Es wird der Fall betrachtet, daß die Übertragungsfunktion $F_0(p) = F_1(p)F_2(p)$ des offenen Systems (Bild 5.19) eine rationale Funktion

$$F_0(p) = K \frac{\prod_{\mu=1}^{\tilde{m}} (p - q_\mu)}{\prod_{\nu=1}^{\tilde{n}} (p - p_\nu)} \tag{5.125}$$

mit positiver, reeller Konstante K und $\tilde{m} \leqq \tilde{n}$ darstellt. Dabei sind die q_μ die (endlichen) Nullstellen und die p_ν die Polstellen der Übertragungsfunktion, sie werden als bekannt und jeweils spiegelbildlich zur reellen Achse liegend vorausgesetzt. Die Konstante K ist in vielen Fällen der einstellbare Wert eines Verstärkers im Regelkreis.

Unter der *Wurzelortskurve* des Systems nach Bild 5.19 versteht man die Gesamtheit aller Punkte, welche die Nullstellen der Funktion

$$F(p) = 1 + F_0(p), \tag{5.126}$$

also die Eigenwerte des rückgekoppelten Systems in der p-Ebene durchlaufen, wenn der Parameter K das Intervall $0 < K < \infty$ kontinuierlich überstreicht.[1] Wie den Gln. (5.125) und (5.126) direkt zu entnehmen ist, streben die Nullstellen von $F(p)$ für $K \to 0$ gegen die Punkte p_ν ($\nu = 1, 2, \ldots, \tilde{n}$) und für $K \to \infty$ gegen die Punkte q_μ ($\mu = 1, 2, \ldots, \tilde{m}$) bzw. gegen den Punkt $p = \infty$. Da die Nullstellen eines Polynoms stetig von den Koeffizienten des Polynoms abhängen, entfernen sich die $\tilde{n}$ Nullstellen von $F(p)$ in stetiger Weise von den Punkten p_ν ($\nu = 1, 2, \ldots, \tilde{n}$), wenn K vom Wert Null bis zum Wert Unendlich zunimmt. Genau $\tilde{m}$ der Nullstellen von $F(p)$ erreichen schließlich die Punkte q_μ ($\mu = 1, 2, \ldots, \tilde{m}$), während die übrigen $\tilde{n} - \tilde{m}$ Nullstellen nach $p = \infty$ wandern. Wie man sieht, setzt sich die Wurzelortskurve aus $\tilde{n}$ Ästen zusammen. Auf jedem dieser Äste bewegt sich ein Eigenwert. Da die Eigenwerte für jeden reellen Wert K spiegelbildlich zur reellen Achse in der p-Ebene auftreten, müssen auch die $\tilde{n}$ Äste der Wurzelortskurve symmetrisch zur reellen Achse liegen.

Die Wurzelortskurve erlaubt es, für jeden festen Wert K alle Eigenwerte des rückgekoppelten Systems anzugeben. Da die Eigenwerte das zeitliche Verhalten des Systems wesentlich kennzeichnen, lassen sich damit der Wurzelortskurve charakteristische Eigenschaften etwa für den praktischen Entwurf entnehmen. So kann beispielsweise jenes Intervall reeller K-Werte angegeben werden, für welche die Nullstellen von $F(p)$ in der linken p-Halbebene liegen, für die also das rückgekoppelte System stabil ist. Aus der Wurzelortskurve können für einen bestimmten K-Wert auch die "Stabilitätsgüte" und das Einschwingverhalten abgeschätzt werden, die bestimmt werden durch den Abstand der einzelnen Eigenwerte von der imaginären Achse und durch ihren Winkel gegenüber der reellen Achse. Weiterhin

[1] Falls K das Intervall $-\infty < K < 0$ überstreicht, kann eine entsprechende Betrachtung angestellt werden.

lassen sich die K-Werte ablesen, für welche ein bestimmter Eigenwert einen vorgeschriebenen Realteil bzw. Winkel aufweist.

Im folgenden soll auf die Frage der Konstruktion einer Wurzelortskurve eingegangen werden. Meistens kann man sich mit einer Skizze aufgrund bestimmter Punkte, einiger Tangenten und der Asymptoten begnügen. Gemäß den Gln. (5.125) und (5.126) sind die Punkte p der Wurzelortskurve für einen bestimmten Wert K als Lösungen der Gleichung

$$\frac{\prod\limits_{\nu=1}^{\tilde{n}}(p-p_\nu)}{\prod\limits_{\mu=1}^{\tilde{m}}(p-q_\mu)} = -K \tag{5.127}$$

oder der Polynomgleichung

$$\prod_{\nu=1}^{\tilde{n}}(p-p_\nu) + K\prod_{\mu=1}^{\tilde{m}}(p-q_\mu) = 0 \tag{5.128}$$

bestimmt. Schreibt man mit $k = 0, \pm 1, \pm 2, \ldots$ in Polarkoordinatenform

$$-K = K\,\mathrm{e}^{\mathrm{j}(\pi+k2\pi)}, \quad p-q_\mu = \rho_{0\mu}\mathrm{e}^{\mathrm{j}\varphi_\mu}, \quad p-p_\nu = \rho_{\infty\nu}\mathrm{e}^{\mathrm{j}\psi_\nu},$$

so läßt sich die Gl. (5.127) in die Phasen- und Betragsbedingung

$$\sum_{\nu=1}^{\tilde{n}}\psi_\nu - \sum_{\mu=1}^{\tilde{m}}\varphi_\mu = \pi + k2\pi \quad \text{bzw.} \quad \frac{\prod\limits_{\nu=1}^{\tilde{n}}\rho_{\infty\nu}}{\prod\limits_{\mu=1}^{\tilde{m}}\rho_{0\mu}} = K \tag{5.129a,b}$$

aufspalten. Die Größen φ_μ, ψ_ν, $\rho_{0\mu}$, $\rho_{\infty\nu}$ kann man sich in einem Pol-Nullstellen-Diagramm für die Funktion $F_0(p)$ veranschaulichen (Bild 5.25). Die Gl. (5.129a) definiert die Punkte p, welche die Gl. (5.127) für K-Werte im Intervall $0 < K < \infty$ erfüllen, kann also als *Ortskurvengleichung* betrachtet werden. Die verschiedenen Äste ergeben sich durch unterschiedliche ganzzahlige Werte für k. Die Gl. (5.129b) liefert jeweils für einen bestimmten

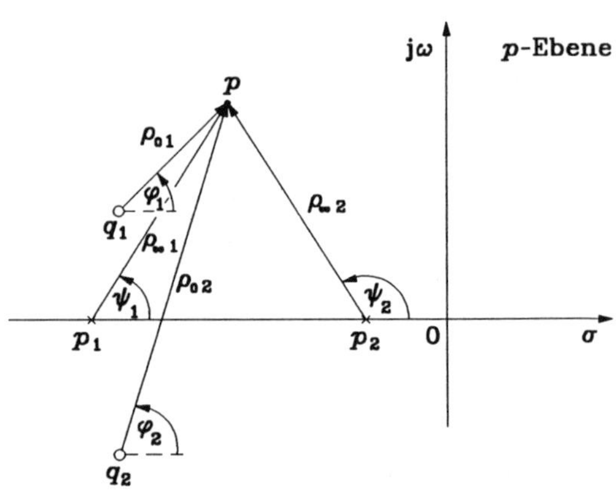

Bild 5.25: Geometrische Veranschaulichung der auf der linken Seite von Gl. (5.127) auftretenden Faktoren

Punkt den entsprechenden K-Wert, sie stellt also die *Bezifferungsgleichung* dar.

Mit Hilfe der Gln. (5.129a,b) kann man auf einfache geometrische Weise einzelne Punkte der Wurzelortskurve ermitteln. Dazu empfiehlt es sich, in der p-Ebene eine horizontale Linie ($\omega = \text{const}$) zu durchlaufen und dabei beständig die linke Seite von Gl. (5.129a) zu bilden. Man findet gewöhnlich schnell Punkte, in denen – bei einem bestimmten Wert k – die linke Seite von Gl. (5.129a) etwas kleiner ist als die rechte Seite, und zu diesen Punkten benachbarte Stellen, in denen umgekehrt die linke Seite etwas größer als die rechte Seite ist. Auf diese Weise kann man sich auf der gewählten Horizontalen $\omega = \text{const}$ einer Lösung von Gl. (5.129a), also einem Punkt der Wurzelortskurve, durch Einschachtelung nähern. Den zugehörigen K-Wert liefert die Gl. (5.129b). Durch systematisches Durchlaufen verschiedener Horizontalen lassen sich Punkte auf allen Ästen der Wurzelortskurve ermitteln.

Man kann in dieser Weise vor allem die Punkte der Wurzelortskurve auf der reellen Achse ($\omega = 0$) einfach bestimmen, indem man, beginnend mit irgendeinem Punkt, diese Achse durchläuft. Dabei ist zu beachten, daß nur die reellen q_μ und p_ν zur linken Seite der Gl. (5.129a) beim Durchlaufen der reellen Achse beitragen und die beiden Winkelsummen sich dabei nur ändern können, wenn man ein reelles q_μ oder ein reelles p_ν durchwandert. Hieraus folgt unmittelbar, daß ein Punkt $p = \sigma$ auf der reellen Achse Wurzelort ist, wenn die Anzahl reeller q_μ und p_ν rechts von σ ungerade ist.

Im folgenden soll gezeigt werden, wie man einige charakteristische Kernstücke einer Wurzelortskurve erhalten kann.

(a) Asymptoten

Ist $\tilde{n} > \tilde{m}$, dann reichen, wie bereits festgestellt, $\tilde{n} - \tilde{m}$ Ortskurvenäste für $K \to \infty$ ins Unendliche. Nach Gl. (5.127) gilt dann für $p = \rho\, e^{\,j\varphi} \to \infty$

$$p^{\tilde{n}-\tilde{m}} = -K$$

also $(\tilde{n} - \tilde{m})\,\varphi = \pi + k 2\pi$ mit $k = 0, \pm 1, \pm 2, \ldots$. Hieraus erhält man die *Winkel*

$$\varphi = \frac{\pi}{\tilde{n} - \tilde{m}} + k\,\frac{2\pi}{\tilde{n} - \tilde{m}}\,, \tag{5.130}$$

unter denen die Asymptoten gegenüber der positiv reellen Achse verlaufen. Der ganzzahlige Parameter k liefert die verschiedenen Winkelwerte für die einzelnen Asymptoten.

Mit $p = \sigma_a$ sei der Schnittpunkt einer Asymptote mit der reellen Achse bezeichnet. Da für $p \to \infty$ alle Faktoren $(p - q_\mu)$ und $(p - p_\nu)$ mit $(p - \sigma_a)$ übereinstimmen, erhält man aus Gl. (5.127) für $p \to \infty$

$$-K = (p - \sigma_a)^{\tilde{n}-\tilde{m}} = p^{\tilde{n}-\tilde{m}} - \sigma_a(\tilde{n} - \tilde{m})\,p^{\tilde{n}-\tilde{m}-1} + \cdots .$$

Andererseits folgt aus Gl. (5.127) für $p \to \infty$

$$-K = \frac{p^{\tilde{n}} - p^{\tilde{n}-1}\sum\limits_{\nu=1}^{\tilde{n}} p_\nu + \cdots}{p^{\tilde{m}} - p^{\tilde{m}-1}\sum\limits_{\mu=1}^{\tilde{m}} q_\mu + \cdots} = p^{\tilde{n}-\tilde{m}} - \left(\sum_{\nu=1}^{\tilde{n}} p_\nu - \sum_{\mu=1}^{\tilde{m}} q_\mu\right) p^{\tilde{n}-\tilde{m}-1} + \cdots .$$

Ein Vergleich der beiden letzten Beziehungen liefert den Wert

$$p = \sigma_a = \frac{\sum_{\nu=1}^{\tilde{n}} p_\nu - \sum_{\mu=1}^{\tilde{m}} q_\mu}{\tilde{n} - \tilde{m}}, \tag{5.131}$$

und damit ist zugleich gezeigt, daß sich alle Asymptoten auf der reellen Achse im Punkt σ_a nach Gl. (5.131) schneiden.[1)]

(b) Verzweigungspunkte

Ein Punkt, in dem sich verschiedene Äste einer Wurzelortskurve schneiden, heißt Verzweigungspunkt. Entwickelt man in einem solchen Punkt p_r ($\neq q_\mu$) die linke Seite der Gl. (5.127) in eine Taylorsche Reihe, so erhält man

$$K = K_r + A_2(p - p_r)^2 + A_3(p - p_r)^3 + \cdots . \tag{5.132}$$

Dabei ist wesentlich, daß der Summand $A_1(p - p_r)$ nicht auftritt. Denn sonst würde in hinreichend kleiner Umgebung von p_r für $\Delta K = K - K_r$ mit $A_1 \neq 0$ die Beziehung

$$\Delta K = A_1(p - p_r)$$

gelten. Wenn man den Winkel von A_1 mit α_1 und den von $p - p_r$ mit φ_r bezeichnet, folgt hieraus als Wurzelortskurvengleichung in der unmittelbaren Umgebung von p_r die Winkelbeziehung

$$\alpha_1 + \varphi_r = \begin{cases} 0 + k2\pi & (\text{für } \Delta K > 0) \\ \pi + k2\pi & (\text{für } \Delta K < 0) \end{cases} \quad (k = 0, \pm 1, \pm 2, \ldots).$$

Hieraus resultiert nur eine Richtung, nämlich

$$\varphi_r = -\alpha_1$$

bzw. die Gegenrichtung $\varphi_r = -\alpha_1 + \pi$. Verschwindet dagegen A_1, gilt aber $A_2 \neq 0$ und bezeichnet man den Winkel von A_2 mit α_2, so erhält man zunächst in unmittelbarer Umgebung von p_r aus Gl. (5.132)

$$\Delta K = A_2(p - p_r)^2$$

und hieraus als Wurzelortskurvengleichung in der unmittelbaren Umgebung von p_r die Winkelbeziehung

$$\alpha_2 + 2\varphi_r = \begin{cases} 0 + k2\pi & (\text{für } \Delta K > 0) \\ \pi + k2\pi & (\text{für } \Delta K < 0) \end{cases} \quad (k = 0, \pm 1, \pm 2, \ldots).$$

Hieraus folgen die beiden zueinander orthogonalen Richtungen

$$\varphi_r = -\frac{\alpha_2}{2} \quad \text{und} \quad \varphi_r = -\frac{\alpha_2}{2} + \frac{\pi}{2}$$

bzw. die Gegenrichtungen $\varphi_r = -\alpha_2/2 + \pi$, $\varphi_r = -\alpha_2/2 + 3\pi/2$.

Aufgrund der Gl. (5.132) kann die Forderung, daß der Entwicklungskoeffizient A_1 verschwindet, auch in der Form $\mathrm{d}K/\mathrm{d}p = 0$ ausgedrückt werden, so daß sich als Bedingung für Verzweigungspunkte neben der Grundgleichung (5.128) noch

$$\left[\frac{\mathrm{d}}{\mathrm{d}p}\prod_{\nu=1}^{\tilde{n}}(p - p_\nu)\right]\prod_{\mu=1}^{\tilde{m}}(p - q_\mu) - \prod_{\nu=1}^{\tilde{n}}(p - p_\nu)\left[\frac{\mathrm{d}}{\mathrm{d}p}\prod_{\mu=1}^{\tilde{m}}(p - q_\mu)\right] = 0 \tag{5.133a}$$

ergibt oder nach einer kurzen Zwischenrechnung

---

1) Der Punkt $p = \sigma_a$ wird gelegentlich "Wurzelschwerpunkt" genannt.

$$\sum_{\nu=1}^{\tilde{n}} \frac{1}{p-p_\nu} = \sum_{\mu=1}^{\tilde{m}} \frac{1}{p-q_\mu}. \tag{5.133b}$$

Die Lage der Verzweigungspunkte, insbesondere auf der reellen Achse, läßt sich anhand einer Skizze gewöhnlich näherungsweise angeben. Wenn die Bestimmung der genauen Lage durch explizite Lösung der Gln. (5.128) und (5.133b) nicht möglich ist, kann man die Näherungswerte durch Newton-Iteration verbessern.

(c) Tangentenrichtungen in den Start- und Endpunkten

Wie bereits bemerkt, beginnen die $\tilde{n}$ Äste der Wurzelortskurve für $K \to 0$ in den Punkten p_ν; $\tilde{m}$ dieser Ortskurvenäste enden für $K \to \infty$ in den Punkten q_μ, und die übrigen $\tilde{n} - \tilde{m}$ Äste gehen nach Unendlich. Läßt man einen Punkt p auf der Wurzelortskurve mit $K \to 0$ gegen einen Startpunkt p_s gehen, dann strebt $\psi_s = \arg(p - p_s)$ gegen den Winkel γ_s zwischen der Tangente an die Ortskurve im Punkt p_s und der positiven reellen Achse. Damit resultiert aus Gl. (5.129a) für den Tangentenwinkel im Startpunkt p_s die Beziehung

$$\gamma_s = \pi + \sum_{\mu=1}^{\tilde{m}} \varphi_{\mu s} - \sum_{\substack{\nu=1 \\ \nu\neq s}}^{\tilde{n}} \psi_{\nu s}, \tag{5.134a}$$

wobei mit $\varphi_{\mu s}$ der Winkel der komplexen Zahl $p_s - q_\mu$ ($\mu = 1, 2, \ldots, \tilde{m}$) und mit $\psi_{\nu s}$ der Winkel von $p_s - p_\nu$ ($\nu = 1, 2, \ldots, \tilde{n}$; $\nu \neq s$) bezeichnet wurde. Ganz entsprechend findet man für den Tangentenwinkel im Endpunkt $p = q_t$

$$\delta_t = \pi + \sum_{\nu=1}^{\tilde{n}} \psi_{\nu t} - \sum_{\substack{\mu=1 \\ \mu\neq t}}^{\tilde{m}} \varphi_{\mu t}. \tag{5.134b}$$

Dabei bedeutet $\varphi_{\mu t}$ den Winkel von $q_t - q_\mu$ ($\mu = 1, 2, \ldots, \tilde{m}$; $\mu \neq t$) und $\psi_{\nu t}$ den Winkel von $q_t - p_\nu$ ($\nu = 1, 2, \ldots, \tilde{n}$).

(d) Schnittpunkte mit der imaginären Achse

Auf das Polynom, welches durch die linke Seite von Gl. (5.128) gegeben ist und mit $D(p)$ bezeichnet werden soll, läßt sich gemäß Kapitel II, Abschnitt 3.5.4 der Routhsche Algorithmus anwenden. Sind für einen bestimmten Wert $K = K_0$ alle Koeffizienten $a_1, b_1, \ldots, e_1, f_1, g_1$ der ersten Spalte des Routh-Schemas positiv, dann liegen die zugehörigen Wurzelorte alle in der linken Halbebene. Wird durch schrittweise Änderung von K ausgehend von K_0 der Koeffizient f_1 zum ersten Male für $K = K_1$ gleich Null, ohne daß die übrigen Koeffizienten der ersten Spalte des Routh-Schemas ihr Vorzeichen ändern, dann liegt für $K = K_1$ erstmalig ein Paar rein imaginärer Wurzelorte $\pm \mathrm{j}\sqrt{e_2/e_1}$ vor [Ma1]. Auf diese Weise lassen sich Schnittpunkte der Wurzelortskurve mit der imaginären Achse bestimmen.

Beispiel 5.13: Es sei

$$F_1(p) = \frac{1}{(p+1)(p^2+6p+13)}, \quad F_2(p) = K(p+4),$$

also die Übertragungsfunktion des offenen Systems

$$F_0(p) = \frac{K(p+4)}{(p+1)(p+3-2\mathrm{j})(p+3+2\mathrm{j})}. \tag{5.135}$$

Die Wurzelortskurve hat demnach drei Äste, die an den Stellen $p_1 = -1$, $p_{2/3} = -3 \pm 2\mathrm{j}$ beginnen und in $q_1 = -4$ bzw. in $p = \infty$ enden. Zur Wurzelortskurve gehören auf der reellen Achse nur die Punkte im Intervall $(-4, -1)$.

Nach Gl. (5.130) erhält man mit $\tilde{m} = 1$ und $\tilde{n} = 3$ die beiden Asymptotenwinkel

$$\varphi = \frac{\pi}{2}, \quad \varphi = \frac{3\pi}{2}.$$

Die Gl. (5.131) liefert den Asymptotenschnittpunkt

$$p = \sigma_a = -1{,}5.$$

Schließlich ergibt sich mit

$$\varphi_{12} = \arctan 2 = 63{,}43°, \quad \psi_{12} = 135°, \quad \psi_{32} = 90°$$

nach Gl. (5.134a) der Tangentenwinkel im Startpunkt $p_2 = -3 + 2\mathrm{j}$ zu

$$\gamma_2 = 18{,}43°.$$

Auf der Grundlage der vorstehend berechneten Größen ist die im Bild 5.26 dargestellte Wurzelortskurve unter Berücksichtigung der Symmetrie zur reellen Achse skizziert worden. Für $K = 3$ und $K = 10$ sind zusätzlich die Punkte eingetragen.

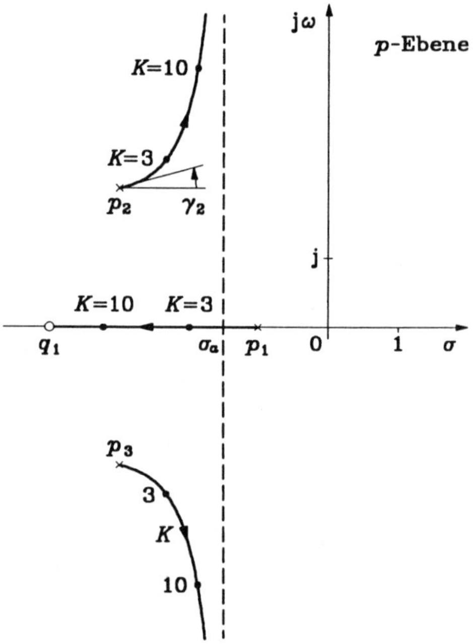

Bild 5.26: Wurzelortskurve für das rückgekoppelte System mit $F_0(p)$ nach Gl. (5.135)

Es sei hier noch folgendes bemerkt. Soll der Parameter K das Intervall $-\infty < K < 0$ überstreichen, dann ändern sich die bisherigen Überlegungen nur insoweit, als in der Ortskurvengleichung (5.129a) und in der Asymptotengleichung (5.130) jeweils der erste Term π bzw. $\pi/(\tilde{n} - \tilde{m})$ auf der rechten Seite entfällt und die Tangentenwinkel γ_s und δ_t aus den Gln. (5.134a,b) um jeweils π zu verringern sind.

Es besteht noch die Möglichkeit, die Wurzelortskurve in kartesischen Koordinaten (σ, ω) in Form einer algebraischen Gleichung zu beschreiben. Dazu wird die komplexe Variable p in Gl. (5.128) durch $\sigma + j\omega$ ersetzt und die linke Seite nach Real- und Imaginärteil zusammengefaßt. Dadurch läßt sich diese Gleichung in der Form

$$R(\sigma, \omega; K) + j\, X(\sigma, \omega; K) = 0$$

schreiben. Hieraus folgt

$$R(\sigma, \omega; K) = 0 \quad \text{und} \quad X(\sigma, \omega; K) = 0 .$$

Die zweite dieser Gleichungen zerfällt, wie aufgrund ihrer Entstehung zu erkennen ist, in die Gleichungen

$$\omega = 0 \quad \text{und} \quad \widetilde{X}(\sigma, \omega; K) = 0 ,$$

wobei $\widetilde{X}(\sigma, \omega; K)$ den Faktor ω nicht enthält. Die Ortskurvenäste auf der reellen Achse sind jetzt durch die Beziehung

$$R(\sigma, 0; K) = 0$$

gegeben, diejenigen im Komplexen durch das Gleichungspaar

$$R(\sigma, \omega; K) = 0 , \quad \widetilde{X}(\sigma, \omega; K) = 0 ,$$

aus dem durch Elimination von K eine einzige algebraische Gleichung gewonnen werden kann.

Beispiel 5.14: Es sei

$$F_0(p) = \frac{K(p + \sigma_0)}{(p + \sigma_1)(p + \sigma_2)} \qquad (\sigma_0 \neq \sigma_1, \sigma_2) \tag{5.136}$$

die Übertragungsfunktion des offenen Systems mit reellen Parametern $K, \sigma_0, \sigma_1, \sigma_2$. Die Gl. (5.128) hat hier das Aussehen

$$(p + \sigma_1)(p + \sigma_2) + K(p + \sigma_0) = 0 .$$

Führt man $p = \sigma + j\omega$ ein, so erhält man

$$\sigma^2 + \sigma(\sigma_1 + \sigma_2) + \sigma_1 \sigma_2 - \omega^2 + K(\sigma + \sigma_0) + j\omega(2\sigma + \sigma_1 + \sigma_2 + K) = 0$$

und hieraus die beiden Gleichungen

$$R(\sigma, \omega; K) \equiv \sigma^2 + \sigma(\sigma_1 + \sigma_2) + \sigma_1 \sigma_2 - \omega^2 + K(\sigma + \sigma_0) = 0 \tag{5.137a}$$

und

$$X(\sigma, \omega; K) \equiv \omega(2\sigma + \sigma_1 + \sigma_2 + K) = 0 . \tag{5.137b}$$

Für $\omega = 0$ ist Gl. (5.137b) erfüllt und Gl. (5.137a) reduziert sich auf

$$K = -\sigma - (\sigma_1 + \sigma_2 - \sigma_0) - \frac{(\sigma_1 - \sigma_0)(\sigma_2 - \sigma_0)}{\sigma + \sigma_0} . \tag{5.138}$$

Hieraus lassen sich die Teilintervalle auf der reellen Achse angeben, für welche $K > 0$ ist, also die reellen Zweige der Wurzelortskurve.

Für $\omega \neq 0$ lassen sich die Gln. (5.137a,b) nach K direkt auflösen, und man kann dann K eliminieren. Nach einer Zwischenrechnung ergibt sich

$$(\sigma + \sigma_0)^2 + \omega^2 = (\sigma_0 - \sigma_1)(\sigma_0 - \sigma_2) . \qquad (5.139)$$

Wie man sieht, handelt es sich um einen Kreis, sofern

$$(\sigma_0 - \sigma_1)(\sigma_0 - \sigma_2) > 0 \qquad (5.140)$$

gilt. Der Mittelpunkt liegt in $p = -\sigma_0$ und der Radius ist $\sqrt{(\sigma_0 - \sigma_1)(\sigma_0 - \sigma_2)}$. Es muß noch anhand der Gln. (5.137a,b) geprüft werden, ob dieser Kreis für $K > 0$ oder $K < 0$ durchlaufen wird. Wird die Ungleichung (5.140) nicht befriedigt, dann sind nur Äste der Ortskurve auf der reellen Achse vorhanden. Nach Gl. (5.133a) müssen die Verzweigungspunkte neben der Ortskurvengleichung noch die Beziehung

$$(2p + \sigma_1 + \sigma_2)(p + \sigma_0) - (p + \sigma_1)(p + \sigma_2) = 0$$

erfüllen. Nach einer Zwischenrechnung erhält man hieraus mit $p = \sigma + j\omega$ die beiden Forderungen

$$(\sigma + \sigma_0)^2 - \omega^2 = (\sigma_0 - \sigma_1)(\sigma_0 - \sigma_2) \quad \text{und} \quad \omega(\sigma + \sigma_0) = 0 .$$

Als Lösungen kommen nur die Punkte

$$\omega_r = 0 , \quad \sigma_r = -\sigma_0 \pm \sqrt{(\sigma_0 - \sigma_1)(\sigma_0 - \sigma_2)} \qquad (5.141)$$

in Frage, wobei vorausgesetzt werden muß, daß Ungleichung (5.140) erfüllt ist. Diese Punkte sind die Schnittpunkte des durch Gl. (5.139) beschriebenen Kreises mit der reellen Achse. Als Zahlenwerte seien $\sigma_0 = 4$, $\sigma_1 = 0$, $\sigma_2 = 2$ gewählt. Die Gl. (5.138) lautet dann

$$K = -\sigma + 2 - \frac{8}{\sigma + 4} ,$$

woraus leicht zu erkennen ist, daß $K > 0$ gilt für $\sigma < -4$ und $-2 < \sigma < 0$. Die Kreisgleichung (5.139) lautet

$$(\sigma + 4)^2 + \omega^2 = 8 .$$

Nach Gl. (5.141) befinden sich Verzweigungspunkte auf der reellen Achse an den Stellen $p_r = -4 \pm \sqrt{8}$. Aus Gl. (5.137b) erhält man $K = -2\sigma - 2$, womit eine Bezifferung möglich ist, z. B. $K = 6$ für $\sigma = -4$. Im Bild 5.27 sind die Ergebnisse skizziert.

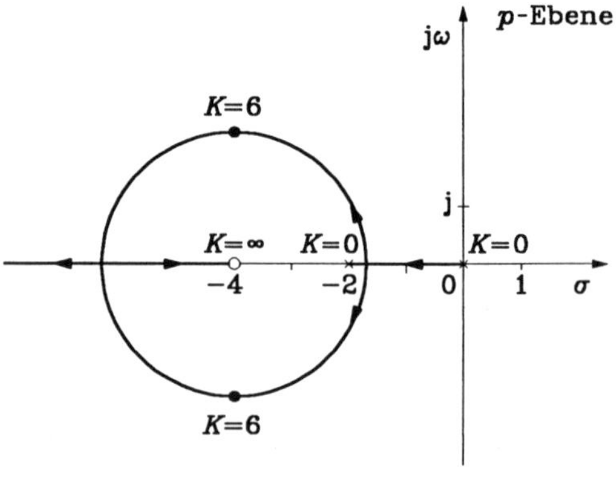

Bild 5.27: Wurzelortskurve mit $F_0(p)$ nach Gl. (5.136) und $\sigma_0 = 4$, $\sigma_1 = 0$, $\sigma_2 = 2$

4.3 NICHTLINEARE RÜCKKOPPLUNG, POPOV-KRITERIUM UND KREISKRITERIUM

In diesem Abschnitt wird die im Zusammenhang mit dem Nyquist-Kriterium und der Wurzelortskurven-Methode behandelte Frage der Stabilität dadurch modifiziert, daß zunächst anstelle des durch $F_2(p)$ beschriebenen linearen Teilsystems zur Rückkopplung ein gedächtnisloses, nichtlineares Teilsystem zugelassen wird.

Bei den folgenden Erörterungen wird der Begriff der "positiven" Funktion verwendet. Eine Funktion heißt positiv, wenn ihr Realteil in jedem Punkt der rechten Halbebene $\operatorname{Re} p > 0$ positiv ist. Reelle, rationale, positive Funktionen spielen als sogenannte Zweipolfunktionen in der Netzwerksynthese eine ganz fundamentale Rolle [Un5]. Von dort her bekannt ist der

Satz V.6: Die Funktion $Z(p) = P_1(p)/P_2(p)$ sei rational und reell, wobei $P_1(p), P_2(p)$ Polynome sind, die keine gemeinsamen Nullstellen haben. Notwendig und hinreichend dafür, daß $Z(p)$ eine Zweipolfunktion ist, sind die folgenden zwei Bedingungen:

(a) Es gilt $\operatorname{Re} Z(\mathrm{j}\omega) \geqq 0$ für alle positiven ω-Werte, für die $Z(\mathrm{j}\omega)$ endlich ist.

(b 1) $Z(p)$ hat in der Halbebene $\operatorname{Re} p > 0$ keine Pole und auf der imaginären Achse $\operatorname{Re} p = 0$ (einschließlich $p = \infty$), wenn überhaupt, dann nur einfache Pole mit positiven Entwicklungskoeffizienten.[1)]

Oder

(b 2) Das Polynom $P_1(p) + P_2(p)$ ist ein Hurwitz-Polynom.

Den nun folgenden Betrachtungen liegt das im Bild 5.28 dargestellte rückgekoppelte System zugrunde. Die rationale, in $p = \infty$ verschwindende Übertragungsfunktion $F_1(p)$ des linearen Teilsystems sei im Zustandsraum durch die steuerbaren und beobachtbaren Gleichungen

$$\frac{\mathrm{d}\boldsymbol{z}}{\mathrm{d}t} = \boldsymbol{A}\,\boldsymbol{z} + \boldsymbol{b}\,u\,, \quad y = \boldsymbol{c}^{\mathrm{T}}\boldsymbol{z}\,, \tag{5.142a,b}$$

beschrieben, wobei die Matrix $\boldsymbol{A}$ keine Eigenwerte in der offenen rechten Halbebene aufweist. Für den Rückkopplungsteil gelte

$$u = -f_1(y)\,. \tag{5.143}$$

Die Funktion $f_1(y)$ sei stetig und habe die Eigenschaft $f_1(0) = 0$. Der Zustand $\boldsymbol{z} = \boldsymbol{0}$ ist damit ein Gleichgewichtszustand. Von Popov stammt aus dem Jahre 1959 das folgende hinreichende Stabilitätskriterium.

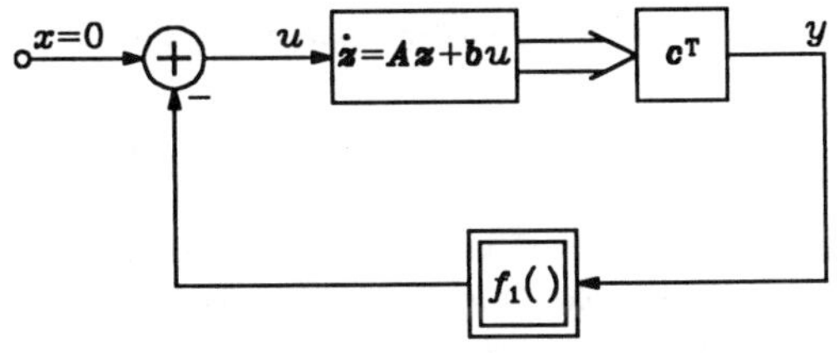

Bild 5.28: Ein erstes nichtlinear rückgekoppeltes System

1) Unter dem Entwicklungskoeffizienten von $Z(p)$ in einem einfachen endlichen Pol versteht man das Pol-Residuum. Liegt im Unendlichen ein einfacher Pol, dann verhält sich $Z(p)$ für $p \to \infty$ wie Cp, und dann bedeutet die Konstante C den Entwicklungskoeffizienten von $Z(p)$ in $p = \infty$.

Satz V.7: Das durch die Gln. (5.142a,b) und (5.143) beschriebene System, dessen linearer Teil die Übertragungsfunktion $F_1(p)$ besitzt, ist im Gleichgewichtszustand $\boldsymbol{z} = \boldsymbol{0}$ asymptotisch stabil im Großen, wenn die folgenden Bedingungen erfüllt sind:

(a) Es existiert eine positive Konstante k, so daß

$$0 < \frac{f_1(y)}{y} < k \quad \text{für alle} \quad y \neq 0 \tag{5.144}$$

gilt.

(b) Es existiert eine reelle Zahl α, so daß

$$Z_1(p) = (1 + \alpha p) F_1(p) + \frac{1}{k} \tag{5.145}$$

eine Zweipolfunktion ist.

Beweis: Dieser Satz soll in einer einfachen Form kurz bewiesen werden. Dabei wird zunächst der Fall $\alpha \geqq 0$ behandelt, also angenommen, daß $Z_1(p)$ nach Gl. (5.145) für ein $\alpha \geqq 0$ Zweipolfunktion ist. Wie sich leicht bestätigen läßt, kann $Z_1(p)$, als Übertragungsfunktion eines Systems aufgefaßt, im Zustandsraum mit den in den Gln. (5.142a,b) verwendeten Größen in der Form

$$\frac{d\boldsymbol{z}}{dt} = \boldsymbol{A}\,\boldsymbol{z} + \boldsymbol{b}\,u\,, \quad \tilde{y} = (\boldsymbol{c}^{\mathrm{T}} + \alpha\boldsymbol{c}^{\mathrm{T}}\boldsymbol{A})\boldsymbol{z} + (\alpha\boldsymbol{c}^{\mathrm{T}}\boldsymbol{b} + \frac{1}{k})u$$

dargestellt werden, und es gilt

$$\tilde{y} = y + \alpha\frac{dy}{dt} + \frac{1}{k}u\,.$$

Da $Z_1(p)$ eine Zweipolfunktion ist, muß dieses System passiv sein, d. h. die zeitliche Änderung der im System gespeicherten Energie kann höchstens gleich der von außen zugeführten Leistung sein. Dies ist gleichbedeutend mit der Existenz einer positiv-definiten, zeitunabhängigen Matrix $\boldsymbol{P}$, für die stets

$$\frac{d}{dt}\boldsymbol{z}^{\mathrm{T}}\boldsymbol{P}\,\boldsymbol{z} \leqq u\,\tilde{y} = u\left(y + \alpha\frac{dy}{dt} + \frac{1}{k}u\right)$$

gilt. Nun wird zur Stabilitätsprüfung des Systems nach Bild 5.28 die Lyapunov-Funktion

$$V(\boldsymbol{z}) = \boldsymbol{z}^{\mathrm{T}}\boldsymbol{P}\,\boldsymbol{z} + \alpha\int_0^{\boldsymbol{c}^{\mathrm{T}}\boldsymbol{z}} f_1(\eta)\,d\eta$$

gewählt, die im gesamten Zustandsraum positiv-definit ist und für $\|\boldsymbol{z}\| \to \infty$ gegen Unendlich strebt. Dann gilt für die zeitliche Ableitung dieser Funktion

$$\frac{dV}{dt} = \frac{d}{dt}\boldsymbol{z}^{\mathrm{T}}\boldsymbol{P}\,\boldsymbol{z} + \alpha f_1(\boldsymbol{c}^{\mathrm{T}}\boldsymbol{z})\cdot\frac{d\boldsymbol{c}^{\mathrm{T}}\boldsymbol{z}}{dt}\,,$$

und hieraus ergibt sich auf den Lösungen von Gln. (5.142a,b) mit Gl. (5.143) bei Beachtung obiger Leistungsbilanz

$$\frac{dV}{dt} \leqq -f_1(y)\left[y + \alpha\frac{dy}{dt} - \frac{1}{k}f_1(y)\right] + \alpha f_1(y)\frac{dy}{dt} = -\frac{f_1(y)\,y}{k}\left[k - \frac{f_1(y)}{y}\right] \leqq 0\,.$$

Die Ableitung dV/dt kann nur für $y \equiv 0$ identisch verschwinden, und dies ist wegen der vorausgesetzten Beobachtbarkeit des Systems (5.142a,b) nur für $\boldsymbol{z} \equiv \boldsymbol{0}$ möglich. Damit sind alle Bedingungen der Ergänzung von Satz II.15 erfüllt, und Satz V.7 ist für $\alpha \geqq 0$ bewiesen. Ist $Z_1(p)$ für ein $\alpha < 0$ Zweipolfunktion, dann wird die Substitution

$$f_2(y) = k\,y - f_1(y)$$

verwendet, mit der einerseits die Charakteristik der Nichtlinearität in Bild 5.28 durch die Funktion $f_2(y)$ ersetzt wird und andererseits die Übertragungsfunktion des linearen Teilsystems von Bild 5.28 übergeht in die neue Funktion

$$F_2(p) = \frac{-F_1(p)}{1 + k\,F_1(p)},$$

für welche sich unter den vorliegenden Bedingungen zeigen läßt, daß

$$Z_2(p) = (1 - \alpha p)F_2(p) + \frac{1}{k}$$

Zweipolfunktion ist. Durch die genannte Substitution wird der ursprüngliche Regelkreis nur in eine andere, äquivalente Form übergeführt, so daß sich insbesondere sein Stabilitätsverhalten nicht ändert. Da $f_2(y)$ die Forderung (5.144) erfüllt und $-\alpha > 0$ ist, wird wiederum die obige Beweisführung anwendbar, und Satz V.7 ist vollständig bewiesen.

Die Ungleichung (5.144) läßt sich geometrisch interpretieren. Danach muß die Funktion $f_1(y)$ im Winkelraum zwischen der Geraden ky und der y-Achse verlaufen (Bild 5.29).

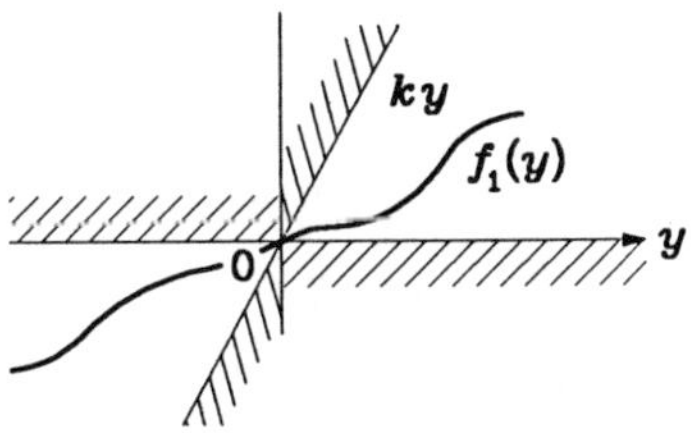

Bild 5.29: Zulässiger Winkelraum für die Kennlinie $f_1(y)$ des Rückkopplungssystems

Die Frage, ob die Funktion $Z_1(p)$ nach Gl. (5.145) eine Zweipolfunktion ist, wird zweckmäßigerweise mit Hilfe von Satz V.6 beantwortet. Nimmt man an, daß $Z_1(p)$ jedenfalls die Forderung (b1) oder (b2) dieses Satzes erfüllt, was sicher der Fall ist, wenn das lineare Teilsystem mit der Übertragungsfunktion $F_1(p)$ asymptotisch stabil ist, die Systemmatrix $\boldsymbol{A}$ also nur Eigenwerte in $\operatorname{Re} p < 0$ hat, dann muß zur Prüfung der Bedingung (b) von Satz V.7 festgestellt werden, ob

$$\operatorname{Re} Z_1(\mathrm{j}\omega) \equiv \operatorname{Re}\left[(1 + \alpha\,\mathrm{j}\omega)\,F_1(\mathrm{j}\omega) + \frac{1}{k}\right] \geqq 0$$

für alle positiven ω-Werte gilt, für welche $Z_1(\mathrm{j}\omega)$ endlich ist. Diese Ungleichung läßt sich mit den Abkürzungen

$$R_0(\omega) = \operatorname{Re} F_1(\mathrm{j}\omega) \quad \text{und} \quad X_0(\omega) = \omega \operatorname{Im} F_1(\mathrm{j}\omega) \tag{5.146a,b}$$

in der Form

$$\alpha X_0(\omega) - R_0(\omega) \leqq \frac{1}{k} \tag{5.147}$$

ausdrücken. Es wird nun in ein kartesisches (R, X)-Koordinatensystem einerseits die aufgrund der Gln. (5.146a,b) gegebene (Orts-) Kurve K_0

$$R = R_0(\omega), \quad X = X_0(\omega)$$

und andererseits die sogenannte Popov-Gerade g_P

$$\alpha X - R = \frac{1}{k}$$

eingetragen (Bild 5.30). Verläuft die Kurve K_0 ganz außerhalb der von der Popov-Geraden begrenzten, im Bild 5.30 schraffierten, offenen Halbebene, dann ist sicher die Ungleichung (5.147) erfüllt, und damit befriedigt $Z_1(p)$ nach Gl. (5.145) jedenfalls die Bedingung (a) von Satz V.6. Man beachte, daß dabei über den Parameter α verfügt werden kann. Im Bild 5.30 ist noch die Popov-Gerade mit dem größtmöglichen Wert $k = k_{\max}$ skizziert, mit der die Ungleichung (5.147) gerade noch von den Punkten der Kurve K_0 erfüllt wird.

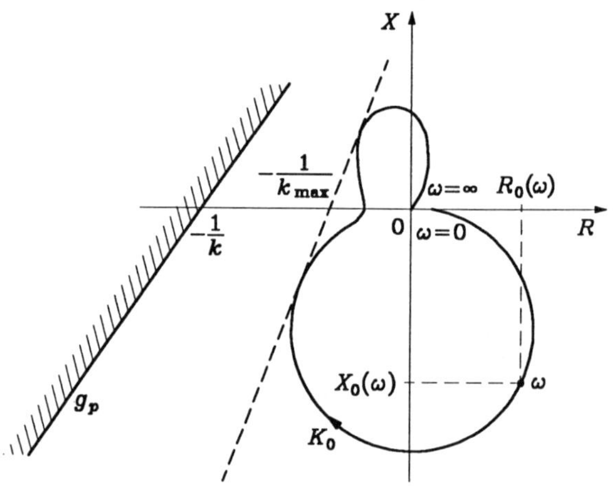

Bild 5.30: Darstellung der Ortskurve K_0 und der Popov-Geraden g_P

Wählt man im Winkelbereich von Bild 5.29 eine lineare Funktion $f_1(y) = \kappa y$ als spezielle Charakteristik des Rückkopplungsteils ($0 < \kappa < k$), dann erhält man für die Laplace-Transformierte $U(p)$ des Signals $u(t)$ die homogene Gleichung

$$[1 + \kappa F_1(p)]\, U(p) = 0 . \tag{5.148}$$

Notwendig und hinreichend für asymptotische Stabilität ist nun, daß die Nullstellen der zwischen den eckigen Klammern von Gl. (5.148) stehenden Funktion in der offenen linken Halbebene $\operatorname{Re} p < 0$ liegen. Dies läßt sich nach Abschnitt 4.1 prüfen. Wenn das nichtlinear rückgekoppelte System für alle $f_1(y)$ mit der Eigenschaft gemäß Gl. (5.144) asymptotisch stabil sein soll, muß auch das linear rückgekoppelte System für jedes κ im Intervall $0 < \kappa < k$ asymptotisch stabil sein und daher das Nyquist-Kriterium für $F(p) = 1 + \kappa F_1(p)$ für alle κ-Werte mit $0 < \kappa < k$ erfüllen. Man beachte jedoch, daß die Umkehrung dieser Aussagen nicht gilt.

Das bisher betrachtete System wird jetzt dahingehend abgeändert, daß statt der Rückkopplung $u = -f_1(y)$ nach Gl. (5.143) nunmehr die Rückführung

$$u = -h(\boldsymbol{z})\, y \tag{5.149}$$

verwendet wird. Auch für dieses im Bild 5.31 dargestellte System kann ein hinreichendes Stabilitätskriterium, ein sogenanntes *Kreiskriterium*, formuliert werden, nämlich als

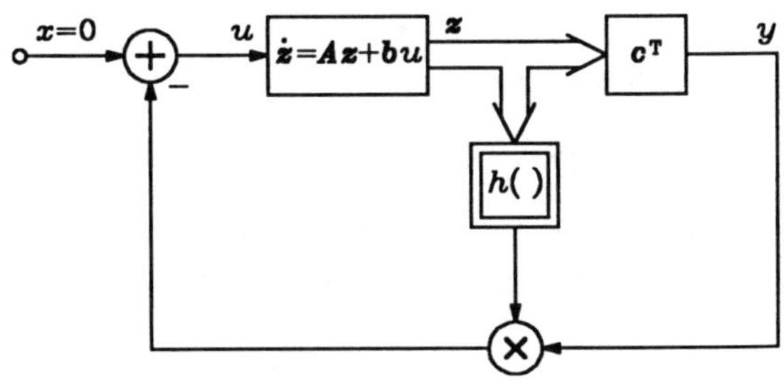

Bild 5.31: Ein zweites nichtlinear rückgekoppeltes System

Satz V.8: Das durch die Gln. (5.142a,b) und (5.149) beschriebene System, dessen linearer Teil die Übertragungsfunktion $F_1(p)$ besitzt, ist im Gleichgewichtszustand $\boldsymbol{z} = \boldsymbol{0}$ asymptotisch stabil im Großen, wenn die folgenden Bedingungen erfüllt sind:

(a) Es existieren zwei von Null verschiedene Konstanten k_1 und k_2, so daß

$$k_1 < h(\boldsymbol{z}) < k_2$$

für beliebiges $\boldsymbol{z}$ gilt.

(b) Die Funktion

$$Z(p) = \frac{1 + k_1 F_1(p)}{1 + k_2 F_1(p)} \tag{5.150}$$

ist Zweipolfunktion.

Beweis: Wie sich leicht bestätigen läßt, kann $Z(p)$ nach Gl. (5.150), als Übertragungsfunktion eines Systems aufgefaßt, im Zustandsraum mit den in den Gln. (5.142a,b) verwendeten Größen in der Form

$$\frac{\mathrm{d}\boldsymbol{z}}{\mathrm{d}t} = (\boldsymbol{A} - k_2 \boldsymbol{b}\boldsymbol{c}^{\mathrm{T}})\boldsymbol{z} + \boldsymbol{b}x\,, \quad \hat{y} = (k_1 - k_2)\boldsymbol{c}^{\mathrm{T}}\boldsymbol{z} + x$$

dargestellt werden, und dieses System reagiert auf das Eingangssignal $x = u + k_2 y$ mit dem Ausgangssignal $\hat{y} = u + k_1 y$. Wenn $Z(p)$ eine Zweipolfunktion ist, existiert (man vergleiche den Beweis von Satz V.7) eine positiv-definite Matrix $\boldsymbol{P}$, so daß stets

$$\frac{\mathrm{d}}{\mathrm{d}t}\boldsymbol{z}^{\mathrm{T}}\boldsymbol{P}\,\boldsymbol{z} \leqq x\,\hat{y}$$

gilt. Zur Stabilitätsprüfung des Systems nach Bild 5.31 wird nun die Lyapunov-Funktion $V(\boldsymbol{z}) = \boldsymbol{z}^{\mathrm{T}}\boldsymbol{P}\,\boldsymbol{z}$ gewählt, die im gesamten Zustandsraum positiv-definit ist und für $\|\,\boldsymbol{z}\,\| \to \infty$ gegen Unendlich strebt. Dann gilt für die zeitliche Ableitung dieser Funktion auf den Lösungen der Gln. (5.142a,b) mit Gl. (5.149) und $x = u + k_2 y$, $\hat{y} = u + k_1 y$

$$\frac{\mathrm{d}V}{\mathrm{d}t} \leqq [-h(\boldsymbol{z})y + k_2 y][-h(\boldsymbol{z})y + k_1 y] = -[k_2 - h(\boldsymbol{z})][h(\boldsymbol{z}) - k_1]y^2 \leqq 0\,,$$

und diese Funktion kann nur für $y \equiv 0$ verschwinden, was wegen der vorausgesetzten Beobachtbarkeit des Systems (5.142a,b) nur für $\boldsymbol{z} \equiv \boldsymbol{0}$ möglich ist. Damit sind alle Bedingungen der Ergänzung von Satz II.15 erfüllt, und Satz V.8 ist vollständig bewiesen.

Die Frage, ob $Z(p)$ nach Gl. (5.150) eine Zweipolfunktion ist, wird auch hier zweckmäßigerweise mit Hilfe von Satz V.6 beantwortet. Danach muß jedenfalls mit

$$F_1(\mathrm{j}\omega) = R_1(\omega) + \mathrm{j}X_1(\omega)$$

die Ungleichung Re $Z(\mathrm{j}\omega) \geqq 0$, also

$$k_1 k_2 [R_1^2(\omega) + X_1^2(\omega)] + (k_1 + k_2) R_1(\omega) + 1 \geqq 0 \tag{5.151}$$

für alle positiven ω-Werte erfüllt sein. Es wird nun in einem kartesischen (R, X)-Koordinatensystem einerseits die (Orts-) Kurve K_1

$$R = R_1(\omega), \quad X = X_1(\omega) \quad (\omega > 0)$$

und andererseits im Hinblick auf die Ungleichung (5.151) der Kreis C

$$\left[R + \frac{k_1 + k_2}{2k_1 k_2}\right]^2 + X^2 = \left[\frac{k_2 - k_1}{2k_1 k_2}\right]^2$$

eingetragen. Befindet sich ein Punkt von K_1 auf dem Kreis C, so befriedigen die Koordinaten dieses Punktes die Ungleichung (5.151) mit dem Gleichheitszeichen. Die Koordinaten eines Punktes von K_1 innerhalb von C erfüllen die Ungleichung (5.151) nur, wenn $k_1 k_2 < 0$ gilt. Die Koordinaten eines Punktes von K_2 außerhalb von C befriedigen die Ungleichung (5.151) nur im Fall $k_1 k_2 > 0$.

Die Funktion $Z(p)$ nach Gl. (5.150) genügt also der Forderung (a) von Satz V.6 genau dann, wenn die Kurve K_1 im Fall $k_1 k_2 > 0$ ganz außerhalb des Kreises C und im Fall $k_1 k_2 < 0$ ganz innerhalb von C, jeweils den Rand C eingeschlossen, verläuft. Man vergleiche hierzu Bild 5.32.

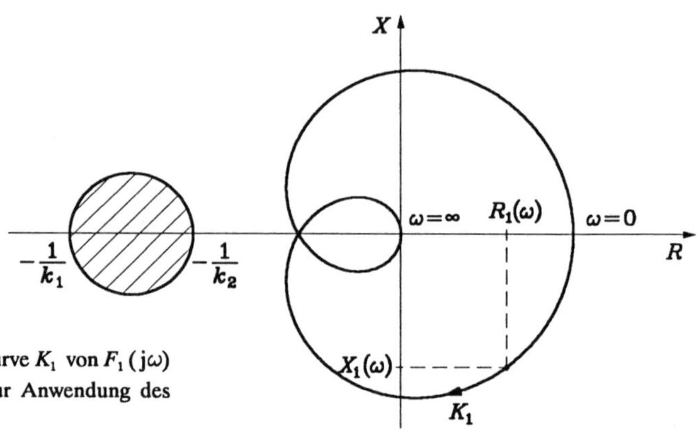

Bild 5.32: Darstellung der Ortskurve K_1 von $F_1(\mathrm{j}\omega)$ und des Kreises C zur Anwendung des Kreiskriteriums

Zur Prüfung der Forderung (b) von Satz V.6 stellt man $F_1(p)$ als Quotient $A(p)/B(p)$ zweier Polynome dar, die keine gemeinsamen Nullstellen haben. Die Funktion $Z(p)$ nach Gl. (5.150) erfüllt genau dann die genannte Forderung, wenn

$$(k_1 + k_2)A(p) + 2B(p)$$

ein Hurwitz-Polynom ist. Die Nullstellen dieses Polynoms sind die Pole der Funktion

$$\frac{2B(p)}{(k_1+k_2)A(p)+2B(p)} = \frac{1}{1+\dfrac{k_1+k_2}{2}F_1(p)},$$

so daß damit zur Prüfung, ob obiges Polynom ein Hurwitz-Polynom ist, das Nyquist-Kriterium herangezogen werden kann. Da der kritische Punkt $-2/(k_1+k_2)$ im Fall $k_1 k_2 > 0$ innerhalb des Kreises C liegt, folgt aus der Ergänzung zum Nyquist-Kriterium, daß die Ortskurve K_1 von $F_1(\mathrm{j}\omega)$ den Kreis C genau P-mal im Gegenuhrzeigersinn umlaufen muß, wenn $F_1(p)$ in der rechten Halbebene P Pole hat. Im Fall $k_1 k_2 < 0$ kommt wegen der Beziehung $F_1(p) = [1-Z(p)]/[k_2 Z(p)-k_1]$ nur $P=0$ in Betracht, und die Bedingung (b) wird erfüllt, wenn die Ortskurve K_1 den Kreis C nicht verläßt, da der kritische Punkt jetzt außerhalb von C liegt.

5 Die Verknüpfung von Realteil und Imaginärteil einer Übertragungsfunktion

Wie an früherer Stelle festgestellt wurde, ist die Übertragungsfunktion $H(p)$ eines linearen, zeitinvarianten, stabilen und kausalen kontinuierlichen Systems mit einem Eingang und einem Ausgang eine in der offenen rechten Halbebene $\mathrm{Re}\,p > 0$ analytische (holomorphe) und in $\mathrm{Re}\,p \geqq 0$ stetige Funktion. Diese Eigenschaft der Übertragungsfunktion hat zur Folge, daß zwischen Realteilfunktion und Imaginärteilfunktion von $H(p)$ für $p=\mathrm{j}\omega$ eine Kopplung besteht. Diese Kopplung soll zunächst für den wichtigen Fall untersucht werden, daß $H(p)$ eine rationale Funktion ist. In diesem Fall ist die Übertragungsfunktion sogar in der abgeschlossenen rechten Halbebene $\mathrm{Re}\,p \geqq 0$ analytisch. Im Abschnitt 5.2 wird auf die Einschränkung verzichtet, daß $H(p)$ rational ist.

5.1 BEZIEHUNG ZWISCHEN REALTEIL UND IMAGINÄRTEIL BEI RATIONALEN ÜBERTRAGUNGSFUNKTIONEN

Ausgehend von der rationalen Übertragungsfunktion $H(p)$ werden der gerade Teil

$$G(p) = \frac{1}{2}[H(p)+H(-p)] \tag{5.152a}$$

und der ungerade Teil

$$U(p) = \frac{1}{2}[H(p)-H(-p)] \tag{5.152b}$$

eingeführt. Die Summe dieser Funktionen liefert, wie man sieht, die Übertragungsfunktion $H(p)$. Da $H(p)$ eine für reelle p-Werte reellwertige Funktion ist, sind $H(\mathrm{j}\omega)$ und $H(-\mathrm{j}\omega)$ zueinander konjugiert komplex. Aus diesem Grund stimmt der gerade Teil $G(p)$ nach Gl. (5.152a) für $p=\mathrm{j}\omega$ mit der Realteilfunktion $R(\omega)$ von $H(\mathrm{j}\omega)$ überein, und ebenso ist $U(\mathrm{j}\omega)/\mathrm{j}$ nach Gl. (5.152b) identisch mit der Imaginärteilfunktion $X(\omega)$ von $H(\mathrm{j}\omega)$:

$$R(\omega) \equiv G(\mathrm{j}\omega), \quad X(\omega) \equiv \frac{1}{\mathrm{j}} U(\mathrm{j}\omega). \tag{5.153a,b}$$

Zunächst soll gezeigt werden, wie sich bei Kenntnis der Funktion $R(\omega)$, die notwendigerweise für reelle ω-Werte endlich und in ω gerade sein muß, die Imaginärteilfunktion $X(\omega)$ bestimmen läßt. Mit Hilfe der Gl. (5.153a) erhält man aus $R(\omega)$

$$G(p) = R\left(\frac{p}{\mathrm{j}}\right).$$

Unter der Annahme, daß $G(p)$ nur einfache Polstellen hat, wobei die in der linken p-Halbebene liegenden mit p_μ $(\mu = 1, 2, \ldots, \tilde{m})$ bezeichnet werden sollen, läßt sich folgende Partialbruchdarstellung angeben:

$$G(p) = \frac{1}{2}\left[A_0 + \sum_{\mu=1}^{\tilde{m}} \frac{A_\mu}{p - p_\mu} + A_0 + \sum_{\mu=1}^{\tilde{m}} \frac{-A_\mu}{p + p_\mu}\right]. \tag{5.154}$$

Da $H(p)$ in der abgeschlossenen rechten p-Halbebene keine Polstellen haben darf, führt ein Vergleich von Gl. (5.152a) mit Gl. (5.154) zur Darstellung

$$H(p) = A_0 + \sum_{\mu=1}^{\tilde{m}} \frac{A_\mu}{p - p_\mu}. \tag{5.155}$$

Nach Gl. (5.154) sind die Werte A_μ $(\mu = 1, 2, \ldots, \tilde{m})$ die mit dem Faktor Zwei multiplizierten Residuen der Funktion $G(p)$ an den Polen p_μ. Sie lassen sich aus $G(p)$ nach bekannten Methoden ermitteln. Besitzt $G(p)$ mehrfache Polstellen, so ist die Partialbruchentwicklung in Gl. (5.154) entsprechend abzuändern. Man erhält dann allerdings für $H(p)$ einen gegenüber Gl. (5.155) komplizierteren Ausdruck. Nach Ermittlung der Übertragungsfunktion $H(p)$ gemäß Gl. (5.155) läßt sich entsprechend Gl. (5.152b) die Funktion $U(p)$ und hieraus nach Gl. (5.153b) die gesuchte Imaginärteilfunktion $X(\omega)$ bestimmen. Bezüglich weiterer Möglichkeiten zur Bestimmung von $H(p)$ aus $R(\omega)$ sei auf die Arbeit [Un1] verwiesen.

Ist die Funktion $X(\omega)$, die notwendigerweise für reelles ω endlich und in ω ungerade sein muß, gegeben und $R(\omega)$ gesucht, so erhält man nach Gl. (5.153b) die ungerade Funktion

$$U(p) = \mathrm{j}X\left(\frac{p}{\mathrm{j}}\right).$$

Unter der Voraussetzung, daß $U(p)$ nur einfache Polstellen hat, wobei die in der linken p-Halbebene liegenden mit p_μ $(\mu = 1, 2, \ldots, \tilde{m})$ bezeichnet werden sollen, läßt sich folgende Darstellung durch Partialbruchentwicklung von $U(p)/p$ angeben:

$$U(p) = \frac{1}{2}\left[p\sum_{\mu=1}^{\tilde{m}} \frac{B_\mu}{p - p_\mu} + p\sum_{\mu=1}^{\tilde{m}} \frac{-B_\mu}{p + p_\mu}\right]. \tag{5.156}$$

Da die Übertragungsfunktion $H(p)$ in der abgeschlossenen rechten p-Halbebene keine Polstellen haben darf, führt ein Vergleich von Gl. (5.152b) mit Gl. (5.156) zur Darstellung

$$H(p) = B_0 + p\sum_{\mu=1}^{\tilde{m}} \frac{B_\mu}{p - p_\mu}. \tag{5.157}$$

Dabei ist B_0 eine willkürliche reelle Konstante. Besitzt $U(p)$ mehrfache Pole, so ist die Darstellung nach Gl. (5.156) entsprechend abzuändern. Man erhält dann für $H(p)$ einen gegenüber Gl. (5.157) komplizierteren Ausdruck. Aus $H(p)$ von Gl. (5.157) läßt sich $G(p)$ gemäß Gl. (5.152a) und sodann $R(\omega)$ nach Gl. (5.153a) bestimmen. Wie man sieht, ist $R(\omega)$ aus $X(\omega)$ nur bis auf eine additive Konstante bestimmt.

Beispiel 5.15: Es sei

$$R(\omega) = \frac{2 + \omega^2 + \omega^4}{1 + \omega^4} \tag{5.158}$$

gegeben. Man erhält zunächst

$$G(p) = R(p/\mathrm{j}) = \frac{2 - p^2 + p^4}{1 + p^4} = 1 + \frac{1 - p^2}{1 + p^4} .$$

Die Polstellen von $G(p)$ sind die Nullstellen des Polynoms $1 + p^4$, d. h. die Werte

$$p_1 = \mathrm{e}^{\mathrm{j}3\pi/4}, \quad p_2 = \mathrm{e}^{\mathrm{j}5\pi/4}$$

und $-p_1$, $-p_2$ (Bild 5.33). Gemäß den Gln. (5.154) und (5.155) ergibt sich

$$H(p) = 1 + \frac{A_1}{p - p_1} + \frac{A_2}{p - p_2}$$

mit $A_\mu = (1 - p_\mu^2)/2p_\mu^3$ $(\mu = 1, 2)$. Anhand der Lage von p_1 und p_2 nach Bild 5.33 erkennt man, daß $A_1 = A_2 = 1/\sqrt{2}$ gilt. Somit erhält man

$$H(p) = \frac{p^2 + 2\sqrt{2}\,p + 2}{p^2 + \sqrt{2}\,p + 1} ,$$

woraus

$$X(\omega) = \frac{-\sqrt{2}\,\omega^3}{1 + \omega^4} \tag{5.159}$$

folgt.

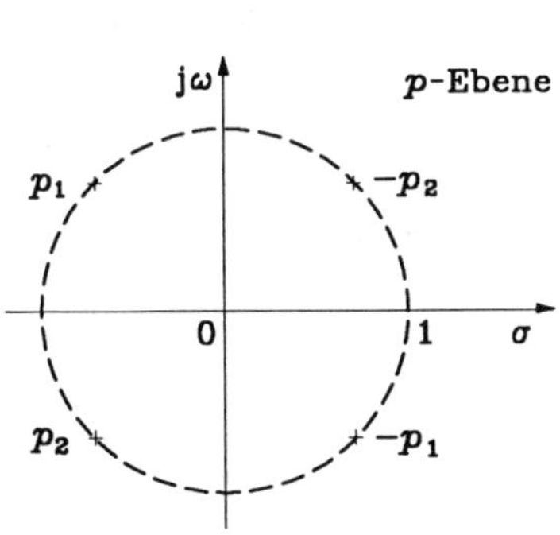

Bild 5.33: Darstellung der Polstellen $\pm p_1$, $\pm p_2$ in der komplexen p-Ebene für das Beispiel

Es soll nunmehr $X(\omega)$ nach Gl. (5.159) als gegeben betrachtet werden. Dann gewinnt man zunächst nach Gl. (5.153b)

$$U(p) = \frac{\sqrt{2}\,p^3}{1 + p^4} .$$

Aufgrund der Gln. (5.156) und (5.157) erhält man hieraus

$$H(p) = B_0 + \frac{pB_1}{p - p_1} + \frac{pB_2}{p - p_2}$$

mit $B_\mu = (-1)^{\mu+1} p_\mu \mathrm{j}/\sqrt{2}$ $(\mu = 1, 2)$ und den p_μ nach Bild 5.33, also

$$H(p) = B_0 + \frac{-p^2}{p^2 + \sqrt{2}\,p + 1} .$$

Dieser Funktion entspricht die Realteilfunktion

$$R(\omega) = B_0 + \frac{\omega^2 - \omega^4}{1 + \omega^4} .$$

5.2 DIE HILBERT-TRANSFORMATION

Es soll nun der Zusammenhang zwischen Realteil und Imaginärteil der Übertragungsfunktion $H(p)$ eines linearen, zeitinvarianten, stabilen und kausalen kontinuierlichen Systems ohne die Einschränkung untersucht werden, daß $H(p)$ rational sei. Wie bereits erwähnt wurde, ist $H(p)$ in der abgeschlossenen rechten Halbebene $\mathrm{Re}\,p \geqq 0$ stetig und in der offenen Halbebene $\mathrm{Re}\,p > 0$ analytisch.

Es wird das Integral

$$I = \int_C \frac{H(p)}{p - \mathrm{j}\omega_0}\,\mathrm{d}p \tag{5.160}$$

längs des im Bild 5.34 dargestellten geschlossenen Weges C betrachtet. Der Weg C setzt sich zusammen aus zwei geradlinigen Stücken längs der imaginären Achse, einem Halbkreisbogen C_0 um die Stelle $\mathrm{j}\omega_0$ mit beliebigem reellem ω_0 und dem Radius ρ_0 sowie aus dem Halbkreisbogen C_1 um $p = 0$ mit Radius $\rho_1 > |\omega_0| + \rho_0$. Aufgrund der genannten Eigenschaften von $H(p)$ verschwindet das Integral I aus Gl. (5.160) nach dem Cauchyschen Hauptsatz der Funktionentheorie (Anhang D). Wegen der Beziehung $\lim\limits_{p\to\infty} H(p) = R(\infty)$ ($\mathrm{Re}\,p \geqq 0$), wobei $H(\mathrm{j}\omega) = R(\omega) + \mathrm{j}X(\omega)$ gesetzt wurde, wird das Teilintegral längs C_1 für $\rho_1 \to \infty$

$$\lim_{\rho_1\to\infty} \int_{C_1} \frac{H(p)}{p - \mathrm{j}\omega_0}\,\mathrm{d}p = R(\infty) \lim_{\rho_1\to\infty} \int_{C_1} \frac{\mathrm{d}p}{p - \mathrm{j}\omega_0} = R(\infty)\,(-\mathrm{j}\pi) . \tag{5.161a}$$

Das Teilintegral über den kleinen Halbkreisbogen C_0 wird für $\rho_0 \to 0$

$$\lim_{\rho_0\to 0} \int_{C_0} \frac{H(p)}{p - \mathrm{j}\omega_0}\,\mathrm{d}p = H(\mathrm{j}\omega_0)\,\mathrm{j}\pi . \tag{5.161b}$$

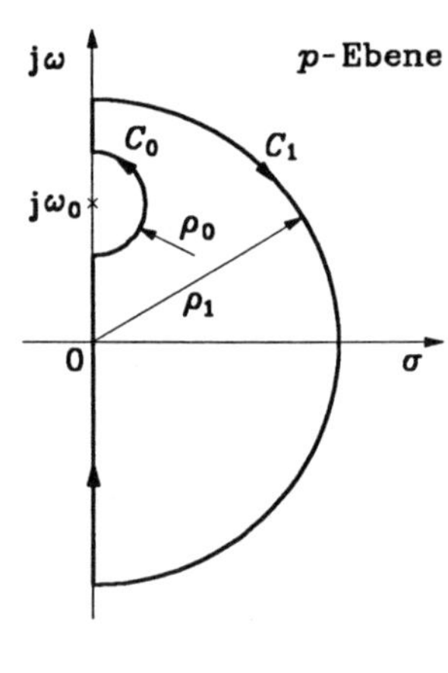

Bild 5.34: Integrationsweg zu Gl. (5.160)

Unter Berücksichtigung der Gln. (5.161a,b) erhält man aus Gl. (5.160) wegen $I = 0$ im Grenzfall $\rho_0 \to 0$, $\rho_1 \to \infty$ die Beziehung

$$\lim_{\substack{\rho_0 \to 0 \\ \rho_1 \to \infty}} \int_C \frac{H(p)}{p - \mathrm{j}\omega_0}\, \mathrm{d}p \equiv -\mathrm{j}\,\pi R(\infty) + \mathrm{j}\,\pi[R(\omega_0) + \mathrm{j}X(\omega_0)] + \int_{-\infty}^{\infty} \frac{R(\omega) + \mathrm{j}X(\omega)}{\omega - \omega_0}\, \mathrm{d}\omega = 0\,.$$

Setzt man den gesamten Realteil und ebenso den gesamten Imaginärteil auf der linken Seite dieser Beziehung gleich Null und ändert man die Bezeichnungen für die vorkommenden Variablen, dann erhält man schließlich die Darstellungen

$$R(\omega) = R(\infty) + \frac{1}{\pi} \int_{-\infty}^{\infty} \frac{X(\eta)}{\omega - \eta}\, \mathrm{d}\eta\,, \tag{5.162}$$

$$X(\omega) = -\frac{1}{\pi} \int_{-\infty}^{\infty} \frac{R(\eta)}{\omega - \eta}\, \mathrm{d}\eta\,. \tag{5.163}$$

Die Gln. (5.162) und (5.163) stellen Kopplungen dar zwischen der Realteilfunktion $R(\omega)$ und der Imaginärteilfunktion $X(\omega)$ von $H(\mathrm{j}\omega)$. Man spricht bei diesen Beziehungen von der *Hilbert-Transformation*. Funktionen, die im Sinne der Gln. (5.162) und (5.163) miteinander gekoppelt sind, heißen *konjugierte Funktionen*. Die in den Gln. (5.162) und (5.163) auftretenden Integrale sind als Cauchysche Hauptwerte [1)] zu verstehen. Diese Integrale lassen sich noch umformen, indem man ausnützt, daß $R(\omega)$ gerade und $X(\omega)$ ungerade ist. Auf diese Weise gewinnt man die Ausdrücke

$$R(\omega) = R(\infty) + \frac{2}{\pi} \int_0^{\infty} \frac{\eta X(\eta)}{\omega^2 - \eta^2}\, \mathrm{d}\eta\,,$$

$$X(\omega) = -\frac{2\omega}{\pi} \int_0^{\infty} \frac{R(\eta)}{\omega^2 - \eta^2}\, \mathrm{d}\eta\,.$$

Beispiel 5.16: Die Realteilfunktion $R(\omega)$ einer Übertragungsfunktion $H(p)$ ($p = \mathrm{j}\omega$) sei als Rechteckfunktion

$$R(\omega) = R_0 p_{\omega_g}(\omega)$$

gemäß Bild 5.35 vorgeschrieben. Nach Gl. (5.163) erhält man für die entsprechende Imaginärteilfunktion

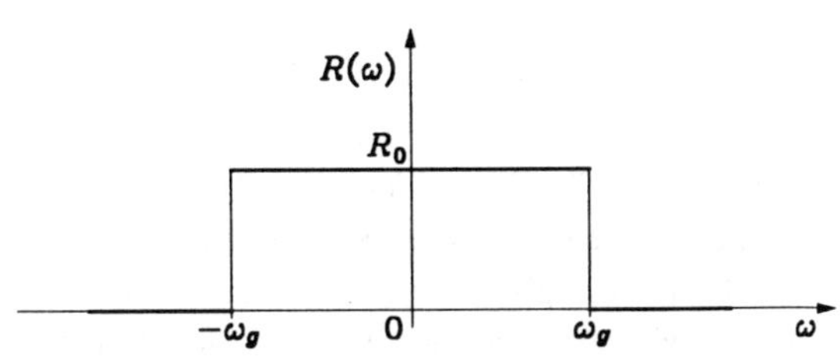

Bild 5.35: Realteilfunktion $R(\omega)$ für das Beispiel

---

1) Dies bedeutet, wie aus der Herleitung der Hilbert-Transformation hervorgeht, daß z.B. die Gl. (5.163) ausführlich $X(\omega) = -\frac{1}{\pi} \lim_{\substack{\varepsilon \to 0 \\ Y \to \infty}} \left[\int_{-Y}^{\omega-\varepsilon} \frac{R(\eta)}{\omega - \eta}\, \mathrm{d}\eta + \int_{\omega+\varepsilon}^{Y} \frac{R(\eta)}{\omega - \eta}\, \mathrm{d}\eta \right]$ lautet.

$$X(\omega) = -\frac{1}{\pi}\int_{-\omega_g}^{\omega_g}\frac{R_0}{\omega-\eta}\,\mathrm{d}\eta = \frac{R_0}{\pi}\ln\left|\frac{\omega-\omega_g}{\omega+\omega_g}\right| .$$

Ihr Verlauf ist im Bild 5.36 dargestellt. Mit Ausnahme der Unstetigkeiten an den Stellen $\omega = \pm\omega_g$ liefert die Hilbert-Transformation eine Übertragungsfunktion mit den eingangs beschriebenen Eigenschaften.

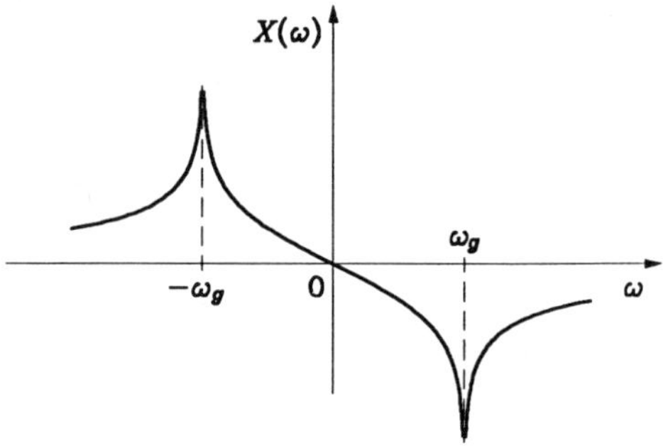

Bild 5.36: Imaginärteil $X(\omega)$, der aufgrund der Hilbert-Transformation dem Realteil $R(\omega)$ nach Bild 5.35 zugeordnet ist

Betrachtet man die Impulsantwort $h(t)$ eines stabilen und kausalen kontinuierlichen Systems mit der Übertragungsfunktion $H(p)$, dann besteht auf der imaginären Achse zwischen dem Realteil $R(\omega)$ und dem Imaginärteil $X(\omega)$ der Übertragungsfunktion die Kopplung entsprechend den Gln. (5.162) und (5.163). Man kann umgekehrt aus dem Bestehen der Gln. (5.162) und (5.163) schließen, daß die Impulsantwort des betreffenden stabilen Systems kausal ist. (Hierbei wird stillschweigend die Existenz der Impulsantwort vorausgesetzt. Man vergleiche hierzu das Darstellungsproblem der Laplace-Transformation [Do1].) Insoweit bilden die Gln. (5.162) und (5.163) notwendige und hinreichende Bedingungen für die Kausalität eines stabilen Systems.

Man beachte hierbei, daß die Integrale in den Gln. (5.162) und (5.163) als Faltungsintegrale interpretiert werden können. In diesem Sinne läßt sich

$$R(\omega) = R(\infty) + \frac{1}{2\pi}\left[\mathrm{j}X(\omega) * \frac{2}{\mathrm{j}\omega}\right]$$

und

$$\mathrm{j}X(\omega) = \frac{1}{2\pi}\left[R(\omega) * \frac{2}{\mathrm{j}\omega}\right]$$

schreiben. Da die Realteilfunktion $R(\omega)$ mit dem geraden Teil $h_g(t)$ der Impulsantwort $h(t)$ und die rein imaginäre Komponente $\mathrm{j}X(\omega)$ mit dem ungeraden Teil $h_u(t)$ korrespondiert, kann man obige Grundgleichungen der Hilbert-Transformation bei Beachtung der Korrespondenzen (3.61) und (3.72) folgendermaßen im Zeitbereich ausdrücken:

$$h_g(t) = R(\infty)\,\delta(t) + h_u(t)\operatorname{sgn} t\,, \qquad h_u(t) = h_g(t)\operatorname{sgn} t\,.$$

Diese Beziehungen sind offensichtlich charakteristisch für kausale Zeitfunktionen.

5.3 EINE METHODE ZUR PRAKTISCHEN DURCHFÜHRUNG DER HILBERT-TRANSFORMATION

Durch die gebrochen lineare Transformation

$$s = \frac{1-p}{1+p} \tag{5.164}$$

wird die p-Ebene derart in die s-Ebene abgebildet, daß die rechte Halbebene $\mathrm{Re}\,p \geqq 0$ in den Einheitskreis $|s| \leqq 1$ übergeht (Bild 5.37). Die Punkte $p = \mathrm{j}\omega$ der imaginären Achse gehen bei der Abbildung nach Gl. (5.164) in die Punkte des Einheitskreises $|s| = 1$ über:

$$s = \frac{1-\mathrm{j}\omega}{1+\mathrm{j}\omega} = \mathrm{e}^{\mathrm{j}\vartheta}\,.$$

Hieraus folgt durch Auflösung nach $\mathrm{j}\omega$ zunächst

$$\mathrm{j}\omega = \frac{1-\mathrm{e}^{\mathrm{j}\vartheta}}{1+\mathrm{e}^{\mathrm{j}\vartheta}} = -\frac{\mathrm{e}^{\mathrm{j}\vartheta/2}-\mathrm{e}^{-\mathrm{j}\vartheta/2}}{\mathrm{e}^{\mathrm{j}\vartheta/2}+\mathrm{e}^{-\mathrm{j}\vartheta/2}} = -\mathrm{j}\tan\frac{\vartheta}{2}$$

oder schließlich

$$\omega = -\tan\frac{\vartheta}{2}\,. \tag{5.165}$$

Aufgrund der Abbildung nach Gl. (5.164) geht die Übertragungsfunktion $H(p)$ in die Funktion $F(s)$ über. Diese Funktion $F(s)$ ist in $|s| < 1$ analytisch und in $|s| \leqq 1$ stetig, da die Übertragungsfunktion $H(p)$ entsprechend den getroffenen Voraussetzungen in $\mathrm{Re}\,p > 0$ analytisch und in $\mathrm{Re}\,p \geqq 0$ stetig sein muß. Nun ist die Potenzreihendarstellung

$$F(s) = \alpha_0 + \alpha_1 s + \alpha_2 s^2 + \cdots \tag{5.166}$$

mit reellen Koeffizienten α_μ $(\mu = 0, 1, \ldots)$ für $|s| \leqq 1$ möglich. Für $s = \mathrm{e}^{\mathrm{j}\vartheta}$ gilt speziell

$$F(\mathrm{e}^{\mathrm{j}\vartheta}) = [\alpha_0 + \alpha_1\cos\vartheta + \alpha_2\cos 2\vartheta + \cdots] + \mathrm{j}[\alpha_1\sin\vartheta + \cdots]\,. \tag{5.167a}$$

Mit $H(\mathrm{j}\omega) = R(\omega) + \mathrm{j}X(\omega)$ und Gl. (5.165) erhält man

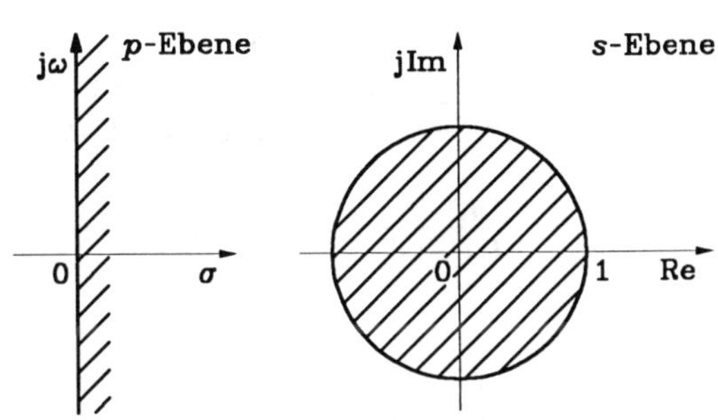

Bild 5.37: Abbildung der rechten p-Halbebene in den Einheitskreis der s-Ebene nach Gl. (5.164)

$$F(\mathrm{e}^{\mathrm{j}\vartheta}) = R(\tan\frac{\vartheta}{2}) - \mathrm{j}X(\tan\frac{\vartheta}{2}). \tag{5.167b}$$

Ein Vergleich der beiden Gln. (5.167a,b) liefert

$$R(\tan\frac{\vartheta}{2}) = \alpha_0 + \alpha_1 \cos\vartheta + \alpha_2 \cos 2\vartheta + \cdots, \tag{5.168a}$$

$$X(\tan\frac{\vartheta}{2}) = -\alpha_1 \sin\vartheta - \alpha_2 \sin 2\vartheta - \cdots. \tag{5.168b}$$

Diese Gleichungen können dazu verwendet werden, die Hilbert-Transformation numerisch in einfacher Weise durchzuführen oder die Kausalität linearer, zeitinvarianter, stabiler kontinuierlicher Systeme zu prüfen.

Ist die Realteilfunktion $R(\omega)$ als stückweise stetig differenzierbare Funktion bekannt und die Imaginärteilfunktion $X(\omega)$ gesucht, so bildet man zunächst die Funktion $R(\tan(\vartheta/2))$. Das Intervall $-\infty \leqq \omega \leqq \infty$ geht dabei in das Intervall $-\pi \leqq \vartheta \leqq \pi$ über. In diesem ϑ-Intervall wird die transformierte Realteilfunktion $R(\tan(\vartheta/2))$ (Bild 5.38) in eine Fouriersche Kosinusreihe nach Gl. (5.168a) entwickelt, wodurch man die Koeffizienten α_μ erhält. Damit gewinnt man nach Gl. (5.168b) die transformierte Imaginärteilfunktion und durch Übergang zur ω-Variablen gemäß Gl. (5.165) schließlich $X(\omega)$. In entsprechender Weise läßt sich aus $X(\omega)$ die Realteilfunktion $R(\omega)$ bis auf eine additive Konstante bestimmen.

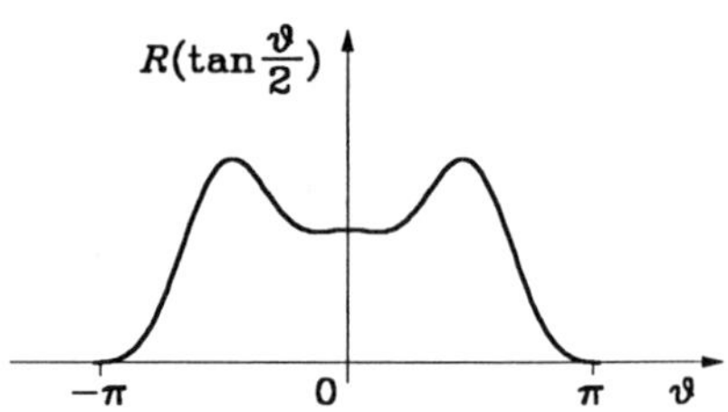

Bild 5.38: Transformierte Realteilfunktion $R(\tan(\vartheta/2))$

Mit Hilfe der Fourier-Koeffizienten α_μ ($\mu = 0, 1, 2, \ldots$) läßt sich die Übertragungsfunktion in der Variablen s als Potenzreihe nach Gl. (5.166) darstellen. Substituiert man s nach Gl. (5.164), so erhält man die Übertragungsfunktion

$$H(p) = \sum_{\mu=0}^{\infty} \alpha_\mu \left(\frac{1-p}{1+p}\right)^\mu. \tag{5.169}$$

Diese Darstellung gilt für $\mathrm{Re}\,p \geqq 0$. Durch Laplace-Umkehrtransformation gewinnt man aus Gl. (5.169) auch eine Darstellung der Impulsantwort. Aufgrund der Korrespondenz

$$s(t)\frac{t^{\mu-1}}{(\mu-1)!} \circ\!\!-\!\!\bullet \frac{1}{p^\mu} \quad (\mu \geqq 1)$$

erhält man

$$s(t)\frac{t^{\mu-1}}{(\mu-1)!}\,\mathrm{e}^{-2t} \circ\!\!-\!\!\bullet \frac{1}{(p+2)^\mu}$$

sowie

$$\frac{\mathrm{d}^{\mu}}{\mathrm{d}t^{\mu}}\left[s(t)\frac{t^{\mu-1}}{(\mu-1)!}\mathrm{e}^{-2t}\right]\mathrm{e}^{t} \circ\!\!-\!\!\bullet \left(\frac{p-1}{p+1}\right)^{\mu}.$$

Aus dieser Korrespondenz und Gl. (5.169) folgt nach Umformung[1])

$$h(t) = \alpha_0\,\delta(t) + \sum_{\mu=1}^{\infty}\alpha_{\mu}(-1)^{\mu}\left\{\delta(t) + s(t)\frac{1}{(\mu-1)!}\mathrm{e}^{t}\frac{\mathrm{d}^{\mu}}{\mathrm{d}t^{\mu}}\left[t^{\mu-1}\mathrm{e}^{-2t}\right]\right\}.$$

Unter Verwendung der Laguerre-Polynome

$$L_{\mu}(t) = \frac{1}{\mu!}\mathrm{e}^{t}\frac{\mathrm{d}^{\mu}}{\mathrm{d}t^{\mu}}\left[t^{\mu}\mathrm{e}^{-t}\right] \quad (\mu = 0,1,2,\ldots)$$

ergibt sich, wie in einfacher Weise gezeigt werden kann, schließlich

$$h(t) = \alpha_0\,\delta(t) + \sum_{\mu=1}^{\infty}\alpha_{\mu}(-1)^{\mu}\left\{\delta(t) + \mathrm{e}^{-t}s(t)\frac{\mathrm{d}}{\mathrm{d}t}L_{\mu}(2t)\right\}. \tag{5.170}$$

Die vorausgegangenen Ergebnisse kann man auch zur Rücktransformation einer Laplace-Transformierten $F_I(p)$ in den Zeitbereich verwenden, was besonders dann bedeutsam ist, wenn die im Abschnitt 2 beschriebenen Methoden nicht zum Ziel führen. Hierzu wird die Konvergenzhalbebene $\mathrm{Re}\,p > \sigma_{\min}$ von $F_I(p)$ durch

$$s = \frac{1-p+\sigma_{\min}}{1+p-\sigma_{\min}}$$

in den Einheitskreis $|s| < 1$ abgebildet, wobei $F_I(p)$ in $F(s)$ übergeht. Nun wird $F(s)$ in eine Potenzreihe nach Gl. (5.166) entwickelt, aus der eine Darstellung von $F_I(p)$ nach Gl. (5.169) folgt. Hierbei ist allerdings p durch $p - \sigma_{\min}$ zu ersetzen. Beim Übergang in den Zeitbereich wird das Ergebnis nach Gl. (5.170) lediglich mit dem Faktor $\mathrm{e}^{\sigma_{\min}t}$ multipliziert.

6 Die Verknüpfung von Dämpfung und Phase

Bei einem linearen, zeitinvarianten, stabilen und kausalen kontinuierlichen System mit einem Eingang und einem Ausgang sind nicht nur Realteilfunktion $R(\omega)$ und Imaginärteilfunktion $X(\omega)$ der Übertragungsfunktion $H(\mathrm{j}\omega)$ miteinander verknüpft, sondern darüber hinaus unter bestimmten Voraussetzungen auch die Dämpfung $\alpha(\omega) = -\ln|H(\mathrm{j}\omega)|$ und die Phase $\Theta(\omega) = -\{\ln[H(\mathrm{j}\omega)/H(-\mathrm{j}\omega)]\}/2\mathrm{j}$. Dies soll zunächst für rationale Übertragungsfunktionen $H(p)$ untersucht werden.[2])

---

1) Hierbei wird stillschweigend vorausgesetzt, daß in Gl. (5.169) eine gliedweise Rücktransformation gemäß Korrespondenz (5.170) erlaubt ist. Dies müßte von Fall zu Fall noch untersucht werden. Nach Doetsch ist hinreichend für die gliedweise Rücktransformation, daß die aus den Betragsquadraten $|\alpha_{\mu}|^2$ gebildete Reihe konvergiert.

2) Im folgenden sei für die Logarithmusfunktion $\ln z = \ln|z| + \mathrm{j}\arg z$ stets jener Zweig gewählt, für den bei reellem positivem z das Argument $\arg z$ verschwindet. Weiterhin gelte künftig $H(0) \geqq 0$, was durch Wahl der Bezugsrichtung für das Eingangs- oder Ausgangssignal stets erreicht werden kann. Bei Anwendungen verwendet man als Dämpfung häufig $-20\lg|H(\mathrm{j}\omega)|$ (in dB), wobei lg den Zehnerlogarithmus bedeutet.

6.1 DER FALL RATIONALER ÜBERTRAGUNGSFUNKTIONEN

Die Übertragungsfunktion des betrachteten Systems sei

$$H(p) = \frac{Z(p)}{N(p)}, \tag{5.171}$$

wobei $Z(p)$ und $N(p)$ teilerfremde Polynome mit reellen Koeffizienten darstellen. Die Nullstellen des Nennerpolynoms $N(p)$ müssen sich wegen der vorausgesetzten Stabilität des Systems im Innern der linken p-Halbebene befinden; $N(p)$ muß also ein Hurwitz-Polynom sein.

Ist $Z(p) = N(-p)$, so bezeichnet man die Funktion $H(p)$ als Allpaß-Übertragungsfunktion. Derartige Übertragungsfunktionen haben also die Eigenschaft, daß die Nullstellen bezüglich der imaginären Achse symmetrisch zu den Polstellen liegen (Bild 5.39). Hieraus läßt sich die für Allpaß-Übertragungsfunktionen typische Eigenschaft ableiten, daß die Amplitudenfunktion $A(\omega) = |H(\mathrm{j}\omega)| = |N(-\mathrm{j}\omega)/N(\mathrm{j}\omega)| = |N^*(\mathrm{j}\omega)/N(\mathrm{j}\omega)|$ für alle reellen Kreisfrequenzen ω beständig Eins ist. Multipliziert man also irgendeine Übertragungsfunktion $H(p)$ nach Gl. (5.171) mit einer Allpaß-Übertragungsfunktion, so ändert sich dadurch der Verlauf der Dämpfungsfunktion nicht, dagegen im allgemeinen die Phase.

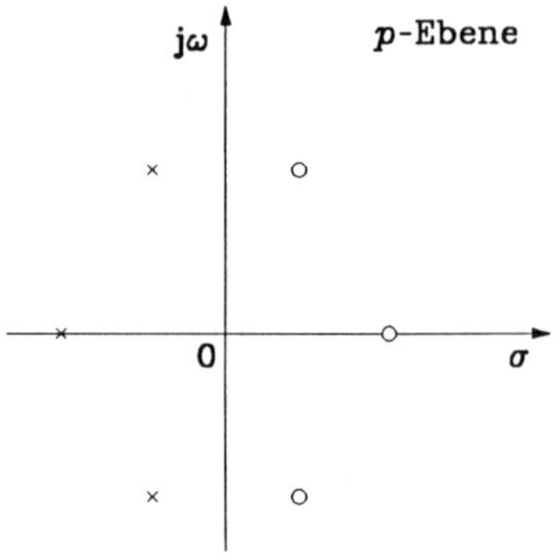

Bild 5.39: Pol- und Nullstellenverteilung einer Allpaß-Übertragungsfunktion

Weiterhin kann jede Übertragungsfunktion $H(p)$ nach Gl. (5.171) als Produkt

$$H(p) = H_m(p) H_a(p) \tag{5.172}$$

dargestellt werden, wobei $H_a(p)$ eine Allpaß-Übertragungsfunktion und $H_m(p)$ die Übertragungsfunktion eines sogenannten Mindestphasensystems darstellt. Die Übertragungsfunktion eines Mindestphasensystems besitzt keine Nullstellen in der offenen rechten Halbebene $\mathrm{Re}\, p > 0$. Die Darstellung einer Übertragungsfunktion nach Gl. (5.172) erhält man dadurch, daß man das Zählerpolynom $Z(p)$ in Form eines Produkts $Z_m(p) Z_a(p)$ darstellt. Diejenigen Nullstellen von $Z(p)$, die in der linken Halbebene $\mathrm{Re}\, p \leqq 0$ liegen, sollen mit jenen von $Z_m(p)$ übereinstimmen, und die in der offenen rechten Halbebene $\mathrm{Re}\, p > 0$ liegenden Nullstellen von $Z(p)$ sollen mit jenen von $Z_a(p)$ identisch sein. Dann setzt man

$$H_m(p) = \frac{Z_m(p)Z_a(-p)}{N(p)}, \quad H_a(p) = \frac{Z_a(p)}{Z_a(-p)}.$$

Die Übertragungsfunktion $H_m(p)$ des Mindestphasensystems erhält man also aus der Übertragungsfunktion $H(p)$, indem man die in der rechten Halbebene $\mathrm{Re}\,p > 0$ liegenden Nullstellen an der imaginären Achse spiegelt und die übrigen Nullstellen sowie alle Pole beibehält (Bild 5.40).

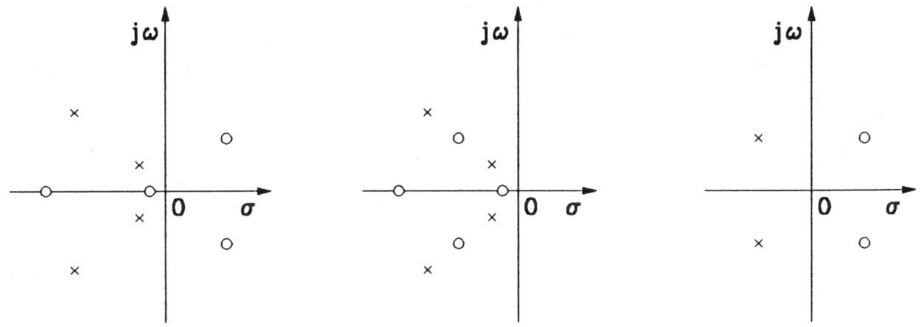

Bild 5.40: Zur Darstellung einer rationalen Übertragungsfunktion $H(p)$ als Produkt der Übertragungsfunktion eines Mindestphasensystems und jener eines Allpasses gemäß Gl. (5.172)

Aus der Produktdarstellung einer Übertragungsfunktion $H(p)$ gemäß Gl. (5.172) folgt die Realisierung von $H(p)$ in Form einer (rückwirkungsfreien) Kettenverbindung eines Mindestphasensystems und eines Allpasses mit der Übertragungsfunktion $H_m(p)$ bzw. $H_a(p)$.

Man kann sich leicht davon überzeugen, daß die Phase $\Theta(\omega)$ einer Allpaß-Übertragungsfunktion monoton ansteigt. Daher zeichnet sich die eingeführte Übertragungsfunktion $H_m(p)$ eines Mindestphasensystems dadurch aus, daß ihre Phase im Vergleich zu allen Funktionen $H(p)$ mit gleicher Amplitude (die sich also nur um Allpaß-Übertragungsfunktionen $H_a(p)$ multiplikativ unterscheiden) für jeden ω-Wert die kleinste Ableitung und mit der in Fußnote 2, Seite 425 getroffenen Vereinbarung auch den kleinsten Ordinatenwert hat. Damit erklärt sich die Bezeichnung "Mindestphasensystem".

Betrachtet man einen Allpaß mit der Übertragungsfunktion $H_a(p)$, dem (reellen) Eingangssignal $x(t)$ und dem Ausgangssignal $y(t)$, so erhält man mit den Spektren $X(\mathrm{j}\omega)$ und $Y(\mathrm{j}\omega)$ von $x(t)$ bzw. $y(t)$ nach dem Parsevalschen Theorem und wegen $|H_a(\mathrm{j}\omega)| \equiv 1$

$$\int_{-\infty}^{\infty} y^2(t)\,\mathrm{d}t = \frac{1}{2\pi}\int_{-\infty}^{\infty} |Y(\mathrm{j}\omega)|^2 \mathrm{d}\omega = \frac{1}{2\pi}\int_{-\infty}^{\infty} |X(\mathrm{j}\omega)|^2 \mathrm{d}\omega = \int_{-\infty}^{\infty} x^2(t)\,\mathrm{d}t ,$$

d. h. die Signalenergien am Eingang und Ausgang sind identisch. Wirkt am Eingang des Allpasses statt $x(t)$ ein Signal $x_1(t)$, das bis zu einem fixierten Zeitpunkt t_1 mit $x(t)$ übereinstimmt und für $t > t_1$ identisch verschwindet, und bezeichnet man mit $y_1(t)$ das zugehörige Ausgangssignal, so stimmen $y(t)$ und $y_1(t)$ im gesamten Intervall $-\infty < t \leqq t_1$ überein, so daß

$$\int_{-\infty}^{t_1} x^2(t)\,\mathrm{d}t = \int_{-\infty}^{\infty} x_1^2(t)\,\mathrm{d}t = \int_{-\infty}^{\infty} y_1^2(t)\,\mathrm{d}t = \int_{-\infty}^{t_1} y^2(t)\,\mathrm{d}t + \int_{t_1}^{\infty} y_1^2(t)\,\mathrm{d}t ,$$

also

$$\int_{-\infty}^{t_1} x^2(t)\,\mathrm{d}t \geqq \int_{-\infty}^{t_1} y^2(t)\,\mathrm{d}t$$

gilt. Die bis zu einem endlichen Zeitpunkt t_1 vom Allpaß abgegebene Energie ist also höchstens gleich der bis zu diesem Zeitpunkt am Eingang zugeführten Energie. Schaltet man dem Allpaß ein Mindestphasensystem mit der Übertragungsfunktion $H_m(p)$ vor, bezeichnet man mit $y(t)$ das Signal, welches das Mindestphasensystem an den Allpaß abgibt, und mit $\tilde{y}(t)$ das Ausgangssignal der Kaskade, dann gilt nach obiger Überlegung

$$\int_{-\infty}^{t_1} y^2(t)\,\mathrm{d}t \geqq \int_{-\infty}^{t_1} \tilde{y}^2(t)\,\mathrm{d}t\,.$$

Dieses Ergebnis besagt im Blick auf die Möglichkeit der Zerlegung nach Gl. (5.172): Wirkt ein Signal am Eingang eines Systems mit der Übertragungsfunktion $H(p)$ und wirkt dasselbe Signal auch am Eingang eines Mindestphasensystems, dessen Übertragungsfunktion $H_m(p)$ für alle $p = \mathrm{j}\omega$ $(-\infty < \omega < \infty)$ denselben Betrag wie $H(\mathrm{j}\omega)$ hat, dann ist die bis zu einem beliebigen Zeitpunkt t_1 vom Mindestphasensystem abgegebene Energie nicht kleiner als die vom System mit der Übertragungsfunktion $H(p)$ bis $t = t_1$ abgegebene Energie.

Da eine Übertragungsfunktion $H(p)$ mit Nullstellen in der rechten Halbebene $\mathrm{Re}\,p > 0$ gemäß den vorausgegangenen Überlegungen für alle reellen ω-Werte die gleiche Dämpfung hat wie die Übertragungsfunktion $H_m(p)$ des entsprechenden Mindestphasensystems – während die Phasenfunktionen beider Übertragungsfunktionen sich unterscheiden –, kann eine eindeutige Bestimmung der Phase aus der Dämpfung nur für eine Übertragungsfunktion erwartet werden, die einem Mindestphasensystem entspricht. Daher sollen im folgenden nur Mindestphasensysteme betrachtet werden.

Es sei $A(\omega) = |H(\mathrm{j}\omega)|$ bekannt, und gesucht sei die zugehörige Phasenfunktion $\Theta(\omega)$. Es gilt dann

$$A^2(\omega) = H(\mathrm{j}\omega)H(-\mathrm{j}\omega)\,,$$

also

$$A^2\left(\frac{p}{\mathrm{j}}\right) = H(p)H(-p) \tag{5.173}$$

für alle p in der komplexen Ebene. Daher ist die Funktion $A^2(p/\mathrm{j})$ rational, reell und gerade, so daß alle Pole und Nullstellen spiegelbildlich zur imaginären Achse liegen, wobei keine Pole auf der imaginären Achse (einschließlich $p = \infty$) auftreten und rein imaginäre Nullstellen von gerader Vielfachheit sein müssen, da $A^2(p/\mathrm{j})$ für $p = \mathrm{j}\omega$ nicht negativ ist. Es werden die Pole der Funktion $A^2(p/\mathrm{j})$ in $\mathrm{Re}\,p < 0$ mit $p_1, p_2, \ldots, p_s$, ihre Vielfachheiten mit $k_1, \ldots, k_s$ bezeichnet. Durch $q_1, \ldots, q_l$ sollen die Nullstellen in $\mathrm{Re}\,p < 0$ mit den Vielfachheiten $n_1, \ldots, n_l$ dargestellt werden, und $\mathrm{j}\omega_1, \ldots, \mathrm{j}\omega_\lambda$ seien die Nullstellen auf der imaginären Achse mit den Vielfachheiten $2m_1, \ldots, 2m_\lambda$. Dann muß die Übertragungsfunktion $H(p)$ eines zugeordneten Mindestphasensystems von der Form

$$H(p) = c\,\frac{\prod\limits_{\nu=1}^{l}(p-q_\nu)^{n_\nu}\,\prod\limits_{\mu=1}^{\lambda}(p-\mathrm{j}\omega_\mu)^{m_\mu}}{\prod\limits_{\kappa=1}^{s}(p-p_\kappa)^{k_\kappa}} \tag{5.174}$$

sein mit einer reellen Konstante c. Zur Bestimmung von c wird das asymptotische Verhalten der gegebenen Amplitudenfunktion $A(\omega)$ herangezogen. Durch Betrachtung der Terme höchster ω-Potenz im Zähler und Nenner von $A^2(\omega)$ ergibt sich für $\omega \to \infty$

$$A^2(\omega) \to \frac{a^2}{\omega^{2r}} > 0$$

mit einem ganzzahligen $r \geqq 0$, und einem reellen $a > 0$, und wegen Gl. (5.174) folgt hieraus unmittelbar, daß $c^2 = a^2$, also $c = \pm a$ sein muß.

Aus $H(p)$ nach Gl. (5.174) kann für $p = \mathrm{j}\omega$ die zu $A(\omega)$ gehörende Phasenfunktion $\Theta(\omega)$ bestimmt werden. Damit ist gezeigt, daß im Falle einer rationalen Übertragungsfunktion $H(p)$ die Phasenfunktion $\Theta(\omega)$ aus der Dämpfung $\alpha(\omega)$ in eindeutiger Weise hergeleitet werden kann, sofern das entsprechende System ein Mindestphasensystem ist (man beachte hierzu die in Fußnote 2, Seite 425, getroffene Vereinbarung). Gleichzeitig wurde gezeigt, daß auf diese Weise jeder reellen, rationalen, geraden und für alle ω (einschließlich $\omega = \infty$) beschränkten, nichtnegativen Funktion $A^2(\omega)$ eine Übertragungsfunktion $H(p)$ zugeordnet werden kann, die ein stabiles System beschreibt. Insofern sind die genannten Bedingungen notwendige und hinreichende Forderungen an die Amplitudencharakteristik eines Systems.

Es kann weiterhin für den Fall eines Mindestphasensystems mit rationaler Übertragungsfunktion $H(p)$ gezeigt werden, daß die Dämpfung $\alpha(\omega)$ bis auf eine additive Konstante in eindeutiger Weise aus der Phase $\Theta(\omega)$ folgt. Hierzu wird zunächst angenommen, daß $H(p)$ keine Nullstellen auf der imaginären Achse aufweist. Aus der Phasenfunktion $\Theta(\omega)$ erhält man nämlich die Darstellung

$$\mathrm{e}^{2\mathrm{j}\Theta(\omega)} = \frac{H(-\mathrm{j}\omega)}{H(\mathrm{j}\omega)} = \frac{Z(-\mathrm{j}\omega)N(\mathrm{j}\omega)}{Z(\mathrm{j}\omega)N(-\mathrm{j}\omega)}, \tag{5.175}$$

wobei $H(p)$ als Quotient zweier Polynome nach Gl. (5.171) dargestellt und berücksichtigt wurde, daß $H(\mathrm{j}\omega) = A(\omega)\mathrm{e}^{-\mathrm{j}\Theta(\omega)}$ gilt. Aus Gl. (5.175) ist zu erkennen, daß die Nullstellen der rationalen Funktion $\mathrm{e}^{2\mathrm{j}\Theta(p/\mathrm{j})}$ in der linken Halbebene $\mathrm{Re}\, p < 0$ mit den Polen der Übertragungsfunktion übereinstimmen und daß die Nullstellen von $\mathrm{e}^{2\mathrm{j}\Theta(p/\mathrm{j})}$ in der offenen rechten Halbebene $\mathrm{Re}\, p > 0$ nach Umkehrung des Vorzeichens die Nullstellen der Übertragungsfunktion liefern. Damit wird deutlich, daß sich aus $\Theta(\omega)$ die Übertragungsfunktion $H(p)$ mit Hilfe ihrer aus $\mathrm{e}^{2\mathrm{j}\Theta(p/\mathrm{j})}$ erhaltenen Pole und Nullstellen bis auf einen konstanten Faktor sofort aufbauen läßt. Die Phasenfunktion $\Theta(\omega)$ bestimmt also die Dämpfungsfunktion $\alpha(\omega) = -\ln|H(\mathrm{j}\omega)|$ bis auf eine additive Konstante. Falls die Übertragungsfunktion $H(p)$ entgegen der bisherigen Annahme Nullstellen auch auf der imaginären Achse enthält, treten in $\Theta(\omega)$ an den entsprechenden Stellen Phasensprünge von der Höhe $r\pi$ auf, wenn r die Vielfachheit der betreffenden Nullstelle bezeichnet. Damit lassen sich die Nullstellen von $H(p)$ auf der imaginären Achse einschließlich ihrer Vielfachheit aus dem Verlauf von $\Theta(\omega)$ direkt angeben; bei der Bestimmung der übrigen Nullstellen und Pole wird wie oben vorgegangen.

6.2 ALLGEMEINE MINDESTPHASENSYSTEME

Es sei $H(p)$ die Übertragungsfunktion eines linearen, zeitinvarianten, stabilen und kausalen kontinuierlichen Systems. $H(p)$ besitze in der offenen rechten Halbebene $\mathrm{Re}\, p > 0$ keine Nullstellen (Mindestphasensystem), jedoch auf der imaginären Achse einschließlich $p = \infty$ möglicherweise endlich viele Nullstellen.

Es wird die Funktion

$$T(p) = \frac{\ln H(p)}{p^2 + \omega_0^2} \tag{5.176}$$

betrachtet. Die Übertragungsfunktion $H(p)$ soll an den frei wählbaren Stellen $\pm j\omega_0$ nicht verschwinden. Wie die Gl. (5.176) lehrt, ist die Funktion $T(p)$ in $\operatorname{Re} p > 0$ analytisch und in $\operatorname{Re} p \geqq 0$ stetig, wenn man längs $\operatorname{Re} p = 0$ von den Nullstellen der Übertragungsfunktion $H(p)$ und den Stellen $\pm j\omega_0$ absieht. Nun wird die Funktion $T(p)$ längs des geschlossenen Weges C nach Bild 5.41 integriert. Der Weg setzt sich aus Geradenstücken längs der imaginären Achse, aus kleinen Halbkreisen mit den Radien ρ um die Punkte $\pm j\omega_0$ und um die Nullstellen von $H(p)$ auf der imaginären Achse sowie aus einem den Punkt $p = \infty$ ausschließenden Halbkreis zusammen, dessen Radius Ω so groß gewählt sei, daß in $|p| \geqq \Omega$ keine Nullstellen von $H(p)$ auf der imaginären Achse liegen. Nach dem Cauchyschen Integralsatz der Funktionentheorie (Anhang D) gilt

$$\int_C T(p)\,\mathrm{d}p = 0\,. \tag{5.177}$$

Da $pT(p) \to 0$ strebt für $p \to \infty$ ($\operatorname{Re} p \geqq 0$), verschwindet der Integralbeitrag in Gl. (5.177) längs des großen Halbkreises für $\Omega \to \infty$. Die entsprechenden Integralbeiträge längs der kleinen Halbkreise um die Nullstellen von $H(p)$ verschwinden ebenfalls für $\rho \to 0$, da längs dieser Halbkreise $\rho T(p) \to 0$ für $\rho \to 0$ strebt. Damit kann Gl. (5.177) mit Gl. (5.176) folgendermaßen geschrieben werden:

$$\mathrm{j}\int_{-\infty}^{\infty} \frac{\ln H(\mathrm{j}\omega)}{\omega_0^2 - \omega^2}\,\mathrm{d}\omega + \lim_{\rho\to 0}\left[\frac{\ln H(\mathrm{j}\omega_0)}{\mathrm{j}\omega_0 + \mathrm{j}\omega_0}\int \frac{\mathrm{d}p}{p - \mathrm{j}\omega_0} + \frac{\ln H(-\mathrm{j}\omega_0)}{-\mathrm{j}\omega_0 - \mathrm{j}\omega_0}\int \frac{\mathrm{d}p}{p + \mathrm{j}\omega_0}\right] = 0\,. \tag{5.178}$$

Das erste in der eckigen Klammer stehende Integral ist längs des Halbkreises um $\mathrm{j}\omega_0$ zu erstrecken; es ist daher gleich $\mathrm{j}\,\pi$. Das zweite in der eckigen Klammer stehende Integral ist längs des Halbkreises um $-\mathrm{j}\omega_0$ zu erstrecken; es ist ebenfalls gleich $\mathrm{j}\,\pi$. Damit erhält man aus Gl. (5.178) mit $\ln H(\mathrm{j}\omega) = -\alpha(\omega) - \mathrm{j}\,\Theta(\omega)$

$$\mathrm{j}\int_{-\infty}^{\infty} \frac{\alpha(\omega)}{\omega^2 - \omega_0^2}\,\mathrm{d}\omega + \frac{\pi}{2\omega_0}\left[-\alpha(\omega_0) - \mathrm{j}\,\Theta(\omega_0) + \alpha(\omega_0) - \mathrm{j}\,\Theta(\omega_0)\right] = 0\,.$$

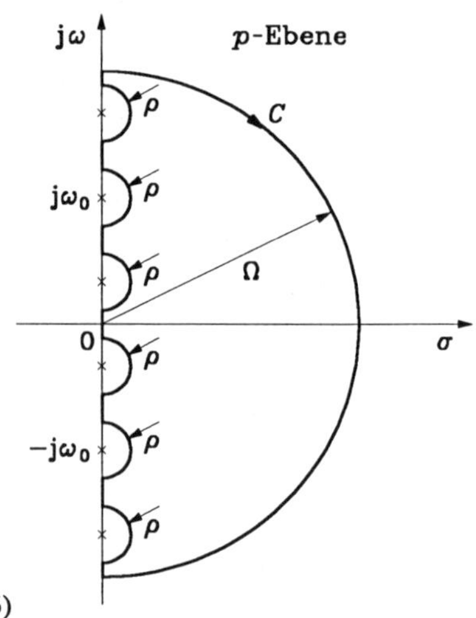

Bild 5.41: Integrationsweg für die Funktion $T(p)$ nach Gl. (5.176)

Hieraus folgt, wenn man noch die bisherige Integrationsvariable ω durch η und die Kreisfrequenz ω_0 durch ω ersetzt,

$$\Theta(\omega) = \frac{\omega}{\pi} \int_{-\infty}^{\infty} \frac{\alpha(\eta)}{\eta^2 - \omega^2} \, \mathrm{d}\eta \,. \tag{5.179}$$

Diese Beziehung erlaubt es, die Phase $\Theta(\omega)$ eines Mindestphasensystems aus der Dämpfung $\alpha(\omega)$ zu ermitteln. Aus der Herleitung der Gl. (5.179) geht hervor, daß das Integral in Gl. (5.179) im Sinne des Cauchyschen Hauptwertes aufzufassen ist.1)

Führt man die vorausgegangenen Untersuchungen statt mit der Funktion $T(p)$ nach Gl. (5.176) nunmehr mit Hilfe der Funktion

$$T(p) = \frac{\ln H(p)}{p^\nu (p^2 + \omega_0^2)}$$

für $H(0) \neq 0$ in entsprechender Weise durch, wobei ν eine ungerade Zahl $(1, 3, \ldots)$ ist und der Nullpunkt bei der Integration durch einen kleinen Halbkreis in $\mathrm{Re}\,p \geqq 0$ umgangen werden muß, dann erhält man die Beziehung

$$\alpha(\omega) = \alpha(0) + \frac{\omega^2}{2!} \alpha''(0) + \cdots + \frac{\omega^{\nu-1}}{(\nu-1)!} \alpha^{(\nu-1)}(0) - \frac{\omega^{\nu+1}}{\pi} \int_{-\infty}^{\infty} \frac{\Theta(\eta)}{\eta^\nu (\eta^2 - \omega^2)} \, \mathrm{d}\eta \,. \tag{5.180}$$

Sie liefert für $\nu = 1$ die Formel

$$\alpha(\omega) = \alpha(0) - \frac{\omega^2}{\pi} \int_{-\infty}^{\infty} \frac{\Theta(\eta)}{\eta(\eta^2 - \omega^2)} \, \mathrm{d}\eta \,,$$

also eine Möglichkeit, die Dämpfung $\alpha(\omega)$ bis auf eine additive Konstante aus der Phasenfunktion $\Theta(\omega)$ eines Mindestphasensystems zu bestimmen. Das Integral in Gl. (5.180) ist für $\nu = 1$ im Sinne des Cauchyschen Hauptwertes, für $\nu > 1$ als Hakenintegral aufzufassen.

Anmerkung: Besitzt die Übertragungsfunktion $H(p)$ eines Mindestphasensystems auf der imaginären Achse einschließlich $p = \infty$ keine Nullstellen, so existieren zwischen $\alpha(\omega)$ und $\Theta(\omega)$ neben den Gln. (5.179) und (5.180) auch Beziehungen der Art der Gln. (5.162) und (5.163), da in diesem Fall auf die Funktion $\ln H(p)$ die Überlegungen von Abschnitt 5.2 anwendbar sind. Außerdem gilt dann Gl. (5.180) auch für $\nu = -1$, sofern man die Summe vor dem Integral durch $\alpha(\infty)$ ersetzt. Weiterhin kann in diesem Fall die Methode von Abschnitt 5.3 zur praktischen Bestimmung der Phase aus der Dämpfung und umgekehrt angewendet werden.

Beispiel 5.17: Die Funktion

$$A(\omega) = \begin{cases} 1 & \text{für} \quad |\omega| < \omega_g \\ A_1 > 0 & \text{für} \quad |\omega| > \omega_g \end{cases}$$

wird als Amplitudencharakteristik eines Mindestphasensystems (idealisiertes, kausales Tiefpaßsystem, Bild 5.42) betrachtet. Für die entsprechende Phasenfunktion erhält man nach Gl. (5.179)

---

1) Man kann statt Gl. (5.179) eine allgemeinere Darstellung zur Bestimmung von $\Theta(\omega)$ aus $\alpha(\omega)$ angeben, indem man im Nenner der rechten Seite von Gl. (5.176) den Faktor p^μ mit geradem μ $(0, 2, 4, \ldots)$ einführt. Dies hat zur Folge, daß in Gl. (5.179) der Faktor ω/π durch $\omega^{\mu+1}/\pi$ zu ersetzen ist und im Nenner des Integranden zusätzlich der Faktor η^μ auftritt. Das Integral selbst ist als sogenanntes Hakenintegral [Do1] aufzufassen, d. h. bei der Integration ist der Nullpunkt $\eta = 0$ durch einen kleinen Halbkreis in der rechten $(\xi + \mathrm{j}\eta)$-Halbebene zu umgehen. Zusätzlich erscheint auf der rechten Seite von Gl. (5.179) die Summe $\omega\Theta'(0)/1! + \cdots + \omega^{\mu-1}\Theta^{(\mu-1)}(0)/(\mu-1)!$. Hierbei wurde angenommen, daß $H(0) \neq 0$ ist.

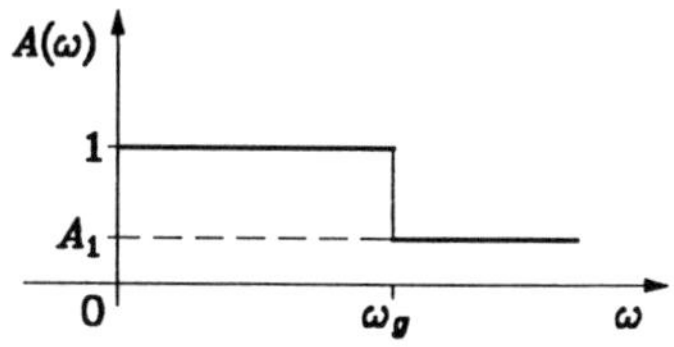

Bild 5.42: Amplitudencharakteristik eines Tiefpaßsystems

$$\Theta(\omega) = \frac{\omega}{\pi}\left[\int_{-\infty}^{-\omega_g}\frac{-\ln A_1}{\eta^2-\omega^2}\,\mathrm{d}\eta + \int_{\omega_g}^{\infty}\frac{-\ln A_1}{\eta^2-\omega^2}\,\mathrm{d}\eta\right] = -\frac{\ln A_1}{\pi}\int_{\omega_g}^{\infty}\left[\frac{1}{\eta-\omega} - \frac{1}{\eta+\omega}\right]\mathrm{d}\eta\,,$$

also

$$\Theta(\omega) = \frac{\ln A_1}{\pi}\ln\left|\frac{\omega_g-\omega}{\omega_g+\omega}\right|.$$

Die Funktion $\Theta(\omega)$ ist für $\omega \geqq 0$ im Bild 5.43 dargestellt.

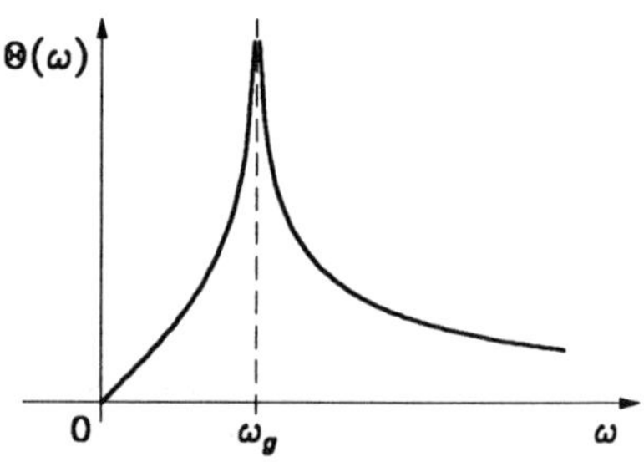

Bild 5.43: Phasenfunktion des Mindestphasensystems mit Amplitude nach Bild 5.42

6.3 DIE FRAGE DER REALISIERBARKEIT EINER AMPLITUDENCHARAKTERISTIK, DAS PALEY-WIENER-KRITERIUM

Im Anschluß an die im letzten Abschnitt durchgeführten Untersuchungen ist die folgende Frage von grundsätzlicher Bedeutung: Unter welchen Voraussetzungen kann einer geraden, nichtnegativen und beschränkten Amplitudenfunktion $A(\omega)$, deren Grenzwert für $\omega \to \infty$ eine nichtnegative endliche Konstante darstellt, eine Phasenfunktion $\Theta(\omega)$ nach Abschnitt 6.2 zugeordnet werden, so daß die hieraus resultierende Funktion $H(\mathrm{j}\omega) = A(\omega)\,\mathrm{e}^{-\mathrm{j}\Theta(\omega)}$ die Übertragungsfunktion eines linearen, zeitinvarianten und *kausalen* Systems darstellt?

Zur Erleichterung des Studiums dieses Problems empfiehlt es sich, die p-Ebene nach Gl. (5.164) in die s-Ebene abzubilden, wodurch die rechte p-Halbebene in den Einheitskreis der s-Ebene übergeht (Bild 5.37). Dadurch erhält man unter Verwendung von Gl. (5.165) aus der Dämpfung $\alpha(\omega) = -\ln A(\omega)$ die 2π-periodische Funktion $\hat{\alpha}(\vartheta)$.

Neben den Eigenschaften von $\hat{\alpha}(\vartheta)$, die sich aus den Voraussetzungen über $A(\omega)$ ergeben, soll zusätzlich verlangt werden, daß die Funktion $\hat{\alpha}(\vartheta)$ im Intervall $-\pi \leqq \vartheta \leqq \pi$ stückweise glatt und absolut integrierbar ist:

$$\int_{-\pi}^{\pi} |\,\hat{\alpha}(\vartheta)\,|\,\mathrm{d}\vartheta < \infty . \tag{5.181}$$

Für $A(\omega)$ bedeutet dies: Abgesehen von endlich vielen ω-Stellen soll $A(\omega)$ überall einen stetigen Differentialquotienten haben, und es möge

$$\int_{-\infty}^{\infty} \frac{|\ln A(\omega)|}{1+\omega^2}\,\mathrm{d}\omega < \infty \tag{5.182}$$

sein. Die Ungleichung (5.182) folgt unmittelbar aus Ungleichung (5.181) aufgrund von Gl. (5.165), aus der sich $\mathrm{d}\vartheta$ zu $-2\mathrm{d}\omega/(1+\omega^2)$ ergibt. Nun läßt sich $\hat{\alpha}(\vartheta)$ wegen der Bedingung (5.181) in die Fourier-Reihe

$$\hat{\alpha}(\vartheta) = \alpha_0 + \alpha_1 \cos\vartheta + \alpha_2 \cos 2\vartheta + \cdots$$

entwickeln, wobei die Summe an allen ϑ-Stellen mit $\hat{\alpha}(\vartheta)$ übereinstimmt, an denen $\hat{\alpha}(\vartheta)$ stetig ist [To1]. Damit kann man die Funktion

$$\hat{H}(s) = \mathrm{e}^{-\alpha_0 - \alpha_1 s - \alpha_2 s^2 - \cdots}$$

und weiterhin

$$H(p) = \hat{H}\left(\frac{1-p}{1+p}\right) \tag{5.183}$$

bilden. Man erkennt, daß

$$|\,H(\mathrm{j}\omega)\,| = |\,\hat{H}(\mathrm{e}^{\mathrm{j}\vartheta})\,| = \mathrm{e}^{-\hat{\alpha}(\vartheta)} = A(\omega) \tag{5.184}$$

gilt und die Funktion $H(p)$ in $\mathrm{Re}\,p > 0$ analytisch und in $\mathrm{Re}\,p \geqq 0$ endlich sowie, abgesehen von endlich vielen Stellen auf $\mathrm{Re}\,p = 0$, stetig ist. Damit $H(p)$ als Übertragungsfunktion eines kausalen Systems aufgefaßt werden kann, muß jetzt noch verlangt werden, daß eine für negative t-Werte verschwindende Zeitfunktion $h(t)$ (Impulsantwort des Systems) existiert, deren Laplace-Transformierte mit $H(p)$ nach Gl. (5.183) identisch ist. Diese Frage betrifft das Darstellungsproblem der Laplace-Transformation. Nach Doetsch [Do1] reichen die bis jetzt festgestellten Eigenschaften von $H(p)$ noch nicht aus, um die Existenz einer Funktion $h(t)$ der genannten Art zu garantieren. Ist jedoch die Funktion $H(\mathrm{j}\omega) - H(\infty)$ in $(-\infty, \infty)$ absolut integrierbar, dann läßt sich $H(\mathrm{j}\omega)$ gemäß Kapitel III als Fourier-Transformierte einer Zeitfunktion $h(t)$ darstellen. Diese Funktion verschwindet für $t < 0$, wie leicht dadurch gezeigt werden kann, daß man $h(t) - H(\infty)\,\delta(t)$ für $t < 0$ durch

$$\lim_{R\to\infty} \frac{1}{2\pi\mathrm{j}} \int_{C_R} [H(p) - H(\infty)]\,\mathrm{e}^{pt}\,\mathrm{d}p$$

darstellt, wobei C_R einen geschlossenen Weg bedeutet, der sich aus einem endlichen Stück der imaginären Achse und einem in $\mathrm{Re}\,p \geqq 0$ gelegenen Halbkreis um den Nullpunkt mit Radius R zusammensetzt. Gemäß den Überlegungen im Abschnitt 2.2 verschwindet das Teilintegral längs des Halbkreisbogens für $t < 0$ und $R \to \infty$. Wenn man also neben den genannten Voraussetzungen für $A(\omega)$ einschließlich jener, die durch Ungleichung (5.182) ausgedrückt wird, fordert, daß die durch Gl. (5.183) gegebene Funktion $H(\mathrm{j}\omega) - H(\infty)$ absolut integrierbar ist, dann stellt $H(p)$ die Übertragungsfunktion eines linearen, zeitinvarianten und kausalen kontinuierlichen Systems dar, und es gilt $A(\omega) \equiv |H(\mathrm{j}\omega)|$. Dann kann also der Amplitude $A(\omega)$ eine Phase $\Theta(\omega)$ derart zugeordnet werden, daß die resultierende Funktion $H(\mathrm{j}\omega) = A(\omega)\,\mathrm{e}^{-\mathrm{j}\Theta(\omega)}$ Übertragungsfunktion eines kausalen Systems ist.

Nach einem Vorschlag von Paley und Wiener [Pa1] soll für das Folgende nur vorausgesetzt werden, daß die Amplitudenfunktion $A(\omega)$ quadratisch integrierbar ist, daß also

$$\int_{-\infty}^{\infty} A^2(\omega)\,\mathrm{d}\omega < \infty \tag{5.185}$$

gilt. Dann läßt sich folgende, als *Paley-Wiener-Kriterium* bekannte Aussage machen:

Satz V.9: Zu einer geraden, nichtnegativen Amplitudenfunktion $A(\omega)$ mit der Eigenschaft nach Gl. (5.185) gibt es genau dann eine Phasenfunktion $\Theta(\omega)$, so daß die resultierende Übertragungsfunktion $H(\mathrm{j}\omega)$ ein kausales System beschreibt, wenn die Bedingung (5.182) erfüllt ist.

Im folgenden soll das Paley-Wiener-Kriterium, teilweise nur skizzenhaft, bewiesen werden. Zur Vereinfachung der Beweisführung werden allerdings hierbei die eingangs gemachten Voraussetzungen über $A(\omega)$ verwendet; auf die absolute Integrierbarkeit von $H(\mathrm{j}\omega) - H(\infty)$ kann dabei verzichtet werden.

(a) Es läßt sich zeigen, daß für die Funktion $H(p)$, die gemäß Gl. (5.183) wegen Bedingung (5.182) existiert, aufgrund der Ungleichung (5.185) für $\sigma > 0$ die Beziehung

$$\int_{-\infty}^{\infty} |H(\sigma + \mathrm{j}\omega)|^2\,\mathrm{d}\omega < \infty$$

besteht. Angesichts dieser Eigenschaft von $H(p)$ gibt es eine für negative t-Werte verschwindende Zeitfunktion $h_\sigma(t)$, die im Sinne von Plancherel [Wi2] die Fourier-Transformierte der Funktion $H(\sigma + \mathrm{j}\omega)$ ist:

$$\lim_{T\to\infty} \int_{-\infty}^{\infty} \left| H(\sigma + \mathrm{j}\omega) - \int_{-T}^{T} h_\sigma(t)\,\mathrm{e}^{-\mathrm{j}\omega t}\,\mathrm{d}t \right|^2 \mathrm{d}\omega = 0\,.$$

Man sagt, daß die Funktion, welche durch das von $-T$ bis T erstreckte Integral gegeben ist, im *quadratischen Mittel* gegen $H(\sigma + \mathrm{j}\omega)$ konvergiert. Als Symbol für diese Konvergenzart wird l.i.m. (Limes im Mittel) benutzt. Nach [Pa1] erhält man die Aussage

$$\underset{\sigma\to 0}{\mathrm{l.i.m.}}\, H(\sigma + \mathrm{j}\omega) = \underset{T\to\infty}{\mathrm{l.i.m.}} \int_0^T h(t)\,\mathrm{e}^{-\mathrm{j}\omega t}\,\mathrm{d}t\,. \tag{5.186}$$

Hierbei bedeutet $h(t)$ den Grenzwert von $h_\sigma(t)$ für $\sigma\to 0$. Da aber $H(\sigma + \mathrm{j}\omega)$ für $\sigma\to 0$ im gewöhnlichen Sinne einen Grenzwert hat, nämlich $H(\mathrm{j}\omega)$, besitzt auch das Integral auf der rechten Seite von Gl. (5.186) einen gewöhnlichen, mit $H(\mathrm{j}\omega)$ übereinstimmenden Grenzwert [Pa1]. Damit gilt

$$H(\mathrm{j}\omega) = \int_0^{\infty} h(t)\,\mathrm{e}^{-\mathrm{j}\omega t}\,\mathrm{d}t\,,$$

wobei $\mathrm{j}\omega$ durch $p = \sigma + \mathrm{j}\omega$ mit $\sigma \geqq 0$ ersetzt werden darf. Da $|H(\mathrm{j}\omega)| \equiv A(\omega)$ gilt, ist ein Teil des Kriteriums bewiesen.

(b) Nimmt man jetzt eine Übertragungsfunktion $H(p)$ an, die zu einem kausalen System gehört, dann läßt sich in Umkehrung der Schlußweise von (a) zeigen, daß unter den getroffenen Voraussetzungen die Amplitudenfunktion $A(\omega)$ die Paley-Wiener-Bedingung (5.182) erfüllt. Dazu kann man folgendermaßen vorgehen. Zunächst sei $H(p)$ durch faktorielle Abspaltung einer Allpaßübertragungsfunktion auf eine Mindestphasenfunktion reduziert, wobei keine Veränderung der Amplitude erfolgt. Nach Übergang in die s-Ebene gemäß Gl. (5.164) erhält man aus $H(p)$ die Funktion $F(s)$, welche in $|s| < 1$ analytisch und nullstellenfrei ist. Danach wird das Integral

$$I = \frac{1}{2} \int_{|s|=\rho<1} \frac{\ln F(s)}{s} \mathrm{d}s$$

längs des Kreises $|s| = \rho < 1$ im Gegenuhrzeigersinn gebildet. Nach dem Residuensatz wird

$$I = \pi \mathrm{j} \ln F(0) ,$$

da der Integrand überall in $|s| \leqq \rho$ analytisch ist, abgesehen von der Polstelle $s = 0$, die das Residuum $\ln F(0)$ hat. Führt man den Grenzübergang $\rho \rightarrow 1$ durch und berücksichtigt man, daß sich dabei $\ln F(s)$ der Funktion $\ln F(\mathrm{e}^{\mathrm{j}\vartheta})$ stetig nähert und $s = \mathrm{e}^{\mathrm{j}\vartheta}$ wird, so erhält man

$$\frac{\mathrm{j}}{2} \int_{-\pi}^{\pi} \ln F(\mathrm{e}^{\mathrm{j}\vartheta}) \mathrm{d}\vartheta = \pi \mathrm{j} \ln F(0) ,$$

und hieraus folgt

$$\int_{-\pi}^{\pi} \ln |F(\mathrm{e}^{\mathrm{j}\vartheta})| \mathrm{d}\vartheta = 2\pi \ln |F(0)| . \tag{5.187}$$

Nun wird der Integrand $\ln |F(\mathrm{e}^{\mathrm{j}\vartheta})|$ als Summe $\ln^+ |F(\mathrm{e}^{\mathrm{j}\vartheta})| + \ln^- |F(\mathrm{e}^{\mathrm{j}\vartheta})|$ dargestellt, wobei der Term $\ln^+ |F(\mathrm{e}^{\mathrm{j}\vartheta})|$ sämtliche nichtnegativen Funktionswerte von $\ln |F(\mathrm{e}^{\mathrm{j}\vartheta})|$ umfaßt:

$$\ln^+ |F(\mathrm{e}^{\mathrm{j}\vartheta})| = \begin{cases} \ln |F(\mathrm{e}^{\mathrm{j}\vartheta})| & \text{für} \quad |F(\mathrm{e}^{\mathrm{j}\vartheta})| \geqq 1 , \\ 0 & \text{für} \quad |F(\mathrm{e}^{\mathrm{j}\vartheta})| < 1 . \end{cases}$$

In entsprechender Weise umfaßt $\ln^- |F(\mathrm{e}^{\mathrm{j}\vartheta})|$ sämtliche negativen Funktionswerte von $\ln |F(\mathrm{e}^{\mathrm{j}\vartheta})|$. Damit läßt sich schreiben

$$\int_{-\pi}^{\pi} \ln |F(\mathrm{e}^{\mathrm{j}\vartheta})| \mathrm{d}\vartheta = \int_{-\pi}^{\pi} \ln^+ |F(\mathrm{e}^{\mathrm{j}\vartheta})| \mathrm{d}\vartheta + \int_{-\pi}^{\pi} \ln^- |F(\mathrm{e}^{\mathrm{j}\vartheta})| \mathrm{d}\vartheta ,$$

$$\int_{-\pi}^{\pi} |\ln |F(\mathrm{e}^{\mathrm{j}\vartheta})|| \mathrm{d}\vartheta = \int_{-\pi}^{\pi} \ln^+ |F(\mathrm{e}^{\mathrm{j}\vartheta})| \mathrm{d}\vartheta - \int_{-\pi}^{\pi} \ln^- |F(\mathrm{e}^{\mathrm{j}\vartheta})| \mathrm{d}\vartheta .$$

Aus diesen Gleichungen folgt mit Gl. (5.187) die Beziehung

$$\int_{-\pi}^{\pi} |\ln |F(\mathrm{e}^{\mathrm{j}\vartheta})|| \mathrm{d}\vartheta = 2 \int_{-\pi}^{\pi} \ln^+ |F(\mathrm{e}^{\mathrm{j}\vartheta})| \mathrm{d}\vartheta - 2\pi \ln |F(0)| . \tag{5.188}$$

Da $|F(\mathrm{e}^{\mathrm{j}\vartheta})| \geqq \ln^+ |F(\mathrm{e}^{\mathrm{j}\vartheta})|$ und $|F(\mathrm{e}^{\mathrm{j}\vartheta})|^2 \geqq 2 \ln^+ |F(\mathrm{e}^{\mathrm{j}\vartheta})|$ gilt, läßt sich die Gl. (5.188) in die Ungleichung

$$\int_{-\pi}^{\pi} |\ln |F(\mathrm{e}^{\mathrm{j}\vartheta})|| \mathrm{d}\vartheta \leqq \int_{-\pi}^{\pi} |F(\mathrm{e}^{\mathrm{j}\vartheta})|^2 \mathrm{d}\vartheta - 2\pi \ln |F(0)| \tag{5.189}$$

überführen. Das auf der rechten Seite von Ungleichung (5.189) auftretende Integral hat einen endlichen Wert; denn es ist identisch mit dem Integral über $A^2(\omega)/(1 + \omega^2)$ von $-\infty$ bis ∞, das wegen der quadratischen Integrierbarkeit von $A(\omega)$ einen endlichen Wert besitzt. Also erhält man aus der Ungleichung (5.189) die Eigenschaft

$$\int_{-\pi}^{\pi} |\ln |F(\mathrm{e}^{\mathrm{j}\vartheta})|| \mathrm{d}\vartheta < \infty ,$$

die durch Übergang in die p-Ebene direkt die Paley-Wiener-Bedingung (5.182) liefert.

Aus dem Paley-Wiener-Kriterium lassen sich einige interessante Folgerungen ziehen: Betrachtet man ein Tiefpaßsystem mit quadratisch integrierbarer Amplitudenfunktion, dessen Dämpfung $\alpha(\omega)$ für $\omega \to \infty$ sich wie const$\cdot\, \omega^n$ verhält, dann ist die Amplitude im Sinne des Paley-Wiener-Kriteriums sicher dann nicht realisierbar, wenn $n \geqq 1$ ist. Der lineare Anstieg mit der Frequenz ist also eine obere Grenze für das asymptotische Verhalten jeder realisierbaren Tiefpaß-Dämpfungsfunktion. Kein realisierbares System mit quadratisch integrierbarer Amplitude liefert eine Dämpfung, die asymptotisch wie const$\cdot\, \omega$ oder schneller ansteigt. Der Gaußsche Tiefpaß mit der quadratisch integrierbaren Amplitude $A(\omega) = \mathrm{e}^{-\omega^2}$ hat die Dämpfung $\alpha(\omega) = \omega^2$. Er ist also nicht realisierbar. – Verschwindet die quadratisch integrierbare Amplitudenfunktion $A(\omega)$ in einem ω-Intervall von nicht verschwindender Länge, dann ist das Paley-Wiener-Kriterium offensichtlich nicht erfüllt, die Amplitude nicht realisierbar. Als Beispiel sei die Amplitudenfunktion $A(\omega)$ des idealen Tiefpasses (Kapitel III, Abschnitt 2.3) genannt, die quadratisch integrierbar ist, jedoch für $|\omega| > \omega_g$ identisch verschwindet. Das Paley-Wiener-Integral in Ungleichung (5.182) divergiert. Der ideale Tiefpaß ist also kein kausales System. Abschließend sei bemerkt, daß die Frage der Realisierbarkeit einer nicht quadratisch integrierbaren Amplitudencharakteristik (z.B. Bild 5.42) durch das Paley-Wiener-Kriterium nicht beantwortet wird.

6.4 DIE NULLDYNAMIK LINEARER SYSTEME

Das Konzept des Mindestphasensystems spielt beim Entwurf bestimmter regelungstechnischer Systeme eine Rolle. Hierauf wird im folgenden eingegangen. Die Untersuchungen dienen zugleich als Vorbereitung für die Durchführung ähnlicher allgemeiner Betrachtungen bei nichtlinearen Systemen im zweiten Band des Buches.

Ausgangspunkt ist ein lineares und zeitinvariantes System mit einem Eingangssignal $x(t)$ und einem Ausgangssignal $y(t)$. Die zugehörige Übertragungsfunktion sei rational, vom Grad q und gegeben durch

$$H(p) = \frac{\beta_0 + \beta_1 p + \beta_2 p^2 + \cdots + \beta_{q-r} p^{q-r}}{\alpha_0 + \alpha_1 p + \alpha_2 p^2 + \cdots + \alpha_{q-1} p^{q-1} + p^q} \tag{5.190}$$

mit $\beta_{q-r} \neq 0$ und $1 \leqq r < q$. Dabei heißt r *relativer Grad* von $H(p)$. Nach Gln. (2.32a-d) läßt sich das System im Zustandsraum $\mathbb{R}^q$ in der Steuerungsnormalform

$$\frac{\mathrm{d}\boldsymbol{z}}{\mathrm{d}t} = \boldsymbol{A}\,\boldsymbol{z} + \boldsymbol{b}\,x\,, \qquad y = \boldsymbol{c}^{\mathrm{T}}\boldsymbol{z} \tag{5.191a,b}$$

mit

$$\boldsymbol{A} = \begin{bmatrix} 0 & 1 & 0 & \cdots & & 0 \\ 0 & 0 & 1 & 0 & \cdots & 0 \\ \vdots & & & & & \\ 0 & 0 & \cdots & & & 1 \\ -\alpha_0 & -\alpha_1 & \cdots & & & -\alpha_{q-1} \end{bmatrix}, \quad \boldsymbol{b} = \begin{bmatrix} 0 \\ 0 \\ \vdots \\ 0 \\ 1 \end{bmatrix}, \tag{5.192a,b}$$

$$\boldsymbol{c}^{\mathrm{T}} = [\beta_0 \quad \beta_1 \cdots \beta_{q-r} \quad 0 \cdots 0] \tag{5.192c}$$

beschreiben. Nach den Gln. (5.59) und (5.60) bestehen die Beziehungen

$$\boldsymbol{c}^{\mathrm{T}}\boldsymbol{b} = 0, \quad \boldsymbol{c}^{\mathrm{T}}\boldsymbol{A}\,\boldsymbol{b} = 0, \ldots, \boldsymbol{c}^{\mathrm{T}}\boldsymbol{A}^{r-2}\boldsymbol{b} = 0 \tag{5.193a}$$

und

$$\boldsymbol{c}^{\mathrm{T}}\boldsymbol{A}^{r-1}\boldsymbol{b} \neq 0. \tag{5.193b}$$

Nun werden die Zustandsvariablen, d. h. die Komponenten $z_\nu (\nu = 1, 2, \ldots, q)$ des Zustandsvektors $\boldsymbol{z}$ durch neue Zustandsvariablen $\zeta_\nu (\nu = 1, 2, \ldots, q)$ ersetzt. Letztere werden folgendermaßen zusammengefaßt:

$$\hat{\boldsymbol{\zeta}} := \begin{bmatrix} \zeta_1 \\ \zeta_2 \\ \vdots \\ \zeta_r \end{bmatrix}, \quad \tilde{\boldsymbol{\zeta}} := \begin{bmatrix} \zeta_{r+1} \\ \zeta_{r+2} \\ \vdots \\ \zeta_q \end{bmatrix}, \quad \boldsymbol{\zeta} := \begin{bmatrix} \hat{\boldsymbol{\zeta}} \\ \tilde{\boldsymbol{\zeta}} \end{bmatrix}. \tag{5.194}$$

Zunächst werden die Komponenten des Vektors $\hat{\boldsymbol{\zeta}}$ definiert als

$$\zeta_1 := y \; (= \boldsymbol{c}^{\mathrm{T}}\boldsymbol{z} = \beta_0 z_1 + \cdots + \beta_{q-r} z_{q-r+1}),$$

$$\zeta_2 := \frac{\mathrm{d}y}{\mathrm{d}t} \; (= \boldsymbol{c}^{\mathrm{T}}(\boldsymbol{A}\,\boldsymbol{z} + \boldsymbol{b}\,x) = \boldsymbol{c}^{\mathrm{T}}\boldsymbol{A}\,\boldsymbol{z} = \beta_0 z_2 + \beta_1 z_3 + \cdots + \beta_{q-r} z_{q-r+2}),$$

$$\zeta_3 := \frac{\mathrm{d}^2 y}{\mathrm{d}t^2} \; (= \boldsymbol{c}^{\mathrm{T}}\boldsymbol{A}^2\boldsymbol{z} = \beta_0 z_3 + \cdots + \beta_{q-r} z_{q-r+3}),$$

$$\vdots$$

$$\zeta_r := \frac{\mathrm{d}^{r-1} y}{\mathrm{d}t^{r-1}} \; (= \boldsymbol{c}^{\mathrm{T}}\boldsymbol{A}^{r-1}\boldsymbol{z} = \beta_0 z_r + \cdots + \beta_{q-r} z_q). \tag{5.195}$$

Man beachte, daß

$$\frac{\mathrm{d}^r y}{\mathrm{d}t^r} = \frac{\mathrm{d}\zeta_r}{\mathrm{d}t} = \beta_0 \frac{\mathrm{d}z_r}{\mathrm{d}t} + \cdots + \beta_{q-r} \frac{\mathrm{d}z_q}{\mathrm{d}t} = [0 \cdots 0 \;\; \beta_0 \cdots \beta_{q-r}] \frac{\mathrm{d}\boldsymbol{z}}{\mathrm{d}t}$$

$$= [\boldsymbol{0}^{\mathrm{T}} \;\; \beta_0 \cdots \beta_{q-r}]\boldsymbol{A}\,\boldsymbol{z} + \beta_{q-r} x \tag{5.196a}$$

die erste Ableitung in der Folge y, $\mathrm{d}y/\mathrm{d}t$, $\mathrm{d}^2y/\mathrm{d}t^2, \ldots$ ist, welche x explizit enthält. Damit besteht die Möglichkeit, den relativen Grad r auch auf diese Weise zu definieren. Im übrigen kann die r-te Ableitung von y in der alternativen Form

$$\frac{\mathrm{d}^r y}{\mathrm{d}t^r} = \boldsymbol{c}^{\mathrm{T}}\boldsymbol{A}^r\boldsymbol{z} + \boldsymbol{c}^{\mathrm{T}}\boldsymbol{A}^{r-1}\boldsymbol{b}\,x$$

$$= \beta_0 z_{r+1} + \cdots + \beta_{q-r-1} z_q + \beta_{q-r}(-\alpha_0 z_1 - \alpha_1 z_2 - \cdots - \alpha_{q-1} z_q + x)$$

$$= [-\alpha_0 \beta_{q-r} \;\; -\alpha_1 \beta_{q-r} \cdots -\alpha_{r-1}\beta_{q-r} \;\; (\beta_0 - \alpha_r \beta_{q-r}) \cdots$$

$$(\beta_{q-r-1} - \alpha_{q-1}\beta_{q-r})]\,\boldsymbol{z} + \beta_{q-r} x \tag{5.196b}$$

ausgedrückt werden. Da $z_\mu = \mathrm{d}^{\mu-1} z_1 / \mathrm{d}t^{\mu-1}$ $(\mu = 2, 3, \ldots, q)$ angesichts der Gln. (5.191a) und (5.192a,b) gilt, folgt aus den Gln. (5.191b) und (5.192c) unmittelbar die wichtige Beziehung

$$y = \beta_0 z_1 + \beta_1 \frac{\mathrm{d}z_1}{\mathrm{d}t} + \cdots + \beta_{q-r} \frac{\mathrm{d}^{q-r} z_1}{\mathrm{d}t^{q-r}} . \tag{5.197}$$

Nun werden die Komponenten von $\tilde{\boldsymbol{\zeta}}$ festgelegt:

$$\begin{aligned} \zeta_{r+1} &:= z_1 \quad (= \boldsymbol{e}_1^{\mathrm{T}} \boldsymbol{z} \quad \text{mit} \quad \boldsymbol{e}_1 := [1 \;\; 0 \cdots 0]^{\mathrm{T}}), \\ \zeta_{r+2} &:= z_2 \quad (= \boldsymbol{e}_2^{\mathrm{T}} \boldsymbol{z} \quad \text{mit} \quad \boldsymbol{e}_2 := [0 \;\; 1 \;\; 0 \cdots 0]^{\mathrm{T}}), \\ &\vdots \\ \zeta_q &:= z_{q-r} \quad (= \boldsymbol{e}_{q-r}^{\mathrm{T}} \boldsymbol{z} \quad \text{mit} \quad \boldsymbol{e}_{q-r} := [0 \cdots 0 \;\; 1 \;\; 0 \cdots 0]^{\mathrm{T}}). \end{aligned} \tag{5.198}$$

Wie man sieht, gilt

$$\frac{\mathrm{d}\zeta_q}{\mathrm{d}t} = \frac{\mathrm{d}z_{q-r}}{\mathrm{d}t} = z_{q-r+1} . \tag{5.199}$$

Die eingeführte Transformation des Zustandsraums läßt sich jetzt in der Matrixform

$$\boldsymbol{\zeta} = \boldsymbol{M}^{-1} \boldsymbol{z} \tag{5.200a}$$

ausdrücken mit der nichtsingulären Transformationsmatrix

$$\boldsymbol{M}^{-1} = [\boldsymbol{c} \quad \boldsymbol{A}^{\mathrm{T}}\boldsymbol{c} \;\cdots\; (\boldsymbol{A}^{r-1})^{\mathrm{T}}\boldsymbol{c} \quad \boldsymbol{e}_1 \quad \boldsymbol{e}_2 \;\cdots\; \boldsymbol{e}_{q-r}]^{\mathrm{T}} . \tag{5.200b}$$

Daß diese Matrix nichtsingulär ist, läßt sich zeigen, indem man die lineare Unabhängigkeit der Zeilen $\boldsymbol{c}^{\mathrm{T}}$, $\boldsymbol{c}^{\mathrm{T}}\boldsymbol{A}, \ldots, \boldsymbol{c}^{\mathrm{T}}\boldsymbol{A}^{r-1}, \boldsymbol{e}_1^{\mathrm{T}}, \boldsymbol{e}_2^{\mathrm{T}}, \ldots, \boldsymbol{e}_{q-r}^{\mathrm{T}}$ nachweist. Dazu wird gezeigt, daß die Gleichung

$$k_1 \boldsymbol{c}^{\mathrm{T}} + k_2 \boldsymbol{c}^{\mathrm{T}}\boldsymbol{A} + \cdots + k_r \boldsymbol{c}^{\mathrm{T}}\boldsymbol{A}^{r-1} + k_{r+1}\boldsymbol{e}_1^{\mathrm{T}} + \cdots + k_q \boldsymbol{e}_{q-r}^{\mathrm{T}} = \boldsymbol{0}^{\mathrm{T}} \tag{5.201}$$

nur die triviale Lösung $k_1 = k_2 = \cdots = k_q = 0$ aufweist. Da angesichts der Gln. (5.193a,b) und der Definition der Einheitsvektoren $\boldsymbol{e}_\nu (\nu = 1, \ldots, q-r)$ sämtliche Zeilen der Matrix $\boldsymbol{M}^{-1}$ mit Ausnahme von $\boldsymbol{c}^{\mathrm{T}}\boldsymbol{A}^{r-1}$ orthogonal zu $\boldsymbol{b}$ sind (siehe Gln. (5.193a,b)), muß jedenfalls k_r verschwinden. Berücksichtigt man dies in Gl. (5.201) und multipliziert man von rechts die Gleichung mit $\boldsymbol{A}\boldsymbol{b} = [0 \;\; 0 \cdots 1 \;\; *]^{\mathrm{T}}$, so verbleibt auf der linken Seite als einziger nicht verschwindender Summand wegen den Gln. (5.193a,b) $k_{r-1}\, \boldsymbol{c}^{\mathrm{T}}\boldsymbol{A}^{r-1}\boldsymbol{b}$, woraus $k_{r-1} = 0$ folgt. In dieser Weise fährt man fort und multipliziert Gl. (5.201) von rechts nacheinander mit $\boldsymbol{A}^2\boldsymbol{b}, \boldsymbol{A}^3\boldsymbol{b}, \ldots$ bis $\boldsymbol{A}^{r-1}\boldsymbol{b} = [0 \cdots 0\, 1 * \cdots *]^{\mathrm{T}}$ (wobei rechts von 1 genau $r-1$ Elemente auftreten) und erhält so schrittweise $k_{r-2} = 0, k_{r-3} = 0 \ldots$ und schließlich $k_1 = 0$. Danach verbleibt die Gleichung

$$k_{r+1}\boldsymbol{e}_1^{\mathrm{T}} + \cdots + k_q \boldsymbol{e}_{q-r}^{\mathrm{T}} = \boldsymbol{0}^{\mathrm{T}} ,$$

aus der sofort $k_{r+1} = \cdots = k_q = 0$ folgt. Damit ist der Beweis geführt.

Mit den Abkürzungen

$$\gamma_\nu := \begin{cases} -\alpha_{\nu-1}\beta_{q-r} & (\nu = 1, 2, \ldots, r) \quad (5.202\mathrm{a}) \\ \beta_{\nu-r-1} - \alpha_{\nu-1}\beta_{q-r} & (\nu = r+1, \ldots, q) \quad (5.202\mathrm{b}) \end{cases}$$

kann man Gl. (5.196b) unter Benutzung von Gl. (5.196a) in der Form

$$\frac{\mathrm{d}\zeta_r}{\mathrm{d}t} = \boldsymbol{\gamma}^{\mathrm{T}}\boldsymbol{z} + \beta_{q-r}x \quad \text{mit} \quad \boldsymbol{\gamma}^{\mathrm{T}} := [\gamma_1 \;\; \gamma_2 \;\cdots\; \gamma_q]$$

oder bei Verwendung der Transformation nach Gl. (5.200a) als

$$\frac{\mathrm{d}\zeta_r}{\mathrm{d}t} = \boldsymbol{\delta}^{\mathrm{T}}\boldsymbol{\zeta} + \beta_{q-r}x \quad \text{mit} \quad \boldsymbol{\delta}^{\mathrm{T}} := [\delta_1 \;\; \delta_2 \;\cdots\; \delta_q] := \boldsymbol{\gamma}^{\mathrm{T}}\boldsymbol{M}$$

schreiben, und damit läßt sich aufgrund der Gln. (5.195) die *äußere Dynamik* des Systems durch die Differentialgleichung

$$\frac{\mathrm{d}\hat{\zeta}}{\mathrm{d}t} = \begin{bmatrix} 0 & 1 & 0 & \cdots & & 0 & 0 & \cdots & 0 \\ 0 & 0 & 1 & 0 & \cdots & 0 & 0 & \cdots & 0 \\ \vdots & & & & & \vdots & \vdots & & \vdots \\ 0 & 0 & \cdots & & 0 & 1 & 0 & \cdots & 0 \\ \delta_1 & \delta_2 & \cdots & & & \delta_r & \delta_{r+1} & \cdots & \delta_q \end{bmatrix} \begin{bmatrix} \hat{\zeta} \\ \tilde{\zeta} \end{bmatrix} + \begin{bmatrix} 0 \\ \vdots \\ 0 \\ \beta_{q-r} \end{bmatrix} x \tag{5.203}$$

ausdrücken. Löst man die erste der Gln. (5.195) nach z_{q-r+1} auf, so erhält man angesichts der Gln. (5.199) und (5.198)

$$\frac{\mathrm{d}\zeta_q}{\mathrm{d}t} = \frac{\zeta_1}{\beta_{q-r}} - \frac{\beta_0 \zeta_{r+1}}{\beta_{q-r}} - \cdots - \frac{\beta_{q-r-1}\zeta_q}{\beta_{q-r}} .$$

Andererseits folgt aus den Gln. (5.198), (5.191a) und (5.192a,b)

$$\frac{\mathrm{d}\zeta_{r+\nu}}{\mathrm{d}t} = \zeta_{r+\nu+1} \qquad (\nu = 1, 2, \ldots, q-1-r) .$$

Damit wird die *innere Dynamik* aufgrund der Gln. (5.198) durch die Differentialgleichung

$$\frac{\mathrm{d}\tilde{\zeta}}{\mathrm{d}t} = \begin{bmatrix} 0 & 0 & \cdots & 0 & 0 & 1 & 0 & \cdots & 0 \\ 0 & \cdots & & & 0 & 0 & 1 & \cdots & 0 \\ \vdots & & & & \vdots & \vdots & & & \vdots \\ 0 & 0 & & \cdots & 0 & 0 & \cdots & & 1 \\ 1/\beta_{q-r} & 0 & \cdots & 0 & -\beta_0/\beta_{q-r} & \cdots & & & -\beta_{q-r-1}/\beta_{q-r} \end{bmatrix} \begin{bmatrix} \hat{\zeta} \\ \tilde{\zeta} \end{bmatrix} \tag{5.204}$$

dargestellt.

Es wird nun für das Ausgangssignal $y(t)$ eine hinreichend oft differenzierbare (Führungs-) Größe $y_f(t)$ vorgeschrieben, d. h. es soll das Eingangssignal $x(t)$ derart gewählt werden, daß das Fehlersignal

$$e(t) := y(t) - y_f(t) \tag{5.205}$$

für $t \to \infty$ gegen Null strebt. Die Gl. (5.196b) legt es nahe, die Wahl

$$x = \alpha_0 z_1 + \alpha_1 z_2 + \cdots + \alpha_{q-1} z_q - \frac{1}{\beta_{q-r}} (\beta_0 z_{r+1} + \beta_1 z_{r+2} + \cdots + \beta_{q-r-1} z_q)$$
$$- \frac{1}{\beta_{q-r}} \left[k_0 e + k_1 \frac{\mathrm{d}e}{\mathrm{d}t} + \cdots + k_{r-1} \frac{\mathrm{d}^{r-1}e}{\mathrm{d}t^{r-1}} - \frac{\mathrm{d}^r y_f}{\mathrm{d}t^r} \right] \tag{5.206}$$

zu treffen, wodurch diese Gleichung angesichts von Gl. (5.205) die Differentialgleichung für die Fehlerfunktion

$$\frac{\mathrm{d}^r e}{\mathrm{d}t^r} + k_{r-1} \frac{\mathrm{d}^{r-1} e}{\mathrm{d}t^{r-1}} + \cdots + k_1 \frac{\mathrm{d}e}{\mathrm{d}t} + k_0 e = 0 \tag{5.207}$$

liefert. Die Konstanten k_ν ($\nu = 0, 1, \ldots, r-1$) sind so zu wählen, daß das zugehörige charakteristische Polynom

$$p^r + k_{r-1} p^{r-1} + \cdots + k_1 p + k_0$$

ein Hurwitz-Polynom wird. Dies hat zur Folge, daß für $t \to \infty$ die Fehlerfunktion e gegen Null und damit y gegen die Führungsgröße y_f strebt. Für $\zeta_{r+1} = z_1$ erhält man nach Gl. (5.197) die Differentialgleichung

$$\beta_{q-r} \frac{\mathrm{d}^{q-r} \zeta_{r+1}}{\mathrm{d}t^{q-r}} + \cdots + \beta_1 \frac{\mathrm{d}\zeta_{r+1}}{\mathrm{d}t} + \beta_0 \zeta_{r+1} = y \,, \tag{5.208}$$

wobei $y(t)$ in diesem Fall die Erregung darstellt. Die zugehörige charakteristische Gleichung ist

$$\beta_{q-r} p^{q-r} + \cdots + \beta_2 p^2 + \beta_1 p + \beta_0 = 0 \,. \tag{5.209}$$

Wie man sieht, stimmt das charakteristische Polynom mit dem Zählerpolynom der Übertragungsfunktion $H(p)$ nach Gl. (5.190) überein. Das heißt, die Nullstellen von $H(p)$ sind die Eigenwerte der inneren Dynamik. Aus diesem Grund spricht man von der Nulldynamik des Systems im Führungsbetrieb. Stabilitätsprobleme treten in den Fällen auf, in denen das ursprüngliche System mit der Übertragungsfunktion $H(p)$ nicht Mindestphaseneigenschaft aufweist (man vergleiche Abschnitt 6.1).

Beispiel 5.18: Es wird das System aus Beispiel 2.5 betrachtet. Es simuliert die Höhendynamik eines Flugzeugs. Die Übertragungsfunktion lautet gemäß Gl. (2.38)

$$H(p) = \frac{14 - 4p - p^2}{p^2(4 + 4p + p^2)} \,. \tag{5.210}$$

Der relative Grad ist $r = 2$. Nach Gl. (2.39b) erhält man

$$y = 14 z_1 - 4 z_2 - z_3 \tag{5.211a}$$

und damit nach Gl. (2.39a)

$$\frac{\mathrm{d}y}{\mathrm{d}t} = 14 z_2 - 4 z_3 - z_4 \tag{5.211b}$$

sowie als erste Ableitung, die x explizit enthält,

$$\frac{\mathrm{d}^2 y}{\mathrm{d}t^2} = 14 z_3 - 4 z_4 - (-4 z_3 - 4 z_4 + x)$$

oder

$$\frac{\mathrm{d}^2 y}{\mathrm{d}t^2} = 18 z_3 - x \,. \tag{5.211c}$$

Bei Vorgabe einer Führungsgröße $y_f(t)$ für $y(t)$ wird angesichts der Gl. (5.211c)

$$x = 18 z_3 - \frac{\mathrm{d}^2 y_f}{\mathrm{d}t^2} + k_0 e + k_1 \frac{\mathrm{d}e}{\mathrm{d}t} \tag{5.212}$$

gewählt, wobei $e = y - y_f$ gilt und k_0, k_1 positive Konstanten bedeuten. Führt man Gl. (5.212) in Gl. (5.211c) ein, so erhält man für die Fehlerfunktion die Differentialgleichung

$$\frac{\mathrm{d}^2 e}{\mathrm{d}t^2} + k_1 \frac{\mathrm{d}e}{\mathrm{d}t} + k_0 e = 0 \,. \tag{5.213}$$

Aus Gl. (5.211a) folgt mit Gl. (2.39a)

$$-\frac{\mathrm{d}^2 z_1}{\mathrm{d}t^2} - 4 \frac{\mathrm{d}z_1}{\mathrm{d}t} + 14 z_1 = y \,. \tag{5.214}$$

Wie man sieht, stimmt das charakteristische Polynom dieser Differentialgleichung mit dem Zählerpolynom der Übertragungsfunktion $H(p)$ nach Gl. (5.210) überein. Die Nulldynamik des Systems im Führungsbetrieb ist also instabil.

Abschließend soll die Sprungantwort $a(t)$ des Systems mit der Übertragungsfunktion $H(p)$ nach Gl. (5.210) berechnet werden. Die Laplace-Transformierte $A(p) = H(p)/p$ von $a(t)$ lautet

$$A(p) = \frac{14 - 4p - p^2}{p^3(4 + 4p + p^2)} = \frac{27/8}{p} - \frac{9/2}{p^2} + \frac{7/2}{p^3} - \frac{27/8}{p+2} - \frac{(9/4)}{(p+2)^2} .$$

Durch Anwendung der Korrespondenztabelle folgt hieraus

$$a(t) = \frac{27}{8} s(t) - \frac{9}{2} s(t) t + \frac{7}{4} s(t) t^2 - \frac{27}{8} s(t) e^{-2t} - \frac{9}{4} s(t) t e^{-2t} . \tag{5.215}$$

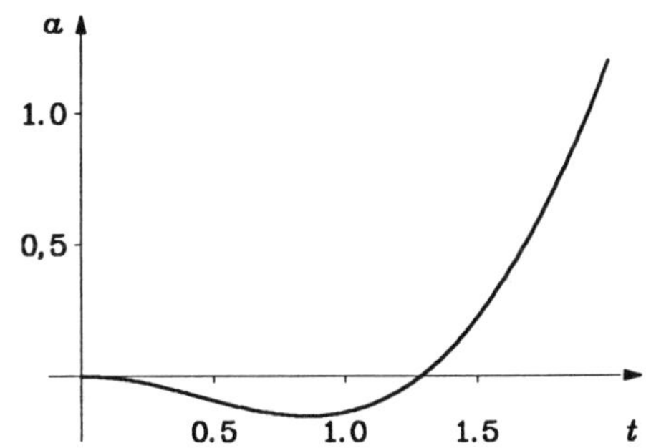

Bild 5.44: Verlauf der Sprungantwort $a(t)$ von Beispiel 5.18

Bild 5.44 zeigt den zeitlichen Verlauf der Sprungantwort nach Gl. (5.215). Wie man sieht, reagiert das Flugzeug auf eine sprungartige Erregung des Höhenruders zuerst in der falschen Richtung, bis es sich in der gewünschten Richtung nach oben bewegt. Dieses Verhalten ist typisch für Systeme, die nicht Mindestphasenverhalten zeigen. Dieser Anfangseffekt ist physikalisch verständlich, weil zunächst die auf das Ruder wirkende Kraft eine Abwärtsbeschleunigung hervorruft. Der Sprung in x erzeugt aber auch ein Drehmoment bezüglich des Massezentrums, das den Winkel α vergrößert. Dadurch wird eine zunehmende Hubkraft auf das Flugzeug in Aufwärtsrichtung ausgeübt. Diese Hubkraft überwiegt schließlich die abwärts gerichtete Kraft auf das Höhenruder.

7 Optimalfilter

Im folgenden sollen Möglichkeiten zur Charakterisierung von Systemen skizziert werden, welche zur Signalschätzung dienen, also zur möglichst genauen Bestimmung eines durch Rauschen oder sonstige Störungen überlagerten Nutzsignals. Das Nutzsignal wird hierbei als Musterfunktion eines stochastischen Prozesses verstanden. Da das Prinzip der Signalschätzung auf der Extraktion des Nutzsignals aus dem empfangenen Signalgemisch beruht, bezeichnet man die resultierenden Systeme als Filter.

7.1 DAS WIENERSCHE OPTIMALFILTER

Von dem empfangenen stochastischen Prozeß $\boldsymbol{x}(t)$ werden nur bestimmte stochastische Kenngrößen als bekannt vorausgesetzt. Dieser Prozeß setze sich additiv zusammen aus dem Nachrichtensignal $\boldsymbol{m}(t)$ und einer Störung $\boldsymbol{n}(t)$, die als reelle, mittelwertfreie, nicht korrelierte, stationäre stochastische Prozesse betrachtet werden dürfen. Es gilt also

$$\boldsymbol{x}(t) = \boldsymbol{m}(t) + \boldsymbol{n}(t). \tag{5.216}$$

Bekannt seien also die beiden Autokorrelierten $r_{mm}(\tau)$ und $r_{nn}(\tau)$, deren Fourier-Transformierte als gewöhnliche Funktionen existieren sollen, und es sei $r_{mn}(\tau) \equiv 0$.

Die zu lösende Aufgabe besteht darin, die Impulsantwort $h(t)$ bzw. die Übertragungsfunktion $H(\mathrm{j}\omega)$ eines linearen, zeitinvarianten und kausalen kontinuierlichen Systems zu ermitteln, dessen Reaktion

$$\boldsymbol{y}(t) = \int_0^\infty h(\sigma)\boldsymbol{x}(t-\sigma)\,\mathrm{d}\sigma \tag{5.217}$$

auf die Erregung $\boldsymbol{x}(t)$ nach Gl. (5.216) für alle t im Sinne des kleinsten mittleren Fehlerquadrates möglichst wenig vom Nutzsignal $\boldsymbol{m}(t)$ abweicht. Es soll also eine Impulsantwort $h(t)$ mit der Eigenschaft $h(t) = 0$ für alle $t < 0$ gefunden werden, so daß der Fehler

$$\Delta = E\{[\boldsymbol{m}(t) - \boldsymbol{y}(t)]^2\} \tag{5.218}$$

minimal wird. Dabei bezeichnet E den Erwartungswert, und $\boldsymbol{y}(t)$ ist durch die Gl. (5.217) erklärt.

Das Minimum des Fehlers Δ in Abhängigkeit von $h(t)$ erhält man aufgrund des *Orthogonalitätsprinzips*, welches hier besagt, daß in jedem Zeitpunkt t die Abweichung des Nutzsignals $\boldsymbol{m}(t)$ von seiner durch Gl. (5.217) gegebenen bestmöglichen Schätzung $\boldsymbol{y}(t)$ orthogonal sein muß zu allen vorausgegangenen Werten des empfangenen Signals $\boldsymbol{x}(t)$. Es muß also

$$E\{[\boldsymbol{m}(t) - \boldsymbol{y}(t)]\boldsymbol{x}(t-\tau)\} = 0 \quad \text{für alle } \tau \geqq 0 \tag{5.219}$$

gefordert werden.

Die Richtigkeit dieser Bedingung soll kurz bewiesen werden. Zu diesem Zweck wird $\boldsymbol{y}(t)$ in Gl. (5.218) durch eine Näherungssumme, die das Integral in Gl. (5.217) approximiert, ersetzt, so daß man für den Fehler mit beliebiger Genauigkeit die Darstellung

$$\Delta = E\left\{[\boldsymbol{m}(t) - \sum_{\mu=0}^{M} h(\sigma_\mu)\boldsymbol{x}(t-\sigma_\mu)\Delta\sigma_\mu]^2\right\}$$

erhält. Diese Größe ist in Abhängigkeit von den Werten $h(\sigma_\mu)$ ($\mu = 0, 1, \ldots, M$) zum Minimum zu machen. Dazu wird Δ nach $h(\sigma_\nu)$ ($\nu = 0, 1, \ldots, M$; fest) partiell differenziert, wobei Differentiation und Erwartungswertbildung vertauscht werden dürfen, und sodann ist der Differentialquotient gleich Null zu setzen. Auf diese Weise entsteht die Gleichung

$$E\left\{2[\boldsymbol{m}(t) - \sum_{\mu=0}^{M} h(\sigma_\mu)\boldsymbol{x}(t-\sigma_\mu)\Delta\sigma_\mu][-\boldsymbol{x}(t-\sigma_\nu)\Delta\sigma_\nu]\right\} = 0 \quad (\nu = 0, 1, \ldots, M),$$

in der die Faktoren 2 und $-\Delta\sigma_\nu$ gekürzt werden dürfen. Macht man die Diskretisierung des Integrals rückgängig und ersetzt dabei σ_ν durch den Parameter τ, dann ergibt sich die Gl. (5.219) für $\tau > 0$. Läßt man in $h(t)$ einen Impulsanteil für $t = 0$ zu, dann zeigt sich, daß das Orthogonalitätsprinzip auch für $\tau = 0$ gefordert werden muß.

Wenn man die Gl. (5.219) mit $h(\tau)$ multipliziert und dann von $\tau = 0$ bis $\tau = \infty$ integriert, wobei Integration und Erwartungswertbildung vertauscht werden dürfen, dann erhält man die Beziehung

$$E\{\boldsymbol{m}(t)\boldsymbol{y}(t)\} = E\{\boldsymbol{y}^2(t)\},$$

mit welcher jetzt der Fehler Δ nach Gl. (5.218) in der Form

$$\Delta = E\{\boldsymbol{m}^2(t)\} - E\{\boldsymbol{m}(t)\boldsymbol{y}(t)\} = E\{\boldsymbol{m}^2(t)\} - E\{\boldsymbol{y}^2(t)\} \qquad (5.220\text{a,b})$$

angegeben werden kann.

Die Gln. (5.219) und (5.220a) lassen sich jetzt unter Beachtung der Gl. (5.217) mit Hilfe von Korrelationsfunktionen ausdrücken. Auf diese Weise erhält man die *Wiener-Hopfsche Integralgleichung*

$$r_{xm}(\tau) - \int_0^\infty h(\sigma) r_{xx}(\tau - \sigma)\,\mathrm{d}\sigma = 0 \quad \text{für alle } \tau \geqq 0 \qquad (5.221)$$

zur Bestimmung der optimalen Impulsantwort $h(t)$, und für den zugehörigen Fehler

$$\Delta = r_{mm}(0) - \int_0^\infty h(\sigma) r_{xm}(\sigma)\,\mathrm{d}\sigma . \qquad (5.222)$$

Zur Lösung der Wiener-Hopfschen Integralgleichung, die nur für $\tau \geqq 0$ besteht, führt man gemäß Gl. (5.221) für alle τ

$$q(\tau) := r_{xm}(\tau) - \int_0^\infty h(\sigma) r_{xx}(\tau - \sigma)\,\mathrm{d}\sigma \qquad (5.223)$$

ein, und man hat damit zu fordern, daß $h(\tau)$ eine kausale und $q(\tau)$ eine akausale Funktion bedeutet, daß also

$$h(\tau) = 0 \quad \text{für alle } \tau < 0 , \qquad q(\tau) = 0 \quad \text{für alle } \tau \geqq 0 \qquad (5.224\text{a,b})$$

gilt. Nun wird die Gl. (5.223) der (zweiseitigen) Laplace-Transformation unterworfen, wobei die Transformierten von $q(\tau)$ und $h(\tau)$ mit $Q(p)$ bzw. $H(p)$ bezeichnet werden. Es ergibt sich so

$$Q(p) = R_{xm}(p) - H(p) R_{xx}(p) . \qquad (5.225)$$

Die Funktionen $R_{xm}(p)$ und $R_{xx}(p)$ sind die Laplace-Transformierten von $r_{xm}(\tau)$ bzw. $r_{xx}(\tau)$; sie sind in eindeutiger Weise durch die spektralen Leistungsdichten $S_{xm}(\omega)$ und $S_{xx}(\omega)$ bestimmt; denn es gilt $R_{xm}(\mathrm{j}\omega) = S_{xm}(\omega)$ und $R_{xx}(\mathrm{j}\omega) = S_{xx}(\omega)$. Es sei an dieser Stelle daran erinnert, daß stets $S_{xx}(\omega) \geqq 0$ ist, und für das Folgende wird vorausgesetzt, daß $S_{xx}(\omega)$ im Sinne des Paley-Wiener-Kriteriums als Quadrat einer Amplitudenfunktion aufgefaßt werden kann. Die Funktionen $R_{xm}(p)$ und $R_{xx}(p)$ existieren in einem zur imaginären Achse parallelen Streifen der p-Ebene, dem diese Achse angehört. Da $r_{xx}(\tau)$ eine reellwertige und gerade Funktion ist, muß die Transformierte $R_{xx}(p)$ ebenfalls gerade und für reelle p reellwertig sein. Die beiden Transformierten $H(p)$ und $Q(p)$ existieren wegen der Gln. (5.224a,b) jeweils in einer Halbebene, und zwar

$$Q(p) \text{ in } \operatorname{Re} p < 0 , \qquad H(p) \text{ in } \operatorname{Re} p > 0 .$$

In diesen Gebieten ist die jeweilige Funktion analytisch. Die gesuchte Funktion $H(p)$ läßt sich durch Lösung der Gl. (5.225) folgendermaßen ermitteln:
Zuerst ist die Transformierte $R_{xx}(p)$ als Produkt

$$R_{xx}(p) = A_+(p)A_-(p) \tag{5.226}$$

derart darzustellen, daß $A_+(p)$ sowie $1/A_+(p)$ in der Halbebene $\operatorname{Re} p > 0$ und $A_-(p)$ sowie $1/A_-(p)$ in der Halbebene $\operatorname{Re} p < 0$ analytisch sind. Damit hat $A_+(p)$ die charakteristische Eigenschaft einer Mindestphasen-Übertragungsfunktion (man vergleiche Abschnitt 6.2). Falls $R_{xx}(p)$ eine rationale Funktion in p ist, läßt sich die nach Gl. (5.226) erforderliche Faktorisierung gemäß Abschnitt 6.1 durchführen.

Nun wird die Gl. (5.225) durch die Funktion $A_-(p)$ dividiert. Der dabei auftretende Quotient $R_{xm}(p)/A_-(p)$ ist als Summe

$$\frac{R_{xm}(p)}{A_-(p)} = B^+(p) + B^-(p) \tag{5.227}$$

derart darzustellen, daß $B^+(p)$ in $\operatorname{Re} p > 0$ und $B^-(p)$ in $\operatorname{Re} p < 0$ analytisch ist; bis zum Rand ihres Regularitätsgebietes müssen die Funktionen stetig sein, und es soll $B^-(\infty) = 0$ sein. Ist die linke Seite der Gl. (5.227) rational in p, dann läßt sich die Zerlegung gemäß Gl. (5.227) durch Partialbruchentwicklung von $R_{xm}(p)/A_-(p)$ durchführen, ähnlich wie im Abschnitt 5.1 verfahren wurde. Falls aber die mit $B(p)$ abgekürzte linke Seite der Gl. (5.227) nicht rational ist, kann man durch Rücktransformation aus $B(p)$ die Zeitfunktion $b(t)$ ermitteln, deren additiver Zerlegung in $b^+(t) = s(t)b(t)$ und $b^-(t) = s(-t)b(t)$ die Zerlegung von $B(p)$ nach Gl. (5.227) entspricht. Dies bedeutet, daß $b^+(t)$ im Frequenzbereich $B^+(p)$ und $b^-(t)$ die Funktion $B^-(p)$ liefert.

Mit Hilfe der aus den Gln. (5.226) und (5.227) gewonnenen Funktionen wählt man

$$Q(p) = A_-(p)B^-(p) \quad \text{und} \quad H(p) = \frac{B^+(p)}{A_+(p)}, \tag{5.228a,b}$$

so daß $Q(p)$ in $\operatorname{Re} p < 0$ und $H(p)$ in $\operatorname{Re} p > 0$ analytisch ist.[1])

Führt man die Gln. (5.226), (5.227) und (5.228a,b) in Gl. (5.225) ein, so zeigt sich sofort die Richtigkeit der Beziehungen. Das durch Gl. (5.228b) charakterisierte System löst die gestellte Aufgabe und heißt *Wienersches Optimalfilter.*

Beispiel 5.19: Es seien gegeben

$$S_{mm}(\omega) = \frac{2}{1+\omega^2}, \quad S_{nn}(\omega) = 1, \quad S_{mn}(\omega) = 0.$$

Zunächst ergibt sich

$$S_{xx}(\omega) = S_{mm}(\omega) + S_{nn}(\omega) = \frac{3+\omega^2}{1+\omega^2} \quad \text{und} \quad S_{xm}(\omega) = S_{mm}(\omega) = \frac{2}{1+\omega^2}.$$

Gemäß Gl. (5.226) ist die Funktion

$$R_{xx}(p) = \frac{3-p^2}{1-p^2}$$

zu faktorisieren. Man erhält sofort

$$A_+(p) = \frac{p+\sqrt{3}}{p+1} \quad \text{und} \quad A_-(p) = \frac{p-\sqrt{3}}{p-1}.$$

---

1) Hierbei wird angenommen, daß die aus $H(p)$ durch Rücktransformation gewonnene Zeitfunktion $h(t)$ als Laplace-Transformierte $H(p)$ besitzt. Entsprechendes gilt für $Q(p)$.

Gemäß Gl. (5.227) wird die Funktion

$$\frac{R_{xm}(p)}{A_-(p)} = \frac{-2}{(p+1)(p-\sqrt{3})}$$

in die Summe von

$$B^+(p) = \frac{2}{1+\sqrt{3}}\,\frac{1}{p+1} \quad \text{und} \quad B^-(p) = \frac{-2}{1+\sqrt{3}}\,\frac{1}{p-\sqrt{3}}$$

aufgespalten. Die Gl. (5.228b) liefert jetzt

$$H(p) = \frac{2}{1+\sqrt{3}}\,\frac{1}{p+\sqrt{3}}\,, \quad \text{also} \quad h(t) = s(t)\frac{2}{1+\sqrt{3}}\,e^{-\sqrt{3}t}\,.$$

Dem Leser sei als Übung die Berechnung des Fehlers nach Gl. (5.222) empfohlen.

Abschließend sollen noch zwei Bemerkungen gemacht werden:

1. Verzichtet man auf die Kausalität des Filters, dann ist die Wiener-Hopfsche Integralgleichung (5.221) sowohl für $\tau \geqq 0$ wie auch für $\tau < 0$ gültig. Damit läßt sich durch Anwendung der Fourier-Transformation auf Gl. (5.221) sofort die optimale Lösung $H(j\omega) = S_{xm}(\omega)/S_{xx}(\omega)$ angeben, die allerdings im allgemeinen nicht realisierbar ist.
2. Das behandelte Filterproblem kann dadurch noch erweitert werden, daß $\boldsymbol{m}(t)$ im Fehler Δ nach Gl. (5.218) durch $\boldsymbol{m}(t+\delta)$ ersetzt wird. Auf diese Weise wird versucht, das um eine bestimmte Zeitspanne δ verschobene Nutzsignal zu ermitteln. Die Lösung erfolgt ganz entsprechend wie oben. In der Gl. (5.221) ist nur $r_{xm}(\tau)$ durch $r_{xm}(\tau+\delta)$ zu ersetzen, in den Gln. (5.225) und (5.227) braucht $R_{xm}(p)$ nur mit dem Faktor $e^{p\delta}$ versehen zu werden. Für $\delta \leqq 0$ spricht man vom Fall des *Glättungsfilters*, und vom reinen *Vorhersagefilter* wird gesprochen, falls $\delta > 0$ und $\boldsymbol{x}(t) = \boldsymbol{m}(t)$ gilt.

7.2 KALMAN-BUCY-FILTER

Eine entscheidende Weiterentwicklung der beschriebenen Optimalfilter-Theorie, die im wesentlichen auf Kolmogoroff und Wiener zurückgeht, gelang Bucy und Kalman, worauf im folgenden eingegangen wird. Dadurch lassen sich insbesondere auch instationäre Prozesse einbeziehen, und es wird möglich, mit endlichen Beobachtungszeiten für die stochastischen Prozesse auszukommen. Das Nutzsignal wird hierbei statt durch eine Autokorrelierte durch eine Zustandsgleichung beschrieben, wobei die Systemmatrizen als bekannt vorausgesetzt oder aus einer vorgegebenen Autokorrelationsfunktion des Prozesses in geeigneter Form bestimmt werden, was unter wenig einschränkenden Voraussetzungen möglich ist.

Die folgenden Erörterungen bestehen aus einer Vorbetrachtung, der Beschreibung des Nutzsignalmodells, der Vorstellung des Zustandsschätzers und dessen Entwurf. Ferner wird eine Anwendung dieses Zustandsschätzers auf deterministische Systeme ohne stochastische Störungen diskutiert und die Arbeitsweise anhand eines Beispiels demonstriert.

7.2.1 Vorbetrachtung

Es wird von einem im Zustandsraum dargestellten linearen, im allgemeinen zeitvarianten System

$$\frac{\mathrm{d}\tilde{\boldsymbol{z}}(t)}{\mathrm{d}t} = \tilde{\boldsymbol{A}}(t)\tilde{\boldsymbol{z}}(t) + \tilde{\boldsymbol{B}}(t)\tilde{\boldsymbol{x}}(t), \tag{5.229}$$

ausgegangen.[1] Die zugehörige Übergangsmatrix $\tilde{\boldsymbol{\Phi}}(t,t_0)$ kann nach Gl. (2.90) durch die Differentialgleichung

$$\frac{\partial \tilde{\boldsymbol{\Phi}}(t,t_0)}{\partial t} = \tilde{\boldsymbol{A}}(t)\,\tilde{\boldsymbol{\Phi}}(t,t_0) \quad \text{mit} \quad \tilde{\boldsymbol{\Phi}}(t_0,t_0) = \mathbf{E} \tag{5.230}$$

gekennzeichnet werden. Außerdem erlaubt die Übergangsmatrix nach Gl. (2.100) die Lösung der Gl. (5.229) in der Form

$$\tilde{\boldsymbol{z}}(t) = \tilde{\boldsymbol{\Phi}}(t,t_0)\tilde{\boldsymbol{z}}(t_0) + \int_{t_0}^{t} \tilde{\boldsymbol{\Phi}}(t,\tau)\tilde{\boldsymbol{B}}(\tau)\tilde{\boldsymbol{x}}(\tau)\,\mathrm{d}\tau . \tag{5.231}$$

Das Eingangssignal $\tilde{\boldsymbol{x}}(t)$ wird als vektorieller mittelwertfreier, im allgemeinen nichtstationärer weißer Rauschprozeß mit m Komponenten und der quadratischen Kovarianzmatrix

$$E\,[\tilde{\boldsymbol{x}}(t_1)\tilde{\boldsymbol{x}}^{\mathrm{T}}(t_2)] = \tilde{\boldsymbol{Q}}\,(t_1)\,\delta(t_1 - t_2) =: \tilde{\boldsymbol{Q}}(t_1,t_2) \tag{5.232}$$

der Ordnung m vorausgesetzt. Der Anfangszustand $\tilde{\boldsymbol{z}}(t_0)$ repräsentiere eine vektorielle mittelwertfreie Zufallsvariable mit q Komponenten, die mit dem Eingangssignal nicht korreliert sind. Der q-dimensionale Vektor $\tilde{\boldsymbol{z}}(t)$ stellt dann angesichts der Gl. (5.231) ebenfalls einen mittelwertfreien stochastischen Prozeß mit der quadratischen Kovarianzmatrix

$$\tilde{\boldsymbol{P}}(t_1,t_2) := E\,[\tilde{\boldsymbol{z}}(t_1)\tilde{\boldsymbol{z}}^{\mathrm{T}}(t_2)] \tag{5.233}$$

der Ordnung q dar. Es wird jetzt Gl. (5.231) in Gl. (5.233) eingeführt. Dadurch erhält man die Beziehung

$$\begin{aligned}\tilde{\boldsymbol{P}}(t_1,t_2) &= E\,[\tilde{\boldsymbol{\Phi}}(t_1,t_0)\tilde{\boldsymbol{z}}(t_0)\tilde{\boldsymbol{z}}^{\mathrm{T}}(t_0)\,\tilde{\boldsymbol{\Phi}}^{\mathrm{T}}(t_2,t_0)] \\ &\quad + E\left[\int_{t_0}^{t_1}\int_{t_0}^{t_2} \tilde{\boldsymbol{\Phi}}(t_1,\tau)\tilde{\boldsymbol{B}}(\tau)\tilde{\boldsymbol{x}}(\tau)\tilde{\boldsymbol{x}}^{\mathrm{T}}(\sigma)\tilde{\boldsymbol{B}}^{\mathrm{T}}(\sigma)\,\tilde{\boldsymbol{\Phi}}^{\mathrm{T}}(t_2,\sigma)\,\mathrm{d}\sigma\,\mathrm{d}\tau\right],\end{aligned} \tag{5.234}$$

in der zwei zusätzliche Summanden nicht aufgeführt sind. Diese verschwinden aber, da voraussetzungsgemäß $E\,[\tilde{\boldsymbol{z}}(t_0)\tilde{\boldsymbol{x}}^{\mathrm{T}}(t)] \equiv \mathbf{0}$ gilt, d. h. keine Korrelation zwischen Anfangszustand und Eingangsprozeß besteht. Führt man noch die Kovarianzmatrix $\tilde{\boldsymbol{Q}}(t_1,t_2)$ nach Gl. (5.232) ein und verwendet die aus Gl. (5.233) für $t_1 = t_2 = t$ folgende Kovarianzmatrix

$$\tilde{\boldsymbol{P}}(t) := \tilde{\boldsymbol{P}}(t,t) = E\,[\tilde{\boldsymbol{z}}(t)\tilde{\boldsymbol{z}}^{\mathrm{T}}(t)], \tag{5.235}$$

so erhält man mit $t_m = \min\{t_1,t_2\}$

$$\begin{aligned}\tilde{\boldsymbol{P}}(t_1,t_2) &= \tilde{\boldsymbol{\Phi}}(t_1,t_0)\tilde{\boldsymbol{P}}(t_0)\,\tilde{\boldsymbol{\Phi}}^{\mathrm{T}}(t_2,t_0) \\ &\quad + \int_{t_0}^{t_m} \tilde{\boldsymbol{\Phi}}(t_1,\sigma)\tilde{\boldsymbol{B}}(\sigma)\tilde{\boldsymbol{Q}}(\sigma)\tilde{\boldsymbol{B}}^{\mathrm{T}}(\sigma)\,\tilde{\boldsymbol{\Phi}}^{\mathrm{T}}(t_2,\sigma)\,\mathrm{d}\sigma .\end{aligned} \tag{5.236}$$

---

[1] Man vergleiche hierzu auch die Fußnote auf Seite 58.

Da die Auswertung der Gl. (5.236) insbesondere wegen des Auftretens der Übergangsmatrix aufwendig ist, begnügt man sich mit der Ermittlung der durch Gl. (5.235) definierten Kovarianzmatrix, für die sich zunächst die Darstellung

$$\tilde{\boldsymbol{P}}(t) = \tilde{\boldsymbol{\Phi}}(t,t_0)\tilde{\boldsymbol{P}}(t_0)\tilde{\boldsymbol{\Phi}}^{\mathrm{T}}(t,t_0) + \int_{t_0}^{t} \tilde{\boldsymbol{\Phi}}(t,\sigma)\tilde{\boldsymbol{B}}(\sigma)\tilde{\boldsymbol{Q}}(\sigma)\tilde{\boldsymbol{B}}^{\mathrm{T}}(\sigma)\tilde{\boldsymbol{\Phi}}^{\mathrm{T}}(t,\sigma)\,\mathrm{d}\sigma \tag{5.237}$$

ergibt.

Da das Ergebnis nach Gl. (5.237) relativ schwierig zu ermitteln ist, wird die Beziehung nach t differenziert. Berücksichtigt man dabei die Gl. (5.230), dann erhält man

$$\begin{aligned}\frac{\mathrm{d}\tilde{\boldsymbol{P}}(t)}{\mathrm{d}t} &= \tilde{\boldsymbol{A}}(t)\tilde{\boldsymbol{\Phi}}(t,t_0)\tilde{\boldsymbol{P}}(t_0)\tilde{\boldsymbol{\Phi}}^{\mathrm{T}}(t,t_0) + \tilde{\boldsymbol{\Phi}}(t,t_0)\tilde{\boldsymbol{P}}(t_0)\tilde{\boldsymbol{\Phi}}^{\mathrm{T}}(t,t_0)\tilde{\boldsymbol{A}}^{\mathrm{T}}(t)\\ &+ \tilde{\boldsymbol{\Phi}}(t,t)\tilde{\boldsymbol{B}}(t)\tilde{\boldsymbol{Q}}(t)\tilde{\boldsymbol{B}}^{\mathrm{T}}(t)\tilde{\boldsymbol{\Phi}}^{\mathrm{T}}(t,t)\\ &+ \int_{t_0}^{t} \tilde{\boldsymbol{A}}(t)\tilde{\boldsymbol{\Phi}}(t,\sigma)\tilde{\boldsymbol{B}}(\sigma)\tilde{\boldsymbol{Q}}(\sigma)\tilde{\boldsymbol{B}}^{\mathrm{T}}(\sigma)\tilde{\boldsymbol{\Phi}}^{\mathrm{T}}(t,\sigma)\,\mathrm{d}\sigma\\ &+ \int_{t_0}^{t} \tilde{\boldsymbol{\Phi}}(t,\sigma)\tilde{\boldsymbol{B}}(\sigma)\tilde{\boldsymbol{Q}}(\sigma)\tilde{\boldsymbol{B}}^{\mathrm{T}}(\sigma)\tilde{\boldsymbol{\Phi}}^{\mathrm{T}}(t,\sigma)\tilde{\boldsymbol{A}}^{\mathrm{T}}(t)\,\mathrm{d}\sigma .\end{aligned} \tag{5.238}$$

Wird jetzt in Gl. (5.238) $\tilde{\boldsymbol{\Phi}}(t,t)$ gemäß Gl. (5.230) durch die Einheitsmatrix ersetzt und auf der rechten Seite von Gl. (5.238) der erste Summand mit dem ersten Integral gemäß Gl. (5.237) und ebenso der zweite Summand mit dem zweiten Integral zusammengefaßt, so erhält man die lineare Differentialgleichung

$$\frac{\mathrm{d}\tilde{\boldsymbol{P}}(t)}{\mathrm{d}t} = \tilde{\boldsymbol{A}}(t)\tilde{\boldsymbol{P}}(t) + \tilde{\boldsymbol{P}}(t)\tilde{\boldsymbol{A}}^{\mathrm{T}}(t) + \tilde{\boldsymbol{B}}(t)\tilde{\boldsymbol{Q}}(t)\tilde{\boldsymbol{B}}^{\mathrm{T}}(t) \tag{5.239}$$

für die symmetrische Matrix $\tilde{\boldsymbol{P}}(t) = \tilde{\boldsymbol{P}}^{\mathrm{T}}(t)$. Diese Gleichung kann numerisch mit der Anfangsbedingung

$$\tilde{\boldsymbol{P}}(t_0) = E[\tilde{\boldsymbol{z}}(t_0)\tilde{\boldsymbol{z}}^{\mathrm{T}}(t_0)] =: \tilde{\boldsymbol{P}}_0 \tag{5.240}$$

gelöst werden, wobei $\tilde{\boldsymbol{P}}_0$ als gegebene Anfangsbedingung vorausgesetzt wird. Wenn man davon ausgeht, daß die Matrizen $\tilde{\boldsymbol{A}}(t)$, $\tilde{\boldsymbol{B}}(t)$, $\tilde{\boldsymbol{Q}}(t)$ und $\tilde{\boldsymbol{P}}_0$ bekannt sind, ist die Berechnung von $\boldsymbol{P}(t)$ durch numerische Integration der Differentialgleichung (5.239) in der Regel einfacher als durch Auswertung der Gl. (5.237), da diese zunächst die Bestimmung der Übergangsmatrix erfordert.

Hat $\tilde{\boldsymbol{x}}(t)$ oder $\tilde{\boldsymbol{z}}(t_0)$ entgegen der bisherigen Voraussetzung einen von Null verschiedenen Mittelwert, dann kann man die Reaktion des Systems auf diesen getrennt berechnen. Aufgrund des Superpositionsprinzips wird dann die Gesamtreaktion gewonnen.

7.2.2 Signalmodell

Das Nutzsignal wird, wie eingangs bereits hervorgehoben, durch ein im Zustandsraum dargestelltes System beschrieben, und zwar durch

$$\frac{\mathrm{d}\boldsymbol{z}(t)}{\mathrm{d}t} = \boldsymbol{A}(t)\boldsymbol{z}(t) + \boldsymbol{B}(t)\boldsymbol{x}(t) + \boldsymbol{G}(t)\boldsymbol{u}(t), \tag{5.241}$$

mit bekannten Matrizen $\boldsymbol{A}(t)$, $\boldsymbol{B}(t)$, $\boldsymbol{G}(t)$ und einem rein deterministischen Eingangssignal $\boldsymbol{x}(t)$. Der vektorielle Eingangsprozeß $\boldsymbol{u}(t)$ sei mittelwertfreies weißes Rauschen, es sei also

$$E[\boldsymbol{u}(t)] = \boldsymbol{0} \tag{5.242}$$

und

$$E[\boldsymbol{u}(t)\boldsymbol{u}^{\mathrm{T}}(\tau)] = \boldsymbol{Q}(t)\,\delta(t-\tau) \tag{5.243}$$

bei bekannter Matrix $\boldsymbol{Q}(t)$. Für den Anfangszustand seien

$$E[\boldsymbol{z}(t_0)] = \bar{\boldsymbol{z}}_0 \quad \text{und} \quad E[(\boldsymbol{z}(t_0) - \bar{\boldsymbol{z}}_0)(\boldsymbol{z}(t_0) - \bar{\boldsymbol{z}}_0)^{\mathrm{T}}] = \boldsymbol{P}_0 \tag{5.244a,b}$$

gegeben. Außerdem sei die zukünftige Erregung nicht mit dem derzeitigen Zustandsvektor korreliert, es gelte also

$$E[\boldsymbol{z}(t)\boldsymbol{u}^{\mathrm{T}}(\tau)] = \boldsymbol{0} \quad (\tau > t). \tag{5.245}$$

Die Aufgabe besteht nun darin, den Zustand $\boldsymbol{z}(t)$ zu schätzen, wenn angenommen wird, daß nur das stochastische Signal

$$\boldsymbol{y}(t) = \boldsymbol{C}(t)\boldsymbol{z}(t) + \boldsymbol{v}(t) \tag{5.246}$$

verfügbar ist. Es setzt sich also aus dem durch die gegebene Matrix $\boldsymbol{C}(t)$ modulierten Zustandsprozeß $\boldsymbol{z}(t)$ und einem weißen Störprozeß $\boldsymbol{v}(t)$ zusammen. Dabei gelte

$$E[\boldsymbol{v}(t)] = \boldsymbol{0}, \quad E[\boldsymbol{v}(t)\boldsymbol{v}^{\mathrm{T}}(\tau)] = \boldsymbol{R}(t)\,\delta(t-\tau), \tag{5.247a,b}$$

$$E[\boldsymbol{v}(t)\boldsymbol{u}^{\mathrm{T}}(\tau)] = \boldsymbol{0}, \quad E[\boldsymbol{v}(t)\boldsymbol{z}^{\mathrm{T}}(t_0)] = \boldsymbol{0} \tag{5.248a,b}$$

und damit

$$E[\boldsymbol{v}(t)\boldsymbol{z}^{\mathrm{T}}(\tau)] = \boldsymbol{0} \tag{5.248c}$$

für alle t und τ.

7.2.3 Optimaler Zustandsschätzer

Gesucht wird ein Zustandsschätzer für $\boldsymbol{z}(t)$ in Form eines Filters, das durch die Differentialgleichung

$$\frac{\mathrm{d}\hat{\boldsymbol{z}}(t)}{\mathrm{d}t} = \boldsymbol{F}_1(t)\hat{\boldsymbol{z}}(t) + \boldsymbol{F}_2(t)\boldsymbol{x}(t) + \boldsymbol{K}(t)[\boldsymbol{C}(t)\boldsymbol{z}(t) + \boldsymbol{v}(t)] \tag{5.249}$$

charakterisiert ist, wobei $\boldsymbol{F}_1$ und $\boldsymbol{F}_2$ sowie $\boldsymbol{K}$ noch zu bestimmende Matrizen sind (man vergleiche hierzu auch Kapitel II, Abschnitt 5.3). Es wird zunächst die Übereinstimmung der Erwartungswerte

$$E[\hat{\boldsymbol{z}}(t)] = E[\boldsymbol{z}(t)] =: \bar{\boldsymbol{z}}(t) \tag{5.250}$$

gefordert. Bildet man auf beiden Seiten der Gl. (5.249) den Erwartungswert, so erhält man mit den Gln. (5.247a) und (5.250) als Differentialgleichung für den mittleren Systemzustand

$$\frac{\mathrm{d}\bar{\boldsymbol{z}}(t)}{\mathrm{d}t} = [\boldsymbol{F}_1(t) + \boldsymbol{K}(t)\boldsymbol{C}(t)]\bar{\boldsymbol{z}}(t) + \boldsymbol{F}_2(t)\boldsymbol{x}(t). \tag{5.251}$$

Andererseits ergibt sich aus Gl. (5.241) durch Bildung des Erwartungswerts

$$\frac{\mathrm{d}\bar{\boldsymbol{z}}(t)}{\mathrm{d}t} = \boldsymbol{A}(t)\bar{\boldsymbol{z}}(t) + \boldsymbol{B}(t)\boldsymbol{x}(t). \tag{5.252}$$

Ein Vergleich der Gln. (5.251) und (5.252) liefert die Vorschriften

$$\boldsymbol{F}_1(t) = \boldsymbol{A}(t) - \boldsymbol{K}(t)\boldsymbol{C}(t), \quad \boldsymbol{F}_2(t) = \boldsymbol{B}(t). \tag{5.253a,b}$$

Aus Gl. (5.250) erhält man mit Gl. (5.244a) die weitere Bedingung

$$\bar{\boldsymbol{z}}(t_0) = E[\hat{\boldsymbol{z}}(t_0)] = E[\boldsymbol{z}(t_0)] = \bar{\boldsymbol{z}}_0\,. \tag{5.254}$$

Nun werden die Darstellungen von $\boldsymbol{F}_1(t)$ und $\boldsymbol{F}_2(t)$ nach den Gln. (5.253a,b) in Gl. (5.249) eingeführt. Mit Gl. (5.246) ergibt sich

$$\frac{\mathrm{d}\hat{\boldsymbol{z}}(t)}{\mathrm{d}t} = \boldsymbol{A}(t)\hat{\boldsymbol{z}}(t) + \boldsymbol{B}(t)\boldsymbol{x}(t) + \boldsymbol{K}(t)[\boldsymbol{y}(t) - \boldsymbol{C}(t)\hat{\boldsymbol{z}}(t)], \tag{5.255}$$

und es wird die Anfangsbedingung

$$\hat{\boldsymbol{z}}(t_0) = \bar{\boldsymbol{z}}_0 \tag{5.256}$$

festgelegt. Die Gln. (5.255) und (5.256) repräsentieren die Beschreibung des Zustandsschätzers.

Es soll jetzt die Aufgabe gelöst werden, die Matrix $\boldsymbol{K}(t)$ so zu bestimmen, daß für die Komponenten $z_i(t)$ des Zustandsvektors $\boldsymbol{z}(t)$ und die Komponenten $\hat{z}_i(t)$ des Schätzvektors $\hat{\boldsymbol{z}}(t)$ der Fehler

$$\Delta = \sum_{i=1}^{q} E[\{z_i(t) - \hat{z}_i(t)\}^2]$$

minimal wird. Mit Hilfe der Fehlerkovarianzmatrix

$$\boldsymbol{P}(t) := E[(\boldsymbol{z}(t) - \hat{\boldsymbol{z}}(t))(\boldsymbol{z}^{\mathrm{T}}(t) - \hat{\boldsymbol{z}}^{\mathrm{T}}(t))] \tag{5.257}$$

läßt sich dies auch dadurch ausdrücken, daß die Zielfunktion

$$J(t) := \mathrm{sp}\boldsymbol{P}(t) \tag{5.258}$$

minimal wird; dabei bedeutet sp die Spur der Matrix. Als Abkürzung wird wie in Kapitel II, Abschnitt 5.3 für den Fehler die Bezeichnung

$$\boldsymbol{w}(t) := \boldsymbol{z}(t) - \hat{\boldsymbol{z}}(t) \tag{5.259}$$

eingeführt. Aus den Gln. (5.241), (5.246) und (5.255) erhält man nun

$$\frac{\mathrm{d}\boldsymbol{w}(t)}{\mathrm{d}t} = [\boldsymbol{A}(t) - \boldsymbol{K}(t)\boldsymbol{C}(t)]\,\boldsymbol{w}(t) + \boldsymbol{\mu}(t) \tag{5.260}$$

mit

$$\boldsymbol{\mu}(t) := \boldsymbol{G}(t)\boldsymbol{u}(t) - \boldsymbol{K}(t)\boldsymbol{v}(t). \tag{5.261}$$

Aus Gl. (5.261) folgt mit den Gln. (5.243) und (5.247b), (5.248a)

$$E[\boldsymbol{\mu}(t)\boldsymbol{\mu}^{\mathrm{T}}(\tau)] = [\boldsymbol{G}(t)\boldsymbol{Q}(t)\boldsymbol{G}^{\mathrm{T}}(t) + \boldsymbol{K}(t)\boldsymbol{R}(t)\boldsymbol{K}^{\mathrm{T}}(t)]\,\delta(t-\tau), \tag{5.262}$$

d. h. $\boldsymbol{\mu}(t)$ repräsentiert einen weißen stochastischen Prozeß. Außerdem folgt aus den Gln. (5.245), (5.248b), daß

$$\begin{aligned} E[\boldsymbol{w}(t_0)\boldsymbol{\mu}^{\mathrm{T}}(t)] &= E[(\boldsymbol{z}(t_0) - \hat{\boldsymbol{z}}(t_0))(\boldsymbol{G}(t)\boldsymbol{u}(t) - \boldsymbol{K}(t)\boldsymbol{v}(t))^{\mathrm{T}}] \\ &= \boldsymbol{0} \quad (t > t_0) \end{aligned} \tag{5.263}$$

gilt. Für die Kovarianzmatrix $\boldsymbol{P}(t)$ des durch Gl. (5.260) gegebenen Prozesses $\boldsymbol{w}(t)$ kann man nun eine Differentialgleichung aufstellen. Dazu vergleicht man Gl. (5.260) mit Gl. (5.229) und erhält dann gemäß Gl. (5.239)

$$\begin{aligned} \frac{\mathrm{d}\boldsymbol{P}(t)}{\mathrm{d}t} &= [\boldsymbol{A}(t) - \boldsymbol{K}(t)\boldsymbol{C}(t)]\boldsymbol{P}(t) + \boldsymbol{P}(t)[\boldsymbol{A}^{\mathrm{T}}(t) - \boldsymbol{C}^{\mathrm{T}}(t)\boldsymbol{K}^{\mathrm{T}}(t)] \\ &\quad + \boldsymbol{G}(t)\boldsymbol{Q}(t)\boldsymbol{G}^{\mathrm{T}}(t) + \boldsymbol{K}(t)\boldsymbol{R}(t)\boldsymbol{K}^{\mathrm{T}}(t). \end{aligned} \tag{5.264}$$

Dabei wurde $\boldsymbol{A}(t) - \boldsymbol{K}(t)\boldsymbol{C}(t)$ mit $\widetilde{\boldsymbol{A}}(t)$, die Einheitsmatrix mit $\widetilde{\boldsymbol{B}}(t)$, $\boldsymbol{\mu}(t)$ mit $\widetilde{\boldsymbol{x}}(t)$ und damit der Ausdruck in eckigen Klammern in Gl. (5.262) mit $\widetilde{\boldsymbol{Q}}(t)$ identifiziert. Als Anfangsbedingung ergibt sich aufgrund von Gln. (5.259) und (5.244a,b)

$$\boldsymbol{P}(t_0) = E[\boldsymbol{w}(t_0)\boldsymbol{w}^{\mathrm{T}}(t_0)] = E[\boldsymbol{z}(t_0)\boldsymbol{z}^{\mathrm{T}}(t_0)] - \overline{\boldsymbol{z}}_0\overline{\boldsymbol{z}}_0^{\mathrm{T}} = \boldsymbol{P}_0\,. \tag{5.265}$$

Hierbei wurde berücksichtigt, daß $\hat{\boldsymbol{z}}(t_0)$ eine deterministische Größe, nämlich $\overline{\boldsymbol{z}}_0$ nach Gl. (5.256) ist.

Die eigentliche Aufgabe besteht nun darin, die Zielfunktion $J(t)$ nach Gl. (5.258) für jeden Zeitpunkt t durch passende Wahl von $\boldsymbol{K}(t)$ zu minimieren. Man kann zeigen, daß dies im vorliegenden Fall durch Minimierung der skalaren Größe

$$\frac{\mathrm{d}J(t)}{\mathrm{d}t} = \mathrm{sp}\,\frac{\mathrm{d}\boldsymbol{P}(t)}{\mathrm{d}t} =: S(t) \tag{5.266}$$

erreicht wird, wobei $\mathrm{d}\boldsymbol{P}(t)/\mathrm{d}t$ durch Gl. (5.264) ausgedrückt ist. Zur Minimierung von $S(t)$ bezüglich $\boldsymbol{K}(t)$ sei daran erinnert, daß für alle Elemente $k_{ij}(t)$ von $\boldsymbol{K}(t)$ die notwendige (und im vorliegenden Fall auch hinreichende) Bedingung $\mathrm{d}S(t)/\mathrm{d}k_{ij}(t) = 0$ erfüllt sein muß. Bezeichnet $\mathrm{d}S(t)/\mathrm{d}\boldsymbol{K}(t)$ die Matrix mit dem Element $\mathrm{d}S(t)/\mathrm{d}k_{ij}(t)$ in der i-ten Zeile und j-ten Spalte und beachtet man die Matrizenformeln[1])

---

1) Bezeichnet $\boldsymbol{k}_i^{\mathrm{T}}$ die i-te Zeile von $\boldsymbol{K}$ und $\boldsymbol{m}_j$ die j-te Spalte von $\boldsymbol{M}$, so gilt $\mathrm{sp}(\boldsymbol{K}\boldsymbol{M}) = \sum_i \boldsymbol{k}_i^{\mathrm{T}}\boldsymbol{m}_i$ und $\mathrm{sp}(\boldsymbol{K}\boldsymbol{N}\boldsymbol{K}^{\mathrm{T}}) = \sum_i \boldsymbol{k}_i^{\mathrm{T}}\boldsymbol{N}\,\boldsymbol{k}_i$, woraus die Gln. (5.267a,c) unmittelbar folgen; Gl. (5.267b) findet man analog.

$$\frac{\mathrm{d}}{\mathrm{d}\boldsymbol{K}}\,\mathrm{sp}(\boldsymbol{K}\,\boldsymbol{M}) = \boldsymbol{M}^{\mathrm{T}}\,, \quad \frac{\mathrm{d}}{\mathrm{d}\boldsymbol{K}}\,\mathrm{sp}(\boldsymbol{M}\,\boldsymbol{K}^{\mathrm{T}}) = \boldsymbol{M}\,, \tag{5.267a,b}$$

$$\frac{\mathrm{d}}{\mathrm{d}\boldsymbol{K}}\,\mathrm{sp}(\boldsymbol{K}\,\boldsymbol{N}\,\boldsymbol{K}^{\mathrm{T}}) = 2\boldsymbol{K}\,\boldsymbol{N}\,, \quad \boldsymbol{N} = \boldsymbol{N}^{\mathrm{T}}\,, \tag{5.267c}$$

dann liefert die Bedingung $\mathrm{d}[\mathrm{sp}\,\mathrm{d}\boldsymbol{P}/\mathrm{d}t]/\mathrm{d}\boldsymbol{K}(t) = \boldsymbol{0}$ mit Gl. (5.264) die Forderung $\boldsymbol{K}\,\boldsymbol{R} = \boldsymbol{P}\,\boldsymbol{C}^{\mathrm{T}}$, also gilt für die bestmögliche Matrix $\boldsymbol{K}(t)$

$$\hat{\boldsymbol{K}}(t) := \boldsymbol{P}(t)\boldsymbol{C}^{\mathrm{T}}(t)\boldsymbol{R}^{-1}(t)\,. \tag{5.268}$$

Führt man schließlich in Gl. (5.264) für $\boldsymbol{K}(t)$ die optimale Lösung nach Gl. (5.268) ein, so erhält man bei Berücksichtigung der Symmetrie der Matrizen $\boldsymbol{P}$, $\boldsymbol{Q}$, $\boldsymbol{R}$ für $\boldsymbol{P}(t)$ die Differentialgleichung

$$\frac{\mathrm{d}\boldsymbol{P}(t)}{\mathrm{d}t} = \boldsymbol{A}(t)\boldsymbol{P}(t) + \boldsymbol{P}(t)\boldsymbol{A}^{\mathrm{T}}(t) - \boldsymbol{P}(t)\boldsymbol{C}^{\mathrm{T}}(t)\boldsymbol{R}^{-1}(t)\boldsymbol{C}(t)\boldsymbol{P}(t) + \boldsymbol{G}(t)\boldsymbol{Q}(t)\boldsymbol{G}^{\mathrm{T}}(t) \tag{5.269}$$

vom Riccatischen Typ mit der Anfangsbedingung $\boldsymbol{P}(t_0) = \boldsymbol{P}_0$.

Im konkreten Fall muß bei bekannten Matrizen $\boldsymbol{A}(t)$, $\boldsymbol{C}(t)$, $\boldsymbol{G}(t)$, $\boldsymbol{Q}(t)$, $\boldsymbol{R}(t)$ und $\boldsymbol{P}_0$ die nichtlineare Differentialgleichung (5.269) nach $\boldsymbol{P}(t)$ mit dem Anfangswert $\boldsymbol{P}(t_0) = \boldsymbol{P}_0$ meist numerisch gelöst werden. Dies kann entweder vorab geschehen oder aber auch simultan zur Lösung der Differentialgleichung (5.255) für den geschätzten Zustand $\hat{\boldsymbol{z}}(t)$ erfolgen. Gleichung (5.268) liefert die optimale Matrix $\boldsymbol{K}(t) = \hat{\boldsymbol{K}}(t)$.

Im Bild 5.45 ist das Ergebnis der vorausgegangenen Überlegungen in Form eines Blockschaltbildes dargestellt.

Beispiel 5.20: Im folgenden einfachen Beispiel seien alle Signale Skalare, die zur Verdeutlichung nicht fett gedruckt werden, obwohl es sich um stochastische Größen handelt. Es sei das Signalmodell beschrieben durch

$$\frac{\mathrm{d}z(t)}{\mathrm{d}t} = 0\,, \quad E[z(0)] = 1\,, \quad E[z^2(0)] = 5\,,$$

$$y(t) = z(t) + v(t)\,,$$

$$E[v(t)] = 0\,, \quad E[v(t)v(\tau)] = 2\,\delta(t-\tau)\,.$$

Hierfür soll ein Kalman-Filter entworfen werden.

Man stellt direkt fest, daß

$$\boldsymbol{A}(t) = a(t) = \boldsymbol{B}(t) = b(t) = \boldsymbol{G}(t) = g(t) = 0\,, \quad \boldsymbol{C}(t) = c(t) = 1\,, \quad \boldsymbol{R}(t) = r(t) = 2\,,$$

$$\overline{z}_0 = 1\,, \quad \boldsymbol{P}(0) = p(0) = 5 - 1 = 4$$

gilt. Nach Gl. (5.269) erhält man für $\boldsymbol{P}(t) =: p(t)$

$$\frac{\mathrm{d}p(t)}{\mathrm{d}t} = -\frac{1}{2}p^2(t)\,.$$

Diese Differentialgleichung hat die Lösung

$$p(t) = \frac{4}{1+2t}$$

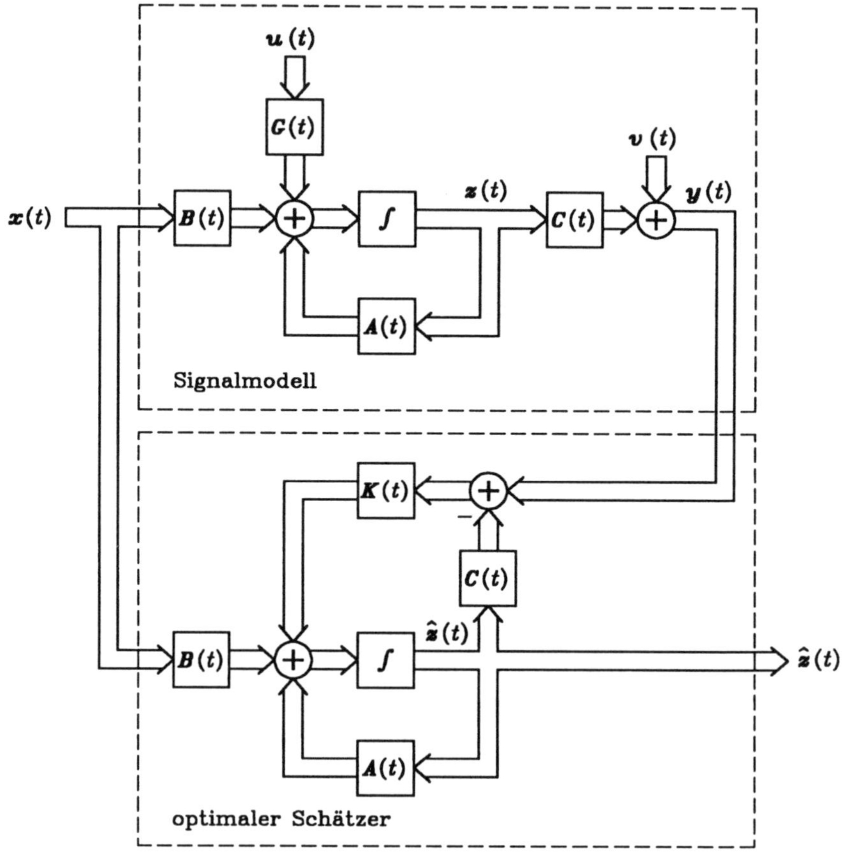

Bild 5.45: Blockschaltbild des Kalman-Bucy-Filters. Man vergleiche hierzu auch Bild 2.31, Kapitel II, Abschnitt 5.3

unter Berücksichtigung der Anfangsbedingung. Nach Gl. (5.268) folgt

$$\hat{\boldsymbol{K}}(t) = \hat{k}(t) = \frac{2}{1+2t}\,.$$

Damit ergibt sich nach Gl. (5.255) die Filtergleichung

$$\frac{\mathrm{d}\hat{z}(t)}{\mathrm{d}t} = \frac{2}{1+2t}\,[y(t) - \hat{z}(t)]$$

mit $\hat{z}(0) = 1$.

Abschließend sei noch erwähnt, daß sich bei stationärem Nutzsignal als Sonderfall des Kalman-Filters mit $t_0 = -\infty$ und zeitlich konstanten Matrizen das Wiener-Filter ergibt, wobei der empfangene stochastische Prozeß hier mit $\boldsymbol{y}(t)$, in Abschnitt 7.1 jedoch mit $\boldsymbol{x}(t)$ und die optimale Schätzung (aus der das Nutzsignal gewonnen werden kann) hier mit $\hat{\boldsymbol{z}}(t)$ und in Abschnitt 7.1 mit $\boldsymbol{y}(t)$ bezeichnet ist. Die stationäre Lösung $\boldsymbol{P}$ der Riccatischen Differentialgleichung (5.269) kann dabei numerisch bestimmt werden.

7.2.4 Zustandsschätzung für deterministische Systeme

Der Riccati-Entwurf für den Zustandsschätzer ist nicht nur für Systeme mit stochastischen Störungen interessant, sondern er erweist sich auch für deterministische Systeme als außerordentlich nützlich, wie im folgenden gezeigt wird. Daher wird wieder von einem rein deterministischen, linearen, zeitvarianten System ausgegangenen, das durch die Gleichungen

$$\dot{\boldsymbol{z}}(t) = \boldsymbol{A}(t)\boldsymbol{z}(t) + \boldsymbol{B}(t)\boldsymbol{x}(t), \tag{5.270}$$

$$\boldsymbol{y}(t) = \boldsymbol{C}(t)\boldsymbol{z}(t) \tag{5.271}$$

gegeben ist. Wie auch in Kapitel II, Abschnitt 5.3 hat der Zustandsschätzer die Form

$$\dot{\hat{\boldsymbol{z}}}(t) = \boldsymbol{A}(t)\hat{\boldsymbol{z}}(t) + \boldsymbol{B}(t)\boldsymbol{x}(t) + \boldsymbol{K}[\boldsymbol{y}(t) - \boldsymbol{C}(t)\hat{\boldsymbol{z}}(t)]. \tag{5.272}$$

Das zugehörige Blockschaltbild ist in Bild 5.46 gezeigt. Subtraktion der Gl. (5.272) von der Gl. (5.270) liefert unter Verwendung von Gl. (5.271) die folgende Differentialgleichung für den Beobachtungsfehler $\boldsymbol{w}(t) = \boldsymbol{z}(t) - \hat{\boldsymbol{z}}(t)$:

$$\dot{\boldsymbol{w}}(t) = [\boldsymbol{A}(t) - \boldsymbol{K}(t)\boldsymbol{C}(t)]\,\boldsymbol{w}(t). \tag{5.273}$$

Wie im vorhergehenden Abschnitt wird

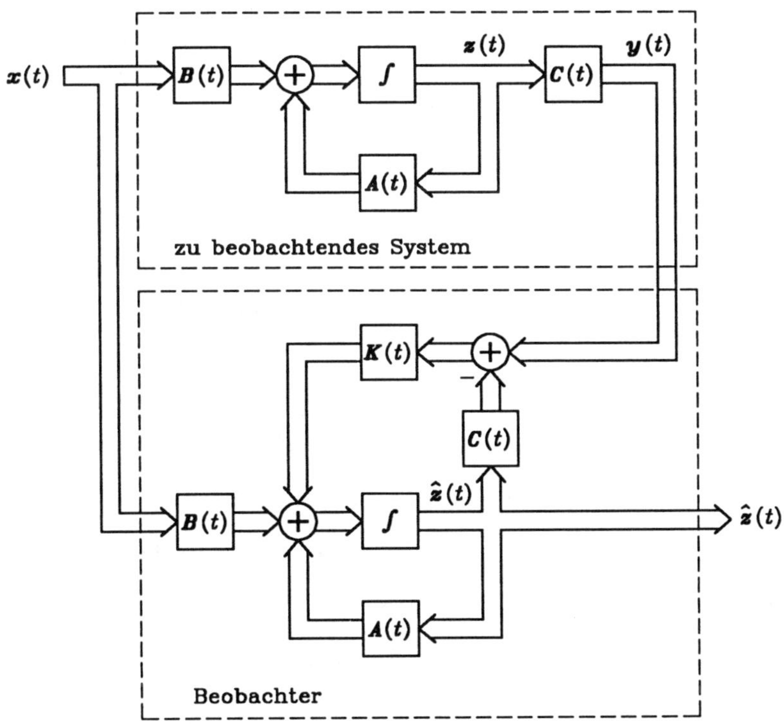

Bild 5.46: Blockschaltbild des Zustandsbeobachters nach Gl. (5.272). Man vergleiche hierzu auch Bild 2.31, Kapitel II, Abschnitt 5.3

$$\boldsymbol{K}(t) = \boldsymbol{P}(t)\,\boldsymbol{C}^{\mathrm{T}}(t)\,\boldsymbol{R}^{-1} \tag{5.274}$$

gesetzt, wobei $\boldsymbol{P}(t)$ die Lösung der Riccatischen Differentialgleichung

$$\dot{\boldsymbol{P}}(t) = \boldsymbol{A}(t)\,\boldsymbol{P}(t) + \boldsymbol{P}(t)\,\boldsymbol{A}^{\mathrm{T}}(t) - \boldsymbol{P}(t)\,\boldsymbol{C}^{\mathrm{T}}(t)\,\boldsymbol{R}^{-1}\,\boldsymbol{C}(t)\,\boldsymbol{P}(t) + \boldsymbol{Q} \tag{5.275}$$

ist. Im Gegensatz zum letzten Abschnitt, wo $\boldsymbol{Q}$ und $\boldsymbol{R}$ durch die Kovarianzmatrizen der Störprozesse festgelegt waren, sind $\boldsymbol{Q}$ und $\boldsymbol{R}$ hier frei wählbare symmetrische und positiv-definite Matrizen. Falls das zu beobachtende System zeitinvariant ist, d. h. die Matrizen $\boldsymbol{A}$, $\boldsymbol{B}$, $\boldsymbol{C}$ konstant sind, so kann man für $\boldsymbol{K}(t)$ auch den konstanten Wert

$$\boldsymbol{K} = \boldsymbol{P}\boldsymbol{C}^{\mathrm{T}}\boldsymbol{R}^{-1} \tag{5.276}$$

wählen, wobei $\boldsymbol{P}$ die algebraische Riccati-Gleichung

$$\boldsymbol{A}\boldsymbol{P} + \boldsymbol{P}\boldsymbol{A}^{\mathrm{T}} - \boldsymbol{P}\boldsymbol{C}^{\mathrm{T}}\boldsymbol{R}^{-1}\boldsymbol{C}\boldsymbol{P} + \boldsymbol{Q} = \boldsymbol{0} \tag{5.277}$$

erfüllt. Wie bereits in Kapitel II, Abschnitt 5.4.3 erwähnt, können derartige Gleichungen im allgemeinen nur numerisch gelöst werden.

Falls die Riccatische Differentialgleichung (5.275) bzw. die algebraische Riccati-Gleichung (5.277) eine symmetrische, positiv-definite und beschränkte Lösung besitzt, so ist die Differentialgleichung (5.273) für den Schätzfehler asymptotisch stabil. Dies soll hier für den zeitinvarianten Fall gezeigt werden, bei dem der Zustandsschätzer mit Hilfe der algebraischen Riccati-Gleichung entworfen wird (für zeitvariante Systeme ist der Beweis analog). Setzt man als Lyapunovsche Funktion

$$V(\boldsymbol{w}(t)) = \boldsymbol{w}^{\mathrm{T}}(t)\,\boldsymbol{P}^{-1}\,\boldsymbol{w}(t) \tag{5.278}$$

an und bezeichnet den größten und den kleinsten Eigenwert der positiv-definiten Matrix $\boldsymbol{P}$ mit $p_{\max}$ bzw. $p_{\min}$, so gilt

$$\frac{1}{p_{\max}}\,\|\,\boldsymbol{w}(t)\,\|^2 \leqq V(\boldsymbol{w}(t)) \leqq \frac{1}{p_{\min}}\,\|\,\boldsymbol{w}(t)\,\|^2 \,. \tag{5.279}$$

Differenzieren von Gl. (5.278) liefert

$$\dot{V}(\boldsymbol{w}(t)) = \dot{\boldsymbol{w}}^{\mathrm{T}}(t)\,\boldsymbol{P}^{-1}\,\boldsymbol{w}(t) + \boldsymbol{w}^{\mathrm{T}}(t)\,\boldsymbol{P}^{-1}\,\dot{\boldsymbol{w}}(t)\,. \tag{5.280}$$

Setzt man $\dot{\boldsymbol{w}}(t)$ nach Gl. (5.273) und $\boldsymbol{K}$ nach Gl. (5.276) ein, so erhält man

$$\dot{V}(\boldsymbol{w}(t)) = \boldsymbol{w}^{\mathrm{T}}(t)\,[\boldsymbol{A}^{\mathrm{T}}\boldsymbol{P}^{-1} + \boldsymbol{P}^{-1}\boldsymbol{A} - 2\boldsymbol{C}^{\mathrm{T}}\boldsymbol{R}^{-1}\boldsymbol{C}]\,\boldsymbol{w}(t)\,. \tag{5.281}$$

Multipliziert man Gl. (5.277) von links und rechts mit $\boldsymbol{P}^{-1}$ so ergibt sich

$$\boldsymbol{P}^{-1}\boldsymbol{A} + \boldsymbol{A}^{\mathrm{T}}\boldsymbol{P}^{-1} - \boldsymbol{C}^{\mathrm{T}}\boldsymbol{R}^{-1}\boldsymbol{C} + \boldsymbol{P}^{-1}\boldsymbol{Q}\boldsymbol{P}^{-1} = \boldsymbol{0}\,. \tag{5.282}$$

Dieses Ergebnis wird in Gl. (5.281) eingeführt, und es folgt

$$\dot{V}(\boldsymbol{w}(t)) = \boldsymbol{w}^{\mathrm{T}}(t)\,[-\boldsymbol{P}^{-1}\boldsymbol{Q}\boldsymbol{P}^{-1} - \boldsymbol{C}^{\mathrm{T}}\boldsymbol{R}^{-1}\boldsymbol{C}]\,\boldsymbol{w}(t)\,. \tag{5.283}$$

Bezeichnet man den kleinsten Eigenwert der positiv-definiten Matrix $\boldsymbol{Q}$ mit $q_{\min}$, so läßt sich $\dot{V}(\boldsymbol{w}(t))$ folgendermaßen abschätzen:

$$\dot{V}(\boldsymbol{w}(t)) \leqq - \| \boldsymbol{P}^{-1}\boldsymbol{w}(t) \| \, q_{\min} \, \| \boldsymbol{P}^{-1}\boldsymbol{w}(t) \| \; . \tag{5.284}$$

Weil $p_{\max}$ der größte Eigenwert von $\boldsymbol{P}$ ist, gilt

$$\| \boldsymbol{P}^{-1}\boldsymbol{w}(t) \| \geqq \frac{1}{p_{\max}} \| \boldsymbol{w}(t) \| \; , \tag{5.285}$$

und eingesetzt in Gl. (5.284) ergibt sich

$$\dot{V}(\boldsymbol{w}(t)) \leqq - \frac{q_{\min}}{p_{\max}^2} \| \boldsymbol{w}(t) \|^2 \; . \tag{5.286}$$

Mit den Gln. (5.279) und (5.286) sind die Bedingungen für eine Anwendung von Satz II.15 erfüllt. Daraus folgt, daß die Differentialgleichung (5.273) für den Schätzfehler $\boldsymbol{w}(t)$ asymptotisch stabil ist.

Der Vorteil der hier dargestellten Entwurfsmethode gegenüber der Eigenwertvorgabe aus Kapitel II, Abschnitt 5.3 ist eine einfache Anwendbarkeit auf zeitvariante Systeme und auf Systeme mit mehreren Ausgängen.

Beispiel 5.21: Es soll ein Zustandsbeobachter für das Pendel mit festem Aufhängepunkt entworfen werden. Nach den Gln. (2.21a,b) sind die Zustandsgleichungen durch Gln. (5.270)-(5.271) gegeben, wobei

$$\boldsymbol{A} = \begin{bmatrix} 0 & 1 \\ -1 & 0 \end{bmatrix}, \quad \boldsymbol{B} = \boldsymbol{b} = \begin{bmatrix} 0 \\ -1 \end{bmatrix},$$

$$\boldsymbol{C} = \boldsymbol{c}^{\mathrm{T}} = [1 \quad 0], \quad \boldsymbol{D} = d = 0$$

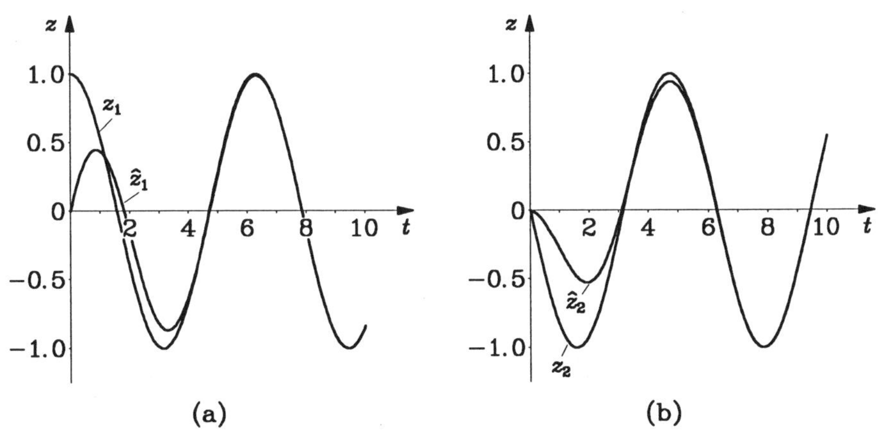

Bild 5.47: Zustandsbeobachter für das Pendel mit festem Aufhängepunkt, entworfen mit Hilfe der Riccatischen Differentialgleichung. Die zu schätzenden Zustandsgrößen sind mit $z_i(t)$, die geschätzten Zustandsgrößen mit $\hat{z}_i(t)$ bezeichnet ($i = 1, 2$)

und $x(t) \equiv 0$ gilt. Zunächst wird ein Zustandsbeobachter mit Hilfe der Riccatischen Differentialgleichung (5.275) entworfen, wobei $\boldsymbol{P}(0) = \boldsymbol{Q} = \mathbf{E}$ und $\boldsymbol{R} = r = 1$ gesetzt wird. Die Gln. (5.272) und (5.275) werden unter Beachtung von Gl. (5.274) simultan numerisch gelöst. Die zeitlichen Verläufe der Zustandsgrößen des zu beobachtenden Systems und des Beobachters sind in den Bildern 5.47a,b für $\boldsymbol{z}(0) = [1 \quad 0]^{\mathrm{T}}$ und $\hat{\boldsymbol{z}}(0) = \mathbf{0}$ dargestellt.

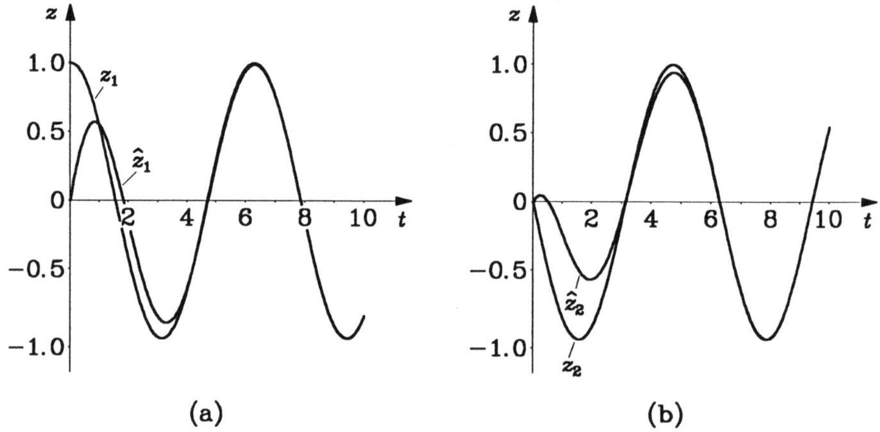

Bild 5.48: Zustandsbeobachter für das Pendel mit festem Aufhängepunkt, entworfen mit Hilfe der algebraischen Riccati-Gleichung. Die zu schätzenden Zustandsgrößen sind mit $z_i(t)$, die geschätzten Zustandsgrößen mit $\hat{z}_i(t)$ bezeichnet ($i = 1, 2$)

Weil das zu beobachtende System zeitinvariant ist, kann der Zustandsschätzer auch über die algebraische Riccati-Gleichung (5.277) entworfen werden. Die numerische Lösung von Gl. (5.277) mit $\boldsymbol{Q} = \mathbf{E}$ und $\boldsymbol{R} = r = 1$ liefert

$$\boldsymbol{P} = \begin{bmatrix} 1{,}3522 & 0{,}4142 \\ 0{,}4142 & 1{,}9123 \end{bmatrix}.$$

Bild 5.48 zeigt die durch Lösung von Gl. (5.272) berechneten Schätzungen und die zugehörigen Zustandsgrößen des zu beobachtenden Systems.

VI Beschreibung diskontinuierlicher Signale und Systeme in der komplexen Ebene

In Analogie zur Erweiterung der Frequenzvariablen ω zum komplexen Frequenzparameter p für die Behandlung kontinuierlicher Signale und Systeme wird die Frequenzvariable ω im diskontinuierlichen Bereich zu einer komplexen Variablen z erweitert. Dies und die damit verbundenen Konsequenzen sowie systemtheoretischen Möglichkeiten sind Gegenstand des folgenden Kapitels.

1 Die Z-Transformation

Im Kapitel V wurde die Laplace-Transformation als nützliches Hilfsmittel zur Beschreibung kontinuierlicher Signale und Systeme eingeführt. Die entsprechende Methode im diskontinuierlichen Fall ist die Z-Transformation. Sie wird im folgenden wie die Laplace-Transformation aus der (hier diskontinuierlichen) Fourier-Transformation begründet, und sie besitzt, wie sich zeigen wird, ähnliche Eigenschaften.

1.1 DIE GRUNDGLEICHUNGEN DER Z-TRANSFORMATION

Im Kapitel IV wurde aufgrund der Gl. (4.10b) das Spektrum $F(\mathrm{e}^{\mathrm{j}\omega T})$ einer diskontinuierlichen Zeitfunktion $f[n]$ eingeführt und zugleich gezeigt, daß mit Hilfe der Gl. (4.10a) die Werte $f[n]$ aus $F(\mathrm{e}^{\mathrm{j}\omega T})$ gewonnen werden können. Hierbei wurde, um die Existenz der Beziehungen zu gewährleisten, die absolute Summierbarkeit von $f[n]$ vorausgesetzt.

Es sei nun $f[n]$ eine beliebige diskontinuierliche Zeitfunktion, von der folgendes vorausgesetzt wird: Es existiere eine positive Konstante $\rho_{\min}$, mit welcher

$$\lim_{n\to\infty} \rho^{-n} f[n] = 0 \quad \text{für} \quad \rho > \rho_{\min} \tag{6.1a}$$

gilt, während dieser Grenzwert für $0 < \rho < \rho_{\min}$ nicht vorhanden ist, und es existiere eine zweite positive Konstante $\rho_{\max}$, mit der

$$\lim_{\nu\to\infty} \widetilde{\rho}^{\,-\nu} f[-\nu] = 0 \quad \text{für} \quad \widetilde{\rho} > \frac{1}{\rho_{\max}} ,$$

d. h.

$$\lim_{n\to-\infty} \rho^{-n} f[n] = 0 \quad \text{für} \quad 0 < \rho < \rho_{\max} \tag{6.1b}$$

($\rho = 1/\widetilde{\rho}$ und $n = -\nu$ gesetzt) gilt, während für $\rho > \rho_{\max}$ dieser Grenzwert nicht vorhanden ist. Ist $f[n] = 0$ für $n > N$, dann wird $\rho_{\min} = 0$ gesetzt, und entsprechend ist $\rho_{\max} = \infty$, falls $f[n] = 0$ für $n < -M$ gilt. Besteht die Beziehung $\rho_{\min} < \rho_{\max}$, so läßt sich im Intervall $(\rho_{\min}, \rho_{\max})$ irgendein ρ wählen, mit dem die diskontinuierliche Zeitfunktion

$$g[n] = \rho^{-n} f[n]$$

gebildet werden kann, und angesichts der Gln. (6.1a,b) ist $g[n]$ absolut summierbar. Die spektrale Beschreibung von $g[n]$ gemäß den Gln. (4.10a,b) konvergiert damit. Man erhält deshalb für $g[n]$ das Spektrum

$$G(\mathrm{e}^{\mathrm{j}\omega T}) = \sum_{n=-\infty}^{\infty} \rho^{-n} f[n] \mathrm{e}^{-\mathrm{j}\omega n T} , \tag{6.2}$$

und $g[n] = \rho^{-n} f[n]$ läßt sich durch die Beziehung

$$\rho^{-n} f[n] = \frac{T}{2\pi} \int_{-\omega_g}^{\omega_g} G(\mathrm{e}^{\mathrm{j}\omega T}) \mathrm{e}^{\mathrm{j}\omega n T} \mathrm{d}\omega \tag{6.3}$$

mit $\omega_g = \pi/T$ ausdrücken. Die Gl. (6.3) wird auf beiden Seiten mit ρ^n durchmultipliziert und sodann die variable Kreisfrequenz ω durch die komplexwertige Variable

$$z = \rho \mathrm{e}^{\mathrm{j}\omega T}$$

ersetzt. Dann lassen sich die Gln. (6.2) und (6.3) mit der Abkürzung $G(z/\rho) = F(z)$ und $\mathrm{d}z = \mathrm{j} T \rho \mathrm{e}^{\mathrm{j}\omega T} \mathrm{d}\omega$ auf die Form

$$F(z) = \sum_{n=-\infty}^{\infty} f[n] z^{-n} \tag{6.4}$$

bzw.

$$f[n] = \frac{1}{2\pi \mathrm{j}} \oint_{|z|=\rho} F(z) z^{n-1} \mathrm{d}z \qquad (\rho_{\min} < \rho < \rho_{\max}) \tag{6.5}$$

bringen. In Gl. (6.5) ist zu beachten, daß die Variable z als Punkt in einer komplexen Ebene den Kreis um den Ursprung mit Radius ρ einmal im Gegenuhrzeigersinn durchläuft, wenn ω das Intervall von $-\omega_g = -\pi/T$ bis $\omega_g = \pi/T$ überstreicht, d. h. das Integral in Gl. (6.5) ist längs des Kreises $|z| = \rho$ im Gegenuhrzeigersinn zu erstrecken. Die Gln. (6.4) und (6.5) bilden die Grundgleichungen der Z-Transformation. Die Funktion $F(z)$ heißt *Z-Transformierte* von $f[n]$; sie existiert, wenn die durch die Gln. (6.1a,b) erklärten Konstanten die Bedingung

$$0 \leqq \rho_{\min} < \rho_{\max} \leqq \infty$$

erfüllen, und zwar für alle komplexen z-Werte mit der Eigenschaft

$$\rho_{\min} < |z| < \rho_{\max} . \tag{6.6}$$

In der komplexen z-Ebene existiert also die Z-Transformierte $F(z)$ in dem durch die Ungleichung (6.6) gegebenen Ringgebiet (Bild 6.1), und sie stellt dort eine analytische Funktion dar. Außerhalb dieses Ringgebietes konvergiert die Reihe aus Gl. (6.4) allgemein nicht, weshalb dort die Gl. (6.4) ihren Sinn verliert. Allerdings kann die Funktion $F(z)$ durch analytische Fortsetzung im allgemeinen auch auf ein größeres Gebiet ausgedehnt werden. In der Sprache der Funktionentheorie ist $F(z)$ nach Gl. (6.4) in Form einer Laurent-Reihe um $z = 0$ dargestellt. Der Integrationsweg in der Gl. (6.5), welche die Umkehrung der Z-Transformation leistet, muß ganz innerhalb des Ringgebietes (6.6) verlaufen.

Die durch die Z-Transformation gegebene Zuordnung soll künftig in der symbolischen Form

$$f[n] \circ\!\!-\!\!\bullet F(z)$$

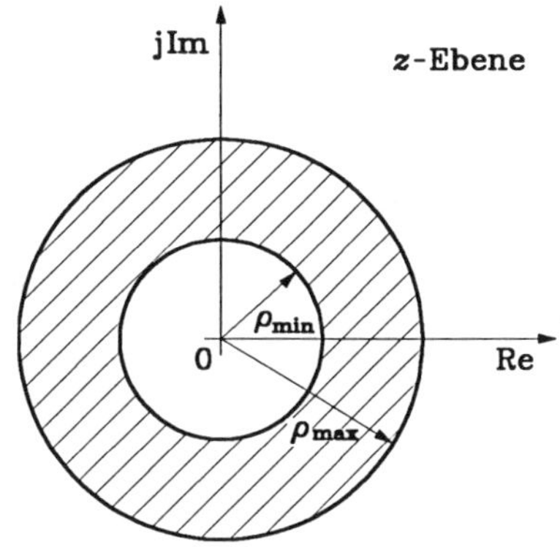

Bild 6.1: Ebene der komplexen Zahlen z. Im schraffierten Gebiet $\rho_{min} < |z| < \rho_{max}$ konvergiert die Z-Transformierte nach Gl. (6.4)

ausgedrückt werden.

Im Sonderfall einer kausalen Zeitfunktion $f[n]$, die also für $n < 0$ verschwindet, ist gemäß Gl. (6.1b) $\rho_{max} = \infty$, und das Konvergenzgebiet entartet zum Kreisgebiet $|z| > \rho_{min}$, das den Punkt $z = \infty$ enthält. In diesem Fall spricht man in Analogie zur einseitigen Laplace-Transformation von der einseitigen Z-Transformation, wobei in Gl. (6.4) die Summation erst bei $n = 0$ beginnt. Die (zweiseitige) Z-Transformierte einer Funktion $f[n]$ kann immer in der Form

$$F(z) = F^{+}(z) + F^{-}(z)$$

geschrieben werden, wobei

$$F^{+}(z) = \sum_{n=0}^{\infty} f[n]z^{-n}, \qquad |z| > \rho_{\text{min}}$$

und

$$F^{-}(z) = \sum_{n=-\infty}^{-1} f[n]z^{-n}, \qquad |z| < \rho_{\text{max}}$$

gilt, so daß $F^{+}(z)$ dem kausalen Anteil und $F^{-}(z)$ dem akausalen Anteil von $f[n]$ zugeordnet ist.

Beispiel 6.1: Es seien zunächst die folgenden leicht zu verifizierenden Korrespondenzen für die Z-Transformation aufgeführt; hierbei bedeutet a eine von Null verschiedene Konstante:

$$\delta[n] \circ\!\!-\!\!\bullet\, 1 \quad (0 \leqq |z| \leqq \infty), \tag{6.7}$$

$$s[n] \circ\!\!-\!\!\bullet \sum_{n=0}^{\infty} z^{-n} = \frac{1}{1-\dfrac{1}{z}} = \frac{z}{z-1} \quad (|z| > 1), \tag{6.8}$$

$$s[n]a^{n} \circ\!\!-\!\!\bullet \sum_{n=0}^{\infty} \left(\frac{z}{a}\right)^{-n} = \frac{z}{z-a} \quad (|z| > |a|). \tag{6.9}$$

Stellt man $s[n]a^{n}$ mit Hilfe seiner Z-Transformierten $z/(z-a)$ aufgrund von Gl. (6.5) dar, dann erhält man

$$s[n]a^{n} = \frac{1}{2\pi \mathrm{j}} \oint_{|z|=\rho>|a|} \frac{z}{z-a} z^{n-1} \mathrm{d}z .$$

Diese Gleichung wird auf beiden Seiten m -mal nach a differenziert. Dadurch ergibt sich

$$s[n]n(n-1)\cdots(n-m+1)a^{n-m} = \frac{1}{2\pi j}\oint_{|z|=\rho>|a|} \frac{m!z}{(z-a)^{m+1}} z^{n-1}\,dz \ .$$

Dieser Beziehung entnimmt man direkt die Korrespondenz

$$s[n]\binom{n}{m}a^{n-m} \circ\!\!-\!\!\bullet \frac{z}{(z-a)^{m+1}} \quad (|z|>|a|) \ . \tag{6.10}$$

Entsprechend lassen sich die weiteren Korrespondenzen begründen:

$$s[-n-1]a^n \circ\!\!-\!\!\bullet \sum_{n=-\infty}^{-1} a^n z^{-n} = \frac{-z}{z-a} \quad (|z|<|a|) \ , \tag{6.11}$$

$$s[-n-1]\binom{n}{m}a^{n-m} \circ\!\!-\!\!\bullet \frac{-z}{(z-a)^{m+1}} \quad (|z|<|a|) \ . \tag{6.12}$$

Man beachte, daß die Funktionen $s[n]a^n$ und $-s[-n-1]a^n$ dieselbe Z-Transformierte aufweisen, allerdings mit wesentlich unterschiedlichen Konvergenzgebieten. Insbesondere in den Fällen, in denen nicht a priori bekannt ist, ob die zugehörige Zeitfunktion kausal oder akausal ist, muß daher unbedingt das Konvergenzgebiet spezifiziert sein. Abschließend sei noch bemerkt, daß die Grundgleichungen (6.4) und (6.5) der Z-Transformation für $z = e^{j\omega T}$ in die Gln. (4.10a,b) übergehen, sofern der Einheitskreis $|z| = 1$ im Konvergenzgebiet enthalten ist oder der Einheitskreis Rand des Konvergenzgebietes ist und $F(z)$ in diesem Gebiet einschließlich des Einheitskreises $|z| = 1$ stetig ist.

1.2 EIGENSCHAFTEN DER Z-TRANSFORMATION

Die Z-Transformation besitzt ähnliche Eigenschaften wie die Laplace-Transformation, deren wichtigste direkt den Grundgleichungen (6.4) und (6.5) entnommen werden können. Soweit die Beweise besonders einfach sind, werden sie dem Leser zur Übung überlassen.

(a) Linearität

Aus den Korrespondenzen

$$f_1[n] \circ\!\!-\!\!\bullet F_1(z) \ , \quad f_2[n] \circ\!\!-\!\!\bullet F_2(z)$$

folgt, sofern sich die Konvergenzgebiete G_1 und G_2 der beiden Z-Transformierten überlappen, mit willkürlichen Konstanten c_1 und c_2 die Zuordnung

$$c_1 f_1[n] + c_2 f_2[n] \circ\!\!-\!\!\bullet c_1 F_1(z) + c_2 F_2(z) \ ,$$

wobei diese Z-Transformierte im Durchschnittsgebiet von G_1 und G_2 konvergiert.

(b) Verschiebung

Aus der Korrespondenz

$$f[n] \circ\!\!-\!\!\bullet F(z)$$

folgt mit einem beliebigen ganzzahligen m die Zuordnung

$$f[n-m] \circ\!\!-\!\!\bullet\, z^{-m}F(z) \,. \tag{6.13a}$$

Ist $f[n]$ kausal und damit $F(z)$ einseitige Z-Transformierte, dann ist die rechte Seite der Korrespondenz (6.13a) nur für $m > 0$ eine einseitige Z-Transformierte; für $m < 0$ ist sie als eine zweiseitige Z-Transformierte zu betrachten. Ist $f[n]$ eine nicht notwendig kausale Zeitfunktion, dann folgen aus der Zuordnung

$$s[n]f[n] \circ\!\!-\!\!\bullet\, F^+(z) \;,$$

also mit Hilfe der einseitigen Z-Transformierten $F^+(z)$ von $f[n]$ für $m > 0$ die Korrespondenzen

$$s[n]f[n-m] \circ\!\!-\!\!\bullet\, z^{-m}F^+(z) + f[-1]z^{-m+1} + f[-2]z^{-m+2} + \cdots + f[-m] \tag{6.13b}$$

und

$$s[n]f[n+m] \circ\!\!-\!\!\bullet\, z^m F^+(z) - f[0]z^m - f[1]z^{m-1} - \cdots - f[m-1]z \,. \tag{6.13c}$$

(c) Multiplikation mit *n*

Durch Differentiation der Gl. (6.4) nach z und anschließende Multiplikation des Resultats mit $-z$ entsteht die nützliche Korrespondenz

$$n\,f[n] \circ\!\!-\!\!\bullet\, -z\,\frac{\mathrm{d}F(z)}{\mathrm{d}z} \,. \tag{6.14}$$

(d) Faltung

Aus den Korrespondenzen

$$f_1[n] \circ\!\!-\!\!\bullet\, F_1(z) \;, \quad f_2[n] \circ\!\!-\!\!\bullet\, F_2(z)$$

folgt, sofern sich die Konvergenzgebiete G_1 und G_2 der Z-Transformierten $F_1(z)$ bzw. $F_2(z)$ überlappen,

$$\sum_{\nu=-\infty}^{\infty} f_1[\nu]f_2[n-\nu] \circ\!\!-\!\!\bullet\, F_1(z)F_2(z) \;, \tag{6.15}$$

wobei diese Z-Transformierte im Durchschnitt von G_1 und G_2 konvergiert.

(e) Produkt

Für das Produkt zweier Zeitfunktionen $f_1[n]$ und $f_2[n]$ mit den zugehörigen Z-Transformierten $F_1(z)$ bzw. $F_2(z)$ gilt die Korrespondenz

$$f_1[n]f_2[n] \circ\!\!-\!\!\bullet\, \frac{1}{2\pi \mathrm{j}} \oint F_1(\zeta)\, F_2\!\left(\frac{z}{\zeta}\right) \frac{\mathrm{d}\zeta}{\zeta} \,. \tag{6.16}$$

Hierbei ist das zulässige Gebiet für z dadurch festgelegt, daß sich die Konvergenzgebiete von $F_1(\zeta)$ und $F_2(z/\zeta)$ in der ζ-Ebene überlappen, und das Integral ist dort auf einem Kreis um den Ursprung im Überdeckungsbereich auszuwerten.

Beweis: Es wird die Z-Transformierte $F(z)$ von $f_1[n]f_2[n]$ in der Form

$$F(z) = \sum_{n=-\infty}^{\infty} f_1[n]f_2[n]z^{-n} = \sum_{n=-\infty}^{\infty} f_2[n]\left[\frac{1}{2\pi \mathrm{j}} \oint F_1(\zeta)\zeta^{n-1}\mathrm{d}\zeta\right] z^{-n}$$

geschrieben. Vertauscht man nun die Reihenfolge von Summation und Integration, dann ergibt sich

$$F(z) = \frac{1}{2\pi j} \oint F_1(\zeta) \sum_{n=-\infty}^{\infty} f_2[n] \left(\frac{z}{\zeta}\right)^{-n} \frac{d\zeta}{\zeta} ,$$

und hieraus resultiert die angegebene Korrespondenz.

(f) Spiegelung

Aus der Korrespondenz

$$f[n] \circ\!\!-\!\!\bullet F(z) \qquad (\rho_{\min} < |z| < \rho_{\max})$$

folgt die Zuordnung

$$f^*[-n] \circ\!\!-\!\!\bullet F^*\left(\frac{1}{z^*}\right) \qquad \left(\frac{1}{\rho_{\max}} < |z| < \frac{1}{\rho_{\min}}\right) . \tag{6.17}$$

Ist $f[n]$ eine reelle Zeitfunktion, so gilt $F^*(1/z^*) = F(1/z)$. Dabei bezeichnen $f^*[-n]$ und $F^*(1/z^*)$ die konjugiert komplexen Werte von $f[-n]$ bzw. $F(1/z^*)$.

(g) Parsevalsche Formel

Aus den Korrespondenzen

$$f_1[n] \circ\!\!-\!\!\bullet F_1(z) \qquad (\rho_{1,\min} < 1 < \rho_{1,\max})$$

und

$$f_2[n] \circ\!\!-\!\!\bullet F_2(z) \qquad (\rho_{2,\min} < 1 < \rho_{2,\max})$$

folgt mit $\omega_g = \pi/T$

$$\sum_{n=-\infty}^{\infty} f_1[n] f_2^*[n] = \frac{1}{2\omega_g} \int_{-\omega_g}^{\omega_g} F_1(e^{j\omega T}) F_2^*(e^{j\omega T}) \, d\omega . \tag{6.18}$$

Beweis: In der Faltungskorrespondenz wird $f_2[n]$ durch $f_2^*[-n]$ ersetzt und die Spiegelungseigenschaft berücksichtigt. Dadurch erhält man

$$\sum_{\nu=-\infty}^{\infty} f_1[\nu] f_2^*[-n+\nu] \circ\!\!-\!\!\bullet F_1(z) F_2^*\left(\frac{1}{z^*}\right) . \tag{6.19}$$

Wendet man auf diese Korrespondenz die Umkehrformel gemäß Gl. (6.5) für $z = 1/z^* = e^{j\omega T}$ und $n = 0$ an, so ergibt sich obiges Ergebnis.

Liegt (wie im vorliegenden Fall) der Einheitskreis im Konvergenzbereich der in Korrespondenz (6.16) angegebenen Z-Transformierten, dann ergibt sich durch Auswertung dieser Korrespondenz für $z = 1$ und Übergang von $f_2[n]$ zu $f_2^*[n]$ die Beziehung

$$\sum_{n=-\infty}^{\infty} f_1[n] f_2^*[n] = \frac{1}{2\pi j} \oint F_1(\zeta) F_2^*\left(\frac{1}{\zeta^*}\right) \frac{d\zeta}{\zeta} ,$$

aus der man ebenfalls die Parsevalsche Formel sofort entnehmen kann, sofern als Integrationsweg der Einheitskreis gewählt und $\zeta = e^{j\omega T}$ gesetzt wird.

(h) Anfangs- und Endwerteigenschaften

Die Z-Transformierte $F(z)$ einer Zeitfunktion $f[n]$ konvergiere im offenen Kreisgebiet $|z| > \rho_{\min}$ abgesehen von einem möglichen Pol in $z = \infty$, es gelte also $\rho_{\max} = \infty$. Dann existiert mit einem geeigneten, ganzzahligen m der Grenzwert

$$\lim_{z \to \infty} z^m F(z) = A \quad , \tag{6.20a}$$

und es gilt

$$f[m] = A \ . \tag{6.20b}$$

Beweis: Man braucht nur zu beachten, daß angesichts der Voraussetzungen über $F(z)$ in der Darstellung nach Gl. (6.4) die Summation nicht von $n = -\infty$, sondern erst von $n = -M$ an zu führen ist, wobei dieser Index den ersten nicht verschwindenden Summanden kennzeichnet. Ist $M > 0$, so hat $F(z)$ in $z = \infty$ einen Pol der Ordnung M; andernfalls ist $F(\infty)$ endlich. Bildet man mit der so reduzierten Summendarstellung von $F(z)$ den Grenzwert in Gl. (6.20a) mit $m = -M$, dann ergibt sich direkt $f[m]$.

Ist insbesondere $f[n]$ ein kausales Signal, dann gilt

$$f[0] = \lim_{z \to \infty} F(z) \ . \tag{6.20c}$$

Befindet sich der Einheitskreis $|z| = 1$ innerhalb des Konvergenzgebietes der Z-Transformierten $F(z)$ von $f[n]$, so haben die Grundgleichungen (6.4) und (6.5) für $z = \mathrm{e}^{\mathrm{j}\omega T}$ die Form der Gln. (4.10a,b); die Reihe in Gl. (4.10b) kann aber nur konvergieren, wenn

$$f[n] \to 0 \quad \text{für} \quad n \to \pm\infty$$

gilt. Ist $f[n]$ kausal und gilt $\rho_{\min} = 1$, wobei $F(z)$ abgesehen von einem möglichen einfachen Pol an der Stelle $z = 1$ in $|z| \geqq 1$ analytisch sei, dann gilt die Endwertformel

$$\lim_{n \to \infty} f[n] = \lim_{z \to 1} \left[F(z) - \frac{1}{z} F(z) \right] = \lim_{z \to 1} [F(z)(z-1)] \ .$$

Dies läßt sich unmittelbar aus der Beziehung

$$F(z) - \frac{1}{z} F(z) = \lim_{N \to \infty} \sum_{n=0}^{N} \{ f[n] - f[n-1] \} z^{-n}$$

ableiten, wenn man den Grenzübergang $z \to 1$ durchführt und dabei auf der rechten Seite die Reihenfolge der Limes-Operationen vertauscht, was erlaubt ist, da $F(z) - F(z)/z$ überall in $|z| \geqq 1$ analytisch ist.

Ist demnach die Z-Transformierte $F(z)$ einer kausalen Zeitfunktion $f[n]$ rational und liegen alle Pole in $|z| < 1$, dann strebt $f[n]$ für $n \to \infty$ gegen Null.

1.3 UMKEHRUNG DER Z-TRANSFORMATION

Grundsätzlich läßt sich eine diskontinuierliche Zeitfunktion $f[n]$ aus ihrer Z-Transformierten $F(z)$ mit Hilfe der Umkehrformel gemäß Gl. (6.5) ausdrücken. Das hierbei auftretende komplexe Integral kann in vielen Fällen mit Hilfe der Residuenmethode entsprechend wie bei der Laplace-Transformation ausgewertet werden, wobei der Integrationsweg $|z| = \rho$ nicht abgeändert zu werden braucht. Sind alle Singularitäten von $F(z)$ Pole und sind A_μ die Residuen an den endlichen Polen von $F(z)z^{n-1}$ innerhalb und B_ν die Residuen an den endlichen Polen von $F(z)z^{n-1}$ außerhalb des Integrationsweges, dann gilt (Anhang D)

$$f[n] = \sum_{\mu} A_{\mu} \quad \text{oder} \quad f[n] = -\sum_{\nu} B_{\nu} - B_{\infty} ,$$

wobei B_{∞} das Residuum der Funktion $F(z)z^{n-1}$ an der Stelle $z = \infty$ bedeutet und die erste Beziehung durch Anwendung des Residuensatzes auf das Innere des Integrationsweges und die zweite Beziehung durch Anwendung des Residuensatzes auf das Äußere des Integrationsweges entsteht. Es empfiehlt sich, im Einzelfall zu entscheiden, welche der beiden Formeln günstiger ausgewertet werden kann. Prinzipiell kann das Umkehrintegral auch numerisch berechnet werden.

Besonders einfach läßt sich die Z-Transformation ohne direkte Verwendung der Umkehrformel invertieren, wenn die Z-Transformierte $F(z)$ in Form einer Laurent-Reihe

$$F(z) = \sum_{n=-\infty}^{\infty} a_n z^{-n} \tag{6.21}$$

vorliegt, welche im Konvergenzgebiet von $F(z)$ erklärt ist. Dann gilt, wie ein Vergleich mit Gl. (6.4) lehrt,

$$f[n] = a_n .$$

Ist $F(z)$ nicht unmittelbar in Form der Gl. (6.21) gegeben, dann muß die zugehörige Zeitfunktion $f[n]$, wenn die Umkehrformel nicht direkt ausgewertet werden soll, dadurch ermittelt werden, daß $F(z)$ unter Berücksichtigung des Konvergenzgebietes $\rho_{\min} < |z| < \rho_{\max}$ geeignet umgeformt wird. Auf zwei derartige Möglichkeiten wird im folgenden eingegangen.

Eine *erste* Möglichkeit, $f[n]$ aus $F(z)$ einfach zu ermitteln, ist die *Laurent-Reihenentwicklung* von $F(z)$ im Konvergenzgebiet. Die hierbei entstehenden Koeffizienten liefern dann direkt $f[n]$.

Beispiel 6.2: Es sei die Z-Transformierte

$$F(z) = \frac{-1}{(z-1)(z-2)} \qquad (1 < |z| < 2) \tag{6.22}$$

betrachtet. Schreibt man $F(z)$ als Partialbruchsumme

$$F(z) = \frac{1}{z-1} - \frac{1}{z-2} ,$$

so muß der erste Summand $1/(z-1)$ mit dem Pol $z = 1$, um Konvergenz im Konvergenzgebiet $1 < |z| < 2$ zu erzielen, um $z = \infty$, d. h. als Potenzreihe in Potenzen von $1/z$, entwickelt werden. Man erhält

$$\frac{1}{z-1} = \frac{1/z}{1-\dfrac{1}{z}} = \sum_{n=1}^{\infty} \frac{1}{z^n} .$$

Der zweite Partialbruchsummand $-1/(z-2)$ mit dem Pol $z = 2$ muß, um Konvergenz im Konvergenzgebiet $1 < |z| < 2$ zu erzielen, um $z = 0$, d. h. als Potenzreihe in Potenzen von z, entwickelt werden. Man erhält

$$\frac{-1}{z-2} = \frac{1/2}{1-\dfrac{z}{2}} = \sum_{\nu=0}^{\infty} \frac{1}{2^{\nu+1}} z^{\nu} .$$

Substituiert man bei der Entwicklung des zweiten Summanden ν durch $-n$, dann kann zusammenfassend

$$F(z) = \sum_{n=-\infty}^{0} 2^{n-1} z^{-n} + \sum_{n=1}^{\infty} z^{-n}$$

geschrieben werden. Hieraus folgt

$$f[n] = \begin{cases} 2^{n-1} & \text{für } n \leqq 0 , \\ 1 & \text{für } n > 0 . \end{cases}$$

Ist das Konvergenzgebiet von $F(z)$ nach Gl. (6.22) der Kreis $|z| > 2$, dann ist der Z-Transformierten $F(z)$ eine andere Zeitfunktion $f[n]$ zugeordnet, weil dann der Partialbruchsummand $-1/(z-2)$ nach Potenzen von $1/z$, also in der Form

$$\frac{-1}{z-2} = \frac{-1/z}{1-\dfrac{2}{z}} = -\frac{1}{z}\left(1+\frac{2}{z}+\frac{2^2}{z^2}+\cdots\right)$$

entwickelt werden muß. Ist das Konvergenzgebiet von $F(z)$ der Kreis $|z| < 1$, dann müssen beide Partialbruchsummanden von $F(z)$ nach Potenzen von z entwickelt werden. Man sieht also, wie $f[n]$ außer von $F(z)$ wesentlich noch vom Konvergenzgebiet abhängt.

Eine *zweite* Möglichkeit, $f[n]$ aus $F(z)$ zu ermitteln, ist die Verwendung bekannter *Korrespondenzen.* Dazu muß man $F(z)$ als Summe von Funktionen $\Phi_\kappa(z)$ darstellen, deren Zeitfunktionen $\varphi_\kappa[n]$ aufgrund bekannter Korrespondenzen angegeben werden können. Dann ergibt sich $f[n]$ als Summe der Funktionen $\varphi_\kappa[n]$. Diese Methode läßt sich besonders elegant anwenden, wenn $F(z)$ eine rationale Funktion ist. Dabei darf angenommen werden, daß der Grad des Zählerpolynoms nicht größer ist als der Grad des Nennerpolynoms. Andernfalls läßt sich dies durch Division dieser Polynome erreichen, wobei das zusätzlich auftretende Polynom direkt in den Zeitbereich transformiert werden kann. Unter dieser Voraussetzung kann dann $F(z)/z$, dessen Polstellen mit $z_\mu (\mu = 1, 2, \ldots, l)$ bezeichnet werden, in Form einer Partialbruchdarstellung geschrieben werden (man vergleiche Kapitel V, Abschnitt 2.1), und man erhält dann $F(z)$ als Summe von Termen der Art

$$\Phi_\kappa(z) = \frac{A_{\mu\nu} z}{(z-z_\mu)^\nu} \qquad (\nu = 1, 2, \ldots, r_\mu ; \mu = 1, 2, \ldots, l) ,$$

deren entsprechende Zeitfunktion $\varphi_\kappa[n]$ für $z_\mu \neq 0$ aus den Korrespondenzen (6.10) bzw. (6.12) folgen, je nachdem ob der betreffende Pol z_μ dem Betrage nach nicht größer als $\rho_{\min}$ oder nicht kleiner als $\rho_{\max}$ ist. Im Falle $z_\mu = 0$ hat $\Phi_\kappa(z)$ die Form $A_{\mu\nu}/z^{\nu-1}$, und die entsprechende Zeitfunktion $\varphi_\kappa[n]$ ist $A_{\mu\nu}\,\delta[n-\nu+1]$.

Beispiel 6.3: Es sei die Z-Transformierte

$$F(z) = \frac{-2z^3 - 3z^2 + 11z}{(z+2)(z-1)^2} , \qquad 1 < |z| < 2 ,$$

gewählt. Man erhält zunächst

$$\frac{F(z)}{z} = \frac{1}{z+2} + \frac{2}{(z-1)^2} - \frac{3}{z-1} .$$

Mit den Korrespondenzen

$$\frac{z}{z+2} \bullet\!\!-\!\!\circ\; -s[-n-1](-2)^n \quad (|z| < 2), \qquad \frac{2z}{(z-1)^2} \bullet\!\!-\!\!\circ\; 2s[n]\binom{n}{1}1^{n-1} \quad (|z| > 1),$$

$$\frac{-3z}{z-1} \bullet\!\!-\!\!\circ\; -3s[n]1^n \quad (|z| > 1)$$

erhält man damit als Inverse von $F(z)$ die Zeitfunktion

$$f[n] = s[n](2n-3) - s[-n-1](-2)^n .$$

1.4 DIE ÜBERTRAGUNGSFUNKTION FÜR KOMPLEXE Z-WERTE

Es wird ein lineares, zeitinvariantes, stabiles und kausales diskontinuierliches System mit einem Eingang und einem Ausgang betrachtet. Als Eingangsgrößen seien nur kausale Signale $x[n]$ zugelassen. Nach Gl. (4.3) ist die Übertragungsfunktion $H(\mathrm{e}^{\mathrm{j}\omega T})$ aus der Impulsantwort $h[n]$ aufgrund der Beziehung

$$H(\mathrm{e}^{\mathrm{j}\omega T}) = \sum_{n=0}^{\infty} h[n]\,\mathrm{e}^{-\mathrm{j}\omega nT} \tag{6.23a}$$

gegeben, und die Reihe auf der rechten Seite von Gl. (6.23a) konvergiert wegen der vorausgesetzten Stabilität, da nach Ungleichung (1.98)

$$\sum_{n=0}^{\infty} |h[n]| < \infty$$

gilt. Aus Gl. (6.23a) entsteht, wenn man $\mathrm{e}^{\mathrm{j}\omega T}$ durch die Variable z substituiert, die Z-Transformierte der Impulsantwort $h[n]$, nämlich

$$H(z) = \sum_{n=0}^{\infty} h[n] z^{-n} \ , \tag{6.23b}$$

welche jedenfalls für $|z| \geqq 1$ konvergiert und damit im Gebiet $|z| > 1$ analytisch und in $|z| \geqq 1$ stetig ist. Es ist möglich, daß das Konvergenzkreisgebiet $|z| > \rho_{\min}$ einen Radius $\rho_{\min} < 1$ besitzt. Die Übertragungsfunktion $H(\mathrm{e}^{\mathrm{j}\omega T})$ von Gl. (6.23a) kann demzufolge als Sonderfall der Z-Transformierten $H(z)$ von Gl. (6.23b) mit $z = \mathrm{e}^{\mathrm{j}\omega T}$ betrachtet werden. Anders ausgedrückt heißt dies, daß die Z-Transformierte $H(z)$ als Fortsetzung der Funktion $H(\mathrm{e}^{\mathrm{j}\omega T})$ vom Einheitskreis in die z-Ebene aufgefaßt werden kann. Man nennt daher $H(z)$ auch bei Zulassung von Werten $z \neq \mathrm{e}^{\mathrm{j}\omega T}$ weiterhin Übertragungsfunktion des Systems.

Unterwirft man die Gln. (1.91a,b), welche das Ausgangssignal $y[n]$ des vorliegenden Systems als Faltung des Eingangssignals $x[n]$ mit der Impulsantwort $h[n]$ ausdrücken, der Z-Transformation, so erhält man aufgrund der Faltungseigenschaft der Z-Transformation

$$Y(z) = H(z)X(z) \ , \tag{6.24}$$

wobei $X(z)$ die Z-Transformierte von $x[n]$ und $Y(z)$ die von $y[n]$ bedeutet. Läßt man Eingangssignale $x[n]$ zu, die nicht notwendig kausal zu sein brauchen, so konvergiert $Y(z)$ im Ringgebiet, das als Durchschnitt des Konvergenzkreisgebiets von $H(z)$ und des Konvergenzringgebietes von $X(z)$ entsteht.

Von einem *realisierbaren* diskontinuierlichen System spricht man hier, wenn sein durch $H(z)$ charakterisiertes Übertragungsverhalten durch eine Anordnung aus endlich vielen Verzögerungsgliedern mit gleicher Verzögerungszeit T, Multiplizierern und Addierern verwirklicht werden kann. Ein realisierbares diskontinuierliches System muß demnach kausal sein und als Übertragungsfunktion eine rationale, reelle Funktion

$$H(z) = \frac{\beta_q + \beta_{q-1} z^{-1} + \cdots + \beta_0 z^{-q}}{1 + \alpha_{q-1} z^{-1} + \cdots + \alpha_0 z^{-q}} \tag{6.25}$$

besitzen. Wegen der vorausgesetzten Stabilität müssen die Pole von $H(z)$ im Kreisgebiet $|z| < 1$ liegen. Transformiert man $H(z)$ in den Zeitbereich, dann erhält man die Impulsantwort $h[n]$. Dazu lassen sich die Verfahren von Abschnitt 1.3 heranziehen. Demnach kann man $H(z)$ insbesondere mit Hilfe seiner Partialbruchdarstellung in den Zeitbereich überführen. Nimmt man an, daß alle Pole z_μ ($\mu = 1, 2, \ldots, q$) von $H(z)$ einfach sind, so ergibt sich die Impulsantwort $h[n]$ in der Form

$$h[n] = A_0 \delta[n] + A_1 s[n] z_1^n + \cdots + A_q s[n] z_q^n$$

mit den bei der Partialbruchentwicklung von $H(z)/z$ entstehenden Koeffizienten $A_0, A_1, \ldots, A_q$. Bei mehrfachen Polen ist die Darstellung entsprechend zu modifizieren.

Die Systembeschreibung gemäß Gl. (6.24) mit Hilfe der rationalen Übertragungsfunktion $H(z)$ nach Gl. (6.25) ist äquivalent der Systemdarstellung aufgrund der Differenzengleichung (2.210). Insofern kann $H(z)$ nach den im Kapitel II, Abschnitt 4.1 entwickelten Signalflußdiagrammen realisiert werden. Daneben besteht auch die Möglichkeit, $H(z)$ aufgrund der Besonderheiten rationaler Funktionen zu verwirklichen. Hierauf soll noch kurz eingegangen werden.

Wählt man in Gl. (6.25) zunächst den Zähler gleich Eins, so läßt sich gemäß Gl. (6.24)

$$Y(z) = X(z) - \alpha_{q-1} Y(z) z^{-1} - \alpha_{q-2} Y(z) z^{-2} - \cdots - \alpha_0 Y(z) z^{-q}$$

schreiben. Diese Beziehung kann man direkt durch das im Bild 6.2 in Form eines Signalflußdiagramms angegebene System realisieren. Wie man sieht, lassen sich unmittelbar die Signale $y[n], y[n-1], \ldots, y[n-q+1], y[n-q]$ abgreifen. Multipliziert man diese Signale mit $\beta_q, \beta_{q-1}, \ldots, \beta_1$ bzw. β_0 und addiert die Produkte, dann erhält man ein System mit der Übertragungsfunktion

$$\beta_q \frac{1}{1 + \alpha_{q-1} z^{-1} + \cdots + \alpha_0 z^{-q}} + \beta_{q-1} \frac{z^{-1}}{1 + \alpha_{q-1} z^{-1} + \cdots + \alpha_0 z^{-q}} + \cdots$$

$$+ \beta_0 \frac{z^{-q}}{1 + \alpha_{q-1} z^{-1} + \cdots + \alpha_0 z^{-q}} \ ,$$

also mit $H(z)$ aus Gl. (6.25). Die entsprechende Realisierung zeigt Bild 6.3, die im wesentlichen mit der von Bild 2.22 übereinstimmt.

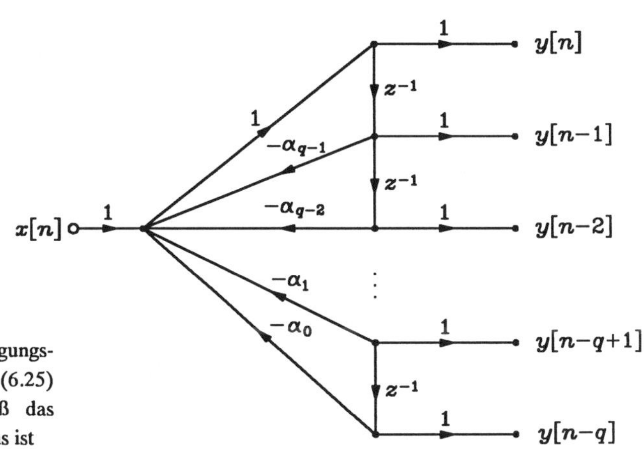

Bild 6.2: Realisierung der Übertragungsfunktion $H(z)$ aus Gl. (6.25) für den Sonderfall, daß das Zählerpolynom gleich Eins ist

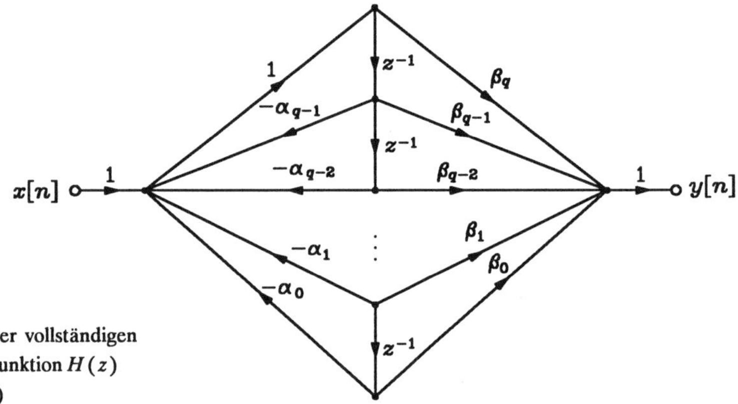

Bild 6.3: Realisierung der vollständigen Übertragungsfunktion $H(z)$ nach Gl. (6.25)

Man kann die Übertragungsfunktion $H(z)$ stets in der Pol-Nullstellen-Form

$$H(z) = K\,\frac{(z-\zeta_1)(z-\zeta_2)\cdots(z-\zeta_l)}{(z-z_1)(z-z_2)\cdots(z-z_q)}$$

darstellen, wobei K eine Konstante, die ζ_μ ($\mu = 1,2,\ldots,l \leqq q$) die Nullstellen und die z_ν ($\nu = 1,2,\ldots,q$) die Pole bedeuten. Hiermit läßt sich durch geeignete Zusammenfassung der auftretenden Faktoren $(z-\zeta_\mu)$ und $(z-z_\nu)$ die Produktform

$$H(z) = H_1(z)H_2(z)\cdots H_k(z)$$

angeben, wobei die $H_\mu(z)$ ($\mu = 1,2,\ldots,k$) reelle, rationale und in $z=\infty$ polfreie Funktionen ersten oder zweiten Grades sind. Die $H_\mu(z)$ werden gebildet, indem man in jede dieser Funktionen maximal zwei Nullstellen und maximal zwei Pole von $H(z)$ aufnimmt. Dabei müssen zueinander konjugiert komplexe Pole bzw. Nullstellen stets zu Paaren zusammengefaßt werden, und jede Funktion $H_\mu(z)$ darf im Endlichen nicht mehr Nullstellen als Pole haben. Die $H_\mu(z)$ können als Übertragungsfunktionen von Teilsystemen aufgefaßt werden, deren Ketten- (Kaskaden-)anordnung nach Bild 6.4 die Übertragungsfunktion $H(z)$ hat. Dies ist leicht einzusehen, wenn man beachtet, daß für das μ-te Teilsystem im Bild 6.4 die Z-Transformierte der Ausgangsgröße mit der Z-Transformierten der Eingangsgröße gemäß Gl. (6.24) durch die Beziehung

$$Y_\mu(z) = H_\mu(z)Y_{\mu-1}(z)$$

verknüpft ist. Damit gilt für das System nach Bild 6.4

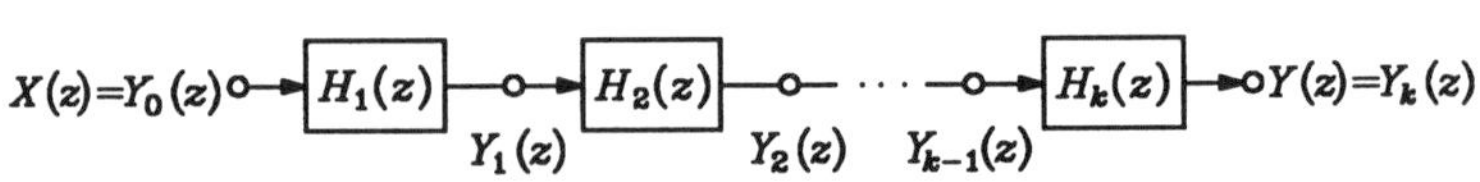

Bild 6.4: Realisierung einer Übertragungsfunktion $H(z)$ durch eine Kaskadenanordnung aus Systemen erster oder zweiter Ordnung

$$Y(z) = H_k(z)Y_{k-1}(z) = H_k(z)H_{k-1}(z)Y_{k-2}(z) = \cdots = H_k(z)H_{k-1}(z) \cdots H_1(z)X(z).$$

Jedes der Teilsysteme $H_\mu(z)$ kann beispielsweise nach Bild 6.3 in einfacher Weise realisiert werden. Dadurch wird das Gesamtsystem in Form einer Kettenanordnung von Digitalfiltern realisiert, die jeweils maximal zwei Verzögerungsglieder enthalten. Bei der Realisierung der Kettenanordnung muß darauf geachtet werden, daß sich die Übertragungseigenschaften aller Teilsysteme durch die Zusammenschaltung nicht ändern, daß also jedes Teilsystem von den nachfolgenden Teilsystemen nicht beeinflußt wird. Man spricht dann von einer rückwirkungsfreien Kettenanordnung. Läßt man bei der Realisierung der Teilsysteme gemäß Bild 6.3 auch komplexe Faktoren zu, dann kann $k = q$ gewählt werden und alle Teilübertragungsfunktionen $H_\mu(z)$ haben den Grad Eins.

Die Übertragungsfunktion $H(z)$ kann auch aufgrund einer Partialbruchentwicklung als *Summe* von einfachen Teilübertragungsfunktionen dargestellt und auf diese Weise in Form einer Parallelanordnung der entsprechenden Teilsysteme niederer Ordnung realisiert werden.

Abschließend sei noch darauf hingewiesen, daß die im Kapitel II genannte Transformation

$$z = \frac{p+1}{p-1}$$

es ermöglicht, rationale Übertragungsfunktionen $H(z)$ in rationale Übertragungsfunktionen $\widetilde{H}(p)$ kontinuierlicher Systeme überzuführen. Entsprechend lassen sich rationale Übertragungsfunktionen $H(z)$ aus rationalen Übertragungsfunktionen $\widetilde{H}(p)$ durch die inverse Transformation

$$p = \frac{z+1}{z-1}$$

erzeugen. Da hierbei die linke p-Halbebene und das Innere des Einheitskreises der z-Ebene ineinander übergehen, entstehen bei der Transformation aus stabilen Systemen jeweils stabile Systeme. Gelegentlich wird diese Übergangsmöglichkeit zwischen diskontinuierlichen und kontinuierlichen Systemen bei der Behandlung von Entwurfsproblemen (z. B. für die Frequenzselektion) ausgenützt. Diesbezüglich und wegen weiterer Möglichkeiten zur Realisierung von Übertragungsfunktionen wird auf das Buch [Un5] verwiesen.

2 Anwendung der Z-Transformation bei der Systembeschreibung im Zustandsraum

Es werden die Zustandsgleichungen (2.223) und (2.224) für die Beschreibung eines linearen, zeitinvarianten diskontinuierlichen Systems, das mit einem kausalen Eingangssignal erregt wird, der einseitigen Z-Transformation unterworfen. Auf diese Weise ergeben sich bei Beachtung der Korrespondenz (6.13c) für $m = 1$

$$z\,\boldsymbol{Z}(z) - z\,\boldsymbol{z}[0] = \boldsymbol{A}\,\boldsymbol{Z}(z) + \boldsymbol{B}\,\boldsymbol{X}(z) \tag{6.26}$$

und

$$\boldsymbol{Y}(z) = \boldsymbol{C}\,\boldsymbol{Z}(z) + \boldsymbol{D}\,\boldsymbol{X}(z)\ . \tag{6.27}$$

Dabei bedeutet der Vektor $\boldsymbol{Z}(z)$ die Z-Transformierte des Zustandsvektors $\boldsymbol{z}[n]$, $\boldsymbol{X}(z)$

und $\boldsymbol{Y}(z)$ bedeuten die Z-Transformierten des Eingangssignals $\boldsymbol{x}[n]$ bzw. des Ausgangssignals $\boldsymbol{y}[n]$. Durch Elimination von $\boldsymbol{Z}(z)$ in den Gln. (6.26) und (6.27) erhält man

$$\boldsymbol{Y}(z) = \boldsymbol{C}(z\,\mathbf{E}-\boldsymbol{A})^{-1} z\,\boldsymbol{z}[0] + [\boldsymbol{C}(z\,\mathbf{E}-\boldsymbol{A})^{-1}\boldsymbol{B}+\boldsymbol{D}]\boldsymbol{X}(z) \ . \tag{6.28}$$

Dabei ist $\mathbf{E}$ die q-reihige Einheitsmatrix. Es wird jetzt der Fall betrachtet, daß die Erregung des Systems vom Nullzustand $\boldsymbol{z}[0] = \mathbf{0}$ aus erfolgt. Dann erhält man aus Gl. (6.28) die Beziehung

$$\boldsymbol{Y}(z) = [\boldsymbol{C}(z\,\mathbf{E}-\boldsymbol{A})^{-1}\boldsymbol{B}+\boldsymbol{D}]\boldsymbol{X}(z) \ . \tag{6.29}$$

Sie entspricht im Falle, daß das System *einen* Eingang und *einen* Ausgang hat, d. h. $\boldsymbol{C}$ ein Zeilenvektor $\boldsymbol{c}^{\mathrm{T}}$, $\boldsymbol{B}$ ein Spaltenvektor $\boldsymbol{b}$ und $\boldsymbol{D}$ ein Skalar d ist, der Gl. (6.24). Ein Vergleich der Gln. (6.29) und (6.24) liefert in diesem Fall die folgende Darstellung der Übertragungsfunktion eines durch die Zustandsgleichungen (2.223) und (2.224) beschriebenen Systems:

$$H(z) = \boldsymbol{c}^{\mathrm{T}}(z\,\mathbf{E}-\boldsymbol{A})^{-1}\boldsymbol{b}+d \ . \tag{6.30}$$

Die Gl. (6.28) stellt die allgemeine Lösung der Zustandsgleichungen (2.223) und (2.224) im z-Bereich dar. Es soll nun gezeigt werden, wie durch Rücktransformation der Gl. (6.28) die Lösung der Zustandsgleichungen im Zeitbereich gewonnen werden kann. Beachtet man zunächst, daß der Matrizenfunktion

$$(z\,\mathbf{E}-\boldsymbol{A})^{-1}z = \mathbf{E} + \frac{1}{z}\boldsymbol{A} + \frac{1}{z^2}\boldsymbol{A}^2 + \cdots \qquad (\,|\,z\,| > \rho_{\min}(\boldsymbol{A})) \tag{6.31}$$

als Zeitfunktion für $n \geqq 0$ die Übergangsmatrix $\boldsymbol{\Phi}[n] = \boldsymbol{A}^n$ entspricht, dann erhält man durch Rücktransformation der Gl. (6.28) bei Beachtung der Eigenschaften der Z-Transformation für $n \geqq 0$

$$\boldsymbol{y}[n] = \boldsymbol{C}\boldsymbol{\Phi}[n]\boldsymbol{z}[0] + \boldsymbol{C}\,s[n-1]\sum_{\nu=0}^{n-1}\boldsymbol{\Phi}[n-1-\nu]\boldsymbol{B}\,\boldsymbol{x}[\nu] + \boldsymbol{D}\,\boldsymbol{x}[n] \ .$$

Die *charakteristische Frequenzmatrix* $\hat{\boldsymbol{\Phi}}(z)$ des Systems ist als einseitige Z-Transformierte der Übergangsmatrix $\boldsymbol{\Phi}[n]$ definiert, und es gilt damit nach Gl. (6.31)

$$\hat{\boldsymbol{\Phi}}(z) = (z\,\mathbf{E}-\boldsymbol{A})^{-1}z \ . \tag{6.32}$$

Somit kann die Übertragungsfunktion $H(z)$ aus Gl. (6.30) in der Form

$$H(z) = \boldsymbol{c}^{\mathrm{T}}z^{-1}\hat{\boldsymbol{\Phi}}(z)\boldsymbol{b} + d$$

ausgedrückt werden. Ausgehend von Gl. (6.32) kann man die charakteristische Frequenzmatrix, ähnlich wie im Kapitel V, Abschnitt 3.3 bei kontinuierlichen Systemen, durch Partialbruchentwicklung von $\hat{\boldsymbol{\Phi}}(z)/z$ auf die Form

$$\hat{\boldsymbol{\Phi}}(z) = \sum_{\mu=1}^{l}\sum_{\lambda=1}^{r_\mu}\boldsymbol{A}_{\mu\lambda}\frac{z}{(z-z_\mu)^\lambda}$$

bringen. Dabei sind offensichtlich die z_μ ($\mu = 1, 2, \ldots, l$) mit den Eigenwerten der Matrix $\boldsymbol{A}$ identisch. Durch Rücktransformation in den Zeitbereich erhält man angesichts der Korrespondenz (6.10) für die Übergangsmatrix die Darstellung

$$\boldsymbol{\Phi}[n] = \sum_{\mu=1}^{l} z_\mu^n \boldsymbol{A}_\mu[n] \;,$$

in der $\boldsymbol{A}_\mu[n]$ ein Matrizenpolynom in n bedeutet, dessen Grad nicht größer als $r_\mu - 1$ ist. Ist z_μ ein einfacher Eigenwert, dann ist das zugehörige Polynom $\boldsymbol{A}_\mu$ eine von n unabhängige Matrix.

3 Beziehung zwischen Realteil und Imaginärteil bei Übertragungsfunktionen diskontinuierlicher Systeme

3.1 RATIONALER FALL

Bevor das Problem der Verknüpfung von Real- und Imaginärteil der rationalen Übertragungsfunktion $H(z)$ eines linearen, zeitinvarianten, stabilen und kausalen diskontinuierlichen Systems für $z = e^{j\omega T}$ behandelt wird, sollen einige Bemerkungen zu sogenannten *selbstreziproken Polynomen* gemacht werden.

Es wird ein reelles Polynom $P(z)$ betrachtet, dessen Nullstellen ζ_μ $(\mu = 1,2,\ldots,m)$ also symmetrisch zur reellen Achse liegen. Darüber hinaus sollen alle Nullstellen zunächst von Null verschieden und jedenfalls auch zum Einheitskreis $|z| = 1$ symmetrisch angeordnet sein. Das heißt: Jede Nullstelle ζ_a außerhalb des Einheitskreises $(|\zeta_a| > 1)$ hat als Partner eine Nullstelle $\zeta_i = 1/\zeta_a$ im Innern des Einheitskreises $(|\zeta_i| < 1)$ und umgekehrt; bei den Nullstellen ζ_e auf dem Einheitskreis $(|\zeta_e| = 1)$ wird zwischen zwei eventuell gleichzeitig gegebenen Möglichkeiten unterschieden, nämlich erstens der Möglichkeit, daß eine zu sich selbst reziproke Nullstelle im Punkt $\zeta_e = 1$ oder (und) $\zeta_e = -1$ vorhanden ist, und zweitens der Möglichkeit, daß nichtreelle Nullstellen paarweise konjugiert komplex und damit paarweise zu sich selbst reziprok sind, also mit ζ_e auch $\zeta_e^* = 1/\zeta_e$ existiert. Demzufolge muß das Polynom $P(z)$ mit einer reellen Konstante c einerseits in der Form

$$P(z) = c \prod_{\mu=1}^{m} (z - \zeta_\mu) \tag{6.33}$$

(mehrfache Nullstellen sind entsprechend ihrer Vielfachheit berücksichtigt) und andererseits in der Form

$$P(z) = c \prod_{\mu=1}^{m} \left(z - \frac{1}{\zeta_\mu}\right) = c\, z^m \prod_{\mu=1}^{m} \left(-\frac{1}{\zeta_\mu}\right) \prod_{\mu=1}^{m} \left(\frac{1}{z} - \zeta_\mu\right) = \gamma z^m P\left(\frac{1}{z}\right) \tag{6.34}$$

darstellbar sein mit der Konstante

$$\gamma = \prod_{\mu=1}^{m} \left(-\frac{1}{\zeta_\mu}\right).$$

In diesem Produkt liefern alle Nullstellen, die von Eins verschieden sind, keinen Beitrag, da jede Nullstelle $\zeta_\mu \neq \pm 1$ einen reziproken Nullstellenpartner $1/\zeta_\mu$ hat und eine Nullstelle $\zeta_\mu = -1$ ohnedies den Produktwert nicht beeinflußt. Daher gilt $\gamma = \pm 1$, je nachdem, ob $P(z)$ in $z = 1$ eine Nullstelle geradzahliger oder ungeradzahliger Vielfachheit hat. Dabei sei vereinbart, daß im Falle $P(1) \neq 0$ in $z = 1$ eine Nullstelle der Vielfachheit Null vorhanden ist.

Aufgrund der Gl. (6.34) ist damit

$$P(z) = \pm z^m P\left(\frac{1}{z}\right)$$

oder, wenn man $P(z)$ in der Summenform

$$P(z) = a_0 + a_1 z + \cdots + a_m z^m$$

anschreibt, gilt für die Koeffizienten

$$a_\mu = \pm a_{m-\mu} \qquad (\mu = 0, 1, \ldots, m) .$$

Hat das Polynom zusätzlich eine s-fache Nullstelle im Ursprung, dann läßt sich

$$P(z) = c\, z^s \prod_{\mu=1}^{m} (z - \zeta_\mu)$$

schreiben, und mit $l = m + s$, dem Polynomgrad, wird

$$P(z) = \pm z^{l+s} P(1/z) .$$

Polynome mit Nullstellen, welche in der genannten Weise symmetrisch sind, heißen *selbstreziprok* (Bild 6.5).

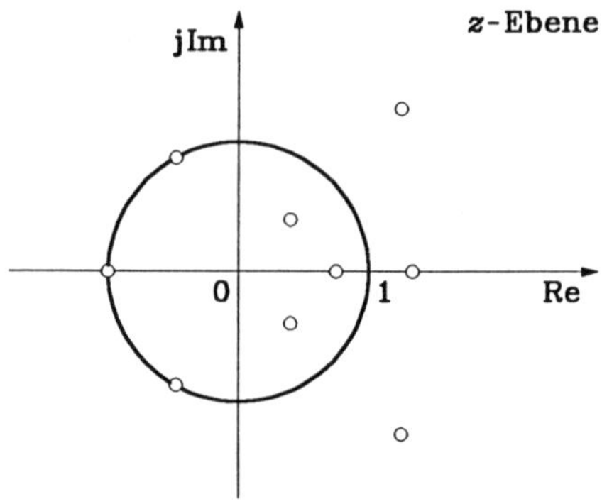

Bild 6.5: Nullstellenverteilung eines selbstreziproken Polynoms

Nach dieser Vorbemerkung wird die rationale Übertragungsfunktion $H(z)$ vom Grad q eines diskontinuierlichen Systems betrachtet. Aus dieser Funktion läßt sich ihre sogenannte kreissymmetrische Komponente

$$R(z) = \frac{1}{2}[H(z) + H(1/z)] \tag{6.35}$$

und die kreisantimetrische Komponente

$$I(z) = \frac{1}{2}[H(z) - H(1/z)] \tag{6.36}$$

bilden. Offensichtlich kann $H(z)$ als Summe dieser beiden Komponenten dargestellt werden:

$$H(z) = R(z) + I(z) \ .$$

Sowohl $R(z)$ als auch $I(z)$ besitzen, wie aus ihren Definitionsgleichungen hervorgeht, überall dort einen Pol, wo auch $H(z)$ einen Pol hat, und außerdem noch in allen zu diesen Polstellen bezüglich $|z| = 1$ symmetrischen Punkten. Dabei ist $z = \infty$ der Spiegelpunkt von $z = 0$. Da für $z = \mathrm{e}^{\mathrm{j}\omega T}$ die beiden komplexen Zahlen z und $1/z$ konjugiert komplex zueinander sind, folgt aus den Gln. (6.35) und (6.36)

$$R(\mathrm{e}^{\mathrm{j}\omega T}) = \mathrm{Re}[H(\mathrm{e}^{\mathrm{j}\omega T})] \quad \text{und} \quad \frac{1}{\mathrm{j}} I(\mathrm{e}^{\mathrm{j}\omega T}) = \mathrm{Im}[H(\mathrm{e}^{\mathrm{j}\omega T})] \ . \tag{6.37a,b}$$

Zunächst soll gezeigt werden, wie man aus dem Realteil $R(\mathrm{e}^{\mathrm{j}\omega T})$ von $H(\mathrm{e}^{\mathrm{j}\omega T})$ den Imaginärteil ermitteln kann. Dazu wird $\mathrm{e}^{\mathrm{j}\omega T}$ durch z ersetzt. Nach Gl. (6.35) müssen die Nullstellen und die Pole der rationalen Funktion

$$R(z) = \frac{C(z)}{D(z)}$$

zum Einheitskreis $|z| = 1$ symmetrisch liegen, weshalb die Polynome $C(z)$ und $D(z)$, welche keine gemeinsamen Nullstellen haben sollen, die Symmetrieeigenschaft

$$C(z) = z^{2q} C(1/z) \quad \text{und} \quad D(z) = z^{2q} D(1/z) \tag{6.38a,b}$$

erfüllen. Dabei ist zu beachten, daß wegen der vorausgesetzten Stabilität des Systems die Funktion $R(z)$ auf $|z| = 1$ keinen Pol besitzt und daß sie in den Punkten $z = \pm 1$, wenn überhaupt, dann je eine Nullstelle geradzahliger Vielfachheit aufweist; denn $R(\mathrm{e}^{\mathrm{j}\omega T})$ ist in ω gerade und mit der Periode $2\pi/T$ periodisch, und $\omega = 0$ bzw. $\omega = \pi/T$ entsprechen den Punkten $z = 1$ bzw. $z = -1$. Man beachte auch, daß $R(z)$ in $z = \infty$ eine r-fache Nullstelle hat, wenn in $z = 0$ eine r-fache Nullstelle vorhanden ist; dabei äußert sich die r-fache Nullstelle in $z = \infty$ darin, daß der Zählergrad um r kleiner ist als der Nennergrad.

Die Koeffizienten der Polynome $C(z)$ und $D(z)$ seien mit c_μ bzw. d_ν bezeichnet, und es gilt dann angesichts der Gln. (6.38a,b)

$$c_\mu = c_{2q-\mu} \quad (\mu = 0, 1, \ldots, 2q), \quad d_\nu = d_{2q-\nu} \quad (\nu = 0, 1, \ldots, 2q). \tag{6.39a,b}$$

Es wird zunächst angenommen, daß $R(z)$ nur einfache Pole in der gesamten z-Ebene einschließlich $z = \infty$ hat. Die im Innern des Einheitskreises $|z| < 1$ liegenden, von Null verschiedenen Pole werden mit z_ν ($\nu = 1, 2, \ldots, q'$) bezeichnet. Mit jedem dieser Pole kann

$$R(z) = \frac{C(z)}{D_\nu(z)(z - z_\nu)[z - (1/z_\nu)]}$$

geschrieben werden. Damit läßt sich das Residuum ρ_ν von $R(z)$ im Pol z_ν in der Form

$$\rho_\nu = \frac{C(z_\nu)}{D_\nu(z_\nu)[z_\nu - (1/z_\nu)]} \tag{6.40a}$$

ausdrücken. Entsprechend erhält man für das Residuum $\rho_{-\nu}$ im Pol $1/z_\nu$

$$\rho_{-\nu} = \frac{C(1/z_\nu)}{D_\nu(1/z_\nu)[(1/z_\nu) - z_\nu]} \ . \tag{6.40b}$$

Aufgrund der Gln. (6.38a,b) gilt

$$z_\nu^{2q} C(1/z_\nu) = C(z_\nu) \quad \text{und} \quad z_\nu^{2q-2} D_\nu(1/z_\nu) = D_\nu(z_\nu) \ .$$

Hiermit kann die Gl. (6.40a) als

$$\rho_\nu = \frac{z_\nu^2 C(1/z_\nu)}{D_\nu(1/z_\nu)\,[z_\nu - (1/z_\nu)]}$$

oder bei Berücksichtigung der Gl. (6.40b) auch als

$$\rho_\nu = -z_\nu^2 \rho_{-\nu} \tag{6.41}$$

geschrieben werden. Falls $R(z)$ einen (einfachen) Pol in $z = 0$ und damit auch in $z = \infty$ aufweist, verhält sich diese Funktion in der unmittelbaren Umgebung von $z = 0$ bzw. $z = \infty$ wie $(c_0/d_1)/z$ bzw. $(c_{2q}/d_{2q-1})z$. Dabei gilt $c_0/d_1 = c_{2q}/d_{2q-1}$ gemäß den Gln. (6.39a,b).

Aufgrund der vorausgegangenen Überlegungen existiert für $R(z)$ im Falle einfacher Pole die folgende modifizierte Partialbruchentwicklung:

$$R(z) = \frac{1}{2}\left[A_\infty + \frac{2A_0}{z} + \sum_{\nu=1}^{q'} \frac{2A_\nu}{z - z_\nu} + A_\infty + 2A_0 z + \sum_{\nu=1}^{q'} \frac{2A_\nu z}{1 - z_\nu z}\right] . \tag{6.42}$$

Dabei ist bereits die Aussage von Gl. (6.41) berücksichtigt. Die Residuen A_ν ($\nu = 0, 1, \ldots, q'$; $z_0 = 0$) gewinnt man aufgrund der Beziehung

$$A_\nu = \lim_{z \to z_\nu} (z - z_\nu) R(z) = \frac{C(z_\nu)}{D'(z_\nu)} \qquad (\nu = 0, 1, \ldots, q') \tag{6.43a}$$

(der Strich bei D bezeichnet den Differentialquotienten). Weiterhin gilt

$$A_\infty = \lim_{z \to \infty} [R(z) - A_0 z] + \sum_{\nu=1}^{q'} \frac{A_\nu}{z_\nu} \ . \tag{6.43b}$$

Ein Vergleich der Gln. (6.35) und (6.42) liefert die Übertragungsfunktion

$$H(z) = A_\infty + \frac{2A_0}{z} + \sum_{\nu=1}^{q'} \frac{2A_\nu}{z - z_\nu} \ . \tag{6.44}$$

Die auftretenden Koeffizienten sind durch die Gln. (6.43a,b) bestimmt. Mit Hilfe der Gl. (6.36) ergibt sich $I(z)$ und daraus nach Gl. (6.37b) der Imaginärteil Im $[H(e^{j\omega T})]$, welcher dem vorgeschriebenen Realteil zugeordnet ist.

Falls $R(z)$ mehrfache Pole aufweist, muß die modifizierte Partialbruchentwicklung gemäß Gl. (6.42) entsprechend erweitert werden.

Soll aus dem Imaginärteil $I(e^{j\omega T})/j$ von $H(e^{j\omega T})$ der zugehörige Realteil ermittelt werden, dann kann man entsprechend der obigen Vorgehensweise verfahren, sofern wieder einfache Pole vorausgesetzt werden. Im folgenden soll kurz auf die wesentlichen Unterschiede hingewiesen werden. Schreibt man $I(z)$ als Quotient des Zählerpolynoms $E(z)$ mit den Koeffizienten e_μ ($\mu = 0, 1, \ldots, 2q$) und des Nennerpolynoms $D(z)$, welches mit dem von $R(z)$ identisch ist, so gilt

$$E(z) = -z^{2q}E(1/z) \,. \tag{6.45}$$

Denn $E(z)$ besitzt in $z = 1$ (und in $z = -1$) eine Nullstelle ungerader Vielfachheit, weil $I(\mathrm{e}^{\mathrm{j}\omega T})/\mathrm{j}$ in ω ungerade und mit der Periode $2\pi/T$ periodisch ist. Die Residuen r_ν und $r_{-\nu}$ in den Polen z_ν bzw. $1/z_\nu$ von $I(z)$ ergeben sich gemäß den Gln. (6.40a,b), wobei allerdings das Polynom $C(z)$ durch $E(z)$ zu ersetzen ist. Angesichts der Gl. (6.45), die im Gegensatz zu Gl. (6.38a) steht, ergibt sich statt der Gl. (6.41) nun

$$r_\nu = z_\nu^2 r_{-\nu} \,.$$

Weiterhin verhält sich $I(z)$ in der unmittelbaren Umgebung von $z = 0$, wenn dort ein (einfacher) Pol auftritt, wie $(e_0/d_1)/z$ und bei $z = \infty$ wie $(e_{2q}/d_{2q-1})z$. Hier gilt aber wegen Gl. (6.45) $e_0/d_1 = -e_{2q}/d_{2q-1}$. Damit ergibt sich die modifizierte Partialbruchdarstellung

$$I(z) = \frac{1}{2}\left(\frac{2A_0}{z} + \sum_{\nu=1}^{q'} \frac{2A_\nu}{z - z_\nu} - 2A_0 z - \sum_{\nu=1}^{q'} \frac{2A_\nu z}{1 - z_\nu z}\right), \tag{6.46}$$

wobei die Koeffizienten A_ν ($\nu = 0, 1, 2, \dots, q'$) entsprechend Gl. (6.43a), in der $R(z)$ durch $I(z)$ und $C(z)$ durch $E(z)$ zu ersetzen sind, berechnet werden. Ein Absolutglied tritt hier nicht auf, weil nach Gl. (6.36) $I(1) = 0$ gilt. Der Gl. (6.46) läßt sich $H(z)$ und damit aufgrund der Gl. (6.37a) die Realteilfunktion $R(\mathrm{e}^{\mathrm{j}\omega T})$ entnehmen, allerdings nur bis auf eine beliebig wählbare additive Konstante A_∞. Weitere Möglichkeiten zur Lösung des hier behandelten Problems sind in der Arbeit [Un3] beschrieben.

Beispiel 6.4: Gegeben sei

$$R(z) = \frac{0{,}5z^4 + 2{,}75z^3 + 3{,}25z^2 + 2{,}75z + 0{,}5}{z(z + 0{,}5)(1 + 0{,}5z)} \,.$$

Mit $D(z) = 0{,}5z^3 + 1{,}25z^2 + 0{,}5z$, $D'(z) = 1{,}5z^2 + 2{,}5z + 0{,}5$ und $z_0 = 0$, $z_1 = -0{,}5$ liefert die Gl. (6.43a)

$$A_0 = 1 \quad \text{und} \quad A_1 = 1 \,.$$

Weiterhin ergibt sich aufgrund von Gl. (6.43b)

$$A_\infty = 3 + \frac{1}{-0{,}5} = 1 \,.$$

Damit folgt aus Gl. (6.44)

$$H(z) = 1 + \frac{2}{z} + \frac{2}{z + 0{,}5} = \frac{z^2 + 4{,}5z + 1}{z^2 + 0{,}5z} \,.$$

Schließlich erhält man nach Gl. (6.36)

$$I(z) = \frac{-0{,}5z^4 - 2{,}25z^3 + 2{,}25z + 0{,}5}{0{,}5z^3 + 1{,}25z^2 + 0{,}5z} \,.$$

Abschließend soll noch auf eine grundsätzliche Möglichkeit zur Kennzeichnung der Realteil- bzw. Imaginärteilfunktion von $H(\mathrm{e}^{\mathrm{j}\omega T})$ in Abhängigkeit von ω eingegangen werden. Aufgrund der erkannten Nullstellen- und Poleigenschaften der kreissymmetrischen Komponente $R(z)$ läßt sich diese Funktion in der Form

$$R(z) = k \frac{z^r \prod_{\mu=1}^{q-r} (z - \zeta_\mu)\left(z - \frac{1}{\zeta_\mu}\right)}{\prod_{\nu=1}^{q} (z - z_\nu)\left(z - \frac{1}{z_\nu}\right)} \tag{6.47}$$

ausdrücken, wobei k eine reelle Konstante bedeutet. Die hier auftretenden Nullstellen- bzw. Polfaktoren können nach der Beziehung

$$(z - z')\left(z - \frac{1}{z'}\right) = 2z\left[\frac{1}{2}\left(z + \frac{1}{z}\right) - \frac{1}{2}\left(z' + \frac{1}{z'}\right)\right]$$

umgeschrieben werden. Wendet man dabei noch die Abbildung

$$w = \frac{1}{2}\left(z + \frac{1}{z}\right) \tag{6.48}$$

an, dann geht $R(z)$ aus Gl. (6.47) über in die rationale Funktion

$$\widetilde{R}(w) = \frac{k}{2^r} \frac{\prod_{\mu=1}^{q-r} (w - v_\mu)}{\prod_{\nu=1}^{q} (w - w_\nu)} . \tag{6.49}$$

Dabei bedeuten

$$v_\mu = \frac{1}{2}\left(\zeta_\mu + \frac{1}{\zeta_\mu}\right), \quad w_\nu = \frac{1}{2}\left(z_\nu + \frac{1}{z_\nu}\right) \tag{6.50a,b}$$

$$(\mu = 1, 2, \ldots, q - r; \ \nu = 1, 2, \ldots, q) .$$

Durch die Transformation nach Gl. (6.48) wird die z-Ebene auf eine zweiblättrige w-Ebene abgebildet, deren Blätter man sich längs des reellen Intervalls $-1 \leqq w \leqq 1$ kreuzweise verheftet denken kann. Dieses zweifach durchlaufene reelle Intervall entspricht dem Einheitskreis $|z| = 1$ (Bild 6.6). Es gilt nämlich nach Gl. (6.48)

$$w = \cos \omega T \quad \text{für} \quad z = e^{j\omega T} \quad \left(-\frac{\pi}{T} \leqq \omega \leqq \frac{\pi}{T}\right) .$$

Zusammen mit Gl. (6.49) zeigt dies, daß die Realteilfunktion Re $[H(e^{j\omega T})]$ eine gebrochen

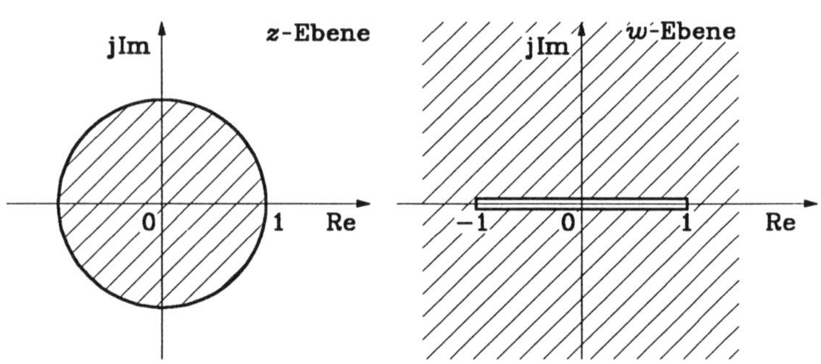

Bild 6.6: Abbildung der z- in die w-Ebene aufgrund der Transformation nach Gl. (6.48)

rationale Funktion in $\cos \omega T$ sein muß. Auf diese Weise läßt sich die Realteilfunktion charakterisieren.

Betrachtet man neben der kreisantimetrischen Komponente $I(z)$ noch die Funktion

$$J(z) = \frac{2z}{z^2 - 1} I(z) , \tag{6.51}$$

dann gilt mit Gl. (6.37b)

$$J(\mathrm{e}^{\mathrm{j}\omega T}) = \frac{\mathrm{Im}[H(\mathrm{e}^{\mathrm{j}\omega T})]}{\sin \omega T} . \tag{6.52}$$

Die Funktion $J(z)$ ist kreissymmetrisch und hat die gleichen Nullstellen- und Poleigenschaften wie $R(z)$. Wenn man daher auch $J(z)$ nach Gl. (6.51) der Transformation von Gl. (6.48) unterwirft, ergibt sich die rationale Funktion $\widetilde{J}(w)$ entsprechend der Gl. (6.49), weshalb angesichts der Gl. (6.52) die Imaginärteilfunktion Im $[H(\mathrm{e}^{\mathrm{j}\omega T})]$ stets dargestellt werden kann als Produkt aus $\sin \omega T$ und einer gebrochen rationalen Funktion von $\cos \omega T$. Auf diese Weise läßt sich die Imaginärteilfunktion kennzeichnen.

3.2 INTEGRAL-TRANSFORMATIONEN

Im folgenden soll der Zusammenhang zwischen Realteil und Imaginärteil der Übertragungsfunktion $H(z)$ eines linearen, zeitinvarianten, stabilen und kausalen diskontinuierlichen Systems für $z = \mathrm{e}^{\mathrm{j}\omega T}$ untersucht werden, wobei $H(z)$ nicht rational zu sein braucht. Wie bereits festgestellt wurde, ist $H(z)$ im abgeschlossenen Kreisgebiet $|z| \geqq 1$ stetig und im offenen Kreisgebiet $|z| > 1$ analytisch; zu beiden Gebieten wird der Punkt $z = \infty$ gezählt. Angesichts dieser Eigenschaften besteht, wie unten bewiesen wird, für alle ω-Werte im Intervall $-\omega_g \leqq \omega \leqq \omega_g$ $(\omega_g = \pi/T)$ die Beziehung

$$H(\mathrm{e}^{\mathrm{j}\omega T}) - H(\infty) = \frac{1}{2\pi \mathrm{j}} \int_{|\zeta|=1} H(\zeta) \frac{\zeta + \mathrm{e}^{\mathrm{j}\omega T}}{\zeta - \mathrm{e}^{\mathrm{j}\omega T}} \frac{\mathrm{d}\zeta}{\zeta} . \tag{6.53a}$$

Bei diesem Integral, welches längs des Einheitskreises $|\zeta| = 1$ im Uhrzeigersinn zu führen ist und wegen der Singularität $\zeta = \mathrm{e}^{\mathrm{j}\omega T}$ des Integranden uneigentlich ist, muß der Hauptwert genommen werden, d. h. die Gl. (6.53a) lautet ausführlich (Bild 6.7)

$$H(\mathrm{e}^{\mathrm{j}\omega T}) - H(\infty) = \frac{1}{2\pi \mathrm{j}} \lim_{\varepsilon_n \to 0} \int_{\substack{P_n \\ |\zeta|=1}}^{Q_n} H(\zeta) \frac{\zeta + \mathrm{e}^{\mathrm{j}\omega T}}{\zeta - \mathrm{e}^{\mathrm{j}\omega T}} \frac{\mathrm{d}\zeta}{\zeta} . \tag{6.53b}$$

Zur Herleitung von Gl. (6.53a) wird das Integral unter dem Limeszeichen in Gl. (6.53b) als Differenz zweier Integrale $J_1 - J_2$ mit

$$J_1 = \int_{C_n} H(\zeta) \frac{\zeta + \mathrm{e}^{\mathrm{j}\omega T}}{\zeta - \mathrm{e}^{\mathrm{j}\omega T}} \frac{\mathrm{d}\zeta}{\zeta} \quad \text{und} \quad J_2 = \int_{w_n} H(\zeta) \frac{\zeta + \mathrm{e}^{\mathrm{j}\omega T}}{\zeta - \mathrm{e}^{\mathrm{j}\omega T}} \frac{\mathrm{d}\zeta}{\zeta} \tag{6.54a,b}$$

ausgedrückt. Der Weg C_n bedeutet die gesamte Randkurve des im Bild 6.7 dargestellten, den Ursprung umschließenden Kreisbogenzweiecks $P_n Q_n$, während w_n den kleinen Kreisbogen zwischen den Punkten P_n und Q_n dieses Zweiecks bezeichnet. Aufgrund des Residuensatzes gilt

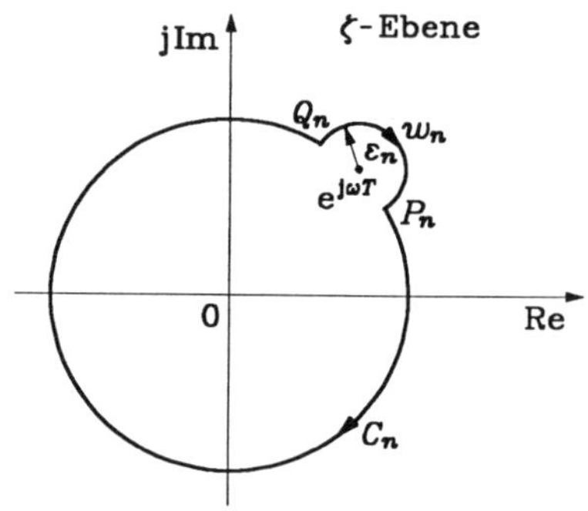

Bild 6.7: Kreisbogenzweieck $P_n Q_n$; mit C_n wird der gesamte Rand bezeichnet, mit w_n nur das kleine Kreisbogenstück zwischen Q_n und P_n auf dem Kreis um $e^{j\omega T}$ mit Radius ε_n

$$J_1 = -2\pi j\, H(\infty) \;, \tag{6.55a}$$

wobei beachtet wurde, daß der Integrand von J_1 außerhalb von C_n überall analytisch ist und sich in der unmittelbaren Umgebung von Unendlich wie $H(\infty)/\zeta$ verhält, sein Residuum im Punkt $\zeta = \infty$ also durch $-H(\infty)$ gegeben ist. Zur Berechnung von J_2 kann man für ζ-Werte auf dem kleinen Kreisbogen w_n

$$H(\zeta)\,\frac{\zeta + e^{j\omega T}}{\zeta} = H(e^{j\omega T}) \cdot 2 + \Delta_n(\zeta) \tag{6.56}$$

schreiben. Infolge der Stetigkeit von $H(\zeta)$ strebt $\Delta_n(\zeta)$ für $\varepsilon_n \to 0$ gegen Null, so daß man für Gl. (6.54b)

$$J_2 = 2H(e^{j\omega T}) \int_{w_n} \frac{d\zeta}{\zeta - e^{j\omega T}} + R_1 \qquad (R_1 \to 0 \quad \text{für} \quad \varepsilon_n \to 0)$$

erhält. Das verbleibende Integral läßt sich auswerten, und es entsteht so

$$J_2 = 2H(e^{j\omega T})(-\pi j) + R_1 + R_2 \qquad (R_1, R_2 \to 0 \quad \text{für} \quad \varepsilon_n \to 0) \;. \tag{6.55b}$$

Bildet man mit Hilfe der Gln. (6.55a,b) die Differenz $J_1 - J_2$, dividiert anschließend mit $2\pi j$ und führt schließlich den Grenzübergang $\varepsilon_n \to 0$ aus, so ergibt sich $H(e^{j\omega T}) - H(\infty)$, womit die Gültigkeit der Gl. (6.53b) bzw. (6.53a) bewiesen ist.

Durch Einführung von $\zeta = e^{j\Omega T}$ wird nun die Gl. (6.53a) umgeschrieben. Mit

$$\frac{\zeta + e^{j\omega T}}{\zeta - e^{j\omega T}} = \frac{1 + e^{j(\omega - \Omega)T}}{1 - e^{j(\omega - \Omega)T}} = j \cot \frac{(\omega - \Omega)T}{2}$$

und $d\zeta = jT\zeta\, d\Omega$ sowie $\omega_g = \pi/T$ erhält man

$$H(e^{j\omega T}) - H(\infty) = \frac{jT}{2\pi} \int_{\omega_g}^{-\omega_g} H(e^{j\Omega T}) \cot \frac{(\omega - \Omega)T}{2}\, d\Omega \;.$$

Ersetzt man in dieser Gleichung die Übertragungsfunktion gemäß der Darstellung

$$H(e^{j\omega T}) = R(e^{j\omega T}) + jX(e^{j\omega T})$$

durch ihren Real- und Imaginärteil, vergleicht dann Real- und Imaginärteil beider Seiten der Gleichung und vertauscht schließlich die Integrationsgrenzen, so entstehen, wenn man noch beachtet, daß $H(\infty)$ rein reell ist, die beiden fundamentalen Beziehungen

$$R(e^{j\omega T}) = R(\infty) + \frac{T}{2\pi} \int_{-\omega_g}^{\omega_g} X(e^{j\Omega T}) \cot \frac{(\omega - \Omega)T}{2} \, d\Omega \tag{6.57}$$

und

$$X(e^{j\omega T}) = -\frac{T}{2\pi} \int_{-\omega_g}^{\omega_g} R(e^{j\Omega T}) \cot \frac{(\omega - \Omega)T}{2} \, d\Omega \, . \tag{6.58}$$

Damit sind zwei Verknüpfungen zwischen Realteil und Imaginärteil der Übertragungsfunktion $H(e^{j\omega T})$ gefunden. Sie entsprechen der Hilbert-Transformation im kontinuierlichen Fall. Man bezeichnet Funktionen, welche durch die Gln. (6.57) und (6.58) gekoppelt sind, als *konjugiert* im Sinne dieser Verknüpfung.

Beachtet man, daß die Forderung der Kausalität eines Systems mit Hilfe des geraden Teils $h_g[n]$ und des ungeraden Teils $h_u[n]$ seiner Impulsantwort $h[n]$ auch in der Form

$$h_u[n] = h_g[n] \operatorname{sgn} n \, , \qquad h_g[n] = h[0]\,\delta[n] + h_u[n] \operatorname{sgn} n$$

geschrieben werden kann, wobei die diskontinuierliche Signum-Funktion

$$\operatorname{sgn} n = \begin{cases} 1 & \text{für} \quad n > 0 \, , \\ 0 & \text{für} \quad n = 0 \, , \\ -1 & \text{für} \quad n < 0 \end{cases}$$

mit dem Spektrum

$$\sum_{n=-\infty}^{\infty} \operatorname{sgn} n \; e^{-j\omega n T} = \frac{e^{j\omega T} + 1}{e^{j\omega T} - 1}$$

verwendet wurde, so folgt aus der Produkteigenschaft der Z-Transformation nach Gl. (6.16) mit $z = e^{j\omega T}$ und $\zeta = e^{j\Omega T}$

$$jX(e^{j\omega T}) = \frac{T}{2\pi} \int_{-\omega_g}^{\omega_g} R(e^{j\Omega T}) \frac{e^{j(\omega - \Omega)T} + 1}{e^{j(\omega - \Omega)T} - 1} \, d\Omega \, ,$$

$$R(e^{j\omega T}) = h(0) + \frac{jT}{2\pi} \int_{-\omega_g}^{\omega_g} X(e^{j\Omega T}) \frac{e^{j(\omega - \Omega)T} + 1}{e^{j(\omega - \Omega)T} - 1} \, d\Omega \, .$$

Hierbei wurde ausgenützt, daß die Realteilfunktion $R(e^{j\omega T})$ mit dem geraden Teil $h_g[n]$ und die mit j multiplizierte Imaginärteilfunktion $X(e^{j\omega T})$ mit dem ungeraden Teil $h_u[n]$ korrespondiert. Aus den somit gewonnenen Beziehungen lassen sich unmittelbar die Gln. (6.57) und (6.58) gewinnen, wenn man noch die Anfangswerteigenschaft nach Gl. (6.20c) berücksichtigt.

Da jede Funktion $1/z^{\nu}$ $(\nu = 0, 1, 2, \dots)$ die eingangs genannten Eigenschaften einer Übertragungsfunktion besitzt, müssen Real- und Imaginärteil für $z = e^{j\omega T}$, d. h.

$$\frac{1}{2}(e^{-j\nu\omega T} + e^{j\nu\omega T}) = \cos \nu\omega T \quad \text{und} \quad \frac{1}{2j}(e^{-j\nu\omega T} - e^{j\nu\omega T}) = -\sin \nu\omega T$$

konjugierte Funktionen sein. Man kann angesichts dieser Tatsache die Gln. (6.57) und (6.58) auf numerische Weise auswerten. Ist beispielsweise die Realteilfunktion $R(e^{j\omega T})$ im Intervall $-\omega_g \leqq \omega \leqq \omega_g$ als gerade, stückweise glatte Funktion, etwa graphisch oder tabellarisch, gegeben, so läßt sich $R(e^{j\omega T})$ in eine Fourier-Reihe

$$R(e^{j\omega T}) = \sum_{\nu=0}^{\infty} \alpha_\nu \cos \nu\omega T \tag{6.59}$$

entwickeln, wobei die Fourier-Koeffizienten α_ν in bekannter Weise bestimmt werden. Hieraus folgt dann direkt der zugehörige Imaginärteil

$$X(e^{j\omega T}) = -\sum_{\nu=1}^{\infty} \alpha_\nu \sin \nu\omega T \ .$$

Entsprechend kann man vorgehen, wenn $X(e^{j\omega T})$ bekannt und $R(e^{j\omega T})$ gesucht ist.

Nimmt man an, daß die Realteilfunktion $R(e^{j\omega T})$ und die Imaginärteilfunktion $X(e^{j\omega T})$ im Intervall $-\omega_g \leqq \omega \leqq \omega_g$ als gerade bzw. ungerade stetige und stückweise differenzierbare Funktionen von ω gegeben sind, wobei $X(-1) = 0$ ist und beide Funktionen durch die Gln. (6.57), (6.58) gekoppelt sind, dann erhält man auf der Basis der Fourier-Reihenentwicklung von $R(e^{j\omega T})$ gemäß Gl. (6.59) die Übertragungsfunktion

$$H(z) = \sum_{\nu=0}^{\infty} \alpha_\nu / z^\nu \ ,$$

welche notwendig in $|z| > 1$ analytisch und in $|z| \geqq 1$ stetig sein muß. Die Koeffizienten α_n $(n = 0, 1, 2, \ldots)$ liefern direkt die Impulsantwort $h[n]$, und man sieht, daß das System kausal ist. Insofern bilden die Gln. (6.57) und (6.58) notwendige und hinreichende Bedingungen für die Kausalität eines linearen, zeitinvarianten und stabilen diskontinuierlichen Systems. Dabei genügt die Prüfung nur einer dieser Bedingungen.

4 Die Verknüpfung von Dämpfung und Phase

4.1 DER FALL RATIONALER ÜBERTRAGUNGSFUNKTIONEN

Die Übertragungsfunktion des betrachteten stabilen diskontinuierlichen Systems sei

$$H(z) = \frac{Z(z)}{N(z)} \ . \tag{6.60}$$

Hierbei bedeuten

$$Z(z) = a_s \prod_{\mu=1}^{s} (z - \zeta_\mu) \ , \qquad N(z) = \prod_{\nu=1}^{q} (z - z_\nu) \qquad (s \leqq q) \tag{6.61a,b}$$

zwei Polynome, die keine gemeinsamen Nullstellen haben sollen. Alle nichtreellen Nullstellen ζ_μ und z_ν müssen paarweise konjugiert komplex auftreten, aus Stabilitätsgründen gilt $|z_\nu| < 1$ $(\nu = 1, 2, \ldots, q)$.

Stimmen s und q überein, und besteht die Beziehung

$$z^q N(1/z) = Z(z) \ , \tag{6.62}$$

so besitzt die Übertragungsfunktion die Eigenschaft

$$|H(\mathrm{e}^{\mathrm{j}\omega T})|^2 = H(\mathrm{e}^{\mathrm{j}\omega T})\,H(\mathrm{e}^{-\mathrm{j}\omega T}) = \frac{\mathrm{e}^{\mathrm{j}q\omega T}N(\mathrm{e}^{-\mathrm{j}\omega T})}{N(\mathrm{e}^{\mathrm{j}\omega T})}\cdot\frac{\mathrm{e}^{-\mathrm{j}q\omega T}N(\mathrm{e}^{\mathrm{j}\omega T})}{N(\mathrm{e}^{-\mathrm{j}\omega T})} = 1 \qquad (6.63)$$

für alle ω. Ein System mit einer derartigen Übertragungsfunktion heißt *Allpaß*. Ein Allpaß zeichnet sich, wie aus Gl. (6.62) hervorgeht, dadurch aus, daß die Nullstellen und Pole der Übertragungsfunktion bezüglich des Einheitskreises $|z| = 1$ symmetrisch angeordnet sind (Bild 6.8). Man kann unter den genannten Voraussetzungen ($|z_\nu| < 1$ und $s = q$) umgekehrt zeigen, daß aus der durch Gl. (6.63) beschriebenen Eigenschaft die genannte Symmetrie der Pole und Nullstellen folgt; denn aus der Forderung

$$|H(\mathrm{e}^{\mathrm{j}\omega T})|^2 = \frac{Z(\mathrm{e}^{\mathrm{j}\omega T})\,Z(\mathrm{e}^{-\mathrm{j}\omega T})}{N(\mathrm{e}^{\mathrm{j}\omega T})\,N(\mathrm{e}^{-\mathrm{j}\omega T})} \equiv 1$$

erhält man die Gleichung

$$Z(z)\,Z(1/z) = N(z)\,N(1/z)\,, \qquad (6.64)$$

welche zunächst für alle z-Werte auf dem Kreis $|z| = 1$ Gültigkeit hat, jedoch auch in der gesamten z-Ebene ($z \neq 0$) gelten muß, da beide Seiten von Gl. (6.64) rationale Funktionen sind. Das Polynom $Z(z)$ kann, wie der Gl. (6.64) zu entnehmen ist, nur dort eine Nullstelle ζ_μ haben, wo entweder $N(z)$ oder $N(1/z)$ verschwindet, d. h. an einer Stelle z_ν oder $1/z_\nu$. Da stets $z_\nu \neq \zeta_\mu$ gilt und $Z(z)$ und $N(z)$ gleichen Grad haben, ist obige Behauptung bewiesen.

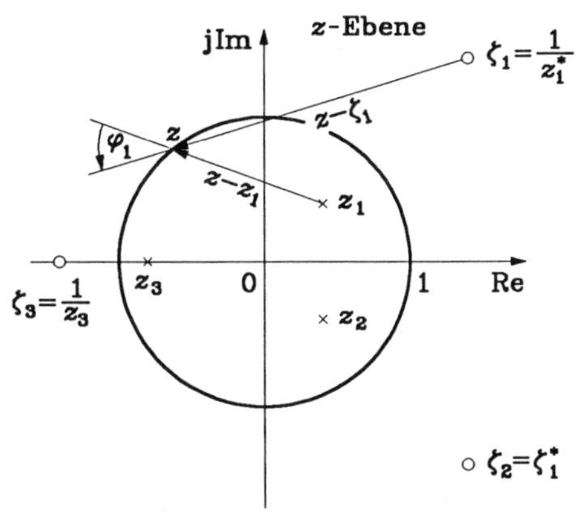

Bild 6.8: Pol- und Nullstellenverteilung eines Allpasses

Mit φ_ν ($\nu = 1, 2, \ldots, q$) soll der Winkel des Quotienten $(z - \zeta_\nu)/(z - z_\nu)$ mit $\zeta_\nu = 1/z_\nu^*$ für $|z| = 1$ bezeichnet werden. Im Bild 6.8 ist dieser Winkel für das dortige Beispiel und $\nu = 1$ eingezeichnet. Wie man sieht, nimmt der Winkel φ_ν beim Durchlaufen des Einheitskreises im Gegenuhrzeigersinn monoton ab. Daher muß auch die Summe aller dieser Winkel $\varphi_1 + \varphi_2 + \cdots + \varphi_q$ beim Durchlaufen des Einheitskreises monoton abnehmen. Da diese Summe gemäß den Gln. (6.60) und (6.61a,b), abgesehen vom Winkel 0 oder π des Faktors a_s, mit dem Winkel der Übertragungsfunktion übereinstimmt, kann folgendes festgestellt werden: Die Phase eines jeden Allpasses

$$\Theta(\omega) = -\arg H(e^{j\omega T})$$

ist eine monoton steigende Funktion von ω. Wie man anhand des Bildes 6.8 leicht sieht, beträgt die Winkeländerung von $\Theta(\omega)$ beim Durchlaufen des Intervalls $[-\pi/T, \pi/T]$ genau $2\pi q$. Das Konzept des Allpasses wird noch insoweit etwas erweitert, als ein r-facher Pol $z = 0$ in der Übertragungsfunktion zugelassen werden kann. Dann läßt sich die Allpaß-Übertragungsfunktion in der Form

$$H_a(z) = z^{-r} H(z)$$

schreiben, wobei $H(z)$ durch die oben genannten Eigenschaften gekennzeichnet ist. Der zusätzliche Faktor z^{-r} trägt nur zur Phase des Allpasses, und zwar mit einem rein linearen Anteil $r\,\omega T$ additiv bei.

Es kann nun jede Übertragungsfunktion $H(z)$ nach Gl. (6.60) als Produkt

$$H(z) = H_m(z)\, H_a(z) \tag{6.65}$$

aus den Übertragungsfunktionen eines sogenannten Mindestphasensystems und eines Allpasses dargestellt werden. Unter einem Mindestphasensystem wird ein System verstanden, dessen Übertragungsfunktion außerhalb des Einheitskreises, also im gesamten Gebiet $|z| > 1$ einschließlich $z = \infty$, keine Nullstellen hat. Die Darstellung nach Gl. (6.65) erhält man dadurch, daß man das Zählerpolynom $Z(z)$ von $H(z)$ als Produkt

$$Z(z) = Z_m(z)\, Z_a(z)$$

schreibt. In $Z_m(z)$ werden neben der Konstante a_s alle s_1 Faktoren $(z - \zeta_\mu)$ aus Gl. (6.61a) mit der Eigenschaft $|\zeta_\mu| \leqq 1$ und in $Z_a(z)$ alle übrigen $s_2 = s - s_1$ Faktoren mit $|\zeta_\mu| > 1$ aufgenommen. Dann wählt man

$$H_m(z) = \frac{z^{q-s} Z_m(z)\, z^{s_2} Z_a(1/z)}{N(z)}, \qquad H_a(z) = \frac{Z_a(z)}{z^{q-s} z^{s_2} Z_a(1/z)} \tag{6.66a,b}$$

$$(s = s_1 + s_2 \leqq q)\;.$$

Die Nullstellen der Mindestphasen-Übertragungsfunktion $H_m(z)$ erhält man also, wie die Gl. (6.66a) zeigt, indem man alle Nullstellen von $H(z)$ außerhalb des Einheitskreises (auch die in $z = \infty$ möglichen) am Einheitskreis spiegelt und die Nullstellen von $H(z)$ innerhalb des Einheitskreises $|z| \leqq 1$ beibehält. Die Pole von $H_m(z)$ sind, soweit sie sich nicht durch die am Einheitskreis gespiegelten Nullstellen aufheben, identisch mit den Polen von $H(z)$. Die Funktion $H_a(z)$ nach Gl. (6.66b) erfüllt die Bedingungen einer Allpaß-Übertragungsfunktion, und das Produkt $H_m(z)\, H_a(z)$ stimmt mit $H(z)$ aus Gl. (6.60) überein.

Da eine Übertragungsfunktion $H(z)$ mit Nullstellen in $|z| > 1$ nach obiger Überlegung für $z = e^{j\omega T}$ $(-\pi/T \leqq \omega \leqq \pi/T)$ das gleiche Betragsverhalten aufweist wie die gemäß Gl. (6.66a) zugeordnete Mindestphasen-Übertragungsfunktion $H_m(z)$, während die Phasen beider Übertragungsfunktionen sich unterscheiden, kann eine eindeutige Bestimmung der Phase aus der Amplitude nur für eine Mindestphasen-Übertragungsfunktion erwartet werden. Dies wird im folgenden besprochen.

Gegeben sei die nicht negative Betragsquadratfunktion

$$Q(\mathrm{e}^{\mathrm{j}\omega T}) = |H(\mathrm{e}^{\mathrm{j}\omega T})|^2 \tag{6.67}$$

einer Mindestphasen-Übertragungsfunktion $H(z)$. Gesucht wird die Funktion $H(z)$, aus der dann direkt die Phase $\Theta(\omega)$ angegeben werden kann. Angesichts der Gl. (6.67) besteht die Identität

$$Q(z) = H(z)\,H(1/z) \tag{6.68}$$

in der gesamten z-Ebene (mit Ausnahme der auftretenden Pole). Die Funktion $Q(z)$ hat nach Gl. (6.68) genau q Pole, jeweils ihrer Vielfachheit entsprechend gezählt, innerhalb des Einheitskreises $|z| = 1$ und genau q Pole, die außerhalb $|z| = 1$ zu den erstgenannten spiegelbildlich bezüglich des Einheitskreises liegen. Dabei treten alle nichtreellen Pole paarweise konjugiert komplex auf. Weitere Polstellen hat $Q(z)$ nicht. Die Zahl der Nullstellen von $Q(z)$ in der gesamten z-Ebene einschließlich des Punktes $z = \infty$ ist $2q$. Die auf $|z| = 1$ liegenden Nullstellen sind von gerader Ordnung, da $Q(\mathrm{e}^{\mathrm{j}\omega T}) \geqq 0$ für alle ω-Werte gilt. Die übrigen Nullstellen sind spiegelbildlich bezüglich $|z| = 1$ angeordnet. Alle nichtreellen Nullstellen treten paarweise symmetrisch zur reellen Achse auf.

Zur Bestimmung der Übertragungsfunktion $H(z)$ hat man die Gl. (6.68) bei bekanntem $Q(z)$ nach $H(z)$ aufzulösen. Dies geschieht durch Aufteilung der (gewöhnlich numerisch zu bestimmenden) Pole und Nullstellen von $Q(z)$ auf $H(z)$ und $H(1/z)$, so daß Gl. (6.68) erfüllt wird. Dabei müssen aus Stabilitätsgründen alle in $|z| < 1$ liegenden Pole z_ν in die Übertragungsfunktion $H(z)$, genauer gesagt in das Nennerpolynom $N(z)$ von $H(z)$ gemäß Gl. (6.61b), alle in $|z| > 1$ liegenden Pole $1/z_\nu$ in die Funktion $H(1/z)$ aufgenommen werden. Bei der Aufteilung der Nullstellen von $Q(z)$ muß beachtet werden, daß $H(z)$ Mindestphasen-Übertragungsfunktion werden soll. Andernfalls würde es mehrere Lösungen geben. Die in $|z| < 1$ liegenden Nullstellen von $Q(z)$ müssen $H(z)$, die in $|z| > 1$ liegenden Nullstellen müssen $H(1/z)$ zugewiesen werden. Die auf $|z| = 1$ liegenden Nullstellen von $Q(z)$ werden, soweit solche vorhanden sind, stets mit jeweils halber Vielfachheit beiden Faktorfunktionen $H(z)$ und $H(1/z)$ zugewiesen. Auf diese Weise ergibt sich das Produkt von $Z(z)$ gemäß Gl. (6.61a). Nach Bestimmung der Pole und Nullstellen der Übertragungsfunktion $H(z)$ ist diese Funktion bis auf einen konstanten Faktor bestimmt. Dieser Faktor a_s kann bis auf sein Vorzeichen dadurch ermittelt werden, daß man für ein beliebiges z, etwa auf dem Einheitskreis (beispielsweise für $z = 1$ oder $z = -1$), das keine Nullstelle von $Q(z)$ sein darf, die linke und die rechte Seite der Gl. (6.68) unter Beachtung der Tatsache berechnet, daß $H(z)$ und $H(1/z)$ durch ihre Nullstellen und Pole gemäß den Gln. (6.60) und (6.61a,b) bis auf den gesuchten Faktor bekannt sind.

Werden bei der Aufteilung der Nullstellen von $Q(z)$ auf $H(z)$ und $H(1/z)$ nicht alle in $|z| < 1$ liegenden Nullstellen der Übertragungsfunktion $H(z)$ zugeteilt, so ergibt sich eine Lösung der Gl. (6.68), die keine Mindestphasen-Übertragungsfunktion ist, sich aber von dieser gemäß Gl. (6.65) um eine Allpaß-Übertragungsfunktion unterscheidet. Da die Phase eines jeden Allpasses eine monoton steigende Funktion ist, muß die Ableitung der Phasenfunktion der so gewonnenen Übertragungsfunktion für jeden ω-Wert größer sein als die Ableitung der Phasenfunktion der Mindestphasen-Übertragungsfunktion. Die Mindestphasen-Übertragungsfunktion zeichnet sich also unter allen Übertragungsfunktionen gleichen Betragsquadrates $Q(\mathrm{e}^{\mathrm{j}\omega T})$ dadurch aus, daß der Differentialquotient der Phasenfunktion und bei der auf Seite 425 in Fußnote 2 für die Logarithmusfunktion getroffenen Vereinbarung sowie der üblichen Forderung $H(1) \geqq 0$ auch die Phasenfunktion selbst für jede Kreisfrequenz ω den kleinsten Wert hat. Es sei noch bemerkt, daß durch Multiplikation der

Mindestphasen-Lösung von Gl. (6.68) mit irgendeiner Allpaß-Übertragungsfunktion weitere, insgesamt also unendlich viele Lösungen der Gl. (6.68) erhalten werden können.

Interessant erscheint, daß die Funktion $Q(z)$ angesichts der symmetrischen Lage ihrer Pole und Nullstellen in der z-Ebene durch Anwendung der Abbildung nach Gl. (6.48) analog zur Transformation von $R(z)$ in eine rationale Funktion

$$\widetilde{Q}(w) = k \frac{\prod_{\mu=1}^{s}(w - v_\mu)}{\prod_{\nu=1}^{q}(w - w_\nu)} \tag{6.69}$$

übergeht, wobei die v_μ und w_ν die Bilder der Nullstellen ζ_μ bzw. Pole z_ν bedeuten. Dies zeigt, daß für $z = e^{j\omega T}$, d. h. für $w = \cos \omega T$ die Betragsquadratfunktion $Q(e^{j\omega T})$ eine rationale Funktion in $\cos \omega T$ ist, die für alle ω-Werte nicht negativ sein darf. Auf die Weise läßt sich $Q(e^{j\omega T})$ kennzeichnen.

Beispiel 6.5: Es sei als Betragsquadratfunktion

$$Q(e^{j\omega T}) = \frac{5 - 4\cos \omega T}{10 - 6\cos \omega T} \tag{6.70}$$

gewählt. Ersetzt man $\cos \omega T$ durch w, dann erhält man entsprechend Gl. (6.69) die transformierte Betragsquadratfunktion

$$\widetilde{Q}(w) = \frac{2}{3}\,\frac{w - \frac{5}{4}}{w - \frac{5}{3}} \ .$$

Die Nullstelle $v_1 = 5/4$ liefert aufgrund der Gl. (6.50a) die Nullstellen $\zeta_1 = 1/2$ und $1/\zeta_1$; der Pol $w_1 = 5/3$ ergibt nach Gl. (6.50b) die Pole $z_1 = 1/3$ und $1/z_1$. Damit lautet die Mindestphasen-Übertragungsfunktion

$$H(z) = c\,\frac{z - 1/2}{z - 1/3} \ . \tag{6.71}$$

Die Konstante c erhält man mit den Gln. (6.70) und (6.71) durch Auswertung der Gl. (6.68) für $z = 1$ ($\omega = 0$). Es ergibt sich direkt

$$\frac{5-4}{10-6} = c^2 \left(\frac{1 - 1/2}{1 - 1/3}\right)^2, \quad \text{also} \quad c = \pm \frac{2}{3} \ .$$

Nimmt man statt der Nullstelle $\zeta_1 = 1/2$ die Nullstelle $1/\zeta_1 = 2$ in $H(z)$ auf, dann ergibt sich keine Mindestphasen-Übertragungsfunktion.

Abschließend soll jetzt gezeigt werden, daß für den Fall einer rationalen Mindestphasen-Übertragungsfunktion $H(z)$ (in der ein Pol im Nullpunkt zugelassen ist) die Betragsfunktion aus der Phasenfunktion für $z = e^{j\omega T}$ bis auf einen konstanten Faktor eindeutig ermittelt werden kann. Dazu werden die kreisantimetrische Funktion

$$K(z) = \frac{H(z) - H(1/z)}{H(z) + H(1/z)} \tag{6.72}$$

sowie die kreissymmetrische Funktion

$$L(z) = \frac{2z}{z^2 - 1} K(z) \tag{6.73}$$

eingeführt. Diese Funktionen haben in bezug auf ihre Nullstellen und Pole die gleichen Eigenschaften wie die Funktionen $I(z)$ bzw. $R(z)$ aus Abschnitt 3.1. Aus den Gln. (6.72) und (6.73) folgt unmittelbar für $z = \mathrm{e}^{\mathrm{j}\omega T}$

$$\tan[\arg H(\mathrm{e}^{\mathrm{j}\omega T})] = \frac{1}{\mathrm{j}} K(\mathrm{e}^{\mathrm{j}\omega T}) = (\sin\omega T)\, L(\mathrm{e}^{\mathrm{j}\omega T}) \; . \tag{6.74}$$

Wendet man die Transformation nach Gl. (6.48) an, dann zeigt sich in gewohnter Weise, daß $\widetilde{L}(w)$ eine rationale Funktion sein muß. Das heißt: Der Tangens der Phasenfunktion $\Theta(\omega)$ muß darstellbar sein als Produkt einer rationalen Funktion in $\cos\omega T$ mit der Funktion $\sin\omega T$. Aus dieser Funktion kann durch Substitution von $\cos\omega T$ durch $(z + 1/z)/2$ und von $\sin\omega T$ durch $(z - 1/z)/2\mathrm{j}$ die rationale Funktion $K(z)$ gewonnen werden. Nun wird gezeigt, wie bei gegebener Phase $\Theta(\omega) = -\arg H(\mathrm{e}^{\mathrm{j}\omega T})$ und damit gemäß Gl. (6.74) gegebener Funktion $K(z)$ die Mindestphasen-Übertragungsfunktion $H(z)$ ermittelt werden kann. Dazu muß die Gl. (6.72) nach $H(z)$ aufgelöst werden. Zunächst soll dabei vorausgesetzt werden, daß $H(z)$ keine Nullstellen auf dem Einheitskreis aufweist. Schreibt man

$$K(z) = \frac{a(z)}{b(z)} \; , \tag{6.75}$$

indem man Zähler- und Nennerausdruck auf der rechten Seite von Gl. (6.72) mit dem gemeinsamen gradniedrigsten Nennerpolynom von $H(z)$ und $H(1/z)$ multipliziert, dann können die Polynome $a(z)$ und $b(z)$ keine gemeinsamen Nullstellen aufweisen, was aus Gl. (6.72) folgt, wenn $H(z)$ als Mindestphasen-Übertragungsfunktion angenommen wird, welche zunächst auf $|z| = 1$ nullstellenfrei sei. Da $K(z)$ kreisantimetrisch ist, gilt im Einklang mit Gl. (6.72)

$$a(z) = -z^{2q} a(1/z) \quad \text{und} \quad b(z) = z^{2q} b(1/z) \; ,$$

wobei q den Grad von $H(z)$ bedeutet. Die Gln. (6.72) und (6.75) lassen sich durch die Beziehungen

$$\frac{1}{2}\,[H(z) - H(1/z)] = \frac{a(z)}{g(z)} \tag{6.76a}$$

und

$$\frac{1}{2}\,[H(z) + H(1/z)] = \frac{b(z)}{g(z)} \tag{6.76b}$$

ersetzen. Dabei stellt $g(z)$ ein noch unbekanntes, selbstreziprokes Polynom dar mit der Eigenschaft

$$z^{2q} g(1/z) = g(z) \; . \tag{6.77}$$

Durch Addition der Gln. (6.76a,b) erhält man

$$H(z) = \frac{a(z) + b(z)}{g(z)} \; . \tag{6.78}$$

Mit $\zeta_1, \zeta_2, \ldots, \zeta_l$ sollen die in $|z| > 1$ liegenden Nullstellen des Polynoms $a(z) + b(z)$ bezeichnet werden. Alle übrigen Nullstellen dieses Polynoms müssen in $|z| < 1$ liegen, da längs des Einheitskreises $|z| = 1$ keine Nullstellen auftreten können; denn für $|z| = 1$ ist

$K(z)$ rein imaginär, und in einer Nullstelle von $a(z)+b(z)$ gilt nach Gl. (6.75) generell $K(z)=-1$. Da die Übertragungsfunktion in $|z| \geqq 1$ polfrei sein muß und $g(z)$ ein selbstreziprokes Polynom ist, erhält man mit einer willkürlichen, von Null verschiedenen, reellen Konstante k zwangsläufig mit (wegen der Mindestphaseneigenschaft) $l \leqq q$

$$g(z) = k z^{q-l}(z-\zeta_1)(z-\zeta_2)\cdots(z-\zeta_l)(z-1/\zeta_1)\cdots(z-1/\zeta_l)\,. \quad (6.79)$$

Die Gln. (6.78) und (6.79) liefern die Lösung $H(z)$ explizit, wobei die Nullstellen von $H(z)$ mit den Nullstellen von $a(z)+b(z)$ in $|z|<1$ und die Pole von $H(z)$ außerhalb des Ursprungs mit den am Einheitskreis gespiegelten Nullstellen von $a(z)+b(z)$ in $|z|>1$ übereinstimmen. Die Phase von $H(e^{j\omega T})$ stimmt mit der vorgeschriebenen Phasenfunktion überein, und die Betragsfunktion $|H(e^{j\omega T})|$ kann ausgehend von $H(z)$ bis auf die willkürliche Konstante k direkt angegeben werden. Im Fall $l=0$ wird $g(z)=kz^q$.

Sind in $H(z)$ auch Nullstellen außerhalb des Einheitskreises zugelassen, dann können die Nullstellen von $a(z)+b(z)$ in $|z|>1$ einerseits von Nullstellen des Zählerpolynoms von $H(z)$ und andererseits von gespiegelten Nullstellen des Nennerpolynoms von $H(z)$ herrühren. In diesem Fall kann die gesuchte Übertragungsfunktion aus der wie oben gewonnenen Mindestphasen-Übertragungsfunktion durch Multiplikation mit einem geeigneten selbstreziproken Polynom und Division mir einer geeigneten Potenz von z gewonnen werden.

Ergänzung: Geht man davon aus, daß $K(z)$ stets als Quotient zweier Polynome ohne gemeinsame Nullstellen dargestellt ist, so muß man beachten, daß mögliche Nullstellen von $H(z)$ auf dem Einheitskreis und zum Einheitskreis symmetrisch gelegene Nullstellen keinen Beitrag zur Funktion $K(z)$ leisten und daher bei der Konstruktion von $H(z)$ aus $K(z)$ grundsätzlich nicht erhalten werden. Derartige Nullstellen sind jedoch an der Phase $\Theta(\omega)$ nur mit linearen additiven Beiträgen beteiligt, worauf im nächsten Abschnitt eingegangen wird. Im Fall einer Nullstelle auf dem Einheitskreis tritt in $\Theta(\omega)$ noch ein Phasensprung von der Höhe $r\pi$ bei der entsprechenden Kreisfrequenz auf, wobei r die Vielfachheit der betreffenden Nullstelle bezeichnet. Damit lassen sich Nullstellen von $H(z)$ auf dem Einheitskreis einschließlich ihrer Vielfachheit aus dem Verlauf von $\Theta(\omega)$ direkt ablesen. Die Bestimmung der übrigen zum Einheitskreis nicht symmetrischen Nullstellen und der Pole erfolgt wie oben beschrieben.

4.2 DISKONTINUIERLICHE SYSTEME MIT STRENG LINEARER PHASE

In diesem Abschnitt soll gezeigt werden, daß es Übertragungsfunktionen $H(z)$ diskontinuierlicher Systeme gibt, die sich durch eine streng lineare Phase auszeichnen und nichtrekursiv realisieren lassen. Dabei wird auf die Ergebnisse von Abschnitt 4.1 zurückgegriffen.

Die Funktionen $K(z)$ aus Gl. (6.72) und $L(z)$ aus Gl. (6.73) können allgemein zu jeder rationalen Übertragungsfunktion $H(z)$ angegeben werden, wobei die Gl. (6.74) nach wie vor besteht. Auch die im Abschnitt 4.1 genannte Eigenschaft, daß $L(e^{j\omega T})$ eine rationale Funktion in $\cos\omega T$ sein muß, bleibt bestehen. Wenn also die Winkelfunktion $\arg H(e^{j\omega T})$ einer rationalen Übertragungsfunktion $H(z)$ vorgeschrieben wird, muß gemäß Gl. (6.74) beachtet werden, daß $\{\tan[\arg H(e^{j\omega T})]\}/\sin\omega T$ eine rationale Funktion in $\cos\omega T$ ist. Verlangt man nun, daß $\Phi(\omega) := \arg H(e^{j\omega T})$ einen linearen Funktionsverlauf hat, dann lautet die Forderung für die Winkelfunktion

$$\Phi(\omega) = \Phi_0 + k\,T\omega\ . \tag{6.80}$$

Dabei bedeuten Φ_0 und k noch zu spezifizierende Konstanten. Mit Gl. (6.80) erhält man aus Gl. (6.74)

$$K(\mathrm{e}^{\,\mathrm{j}\omega T}) = \mathrm{j}\,\frac{\sin(\Phi_0 + k\,T\omega)}{\cos(\Phi_0 + k\,T\omega)} = \frac{\mathrm{e}^{\,\mathrm{j}\Phi_0}\,\mathrm{e}^{\,\mathrm{j}k\,T\omega} - \mathrm{e}^{\,-\mathrm{j}\Phi_0}\,\mathrm{e}^{\,-\mathrm{j}k\,T\omega}}{\mathrm{e}^{\,\mathrm{j}\Phi_0}\,\mathrm{e}^{\,\mathrm{j}k\,T\omega} + \mathrm{e}^{\,-\mathrm{j}\Phi_0}\,\mathrm{e}^{\,-\mathrm{j}k\,T\omega}}$$

oder, wenn man $\mathrm{e}^{\,\mathrm{j}\omega T}$ durch z ersetzt,

$$K(z) = \frac{z^{2k} - \mathrm{e}^{\,-\mathrm{j}2\Phi_0}}{z^{2k} + \mathrm{e}^{\,-\mathrm{j}2\Phi_0}}\ . \tag{6.81}$$

Diese Funktion $K(z)$ muß, wenn ihr im Sinne von Gl. (6.72) eine rationale Übertragungsfunktion $H(z)$ zugeordnet sein soll, rational und reell sein. Daher muß notwendigerweise $2k$ eine ganze Zahl und $\Phi_0 = 0,\ \pm\pi/2,\ \pm\pi,\ \pm 3\pi/2, \ldots$ sein, wobei nur die Fälle $\Phi_0 = 0$ und $\Phi_0 = \pi/2$ von Interesse sind. Die gesuchte Übertragungsfunktion wird in der teilerfreien Form

$$H(z) = \frac{Z_1(z)\,Z_2(z)}{N(z)}$$

angesetzt mit dem Nennerpolynom $N(z)$ vom Grad q und den Polynomen $Z_1(z)$, $Z_2(z)$ vom Grad l_1 bzw. l_2 ($l_1 + l_2 \leqq q$), wobei $Z_2(z)$ die Eigenschaft

$$Z_2(z) = \pm z^{l_2}\,Z_2(1/z)$$

haben soll und damit alle Nullstellen von $H(z)$ auf dem Einheitskreis und alle zum Einheitskreis symmetrischen Nullstellen enthält, während in $Z_1(z)$ die übrigen Nullstellen von $H(z)$ auftreten. Hieraus resultiert mit Gl. (6.72) nach einer kurzen Zwischenrechnung

$$K(z) = \frac{z^q N(1/z)\,Z_1(z) \mp z^{q-l_2} N(z) Z_1(1/z)}{z^q N(1/z)\,Z_1(z) \pm z^{q-l_2} N(z) Z_1(1/z)}\ , \tag{6.82}$$

wobei bemerkenswert erscheint, daß das selbstreziproke Polynom $Z_2(z)$ in $K(z)$ nicht enthalten ist. Mit Gl. (6.75) erhält man aus Gl. (6.82) die Beziehung

$$a(z) + b(z) = 2z^q\,N(1/z)\,Z_1(z)\ . \tag{6.83}$$

Andererseits ergibt sich im vorliegenden Fall aus Gl. (6.81) der Zusammenhang

$$a(z) + b(z) = \begin{cases} 2z^{2k} & \text{für } k \geqq 0\ , \\ 2 & \text{für } k < 0\ . \end{cases}$$

Ein Vergleich mit Gl. (6.83) zeigt, daß $N(z)$ und $Z_1(z)$ nur Nullstellen im Nullpunkt haben können. Da $Z_1(z)$ und $N(z)$ als teilerfremd vorausgesetzt wurden und $N(z)$ vom Grad q ist, muß offensichtlich $Z_1(z)$ konstant sein und damit $k < 0$ gelten. Als Lösung für die Übertragungsfunktion ergibt sich damit gemäß dem oben gemachten Ansatz

$$H(z) = \frac{Z(z)}{z^q} , \tag{6.84}$$

mit einem selbstreziproken Zählerpolynom

$$Z(z) = \pm z^l Z(1/z)$$

und $l \leqq q$. Setzt man dies in Gl. (6.82) ein, dann ergibt sich

$$K(z) = \frac{1 \mp z^{2q-l}}{1 \pm z^{2q-l}} ,$$

woraus mit Gl. (6.81) $k = -(q - l/2)$ resultiert. Dabei gilt stets das +-Zeichen für $\Phi_0 = 0$, das −-Zeichen für $\Phi_0 = \pi/2$. Die Ergebnisse werden zusammengefaßt im

Satz VI.1: Ein stabiles diskontinuierliches System mit der rationalen Übertragungsfunktion $H(z)$ hat genau dann eine streng lineare Phase, wenn alle Nullstellen symmetrisch zum Einheitskreis auftreten und die Pole ausnahmslos im Nullpunkt liegen. Ist q der Grad von $H(z)$ und l die Zahl der Nullstellen, dann ist die Phase $\Theta(\omega)$, wenn man von einem additiven ganzzahligen Vielfachen von π absieht, gegeben entweder durch $(q - l/2)\,\omega T$ oder durch $(q - l/2)\,\omega T + \pi/2$.

Bezeichnet man die Koeffizienten des Polynoms $Z(z)$ mit a_λ ($\lambda = 0, 1, \ldots, l$), dann drückt sich die Eigenschaft der Selbstreziprozität des Polynoms in der Beziehung $a_\lambda = a_{l-\lambda}$ oder $a_\lambda = -a_{l-\lambda}$ ($\lambda = 0, 1, \ldots, l$) aus. Man beachte, daß sich die Übertragungsfunktion $H(z)$ nach Gl. (6.84) durch ein nichtrekursives System (Digitalfilter) nach Kapitel IV, Abschnitt 4.1 realisieren läßt.

Für das Folgende wird angenommen, daß Zählergrad und Nennergrad der Übertragungsfunktion aus Gl. (6.84) übereinstimmen, daß also $l = q$ gilt. Das Zählerpolynom der Übertragungsfunktion wird dann in der Form

$$Z(z) = a_q (z - 1)^{q_1} (z + 1)^{q_2} \prod_{\mu=1}^{q_3} (z - \zeta_\mu) \left(z - \frac{1}{\zeta_\mu}\right) \tag{6.85}$$

dargestellt. Dabei ist $q_1 = 0$ oder 1 und $q_2 = 0$ oder 1, weiterhin gilt $q = q_1 + q_2 + 2q_3$. Gerade Potenzen von $(z - 1)$ und $(z + 1)$ seien, soweit solche überhaupt vorhanden sind, im Produktterm der Gl. (6.85) enthalten. Mit Hilfe der Transformation nach Gl. (6.48) läßt sich die Gl. (6.85) jetzt umschreiben, so daß für Gl. (6.84) die Darstellung

$$H(z) = 2^{q_3} a_q (z - 1)^{q_1} (z + 1)^{q_2} z^{-q_1 - q_2 - q_3} \prod_{\mu=1}^{q_3} (w - w_\mu) \tag{6.86}$$

mit $w_\mu = (\zeta_\mu + 1/\zeta_\mu)/2$ angegeben werden kann.

Die Gl. (6.86) kann als Basis für den Entwurf eines nichtrekursiven Digitalfilters mit streng linearer Phase verwendet werden, wenn man eine gerade, nichtnegative Funktion $A_0(\omega)$ für den Verlauf des Betrags von $H(\mathrm{e}^{\mathrm{j}\omega T})$ im Frequenzintervall $-\pi/T \leqq \omega \leqq \pi/T$ vorschreibt. Da, wie eine kurze Zwischenrechnung zeigt,

$$\mathrm{e}^{\mathrm{j}\omega T} - 1 = 2\mathrm{j} \sin\frac{\omega T}{2}\, \mathrm{e}^{\mathrm{j}\frac{\omega T}{2}} \quad \text{und} \quad \mathrm{e}^{\mathrm{j}\omega T} + 1 = 2\cos\frac{\omega T}{2}\, \mathrm{e}^{\mathrm{j}\frac{\omega T}{2}} \tag{6.87a,b}$$

gilt, läßt sich die Gl. (6.86) für $z = \mathrm{e}^{\mathrm{j}\omega T}$ auf die Form

$$H(\mathrm{e}^{\mathrm{j}\omega T}) = \mathrm{j}^{q_1}\, 2^{q_1+q_2+q_3}\, a_q\, \mathrm{e}^{-\mathrm{j}\omega T(q_1/2+q_2/2+q_3)} \left(\sin\frac{\omega T}{2}\right)^{q_1} \left(\cos\frac{\omega T}{2}\right)^{q_2} \prod_{\mu=1}^{q_3} (\cos\omega T - w_\mu) \tag{6.88}$$

bringen. Das Betragsverhalten der in den Gln. (6.87a,b) beschriebenen Funktionen zeigt Bild 6.9. Neben der Vorschrift $A_0(\omega)$ für den Verlauf des Betrags von $H(\mathrm{e}^{\mathrm{j}\omega T})$ wird noch die Funktion

$$B_0(\omega) = \frac{A_0(\omega)}{\left|\sin\dfrac{\omega T}{2}\right|^{q_1} \left|\cos\dfrac{\omega T}{2}\right|^{q_2}} \tag{6.89}$$

eingeführt. Das Entwurfsproblem läßt sich jetzt folgendermaßen formulieren: Man bestimme die Parameter der Übertragungsfunktion $H(z)$ von Gl. (6.86), also q_1, q_2, q_3, a_q und w_μ ($\mu = 1, 2, \ldots, q_3$) derart, daß der Betrag von $H(z)$ für $z = \mathrm{e}^{\mathrm{j}\omega T}$ die vorgeschriebene Amplitudenfunktion $A_0(\omega)$ "möglichst gut" im Intervall $-\pi/T \leqq \omega \leqq \pi/T$ annähert. Für q_1 und q_2 kommen nur die Werte 0 und 1 in Frage. Aufgrund des Betragsverhaltens der beiden in den Gln. (6.87a,b) angegebenen Funktionen (Bild 6.9) ergibt sich folgende sinnvolle Wahl für q_1 und q_2: Man wählt $q_1 = 1$ oder $q_1 = 0$, je nachdem ob $|H(\mathrm{e}^{\mathrm{j}\omega T})|$ für $\omega = 0$ verschwindet und dabei dort verschiedene links- und rechtsseitige Ableitungen hat oder ob dies nicht der Fall ist. Man wählt $q_2 = 1$ oder $q_2 = 0$, je nachdem ob $|H(\mathrm{e}^{\mathrm{j}\omega T})|$ für $\omega = \pm\pi/T$ verschwindet und dabei für π/T und $-\pi/T$ unterschiedliche links- bzw. rechtsseitige Ableitungen besitzt oder ob dies nicht der Fall ist. Nachdem die Parameter q_1, q_2 festgelegt sind, kann man die noch zu lösende Aufgabe mit Blick auf die Gln. (6.88) und (6.89) und der Abkürzung $k = 2^{q_1+q_2+q_3} a_q$ folgendermaßen vereinfachen: Es sind die Parameter des Polynoms

$$P(w) = k \prod_{\mu=1}^{q_3} (w - w_\mu) \tag{6.90}$$

nach Wahl eines geeigneten Wertes für q_3 so zu bestimmen, daß $P(\cos\omega T)$ die bekannte Funktion $B_0(\omega)$ im Intervall $-\pi/T \leqq \omega \leqq \pi/T$ dem Betrage nach bestmöglich approximiert. Ersetzt man $\cos\omega T$ durch w, d. h. ω durch $(\arccos w)/T$, dann besteht die Aufgabe darin, $P(w)$ nach Gl. (6.90) so zu bestimmen, daß

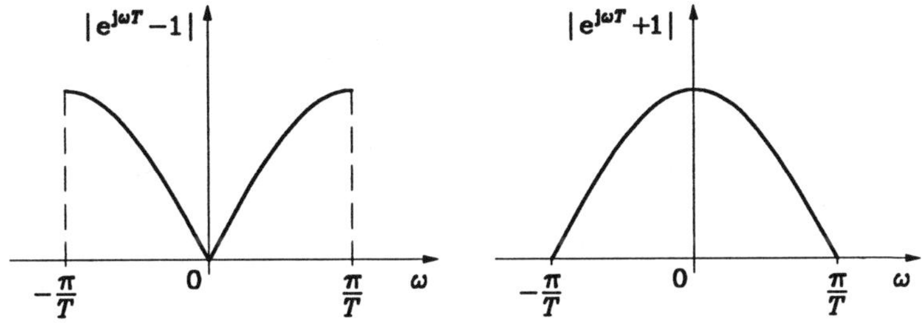

Bild 6.9: Verlauf der Beträge der in den Gln. (6.87a,b) angegebenen Funktionen

$$P(w) \approx \pm B_0\left(\frac{1}{T}\arccos w\right) \tag{6.91}$$

im Intervall $-1 \leqq w \leqq 1$ mit möglichst guter Annäherung gilt. Die Wahl zwischen den beiden Vorzeichen in Gl. (6.91) besteht für jeden Punkt w. In der Regel wird man das Vorzeichen beim Durchlaufen des w-Intervalls, wenn überhaupt, nur an einer Nullstelle von B_0 wechseln. Nullstellen von $P(w)$ im Intervall $-1 \leqq w \leqq 1$ bedeuten Nullstellen der Übertragungsfunktion $H(\mathrm{e}^{\mathrm{j}\omega T})$ im Intervall $-\pi/T \leqq \omega \leqq \pi/T$ und damit des Zählerpolynoms $Z(z)$ auf dem Einheitskreis $|z| = 1$. In einer solchen Nullstelle springt die Phase der Übertragungsfunktion, und zwar um $r\pi$, wenn r die Vielfachheit der Nullstelle bezeichnet. Will man jedenfalls für $0 < \omega < \pi/T$ (und $-\pi/T < \omega < 0$) Phasensprünge um ungeradzahlige Vielfache von π vermeiden, dann darf das Polynom $P(w)$ im Intervall $-1 < w < 1$ sein Vorzeichen nicht wechseln und in Gl. (6.91) muß auf die Vorzeichenalternative verzichtet werden.

Die eigentliche Aufgabe des vorliegenden Entwurfsproblems liegt in der Approximation der modifizierten Betragsvorschrift $B_0(T^{-1}\arccos w)$ nach Gl. (6.89) durch ein Polynom $P(w)$ nach Gl. (6.90), das auch in Koeffizientenform verwendet werden kann. Für diese Approximation stehen einschlägige numerische Verfahren zur Verfügung. Sobald $P(w)$ bestimmt ist, erhält man mit Hilfe der Gl. (6.86) bei Anwendung der Rücktransformation gemäß Gl. (6.48) die Übertragungsfunktion $H(z)$, die durch ein nichtrekursives Digitalfilter einfach realisiert werden kann. Durch Erhöhung des Parameters q_3 (Grad des Polynoms P) läßt sich gewöhnlich die Approximationsgüte verbessern, allerdings auf Kosten eines erhöhten Realisierungsaufwandes. Diesbezüglich muß letztlich ein Kompromiß gefunden werden.

5 Optimalfilter

5.1 WIENER-FILTER

Es wird hier in Analogie zu Kapitel V, Abschnitt 7.1 ein empfangenes diskontinuierliches Signal als stochastischer Prozeß $\boldsymbol{x}[n]$ betrachtet, der sich additiv aus dem zu schätzenden diskontinuierlichen Nutzsignal $\boldsymbol{m}[n]$ und einer Störung $\boldsymbol{n}[n]$ zusammensetzt:

$$\boldsymbol{x}[n] = \boldsymbol{m}[n] + \boldsymbol{n}[n] . \tag{6.92}$$

Die Prozesse $\boldsymbol{m}$ und $\boldsymbol{n}$ seien reell, mittelwertfrei und stationär. Bekannt seien die beiden Autokorrelierten

$$r_{mm}[\nu] = E[\boldsymbol{m}[n]\,\boldsymbol{m}[n+\nu]] , \qquad r_{nn}[\nu] = E[\boldsymbol{n}[n]\,\boldsymbol{n}[n+\nu]] ,$$

und für die Kreuzkorrelierte gelte $r_{mn}[\nu] \equiv 0$.

Hiermit sind auch die spektralen Leistungsdichten als periodische Funktionen

$$S_{mm}(\omega) = \sum_{\nu=-\infty}^{\infty} r_{mm}[\nu]\,\mathrm{e}^{-\mathrm{j}\nu\omega T} , \qquad S_{nn}(\omega) = \sum_{\nu=-\infty}^{\infty} r_{nn}[\nu]\,\mathrm{e}^{-\mathrm{j}\nu\omega T}$$

bekannt. Die Umkehrung der hier benützten Transformation ist durch Gl. (4.10a) gegeben.

Die zu lösende Aufgabe besteht darin, die Impulsantwort $h[n]$ bzw. die Übertragungsfunktion $H(z)$ eines linearen, zeitinvarianten und kausalen diskontinuierlichen Systems zu ermitteln, dessen Reaktion

$$\boldsymbol{y}[n] = \sum_{\mu=0}^{\infty} h[\mu]\,\boldsymbol{x}[n-\mu] \tag{6.93}$$

auf die Erregung $\boldsymbol{x}[n]$ von Gl. (6.92) für alle n im Sinne des kleinsten mittleren Fehlerquadrates möglichst wenig vom Nutzsignal $\boldsymbol{m}[n]$ abweicht. Es wird also eine Impulsantwort $h[n]$ mit $h[n] = 0$ für alle $n < 0$ gesucht, so daß der Fehler

$$\Delta = E[(\boldsymbol{m}[n] - \boldsymbol{y}[n])^2] \tag{6.94}$$

minimal wird. Dabei ist $\boldsymbol{y}[n]$ durch Gl. (6.93) gegeben.

Das Minimum des Fehlers Δ in Abhängigkeit von $h[n]$ erhält man auch hier aufgrund des Orthogonalitätsprinzips, also durch die Forderung

$$E[(\boldsymbol{m}[n] - \boldsymbol{y}[n])\,\boldsymbol{x}[n-\nu]] = 0 \quad \text{für alle} \quad \nu \geqq 0 \; . \tag{6.95}$$

Der Beweis dieser Bedingung erfolgt wie der von Gl. (5.219). Ebenso wie dort ergibt sich für den Fehler

$$\Delta = E[\boldsymbol{m}^2[n]] - E[\boldsymbol{m}[n]\,\boldsymbol{y}[n]] = E[\boldsymbol{m}^2[n]] - E[\boldsymbol{y}^2[n]] \; . \tag{6.96a,b}$$

Die Gln. (6.95) und (6.96a) lassen sich unter Beachtung der Gl. (6.93) mit Hilfe von Korrelationsfunktionen ausdrücken. So entsteht die diskrete Form

$$r_{xm}[\nu] - \sum_{\mu=0}^{\infty} h[\mu]\,r_{xx}[\nu-\mu] = 0 \quad \text{für alle} \quad \nu \geqq 0 \tag{6.97}$$

der Wiener-Hopfschen Integralgleichung zur Bestimmung der gesuchten optimalen Impulsantwort $h[n]$, und der zugehörige Fehler ist

$$\Delta = r_{mm}[0] - \sum_{\mu=0}^{\infty} h[\mu]\,r_{xm}[\mu] \; . \tag{6.98}$$

Zur Lösung der Gl. (6.97) schreibt man diese für alle ν als

$$q[\nu] = r_{xm}[\nu] - \sum_{\mu=0}^{\infty} h[\mu]\,r_{xx}[\nu-\mu] \; . \tag{6.99}$$

Man muß damit fordern, daß $h[\nu]$ eine kausale und $q[\nu]$ eine akausale Funktion bedeutet, daß also gilt:

$$h[\nu] = 0 \quad \text{für alle} \quad \nu < 0 \; , \qquad q[\nu] = 0 \quad \text{für alle} \quad \nu \geqq 0 \; . \tag{6.100a,b}$$

Nun wird die Gl. (6.99) der (zweiseitigen) Z-Transformation unterworfen, wobei die Transformierten von $q[\nu]$ und $h[\nu]$ mit $Q(z)$ bzw. $H(z)$ bezeichnet werden. Es ergibt sich somit

$$Q(z) = R_{xm}(z) - H(z)R_{xx}(z) \; . \tag{6.101}$$

Die Funktionen $R_{xm}(z)$ und $R_{xx}(z)$ sind die Z-Transformierten von $r_{xm}[\nu]$ bzw. $r_{xx}[\nu]$; sie sind in eindeutiger Weise durch die spektralen Leistungsdichten $S_{xm}(\omega)$ und $S_{xx}(\omega)$ bestimmt, denn es gilt $R_{xm}(e^{j\omega T}) = S_{xm}(\omega)$ und $R_{xx}(e^{j\omega T}) = S_{xx}(\omega)$. Die Funktionen $R_{xm}(z)$ und $R_{xx}(z)$ existieren in einem zum Einheitskreis $|z| = 1$ konzentrischen Kreisring der z-Ebene, dem dieser Kreis angehört. Da $r_{xx}[\nu]$ eine reellwertige und gerade Funktion ist, muß die Transformierte $R_{xx}(z)$ kreissymmetrisch (vgl. Abschnitt 3.1) und für reelle z reellwertig sein. Die Transformierten $H(z)$ und $Q(z)$ existieren wegen der Gln. (6.100a,b) in Kreisgebieten, und zwar

$$Q(z) \text{ in } |z| < 1 , \qquad H(z) \text{ in } |z| > 1 .$$

In diesen Gebieten ist die jeweilige Transformierte analytisch. Die beiden Funktionen $H(z)$ und $Q(z)$ lassen sich durch die Lösung der Gl. (6.101) folgendermaßen ermitteln, wobei zu beachten ist, daß in völliger Analogie zum kontinuierlichen Fall stets $S_{xx}(\omega) \geqq 0$ für alle ω-Werte gilt:[1)]
Zuerst ist die Transformierte $R_{xx}(z)$ als Produkt

$$R_{xx}(z) = A_+(z) A_-(z) \tag{6.102}$$

derart darzustellen, daß $A_+(z)$ sowie $1/A_+(z)$ im Kreisgebiet $|z| > 1$ und $A_-(z)$ sowie $1/A_-(z)$ im Kreisgebiet $|z| < 1$ analytisch sind. Falls $R_{xx}(z)$ eine rationale Funktion in z ist, läßt sich die nach Gl. (6.102) erforderliche Faktorisierung gemäß Abschnitt 4.1 durchführen.

Nun ist der Quotient $R_{xm}(z)/A_-(z)$ als Summe

$$\frac{R_{xm}(z)}{A_-(z)} = B^+(z) + B^-(z) \tag{6.103}$$

derart zu zerlegen, daß $B^+(z)$ in $|z| > 1$ und $B^-(z)$ in $|z| < 1$ analytisch ist; bis zum Rand ihres Regularitätsgebietes müssen die Funktionen stetig sein, und es soll $B^-(0) = 0$ gelten. Ist die linke Seite der Gl. (6.103) rational in z, dann läßt sich die Zerlegung gemäß Gl. (6.103) durch Partialbruchentwicklung von $R_{xm}(z)/A_-(z)$ durchführen, ähnlich wie im Abschnitt 3.1 verfahren wurde. Falls aber die mit $B(z)$ abgekürzte linke Seite der Gl. (6.103) nicht rational ist, kann man durch Rücktransformation die Funktion $b[n]$ ermitteln, deren additiver Zerlegung in $b^+[n] = s[n]b[n]$ und $b^-[n] = (1 - s[n])b[n]$ die Zerlegung von $B(z)$ nach Gl. (6.103) entspricht. Dies bedeutet, daß $b^+[n]$ im Frequenzbereich $B^+(z)$ und $b^-[n]$ die Funktion $B^-(z)$ liefert.

Mit Hilfe der aus den Gln. (6.102) und (6.103) gewonnenen Funktionen wählt man

$$Q(z) = A_-(z) B^-(z) \quad \text{und} \quad H(z) = \frac{B^+(z)}{A_+(z)} , \tag{6.104a,b}$$

so daß $Q(z)$ in $|z| < 1$ und $H(z)$ in $|z| > 1$ analytisch ist.

Führt man die Gln. (6.102), (6.103) und (6.104a,b) in Gl. (6.101) ein, so zeigt sich sofort die Richtigkeit der Beziehungen. Das durch Gl. (6.104b) charakterisierte System löst die

[1)] Für die Faktorisierung nach Gl. (6.102) ist entsprechend dem kontinuierlichen Fall noch vorauszusetzen, daß $S_{xx}(\omega)$ als Betragsquadrat eines durch ein diskontinuierliches System realisierbaren Frequenzganges aufgefaßt werden kann. Dies bedeutet, daß der Logarithmus dieser Funktion über eine Periode absolut integrierbar sein muß (vgl. Kapitel V, Abschnitt 6.3).

gestellte Aufgabe und ist die diskrete Version des Wiener-Filters.

Beispiel 6.6: Es sei

$$S_{mm}(\omega) = \frac{1}{2+\cos\omega T}, \quad S_{nn}(\omega) = 1, \quad S_{mn}(\omega) = 0 .$$

Zunächst erhält man

$$S_{xx}(\omega) = S_{mm}(\omega) + S_{nn}(\omega) = \frac{3+(\mathrm{e}^{\mathrm{j}\omega T}+\mathrm{e}^{-\mathrm{j}\omega T})/2}{2+(\mathrm{e}^{\mathrm{j}\omega T}+\mathrm{e}^{-\mathrm{j}\omega T})/2}$$

und

$$S_{xm}(\omega) = S_{mm}(\omega) = \frac{1}{2+(\mathrm{e}^{\mathrm{j}\omega T}+\mathrm{e}^{-\mathrm{j}\omega T})/2} .$$

Gemäß Gl. (6.102) ist die Funktion

$$R_{xx}(z) = \frac{z^2+6z+1}{z^2+4z+1} = \frac{(z-\zeta_1)(z-\zeta_2)}{(z-z_1)(z-z_2)}$$

mit

$$\zeta_1 = -3+2\sqrt{2}, \quad \zeta_2 = -3-2\sqrt{2} = \frac{1}{\zeta_1}, \quad z_1 = -2+\sqrt{3}, \quad z_2 = -2-\sqrt{3} = \frac{1}{z_1}$$

zu faktorisieren. Dabei ergibt sich

$$A_+(z) = \frac{z-\zeta_1}{z-z_1} \quad \text{und} \quad A_-(z) = \frac{z-\zeta_2}{z-z_2} .$$

Gemäß Gl. (6.103) ist die Funktion

$$B(z) = \frac{R_{xm}(z)}{A_-(z)} = \frac{2z}{z^2+4z+1}\,\frac{z-z_2}{z-\zeta_2} = \frac{2z}{(z-z_1)(z-\zeta_2)}$$

in die Summe von

$$B^+(z) = \frac{2z/(z_1-\zeta_2)}{z-z_1} \quad \text{und} \quad B^-(z) = \frac{2z/(\zeta_2-z_1)}{z-\zeta_2}$$

zu zerlegen. Schließlich ergibt sich nach Gl. (6.104b) die Übertragungsfunktion

$$H(z) = \frac{2z/(z_1-\zeta_2)}{z-\zeta_1}, \tag{6.105}$$

also die Impulsantwort

$$h[n] = s[n]\,\frac{2}{1+2\sqrt{2}+\sqrt{3}}\,(-3+2\sqrt{2})^n .$$

Die Übertragungsfunktion aus Gl. (6.105) ist im Bild 6.10 realisiert.

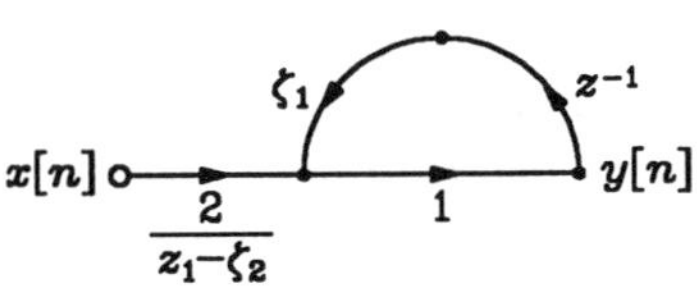

Bild 6.10: Optimalfilter des Beispiels

Die am Ende von Kapitel V, Abschnitt 7.1 zu findenden Bemerkungen können sinngemäß auch für das diskontinuierliche Wiener-Filter gemacht werden.

5.2 KALMAN-FILTER

Die diskontinuierliche Version des Kalman-Bucy-Filters, die in der Literatur üblicherweise Kalman-Filter genannt wird, ist für die Anwendung fast noch wichtiger als die kontinuierliche Version, weil sie sich leichter auf einem Rechner implementieren läßt. Die folgende Darstellung beschränkt sich auf eine kurze Vorstellung der Methode mit einer Motivation der Entwurfsgleichungen. Eine ausführliche Darstellung findet man z. B. in [Ge1] oder [Ja3].

Es sollen die Zustände eines zeitdiskreten Systems geschätzt werden, das durch

$$\boldsymbol{z}[n+1] = \boldsymbol{A}[n]\,\boldsymbol{z}[n] + \boldsymbol{B}[n]\,\boldsymbol{x}[n] + \boldsymbol{G}[n]\,\boldsymbol{u}[n]\,, \tag{6.106a}$$

$$\boldsymbol{y}[n] = \boldsymbol{C}[n]\,\boldsymbol{z}[n] + \boldsymbol{v}[n] \tag{6.106b}$$

gegeben ist. Dabei seien $\boldsymbol{A}[n]$, $\boldsymbol{B}[n]$, $\boldsymbol{C}[n]$, $\boldsymbol{G}[n]$ bekannte (deterministische) Matrizen, und $\boldsymbol{x}[n]$ bedeute ein deterministisches Eingangssignal; $\boldsymbol{u}[n]$ und $\boldsymbol{v}[n]$ werden als unkorrelierte und mittelwertfreie weiße Rauschsignale angenommen, d. h. es gilt

$$E[\boldsymbol{u}[n]] = \boldsymbol{0}\,, \tag{6.107a}$$

$$E[\boldsymbol{v}[n]] = \boldsymbol{0} \tag{6.107b}$$

und

$$E[\boldsymbol{u}[n]\,\boldsymbol{u}^{\mathrm{T}}[\nu]] = \boldsymbol{Q}[n]\,\delta[n-\nu]\,, \tag{6.108a}$$

$$E[\boldsymbol{v}[n]\,\boldsymbol{v}^{\mathrm{T}}[\nu]] = \boldsymbol{R}[n]\,\delta[n-\nu]\,, \tag{6.108b}$$

$$E[\boldsymbol{u}[n]\,\boldsymbol{v}^{\mathrm{T}}[\nu]] = \boldsymbol{0}\,, \tag{6.108c}$$

wobei $\boldsymbol{Q}[n]$ und $\boldsymbol{R}[n]$ bekannt seien. Der Anfangszustand $\boldsymbol{z}[n_0]$ sei normalverteilt mit

$$E[\boldsymbol{z}[n_0]] = \bar{\boldsymbol{z}}_0 \quad \text{und} \quad E[(\boldsymbol{z}[n_0]-\bar{\boldsymbol{z}}_0)(\boldsymbol{z}[n_0]-\bar{\boldsymbol{z}}_0)^{\mathrm{T}}] = \boldsymbol{P}_0 \tag{6.109a,b}$$

und unkorreliert mit $\boldsymbol{u}[n]$ und $\boldsymbol{v}[n]$, d. h. es gelte

$$E[\boldsymbol{z}[n_0]\,\boldsymbol{u}^{\mathrm{T}}[n]] = \boldsymbol{0} \quad (n > n_0)\,, \tag{6.110a}$$

$$E[\boldsymbol{z}[n_0]\,\boldsymbol{v}^{\mathrm{T}}[n]] = \boldsymbol{0} \quad (n > n_0)\,. \tag{6.110b}$$

Das Ziel ist, einen Zustandsschätzer zu entwerfen, der einen Schätzwert für den momentanen Zustand $\boldsymbol{z}[n]$ des Systems liefert, wobei die Sequenz der Ausgangsgrößen $\boldsymbol{y}[0], \ldots, \boldsymbol{y}[n]$ verfügbar sein möge.

Wie auch für den kontinuierlichen Fall besteht der Zustandsschätzer aus einem Modell des Systems und einer geeigneten Rückführung der Ausgangsgrößen $\boldsymbol{y}[n]$. Hingegen ist es beim diskontinuierlichen Fall üblich, die Rekursionsformel für den Zustandsschätzer in zwei Teilschritte zu zerlegen, nämlich in eine Extrapolation nach Vorschrift des Systems, dessen Zustände geschätzt werden sollen,

$$\hat{\boldsymbol{z}}^{-}[n+1] = \boldsymbol{A}[n]\,\hat{\boldsymbol{z}}^{+}[n] + \boldsymbol{B}[n]\,\boldsymbol{x}[n] \tag{6.111a}$$

und eine Korrektur aufgrund der Ausgangsgrößen

$$\hat{\boldsymbol{z}}^+[n] = \hat{\boldsymbol{z}}^-[n] + \boldsymbol{K}[n](\boldsymbol{y}[n] - \boldsymbol{C}[n]\hat{\boldsymbol{z}}^-[n]). \tag{6.111b}$$

Dabei ist $\boldsymbol{K}[n]$ eine noch zu entwerfende Matrix mit r Spalten und q Zeilen (man vergleiche Bild 6.11). Der Vektor $\hat{\boldsymbol{z}}^-[n]$ wird *a priori*-Schätzwert, $\hat{\boldsymbol{z}}^+[n]$ *a posteriori*-Schätzwert genannt, wobei $\hat{\boldsymbol{z}}^+[n_0] = E[\boldsymbol{z}[n_0]]$ gewählt wird.

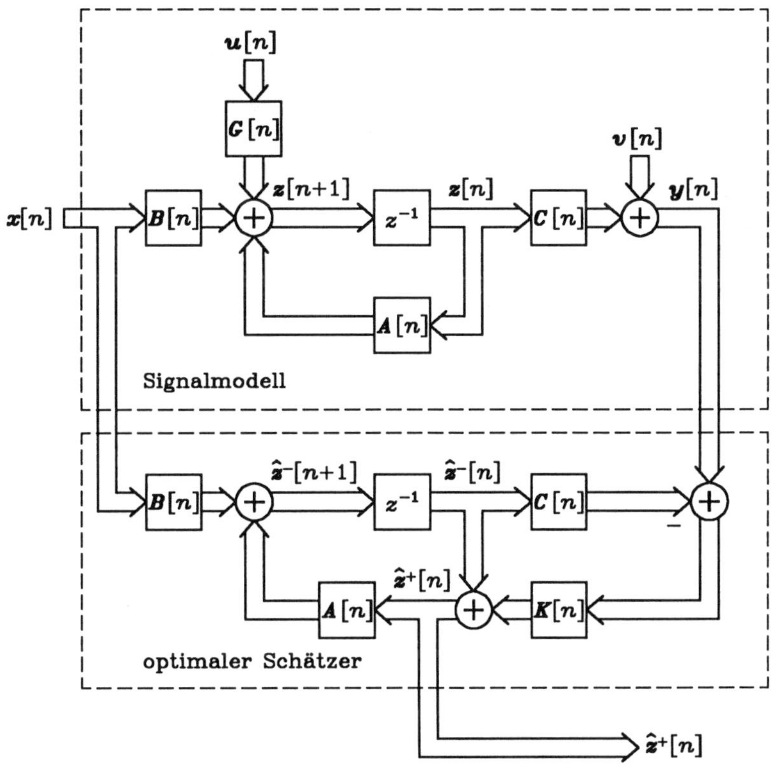

Bild 6.11: Blockschaltbild des (diskontinuierlichen) Kalman-Filters

Für die Schätzfehler werden nun folgende Abkürzungen eingeführt:

$$\boldsymbol{w}^-[n] = \boldsymbol{z}[n] - \hat{\boldsymbol{z}}^-[n], \tag{6.112a}$$

$$\boldsymbol{w}^+[n] = \boldsymbol{z}[n] - \hat{\boldsymbol{z}}^+[n]. \tag{6.112b}$$

Durch Subtraktion der Gl. (6.111a) von Gl. (6.106a) erhält man unter Berücksichtigung von Gln. (6.112a,b)

$$\boldsymbol{w}^-[n+1] = \boldsymbol{A}[n]\boldsymbol{w}^+[n] + \boldsymbol{G}[n]\boldsymbol{u}[n], \tag{6.113a}$$

und aus Gl. (6.111b) ergibt sich bei Beachtung von Gln. (6.106b) und (6.112a,b)

$$\boldsymbol{w}^+[n] = (\mathbf{E} - \boldsymbol{K}[n]\boldsymbol{C}[n])\boldsymbol{w}^-[n] - \boldsymbol{K}[n]\boldsymbol{v}[n]. \tag{6.113b}$$

Ein Maß für die Genauigkeit der Schätzwerte sind die zugehörigen Kovarianzen

$$\boldsymbol{P}^-[n] = E[\boldsymbol{w}^-[n](\boldsymbol{w}^-[n])^{\mathrm{T}}], \tag{6.114a}$$

$$\boldsymbol{P}^+[n] = E[\boldsymbol{w}^+[n](\boldsymbol{w}^+[n])^{\mathrm{T}}]. \tag{6.114b}$$

Die zeitliche Entwicklung der Kovarianzmatrix $\boldsymbol{P}^-[n]$ berechnet sich wie folgt aus den Gln. (6.113a) und (6.114a)

$$\boldsymbol{P}^-[n+1] = E\Big[\boldsymbol{A}[n]\boldsymbol{w}^+[n](\boldsymbol{A}[n]\boldsymbol{w}^+[n]+\boldsymbol{G}[n]\boldsymbol{u}[n])^{\mathrm{T}} + \boldsymbol{G}[n]\boldsymbol{u}[n](\boldsymbol{A}[n]\boldsymbol{w}^+[n]+\boldsymbol{G}[n]\boldsymbol{u}[n])^{\mathrm{T}}\Big]. \tag{6.115}$$

Der Schätzfehler $\boldsymbol{w}^+[n]$ hängt nur von $\boldsymbol{w}^+[n_0] = \boldsymbol{z}[n_0] - \hat{\boldsymbol{z}}^+[n_0]$, von $\boldsymbol{u}[\nu]$ für $\nu = n_0, \dots, n-1$ und von $\boldsymbol{v}[\mu]$ für $\mu = n_0+1, \dots, n$ ab, so daß die Erwartungswerte $E[\boldsymbol{w}^+[n]\boldsymbol{u}^{\mathrm{T}}[n]]$ und $E[\boldsymbol{u}[n](\boldsymbol{w}^+[n])^{\mathrm{T}}]$ als Linearkombinationen von $E[(\boldsymbol{z}[n_0]-\hat{\boldsymbol{z}}^+[n_0])\boldsymbol{u}^{\mathrm{T}}[n]]$, $E[\boldsymbol{u}[\nu]\boldsymbol{u}^{\mathrm{T}}[n]]$ $(n_0 \leqq \nu \leqq n-1)$ und $E[\boldsymbol{v}[\nu]\boldsymbol{u}^{\mathrm{T}}[n]]$ $(n_0+1 \leqq \nu \leqq n)$ bzw. deren Transponierten gegeben sind. Berücksichtigt man die Gln. (6.110a), (6.107a), (6.108a) und (6.108c), so folgt damit aus der Gl. (6.115) mit Gl. (6.114b)

$$\boldsymbol{P}^-[n+1] = \boldsymbol{A}[n]\boldsymbol{P}^+[n]\boldsymbol{A}^{\mathrm{T}}[n] + \boldsymbol{G}[n]\boldsymbol{Q}[n]\boldsymbol{G}^{\mathrm{T}}[n]. \tag{6.116}$$

In analoger Weise folgt aus den Gln. (6.113b) und (6.114b)

$$\boldsymbol{P}^+[n] = E\Big[(\mathbf{E}-\boldsymbol{K}[n]\boldsymbol{C}[n])\boldsymbol{w}^-[n]((\mathbf{E}-\boldsymbol{K}[n]\boldsymbol{C}[n])\boldsymbol{w}^-[n]-\boldsymbol{K}[n]\boldsymbol{v}[n])^{\mathrm{T}} - \boldsymbol{K}[n]\boldsymbol{v}[n]((\mathbf{E}-\boldsymbol{K}[n]\boldsymbol{C}[n])\boldsymbol{w}^-[n]-\boldsymbol{K}[n]\boldsymbol{v}[n])^{\mathrm{T}}\Big]. \tag{6.117}$$

Ähnlich wie $\boldsymbol{w}^+[n]$ hängt der Schätzfehler $\boldsymbol{w}^-[n]$ nur von $\boldsymbol{w}^+[n_0] = \boldsymbol{z}[n_0] - \hat{\boldsymbol{z}}^+[n_0]$, von $\boldsymbol{u}[\nu]$ für $\nu = n_0, \dots, n-1$ und von $\boldsymbol{v}[\mu]$ für $\mu = n_0+1, \dots, n-1$ ab, so daß sich unter Verwendung der Gln. (6.107b), (6.108b), (6.108c) und (6.110b) die Gl. (6.117) zu

$$\boldsymbol{P}^+[n] = (\mathbf{E}-\boldsymbol{K}[n]\boldsymbol{C}[n])\boldsymbol{P}^-[n](\mathbf{E}-\boldsymbol{K}[n]\boldsymbol{C}[n])^{\mathrm{T}} + \boldsymbol{K}[n]\boldsymbol{R}[n]\boldsymbol{K}^{\mathrm{T}}[n] \tag{6.118}$$

vereinfacht. Für den Entwurf der Verstärkungsmatrix $\boldsymbol{K}[n]$ wird verlangt, daß die Fehlerkovarianzmatrix $\boldsymbol{P}^+[n]$ in einem gewissen Sinn möglichst "klein" wird. Hierzu minimiert man die Zielfunktion

$$J[n] = \mathrm{sp}\,\boldsymbol{P}^+[n] \tag{6.119}$$

durch eine passende Wahl von $\boldsymbol{K}[n]$, wobei sp die Spur der Matrix bedeutet. Für das Minimum müssen als notwendige Bedingung die Ableitungen der Zielfunktion $J[n]$ nach den Elementen $k_{ij}[n]$ der Matrix $\boldsymbol{K}[n]$ gleich Null sein. Eine Anwendung der Matrizenformeln (5.267a-c)

$$\frac{\mathrm{d}}{\mathrm{d}\boldsymbol{K}}\,\mathrm{sp}(\boldsymbol{K}\boldsymbol{M}) = \boldsymbol{M}^{\mathrm{T}}, \quad \frac{\mathrm{d}}{\mathrm{d}\boldsymbol{K}}\,\mathrm{sp}(\boldsymbol{M}\boldsymbol{K}^{\mathrm{T}}) = \boldsymbol{M}, \quad \frac{\mathrm{d}}{\mathrm{d}\boldsymbol{K}}\,\mathrm{sp}(\boldsymbol{K}\boldsymbol{N}\boldsymbol{K}^{\mathrm{T}}) = 2\boldsymbol{K}\boldsymbol{N}$$

($\boldsymbol{N}$ ist dabei eine symmetrische Matrix, man vergleiche auch die Fußnote auf Seite 450) auf die Gln. (6.118) und (6.119) liefert

$$-2(\mathbf{E}-\boldsymbol{K}[n]\boldsymbol{C}[n])\boldsymbol{P}^-[n]\boldsymbol{C}^{\mathrm{T}}[n] + 2\boldsymbol{K}[n]\boldsymbol{R}[n] = \mathbf{0}, \tag{6.120}$$

oder, aufgelöst nach $\boldsymbol{K}[n]$,

$$\boldsymbol{K}[n] = \boldsymbol{P}^-[n]\,\boldsymbol{C}^{\mathrm{T}}[n](\boldsymbol{C}[n]\boldsymbol{P}^-[n]\,\boldsymbol{C}^{\mathrm{T}}[n] + \boldsymbol{R}[n])^{-1}. \tag{6.121}$$

Wird die rechte Seite von Gl. (6.118) ausmultipliziert und sodann im zusammengefaßten Term $\boldsymbol{K}[n](\boldsymbol{C}[n]\boldsymbol{P}^-[n]\,\boldsymbol{C}^{\mathrm{T}}[n] + \boldsymbol{R}[n])\boldsymbol{K}^{\mathrm{T}}[n]$ die vordere Matrix $\boldsymbol{K}[n]$ gemäß Gl. (6.121) substituiert, so erhält man

$$\boldsymbol{P}^+[n] = \boldsymbol{P}^-[n] - \boldsymbol{K}[n]\,\boldsymbol{C}[n]\boldsymbol{P}^-[n] - \boldsymbol{P}^-[n]\,\boldsymbol{C}^{\mathrm{T}}[n]\boldsymbol{K}^{\mathrm{T}}[n] + \boldsymbol{P}^-[n]\,\boldsymbol{C}^{\mathrm{T}}[n]$$

$$\cdot\,(\boldsymbol{C}[n]\boldsymbol{P}^-[n]\,\boldsymbol{C}^{\mathrm{T}}[n] + \boldsymbol{R}[n])^{-1}(\boldsymbol{C}[n]\boldsymbol{P}^-[n]\,\boldsymbol{C}^{\mathrm{T}}[n] + \boldsymbol{R}[n])\boldsymbol{K}^{\mathrm{T}}[n],$$

und hieraus folgt sofort

$$\boldsymbol{P}^+[n] = (\mathbf{E} - \boldsymbol{K}[n]\,\boldsymbol{C}[n])\boldsymbol{P}^-[n]. \tag{6.122}$$

Der Entwurf des diskontinuierlichen Kalman-Filters läßt sich also folgendermaßen zusammenfassen: Die Iterationsformeln unterteilen sich in zwei Teilschritte, nämlich den Extrapolationsschritt und den Korrekturschritt. Der Extrapolationsschritt besteht aus den Gln. (6.111a) und (6.116), also aus

$$\hat{\boldsymbol{z}}^-[n+1] = \boldsymbol{A}[n]\hat{\boldsymbol{z}}^+[n] + \boldsymbol{B}[n]\boldsymbol{x}[n], \tag{6.123a}$$

$$\boldsymbol{P}^-[n+1] = \boldsymbol{A}[n]\boldsymbol{P}^+[n]\boldsymbol{A}^{\mathrm{T}}[n] + \boldsymbol{G}[n]\boldsymbol{Q}[n]\boldsymbol{G}^{\mathrm{T}}[n]. \tag{6.123b}$$

Der Korrekturschritt setzt sich aus den Gln. (6.111b) und (6.122) zusammen, d. h. aus

$$\hat{\boldsymbol{z}}^+[n] = \hat{\boldsymbol{z}}^-[n] + \boldsymbol{K}[n](\boldsymbol{y}[n] - \boldsymbol{C}[n]\hat{\boldsymbol{z}}^-[n]), \tag{6.124a}$$

$$\boldsymbol{P}^+[n] = (\mathbf{E} - \boldsymbol{K}[n]\,\boldsymbol{C}[n])\boldsymbol{P}^-[n], \tag{6.124b}$$

wobei die Verstärkungsmatrix $\boldsymbol{K}[n]$ durch Gl. (6.121) gegeben ist, nämlich durch

$$\boldsymbol{K}[n] = \boldsymbol{P}^-[n]\,\boldsymbol{C}^{\mathrm{T}}[n](\boldsymbol{C}[n]\boldsymbol{P}^-[n]\,\boldsymbol{C}^{\mathrm{T}}[n] + \boldsymbol{R}[n])^{-1}. \tag{6.125}$$

Als Anfangswerte werden der Erwartungswert des Systemzustandes und die Kovarianz des Schätzfehlers (jeweils für $n = n_0$) gewählt, d. h.

$$\hat{\boldsymbol{z}}^+[n_0] = E[\boldsymbol{z}[n_0]], \tag{6.126a}$$

$$\boldsymbol{P}^+[n_0] = E[(\boldsymbol{z}[n_0] - \hat{\boldsymbol{z}}^+[n_0])(\boldsymbol{z}[n_0] - \hat{\boldsymbol{z}}^+[n_0])^{\mathrm{T}}]. \tag{6.126b}$$

Bemerkung: Die Anwendbarkeit des Kalman-Filters ist wie im kontinuierlichen Fall (Kapitel V) nicht auf Systeme mit stochastischen Störungen beschränkt, sondern es kann auch als Zustandsbeobachter für deterministische Systeme eingesetzt werden. Die Entwurfsgleichungen bleiben dabei unverändert. Für die Matrizen $\boldsymbol{Q}[n]$ und $\boldsymbol{R}[n]$ setzt man in diesem Fall nicht die Kovarianzen ein, die ja hier gleich Null wären, sondern (beliebige) konstante, positiv definite symmetrische Matrizen.

Beispiel 6.7: Es wird das skalare System

$$z[n+1] = z[n] + u[n], \tag{6.127a}$$

$$y[n] = z[n] + v[n] \tag{6.127b}$$

betrachtet (zur Verdeutlichung werden auch stochastische Größen nicht in Fettdruck dargestellt), wobei

$$E[u[n]u[n]] = 1, \tag{6.128a}$$

$$E[v[n]v[n]] = 1 \tag{6.128b}$$

und

$$E[z[0]] = 0, \tag{6.129a}$$

$$E[z[0]z[0]] = 1 \tag{6.129b}$$

gelten soll. Für dieses System wird ein Kalman-Filter entworfen. Der Extrapolationsschritt berechnet sich zu

$$\hat{z}^-[n+1] = \hat{z}^+[n], \tag{6.130a}$$

$$p^-[n+1] = p^+[n] + 1, \tag{6.130b}$$

und der Korrekturschritt zu

$$\hat{z}^+[n] = \hat{z}^-[n] + k[n](y[n] - \hat{z}^-[n]), \tag{6.131a}$$

$$p^+[n] = (1 - k[n])p^-[n], \tag{6.131b}$$

wobei

$$k[n] = \frac{p^-[n]}{p^-[n]+1} \tag{6.132}$$

ist. Die Anfangswerte lauten

$$\hat{z}^+[0] = 0, \tag{6.133a}$$

$$p^+[0] = 1. \tag{6.133b}$$

Die Kovarianzen $p^+[n]$, $p^-[n]$ und die Verstärkung $k[n]$ sind in diesem Beispiel skalare Größen und werden deshalb mit kleinen Buchstaben bezeichnet und nicht fett gedruckt. Für die stochastischen Prozesse $z[n]$ und $y[n]$, die durch die Gln. (6.127a,b) gegeben sind, wurden Realisierungen auf dem Rechner simuliert und parallel dazu die Schätzwerte nach den Gln. (6.130a)-(6.133b) berechnet. Die Zustände $z[n]$ und deren Schätzwerte $\hat{z}^+[n]$ sind in Bild 6.12a, die Kovarianz des Schätzfehlers $p^+[n]$ ist in Bild 6.12b gezeigt.

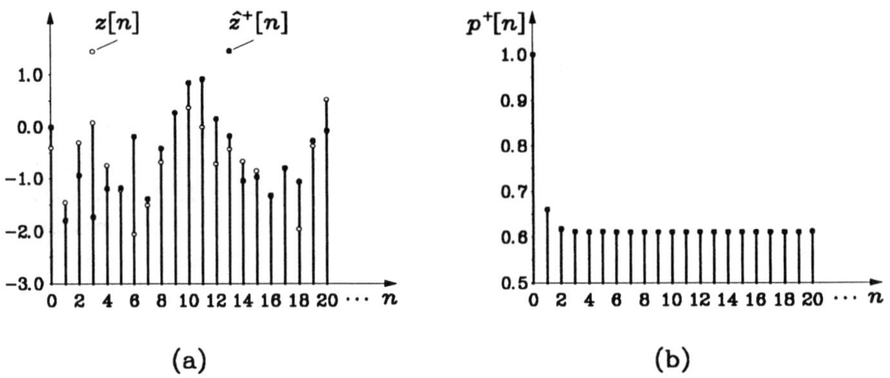

Bild 6.12: Zustandsschätzung mit einem Kalman-Filter für ein skalares Beispielsystem. (a) Zustand $z[n]$ und Schätzwert $\hat{z}^+[n]$; (b) Kovarianz des Schätzfehlers $p^+[n]$

6 Das Nyquist-Verfahren zur Stabilitätsprüfung

Das im Kapitel V, Abschnitt 4.1 behandelte Nyquist-Verfahren zur Stabilitätsprüfung kontinuierlicher rückgekoppelter Systeme kann unmittelbar auf diskontinuierliche Systeme übertragen werden. Bild 6.13 zeigt die Konfiguration des diskontinuierlichen Systems mit der Übertragungsfunktion

$$H(z) = \frac{F_1(z)}{1+F_1(z)\,F_2(z)} \,. \tag{6.134}$$

Zur Sicherstellung der Stabilität des Systems ist zu fordern, daß alle Pole von $H(z)$ im Einheitskreis $|\,z\,| < 1$ liegen. Geht man wie im kontinuierlichen Fall davon aus, daß durch die Pole von $F_1(z)$ keine Instabilitäten hervorgerufen werden und Nullstellen von $F_1(z)$ sich nicht gegen Nullstellen der Nennerfunktion

$$F(z) = 1+F_1(z)\,F_2(z) \tag{6.135}$$

kürzen lassen, so ist zur Sicherstellung der Stabilität zu prüfen, ob alle Nullstellen von $F(z)$ aus Gl. (6.135) in $|\,z\,| < 1$ liegen. Dabei wird $F(z)$ als rationale Funktion vorausgesetzt.

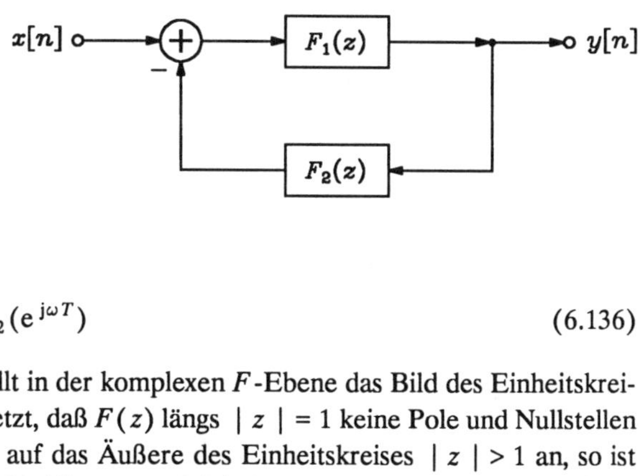

Bild 6.13: Rückgekoppeltes diskontinuierliches System

Es wird nun die Ortskurve

$$F(\mathrm{e}^{\,\mathrm{j}\omega T}) = 1+F_1(\mathrm{e}^{\,\mathrm{j}\omega T})\,F_2(\mathrm{e}^{\,\mathrm{j}\omega T}) \tag{6.136}$$

für $-\pi \leqq \omega T < \pi$ betrachtet. Sie stellt in der komplexen F-Ebene das Bild des Einheitskreises $|\,z\,| = 1$ dar. Es wird vorausgesetzt, daß $F(z)$ längs $|\,z\,| = 1$ keine Pole und Nullstellen aufweist. Wendet man nun Satz V.4 auf das Äußere des Einheitskreises $|\,z\,| > 1$ an, so ist die Umlaufzahl Z von $F(\mathrm{e}^{\,\mathrm{j}\omega T})$ um den Ursprung gleich $P-N$, wenn ωT von 0 bis 2π zunimmt (man beachte, daß hier der Rand $|\,z\,| = 1$ des nach Satz V.4 zu wählenden Gebiets, vom Innern aus gezählt, im Uhrzeigersinn durchlaufen wird und daher $Z = P - N$ gilt). Damit kann folgendes Stabilitätskriterium ausgesprochen werden.

Satz VI.2: Unter der Voraussetzung, daß $F(z)$ nach Gl. (6.135) längs $|\,z\,| = 1$ weder Nullstellen noch Pole hat, ist das System von Bild 6.13 genau dann stabil, wenn die Ortskurve des offenen Systems, d. h. das Bild der Funktion $F_1(\mathrm{e}^{\,\mathrm{j}\omega T})F_2(\mathrm{e}^{\,\mathrm{j}\omega T})$ für $-\pi \leqq \omega T < \pi$, bezüglich des Punktes -1 die (im Gegenuhrzeigersinn zu zählende) Umlaufzahl P hat, wenn P die Zahl der Pole von $F_1(z)F_2(z)$ – jeweils der Vielfachheit entsprechend oft gezählt – in $|\,z\,| > 1$ einschließlich $z = \infty$ ist.

Anmerkung: Die Voraussetzung, daß $F(z)$ längs $|\,z\,| = 1$ weder Nullstellen noch Pole hat, läßt sich bei der Konstruktion von $F_1(\mathrm{e}^{\,\mathrm{j}\omega T})F_2(\mathrm{e}^{\,\mathrm{j}\omega T})$ direkt prüfen. Eine Nullstelle von

$F(z)$ längs $|z| = 1$ zeigt sich darin, daß die Ortskurve $F_1(e^{j\omega T})F_2(e^{j\omega T})$ durch den Punkt -1 läuft und damit die Umlaufzahl bezüglich -1 nicht definiert ist; einen Pol von $F(z)$ auf $|z| = 1$ erkennt man daran, daß sich die Ortskurve über alle Grenzen entfernt.

Analog zum kontinuierlichen Fall können auch noch Pole von $F(z)$ auf $|z| = 1$ zugelassen werden, wenn man bei der Konstruktion der Ortskurve, als Bild des Einheitskreises $|z| = 1$ vermöge der Abbildungsfunktion $F_1(z)F_2(z)$, die Pole auf $|z| = 1$ durch kleine Wegstücke in $|z| > 1$ umgeht. An der Aussage des Satzes ändert sich dann nichts.

Hat man in der durch Gl. (6.135) gegebenen Funktion $F(z)$ statt $F_2(z)$ die Übertragungsfunktion $K F_2(z)$, so kann man Satz VI.2 folgendermaßen modifizieren: Das rückgekoppelte System ist genau dann stabil, wenn die Ortskurve $F_1(e^{j\omega T})F_2(e^{j\omega T})$ mit wachsendem ω $(-\pi \leqq \omega T < \pi)$ den Punkt $-1/K$ genau P-mal im Gegenuhrzeigersinn umläuft, wenn P die Zahl der Pole von $F_1(z)F_2(z)$ in $|z| > 1$ bedeutet.

Beispiel 6.8: Es wird nun ein rückgekoppeltes System nach Bild 6.13 mit

$$F_1(z) = \frac{1}{z(z-\frac{1}{2})} \quad \text{und} \quad F_2(z) = K$$

betrachtet, wobei K eine reelle Konstante bedeutet. Die numerisch errechnete Ortskurve $F_1(e^{j\omega T})$ zeigt Bild 6.14. Wie man sieht, liegen alle Pole von $F_1(z)$ in $|z| < 1$. Es gilt also $P = 0$. Stabilität des rückgekoppelten Systems ist daher genau dann gegeben, wenn die Ortskurve den Punkt $-1/K$ nicht umschlingt. Dies ist dann und nur dann der Fall, wenn

$$-1/K < -1 \quad \text{oder} \quad -1/K > 2 \;, \quad \text{d.h.} \quad -\frac{1}{2} < K < 1$$

gilt.

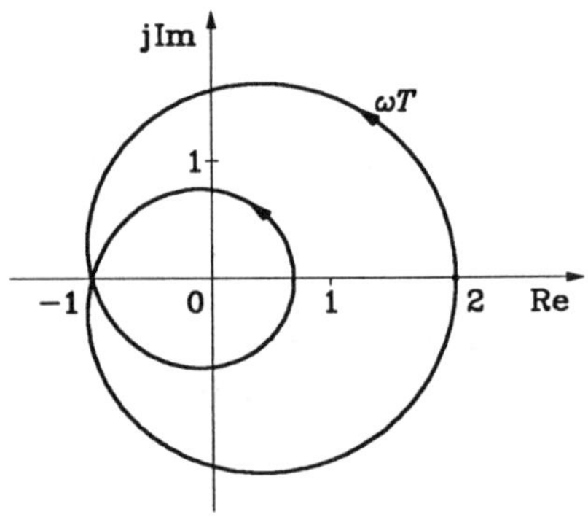

Bild 6.14: Ortskurvenverlauf $F_1(e^{j\omega T})$ für das Beispiel 6.8

Wie bereits im Kapitel V, Abschnitt 4.1 erwähnt wurde, kann die Nyquist-Ortskurve nicht nur zur Stabilitätsprüfung verwendet werden, sondern im Fall der Stabilität auch zur Beurteilung des Stabilitätsgrades. Dazu verwendet man häufig graphische Darstellungen des Betrags und der Phase (Winkelfunktion) von $F_1(e^{j\omega T})F_2(e^{j\omega T})$ in Abhängigkeit von ω. Der Betrag wird dabei meistens durch die Dämpfung

$$\alpha(\omega) := -20\lg |F_1(e^{j\omega T})F_2(e^{j\omega T})|$$

in dB beschrieben (lg bedeutet den Logarithmus zur Basis 10). Man kann die Dämpfung $\alpha(\omega)$ und die Phase $\Phi(\omega)$ auch in *einem* Diagramm zusammenfassen, das die wesentliche Information über den Stabilitätsgrad enthält und die Punkte mit der Abszisse $\Phi(\omega)$ und Ordinate $\alpha(\omega)$ für jeweils gleiches ω repräsentiert. Dabei ist die Abhängigkeit vom Parameter ω in der Regel uninteressant. Einzelheiten der Vorgehensweise sollen anhand des nachfolgenden Beispiels erläutert werden. Ganz entsprechend verfährt man übrigens auch bei der Stabilitätsanalyse kontinuierlicher Systeme, wobei in den Diagrammen für $\alpha(\omega)$ und $\Phi(\omega)$ als Abszisse statt ω meistens lg ω verwendet wird.

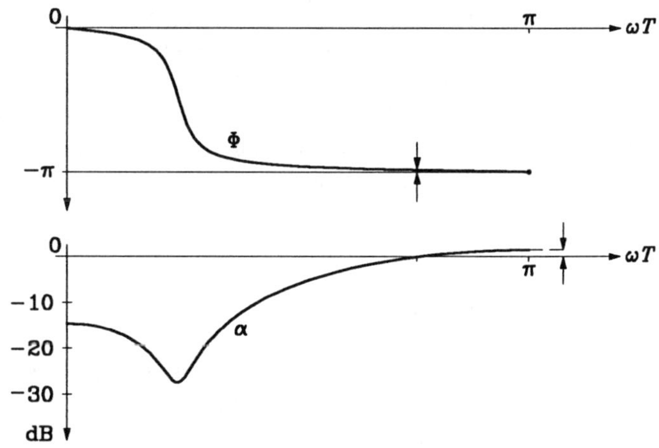

Bild 6.15: Dämpfungs- und Phasenverlauf für das Beispiel 6.9

Beispiel 6.9: Es sei

$$F_1(z)\,F_2(z) = \frac{16z}{5 - 8z + 6z^2} \ .$$

Hierfür wurde mit $z = e^{j\omega T}$ sowohl die Dämpfung $\alpha(\omega)$ als auch die Phase $\Phi(\omega)$ berechnet. Das Ergebnis ist im Bild 6.15 dargestellt. Wie man hieraus sieht, ist das System stabil, da der Punkt -1 nicht umlaufen wird. Dies folgt insbesondere daraus, daß für die (normierte) Frequenz $\omega T = \pi$, für welche die Phase Φ den Wert $-\pi$ erreicht, die Dämpfung α einen positiven Wert hat, d. h. $|F_1 \ F_2|$ kleiner als Eins ist. Der "Dämpfungsüberschuß" ist im Bild 6.15 angezeigt. Weiterhin zeigt das Bild die "Phasenreserve" bei der Frequenz, für

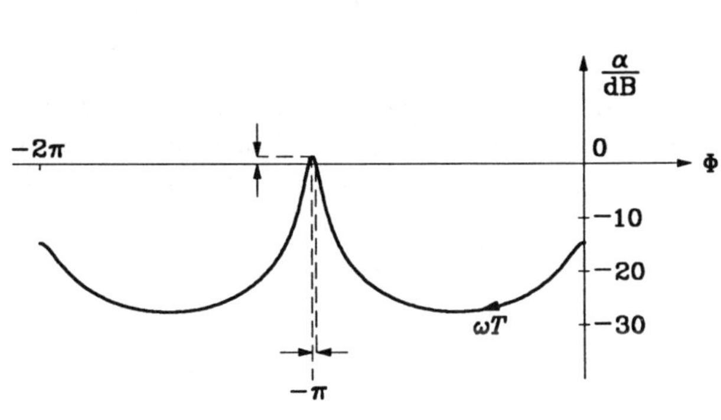

Bild 6.16: Dämpfungs-Phasen-Diagramm für das Beispiel 6.9

welche α verschwindet, d. h. $|F_1 F_2| = 1$ ist. Die beiden Diagramme im Bild 6.15 können zu einer Kurvendarstellung zusammengefaßt werden, indem α in Abhängigkeit von Φ beschrieben wird. Dieses im Bild 6.16 gezeigte Diagramm enthält die für die Beurteilung der Qualität der Stabilität maßgebende Information, wobei die Abhängigkeit von ωT sekundäre Bedeutung hat.

7 Multiratensysteme

Soweit bisher Implementierungen von linearen diskontinuierlichen Systemen betrachtet wurden, handelte es sich um Realisierungen mit Hilfe von traditionellen Bausteinen, nämlich Addierern, Konstantmultiplizierern und Einheitsverzögerern. Derartige Verwirklichungen zeichnen sich dadurch aus, daß die Signalwerte beim Durchlaufen eines Systems mit einer festen Rate pro Zeit verarbeitet werden. Multiratensysteme sind dazu gedacht, die Verarbeitung von Zahlenfolgen mit unterschiedlichen Raten durchzuführen. In diesem Abschnitt sollen die Grundlagen für das Verständnis von Multiratensystemen kurz dargestellt werden. Solche Systeme spielen bei Anwendungen in der digitalen Signalverarbeitung eine besondere Rolle.

7.1 VORBEREITUNGEN

Für die Überlegungen in den nachfolgenden Teilen dieses Abschnitts über Multiratensysteme sind einige Hilfsmittel erforderlich, die zunächst zusammengestellt werden sollen.

Bereits im Kapitel IV wurde im Zusammenhang mit der diskreten Fourier-Transformation (DFT) die N-te Einheitswurzel

$$W := \mathrm{e}^{-\mathrm{j}\,2\pi/N} \quad (N \in \mathbb{N}) \tag{6.137}$$

verwendet. Sie besitzt neben $W^N = 1$ die Eigenschaft

$$\sum_{\nu=0}^{N-1} (W^k)^\nu = \begin{cases} 0 & \text{falls } k \neq mN \\ N & \text{falls } k = mN\,, \end{cases} \tag{6.138}$$

wobei k und m ganze Zahlen bedeuten.

Diese Eigenschaft folgt im Falle $k \neq mN$ aus der Summationsformel $(q^N - 1)/(q-1)$ für die Summe von $1 + q + \cdots + q^{N-1}$, wenn man $q = W^k$ wählt, und im Falle $k = mN$, in dem $W^k = 1$ gilt, durch direkte Summation von N Einsen.

In Gl. (4.26) wurde der diskontinuierliche Impulskamm $d_N[n]$ eingeführt, der für alle Argumentwerte $n = mN$ $(m \in \mathbb{Z})$ den Funktionswert Eins und sonst den Wert Null hat. Diese Funktion läßt sich aufgrund von Gl. (6.138) für $\nu = 0, \pm 1, \pm 2, \ldots$ in der Form

$$d_N[n - \nu] = \frac{1}{N} \sum_{k=0}^{N-1} W^{(\nu - n)k} \tag{6.139}$$

darstellen.[1)]

Unter der Fourier-Matrix (der Ordnung N) versteht man die Matrix

1) Dies folgt übrigens ebenso wie Gl. (6.138) auch aus den Grundgleichungen (4.82a,b) der DFT.

$$\boldsymbol{F} = \begin{bmatrix} 1 & 1 & 1 & \cdots & 1 \\ 1 & W & W^2 & \cdots & W^{N-1} \\ 1 & W^2 & W^4 & \cdots & W^{2(N-1)} \\ \vdots & & & & \\ 1 & W^{N-1} & W^{2(N-1)} & \cdots & W^{(N-1)(N-1)} \end{bmatrix} . \qquad (6.140)$$

Mit ihrer Hilfe läßt sich beispielsweise die diskrete Fourier-Transformierte

$$\boldsymbol{X} = [X[0] \quad X[1] \quad \cdots \quad X[N-1]]^{\mathrm{T}}$$

eines Zahlen-N-Tupels

$$\boldsymbol{x} = [x[0] \quad x[1] \quad \cdots \quad x[N-1]]^{\mathrm{T}}$$

nach Gl. (4.82b) als Matrix-Multiplikation

$$\boldsymbol{X} = \boldsymbol{F}\,\boldsymbol{x}$$

darstellen. Entsprechend erhält man für die inverse diskrete Fourier-Transformation nach Gl. (4.82a) die Beziehung

$$\boldsymbol{x} = \boldsymbol{F}^{-1}\boldsymbol{X} = \frac{1}{N}\boldsymbol{F}^{*}\boldsymbol{X}$$

mit der konjugicrt komplexen Fourier-Matrix

$$\boldsymbol{F}^{*} = \begin{bmatrix} 1 & 1 & 1 & \cdots & 1 \\ 1 & W^{-1} & W^{-2} & \cdots & W^{-(N-1)} \\ 1 & W^{-2} & W^{-4} & \cdots & W^{-2(N-1)} \\ \vdots & \vdots & & & \\ 1 & W^{-(N-1)} & W^{-2(N-1)} & \cdots & W^{-(N-1)(N-1)} \end{bmatrix} . \qquad (6.141)$$

Durch Ausmultiplizieren läßt sich die folgende Eigenschaft der Matrix $\boldsymbol{F}$ verifizieren:

$$\boldsymbol{F}^2 = N\boldsymbol{J} \quad \text{mit} \quad \boldsymbol{J} = \begin{bmatrix} 1 & 0 & 0 & \cdots & & 0 \\ 0 & 0 & 0 & \cdots & 0 & 1 \\ 0 & 0 & 0 & \cdots & 1 & 0 \\ \vdots & & & & & \vdots \\ 0 & 1 & 0 & \cdots & 0 & 0 \end{bmatrix} . \qquad (6.142)$$

Dabei heißt $\boldsymbol{J}$ Permutationsmatrix. Sie weist die ebenfalls durch Ausmultiplizieren sofort erkennbare Eigenschaft

$$\boldsymbol{J}^2 = \mathbf{E} \qquad (6.143)$$

($\mathbf{E}$: Einheitsmatrix) auf. Die Gln. (6.142) und (6.143) liefern direkt eine weitere Darstellung für die inverse Fourier-Matrix gemäß

$$\boldsymbol{F}^{-1} = \frac{1}{N}\boldsymbol{F}\boldsymbol{J} . \qquad (6.144)$$

Beim Umgang mit der diskontinuierlichen Fourier-Transformation und der Z-Transformation wird künftig neben der (nichtnormierten) Kreisfrequenz ω auch die normierte Kreisfrequenz $\Omega = \omega T$ verwendet. Außerdem werden neben der normierten Zeitvariablen n die diskreten Zeitpunkte $t_n = nT$ verwendet. Die Variablen ω und t_n können als "Echtzeitvariable" betrachtet werden, die Variablen Ω und n als die entsprechenden normierten Veränderlichen. Während n die ganzzahligen Werte $\ldots, -1, 0, 1, 2, \ldots$ durchläuft, nimmt t_n die Werte $\ldots, -T, 0, T, 2T, \ldots$ an. Dem Frequenzintervall $-\pi < \Omega < \pi$ entspricht das Intervall $-\pi/T < \omega < \pi/T$.

Die in den folgenden Abschnitten auftretenden Übertragungsfunktionen sind in aller Regel als rationale Funktionen von z zu verstehen; soweit ganzzahlige Wurzeln $z^{1/N}$ von z auftreten, ist immer der entsprechende Hauptwert $(-\pi/N < \arg z^{1/N} < \pi/N)$ gemeint. Entsprechend sind rationale Potenzen von z als $z^{\nu/N} := (z^{1/N})^{\nu}$ zu interpretieren.

7.2 DEZIMATOR UND EXPANDER

Es werden zwei neue Systembausteine eingeführt, die für Multiratensysteme wichtige Grundoperationen auszuführen erlauben.

Dezimator. Der (N-fach-) Dezimator, dessen Symbol im Bild 6.17a angegeben ist, wandelt ein diskontinuierliches Signal $x[n]$ in ein diskontinuierliches Signal $y[n]$ um nach der Vorschrift

$$y[n] = x[Nn], \tag{6.145}$$

wobei $N \in \mathbb{N}$ eine feste natürliche Zahl $(N > 1)$ bedeutet. Der Dezimator gibt von den einlaufenden Signalwerten nur die weiter, die in Zeitpunkten auftreten, welche ein ganzzahliges Vielfaches von N sind (Bild 6.17b). Die Gl. (6.145) läßt erkennen, daß der Dezimator ein lineares, aber zeitvariantes Systemelement ist. Die Wirkung des Dezimators kann auch im Frequenzbereich beschrieben werden. Ist $X(z)$ die Z-Transformierte des Eingangssignals $x[n]$, so läßt sich die Z-Transformierte $Y(z)$ des Ausgangssignals $y[n]$ folgendermaßen ausdrücken:

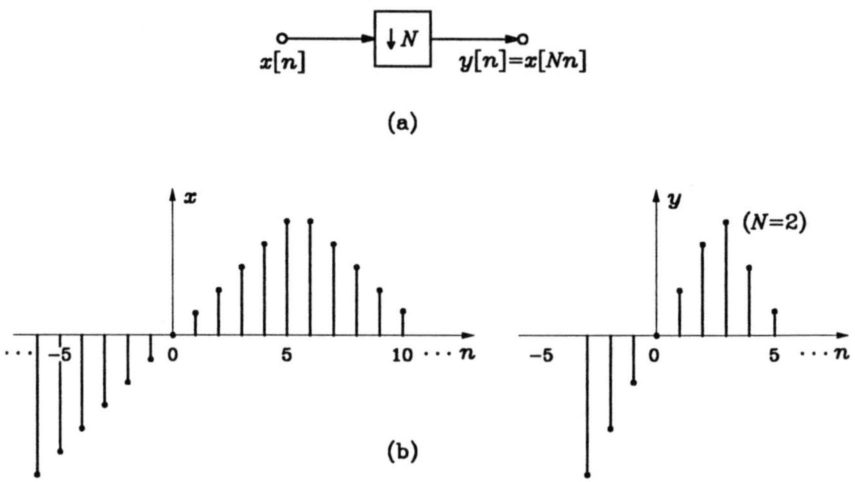

Bild 6.17: Dezimator mit Eingangssignal $x[n]$ und Ausgangssignal $y[n]$; die Diagramme (b) beziehen sich auf den Fall $N = 2$

$$Y(z) = \frac{1}{N}\sum_{k=0}^{N-1} X(W^k z^{1/N}). \tag{6.146}$$

Beweis: Man ersetzt X in Gl. (6.146) durch seine Reihendarstellung gemäß Gl. (6.4) und erhält

$$Y(z) = \frac{1}{N}\sum_{k=0}^{N-1}\sum_{n=-\infty}^{\infty} x[n](W^k z^{1/N})^{-n} = \frac{1}{N}\sum_{n=-\infty}^{\infty} z^{-n/N} x[n] \sum_{k=0}^{N-1}(W^{-n})^k$$

oder mit Gl. (6.139)

$$Y(z) = \sum_{n=-\infty}^{\infty} x[n] d_N[n] z^{-n/N} = \sum_{n=-\infty}^{\infty} x[Nn] z^{-n} ,$$

was zu zeigen war.

Zur Interpretation des erzielten Ergebnisses wird in Gl. (6.146) $z = e^{j\Omega}$ gesetzt, so daß man mit Gl. (6.137) für das Spektrum des am Dezimatorausgang auftretenden Signals

$$Y(e^{j\Omega}) = \frac{1}{N}\sum_{k=0}^{N-1} X(e^{j(\Omega - 2\pi k)/N}) \tag{6.147}$$

erhält. Die Wirkung des Dezimators läßt sich im Frequenzbereich also folgendermaßen beschreiben: Das Spektrum $X(e^{j\Omega})$ wird in Ω-Richtung um den Faktor N gestreckt, so daß $X(e^{j\Omega/N})$ entsteht. Es werden $N-1$ weitere Exemplare des gestreckten Spektrums nacheinander um 2π, 4π, 6π etc. in Ω-Richtung verschoben. Alle gestreckten und verschobenen Spektren werden zum gestreckten nichtverschobenen Spektrum addiert, und schließlich wird die Summe durch N dividiert. Auf diese Weise entsteht $Y(e^{j\Omega})$. Im Bild 6.18 ist das Gesagte an einem Beispiel mit $N = 4$ erläutert.

Es ist zu beachten, daß sich die Summanden in Gl. (6.147), d. h. die Teilspektren, aus denen sich $Y(e^{j\Omega})$ zusammensetzt, überlappen können. In diesem Fall läßt sich das Spektrum von $x[n]$ nicht mehr aus dem von $y[n]$ herausfiltern, d. h. das Signal $x[n]$ kann nicht mehr zurückgewonnen werden. Man bezeichnet den Überlappungseffekt auch hier als *Aliasing*. Er tritt nicht auf, wenn $x[n]$ bezüglich $\Omega_g = \pi/N$ bandbegrenzt ist. Dann kann man $x[n]$ aus $y[n]$, wie noch zu erklären ist, mittels eines Expanders und eines Filters zurückgewinnen.

Der Dezimator ist aufgrund seiner Definition nach Gl. (6.145) für $N > 1$ ein nichtkausales Systemelement, da beispielsweise zum normierten Zeitpunkt 1 am Ausgang der Wert des Eingangssignals zum (späteren) Zeitpunkt N geliefert wird. Diese Nichtkausalität tritt jedoch im Echtzeitbetrieb nicht auf, wie folgendermaßen begründet werden kann: Es ist zu berücksichtigen, daß für die nichtnormierten Zeitpunkte (Echtzeitpunkte) auf der Eingangsseite $t_n = nT$ und auf der Ausgangsseite $t_n = nNT$ gilt. Im Echtzeitbetrieb stellt daher der Dezimator ein kausales, periodisch zeitvariantes System mit der Periode NT dar (man vergleiche hierzu Abschnitt 7.5.5). Entsprechend gilt für die nichtnormierte Kreisfrequenz auf der Eingangsseite $\omega = \Omega/T$ und auf der Ausgangsseite $\omega = \Omega/NT$. Letzteres hat nach Gl. (6.147) zur Folge, daß in Abhängigkeit von der nichtnormierten Kreisfrequenz ω keine Streckung des Spektrums stattfindet, jedoch eine Superposition des Basisspektrums mit verschobenen Exemplaren dieses Spektrums, wobei sich im Vergleich zur Betrachtung in Abhängigkeit von Ω die Wiederholungsrate des Basisspektrums um den Faktor N ändert.

Expander. Der (N-fach-) Expander, dessen Symbol im Bild 6.19a angegeben ist, wandelt ein diskontinuierliches Signal $x[n]$ in ein diskontinuierliches Signal $y[n]$ um nach der Vorschrift

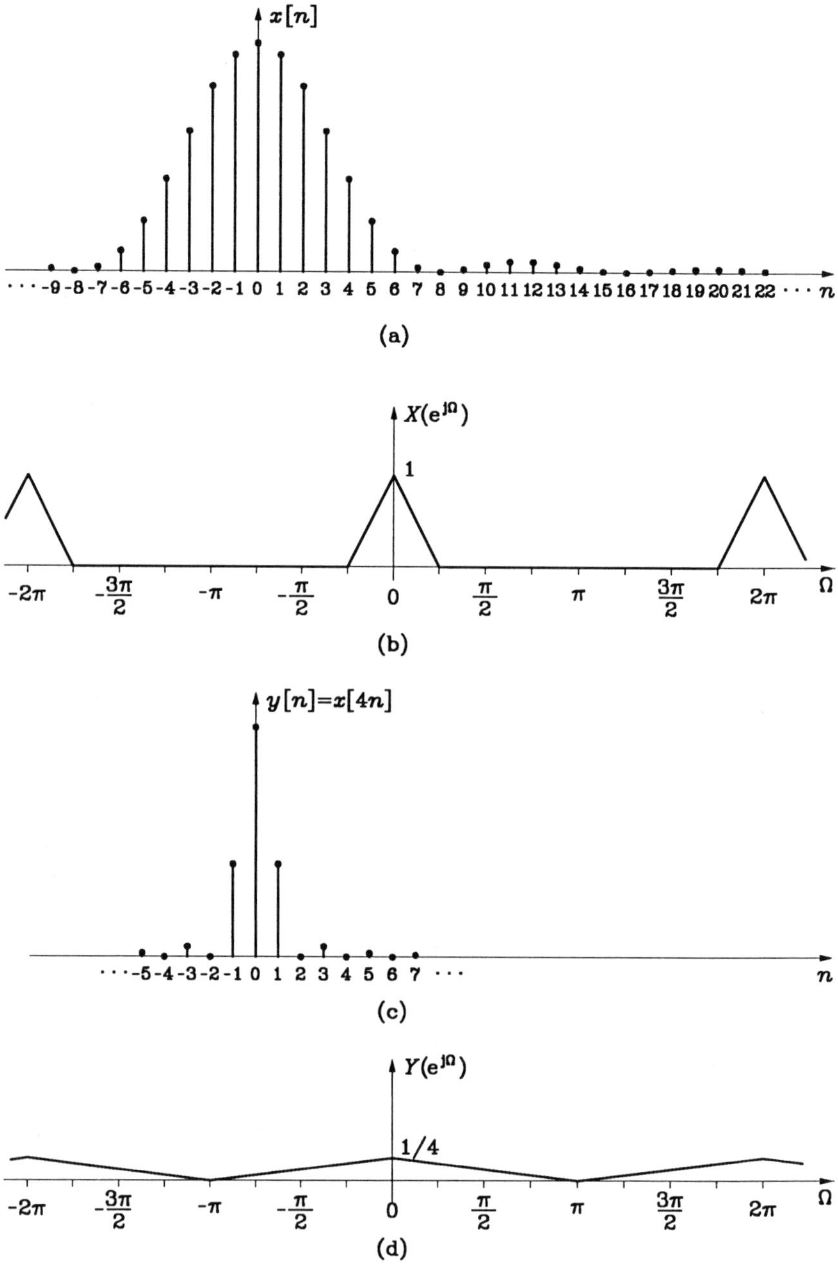

Bild 6.18: Vierfach-Dezimation eines Signals $x[n]$ und Auswirkung im Frequenzbereich

$$y[n] = \begin{cases} x[n/N] & \text{falls } n = mN \\ 0 & \text{falls } n \neq mN\,, \end{cases} \tag{6.148}$$

wobei $m \in \mathbb{Z}$ eine beliebige ganze Zahl und $N \in \mathbb{N}$ eine feste natürliche Zahl ($N > 1$) bedeutet. Der Expander zieht also die Funktionswerte auseinander und füllt die entstehenden

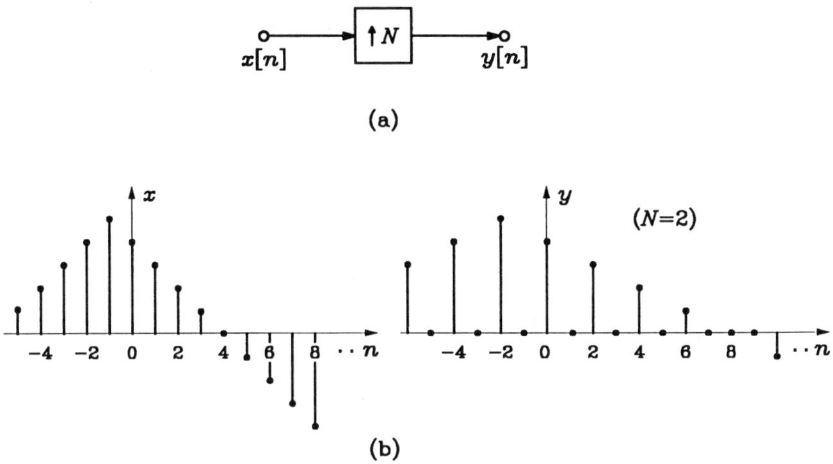

Bild 6.19: Expander mit Eingangssignal $x[n]$ und Ausgangssignal $y[n]$; das Diagramm bezieht sich auf den Fall $N=2$

Lücken mit Nullen auf (Bild 6.19b). Insofern verursacht der Expander keinen Informationsverlust. Offensichtlich läßt sich $x[n]$ aus $y[n]$ durch einen Dezimator zurückgewinnen. Die Gl. (6.148) lehrt, daß der Expander ein lineares, zeitvariantes Systemelement ist. Überträgt man Gl. (6.148) in den Frequenzbereich, so erhält man aus der Z-Transformierten $X(z)$ von $x[n]$ die Z-Transformierte $Y(z)$ von $y[n]$ durch

$$Y(z) = X(z^N). \tag{6.149}$$

Zur Interpretation dieses Ergebnisses wird $z = e^{j\Omega}$ gesetzt. Damit ist zu erkennen, daß das Spektrum $Y(e^{j\Omega})$ aus dem Spektrum $X(e^{j\Omega})$ entsteht, indem man letzteres um den Faktor

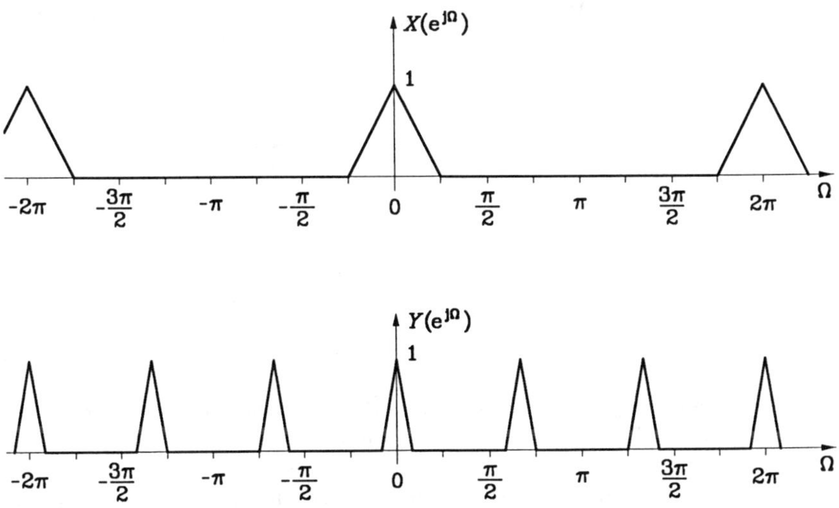

Bild 6.20: Auswirkung der Dreifach-Expansion des Signals $x[n]$ aus Bild 6.18a im Frequenzbereich

N in Ω-Richtung komprimiert. Dies wird im Bild 6.20 am Beispiel des Signals $x[n]$ aus Bild 6.18a mit $N = 3$ veranschaulicht. Wie man sieht, bewirkt der Expander, daß mehrere Exemplare des Spektrums im Intervall $-\pi < \Omega < \pi$ auftreten. Die zusätzlich erscheinenden Spektren nennt man Spiegelbilder, und man spricht in diesem Zusammenhang von dem Spiegelungseffekt des Expanders.

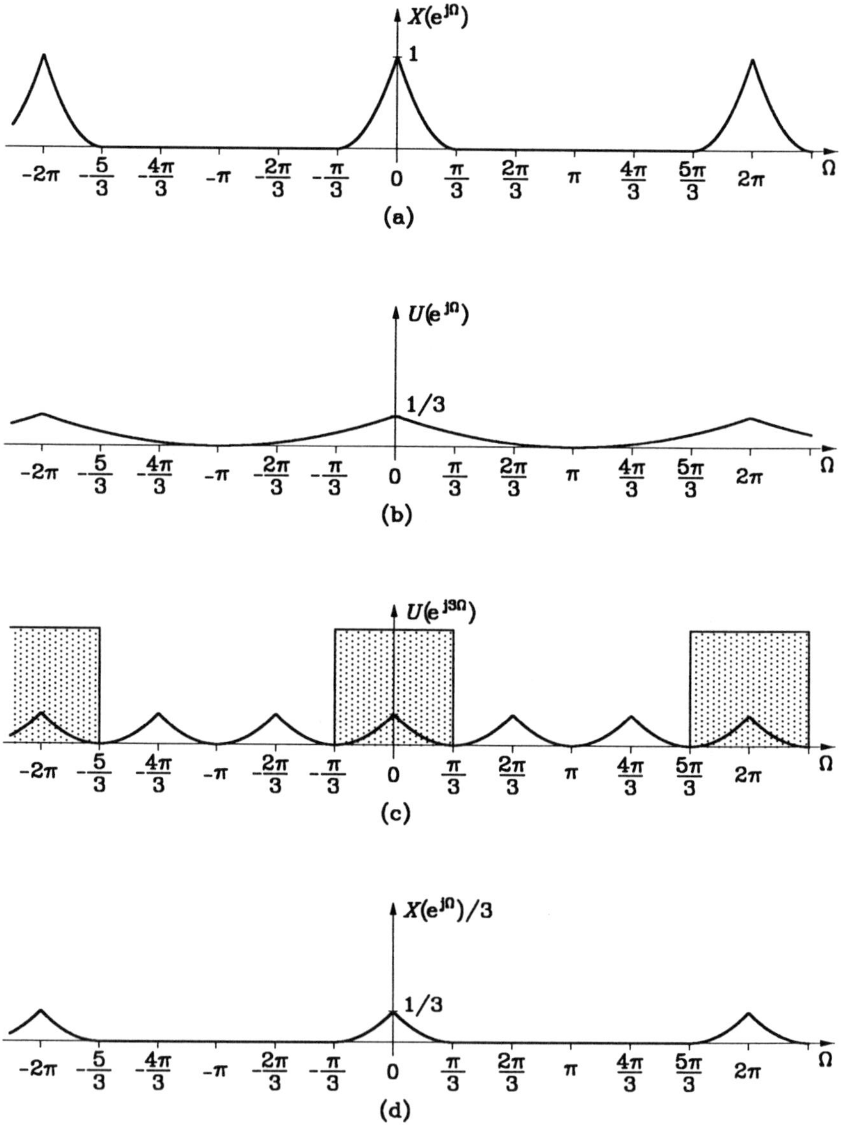

Bild 6.21: Rückgewinnung eines dezimierten Signals $x[n](N = 3)$; dabei bedeutet $u[n]$ das dezimierte Signal mit dem Spektrum $U(e^{j\Omega}) := [X(e^{j\Omega/3}) + X(e^{j(\Omega-2\pi)/3}) + X(e^{j(\Omega-4\pi)/3})]/3$

Ein Expander kann dazu verwendet werden, ein dezimiertes Signal unter geeigneten Voraussetzungen zurückzugewinnen. Um dies zu erklären, sei angenommen, daß ein Signal einen N-fach-Dezimator durchlaufen hat, ohne daß Aliasing aufgetreten ist. Danach wird das dezimierte Signal $u[n]$ mit dem Spektrum $U(e^{j\Omega})$ einem N-fach-Expander zugeführt. Durch einen nachgeschalteten idealen Tiefpaß kann bei geeigneter Wahl des Durchlaßbereichs das ursprüngliche Spektrum bis auf einen konstanten Faktor gewonnen werden. Bild 6.21 dient zur Veranschaulichung.

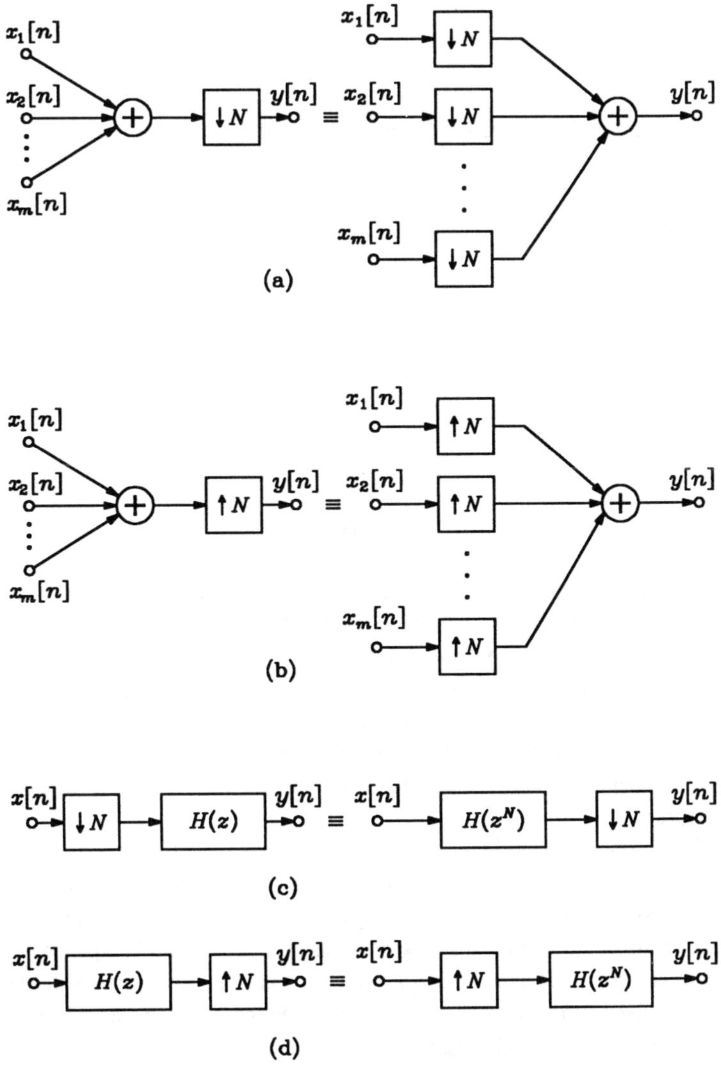

Bild 6.22: Wichtige Systemäquivalenzen; in Aufgabe VI.20 findet man eine weitere Äquivalenz

Der Expander ist aufgrund seiner Definition nach Gl. (6.148) für $N > 1$ nichtkausal, da beispielsweise zum normierten Zeitpunkt $-N$ am Ausgang der Wert des Eingangssignals zum (späteren) Zeitpunkt -1 geliefert wird. Im Echtzeitbetrieb hingegen stellt er ein kausales, periodisch zeitvariantes Systemelement mit der Periode T dar. Für die nichtnormierten Zeitpunkte gilt nämlich auf der Eingangsseite $t_n = nT$, auf der Ausgangsseite $t_n = nT/N$. Entsprechend gilt für die nichtnormierte Kreisfrequenz $\omega = \Omega/T$ bzw. $\omega = N\Omega/T$.

Äquivalenztransformationen. Für spätere Anwendungen werden einige Äquivalenzen von Systemen benötigt, die im Bild 6.22 zusammengefaßt wurden. Soweit Übertragungsfunktionen auftreten, seien diese rationale Funktionen. Die Gültigkeit der Äquivalenzen a und b ist offensichtlich. Die Gültigkeit der Äquivalenz c läßt sich im Frequenzbereich unter Verwendung von Gl. (6.146) und bei Beachtung von $W^{kN} = 1$ direkt erkennen. Auch die Gültigkeit der Äquivalenz d kann man sofort im Frequenzbereich unter Verwendung von Gl. (6.149) nachweisen.

7.3 DEZIMATIONS- UND INTERPOLATIONSSYSTEME

Einem Dezimator schaltet man in der Regel einen Tiefpaß vor, ein sogenanntes Dezimationsfilter (Bild 6.23). Dieses Filter mit der Übertragungsfunktion $H(z)$ dient üblicherweise dazu, den Aliasingeffekt zu vermeiden oder wenigstens zu mildern. Die Z-Transformierte des Ausgangssignals lautet gemäß Gl. (6.146)

$$Y(z) = \frac{1}{N} \sum_{k=0}^{N-1} H(W^k z^{1/N}) X(W^k z^{1/N}) . \tag{6.150}$$

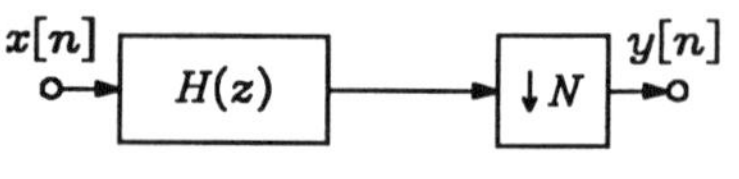

Bild 6.23: Dezimator mit vorgeschaltetem Tiefpaß

Einem Expander schaltet man in der Regel einen Tiefpaß nach, um die im expandierten Signal zwischengeschobenen Signalwerte Null durch "interpolierende" Werte zu ersetzen. Dies kann beispielsweise dadurch geschehen, daß man die spektralen Spiegelbilder, die der Expander im Ausgangssignal hervorgerufen hat, unterdrückt. Diese Aufgabe wird von einem idealen Tiefpaß mit der Grenzkreisfrequenz $\Omega = \pi / N$ gelöst, wobei N die Vielfachheit der Expansion bedeutet. Der Tiefpaß heißt Interpolationsfilter. Im Bild 6.24 ist die Wirkung eines solchen Filters mit der Übertragungsfunktion $H(\mathrm{e}^{\,\mathrm{j}\Omega})$ an einem Beispiel für $N = 2$ erläutert.

Die bisherigen Untersuchungen haben gezeigt, daß die Möglichkeit besteht, die Verarbeitungsrate von diskontinuierlichen Signalen zu verändern. Zwar wurden bisher die Verarbeitungsraten immer nur um einen ganzzahligen Faktor N verändert, jedoch lassen sich auch Änderungen um einen Bruchfaktor realisieren. Dies kann beispielsweise zur Vermeidung von Aliasingfehlern erforderlich sein. Man kann zunächst N_1-fach expandieren, anschließend mit Hilfe eines Tiefpasses interpolieren und danach N_2-fach dezimieren. Insgesamt erhält man eine (N_2 / N_1)-fache Dezimation.

Anmerkung: Im Zusammenhang mit dem Dezimator, dem ein lineares, zeitinvariantes System mit der Impulsantwort $h[n]$ und Übertragungsfunktion $H(\mathrm{e}^{\,\mathrm{j}\Omega})$ vorgeschaltet ist (Bild 6.23), sowie im Zusammenhang mit dem Expander, dem ein lineares, zeitinvariantes System mit der Impulsantwort $h[n]$ und Übertragungsfunktion $H(\mathrm{e}^{\,\mathrm{j}\Omega})$ nachgeschaltet ist (Bild 6.24), ist noch folgendes zu bemerken: Im ersten Fall (Bild 6.23) läßt sich das Ausgangssignal durch

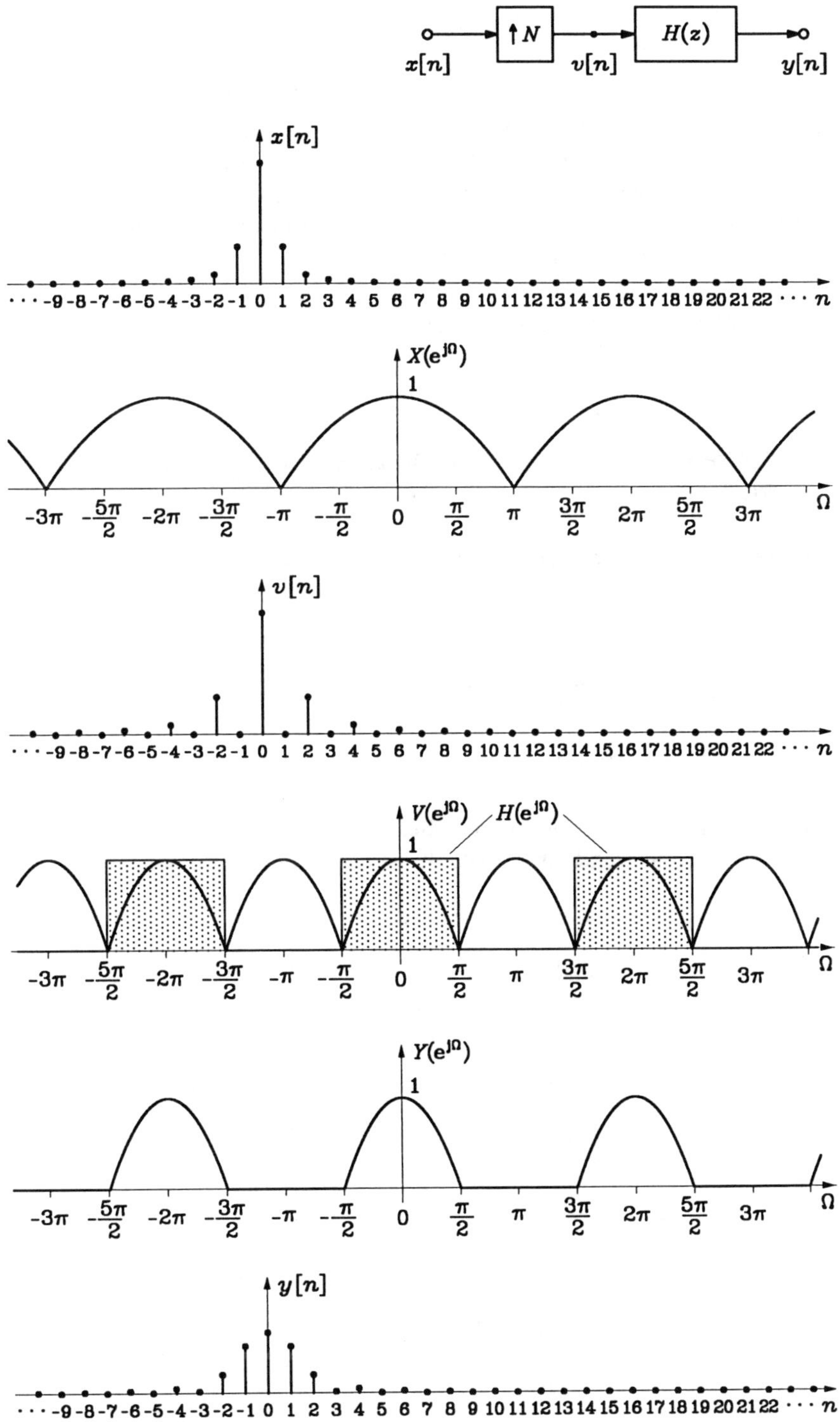

Bild 6.24: Expander mit nachgeschaltetem Tiefpaß und Wirkungsweise dieses Interpolationssystems

$$y[n] = \sum_{\nu=-\infty}^{\infty} x[\nu] h[Nn - \nu] \tag{6.151}$$

ausdrücken. Im zweiten Fall (Bild 6.24) ist zu beachten, daß die am Expandereingang eintreffenden Werte $\ldots, x[-1], x[0], x[1], x[2], \ldots$ des Signals $x[n]$ am Eingang des linearen, zeitinvarianten Systems zu den Zeitpunkten $\ldots, -N, 0, N, 2N, \ldots$ erscheinen, während zu den Zwischenzeitpunkten ausschließlich Nullen auftreten. Aus diesem Grund entsteht das Ausgangssignal durch Superposition von Impulsantworten $h[n - \nu N]$ $(\nu = \ldots, -1, 0, 1, 2, \ldots)$, die mit $x[\nu]$ zu gewichten sind. Damit gelangt man zur Darstellung des Ausgangssignals

$$y[n] = \sum_{\nu=-\infty}^{\infty} x[\nu] h[n - \nu N]. \tag{6.152}$$

7.4 POLYPHASEN- UND MODULATIONSZERLEGUNG DISKONTINUIERLICHER SIGNALE

Mit Hilfe des Impulskammes $d_N[n]$ kann jedes diskontinuierliche Signal $x[n]$ in N Komponenten

$$x_\nu[n] := x[n] d_N[n - \nu] \tag{6.153a}$$

für $\nu = 0, 1, \ldots, N-1$ zerlegt werden. Offensichtlich gilt

$$x[n] = \sum_{\nu=0}^{N-1} x_\nu[n].$$

Bild 6.25 zeigt die Zerlegung an einem Beispiel für $N = 4$. Die um ν nach links verschobenen und N-fach dezimierten Versionen der Komponenten $x_\nu[n]$ werden mit

$$\tilde{x}_\nu[n] := x[\nu + Nn] \quad (\nu = 0, 1, \ldots, N-1) \tag{6.153b}$$

bezeichnet. Zu den eingeführten Signalen werden auch die Z-Transformierten gebildet:

$$X(z) = \sum_{n=-\infty}^{\infty} x[n] z^{-n},$$

$$X_\nu(z) = \sum_{n=-\infty}^{\infty} x_\nu[n] z^{-n} = \sum_{n=-\infty}^{\infty} x[\nu + Nn] z^{-(\nu + Nn)}$$

$$= z^{-\nu} \sum_{n=-\infty}^{\infty} \tilde{x}_\nu[n] z^{-Nn} = z^{-\nu} \tilde{X}_\nu(z^N) \tag{6.154a}$$

mit

$$\tilde{X}_\nu(z) := \sum_{n=-\infty}^{\infty} \tilde{x}_\nu[n] z^{-n}. \tag{6.154b}$$

Damit kann

$$X(z) = \sum_{\nu=0}^{N-1} z^{-\nu} \tilde{X}_\nu(z^N) \tag{6.155a}$$

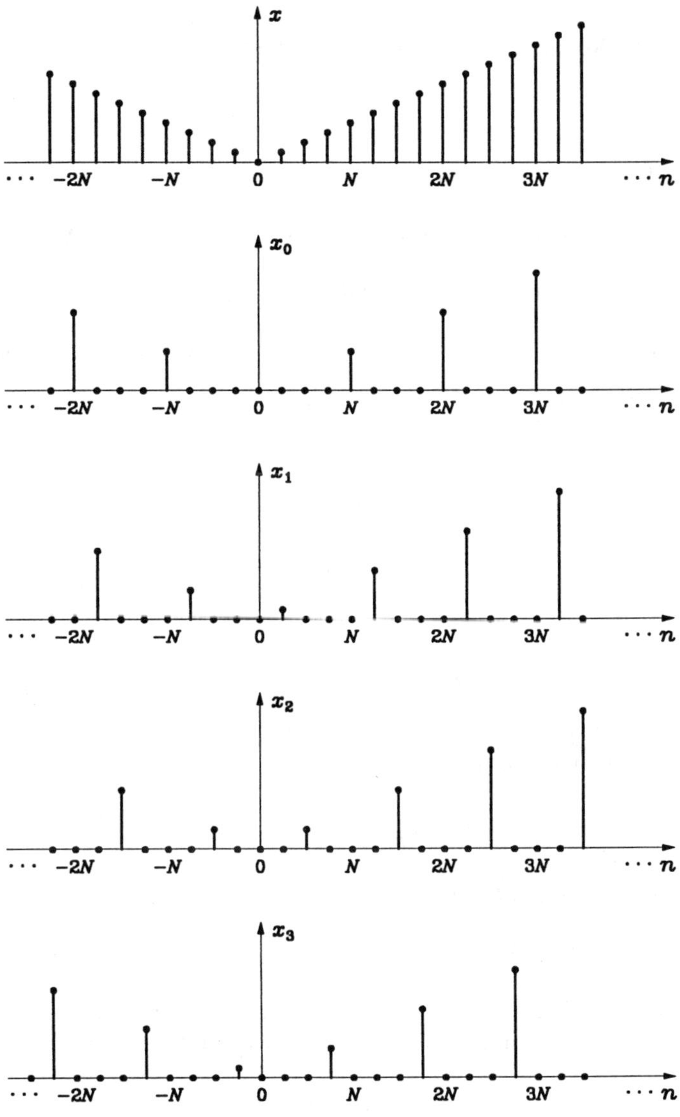

Bild 6.25: Zerlegung eines diskontinuierlichen Signals $x[n]$ in seine Komponenten $x_\nu[n]$ ($\nu = 0, 1, 2, 3$)

geschrieben werden. Die Gl. (6.155a) heißt *Polyphasendarstellung* von $X(z)$ der Ordnung N. Die $X_\nu(z)$ heißen Polyphasenkomponenten von $X(z)$. Bild 6.26 zeigt die Erzeugung von $\tilde{x}_\nu[n]$ aus $x[n]$. Durch die Substitution $\nu = N-1-\mu$ läßt sich die Polyphasendarstellung nach Gl. (6.155a) in die alternative Form

$$X(z) = \sum_{\mu=0}^{N-1} z^{-(N-1-\mu)} \tilde{X}_{N-1-\mu}(z^N) \tag{6.155b}$$

überführen. Die Zusammenfassung der $X_\nu(z)$ zum N-dimensionalen Vektor

$$\boldsymbol{X}_p(z) = [X_0(z) \;\; X_1(z) \cdots X_{N-1}(z)]^{\mathrm{T}} \tag{6.156}$$

heißt Polyphasenzerlegung von $x[n]$ der Ordnung N im Z-Bereich.

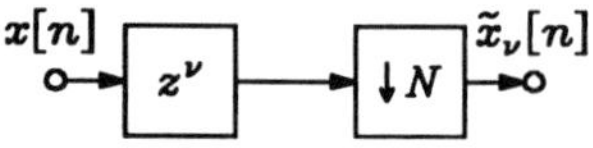

Bild 6.26: Erzeugung von $\tilde{x}_\nu[n]$ aus $x[n]$

Unter der *Modulationszerlegung* von $x[n]$ der Ordnung N versteht man den Vektor

$$\boldsymbol{X}_m(z) = [X(z) \;\; X(Wz) \cdots X(W^{N-1}z)]^{\mathrm{T}} . \tag{6.157}$$

Für $\nu = 0, 1, \ldots, N-1$ folgt aus Gl. (6.157) bei Beachtung von Gl. (6.139)

$$\frac{1}{N}[1 \;\; W^{\nu} \;\; W^{2\nu} \;\cdots\; W^{(N-1)\nu}]\boldsymbol{X}_m(z)$$

$$= \frac{1}{N}\sum_{k=0}^{N-1} W^{k\nu}X(W^k z) = \frac{1}{N}\sum_{k=0}^{N-1} W^{\nu k}\sum_{n=-\infty}^{\infty} x[n](W^k z)^{-n}$$

$$= \frac{1}{N}\sum_{n=-\infty}^{\infty} z^{-n}x[n]\sum_{k=0}^{N-1} W^{(\nu-n)k} = \sum_{n=-\infty}^{\infty} d_N[n-\nu]x[n]z^{-n}$$

$$= X_\nu(z) ,$$

d. h. die $(\nu + 1)$-te Komponente des Vektors $\boldsymbol{X}_p(z)$. Dieses Resultat kann angesichts der Gl. (6.140) in der Form

$$\frac{1}{N}\boldsymbol{F}\boldsymbol{X}_m(z) = \boldsymbol{X}_p(z) \tag{6.158a}$$

ausgedrückt werden. Hieraus folgt

$$\boldsymbol{X}_m(z) = N\,\boldsymbol{F}^{-1}\boldsymbol{X}_p(z). \tag{6.158b}$$

Die Polyphasenzerlegung und die Modulationszerlegung eines Signals $x[n]$ erlauben die Darstellung der Dezimation $y[n]$ von $x[n]$ im Z-Bereich durch

$$Y(z) = [1 \;\; 0 \cdots 0]\,\boldsymbol{X}_p(z^{1/N}) \tag{6.159a}$$

bzw.

$$Y(z) = \frac{1}{N}[1 \;\; 1 \cdots 1]\,\boldsymbol{X}_m(z^{1/N}). \tag{6.159b}$$

Die Polyphasendarstellung läßt sich speziell auf die Impulsantwort $h[n]$ eines linearen, zeitinvarianten Systems anwenden. Dadurch entstehen für die entsprechende Übertragungsfunktion $H(z)$ die Darstellungen

$$H(z) = \sum_{\nu=0}^{N-1} z^{-\nu}\,\tilde{H}_\nu(z^N) \tag{6.160a}$$

und

$$H(z) = \sum_{\mu=0}^{N-1} z^{-(N-1-\mu)}\, \widetilde{H}_{N-1-\mu}(z^N). \tag{6.160b}$$

Hieraus kann man unmittelbar Realisierungen von $H(z)$ angeben, in denen jeweils außer $N-1$ Verzögerungselementen N Subsysteme mit den Übertragungsfunktionen $\widetilde{H}_0(z^N)$, $\widetilde{H}_1(z^N), \ldots, \widetilde{H}_{N-1}(z^N)$ auftreten. Diese Möglichkeit soll entsprechend Gl. (6.160a) auf die Realisierung des Tiefpasses im Dezimationssystem nach Bild 6.23 angewendet werden. Das Ergebnis zeigt Bild 6.27a in Form eines Blockschaltbildes, das nun unter Ausnutzung der Äquivalenzen nach den Bildern 6.22a,c in das äquivalente Blockschaltbild nach Bild 6.27b umgewandelt werden kann.

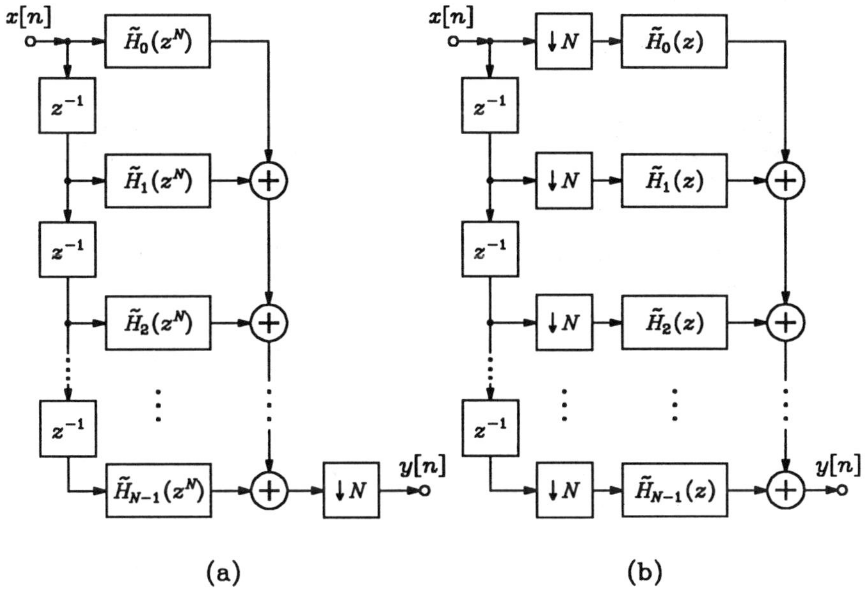

Bild 6.27: Realisierung eines Dezimationssystems durch Polyphasendarstellung des Tiefpaßfilters in zwei äquivalenten Versionen

Die Realisierung eines Dezimationssystems nach Bild 6.27b soll nun verglichen werden mit einer Realisierung, bei der das Filter mit der Übertragungsfunktion $H(z)$ als Einratensystem verwirklicht wird. Dabei wird aus Gründen der Einfachheit angenommen, daß $H(z)$ eine nichtrekursive Übertragungsfunktion vom Grad M ist und bei der Einratenverarbeitung als Transversalfilter nach Bild 4.17 realisiert wird. Zunächst soll die Einratenverarbeitung betrachtet werden. Es ist zu beachten, daß aufgrund des nachgeschalteten Dezimators nur jeder N-te Ausgangswert des Transversalfilters benötigt wird. Die Berechnung eines jeden dieser Werte erfordert $M+1$ Multiplikationen und M Additionen. Diese Operationen sind in jedem N-ten Taktintervall auszuführen. Während der $N-1$ Taktintervalle zwischen zwei aufeinanderfolgenden Intervallen, in denen die genannten Operationen ausgeführt werden, ruht das Filter. Die verfügbare Rechenleistung wird also nicht effizient genutzt.

Jetzt soll die Polyphasenrealisierung nach Bild 6.27b betrachtet werden. Die alleinige Realisierung der N Polyphasenkomponenten $\widetilde{H}_\nu(z)$ $(\nu = 0, 1, \ldots, N-1)$ erfordert pro Ausgangswert $M+1$ Multiplikationen und $M-N+1$ Additionen. Hinzu kommen $N-1$ Additionen, mit denen aus den Ausgangssignalen der Polyphasenkomponenten das Ausgangssignal $y[n]$ bestimmt wird. Damit sind insgesamt $M+1$ Multiplikationen und N Additionen (wie bei der Einratenverarbeitung) erforderlich. Die Teilfilter $\tilde{H}_\nu(z)$ arbeiten jetzt aber mit dem N-ten Teil der Eingangsrate. Bezieht man die eingangsseitige Verzögerungskette in die Teilzweige mit ein, dann genügt es z. B. bei einer Software-Realisierung in jedem Eingangstaktintervall den Ausgangswert nur eines der Teilfilter $\tilde{H}_\nu(z)$ zu bestimmen. Bei einer Hardware-Realisierung kann man (überwiegend) entsprechend langsamere Addierer und Multiplizierer einsetzen.

Beispiel 6.10: Es wird als Beispiel der Fall $M=12$, $N=3$ betrachtet. Gemäß Gl. (6.154b) und Gl. (6.153b) erhält man aus der Impulsantwort

$$h[n] = a_n \quad \text{mit} \quad a_n = 0 \quad \text{für} \quad n < 0 \quad \text{und} \quad n > 12$$

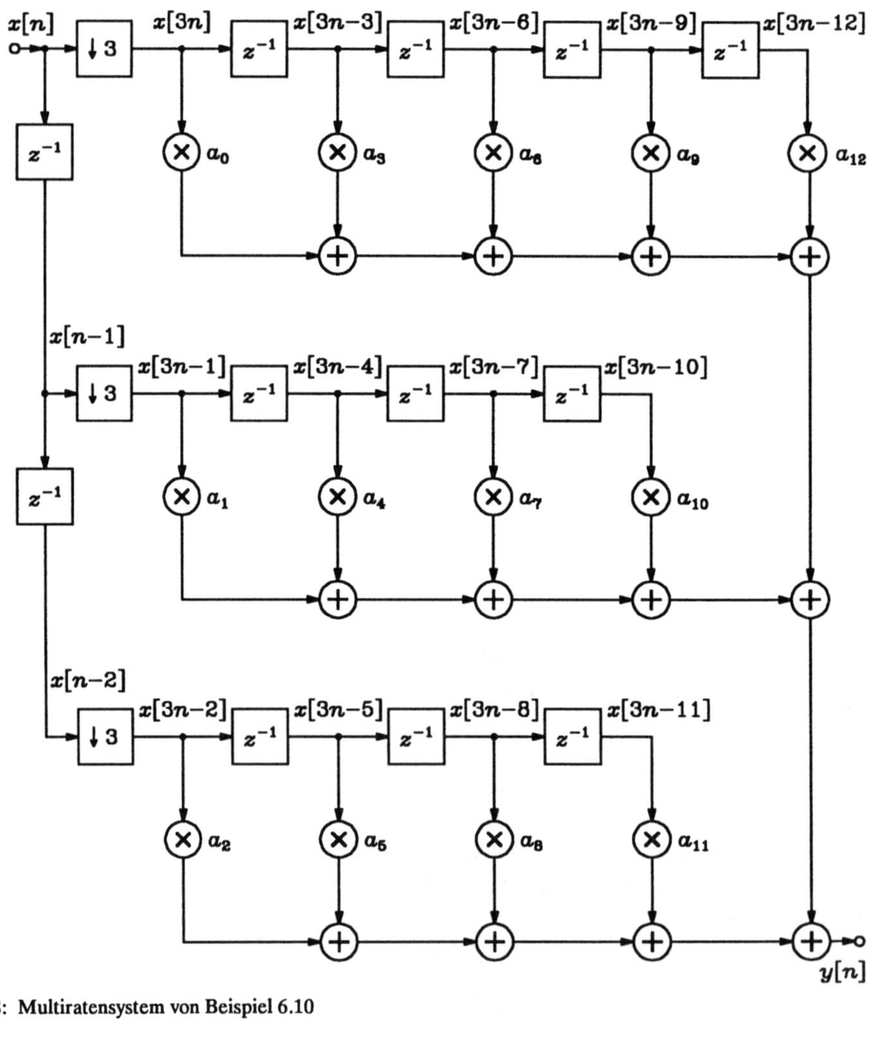

Bild 6.28: Multiratensystem von Beispiel 6.10

die Übertragungsfunktionen

$$\tilde{H}_\nu(z) = \sum_{n=0}^{Q} a_{\nu+3n} z^{-n} \qquad (\nu = 0, 1, 2)$$

mit $Q = 4$ für $\nu = 0$ und $Q = 3$ für $\nu = 1$ und $\nu = 2$. Damit ergibt sich das Multiratensystem nach Bild 6.28 entsprechend Bild 6.27b. Man beachte, daß, wenn man dasselbe Echtzeitverhalten wie bei einem entsprechenden Einratensystem mit nachgeschaltetem Dezimator erreichen will, lediglich die Multiplizierer für die Koeffizienten a_0 sowie eventuell a_1 und a_2 entsprechend der Eingangstaktrate arbeiten müssen. Für die Koeffizienten a_3 bis a_{12} kann langsamere Hardware eingesetzt werden.

Dem Multiratensystem ist direkt abzulesen, daß

$$y[n] = \sum_{\nu=0}^{4} a_{3\nu} x[3(n-\nu)] + \sum_{\nu=0}^{3} a_{3\nu+1} x[3(n-\nu)-1] + \sum_{\nu=0}^{3} a_{3\nu+2} x[3(n-\nu)-2]$$

$$= \sum_{\nu=0}^{12} a_\nu x[3n-\nu] = \sum_{\nu=0}^{12} h[\nu] x[3n-\nu]$$

gilt. Dieses Ergebnis steht im Einklang mit Gl. (6.151).

Die Möglichkeit der Darstellung einer Übertragungsfunktion mit Hilfe ihrer Polyphasenkomponenten kann auch bei Interpolationssystemen gemäß Bild 6.24 vorteilhaft angewendet werden. Dabei empfiehlt es sich, zunächst $H(z)$ im Interpolationssystem aufgrund der Darstellung nach Gl. (6.160b) zu realisieren und dann die Äquivalenz nach Bild 6.22d anzuwenden. Das Ergebnis zeigt Bild 6.29. Es besitzt ähnliche Vorteile wie die Multiratenverwirklichung des Dezimationssystems.

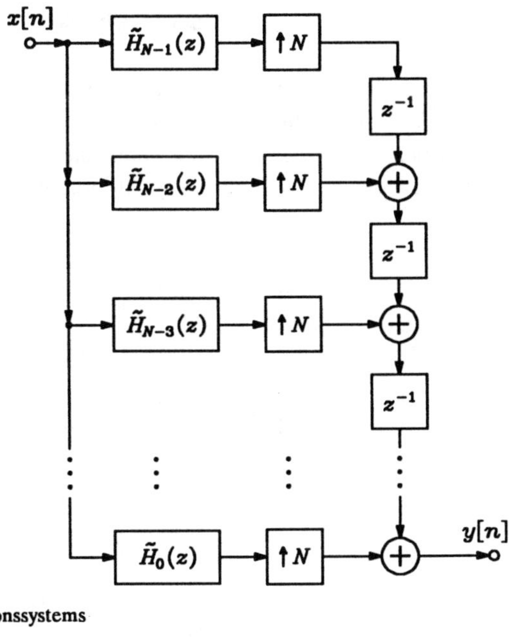

Bild 6.29: Multiratenrealisierung eines Interpolationssystems

Die Darstellung einer Übertragungsfunktion $H(z)$ mittels ihrer Polyphasenkomponenten erlaubt auch, die Äquivalenz der beiden Systeme aus Bild 6.30 zu zeigen.

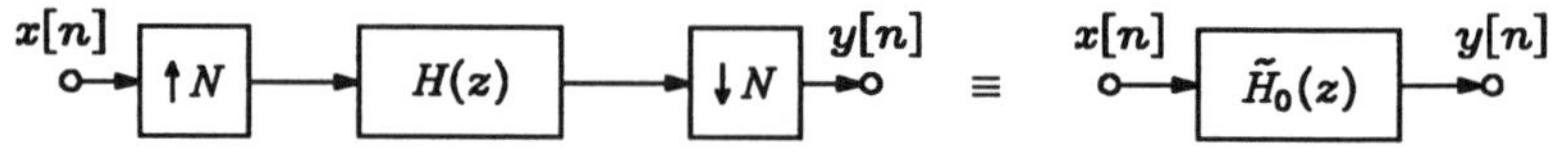

Bild 6.30: Äquivalenz zweier Systeme

Beweis: Aufgrund der Gl. (6.146) erhält man zunächst für die Z-Transformierte des Ausgangssignals $y[n]$, wenn man die Z-Transformierte am Ausgang des Systems $H(z)$ mit $V(z)$ bezeichnet,

$$Y(z) = \frac{1}{N}\sum_{k=0}^{N-1} V(W^k z^{1/N})$$

und dann für $V(z)$ mit Gln. (6.149) und (6.160a)

$$V(z) = \sum_{\nu=0}^{N-1} z^{-\nu}\tilde{H}_\nu(z^N)X(z^N).$$

Schließlich folgt mit Gl. (6.138)

$$Y(z) = \sum_{\nu=0}^{N-1} X(z)z^{-\nu/N}\tilde{H}_\nu(z)\frac{1}{N}\sum_{k=0}^{N-1} W^{-\nu k} = \tilde{H}_0(z)X(z).$$

Da die Gleichungskette auch in umgekehrter Richtung Gültigkeit hat, ist die Äquivalenz gezeigt.

7.5 DIGITALFILTERBÄNKE

7.5.1 Analyse- und Synthesefilterbänke

Bild 6.31 zeigt zwei grundlegende Systemstrukturen mit M Teilsystemen (Digitalfiltern), deren Übertragungsfunktionen mit $H_\nu(z)$ ($\nu = 0, 1, \ldots, M-1$) bzw. $V_\nu(z)$ ($\nu = 0, 1, \ldots, M-1$) bezeichnet werden. Man nennt diese Systeme Digitalfilterbänke, und zwar das im Bild 6.31a gezeigte System Analysefilterbank mit den Analysefiltern als Subsystemen, die

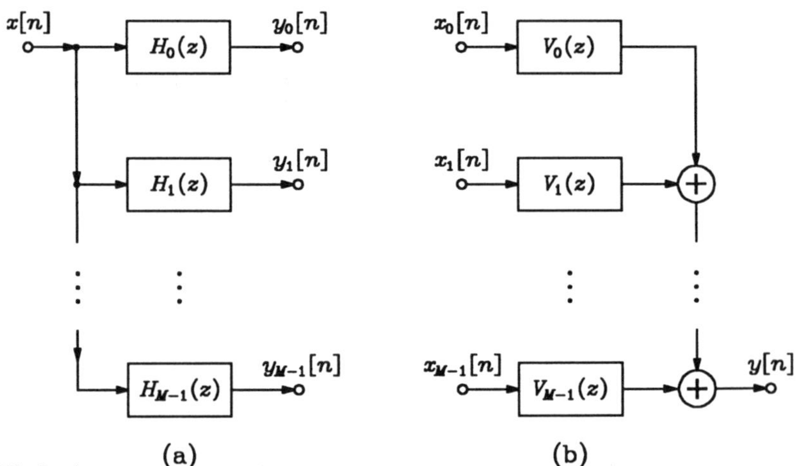

Bild 6.31: Digitalfilterbänke

durch die Übertragungsfunktionen $H_\nu(z)$ charakterisiert werden. Das im Bild 6.31b dargestellte System heißt Synthesefilterbank mit den durch die Übertragungsfunktionen $V_\nu(z)$ gekennzeichneten Synthesefiltern. Die Analysefilterbank wird häufig dazu verwendet, ein Signal $x[n]$ in M Komponenten $y_\nu[n]$ $(\nu = 0, 1, \ldots, M-1)$ aufzuspalten, die auch Subbandsignale genannt werden. Dies wird verständlich, wenn man die Frequenzgänge der Analysefilter derart wählt, wie sie beispielhaft für $M = 3$ im Bild 6.32 durch ihre Frequenzgänge $H_\nu(\mathrm{e}^{\mathrm{j}\Omega})$ $(\nu = 0, 1, 2)$ angenommen wurden. Eine Synthesefilterbank vereinigt die M gefilterten (Subband-) Signale $x_\nu[n]$ $(\nu = 0, 1, 2, \ldots, M-1)$ zu einem Signal $y[n]$.

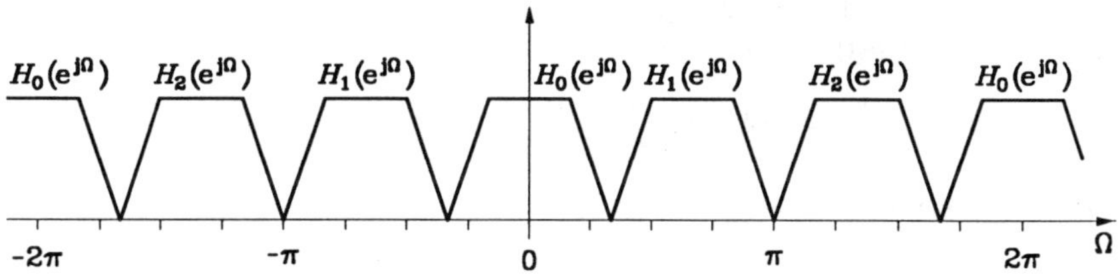

Bild 6.32: Typische Frequenzgänge für die Analysefilter einer Analysefilterbank

Beispiel 6.11: Durch Zusammenfassung von N aufeinanderfolgenden Werten eines diskontinuierlichen Signals x wird der Vektor

$$\boldsymbol{x}[n] = [x[n] \;\; x[n-1] \;\cdots\; x[n-(N-1)]]^{\mathrm{T}} \tag{6.161}$$

eingeführt. Mit diesem kann ein weiterer Vektor gebildet werden, nämlich

$$\boldsymbol{y}[n+N-1] = \boldsymbol{F}^* \boldsymbol{x}[n+N-1], \tag{6.162}$$

wobei $\boldsymbol{F}^*$ die konjugierte Fourier-Matrix (der Ordnung N) nach Gl. (6.141) bedeutet. Die $(m+1)$-te Komponente dieses Vektors ist

$$y_m[n+N-1] = \sum_{\nu=0}^{N-1} x[n+N-1-\nu]\, W^{-m\nu}$$

oder, wenn man $\nu = -\mu + N - 1$ substituiert und $W^N = 1$ beachtet,

$$y_m[n+N-1] = W^m \sum_{\mu=0}^{N-1} x[n+\mu]\, W^{m\mu}. \tag{6.163}$$

Diese Gleichung besagt, daß $y_m[n+N-1]$ bei festem n gemäß Gl. (4.82b) die Komponente mit Nr. $m \in \{0, 1, \ldots, N-1\}$ der diskreten Fourier-Transformierten (DFT) des Zahlen-N-Tupels

$$x[n],\; x[n+1], \ldots, x[n+N-1]$$

multipliziert mit W^m liefert. Man beachte, daß sich mit zunehmendem n (Zeit) dieses N-Tupel ändert.

Nun wird die Gl. (6.162) der Z-Transformation unterworfen, wobei

$$X(z) = \sum_{n=-\infty}^{\infty} x[n] z^{-n}$$

die Z-Transformierte des diskontinuierlichen Signals $x[n]$ bedeutet. Man erhält für die Z-Transformierte des Vektors $\boldsymbol{y}[n]$

$$\boldsymbol{Y}(z) = \boldsymbol{F}^* \, [1 \;\; z^{-1} \;\cdots\; z^{-(N-1)}]^{\mathrm{T}} X(z) = \left[\sum_{k=0}^{N-1} z^{-k} \;\; \sum_{k=0}^{N-1} (zW)^{-k} \;\cdots\; \sum_{k=0}^{N-1} (zW^{N-1})^{-k} \right]^{\mathrm{T}} X(z)$$

oder nach Einführung der Funktion

$$H_0(z) := \sum_{k=0}^{N-1} z^{-k} \tag{6.164}$$

schließlich

$$\boldsymbol{Y}(z) = [H_0(z) \;\; H_0(zW) \cdots H_0(zW^{N-1})]^{\mathrm{T}} X(z) . \tag{6.165}$$

Dieses Resultat erlaubt eine Interpretation der Berechnung von $\boldsymbol{y}[n]$ als Ermittlung des Vektors der Ausgangssignale einer Analysefilterbank nach Bild 6.31a mit den Übertragungsfunktionen

$$H_m(z) = H_0(zW^m) \tag{6.166}$$

($m = 0, 1, \ldots, N-1$) der Filter, die angesichts von Gl. (6.164) FIR-Systeme (nichtrekursive Digitalfilter) darstellen. Nach Gl. (6.164) kann man auch

$$H_0(z) = \frac{z^{-N}-1}{z^{-1}-1} = z^{(1-N)/2} \frac{z^{N/2}-z^{-N/2}}{z^{1/2}-z^{-1/2}} \tag{6.167a}$$

schreiben, woraus für den Betrag des Frequenzganges

$$|H_0(\mathrm{e}^{\mathrm{j}\Omega})| = \left| \frac{\sin(N\Omega/2)}{\sin(\Omega/2)} \right| \tag{6.167b}$$

folgt. Der Verlauf dieses Betragsfrequenzganges ist im Bild 6.33 für $N = 4$ dargestellt.

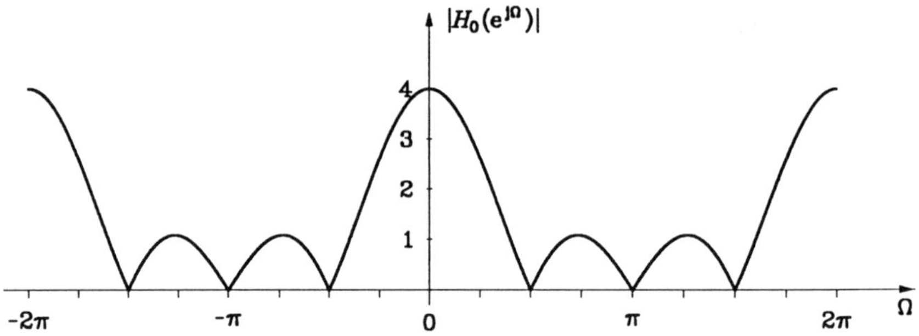

Bild 6.33: Verlauf des Betragsfrequenzganges des FIR-Filters mit der Übertragungsfunktion $H_0(z)$ nach Gl. (6.167a)

Da weiterhin

$$H_m(\mathrm{e}^{\mathrm{j}\Omega}) = H_0(\mathrm{e}^{\mathrm{j}(\Omega - 2\pi m/N)}) \tag{6.168}$$

gilt, ist zu ersehen, daß der Frequenzgang $H_m(\mathrm{e}^{\mathrm{j}\Omega})$ aus $H_0(\mathrm{e}^{\mathrm{j}\Omega})$ durch eine Verschiebung um $2\pi m/N$ in Ω-Richtung hervorgeht. Außerdem ist zu erkennen, daß sich die Frequenzgänge der Analysefilter überlappen.

Für großes N kann man den Frequenzgang $\sin(N\Omega/2)/\sin(\Omega/2)$ aufgrund derselben Überlegungen wie bei der Begründung der Korrespondenz (3.83) in Kapitel III durch $2\pi\,\delta(\Omega)$ im Intervall $-\pi < \Omega < \pi$ approximieren. Damit erhält man nach Gln. (6.165), (6.166), (6.167a) und (6.168) für den Frequenzgang am Ausgang des Analysefilters Nr. m näherungsweise

$$Y_m(\mathrm{e}^{\mathrm{j}\Omega}) = X(\mathrm{e}^{\mathrm{j}\Omega})\,\mathrm{e}^{\mathrm{j}\frac{1-N}{2}(\Omega - \frac{2\pi m}{N})}\, 2\pi\,\delta\!\left(\Omega - \frac{2\pi m}{N}\right)$$

oder

$$Y_m(\mathrm{e}^{\mathrm{j}\Omega}) = 2\pi X(\mathrm{e}^{\mathrm{j}2\pi m/N})\,\delta\!\left(\Omega - \frac{2\pi m}{N}\right)$$

($-\pi < \Omega \leqq \pi$), woraus

$$y_m[n] = X(\mathrm{e}^{\mathrm{j}2\pi m/N})\,\mathrm{e}^{\mathrm{j}\frac{2\pi mn}{N}} \qquad (m = 0, 1, \ldots, N-1)$$

resultiert. Im Idealfall wird also am Ausgang Nr. m der Filterbank der Spektralwert $X(\mathrm{e}^{\mathrm{j}\Omega})W^{-mn}$ für $\Omega = 2\pi m/N$, insbesondere betragsmäßig $|X(\mathrm{e}^{\mathrm{j}2\pi m/N})|$ geliefert. Im Falle eines endlichen Wertes N erfolgt keine Ausblendung des Spektrums $X(\mathrm{e}^{\mathrm{j}\Omega})$ mit dem (idealen) Dirac-Impuls, sondern eine Ausblendung mit dem Frequenzgang nach Gl. (6.168). Dabei dominiert zweifellos der Teil des Spektrums $X(\mathrm{e}^{\mathrm{j}\Omega})$ in der Umgebung von $\Omega = 2\pi m/N$, so daß das Ausgangssignal $y_m[n]$ gewissermaßen eine gemittelte Version des exakten Spektrums bei der genannten Frequenz repräsentiert, da das Filter $H_m(\mathrm{e}^{\mathrm{j}\Omega})$ einen ausgeprägten Durchlaßbereich aufweist. Die Filterbank kann damit als Spektralanalysator betrachtet werden, deren Spektralauflösung durch Erhöhung von N gesteigert werden kann.

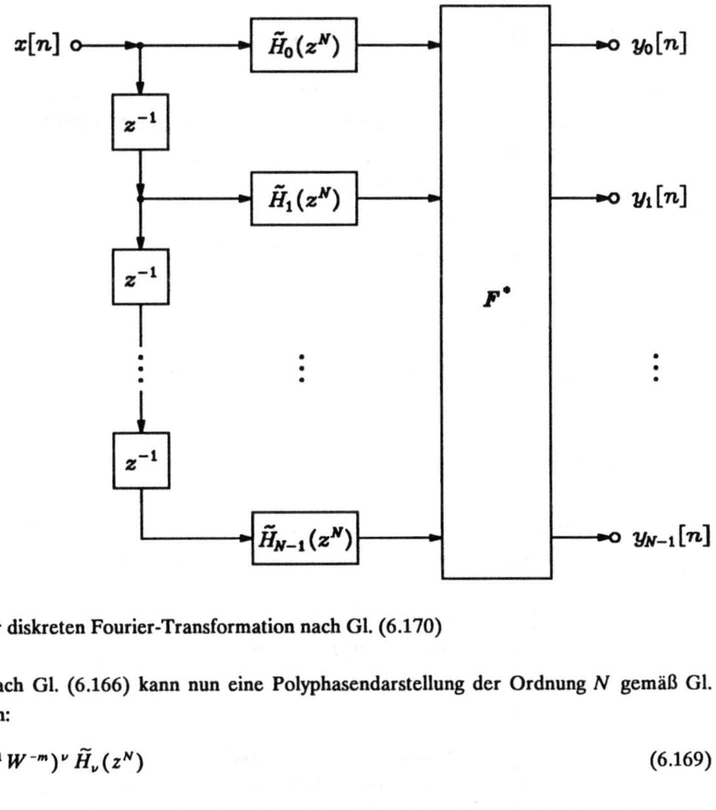

Bild 6.34: Realisierung der diskreten Fourier-Transformation nach Gl. (6.170)

Für die Analysefilter nach Gl. (6.166) kann nun eine Polyphasendarstellung der Ordnung N gemäß Gl. (6.160a) angegeben werden:

$$H_m(z) = \sum_{\nu=0}^{N-1} (z^{-1}W^{-m})^{\nu}\,\tilde{H}_{\nu}(z^N) \tag{6.169}$$

($m = 0, 1, \ldots, N-1$). Dabei wurde berücksichtigt, daß $(zW^m)^N = z^N$ gilt. Damit läßt sich mit Gl. (6.169) die Gl. (6.165) auf die Form

$$\boldsymbol{Y}(z) = \boldsymbol{F}^{*}\,[\tilde{H}_0(z^N) \;\; z^{-1}\tilde{H}_1(z^N) \cdots z^{-(N-1)}\tilde{H}_{N-1}(z^N)]^{\mathrm{T}}\,X(z) \tag{6.170}$$

bringen. Diese Darstellung liefert die Realisierung nach Bild 6.34. Da nach den Gln. (6.164) und (6.166)

$$H_m(z) = \sum_{\nu=0}^{N-1} (zW^m)^{-\nu} \tag{6.171}$$

gilt, ergibt ein Vergleich der Gl. (6.169) mit Gl. (6.171)

$$\tilde{H}_{\nu}(z^N) \equiv 1 \qquad (\nu = 0, 1, \ldots, N-1).$$

Damit stimmt die Realisierung nach Bild 6.34 in ihrer Wirkung mit der aus Bild 6.31a bei Wahl der $H_m(z)$ $(m = 0, \ldots, N-1)$ gemäß Gl. (6.166) überein. In der Verwirklichung nach Bild 6.34 besteht jedoch die Möglichkeit, anstelle von $H_0(z)$ nach Gl. (6.164) eine Übertragungsfunktion zu verwenden, deren Grad größer als $N-1$ ist. Auf diese Weise läßt sich das Tiefpaßverhalten des Prototypfilters mit dem Frequenzgang $H_0(e^{j\Omega})$ verbessern.

7.5.2 Basisfilterbänke

Bild 6.35 zeigt die Filterbänke aus Bild 6.31 erweitert mit Dezimatoren bzw. Expandern. Sie stellen wichtige Basissysteme für verschiedene Anwendungen dar. Zunächst soll die Analysefilterbank (Bild 6.35a) betrachtet werden. Mit dem Vektor der Übertragungsfunktionen

$$\boldsymbol{H}(z) = [H_0(z) \;\; H_1(z) \cdots H_{M-1}(z)]^{\mathrm{T}} \tag{6.172}$$

und dem Vektor der Z-Transformierten der Dezimator-Eingangssignale $\boldsymbol{H}(z)X(z)$, wobei $X(z)$ die Transformierte des Systemeingangssignals $x[n]$ bedeutet, erhält man den Vektor der Z-Transformierten der Ausgangssignale $\boldsymbol{Y}(z)$ mit den Komponenten $Y_\nu(z)$ $(\nu = 0, 1, \ldots, M-1)$ gemäß Gl. (6.146) als

$$\boldsymbol{Y}(z) = \frac{1}{N}\sum_{k=0}^{N-1} \boldsymbol{H}(W^k z^{1/N})X(W^k z^{1/N}) \tag{6.173}$$

oder, wenn man die *Modulationsfiltermatrix*

$$\boldsymbol{H}_m(z) := [\boldsymbol{H}(z) \;\; \boldsymbol{H}(Wz) \cdots \boldsymbol{H}(W^{N-1}z)] \tag{6.174}$$

einführt,

$$\boldsymbol{Y}(z) = \frac{1}{N}\boldsymbol{H}_m(z^{1/N})\boldsymbol{X}_m(z^{1/N}). \tag{6.175}$$

Dabei bedeutet $\boldsymbol{X}_m(z)$ die Modulationszerlegung von $x[n]$ nach Gl. (6.157). Ersetzt man $\boldsymbol{X}_m(z)$ nach Gl. (6.158b) und beachtet Gl. (6.144), so ergibt sich

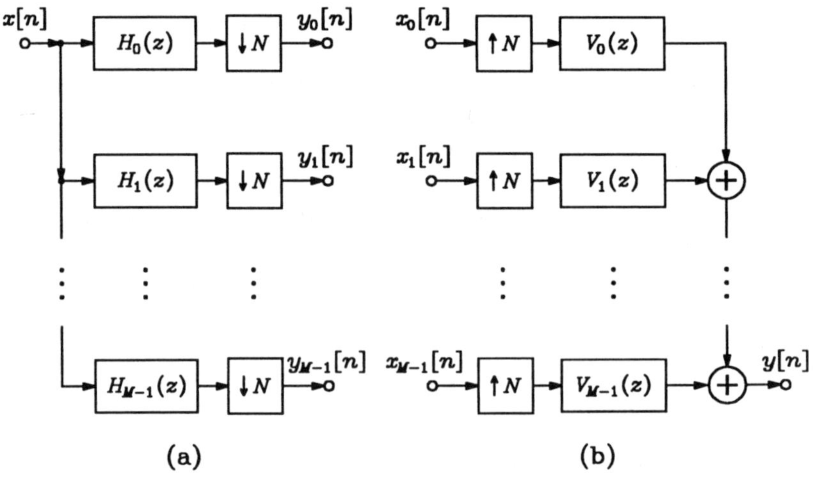

Bild 6.35: Filterbänke mit Dezimatoren bzw. Expandern

$$\boldsymbol{Y}(z) = \frac{1}{N} \boldsymbol{H}_m(z^{1/N}) \boldsymbol{F} \boldsymbol{J} \boldsymbol{X}_p(z^{1/N}) \tag{6.176}$$

oder mit der *Polyphasenfiltermatrix*

$$\boldsymbol{H}_p(z) := \frac{1}{N} \boldsymbol{H}_m(z) \boldsymbol{F} \tag{6.177}$$

schließlich

$$\boldsymbol{Y}(z) = \boldsymbol{H}_p(z^{1/N}) \boldsymbol{J} \boldsymbol{X}_p(z^{1/N}) . \tag{6.178}$$

Für die Z-Transformierte des Ausgangssignals der Synthesefilterbank (Bild 6.35b) erhält man mit dem Vektor $\boldsymbol{X}(z)$ der Z-Transformierten $X_0(z), X_1(z), \ldots, X_{M-1}(z)$ der Eingangssignale direkt nach Gl. (6.149)

$$Y(z) = \boldsymbol{V}^{\mathrm{T}}(z) \boldsymbol{X}(z^N) , \tag{6.179}$$

wobei

$$\boldsymbol{V}(z) = [V_0(z) \quad V_1(z) \cdots V_{M-1}(z)]^{\mathrm{T}} \tag{6.180}$$

der Vektor der Übertragungsfunktionen der Synthesefilter ist.

7.5.3 N-Kanal-QMF-Bank

Bild 6.36 zeigt eine N-Kanal-Filterbank, die auch N-Kanal-QMF-Bank genannt wird.[1] Sie hat bei verschiedenen Anwendungen fundamentale Bedeutung. Das Eingangssignal $x[n]$ wird durch N Analysefilter mit den Übertragungsfunktionen $H_\nu(z)$ ($\nu = 0, 1, \ldots, N-1$) in N Subbandsignale aufgeteilt. Sodann wird jedes der Signale mit der Z-Transformierten $H_\nu(z)X(z)$ ($\nu = 0, \ldots, N-1$) N-fach dezimiert, und danach werden die dezimierten Signale N-fach expandiert. Schließlich durchlaufen die expandierten Signale die Synthesefilter mit den Übertragungsfunktionen $V_\nu(z)$ ($\nu = 0, 1, \ldots, N-1$), um zum Ausgangssignal $y[n]$ addiert zu werden. Aufgrund der Gln. (6.173) und (6.179) erhält man für die Z-Transformierte des Ausgangssignals

$$Y(z) = \boldsymbol{V}^{\mathrm{T}}(z) \frac{1}{N} \sum_{k=0}^{N-1} \boldsymbol{H}(W^k z) X(W^k z) \tag{6.181}$$

oder bei Beachtung der Gln. (6.172) und (6.180) (mit $M = N$)

$$Y(z) = \sum_{k=0}^{N-1} X(W^k z) A_k(z) \tag{6.182a}$$

mit

$$A_k(z) = \frac{1}{N} \sum_{\nu=0}^{N-1} V_\nu(z) H_\nu(W^k z) \qquad (k = 0, 1, \ldots, N-1) . \tag{6.182b}$$

Aliasing läßt sich für beliebige Eingangssignale $x[n]$ genau dadurch vermeiden, daß man die Bedingungen

$$A_k(z) \equiv 0 \quad \text{für} \quad k = 1, 2, \ldots, N-1 \tag{6.183}$$

1) QMF steht für "Quadrature Mirror Filter".

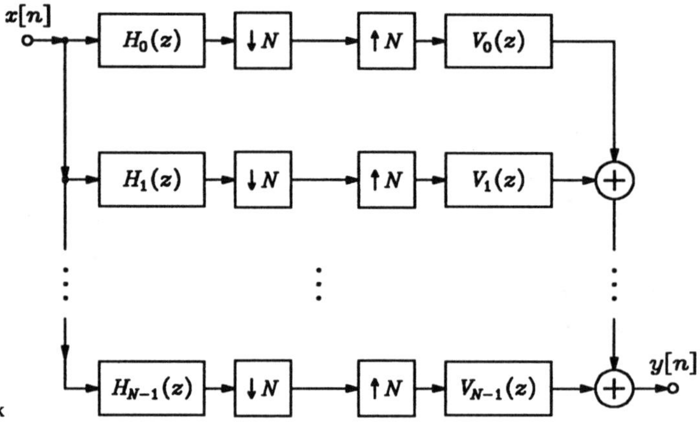

Bild 6.36: N-Kanal-Filterbank

erfüllt. Dann verbleibt für $Y(z)$ nach Gln. (6.182a,b)

$$Y(z) = H(z)X(z) \tag{6.184a}$$

mit

$$H(z) = \frac{1}{N}\sum_{\nu=0}^{N-1} V_\nu(z)H_\nu(z)\,, \tag{6.184b}$$

woraus man ersieht, daß sich das N-Kanal-Filter wie ein lineares, zeitinvariantes System verhält. Falls der Betrag des Frequenzganges $H(\mathrm{e}^{\,\mathrm{j}\Omega})$ frequenzunabhängig und die Phase eine lineare Funktion von Ω ist, d. h. $H(z) = Az^{-m}$ (A, m konstant, $m \in \mathbb{N}_0$) gilt, erhält man $y[n] = Ax[n-m]$. Das Gesamtsystem ist dann kausal und in der Lage, das Eingangssignal vollständig zu rekonstruieren.

Beispiel 6.12: Es soll der Fall $N = 2$ betrachtet werden. Es ist dann nach Gl. (6.182b) mit $W = -1$

$$A_0(z) = \frac{1}{2}[V_0(z)H_0(z) + V_1(z)H_1(z)]$$

und

$$A_1(z) = \frac{1}{2}[V_0(z)H_0(-z) + V_1(z)H_1(-z)]\,.$$

Die Anti-Aliasing-Bedingung (6.183) lautet

$$V_0(z)H_0(-z) + V_1(z)H_1(-z) = 0\,.$$

Sie läßt sich z.B. erfüllen, indem man

$$V_0(z) = H_1(-z) \quad \text{und} \quad V_1(z) = -H_0(-z)$$

wählt. Bei dieser Wahl lautet die Übertragungsfunktion nach Gl. (6.184b)

$$H(z) = \frac{1}{2}[H_1(-z)H_0(z) - H_0(-z)H_1(z)]\,.$$

Bei der speziellen Wahl von

$$H_1(z) = H_0(-z)$$

ergibt sich dann für den betrachteten Fall

$$V_0(z) = H_0(z), \quad V_1(z) = -H_1(z) \quad \text{und} \quad H(z) = \frac{1}{2}[H_0^2(z) - H_1^2(z)]$$

oder, wenn man die Polyphasendarstellung von $H_0(z)$ gemäß Gl. (6.160a)

$$H_0(z) = \widetilde{H}_{00}(z^2) + z^{-1}\widetilde{H}_{01}(z^2)$$

anwendet, nach kurzer Zwischenrechnung

$$H(z) = 2z^{-1}\widetilde{H}_{00}(z^2)\widetilde{H}_{01}(z^2),$$

woraus die Forderung $\widetilde{H}_{01}(z^2) = Az^{1-m}/(2\widetilde{H}_{00}(z^2))$ als eine mögliche Bedingung zur perfekten Rekonstruktion von $x[n]$ entnommen werden kann.

Wählt man z. B. $\widetilde{H}_{00}(z^2) \equiv \widetilde{H}_{01}(z^2) \equiv (1/2)\sqrt{2}$, so erhält man für die Analysefilter

$$H_0(z) = \sqrt{2}(1 + z^{-1})/2 \quad \text{und} \quad H_1(z) = \sqrt{2}(1 - z^{-1})/2.$$

Obwohl dadurch nur äußerst unvollkommen ideale Tief- bzw. Hochpaßübertragungsfunktionen mit der Grenzkreisfrequenz $\pi/2$ angenähert werden und somit bei der Dezimation der beiden Subbandsignale im allgemeinen Aliasing auftritt, erhält man als Übertragungsfunktion des Gesamtsystems

$$H(z) = z^{-1},$$

so daß, abgesehen von der Verzögerung um eine Taktperiode, Ein- und Ausgangssignal exakt übereinstimmen. Die Diskussion wird in Aufgabe VI.22 fortgeführt.

Als eine wichtige Anwendung der N-Kanal-Filterbank von Bild 6.36 sei die Subbandcodierung genannt. Sie wird angewendet, wenn ein zu übertragendes diskontinuierliches Signal ein Spektrum besitzt, das im gesamten Frequenzintervall $-\pi \leqq \Omega \leqq \pi$ signifikante Spektralanteile hat, so daß eine Dezimation ohne Aliasing nicht möglich ist. Man kann nun das Signal in zwei oder mehrere Frequenzbänder unter Verwendung der Analysefilter einer Filterbank aufspalten, wobei die Frequenzgänge dieser Analysefilter geeignet zu wählen sind. Entsprechend der Energie der Signale an den Ausgängen der Analysefilter werden diese unterschiedlich (d. h. mit unterschiedlicher Anzahl von Bit pro Signalwert) codiert, etwa mit 16 Bit oder mit 8 Bit. Anschließend erfolgt die Dezimation eines jeden Subbandsignals. Der Sinn dieser Maßnahme ist eine Reduktion der Datenrate. Die Rekonstruktion des Signals erfolgt mittels der Expander und den Synthesefiltern. Die Expander dienen dazu, die ursprüngliche Verarbeitungsrate wiederherzustellen, und die Synthesefilter werden dazu verwendet, die bei der Expansion im Spektrum entstehenden Spiegelbilder zu beseitigen.

7.5.4 Transmultiplexer

Bild 6.37 zeigt ein weiteres wichtiges Multiratensystem, das wegen seiner Anwendung in der digitalen Informationsübertragungstechnik, und zwar zum Wechsel zwischen dem Zeitmultiplexformat (TDM-Format) und dem Frequenzmultiplexformat (FDM-Format), TDM-FDM-Transmultiplexer genannt wird.[1] Das Prinzip des TDM-Formats besteht darin, daß mehrere Signale $x_0[n], x_1[n], \ldots, x_{N-1}[n]$ zu einem Signal folgendermaßen zusammengefaßt werden: Jedes dieser Signale passiert zunächst einen N-fach-Expander. Danach werden

[1] TDM steht für time-division multiplexed, FDM steht für frequency-division multiplexed.

die expandierten Signale nach Durchlaufen einer Verzögerungskette additiv derart zum Signal $x[n]$ zusammengefaßt, daß

$$\ldots, x[0],\ x[1], \ldots,\ x[N-1],\ x[N],\ x[N+1], \ldots,\ x[2N-1], \ldots,$$

aus der Wertefolge

$$\ldots, x_0[0],\ x_1[0], \ldots,\ x_{N-1}[0],\ x_0[1],\ x_1[1],\ldots,\ x_{N-1}[1], \ldots,$$

also aus einer Ineinanderschachtelung der Werte der Signale $x_0[n], \ldots, x_{N-1}[n]$ besteht. Man nennt das Signal $x[n]$ TDM-Version der Signale $x_0[n], x_1[n], \ldots, x_{N-1}[n]$. Diese Signale lassen sich aus $x[n]$ zurückgewinnen, indem man dieses und die verzögerten Exemplare $x[n-1], x[n-2], \ldots, x[n-N+1]$ jeweils einem N-fach-Dezimator zuführt. An den Dezimatorausgängen erscheinen die Signale $x_0[n], x_1[n-1], x_2[n-1], \ldots, x_{N-1}[n-1]$.

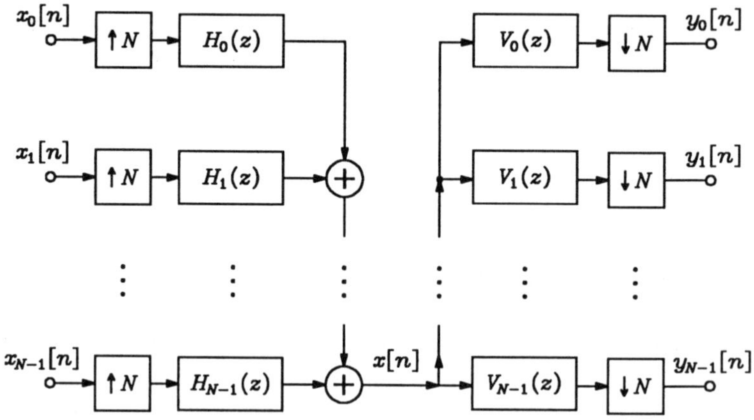

Bild 6.37: Transmultiplexer-System

Die Überführung der Signale $x_0[n], \ldots, x_{N-1}[n]$ in ein FDM-Format soll an der Funktionsweise des Transmultiplexer-Systems nach Bild 6.37 erklärt werden. Zunächst werden die Spektren $X_\nu(e^{j\Omega})$ der Signale $x_\nu[n]$ durch die Expander mit dem Faktor N komprimiert, um sämtliche Spektren der Signale $x_\nu[n]$ im Frequenzintervall $0 \leqq \Omega \leqq 2\pi$ in disjunkten Teilintervallen unterzubringen. Dazu ist es allerdings notwendig, die Übertragungsfunktionen $H_\nu(z)$ $(\nu = 0, 1, \ldots, N-1)$ der Synthesefilter derart zu wählen, daß aus den Spektren $X_\nu(e^{jN\Omega})$, die sich aus N infolge der Expansion im Intervall $0 \leqq \Omega \leqq 2\pi$ entstandenen und gegeneinander verschobenen gleichen Teilen zusammensetzen, jeweils ein Teilspektrum herausgeschnitten wird. Die Frequenzgänge $H_\nu(e^{j\Omega})$ $(\nu = 0, 1, \ldots, N-1)$ der Synthesefilter müssen als ideale Bandpaßcharakteristiken in der Weise entworfen werden, daß sie gegeneinander verschoben sind und daß an den Filterausgängen Teilspektren der $X_\nu(e^{jN\Omega})$ geliefert werden, die sich gegenseitig nicht überlappen. Durch Addition der Filterausgangssignale erhält man das FDM-Signal $x[n]$ mit dem Spektrum $X(e^{j\Omega})$, das sich aus einer Aneinanderreihung der komprimierten Eingangsspektren zusammensetzt.

Beispiel 6.13: Im Bild 6.38 sind für den Fall $N = 3$ die Spektren $X_\nu(e^{j\Omega})$, $X_\nu(e^{j3\Omega})$ $(\nu = 0, 1, 2)$ und $X(e^{j\Omega})$ für ein Beispiel dargestellt. Die Durchlaßbereiche der Frequenzgänge $H_\nu(e^{j\Omega})$ sind nicht symmetrisch zur

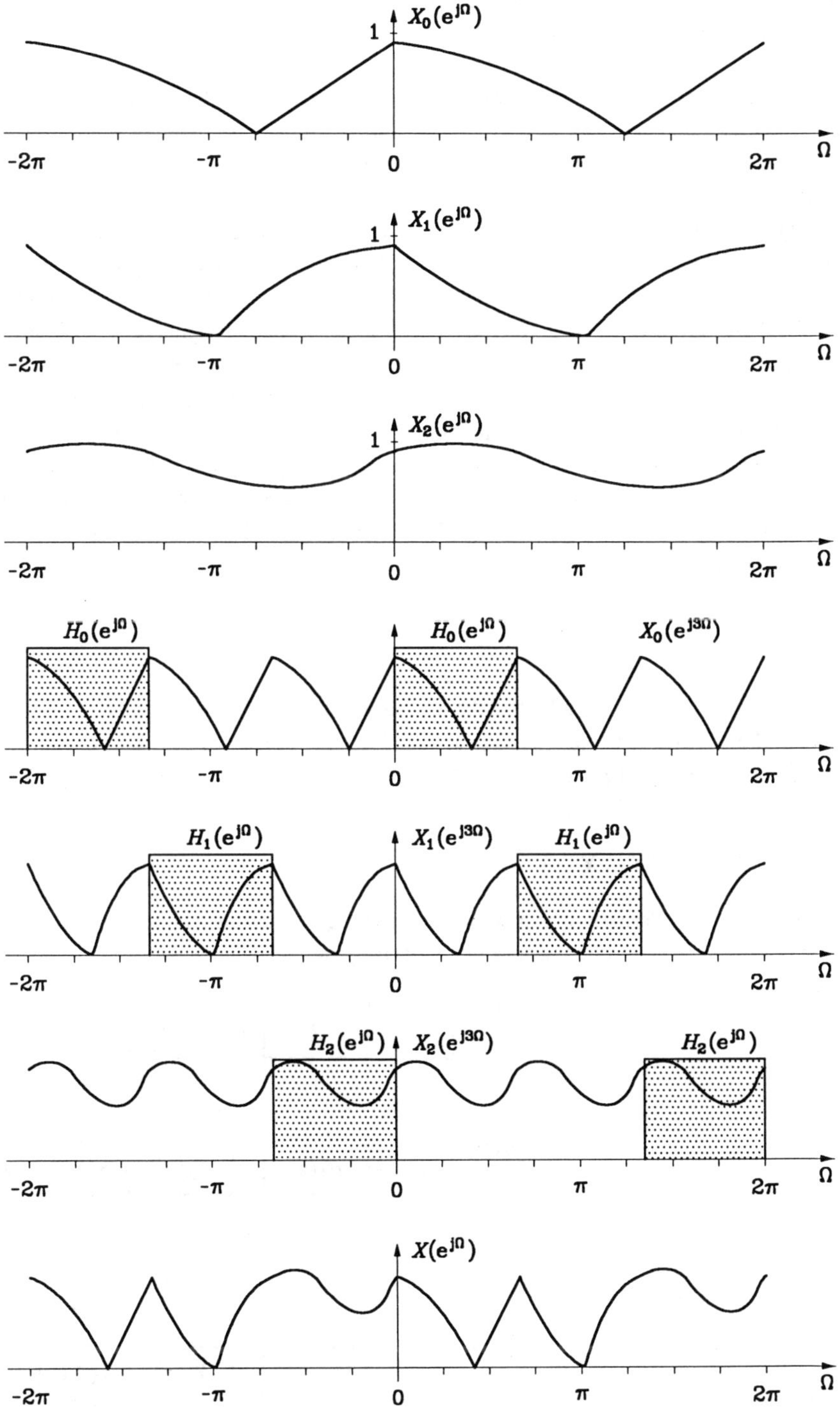

Bild 6.38: Frequenzgänge von Beispiel 6.13

Kreisfrequenz $\Omega = 0$. Daher ist – auch wenn es sich bei $x_0[n]$, $x_1[n]$ und $x_2[n]$ (anders als in Bild 6.38) um reelle Signale handelt – $x[n]$ ein Signal mit komplexen Werten. Jeder Frequenzgang $H_\nu(\mathrm{e}^{\mathrm{j}\Omega})$ hat im Intervall $0 \leqq \Omega \leqq 2\pi$ genau einen Durchlaßbereich.

Die Komponenten $x_\nu[n]$ der TDM-Version lassen sich aus der FDM-Version $x[n]$ mittels der Analysefilterbank des Systems nach Bild 6.37 wiedergewinnen. Dazu müssen die im Spektrum $X(\mathrm{e}^{\mathrm{j}\Omega})$ aufeinanderfolgenden Teile, welche die verschiedenen Informationen repräsentieren, durch die Analysefilter mit den Übertragungsfunktionen $V_\nu(z)$ $(\nu = 0, 1, \ldots, N-1)$ getrennt werden. Danach werden die Filterausgangssignale dezimiert, wie es Bild 6.37 zeigt. Die Ausgangssignale $y_\nu[n]$ sind dann Rekonstruktionen der Signale $x_\nu[n]$.

Im folgenden soll gezeigt werden, wie die Signale $y_\nu[n]$, die am Ausgang des TDM-FDM-Transmultiplexers geliefert werden, aus den Eingangssignalen $x_\nu[n]$ berechnet werden können. Im Bild 6.39 ist ein Ersatzsystem angegeben, welches das Signal $y_\mu[n]$ für einen festen Wert $\mu \in \{0, 1, \ldots, N-1\}$ aus den Eingangssignalen $x_\nu[n]$ $(\nu = 0, 1, \ldots, N-1)$ liefert. Die parallel verlaufenden Pfade des Ersatzsystems verhalten sich nach der Äquivalenz von Bild 6.30 wie lineare, zeitinvariante Systeme mit den Übertragungsfunktionen $S_{\mu\nu}(z)$ $(\nu = 0, 1, \ldots, N-1)$, wobei $S_{\mu\nu}(z)$ die Komponente Nr. 0 der Polyphasenzerlegung von $V_\mu(z)\,H_\nu(z)$ gemäß Gl. (6.160a) bedeutet. Damit erhält man für die Z-Transformierte von $y_\mu[n]$

$$Y_\mu(z) = \sum_{\nu=0}^{N-1} S_{\mu\nu}(z)\,X_\nu(z) \tag{6.185}$$

für $\mu = 0, 1, \ldots, N-1$. Faßt man die Z-Transformierten $X_0(z), \ldots, X_{N-1}(z)$ zum Vektor $\boldsymbol{X}(z)$, die Z-Transformierten $Y_0(z), \ldots, Y_{N-1}(z)$ zum Vektor $\boldsymbol{Y}(z)$ und die Übertragungsfunktionen $S_{\mu\nu}(z)$ zur Matrix $\boldsymbol{S}(z)$ zusammen, so läßt sich die Gl. (6.185) auch in der Matrixform

$$\boldsymbol{Y}(z) = \boldsymbol{S}(z)\,\boldsymbol{X}(z) \tag{6.186}$$

ausdrücken. Der Transmultiplexer ist also ein lineares, zeitinvariantes System mit N Eingängen, N Ausgängen und der Matrix der Übertragungsfunktionen $\boldsymbol{S}(z)$. Um eine wechselseiti-

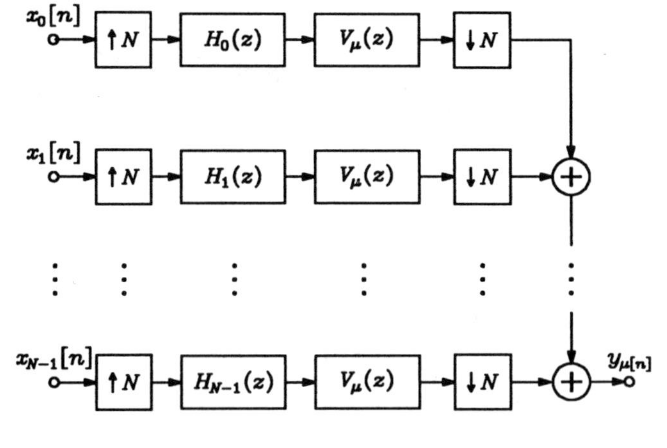

Bild 6.39: Ersatzsystem zur Berechnung des Ausgangssignals $y_\mu[n]$ des TDM-FDM-Transmultiplexers

ge Beeinflussung der Kanäle zu vermeiden (man spricht von der Elimination des "Übersprechens"), ist zu verlangen, daß $\boldsymbol{S}(z)$ eine reine Diagonalmatrix wird. Das heißt, es muß die Polyphasenkomponente Nr. 0 von $V_\mu(z)\,H_\nu(z)$ für alle $\mu \neq \nu$ verschwinden. Wird diese Bedingung eingehalten, dann gilt

$$Y_\mu(z) = S_{\mu\mu}(z)\,X_\mu(z) \tag{6.187}$$

($\mu = 0, 1, \ldots, N-1$). Die Übertragungsfunktionen $S_{\mu\mu}(z)$ beschreiben die nach der Beseitigung des Übersprechens noch verbleibenden Verzerrungen. Ideale Verhältnisse sind gegeben, d. h. ein Transmultiplexer mit perfekter Rekonstruktionsfähigkeit liegt vor, wenn die Übertragungsfunktionen $S_{\mu\mu}(z)$ von der Form $A_\mu z^{-m_\mu}$ mit konstantem A_μ und ganzzahligem m_μ für alle $\mu = 0, 1, \ldots, N-1$ sind. Dann gilt

$$y_\mu[n] = A_\mu\, x_\mu[n - m_\mu] \quad (\mu = 0, 1, \ldots, N-1),$$

und das besagt, daß sämtliche TDM-Signale fehlerfrei wiederhergestellt werden können.

7.5.5 Lineare, periodisch zeitvariante Systeme

Die vorausgegangenen Diskussionen haben gezeigt, daß es sich bei den Multiratensystemen zumeist um lineare, periodisch zeitvariante Systeme handelt. So erhält man beispielsweise im Falle der N-Kanal-QMF-Bank nach Bild 6.36 für $N = 2$ gemäß Gl. (6.182a) für die Z-Transformierte des Ausgangssignals

$$Y(z) = X(z)\,A_0(z) + X(-z)\,A_1(z)$$

mit $A_0(z)$ und $A_1(z)$ nach Gl. (6.182b). Transformiert man diese Beziehung in den Zeitbereich, so ergibt sich

$$y[n] = \sum_{\nu=-\infty}^{\infty} a_0[\nu]\,x[n-\nu] + \sum_{\nu=-\infty}^{\infty} a_1[\nu]\,(-1)^{n-\nu} x[n-\nu],$$

wobei $a_0[n]$ und $a_1[n]$ die zu $A_0(z)$ bzw. $A_1(z)$ gehörenden Originalfunktionen bedeuten; weiterhin wurde berücksichtigt, daß zu $X(-z)$ die Originalfunktion $(-1)^n x[n]$ gehört, $X(z)$ ist dabei die Z-Transformierte von $x[n]$. Führt man als Impulsantworten

$$h_0[n] = a_0[n] + (-1)^n a_1[n]$$

und

$$h_1[n] = a_0[n] - (-1)^n a_1[n]$$

ein, so erhält man für geradzahlige Zeitpunkte n

$$y[n] = h_0[n] * x[n]$$

und für ungeradzahlige Zeitpunkte

$$y[n] = h_1[n] * x[n].$$

Hieraus folgt die Realisierung nach Bild 6.40; in diesem System tritt ein Schalter auf, der periodisch betätigt wird, und zwar derart, daß zu geradzahligen Zeitpunkten der Ausgang des Systems mit der Impulsantwort $h_0[n]$ abgegriffen wird und zu den anderen Zeitpunkten der Ausgang des Systems mit der Impulsantwort $h_1[n]$.

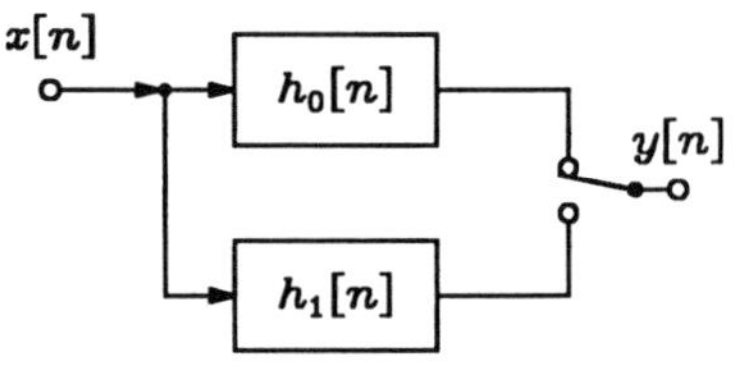

Bild 6.40: Beschreibung einer QMF-Bank als lineares, periodisch zeitvariantes System

Allgemein kann ein lineares, periodisch zeitvariantes System, das einen Eingang und einen Ausgang besitzt, mit Hilfe seiner Impulsantwort $h[n, \nu]$ nach Kapitel I beschrieben werden, wobei mit der Systemperiode N die Bedingung $h[n+N, \nu+N] = h[n, \nu]$ für alle ganzzahligen n und ν gilt. Nun werden die speziellen Impulsantworten

$$\hat{h}_i[n] := h[n, i] \quad (i = 0, 1, \ldots, N-1)$$

eingeführt. Es gelten angesichts der Periodizität die Beziehungen

$$h[n, i+kN] = \hat{h}_i[n-kN]$$

für alle $k \in \mathbb{Z}$. Nach Gl. (1.90) erhält man für das Ausgangssignal des Systems

$$y[n] = \sum_{\nu=-\infty}^{\infty} x[\nu]\, h[n, \nu]$$

$$= \sum_{\nu=-\infty}^{\infty} x[\nu N]\, h[n, \nu N] + \sum_{\nu=-\infty}^{\infty} x[1+\nu N]\, h[n, 1+\nu N]$$

$$+ \cdots + \sum_{\nu=-\infty}^{\infty} x[N-1+\nu N]\, h[n, N-1+\nu N]$$

oder

$$y[n] = \sum_{i=0}^{N-1} \sum_{\nu=-\infty}^{\infty} x[i+\nu N]\, h[n, i+\nu N].$$

Mit Hilfe der eingeführten Impulsantworten $\hat{h}_i[n]$ kann auch

$$y[n] = \sum_{i=0}^{N-1} \sum_{\nu=-\infty}^{\infty} x[i+\nu N]\, \hat{h}_i[n-\nu N]$$

geschrieben werden. Die Anwendung der Z-Transformation liefert zunächst

$$Y(z) = \sum_{n=-\infty}^{\infty} \sum_{i=0}^{N-1} \sum_{\nu=-\infty}^{\infty} z^{-n} x[i+\nu N]\, \hat{h}_i[n-\nu N]$$

oder mit der Summationsvariablen $\mu := n - \nu N$ statt n

$$Y(z) = \sum_{i=0}^{N-1} \sum_{\mu=-\infty}^{\infty} \sum_{\nu=-\infty}^{\infty} x[i+\nu N]\, z^{-\nu N} \hat{h}_i[\mu]\, z^{-\mu}$$

$$= \sum_{i=0}^{N-1} \sum_{\nu=-\infty}^{\infty} x[i+\nu N] z^{-\nu N} \sum_{\mu=-\infty}^{\infty} \hat{h}_i[\mu] z^{-\mu}$$

oder

$$Y(z) = \sum_{i=0}^{N-1} \sum_{\nu=-\infty}^{\infty} x[i+\nu N] z^{-(i+\nu N)} \sum_{\mu=-\infty}^{\infty} \hat{h}_i[\mu] z^{-(\mu-i)} .$$

Bezeichnet man die Z-Transformierte von $\tilde{h}_i[n] := \hat{h}_i[n+i]$ mit

$$H_i(z) = \sum_{n=-\infty}^{\infty} \tilde{h}_i[n] z^{-n} = \sum_{n=-\infty}^{\infty} \hat{h}_i[n+i] z^{-n} ,$$

und setzt man $\mu = n + i$, so gelangt man zum Resultat

$$Y(z) = \sum_{i=0}^{N-1} X_i(z) H_i(z). \tag{6.188}$$

Besonders zu beachten ist, daß $H_i(z)$ die Z-Transformierte von $\hat{h}_i[n+i]$ bedeutet und $X_i(z)$ die von $x_i[n] = x[n] d_N[n-i]$ (man vergleiche Gl. (6.153a)), d. h. der i-ten Komponente der Zerlegung von $x[n]$ gemäß Bild 6.25.

7.6 INTERPRETATION DER DISKONTINUIERLICHEN WAVELET-TRANSFORMATION

7.6.1 Eine Analysefilterbank und eine Synthesefilterbank

Im Kapitel IV, Abschnitt 2.6.3 wurde die diskontinuierliche Wavelet-Transformation eingeführt. Die Grundlage bilden dabei die durch die Gln. (4.73a-c) und (4.74a,b) eingeführten Frequenzgänge sowie die Gln. (4.75a,b) für die Wavelet-Koeffizienten $y_m[n]$ eines Signals $f[n]$. Man kann nun die Erzeugung der Koeffizienten $y_m[n]$ $(m = 0, 1, \ldots, N-1)$ aufgrund der genannten Gleichungen durch eine Filterbank mit baumartiger Struktur gemäß Bild 6.41 darstellen. Das Bild 6.41 zeigt den Fall $N = 4$. Zur Erklärung der Funktionsweise dieser Filterbank denke man sich unter Beachtung der Äquivalenz c aus Bild 6.22 alle Dezimatoren sukzessive nach rechts bis zu den Ausgängen der Filterbank verschoben, wobei an jedem Verzweigungsknoten, dem ein Dezimator vorausgeht, zwei Dezimatoren entstehen und kaskadierte Dezimatoren jeweils zu einem Dezimator zusammengefaßt werden. Während am Ausgang des Signals $y_0[n]$ von Anfang an ein Dezimator mit Dezimationszahl 2 auftritt, entsteht durch den Verschiebungsvorgang schließlich am Ausgang des Signals $y_1[n]$ ein Dezimator mit Dezimationszahl 2^2, am Ausgang von $y_2[n]$ ein solcher mit Dezimationszahl 2^3 usw., bis am Ausgang sowohl von $y_{N-2}[n]$ als auch von $y_{N-1}[n]$ je ein Dezimator mit Dezimationszahl 2^{N-1} erscheint. Die Signale, welche an den Eingängen der nunmehr entstandenen Dezimatoren auftreten, seien $x_m[n]$, ihre Z-Transformierten seien $X_m(z)$ $(m = 0, 1, \ldots, N-1)$. Letztere lassen sich aus der Z-Transformierten $F(z)$ des Eingangssignals $f[n]$ und den Übertragungsfunktionen $H(z)$, $Q(z)$ als

$$X_m(z) = H_m(z) F(z) \tag{6.189}$$

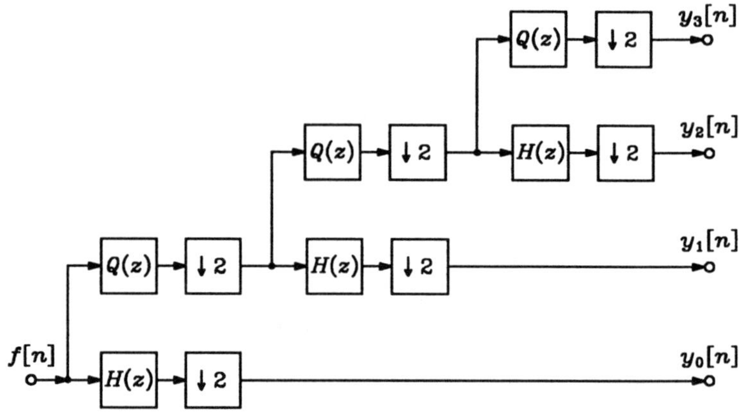

Bild 6.41: Erzeugung der Wavelet-Koeffizienten eines Signals mittels einer Analysefilterbank für den Fall $N = 4$

($m = 0, 1, 2, \ldots, N-1$) ausdrücken, wobei

$$H_0(z) = H(z), \tag{6.190a}$$

$$H_m(z) = H(z^{2^m})\, Q_{m-1}(z) \quad (m = 1, 2, \ldots, N-2), \tag{6.190b}$$

$$H_{N-1}(z) = Q_{N-2}(z) \tag{6.190c}$$

mit

$$Q_0(z) = Q(z) \tag{6.191a}$$

und

$$Q_m(z) = Q(z)\, Q(z^2) \cdots Q(z^{2^m}) \quad (m = 1, 2, \ldots, N-2) \tag{6.191b}$$

bedeutet. Mit den zu den Übertragungsfunktionen $H_m(z)$ gehörenden Signalen $h_m[n]$ ($m = 0, 1, \ldots, N-1$) (Impulsantworten) ist jetzt die Realisierung der Gln. (4.75a,b) durch die Filterbank zu erkennen, übrigens auch direkt aufgrund von Gl. (6.151).

Die beschriebene Erzeugung der Wavelet-Koeffizienten $y_m[n]$ nach Bild 6.41 motiviert, eine Synthesebank zur Rekonstruktion von $f[n]$ aus den $y_m[n]$ zu verwenden. Ein solches System zeigt Bild 6.42, das dem Fall $N = 4$ entspricht. Nun sollen die beiden Filterbänke aus den Bildern 6.41 und 6.42 zu einem System mit dem Eingangssignal $f[n]$ und dem Ausgangssignal $\hat{f}[n]$ miteinander verbunden werden. Es ist dann folgendes zu erkennen: Werden die Übertragungsfunktionen $\hat{Q}(z)$ und $\hat{H}(z)$ derart gewählt, daß sie zusammen mit den Funktionen $Q(z)$ und $H(z)$ nach Bild 6.43 ein System bilden, das die Eigenschaft der perfekten Rekonstruktion besitzt, dann weist diese Eigenschaft auch das gesamte System auf, das durch die Verbindung des Analysefilters (Bild 6.41) mit dem Synthesefilter (Bild 6.42) entstanden ist. Gemäß Beispiel 6.12 kann diese Eigenschaft durch die beiden Forderungen

$$Q(z)\, \hat{Q}(z) + H(z)\, \hat{H}(z) = 2 \tag{6.192a}$$

und

$$Q(-z)\, \hat{Q}(z) + H(-z)\, \hat{H}(z) = 0 \tag{6.192b}$$

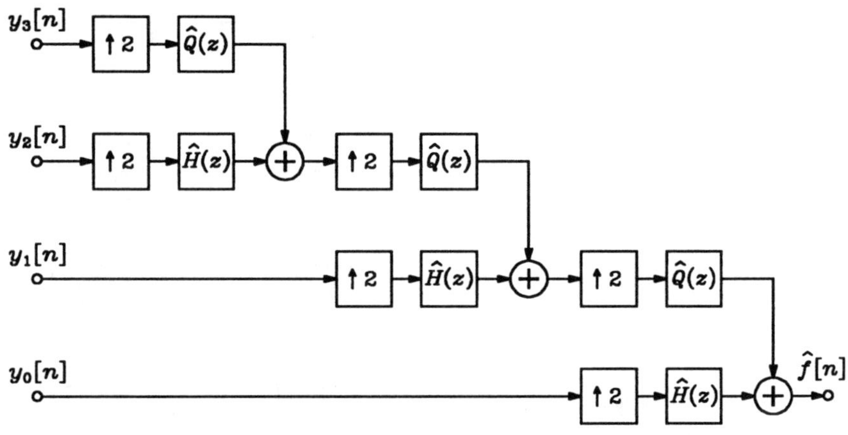

Bild 6.42: Synthesefilterbank zur Rekonstruktion eines Signals aus seinen Wavelet-Koeffizienten

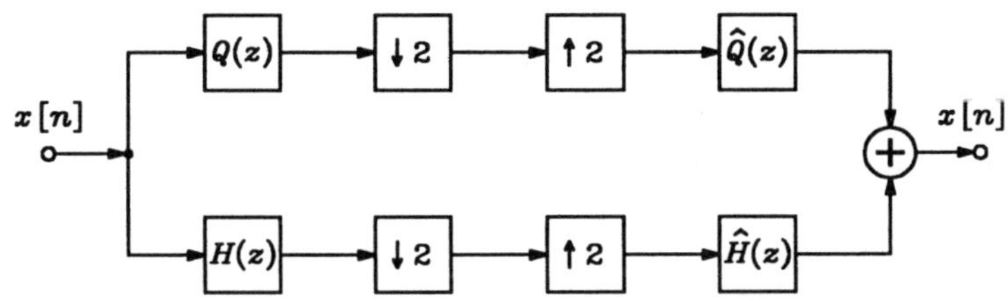

Bild 6.43: Verbindung der Analysefilterbank mit der Synthesefilterbank für $N = 2$ zur Rekonstruktion des Signals $x[n]$

sichergestellt werden.

Durch wiederholte Anwendung der Äquivalenzen b und d aus Bild 6.22 läßt sich die Synthesefilterbank nach Bild 6.42 derart umformen, daß nur noch an den Eingängen Expander mit den Expansionszahlen $2, 2^2, \ldots, 2^{N-1}, 2^{N-1}$ auftreten. Man kann dann von jedem der Ausgänge der so entstandenen Expander bis zum Filterbankausgang eine Übertragungsfunktion $F_m(z)$ $(m = 0, 1, \ldots, N-1)$ angegeben, so daß sich die Synthesefilterbank auch in der Form von Bild 6.44 darstellen läßt. Im Falle $N = 4$ lauten die Übertragungsfunktionen

$$F_0(z) = \hat{H}(z), \tag{6.193a}$$

$$F_1(z) = \hat{H}(z^2)\,\hat{Q}(z), \tag{6.193b}$$

$$F_2(z) = \hat{H}(z^4)\,\hat{Q}(z^2)\,\hat{Q}(z), \tag{6.193c}$$

$$F_3(z) = \hat{Q}(z^4)\,\hat{Q}(z^2)\,\hat{Q}(z). \tag{6.193d}$$

Entsprechend lassen sich die Funktionen $F_m(z)$ für beliebiges N ausdrücken. Mit den zugehörigen Signalen $f_m[n]$ $(m = 0, 1, \ldots, N-1)$ (Impulsantworten) erhält man nun aufgrund von Bild 6.44 für das Ausgangssignal

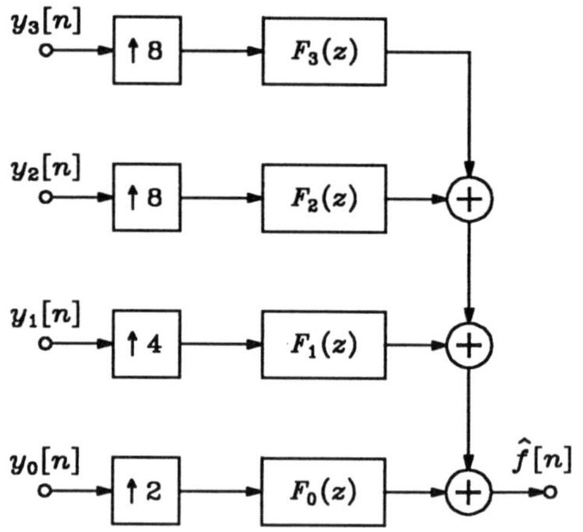

Bild 6.44: Äquivalentes System der Synthesefilterbank aus Bild 6.42

$$\hat{f}[n] = \sum_{\nu=-\infty}^{\infty} y_0[\nu] f_0[n-2\nu] + \sum_{\nu=-\infty}^{\infty} y_1[\nu] f_1[n-2^2\nu]$$

$$+ \sum_{\nu=-\infty}^{\infty} y_2[\nu] f_2[n-2^3\nu] + \cdots ,$$

allgemein die Gl. (4.76) mit den Gln. (4.77a,b).

7.6.2 Konstruktion einer orthonormalen Basis

Man kann die Übertragungsfunktion $Q(z)$ eines der Basisfilter in der Analysefilterbank (Bild 6.41) als eine rationale Funktion mit ungeradem Grad M entwerfen, so daß für $z = e^{j\Omega}$ im gesamten Frequenzintervall $-\pi < \Omega < \pi$ die Gleichung

$$|Q(e^{j\Omega})|^2 + |Q(-e^{j\Omega})|^2 = 2 \tag{6.194a}$$

erfüllt wird. Diese Gleichung impliziert

$$Q(z)Q_*(1/z) + Q(-z)Q_*(-1/z) = 2 , \tag{6.194b}$$

wobei mit Q_* die rationale Funktion bezeichnet wird, die sich von Q nur dadurch unterscheidet, daß alle Koeffizienten durch ihre konjugiert komplexen Werte ersetzt wurden. Die Gl. (6.194b) gilt in der gesamten z-Ebene.

Nach Festlegung von $Q(z)$ wird nun

$$H(z) = -z^{-M} Q_*(-1/z) \tag{6.195}$$

gewählt, wobei M den (ungeraden) Grad von $Q(z)$ bedeutet. Damit liefert die Gl. (6.194b) mit Gl. (6.195) sofort

$$Q(z)Q_*(1/z) + H(z)H_*(1/z) = 2 . \tag{6.196}$$

Die Übertragungsfunktionen $\hat{Q}(z)$ und $\hat{H}(z)$ der Basisfilter in der Synthesefilterbank werden folgendermaßen festgesetzt:

$$\hat{Q}(z) = Q_*(1/z), \tag{6.197}$$

$$\hat{H}(z) = H_*(1/z). \tag{6.198}$$

Ersetzt man $Q_*(1/z)$ und $H_*(1/z)$ nach den Gln. (6.197) und (6.198) in Gl. (6.196), dann sieht man, daß die Gl. (6.192a) erfüllt wird. Auch die Gl. (6.192b) wird befriedigt, wie zu erkennen ist, wenn man in Gl. (6.192b) $\hat{Q}(z)$ nach Gl. (6.197), $H(-z)$ nach Gl. (6.195) und $\hat{H}(z)$ nach Gl. (6.198) mit Gl. (6.195) substituiert (M ist ungerade).

Bei der getroffenen Wahl der Übertragungsfunktionen $Q(z)$, $H(z)$ und $\hat{Q}(z)$, $\hat{H}(z)$ besitzt damit das System, das sich aus der Analysefilterbank und der Synthesefilterbank zusammensetzt, die Eigenschaft, daß das Signal $f[n]$ vollständig rekonstruiert wird. Man kann nun die Matrix

$$\boldsymbol{M}(z) = \frac{1}{\sqrt{2}} \begin{bmatrix} \hat{Q}(z) & \hat{H}(z) \\ \hat{Q}(-z) & \hat{H}(-z) \end{bmatrix} \tag{6.199}$$

einführen und stellt mit Hilfe obiger Gleichungen unschwer fest, daß

$$\boldsymbol{M}_*^{\mathrm{T}}(1/z)\,\boldsymbol{M}(z) = \mathbf{E} \tag{6.200}$$

($\mathbf{E}$: Einheitsmatrix) gilt. Matrizen $\boldsymbol{M}$ mit dieser Eigenschaft nennt man paraunitär. Für die weiteren Überlegungen wird ausgehend von einer Funktion $X(z)$ die symbolische Schreibweise

$$[X(z)]_{\downarrow N} := \frac{1}{N} \sum_{k=0}^{N-1} X(W^k z^{1/N})$$

mit $N \in \mathbb{N}$ verwendet. Dann kann man der Gl. (6.200) in Verbindung mit Gl. (6.199) die Beziehungen

$$[\hat{Q}(z)\,\hat{Q}_*(1/z)]_{\downarrow 2} = 1, \quad [\hat{H}(z)\,\hat{H}_*(1/z)]_{\downarrow 2} = 1 \tag{6.201a,b}$$

und

$$[\hat{Q}(z)\,\hat{H}_*(1/z)]_{\downarrow 2} = 0 \tag{6.201c}$$

entnehmen. Dabei wurde z durch $\sqrt{z}$ ersetzt. Im folgenden soll gezeigt werden, daß die aus den Impulsantworten $f_m[n]$ ($m = 0, 1, \ldots, N-1$) gebildeten Wavelet-Basisfunktionen

$$v_{ms}[n] = f_m[n - 2^{q_m} s] \tag{6.202}$$

($m = 0, 1, \ldots, N-1; s \in \mathbb{Z}$) mit

$$q_m = \begin{cases} m+1 & \text{falls } m = 0, 1, \ldots, N-2 \\ N-1 & \text{falls } m = N-1 \end{cases} \tag{6.203}$$

ein System orthonormaler Funktionen bilden.

Beweis: Dazu muß gezeigt werden, daß mit ganzzahligen k, l, s und u die Bedingung

$$\sum_{n=-\infty}^{\infty} f_k[n-2^{q_k}s]\, f_l^*[n-2^{q_l}u] = \begin{cases} 1 & \text{falls } k=l \text{ und } s=u \\ 0 & \text{andernfalls} \end{cases} \tag{6.204}$$

erfüllt ist. Man kann ohne Einschränkung der Allgemeinheit $2^{q_k} \geqq 2^{q_l}$ annehmen, d. h. $2^{q_k} = M\,2^{q_l}$ mit einem $M \in \mathbb{N}$. Ersetzt man die Variablen n, s, u durch $\nu := n - Ms\,2^{q_l}$ und $\mu := u - Ms$, so erhält die obige Orthonormalitätsbedingung die Form

$$\sum_{\nu=-\infty}^{\infty} f_k[\nu]\, f_l^*[\nu-\mu 2^{q_l}] = \begin{cases} 1 & \text{falls } k=l \text{ und } \mu=0 \text{ (hierbei gilt } M=1) \\ 0 & \text{andernfalls.} \end{cases}$$

Die linke Seite ist eine diskontinuierliche Funktion $\varphi[\mu 2^{q_l}]$ mit der Variablen μ. Unterwirft man sie der Z-Transformation, so gelangt man bei Beachtung von Gl. (6.19) zur Orthonormalitätsbedingung im Z-Bereich

$$[F_k(z)\, F_{l*}(1/z)]_{\downarrow 2^{q_l}} = \delta[k-l] \qquad (0 \leqq k, l \leqq N-1). \tag{6.205}$$

Da im Falle $N=2$ die Identitäten $F_0(z) = \hat{H}(z)$ und $F_1(z) = \hat{Q}(z)$ bestehen (Bild 6.43), sind die Orthonormalitätsbedingungen wegen Gln. (6.201a-c) für $N=2$ erfüllt. Daß die Orthonormalität für die Gesamtheit der Funktionen $v_{m,s}[n]$ bei beliebigem N besteht, soll durch vollständige Induktion bewiesen werden. Dazu wird angenommen, daß Gl. (6.205) für einen beliebigen festen Wert N besteht. Zu beweisen ist dann, daß die Gl. (6.205) auch noch gilt, wenn N durch $N+1$ ersetzt wird. Den Übergang von N zu $N+1$ zeigt Bild 6.45. Im Bild 6.45a sind die Synthesefilterbank für den Fall N in einer Darstellung gemäß Bild 6.44 sowie das zusätzliche Teilsystem dargestellt, das beim Übergang zum Fall $N+1$ mit dem obersten Eingang der Synthesefilterbank zu verbinden ist. Das nach dieser Verbindung entstehende und dem Fall $N+1$ entsprechende System ist im Bild 6.45b zu sehen, nachdem noch eine einfache äquivalente Umformung durchgeführt wurde, wie sie bereits an früherer Stelle gemacht wurde. Es ist jetzt noch zu zeigen, daß die Funktionen

$$F_N(z) = \hat{Q}(z^{2^{N-1}})\, F_{N-1}(z)$$

und

$$\hat{F}_{N-1}(z) = \hat{H}(z^{2^{N-1}})\, F_{N-1}(z)$$

untereinander orthonormal und zu den $F_m(z)$ $(m = 0, 1, \ldots, N-2)$ orthogonal sind. Dies erfolgt in fünf Schritten. Dabei wird ausgenützt, daß für rationale Übertragungsfunktionen $H_1(z)$ und $H_2(z)$ und $q_1, q_2 \in \mathbb{N}$

$$[H_1(z^{q_1})\, H_2(z)]_{\downarrow q_1 q_2} = [H_1(z)\,[H_2(z)]_{\downarrow q_1}]_{\downarrow q_2} \tag{6.206}$$

gilt. Die Beweisschritte sind die folgenden:

(i) $$[F_N(z)\, F_{m*}(1/z)]_{\downarrow 2^{q_m}} = [\hat{Q}(z^{2^{N-1}})\, F_{N-1}(z)\, F_{m*}(1/z)]_{\downarrow 2^{q_m}}$$

$$= \hat{Q}(z^{2^{N-1-q_m}})\,[F_{N-1}(z)\, F_{m*}(1/z)]_{\downarrow 2^{q_m}} = 0 \qquad (m = 0, 1, \ldots, N-2) \text{ nach Gl. (6.205),}$$

(ii) $$[\hat{F}_{N-1}(z)\, F_{m*}(1/z)]_{\downarrow 2^{q_m}} = [\hat{H}(z^{2^{N-1}})\, F_{N-1}(z)\, F_{m*}(1/z)]_{\downarrow 2^{q_m}}$$

$$= \hat{H}(z^{2^{N-1-q_m}})\,[F_{N-1}(z)\, F_{m*}(1/z)]_{\downarrow 2^{q_m}} = 0 \qquad (m = 0, 1, \ldots, N-2) \text{ nach Gl. (6.205),}$$

(iii) $$[F_N(z)\, \hat{F}_{(N-1)*}(1/z)]_{\downarrow 2^N} = [\hat{Q}(z^{2^{N-1}})\, F_{N-1}(z)\, \hat{H}_*(1/z^{2^{N-1}})\, F_{(N-1)*}(1/z)]_{\downarrow 2^N}$$

$$= [[\hat{Q}(z)\, \hat{H}_*(1/z)]\,[F_{N-1}(z)\, F_{(N-1)*}(1/z)]_{\downarrow 2^{N-1}}]_{\downarrow 2} = [\hat{Q}(z)\, \hat{H}_*(1/z)]_{\downarrow 2} = 0$$

nach Gl. (6.205) und Gl. (6.201c),

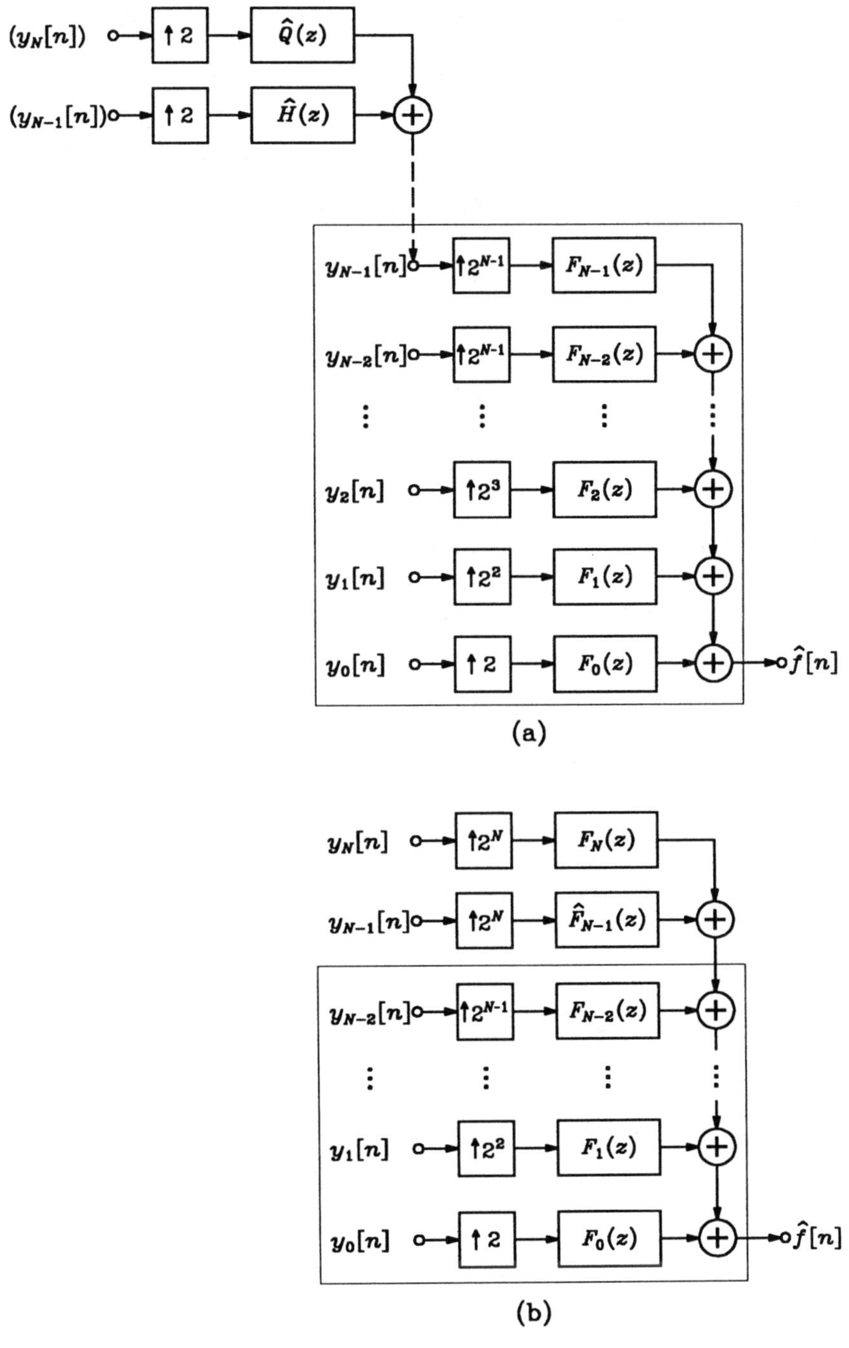

Bild 6.45: Übergang vom Fall N zum Fall $N+1$ bei einer Synthesefilterbank

(iv) $$[F_N(z)\,F_{N*}(1/z)]_{\downarrow 2^N} = [\hat{Q}(z^{2^{N-1}})\,\hat{Q}_*(1/z^{2^{N-1}})\,F_{N-1}(z)\,F_{(N-1)*}(1/z)]_{\downarrow 2^N}$$

$$= [\hat{Q}(z)\,\hat{Q}_*(1/z)\,[F_{N-1}(z)\,F_{(N-1)*}(1/z)]_{\downarrow 2^{N-1}}\,]_{\downarrow 2} = [\hat{Q}(z)\,\hat{Q}_*(1/z)]_{\downarrow 2} = 1,$$

(v) $$[\hat{F}_{N-1}(z)\,\hat{F}_{(N-1)*}(1/z)]_{\downarrow 2^N} = [\hat{H}(z)\,\hat{H}_*(1/z)\,[F_{N-1}(z)\,F_{(N-1)*}(1/z)]_{\downarrow 2^{N-1}}\,]_{\downarrow 2} = 1.$$

Die wiederholt verwendete Gl. (6.206) läßt sich unter Beachtung der Definition von $[X(z)]_{\downarrow N}$ auf S. 535 in der folgenden Weise verifizieren, wobei als Abkürzungen

$$q := q_1 q_2\,, \quad W := \mathrm{e}^{-\mathrm{j}2\pi/q}, \quad W_1 := \mathrm{e}^{-\mathrm{j}2\pi/q_1} = W^{q_2}, \quad W_2 := \mathrm{e}^{-\mathrm{j}2\pi/q_2} = W^{q_1}$$

verwendet werden. Man erhält nun die (in beiden Richtungen gültigen) Beziehungen

$$H_1(z)[H_2(z)]_{\downarrow q_1} = \frac{1}{q_1}\sum_{l=0}^{q_1-1} H_1(z)H_2(W_1^l\, z^{1/q_1})\,,$$

$$[H_1(z)[H_2(z)]_{\downarrow q_1}\,]_{\downarrow q_2} = \frac{1}{q}\sum_{k=0}^{q_2-1}\sum_{l=0}^{q_1-1} H_1(W_2^k\, z^{1/q_2})\,H_2(W_1^l\, W_2^{k/q_1}\, z^{1/q})$$

$$= \frac{1}{q}\sum_{k=0}^{q_2-1}\sum_{l=0}^{q_1-1} H_1(W_2^{k+q_2 l}\, z^{1/q_2})\,H_2(W^{k+q_2 l}\, z^{1/q})$$

und mit dem Summationsindex $\nu := k + q_2 l$ schließlich

$$[H_1(z)[H_2(z)]_{\downarrow q_1}\,]_{\downarrow q_2} = \frac{1}{q}\sum_{\nu=0}^{q_1 q_2-1} H_1(W^{q_1\nu}\, z^{q_1/q})\,H_2(W^{\nu}\, z^{1/q})$$

$$= [H_1(z^{q_1})\,H_2(z)]_{\downarrow q}\,.$$

Korrespondenzen

1 Korrespondenzen der Fourier-Transformation

$f(t)$	$F(j\omega)$
$\delta(t)$	1
1	$2\pi\,\delta(\omega)$
$\operatorname{sgn} t$	$2/j\omega$
$s(t)$	$\pi\,\delta(\omega) + 1/j\omega$
$p_T(t)$	$\frac{2}{\omega}\sin T\omega$
$\frac{1}{\pi t}\sin\Omega t$	$p_\Omega(\omega)$
$\frac{2}{\pi\Omega t^2}\sin^2\frac{\Omega t}{2}$	$\left(1-\frac{\lvert\omega\rvert}{\Omega}\right)p_\Omega(\omega) = q_\Omega(\omega)$
$q_T(t)$	$\frac{4}{T\omega^2}\sin^2\frac{T\omega}{2}$
$\cos\omega_0 t$	$\pi[\delta(\omega-\omega_0)+\delta(\omega+\omega_0)]$
$\sin\omega_0 t$	$\frac{\pi}{j}[\delta(\omega-\omega_0)-\delta(\omega+\omega_0)]$
$s(t)\cos\omega_0 t$	$\frac{\pi}{2}[\delta(\omega-\omega_0)+\delta(\omega+\omega_0)] + j\omega/(\omega_0^2-\omega^2)$
$s(t)\sin\omega_0 t$	$\frac{\pi}{2j}[\delta(\omega-\omega_0)-\delta(\omega+\omega_0)] + \omega_0/(\omega_0^2-\omega^2)$
$p_T(t)\cos\omega_0 t$	$\frac{\sin T(\omega+\omega_0)}{\omega+\omega_0} + \frac{\sin T(\omega-\omega_0)}{\omega-\omega_0}$
$p_T(t)\cos^2\frac{\pi}{2T}t$	$(\sin\omega T)/\{\omega[1-(\omega T/\pi)^2]\}$
$\sum_{\mu=-\infty}^{\infty}\delta(t-\mu T) = \frac{1}{T}\sum_{\mu=-\infty}^{\infty} e^{j\mu 2\pi t/T}$	$\frac{2\pi}{T}\sum_{\mu=-\infty}^{\infty}\delta\left(\omega-\mu\frac{2\pi}{T}\right) = \sum_{\mu=-\infty}^{\infty} e^{j\mu\omega T}$
$s(t)e^{-at}\quad (a>0)$	$1/(a+j\omega)$
$e^{-a\lvert t\rvert}\quad (a>0)$	$2a/(a^2+\omega^2)$
$t\,s(t)$	$-1/\omega^2 + j\pi\delta'(\omega)$

$f(t)$	$F(\mathrm{j}\omega)$
$\mathrm{e}^{-at^2} \quad (a>0)$	$\sqrt{\pi/a}\ \mathrm{e}^{-\omega^2/4a}$
$\mathrm{e}^{-a\lvert t\rvert}\ \operatorname{sgn} t \quad (a>0)$	$\dfrac{-2\mathrm{j}\omega}{a^2+\omega^2}$
$\dfrac{a}{a^2+t^2} \quad (a>0)$	$\pi\mathrm{e}^{-a\lvert\omega\rvert}$
$\mathrm{e}^{-a\lvert t\rvert}(b\cos\omega_0\lvert t\rvert + c\sin\omega_0\lvert t\rvert) \quad (a>0)$	$2\dfrac{\omega^2(ab-\omega_0c)+(ab+\omega_0c)(a^2+\omega_0^2)}{\omega^4+2\omega^2(a^2-\omega_0^2)+(a^2+\omega_0^2)^2}$
$\dfrac{1}{\pi t}$	$-\mathrm{j}\operatorname{sgn}\omega$

2 Korrespondenzen der Laplace-Transformation

$f(t)$	$F_I(p)$
$\delta(t)$	1
$s(t)t^n/n! \quad (n=0,1,\ldots)\ (0!=1)$	$1/p^{n+1}$
$s(t)t^n\mathrm{e}^{-\alpha t}/n! \quad (n=0,1,\ldots)$	$1/(p+\alpha)^{n+1}$
$s(t)\cos\beta t$	$p/(p^2+\beta^2)$
$s(t)\sin\beta t$	$\beta/(p^2+\beta^2)$
$s(t)\mathrm{e}^{-\alpha t}\cos\beta t$	$(p+\alpha)/[(p+\alpha)^2+\beta^2]$
$s(t)\mathrm{e}^{-\alpha t}\sin\beta t$	$\beta/[(p+\alpha)^2+\beta^2]$
$s(t)t\cos\beta t$	$(p^2-\beta^2)/(p^2+\beta^2)^2$
$s(t)t\sin\beta t$	$2\beta p/(p^2+\beta^2)^2$
$s(t)\cos^2\beta t$	$(p^2+2\beta^2)/[p(p^2+4\beta^2)]$
$s(t)\sin^2\beta t$	$2\beta^2/[p(p^2+4\beta^2)]$
$s(t)\cosh\beta t$	$p/(p^2-\beta^2)$
$s(t)\sinh\beta t$	$\beta/(p^2-\beta^2)$
$s(t)\dfrac{\sin\beta t}{t}$	$\arctan\dfrac{\beta}{p}$

$f(t)$	$F_I(p)$
$s(t)/\sqrt{\pi t}$	$1/\sqrt{p}$
$s(t)2\sqrt{t/\pi}$	$1/(p\sqrt{p})$

3 Korrespondenzen der Z-Transformation

$f[n]$	$F(z)$
$\delta[n]$	1
$s[n]$	$z/(z-1)$
$s[n](-1)^n$	$z/(z+1)$
$s[n]a^n$	$z/(z-a)$
$s[n]n\,a^n$	$a\,z/(z-a)^2$
$s[n]n^2\,a^n$	$a\,z(z+a)/(z-a)^3$
$s[n]n$	$z/(z-1)^2$
$s[n]n^2$	$z(z+1)/(z-1)^3$
$s[n]n^3$	$z(z^2+4z+1)/(z-1)^4$
$s[n]n^4$	$z(z^3+11z^2+11z+1)/(z-1)^5$
$s[n]\cos n\,\omega$	$z(z-\cos\omega)/(z^2-2z\cos\omega+1)$
$s[n]\sin n\,\omega$	$z\sin\omega/(z^2-2z\cos\omega+1)$
$s[n]b^n\cos n\,\omega$	$z(z-b\cos\omega)/(z^2-2b\,z\cos\omega+b^2)$
$s[n]b^n\sin n\,\omega$	$z\,b\sin\omega/(z^2-2b\,z\cos\omega+b^2)$
$s[n]\cosh n\,\beta$	$z(z-\cosh\beta)/(z^2-2z\cosh\beta+1)$
$s[n]\sinh n\,\beta$	$z\sinh\beta/(z^2-2z\cosh\beta+1)$
$s[n]/n!$	$e^{1/z}$
$s[n]\binom{n+k}{k}a^n$	$\dfrac{z^{k+1}}{(z-a)^{k+1}}$ $(k=0,1,\ldots)$

Formelzeichen und Abkürzungen

t	kontinuierliche Zeitvariable
t_0, t_1, T, τ	Zeitparameter
n, n_1, n_2	diskrete Zeitvariable
ν, μ, n_0, n_1, n_2	Zeitparameter (diskret)
$\mathrm{j} = \sqrt{-1}$	imaginäre Einheit
$p = \sigma + \mathrm{j}\omega$	komplexe Frequenzvariable der Laplace-Transformation
ω	reelle Frequenzvariable
$\omega_g, \omega_0, \Omega, \Omega_1$	Frequenzparameter
z	komplexe Variable der Z-Transformation
$\boldsymbol{x} = [x_1 \ \cdots \ x_m]^{\mathrm{T}}$	Vektor der Eingangsgrößen
$\boldsymbol{y} = [y_1 \ \cdots \ y_r]^{\mathrm{T}}$	Vektor der Ausgangsgrößen
$\boldsymbol{z} = [z_1 \ \cdots \ z_q]^{\mathrm{T}}$	Vektor der Zustandsgrößen
$s(t), s[n], s[n_1, n_2]$	Sprungfunktion
$\delta(t), \delta[n], \delta[n_1, n_2]$	Impulsfunktion (Delta-Funktion)
$a(t,\tau), a(t), a[n,\nu], a[n], a[n_1, n_2]$	Sprungantwort
$h(t,\tau), h(t), h_2(t_1, t_2), h[n,\nu], h[n], h[n_1, n_2]$	Impulsantwort
$p_\sqcap(\omega)$	Rechteckfunktion
$q_\sqcap(\omega)$	Dreieckfunktion
$\boldsymbol{A}, \boldsymbol{B}, \boldsymbol{C}, \boldsymbol{D}$, $(\boldsymbol{b}, \boldsymbol{c}, d)$	Matrizen zur Systembeschreibung im Zustandsraum
$\mathbf{E}$	Einheitsmatrix
$\boldsymbol{\Phi}(t, t_0), \boldsymbol{\Phi}(t), \boldsymbol{\Phi}[n], \boldsymbol{\Phi}[n_1, n_2]$	Übergangsmatrix
$\boldsymbol{U}$	Steuerbarkeitsmatrix
$\boldsymbol{V}$	Beobachtbarkeitsmatrix
$\boldsymbol{F}$	Frobenius-Matrix
$V(\boldsymbol{z}, t)$	Lyapunov-Funktion
$F(\mathrm{j}\omega)$	Fourier-Transformierte (Spektrum) von $f(t)$
$F(\mathrm{e}^{\mathrm{j}\omega T})$	Spektrum von $f[n]$
$F_I(p)$	(einseitige) Laplace-Transformierte von $f(t)$
$F_{II}(p)$	(zweiseitige) Laplace-Transformierte von $f(t)$
$F(z)$	Z-Transformierte von $f[n]$
$F(z_1, z_2)$	Z-Transformierte von $f[n_1, n_2]$
$H(p), H(z), H(z_1, z_2), H_2(p_1, p_2)$	Übertragungsfunktion
$H(p,t)$	verallgemeinerte Übertragungsfunktion
$A(\omega)$	Amplitudenfunktion
$\alpha(\omega)$	Dämpfungsfunktion
$\Theta(\omega) = -\Phi(\omega)$, $\Phi(\omega_1, \omega_2)$	Phasenfunktion
$R(\omega)$	Realteilfunktion
$X(\omega)$	Imaginärteilfunktion
$\hat{\boldsymbol{\Phi}}(p), \hat{\boldsymbol{\Phi}}(z)$	charakteristische Frequenzmatrix
det	Determinante
Si	Integralsinusfunktion
sgn	Signumfunktion
e, exp	Exponentialfunktion

ld	Zweierlogarithmus
ln	natürlicher Logarithmus
lg	Zehnerlogarithmus
log	Logarithmus
lim	Limes
$\lVert \dots \rVert$	Norm des Vektors ... Norm der Matrix ...
$T[\ ]$	Operatorsymbol
Re	Realteil
Im	Imaginärteil
$\lvert z \rvert$	Betrag von z
arg z	Winkel (Argument) von z
$*, **$	Faltungssymbol
○—	Korrespondenz zwischen Zeitfunktion und ihrer Fourier-Transformierten
○—●	Korrespondenz zwischen Zeitfunktion und ihrer Laplace-Transformierten
○⁄	Korrespondenz zwischen Zeitfunktion und ihrem Spektrum im Sinne der diskontinuierlichen Fourier-Transformation
○⁄ —●	Korrespondenz zwischen Zeitfunktion und ihrer Z-Transformierten
$\underset{N}{\longmapsto}$	Symbol für die diskrete Fourier-Transformation (DFT) der Ordnung N
$\underset{N_1, N_2}{\longmapsto}$	zweidimensionale DFT der Ordnung (N_1, N_2)
$\boldsymbol{x}(t)$	stochastischer Prozeß
$E[\ ]$	Erwartungswert
$r_{xx}(\tau), r_{xx}[\nu]$	Autokorrelationsfunktion
$r_{xy}(\tau), r_{xy}[\nu]$	Kreuzkorrelationsfunktion
$\boldsymbol{R}$	Autokorrelationsmatrix
$S_{xx}(\omega)$	spektrale Leistungsdichte
$S_{xy}(\omega)$	Kreuzleistungsspektrum
T	Transposition bei Matrizen
rg	Rang einer Matrix
diag	Diagonalmatrix
gr	Grad eines Polynoms
$\mathbb{N}$	Menge der natürlichen Zahlen
$\mathbb{N}_0$	Menge aus $\mathbb{N}$ und der Zahl 0
$\mathbb{Z}$	Menge der ganzen Zahlen
$\mathbb{R}$	Menge der reellen Zahlen
$\mathbb{C}$	Menge der komplexen Zahlen
$\in$	Element von
( )	beidseits offenes Intervall
[ ]	beidseits geschlossenes Intervall
( ]	links offenes, rechts geschlossenes Intervall
mod	modulo bezüglich einer Zahl
$=:, :=$	definitorische Gleichheitszeichen
$f', \dot{f}$	Differentialquotient von f

Aufgaben

Kapitel I

I. 1. **a)** Es sei $f(t) = \{s(t) - s(t-2)\} \cos \pi t$.
Man beschreibe $f(t), f(-t), f(t-2), f(2-t), f(2t+2), f^2(t), f(t^2), \mathrm{d}\{f(2-3t)\}/\mathrm{d}t, \int_{-\infty}^{t} f(2-\tau)\mathrm{d}\tau$.
b) Es sei $f[n] = \{s[n] - s[n-4]\} 4(1/2)^n$.
Man beschreibe $f[n], f[-n], f[n-3], f[3-n], f[2n+3], f^2[n], f[n^2]$.
c) Es sei $f[n] = n\{s[n] - s[n-3]\}$.
Man beschreibe $f[n], f[-2n], f[n+2], f[2n], f[n-1]\{s[n] - s[n-2]\}, f[-n+1]\,\delta[n+1]$.

I. 2. Man berechne (i) $\mathrm{d}s(t)/\mathrm{d}t$, (ii) $\mathrm{d}s(at+b)/\mathrm{d}t$, (iii) $\mathrm{d}\delta(at+b)/\mathrm{d}t$, (iv) $\delta(at+b)f(t)$, wobei a ($\neq 0$) und b reelle Konstanten bedeuten und $f(t)$ eine stetige Funktion ist.

I. 3. Unter Verwendung der Gln. (A-15) und (A-16) ermittle man die Konstanten A und B in der Identität

$$3\delta(t)\cos t + \mathrm{e}^t \frac{\mathrm{d}\delta(t)}{\mathrm{d}t} = A\,\delta(t) + B\frac{\mathrm{d}\delta(t)}{\mathrm{d}t}.$$

I. 4. Die Eingang-Ausgang-Beziehung eines kontinuierlichen Systems laute $y(t) = 3x(t) + x(t-1)$. Ist das System linear, ist es zeitinvariant, ist es kausal, ist es stabil?

I. 5. Die Eingang-Ausgang-Beziehung eines diskontinuierlichen Systems laute

$$y[n] = \sum_{\nu=n-\alpha}^{n+\beta} x[\nu]$$

mit reellen ganzzahligen Koeffizienten $\alpha \geqq 0$, $\beta \geqq 0$. Für welche Werte von α und β ist das System (i) linear, (ii) zeitinvariant, (iii) kausal, (iv) gedächtnislos, (v) stabil?

I. 6. Ein durch $x(t) = s(t) + s(t-1) - s(t-2) - s(t-3)$ erregtes lineares, zeitinvariantes, kausales kontinuierliches System reagiere mit dem Signal $y(t) = 4t(1-t)\{s(t) - s(t-1)\} + 4(t-1)(2-t)\{s(t-1) - s(t-2)\}$.
a) Man beschreibe den Verlauf von $x(t)$ und $y(t)$.
b) Man ermittle die Sprungantwort des Systems.
c) Man ermittle die Impulsantwort des Systems.

I. 7. Es sei $y(t) = (t+1)\{s(t+1) - s(t)\} + s(t) - s(t-2)$ die Reaktion eines linearen, zeitinvarianten kontinuierlichen Systems auf die Erregung $x(t) = s(t) - s(t-2)$. Man ermittle die Systemreaktion $\overline{y}(t)$, wenn mit dem Signal $\overline{x}(t) = s(t) - s(t-1)$ erregt wird.

I. 8. Gegeben seien die beiden Signale $f_1(t) = 2\{s(t-2) - s(t-3)\}$ und $f_2(t) = s(t+2) - s(t-2)$. Man bilde das Signal $f_1(t) * f_2(t)$ und veranschauliche die dabei auszuführende Faltungsoperation durch ein graphisches Diagramm.

I. 9. Man ermittle die Impulsantwort des durch die Differentialgleichung $\mathrm{d}y(t)/\mathrm{d}t + 3y(t) = 2x(t)$ gegebenen kontinuierlichen Systems.

I. 10. Man ermittle die Sprungantwort des durch die Differenzengleichung $y[n] = 4x[n] - 2x[n-1]$ und die Impulsantwort des durch $y[n] + 3y[n-1] = 2x[n]$ beschriebenen Systems.

I. 11. Es ist $h(t) = (1 - 2\mathrm{e}^{-2t})s(t)$ die Impulsantwort eines linearen, zeitinvarianten kontinuierlichen Systems. Man ermittle das Ausgangssignal $y(t)$, wenn das System mit $x(t) = \mathrm{e}^{2t}$ erregt wird.

I. 12. Ein lineares, zeitinvariantes kontinuierliches System habe die Impulsantwort $h(t) = s(t) - s(t-1)$. Es wird mit einem periodischen Signal $x(t) \equiv x(t+2)$ erregt, das im Intervall $0 < t < 2$ durch die Funktion $t\{s(t) - s(t-1)\}$ beschrieben wird. Man ermittle auf graphische Weise die Antwort $y(t)$ des Systems und gebe $y(t)$ formelmäßig an.

I. 13. Es sei $h(t) = \delta(t) - 4\{e^{-2t} - e^{-4t}\}s(t)$ die Impulsantwort eines linearen, zeitinvarianten kontinuierlichen Systems. Man ermittle die Ausgangssignale $y_1(t)$, $y_2(t)$ bzw. $y_3(t)$ für die Erregungen
(i) $x_1(t) = 3\delta(t-4)$, (ii) $x_2(t) = 4s(t)$, (iii) $x_3(t) = 2\delta(t) + e^{-3t}s(t)$.

I. 14. Zwei lineare, im allgemeinen zeitvariante diskontinuierliche Systeme mit den Impulsantworten $h_1[n,\nu]$ bzw. $h_2[n,\nu]$ werden miteinander in Kette verbunden. Man zeige, daß das Gesamtsystem ebenfalls ein lineares System ist und drücke dessen Impulsantwort $h[n,\nu]$ durch $h_1[n,\nu]$ und $h_2[n,\nu]$ aus. Man überlege sich etwa an Hand eines Beispiels, ob $h[n,\nu]$ von der Reihenfolge der Kettenschaltung abhängt.

I. 15. Ein stochastischer Prozeß $\boldsymbol{x}(t)$ bestehe aus einem Ensemble von mäanderartigen Signalen, wobei $\boldsymbol{x}(t) = \xi_\nu$ für $\nu T_0 < t < (\nu+1)T_0$ $(\nu = 0, \pm 1, \ldots)$ gilt. Dabei bedeuten ξ_ν stochastisch unabhängige Zufallsvariablen, welche die Werte a oder $-a$ (a = const > 0) in jedem der genannten Intervalle mit gleicher Wahrscheinlichkeit $1/2$ annehmen.

a) Man berechne Mittelwert $E[\boldsymbol{x}(t)]$ und Streuungsquadrat $\sigma_x^2(t)$ des Prozesses.
b) Man berechne die Autokorrelierte $E[\boldsymbol{x}(t)\boldsymbol{x}(t+\tau)]$ des Prozesses.
c) Man ermittle für irgendeine Musterfunktion $x_i(t)$ von $\boldsymbol{x}(t)$ den zeitlichen Mittelwert $\overline{x_i(t)}$ und den Effektivwert $\sqrt{\overline{x_i^2(t)}}$. Man vergleiche die Ergebnisse mit jenen der Teilaufgabe a.

I. 16. Es sei $\boldsymbol{x}(t) = a\sin(\omega_0 t + \varphi) + b$ ein stochastisches Signal mit beliebigen positiven Konstanten a, b, ω_0 und einer im Intervall $(0, 2\pi)$ gleichverteilten Zufallsvariablen φ.

a) Man berechne die Autokorrelierte $E[\boldsymbol{x}(t)\boldsymbol{x}(t+\tau)]$.
b) Welchen Mittelwert und welche Varianz hat $\boldsymbol{x}(t)$?
c) Aus $\boldsymbol{x}(t)$ wird mit einem von diesem Signal unabhängigen stationären stochastischen Prozeß $\boldsymbol{v}(t)$, dessen Autokorrelierte $r_{vv}(\tau)$ bekannt sei, das Signal $\boldsymbol{w}(t) = \boldsymbol{x}(t) + \boldsymbol{v}(t)$ erzeugt. Man gebe die Autokorrelierte von $\boldsymbol{w}(t)$ an.

I. 17. Es sei

$$\boldsymbol{x}(t) = \sum_{\nu=-\infty}^{\infty} c_\nu e^{j\nu(\omega_0 t + \varphi)}$$

ein stochastischer Prozeß, bei dem φ eine im Intervall $(-\pi, \pi)$ gleichverteilte Zufallsvariable und c_ν $(\nu = 0, \pm 1, \ldots)$ Konstanten darstellen.

a) Man berechne den Erwartungswert $E[\boldsymbol{x}(t)]$.
b) Man berechne die Autokorrelierte $E[\boldsymbol{x}(t)\boldsymbol{x}(t+\tau)]$.
c) Warum ist der Prozeß im weiteren Sinne stationär?

I. 18. Ein mittelwertfreies stationäres stochastisches Signal $\boldsymbol{x}(t)$ besitze die Autokorrelationsfunktion

$$r_{xx}(\tau) = (16/3)e^{-|\tau|}.$$

a) Man gebe die mittlere Signalleistung (Streuungsquadrat des Prozesses) an.
b) Unter der Annahme, daß die Werte des Signals im Intervall $(-a, a)$ gleichverteilt sind, gebe man die Dichtefunktion $f(x)$ des Prozesses $\boldsymbol{x}(t)$ an. Welchen Wert hat a?

I. 19. Aus dem stationären stochastischen Signal $\boldsymbol{x}(t)$ mit der Autokorrelationsfunktion $r_{xx}(\tau) = \delta(\tau)$ (weißes Rauschen) und der bekannten Impulsantwort $h(t)$ eines linearen, zeitinvarianten Systems wird das Signal $\boldsymbol{y}(t) = \boldsymbol{x}(t) + \boldsymbol{x}(t) * h(t)$ erzeugt. Man gebe die Autokorrelationsfunktion $r_{yy}(\tau)$ an.

Kapitel II

II. 1. Ein lineares, zeitinvariantes System werde durch die Differentialgleichung

$$\frac{d^2y}{dt^2} + 3\frac{dy}{dt} + 2y = x$$

beschrieben. Man stelle das System im Zustandsraum dar. Man bringe die Zustandsbeschreibung auf eine Gestalt, bei der die $\boldsymbol{A}$-Matrix reine Diagonalform besitzt.

II. 2. Man zeige, daß das im Bild P. II. 2 beschriebene elektrische Netzwerk die Systemmatrizen

$$\boldsymbol{A} = \begin{bmatrix} -\frac{1}{R_1 C_1} & 0 & -\frac{1}{C_1} \\ 0 & -\frac{1}{R_2 C_3} & \frac{1}{C_3} \\ \frac{1}{L_2} & -\frac{1}{L_2} & 0 \end{bmatrix}, \quad \boldsymbol{b} = \begin{bmatrix} \frac{1}{R_1 C_1} \\ 0 \\ 0 \end{bmatrix}, \quad \boldsymbol{c}^{\mathrm{T}} = [0 \quad 1/R_2 \quad 0], \quad d = 0$$

besitzt. Man berechne das charakteristische Polynom des Systems.

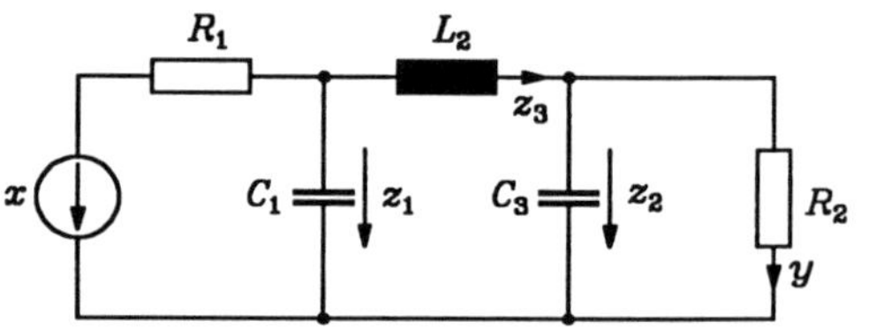

Bild P. II. 2

II. 3. a) Man zeige, daß

$$\frac{\mathrm{d}\boldsymbol{z}}{\mathrm{d}t} = \begin{bmatrix} 0 & 0 & 0 & \cdots & -\alpha_0 \\ 1 & 0 & 0 & \cdots & -\alpha_1 \\ 0 & 1 & 0 & \cdots & -\alpha_2 \\ \vdots & \vdots & \vdots & & \vdots \\ 0 & 0 & 0 & \cdots & -\alpha_{q-1} \end{bmatrix} \boldsymbol{z} + \begin{bmatrix} \beta_0 \\ \beta_1 \\ \vdots \\ \\ \beta_{q-1} \end{bmatrix} x, \quad y = [0 \quad 0 \quad 0 \cdots 0 \quad 1]\boldsymbol{z} + d\,x$$

eine Zustandsdarstellung ist für die Differentialgleichung

$$\frac{\mathrm{d}^q y}{\mathrm{d}t^q} + \alpha_{q-1}\frac{\mathrm{d}^{q-1} y}{\mathrm{d}t^{q-1}} + \cdots + \alpha_0 y = d\,\frac{\mathrm{d}^q x}{\mathrm{d}t^q} + (d\,\alpha_{q-1} + \beta_{q-1})\frac{\mathrm{d}^{q-1} x}{\mathrm{d}t^{q-1}} + \cdots + (d\,\alpha_0 + \beta_0)x\,.$$

b) Man zeige, daß obige Zustandsdarstellung ein beobachtbares System beschreibt.

II. 4. Gegeben sei die Matrix

$$\boldsymbol{A} = \begin{bmatrix} 1 & 0 & 0 \\ 0 & 2 & 0 \\ 6 & 4 & 3 \end{bmatrix}.$$

Man ermittle eine Ähnlichkeitstransformation, welche $\boldsymbol{A}$ in Diagonalform überführt.

II. 5. Gegeben sei die Matrix

$$\boldsymbol{A}_1 = \begin{bmatrix} \lambda & 1 & 0 \\ 0 & \lambda & 0 \\ 0 & 0 & \lambda \end{bmatrix}$$

a) Man ermittle das charakteristische Polynom und das Minimalpolynom von $\boldsymbol{A}_1$. Man gebe die Eigenwerte, deren Vielfachheiten und Indizes an.

b) Man berechne die Matrix $\mathrm{e}^{\boldsymbol{A}_1 t}$.

c) Die Matrix

$$\boldsymbol{A}_2 = \begin{bmatrix} \lambda & 0 & 0 \\ 0 & \lambda & 0 \\ 0 & 0 & \lambda \end{bmatrix}$$

hat dasselbe charakteristische Polynom wie $\boldsymbol{A}_1$. Wie lautet das Minimalpolynom von $\boldsymbol{A}_2$?

d) Sind die beiden nicht erregten Systeme

$$\frac{\mathrm{d}\boldsymbol{z}}{\mathrm{d}t} = \boldsymbol{A}_1\boldsymbol{z}\,, \quad \frac{\mathrm{d}\boldsymbol{z}}{\mathrm{d}t} = \boldsymbol{A}_2\boldsymbol{z}$$

im Fall $\lambda = 0$ stabil?

II. 6. Ein lineares System werde durch die Zustandsgleichung

$$\frac{d\boldsymbol{z}}{dt} = \begin{bmatrix} -7 & 1 \\ -12 & 0 \end{bmatrix} \boldsymbol{z}$$

beschrieben. Man zeige, daß für die Übergangsmatrix des Systems

$$\boldsymbol{\Phi}(t) = \begin{bmatrix} 4e^{-4t} - 3e^{-3t} & e^{-3t} - e^{-4t} \\ 12e^{-4t} - 12e^{-3t} & 4e^{-3t} - 3e^{-4t} \end{bmatrix}$$

gilt.

II. 7. Man prüfe die Steuerbarkeit des Systems

$$\frac{d\boldsymbol{z}}{dt} = \begin{bmatrix} -20 & -25 & 0 \\ 16 & 20 & 0 \\ 3 & 4 & 0 \end{bmatrix} \boldsymbol{z} + \begin{bmatrix} 0 \\ 3 \\ -1 \end{bmatrix} x, \quad y = [0 \quad 3 \quad -1]\, \boldsymbol{z}$$

und die Beobachtbarkeit des Systems

$$\frac{d\boldsymbol{z}}{dt} = \begin{bmatrix} 0 & 0 & -2 \\ 1 & 0 & -4 \\ 0 & 1 & -3 \end{bmatrix} \boldsymbol{z} + \begin{bmatrix} 0 & 1 \\ 1 & 2 \\ -1 & 1 \end{bmatrix} \boldsymbol{x}, \quad y = \begin{bmatrix} 1 & 0 & -1 \\ 0 & 1 & 1 \end{bmatrix} \boldsymbol{z} .$$

II. 8. Gegeben sei das System

$$\frac{d\boldsymbol{z}}{dt} = \begin{bmatrix} -3 & -2 \\ 1 & 0 \end{bmatrix} \boldsymbol{z} + \begin{bmatrix} 1 \\ 0 \end{bmatrix} x, \quad \boldsymbol{z}(0) = \begin{bmatrix} 1 \\ -1 \end{bmatrix} .$$

a) Man berechne die Übergangsmatrix $\boldsymbol{\Phi}(t)$ des Systems.

b) Es soll gezeigt werden, daß das System steuerbar ist.

c) Man ermittle für $t > 0$ ein Eingangssignal $x(t)$, so daß $\boldsymbol{z}(t) \equiv \boldsymbol{0}$ für $t \geqq t_1 = \ln 2$ gilt.

II. 9. Gegeben sei das System

$$\frac{d\boldsymbol{z}}{dt} = \begin{bmatrix} 1 & 4 & 0 \\ a & -1 & 0 \\ 0 & 0 & a \end{bmatrix} \boldsymbol{z} + \begin{bmatrix} 0 & 1 \\ 1 & 0 \\ 1 & 1 \end{bmatrix} \boldsymbol{x}$$

mit dem Vektor $\boldsymbol{x} = [x_1, x_2]^T$ der Eingangssignale. Man gebe die Werte von a an, für welche das System sowohl im Fall $x_1 \equiv 0$ als auch im Fall $x_2 \equiv 0$ steuerbar ist.

II. 10. Ein lineares, zeitinvariantes System sei im Zustandsraum durch die Gleichungen

$$\frac{d\boldsymbol{z}}{dt} = \begin{bmatrix} -1 & 0 & 0 \\ 1 & -1 & 0 \\ 0 & 0 & -2 \end{bmatrix} \boldsymbol{z}, \quad y = [1 \quad 1 \quad 1]\, \boldsymbol{z}$$

beschrieben. Man gebe den Anfangszustand $\boldsymbol{z}(0)$ an, der zu wählen ist, so daß das Ausgangssignal die Form $y(t) = t\, e^{-t}$ für $t > 0$ erhält. Wie kann man die Lösbarkeit der Aufgabe im voraus allein an Hand der Systemmatrizen entscheiden?

II. 11. Gegeben ist die Zustandsdarstellung eines linearen, zeitinvarianten Systems in der Form

$$\frac{d\boldsymbol{z}}{dt} = \begin{bmatrix} 0 & 1 & 0 & 0 \\ 0 & 0 & 1 & 0 \\ 0 & 0 & 0 & 1 \\ -6 & -k & -11 & -5 \end{bmatrix} \boldsymbol{z} + \begin{bmatrix} 0 \\ 0 \\ 0 \\ 1 \end{bmatrix} x, \quad y = [2 \quad 10 \quad 10 \quad 0]\, \boldsymbol{z} + x .$$

a) Man ermittle das Intervall von k-Werten, für die das charakteristische Polynom des Systems ein Hurwitz-Polynom ist. Man beurteile die Stabilität des Gleichgewichtszustands $\boldsymbol{z} = \boldsymbol{0}$ des nicht erregten Systems für die Parameterwerte $k = 0$, $k = 20$ und $k = 50$.

b) Ist das System für $k = 40$ beobachtbar?

c) Man gebe die Differentialgleichung an, welche die Eingangs- und Ausgangsgrößen unmittelbar verknüpft. Man gebe eine Realisierung des Systems in Form eines Signalflußdiagramms an.

II. 12. Bild P. II. 12 zeigt ein elektrisches Netzwerk mit zwei Energiespeichern, einer Spannungsquelle x_1 mit dem ohmschen Innenwiderstand R, einer Stromquelle x_2 mit dem Innenwiderstand R und einem zusätzlichen Ohmwiderstand R_1. Als Ausgangssignal wird der Strom y durch die Spannungsquelle x_1 betrachtet.

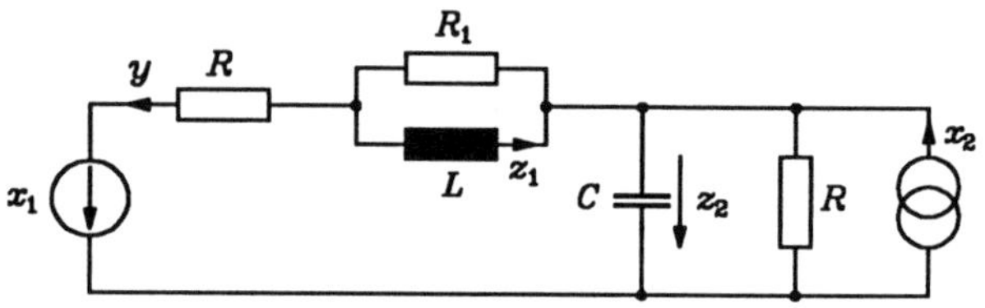

Bild P. II. 12

a) Man stelle die Zustandsgleichungen in der Form

$$\frac{d\boldsymbol{z}}{dt} = \boldsymbol{A}\boldsymbol{z} + \boldsymbol{B}\boldsymbol{x}, \quad y = \boldsymbol{c}^{\mathrm{T}}\boldsymbol{z} + \boldsymbol{d}^{\mathrm{T}}\boldsymbol{x}$$

auf. Dabei soll als erste Komponente von $\boldsymbol{z}$ der Induktivitätsstrom und als zweite Komponente die Kapazitätsspannung gewählt werden.

Im weiteren sei $R_1 = 2R$ und $CR_1/2 = L/R_1 =: T$ gewählt und die normierte Zeit $\tau = t/T$ eingeführt.

b) Man gebe ein Signalflußdiagramm an, durch das die Zustandsgleichungen simuliert werden können.

c) Ist es möglich, bei identisch verschwindenden Eingangssignalen durch Messung von $y(t)$ in einem endlichen Zeitintervall $(0, T_0)$ den Anfangszustand $\boldsymbol{z}(0)$ zu ermitteln?

d) Man bestimme die Übergangsmatrix des Systems.

II. 13. Im Netzwerk von Bild P. II. 13 haben die beiden Induktivitäten die konstanten (normierten) Werte $L_1 = 1/2$, $L_2 = 1$ und die beiden Ohmwiderstände die veränderlichen (normierten) Werte $R_1(t) = 1 - 0{,}5 \cos t$ und $R_2(t) = 1 - \cos t$. Eingangssignal ist die Spannung $x(t)$, und der Strom $y(t)$ ist als Ausgangsgröße zu betrachten.

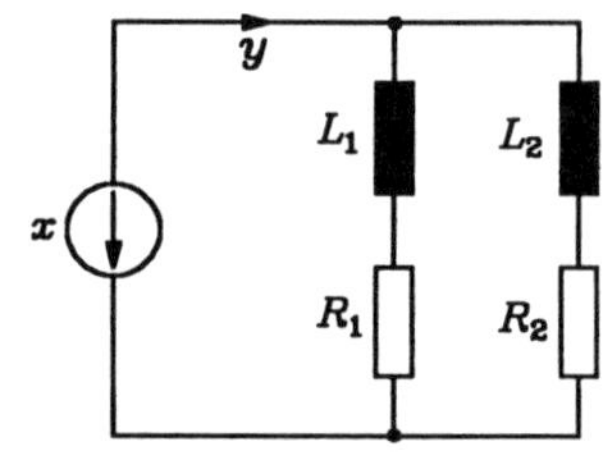

Bild P. II. 13

a) Man gebe eine Zustandsdarstellung für das vorliegende Netzwerk an.

b) Man ermittle die Übergangsmatrix $\boldsymbol{\Phi}(t, t_0)$ des Systems.

c) Da das System periodisch ist, kann die Übergangsmatrix auf die Form von Gl. (2.106) gebracht werden. Man berechne die Matrizen $\boldsymbol{P}(t, t_0)$ und $\tilde{\boldsymbol{A}}$ und verifiziere, daß $\boldsymbol{P}(t, t_0)$ in beiden unabhängigen Variablen periodisch ist.

d) Man zeige, daß das System stabil ist. Wie läßt sich dieser Sachverhalt physikalisch begründen?

II.14. Man zeige ohne Berechnung von Nullstellen, daß die Realteile aller Nullstellen des Polynoms

$$p^3 + 8p^2 + 22p + 20$$

kleiner als -1 sind.

II. 15. Gegeben sei das System

$$\frac{d\boldsymbol{z}}{dt} = \begin{bmatrix} 0 & -a \\ a & 0 \end{bmatrix} \boldsymbol{z} + \begin{bmatrix} b \\ 0 \end{bmatrix} x, \quad y = [1 \quad 0]\, \boldsymbol{z} \quad \text{mit} \quad a, b > 0.$$

a) Man ermittle die Eigenwerte des Systems und beurteile die Stabilität des nicht erregten Systems im Sinne Lyapunovs.

b) Man ermittle die Übergangsmatrix des Systems. Ist das erregte System stabil in dem Sinne, daß jedes beschränkte zulässige Eingangssignal ein beschränktes Ausgangssignal zur Folge hat?

c) Man bearbeite erneut die Teilaufgaben a und b, wobei jedoch die $\boldsymbol{A}$ -Matrix gegen die Matrix

$$\boldsymbol{A} = \begin{bmatrix} 0 & 0 \\ a & 0 \end{bmatrix}$$

auszutauschen ist.

II.16. Man transformiere die Zustandsdarstellung

$$\frac{\mathrm{d}\boldsymbol{z}}{\mathrm{d}t} = \begin{bmatrix} -2 & -4 & -2 & 1 \\ 0 & -3 & -2 & 2 \\ 0 & 0 & -1 & -1 \\ 0 & 0 & 0 & -2 \end{bmatrix} \boldsymbol{z} + \begin{bmatrix} 1 \\ -1 \\ 1 \\ 0 \end{bmatrix} x , \quad y = [\,0 \quad 0 \quad 1 \quad -1\,]\, \boldsymbol{z}$$

auf kanonische Form gemäß den Gln. (2.155a,b) und (2.156a-c).

II. 17. Man überführe die Zustandsdarstellung

$$\frac{\mathrm{d}\boldsymbol{z}}{\mathrm{d}t} = \begin{bmatrix} -1 & 0 & 1 \\ -2 & -1 & 0 \\ -2 & 1 & -1 \end{bmatrix} \boldsymbol{z} + \begin{bmatrix} 1 \\ 1 \\ 0 \end{bmatrix} x , \quad y = [\,1 \quad 1 \quad 0\,]\, \boldsymbol{z}$$

in eine äquivalente Form, deren Beobachtbarkeitsmatrix mit der Einheitsmatrix übereinstimmt, und in eine weitere Form, deren Steuerbarkeitsmatrix gleich der Einheitsmatrix ist.

II. 18. Ein System sei durch die Zustandsgleichung

$$\frac{\mathrm{d}\boldsymbol{z}}{\mathrm{d}t} = \begin{bmatrix} 1 & -1 \\ 1 & 2 \end{bmatrix} \boldsymbol{z} + \begin{bmatrix} 2 \\ 1 \end{bmatrix} x$$

beschrieben. Man ermittle den Regelvektor $\boldsymbol{k} = [\,k_1 \quad k_2\,]^{\mathrm{T}}$, so daß das durch die Zustandsgrößen rückgekoppelte System die Eigenwerte -1 und -2 erhält.

II. 19. Die Eingang-Ausgang-Beschreibung eines diskontinuierlichen Systems laute

$$y[n+3] - y[n+2] + y[n+1] - y[n] = x[n+3] + 2x[n+2] + 3x[n+1] + 4x[n] .$$

a) Man gebe eine Zustandsdarstellung des Systems an.

b) Man bringe die Zustandsdarstellung auf Jordansche Normalform.

c) Man zeige, daß die Beziehungen

$$\boldsymbol{\zeta}[n+1] = \begin{bmatrix} 1 & 1 & 1 \\ -1 & 0 & 0 \\ 0 & -1 & 0 \end{bmatrix} \boldsymbol{\zeta}[n] + \begin{bmatrix} -1 \\ 0 \\ 0 \end{bmatrix} x[n] , \quad y[n] = [\,-3 \quad 2 \quad -5\,]\, \boldsymbol{\zeta}[n] + x[n]$$

eine zu den Darstellungen aus den Teilaufgaben a und b äquivalente Zustandsbeschreibung repräsentieren.

II. 20. Ein lineares, zeitinvariantes diskontinuierliches System mit einem Eingang und einem Ausgang besitze die Zustandsdarstellung

$$\boldsymbol{z}[n+1] = \boldsymbol{A}\, \boldsymbol{z}[n] + \boldsymbol{b}\, x[n] , \quad y[n] = \boldsymbol{c}^{\mathrm{T}} \boldsymbol{z}[n]$$

der Ordnung Drei. Es sei beobachtbar.

a) Unter Verwendung der gegebenen Zustandsgleichungen drücke man zunächst $\boldsymbol{z}[n+2]$, $\boldsymbol{z}[n+3]$ und dann $y[n+1]$, $y[n+2]$, $y[n+3]$ allein mit Hilfe der Signale $\boldsymbol{z}[n]$, $x[n]$, $x[n+1]$, $x[n+2]$ aus und verifiziere schließlich aufgrund dieser Darstellungen die Beziehung

$$\boldsymbol{z}[n] = \boldsymbol{V}^{-1} \begin{bmatrix} y[n] \\ y[n+1] - \boldsymbol{c}^{\mathrm{T}} \boldsymbol{b}\, x[n] \\ y[n+2] - \boldsymbol{c}^{\mathrm{T}} \boldsymbol{A}\, \boldsymbol{b}\, x[n] - \boldsymbol{c}^{\mathrm{T}} \boldsymbol{b}\, x[n+1] \end{bmatrix} ,$$

wobei $\boldsymbol{V}$ die Beobachtbarkeitsmatrix des Systems bedeutet. Man erläutere nun, wie mit den gewonnenen Ergebnissen $y[n+3]$ ausschließlich mit Hilfe von $x[n]$, $x[n+1]$, $x[n+2]$, $y[n]$, $y[n+1]$, $y[n+2]$ ausgedrückt werden kann.

b) Aufgrund der Ergebnisse von Teilaufgabe a soll eine Eingang-Ausgang-Beschreibung des Systems mit den Matrizen

$$\boldsymbol{A} = \begin{bmatrix} 1 & 1 & 0 \\ 1 & 0 & 0 \\ 2 & 2 & 1 \end{bmatrix}, \quad \boldsymbol{b} = \begin{bmatrix} 4 \\ 4 \\ 2 \end{bmatrix}, \quad \boldsymbol{c}^T = [0 \quad 0 \quad 1]$$

in Form einer Differenzengleichung dritter Ordnung in x und y ermittelt werden.

II. 21. Man überführe die Differenzengleichung

$$y[n+3] - y[n+2] + y[n+1] + y[n] = x[n+2] + x[n+1] + x[n]$$

in eine Zustandsdarstellung und realisiere diese durch ein Signalflußdiagramm.

II. 22. Gegeben sei die Zustandsdarstellung

$$\boldsymbol{z}[n+1] = \begin{bmatrix} 1/2 & 1 & 1 \\ 0 & 1 & 2 \\ 0 & 0 & 0 \end{bmatrix} \boldsymbol{z}[n] + \begin{bmatrix} 0 \\ 0 \\ 1/2 \end{bmatrix} x[n], \quad y[n] = [1 \quad 0 \quad 0]\, \boldsymbol{z}[n].$$

a) Man gebe ein Signalflußdiagramm an, das die Zustandsdarstellung realisiert.

b) Man ermittle die Übergangsmatrix $\boldsymbol{\Phi}[n]$ für $n \geqq 0$.

c) Es sei $x[n] = (1/2)^n$ für $n \geqq 0$ und $\boldsymbol{z}[0] = [1 \quad 1 \quad 1]^T$. Man ermittle $y[n]$ für $n \geqq 0$.

d) Ist das nicht erregte System stabil?

II. 23. Gegeben sei die Zustandsdarstellung

$$\boldsymbol{z}[n+1] = \begin{bmatrix} 3 & 5 & 2 \\ -1 & -1 & -1/2 \\ 0 & -1 & 0 \end{bmatrix} \boldsymbol{z}[n] + \begin{bmatrix} 1 \\ 0 \\ 0 \end{bmatrix} x[n], \quad \boldsymbol{z}[0] = \begin{bmatrix} 1 \\ 0 \\ 0 \end{bmatrix}.$$

Man gebe ein Eingangssignal $x[n]$ an, so daß $\boldsymbol{z}[n] \equiv 0$ für $n \geqq 3$ gilt.

II. 24. **a)** Ein diskontinuierliches System wird durch die Zustandsdarstellung

$$\boldsymbol{z}[n+1] = \begin{bmatrix} -1 & 1 \\ 0 & 0 \end{bmatrix} \boldsymbol{z}[n] + \begin{bmatrix} 0 \\ 1 \end{bmatrix} x[n], \quad y[n] = [\alpha \quad \beta]\, \boldsymbol{z}[n]$$

beschrieben. Man zeige, daß das System steuerbar ist und gebe ein Signal $x[n]$ an, durch das der Anfangszustand $\boldsymbol{z}[0] = [1 \quad 0]^T$ in den Nullzustand überführt wird.

b) Für welche Werte der Koeffizienten α und β ist die Zustandsdarstellung nicht beobachtbar?

c) Es sei $\alpha = \beta = 1$ und $x[n] \equiv 0$. Man gebe zwei voneinander verschiedene Anfangszustände an, für die $y[0] = 0$ gilt.

II. 25. Ein lineares, zeitinvariantes diskontinuierliches System besitze die Zustandsdarstellung

$$\boldsymbol{z}[n+1] = \begin{bmatrix} 1/3 & 1 & 0 \\ 0 & 0 & 1 \\ 0 & 0 & 1 \end{bmatrix} \boldsymbol{z}[n] + \begin{bmatrix} 0 \\ k \\ 1 \end{bmatrix} x[n], \quad y[n] = [1 \quad 0 \quad 0]\, \boldsymbol{z}[n].$$

a) Man gebe ein Signalflußdiagramm an, das die Zustandsdarstellung realisiert.

b) Für welche Werte von k ist die Zustandsdarstellung steuerbar?

c) Man bestimme die Übergangsmatrix $\boldsymbol{\Phi}[n]$ des Systems für $n \geqq 2$.

d) Man ermittle das Ausgangssignal $y[n]$ für $\boldsymbol{z}[0] = [1 \quad 1 \quad 1]^T$ und $x[n] = \delta[n]$.

e) Man gebe eine Differenzengleichung höherer Ordnung an, die eine Eingang-Ausgang-Beschreibung für das System darstellt.

II. 26. Bild P. II. 26 zeigt das Signalflußdiagramm eines diskontinuierlichen Systems. Dabei bezeichnet V jeweils ein Verzögerungsglied, α und β bedeuten beliebige reelle Konstanten. Alle Signale sind von der diskreten Zeit n abhängig.

a) Man gebe eine Zustandsbeschreibung des Systems an.

b) Man überprüfe die Steuerbarkeit und Beobachtbarkeit des Systems.

c) Man ermittle die Übergangsmatrix $\boldsymbol{\Phi}[n]$ des Systems für beliebige Werte von $n \geqq 0$. Dabei darf $\alpha = 0$ angenommen werden.

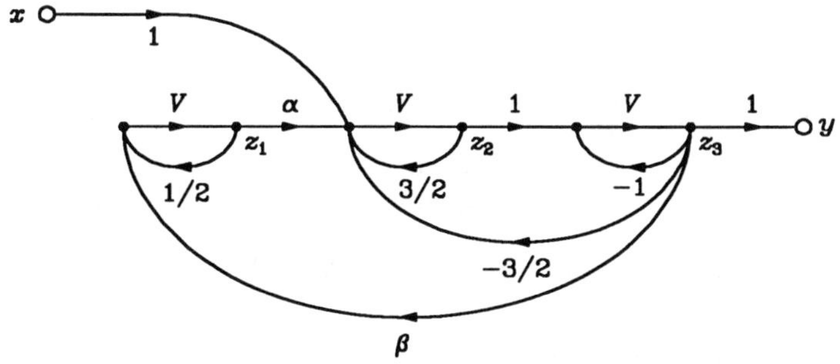

Bild P. II. 26

d) Man ermittle $y[n]$, wenn $x[n] = s[n]$ und $\boldsymbol{z}[0] = [1 \quad 0 \quad 0]^T$ gilt. Auch hierbei darf $\alpha = 0$ angenommen werden.

II. 27. Ein diskontinuierliches System mit zwei Eingängen sei durch das Signalflußdiagramm nach Bild P. II. 27 gegeben, in dem V jeweils ein Verzögerungsglied bezeichnet, α, β, γ voneinander verschiedene reelle Konstanten mit $\alpha\,\beta \neq 0$ bedeuten und alle Signale von der diskreten Zeit n abhängen.

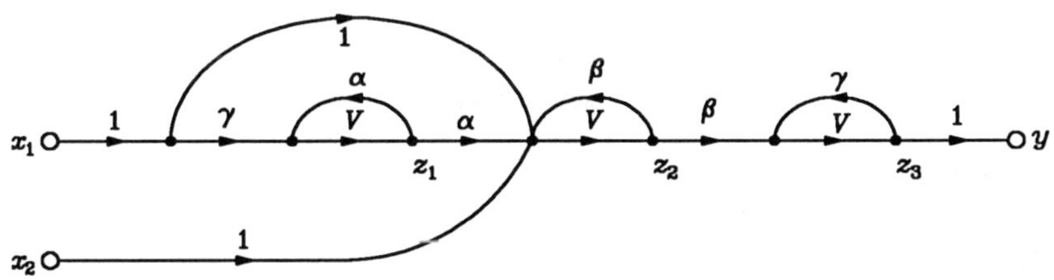

Bild P. II. 27

a) Man gebe Zustandsgleichungen für das System mit $\boldsymbol{z}[n] = [z_1[n] \quad z_2[n] \quad z_3[n]]^T$ als dem Zustandsvektor an.

b) Ist das System beobachtbar?

c) Es sei $\alpha = 2, \beta = \gamma = 1$ und $\boldsymbol{z}[0] = [1 \quad 1 \quad 1]^T$. Gibt es ein Signal $x_1[n], n \geqq 0$, so daß bei Erregung des Systems mit diesem Signal $x_1[n]$ und $x_2[n] \equiv 0$ der Zustandsvektor $\boldsymbol{z}[n]$ für alle $n > 3$ verschwindet? Man ermittle gegebenenfalls ein solches Signal.

d) Läßt sich das System allein mit dem Eingangssignal $x_2[n]$ von einem Anfangszustand $\boldsymbol{z}[0] \neq \boldsymbol{0}$ in endlicher Zeit in den Nullzustand überführen?

e) Für welche Werte von α, β, γ ist das nicht erregte System asymptotisch stabil?

f) Für welche Werte von α, β, γ bewirkt jedes beschränkte Eingangssignal ein ebenfalls beschränktes Ausgangssignal?

II. 28. Für die Matrix

$$\boldsymbol{A} = \begin{bmatrix} 1 & 1 & 0 & -1 \\ 0 & 1 & 1 & -1 \\ 0 & 0 & 1 & 0 \\ 0 & 0 & 0 & 1 \end{bmatrix}$$

berechne man $\boldsymbol{A}^n$ $(n \geqq 1)$ auf zwei verschiedene Weisen unter Verwendung des Cayley-Hamilton-Theorems bzw. durch Transformation auf Jordan-Form.

II. 29. Man prüfe, ob das durch die Differenzengleichung

$$y[n+4] + y[n+3] + \frac{1}{4}y[n+2] - \frac{1}{4}y[n+1] - \frac{1}{8}y[n] = 0$$

beschriebene System asymptotisch stabil ist.

Kapitel III

III. 1. Unter Verwendung der Fourier-Transformierten $1/(a + \mathrm{j}\omega)$ der kausalen Zeitfunktion $\mathrm{e}^{-at}s(t)$ $(a > 0)$ ermittle man die Zeitfunktion mit der Fourier-Transformierten $(2 + \mathrm{j}\omega)/\{(1 + \mathrm{j}\omega)(3 + \mathrm{j}\omega)\}$.

III. 2. Gegeben sei die Zeitfunktion $f(t) = 2\,\mathrm{e}^{-at}(1+at)s(t) \quad (a>0)$.

a) Man berechne den geraden Teil $f_g(t)$ und den ungeraden Teil $f_u(t)$ von $f(t)$ und stelle beide Funktionen in einem Schaubild dar.

b) Man ermittle die Fourier-Transformierte $F(\mathrm{j}\omega)$ von $f(t)$, indem zunächst $\mathrm{e}^{-at}s(t)$ transformiert und danach neben der Linearitätseigenschaft die Eigenschaft der Differentiation im Frequenzbereich verwendet wird.

c) Man gebe aufgrund der Ergebnisse von Teilaufgabe b die Fourier-Transformierten von $f_g(t)$ und $f_u(t)$ an.

III. 3. Bekannt sei das Spektrum $F(\mathrm{j}\omega)$ eines reellen Signals $f(t)$. Man leite aus diesem Spektrum die Fourier-Transformierte $F_k(\mathrm{j}\omega)$ des kausalen Teils $f_k(t) = f(t)s(t)$ von $f(t)$ her. Weiterhin soll das Spektrum $\widetilde{F}(\mathrm{j}\omega)$ von $f_k(|t|)$ durch $F(\mathrm{j}\omega)$ ausgedrückt werden.

III. 4. Man ermittle die Fourier-Transformierten der Zeitfunktionen

$$\text{(i)}\ \frac{\sin(\Omega\{t-t_0\})}{\pi(t-t_0)}, \quad \text{(ii)}\ \frac{2\sin^2(\Omega\{t-t_0\}/2)}{\pi\Omega(t-t_0)^2}\sin\omega_0 t, \quad \text{(iii)}\ \mathrm{e}^{-2|t|}(1+2\sin|t|).$$

Die Größen ω_0, Ω, t_0 bedeuten positive Konstanten.

III. 5. a) Man zeige, daß $-\mathrm{j}\operatorname{sgn}\omega$ Fourier-Transformierte von $1/(\pi t)$ ist.

b) Unter Verwendung des Ergebnisses von Teilaufgabe a beweise man, daß $|\omega|$ Fourier-Transformierte von $-1/\pi t^2$ ist.

c) Man zeige, daß aus der Korrespondenz $f(t) \circ\!\!-\!\!\bullet F(\mathrm{j}\omega)$ die Korrespondenz $f'(t) * (1/\pi t) \circ\!\!-\!\!\bullet |\omega| F(\mathrm{j}\omega)$ folgt. Hierbei wird die Existenz der auftretenden Funktionen vorausgesetzt.

III. 6. Man berechne das Integral

$$I_q = \int_{-\infty}^{\infty} \frac{4}{T\omega^2}\sin^2\frac{T\omega}{2}\,\mathrm{d}\omega$$

auf zwei verschiedene Arten, einerseits durch geeignete Auswertung als Fourier-Umkehrintegral für einen speziellen t-Wert, andererseits durch Anwendung des Parsevalschen Theorems. – Wie läßt sich das Integral

$$I = \int_{-\infty}^{\infty} f(t)\,\mathrm{d}t$$

direkt aus der Fourier-Transformierten $F(\mathrm{j}\omega)$ von $f(t)$ angeben? Man wähle speziell $f(t) = (\sin^4 t)/t^4$.

III. 7. Das Eingangssignal eines idealen Tiefpasses mit der Grenzkreisfrequenz $\omega_g = 1$ und der Laufzeit $t_0 = 0$ sei

$$x(t) = \frac{\sin at}{t} \quad (a>0).$$

Man zeige, daß für das Ausgangssignal

$$y(t) = \begin{cases} \dfrac{\sin t}{t} & \text{falls} \quad a \geqq 1, \\[2mm] \dfrac{\sin at}{t} & \text{falls} \quad a < 1 \end{cases}$$

gilt.

III. 8. Aus dem Signal $f(t)$, dessen Spektrum $F(\mathrm{j}\omega)$ sei, wird mit der Konstante $T>0$ die Zeitfunktion

$$g(t) = \int_{t-T}^{t+T} f(\tau)\,\mathrm{d}\tau$$

gebildet. Man leite das Spektrum $G(\mathrm{j}\omega)$ aus $F(\mathrm{j}\omega)$ her, und zwar auf zwei verschiedene Arten, nämlich einerseits mit Hilfe des Faltungssatzes und andererseits aufgrund der Fourier-Transformationseigenschaft der Differentiation im Zeitbereich.

III. 9. Von einem kausalen System sei die Realteilfunktion

$$R(\omega) = \frac{12+4\omega^2}{9+10\omega^2+\omega^4}$$

einer Übertragungsfunktion bekannt. Man ermittle die zugehörige Impulsantwort $h(t)$.

III. 10. Die Spektren von zwei reellen Signalen $f_\mu(t)$ seien $F_\mu(\mathrm{j}\omega)$ ($\mu = 1, 2$). Man leite das Spektrum $F(\mathrm{j}\omega)$ der Zeitfunktion

$$f(t) = \int_{-\infty}^{\infty} f_1(\tau) f_2(t+\tau)\,\mathrm{d}\tau$$

aus den genannten Spektren ab.

III. 11. Ein lineares, zeitinvariantes System besitze die Übertragungsfunktion

$$H(\mathrm{j}\omega) = \frac{2\mathrm{j}\sin(\omega T)}{\mathrm{j}\omega(2+\mathrm{j}\omega)} \quad (T > 0).$$

a) Man gebe die Impulsantwort des Systems an. Handelt es sich um ein reelles System? Ist das System kausal?

b) Man bilde die modifizierte Übertragungsfunktion $H_0(\mathrm{j}\omega) = H(\mathrm{j}\omega)\,\mathrm{e}^{-\mathrm{j}\omega t_0}$ (t_0 reell). Wie groß ist t_0 zu wählen, damit das System mit der Übertragungsfunktion $H_0(\mathrm{j}\omega)$ die Eigenschaft der Kausalität besitzt? Wie wirkt sich die Einführung des Faktors $\mathrm{e}^{-\mathrm{j}\omega t_0}$ auf die Amplitudenfunktion und auf das Ausgangssignal aus?

c) Das System mit der Übertragungsfunktion $H(\mathrm{j}\omega)$ werde durch eine periodische Funktion $x(t)$ mit $x(t) \equiv x(t+T_0)$ erregt. Wie ist die Periode T_0 zu wählen, damit das zugehörige Ausgangssignal $y(t)$ zeitunabhängig wird? Man gebe dieses $y(t)$ an.

III. 12. Aus einem Signal $x(t)$ wird durch Abtastung das Signal

$$\tilde{x}(t) = x(t) \sum_{\nu=-\infty}^{\infty} \delta(t-\nu T)$$

gebildet und dann einem idealen Tiefpaß mit der Übertragungsfunktion $H(\mathrm{j}\omega) = p_{\omega_g}(\omega)$ zugeführt, wobei $\omega_g T = \pi$ gelte. Man berechne das Ausgangssignal $y(t)$ des idealen Tiefpasses und gebe dessen Zusammenhang mit dem ursprünglichen Signal $x(t)$ an.

III. 13. Einem Tiefpaß mit der Übertragungsfunktion

$$H(\mathrm{j}\omega) = A(\omega)\,\mathrm{e}^{-\mathrm{j}\omega t_0} \quad \text{mit} \quad A(\omega) \equiv 0 \quad \text{für} \quad |\omega| > \omega_g$$

($\omega_g > 0$) wird das Signal

$$\tilde{x}(t) = \sum_{\nu=-\infty}^{\infty} x(\nu T)\,\delta(t-\nu T)$$

zugeführt. Dabei bedeuten die Werte $x(\nu T)$ Abtastwerte des bezüglich ω_g bandbegrenzten Signals $x(t)$, es gelte also $X(\mathrm{j}\omega) \equiv 0$ für $|\omega| > \omega_g$. Es sei $T < \pi/\omega_g$ gewählt.

a) Man ermittle das Spektrum $Y(\mathrm{j}\omega)$ des Ausgangssignals $y(t)$.

b) Man berechne das Signal $y(t)$ für den Fall $A(\omega) = A_0\, p_{\omega_g}(\omega)$, d. h. $A(\omega) \equiv A_0$ für $|\omega| < \omega_g$ und $A(\omega) \equiv 0$ für $|\omega| > \omega_g$.

c) Man berechne $y(t)$ auch für den Fall $A(\omega) = A_0\, q_{\omega_g}(\omega)$, d. h. $A(\omega) \equiv A_0(1 - |\omega|/\omega_g)$ für $|\omega| < \omega_g$ und $A(\omega) \equiv 0$ für $|\omega| > \omega_g$.

III. 14. Ein bezüglich der Kreisfrequenz ω_g bandbegrenztes Signal $x(t)$ wirke am Eingang eines linearen, zeitinvarianten Systems mit der Übertragungsfunktion $H(\mathrm{j}\omega)$ und dem Ausgangssignal $y(t)$.

a) Man drücke das Spektrum $X(\mathrm{j}\omega)$ unter alleiniger Verwendung der Abtastwerte $x(\nu\pi/\omega_g)$, $\nu = 0, \pm 1, \pm 2, \ldots,$ aus. Man bilde eine entsprechende Darstellung für das Spektrum $Y(\mathrm{j}\omega)$ von $y(t)$ aus den Abtastwerten $y(\nu\pi/\omega_g)$, $\nu = 0, \pm 1, \pm 2, \ldots,$ wobei die Gültigkeit der abzuleitenden Formel zu begründen ist.

b) Die Übertragungsfunktion sei im Intervall $|\omega| < \omega_g$ durch eine Fourier-Reihe

$$H(\mathrm{j}\omega) = \sum_{\nu=-\infty}^{\infty} h_\nu\, \mathrm{e}^{-\mathrm{j}\nu\pi\omega/\omega_g}$$

dargestellt. Unter Verwendung des Zusammenhangs $Y(\mathrm{j}\omega) = H(\mathrm{j}\omega)X(\mathrm{j}\omega)$ und den nunmehr vorliegenden Formeln zeige man, daß das Gleichungssystem

$$y(\nu\pi/\omega_g) = \sum_{\mu=-\infty}^{\infty} x(\mu\pi/\omega_g)h_{\nu-\mu} \qquad (\nu = 0, \pm 1, \pm 2, \ldots)$$

besteht.

c) Man zeige, daß mit $\omega_g = \pi$ im Fall $h_0 = 1$, $h_2 = 1$, $h_\nu = 0$ für alle $\nu \neq 0,2$ beispielsweise die Abtastwerte $x(0) = 2$, $x(1) = 3$, $x(2) = 1$, $x(\nu) = 0$ für $\nu \neq 0,1,2$ mit den Abtastwerten $y(0) = 2$, $y(1) = y(2) = y(3) = 3$, $y(4) = 1$, $y(\nu) = 0$ $(\nu \neq 0,1,2,3,4)$ im obigen Sinne korrespondieren. Man gebe für den vorliegenden Fall eine Schaltung an, die $p_{\omega_g}(\omega)H(\mathrm{j}\omega)$ realisiert und nur aus idealen Tiefpässen besteht.

III. 15. Es sei $f(t)$ eine Zeitfunktion mit der Fourier-Transformierten $F(\mathrm{j}\omega)$, die für alle Kreisfrequenzen ω mit $|\omega| > \omega_g > 0$ verschwindet. Mit $g(t)$ wird eine periodische Funktion mit der Periode $T_0 > 0$ bezeichnet, die durch eine Fourier-Reihe mit den komplexen Fourier-Koeffizienten g_ν $(\nu = 0, \pm 1, \pm 2, \ldots)$ darstellbar sei.

a) Man stelle die Fourier-Transformierte $X(\mathrm{j}\omega)$ des Signals $x(t) = f(t)g(t)$ mit Hilfe der Koeffizienten g_ν und des Spektrums $F(\mathrm{j}\omega)$ dar.

b) Es sei stets $g_0 \neq 0$. Welche Beziehung muß zwischen T_0 und ω_g bestehen, damit aus $x(t)$ in jedem Fall mittels eines geeigneten idealen Tiefpasses das ursprüngliche Signal $f(t)$ rekonstruiert werden kann?

c) Es sei $f(t) = [\sin(\omega_g t)]/(\pi t)$ und $g(t) = 2\cos^2(\pi t/T_0)$. Man skizziere $|X(\mathrm{j}\omega)|$ unter der Voraussetzung, daß die Beziehung zwischen T_0 und ω_g aus Teilaufgabe b besteht.

III. 16. Es sei $x(t) = f(t)\cos\omega_0 t$ mit der bezüglich ω_g bandbegrenzten Zeitfunktion $f(t)$ und $\omega_0 \geqq \omega_g$. Aus $x(t)$ wird der Impulskamm

$$\tilde{x}(t) = \sum_{\mu=-\infty}^{\infty} x(\mu T)\,\delta(t-\mu T)$$

erzeugt.

a) Welche Bedingung muß $T > 0$ erfüllen, damit aus den Abtastwerten $x(\mu T)$ die Funktion $f(t)$ rekonstruiert werden kann?

b) Es sei $\omega_0 = 2\omega_g$ und $T \leqq \pi/3\omega_g$ gewählt. Man gebe einen idealen Bandpaß möglichst kleiner Bandbreite zur Rekonstruktion von $f(t)$ an (zusätzliche Maßnahmen, die notwendig sind, um das Spektrum des Ausgangssignals in die richtige "Basisband"-Lage zu schieben und daraus das Spektrum von $f(t-t_0)$ zu erzeugen, brauchen nicht angegeben zu werden).

III. 17. Aus einem stetigen Signal $x(t)$ wird der Impulskamm

$$\tilde{x}(t) = \sum_{\nu=-\infty}^{\infty} x(\nu T)\,\delta(t-\nu T)$$

$(T > 0)$ gebildet. Danach wird das weitere Signal

$$u(t) = \tilde{x}(t) * p_{T/2}(t-T)$$

erzeugt, wobei $p_{T/2}$ die Rechteckfunktion gemäß Gl. (3.36) bedeutet.

a) Man zeige, daß $u(t)$ eine Treppenfunktion ist, und beschreibe diese mit Hilfe der Abtastwerte $x(\nu T)$.

b) Man gebe Impulsantwort und Übertragungsfunktion eines linearen, zeitinvarianten Systems an, das bei Erregung mit $\tilde{x}(t)$ das Ausgangssignal $u(t)$ liefert.

c) Man drücke das Spektrum $Y(\mathrm{j}\omega)$ des Signals $y(t) = u(t)\cos(2\pi t/T)$ durch das Spektrum $U(\mathrm{j}\omega)$ von $u(t)$ aus.

d) Es sei nun angenommen, daß das Signal $x(t)$ bezüglich $\omega_g \leqq \pi/T$ bandbegrenzt ist. Man gebe die Übertragungsfunktion eines linearen, zeitinvarianten Systems an, welches aus $y(t)$ die Funktion $x(t)$ rekonstruiert.

III. 18. In der amplitudenmodulierten Trägerschwingung $f_c(t) = f(t)\cos\omega_0 t$ ist das Signal $f(t)$ bezüglich der Kreisfrequenz ω_g bandbegrenzt, und die Trägerkreisfrequenz ω_0 hat die Eigenschaft $\omega_0 > \omega_g$.

a) Man gebe das Spektrum $F_c(\mathrm{j}\omega)$ von $f_c(t)$ in Abhängigkeit vom Spektrum $F(\mathrm{j}\omega)$ von $f(t)$ an und skizziere den Verlauf der Amplitudenfunktion $|F_c(\mathrm{j}\omega)|$ für irgendein $F(\mathrm{j}\omega)$.

b) Man zeige, daß die amplitudenmodulierte Schwingung $f_c(t)$ auf folgende Weise erzeugt werden kann (nichtlineare Modulation): Ein nichtlineares System, das durch die Beziehung $y(t) = a_1 x(t) + a_2 x^2(t)$ $(a_1, a_2 = \text{const})$ beschrieben werden kann, wird mit dem Eingangssignal $x(t) = A \cos \omega_0 t + B f(t)$ $(A, B = \text{const})$ erregt. Durch Frequenzbeschneidung des Ausgangssignals y mit Hilfe eines geeigneten idealen Bandpasses erhält man schließlich bei richtiger Wahl der Parameter ω_0, a_1, a_2, A, B die gewünschte Zeitfunktion $f_c(t)$.

c) Man zeige, daß sich aus der amplitudenmodulierten Schwingung $f_c(t)$ auf folgende Weise eine zu dem Signal $f(t)$ proportionale Zeitfunktion gewinnen läßt (Demodulation): Die Funktion $f_c(t)$ wird mit einer periodischen Zeitfunktion $g(t)$ der Periode $T = 2\pi/\omega_0$ (z. B. Mäanderfunktion) multipliziert. Wird die resultierende Funktion als Eingangssignal eines geeigneten (idealen) Tiefpasses verwendet, dann erhält man am Ausgang dieses Tiefpasses eine zu $f(t)$ proportionale Zeitfunktion.

III. 19. Ein Signal $x(t)$ sei bandbegrenzt bezüglich der Kreisfrequenz Ω, d. h. für das Fourier-Spektrum $X(j\omega)$ von $x(t)$ gelte $X(j\omega) \equiv 0$ für $|\omega| > \Omega$. Dieses Signal wirke am Eingang eines nichtlinearen Systems, bei dem der Zusammenhang zwischen dem Eingangs- und dem Ausgangssignal durch die Beziehung $y(t) = a_1 x(t) + a_2 x^2(t)$ beschrieben werden kann.

a) Man zeige, daß das Ausgangssignal $y(t)$ keine Spektralanteile oberhalb der Kreisfrequenz 2Ω besitzt, daß also $Y(j\omega) \equiv 0$ für $|\omega| > 2\Omega$ gilt.

b) Man veranschauliche diesen Sachverhalt graphisch für den Fall, daß das Spektrum des Eingangssignals gleich $p_\Omega(\omega)$ ist.

c) Man zeige, daß das durch die Beziehung $y(t) = a_1 x(t) + a_2 x^2(t) + \cdots + a_m x^m(t)$ beschriebene System auf ein bezüglich der Kreisfrequenz Ω bandbegrenztes Eingangssignal $x(t)$ mit einem bezüglich der Kreisfrequenz $m\Omega$ bandbegrenzten Ausgangssignal $y(t)$ reagiert.

III. 20. In Anwendungen interessiert man sich gelegentlich für die relative Überschwingweite $\ddot{u}$ der Sprungantwort $a(t)$ eines linearen, zeitinvarianten und kausalen Systems. Man versteht unter $\ddot{u}$ das Verhältnis von $a_{\max} - a(\infty)$ zu $a(\infty)$. Dabei bedeutet $a_{\max}$ das Maximum von $a(t)$, und es soll angenommen werden, daß die Realteilfunktion $R(\omega)$ der Übertragungsfunktion die Eigenschaft

$$R(\omega) \geqq 0 \quad \text{und} \quad \frac{\mathrm{d}R(\omega)}{\mathrm{d}\omega} \leqq 0, \quad 0 \leqq \omega \leqq \infty \tag{1}$$

aufweist. Unter dieser Annahme ist die Abschätzung $\ddot{u} \leqq 0{,}18$ möglich. Dies soll im folgenden bewiesen werden.

a) Man gebe eine Formel für die Darstellung von $a(t)$ durch $R(\omega)$ in Form eines Integrals an. Man zeige an Hand dieser Integraldarstellung, daß $a(\infty) = R(0)$ gilt (man ersetze die Integrationsvariable ω durch $x = \omega t$ und beachte $\mathrm{Si}(\infty) = \pi/2$).

b) Man zerlege das Integral zur Darstellung von $a(t)$ in eine unendliche Summe von Teilintegralen, deren Integrationsintervalle ausnahmslos die Länge π/t haben, so daß die Darstellung

$$a(t) = a_0(t) - a_1(t) + a_2(t) - + \cdots$$

entsteht. Dabei soll gezeigt werden, daß $a_0(t) \geqq a_1(t) \geqq a_2(t) \geqq \cdots \geqq 0$ für alle t und damit

$$0 \leqq a(t) \leqq a_0(t) \tag{2}$$

gilt.

c) Unter Beachtung der Ungleichung (2) und der Eigenschaft (1) von $R(\omega)$ soll die Integraldarstellung für $a_0(t)$ von oben abgeschätzt und damit für $a_{\max}$ eine obere Schranke angegeben werden, die über den Integralsinuswert $\mathrm{Si}(\pi) = (\pi/2) \cdot 1{,}18\ldots$ explizit ausgedrückt werden kann.

III. 21. Ein mittelwertfreies stationäres stochastisches Signal $\boldsymbol{x}(t)$ besitzt die Autokorrelationsfunktion $r_{xx}(\tau) = q_1(\tau)$, es gilt also $r_{xx}(\tau) \equiv 1 - |\tau|$ für $|\tau| < 1$ und $r_{xx}(\tau) \equiv 0$ für $|\tau| \geqq 1$.

a) Welche Streuung hat das Signal $\boldsymbol{x}(t)$?

b) Man zeige, daß das Signal $\boldsymbol{x}(t)$ aus weißem Rauschen der Leistungsdichte Eins mittels eines linearen, zeitinvarianten Systems erzeugt werden kann, das die Übertragungsfunktion

$$H(j\omega) = \frac{2}{\omega} \sin \frac{\omega}{2}\, e^{-j\omega t_0}$$

aufweist. Wie muß der Parameter t_0 gewählt werden, damit das System die Eigenschaft der Kausalität aufweist?

c) Ein lineares, zeitinvariantes System mit der Impulsantwort $h(t) = s(t)\mathrm{e}^{-t}\cos 2t$ wird durch $\boldsymbol{x}(t)$ erregt. Man gebe die spektrale Leistungsdichte des Ausgangssignals an.

III. 22. Ein lineares, zeitinvariantes, stabiles und kausales System wird durch ein mittelwertfreies stationäres stochastisches Signal mit der spektralen Leistungsdichte $S_{xx}(\omega) = 2/(1+\omega^2)$ erregt. Das am Systemausgang auftretende stochastische Signal besitzt die Autokorrelationsfunktion $r_{yy}(\tau) = \mathrm{e}^{-|\tau|}(1+2\cos\tau)$.

a) Welche Streuung hat der Eingangsprozeß?

b) Man gebe Mittelwert und Streuung des Ausgangsprozesses $\boldsymbol{y}(t)$ an.

c) Man ermittle die Übertragungsfunktion des Systems, deren Nullstellen ausnahmslos in $\mathrm{Re}\,p < 0$ liegen.

d) Man gebe das Kreuzleistungsspektrum $S_{xy}(\omega)$ an.

III. 23. Am Eingang eines linearen, zeitinvarianten Systems mit der Übertragungsfunktion $H(\mathrm{j}\omega) = \mathrm{j}\omega/(2+\mathrm{j}\omega)$ wirkt ein stationäres stochastisches Signal mit der Autokorrelationsfunktion $r_{xx}(\tau) = 2 + \mathrm{e}^{-|\tau|}$.

a) Man gebe Mittelwert und Varianz von $\boldsymbol{x}(t)$ an.

b) Man berechne Mittelwert und Varianz des Ausgangssignals $\boldsymbol{y}(t)$.

III. 24. Die Übertragungsfunktion $H(\mathrm{j}\omega) = A(\omega)\mathrm{e}^{-\mathrm{j}\Theta(\omega)}$ eines Tiefpasses lasse sich durch

$$A(\omega) = \begin{cases} 1-(\omega/\omega_g)^2 , & \text{falls } |\omega| < \omega_g \\ 0 , & \text{falls } |\omega| \geqq \omega_g , \end{cases} \qquad \Theta(\omega) = \frac{\omega}{\omega_g} + \frac{1}{10}\sin\frac{\pi\omega}{\omega_g}$$

beschreiben. Man bestimme näherungsweise den Zusammenhang zwischen Eingangs- und Ausgangssignal.

III. 25. Ein lineares, zeitinvariantes System mit konstanter Amplitudencharakteristik $A(\omega) \equiv 1$ (Allpaß) und monoton auf den Wert $\Theta(\infty)$ ansteigender Phasencharakteristik $\Theta(\omega)$ ($\Theta'(\omega) > 0$, $\Theta''(\omega) < 0$) werde durch ein Signal $x(t)$ erregt, dessen Amplitudenspektrum $|X(\mathrm{j}\omega)|$ mit zunehmendem ω monoton abnimmt. Es gilt also $\mathrm{d}|X(\mathrm{j}\omega)|/\mathrm{d}\omega \leqq 0$ für alle $\omega \geqq 0$. Mit $t_0 > 0$ wird eine gegebene Konstante bezeichnet, $y(t)$ bedeutet das Ausgangssignal. Man zeige unter Verwendung des Parseval-Theorems, daß der "Fehler"

$$E = \int_{-\infty}^{\infty} [y(t) - x(t-t_0)]^2\,\mathrm{d}t$$

minimal wird, wenn die Phasencharakteristik $\Theta(\omega)$ gegen den Idealverlauf

$$\Theta_i(\omega) = \begin{cases} \omega t_0 , & \text{falls } |\omega| < \Theta(\infty)/t_0 \\ \Theta(\infty), & \text{falls } |\omega| \geqq \Theta(\infty)/t_0 \end{cases}$$

strebt.

III. 26. Ein lineares, zeitinvariantes System mit einem Eingang und einem Ausgang werde mit einem Signal $x(t)$ erregt, das bezüglich $3\tilde{\omega}$ bandbegrenzt ist. Die Übertragungsfunktion sei $H(\mathrm{j}\omega)$, das Ausgangssignal $y(t)$. Weiterhin sei $x_n := x(nT)$ und $y_n := y(nT-\tau)$ mit festen positiven Parametern τ, T und $n = 0, \pm 1, \pm 2, \ldots$

a) Wie müssen die Größen τ und T gewählt werden, damit grundsätzlich das Signal $x(t)$ aus den Abtastwerten y_n rekonstruiert werden kann?

b) Man bestimme in Abhängigkeit des Spektrums $X(\mathrm{j}\omega)$ von $x(t)$ die Fourier-Transformierte des Signals

$$\hat{y}(t) := \sum_{n=-\infty}^{\infty} y_n \delta(t-nT).$$

c) Unter der Annahme $H(\mathrm{j}\omega) \equiv 1$, $\tau = T/2$ und $T = 2/\tilde{\omega}$ entwerfe man ein lineares, zeitinvariantes System nach Bild P. III. 26a, das am Ausgang $x(t)$ liefert, wenn es am Eingang durch

$$\hat{x}(t) := \sum_{n=-\infty}^{\infty} x_n \delta(t-nT) \quad \text{und} \quad \hat{y}(t) := \sum_{n=-\infty}^{\infty} y_n \delta(t-nT)$$

erregt wird.

d) Es sei $x(t)$ ein gerades Signal mit dem Spektrum $X(\mathrm{j}\omega)$ nach Bild P. III. 26b, und es sei die Übertragungsfunktion $H(\mathrm{j}\omega) := 1 - p_{2\tilde{\omega}}(\omega)$. Man skizziere das Spektrum des Ausgangssignals $v(t)$ des nach Bild P. III. 26c gegebenen Systems, wobei S ein lineares, zeitinvariantes Teilsystem mit der Impulsantwort

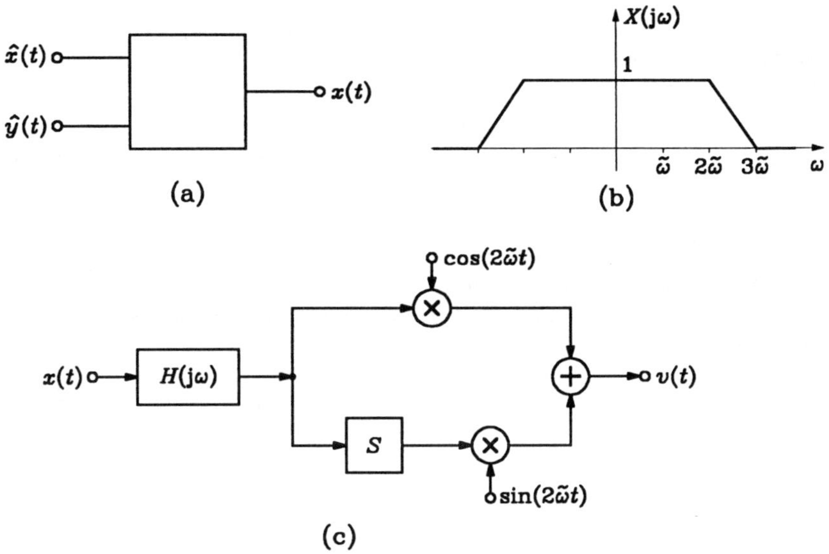

Bild P. III. 26

$g(t) = 1/(\pi t)$ bedeutet.

e) Mit welchem größtmöglichen Abtastintervall T_0 kann $v(t)$ abgetastet werden, so daß aus den Abtastwerten $v(nT_0)$, $n = 0, \pm 1, \pm 2, \ldots$ das Signal $v(t)$ wiedergewonnen werden kann?

f) Man bestimme den Wert

$$W = \sum_{n=-\infty}^{\infty} v(nT_0).$$

III. 27. Durch

$$g(t) := \frac{1}{\pi} \int_{-\infty}^{\infty} \frac{f(\tau)}{t-\tau} \, d\tau$$

kann die Hilbert-Transformierte des Signals $f(t)$ definiert werden. Es sei $f(t)$ bandbegrenzt bezüglich $\omega_g = \pi/T$.

a) Man zeige, daß auch $g(t)$ bezüglich ω_g bandbegrenzt ist.

b) Man stelle $f(t)$ mit Hilfe der Abtastwerte $g(nT)$ von $g(t)$ ($n = 0, \pm 1, \pm 2, \ldots$) dar.

Im folgenden seien die Abtastwerte von $f(t)$ und $g(t)$ im Abstand $2T$ verfügbar. Es soll nun $f(t)$ aus den Werten $f(n2T)$ und $g(n2T)$ rekonstruiert werden.

c) Man ermittle die Spektren von

$$\hat{f}(t) := \sum_{n=-\infty}^{\infty} f(n2T)\,\delta(t-n2T) \quad \text{und} \quad \hat{g}(t) := \sum_{n=-\infty}^{\infty} g(n2T)\,\delta(t-n2T)$$

in Abhängigkeit von $F(j\omega)$.

d) Man bestimme die Übertragungsfunktion $H(j\omega)$ im System nach Bild P. III. 27, so daß $y(t) \equiv f(t)$ gilt. Wie muß dabei die Konstante A gewählt werden?

e) Man gebe Funktionen $\alpha(t)$ und $\beta(t)$, die von $f(t)$ unabhängig sind, in der Weise an, daß die Identität

$$f(t) \equiv \sum_{n=-\infty}^{\infty} [f(n2T)\,\alpha(t-n2T) + g(n2T)\,\beta(t-n2T)]$$

besteht.

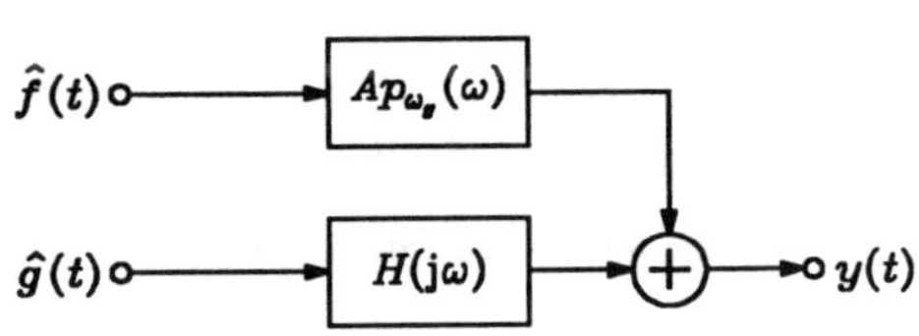

Bild P. III. 27

III. 28. Eine nichtnegative, bezüglich $\omega_g = \pi/T$ bandbegrenzte Funktion $f(t)$ mit dem Spektrum $F(\mathrm{j}\omega)$ wird durch den Polygonzug $f_0(t)$ durch die Punkte $\{nT,\ f(nT)\}$, $n = 0, \pm 1, \pm 2, \ldots,$ angenähert. Man zeige, daß die Fläche zwischen dem Polygonzug und der t-Achse gleich $F(0)$ ist.

III. 29. Das elektrische System nach Bild P. III. 29 wird durch eine Rauschspannung $\boldsymbol{x}(t)$ mit der spektralen Leistungsdichte $S_{xx}(\omega) = KR$ mit einer positiven Konstante K erregt, und es liefert die Spannung $\boldsymbol{y}(t)$. Man zeige, daß für $\tau > 0$ die Beziehung

$$r_{yy}(\tau) = \frac{K}{2} w(\tau)$$

gilt. Dabei stellt die Fourier-Transformierte $W(\mathrm{j}\omega)$ von $w(t)$ die an den Klemmen 2,2′ des elektrischen Netzwerks im Falle $\boldsymbol{x}(t) \equiv 0$ gemessene Impedanz dar. Man bestimme Mittelwert und Varianz von $\boldsymbol{y}(t)$ in Abhängigkeit von K, R und C.

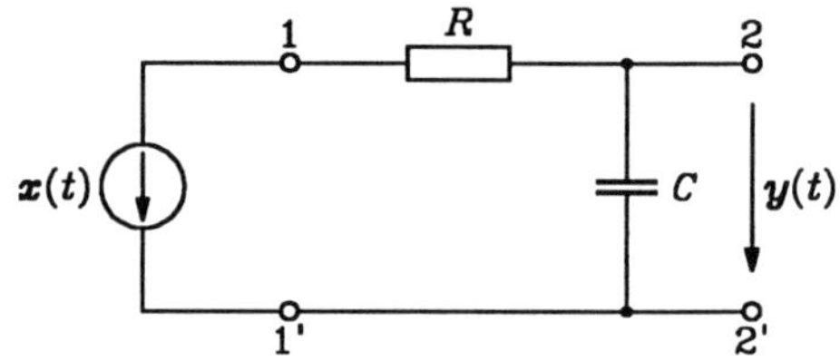

Bild P. III. 29

III. 30. Die Werte des stationären stochastischen Signals $\boldsymbol{x}(t)$ seien für alle t gleichverteilt im Intervall $[-1,\ 2]$, und die Autokovarianzfunktion sei in der Form

$$c_{xx}(\tau) = A\,\frac{\sin\tau}{\tau}$$

gegeben.

a) Man bestimme die Konstante A.

b) Man gebe die Autokorrelationsfunktion von $\boldsymbol{x}(t)$ an.

c) Welche Eigenschaften muß die Übertragungsfunktion eines linearen, zeitinvarianten Systems aufweisen, damit dessen Ausgangssignal bei Erregung mit $\boldsymbol{x}(t)$ den Mittelwert 0 und die Varianz 3 besitzt?

III. 31. Die Summe $\boldsymbol{x}_1(t) + \boldsymbol{x}_2(t)$ zweier stationärer stochastischer Prozesse mit den Autokorrelierten

$$r_1(\tau) = a_1 \mathrm{e}^{-|\tau|} + b_1 \quad \text{bzw.} \quad r_2(\tau) = a_2 \mathrm{e}^{-|\tau|} + b_2$$

und geeigneten Konstanten a_i, b_i erregt ein lineares, zeitinvariantes System mit der Übertragungsfunktion

$$H(p) = \frac{p}{p+2}\,.$$

Wie groß ist die Varianz des Ausgangssignals, wenn in einem Fall $\boldsymbol{x}_2(t) = 2\boldsymbol{x}_1(t)$ gilt und in einem anderen Fall $\boldsymbol{x}_2(t)$ stochastisch unabhängig von $\boldsymbol{x}_1(t)$ ist, aber $a_2 = 2a_1$ und $b_2 = 2b_1$ gilt?

Kapitel IV

IV. 1. Man berechne die Spektren der folgenden Signale:

(i) $f[n] = a^n s[-n] \quad (|a| > 1)$, (ii) $f[n] = (n+1)a^n s[n] \quad (|a| < 1)$,

(iii) $f[n] = \{a^n \cos\omega_0 n\,T\}s[n] \quad (|a| < 1)$, (iv) $f[n] = (-1)^n$.

IV. 2. Man berechne die zu den folgenden Spektren gehörenden Signale:

(i) $F(\mathrm{e}^{\mathrm{j}\omega T}) = \cos^3\omega T$, (ii) $F(\mathrm{e}^{\mathrm{j}\omega T}) = \sin\frac{\omega T}{2} + \mathrm{j}\cos\omega T \quad (-\pi < \omega T < \pi)$

(iii) $F(\mathrm{e}^{\mathrm{j}\omega T}) = |F(\mathrm{e}^{\mathrm{j}\omega T})|\,\mathrm{e}^{\mathrm{j}\Phi(\omega)}$ mit $|F(\mathrm{e}^{\mathrm{j}\omega T})| \equiv 1$ für $|\omega T| < 2\pi/3$, $|F(\mathrm{e}^{\mathrm{j}\omega T})| \equiv 0$ für $2\pi/3 < |\omega T| < \pi$ und $\Phi(\omega) = 3\omega T$ für $|\omega T| < \pi$.

IV. 3. a) Man zeige, daß aus der Korrespondenz

$$a^n s[n] \circ\!\!-\!\!\bullet \frac{1}{1 - a\,\mathrm{e}^{-\mathrm{j}\omega T}} \qquad (|a| < 1)$$

die Zuordnung

$$(n+1) a^n s[n] \circ\!\!-\!\!\bullet \frac{1}{(1 - a\,\mathrm{e}^{-\mathrm{j}\omega T})^2}$$

folgt.

b) Unter Verwendung der Differentiationseigenschaft im Frequenzbereich, der Verschiebungseigenschaft im Zeitbereich und der Linearitätseigenschaft verifiziere man durch vollständige Induktion über m die Korrespondenz

$$\frac{(n+m-1)!}{n!(m-1)!} a^n s[n] \circ\!\!-\!\!\bullet \frac{1}{(1 - a\,\mathrm{e}^{-\mathrm{j}\omega T})^m} \qquad (m \geqq 1).$$

IV. 4. Die diskontinuierliche Funktion

$f[n] = \delta[n+3] - \delta[n+1] + 3\delta[n] - \delta[n-1] - \delta[n-3] - 2\delta[n-4] - \delta[n-5] + \delta[n-7]$

habe das Spektrum $F(\mathrm{e}^{\mathrm{j}\omega T})$. Ohne $F(\mathrm{e}^{\mathrm{j}\omega T})$ explizit zu berechnen, sollen folgende Zahlenwerte direkt aus $f[n]$ berechnet werden: $F(1)$, $F(-1)$, $\int_{-\pi}^{\pi} F(\mathrm{e}^{\mathrm{j}\Omega})\,\mathrm{d}\Omega$, $\int_{-\pi}^{\pi} |F(\mathrm{e}^{\mathrm{j}\Omega})|^2\,\mathrm{d}\Omega$, $\int_{-\pi}^{\pi} |\mathrm{d}F(\mathrm{e}^{\mathrm{j}\Omega})/\mathrm{d}\Omega|^2\,\mathrm{d}\Omega$.

IV. 5. Es sei $f[n]$ das dem Spektrum $F(\mathrm{e}^{\mathrm{j}\omega T}) = \mathrm{e}^{\mathrm{j}\omega T}/(1-0{,}5\cos\omega T)$ entsprechende reelle Signal. Man drücke das Signal $g[n]$ mit dem Spektrum $G(\mathrm{e}^{\mathrm{j}\omega T}) = \mathrm{j}\sin\omega T/(1-0{,}5\cos\omega T)$ allein mittels $f[n]$ aus.

IV. 6. Bild P. IV. 6 zeigt ein diskontinuierliches System. Es sei $|a| < 1$.

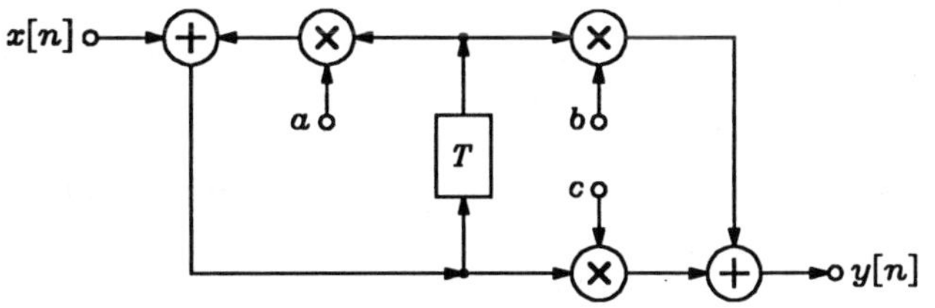

Bild P. IV. 6

a) Man gebe eine Differenzengleichung an, die den Zusammenhang zwischen Eingangssignal $x[n]$ und Ausgangssignal $y[n]$ angibt.

b) Man gebe die Übertragungsfunktion $H(\mathrm{e}^{\mathrm{j}\omega T})$ des Systems an.

c) Man zeige, daß $h[n] = a^n c\, s[n] + a^{n-1} b\, s[n-1]$ die Impulsantwort des Systems ist.

d) Man überprüfe die Stabilität des Systems.

IV. 7. Man gebe ein lineares, zeitinvariantes diskontinuierliches System an, das ein lineares, zeitinvariantes kontinuierliches System mit der Übertragungsfunktion $\widetilde{H}(\mathrm{j}\omega) = (1-\cos k\omega)\,\mathrm{e}^{-\mathrm{j}k\omega}$ $(k > 0)$ im Sinne des Simulations-Theorems nachbildet, sofern alle Eingangssignale $\widetilde{x}(t)$ des kontinuierlichen Systems bezüglich der Kreisfrequenz $\omega_g = 2\pi/k$ bandbegrenzt sind.

IV. 8. Ein lineares, zeitinvariantes diskontinuierliches System mit der Übertragungsfunktion $H(\mathrm{e}^{\mathrm{j}\omega T}) = (1+\mathrm{e}^{-\mathrm{j}\omega T})/(1-0{,}5\,\mathrm{e}^{-\mathrm{j}\omega T})$ wird durch das periodische Signal $x[n] = n$ $(n = 0,1,2,3)$; $x[n+4] \equiv x[n]$ erregt. Man ermittle das diskrete Spektrum $Y[m]$ des zugehörigen Ausgangssignals $y[n]$ und sodann $y[n]$ selbst.

IV. 9. Gegeben ist die Folge $f[n] = 1 + n$ $(n = 0,1,2,3)$ der Länge 4. Man ermittle die diskrete Fourier-Transformierte dieser Folge mittels des Algorithmus der schnellen Fourier-Transformation (FFT).

IV. 10. Bild P. IV. 10 zeigt den grundsätzlichen Aufbau eines Spektralanalysators. Dabei bedeutet das Teilsystem TP einen idealen Tiefpaß mit der Übertragungsfunktion $p_{\omega_g}(\omega)$ $(\omega_g > 0$ vorgeschrieben$)$. Der Spalt lie-

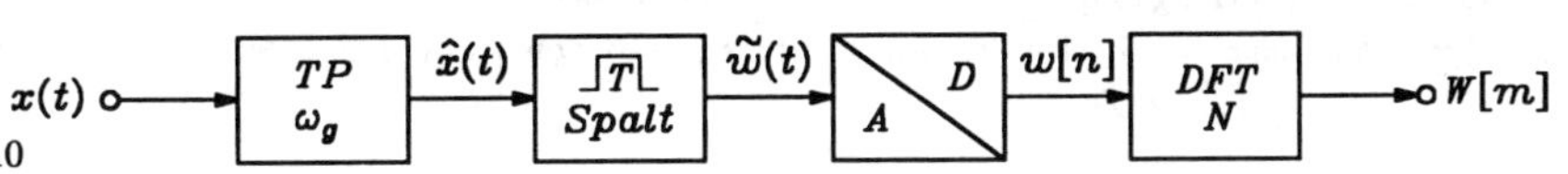

Bild P. IV. 10

fere das Ausgangssignal $\tilde{w}(t) = p_{T/2}(t - T/2)\,\hat{x}(t)$. Der A-D-Umsetzer erzeuge das diskontinuierliche Signal $w[n] = \tilde{w}(n\tau)$ mit $\tau = T/N < \pi/\omega_g$ $(N \in \mathbb{N})$, aus dem im DFT-Teilsystem das diskrete Spektrum

$$W[m] = \sum_{n=0}^{N-1} w[n]\,\mathrm{e}^{-\mathrm{j}2\pi n m/N}$$

erzeugt wird.

a) Man gebe die Spektren $\tilde{W}(\mathrm{j}\omega)$ und $W(\mathrm{e}^{\mathrm{j}\omega\tau})$ von $\tilde{w}(t)$ bzw. $w[n]$ in Abhängigkeit des Spektrums $\hat{X}(\mathrm{j}\omega) = p_{\omega_g}(\omega)X(\mathrm{j}\omega)$ von $\hat{x}(t)$ an.

b) Man drücke $W[m]$ $(0 \leqq m \leqq N-1)$ durch das Spektrum $X(\mathrm{j}\omega)$ von $x(t)$ aus. Dabei soll die spektrale Überlappung durch die A-D-Wandlung vernachlässigt werden.

c) Man skizziere $|X(\mathrm{j}\omega)|$, $|\tilde{W}(\mathrm{j}\omega)|$, $|W(\mathrm{e}^{\mathrm{j}\omega\tau})|$ und $|W[m]|$ für $x(t) = 2\cos\omega_0 t$, $T = 10\tau$ $(N = 10)$, $\omega_0 = 2{,}5 \cdot 2\pi/T$, $\omega_g = 2\omega_0$ im Intervall $-2\pi/\tau \leqq \omega \leqq 4\pi/\tau$ bzw. $0 \leqq m \leqq 9$.

Kapitel V

V. 1. Man ermittle die Laplace-Transformierte der rechteckförmigen Zeitfunktion $f(t) = s(t) - s(t-a)$ $(a > 0)$. Wie läßt sich im vorliegenden Fall aus der Laplace-Transformierten die Fourier-Transformierte von $f(t)$ erhalten? Man ermittle aus der Laplace-Transformierten von $f(t)$ direkt die Laplace-Transformierte der Sägezahnfunktion $g(t) = t\{s(t) - s(t-a)\}$.

V. 2. Wie lautet die Fourier-Transformierte $F(\mathrm{j}\omega)$ der kausalen Zeitfunktion $f(t)$, deren Laplace-Transformierte $F_I(p) = A/(p^2 + \omega_0^2)$ ist?

V. 3. Man ermittle die zu folgenden Laplace-Transformierten gehörenden Zeitfunktionen:

(i) $F_I(p) = \dfrac{1}{p(p+2)}$; (ii) $F_I(p) = \dfrac{p}{(p+1)^2}$; (iii) $F_I(p) = \dfrac{16}{p^4+1}$; (iv) $F_I(p) = \dfrac{p+2}{[(p+1)^2+1]^2}$.

V. 4. Am Eingang eines linearen, zeitinvarianten Systems mit der Übertragungsfunktion

$$H(p) = \frac{p^3 + 20p}{(p+2)^2[(p+2)^2+8]^2}$$

wirkt ein Signal $x(t)$ mit der Laplace-Transformierten $X(p) = 250/(p^2+4)$.

a) Wie lautet $x(t)$?

b) Man ermittle den stationären Anteil des Ausgangssignals $y(t)$.

V. 5. Man ermittle die Zeitfunktionen der folgenden Laplace-Transformierten:

(i) $F_I(p) = \dfrac{p-1}{p+1}$; (ii) $F_I(p) = \dfrac{2p^2+13p+17}{p^2+4p+3}$; (iii) $F_I(p) = \dfrac{10(1-2\mathrm{e}^{-p})}{p+1}$;

(iv) $F_I(p) = \dfrac{p\,\mathrm{e}^{-p}}{p+2}$; (v) $F_I(p) = \dfrac{1}{p(1-\mathrm{e}^{-p})}$.

V. 6. Es soll die Laplace-Transformierte $F_I(p) = (1 - 2\mathrm{e}^{-p} + \mathrm{e}^{-2p})/[p(1-\mathrm{e}^{-2p})]$ untersucht werden. Es soll insbesondere festgestellt werden, ob die zu $F_I(p)$ gehörende Zeitfunktion $f(t)$ für $t \geqq 0$ periodisch ist oder nicht. Im Fall einer periodischen Funktion sei T die Periode.

a) Wie lautet die Laplace-Transformierte, deren Zeitfunktion gegebenenfalls mit $f(t)$ im Intervall $0 < t < T$ übereinstimmt, sonst jedoch identisch verschwindet? Ist die Periodizitätsbedingung erfüllt?

b) Wie lautet $f(t)$?

V. 7. Es wird angenommen, daß die im folgenden auftretenden Funktionen einschließlich deren Differentialquotienten ausnahmslos kausal sind und jeweils eine Laplace-Transformierte besitzen. Außerdem gelte $g(0+) = -1$.

a) Man zeige, daß die Gleichungen $\mathrm{d}f_{\mu-1}(t)/\mathrm{d}t = f_\mu(t)\,\mathrm{d}g(t)/\mathrm{d}t$ $(\mu = 1, 2, \ldots, n)$ durch die Funktionen $f_\mu(t) = [1 + g(t)]^{n-\mu} s(t)/(n-\mu)!$ erfüllt werden.

b) Wie erhält man die Laplace-Transformierte $F_{\mu-1}(p)$ von $f_{\mu-1}(t)$ aus der Laplace-Transformierten $\tilde{F}_{\mu-1}(p)$ von $\mathrm{d}f_{\mu-1}(t)/\mathrm{d}t$?

c) Man gebe die Laplace-Transformierte $F_n(p)$ des Signals $f_n(t)$ an und zeige, wie grundsätzlich $F_{n-1}(p)$ aus der Laplace-Transformierten $\mathcal{L}\{f_n(t)\,\mathrm{d}g(t)/\mathrm{d}t\}$, dann wie $F_{n-2}(p)$ aus der Laplace-Transformierten $\mathcal{L}\{f_{n-1}(t)\,\mathrm{d}g(t)/\mathrm{d}t\}$ usw. erhalten werden kann.

d) Man wende die gewonnenen Ergebnisse auf den Fall $g(t) = -\mathrm{e}^{-t/T}s(t)$ an, um aufgrund der Laplace-Transformierten von $f_0(t)$ eine Korrespondenz abzuleiten. Wie lautet diese?

V. 8. Gegeben sei die Laplace-Transformierte $F_I(p) = (2p+4)/[p(p^2+2p+2)]$ einer kausalen Zeitfunktion $f(t)$. Man berechne

(i) $f(0+)$, (ii) $f(\infty)$, (iii) $\int\limits_0^\infty [f(t)-2]\,\mathrm{d}t$.

V. 9. Man ermittle die den folgenden Laplace-Transformierten zugeordneten Zeitfunktionen:

(i) $F_I(p) = \dfrac{1-\mathrm{e}^{1-p}}{(p-1)(1-\mathrm{e}^{-3p})}$; (ii) $F_I(p) = \dfrac{1}{[p^2+(\pi/2)^2]\sinh p}$.

V. 10. Es sei

$$F_{II}(p) = \frac{1}{p} + \frac{1}{p+a} \qquad (a > 0)$$

eine zweiseitige Laplace-Transformierte. Man bestimme die drei möglichen Zeitfunktionen und gebe jeweils den zugehörigen Konvergenzstreifen an.

V. 11. Es sei $Z(p)$ eine auf der imaginären Achse polfreie Zweipolfunktion mit der besonderen Eigenschaft $1/Z(p) = Cp + Y_0(p)$ $(C > 0, Y_0(\infty) \neq \infty)$. Es seien die Integrale

$$I_1 = \frac{1}{2}\oint Z(p)\,\mathrm{d}p\,, \qquad I_2 = \frac{1}{2}\oint Z(-p)\,\mathrm{d}p$$

betrachtet. Der geschlossene Integrationsweg K_1 von I_1 bestehe einerseits aus einem in Richtung zunehmender ω-Werte durchlaufenen Teil K_1' der imaginären Achse und andererseits aus einem großen ganz in $\mathrm{Re}\,p < 0$ verlaufenden Halbkreis K_1'' vom Radius ρ um den Ursprung, so daß der gesamte Integrationsweg $K_1 = K_1' \cup K_1''$ alle Pole von $Z(p)$ umschließt. Der Integrationsweg K_2 von I_2 sei das Spiegelbild von K_1 bezüglich $\mathrm{Re}\,p = 0$; es gilt also $K_2 = K_1' \cup K_2''$ mit dem Spiegelbild K_2'' von K_1'' bezüglich $\mathrm{Re}\,p = 0$.

a) Man zeige mittels des Residuensatzes, daß $I_1 = I_2 = \mathrm{j}\pi/C$ gilt, und zwar unabhängig von ρ, sofern ρ genügend groß gewählt wird.

b) Man verifiziere die Beziehung

$$\lim_{\rho\to\infty}\frac{1}{2}\int\limits_{K_1''} Z(p)\,\mathrm{d}p = \lim_{\rho\to\infty}\frac{1}{2}\int\limits_{K_2''} Z(-p)\,\mathrm{d}p = \mathrm{j}\pi/2C\,.$$

c) Man zeige aufgrund der gewonnenen Ergebnisse, daß für den geraden Teil $G(p)$ von $Z(p)$

$$\int\limits_{-\mathrm{j}\infty}^{\mathrm{j}\infty} G(p)\,\mathrm{d}p = \mathrm{j}\pi/C$$

gilt, wobei die Integration längs der gesamten imaginären Achse zu erstrecken ist.

d) Man beweise nun das Widerstands-Integral-Theorem: Es sei $Z(p)$ die Eingangsimpedanz eines elektrischen RLC-Zweipols, und C bedeute die gesamte Querkapazität am Zweipoleingang, d. h. $Z(p)$ verhält sich für $p\to\infty$ wie $\frac{1}{Cp}$. Dann besteht die Beziehung

$$\int\limits_0^\infty \mathrm{Re}\,Z(\mathrm{j}\omega)\,\mathrm{d}\omega = \frac{\pi}{2C}\,.$$

V. 12. Ein elektrisches RLC-Zweitor wird gemäß Bild P.V. 12 am Ausgang mit einem ohmschen Widerstand R abgeschlossen und am Eingang mit einer Kapazität C beschaltet. Die Erregung $x(t)$ des Gesamtsystems mit der Übertragungsfunktion $H(p)$ sei der Eingangsstrom des Netzwerks, die Reaktion $y(t)$ die Spannung am Widerstand R. Man verifiziere die Ungleichung

$$\int\limits_0^\infty |H(\mathrm{j}\omega)|^2\,\mathrm{d}\omega \leqq \frac{\pi R}{2C}$$

und zeige, daß das Gleichheitszeichen besteht, falls das Zweitor verlustlos ist und C die gesamte Eingangsquerkapazität darstellt.

Anleitung: Man wähle $x(t) = \sqrt{2}I \cos\omega t$ (stationärer Wechselstrombetrieb) und vergleiche bei Verwendung der gesamten Eingangsimpedanz des Netzwerks die Wirkleistung am Eingang mit der Wirkleistung im Abschlußwiderstand R. Schließlich ist das Widerstands-Integral-Theorem (Aufgabe V.11) anzuwenden.

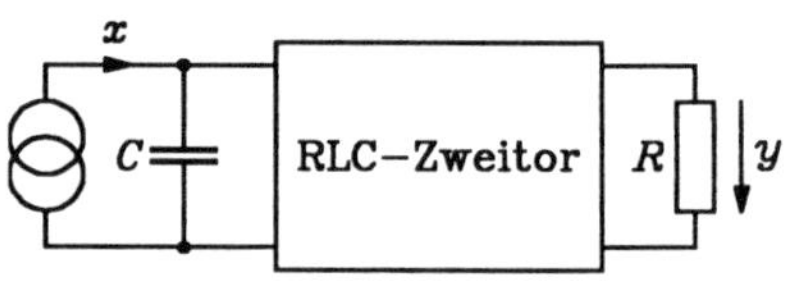

Bild P.V. 12

V. 13. Man ermittle in einfacher Weise Anfangs- und Endwerte der kausalen Zeitfunktionen mit den Laplace-Transformierten

(i) $F_I(p) = \dfrac{1}{p+a}$; (ii) $F_I(p) = \dfrac{1}{p^2(p+a)}$ $(a>0)$

und zeige die Richtigkeit der Ergebnisse an Hand der Zeitfunktionen.

V. 14. Wie läßt sich in direkter Weise aus dem Ortskurvenverlauf der Übertragungsfunktion $H(\mathrm{j}\omega)$ Anfangs- und Endwert der Sprungantwort $a(t)$ ablesen?

V. 15. Die Laplace-Transformierte einer kausalen Zeitfunktion $f(t)$ sei

$$F_I(p) = \frac{ap^3+bp^2+5p+7}{p^4+6p^3+5p^2+3p+1}.$$

Man bestimme die Konstanten a und b, so daß $f(0+) = 12$ und $\mathrm{d}f(t)/\mathrm{d}t \Big|_{t=0+} = -36$ gilt.

V. 16. Ein kausales Signal $x(t)$ mit der Laplace-Transformierten

$$X(p) = \frac{p^2-4p+4-\mathrm{e}^{-2p}(p^2+\alpha p+\beta)}{p^3(1-\mathrm{e}^{-2p})}$$

erregt ein lineares, zeitinvariantes System mit der Übertragungsfunktion $H(p) = (p^2+4p)/(p^2+4p+3)$.

a) Man ermittle die Werte für die Koeffizienten α und β, so daß $x(t)$ eine in $t>0$ periodische Funktion ist. Diese Werte sind im weiteren zu wählen.

b) Man beschreibe $x(t)$ für $t>0$.

c) Man ermittle den flüchtigen Anteil des Ausgangssignals $y(t)$.

d) Man ermittle den stationären Anteil des Ausgangssignals $y(t)$.

V. 17. Das kausale Signal $x(t)$ ist für $t>0$ periodisch, d. h. es gilt dort $x(t) \equiv x(t+T)$. Im Intervall $0<t \leqq T$ ist $x(t) \equiv \mathrm{e}^{3t}$. Man ermittle die Laplace-Transformierte $X(p)$ der Funktion $x(t)$.

V. 18. Die Zustandsdarstellung eines linearen, zeitinvarianten Systems lautet

$$\frac{\mathrm{d}\boldsymbol{z}}{\mathrm{d}t} = \begin{bmatrix} 0 & 1 \\ -4 & -5 \end{bmatrix} \boldsymbol{z} + \begin{bmatrix} 0 \\ 2 \end{bmatrix} x, \quad y = [c_1 \quad -3]\,\boldsymbol{z}.$$

a) Man gebe die Übertragungsfunktion $H(p)$ des Systems an und lege den Koeffizienten c_1 in der Weise fest, daß die Sprungantwort $a(t)$ des Systems für $t\to\infty$ verschwindet.

b) Man ermittle die Impulsantwort $h(t)$ des Systems.

V. 19. Die Zustandsdarstellung eines linearen, zeitinvarianten Systems lautet

$$\frac{\mathrm{d}\boldsymbol{z}}{\mathrm{d}t} = \begin{bmatrix} -\sigma & -\omega \\ \omega & -\sigma \end{bmatrix} \boldsymbol{z} + \begin{bmatrix} \alpha \\ \beta \end{bmatrix} x, \quad y = [\alpha \quad \beta]\,\boldsymbol{z}.$$

a) Man gebe die Übertragungsfunktion $H(p)$ des Systems an.

b) Man lege die Koeffizienten β, σ, ω in der Weise fest, daß mit $\alpha = 1$ für die Übertragungsfunktion $H(p) = (2p+2)/(p^2+2p+5)$ gilt.

V. 20. Gegeben sei die Übertragungsfunktion $H(p) = (p^2+ap+b)/(p^3+ap^2+cp+1)$ eines linearen, zeitinvarianten Systems.

a) Man ermittle Systemmatrizen $\boldsymbol{A}, \boldsymbol{b}, \boldsymbol{c}^T, d$, so daß die entsprechende Zustandsdarstellung das vorliegende System repräsentiert.

b) Unter der Voraussetzung, daß Zähler und Nenner von $H(p)$ keine gemeinsame Nullstelle haben, prüfe man die Steuerbarkeit und Beobachtbarkeit des Systems in der in Teilaufgabe a gefundenen Darstellung.

V. 21. Die gemäß Gl. (3.68c) definierte Energie E einer kausalen Zeitfunktion $f(t)$, von der nur die Fourier-Transformierte $F(\mathrm{j}\omega)$ bekannt sei, läßt sich folgendermaßen ermitteln: Man berechne die auf der imaginären Achse (einschließlich $p=\infty$) polfreie Zweipolfunktion, die durch die Realteilfunktion $\operatorname{Re} Z(\mathrm{j}\omega) \equiv |F(\mathrm{j}\omega)|^2$ gegeben ist. Dann gilt $E = \frac{1}{2}\lim_{p\to\infty} p\, Z(p)$.

a) Man beweise zunächst aufgrund des Widerstands-Integral-Theorems (Aufgabe V.11), daß für jede auf der imaginären Achse (einschließlich $p = \infty$) polfreie Zweipolfunktion $Z(p)$

$$\lim_{p\to\infty} p\, Z(p) = \frac{1}{\pi}\int_{-\infty}^{\infty} \operatorname{Re} Z(\mathrm{j}\omega)\,\mathrm{d}\omega$$

gilt.

b) Unter Verwendung des Ergebnisses von Teilaufgabe a und des Parseval-Theorems verifiziere man obige Formel für E.

c) Man zeige, daß $E = 1/3$ ist, wenn $|F(\mathrm{j}\omega)|^2 = 1/(1+\omega^6)$ gilt (Butterworth-Charakteristik).

V. 22. Im rückgekoppelten System nach Bild 5.19 haben die beiden Teilsysteme die Übertragungsfunktionen

$$F_1(p) = \frac{p^2-p+1}{p^2+p+1}\mathrm{e}^{-p} \quad \text{bzw.} \quad F_2(p) = K.$$

In welchem Wertebereich muß die Konstante K liegen, damit sich das Gesamtsystem stabil verhält?

V. 23. Im rückgekoppelten System nach Bild 5.19 haben die beiden Teilsysteme die Übertragungsfunktionen

$$F_1(p) = \frac{p+4}{p^3+kp^2+p}\ , \quad F_2(p) = 1.$$

In welchem Wertebereich muß die Konstante k liegen, damit sich das Gesamtsystem stabil verhält?

V. 24. Im rückgekoppelten System nach Bild 5.19 ist vom ersten Teilsystem, das stabil ist und Mindestphasenverhalten zeigt, das Betragsquadrat $|F_1(\mathrm{j}\omega)|^2 = 1/(4+\omega^2)$ der Übertragungsfunktion für $p=\mathrm{j}\omega$ bekannt. Es sei $F_1(0) > 0$. Das zweite Subsystem mit der Übertragungsfunktion $F_2(p)$ ist durch die Zustandsdarstellung

$$\frac{\mathrm{d}\boldsymbol{z}}{\mathrm{d}t} = \begin{bmatrix} 0 & 1 \\ -2 & -3 \end{bmatrix}\boldsymbol{z} + \begin{bmatrix} 0 \\ 1 \end{bmatrix} u\,, \quad y = [0 \quad \gamma]\,\boldsymbol{z}$$

(u Eingangssignal) gekennzeichnet. Man ermittle den zulässigen Bereich für die Werte von γ, so daß das Gesamtsystem stabil ist.

V. 25. Man wiederhole die Lösung von Aufgabe V. 22 mit $F_1(p) = (p-2)\mathrm{e}^{-p}/(p+3)$.

V. 26. Vorgegeben sei ein lineares, zeitinvariantes System mit der Übertragungsfunktion

$$F_1(p) = \frac{p\,(p^2+\omega_2^2)(p^2+\omega_4^2)\cdots(p^2+\omega_r^2)}{(p^2+\omega_1^2)(p^2+\omega_3^2)\cdots(p^2+\omega_{r-1}^2)}\,,$$

wobei r eine gerade Zahl ist und $0 < \omega_1 < \omega_2 < \cdots < \omega_{r-1} < \omega_r$ gilt. $F_1(p)$ ist also eine Reaktanzzweipolfunktion. Das System wird gemäß Bild 5.19 mit $F_2(p)=1$ zu einem rückgekoppelten System erweitert, dessen Stabilitätseigenschaften mit Hilfe des Nyquist-Kriteriums untersucht werden sollen.

Hinweis: Es empfiehlt sich, die Pole $p = \pm\mathrm{j}\omega_1, \pm\mathrm{j}\omega_3, \ldots, \pm\mathrm{j}\omega_{r-1}$ durch sehr kleine, in $\operatorname{Re} p > 0$ verlaufende Halbkreise und den Pol $p=\infty$ durch einen sehr großen, in $\operatorname{Re} p > 0$ verlaufenden Halbkreis um den Ursprung von der rechten p-Halbebene auszugrenzen.

Man beachte, daß eine entsprechende Untersuchung auch möglich ist, wenn $F_1(p)$ als Reaktanz in $p=0$ oder (und) in $p=\infty$ andere Pol- bzw. Nullstellenverhältnisse besitzt.

V. 27. Die Funktion $R(\omega) = (\omega^4 - 2\omega^2)/(\omega^4 + 5\omega^2 + 4)$ stellt den Realteil der Übertragungsfunktion $H(\mathrm{j}\omega)$ eines linearen, zeitinvarianten, kausalen und stabilen Systems dar. Man ermittle $H(p)$.

V. 28. Die Funktion $X(\omega) = (-3\omega^3 - \omega)/(\omega^4 + 5\omega^2 + 4)$ stellt den Imaginärteil der Übertragungsfunktion $H(\mathrm{j}\omega)$ eines linearen, zeitinvarianten, kausalen und stabilen Systems dar. Man ermittle $H(p)$ mit der Eigenschaft $H(\infty) = 0$.

V. 29. Von der Übertragungsfunktion $H(p)$ eines Mindestphasensystems sei das Betragsquadrat $|H(j\omega)|^2 = (\omega^4 - \omega^2 + 1)/[(\omega^2+4)(\omega^2+1)]$ bekannt. Man ermittle $H(p)$.

V. 30. Die Realteilfunktion $R(\omega)$ der Übertragungsfunktion $H(j\omega)$ eines linearen, zeitinvarianten, kausalen und stabilen Systems lasse sich mit ausreichender Genauigkeit durch $R(\omega) = 2\,|\arctan\omega|$ beschreiben.

a) Man ermittle die zugehörige Imaginärteilfunktion $X(\omega)$.

b) Man gebe die Übertragungsfunktion $H(p)$ in Form einer unendlichen Reihe an.

V. 31. Gegeben seien die Funktionen

(i) $H(p) = \dfrac{p-1}{(p+2)(p+4)}$; (ii) $H(p) = \dfrac{p^2+p+1}{p(p^2+2p+4)}$;

(iii) $H(p) = \dfrac{p^2+3p+2}{p^3+9p^2+27p+27}$; (iv) $H(p) = e^{-ap}$ $(a>0)$.

a) Welche dieser Funktionen ist Mindestphasen-Übertragungsfunktion?

b) Zu den Funktionen, die kein Mindestphasensystem repräsentieren, sollen entsprechende Mindestphasen-Übertragungsfunktionen mit gleicher Amplitudencharakteristik wie die zugehörige gegebene Funktion ermittelt werden.

V. 32. Die Phasenfunktion eines Mindestphasensystems lasse sich durch die Beziehung

$$\Theta(\omega) = \begin{cases} 0 & \text{für } |\omega| < \omega_g \\ \pm\Theta_0 & \text{für } |\omega| > \omega_g \end{cases} \qquad (\Theta_0 = \text{const})$$

beschreiben.

a) Man ermittle die Amplitudenfunktion $A(\omega)$ des Systems.

b) Man stelle den Verlauf von $A(\omega)$ graphisch dar für den Sonderfall $\Theta_0 = \pi$ und $H(0) = 1$.

V. 33. Unter Verwendung des Paley-Wiener-Kriteriums sollen die beiden folgenden Behauptungen bewiesen werden.

a) Ist die reelle Funktion $f(t)$ kausal und hat sie endliche Energie, dann kann ihre Fourier-Transformierte $F(j\omega)$ in keinem Intervall $\omega_1 < \omega < \omega_2$ identisch verschwinden.

b) Ein nicht identisch verschwindendes reelles Signal $f(t)$ kann nicht gleichzeitig im Zeitbereich und Frequenzbereich begrenzt sein; es ist also nicht möglich, daß gleichzeitig $f(t) \equiv 0$ für $|t| > T$ und $F(j\omega) \equiv 0$ für $|\omega| > \omega_g$ gilt, wobei $F(j\omega)$ die Fourier-Transformierte von $f(t)$ bedeutet.

V. 34. Ein lineares, zeitinvariantes und kontinuierliches System mit einem Eingang und einem Ausgang sei durch die Beziehung

$$\frac{dy(t)}{dt} + a\,y(t) = \int_0^\infty e^{b\tau}[x(t-\tau) + 3y(t-\tau)]\,d\tau + c\,\frac{dx(t)}{dt}$$

zwischen Eingangssignal $x(t)$ und zugehörigem Ausgangssignal $y(t)$ gegeben.

a) Man bestimme die Übertragungsfunktion $H(p)$ des Systems.

b) Man wähle die Parameter a, b und c derart, daß die Sprungantwort $a(t)$ des Systems den im Bild P.V. 34a dargestellten Verlauf hat.

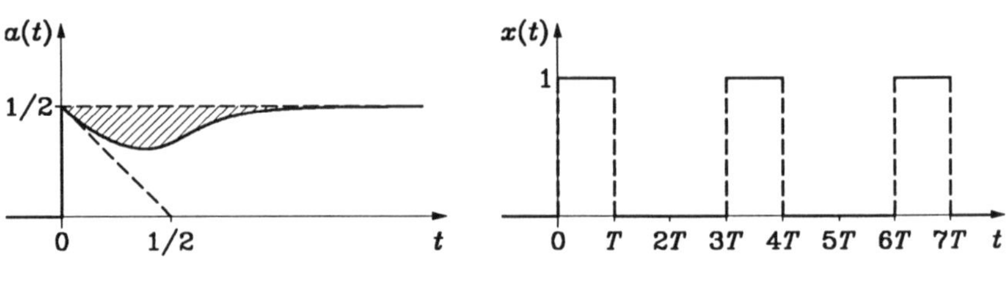

Bild P.V. 34 (a) (b)

c) Man bestimme den Wert der im Bild P.V. 34a schraffiert gezeichneten Fläche.

d) Das System wird erregt mit dem für $t > 0$ periodischen Eingangssignal nach Bild P.V. 34b. Man bestimme den stationären Anteil des zugehörigen Ausgangssignals.

V. 35. Bei einem linearen, zeitinvarianten, stabilen und kausalen System mit der Übertragungsfunktion $H(p)$ stimmen die Realteilfunktion $\operatorname{Re}[H(\mathrm{j}\omega)]$ und die Betragsquadratfunktion $|H(\mathrm{j}\omega)|^2$ miteinander überein. Beide sind von der Form

$$\frac{a\,\omega^4 - 16\,\omega^2 + b}{4\,\omega^4 + 65\,\omega^2 + 16}.$$

Man bestimme die Werte der Konstanten a und b sowie die zugehörige Übertragungsfunktion.

V. 36. Ein instabiles System mit der Übertragungsfunktion

$$H_1(p) = \frac{p\,e^{-p}}{2p-1}$$

und der Ortskurve $H_1(\mathrm{j}\omega)$ ($\omega \geqq 0$) nach Bild P.V. 36a soll durch die Rückkopplung nach Bild P.V. 36b stabilisiert werden. Zur Verfügung steht ein Proportionalregler mit der konstanten Übertragungsfunktion $H_2(p) = V > 0$ und ein Integralregler mit der Übertragungsfunktion $H_2(p) = V/p$ ($V > 0$). Mit welchem Regler gelingt die Stabilisierung, und welche Werte darf das betreffende V näherungsweise haben?

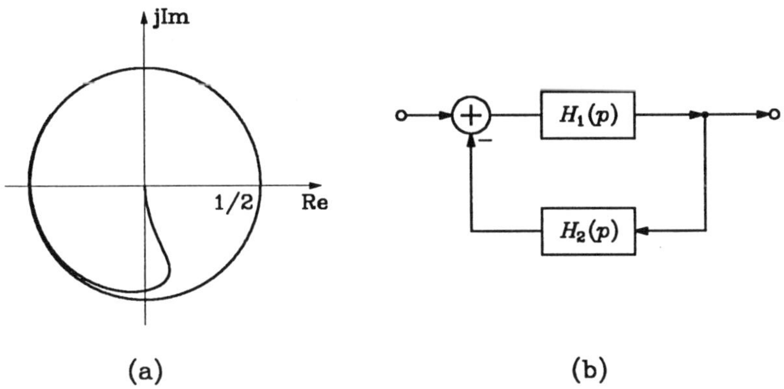

Bild P.V. 36

Kapitel VI

VI. 1. Man gebe die Z-Transformierten mit Konvergenzgebieten der folgenden diskontinuierlichen Signale an:

(i) $f[n] = 3^{-n}s[-n]$; (ii) $f[n] = 4^{-n}\{s[n]-s[n-3]\}$; (iii) $f[n] = 2^{-n}\cos(n\,\pi/2 + \pi/3)s[n]$;

(iv) $f[n] = 3^{-n}s[n-3]$; (v) $f[n] = s[n] - s[n-4] + n^{-1}s[n-1]$;

(vi) $f[n] = n\{s[n] - s[n-N]\}$; (vii) $f[n] = \sum_{\nu=0}^{\infty} a^{2\nu}\,\delta[n-2\nu] + \sum_{\nu=0}^{\infty} b^{2\nu+1}\,\delta[n-2\nu-1]$.

VI. 2. Es sei $f[n] \equiv 0$ für $n < 0$ und $f[n+N] \equiv f[n]$ für $n \geqq 0$ ($N \in \mathbb{N}$). Man zeige, daß die Z-Transformierte von $f[n]$ in der Form

$$F(z) = \frac{z^N}{z^N - 1}\sum_{n=0}^{N-1} f[n]z^{-n}$$

dargestellt werden kann und das Konvergenzgebiet $|z| > 1$ aufweist.

VI. 3. Man verifiziere die Korrespondenz

$$a^{|n|} \circ\!\!-\!\!\bullet \frac{z(1-a^2)}{-az^2+(1+a^2)z-a} \quad \left(|a| < |z| < \frac{1}{|a|}\right)$$

unter der Voraussetzung $|a| < 1$. Man wende diese Korrespondenz speziell auf $f[n] = 1/3^{|n|}$ an.

VI. 4. Man gebe die kausalen Signale an, deren Z-Transformierte folgendermaßen lauten:

(i) $F(z) = \frac{z}{z-2}$; (ii) $F(z) = \frac{8z^2+4z}{4z^2-5z+1}$; (iii) $F(z) = \frac{4}{z^2(3z-1)}$.

VI. 5. Man gebe sämtliche Inversen der Z-Transformierten $F(z) = z/[(z-2)^2(z-1)]$ an.

VI. 6. Man ermittle für $n \geqq 0$ das Signal $f[n]$, so daß $f[0] = \alpha$ und $f[n] - \beta f[n-1] = \alpha$ für $n > 0$ gilt.

VI. 7. Man ermittle die akausale Funktion $f[n] \equiv f[n]s[-n]$ mit $F(z) = 1/[(1-\frac{1}{2}z^{-1})(1-z^{-1})]$ der Z-Transformierten

VI. 8. Man gebe die durch folgende Z-Transformierten bestimmten Signale an:

(i) $F(z) = \ln(1-2z)$ $(|z| < 1/2)$; (ii) $F(z) = \ln(1-\frac{1}{2}z^{-1})$ $(|z| > 1/2)$.

VI. 9. Die Z-Transformierten zweier Signale $f_1[n]$ und $f_2[n]$ sind durch die Beziehung $F_1(z) \equiv F_2(1/z)$ verknüpft. Welche Kopplung zwischen $f_1[n]$ und $f_2[n]$ folgt hieraus?

VI. 10. Die Zustandsbeschreibung eines linearen, zeitinvarianten Systems lautet

$$\boldsymbol{z}[n+1] = \begin{bmatrix} 1 & 1 & 0 \\ -1/2 & 1 & -1/2 \\ -3/2 & 0 & -1/2 \end{bmatrix} \boldsymbol{z}[n] + \begin{bmatrix} 0 \\ 0 \\ 1 \end{bmatrix} x[n], \quad y[n] = [0 \quad 2 \quad -1/2]\boldsymbol{z}[n].$$

Man berechne die Übertragungsfunktion $H(z)$ des Systems im Z-Bereich.

VI. 11. Gegeben ist die Z-Transformierte $F(z) = (z^2+z+1)/(z^2+4z+5)$ der kausalen Zeitfunktion $f[n]$. Man ermittle direkt aus $F(z)$ die Funktionswerte $f[0]$, $f[1]$, $f[2]$ auf möglichst einfache Weise.

VI. 12. Ein lineares, zeitinvariantes System hat die Zustandsbeschreibung

$$\boldsymbol{z}[n+1] = \begin{bmatrix} 0 & 1 & 0 \\ -2/9 & 1 & -4 \\ 0 & 0 & 0 \end{bmatrix} \boldsymbol{z}[n] + \begin{bmatrix} 0 \\ 1 \\ 0 \end{bmatrix} x[n], \quad y[n] = [1 \quad 0 \quad 0]\boldsymbol{z}[n].$$

Man ermittle die charakteristische Frequenzmatrix $\hat{\boldsymbol{\Phi}}(z)$ und den Grenzwert der Übergangsmatrix $\boldsymbol{\Phi}[n]$ für $n \to \infty$. Weiterhin soll die Impulsantwort des Systems berechnet werden.

VI. 13. Es sei $f(t)$ ein bezüglich der Kreisfrequenz $\omega_g = \pi/T$ bandbegrenztes Signal mit der Fourier-Transformierten $F(j\omega)$. Die Abtastwerte $f(nT)$ repräsentieren das diskontinuierliche Signal $x[n] := f(nT)$ mit der Z-Transformierten $X(z)$. Ein lineares, zeitinvariantes diskontinuierliches System mit der Übertragungsfunktion $H(z)$ wird durch $x[n]$ erregt und reagiert mit dem Signal $y[n]$. Man verifiziere die Darstellungen

$$F(j\omega) = T X(e^{j\omega T}) \quad (|\omega| < \omega_g) \quad \text{und} \quad y[n] = \frac{1}{2\pi} \int_{-\omega_g}^{\omega_g} F(j\omega) H(e^{j\omega T}) e^{jn\omega T} d\omega.$$

VI. 14. Die beiden Signale $f_1[n]$ und $f_2[n]$ besitzen die Z-Transformierten $F_1(z)$ bzw. $F_2(z)$. Zwischen den Z-Transformierten besteht die Beziehung $F_2(z) = F_1(z^N)$ $(N \in \mathbb{N}, N > 1)$.

a) Man drücke $f_2[n]$ durch $f_1[n]$ aus.

b) Man wende das Ergebnis von Teilaufgabe a auf $f_1[n] = s[n]$ an.

VI. 15. Gegeben sei die Übertragungsfunktion $\tilde{H}(p)$ eines linearen, zeitinvarianten und kausalen kontinuierlichen Systems, dessen Impulsantwort mit $\tilde{h}(t)$ und dessen Sprungantwort mit $\tilde{a}(t)$ bezeichnet wird. Gesucht ist die Übertragungsfunktion $H(z)$ eines linearen, zeitinvarianten und kausalen diskontinuierlichen Systems mit der Impulsantwort $h[n]$ und der Sprungantwort $a[n]$. Man gebe Formeln zur Berechnung von $H(z)$ aus $\tilde{H}(p)$ an, so daß (i) $h[n] = \tilde{h}(nT)$ bzw. (ii) $a[n] = \tilde{a}(nT)$ für alle $n \in \boldsymbol{Z}$ gilt.

VI. 16. Von der Übertragungsfunktion $H(z)$ eines linearen, zeitinvarianten und stabilen diskontinuierlichen Systems ist $R(e^{j\omega T}) = (4\cos^2\omega T + 5\cos\omega T + 1)/[2(8\cos^2\omega T + 12\cos\omega T + 5)]$ als die Realteilfunktion für $z = e^{j\omega T}$ gegeben. Man bestimme $H(z)$.

VI. 17. Von der Übertragungsfunktion $H(z)$ eines linearen, zeitinvarianten und stabilen diskontinuierlichen Systems ist die Imaginärteilfunktion für $z = e^{j\omega T}$, nämlich $X(e^{j\omega T}) = (5\sin\omega T)/(4\cos\omega T + 5)$ gegeben. Man ermittle $H(z)$ mit der Eigenschaft $H(1) = 1$. Man berechne $|H(e^{j\omega T})|$. Das betrachtete System wird mit einem stochastischen Signal der spektralen Leistungsdichte $S_{xx}(\omega) \equiv 1$ erregt. Man berechne den Effektivwert des Ausgangssignals.

VI. 18. Man bestimme die Übertragungsfunktion $H(z)$ eines Mindestphasensystems, wenn

$$|H(e^{j\omega T})|^2 = \frac{\varepsilon}{\varepsilon + \sin^2(\omega T/2)}$$

gegeben ist ($\varepsilon > 0$) und $H(1) > 0$ gefordert wird. Man berechne

$$\sum_{n=0}^{\infty} \{a[n] - a[\infty]\},$$

wobei $a[n]$ die Sprungantwort des Systems bedeutet.

VI. 19. Gegeben sei das diskontinuierliche System nach Bild P.VI. 19 mit dem Eingangssignal $x[n]$, dem Ausgangssignal $y[n]$ und dem Zustandsvektor $\boldsymbol{z}[n] = [z_1[n] \ z_2[n] \ z_3[n]]^T$.

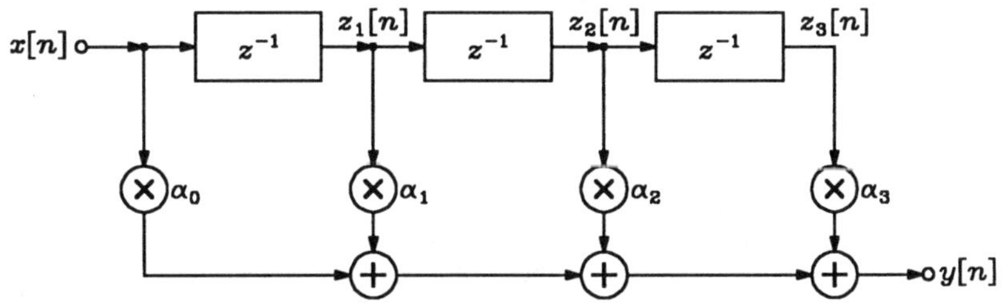

Bild P.VI. 19

a) Man ermittle die Zustandsgleichungen des Systems und wähle die Parameter $\alpha_\nu (\nu = 0, \ldots, 3)$ derart, daß der Anfangswert $a[0]$ der Sprungantwort gleich 2 ist.

b) Man ermittle die Übertragungsfunktion $H(z)$ des Systems und wähle die noch verfügbaren Parameter α_ν derart, daß die Nullstellen der Übertragungsfunktion bei $z = 1/2$, 1 und 2 liegen.

c) Es wird nun die Zustandsgrößenrückkopplung

$$x = u + \boldsymbol{k}^T \boldsymbol{z}$$

mit dem neuen Eingangssignal u eingeführt. Man zeige, daß sich hierdurch die Nullstellen der Übertragungsfunktion (von möglichen Kürzungen abgesehen) nicht ändern.

d) Man wähle den (Regel-) Vektor $\boldsymbol{k}$ derart, daß bei identisch verschwindendem Eingangssignal u für geeignete Anfangswerte der Zustandsgrößen das Ausgangssignal $y[n]$ für $n \geqq 0$ die Form

$$y[n] = (1/2)^n + \cos(n\pi/3) + \sin(n\pi/3)$$

hat.

e) Ist das System mit den gewählten Parametern steuerbar?

f) Man bestimme die Impulsantwort des rückgekoppelten Systems für die gewählten Parameter und gebe eine (reelle) Zustandsdarstellung mit nur zwei Zustandsgrößen an, welche dieselbe Impulsantwort aufweist.

VI. 20. Es seien $z_\nu = e^{-j(2\pi/N)\nu}$ ($\nu = 0, 1, \ldots, N-1; N > 1$) die N voneinander verschiedenen N-ten Einheitswurzeln. Sie sind also die Lösungen der Gleichung $z^N - 1 = 0$. Außerdem werden mit einer natürlichen Zahl $M > 1$ die komplexen Zahlen $\zeta_\nu = z_\nu^M$ ($\nu = 0, 1, \ldots, N-1$) betrachtet.

a) Man zeige, daß die beiden Mengen $\{z_0, \ldots, z_{N-1}\}$ und $\{\zeta_0, \ldots, \zeta_{N-1}\}$ genau dann identisch sind, wenn M und N keinen gemeinsamen (ganzzahligen und von 1 verschiedenen) Teiler aufweisen.

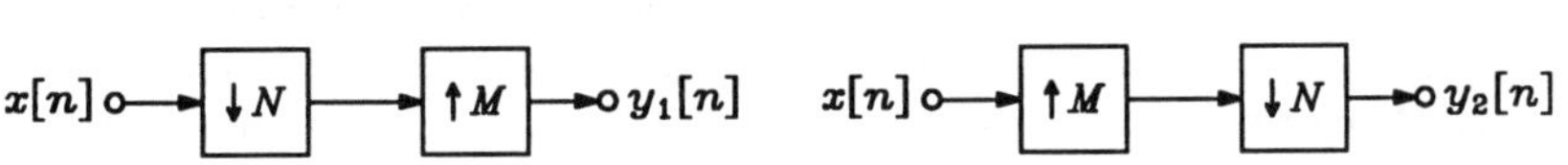

Bild P.VI. 20

b) Man zeige, daß die beiden Verbindungen von jeweils einem Dezimator und einem Expander nach Bild P.VI. 20 genau dann äquivalent sind, wenn M und N teilerfremde, natürliche Zahlen sind.
Hinweis: Man führe den Beweis im Z-Bereich und beachte die Aussage von Teilaufgabe a.

VI. 21. Ergänzt man das im Bild 6.24 eingeführte Interpolationssystem, das einen Expander mit Expansionszahl N enthält, durch einen Dezimator mit Dezimationszahl M, so erhält man das System nach Bild P.VI. 21a zur (M/N)-fachen Dezimation. Im folgenden sei $N = 2$ und $M = 3$. Durch Realisierung des Teilsystems, das aus dem Expander und dem Tiefpaß mit der Übertragungsfunktion $H(z)$ besteht, erhält man gemäß Bild 6.29 das äquivalente System nach Bild P.VI. 21b. Dieses soll im folgenden äquivalent umgewandelt werden.

a) Man verschiebe den Dezimator am Systemausgang gemäß Bild 6.22a nach links und ersetze die Verzögerung z^{-1} aufgrund der Darstellung $z^{-1} = z^2 z^{-3}$ durch eine Kaskade der Operationen z^2 und z^{-3}. Die Operation z^2 ist gemäß Bild 6.22d durch den angrenzenden Expander mit Expansionszahl 2 nach links und die Operation z^{-3} gemäß Bild 6.22c durch den angrenzenden Dezimator mit Dezimationszahl 3 nach rechts zu verschieben. Weiterhin ist die Reihenfolge der Elemente in beiden nun vorhandenen Expander-Dezimator-Kaskaden zu vertauschen. Man gebe das durch die genannten Änderungen entstehende System an und begründe dessen Äquivalenz zum System nach Bild P.VI. 21b.

b) Im erhaltenen Multiratensystem sollen die beiden Teilsysteme bestehend aus den Blöcken mit den Übertragungsfunktionen $\widetilde{H}_0(z)$ bzw. $\widetilde{H}_1(z)$ und je einem Dezimator gemäß Bild 6.27b realisiert werden. Man gebe das auf diese Weise entstehende Gesamtsystem an.

c) Man wende das Ergebnis von Teilaufgabe b auf den Fall an, daß

$$H(z) = \sum_{\nu=0}^{5} a_\nu z^{-\nu}$$

gewählt wird, und verifiziere, daß das Ausgangssignal $y[n]$ des erhaltenen Systems für $n = 3$ mit dem Wert $y[3]$ des Systems nach Bild P.VI. 21a ($N = 2$; $M = 3$) übereinstimmt. Man erläutere die Vorteile der erhaltenen Realisierung.

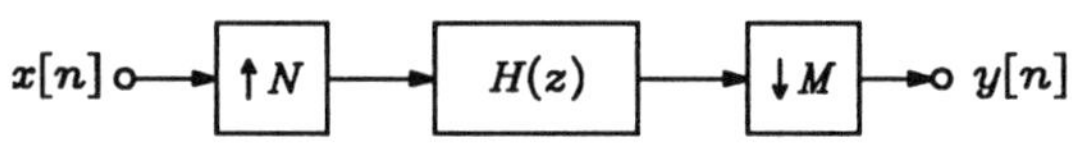

(a)

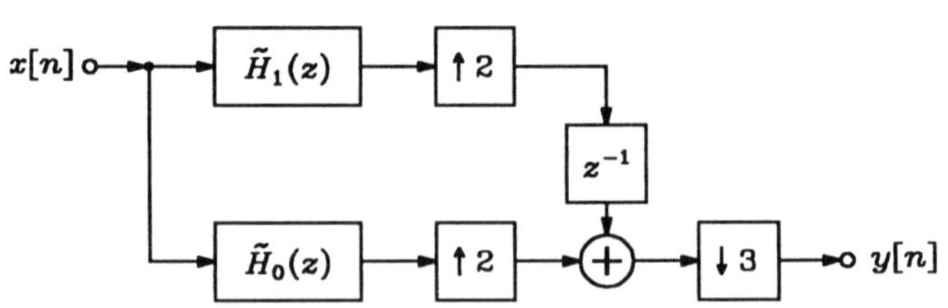

Bild P.VI. 21 (b)

VI. 22. Im Beispiel 6.12 wurde ein QMF-System für $N = 2$ untersucht, und für die Analysefilter wurde speziell

$$H_1(z) = H_0(-z)$$

gewählt. Geht man davon aus, daß es sich im vorliegenden Fall um reelle Übertragungsfunktionen handelt, dann gilt $|H_1(e^{j\Omega})| \equiv |H_0(e^{j(\pi-\Omega)})|$, woraus zu erkennen ist, daß die Kurve $|H_1(e^{j\Omega})|$ ein Spiegelbild der Kurve $|H_0(e^{j\Omega})|$ bezüglich der "Quadraturfrequenz" $2\pi/4$ darstellt (dies begründet den Namen *Quadrature Mirror Filter*). Da die Beziehungen $V_0(z) = H_0(z)$ und $V_1(z) = -H_1(z)$ erhalten wurden, sind die

Filter der QMF-Bank allein durch $H_0(z)$ festgelegt.

a) Mit der Polyphasendarstellung $H_0(z) = \tilde{H}_{00}(z^2) + z^{-1}\tilde{H}_{01}(z^2)$ lassen sich Beziehungen der Art

$$\begin{bmatrix} H_0(z) \\ H_1(z) \end{bmatrix} = \boldsymbol{M}_1 \begin{bmatrix} \tilde{H}_{00}(z^2) \\ z^{-1}\tilde{H}_{01}(z^2) \end{bmatrix} \quad \text{und} \quad \begin{bmatrix} V_0(z) \\ V_1(z) \end{bmatrix}^{\mathrm{T}} = \begin{bmatrix} z^{-1}\tilde{H}_{01}(z^2) \\ \tilde{H}_{00}(z^2) \end{bmatrix}^{\mathrm{T}} \boldsymbol{M}_2$$

aufstellen. Man gebe die Matrizen $\boldsymbol{M}_1$ und $\boldsymbol{M}_2$ an.

b) Den Darstellungen aus Teilaufgabe a kann unmittelbar eine Realisierung der QMF-Bank entnommen werden. Die auftretenden Dezimatoren lassen sich an den Filtereingang, die Expander an den Filterausgang verschieben. Man gebe das resultierende Gesamtsystem an.

c) Es sei nun $H_0(z)$ eine FIR-Übertragungsfunktion. Man zeige, daß sich die QMF-Bank genau dann wie ein reines Verzögerungselement verhält, wenn $H_0(z)$ in der Form

$$H_0(z) = A_0 z^{-2q_0} + A_1 z^{-(2q_1+1)}$$

mit Konstanten A_0, A_1 und Konstanten $q_0, q_1 \in \mathbb{N}_0$ gewählt wird.

VI. 23. Bild P.VI. 23 zeigt eine Zweikanal-Filterbank vom Typ nach Bild 6.36.

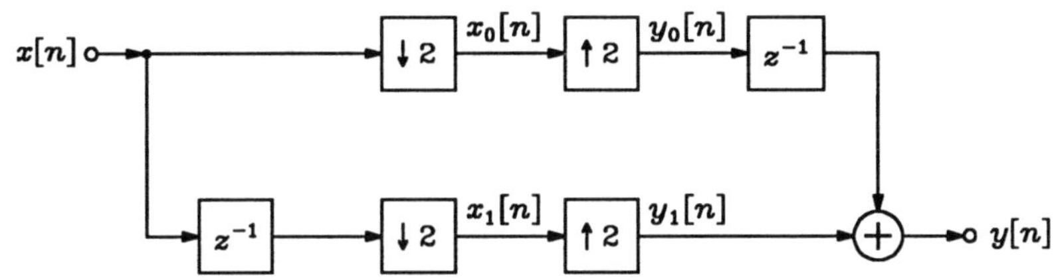

Bild P.VI. 23

a) Man gebe die Übertragungsfunktionen $H_0(z)$, $H_1(z)$ und $V_0(z)$, $V_1(z)$ an und zeige, daß die Bedingung nach Gl. (6.183) dafür, daß Aliasing vermieden wird, erfüllt ist. Wie lautet die Übertragungsfunktion $H(z)$ der Filterbank?

b) Man verifiziere die Übertragungseigenschaft der Filterbank durch Aufstellung einer Tabelle der Funktionswerte $x[n], x_0[n], x_1[n], y_0[n], y_1[n], y[n]$ für $n = 0, 1, \ldots, 7$.

Lösungen der Aufgaben sind im Band 2 zu finden.

Literatur

[Ac1] Ackermann, J.: Abtastregelung. Springer-Verlag, 3. Auflage, Berlin 1988.

[Ac2] Ackermann, J.: Der Entwurf linearer Regelungssysteme im Zustandsraum. Regelungstechnik 20 (1972), S. 297-300.

[Al1] Alexander, S.T.: Adaptive Signal Processing. Springer-Verlag, New York 1986.

[An1] Anderson, B.D.O., und Moore, J.B.: Linear Optimal Control. Prentice-Hall, Englewood Cliffs 1971.

[Ar1] Arnold, L.: Stochastische Differentialgleichungen. Oldenbourg Verlag, München 1973.

[As1] Aseltine, J.A.: Transform Method in Linear System Analysis. McGraw-Hill, New York 1958.

[At1] Athans, M.: The matrix minimum principle. Information and Control 11 (1968), S. 592-606.

[Ba1] Barnett, S.: Introduction to Mathematical Control Theory. Clarendon Press, Oxford 1975.

[Be1] Bellanger, M.C.: Adaptive Digital Filters and Signal Analysis. Marcel Dekkers, New York and Basel 1987.

[Be2] Berg, L.: Einführung in die Operatorenrechnung. VEB Deutscher Verlag der Wissenschaften, Berlin 1965.

[Be3] Berkovitz, L.D.: Optimal Control Theory. Springer-Verlag, Heidelberg 1974.

[Bo1] Bode, H.W.: Network Analysis and Feedback Amplifier Design. D. Van Nostrand, 14. Auflage, Princeton 1964.

[Bo2] Bohn, E.V.: The Transform Analysis of Linear Systems. Addison-Wesley, Reading 1963.

[Bo3] Bose, A.G., und Stevens, K.N.: Introductory Network Theory. Harper and Row, New York 1965.

[Bo4] Bose, N.K.: Applied Multidimensional Systems Theory. Van Nostrand Reinhold, New York 1982.

[Bo5] Bose, N.K.: Digital Filters – Theory and Applications. North-Holland, Elsevier Science, New York 1985.

[Br1] Brockett, R.W.: Finite Dimensional Linear Systems. John Wiley & Sons, New York 1970.

[Br2] Brown, B.M.: The Mathematical Theory of Linear Systems. Chapman and Hall, London 1965.

[Br3] Brown, R.G., und Nilsson, J.W.: Introduction to Linear Systems Analysis. John Wiley & Sons, New York 1962.

[Br4] Bryson, A.E., und Ho, Y.C.: Applied Optimal Control. Ginn and Company, Waltham 1969.

[Bu1] Butterweck, H.-J.: Frequenzabhängige nichtlineare Übertragungssysteme. AEÜ 21 (1967), S. 239-254.

[Ca1] Carlin, H.J., und Giordano, A.B.: Network Theory. Prentice-Hall, Englewood Cliffs 1964.

[Ca2] Carr, J.: Applications of Centre Manifold Theory. Springer-Verlag, New York 1981.

[Ca3] Cauer, W.: Theorie der linearen Wechselstromschaltungen. Akademie-Verlag, Berlin 1954.

[Ch1] Chan, D.S.K.: A novel framework for the description of realization structures for 1-D and 2-D digital filters. 1976 IEEE Electronics and Space Convention Record, S. 157(A-H).

[Ch2] Chan, D.S.K.: A simple derivation of minimal and near-minimal realizations of 2-D transfer functions. Proc. IEEE 66 (1978), S. 515-516.

[Ch3] Chan, D.S.K.: Theory and implementation of multidimensional discrete systems for signal processing. Dissertation, Department of Electrical Engineering and Computer Science, Massachusetts Institute of Technology (1978).

[Ch4] Chen, C.T.: Representation of linear time-invariant composite systems. IEEE Trans. Automatic Control, vol. AC-13 (1968), S. 277-283.

[Ch5] Chen, C.T.: Linear Systems Theory and Design. Holt, Rinehart and Winston, New York 1984.

[Ch6] Chiang, R.Y., and Safonov, M.G.: Robust Control Toolbox,User's Guide. The Mathworks, Natick 1992.

[Ch7] Chui, C.K.: An Introduction of Wavelets. Academic Press, Boston 1992.

[Co1] Coddington, E.A., und Levinson, N.: Theory of Ordinary Differential Equations. MacGraw-Hill, New York 1955.

[Co2] Cohn, A.: Über die Anzahl der Wurzeln einer algebraischen Gleichung in einem Kreise. Mathematische Zeitschrift 14 (1922), S. 110-148.

[Co3] Cook, P.A.: Nonlinear Dynamical Systems. Prentice-Hall, Englewood Cliffs, New Jersey 1986.

[De1] DeCarlo, R., Murray, J., und Saeks, R.: Multivariate Nyquist theory. Int. J. Control 25 (1977), S. 657-675.

[De2] DeRusso, P.M., Roy, R.J., und Close, C.M.: State Variables for Engineers. John Wiley & Sons, 2. Auflage, New York 1966.

[De3] Delchamps, D.F.: State Space and Input-Output Linear Systems. Springer-Verlag, New York 1988.

[De4] Desoer, C.A., und Thomasian, A.J.: A note on zero-state stability of linear systems. Proceedings of the First Allerton Conference on Circuit and System Theory, Urbana, Illinois, University of Illinois 1963.

[De5] Desoer, C.A., und Kuh, E.S.: Basic Circuit Theory. McGraw-Hill, New York 1969.

[De6] Desoer, C.A., und Vidyasagar, M.: Feedback Systems, Input-Output Properties. Academic Press, New York 1975.

[Do1] Doetsch, G.: Einführung in Theorie und Anwendung der Laplace-Transformation. Birkhäuser-Verlag, Basel 1958.

[Do2] Doetsch, G.: Anleitung zum praktischen Gebrauch der Laplace-Transformation und der Z-Transformation. R. Oldenbourg Verlag, München 1967.

[Do3] Dorf, R.C.: Time-Domain Analysis and Design of Control Systems. Addison-Wesley, Reading 1965.

[Du1] Dudgeon, D.E.: The existence of Cepstra for two-dimensional rational polynomials. IEEE Trans. Acoustics, Speech, and Signal Processing, ASSP-23 (1975), S. 242-243.

[Du2] Dudgeon, D.E.: The computation of two-dimensional Cepstra. IEEE Trans. Acoustics, Speech, and Signal Processing, ASSP-25 (1977), S. 476-484.

[Du3] Dudgeon, D.E., und Mersereau, R.M.: Multidimensional Digital Signal Processing. Prentice-Hall, Englewood Cliffs 1984.

[Du4] Durbin, J.: Efficient estimation of parameters in moving average models. Biometrika 46 (1959), S. 306-316.

[Ek1] Ekstrom, M.P., und Woods, J.W.: Two-dimensional spectral factorization with applications in recursive digital filtering. IEEE Trans. Acoustics, Speech, and Signal Processing, ASSP-24 (1976), S. 115-128.

[Fe1] Fenyö, S., und Frey, T.: Moderne mathematische Methoden in der Technik. Birkhäuser-Verlag, Basel 1967.

[Fl1] Fleming, W.H., and Rishel, R.W.: Deterministic and Stochastic Optimal Control. Springer-Verlag, Berlin 1975.

[Fo1] Föllinger, O.: Entwurf von Regelkreisen durch Transformation der Zustandsvariablen. Regelungstechnik 24 (1976), S. 239-245.

[Fo2] Forster, U., und Unbehauen, R.: Stabilitätsprüfung bei diskontinuierlichen oder periodisch zeitvarianten linearen Systemen. Archiv für Elektrotechnik 56 (1974), S. 45-49.

[Ga1] Gantmacher, F.R.: Matrizenrechnung, Band 1 und 2. Deutscher Verlag der Wissenschaften, Berlin 1965 und 1966.

[Ge1] Gelb, A., et al.: Applied Optimal Estimation. M.I.T.-Press, Cambridge, Massachusetts 1984.

[Go1] Gold, B., und Rader, C.: Digital Processing of Signals. McGraw-Hill, New York 1969.

[Go2] Golub, G.H., und Van Loan, C.F.: Matrix Computations. John Hopkins University Press, 4. Auflage, Baltimore 1993.

[Go3] Goodman, D.: Some stability properties of two-dimensional linear shift-invariant digital filters. IEEE Trans. Circuits and Systems. CAS-24 (1977), S. 201-208.

[Gu1] Guillemin, E.A.: Theory of Linear Physical Systems. John Wiley & Sons, New York 1963.

[Ha1] Halmos, P.R.: Finite-Dimensional Vector Spaces. D. Van Nostrand, Princeton 1958.

[Ha2] Harris, F.J.: On the use of windows for harmonic analysis with the Discrete Fourier Transform. Proc. IEEE 66 (1978), 51-83.

[Ha3] Hasler, M., und Neirynck, J.: Nonlinear Circuits. Artech House, Boston 1985.

[Ha4] Hautus, M.L.J.: Controllability and observability conditions of linear autonomous systems. Indagationes Mathematicae 31 (1969), S. 443-448.

[He1] Heymann, M.: Comments 'On pole assignment in multi-input controllable linear systems.' IEEE Trans. Automatic Control, AC-13 (1968), S. 748-749.

[Hi1] Hirsch, M.W. and Smale, S.: Differential Equations, Dynamical Systems, and Linear Algebra. Academic Press, New York 1974.

[Ho1] Ho, B.L., und Kalman, R.E.: Effective construction of linear state variable models from input/output data. Proc. Third Allerton Conf. 1965, S. 449-459.

[Ho2] Honig, M.J., und Messerschmitt, D.D.: Convergence properties of an adaptive digital lattice filter. IEEE Trans. Acoustics, Speech, and Signal Processing, ASSP-29 (1981), S. 642-653.

[Hu1] Huang, T.S.: Stability of two-dimensional recursive filters. IEEE Trans. Audio and Electroacoustics AU-20 (1972), S. 158-163.

[Ja1] Jackson, L.B.: Digital Filters and Signal Processing. Kluwer Academic Publishers, Boston 1986.

[Ja2] Jahnke, E., Emde, F., und Lösch, F.: Tafeln Höherer Funktionen. B.G. Teubner, Stuttgart 1966.

[Ja3] Jazwinski, A.H.: Stochastic Processes and Filtering Theory. Academic Press, New York 1970.

[Ju1] Justice, J.H., und Shanks, J.L.: Stability criterion for N-dimensional digital filters. IEEE Trans. Automatic Control AC-18 (1973), S. 284-286.

[Ka1] Kailath, T.: Linear Systems. Prentice-Hall, Englewood Cliffs 1980.

[Ka2] Kalman, R.E., und Bucy, R.S.: New results in linear filtering and prediction theory. Trans. ASME, ser. D, 83 (1961), S. 95-108.

[Ka3] Kalman, R.E., Ho, Y.C., und Narendra, K.S.: Controllability of linear dynamical systems. Contrib. Differential Equations 1 (1961), S. 189-213.

[Ka4] Kalman, R.E.: Mathematical description of linear dynamical systems. J. SIAM Control, Series A, 1 (1963), S. 152-192.

[Ka5] Kalman, R.E., Falb, P.L., und Arbib, M.A.: Topics in Mathematical System Theory. MacGraw-Hill, New York 1969.

[Ka6] Kaplan, W.: Operational Methods for Linear Systems. Addison-Wesley, Reading 1962.

[Ki1] Kirk, D.E.: Optimal Control Theory. Prentice-Hall, Englewood Cliffs 1970.

[Ku1] Kuh, E.S., und Rohrer, R.A.: The state-variable approach to network analysis. Proc. IEEE 53 (1965), S. 672-686.

[Ku2] Kung, S.-Y., Lévy, B.C., Morf, M., und Kailath, T.: New results in 2-D system theory, part II: 2-D state-space models – realization and the notions of controllability, observability, and minimality. Proc. IEEE 65 (1977), S. 945-961.

[Kü1] Küpfmüller, K.: Die Systemtheorie der elektrischen Nachrichtenübertragung. S. Hirzel-Verlag, Stuttgart 1968.

[La1] Lathi, B.P.: Signals, Systems and Communication. John Wiley & Sons, New York 1965.

[Le1] Lehner, D.: Über Beschreibung und Realisierungen multidimensionaler Digitalfilter. Dissertation, Universität Erlangen-Nürnberg (1988).

[Li1] Lighthill, M.J.: Einführung in die Theorie der Fourier-Analysis und der verallgemeinerten Funktionen. Bibliographisches Institut, Mannheim 1966.

[Li2] Lim, J.S. und Oppenheim, A.V.: Advanced Topics in Signal Processing. Prentice-Hall, Englewood Cliffs 1988.

[Li3] Liu, C.L., und Liu, J.W.S.: Linear Systems Analysis. McGraw-Hill, New York 1975.

[Lu1] Luenberger, D.G.: Oberserving the state of a linear system. IEEE Trans. Military Electronics, MIL-8 (1964), S. 74-80.

[Lu2] Luenberger, D.G.: Observers for multivariable systems. IEEE Trans. Automatic Control, AC-11 (1966), S. 190-197.

[Lu3] Luenberger, D.G.: Canonical forms for linear multivariable systems. IEEE Trans. Automatic Control, AC-12 (1967), S. 290-293.

[Lu4] Luenberger, D.G.: Introduction to Dynamic Systems – Theory, Models, and Applications. John Wiley & Sons, New York 1979.

[Ma1] Marden, M.: Geometry of the Zeros of a Polynomial in a Complex Variable. American Mathematical Society, New York 1949.

[Ma2] Markel, J.D., und Gray, A.H.: Linear Prediction of Speech. Springer-Verlag, New York 1975.

[Ma3] Marko, H.: Methoden der Systemtheorie. Springer-Verlag, 3. Auflage, Berlin 1995.

[Ma4] Mathis, W.: Theorie nichtlinearer Netzwerke. Springer-Verlag, Berlin 1987.

[Mc1] McClellan, J.H.: The design of two-dimensional digital filters by transformation. Proc. 7th Annual Princeton Conf. Information Sciences and Systems 1973, S. 247-251.

[Me1] Mersereau, R.M., und Dudgeon, D.E.: Two-dimensional digital filtering. Proc. IEEE 63 (1975), S. 610-623.

[Me2] Mersereau, R.M., Mecklenbräuker, F.G., und Quatieri, Jr., Th.F.: McClellan transformation for 2-D digital filtering: I – Design. IEEE Trans. Circuits and Systems CAS-23 (1976), S. 405-414.

[Oc1] O'Connor, B.T., und Huang, T.S.: Stability of general two-dimensional recursive digital filters. IEEE Trans. Acoustics, Speech, and Signal Processing, ASSP-26 (1978), S. 550-560.

[Oc2] O'Connor, B.T.: Techniques for determining the stability of two-dimensional recursive filters and their application to image restoration. Dissertation, School of Electrical Engineering, Purdue University (1978).

[Og1] Ogata, K.: State Space Analysis of Control Systems. Prentice-Hall, Englewood Cliffs 1967.

[Op1] Oppenheim, A.V., und Schafer, R.W.: Digital Signal Processing. Prentice-Hall, Englewood Cliffs 1975.

[Op2] Oppenheim, A.V, und Willsky, A.S.: Signals and Systems. Prentice-Hall, Englewood Cliffs 1983.

[Pa1] Paley, R.E.A.C., und Wiener, N.: Fourier Transforms in the Complex Domain. American Mathematical Society, New York 1934.

[Pa2] Papoulis, A.: The Fourier Integral and its Applications. McGraw-Hill, New York 1962.

[Pa3] Papoulis, A.: Signal Analysis. McGraw-Hill, New York 1977.

[Pa4] Papoulis, A.: Probability, Random Variables, and Stochastic Processes. McGraw-Hill, New York 1984.

[Ra1] Rabiner, L.R., und Rader, C.M.: Digital Signal Processing. Institute of Electrical and Electronics Engineers, New York 1972.

[Ra2] Rabiner, L.R., und Gold, B.: Theory and Application of Digital Signal Processing. Prentice-Hall, Englewood Cliffs 1975.

[Ra3] Rabiner, L.R., und Schafer, R.W.: Digital Processing of Speech Signals. Prentice-Hall, Englewood Cliffs 1978.

[Ra4] Raven, F.H.: Automatic Control Engineering. McGraw-Hill, New York 1978.

[Ro1] Roberts, R.A., und Mullis, C.T.: Digital Signal Processing. Addison-Wesley, Reading 1987.

[Ro2] Roesser, R.P.: A discrete state-space model for linear image processing. IEEE Trans. Automatic Control AC-20 (1975), S. 1-10.

[Ru1] Rugh, W.J.: Linear System Theory. Prentice-Hall, Englewood Cliffs 1993.

[Sa1] Sage, A.P., und White, III, C.C.: Optimum Systems Control. Prentice-Hall, Englewood Cliffs 1977.

[Sc1] Schüßler, H.W.: Digitale Systeme zur Signalverarbeitung. Springer-Verlag, Berlin 1973.

[Sc2] Schwartz, L.: Mathematics for the Physical Sciences. Addison-Wesley, Reading 1966.

[Sc3] Schwarz, R.J., und Friedland, B.: Linear Systems. McGraw-Hill, New York 1965.

[Sh1] Shanks, J.L., Treitel, S., und Justice, H.: Stability and synthesis of two-dimensional recursive filters. IEEE Trans. Audio and Electroacoustics AU-20 (1972), S. 115-128.

[Sh2] Shaw, G.A.: An algorithm for testing stability of two-dimensional digital recursive filters. Proc. IEEE Int. Conf. Acoustics, Speech, and Signal Processing 1978, S. 769-772.

[Sk1] Sklar, B.: Digital Communications. Prentice-Hall, Englewood Cliffs 1988.

[Sl1] Slotine, J.-J.E., Li, W.: Applied Nonlinear Control. Prentice-Hall, Englewood Cliffs 1991.

[Sm1] Smirnow, W.I.: Lehrgang der Höheren Mathematik, Teil I, Teil III, 2. VEB Deutscher Verlag der Wissenschaften, Berlin 1955 und 1956.

[So1] Sontag, E.D.: Mathematical Control Theory. Springer-Verlag, New York 1990.

[St1] Stoer, J., und Bulirsch, R.: Numerische Mathematik 2, 3. Auflage. Springer-Verlag, Berlin 1990.

[St2] Strang, G.: Linear Algebra and Its Applications. Academic Press, New York 1976.

[St3] Strintzis, M.G.: Test of stability of multidimensional filters. IEEE Trans. Circuits and Systems CAS-24 (1977), S. 432-437.

[Ti1] Titchmarsh, E.C.: Introduction to the Theory of Fourier Integrals. Oxford University Press, 2. Auflage, New York 1967.

[To1] Tolstow, G.P.: Fourierreihen. VEB Deutscher Verlag der Wissenschaften. Berlin 1955.

[Tr1] Treichler, J.R., Johnson, Jr., C.R., und Larimore, M.G.: Theory and Design of Adaptive Filters. John Wiley & Sons, New York 1987.

[Tr2] Tretter, S.A.: Introduction to Discrete-Time Signal Processing. John Wiley & Sons, New York 1976.

[Tz1] Tzafestas, S.G. (Ed.): Multidimensional Systems – Techniques and Applications. Marcel Dekker, New York and Basel 1986.

[Un1] Unbehauen, R.: Ermittlung rationaler Frequenzgänge aus Meßwerten. Regelungstechnik 14 (1966), S. 268-273.

[Un2] Unbehauen, R.: Zur Synthese digitaler Filter. AEÜ 24 (1970), S. 305-313.

[Un3] Unbehauen, R.: Determination of the transfer function of a digital filter from the real part of the frequency response. AEÜ 26 (1972), S. 551-557.

[Un4] Unbehauen, R.: Grundlagen der Elektrotechnik 1 und 2. Springer-Verlag, 4. Auflage, Berlin 1994.

[Un5] Unbehauen, R.: Netzwerk- und Filtersynthese. R. Oldenbourg Verlag, 4. Auflage, München 1993.

[Un6] Unbehauen, R., and Cichocki, A.: MOS Switched-Capacitor and Countinuous-Time Integrated Circuits and Systems. Springer-Verlag, Berlin 1989.

[Va1] Van Valkenburg, M.E.: Network Analysis. Prentice-Hall, Englewood Cliffs 1964.

[Va2] Vaidyanathan, P.P.: Multirate Systems and Filter Banks. Prentice-Hall, Englewood Cliffs 1993.

[Ve1] Vetterli, M.: A theory of multirate filter banks. IEEE Trans. Acoustics, Speech and Signal Proc. ASSP-35 (1987), S. 356-372.

[Vo1] Volterra, A.: Theory of Functionals and of Integral and Integro-Differential Equations. Blackie, London 1930, und Dover Publications, New York 1959.

[Wa1] Walter, R.: Einführung in die lineare Algebra. Vieweg-Verlag, Braunschweig 1982.

[We1] Weihrich, G.: Optimale Regelung linearer deterministischer Prozesse. R. Oldenbourg Verlag, München 1973.

[Wi1] Widrow, B., und Stearns, S.D.: Adaptive Signal Processing. Prentice-Hall, Englewood Cliffs 1985.

[Wi2] Wiener, N.: The Fourier Integral and certain of its Applications. Dover Publications, New York 1933.

[Wi3] Wiener, N.: Extrapolation, Interpolation and Smoothing of Stationary Time Series. The M.I.T.-Press, Cambridge 1949.

[Wi4] Willems, J.L.: Stability Theory of Dynamical Systems. Nelson, London 1970.

[Wu1] Wunsch, G.: Systemanalyse, Band 1 und 2. Dr. Alfred Hüthig Verlag, Heidelberg 1967, 1972.

[Wu2] Wunsch, G.: Systemtheorie der Informationstechnik. Akademische Verlagsgesellschaft Geest & Portig, Leipzig 1971.

[Wu3] Wunsch, G. (Herausg.): Handbuch der Systemtheorie. Akademie-Verlag, Berlin 1986.

[Za1] Zadeh, L.A., und Desoer, C.A.: Linear System Theory – The State Space Approach. McGraw-Hill, New York 1963.

[Zu1] Zurmühl, R., und Falk, S.: Matrizen und ihre Anwendungen für Ingenieure, Physiker und Angewandte Mathematiker. Springer-Verlag, 6. Auflage, Berlin 1992.

[Zu2] Zurmühl, R.: Praktische Mathematik für Ingenieure und Physiker. Springer-Verlag, Berlin 1984.

Sachregister